B. W. Gnedenko · D. König

Handbuch der Bedienungstheorie II

Mathematische Lehrbücher und Monographien
Herausgegeben von der Akademie der Wissenschaften der DDR
Institut für Mathematik

II. Abteilung
Mathematische Monographien
Band 57

Handbuch der Bedienungstheorie II

von K. Arndt, U. Arndt, G. P. Bascharin, P. P. Botscharow,
W. Eschenbach, P. Franken, U. Jansen, B.-M. Kirstein, G. P. Klimow,
D. König, W. A. Kokotuschkin, M. Kotzurek, I. N. Kowalenko,
P. Langrock, V. F. Matwejew, W. A. Naumow, W. W. Rykow,
V. Schmidt, G. Siegel, A. L. Tolmatschew, W. Warmuth

Handbuch der Bedienungstheorie II

Formeln und andere Ergebnisse

Von einem Autorenkollektiv
unter der Leitung von

B. W. Gnedenko
Lomonossow-Universität Moskau

und

D. König
Bergakademie Freiberg

Mit 13 Abbildungen und 17 Tabellen

Akademie-Verlag Berlin
1984

An der Gestaltung des Gesamtmanuskriptes dieses Bandes waren Dr. Uwe Jansen und Dr. Volker Schmidt, Bergakademie Freiberg, maßgeblich beteiligt.

ISSN 0076-5430

Erschienen im Akademie-Verlag, DDR-1086 Berlin, Leipziger Straße 3—4

Printed in the German Democratic Republic
Lizenznummer: 202 · 100/400/83
Gesamtherstellung: VEB Druckhaus „Maxim Gorki", 7400 Altenburg
Lektor: Dr. Reinhard Höppner
Einband und Schutzumschlag: Dietmar Kunz
LSV 1075
Bestellnummer: 762 765 2 (6369/2)
09800

Autorenkollektiv

Das HANDBUCH DER BEDIENUNGSTHEORIE wurde von einem Kollektiv von Autoren aus der UdSSR und der DDR verfaßt. Es stand unter der Leitung von

Boris Wladimirowitsch Gnedenko und Dieter König.

Am Band II wirkten mit:

Dr. Klaus und Dr. Ursula Arndt, Humboldt-Universität Berlin (Mitautoren von Kap. 11)
Prof. Dr. Geli Pawlowitsch Bascharin, Universität der Völkerfreundschaft „P. Lumumba", Moskau (Mitautor von Kap. 4, 8)
Dr. Pawel Petrowitsch Botscharow, Universität der Völkerfreundschaft „P. Lumumba", Moskau (Mitautor von Kap. 4, 7)
Dr. Walter Eschenbach, Technische Hochschule Karl-Marx-Stadt (Autor von Kap. 10)
Prof. Dr. Peter Franken, Humboldt-Universität Berlin (Mitautor von Kap. 11)
Dr. Uwe Jansen, Bergakademie Freiberg (Mitautor von Kap. 1, 8)
Dr. Bernd-Michael Kirstein, Humboldt-Universität Berlin (Mitautor von Kap. 1, 2, Übersetzer und Bearbeiter von Kap. 4)
Prof. Dr. Gennadi Pawlowitsch Klimow, Staatliche Universität „M. W. Lomonossow", Moskau (Mitautor von Kap. 6)
Prof. Dr. Dieter König, Bergakademie Freiberg (Mitautor von Kap. 8)
Dr. Wladimir Alexandrowitsch Kokotuschkin, Universität der Völkerfreundschaft „P. Lumumba", Moskau (Mitautor von Kap. 4, 7)
Dr. Mathias Kotzurek, VEB Robotron Dresden (Mitautor von Kap. 2)
Prof. Dr. Igor Nikolajewitsch Kowalenko, Institut für Kybernetik der Akademie der Wissenschaften der Ukrainischen SSR, Kiew (Autor von Kap. 5)
Dr. Peter Langrock, Karl-Marx-Universität Leipzig (Mitautor von Kap. 3, 9)
Dr. Viktor Fjodorowitsch Matwejew, Staatliche Universität „M. W. Lomonossow", Moskau (Mitautor von Kap. 6)
Dr. Wladimir Alexandrowitsch Naumow, Universität der Völkerfreundschaft „P. Lumumba", Moskau (Mitautor von Kap. 4)
Doz. Dr. Wladimir Wassiljewitsch Rykow, Hochschule für erdölchemische und Gasindustrie „I. M. Gubkin", Moskau (Mitautor von Kap. 9)
Dr. Volker Schmidt, Bergakademie Freiberg (Mitautor von Kap. 6)
Dr. Gerhard Siegel, Karl-Marx-Universität Leipzig (Mitautor von Kap. 3, Übersetzer und Bearbeiter von Kap. 5)
Dr. Andrei Leonidowitsch Tolmatschew, Universität der Völkerfreundschaft „P. Lumumba", Moskau (Mitautor von Kap. 8)
Dr. Walter Warmuth, Humboldt-Universität Berlin (Mitautor von Kap. 11, Übersetzer und Bearbeiter von Kap. 7)

Hinweise für den Leser

Der Aufbau von Band II des Handbuches (vgl. das Vorwort) gestattet dem Leser den Einstieg an der jeweils für ihn interessanten Stelle, da auf zum Verständnis unbedingt notwendige Aussagen aus Band II bzw. I jeweils verwiesen wird bzw. der Leser diese über das Sachverzeichnis finden kann.

Die Numerierung der beiden Bände erfolgt durch römische Ziffern, für alle Kapitel und Abschnitte wurde die Dezimalklassifikation verwendet. Definitionen, Sätze, Beispiele und Bemerkungen werden innerhalb der Abschnitte gemeinsam fortlaufend numeriert, man erhält also durch Weglassen der letzten Zahl jeweils den Abschnitt, in dem sich der entsprechende Satz usw. befindet (z. B. befindet sich Satz 3.2.4.6 in Abschnitt 3.2.4). Entsprechend wurden — jeweils gesondert — Abbildungen und Tabellen numeriert. Formeln sind in den entsprechenden Abschnitten fortlaufend numeriert, ohne daß die Abschnittsnummer noch einmal auftaucht. Sie wird bei Verweisen in andere Abschnitte zusätzlich angegeben.

Verweise erfolgen durch das Zeichen ↑

— auf *Kapitel* durch die Angabe der Nummer (z. B. ↑ Kap. 5)

— auf *Abschnitte in Band II* durch Angabe der Abschnittsnummer in eckigen Klammern (z. B. ↑ [4.3.2])

— auf entsprechende *Abschnitte in Band I* durch Voranstellen der römischen I (z. B. ↑ [I, 12.2.1])

— auf *Definitionen, Sätze, Beispiele* aus Band II durch Angabe der Nummer nach dem abkürzenden Buchstaben (z. B. ↑ D. 3.1.2.1, ↑ S. 9.3.2, ↑ B. 10.1.2) bzw. für solche aus Band I mit zusätzlicher vorangestellter I (z. B. ↑ I, D. 3.1.2, ↑ I, S. 5.1.3).

Symbole sind in einem Verzeichnis auf den Seiten 588 bis 598 aufgeführt, und zwar, zunächst nach Sachgesichtspunkten geordnet, die Symbole, die im gesamten Handbuch verwendet werden. Danach folgen in einer annähernd alphabetischen Reihenfolge bestimmte in mehreren Abschnitten auftretende Symbole der jeweiligen Kapitel.

Literatur wird auf zwei verschiedene Arten zitiert:

— *Bücher* durch Angabe der Autoren und einer Zahl in eckigen Klammern (z. B. Çinlar [1]); diese Titel findet man im für alle Kapitel gemeinsam zusammengestellten Verzeichnis auf den Seiten 549 bis 553.

— *Zeitschriftenartikel* sind kapitelweise zusammengestellt und werden durch Angabe des Autors und des Erscheinungsjahres zitiert (z. B. Neuts (1975)); die Kapitelliteraturverzeichnisse findet man auf den Seiten 553 bis 587.

Vorwort

Der vorliegende zweite Band des Handbuches Bedienungstheorie ist naturgemäß eine Fortsetzung des ersten Bandes, besitzt jedoch auch eigenständige Bedeutung. Er ist für Leser, die die Grundbegriffe der Bedienungstheorie kennen, unabhängig vom Band I benutzbar. Eventuell notwendige Bezüge sind durch Verweise bzw. Sachworthinweise hergestellt. Die verwendeten Bezeichnungsweisen und bedienungstheoretischen Symbole stimmen mit denen von Band I überein und sind ausführlich im Kapitel 1 von Band I erläutert.

Sind **Grundlagen** und **Methoden** der Bedienungstheorie der hauptsächliche Gegenstand von Band I, so ist Band II vorwiegend als Nachschlagewerk für **Ergebnisse** konzipiert. Interessiert z. B. den Leser, welche analytische Gestalt die Verteilungsfunktion (oder der Erwartungswert) der zufälligen Wartezeit in einem Wartesystem mit s Bedienungsgeräten unter bestimmten Annahmen über den Charakter des Forderungenstroms und der Bedienungszeiten besitzt, so findet er dies im entsprechenden Kapitel von Band II. Ergänzt ist diese Aussage durch die Angabe der Voraussetzungen sowie durch einen Hinweis auf eine Originalquelle, in der die Herleitung bei Bedarf nachgelesen werden kann. Auch findet man Verweise, mit welcher der im Band I dargelegten Methoden das Ergebnis herleitbar ist. Es war i. allg. nicht möglich, „Kochrezepte" und numerische Beispiele für die Anwendung der Formeln zu geben. Die an einigen Stellen aufgenommenen Beispiele und Algorithmen dienen der Erläuterung bestimmter Vorgehensweisen und Effekte.

Die Ergebnisse dieses Bandes sind nach Klassen von Bedienungssystemen zusammengefaßt, da wir davon ausgehen, daß der Nutzer Aussagen über Charakteristiken eines bestimmten, vorgegebenen Bedienungssystems sucht.

Die Kapitel 1 bis 4 von Band II umfassen die wichtigsten, aus der Fachliteratur zusammengetragenen Resultate für die „klassischen" Grundsysteme der Bedienungstheorie: Verlustsysteme, Bedienungssysteme mit unendlicher Anzahl von Bedienungsgeräten (also ohne Verlust und ohne Warten) sowie Wartesysteme mit unendlich bzw. endlich vielen Warteplätzen.

Die Kapitel 5 bis 9 sind Bedienungssystemen gewidmet, die über den klassischen Systemaufbau und den damit verbundenen Verlust bzw. das Warten von nicht sofort bei Eintreffen bedienbaren Forderungen hinaus gewisse Besonderheiten besitzen: zeitliche Beschränkungen für die Wartezeit (Kap. 5), verschiedene Dringlichkeitsstufen der Forderungen und daraus resultierende Prioritäten (Kap. 6), Serien-Bedienungssysteme (Kap. 7), Bedienungsnetzwerke (Kap. 8) sowie gesteuerte Bedienungssysteme (Kap. 9). Der Charakter der letztgenannten Kapitel unterscheidet sich etwas von demjenigen der vorgehenden Kapitel dieses Bandes. Die Kapitel 1 bis 4 enthalten ausschließlich Ergebnisse, keine Methoden. Diese sind in Band I gebührend dargelegt.

Für die Behandlung der in den Kapiteln 5 bis 9 betrachteten Systeme haben sich jedoch über die im Band I enthaltenen Methoden hinaus weitere spezielle Denkweisen und Verfahren erforderlich gemacht und entwickelt. Da sie sehr eng mit der jeweils untersuchten Klasse von Bedienungssystemen und deren Besonderheiten verbunden sind, sind sie auch zusammen mit diesen im jeweiligen Kapitel dargelegt. Somit umfassen die Kapitel 5 bis 9 im Gegensatz zu den Kapiteln 1 bis 4 auch Methoden.

Statistische Ergebnisse für Bedienungssysteme sind im Kapitel 10 konzentriert, nach Klassen von Bedienungssystemen geordnet.

Das abschließende Kapitel 11 faßt kurz allgemeine, vorwiegend theoretische Aussagen zur Existenz, Ergodizität und Stetigkeit der Hauptcharakteristiken von Bedienungssystemen, zu Relationen zwischen verschiedenartigen stationären Größen, zum Output von Bedienungssystemen und zu asymptotischen Fragen zusammen.

Wir erwähnten schon im Vorwort zum Band I, daß es der zur Verfügung stehende Umfang des Gesamtwerkes nicht ermöglichte, sämtliche Ergebnisse der Bedienungstheorie hier zu erfassen, insbesondere nicht solche, die für Bedienungssysteme aus sehr wichtigen, jedoch speziellen Wissens- bzw. Anwendungsgebieten ermittelt wurden (z. B. im Verkehrs- und Transportwesen, im Fernsprechverkehrswesen, für Informations- und Rechnersysteme).

Wir verweisen auf hierzu z. T. bereits bestehende Nachschlagewerke bzw. möchten deren Herausgabe anregen.

Ebenso wie Band I ist auch der vorliegende Band II das Ergebnis jahrelanger konzentrierter Arbeit eines großen Autorenkollektivs unserer Länder, wofür wir allen Beteiligten einschließlich der Kollegen des Akademie-Verlages (Frau Helle und Herrn Dr. Höppner) sehr herzlich danken.

Moskau und Freiberg B. W. Gnedenko D. König
Januar 1982

Inhaltsverzeichnis

1. Verlustsysteme

In diesem Abschnitt werden Verlustsysteme betrachtet, bei denen die nicht sofort bedienbaren Forderungen vom System abgewiesen werden und somit verloren gehen. Sind zum Ankunftszeitpunkt einer Forderung nicht sämtliche Bedienungsgeräte belegt, so wird auf „gut Glück" eines der freien Bedienungsgeräte zur unverzüglichen Bedienung der eingetroffenen Forderung ausgewählt. Dabei wird vorausgesetzt, daß jedes freie Bedienungsgerät für jede im System eintreffende Forderung zugänglich ist und daß das „Schicksal" der bereits eingetroffenen Forderungen sowie der gegenwärtige Zustand des Systems (der im folgenden stets durch die Anzahl der Forderungen im System charakterisiert wird) keinen Einfluß auf den künftigen Forderungenstrom haben. Falls nicht anders vereinbart, so sind sowohl die Pausenzeiten A_n zwischen den Ankunftszeitpunkten der Forderungen als auch die potentiellen Bedienungszeiten B_n nichtnegative, identisch verteilte Zufallsgrößen mit den Verteilungsfunktionen

$$A(x) = \mathsf{P}(A_n < x) \quad \text{und} \quad B(x) = \mathsf{P}(B_n < x), \quad n = 1, 2, \ldots,$$

für die $A(0 + 0) = 0$, $B(0 + 0) = 0$ sowie

$$0 < \lambda^{-1} = \int_0^\infty x \, \mathrm{d}A(x) < \infty, \qquad 0 < \mu^{-1} = \int_0^\infty x \, \mathrm{d}B(x) < \infty$$

vorausgesetzt wird. Darüber hinaus sind in den Abschnitten 1.1 und 1.2 die Bedienungszeiten untereinander und von der zufälligen Folge der Ankunftszeitpunkte der Forderungen unabhängige, exponentialverteilte Zufallsgrößen, insbesondere gilt also $B(x) = 1 - \mathrm{e}^{-\mu x}$, während in [1.3] i. allg. ein Poissonscher Forderungenstrom der Intensität λ, also $A(x) = 1 - \mathrm{e}^{-\lambda x}$, angenommen wird.

Im Abschnitt 1.4 werden Engsetsche Systeme betrachtet, d. h., der Forderungenstrom wird durch endlich viele Quellen erzeugt, die nur jeweils arbeiten, wenn von ihnen keine Forderung bedient wird.

Es werden Formeln für einige interessierende stationäre und (soweit es möglich ist) instationäre Charakteristiken der Systeme M/M/s/0 (↑ [1.1]), GI/M/s/0 (↑ [1.2]), $\vec{\mathrm{M}}/\vec{\mathrm{G}}/s/0$ (↑ [1.3]) und $\langle N/\vec{\mathrm{G}}/\vec{\mathrm{G}}/s/0\rangle$ (↑ [1.4]) sowie gewisser Verallgemeinerungen dieser Systeme (Gruppenankünfte, allgemeinere Forderungenströme, zustandsabhängige Intensitätsänderungen der Bedienung,...) zusammengestellt. Insbesondere werden die stationären Verteilungen (p_k), $(\mathring{p}_k)$ bzw. $(\tilde{p}_k)$ der Anzahl N, $\mathring{N}$ bzw. $\tilde{N}$ der Forderungen im System zu einem beliebigen Zeitpunkt, unmittelbar vor dem Ankunftszeitpunkt einer Forderung bzw. unmittelbar nach dem Abgangszeitpunkt einer bedienten oder abgewiesenen Forderung angegeben, mit deren Hilfe u. a. die stationären Verlustwahrscheinlichkeiten, Binomialmomente, Erwartungswert und Varianz der

Anzahl belegter Bedienungsgeräte zu den verschiedenen Zeitpunkten zu bestimmen sind. Darüber hinaus werden Charakteristiken der Ströme der bedienten bzw. der abgewiesenen Forderungen angeführt. Dabei werden die Formeln, die sich direkt aus entsprechenden Formeln komplizierterer Systeme ergeben, nicht immer explizit angegeben.

Die Ergebnisse in [1.3] und [1.4] sind eng mit der Unempfindlichkeit der stationären Zustandswahrscheinlichkeiten (↑ [I, 7.2]) verknüpft. In diesem Zusammenhang sei auf die relativ einfache Möglichkeit der Behandlung unzuverlässiger Bedienungsgeräte durch die Betrachtung von speziellen „Schicksalen" der Belegung eines Gerätes für solche Systeme hingewiesen (↑ [1.3.5]).

1.1. System M/M/s/0

Im System trifft ein Poissonscher Forderungenstrom mit der Pausenzeitverteilungsfunktion $A(x) = 1 - e^{-\lambda x}$ ein. Ferner sei

$$d_0(x) = 1,$$

$$d_i(x) = \sum_{k=0}^{i} \binom{i}{k} \varrho^{i-k} x(x+1) \cdots (x+k-1), \tag{1}$$

$$x d_s'(x+1) = \sum_{k=0}^{s} \varrho^k x(x-1) \cdots (x-k+1) \frac{d_{s-k}^2(x)}{d_s(x)}$$

und x_k, $k = 1, \ldots, s$, bezeichne die Lösungen der Gleichung $d_s(x+1) = 0$. Die Wurzeln x_k sind dabei reell und einfach. Werden sie der Größe nach gemäß $x_s < x_{s-1} < \cdots < x_1$ geordnet, so gilt $x_{k+1} + 1 < x_k \leqq -1$ für $k = 1, \ldots, s-1$ sowie $x_1 = -1$ für $\varrho = 0$ und $x_1 = -2$ für $\varrho = s$. Hinweise zur numerischen Berechnung der x_k findet man z. B. in Kuczura (1973), Lukin [1].

Für $s = 2$ gilt (Riordan [1])

$$x_1 = -\left(\varrho + \frac{3}{2}\right) + \frac{1}{2}\sqrt{1 + 4\varrho}, \qquad x_2 = -\left(\varrho + \frac{3}{2}\right) - \frac{1}{2}\sqrt{1 + 4\varrho}, \tag{2}$$

$$x_k d_2(x_k)\, d_2'(x_k + 1) = 2x_k(x_k + 1 - \varrho), \qquad k = 1, 2. \tag{3}$$

1.1.1. Instationäre Charakteristiken

Für Systeme M/M/s/0 ist der Prozeß $(N(t))$ der Anzahl der Forderungen im System zum Zeitpunkt t ein irreduzibler, ergodischer Geburts- und Todesprozeß mit den Übergangsintensitäten

$$\lambda_i = \lambda, \qquad i = 0, \ldots, s-1, \qquad \mu_i = i\mu, \qquad i = 1, \ldots, s, \qquad \lambda_s = \mu_0 = 0,$$

und die Folge $(\mathring{N}_n)$ der Anzahl der Forderungen im System unmittelbar vor dem Ankunftszeitpunkt der n-ten Forderung eine homogene, irreduzible, aperiodische und damit ergodische Markowsche Kette.

(a) *Übergangswahrscheinlichkeiten von* $(N(t))$ *und* $(\mathring{N}_n)$ (Takács [1], Riordan [1]). Die Übergangswahrscheinlichkeiten $P_{ij} = \mathsf{P}(\mathring{N}_{n+1} = j \mid \mathring{N}_n = i)$, $i, j = 0, \ldots, s$, sind gleich 0 für $j \geqq i+1$ und $n = 0$ sowie $j \geqq i+2$ und $n \geqq 1$. Es gilt $P_{sj} = P_{s-1,j}$ und

$$P_{ij} = \begin{cases} \binom{i}{j} \sum_{k=0}^{i-j} (-1)^k \binom{i-j}{k} (\lambda + (k+j)\,\mu)^{-1}, & j \leqq i \leqq s, \quad n = 0, \\ \binom{i+1}{j} \sum_{k=0}^{i+1-j} (-1)^k \binom{i+1-j}{k} (\lambda + (k+j)\,\mu)^{-1}, & j \leqq i+1 \leqq s, \quad n \geqq 1. \end{cases}$$

Die Übergangswahrscheinlichkeiten $P_{ij}(t) = \mathsf{P}\big(N(t) = j \mid N(0) = i\big)$, $i, j = 0, \ldots, s$, sind gegeben durch

$$P_{ij}(t) = \frac{\varrho^j}{j!} \left(\sum_{k=0}^{s} \frac{\varrho^k}{k!} \right)^{-1} + \sum_{k=1}^{s} \frac{s!}{j!}\, \varrho^{s-i}\, \frac{d_i(x_k)\, d_j(x_k)}{x_k d_s(x_k)\, d_s'(x_k+1)}\, \mathrm{e}^{x_k \mu t},$$

wobei $d_i(x_k)$, $d_s'(x_k+1)$ durch (1) gegeben ist und die x_k Lösungen der Gleichung $d_s(x+1) = 0$ sind. Für M/M/2/0 sind die x_k durch (2) und $x_k d_2(x_k)\, d_2'(x_k+1)$ durch (3) gegeben.

Für M/M/1/0 gilt

$$P_{01} = 1 - P_{00} = 0, \qquad P_{ij} = \varrho^j(\varrho+1)^{-1}, \qquad n = 0, \qquad P_{ij} = \varrho^j(\varrho+1)^{-1},$$
$$n \geqq 1$$

$$P_{ij}(t) = (\varrho+1)^{-1} \big(\varrho^j + (-1)^{j+i}\, \varrho^{1-i}\, \mathrm{e}^{-(\varrho+1)\mu t}\big), \qquad i, j = 0, 1.$$

(b) *Zustandswahrscheinlichkeiten der Anzahl der Forderungen im System zum Zeitpunkt t bzw. unmittelbar vor dem Ankunftszeitpunkt der n-ten Forderung.* Die Zustandswahrscheinlichkeiten

$$P_k(t) = \mathsf{P}\big(N(t) = k\big) = \sum_{i=0}^{s} P_i(0)\, P_{ik}(t)$$

und

$$P_k(n) = \mathsf{P}(\mathring{N}_n = k) = \sum_{i=0}^{s} P_i(0)\, P_{ik}(n)$$

können mit Hilfe der Übergangswahrscheinlichkeiten berechnet werden. Bei der Anfangsbedingung $P_0(0) = 1$ läßt sich $P_k(t)$ auch gemäß Satz 3.2.25 (↑ [I, 3.3.2.4]) mit $\lambda_i = \lambda$, $\mu_i = i\mu$ bestimmen. Für M/M/2/0 mit $P_0(0) = 1$ und M/M/1/0 sind die Zustandswahrscheinlichkeiten $P_k(n)$ durch die entsprechenden Wahrscheinlichkeiten für GI/M/2/0 bzw. GI/M/1/0 mit $A^*(s) = \lambda(\lambda+s)^{-1}$ gegeben (↑ (b) in [1.2.2.1]).

Bez. numerischer Verfahren zur Berechnung der Zustandswahrscheinlichkeiten vgl. Schneps [1], Lukin [1].

(c) *Binomialmomente der Anzahl der Forderungen im System zum Zeitpunkt t*

$$\mathsf{B}_{(k)}(t) = \sum_{j=k}^{s} \binom{j}{k} P_j(t) = \sum_{j=k}^{s} \binom{j}{k} \sum_{i=0}^{s} P_i(0)\, P_{ij}(t), \qquad k = 1, \ldots, s,$$

wobei $P_{ij}(t)$ in (a) gegeben ist.

(d) *Mittlere Anzahl der Forderungen im System zum Zeitpunkt t.* $\mathsf{E}N(t)$ ist durch $\mathsf{B}_{(1)}(t)$ gegeben $\big($↑ (c)$\big)$. Für M/M/1/0 gilt

$$\mathsf{E}N(t) = (\varrho+1)^{-1}\,(\varrho + \mathrm{e}^{-(\varrho+1)\mu t}) - P_0(0)\, \mathrm{e}^{-(\varrho+1)\mu t}$$

(e) *Varianz der Anzahl der Forderungen im System zum Zeitpunkt t.* $\mathsf{V}N(t)$ ist durch $2\mathsf{B}_{(2)}(t) + \mathsf{B}_{(1)}(t) - (\mathsf{B}_1(t))^2$ gegeben (↑ (c)). Für M/M/1/0 gilt

$$\mathsf{V}N(t) = \left(\frac{\varrho + \mathrm{e}^{-(\varrho+1)\mu t}}{\varrho + 1} - P_0(0)\,\mathrm{e}^{-(\varrho+1)\mu t}\right)\left(1 - \frac{\varrho + \mathrm{e}^{-(\varrho+1)\mu t}}{\varrho + 1} + P_0(0)\,\mathrm{e}^{-(\varrho+1)\mu t}\right).$$

(f) *Verteilungsfunktion des Abstandes $D_{\mathrm{v},0}$ bis zum Abgangszeitpunkt der ersten abgewiesenen Forderung* (RIORDAN [1])

$$D_{\mathrm{v},0}(x) = \sum_{i=1}^{s+1} k_i(1 - \mathrm{e}^{-s_i x}),$$

wobei s_i, $i = 1, \ldots, s + 1$, die i-te Wurzel von

$$1 + \sum_{j=1}^{s} \binom{s+1}{j} \lambda^{-j} s(s + \mu) \cdots (s + (j-1)\,\mu) \tag{4}$$

ist und die k_i durch Koeffizientenvergleich zwischen

$$\sum_{i=1}^{s+1} k_i s_i (s + s_i)^{-1}\,(s + s_1) \cdots (s + s_{s+1}) \tag{5}$$

und

$$\sum_{l=0}^{s} P_l(0) \sum_{j=0}^{l} \binom{l}{j} \lambda^{-j} s(s + \mu) \cdots (s + (j-1)\,\mu) \tag{6}$$

zu bestimmen sind. Dabei gilt $s_i \neq s_j$ für $i \neq j$, $s_i > 0$, $k_i > 0$ und $\sum_{i=1}^{s+1} k_i = 1$. Für M/M/1/0 gilt

$$D_{\mathrm{v},0}(x) = k_1(1 - \mathrm{e}^{-s_1 x}) + k_2(1 - \mathrm{e}^{-s_2 x}),$$

$$k_1 = \frac{1}{2}\left(1 - \frac{1}{\sqrt{4\varrho + 1}}\right) - \frac{P_0(0)\,\varrho}{\sqrt{4\varrho + 1}}, \qquad k_2 = \frac{1}{2}\left(1 + \frac{1}{\sqrt{4\varrho + 1}}\right) + \frac{P_0(0)\,\varrho}{\sqrt{4\varrho + 1}}, \tag{7}$$

$$s_1 = \mu\left(1 + 2\varrho + \sqrt{4\varrho + 1}\right)/2, \qquad s_2 = \mu\left(1 + 2\varrho - \sqrt{4\varrho + 1}\right)/2. \tag{8}$$

(g) *Verteilungsfunktion des Abstandes D_{v} zwischen den Abgangszeitpunkten zweier abgewiesener Forderungen* (RIORDAN [1])

$$D_{\mathrm{v}}(x) = \sum_{i=1}^{s+1} k_i(1 - \mathrm{e}^{-s_i x}),$$

wobei s_i die i-te Wurzel von (4) ist und die k_i durch Koeffizientenvergleich zwischen (5) und (6) mit $P_s(0) = 1$ zu bestimmen sind.

Ist $D_{\mathrm{v}}(x, s - 1)$ die Verteilungsfunktion des Abstandes zwischen den Abgangszeitpunkten zweier abgewiesener Forderungen im System M/M/s — 1/0 und $D_{\mathrm{v}}(x, 0) = 1 - \mathrm{e}^{-\lambda x}$, so gilt (FRANKEN/LIEMANT/MATTHES (1965))

$$D_{\mathrm{v}}(x) = \lambda(\lambda + s)^{-1}\left(1 - \mathrm{e}^{-(\lambda+s)x} + \mathrm{Exp}\,(\lambda + s) * D_{\mathrm{v}} * D_{\mathrm{v}}(x, s - 1)\right).$$

Für M/M/1/0 gilt

$$D_{\mathrm{v}}(x) = k_1(1 - \mathrm{e}^{-s_1 x}) + k_2(1 - \mathrm{e}^{-s_2 x}),$$

wobei k_1, k_2 durch (7) mit $P_0(0) = 0$ und s_1, s_2 durch (8) gegeben sind.

(h) *Varianz des Abstandes $D_{v,0}$ bis zum Abgangszeitpunkt der ersten abgewiesenen Forderung*

$$\mathsf{V}D_{v,0} = \mu^{-2}\left(2\sum_{l=1}^{s} P_l(0)\sum_{j=1}^{l}\binom{l}{j}\sum_{k=1}^{j-1}\frac{(j-1)!}{k}\varrho^{-j} - 2\sum_{j=1}^{s+1}\binom{s+1}{j}\sum_{k=1}^{j-1}\frac{(j-1)!}{k}\varrho^{-j}\right.$$
$$\left. + \left(\sum_{j=1}^{s+1}\binom{s+1}{j}(j-1)!\,\varrho^{-j}\right)^2 - \left(\sum_{l=1}^{s} P_l(0)\sum_{j=1}^{l}\binom{l}{j}(j-1)!\,\varrho^{-j}\right)^2\right)$$

(i) *Varianz des Abstandes D_v zwischen den Abgangszeitpunkten zweier abgewiesener Forderungen*

$$\mathsf{V}D_v = \lambda^{-2}\left(\sum_{j=0}^{s}\frac{s!\,\varrho^{-j}}{(s-j)!}\right)\left(\sum_{j=0}^{s}\frac{s!\,(2s+1-j)\,\varrho^{-j}}{(s-j)!\,(j+1)}\right) - 2\lambda^{-2}\sum_{j=1}^{s}\varrho^{-j+1}\left(\sum_{l=1}^{j}\frac{j!}{l}\right).$$

(j) *Verteilungsfunktion der Anzahl $L_1(t)$ der in $(0, t)$ abgewiesenen Forderungen.* $(L_1(t))$ ist ein Erneuerungsprozeß mit den Abstandsverteilungsfunktionen $D_{v,0}(x)$ (↑ (f)) und $D_v(x)$ (↑ (g)). Es gilt daher

$$\mathsf{P}(L_1(t) \leqq n) = 1 - D_{v,0} * D_v^{*(n)}(t).$$

Für M/M/1/0 gilt

$$\mathsf{P}(L_1(t) \leqq n) = 1 - \left(k_1 - \frac{P_0(0)\,\varrho}{\sqrt{4\varrho+1}}\right)\sum_{i=0}^{n}\binom{n}{i}k_1^{\,n-i}k_2^{\,i}\,\mathrm{E}_{n-i+1,s_1} * \mathrm{E}_{i,s_2}(t)$$
$$- \left(k_2 + \frac{P_0(0)\,\varrho}{\sqrt{4\varrho+1}}\right)\sum_{i=0}^{n}\binom{n}{i}k_1^{\,n-i}k_2^{\,i}\,\mathrm{E}_{n-i,s_1} * \mathrm{E}_{i+1,s_2}(t),$$

wobei k_1, k_2 durch (7) und s_1, s_2 durch (8) gegeben sind.

(k) *Erwartungswert der Anzahl $L_1(t)$ der in $(0, t)$ abgewiesenen Forderungen*

$$\mathsf{E}L_1(t) = \sum_{n=0}^{\infty} D_{v,0} * D_v^{*(n)}(t),$$

wobei $D_{v,0}(x)$ und $D_v(x)$ in (f) bzw. (g) gegeben sind.

Für M/M/1/0 gilt

$$\mathsf{E}L_1(t) = \frac{\lambda\varrho t}{\varrho+1} + \frac{\varrho}{\varrho+1}\,\mathrm{e}^{-(\lambda+\mu)t}\left(\frac{\varrho}{\varrho+1} - P_1(0)\right).$$

Weitere instationäre Charakteristiken für Systeme M/M/s/0 ergeben sich mit $A^*(s) = \lambda(\lambda+s)^{-1}$ unmittelbar aus den entsprechenden Charakteristiken für Systeme GI/M/s/0 (↑ (c), (d), (e), (f), (g), (h), (i), (j), (m), (n), (o), (p), (t) in [1.2.2.1]).

1.1.2. Stationäre Charakteristiken

(a) *Zustandswahrscheinlichkeiten der Anzahl der Forderungen im System zu einem beliebigen Zeitpunkt, unmittelbar vor dem Ankunftszeitpunkt einer Forderung bzw. unmittelbar nach dem Abgangszeitpunkt einer bedienten oder abgewiesenen Forderung* (Riordan [1], Syski [1], Takacs [1] u. a.):

Für beliebige Anfangsverteilungen gilt

$$p_k = \lim_{t\to\infty}\mathsf{P}(N(t) = k), \qquad \mathring{p}_k = \lim_{n\to\infty}\mathsf{P}(\mathring{N}_n = k), \qquad \tilde{p}_k = \lim_{n\to\infty}\mathsf{P}(\tilde{N}_n = k)$$

$$p_k = \mathring{p}_k = \tilde{p}_k = \varrho^k/(\pi_s k!), \qquad k = 0, \ldots, s,$$

wobei zur Abkürzung (auch im weiteren) $\pi_k = \sum_{j=0}^{k} \frac{\varrho^j}{j!}$ gesetzt wird. Tabellen für die stationären Zustandswahrscheinlichkeiten findet man in BASCHARIN [1], SUZUKI [1], STÖRMER [1], KÜHN [1].

(b) *Aktuelle Verlustwahrscheinlichkeit*

$$\mathring{p}_v = \varrho^s/(\pi_s s!)$$

(c) *Virtuelle Verlustwahrscheinlichkeit* (Gefahrzeit)

$$p_v = \varrho^s/(\pi_s s!).$$

Für wachsende Anzahl s von Bedienungsgeräten kann $p_v = p_v(s, \varrho)$ durch die Rekursionsformeln (JAGERMANN (1974))

$$\big(p_v(s, \varrho)\big)^{-1} = \sum_{j=0}^{k-1} \varrho^{-j} \frac{s!}{(s-j)!} + \big(p_v(s-k, \varrho)\big)^{-1} \varrho^{-k} \frac{s!}{(s-k)!},$$

$k = 1, \ldots, s$; $p_v(0, \varrho) = 1$, bestimmt werden. Insbesondere gilt für $k = 1$

$$p_v(s, \varrho) = p_v(s-1, \varrho) \big(s + \varrho p_v(s-1, \varrho)\big)^{-1}.$$

(d) *Binomialmomente der Anzahl der Forderungen im System*

$$\mathsf{B}_{(k)} = \mathring{\mathsf{B}}_{(k)} = \tilde{\mathsf{B}}_{(k)} = (\varrho^k \pi_{s-k})/(\pi_s k!), \qquad k = 0, \ldots, s.$$

(e) *Erwartungswert der Anzahl der Forderungen im System*

$$\mathsf{E}N = \mathsf{E}\mathring{N} = \mathsf{E}\tilde{N} = \varrho \pi_{s-1}/\pi_s.$$

(f) *Varianz der Anzahl der Forderungen im System*

$$\mathsf{V}N = \mathsf{V}\mathring{N} = \mathsf{V}\tilde{N} = 2\mathsf{B}_{(2)} + \mathsf{B}_{(1)} - \mathsf{B}_{(1)}^2,$$

wobei $\mathsf{B}_{(k)}$, $k = 1, 2$, in (d) gegeben ist.

(g) *Verteilungsfunktion des Abstandes D_b zwischen den Abgangszeitpunkten zweier bedienter Forderungen* (BOKUTSCHAWA (1967), JAROWITZKI (1962))

$$D_b(x) = \begin{cases} 1 - e^{-\lambda x} - \lambda x s^{s-1} e^{-\lambda x}\big((\pi_{s-1}(s-1)!)^{-1}, & \varrho = s, \\ 1 - e^{-\lambda x} - \lambda \varrho^{s-1}(e^{-\lambda x} - e^{-s\mu x}) \big(\pi_{s-1}(s-1)!\,(s\mu - \lambda)\big)^{-1}, & \varrho \neq s. \end{cases}$$

(h) *L.-S.-T. der Verteilungsfunktion des Abstandes D_b zwischen den Abgangszeitpunkten zweier bedienter Forderungen* (TOLMATSCHEW (1974a))

$$D_b^*(s^*) = \frac{\lambda}{\lambda + s^*} \left(1 - \frac{\lambda s^* \varrho^{s-1}}{(s-1)!\,(s\mu + s^*)\,\pi_{s-1}}\right).$$

(i) *Erwartungswert des Abstandes D_b zwischen den Abgangszeitpunkten zweier bedienter Forderungen* (DISNEY/CHERRY (1974))

$$\mathsf{E}D_b = (\varrho^s + s!\,\pi_{s-1})\,(\lambda s!\,\pi_{s-1})^{-1}.$$

(j) *Varianz des Abstandes D_b zwischen den Abgangszeitpunkten zweier bedienter Forderungen* (DISNEY/CHERRY (1974))

$$\mathsf{V}D_b = \lambda^{-2} + 2\varrho^{s-1}(s!\,s\mu^2\pi_{s-1})^{-1} - \varrho^{2s}(s!\,\lambda\pi_{s-1})^{-2}.$$

(k) *L.-S.-T. der Verteilungsfunktion zweier aufeinanderfolgender Abstände $D_{b,i}$, $D_{b,i+1}$ zwischen den Abgangszeitpunkten bedienter Forderungen* (Tolmatschew (1974a))

$$D_v^*(s_1, s_2) = \frac{\lambda}{\lambda + s_1}\left(\left(1 - \frac{s_2\varrho^{s-1}}{(s-1)!\,(s\mu + s_2)\,\pi_{s-1}}\right)\frac{\lambda}{\lambda + s_2} - \frac{s_1\varrho^{s-1}}{(s-1)!\,(s\mu + s_1)\,\pi_{s-1}}\right.$$
$$\left.\times\left(\frac{(s-1)\,\mu}{\lambda + (s-1)\,\mu + s_2} + \frac{s\lambda\mu}{(s + s_2)\,\big(\lambda + (s-1)\,\mu + s_2\big)}\right)\right).$$

(l) *Korrelationskoeffizient zweier aufeinanderfolgender Abstände $D_{b,i}$, $D_{b,i+1}$ zwischen den Abgangszeitpunkten bedienter Forderungen* (Tolmatschew (1974a))

$$\mathsf{K}(D_{b,i}, D_{b,i+1}) = \frac{\varrho^{s-1}}{\mathsf{V}D_b s!\,\pi_{s-1}}\left(\frac{1 + \varrho s^{-1}}{\lambda + (s-1)\,\mu} - \frac{1}{\lambda} - \frac{\varrho^{s-1}}{\mu s!\,\pi_{s-1}}\right)$$

wobei $\mathsf{V}D_b$ in (j) gegeben ist.

(m) *Mittlere Besetztzeit* (Cohen [2])

$$\mathsf{E}S = \lambda^{-1}\pi_s.$$

Der Strom der abgewiesenen und bedienten Forderungen ist ein Poissonscher Strom der Intensität λ (vgl. Tolmatschew (1974a)). Die abgewiesenen Forderungen bilden einen rekurrenten Strom mit der Pausenzeitverteilungsfunktion $D_v(x)$ (↑ (g), (j) in [1.1.1]). Der Strom der bedienten Forderungen ist dagegen nur für M/M/1/0 rekurrent. Für M/M/1/0 gilt daher

$$D_b^*(s_1, s_2) = D_b^*(s_1)\,D_b^*(s_2) \qquad (\uparrow \text{(k)}) \quad \text{und} \quad \mathsf{K}(D_{b,i}, D_{b,i+1}) = 0 \qquad (\uparrow \text{(l)}).$$

1.1.3. Stationäre Zustandswahrscheinlichkeiten für Systeme M(t)/M(t)/s/0

Im System trifft ein instationärer Poissonscher Forderungenstrom der Intensität $\lambda(t)$ ein. Die Bedienungszeiten der Forderungen sind exponentialverteilt mit dem zeitabhängigen Parameter $\mu(t)$.

Die stationären Zustandswahrscheinlichkeiten p_k existieren, und es gilt

$$p_k = \lim_{t\to\infty} \mathsf{P}\big(N(t) = k\big) = \varrho^k/(\pi_s k!)$$

genau dann, wenn

$$\lim_{t\to\infty} \frac{1}{2u}\int_{t-u}^{t+u} \frac{\lambda(t)}{\mu(t)}\,\mathrm{d}t = \varrho$$

für ein $u > 0$ erfüllt ist (Gnedenko/Solowjew (1973)). Hinreichend dafür sind die Bedingungen (Gnedenko (1971))

$$\int_0^\infty \mu(t)\,\mathrm{d}t = \infty, \qquad \lim_{t\to\infty} \frac{\lambda(t)}{\mu(t)} = \varrho.$$

1.2. System G/M/s/0

1.2.1. Beziehungen zwischen den stationären Zustandswahrscheinlichkeiten

Die Forderungen treffen im System gemäß eines stationären Forderungenstromes (↑ [I, 3.6.3]) ein. Die stationären Verteilungen (p_k), $(\mathring{p}_k)$ und $(\tilde{p}_k)$ existieren eindeutig (↑ [11.1.2]), und es gilt (Franken (1975), (1976))

$$\mathring{p}_k = \frac{k+1}{\varrho} p_{k+1}, \quad k = 0, \ldots, s-1, \quad \mathring{p}_s = 1 - \sum_{k=0}^{s-1} \frac{k+1}{\varrho} p_{k+1},$$

$$\mathring{p}_k = \tilde{p}_k, \quad k = 0, \ldots, s.$$

Zwischen den Binomialmomenten $\mathsf{B}_{(k)}$ und $\mathring{\mathsf{B}}_{(k)}$ der stationären Verteilungen gelten die Beziehungen

$$\mathsf{B}_{(k)} = \frac{\varrho}{k}\left(\mathring{\mathsf{B}}_{(k-1)} - \binom{s}{k-1}\mathring{\mathsf{B}}_{(s)}\right), \quad \mathring{\mathsf{B}}_{(0)} = 1, \quad k = 1, \ldots, s,$$

$$\mathsf{B}_{(k)} = \frac{\varrho}{k} \frac{1 - A^*(k\mu)}{A^*(k\mu)} \mathring{\mathsf{B}}_{(k)}, \quad k = 1, \ldots, s,$$

und damit insbesondere

$$\mathsf{E}N = \frac{1 - A^*(\mu)}{A^*(\mu)} \mathsf{E}\mathring{N} = \varrho(1 - p_v),$$

$$p_v = \frac{\varrho}{s} \frac{1 - A^*(s\mu)}{A^*(s\mu)} \mathring{p}_v.$$

Explizite Formeln für die Zustandswahrscheinlichkeiten, Binomialmomente und andere Charakteristiken sind für Systeme G/M/s/0, $s \geqq 2$, jedoch nicht bekannt. Lediglich für G/M/1/0 gilt

$$\mathring{p}_v = \mathsf{E}\mathring{N} = A^*(\mu), \quad p_v = \mathsf{E}N = \varrho\big(1 - A^*(\mu)\big),$$

$$\mathsf{V}\mathring{N} = \mathring{p}_v(1 - \mathring{p}_v), \quad \mathsf{V}N = p_v(1 - p_v).$$

1.2.2. System GI/M/s/0

Im System trifft ein rekurrenter Forderungenstrom mit der Pausenzeitverteilungsfunktion $A(x)$ ein.

1.2.2.1. Instationäre Charakteristiken

Die Folge $(\mathring{N}_n)$ der Anzahl der Forderungen im System unmittelbar vor dem Ankunftszeitpunkt der n-ten Forderung ist eine homogene, irreduzible, aperiodische und ergodische Markowsche Kette.

(a) *Übergangswahrscheinlichkeiten von* $(\mathring{N}_n)$ (Takacs [1]). Die Übergangswahrscheinlichkeiten $P_{ij} = \mathsf{P}(\mathring{N}_{n+1} = j \mid \mathring{N}_n = i)$, $i, j = 0, \ldots, s$, sind gleich 0 für $j \geqq i + 1$ und

$n = 0$ sowie $j \geqq i + 2$ und $n \geqq 1$. Es gilt $P_{sj} = P_{s-1,j}$ und

$$P_{ij} = \begin{cases} \binom{i}{j} \int\limits_0^\infty e^{-j\mu x}(1 - e^{-\mu x})^{i-j} \, dA(x), & j \leqq i \leqq s, \quad n = 0, \\ \binom{i+1}{j} \int\limits_0^\infty e^{-j\mu x}(1 - e^{-\mu x})^{i+1-j} \, dA(x), & j \leqq i + 1 \geqq s, \quad n \leqq 1. \end{cases}$$

(b) *Zustandswahrscheinlichkeiten der Anzahl der Forderungen im System unmittelbar vor dem Ankunftszeitpunkt der n-ten Forderung* (FINCH (1961)). Die Zustandswahrscheinlichkeiten $P_k(n) = \mathsf{P}(\mathring{N}_n = k)$ können mit Hilfe der Übergangswahrscheinlichkeiten von $(\mathring{N}_n)$ berechnet werden.

Für GI/M/2/0 mit $P_0(0) = 1$ gilt

$$P_0(1) = 1,$$

$$P_0(n) = 1 - \frac{A^*(\mu)\left(1 - (A^*(\mu) - A^*(2\mu))^{n-1}\right)}{1 - A^*(\mu) + A^*(2\mu)},$$

$$P_1(n) = \frac{A^*(\mu)\left(1 - (A^*(\mu) - A^*(2\mu))^{n-1}\right) - A^*(\mu)\, A^*(2\mu)\left(1 - (A^*(\mu) - A^*(2\mu))^{n-2}\right)}{1 - A^*(\mu) + A^*(2\mu)},$$

$$P_2(n) = \frac{A^*(\mu)\, A^*(2\mu)\left(1 - (A^*(\mu) - A^*(2\mu))^{n-2}\right)}{1 - A^*(\mu) + A^*(2\mu)}, \qquad n \geqq 2.$$

Für GI/M/1/0 gilt

$$P_1(1) = 1 - P_0(1) = P_1(0)\, A^*(\mu), \qquad P_1(n) = 1 - P_0(n) = A^*(\mu), \qquad n \geqq 2.$$

(c) *Erzeugende Funktion der Zustandswahrscheinlichkeiten* $P_k(n)$ (FINCH (1961), TAKACS [1])

$$\sum_{n=1}^{\infty} P_k(n)\, z^n = \sum_{m=k}^{s} (-1)^{m-k} \binom{m}{k} \left(b_m(z) \sum_{j=0}^{s} \binom{s}{j} b_j(z)\right)^{-1} \sum_{j=m}^{s} \binom{s}{j} b_j(z)$$
$$\times \left(1 + \sum_{j=1}^{s} \frac{z b_j(z)}{j!\left(1 - zA^*(j\mu)\right)} \left(\left.\frac{d^j g_{N_1}(z)}{dz^j}\right|_{z=1}\right)\right).$$

Ist $P_i(0) = 1$, so gilt

$$\sum_{n=1}^{\infty} P_k(n)\, z^n = \sum_{m=k}^{s} (-1)^{m-k} \binom{m}{k} \left(b_m(z) \sum_{j=0}^{s} \binom{s}{j} b_j(z)\right)^{-1} \left(\sum_{j=m}^{s} \binom{s}{j} b_j(z)\right.$$
$$\left. \times \sum_{j=0}^{m} \binom{i}{j} b_{j-1}(z) - \sum_{j=0}^{m-1} \binom{s}{j} b_j(z) \sum_{j=m+1}^{s} \binom{i}{j} b_{j-1}(z)\right),$$

wobei $b_j(z) = \prod_{l=0}^{j} \left(\frac{1 - zA^*(l\mu)}{zA^*(l\mu)}\right)$ und $b_{-1}(z) = 1$.

Für GI/M/1/0 gilt

$$\sum_{n=1}^{\infty} P_1(n)\, z^n = \frac{z}{1-z} - \sum_{n=1}^{\infty} P_0(n)\, z^n = \frac{z^2 A^*(\mu)}{1-z} \left(1 + z P_1(0)\right).$$

(d) *L.-T. der Zustandswahrscheinlichkeiten* $P_k(t)$ (Takacs [1]). Sei $P_i(0) = 1$, $c_j(s^*) = \prod_{l=0}^{j} \left(\frac{1 - A^*(s^* + l\mu)}{A^*(s^* + l\mu)}\right)$ und $c_{-1}(s^*) = 1$. Dann gilt

$$\check{P}_k(s^*) = \sum_{m=k}^{s} (-1)^{m-k} \binom{m}{k} \left((s^* + m\mu)\, c_{m-1}(s^*) \sum_{j=0}^{s} \binom{s}{j} c_j(s^*)\right)^{-1}$$
$$\times \left(\sum_{j=m}^{s} \binom{s}{j} c_j(s^*) \sum_{j=0}^{m} \binom{i}{j} c_{j-1}(s^*) - \sum_{j=0}^{m-1} \binom{s}{j} c_j(s^*) \sum_{j=m+1}^{s} \binom{i}{j} c_{j-1}(s^*)\right).$$

Für GI/M/1/0 mit $P_i(0) = 1$ gilt

$$\check{P}_1(s) = \frac{1}{s} - \check{P}_0(s) = \frac{\left(A^*(s)\right)^i \left(1 - A^*(s + \mu)\right)}{(s + \mu)\left(1 - A^*(s)\right)}.$$

(e) *Erzeugende Funktion der Binomialmomente der Anzahl der Forderungen im System unmittelbar vor dem Ankunftszeitpunkt der n-ten Forderung* (Finch (1961), Takacs [1]). Sei $\mathsf{B}_{(k)}(n) = \sum_{j=k}^{s} \binom{j}{k} P_j(n)$, $b_j(z) = \prod_{l=0}^{j} \left(\frac{1 - zA^*(l\mu)}{zA^*(l\mu)}\right)$ und $b_{-1}(z) = 1$. Dann gilt

$$\sum_{n=1}^{\infty} \mathsf{B}_{(k)}(n)\, z^n = \left(b_k(z) \sum_{j=0}^{s} \binom{s}{j} b_j(z)\right)^{-1} \sum_{j=k}^{s} \binom{s}{j} b_j(z)$$
$$\times \left(1 + \sum_{j=1}^{s} \frac{z b_j(z)}{j!\left(1 - zA^*(j\mu)\right)} \left(\left.\frac{\mathrm{d}^j\, \mathfrak{g}_{N_1}(z)}{\mathrm{d}z^j}\right|_{z=1}\right)\right).$$

Ist $P_i(0) = 1$, so gilt

$$\sum_{n=1}^{\infty} \mathsf{B}_{(k)}(n)\, z^n = \left(b_k(z) \sum_{j=0}^{s} \binom{s}{j} b_j(z)\right)^{-1} \left(\sum_{j=k}^{s} \binom{s}{j} b_j(z)\right.$$
$$\left.\times \sum_{j=0}^{k} \binom{i}{j} b_{j-1}(z) - \sum_{j=0}^{k-1} \binom{s}{j} b_j(z) \sum_{j=k+1}^{s} \binom{i}{j} b_{j-1}(z)\right).$$

(f) *L.-T. der Binomialmomente der Anzahl der Forderungen im System zum Zeitpunkt t* (Takacs [1]). Sei $P_i(0) = 1$, $\mathsf{B}_{(k)}(t) = \sum_{j=k}^{s} \binom{j}{k} P_j(t)$, $c_j(s^*) = \prod_{l=0}^{j} \left(\frac{1 - A^*(s^* + l\mu)}{A^*(s^* + l\mu)}\right)$ und $c_{-1}(s^*) = 1$. Dann gilt

$$\check{\mathsf{B}}_{(k)}(s^*) = \left((s^* + k\mu)\, c_{k-1}(s^*) \sum_{j=0}^{s} \binom{s}{j} c_j(s^*)\right)^{-1} \left(\sum_{j=k}^{s} \binom{s}{j} c_j(s^*)\right.$$
$$\left.\times \sum_{j=0}^{k} \binom{i}{j} c_{j-1}(s^*) - \sum_{j=0}^{k-1} \binom{s}{j} c_j(s^*) \sum_{j=k+1}^{s} \binom{i}{j} c_{j-1}(s^*)\right).$$

(g) *Mittlere Anzahl der Forderungen im System unmittelbar vor dem Ankunftszeitpunkt der n-ten Forderung* (FINCH (1961)). Für GI/M/2/0 mit $P_0(0) = 1$ gilt $\mathsf{E}\mathring{N}_1 = 0$ und

$$\mathsf{E}\mathring{N}_n = \frac{A^*(\mu)\left(1-\left(A^*(\mu)-A^*(2\mu)\right)^{n-1}\right) + A^*(\mu)\,A^*(2\mu)\left(1-\left(A^*(\mu)-A^*(2\mu)\right)^{n-2}\right)}{1-A^*(\mu)+A^*(2\mu)},$$

$$n \geqq 2.$$

Für GI/M/1/0 gilt

$$\mathsf{E}\mathring{N}_1 = P_1(0)\,A^*(\mu), \qquad \mathsf{E}\mathring{N}_n = A^*(\mu), \qquad n \geqq 2.$$

(h) *Erzeugende Funktion der mittleren Anzahl von Forderungen im System unmittelbar vor dem Ankunftszeitpunkt der n-ten Forderung.* $\sum_{n=1}^{\infty} \mathsf{E}\mathring{N}_n z^n$ ist durch $\sum_{n=1}^{\infty} \mathsf{B}_{(1)}(n)\,z^n$ ($\uparrow$ (e)) gegeben. Für GI/M/1/0 gilt

$$\sum_{n=1}^{\infty} \mathsf{E}\mathring{N}_n z^n = \frac{z^2 A^*(\mu)}{1-z}\left(1 + zP_1(0)\right).$$

(i) *L.-T. der mittleren Anzahl der Forderungen im System zum Zeitpunkt t.* $\int_0^\infty \mathrm{e}^{-s^*t}\mathsf{E}N(t)\,\mathrm{d}t$ ist durch $\check{\mathsf{B}}_{(1)}(s^*)$ ($\uparrow$ (f)) gegeben. Für GI/M/1/0 gilt

$$\int_0^\infty \mathrm{e}^{-st}\mathsf{E}N(t)\,\mathrm{d}t = \frac{\left(A^*(s)\right)^i\left(1-A^*(s+\mu)\right)}{(s+\mu)\left(1-A^*(s)\right)}.$$

(j) *Varianz der Anzahl der Forderungen im System unmittelbar vor dem Ankunftszeitpunkt der n-ten Forderung* (FINCH (1961)). Für GI/M/2/0 mit $P_0(0) = 1$ gilt $\mathsf{V}\mathring{N}_1 = 0$ und

$$\mathsf{V}\mathring{N}_n =$$

$$\frac{3A^*(\mu)\,A^*(2\mu)\left(1-\left(A^*(\mu)-A^*(2\mu)\right)^{n-2}\right) + A^*(\mu)\left(1-\left(A^*(\mu)-A^*(2\mu)\right)^{n-1}\right)}{1-A^*(\mu)+A^*(2\mu)}$$

$$-\left(\frac{A^*(\mu)\left(1-\left(A^*(\mu)-A^*(2\mu)\right)^{n-1}\right) + A^*(\mu)\,A^*(2\mu)\left(1-\left(A^*(\mu)-A^*(2\mu)\right)^{n-2}\right)}{1-A^*(\mu)+A^*(2\mu)}\right)^2,$$

$$n \geqq 2.$$

Für GI/M/1/0 gilt

$$\mathsf{V}\mathring{N}_1 = P_1(0)\,A^*(\mu)\left(1-P_1(0)\,A^*(\mu)\right), \qquad \mathsf{V}\mathring{N}_n = A^*(\mu)\left(1-A^*(\mu)\right), \qquad n \geqq 2.$$

(k) *Verteilungsfunktion des Abstandes D_0 bis zum Abgangszeitpunkt der ersten abgewiesenen Forderung im System* GI/M/1/0

$$D_{\mathrm{v},0}(x) = \sum_{k=0}^{\infty} \int_0^x \int_0^{x-u_1} \cdots \int_0^{x-u_k} \left(P_1(0) + P_0(0)\,A\left(x-(u_1+\cdots+u_k)\right)\right)$$

$$\times\, \mathrm{e}^{-\mu u_k} \prod_{i=0}^{k-1} \left(1-\mathrm{e}^{-\mu u_i}\right) \mathrm{d}A(u_0)\cdots\mathrm{d}A(u_k).$$

(l) *Verteilungsfunktion des Abstandes D_v zwischen den Abgangszeitpunkten zweier abgewiesener Forderungen* (Palm (1943), Takács (1959)). Sei $D_v(x, s-1)$ die Verteilungsfunktion des Abstandes zwischen den Abgangszeitpunkten zweier abgewiesener Forderungen im System GI/M/$s-1$/0 und $D_v(x, 0) = A(x)$. Dann gilt

$$D_v(x) = D_v(x, s-1) - \int_0^s (1 - e^{-\mu u}) \left(1 - D_v(x-u)\right) dD_v(u, s-1),$$

$$D_v(x) = \int_0^x \left(e^{-\mu u} + (1 - e^{-\mu u}) D_v(x-u)\right) dD_v(u, s-1).$$

Für GI/M/1/0 gilt

$$D_v(x) = \sum_{k=0}^{\infty} \int_0^x \int_0^{x-u_1} \cdots \int_0^{x-u_k} e^{-\mu u_k} \prod_{i=0}^{k-1} (1 - e^{-\mu u_i}) \, dA(u_0) \cdots dA(u_k).$$

(m) *L.-S.-T. der Verteilungsfunktion des Abstandes $D_{v,0}$ bis zum Abgangszeitpunkt der ersten abgewiesenen Forderung* (Klimow [1])

$$D_{v,0}^*(s^*) = \frac{\sum_{l=0}^{s} P_l(0) \sum_{j=0}^{l} \binom{l}{j} \prod_{i=0}^{j-1} \left(\frac{1 - A^*(s^* + i\mu)}{A^*(s^* + i\mu)}\right)}{\sum_{j=0}^{s+1} \binom{s+1}{j} \prod_{i=0}^{j-1} \left(\frac{1 - A^*(s^* + i\mu)}{A^*(s^* + i\mu)}\right)}.$$

(n) *L.-S.-T. der Verteilungsfunktion des Abstandes D_v zwischen den Abgangszeitpunkten zweier abgewiesener Forderungen* (Takács (1959))

$$D_v^*(s^*) = \frac{\sum_{j=0}^{s} \binom{s}{j} \prod_{i=0}^{j-1} \left(\frac{1 - A^*(s^* + i\mu)}{A^*(s^* + i\mu)}\right)}{\sum_{j=0}^{s+1} \binom{s+1}{j} \prod_{i=0}^{j-1} \left(\frac{1 - A^*(s^* + i\mu)}{A^*(s^* + i\mu)}\right)}.$$

Ist $D_v^*(s^*, s-1)$ die L.-S.-T. der Verteilungsfunktion des Abstandes zwischen den Abgangszeitpunkten zweier abgewiesener Forderungen im System M/M/$s-1$/0, so gilt (Descloux (1963))

$$D_v^*(s^*, s) = (\lambda + s + s^*)^{-1} \left(\lambda + s D_v^*(s^*, s) \, D_v^*(s^*, s-1)\right).$$

(o) *Erwartungswert des Abstandes $D_{v,0}$ bis zum Abgangszeitpunkt der ersten abgewiesenen Forderung*

$$\mathsf{E}D_{v,0} = \frac{1}{\lambda} \left(\sum_{j=1}^{s+1} \binom{s+1}{j} \prod_{i=1}^{j-1} \left(\frac{1 - A^*(i\mu)}{A^*(i\mu)}\right) - \sum_{l=1}^{s} P_l(0) \sum_{j=1}^{l} \binom{l}{j} \prod_{i=1}^{j-1} \left(\frac{1 - A^*(i\mu)}{A^*(i\mu)}\right)\right).$$

(p) *Erwartungswert des Abstandes D_v zwischen den Abgangszeitpunkten zweier abgewiesener Forderungen*

$$\mathsf{E}D_v = \frac{1}{\lambda} \left(\sum_{j=0}^{s} \binom{s}{j} \prod_{i=1}^{j} \left(\frac{1 - A^*(i\mu)}{A^*(i\mu)}\right)\right).$$

(q) *Varianz des Abstandes D_0 bis zum Abgangszeitpunkt der ersten abgewiesenen Forderung*

$$\mathsf{V}D_{\mathrm{v},0} = \sum_{l=1}^{s} P_l(0) \sum_{j=1}^{l} \binom{l}{j} \Bigg((\lambda^{-2} - \mathsf{V}A) \prod_{i=1}^{j-1} \left(\frac{1 - A^*(i\mu)}{A^*(i\mu)} \right) - 2\lambda^{-1}$$
$$\times \sum_{m=1}^{j-1} \left. \frac{\mathrm{d}A^*(s + m\mu)}{\mathrm{d}s} \right|_{s=0} \big(A^*(m\mu)\big)^{-2} \prod_{\substack{i=1\\ j \neq m}}^{j-1} \left(\frac{1 - A^*(i\mu)}{A^*(i\mu)} \right) \Bigg)$$
$$- \sum_{j=1}^{s+1} \binom{s+1}{j} \Bigg((\lambda^{-2} - \mathsf{V}A) \prod_{i=1}^{j-1} \left(\frac{1 - A^*(i\mu)}{A^*(i\mu)} \right)$$
$$- 2\lambda^{-1} \sum_{m=1}^{j-1} \left. \frac{\mathrm{d}A^*(s + m\mu)}{\mathrm{d}s} \right|_{s=0} \big(A^*(m\mu)\big)^{-2} \prod_{\substack{i=1\\ i \neq m}}^{j-1} \left(\frac{1 - A^*(i\mu)}{A^*(i\mu)} \right) \Bigg)$$
$$+ \lambda^{-2} \left(\left(\sum_{j=1}^{s+1} \binom{s+1}{j} \prod_{i=1}^{j-1} \left(\frac{1 - A^*(i\mu)}{A^*(i\mu)} \right) \right)^2 \right.$$
$$\left. - \left(\sum_{l=1}^{s} P_l(0) \sum_{j=1}^{l} \binom{l}{j} \prod_{i=1}^{j-1} \left(\frac{1 - A^*(i\mu)}{A^*(i\mu)} \right) \right)^2 \right).$$

Für GI/M/1/0 gilt

$$\mathsf{V}D_{\mathrm{v},0} = \big(\lambda A^*(\mu)\big)^{-2} \left(1 + \lambda^2 \mathsf{V}A A^*(\mu) + A^*(\mu) + 2\lambda \left. \frac{\mathrm{d}A^*(s)}{\mathrm{d}s} \right|_{s=\mu} \right)$$
$$+ P_0(0) \big(\mathsf{V}A + P_1(0)\, \lambda^{-2}\big).$$

(r) *Varianz des Abstandes D_v zwischen den Abgangszeitpunkten zweier abgewiesener Forderungen*

$$\mathsf{V}D_\mathrm{v} = \sum_{j=0}^{s} \binom{s}{j} \Bigg((\mathsf{V}A - \lambda^{-2}) \prod_{i=1}^{j} \left(\frac{1 - A^*(i\mu)}{A^*(i\mu)} \right) + 2\lambda^{-1} \sum_{m=1}^{j} \left. \frac{\mathrm{d}A(s + m\mu)}{\mathrm{d}s} \right|_{s=0}$$
$$\times \big(A^*(m\mu)\big)^{-2} \prod_{\substack{i=1\\ i \neq m}}^{j} \left(\frac{1 - A^*(i\mu)}{A^*(i\mu)} \right) \Bigg) + \lambda^{-2} \left(\sum_{j=0}^{s} \binom{s}{j} \prod_{i=1}^{j} \left(\frac{1 - A^*(i\mu)}{A^*(i\mu)} \right) \right)$$
$$\times \left(\sum_{j=0}^{s} \left(\binom{s+1}{j+1} - \binom{s}{j+1} \right) \prod_{i=1}^{j} \left(\frac{1 - A^*(i\mu)}{A^*(i\mu)} \right) \right).$$

Für GI/M/1/0 gilt

$$\mathsf{V}D_\mathrm{v} = \big(\lambda A^*(\mu)\big)^{-2} \left(1 + \lambda^2 \mathsf{V}A A^*(\mu) + A^*(\mu) + 2\lambda \left. \frac{\mathrm{d}A^*(s)}{\mathrm{d}s} \right|_{s=\mu} \right).$$

(s) *Verteilungsfunktion der Anzahl $L_1(t)$ der in $(0, t)$ abgewiesenen Forderungen.* $\big(L_1(t)\big)$ ist ein Erneuerungsprozeß mit den Abstandsverteilungsfunktionen $D_{\mathrm{v},0}(x)$ $\big(\uparrow$ (k)$\big)$ und $D_\mathrm{v}(x)$ $\big(\uparrow$ (l)$\big)$. Es gilt daher

$$\mathsf{P}\big(L_1(t) < n\big) = 1 - D_{\mathrm{v},0} * D_\mathrm{v}^{*(n-1)}(t).$$

(t) *L.-S.-T. des Erwartungswertes der Anzahl $L_1(t)$ der in $(0, t)$ abgewiesenen Forderungen*

$$\int_0^\infty e^{-s^*t}\,\mathrm{d}\mathsf{E}L_1(t) = \frac{\sum_{l=0}^{s} P_l(0) \sum_{j=0}^{l} \binom{l}{j} \prod_{i=0}^{j-1} \left(\frac{1 - A^*(s^* + i\mu)}{A^*(s^* + i\mu)}\right)}{\sum_{j=0}^{s} \binom{s}{j} \prod_{i=0}^{j} \left(\frac{1 - A^*(s^* + i\mu)}{A^*(s^* + i\mu)}\right)}.$$

1.2.2.2. Stationäre Charakteristiken

(a) *Zustandswahrscheinlichkeiten der Anzahl der Forderungen im System zu einem beliebigen Zeitpunkt, unmittelbar vor dem Ankunftszeitpunkt einer Forderung und unmittelbar nach dem Abgangszeitpunkt einer bedienten oder abgewiesenen Forderung* (Takacs (1956), Franken (1976)). Für beliebige Anfangsverteilungen gilt

$$\mathring{p}_k = \lim_{n\to\infty} \mathsf{P}(\mathring{N}_n = k)$$

und, falls zusätzlich $A(x)$ aperiodisch ist,

$$p_k = \lim_{t\to\infty} \mathsf{P}\big(N(t) = k\big), \qquad \tilde{p}_k = \lim_{n\to\infty} \mathsf{P}(\tilde{N}_n = k),$$

$$p_k = \sum_{m=k}^{s} (-1)^{m-k} \binom{m}{k} \frac{\varrho}{m} \sum_{j=m}^{s} \binom{s}{j} \prod_{i=m}^{j} \left(\frac{1 - A^*(i\mu)}{A^*(i\mu)}\right) \left(\sum_{j=0}^{s} \binom{s}{j} \prod_{i=1}^{j} \left(\frac{1 - A^*(i\mu)}{A^*(i\mu)}\right)\right)^{-1},$$

$$\mathring{p}_k = \tilde{p}_k = \frac{k+1}{\varrho}\, p_{k+1}, \qquad k = 0, \ldots, s-1, \qquad \mathring{p}_s = \tilde{p}_s = 1 - \sum_{k=0}^{s-1} \frac{k+1}{\varrho}\, p_{k+1}.$$

(b) *Aktuelle Verlustwahrscheinlichkeit* (Palm (1943))

$$\mathring{p}_v = \left(\sum_{j=0}^{s} \binom{s}{j} \prod_{i=1}^{j} \left(\frac{1 - A^*(i\mu)}{A^*(i\mu)}\right)\right)^{-1}.$$

(c) *Virtuelle Verlustwahrscheinlichkeit* (Takacs (1956))

$$p_v = \frac{\varrho}{s}\, \frac{1 - A^*(s\mu)}{A^*(s\mu)} \left(\sum_{j=0}^{s} \binom{s}{j} \prod_{i=1}^{j} \left(\frac{1 - A^*(i\mu)}{A^*(i\mu)}\right)\right)^{-1}.$$

(d) *Binomialmomente der Anzahl N, $\mathring{N}$ bzw. $\tilde{N}$ der Forderungen im System*

$$\mathsf{B}_{(k)} = \frac{\varrho}{k} \sum_{j=k}^{s} \binom{s}{j} \prod_{i=k}^{j} \left(\frac{1 - A^*(i\mu)}{A^*(i\mu)}\right) \left(\sum_{j=0}^{s} \binom{s}{j} \prod_{i=1}^{j} \left(\frac{1 - A^*(i\mu)}{A^*(i\mu)}\right)\right)^{-1},$$

$$\mathring{\mathsf{B}}_{(k)} = \tilde{\mathsf{B}}_{(k)} = \frac{k}{\varrho} \cdot \frac{A^*(k\mu)}{1 - A^*(k\mu)}\, \mathsf{B}_{(k)}, \qquad k = 1, \ldots, s.$$

(e) *Erwartungswert der Anzahl N, $\mathring{N}$ bzw. $\tilde{N}$ der Forderungen im System*

$$\mathsf{E}N = \mathsf{B}_{(1)}, \qquad \mathsf{E}\mathring{N} = \mathsf{E}\tilde{N} = \frac{1}{\varrho} \cdot \frac{A^*(\mu)}{1 - A^*(\mu)}\, \mathsf{B}_{(1)},$$

wobei $\mathsf{B}_{(1)}$ das erste Binomialmoment von N bezeichnet (↑ (d)).

(f) *Varianz der Anzahl N, $\mathring{N}$ bzw. $\tilde{N}$ der Forderungen im System*

$$\mathsf{V}N = 2\mathsf{B}_{(2)} + \mathsf{B}_{(1)} - \mathsf{B}_{(1)}^2,$$

$$\mathsf{V}\mathring{N} = \mathsf{V}\tilde{N} = \frac{4}{\varrho} \cdot \frac{A^*(2\mu)}{1 - A^*(2\mu)} \mathsf{B}_{(1)} + \frac{1}{\varrho} \cdot \frac{A^*(\mu)}{1 - A^*(\mu)} \mathsf{B}_{(1)} - \frac{1}{\varrho^2} \left(\frac{A^*(\mu)}{1 - A^*(\mu)} \mathsf{B}_{(1)} \right)^2,$$

wobei $\mathsf{B}_{(k)}$ das k-te Binomialmoment von N bezeichnet (↑ (d)).

(g) *Verteilungsfunktion des Abstandes D_{b} zwischen den Abgangszeitpunkten zweier bedienter Forderungen im System* GI/M/1/0 (Daley (1974))

$$D_{\mathrm{b}}(x) = \int_0^x \mu\, e^{-\mu z} \int_0^\infty \Bigg(A(x - z + u) - A(u) + \sum_{k=1}^\infty \int_0^u \big(A(u + x - z - y) - A(u - y)\big)\, dA^{*(k)}(y) \Bigg) \mu\, e^{-\mu u}\, du\, dz.$$

(h) *L.-S.-T. des Abstandes D_{b} zwischen den Abgangszeitpunkten zweier bedienter Forderungen im System* GI/M/1/0 (Tolmatschew (1974b))

$$D_{\mathrm{b}}^*(s) = \frac{\mu^2\big(A^*(s) - A^*(\mu)\big)}{(\mu^2 - s^2)\big(1 - A^*(\mu)\big)};$$

(i) *Erwartungswert des Abstandes D_{b} zwischen den Abgangszeitpunkten zweier bedienter Forderungen im System* GI/M/1/0

$$\mathsf{E}D_{\mathrm{b}} = \big(\lambda(1 - A^*(\mu))\big)^{-1}.$$

(j) *Varianz des Abstandes D_{b} zwischen den Abgangszeitpunkten zweier bedienter Forderungen im System* GI/M/1/0

$$\mathsf{V}D_{\mathrm{b}} = \frac{\mathsf{V}A + \lambda^{-2}}{1 - A^*(\mu)} + 2\mu^{-2} - \big(\lambda\,(1 - A^*(\mu))\big)^{-2}.$$

(k) *Verteilungsfunktion zweier aufeinanderfolgender Abstände $D_{\mathrm{b},i}$, $D_{\mathrm{b},i+1}$ zwischen den Abgangszeitpunkten bedienter Forderungen im System* GI/M/1/0 (Daley (1974))

$$D_{\mathrm{b}}(x_1, x_2) = \int_0^{x_1} \mu\, e^{-\mu z} \int_0^\infty G(x_1 - z \mid u)\, \mu\, e^{-\mu u} \int_0^{x_2} G(x_2 - v \mid z)\, \mu\, e^{-\mu v}\, dv\, du\, dz,$$

wobei

$$G(x \mid z) = A(x + u) - A(u) + \sum_{k=1}^\infty \big(A(x + u - y) - A(u - y)\big)\, dA^{*(k)}(y).$$

(l) *L.-S.-T. der Verteilungsfunktion zweier aufeinanderfolgender Abstände $D_{\mathrm{b},i}$, $D_{\mathrm{b},i+1}$ zwischen den Abgangszeitpunkten bedienter Forderungen im System* GI/M/1/0 (Tolmatschew (1974b))

$$D_{\mathrm{b}}^*(s_1, s_2) = \frac{\mu^2\big(A^*(s_1) - A^*(\mu)\big)}{(\mu + s_2)(\mu - s_1)\big(1 - A^*(\mu)\big)} \times \left(\frac{\mu}{\mu + s_1 - s_2} \big(A^*(s_2) - A^*(\mu + s_1)\big) + \frac{\mu}{\mu + s_1} A^*(\mu + s_1) \right).$$

(m) *Korrelationskoeffizient zweier aufeinanderfolgender Abstände* $D_{b,i}$, $D_{b,i+1}$ *zwischen den Abgangszeitpunkten bedienter Forderungen im System* GI/M/1/0 (Tolmatschew (1974b), Vlach (1971))

$$\mathsf{K}(D_i, D_{i+1}) = \frac{-\lambda\mu^2 \left.\dfrac{\mathrm{d}A^*(s)}{\mathrm{d}s}\right|_{s=\mu} - \lambda^2\big(1 - A^*(\mu)\big)^2}{(\mathsf{V}A\lambda^2 + 1)\big(1 - A^*(\mu)\big)\mu^2 + 2\lambda^2\big(1 - A^*(\mu)\big)^2 - \mu^2}.$$

(n) *L.-S.-T. der Verteilungsfunktion der Untätigkeitszeit im System* GI/M/1/0 (Tolmatschew (1974b))

$$U^*(s) = \frac{\mu\big(A^*(s) - A^*(\mu)\big)}{(\mu - s)\big(1 - A^*(\mu)\big)}.$$

1.2.3. Stationäre Zustandswahrscheinlichkeiten für Systeme GI + M/M/s/0

Im System treffen unabhängig voneinander ein Poissonscher Forderungenstrom mit der Intensität λ und ein rekurrenter Forderungenstrom mit der Intensität ν und der Pausenzeitverteilungsfunktion $A(x)$ ein. Ferner sei $N(t)$ die Anzahl der Forderungen im System zur Zeit t und $\mathring{p}_{GI,k}$ bezeichne die stationäre Wahrscheinlichkeit dafür, daß unmittelbar vor dem Ankunftszeitpunkt einer beliebigen Forderung des rekurrenten Forderungenstromes genau k Forderungen im System sind. Es gilt (Kuczura (1973))

$$p_k = \lim_{t\to\infty} \mathsf{P}\big(N(t) = k \mid N(0) = i\big) = \begin{cases} \dfrac{\varrho^k}{k!}\, p_0 + \displaystyle\sum_{i=0}^{k-1} \frac{i!}{k!}\, \varrho^{k-i-1} \mathring{p}_{GI,i}, & k = 1, \ldots, s, \\[2ex] 1 - \dfrac{\nu}{\mu} \displaystyle\sum_{j=1}^{s} \frac{\varrho^j}{j!} \sum_{i=0}^{j-1} i!\, \varrho^{-i} \mathring{p}_{GI,i}, & k = 0, \end{cases}$$

wobei die $\mathring{p}_{GI,i}$, $i = 0, \ldots, s$, Lösungen des Gleichungssystems

$$\mathring{p}_{GI,j} = \sum_{i=0}^{s} \mathring{p}_{GI,i} P_{ij}, \qquad \sum_{j=0}^{s} \mathring{p}_{GI,j} = 1$$

sind. Hierbei gilt

$$P_{ij} = \begin{cases} \dfrac{\varrho^j}{j!} \left(\displaystyle\sum_{k=0}^{s} \frac{\varrho^k}{k!}\right)^{-1} + \displaystyle\sum_{k=1}^{s} \frac{s!}{j!}\, \varrho^{s-i-1}\, \frac{d_{i+1}(x_k)\, d_j(x_k)\, A^*(-x_k\mu)}{x_k d_s(x_k)\, d_s'(x_k + 1)}, \\ \qquad\qquad i = 0, \ldots, s-1, \qquad j = 0, \ldots, s, \\[2ex] \dfrac{\varrho^j}{j!} \left(\displaystyle\sum_{k=0}^{s} \frac{\varrho^k}{k!}\right)^{-1} + \displaystyle\sum_{k=1}^{s} \frac{s!}{j!} \cdot \frac{d_j(x_k)\, A^*(-x_k\mu)}{x_k d_s'(x_k + 1)}, \\ \qquad\qquad i = s, \qquad j = 0, \ldots, s, \end{cases}$$

wobei $\varrho = \dfrac{\lambda}{\mu}$ ist, $d_j(x)$, $x d_s'(x + 1)$ gemäß (1) definiert sind und x_k, $k = 1, \ldots, s$, die Lösungen der Gleichung $d_s(x + 1) = 0$ bezeichnen. Für GI + M/M/1/0 gilt

$$p_1 = 1 - p_0 = \frac{\varrho}{\varrho + 1} + \frac{\nu\big(1 - A^*(\lambda + \mu)\big)}{\mu(\varrho + 1)^2},$$

$$\mathring{p}_{GI,1} = 1 - \mathring{p}_{GI,0} = \big(\varrho + A^*(\lambda + \mu)\big)/(\varrho + 1).$$

1.2.4. Stationäre Zustandswahrscheinlichkeiten für Systeme G/M/s/0 mit schwach korreliertem Input

Die Pausenzeiten seien gegeben durch

$$A_{n+1} = c_0 Z_{n+1} + c_1 Z_n, \qquad n \geqq 0,$$

wobei $c_0 + c_1 = 1$, $c_0, c_1 \geqq 0$ gilt und $Z_1, Z_2, \ldots$, unabhängige, identisch verteilte Zufallsgrößen sind. Sei $Z(x) = \mathsf{P}(Z_n < x)$ und

$$f_{i,j}(x) = \begin{cases} \binom{i}{j} (1 - e^{-\mu x})^{i-j} e^{j\mu x}, & j \leqq i \leqq s, \\ 0, & \text{sonst.} \end{cases}$$

Die stationären Zustandswahrscheinlichkeiten p_j sind dann Lösungen des Gleichungssystems (PEARCE (1968))

$$\mathring{p}_j = \sum_{i=0}^{s} \mathring{p}_i P_{ij}, \qquad \sum_{i=0}^{s} \mathring{p}_i = 1$$

mit

$$P_{ij} = \begin{cases} \int\limits_0^\infty \sum\limits_{m=0}^{i} f_{i,i-m}(c_0 x) f_{i+1-m,0}(c_1 x) \,\mathrm{d}Z(x), & j = 0,\ i \neq s, \\ \int\limits_0^\infty \sum\limits_{m=0}^{i-j+1} f_{i,i-m}(c_0 x) f_{i+1-m,j}(c_1 x) \,\mathrm{d}Z(x), & j = 1, \ldots, i+1,\ i \neq s, \\ \int\limits_0^\infty \left(\sum\limits_{m=0}^{s-j} f_{s,s-m}(c_0 x) f_{s+1-m,j}(c_1 x) + f_{s,s}(c_0 x) f_{s,j}(c_1 x) \right) \mathrm{d}Z(x), & j = 0, \ldots, s-1,\ i = s, \\ \int\limits_0^\infty f_{s,s}(c_0 x) f_{s,s}(c_1 x) \,\mathrm{d}Z(x), & i = j = s, \\ 0 & \text{sonst.} \end{cases}$$

1.2.5. Stationäre Zustands- und Verlustwahrscheinlichkeiten für Systeme GI^{GI}/M/s/0

In den Ankunftszeitpunkten eines rekurrenten Forderungenstromes mit der Pausenzeitverteilungsfunktion $A(x)$ $\left(A(0+0) = 0\right)$ treffen Gruppen von Forderungen im System ein, deren Umfänge unabhängige, identisch verteilte diskrete Zufallsgrößen sind. Findet eine Gruppe von m Forderungen $k > s - m$ besetzte Bedienungsgeräte vor, so werden $m - s + k$ zufällig ausgewählte Forderungen der Gruppe abgewiesen, während die Bedienung der übrigen $s - k$ Forderungen sofort beginnt. Sei M die zufällige Anzahl der Forderungen einer Gruppe und $q_i = \mathsf{P}(M = i)$, $i = 1, 2, \ldots$ Dann ist $(\mathring{N}_n)$ eine homogene Markowsche Kette, deren Übergangswahrscheinlichkeiten $P_{ij} = \mathsf{P}(\mathring{N}_{n+1} = j \mid \mathring{N}_n = i)$ durch

$$P_{ij} = \int\limits_0^\infty \left(\sum_{k=0}^{s-i-2} \binom{k+i+1}{j} q_{k+1} e^{-j\mu x} (1 - e^{-\mu x})^{k+i+1-j} + \binom{s}{j} \left(1 - \sum_{l=1}^{s-i-1} q_l\right) e^{-j\mu x} (1 - e^{-\mu x})^{s-j} \right) \mathrm{d}A(x)$$

für $i = 0, \ldots, s-1$, $j = 0, \ldots, s$, und

$$P_{sj} = P_{s-1,j} = \int_0^\infty \binom{s}{j} e^{-j\mu x}(1 - e^{-\mu x})^{s-j} \, dA(x)$$

für $j = 0, \ldots, s$ gegeben sind. Die Markowsche Kette $(\mathring{N}_n)$ ist aperiodisch, irreduzibel und somit ergodisch. Folglich existieren die stationären Zustandswahrscheinlichkeiten

$$\mathring{p}_k = \lim_{n\to\infty} \mathsf{P}(\mathring{N}_n = k),$$

die sich als einzige Lösung der Gleichungen

$$\mathring{p}_k = \sum_{i=0}^{s} P_{ik}\mathring{p}_i, \qquad \sum_{i=0}^{s} \mathring{p}_i = 1$$

ergeben.

Ist $A(x)$ aperiodisch, so existiert die stationäre Verteilung (p_k), $p_k = \lim_{t\to\infty} \mathsf{P}\big(N(t) = k\big)$, und es gilt

$$p_k = \frac{\varrho}{k} \mathring{p}_{k-1}, \qquad k = 1, \ldots, s, \qquad p_0 = 1 - \sum_{k=1}^{s} \frac{\varrho}{k} \mathring{p}_{k-1}.$$

Ist $A(x) = 1 - e^{-\lambda x}$, so gilt darüber hinaus

$$p_k = \mathring{p}_k, \qquad k = 0, \ldots, s.$$

Für $\mathrm{GI}^{\mathrm{GI}(\delta_1 * \mathrm{Geo}(p))}/\mathrm{M}/s/0$ ist $q_i = (1-p)\,p^{i-1}$, $i = 1, 2, \ldots$, und es gilt (Rathmann (1966))

$$\mathring{p}_k = \sum_{j=k}^{s} (-1)^{j-k} \binom{j}{k} \mathring{\mathsf{B}}_{(j)},$$

wobei das j-te Binomialmoment $\mathring{\mathsf{B}}_{(j)}$ von $(\mathring{p}_k)$ gegeben ist durch

$$\mathring{\mathsf{B}}_{(j)} = \frac{A^*(j\mu)}{(1-p)\big(1 - A^*(j\mu)\big)} \frac{\sum_{i=j}^{s} \binom{s}{i} c_i}{c_{j-1} \sum_{i=0}^{s} \binom{s}{i} c_i}$$

mit $c_i = \prod_{l=1}^{i} \left(\frac{1 - p - (1-p)\,A^*(l\mu)}{p + (1-p)\,A^*(l\mu)}\right)$.

Insbesondere gilt für $\mathrm{M}^{\mathrm{GI}(\delta_1 * \mathrm{Geo}(p))}/\mathrm{M}/s/0$ (Mills (1980))

$$\mathring{p}_k = p_k = \frac{1}{k!} \prod_{j=1}^{k-1} (\varrho + jp) \left(\sum_{i=0}^{s} \frac{1}{i!} \prod_{j=0}^{i-1} (\varrho + jp)\right)^{-1}, \qquad k = 0, \ldots, s.$$

Für $\mathrm{M}^{\mathrm{GI}}/\mathrm{M}/s/0$ lassen sich die Zustandswahrscheinlichkeiten $\mathring{p}_k = p_k$ mit Hilfe der Rekurrenzbeziehungen

$$\mathring{p}_k = \frac{\varrho}{k} \sum_{i=1}^{k} \left(1 - \sum_{j=1}^{i-1} q_j\right) \mathring{p}_{k-1}, \qquad k = 1, \ldots, s, \qquad \sum_{k=0}^{s} \mathring{p}_k = 1$$

berechnen (Kabak (1970)).

Für Systeme $GI^{GI}/M/s/0$ ist es sinnvoll, die Verlustwahrscheinlichkeit $\mathring{p}_{v,b}$ durch

$$\mathring{p}_{v,b} = \sum_{k=0}^{s} \mathring{p}_k \sum_{j=s-k+1}^{\infty} q_j$$

d. h., durch die stationäre Wahrscheinlichkeit dafür, daß zu einem beliebigen Ankunftszeitpunkt einer Gruppe von Forderungen mindestens eine Forderung abgewiesen wird, zu definieren. Es gilt dann

$$\mathring{p}_{v,b} = \frac{\mathsf{E}M_0}{\mathsf{E}M},$$

wobei M_0 die Anzahl der abgewiesenen Forderungen einer Gruppe bezeichnet.

Für $GI^{GI(\delta_1 * \mathrm{Geo}(p))}/M/s/0$ gilt (Rathmann (1966))

$$\mathring{p}_{v,b} = \left(\sum_{i=0}^{s} \binom{s}{i} \prod_{l=1}^{i} \left(\frac{1-p-(1-p)\,A^*(l\mu)}{p+(1-p)\,A^*(l\mu)}\right)\right)^{-1}.$$

Für $M^{GI(\delta_1 * \mathrm{Geo}(p))}/M/s/0$ gilt

$$\mathring{p}_{v,b} = (1 + sp\varrho^{-1}) \frac{1}{s!} \prod_{j=0}^{s-1} (\varrho + jp) \left(\sum_{i=0}^{s} \frac{1}{i!} \prod_{j=0}^{i-1} (\varrho + jp)\right)^{-1},$$

wobei $\mathring{p}_{v,b} = \mathring{p}_{v,b}(s, \varrho)$ gemäß der Rekurrenzbeziehung

$$\mathring{p}_{v,b}(s, \varrho) = \frac{(\varrho + sp)\, \mathring{p}_{v,b}(s-1, \varrho)}{[\varrho \mathring{p}_{v,b}(s-1, \varrho) + s]}$$

berechnet werden kann, vgl. Mills (1980).

1.2.6. System SM/M/s/0

Der Forderungenstrom wird durch einen semimarkowschen Prozeß $(X(t))$,

$$X(t) = X_n \quad \text{für} \quad T_n < t \leqq T_{n+1},$$

mit der semimarkowschen Matrix $(Q_{ml}(x))$,

$$Q_{ml}(x) = P_{ml} F_{ml}(x), \qquad m, l \in \mathscr{E}, \qquad |\mathscr{E}| < \infty,$$

beschrieben (↑ [I, 3.3.5]), wobei T_n den Ankunftszeitpunkt und X_n den Typ der n-ten Forderung bezeichnet. Die Übergangsmatrix (P_{ml}) sei aperiodisch und irreduzibel und (q_m) bezeichne die stationäre Anfangsverteilung von (P_{ml}). Ferner sei

$$\lambda^{-1} = \sum_{m,l} q_m P_{ml} \int_0^{\infty} x \, \mathrm{d}F_{ml}(x) < \infty,$$

und $\boldsymbol{S}_k$ bezeichne die durch $\boldsymbol{Q}^*(k\mu)\left(\boldsymbol{I} - \boldsymbol{Q}^*(k\mu)\right)^{-1}$ definierte Matrix mit $\boldsymbol{Q}^*(k\mu) = \left(P_{ml} F_{ml}^*(k\mu)\right)$. Ist der semimarkowsche Forderungenstrom stationär, so ist die Pausenzeitverteilungsfunktion $A(x)$ gegeben durch

$$A(x) = \sum_{m,l} q_m P_{ml} F_{ml}(x).$$

Im weiteren bezeichne $(\cdot)_{lm}$ das (l, m)-te Element der in Klammern stehenden Matrix sowie $(\cdot)_m$ die m-te Komponente des in Klammern stehenden Vektors.

(a) *Übergangswahrscheinlichkeiten der Markowschen Kette* $(\mathring{N}_n, X_n)$. Die Folge $(\mathring{N}_n, X_n)$ ist eine homogene, irreduzible und aperiodische Markowsche Kette, deren Übergangswahrscheinlichkeiten $P_{ij}(l, m) = \mathsf{P}(\mathring{N}_n = j, X_n = m \mid \mathring{N}_{n-1} = i, X_{n-1} = l)$ gegeben sind durch (FRANKEN (1968))

$$P_{ij}(l, m) = \begin{cases} \binom{i+1}{j} P_{lm} \int\limits_0^\infty e^{-j\mu x}(1 - e^{-\mu x})^{i+1-j} \, dF_{lm}(x), & j \leqq i + 1 \leqq s, \\ 0, & j > i + 1, \end{cases}$$

und

$$P_{sj}(l, m) = P_{s-1,j}(l, m).$$

(b) *Stationäre Zustandswahrscheinlichkeiten* (FRANKEN (1968))

$$\mathring{p}_k = \lim_{n\to\infty} \sum_m \mathsf{P}(\mathring{N}_n = k, X_n = m) = \sum_{j=k}^{s} (-1)^{j-k} \binom{j}{k} \mathring{\mathsf{B}}_{(j)},$$

wobei $\mathring{\mathsf{B}}_{(j)}$ das j-te Binomialmoment von $(\mathring{p}_k)$ ist. Es gilt

$$\mathring{\mathsf{B}}_{(j)} = \sum_m \mathring{\mathsf{B}}_{(j,m)} \quad \text{mit} \quad \mathring{\mathsf{B}}_{(0,m)} = q_m,$$

$$\mathring{\mathsf{B}}_{(j,m)} = (\boldsymbol{q}\boldsymbol{S}_1 \cdots \boldsymbol{S}_j)_m - \sum_l \mathring{\mathsf{B}}_{(s,l)} \left(\sum_{r=0}^{j-1} \binom{s}{r} \boldsymbol{S}_{r+1} \cdots \boldsymbol{S}_s\right)_{lm}, \qquad j = 1, \ldots, s-1,$$

$$\mathring{\mathsf{B}}_{(s,m)} = \left(\boldsymbol{q}\boldsymbol{S}_1 \cdots \boldsymbol{S}_s \left(\boldsymbol{I} + \sum_{r=0}^{s-1} \binom{s}{r} \boldsymbol{S}_{r+1} \cdots \boldsymbol{S}_s\right)^{-1}\right)_m,$$

wobei $\boldsymbol{q}$ der Zeilenvektor der stationären Wahrscheinlichkeiten q_m von (P_{ml}) ist. Für SM/M/1/0 gilt

$$\mathring{p}_1 = 1 - \mathring{p}_0 = \sum_{m,l} q_m P_{ml} F^*_{ml}(\mu).$$

Sind die Verteilungsfunktionen $F_{ml}(x)$ aperiodisch, so existiert die stationäre Verteilung (p_k), $p_k = \lim\limits_{t\to\infty} \sum\limits_m \mathsf{P}\big(N(t) = k, X(t) = m\big)$, und es gilt

$$p_k = \frac{\varrho}{k} \mathring{p}_{k-1}, \qquad k = 1, \ldots, s, \qquad p_0 = 1 - \sum_{k=1}^{s} \frac{\varrho}{k} \mathring{p}_{k-1}.$$

(c) *Stationäre Verteilung des Abstandes* D_v *zwischen den Abgangszeitpunkten zweier abgewiesener Forderungen im System* SM/M/1/0

$$D_\mathrm{v}(x) = \sum_{k=0}^{\infty} \sum_{m_1,\ldots,m_{k+2}} \sum_l q_l P_{lm_1} F^*_{lm_1}(\mu) \Big(\sum_{l,m_1} q_l P_{lm_1} F^*_{lm_1}(\mu)\Big)^{-1}$$

$$\times \prod_{j=1}^{k+1} P_{m_j m_{j+1}} \int\limits_0^x \int\limits_0^{x-u_1} \cdots \int\limits_0^{x-u_k} e^{-\mu u_k} \prod_{i=0}^{k-1} (1 - e^{-\mu u_i}) \, dF_{m_1 m_2}(u_0) \cdots dF_{m_{k+1} m_{k+2}}(u_k).$$

(d) *L.-S.-T. der stationären Verteilung des Abstandes D_v zwischen den Abgangszeitpunkten zweier abgewiesener Forderungen im System* SM/M/1/0

$$D_\mathrm{v}^*(s) = \sum_{k=0}^{\infty} \sum_{m_1,\ldots,m_{k+2}} \sum_{l} q_l P_{lm_1} F^*_{lm_1}(\mu) \Big(\sum_{l,m_1} q_l P_{lm_1} F^*_{lm_1}(\mu)\Big)^{-1}$$
$$\times P_{m_{k+1}m_{k+2}} F^*_{m_{k+1}m_{k+2}}(s+\mu) \prod_{i=1}^{k} \Big(P_{m_i m_{i+1}}\big(F^*_{m_i m_{i+1}}(s) - F^*_{m_i m_{i+1}}(s+\mu)\big)\Big).$$

(e) *Stationäre Verteilung des Abstandes $D_{1,m}$ zwischen den Abgangszeitpunkten einer bedienten Forderung vom Typ m und der nächsten bedienten Forderung im System* SM/M/1/0 (Simonowa (1969)). Sei $F_{ml}(x) = F_m(x)$. Dann gilt

$$D_{\mathrm{b},m}(x) = \sum_{l\in\mathscr{E}} \int_0^\infty G_{ml}(x \mid t)\, \mu\, \mathrm{e}^{-\mu t}\, \mathrm{d}t + 1 - |\mathscr{E}|,$$

wobei $G_{ml}(x \mid t)$ gegeben ist durch

$$\left(\mu \int_0^\infty \mathrm{e}^{-\mu t} \int_0^\infty \mathrm{e}^{-sx}\, \mathrm{d}G_{ml}(x \mid t)\, \mathrm{d}t\right) = \big(I - (P_{ml} F_m^*(s+\mu))\big)^{-1}$$
$$\times \Big((1 - P_{ml}) + \big(P_{ml}(F_m^*(\mu) + F_m^*(s) - F_m^*(s+\mu))\big) - F_m^*(\mu)\Big)$$

(f) *Stationäre Verteilung des Vektors $\boldsymbol{N} = (N_1, \ldots, N_k)$ der Anzahlen $N_1, \ldots, N_k$ der durch Forderungen vom Typ $1, \ldots, k$ belegten Bedienungsgeräte zu einem beliebigen Zeitpunkt, den Typ X der letzten, vor diesem Zeitpunkt eingetroffenen Forderung und das Alter Y der zu diesem Zeitpunkt laufenden Pausenzeit im System* SM/M/s/0 *mit unterschiedlichen Bedienungsintensitäten.* Es sei $F_{ml}(x) = F_m(x)$ und $\mathsf{P}(B_n < x \mid X_n = m) = 1 - \mathrm{e}^{-\mu_m x}$, $m \in \mathscr{E} = \{1, \ldots, k\}$. Dann gilt (Simonowa (1967))

$$\mathsf{P}(\boldsymbol{N} = \boldsymbol{i}, X = m, Y \leqq x) = \int_0^x \sum_{j_1=0}^{s} \cdots \sum_{j_k=0}^{s} \mathsf{P}(\boldsymbol{N} = \boldsymbol{j}, X = m)\, \big(1 - F_m(z)\big)$$
$$\times \int_0^z \prod_{n=1}^{k} \binom{j_n}{i_n} (\mathrm{e}^{-\mu_n u})^{i_n} (1 - \mathrm{e}^{-\mu_n u})^{j_n - i_n}\, \mathrm{d}u$$
$$\times \left(\int_0^\infty \big(1 - F_m(u)\big)\, \mathrm{d}u \sum_{j_1=0}^{s} \cdots \sum_{j_k=0}^{s} \sum_{m=1}^{k} \mathsf{P}(\boldsymbol{N} = \boldsymbol{j}, X = m)\right)^{-1} \mathrm{d}z$$

mit

$$\mathsf{P}(\boldsymbol{N} = \boldsymbol{j}, X = m) = \sum_{r_1=j_1}^{s} \cdots \sum_{r_k=j_k}^{s} (-1)^{\sum_{i=1}^{k} (r_i - j_i)} \prod_{n=1}^{k} \binom{r_n}{j_n} \mathsf{B}_{(r_1,\ldots,r_k,m)},$$

wobei die Binomialmomente $\mathsf{B}_{(r_1,\ldots,r_k,m)}$ durch folgende Rekurrenzbeziehungen gegeben sind:

$$\mathsf{B}_{(r_1,\ldots,r_k,m)} = \sum_{j=1}^{k} \Bigg(\mathsf{B}_{(r_1,\ldots,r_k,j)} + \mathsf{B}_{(r_1,\ldots,r_{m-1},r_m-1,r_{m+1},\ldots,r_k,j)}$$
$$- \binom{s}{m} \mathsf{B}_{(0,\ldots,0,r_j=s,0,\ldots,0,j)}\Bigg) P_{mj} F_m^* \left(\sum_{l=1}^{k} \mu_l r_l\right).$$

1.3. System $\vec{M}/\vec{G}/s/0$ (Erlangsches Verlustsystem)

In der Bedienungstheorie haben die Erlangschen Formeln für die stationären Zustandswahrscheinlichkeiten sowie Verlustwahrscheinlichkeit im System M/GI/s/0 grundlegende Bedeutung. Erlang zeigte 1917 (siehe ERLANG (1917)) ihre Gültigkeit für die Systeme M/M/s/0 und M/D/s/0 und vermutete, daß die Formeln auch für andere Bedienungszeitverteilungen erhalten bleiben. Viele Arbeiten sind seit dieser Zeit erschienen, die diese Vermutung als richtig bewiesen haben (vgl. auch I, Kap. 7) und Verallgemeinerungen des Modells M/GI/s/0 nach mehreren Richtungen beinhalten. Im wesentlichen existieren Ergebnisse aber nur für stationäre Charakteristiken der Systeme, denn außer im Fall des Systems M/GI/1/0 ist es äußerst schwierig, Formeln für das instationäre Verhalten anzugeben.

Der überwiegende Anteil der in diesem Abschnitt angegebenen Formeln hängt mit der oben angedeuteten Unempfindlichkeitseigenschaft der stationären Zustandswahrscheinlichkeiten der Systeme vom Typ der Verteilungen der Bedienungszeiten zusammen (↑ I, Kap. 7). Zunächst werden die Formeln für die Systeme M/GI/1/0 und M/GI/s/0 aufgeführt. Es folgen gewisse Verallgemeinerungen und Abänderungen des Systems M/GI/s/0 sowie Aussagen für Modelle, die sich nicht allgemein einordnen lassen, insbesondere mit speziellen Auswahlregeln des Bedienungsgerätes für ankommende Forderungen. Danach wird das System M/$\vec{G}$/s/0 mit allgemeinen Bedingungen an die Auswahlregel der Bedienungsgeräte behandelt.

Das darauf folgende Modell wurde aus mehreren Gründen sehr allgemein gehalten. Es soll dazu dienen, dem Leser die Ableitung von Formeln für kompliziertere Systeme selbst zu ermöglichen, ohne einen großen theoretischen Aufwand für die Untersuchung der Systeme zu leisten.

Insbesondere für Bedienungsnetzwerke (↑ Kap. 8) sind Systeme der Art $\vec{M}/\vec{G}/s/0$ von Interesse. An Beispielen wird die Spezialisierung des Modells und die Angabe von Formeln demonstriert. Die mit der Unempfindlichkeitseigenschaft der stationären Zustandswahrscheinlichkeiten zusammenhängenden Aussagen (↑ [I, 7.2]), insbesondere die stochastische Unabhängigkeit der im stationären Zustand gerade laufenden Bedienungen, ermöglicht die Synthese von Formeln, wenn den Bedienungen gewisse Inhalte gegeben werden. So können auf relativ einfache Weise Systeme mit unzuverlässigen Bedienungsgeräten behandelt werden. Dies geschieht in [1.3.5].

In dem allgemeinen Modell werden systemzustandsabhängige Geschwindigkeiten der Bedienung sowie auch systemzustandsabhängige Intensitäten der ankommenden Forderungenströme betrachtet. Es wird deshalb von Bedienungsgrößen (Arbeitsmengen) u. dgl. geredet, wenn nicht die wirkliche Bedienungszeit betrachtet wird. Letztere entsteht nämlich erst durch die Realisierung der Bedienungsgrößen und wird sich i. allg. von dieser unterscheiden. Außerdem ist in diesen Fällen über die Verteilung der realen Bedienungszeit außer dem Erwartungswert i. allg. nichts bekannt.

1.3.1. Allgemeine Voraussetzungen

1.3.1.1. Voraussetzung. Es gelte für die Erwartungswerte aller betrachteten Bedienungsgrößen B, B_j, Lebensdauern L, L_j, Reparaturzeiten R, R_j, Belegungszeiten S, S_j, ..., daß sie existieren und positiv sind.

1.3.1.2. Voraussetzung. Es gelte $0 < \lambda, \lambda_j, \ldots < \infty$ für die Intensitäten der in das System hineingehenden Forderungenströme.

1.3.1.3. Voraussetzung. Die Bedienungsgrößen, Lebensdauern, Reparaturzeiten, Belegungszeiten sind, falls sie zu verschiedenen Geräten j gehören, untereinander unabhängig und unabhängig von den Pausenzeiten.

1.3.2. System M/GI/s/0

1.3.2.1. System M/GI/1/0

In diesem Einbedienersystem gehen die gemäß einem Poissonschen Forderungenstrom der Intensität λ eintreffenden Forderungen verloren, wenn das Bedienungsgerät besetzt ist.

(a) *Instationäre Größen.* Für $t = 0$ sei das System leer, $N(t)$ ist die Anzahl der Forderungen im System zur Zeit t, $t \geqq 0$.

$$\mathsf{P}(N(t) = 0) = 1 - \mathsf{P}(N(t) = 1) = e^{-\lambda t} + \int_0^t e^{-\lambda(t-x)} \, dH(x)$$

mit $H(x) = \sum_{n=1}^{\infty} (A * B)^{*n}(x)$, $A(x) = 1 - e^{-\lambda x}$, $x \geqq 0$; und der Bedienungszeitverteilung $B(x)$.

$$\mathsf{P}(N(t) = 1) = 1 - \mathsf{P}(N(t) = 0).$$

Die Laplace-Stieltjes-Transformierte von $\mathsf{P}(N(t) = 1)$ hat die Gestalt

$$B^*(s)\, s\big(s + \lambda(1 - B^*(s))\big)^{-1}.$$

Für die L.-S.-T. der mittleren Anzahl $M_a(t)$ in $(0, t]$ beendeter Bedienungen und der mittleren Anzahl $M_b(t)$ in $(0, t]$ begonnener Bedienungen gilt

$$\big(\mathsf{E}(M_a(t))\big)^*(s) = B^*(s)\, \lambda\big(s + \lambda(1 - B^*(s))\big)^{-1},$$
$$\big(\mathsf{E}(M_b(t))\big)^*(s) = B^*(s)\, \big(s + \lambda(1 - B^*(s))\big)^{-1}.$$

Die Verteilung der Anzahl $M_a(t)$ in $(0, t]$ beendeter Bedienungen und die Verteilung der Anzahl $M_b(t)$ in $(0, t]$ begonnener Bedienungen haben die Gestalt:

$$\mathsf{P}(M_a(t) = k) = (A * B)^{*k}(t) - (A * B)^{*k+1}(t), \qquad k = 0, 1, \ldots;$$

bzw.

$$\mathsf{P}(M_b(t) = k) = \begin{cases} A * (A * B)^{*k-1}(t) - A * (A * B)^{*k}(t), & k = 1, 2, \ldots, \\ e^{-\lambda t}, & k = 0. \end{cases}$$

Der Erwartungswert der Anzahl in $(0, t]$ abgewiesener Forderungen ist gleich $t - \mathsf{E}(M_b(t))$.

(b) *Stationäre Charakteristiken.* Für die Zustandswahrscheinlichkeiten gelten die Formeln für das System M/M/1/0 (↑ [1.1.2]), also insbesondere

$$p_0 = (1 + \varrho)^{-1}, \qquad p_1 = \varrho(1 + \varrho)^{-1}.$$

Die Verteilungsfunktion der Restbedienungszeit B^R bzw. des Bedienungsalters B^A in beliebigen Zeitpunkten mit belegtem Gerät und in Verlustzeitpunkten hat die Gestalt

$$B^R(x) = B^A(x) = B_R(x) = \mu \int_0^x \big(1 - B(y)\big)\, dy.$$

Die das System beschreibenden, mit Hilfe der Methode der Zusatzvariablen (↑ [I, 5.4]) markowisierten Prozesse sind ergodisch (SEWASTJANOW (1957)). Die jeweiligen stationären Prozesse sind reversibel (↑ I, D. 8.3.1, COHEN [2], MECKE (1975)), insbesondere ist der Prozeß der Abgangszeitpunkte der Forderungen (Ende einer Bedienung oder Verlustzeitpunkt) Poissonsch mit dem Parameter λ. Die stationären Zustandswahrscheinlichkeiten sind gegenüber dem Typ der Bedienungszeitverteilung bei gegebenen Erwartungswert unempfindlich (↑ I, D. 7.2.1). Die Formeln für die stationären Größen bleiben erhalten, wenn das System M/G/1/0 betrachtet wird (KÖNIG/MATTHES (1963)). Untersuchungen zur Robustheit der Unempfindlichkeit werden in COHEN (1980) durchgeführt.

1.3.2.2. System M/GI/s/0 ($s \geqq 1$)

Die gemäß einem Poissonschen Forderungenstrom der Intensität λ eintreffenden Forderungen werden abgewiesen, wenn alle s Geräte besetzt sind. Da für alle Geräte die gleiche Bedienungszeitverteilung angenommen wird und es hier nicht interessieren soll, welche Geräte belegt sind, sondern nur wie viele, hat die Regel der Auswahl eines freien Gerätes keinen Einfluß auf die Formeln.

(a) *Instationäre Größen.* Falls das System bei Beginn leer und $\frac{\lambda}{s\mu}$ relativ klein ist, so können zur näherungsweisen Berechnung die Formeln des Systems M/GI/∞ herangezogen werden (↑ [2.3]).

(b) *Stationäre Charakteristiken.* Für die Zustandswahrscheinlichkeiten gelten die Formeln des Systems M/M/s/0 (↑ [1.1.2]), also insbesondere die Erlangschen Formeln

$$p_k = \varrho^k(\pi_s k!)^{-1}, \qquad k = 0, 1, \ldots, s; \qquad \pi_s = \left(\sum_{k=0}^{s} \varrho^k/k!\right),$$
$$\mathring{p}_k = \tilde{p}_k = p_k, \qquad k = 0, 1, \ldots, s.$$

Die Verteilung der Restbedienungszeiten B_l^{R} bzw. Bedienungsalter B_l^{A} in beliebigen und Ankunftszeitpunkten einer Forderung ($k = 1, 2, \ldots, s$) sowie in Abgangszeitpunkten einer Forderung (Bedienungsende oder Verlust, $k = 1, 2, \ldots, s - 1$) hat die folgende Form, wenn k bzw. noch k Geräte belegt sind:

$$\prod_{l=1}^{k} \left(\mu \int_0^{x_l} \left(1 - B(x)\right) \mathrm{d}x\right)$$

(vgl. SHANBHAG/TAMBOURATZIS (1973), ERLANDER (1967), TAKACS (1969)), wobei sich in diesem Ausdruck der Index l nicht auf ein bestimmtes Gerät bezieht.

(c) *Weitere Aussagen.* Die die Systeme beschreibenden, mittels Zusatzvariablen markowisierten Prozesse (↑ [I, 5.4]) sind ergodisch (SEWASTJANOW (1957)) und die entsprechenden stationären Prozesse reversibel (COHEN [2]), insbesondere bilden die Abgangszeitpunkte (Ende einer Bedienung und Verlust) einen Poissonschen Strom der Intensität λ. Es gilt die Unempfindlichkeitseigenschaft (↑ I, D. 7.2.1) der stationären Zustandswahrscheinlichkeiten bezüglich der Bedienungszeitverteilung (SEWASTJANOW (1957), System M/G/s/0 vgl. KÖNIG/MATTHES (1963)). Darauf beruhende Resultate (↑ [I, 7.2.7]) ergeben unter anderem (COHEN [2]) für die mittlere Dauer eines Belegungszyklusses und die mittlere Dauer des Aufenthaltes des Systems im besetzten Zustand

$$(\lambda p_0)^{-1} = \lambda^{-1}\pi_s \quad \text{bzw.} \quad (1 - p_0)(\lambda p_0)^{-1} = \lambda^{-1}(\pi_s - 1).$$

In KUSNEZOW (1982) wird die Stabilität der stationären Zustandsverteilung bez. der Änderung der Pausenzeitverteilung quantitativ untersucht und abgeschätzt.

1.3.2.3. Unempfindlichkeitseigenschaften eines Systems M/GI/s + 1/0 mit Überlaufgerät

Im System existiere ein Überlaufgerät, d. h., erst wenn alle anderen m Geräte besetzt sind, wird dieses Gerät belegt. Ankommende Forderungen gehen verloren, wenn kein Gerät mehr frei ist. Der Systemzustand ist bestimmt durch die Anzahl der belegten Geräte und die Angabe, ob das Überlaufgerät besetzt ist oder nicht. Die stationären Zustandswahrscheinlichkeiten sind unempfindlich gegenüber dem Typ der Bedienungszeitverteilung, wenn der Erwartungswert der Bedienungszeit fixiert ist und alle Bedienungszeiten identisch verteilt sind (Jacobi (1965)). (Es gilt nicht die Unempfindlichkeit entsprechend I, D. 7.2.1.)

1.3.2.4. System $\vec{M}/\vec{GI}/2/0$ mit individueller Auswahlregel für jeden einzelnen Forderungentyp

Eine Forderung des i-ten Stromes wählt, falls beide Geräte frei sind, das 1. Gerät mit der Wahrscheinlichkeit q_i aus, $i = 1, \ldots, n$. Die Bedienungszeiten der beiden Geräte sind für einen festen Typ i identisch verteilt aber vom Typ abhängig (Wolff/Wrightson (1976)). Es wird $\varrho = \sum_{j=1}^{n} \varrho_i$, $\varrho_i = \frac{\lambda_i}{\mu_i}$ gesetzt, wobei λ_i die Intensität des Stromes per Forderungen vom Typ i, $\mu_i^{-1} = \int_0^\infty x \,\mathrm{d}B_i(x)$ und $B_i(x)$ die Bedienungszeitverteilung einer Forderung des Typs i sind.

Die Systemzustände werden durch die Angabe der besetzten Geräte charakterisiert, d. h., die Zustandsmenge wird $\mathcal{G} = \{\emptyset, \{1\}, \{2\}, \{1, 2\}\}$. Für die stationären Zustandswahrscheinlichkeiten gilt

$$p_\emptyset = (1 + \varrho + \varrho^2/2)^{-1},$$

$$p_{\{1\}} = p_\emptyset \left(\sum_{i=1}^{n} q_i \varrho_i + \varrho^2/2 \right) (1 + \varrho)^{-1},$$

$$p_{\{2\}} = p_\emptyset \left(\sum_{i=1}^{n} (1 - q_i)\, \varrho_i + \varrho^2/2 \right) (1 + \varrho)^{-1},$$

$$p_{\{1,2\}} = p_\emptyset \varrho^2/2.$$

(Es liegt aber keine Unempfindlichkeitseigenschaft im Sinne von I, D, 7.2.1 vor.)

1.3.2.5. Auswahlregel für unempfindliche stationäre Zustandswahrscheinlichkeiten

In System $\vec{M}/\vec{GI}/s/0$ werde der Zustand durch die Angabe der besetzten Geräte definiert, $\mathcal{G} = \mathfrak{P}(\{1, \ldots, s\})$. Es treffen endlich viele Forderungenströme (Parameter λ_i) mit jeweils anderem Forderungentyp ein. Jeder Forderungentyp i wird entsprechend einer Bedienungszeitverteilung $B_i(x)$ abgefertigt unabhängig vom belegten Gerät. Folgende Auswahlregel eines freien Gerätes bei Ankunft einer Forderung sichert die Unempfindlichkeit der stationären Zustandswahrscheinlichkeiten gegenüber der speziellen Gestalt der $B_i(x)$ (bei bekannten $\mathsf{E}B_i = \mu_i^{-1}$). Die Regeln von [1.3.2.3] und [1.3.2.4] sind Spezialfälle hiervon (Jansen (1980)):

(a) *Auswahl eines Gerätes wenn alle Geräte frei sind.* Die Auswahlwahrscheinlichkeiten $q_j(s, \emptyset, i)$ des Gerätes j für eine Forderung vom i-ten Typ müssen die Bedingung $0 \leqq (s - 1)\, q_j(s, \emptyset, i) \leqq 1$ erfüllen.

(b) *Auswahl eines Gerätes, wenn mindestens ein Gerät besetzt ist.* Die Auswahlwahrscheinlichkeiten $q_j(s, g, i^*)$, $g \in \mathcal{G} \setminus (\emptyset)$, des Gerätes j bei Ankunft einer Forderung vom i^*-ten Typ sind durch die Größen $q_j(s, \emptyset, i)$ bestimmt, und zwar für $|g| < s - 1$

$$q_j(s, g, i^*) = \Big(\sum_{k \notin g} q_{(k)}\Big)^{-1} \frac{1}{s - |g| - 1} \sum_{\substack{k \neq g \\ k \notin j}} q_{(k)}, \qquad j \notin g,$$

mit $q_{(k)} = \Big(\sum_i \lambda_i\Big)^{-1} \sum_i \lambda_i\big(1 - (s-1)\, q_k(s, \emptyset, i)\big)$ und für $|g| < s - 1$

$$q_j(s, g, i) = \begin{cases} 1, & j \notin g, \\ 0 & \text{sonst}. \end{cases}$$

1.3.2.6. System M/GI/s/0 mit geordneter Auswahl der freien Geräte

Eine ankommende Forderung wählt unter den freien Geräten jeweils das mit der kleinsten Nummer aus, wobei die Geräte von 1 bis s durchnumeriert seien. Die Bedienungszeiten sind unabhängig und identisch verteilt. Der Wert für die stationäre Wahrscheinlichkeit des Arbeitens des j-ten Gerätes ist (TUMURA (1968)) $\varrho^j\big(\pi_{j-1}(j-1)!\big)^{-1} - \varrho^{j+1}(\pi_j j!)^{-1}$.

1.3.3. System M/$\vec{G}$/s/0 mit allgemeiner Bedingung an die Auswahlregeln

Die gemäß einem Poissonschen Strom der Intensität λ ankommenden Forderungen gelangen auf s unter Umständen verschiedenartige Geräte. Zwischen den auf einem Gerät durchgeführten Bedienungen können stationäre Abhängigkeiten bestehen. Ein Systemzustand g wird durch die Nummern j der belegten Geräte charakterisiert. Die Regel, mit der eine ankommende Forderung auf ein bestimmtes Gerät gelenkt oder abgewiesen wird, sei durch folgende Familie von Verteilungsgesetzen der Übergänge der Systemzustände g bei Ankunft einer Forderung beschrieben:

$$P(g, g) \geqq 0, \qquad P(g, g \cup \{j\}) \geqq 0 \qquad (j \notin g),$$
$$\sum_{j \notin g} P(g, g \cup \{j\}) + P(g, g) = 1, \qquad g \in \mathfrak{P}(\{1, \ldots, s\}).$$

Das heißt, $P(g, g)$ bzw. $P(g, g \cup \{j\})$ sind die Wahrscheinlichkeiten dafür, daß eine im Zustand g ankommende Forderung abgewiesen bzw. zum freien Gerät j gelenkt wird.

Speziell gilt für die Auswahlregel „gut Glück" und „Verlust einer Forderung nur bei voll belegtem System":

$$P(g, g) = \delta_{s,|g|}, \qquad P(g, g \cup \{j\}) = \frac{1}{s - |g|}, \qquad j \notin g.$$

Die Intensitäten der Forderungenströme, die auf das Gerät j im Zustand g treffen bzw. abgewiesen werden sind gegeben durch:

$$\alpha_{j,g}^{a} = \lambda P(g, g \cup \{j\}), \qquad j \notin g \quad \text{(Forderungen werden angenommen)},$$
$$\alpha_g^{v} = \lambda P(g, g) \qquad \text{(Forderungen werden abgewiesen)}.$$

In den Systemen werden konstante Bedienungsgeschwindigkeiten (gleich 1) angenommen.

Für diese Systeme können Formeln nur für stationäre Charakteristiken und bei Vorliegen der Unempfindlichkeitseigenschaft entsprechend I, D. 7.2.1 angegeben werden. Die in V. 1.3.3.1 stehende Bedingung sichert gerade diese Eigenschaft.

Für die Bedienungsfolgen auf den einzelnen Geräten sind stationäre Abhängigkeiten zugelassen (jedoch sind die Folgen verschiedener Geräte unabhängig) (vgl. KÖNIG/MATTHES/NAWROTZKI [1]). Die Abhängigkeiten innerhalb einer Bedienungsfolge des Gerätes j werden durch das stationäre Verteilungsgesetz $\mathbf{Q}_j(\mathcal{B}_j)$ erfaßt. Liegt eine unabhängige (also rekurrente) Bedienungsfolge vor, so gilt speziell

$$\mathbf{Q}_j(B_j^{\mathrm{A}} < x) = \mathbf{Q}_j(B_j^{\mathrm{R}} < x) = \mu_j \int_0^x \big(1 - B_j(x)\big)\, \mathrm{d}x,$$

für die Bedienungsalter B_j^{A} bzw. Restbedienungszeiten B_j^{R} auf dem Gerät j (mit $\mu_j = \mathsf{E}B_j^{-1}$, B_j Bedienungszeit). FAKINOS (1982a) behandelt den Spezialfall $\mathrm{M}/\overrightarrow{\mathrm{GI}}/s/0$.

1.3.3.1. Voraussetzung. Neben V. 1.3.1.1, V. 1.3.1.2 und V. 1.3.1.3 seien die Bedienungszeiten mit Wahrscheinlichkeit Eins positiv. Der das System beschreibende stochastische Prozeß sei ergodisch. Die Intensitäten $\alpha_{j,g}^{\mathrm{a}}$ erfüllen folgende Bedingung: Für jedes $g \in \mathfrak{P}(\{1, \ldots, s\})$ und je zwei beliebige Permutationen $(j_1, \ldots, j_{|g|})$, $(j_1', \ldots, j_{|g|}')$ der Elemente von g gelte

$$\prod_{i=1}^{|g|} \alpha_{j_i,\{j_1,\ldots,j_{i-1}\}}^{\mathrm{a}} = \prod_{i=1}^{|g|} \alpha_{j_i',\{j_1',\ldots,j_{i-1}'\}}^{\mathrm{a}}.$$

Für $i = 1$ ist $\alpha_{j_1,\emptyset}^{\mathrm{a}}$ bzw. $\alpha_{j_1',\emptyset}^{\mathrm{a}}$ in die Formel einzusetzen.

Unter allen Auswahlregeln, die einen Verlust nur bei voll belegtem System zulassen, genügt nur die „gut Glück"-Regel der letzten Bedingung.

1.3.3.2. Satz (FLEISCHMANN (1971), (1975), KÖNIG/MATTHES (1963)). Es gelte V. 1.3.3.1. Der Output-Prozeß ist Poissonsch mit dem Parameter λ (abgewiesene Forderungen im Abgangsstrom enthalten). Es gilt $\mathring{p}_g = \bar{p}_g = p_g$ für die stationären Zustandswahrscheinlichkeiten in Abgangs- (unmittelbar danach) und in Ankunftszeitpunkten (unmittelbar davor). Die stationären Zustandswahrscheinlichkeiten p_g sind unempfindlich im Sinne von D. I, 7.2.1. Es gelten somit die Ergebnisse von [I, 7.2.6] und [I, 7.2.7], insbesondere hat man die Produktgestalt der stationären Anfangsverteilung des das System beschreibenden (Markowschen) Prozesses vorzuliegen. Für rekurrente Bedienungsfolgen ist speziell z. B.

$$\mathbf{P}\Big(\bigcap_{j\in g} \{B_j^{\mathrm{R}} < x_j\} \mid g\Big) = \prod_{j\in g} \mu_j \int_0^{x_j} \big(1 - B_j(x)\big)\, \mathrm{d}x.$$

Formeln für das System $\mathrm{M}/\vec{\mathrm{G}}/s/0$ mit der Auswahlregel „gut Glück" und Verlust nur bei voll belegtem System:

(a) *Stationäre Zustandswahrscheinlichkeiten:*

$$p_g = p_\emptyset \lambda^{|g|} \frac{(s - |g|)!}{s!} \prod_{j\in g} \mu_j^{-1}, \qquad g \subseteq \{1, \ldots, s\},$$

$$p_\emptyset = \Big(\sum_g \lambda^{|g|} \frac{(s - |g|)!}{s!} \prod_{j\in g} \mu_j^{-1}\Big)^{-1}.$$

(b) *Verlustwahrscheinlichkeit einer ankommenden Forderung* (KÖNIG/MATTHES 1963)):

$$p_v = p_{\{1,\ldots,s\}} = p_\emptyset \lambda^s \frac{1}{s!} \prod_{j=1}^{s} \mu_j^{-1}.$$

(c) *Stationäre Wahrscheinlichkeit, daß der Zustand g unmittelbar vor Beginn bzw. nach Ende einer Bedienung auf dem Gerät j vorliegt* ($j \notin g$):

$$\mathring{p}_{j,g} = \tilde{p}_{j,g} = \lambda^{|g|}(s-1-|g|)! \prod_{l \in g} \mu_l^{-1} \Bigl(\sum_{g':j \notin g'} \lambda^{|g'|}(s-1-|g'|)! \prod_{l \in g'} \mu_l^{-1}\Bigr)^{-1}.$$

Diese Wahrscheinlichkeit ist gleich der stationären Zustandswahrscheinlichkeit p_g des Systems $M/\vec{G}/s - 1/0$, in dem das j-te Gerät fehlt.

(d) *Der Erwartungswert der Dauer zwischen dem Beginn benachbarter Besetztperioden des Systems* ist gleich $(\lambda p_0)^{-1}$.

(e) *Der Erwartungswert der Dauer der Besetztzeit S des Systems* ist gleich $(1 - p_0)\,(\lambda p_0)^{-1}$.

Formeln für das System $M/\vec{G}/s/0$ mit einer beliebigen Auswahlregel, die V. 1.3.3.1 genügt:

(a) *Stationäre Zustandswahrscheinlichkeiten:*

$$p_g = \prod_{i=1}^{|g|} [\alpha^{a}_{j_i,\{j_1,\ldots,j_{i-1}\}} \mu_{j_i}^{-1}]\, p_\emptyset,$$

wobei $(j_1, \ldots, j_{|g|})$ eine beliebige Permutation der Elemente von g ist, und $p_\emptyset$ sich aus der Normierungsbedingung $\sum_g p_g = 1$ ergibt.

(b) *Verlustwahrscheinlichkeit einer ankommenden Forderung:*

$$p_v = \sum_g P(g, g)\, p_g.$$

(c) *Stationäre Wahrscheinlichkeit, daß der Zustand g unmittelbar vor Beginn* ($\mathring{p}^{b}_{j,g}$) *bzw. nach Ende einer Bedienung* ($\tilde{p}^{b}_{j,g}$) *auf dem Gerät j vorliegt* ($j \notin g$):

$$\mathring{p}^{b}_{j,g} = \tilde{p}^{b}_{j,g} = \frac{p_{g \cup \{j\}}}{\sum_{g':j \notin g'} p_{g' \cup \{j\}}}.$$

(d) *Erwartungswert der Dauer zwischen dem Beginn benachbarter Besetztperioden* ist gleich

$$\Bigl(\sum_{j=1}^{s} p_\emptyset \alpha^{a}_{j,\emptyset}\Bigr)^{-1}.$$

(e) *Erwartungswert der Besetztzeit S des Systems:*

$$\mathsf{E}S = \Bigl(\sum_{j=1}^{s} \alpha^{a}_{j,\emptyset} p_\emptyset\Bigr)^{-1} (1 - p_\emptyset).$$

(f) *Erwartungswert der Untätigkeitszeit U_j des j-ten Bedienungsgerätes*

$$\mathsf{E}U_j = \Bigl(\sum_{g:j \in g} \mu_j p_g\Bigr)^{-1} \sum_{g:j \notin g} p_g.$$

Weitere Formeln können aus den mit der Unempfindlichkeitseigenschaft der stationären Zustandswahrscheinlichkeiten zusammenhängenden Ergebnissen (↑ [I, 7.2.7]) selbständig vom Leser abgeleitet werden. Zum Beispiel Formeln für den Erwartungswert der Untätigkeitszeit eines bestimmten Bedienungsgerätes, oder dem Erwartungswert der Zeitdauer, in der Forderungen abgewiesen werden, wenn dies nur in bestimmten Systemzuständen der Fall ist. Die dafür notwendigen allgemeinen Formeln und Bedingungen sind in [I, 7.2.6], [I, 7.2.7] angegeben.

1.3.4. Grundmodell für Systeme vom Typ $\vec{M}/\vec{G}/s/0$ mit systemzustandsabhängigen Intensitäten der Forderungenströme und Bedienungen

Sehr viele Systeme mit Poissonschen Eingangsströmen, ohne Warten und endlich vielen Bedienungsgeräten lassen sich in das folgende Grundmodell einbetten (bez. ähnlicher Modelle vgl. Jansen/König/Nawrotzki (1979), Brumelle (1978)). Wesentliche Elemente des Modells sind die einzelnen Bedienungsgeräte oder besser Bedienungsmöglichkeiten. Deren Anzahl ergibt sich daraus, wie viele verschiedene Bedienungen in Abhängigkeit von unterschiedlichen Forderungenarten, den einzelnen Geräten oder anderen Charakteristiken des betrachteten Systems auftreten. Arbeiten z. B. in einem System s ungleiche Geräte und kommen m Ströme unterschiedlicher Forderungenarten an, so daß sich die Bedienungszeitverteilung für jede Forderungenart und jedes Gerät unterscheidet, sind notwendigerweise $s \cdot m$ Bedienungsmöglichkeiten zu betrachten. Da die Forderungenströme als Poissonsch vorausgesetzt werden, ist eine Aufteilung der Intensitäten der Forderungenströme möglich. Man ermittelt die Intensität des auf eine bestimmte Bedienungsmöglichkeit treffenden Forderungenstromes. Diese ist offenbar systemzustandsabhängig, läßt sich aber bei jedem konkreten Modell mit Hilfe der Auswahlregel und Intensitäten der ursprünglichen Forderungenströme schnell und einfach berechnen. Dabei ist auch die Intensität Null zugelassen. Durch diese Auffassungsweise lassen sich gleichfalls einfach systemzustandsabhängige Intensitätsänderungen der Forderungenströme erfassen.

Für die Bedienung werden ebenfalls systemzustandsabhängige Bedienungsgeschwindigkeiten und somit Intensitäten betrachtet. Auf diese Weise können in das Grundmodell u. a. auch Prioritätensysteme mit absoluten unterbrechenden Prioritäten eingebettet werden (↑ [1.3.4.4.3]). Mittels der Betrachtung von Bedienungsmöglichkeiten lassen sich ferner Modelle, in denen mehrere Geräte gleichzeitig belegt und freigegeben werden, behandeln (↑ [1.3.4.4.4]).

Die Aussagen und Formeln gelten unter Bedingungen an die Intensitäten, die notwendig und hinreichend für die Unempfindlichkeit der stationären Zustandswahrscheinlichkeiten sind (↑ [I, 7.2]), d. h. insbesondere werden nur stationäre Charakteristiken angegeben. Sind alle Geräte gleichartig und interessieren nur die Anzahlen belegter Geräte, so ist es wegen der oben erwähnten Bedingungen zweckmäßig, die „gut-Glück"-Regel zur Auswahl freier Bedienungsgeräte zu verwenden und die zu einem „Anzahlzustand" gehörenden stationären Zustandswahrscheinlichkeiten aufzusummieren.

Falls ein konkretes Modell die Verlustintensitäten $\alpha_{j,g}^{V}$ nicht bereits eindeutig bestimmt (d. h. die Intensitäten, mit der eine Forderung bei Vorliegen des Zustandes g auf die Bedienungsmöglichkeit j gelenkt wird und verloren geht), kann die Aufteilung der Verlustintensität einer ankommenden Forderung auf die einzelnen Bedienungsmöglichkeiten willkürlich vorgenommen werden. An diese Intensitäten wird keine Bedingung gestellt.

Die Anwendung des Grundmodells auf konkrete Systeme wird anhand von Beispielen in [1.3.4.4] erläutert. Eine weitere Möglichkeit, Formeln für kompliziertere Modelle zu erhalten, ist in [1.3.5] aufgeführt.

1.3.4.1. Beschreibung des Modells

Die Bedienungsmöglichkeiten seien von 1 bis n durchnumeriert, und ein Zustand des Systems werde durch die Menge $g \subseteqq \{1, \ldots, n\}$ der gerade benutzten Bedienungsmöglichkeiten charakterisiert. Auf die Bedienungsmöglichkeit j trifft im Zustand g ein Poissonscher Forderungenstrom der Intensität $\alpha^{\mathrm{a}}_{j,g} + \alpha^{\mathrm{v}}_{j,g} \geqq 0$, wobei für die Intensität des Stromes der Forderungen, die angenommen werden, natürlich gilt: $\alpha^{\mathrm{a}}_{j,g} = 0$, falls $j \in g$.

Die Intensität der Bedienung auf der Bedienungsmöglichkeit j ist gleich $\alpha^{\mathrm{b}}_{j,g} \geqq 0$. Für $j \notin g$ wird formal $\alpha^{\mathrm{b}}_{j,g} = 0$ gesetzt. Für die Folge der Bedienungsgrößen auf der Bedienungsmöglichkeit j existiere das stationäre Verteilungsgesetz Q_j, das speziell für rekurrente Folgen durch die Bedienungszeitverteilung $B_j(x)$ auf der Bedienungsmöglichkeit j bestimmt ist.

1.3.4.2. Voraussetzungen und Bedingungen

Neben V. 1.3.1.1, V. 1.3.1.2 und V. 1.3.1.4 werden noch folgende weitere Voraussetzungen gefordert.

1.3.4.1. Voraussetzung. Der das Modell beschreibende Markowsche Prozeß sei ergodisch. (Für rekurrente Bedienungsfolgen gilt dies, vgl. Gnedenko/Kowalenko [1], Kowalenko (1964), Tien (1977), Buslenko/Kalaschnikow/Kowalenko [1].) Die Bedienungsgrößen seien mit Wahrscheinlichkeit Eins positiv.

1.3.4.2. Voraussetzung. Die Intensitäten $\alpha^{\mathrm{a}}_{j,g}$ und $\alpha^{\mathrm{b}}_{j,g}$ müssen folgende Bedingungen erfüllen:

(i) Für jeden Zustand g und $j \in g$ ist

$$\alpha^{\mathrm{a}}_{j,g\setminus\{j\}} = 0, \quad \text{falls} \quad \alpha^{\mathrm{b}}_{jg} = 0,$$

$$\alpha^{\mathrm{a}}_{j,g\setminus\{j\}} > 0, \quad \text{falls} \quad \alpha^{\mathrm{b}}_{j,g} > 0.$$

Interpretation: Eine Bedienung darf nicht mit der Intensität Null beginnen, und jede Bedienungsmöglichkeit, die in g belegt ist, kann prinzipiell die zuletzt belegte sein.

(ii) Für jeden Zustand g existiere eine Permutation $(j_1, \ldots, j_{|g|})$ der Elemente von g mit

$$\alpha^{\mathrm{a}}_{j_l,g\setminus\{j_1,\ldots,j_l\}} > 0, \qquad l = 1, \ldots, |g|.$$

Interpretation: Die Bedingung sichert die Irreduzibilität des Modells, d. h. daß alle Zustände des Modells untereinander erreichbar sind.

(iii) Für jeden Zustand g und je zwei Permutationen $(j_1, \ldots, j_{|g|})$, $(j_1', \ldots, j'_{|g|})$, für die die Bedingung (ii) gilt, gelte:

$$\prod_{l=1}^{|g|} \frac{\alpha^{\mathrm{a}}_{j_l,g\setminus\{j_1,\ldots,j_l\}}}{\alpha^{\mathrm{b}}_{j_l,g\setminus\{j_1,\ldots,j_{l-1}\}}} = \prod_{l=1}^{|g|} \frac{\alpha^{\mathrm{a}}_{j_l',g\setminus\{j_1',\ldots,j_l'\}}}{\alpha^{\mathrm{b}}_{j_l',g\setminus\{j_1',\ldots,j_{l-1}'\}}},$$

wobei für $l = 1$ für $g \setminus \{j_1, \ldots, j_{l-1}\}$ die Menge g einzusetzen ist.

Interpretation: Diese Bedingung ist die einschneidenste und stellt eine Symmetrieforderung an das Modell dar. Sie ist erfüllt, wenn die Systemzustandsabhängigkeit nur durch die Anzahlen benutzter Bedienungsmöglichkeiten in die Intensitätsgrößen eingeht.

1.3.4.3. Aussagen und Formeln

1.3.4.3. Satz. Sind alle in [1.3.4.2] angegebenen Voraussetzungen erfüllt, so sind die stationären Zustandswahrscheinlichkeiten p_g unempfindlich im Sinne von D. 7.2.1. Die Bedingungen in V. 1.3.4.2 sind dafür auch notwendig.

Man beachte deshalb die in [I, 7.2.6] und [I, 7.2.7] angegebenen allgemeinen Aussagen und Formeln. Speziell ergeben sich daraus:

(a) *Stationäre Zustandswahrscheinlichkeiten:*

$$p_g = p_\emptyset \prod_{l=1}^{g} \frac{\alpha^{\mathrm{a}}_{j_l, g\setminus\{j_1,\ldots,j_l\}}}{\alpha^{\mathrm{b}}_{j_l, g\setminus\{j_1,\ldots,j_{l-1}\}}}.$$

$(j_1, \ldots, j_l)$ ist eine Permutation der Elemente von g, die der Bedingung (ii) in V. 1.3.4.2 genügt; $p_\emptyset$ ergibt sich aus der Normierungsbedingung $\sum_g p_g = 1$.

(b) *Stationäre Wahrscheinlichkeit des Zustandes g*

(b_1) *unmittelbar vor Ankunft* einer Forderung auf der j-ten Bedienungsmöglichkeit:

$$\mathring{p}_{j,g} = (\alpha^{\mathrm{a}}_{j,g} + \alpha^{\mathrm{v}}_{j,g})\, p_g \left(\sum_{g'} (\alpha^{\mathrm{a}}_{j,g'} + \alpha^{\mathrm{b}}_{j,g'})\, p_{g'}\right)^{-1},$$

(b_2) *unmittelbar vor Abgang* einer Forderung von der j-ten Bedienungsmöglichkeit:

$$\tilde{p}^{-}_{j,g} = (\alpha^{\mathrm{b}}_{j,g} + \alpha^{\mathrm{v}}_{j,g})\, p_g \left(\sum_{g'} (\alpha^{\mathrm{b}}_{j,g'} + \alpha^{\mathrm{v}}_{j,g'})\, p_{g'}\right)^{-1},$$

(b_3) *unmittelbar vor Beginn einer Bedienung* auf der j-ten Bedienungsmöglichkeit:

$$\mathring{p}^{\mathrm{b}}_{j,g} = \alpha^{\mathrm{a}}_{j,g} p_g \left(\sum_{g'} \alpha^{\mathrm{a}}_{j,g'} p_{g'}\right)^{-1},$$

(b_4) *unmittelbar vor Ende einer Bedienung* auf der j-ten Bedienungsmöglichkeit:

$$\tilde{p}^{\mathrm{b}-}_{j,g} = \alpha^{\mathrm{b}}_{j,g} p_g \left(\sum_{g'} \alpha^{\mathrm{b}}_{j,g'} p_{g'}\right)^{-1}.$$

(c) *Stationäre Wahrscheinlichkeit des Verlustes*

(c_1) *einer auf der j-ten Bedienungsmöglichkeit ankommenden Forderung:*

$$\mathring{p}_{\mathrm{v},j} = \left(\sum_g \alpha^{\mathrm{v}}_{j,g} p_g\right) \left(\sum_{g'} (\alpha^{\mathrm{v}}_{j,g} + \alpha^{\mathrm{a}}_{j,g})\, p_g\right)^{-1},$$

(c_2) *einer beliebigen ankommenden Forderung:*

$$\mathring{p}_{\mathrm{v}} = \left(\sum_{j=1}^{n} \sum_g \alpha^{\mathrm{v}}_{j,g} p_g\right) \left(\sum_{j=1}^{n} \sum_g (\alpha^{\mathrm{v}}_{j,g} + \alpha^{\mathrm{a}}_{j,g})\, p_g\right)^{-1}.$$

1.3.4.4. Beispiele

In dieses allgemeine Modell lassen sich insbesondere die Klassen der Bedienungssysteme einbetten, die in [I, 7.4] angegeben werden. Deshalb soll hier auch keine weitere Eingrenzung auf spezielle Klassen von Systemen erfolgen, in dem die Bedingungen von V. 1.3.4.2 solchen Klassen angepaßt werden. Die folgenden Beispiele sollen verschiedene Richtungen der Anwendung des allgemeinen Modells demonstrieren.

1.3.4.4.1. System aus $n + m + r$ Elementen mit heißer und kalter Reserve

Im System arbeiten höchstens n Elemente, sind höchstens m in heißer Reserve und die restlichen r befinden sich in kalter Reserve. Fällt ein Element im Arbeitszustand oder in der heißen Reserve aus, so wird sofort mit der Reparatur begonnen und ein Element aus der heißen Reserve bzw. kalten Reserve rückt nach. Die Lebensdauer der Elemente im Arbeitszustand und in der heißen Reserve sind identisch exponentialverteilt mit dem Parameter λ. Alle Elemente besitzen die gleiche Reparaturzeitverteilung $B(x)$ mit $\mathsf{E}B = \mu^{-1} < \infty$. Die Nummern der ausgefallenen Elemente bilden die Systemzustände g. Es sollen die stationären Zustandswahrscheinlichkeiten p_g angegeben werden.

Anwendung des Grundmodells: Es werden $n + m + r$ Bedienungsmöglichkeiten mit der gleichen Bedienungszeitverteilung betrachtet, und es ist:

$$\alpha_{j,g}^{\mathrm{b}} = \mu, \qquad j \in g; \qquad \alpha_{j,g}^{\mathrm{v}} \equiv 0,$$

$$\alpha_{j,g}^{\mathrm{a}} = \lambda \frac{\min\{n + m, n + m + r - |g|\}}{n + m + r - |g|} = \frac{\lambda_{|g|}}{n + m + r - |g|}.$$

Die Gesamtausfallintensität des Systems im Zustand g mit $|g| = k$ ist somit $\lambda_k = \lambda \min\{n + m, n + m + r - k\}$. V. 1.3.4.2 ist erfüllt, da die Abhängigkeiten der Intensitäten vom Zustand g nur über $|g|$ wirkt.

Für die stationären Zustandswahrscheinlichkeiten gilt mit $p_k = \sum\limits_{g:|g|=k} p_g$ (Marjanowitsch (1961)):

$$p_k = \prod_{i=1}^{k} \frac{\lambda_{i-1}}{\mu} p_0 = \begin{cases} \left(\dfrac{\lambda}{\mu}\right)^k \dfrac{(n+m)^k}{k!} p_0, & \text{falls } k \leqq r, \\[2ex] \left(\dfrac{\lambda}{\mu}\right)^k \dfrac{(n+m)^r}{k!} \dfrac{(n+m)!}{(n+m+r-k)!} p_0, & \text{falls } k > r; \end{cases}$$

$$p_0 = \left[\sum_{k=1}^{r} \left(\frac{\lambda}{\mu}\right)^k \frac{1}{k!} (n+m)^k + \sum_{k=r+1}^{n+m+r} \left(\frac{\lambda}{\mu}\right)^k \frac{1}{k!} (n+m)^r \frac{(n+m)!}{(n+m+r-k)!}\right]^{-1}.$$

1.3.4.4.2. System $\vec{\mathrm{M}}/\vec{\mathrm{GI}}/m_1 + m_2 + m_{12}/0$ mit zwei Forderungenarten und spezieller Zugriffsregel zu den Bedienungsgeräten

Das Modell besteht aus zwei Untersystemen mit Poissonschen Forderungenströmen der Intensität λ_1 und λ_2 und den in jedem Untersystem identischen Bedienungszeitverteilungen $B_1(x)$ und $B_2(x)$. Die Bedienungszeiten B_i, $i = 1, 2$ seien unabhängig. Im Modell können m_1 Forderungen des 1. Untersystems, m_2 Forderungen des 2. Untersystems und noch einmal m_{12} Forderungen beider Untersysteme bedient werden, also insgesamt $m_1 + m_2 + m_{12}$ Forderungen.

Anwendung des Grundmodells: Es werden $m_1 + m_2 + 2m_{12}$ Bedienungsmöglichkeiten betrachtet, $m_1 + m_{12}$ für das 1. Untersystem und $m_2 + m_{12}$ für das 2. Untersystem. Mit der Bezeichnung $\mathcal{X}_i$ für die Menge der besetzten Bedienungsmöglichkeiten des i-ten Untersystems, $i = 1, 2$, erhält man durch $g = (\mathcal{X}_1, \mathcal{X}_2)$ einen Zustand des Systems, und es wird

$$\alpha_{j,g}^{\mathrm{a}} = \begin{cases} \dfrac{\lambda_i}{m_i + m_{12} - |\mathcal{X}_i|}, & \text{falls } j \in \mathcal{X}_i,\ |\mathcal{X}_1| + |\mathcal{X}_2| < m_1 + m_2 + m_{12} \text{ und } j \\ & \text{zum } i\text{-ten Untersystem gehört, } i = 1, 2; \\ 0 & \text{sonst,} \end{cases}$$

$$\alpha_{j,g}^{\mathrm{v}} = \begin{cases} \lambda_i, & \text{falls } j \text{ zum } i\text{-ten Untersystem gehört und } |\mathscr{Z}_i| = m_1 + m_{12} \\ & \text{oder } |\mathscr{Z}_1| + |\mathscr{Z}_2| = m_1 + m_2 + m_{12}, i = 1, 2; \\ 0 & \text{sonst,} \end{cases}$$

$$\alpha_{j,g}^{\mathrm{b}} = \mu_i \quad \text{falls} \quad j \in \mathscr{Z}_i, \qquad i = 1, 2, \qquad \mu_i = (\mathsf{E}B_i)^{-1}.$$

Weiterhin sei $B_{i,j}^{\mathrm{R}}$ die Restbedienungszeit einer Forderung im i-ten Untersystem (wobei diese aber nicht einem festen Gerät j zugeordnet ist). Es gilt für die stationäre Anfangsverteilung P des zugehörigen markowisierten Prozesses (↑ [I, 5.4], Jaroschenko (1962))

$$\mathsf{P}(B_{i,j}^{\mathrm{R}} < x_j^i, j = 1, \ldots, k_i, |\mathscr{Z}_i| = k_i, i = 1, 2)$$

$$= \frac{\lambda_1^{k_1}\lambda_2^{k_2}}{k_1!\,k_2!} \prod_{j=1}^{k_1} \int_0^{x_j^1} \left(1 - B_1(x)\right) \mathrm{d}x \prod_{j=1}^{k_2} \int_0^{x_j^2} \left(1 - B_2(x)\right) \mathrm{d}x,$$

$$\mathsf{P}(|\mathscr{Z}_i| = k_i, i = 1, 2) = \left(\frac{\lambda_1}{\mu_1}\right)^{k_1} \left(\frac{\lambda_2}{\mu_2}\right)^{k_2} \Big/ k_1!\,k_2!,$$

für $0 \leqq k_1 \leqq m_1 + m_{12}$, $0 \leqq k_2 \leqq m_2 + m_{12}$, $0 \leqq k_1 + k_2 \leqq m_1 + m_2 + m_{12}$.

1.3.4.4.3. System $\vec{M}/\vec{GI}/s/0$ mit absoluten Prioritäten und Unterbrechung der Bedienung

In das System gelangen n Poissonsche Forderungenströme mit unterschiedlicher absoluter Priorität, wobei die Priorität mit wachsender Nummer des Stromes sinkt. Forderungen gleicher Priorität können sich nicht unterbrechen. Eine unterbrochene Forderung wird auf dem gleichen Gerät weiterbedient, sobald alle weiteren das Gerät besetzenden Forderungen höherer Priorität fertig bedient wurden. Ein Gerät bedient also zu einem Zeitpunkt jeweils die Forderung mit der höchsten Priorität (kleinsten Nummer) unter den auf dem Gerät vorhandenen Forderungen. Die Intensitäten der Forderungenströme sind unabhängig vom Systemzustand. Eine ankommende Forderung wählt zunächst unter allen s Geräten eines zufällig (Regel „gut Glück") aus und belegt dieses Gerät, wenn dort keine oder nur Forderungen niederer Priorität vorhanden sind. Andernfalls geht die Forderung verloren. Ist dieses Gerät bereits durch eine Forderung geringerer Priorität belegt, so wird deren Bedienung unterbrochen. Die Verteilung der Bedienung selbst kann vom Gerät und der Forderungenart abhängen. Die Bedienungsintensität soll jedoch nicht vom Systemzustand abhängen.

Anwendung des Grundmodells: Jedes Gerät kann unter Umständen von n Forderungen, jede mit unterschiedlicher Priorität, belegt sein. Es müssen somit $n \cdot s$ Bedienungsmöglichkeiten in das Modell aufgenommen werden, so daß der Index einer Bedienungsmöglichkeit durch (i, j) mit j — Bedienungsgerät, i — Forderungenart, gekennzeichnet wird. Das heißt, es wird mit $B_{i,j}(x)$ die Bedienungszeitverteilungen der Bedienungsmöglichkeiten (i, j) und mit $B_{i,j}$ die entsprechende Bedienungszeit bezeichnet, sowie $\mu_{i,j} = (\mathsf{E}B_{i,j})^{-1}$ gesetzt. Die Intensität des i-ten Forderungenstromes sei λ_i. Diese Modellierung ergibt:

$$g \in \mathfrak{P}\big(\{(i, j) : j = 1, \ldots, s;\ i = 1, \ldots, n\}\big),$$

$$\alpha_{(i,j),g}^{\mathrm{b}} = \begin{cases} \mu_{ij}, & \text{falls} \quad (i, j) \in g, \quad i = \min\{i' : (i', j) \in g\}, \qquad j = 1, \ldots, s, \\ 0 & \text{sonst,} \end{cases}$$

$$\alpha^{a}_{(i,j),g} = \begin{cases} \lambda_i/s, & \text{falls } (i,j) \in g, \quad i < \min\{i' : (i',j) \in g\}, \quad j = 1, \ldots, s, \\ 0 & \text{sonst}, \end{cases}$$

$$\alpha^{v}_{(i,j),g} = \begin{cases} \lambda_i/s, & \text{falls } i \geqq \min\{i' : (i',j) \in g\}, \quad j = 1, \ldots, s, \\ 0 & \text{sonst}. \end{cases}$$

V. 1.3.4.2 wird erfüllt, wie leicht nachzuprüfen ist. Sind auch die anderen Voraussetzungen erfüllt, so hat man für die stationären Zustandswahrscheinlichkeiten p_g:

$$p_g = \prod_{(i,j)\in g} \left(\frac{\lambda_i}{\mu_{i,j}} s^{-|g|}\right) p_\emptyset,$$

$$p_\emptyset = \left[\sum_g \prod_{(i,j)\in g} \left(\frac{\lambda_i}{\mu_{i,j}} s^{-|g|}\right)\right]^{-1}.$$

Ebenso kann man die stationäre Wahrscheinlichkeit des Verlustes einer Forderung des i-ten Stromes angeben:

$$\mathring{p}_{V,i} = \sum_{j=1}^{s} \sum_{\{g : i \geqq \min\{i' : (i',j) \in g\}\}} p_g \left(s \sum_g p_g\right)^{-1}.$$

1.3.4.4.4. System $M^{GI}/GI/s/0$ mit gleichzeitiger Bedienung der ankommenden Gruppe

In das System treffen Gruppen von Forderungen der zufälligen Stärke M entsprechend einem Poissonschen Strom der Intensität und der Verteilung der Gruppenstärke (q_k) ein. Alle Forderungen einer Gruppe werden gleichzeitig bedient und beenden auch gleichzeitig ihre Bedienung. Ist die Bedienung aller Forderungen der Gruppe nicht möglich, weil nicht genügend freie Bedienungsgeräte vorhanden sind, so wird die gesamte Gruppe vom System abgewiesen. Die Einbettung in das Grundmodell kann folgendermaßen durchgeführt werden.

Es werden Forderungentypen entsprechend der Stärke einer Gruppe eingeführt und die gesamte Gruppe als eine Forderung des entsprechenden Typs aufgefaßt. Damit treffen diese Forderungen mit Typ k mit der Intensität λq_k ein.

Auf Grund der Besetzung von k Bedienungsgeräten durch eine Forderung vom Typ k ist es nur sinnvoll, jeweils $\mathrm{ent}(s/k)$ Bedienungsmöglichkeiten für den Forderungentyp k vorzusehen. Unter den freien Bedienungsmöglichkeiten für einen Forderungentyp k wird auf „gut Glück" ausgewählt, falls solch eine Forderung (sprich Gruppe) eintrifft und die Bedienungsmöglichkeiten nicht bereits blockiert sind. Letztere Blockierung erfolgt in Abhängigkeit vom Systemzustand $g = \{(k, i_k) : i_k \in \{1, \ldots, \mathrm{ent}(s/k)\}, k = 1, \ldots, s\}$, der die belegten Bedienungsmöglichkeiten (k, i_k) der Forderungen des Typs k enthält. Die freien $n(k, g) = |\{(k, i) : (k, i) \in g\}|$ Bedienungsmöglichkeiten des Typs k sind blockiert, wenn

$$s - \sum_{(j,i)\in g} j < k,$$

(d. h. nicht mehr k freie Geräte vorhanden sind). Es wäre demnach $\alpha^{a}_{(k,i),g} = 0$ und

$$\alpha^{v}_{(k,i),g} = \frac{\lambda q_k}{\mathrm{ent}(s/k) - n(k,g)} \qquad (k, i) \notin g,$$

zu setzen. Werden die Bedienungsmöglichkeiten für den Typ k nicht blockiert, so gilt $((k, i) \notin g)$

$$\alpha^{\mathrm{v}}_{(k,i),g} = 0 \quad \text{und} \quad \alpha^{\mathrm{a}}_{(k,i),g} = \frac{q_k}{\operatorname{ent}(s/k) - n(k, g)}.$$

Weiterhin ist für $(k, i) \in g$

$$\alpha^{\mathrm{b}}_{(k,i),g} = \mu.$$

Aus dem Ergebnis für das Grundmodell folgt nun insbesondere die Unempfindlichkeit der stationären Zustandswahrscheinlichkeiten gegenüber der Bedienungszeitverteilung, und es gilt

$$\mathring{p}_g = \tilde{p}_g = p_g = \left(\frac{\lambda}{\mu}\right)^{|g|} \prod_{k=1}^{s} \left(q_k^{n(k,g)} \left(\operatorname{ent}(s/k) - n(k, g)\right)! \operatorname{ent}(s/k)!\right) p_\emptyset.$$

Wird in g nur aufgenommen, wieviel Forderungen von welchem Typ vorhanden sind, d. h. $g = (n(1, g), \ldots, n(s, g))$, so erhält man

$$\mathring{p}_g = \tilde{p}_g = p_g = \prod_{k=1}^{s} \left[\left(\frac{\lambda}{\mu} q_k\right)^{n(k,g)} n(k, g)!\right] p_0.$$

Interessieren nur die Anzahlen belegter Geräte, so ist (MILLS (1980))

$$\mathring{p}_j = \tilde{p}_j = p_j = h_j \left(\sum_{i=0}^{s} h_i\right)^{-1},$$

wobei h_j über die Rekurrenzbeziehung

$$h_j = \frac{\lambda}{j\mu} \sum_{i=1}^{j} i q_i h_{j-i}, \qquad j = 1, \ldots, s; \qquad h_0 = 1,$$

berechnet wird (↑ [1.2.5]).

1.3.5. Unzuverlässige Bedienungsgeräte

Die Aussagen dieses Abschnittes sind so abgefaßt, daß sie in die vorhergehenden Modelle eingebaut werden können. Es ist hier notwendig, zwischen Belegung eines Gerätes und der Bedienung einer Forderung zu unterscheiden, d. h. die Belegung eines Gerätes kann bedeuten, daß eine Bedienung läuft, aber auch, daß eine Reparatur durchgeführt wird.

1.3.5.1. Der Ausfall der Geräte ist nur während einer Bedienung möglich

Die durch eine Bedienung einer Forderung ausgelöste Periode, die beim Bedienungsbeginn anfängt und erst beendet ist, wenn die Forderung das Gerät wieder verlassen hat und das Gerät in Ordnung ist, wird als eine Bedienung mit verschiedenen Inhalten angesehen (KÖNIG/MATTHES/NAWROTZKI [1], [2], FLEISCHMANN [1]). Für unzuverlässige Geräte kann dieser Inhalt z. B. lauten: „Das Gerät wird repariert" oder „Auf dem Gerät läuft eine Bedienung".

Die stationären Wahrscheinlichkeiten, die solche Inhalte mit berücksichtigen, berechnet man nach der Formel (↑ [I, 7.2.6]):

$$\mathsf{P}(\{\text{Zustand } g \text{ liegt vor}\} \cap \bigcap_{j\in g} \{\text{Die Bedienung auf dem Gerät } j \text{ hat den Inhalt } \mathcal{B}_j\})$$

$$= p_g \prod_{j\in g} \mathsf{Q}_j \,(\text{Bedienung hat Inhalt } \mathcal{B}_j) \qquad (1)$$

mit dem stationären Verteilungsgesetz Q_j für den Prozeß der Bedienungen auf dem Gerät j (↑ [I, 7.2.6]).

Damit lassen sich solche Wahrscheinlichkeiten aus den Formeln der bisherigen Systeme ableiten, wenn die Unempfindlichkeitseigenschaft der stationären Zustandswahrscheinlichkeiten (↑ I, D. 7.2.1) vorliegt. Die Zeitdauer, die eine Forderung ein Gerät für die Annahme der nächsten Forderung blockiert, wird im folgenden zur sprachlichen Unterscheidung von der eigentlichen Bedienung „Belegungszeit" (oder „-größe") genannt.

1.3.5.1.1. Unterbrechung der Bedienung bei Ausfall des Gerätes

Die Bedienung wird durch Ausfall des Gerätes unterbrochen und nach erfolgter Reparatur fortgesetzt. Bei Beginn einer Bedienung ist das Gerät also i. allg. nicht frisch: Es gilt für den Erwartungswert der Belegungszeit S_j des j-ten Gerätes

$$\mathsf{E}S_j = (\mathsf{E}L_j)^{-1}\, \mathsf{E}B_j \mathsf{E}R_j + \mathsf{E}B_j,$$

wobei L_j die Lebenszeit und R_j die Reparaturzeit des j-ten Gerätes sind. Damit wird:

$$\mathsf{Q}_j \,(\text{auf dem Gerät } j \text{ läuft die Bedienung}) = \frac{\mathsf{E}B_j}{\mathsf{E}S_j},$$

$$\mathsf{Q}_j \,(\text{auf dem Gerät } j \text{ läuft eine Reparatur}) = \frac{(\mathsf{E}L_j)^{-1}\, \mathsf{E}B_j \mathsf{E}R_j}{\mathsf{E}S_j}.$$

Verhalten sich alle Geräte gleichartig und interessiert nicht das spezielle Gerät j, so wird in obigen Formeln der Index j einfach fortgelassen. Der Einbau in die entsprechenden Formeln der betrachteten Systeme erfolgt entsprechend (1).

Speziell erhält man im System M/G/s/0 mit diesem Verhalten bei Ausfall eines Gerätes für die stationäre Verteilung

$$\mathsf{P}\,(k \text{ Geräte sind belegt, davon } l\ (\leq k) \text{ in Reparatur})$$

$$= (\lambda \mathsf{E}B)^k \left(\frac{\mathsf{E}R}{\mathsf{E}L}\right)^l \frac{1}{l!(k-l)!} \left(\sum_{j=1}^{m} \frac{1}{j!} \left(\lambda(\mathsf{E}R(\mathsf{E}L)^{-1} + 1)\, \mathsf{E}B\right)^j\right).$$

1.3.5.1.2. Bedienungsabbruch bei Ausfall des Gerätes

Die Bedienung wird bei Ausfall des Gerätes abgebrochen. Die Belegungsperiode wird durch Ende einer vollständigen Bedienung, oder durch Ende einer Reparatur abgeschlossen. Das Gerät wird bei Beginn einer Bedienung als neuwertig angesehen. (Bei exponentialverteilter Ausfallzeit ist dies keine zusätzliche Forderung.) Man erhält für die Verteilungsfunktion der Belegungszeit S_j des j-ten Gerätes

$$S_j(x) = \int_0^x \left(1 - L_j(u)\right) \mathrm{d}B_j(u) + \int_0^x \left(1 - B_j(u)\right) R_j(x-u)\, \mathrm{d}L_j(u)$$

und daraus $\mathsf{E}S_j = b_j + a_j\mathsf{E}R_j$

$$\text{mit}\quad b_j = \int_0^\infty \bigl(1 - B_j(x)\bigr)\bigl(1 - L_j(x)\bigr)\,\mathrm{d}x, \qquad a_j = \int_0^\infty \bigl(1 - B_j(x)\bigr)\,\mathrm{d}L_j(x).$$

Damit wird

$$\mathbf{Q}_j\,(\text{Auf Gerät } j \text{ läuft eine Bedienung}) = \frac{b_j}{b_j + a_j\mathsf{E}R_j},$$

$$\mathbf{Q}_j\,(\text{Das Gerät } j \text{ wird repariert}) = \frac{a_j\mathsf{E}R_j}{b_j + a_j\mathsf{E}R_j}.$$

Sind die Verteilungsfunktionen der Bedienung, des Ausfalls und der Reparatur eines Gerätes für alle Geräte gleich, und interessiert man sich nicht für den Zustand eines speziellen Gerätes, können die Indizes j fortgelassen werden. So lauten für das System M/GI/s/0 mit unzuverlässigen Geräten und diesem Verhalten die stationären Zustandswahrscheinlichkeiten (Marjanowitsch (1960), Shuk (1969)):

$$\mathsf{P}\begin{pmatrix} k \text{ Geräte sind belegt,} \\ \text{davon } l \leqq k \text{ in Reparatur}\end{pmatrix} = p_0\lambda^k \frac{1}{l!(k-l)} (a\mathsf{E}R)^l\, b^{k-l},$$

$$p_0 = \left(\sum_{j=1}^{m} \frac{1}{j!} \bigl(\lambda(b + a\mathsf{E}R)\bigr)^j\right)^{-1}.$$

1.3.5.2. Ausfall belegter und unbelegter Geräte

Trifft eine ankommende Forderung auf ein ausgefallenes oder besetztes Gerät, so wird sie immer abgewiesen, d. h. z. B., die Intensitäten $\alpha_{j,g}^{\mathrm{a}}$ sind gleich Null, wenn in g das Gerät j ausgefallen oder besetzt ist.

1.3.5.2.1. Unterbrechung der Bedienung bei Ausfall des Gerätes

Angefangene Bedienungen werden unterbrochen, wenn das Gerät ausfällt. Sie werden nach erfolgter Reparatur weiterbedient. Die Reparatur eines Gerätes erfolgt sofort nach Ausfall. Ein ausgefallenes Gerät wird nicht neu belegt. Ein Systemzustand g wird durch die Nummern der insgesamt s Geräte bestimmt, die sich in den Zuständen $i = 1$ (belegt), $i = 2$ (intakt) bzw. $i = 3$ (ausgefallen) befinden. Die entsprechenden Indexmengen seien $\mathscr{X}_1$, $\mathscr{X}_2$ und $\mathscr{X}_3$, so daß

$$g = (\mathscr{X}_1, \mathscr{X}_2, \mathscr{X}_3) \in \mathscr{G} = \{(\mathscr{X}_1, \mathscr{X}_2, \mathscr{X}_3) : \mathscr{X}_1 \subseteqq \{1, \ldots, s\} = \mathscr{X}_2 \cup \mathscr{X}_3,\ \mathscr{X}_2 \cap \mathscr{X}_3 = \emptyset\}.$$

Mit $\alpha_{j,g}^i$ seien die Intensitäten der Bedienung ($i = 1$), des Ausfalls ($i = 2$) und der Reparatur ($i = 3$) auf dem Gerät j im Zustand g bezeichnet. Die Intensität, mit der eine Forderung, die vom Gerät j im Zustand g angenommen wird, eintrifft, wird wieder mit $\alpha_{j,g}^{\mathrm{a}}$ bezeichnet, analog sei $\alpha_{j,g}^{\mathrm{v}}$ die entsprechende Intensität des Stromes abgewiesener Forderungen.

Mit $\mathbf{Q}_{i,j}$ werden die stationären Verteilungsgesetze der Folgen der Bedienungsgrößen ($i = 1$), der Ausfallgrößen ($i = 2$) und der Reparaturengrößen ($i = 3$) des Gerätes j bezeichnet.

(a) Voraussetzungen: Neben den allgemeinen V. 1.3.1.1, V. 1.3.1.2 und V. 1.3.1.3 muß gefordert werden

1.3.5.1. Voraussetzung. Der das System beschreibende Prozeß sei ergodisch.

1.3.5.2. Voraussetzung. Die Bedienungsgrößen, Reparaturgrößen und Lebenszeiten der einzelnen Geräte seien mit Wahrscheinlichkeit Eins positiv.

Diese Voraussetzung ist nicht so einschränkend, wie man auf den ersten Blick annimmt. Für die Bedienungsgrößen ist sie wirklich nur technischer Natur, um zu erreichen, daß der Punktprozeß der Folge der Bedienungsgrößen einfach wird. Die Voraussetzung wird implizit aufgehoben, wenn im System entsprechende Übergangswahrscheinlichkeiten, z. B. für den Fall des sofortigen Beginns einer neuen Lebenszeit nach Ausfall des Gerätes oder den Fall mehrerer Reparaturen nacheinander, vorgesehen werden.

1.3.5.3. Voraussetzung. Die Intensitäten sollen folgende Bedingungen erfüllen:

$$(\mathrm{i}_1)\quad \infty > \alpha^1_{j,(\mathscr{X}_1,\mathscr{X}_2,\mathscr{X}_3)} \begin{cases} > 0; & \text{falls} \quad j \notin \mathscr{X}_3, \quad j \in \mathscr{X}_1, \\ = 0; & \text{sonst.} \end{cases}$$

Interpretation: Falls das Gerät durch eine Forderung belegt wird, so soll, außer wenn das Gerät ausgefallen ist, auch eine Bedienung stattfinden.

$$(\mathrm{i}_2)\quad 0 < \alpha^2_{j,(\mathscr{X}_1,\mathscr{X}_2,\mathscr{X}_3)} < \infty, \qquad j \in \mathscr{X}_2;$$

$$(\mathrm{i}_3)\quad 0 < \alpha^3_{j,(\mathscr{X}_1,\mathscr{X}_2,\mathscr{X}_3)} < \infty, \qquad j \in \mathscr{X}_3.$$

Interpretation: Ein Ausfall des intakten Gerätes soll jederzeit möglich sein, und eine Reparatur wird ohne Unterbrechungen durchgeführt.

(ii) Sei $\big((i_1, j_1), \ldots, (i_{|\mathscr{X}_1|+|\mathscr{X}_3|}, j_{|\mathscr{X}_1|+|\mathscr{X}_3|})\big) = \mathrm{Perm}\,(\mathscr{X}_1, \mathscr{X}_3)$ eine Permutation der Elemente (i, j) mit $j \in \mathscr{X}_i$, $i = 1, 3$ für einen gegebenen Zustand $(\mathscr{X}_1, \mathscr{X}_2, \mathscr{X}_3)$ sowie der Eigenschaft: „Falls $(i_l, j_l) = (1, j)$, so gilt $(i_m, j_m) = (3, j)$ für $m > 1$“.

Interpretation: Wird in einem Zustand g das Gerät repariert während es belegt ist, so steht in der Permutationsfolge zunächst das Element $(1, j)$ für die Bedienung und danach erst das Element $(3, j)$ für die Reparatur.

Jeder solchen Permutation wird eine Zustandsfolge

$$(\mathscr{X}_1{}^l, \mathscr{X}_2{}^l, \mathscr{X}_3{}^l)_{l=0,\ldots,|\mathscr{X}_1|+|\mathscr{X}_3|} = (g^l)_{l=0,1,\ldots,|\mathscr{X}_1|+|\mathscr{X}_3|},$$

zugeordnet durch

$$g^0 = (\emptyset, \{1, \ldots, s\}, \emptyset), \qquad g^{|\mathscr{X}_1|+|\mathscr{X}_3|} = (\mathscr{X}_1, \mathscr{X}_2, \mathscr{X}_3)$$

$$\mathscr{X}_i{}^l = \begin{cases} \mathscr{X}_i{}^{l-1} \cup \{j_l\}, & \text{falls} \quad i_l = i; \\ \mathscr{X}_i{}^{l-1} & \text{sonst,} \end{cases} \qquad i = 1, 3;$$

$$\mathscr{X}_2{}^l = \{1, \ldots, s\} \setminus \mathscr{X}_3{}^l, \qquad l = 1, 2, \ldots, |\mathscr{X}_1| + |\mathscr{X}_2| - 1.$$

Interpretation: Es wird der Zustand $(\mathscr{X}_1, \mathscr{X}_2, \mathscr{X}_3)$ durch Beginn einer Bedienung oder Ausfall eines Gerätes entsprechend $\mathrm{Perm}\,(\mathscr{X}_1, \mathscr{X}_3)$ aus dem Zustand $(\emptyset, \{1, \ldots, s\}, \emptyset)$ aufgebaut.

(iii) Zu jedem Zustand $(\mathscr{X}_1, \mathscr{X}_2, \mathscr{X}_3) \in \mathscr{G}$ und je zwei Permutationen Perm $(\mathscr{X}_1, \mathscr{X}_3)$, Perm' $(\mathscr{X}_1, \mathscr{X}_3)$, die die Bedingung (ii) erfüllen, gilt

$$\prod_{l=1}^{|\mathscr{X}_1|+|\mathscr{X}_3|} \frac{\alpha^{i_l-1}_{j_l,(\mathscr{X}_1^{l-1},\mathscr{X}_2^{l-1},\mathscr{X}_3^{l-1})}}{\alpha^{i_l}_{j_l,(\mathscr{X}_1^{l},\mathscr{X}_2^{l},\mathscr{X}_3^{l})}} = \prod_{l=1}^{|\mathscr{X}_1|+|\mathscr{X}_3|} \frac{\alpha^{i_l'-1}_{j_l',(\mathscr{X}_1'^{l-1},\mathscr{X}_2'^{l-1},\mathscr{X}_3'^{l-1})}}{\alpha^{i_l'}_{j_l',(\mathscr{X}_1'^{l},\mathscr{X}_2'^{l},\mathscr{X}_3'^{l})}},$$

wobei für $i_l - 1 = 0$ der Buchstabe a einzusetzen ist (d. h. $\alpha^0_{j,g} = \alpha^{\mathrm{a}}_{j,g}$).

Interpretation: Die Bedingung fordert eine gewisse Symmetrie im Verhalten der einzelnen Geräte des Systems. Sie ist erfüllt, wenn die Abhängigkeit der Intensitäten $\alpha^{\mathrm{a}}_{j,g}$, $\alpha^{i}_{j,g}$, $i = 1, 2, 3$ vom Zustand $g = (\mathscr{X}_1, \mathscr{X}_2, \mathscr{X}_3)$ nur über die Anzahlen $|\mathscr{X}_1|$, $|\mathscr{X}_2|$ und $|\mathscr{X}_3|$ wirkt.

(b) Aussagen und Formeln

1.3.5.4. Satz. Unter den in (a) angegebenen Voraussetzungen sind die stationären Zustandswahrscheinlichkeiten p_g unempfindlich (im Sinne von I, D. 7.2.1) gegenüber der Verteilung der Lebensdauern (bzw. Größen), Reparaturgrößen und Bedienungsgrößen jedes einzelnen Gerätes $j = 1, \ldots, s$.

Man beachte die in [I, 7.2.6], [I, 7.2.7] angegebenen Aussagen über die stationäre Verteilung der Restbedienungsgrößen, Restreparaturgrößen usw. in beliebigen und auch eingebetteten Zeitpunkten. Hier soll nur eine Auswahl entsprechend ableitbarer Ergebnisse angegeben werden.

Es sei zunächst der Spezialfall betrachtet, daß die Folgen der Bedienungen, Ausfälle bzw. Reparaturen rekurrent sind und die Intensitäten folgende Gestalt haben

$$\alpha^{\mathrm{a}}_{j,(\mathscr{X}_1,\mathscr{X}_2,\mathscr{X}_3)} = \begin{cases} \lambda_j, & \text{falls } j \notin \mathscr{X}_1 \cup \mathscr{X}_3, \\ 0 & \text{sonst}, \end{cases} \qquad \alpha^{\mathrm{v}}_{j,g} = \lambda_j - \alpha^{\mathrm{a}}_{j,g},$$

$$\alpha^{1}_{j,(\mathscr{X}_1,\mathscr{X}_2,\mathscr{X}_3)} = \begin{cases} (\mathsf{E}B_j)^{-1}, & \text{falls } j \in \mathscr{X}_1 \setminus \mathscr{X}_3, \\ 0 & \text{sonst}; \end{cases}$$

$$\alpha^{i}_{j,(\mathscr{X}_1,\mathscr{X}_2,\mathscr{X}_3)} = \begin{cases} (\mathsf{E}L_j)^{-1}, & \text{falls } i = 2, \quad j \in \mathscr{X}_2, \\ (\mathsf{E}R_j)^{-1}, & \text{falls } i = 3, \quad j \in \mathscr{X}_3, \\ 0 & \text{sonst}. \end{cases}$$

Die Bedingungen (i)—(iii) von V. 1.3.5.3 werden erfüllt. Werden die Forderungen des in das System treffenden Poissonschen Forderungenstromes auf „gut Glück" zu freien und intakten Geräten geleitet, so wird die Bedingung (iii) von V. 1.3.5.2 i. allg. verletzt. Damit erhält man unter anderem folgende stationäre Wahrscheinlichkeiten:

(i) *Stationäre Zustandswahrscheinlichkeit* p_g*:*

$$p_{(\mathscr{X}_1,\mathscr{X}_2,\mathscr{X}_3)} = \prod_{j \in \mathscr{X}_1} \lambda_j \mathsf{E}B_j \prod_{j \in \mathscr{X}_3} \frac{\mathsf{E}R_j}{\mathsf{E}L_j}\, p_{(\emptyset,\{1,\ldots,s\},\emptyset)},$$

$$p_{(\emptyset,\{1,\ldots,s\},\emptyset)} = \left[\sum_{(\mathscr{X}_1,\mathscr{X}_2,\mathscr{X}_3) \in \mathscr{G}} \prod_{j \in \mathscr{X}_1} \lambda_j \mathsf{E}B_j \prod_{j \in \mathscr{X}_3} \frac{\mathsf{E}R_j}{\mathsf{E}L_j} \right]^{-1}.$$

(ii) *Stationäre Wahrscheinlichkeit* $\mathring{p}_{j,g}$ *des Zustandes des Systems kurz vor Ankunft einer Forderung auf dem Gerät* j*:*

$$\mathring{p}_{j,(\mathscr{X}_1,\mathscr{X}_2,\mathscr{X}_3)} = p_{(\mathscr{X}_1,\mathscr{X}_2,\mathscr{X}_3)}.$$

(iii) *Stationäre Wahrscheinlichkeit des Verlustes einer Forderung auf dem j-ten Gerät:*

$$\mathring{p}_{v,j} = \sum_{(\mathscr{X}_1,\mathscr{X}_2,\mathscr{X}_3)\in\mathscr{G} \text{ mit } j\in\mathscr{X}_1\cup\mathscr{X}_3} p_{(\mathscr{X}_1,\mathscr{X}_2,\mathscr{X}_3)}.$$

Allgemein erhält man als Folgerung aus S. 1.3.5.4 beispielsweise

(i) die *stationären Zustandswahrscheinlichkeiten* p_g

$$p_{(\mathscr{X}_1,\mathscr{X}_2,\mathscr{X}_3)} = \prod_{l=1}^{|\mathscr{X}_1|+|\mathscr{X}_3|} \frac{\alpha^{i_l-1}_{j_l,(\mathscr{X}_1^{l-1},\mathscr{X}_2^{l-1},\mathscr{X}_3^{l-1})}}{\alpha^{i_l}_{j_l,(\mathscr{X}_1^{l},\mathscr{X}_2^{l},\mathscr{X}_3^{l})}}\, p_{(\emptyset,\{1,\dots,s\},\emptyset)}$$

mit einer beliebigen Permutation Perm $(\mathscr{X}_1, \mathscr{X}_3)$, die (ii) in V. 1.3.5.3 genügt, dabei ist $i_l - 1 = 0$ durch a im oberen Index zu ersetzen; aus der Normierungsbedingung $\sum\limits_g p_g = 1$ erhält man $p_{(\emptyset,\{1,\dots,s\},\emptyset)}$;

(ii) die *stationäre Wahrscheinlichkeit des Zustandes des Systems kurz vor Ankunft einer Forderung auf dem Gerät j*

$$\mathring{p}_{j,g} = p_g(\alpha^{a}_{j,g} + \alpha^{v}_{j,g})\, a;$$

(iii) die *stationäre Wahrscheinlichkeit des Verlustes einer Forderung auf dem Gerät j*

$$\mathring{p}_{v,j} = \sum_{g\in\mathscr{G}} \alpha^{v}_{j,g} p_g a.$$

Die Normierungskonstante in den letzten Formeln hat den Wert

$$a = \Big(\sum_{g\in\mathscr{G}} (\alpha^{a}_{j,g} + \alpha^{v}_{j,g})\, p_g\Big)^{-1}.$$

1.3.5.2.2. Verlust der bedienten Forderung bei Ausfall des Gerätes

Bei Ausfall des Gerätes wird die Bedienung abgebrochen und die Forderung verläßt das System. Eine auf dem Gerät j ankommende Forderung wird abgewiesen, wenn das Gerät besetzt oder ausgefallen ist, d. h. $\alpha^{a}_{j,g} = 0$ für einen entsprechenden Zustand g. Wird die Reparatur nach Ausfall im unbelegten Zustand als eine spezielle Bedienung aufgefaßt, und nimmt man den Ausfall im freien Zustand als speziellen Forderungenstrom an, so können das Grundmodell aus Abschnitt [1.3.4] und die Ergebnisse von [1.3.5.1.2] Anwendung finden. Die Lebensdauern müssen dann allerdings exponentialverteilt sein.

Es sei speziell $L_{i,j}(x) = 1 - e^{-\lambda_{i,j}x}$, $x \geqq 0$ mit

$i = 1$: Ausfall im unbelegten Zustand,
$i = 2$: Ausfall im belegten Zustand.

Die Intensitäten der Bedienung und der Reparatur mögen nur vom Gerät abhängen, und die Bedienungs- und Reparaturfolgen seien rekurrent.

Die entsprechend [1.3.5.1.2] notwendigen Formeln für die Belegungsdauer und deren Inhalt, ausgelöst durch den Beginn einer Bedienung auf dem Gerät j, lauten:

$$S_j(x) = \int_0^x e^{-\lambda_{2,j}u}\, dB_j(u) + \int_0^x \big(1 - B_j(u)\big)\, R_j(x-u)\, \lambda_{2,j}\, e^{-\lambda_{2,j}u}\, du,$$

$$\mathsf{E}S_j = b_j + a_j \mathsf{E}R_j \qquad \text{mit} \qquad b_j = \int_0^\infty \big(1 - B_j(x)\big)\, e^{-\lambda_{2,j} x}\, dx,$$

$$a_j = \int_0^\infty \big(1 - B_j(x)\big)\, \lambda_{2,j}\, e^{-\lambda_{2,j} x}\, dx = 1 - B_j^*(\lambda_{2,j}).$$

Für die stationäre Verteilung in der durch die Ankunft von Forderungen ausgelösten Belegungsfolge auf dem Gerät j gilt:

$$\mathbf{Q}_j\,(\text{Auf dem Gerät } j \text{ läuft eine Bedienung}) = \frac{b_j}{b_j + a_j \mathsf{E}R_j},$$

$$\mathbf{Q}_j\,(\text{Das Gerät } j \text{ wird repariert, wobei es bei Ausfall belegt war}) = \frac{a_j \mathsf{E}R_j}{b_j + a_j \mathsf{E}R_j}.$$

Die Ankunftsintensität der „Forderungen", die den Ausfall des Gerätes im freien Zustand bewirken ist durch $\lambda_{1,j}$ gegeben. Für Anwendung des Grundmodells wird man zu jedem Bedienungsgerät zwei Bedienungsmöglichkeiten $(1, j)$ und $(2, j)$ vorsehen entsprechend einer wirklichen Belegung des Gerätes und der Reparatur nach Ausfall des Gerätes im freien Zustand.

Zur Veranschaulichung soll der folgende Spezialfall dienen: Die Forderungen mögen auf das Gerät j in jedem Systemzustand mit der konstanten Intensität λ_j eintreffen, so daß $\alpha^{a}_{(1,j),g} = \lambda_{1,j}$ bzw. $\alpha^{a}_{(2,j),g} = \lambda_j$ gilt, falls das j-te Gerät frei und intakt ist.

Es sei $\mathcal{X}_1$ die Menge der Indizes bedienender Geräte und $\mathcal{X}_2$ die Menge der Indizes in Reparatur befindlicher Geräte, so daß $g = (\mathcal{X}_1, \mathcal{X}_2)$ den Zustand des Systems beschreibt, $0 \leqq |\mathcal{X}_1|, |\mathcal{X}_2| \leqq s$. Die Voraussetzungen für das Grundmodell in [1.3.4] werden erfüllt. Somit ergibt sich für die

(i) *stationären Zustandswahrscheinlichkeiten p_g:*

$$p_{(\mathcal{X}_1, \mathcal{X}_2)} = \prod_{j \in \mathcal{X}_1} \lambda_j b_j \prod_{j \in \mathcal{X}_2} \mathsf{E}R_j(\lambda_j a_j + \lambda_{1,j})\, p_{(\emptyset,\emptyset)}$$

mit

$$p_{(\emptyset,\emptyset)} = \Big(\sum_{(\mathcal{X}_1, \mathcal{X}_2)} \prod_{j \in \mathcal{X}_1} \lambda_j b_j \prod_{j \in \mathcal{X}_2} \mathsf{E}R_j(\lambda_j a_j + \lambda_{1,j})\Big)^{-1},$$

(ii) *stationären Wahrscheinlichkeiten, daß eine auf dem j-ten Gerät ankommende Forderung abgewiesen wird,*

— weil das Gerät schon eine Forderung bedient

$$\sum_{(\mathcal{X}_1, \mathcal{X}_2):\, j \in \mathcal{X}_1} p_{(\mathcal{X}_1, \mathcal{X}_2)},$$

— wegen defekten Gerätes

$$\sum_{(\mathcal{X}_1, \mathcal{X}_2):\, j \in \mathcal{X}_2} p_{(\mathcal{X}_1, \mathcal{X}_2)}.$$

Bemerkungen: Ein System, in dem gleichzeitig eine Gruppe von Geräten ausfallen kann, die dann auch gleichzeitig wieder arbeitsfähig werden, wurde in der Arbeit Kowalenko (1971) behandelt. Die Bedingung (iii) von V. 1.3.4.2 erklärt, warum die „gut Glück"-Auswahl unter freien und intakten Maschinen i. allg. nicht zu Formeln führt, wenn die Geräte auch im freien Zustand ausfallen können. In der Arbeit Presia (1967) werden aber durch Lösung von Integrodifferentialgleichungen Ausdrücke für die Gerätenanzahl 2 und 3 angegeben.

1.4. System $\langle N/\vec{G}/\vec{G}/s/0\rangle$ (Engsetsches Verlustsystem)

Es werden Bedienungssysteme betrachtet, in denen von einer Forderungenquelle nur eine neue Forderung erzeugt werden kann, wenn im System keine weitere Forderung dieser Quelle bedient wird. Die Forderung ist sozusagen an eine feste Person oder dgl. gebunden. Die Intensität solcher Personen ist fest bestimmt, und es sollen nur endlich viele von ihnen vorhanden sein. In diesem Abschnitt erhält eine Forderung entweder eine (einfache) Bedienung oder wird abgewiesen. Danach erfolgt sofort die Erzeugung einer neuen Forderung auf der jeweiligen Quelle. Für kompliziertere Bedienungsstrukturen sei auf Kap. 8 (Bedienungsnetzwerke), insbesondere die Ergebnisse für geschlossene Bedienungsnetzwerke hingewiesen.

Im wesentlichen beruhen die hier angegebenen Ergebnisse auf der Unempfindlichkeitseigenschaft der stationären Zustandswahrscheinlichkeiten gegenüber der Gestalt der Pausen- und Bedienungszeitverteilungen und den damit in Zusammenhang stehenden Resultaten (↑ [I, 7.2]). Aus diesem Grunde sei auf die Möglichkeit der Betrachtung unzuverlässiger Bedienungsgeräte und der Ableitung entsprechender Formeln hingewiesen, wie es in [1.3.5] ausgeführt wird. Es gilt das gleiche Prinzip der Verwendung der Ergebnisse der Systeme mit zuverlässigen Geräten zur Herleitung der Formeln für unzuverlässige Geräte, so daß wir hier nur auf [1.3.5.] verweisen. Fragen der Robustheit der Unempfindlichkeit beim Engsetschen System werden in Cohen (1980) behandelt.

Zunächst werden das Engsetsche Verlustsystem $\langle N/\mathrm{GI}/\mathrm{GI}/s/0\rangle$ und der Spezialfall $\langle 1/\mathrm{GI}/\mathrm{GI}/1/0\rangle$ behandelt. Es folgt ein allgemeines Modell der Art $\langle N/\vec{G}/\vec{G}/s/0\rangle$, wobei die Pfeile bedeuten sollen, daß für jede der N Quellen individuelle Pausen- und Bedienungsverteilungen, aber auch unterschiedlicher Zugriff zu den Bedienungsgeräten zugelassen ist. Die sich anschließenden Beispiele sollen die Spezialisierung der für das allgemeine Modell angegebenen Resultate demonstrieren, so daß der Leser für seine speziellen Modelle analog vorgehen kann. Im allgemeinen Modell sind deshalb auch systemzustandsabhängige Geschwindigkeiten für die Bedienung sowie die Erzeugung der Forderungen aufgenommen worden. Mit diesen Geschwindigkeiten lassen sich insbesondere Belastungszustände realer modellieren und entsprechende funktionelle Abhängigkeiten beschreiben.

Die Ergebnisse sind ebenfalls für die Anwendung auf Mehrmaschinenmodelle ohne Warten von besonderem Wert, in denen $N = s$ ist.

1.4.1. Allgemeine Voraussetzungen

1.4.1.1. Voraussetzung. Die Erwartungswerte der Pausengrößen A_i, $i = 1, \ldots, N$, und Bedienungsgrößen B_j, bzw. $B_{i,j}$ seien positiv und endlich, d. h. $0 < \mathsf{E}A_i = \lambda_i^{-1} < \infty$, $0 < \mathsf{E}B_j = \mu_j^{-1} < \infty$, $0 < \mathsf{E}B_{i,j} = \mu_{i,j}^{-1} < \infty$, $i = 1, \ldots, N$; $j = 1, \ldots, s$ bzw. $\ldots, s_i$.

1.4.1.2. Voraussetzung. Die Pausengrößen seien für verschiedene i unabhängig. Die Bedienungsgrößen seien entweder für verschiedene i oder verschiedene j unabhängig.

1.4.1.3. Voraussetzung. Die die Modelle beschreibenden Markowschen Prozesse seien ergodisch.

Sind alle Pausen- und Bedienungsgrößen unabhängig, so können die Ergodenaussagen für bestimmte Prozeßklassen, wie z. B. den stückweise linearen Markowschen Prozeß (↑ [I, 5.5]), benutzt werden. Insbesondere gelten Ergodenaussagen, wenn Verteilungsdichten für die Pausen- und Bedienungsgrößen existieren. So sind die entsprechenden stochastischen Prozesse ergodisch, wenn die Dichten der Pausengrößen fast überall positiv sind, oder wenn die Dichten der Pausen- und Bedienungsgrößen entweder alle auf $(0, a)$, oder alle auf (a, ∞), $a > 0$, positiv sind (vgl. GNEDENKO/KOWALENKO [1], KÖNIG/JANSEN (1976), TIEN (1977)).

1.4.1.4. Bemerkung (KELLY [1], JANSEN (1983)). Es können zwischen den Pausen- und Bedienungsgrößen einer Quelle Abhängigkeiten zugelassen werden. Andererseits sind Abhängigkeiten der Bedienungsgrößen auf einem Gerät möglich, wenn Unabhängigkeit der Bedienungsgrößen von den Pausengrößen angenommen wird.

1.4.2. System $\langle N/GI/GI/s/0\rangle$

Das System besteht aus N Quellen und $s \leq N$ Bedienungsgeräten. Während der Bedienung einer Forderung wird auf der zugehörigen Quelle keine Forderung erzeugt, d. h,, eine neue Pause beginnt erst zu laufen, wenn die Bedienung der Forderung beendet wurde. Sind alle s Geräte belegt, so wird eine ankommende Forderung abgewiesen und für die entsprechende Quelle beginnt eine neue Pause zu laufen.

1.4.2.1. Voraussetzung. Alle Pausen- und Bedienungszeiten seien unabhängig und jeweils für alle Quellen bzw. Geräte entsprechend den Verteilungsfunktionen $A(x)$ bzw. $B(x)$ identisch verteilt. V. 1.4.1.1 sei erfüllt.

Der (zufällige) Zustand des Systems werde durch die Anzahl N^b der belegten Geräte beschrieben.

1.4.2.1. System $\langle 1/GI/GI/1/0\rangle$

In diesem System mit einer Quelle und einem Bedienungsgerät gibt es natürlich keinen Verlust einer Forderung. Das System kann durch einen alternierenden Erneuerungsprozeß beschrieben werden.

1.4.2.1.1. Instationäre Charakteristiken

Das System beginne bei $t = 0$ mit einer Pause.

(a) *Zustandswahrscheinlichkeiten*

$$P_0(t) = 1 - P_1(t) = 1 - A(t) + \int_0^t \big(1 - A(t - x)\big)\,\mathrm{d}H(x),$$

mit

$$H(x) = \sum_{n=1} (A * B)^{*(n)}(x)$$

Für die L.-S.-T. von $P_1\big(N(t) = 1\big)$ gilt:

$$\frac{B^*(s)\,\big(1 - A^*(s)\big)}{1 - A^*(s)\,B^*(s)}$$

(b) *Erwartungswerte und Wahrscheinlichkeiten weiterer Größen*(BARLOW/PROSCHAN [1]).

(i) L.-S.-T. der mittleren Anzahl der Bedienungen in $(0, t)$:

$$\frac{B^*(s)\,A^*(s)}{1 - A^*(s)\,B^*(s)},$$

(ii) L.-S.-T. der mittleren Anzahl des Bedienungsbeginns in $(0, t)$:

$$\frac{B^*(s)}{1 - A^*(s)\, B^*(s)},$$

(iii) Wahrscheinlichkeit, daß in $(0, t)$ genau k Bedienungen durchgeführt wurden:

$$(A * B)^{*(k)}(t) - (A * B)^{*(k+1)}(t), \qquad k = 0, 1, \ldots$$

(iv) Wahrscheinlichkeit, daß in $(0, t)$ genau k Bedienungen begonnen wurden:

$$A * (A * B)^{*(k-1)}(t) - A * (A * B)^{*(k)}(t), \qquad k = 1, 2, \ldots,$$
$$1 - A(t), \qquad k = 0.$$

1.4.2.1.2. Stationäre Charakteristiken

V. 1.4.1.3 wird erfüllt, wenn $A(x)$ oder $B(x)$ nichtarithmetisch (↑ [I, 2.9.7]) sind. Für die Zustandswahrscheinlichkeiten gilt

$$p_0 = \frac{1}{1+\varrho}, \qquad p_1 = \frac{\varrho}{1+\varrho} \quad \text{mit} \quad \varrho = \frac{\lambda}{\mu}.$$

Spezieller hat man für die stationäre Verteilung des alternierenden Erneuerungsprozesses

$$\mathsf{P}(A^{\mathrm{A}} < x, N^{\mathrm{b}} = 0) = \mathsf{P}(A^{\mathrm{R}} < x, N^{\mathrm{b}} = 0) = \frac{\lambda\mu}{\lambda+\mu} \int_0^x \big(1 - A(y)\big)\, dy,$$

$$\mathsf{P}(B^{\mathrm{A}} < x, N^{\mathrm{b}} = 1) = \mathsf{P}(B^{\mathrm{R}} < x, N^{\mathrm{b}} = 1) = \frac{\lambda\mu}{\lambda+\mu} \int_0^x \big(1 - B(y)\big)\, dy,$$

wobei A^{A}, B^{A}, A^{R} bzw. B^{R} die Alter bzw. Restzeiten (oberer Index A bzw. R) der laufenden Pause bzw. Bedienung sind.

1.4.2.2. System $\langle N/GI/GI/s/0 \rangle$ $(s \leqq N)$

Es existieren nur Formeln für stationäre Charakteristiken. V. 1.4.1.3 sei erfüllt. Die stationären Zustandswahrscheinlichkeiten sind dann unempfindlich im Sinne von I, D. 7.2.1.

(a) Es gilt (Cohen (1957b), König (1965), König/Matthes/Nawrotzki [1])

(i) in beliebigen Zeitpunkten (Engsetsche Formel):

$$p_k = p_k(N, s, \varrho) = p_0 \binom{N}{k} \varrho^k, \qquad p_0 = \left(\sum_{j=0}^{s} \binom{N}{j} \varrho^j\right)^{-1}, \qquad 0 \leqq k \leqq s;$$

für $k = s$ heißt diese Wahrscheinlichkeit Gefahrzeit des Systems.

(ii) in Zeitpunkten unmittelbar vor Ankunft bzw. nach Abgang einer Forderung:

$$\mathring{p}_k = \bar{p}_k = \binom{N-1}{k} \varrho^k \left(\sum_{j=0}^{\min\{s, N-1\}} \binom{N-1}{j} \varrho^j\right)^{-1}, \qquad 0 \leqq k \leqq \min\{s, N-1\};$$

(iii) in Zeitpunkten unmittelbar nach Ende einer Bedienung:

$$\tilde{p}_k^{\mathrm{b}} = p_k(N-1, s-1, \varrho) = \left(\sum_{j=0}^{s-1} \binom{N-1}{j} \varrho^j\right)^{-1} \binom{N-1}{k} \varrho^k, \qquad 0 \leqq k \leqq s-1.$$

(b) *Verlustwahrscheinlichkeiten*

(i) Verlustwahrscheinlichkeit einer ankommenden Forderung:

$$p_{\mathrm{v}} = p_{\mathrm{v}}(N, s, \varrho) = \left(\sum_{j=0}^{s} \binom{N-1}{j} \varrho^j\right)^{-1} \binom{N-1}{s} \varrho^s, \quad s < N, \quad (p_{\mathrm{v}} = 0 \text{ für } s = N);$$

p_{v} wird auch „Anrufstauung" genannt.

(ii) Der Hinderungsgrad (Wahrscheinlichkeit, daß die Forderung einer auf „gut Glück" gewählten Quelle abgewiesen wird) ist $\dfrac{N-s}{N}\, p_s$.

Aus der Eigenschaft der Unempfindlichkeit der stationären Zustandswahrscheinlichkeiten folgt, daß die laufenden Pausen und Bedienungen in beliebigen und eingebetteten Zeitpunkten (Ankunft, Abgang einer Forderung, Ende einer Bedienung) bez. der stationären Verteilung unabhängig sind. Insbesondere gilt z. B. für die Restbedienungs- und Restpausenzeiten in beliebigen Zeitpunkten (↑ [I, 7.2.7])

$$\mathsf{P}(A_i^{\mathrm{R}} < x_i,\ i = 1, \ldots, N-k;\ B_j^{\mathrm{R}} < y_j,\ j = 1, \ldots, k \mid N^{\mathrm{b}} = k)$$
$$= \prod_{i=1}^{N-k} \int_0^{x_i} \big(1 - A(u)\big)\, \mathrm{d}u \prod_{j=1}^{k} \int_0^{y_j} \big(1 - B(u)\big)\, \mathrm{d}u, \qquad k = 0, \ldots, s.$$

(c) *Erwartungswerte der Anzahl belegter Bedienungsgeräte* (vgl. Formeln bei Lifschiz/Fidlin [1], Cohen (1957b))

$$\mathsf{E}N^{\mathrm{b}} = N\varrho \sum_{j=0}^{s-1} \binom{N-1}{j} \varrho^j \left(\sum_{j=0}^{s} \binom{N}{j} \varrho^j\right)^{-1} = N\varrho p_0(N, s, \varrho) \big(p_0(N-1, s-1, \varrho)\big)^{-1};$$

$$\mathsf{E}\mathring{N}^{\mathrm{b}} = (N-1)\, \varrho \sum_{j=0}^{\min\{s, N-1\}-1} \binom{N-2}{j} \varrho^j \left(\sum_{j=0}^{\min\{s, N-1\}} \binom{N-1}{j} \varrho^j\right)^{-1};$$

$$\mathsf{E}\tilde{N}^{\mathrm{b}} = (N-1)\, \varrho \sum_{j=0}^{s-2} \binom{N-2}{j} \varrho^j \left(\sum_{j=0}^{s-1} \binom{N-1}{j} \varrho^j\right)^{-1}$$
$$= (N-1)\, \varrho p_0(N-1, s-1, \varrho)\, p_0(N-2, s-2, \varrho)^{-1}, \qquad s \geqq 2, \qquad N \geqq 2.$$

1.4.2.1. Bemerkung. Speziell in der Fernmeldetechnik werden statt ϱ andere Charakteristiken verwendet.

(i) a = mittlere Verkehrsintensität einer Quelle oder je Eingang angebotener Verkehr:

$$a = \frac{\varrho}{1 + \varrho(1 - \mathring{p}_{\mathrm{v}})}, \qquad \varrho = \frac{a}{1 - a(1 - \mathring{p}_{\mathrm{v}})};$$

(ii) α = Verkehrsintensität einer Quelle, wenn kein Verlust eintritt (einkanaliges System mit einer Quelle und einer Leitung):

$$\alpha = \frac{\varrho}{1 + \varrho}, \qquad \varrho = \frac{\alpha}{1 - \alpha};$$

(iii) u = Verkehrsintensität des Stromes angenommener Anrufe:

$$u = \frac{(1 - \mathring{p}_v)\,\varrho}{1 + (1 - \mathring{p}_v)\,\varrho}, \qquad \varrho = \frac{u}{(1 - \mathring{p}_v)\,(1 - u)}.$$

Tafeln, Tabellen und Kurven für das Engsetsche Verlustsystem findet man in AGOSTHÁZI/GOSZTONY/UXA [1], DRIKSNA/WORMALD (1966), JUNG (1962), LIFSCHIZ/FIDLIN [1], RUBAS [1], SIEMENS-Tabellen [1]. Zwecks Berechnung der Verlustwahrscheinlichkeit $\mathring{p}_v$ kann folgende Rekursionsformel benutzt werden:

$$\mathring{p}_v(N, s, \varrho) = \mathring{p}_v(N, s-1, \varrho)\left[\mathring{p}_v(N, s-1, \varrho) + \left(\frac{s}{N-s}\right)\varrho^{-1}\right]^{-1},$$

$$\mathring{p}_v(N, 0, \varrho) = 1.$$

1.4.3. Allgemeines System $\langle N/\vec{G}/\vec{G}/\boldsymbol{m}/0\rangle$

1.4.3.1. Beschreibung des Systems

Bestehen Abhängigkeiten der Bedienung von der Quellennummer der Forderung und den die Forderung bedienenden Geräten (eine Forderung kann auch gleichzeitig von mehreren Geräten bedient werden), so kann folgende Modellvorstellung gewählt werden: Jeder Quelle sind eine endliche Anzahl m_i, $i = 1, \ldots, N$, verschiedener Bedienungsmöglichkeiten j zugeordnet. Die Auswahl keiner bzw. einer Bedienungsmöglichkeit j

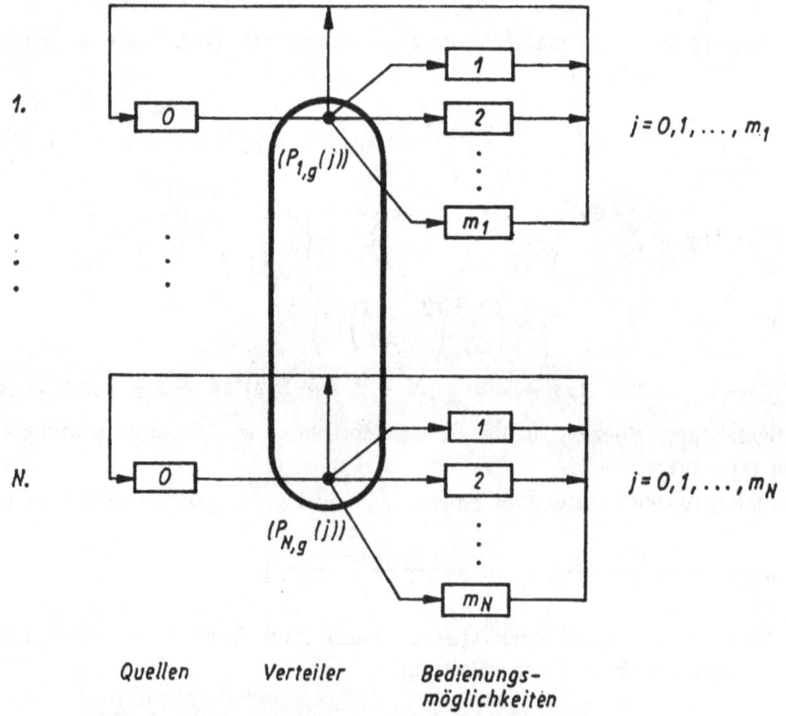

Abb. 1.4.1. Schema der Arbeitsweise des Systems $\langle N/\vec{G}/\vec{G}/\boldsymbol{m}/0\rangle$

bei Ankunft einer Forderung der Quelle i erfolgt gemäß einem vom Gesamtzustand g des Systems abhängenden Verteilungsgesetz $(P_{i,g}(j))$. Ist die Bedienung einer Forderung einer Quelle beendet, oder ging die Forderung verloren, so beginnt auf der jeweiligen Quelle eine neue Pause zu laufen. Die Abb. 1.4.1 veranschaulicht die Arbeitsweise des Systems.

Für alle Systemzustände g und Quellen $i \in \{1, \ldots, N\}$ gilt somit

$$0 \leqq P_{i,g}(j) \leqq 1, \qquad \sum_{j=1}^{m_i} P_{i,g}(j) = 1.$$

Ein Systemzustand g wird als Menge

$$g = \{(i, j_i) : j_i \in \{0, 1, \ldots, m_i\}, \quad i = 1, \ldots, N\}$$

aufgefaßt, wobei die Komponente j_i aussagt, welche Bedienungsmöglichkeit für die i-te Quelle genutzt wird oder ob eine Pause läuft ($j_i = 0$).

Welche Zustände im System möglich sind, hängt vom speziellen Modell ab. Man muß daher bei jedem konkreten Modell die Systemzustandsmenge erst bestimmen.

Zur Beschreibung weiterer funktioneller Abhängigkeiten vom Systemzustand, wie sie z. B. beim processor-sharing in der Rechentechnik durch Aufteilung der Kapazität eines Rechners auf die anliegenden Programme vorkommen, werden Geschwindigkeiten $c_{i,g}$ verwendet. Stellt man sich die Bedienung als zufällige Größe durchzuführender Arbeiten vor, so erfolgt deren Realisierung mit einer vom Systemzustand abhängenden Geschwindigkeit. Nimmt diese Geschwindigkeit den Wert Null an, so bedeutet dies eine Unterbrechung der Bedienung.

Aus dem Schema ist ersichtlich, daß nach erfolgter Bedienung auf der Quelle wieder eine Pause zu laufen beginnt. Für komplexere Systeme sei auf Kap. 8 (Bedienungsnetzwerke) hingewiesen.

1.4.3.2. Voraussetzungen und Bedingungen

Es gelten V. 1.4.1.1, V. 1.4.1.2 und V. 1.4.1.3. Dabei seien die $B_{i,j}$ als Bedienungsgrößen auf der jeweiligen j-ten Bedienungsmöglichkeit aufzufassen.

Im folgenden werden Bedingungen an die Geschwindigkeiten $c_{i,g}$ und Auswahlwahrscheinlichkeiten $P_{i,g}(j)$ gestellt.

1.4.3.1. Voraussetzung. $c_{i,g} > 0$, falls $(j, 0) \in g$.

Interpretation: Für den Ablauf der Pausenzeiten soll es keine systemzustandsabhängigen Unterbrechungen geben.

1.4.3.2. Bemerkung. Für Mehrmaschinenmodelle kann es auch günstig sein, für den Ablauf der Pausen die Geschwindigkeit Null zuzulassen. Wenn man die Zeitspannen der Pausen als selbständige Arbeitsphasen von Maschinen interpretiert, nach deren Ablauf eine andere Bedienung gefordert wird, so kann man sich eine Abschaltung aller arbeitenden Maschinen vorstellen, falls eine bestimmte Schranke für die Anzahl zu bedienender Maschinen überschritten wird. In dieser Richtung läßt sich das Modell erweitern, ohne an den folgenden Bedingungen und anschließenden Ergebnissen und Formeln größere, wesentliche Änderungen vornehmen zu müssen. Grundlage für die Herleitung der Bedingungen und Formeln sind die Ergebnisse von [I, 7.2], insbesondere [I, 7.2.6] und [I, 7.2.7].

1.4.3.3. Voraussetzung. Es ist $c_{j,g} > 0$ genau dann, wenn

$$P_{i,(g\setminus\{(i,j_i)\})\cup\{(j,0)\}}(j_i) > 0, \qquad \text{wobei} \qquad (i, j_i) \in g.$$

Interpretation: Wenn die Bedienung einer Forderung auf einer Bedienungsmöglichkeit im Systemzustand g unterbrochen wird, so darf die Bedienung auf dieser Bedienungsmöglichkeit niemals im Zustand g beginnen. Andererseits muß es möglich sein, falls im Zustand g auf dieser Bedienungsmöglichkeit mit positiver Geschwindigkeit bedient wird, daß bei der letzten Systemzustandsänderung die Belegung der Bedienungsmöglichkeit stattfand.

1.4.3.4. Voraussetzung. Zu jedem Zustand g existiere eine Folge $(i_1, \ldots, i_k)$ der Quellennummern der im Zustand g belegten Bedienungsmöglichkeiten mit

$$P_{i_1,\{(i,0):i=1,\ldots,N\}}(j_{i_1})\; P_{i_2,\{(i,0):i\neq i_1\}\cup\{(i_1,j_{i_1})\}}(j_{i_2}) \cdots P_{i_k,(g\setminus\{i_k,j_{i_k}\})\cup\{(i_k,0)\}}(j_{i_k}) > 0,$$

wobei $k = |\{(i, j_i) : (i, j_i) \in g,\ j_i \neq 0\}|$.

Interpretation: Der Zustand g soll vom System her erreichbar sein. Man beachte, daß sich für verschiedene konkrete Modelle die Systemzustandsmengen unterscheiden können.

1.4.3.5. Voraussetzung. Zu jeden Zustand g und je zwei Folgen $(i_1, \ldots, i_k)$, $(i_1', \ldots, i_k')$, die V. 1.4.3.4 erfüllen, gelte:

$$\prod_{l=1}^{k} \frac{c_{i_l,g^{l-1}} P_{i_l,g^{l-1}}(j_{i_l})}{c_{i_l,g^l}} = \prod_{l=1}^{k} \frac{c_{i_l,g'^{l-1}} P_{i_l,g'^{l-1}}(j_{i_l'})}{c_{i_l',g'^l}}$$

wobei $g^0 = g'^0 = \{(i, 0) : j = 1, \ldots, N\}$; $g^l = (g^{l-1} \setminus \{(i_l, 0)\}) \cup \{(i_l, j_{i_l})\}$, $g'^l = (g'^{l-1} \setminus \{(i_l', 0)\}) \cup \{(i_l', j_{i_l'})\}$, $l = 1, 2, \ldots, k$.

Bemerkung: Diese einschneidende, aber für die Unempfindlichkeitseigenschaft der stationären Zustandswahrscheinlichkeiten und somit für die Angabe von Formeln wichtige Bedingung fordert vom Modell Symmetrieeigenschaften. Diese liegen z. B. vor, wenn die Auswahlregeln und Geschwindigkeiten nicht von der Quellennummer abhängen, für jede Quelle die gleichen Bedienungsmöglichkeiten existieren und die Abhängigkeit nur über die Anzahlen aller belegten oder belegten gleichen Bedienungsmöglichkeiten eingeht.

1.4.3.3. Aussagen und Formeln

1.4.3.6. Satz. Unter den in [1.4.3.2] angegebenen Voraussetzungen besitzt das System die volle Unempfindlichkeitseigenschaft im Sinne von I, D. 7.2.1. Es gelten somit alle in [I, 7.2] angegebenen Aussagen und Formeln. Die stationäre Zustandswahrscheinlichkeiten in beliebigen Zeitpunkten (ohne Geschwindigkeiten: König (1965)) sind gegeben durch

$$p_g = p_{g^0} \prod_{l=1}^{k} \frac{c_{i_l,g^{l-1}} \lambda_{i_l} P_{i_l,g^{l-1}}(j_{i_l})}{c_{i_l,g^l} \mu_{i_l,j_{i_l}}}.$$

Dabei ist $(i_1, \ldots, i_k)$ eine beliebige, V. 1.4.3.4 genügende Folge der Quellennummern der im Zustand g belegten Bedienungsmöglichkeiten,

$$g^0 = \{(i, 0) : i = 1, \ldots, N\}, \qquad g^l = (g^{l-1} \setminus \{(i_l, 0)\}) \cup \{(i_l, j_{i_l})\},$$
$$k = |\{i, j_i) : j_i \neq 0,\ i = 1, \ldots, N\}|.$$

Aus der Normierungsbedingung $\sum_g p_g = 1$ berechnet man $p_{g^\bullet}$.

Damit ergeben sich

(a) *Stationäre Zustandswahrscheinlichkeit, unmittelbar vor Ende einer Pause auf der Quelle i im Zustand g, $(i, 0) \in g$ zu sein:*

$$\mathring{p}_{i,g} = c_{i,g} p_g \Big(\sum_{g':(i,0)\in g'} c_{i,g'} p_{g'} \Big)^{-1}.$$

Gilt $c_{i,g} \equiv c_i > 0$ für festes i, so sind diese Wahrscheinlichkeiten gleich den stationären Zustandswahrscheinlichkeiten im Modell ohne Quelle i.

(b) *Stationäre Verlustwahrscheinlichkeit einer Forderung der Quelle i:*

$$\mathring{p}_{V,i} = \sum_g c_{i,g} \Big(\sum_{g':(i,0)\in g'} c_{j,g'} p_{g'} \Big)^{-1}.$$

(c) *Stationäre Verlustwahrscheinlichkeit einer beliebigen Forderung:*

$$\mathring{p}_V = \sum_{i=1}^{N} \sum_{g:(i,0)\in g} \lambda_i c_{i,g} P_{i,g}(0)\, p_g \left[\sum_{i=1}^{N} \sum_{g:(i,0)\in g} \lambda_i c_{i,g} p_g \right]^{-1}.$$

(d) *Stationäre Wahrscheinlichkeit, unmittelbar nach Ende einer Bedienung einer Forderung der i-ten Quelle im Zustand g zu sein* $\big((i, 0) \in g\big)$:

$$\tilde{p}^{b}_{i,g} = c_{i,g}\big(1 - P_{i,g}(0)\big)\, p_g \left[\sum_{g':(i,0)\in g'} c_{i,g'}\big(1 - P_{i,g'}(0)\big)\, p_{g'} \right]^{-1}$$

(e) *Stationäre Wahrscheinlichkeit, unmittelbar nach Abgang einer Forderung im Zustand g zu sein* $\big((i, 0) \in g\big)$:

$$\tilde{p}_{i,g} = \mathring{p}_{i,g}$$

(f) *Die mittlere Dauer einer Pause auf der Quelle i* ist gleich

$$\frac{\sum_{g:(i,0)\in g} p_g}{\sum_{g:(i,0)\in g} \lambda_i c_{i,g} p_g}.$$

(g) *Die mittlere Dauer der Bedienung auf der Bedienungsmöglichkeit j_i der Quelle i* ist gleich

$$\frac{\sum_{g:(i,j_i)\in g} p_g}{\sum_{g:(i,j_i)\in g} c_{ig} \mu_{i,j_i} p_g}.$$

(h) *Der Erwartungswert der Besetztzeit des Systems* hat den Wert

$$\frac{(1 - p_{g^\bullet})}{\sum_{i=1}^{N} \lambda_i c_{i,g^\bullet}\big(1 - P_{i,g}(0)\big)}.$$

Weitere Formeln können entsprechend aus den allgemeinen Formeln in [I, 7.2.7] gebildet werden.

1.4.3.4. Beispiele

1.4.3.4.1. Engsetsches Verlustsystem mit geräte- und quellenabhängiger Bedienung

Die Forderungen werden von N Quellen geliefert. Zur Bedienung stehen $s < N$ verschiedene Geräte zur Verfügung. Die Bedienungszeitverteilung ist von der Quellen- und Gerätenummer abhängig. Eine ankommende Forderung sucht unter den freien Geräten eines „auf gut Glück" aus. Die Forderung geht verloren, wenn keine freien Geräte mehr vorhanden sind.

Die Einbettung in das allgemeine Modell wird folgendermaßen vorgenommen:

(i) *Zustandsmenge:* Alle Zustände $g = \{(i, j_i) : j_i \in \{0, 1, \ldots, s\}, i = 1, \ldots, N\}$ die der Bedingung „Wenn $(i, j_i) \in g$ und $j_i \neq 0$, so gilt $(i', j_i) \notin g$, falls $i' \neq i$" genügen, gehören dazu.

(ii) *Geschwindigkeiten:* Es gilt $c_{i,g} = 1$ für alle $i \in \{1, \ldots, N\}$ und alle g. Der Ablauf der Pausen- und Bedienungszeiten wird nicht vom Systemzutsand g beeinflußt.

(iii) *Verteilungsgesetze* $P_{i,g}(i_j)$:

$$P_{i,g}(0) = \begin{cases} 1, & \text{falls} \quad |\{(i, j_i) : (i, j_i) \in g,\ j_i \neq 0\}| = s, \\ 0 & \text{sonst;} \end{cases}$$

$$P_{i,g}(j) = \begin{cases} \dfrac{1}{s-k}, & \text{falls} \quad k = |\{(i', j_i) : (i', j_i) \in g,\ j_{i_i} \neq 0\}| < s, \\ & \qquad (i', j) \notin g,\ i' \in \{1, \ldots, N\} \setminus \{i\} \\ 0 & \text{sonst;} \end{cases}$$

$$j = 1, \ldots, s, \qquad (i, 0) \in g.$$

V. 1.4.3.1, V. 1.4.3.3, V. 1.4.3.4 und V. 1.4.3.5 werden erfüllt. Die Spezialisierung der in [1.4.3.3] angegebenen Formeln ergibt:

(a) *Stationäre Zustandswahrscheinlichkeiten in beliebigen Zeitpunkten* (König (1965)):

$$p_g = p_{g^0} \prod_{\substack{(i,j) \in g \\ j \neq 0}} \lambda_i \mu_{i,j}^{-1} \frac{(s-k)!}{s!}$$

mit $k = |\{(i, j) : (i, j) \in g,\ j \neq 0\}|$ (Anzahl der belegten Geräte im Zustand g);

$$p_{g^0} = \left(\sum_g \prod_{\substack{(i,j) \in g \\ j \neq 0}} \lambda_i \mu_{i,j}^{-1} \frac{(s - |\{(i, j) : (i, j) \in g,\ j \neq 0\}|)!}{s!} \right)^{-1},$$

wobei $g^0 = \{(i, 0) : i = 1, \ldots, N\}$.

(b) *Stationäre Wahrscheinlichkeit, daß eine von der Quelle j kommende Forderung bei Ankunft den Zustand g vorfindet und stationäre Wahrscheinlichkeit, daß das System unmittelbar nach Abgang einer Forderung der Quelle j im Zustand g ist* $\big((i, 0) \in g\big)$:

$$\mathring{p}_{i,g} = \tilde{p}_{i,g} = p_g \Big(\sum_{g' : (i,0) \in g'} p_{g'} \Big)^{-1}.$$

Diese Wahrscheinlichkeiten entsprechen der stationären Zustandswahrscheinlichkeiten im Modell ohne Quelle i.

(c) *Stationäre Wahrscheinlichkeit, daß eine Forderung der Quelle i verloren geht* ($s < N$) (König (1965)):

$$\mathring{p}_{v,i} = \sum_{\substack{g:(i,0)\in g,\\ |\{(i',j):(i',j)\in g,\, j\neq 0\}|=s}} p_g \left[\sum_{g':(i,0)\in g'} p_{g'}\right]^{-1}.$$

Diese entspricht der stationären Wahrscheinlichkeit eines voll belegten Systems im Modell ohne Quelle i.

(d) *Stationäre Wahrscheinlichkeit, daß eine Forderung verloren geht* ($s < N$):

$$\mathring{p}_v = \sum_{i=1}^{N} \sum_{\substack{g:(i,0)\in g,\\ |\{(i',j):(i',j)\in g,\, j\neq 0\}|=s}} \lambda_i p_g \left[\sum_{i=1}^{N} \sum_{g':(i,0)\in g'} \lambda_i p_{g'}\right]^{-1}.$$

(e) *Stationäre Wahrscheinlichkeit, unmittelbar nach Ende einer Bedienung einer Forderung der Quelle i im Zustand g zu sein* $\left((i, 0) \in g,\ |\{(i', j) : (i', j) \in g,\ j \neq 0\}| < s\right)$:

$$p^{b}_{i,g} = p_g \left[\sum_{\substack{g':(i,0)\in g',\\ |\{(i',j):(i',j)\in g',\, j\neq 0\}|<s}} p_{g'}\right]^{-1}.$$

1.4.3.4.2. Engsetsches Verlustsystem mit quellenabhängiger Bedienung

Die von N Quellen gelieferten Forderungen werden von den s Geräten ($s < N$) so bedient, daß für unterschiedliche Herkunft (Quellennummer) unterschiedliche Bedienungszeitverteilungen existieren. Dagegen bedienen verschiedene Geräte Forderungen gleicher Herkunft gleichartig. Eine Forderung geht verloren, wenn kein freies Bedienungsgerät vorhanden ist. Es reicht hier aus, für eine Quelle jeweils eine Bedienungsmöglichkeit aufzunehmen. Die Aussagen des allgemeinen Modells gelten natürlich auch in diesem Spezialfall.

Die Formalisierung entsprechend dem allgemeinen Modell lautet vereinfacht

(i) *Zustandsmenge:* $\{g : g \subseteq \{1, \ldots, N\},\ |g| \leqq s\}$

Die Menge g, die einen Zustand charakterisiert, enthält nur noch die Indizes der Quellen, für die eine Bedienung läuft.

(ii) *Geschwindigkeiten:* $c_{j,g} = 1$, d. h. für den Ablauf der Pausen- und Bedienungszeiten bestehen keine Abhängigkeiten vom Systemzustand.

Den Verlust einer Forderung, wenn alle Geräte besetzt sind, kann man wie in [1.4.3.4.1] beschreiben. Mehrere Bedienungsmöglichkeiten zu betrachten, ist nicht sinnvoll, da es ausreicht zu wissen, ob eine Forderung der i-ten Quelle bedient wird oder nicht. Insbesondere wird gesetzt $\mu_{i,1} = \mu_i$.

Damit ergeben sich folgende Formeln:

(a) *Stationäre Zustandswahrscheinlichkeit in beliebigen Zeitpunkten* (König (1965)):

$$p_g = \prod_{i\in g} \frac{\lambda_i}{\mu_i} \left[\sum_{g'} \prod_{i\in g'} \frac{\lambda_i}{\mu_i}\right]^{-1}, \qquad |g| \leqq s.$$

(b) *Stationäre Wahrscheinlichkeit, daß das System unmittelbar vor Ankunft bzw. nach Abgang einer Forderung der i-ten Quelle im Zustand g ist:*

$$\mathring{p}_{i,g} = \tilde{p}_{i,g} = p_g \left[\sum_{g':i\notin g'} p_{g'}\right]^{-1}, \qquad i \notin g.$$

(c) *Stationäre Wahrscheinlichkeit, daß eine Forderung der Quelle i verloren geht* ($s < N$) (König (1965)):

$$\mathring{p}_{V,i} = \sum_{\substack{g:|g|=s,\\ i\notin g}} p_g \left[\sum_{g':i\notin g'} p_{g'}\right]^{-1}.$$

(d) *Stationäre Wahrscheinlichkeit, daß eine Forderung verloren geht* ($s < N$):

$$\mathring{p}_V = \sum_{i=1}^{N} \sum_{g:i\notin g,|g|=s} \lambda_i p_g \left[\sum_{i=1}^{N} \sum_{g':i\notin g'} \lambda_i p_{g'}\right]^{-1}.$$

(e) *Stationäre Wahrscheinlichkeit, unmittelbar nach Ende einer Bedienung einer Forderung der j-ten Quelle im Zustand g zu sein* ($i \in g$, $|g| < s$):

$$\tilde{p}^{\mathrm{b}}_{i,g} = p_g \left(\sum_{g':i\in g',|g'|<s} p_{g'}\right)^{-1}.$$

1.4.3.4.3. Processor-sharing Modell

Es ist ein Bedienungsgerät vorhanden, das seine Kapazität gleichmäßig auf alle zu bedienenden Forderungen aufteilt. Die Forderungen der N Quellen gehen somit nicht verloren, sondern ihre Bedienung erfolgt mit einer Geschwindigkeit, die umgekehrt proportional zur Anzahl im System vorhandener Forderungen ist. Dieses Modell beschreibt z. B. das Prinzip der processor-sharing bei elektronischen Rechenmaschinen.

Die Aussagen des allgemeinen Modells gelten auch hier. Die Formalisierung erfolgt wie in [1.4.3.4.2].

(i) *Zustandsmenge:* $\{g : g \subseteqq \{1, \ldots, N\}\}$, d. h. die Menge g, die einen Zustand charakterisiert, enthält die Indizes der Quellen von denen eine Forderung bedient wird.

(ii) *Geschwindigkeiten:*

$$c_{i,g} = \begin{cases} \dfrac{1}{|g|}, & \text{falls} \quad i \in g, \\[2ex] 1, & \text{falls} \quad i \notin g. \end{cases}$$

Für jede Quelle wird nur eine Bedienungsmöglichkeit betrachtet und deshalb $\mu_{i,1} = \mu_i$ gesetzt. Offenbar sind die Auswahlwahrscheinlichkeiten durch $P_{i,g}(1) = 1$, $i \notin g$, gegeben.

Eine Spezialisierung der Formeln ergibt:

(a) *Stationäre Zustandswahrscheinlichkeiten in beliebigen Zeitpunkten:*

$$p_g = \prod_{i\in g} \frac{\lambda_i}{\mu_i} \frac{1}{|g|!} \left[\sum_{g'} \prod_{i\in g'} \frac{\lambda_i}{\mu_i} \frac{1}{|g'|!}\right]^{-1}.$$

(b) *Stationäre Zustandswahrscheinlichkeiten in Zeitpunkten unmittelbar vor Beginn oder nach Ende einer Bedienung einer Forderung der Quelle i* ($i \notin g$):

$$\mathring{p}_{i,g} = \tilde{p}_{i,g} = p_g \left[\sum_{g:i\notin g'} p_{g'}\right]^{-1}.$$

(c) *Die mittlere Dauer der Bedienung einer Forderung der Quelle i ist gegeben durch*

$$\frac{\sum\limits_{g:\, i\in g'} p_g}{\sum\limits_{g:\, i\in g} \mu_i \frac{1}{|g|}\, p_g}.$$

1.4.3.4.4. Engsetsches Verlustsystem mit unterschiedlichen Geräten

Die s, $s < N$, Geräte unterscheiden bei der Bedienung nicht, von welcher Quelle die Forderung kommt. Insbesondere gilt also $\mu_{i,j} \equiv \mu_j$, $i = 1, \ldots, N$. Eine Forderung geht verloren, wenn alle Geräte belegt sind. Der Ablauf der Pausen- und Bedienungszeiten wird nicht vom Systemzustand beeinflußt.

Die Formeln ergeben sich durch Aufsummierung entsprechender Wahrscheinlichkeiten des in [1.4.3.4.2] behandelten Systems. Es ist zu beachten, daß für eine vollständige Systembeschreibung in einem Zustand die Information aufgenommen werden muß, woher die gerade bedienten Forderungen kamen. Ohne diese Kenntnis ist es nämlich nicht klar, auf welcher Quelle bei Ende einer Bedienung wieder eine Pause zu laufen beginnt.

Entsprechende Formeln lauten hier für die stationären Zustandswahrscheinlichkeiten in beliebigen Zeitpunkten:

(a)

$$\mathsf{P}\begin{pmatrix}\text{Die Geräte } j_1, \ldots, j_k \text{ sind belegt, es werden Forderungen}\\ \text{von den Quellen } i_1, \ldots, i_k \text{ bedient}\end{pmatrix}$$

$$= \prod_{l=1}^{k} \frac{i_l}{j_l} \frac{(s-k)!\,k!}{s!} \left[1 + \sum_{r=1}^{s} \sum_{\{i_1', \ldots, i_r'\} \subseteq \{1, \ldots, N\}} \sum_{\{j_1', \ldots, j_r'\} \subseteq \{1, \ldots, s\}} \prod_{l=1}^{r} \frac{i_l'}{j_l'} \frac{(s-r)!\,r!}{s!}\right]^{-1}.$$

(b) Gilt außerdem $\lambda_i = \lambda$, $i = 1, \ldots, N$, so ist

P (Die Geräte $j_1, \ldots, j_k$ sind belegt)

$$= \left(\prod_{l=1}^{k} \mu_{j_l}\right)^{-1} \lambda^k \frac{(s-k)!\,N!}{(N-k)!\,s!} \left[1 + \sum_{r=1}^{s} \sum_{\{j_1', \ldots, j_r'\} \subseteq \{1, \ldots, s\}} \lambda^r \left(\prod_{l=1}^{r} \mu_{j_l}\right)^{-1} \frac{(s-r)!\,N!}{(N-r)!\,s!}\right]^{-1}.$$

2. Bedienungssysteme mit unendlich vielen Bedienungsgeräten

In diesem Abschnitt werden Bedienungssysteme mit unendlich vielen Bedienungsgeräten betrachtet, wobei jedes freie Bedienungsgerät für jede im System eintreffende Forderung zugänglich ist. Trifft eine Forderung im System ein, so wird auf „gut Glück" eines der freien Bedienungsgeräte zur sofortigen Bedienung der Forderung ausgewählt. Ferner wird angenommen, daß das Schicksal der bereits eingetroffenen Forderungen sowie der gegenwärtige Zustand des Systems, der im folgenden stets durch die Anzahl der Forderungen im System charakterisiert wird, keinen Einfluß auf den künftigen Forderungenstrom haben.

Falls nicht anders vereinbart, sind sowohl die Pausenzeiten A_n zwischen den Ankunftszeitpunkten der Forderungen als auch die potentiellen Bedienungszeiten B_n nichtnegative, identisch verteilte Zufallsgrößen mit den Verteilungsfunktionen

$$A(x) = \mathsf{P}(A_n < x) \quad \text{und} \quad B(x) = \mathsf{P}(B_n < x), \quad n = 1, 2, \ldots$$

für die $A(0 + 0) = 0$, $B(0 + 0) = 0$ sowie

$$0 < \lambda^{-1} = \int_0^\infty x \, \mathrm{d}A(x) < \infty, \quad 0 < \mu^{-1} = \int_0^\infty x \, \mathrm{d}B(x) < \infty$$

vorausgesetzt wird. Darüber hinaus sind in [2.1] und [2.2] die Bedienungszeiten untereinander und von der zufälligen Folge der Ankunftszeitpunkte der Forderungen unabhängige, exponentialverteilte Zufallsgrößen, insbesondere gilt also $B(x) = 1 - \mathrm{e}^{-\mu x}$, während in [2.3] i. allg. ein Poissonscher Forderungenstrom der Intensität λ, also $A(x) = 1 - \mathrm{e}^{-\lambda x}$, angenommen wird.

Im weiteren werden Formeln für einige interessierende instationäre und stationäre Charakteristiken der Systeme M/M/∞ (↑ [2.1]), GI/M/∞ (↑ [2.2]) und M/GI/∞ (↑ [2.3]) sowie gewisser Verallgemeinerungen dieser Systeme (Gruppenankünfte, allgemeinere Forderungenströme, ankunftszeitabhängige Bedienungszeitverteilungsfunktion) zusammengestellt. Dabei werden die Formeln, die sich direkt aus entsprechenden Formeln komplizierterer Systeme ergeben, nicht immer explizit angegeben.

2.1. System M/M/∞

Im System trifft ein Poissonscher Forderungenstrom der Intensität λ ein.

2.1.1. Instationäre Charakteristiken

Der Prozeß $(N(t))$ der Anzahl der Forderungen im System (bzw. der Anzahl besetzter Bedienungsgeräte) zum Zeitpunkt t ist ein irreduzibler, ergodischer Geburts- und Todesprozeß mit den Übergangsintensitäten $\lambda_i = \lambda$, $i = 0, 1, \ldots$, $\mu_i = i\mu$, $i = 1, 2, \ldots$,

$\mu_0 = 0$. Die Folge $(\mathring{N}_n)$ der Anzahl der Forderungen im System (bzw. der Anzahl besetzter Bedienungsgeräte) unmittelbar vor dem Ankunftszeitpunkt der n-ten Forderung ist eine homogene, irreduzible, aperiodische und ergodische Markowsche Kette.

(a) *Übergangswahrscheinlichkeiten von $(N(t))$ und $(\mathring{N}_n)$* (Karlin/Mc Gregor (1958), Prabhu [1], Riordan [1], Takacs [1]). Die Übergangswahrscheinlichkeiten $P_{ij} = \mathsf{P}(\mathring{N}_{n+1} = j \mid \mathring{N}_n = i)$ sind gleich 0 für $j \geqq i + 1$ und $n = 0$ sowie $j \geqq i + 2$ und $n \geqq 1$. Es gilt

$$P_{ij} = \begin{cases} \binom{i}{j} \lambda \sum\limits_{k=0}^{i-j} (-1)^k \binom{i-j}{k} \left(\lambda + (k+j)\,\mu\right)^{-1}, & j \leqq i, \quad n = 0, \\ \binom{i+1}{j} \lambda \sum\limits_{k=0}^{i+1-j} (-1)^k \binom{i+1-j}{k} \left(\lambda + (k+j)\,\mu\right)^{-1}, & j \leqq i+1, \quad n \geqq 1. \end{cases}$$

Die Übergangswahrscheinlichkeiten $P_{ij}(t) = \mathsf{P}\big(N(t) = j \mid N(0) = i\big)$ sind gegeben durch

$$P_{ij}(t) = \sum_{k=0}^{\min(i,j)} \binom{i}{k} (1 - \mathrm{e}^{-\mu t})^{j-k}\, \mathrm{e}^{-k\mu t}\, \frac{\left(\varrho(1 - \mathrm{e}^{-\mu t})\right)^{j-k} \mathrm{e}^{-\varrho(1-\mathrm{e}^{-\mu t})}}{(j-k)!}.$$

(b) *Zustandswahrscheinlichkeiten der Anzahl der Forderungen im System zum Zeitpunkt t bzw. unmittelbar vor dem Ankunftszeitpunkt der n-ten Forderung.* Die Zustandswahrscheinlichkeiten

$$P_k(t) = \mathsf{P}\big(N(t) = k\big) = \sum_{i=0}^{\infty} P_i(0)\, P_{ik}(t)$$

und

$$P_k(n) = \mathsf{P}(\mathring{N}_n = k) = \sum_{i=0}^{\infty} P_i(0)\, P_{ik}(n)$$

lassen sich mit Hilfe der Übergangswahrscheinlichkeiten berechnen. Ist $P_0(0) = 1$, so gilt (Riordan [1], Klimow [1])

$$P_k(t) = \frac{\left(\varrho(1 - \mathrm{e}^{-\mu t})\right)^k}{k!}\, \mathrm{e}^{-\varrho(1-\mathrm{e}^{-\mu t})}$$

und (Finch (1961))

$$P_0(1) = 1,$$

$$P_0(n) = 1 + \sum_{m=1}^{n-1} \sum_{l=1}^{m} (-1)^l \sum_{j=1}^{l} \frac{\lambda^m}{\mu^{l-1}} (\lambda + j\mu)^{l-1-m} \prod_{\substack{i=1\\ i \neq j}}^{l} (i-j)^{-1}, \qquad n \geqq 2,$$

$$P_k(n) = \sum_{m=k}^{n-1} \sum_{l=k}^{m} \binom{l}{k} (-1)^{-l-k} \sum_{j=1}^{l} \frac{\lambda^m}{\mu^{l-1}} (\lambda + j\mu)^{l-1-m} \prod_{\substack{i=1\\ i \neq j}}^{l} (i-j)^{-1}, \quad n \geqq k+1, \quad k \geqq 1.$$

(c) *Binomialmomente der Anzahl der Forderungen im System zum Zeitpunkt t* (Riordan [1])

$$\mathsf{B}_{(k)}(t) = \sum_{j=k}^{\infty} \binom{j}{k} P_j(t) = \sum_{i=0}^{\infty} P_i(0)\, \mathrm{e}^{-k\mu t} \sum_{j=0}^{k} \binom{i}{k-j} \frac{\left(\varrho(\mathrm{e}^{\mu t} - 1)\right)^j}{j!}$$

Ist $P_0(0) = 1$, so gilt

$$\mathsf{B}_{(k)}(t) = \frac{\varrho^k}{k!} (1 - e^{-\mu t})^k.$$

(d) *Mittlere Anzahl der Forderungen im System zum Zeitpunkt t.* $\mathsf{E}N(t)$ ist durch $\mathsf{B}_{(1)}(t)$ *gegeben* (↑(c)).

(e) *Varianz der Anzahl der Forderungen im System zum Zeitpunkt t.* $\mathsf{V}N(t)$ ist durch $2\mathsf{B}_{(2)}(t) + \mathsf{B}_{(1)}(t) - (\mathsf{B}_{(1)}(t))^2$ gegeben (↑ (c)). Ist $P_0(0) = 1$, so gilt

$$\mathsf{V}N(t) = \mathsf{E}N(t) = \varrho(1 - e^{-\mu t}).$$

(f) *L.-S.-T.* der *Verteilungsfunktion des Abstandes R_k zwischen den Ankunftszeitpunkten von Forderungen, die k besetzte Bedienungsgeräte vorfinden* (Takács (1958))

$$R_k^*(s) = 1 - \left(\sum_{j=0}^{k+1} \binom{k+1}{j} \lambda^{-j} \prod_{i=0}^{j-1} (s + i\mu) \sum_{m=k}^{\infty} (-1)^{m-k} \binom{m}{k} \lambda^{m+1} \left(\prod_{i=0}^{m} (s + i\mu)\right)^{-1}\right)^{-1}.$$

(g) *Erwartungswert des Abstandes R_k zwischen den Ankunftszeitpunkten von Forderungen, die k besetzte Bedienungsgeräte vorfinden* (Takács (1958))

$$\mathsf{E}R_k = \lambda^{-1}\left(\sum_{m=k}^{\infty} (-1)^{m-k} \binom{m}{k} m!\, \varrho^{-m}\right)^{-1}.$$

(h) *Varianz des Abstandes R_k zwischen den Ankunftszeitpunkten von Forderungen, die k besetzte Bedienungsgeräte vorfinden* (Takács (1958))

$$\mathsf{V}R_k = 2\lambda^{-1}\mathsf{E}R_k \sum_{j=1}^{k+1} \binom{k+1}{j} (j-1)!\, \varrho^{1-j} - (\mathsf{E}R_k)^2 \Bigg(1 - (\lambda^{-4} - 1)$$
$$\times \sum_{m=k}^{\infty} (-1)^{m-k} \binom{m}{k} m!\, \varrho^{-m} + 2\lambda^{-1} \sum_{m=k}^{\infty} (-1)^{m-k} \binom{m}{k} m!\, \varrho^{-m} \sum_{i=1}^{m} \left(\frac{\varrho}{i} + 1\right)\Bigg).$$

(i) *Verteilungsfunktion der Anzahl $L_k(t)$ der in $(0, t)$ eintreffenden Forderungen, die k besetzte Bedienungsgeräte vorfinden* (Takács (1958)). $(L_k(t))$ ist ein Erneuerungsprozeß mit den Abstandsverteilungsfunktionen $D_{v,0}(x)$ und $R_k(x)$ für $k \geqq 1$ bzw. Exp (λ) und $R_0(x)$ für $k = 0$. Dabei ist $D_{v,0}(x)$ die Verteilungsfunktion des Abstandes $D_{v,0}$ bis zum Abgangszeitpunkt der ersten abgewiesenen Forderung im System M/M/k/0 (↑ (f) in [1.1.1]). Es gilt daher

$$\mathsf{P}(L_k(t) < n) = \begin{cases} 1 - D_{v,0} * R_k^{*(n-1)}(t), & k \geqq 1, \\ 1 - \operatorname{Exp}(\lambda) * R_0^{*(n-1)}(t), & k = 0. \end{cases}$$

(j) *L.-S.-T. des Zeitmittels (traffic time average) $\overline{N}_t$ der Anzahl der Forderungen im System* (Beneš (1957), Riordan [1]). Sei $\overline{N}_t = \frac{1}{t} \int_0^t N(x)\, dx$. Dann gilt

$$\mathsf{E}\, e^{-s\overline{N}_t} = \exp\left(\frac{\lambda st(1 - t - e^{-t})}{(s + \mu t)^2}\right) \sum_{k=0}^{\infty} P_k(0) \left(\frac{\mu t + s\, e^{-t}}{\mu t + s}\right)^k.$$

Ist $P_k(0) = \varrho^k e^{-\varrho}/k!$, so gilt

$$\mathsf{E}\, e^{-s\overline{N}_t} = \exp\left(-\frac{\varrho s^2(1 - e^{-(s+\mu t)})}{(s + \mu t)^2} - \frac{\lambda s t}{s + \mu t}\right).$$

(k) *Kumulantenerzeugende Funktion und Kumulanten* $\varkappa_n(t)$ *des Zeitmittels* $\overline{N}_t$ *der Anzahl der Forderungen im System* (RIORDAN [1]). Sei $\varkappa_{\overline{N}_t}(z) = \sum_{n=1}^{\infty} \varkappa_n(t) \frac{z^n}{n!}$ die kumulantenerzeugende Funktion von $\overline{N}_t = \frac{1}{t} \int_0^t N(x)\, dx$. Ist $P_k(0) = \frac{\varrho^k}{k!} e^{-\varrho}$, $k = 0, 1, \ldots$, so gilt

$$\varkappa_{N_t}(z) = \frac{\lambda z t}{\mu t - z} - \frac{\varrho z^2(1 - e^{-(\mu t - z)})}{(\mu t - z)^2},$$

$$\varkappa_1(t) = \varrho,$$

$$\varkappa_{n+2}(t) = \varrho(n + 2)(n + 1)(\mu t)^{-n-2}\left(n!\,\mu t - (n + 1)! + e^{-\mu t} \sum_{k=0}^{n} \binom{n}{k} (\mu t)^{n-k} (k + 1)!\right),$$

$n = 0, 1, \ldots$

(l) *L.-S.-T. der Besetztzeit S des Systems* (KINGMAN (1970))

$$S^*(s) = \frac{\lambda + s}{\lambda} - \left(\lambda \int_0^{\infty} \exp\left(-\varrho(1 - e^{-\mu y}) + s y\right) dy\right)^{-1}.$$

(m) *Mittlere Besetztzeit*

$$\mathsf{E}S = \lambda^{-1}(e^{\varrho} - 1).$$

Weitere instationäre Charakteristiken für Systeme M/M/∞ ergeben sich unter Berücksichtigung von $A^*(s) = \lambda(\lambda + s)^{-1}$ und $H_A(u) = \lambda u$ bzw. $B(x) = B_R(x) = 1 - e^{-\mu x}$, $B^*(s) = \mu(\mu + s)^{-1}$ und $\lambda \int_0^t B(y)\, dy = \lambda t - \varrho(1 - e^{-\mu t})$ unmittelbar aus den entsprechenden Charakteristiken für Systeme GI/M/∞ (↑ (c), (d), (e), (f), (g), (h), (i), (j), (k), (m), (n), (t), in [2.2.2.1]) bzw. M/GI/∞ (↑ (c), (d), (f), (g), (h), (i), (j) in [2.3.1.1]). Werden die Bedienungsgeräte im System M/M/∞ durchnumeriert und wird jede eintreffende Forderung dem freien Bedienungsgerät mit der niedrigsten Nummer zugewiesen, so sind die Abstände zwischen den Ankunftszeitpunkten von Forderungen, die die ersten k Bedienungsgeräte besetzt vorfinden, unabhängige, identisch verteilte Zufallsgrößen, deren Verteilungsfunktion durch die Verteilungsfunktion des Abstandes zwischen den Abgangszeitpunkten zweier abgewiesener Forderungen im System M/M/k/0 gegeben ist (↑ [1.1.1]). Ferner sei erwähnt, daß bei der Anfangsbedingung $\sum_{l=0}^{k} P_l(0) = 1$ der Abstand bis zum ersten Ankunftszeitpunkt einer Forderung, die k besetzte Bedienungsgeräte vorfindet, gleich dem Abstand bis zum Abgangszeitpunkt der ersten abgewiesenen Forderung im System M/M/k/0 ist (↑ [1.1.1]).

2.1.2. Stationäre Charakteristiken

(a) *Zustandswahrscheinlichkeiten der Anzahl N, $\mathring{N}$ bzw. $\tilde{N}$ der Forderungen im System zu einem beliebigen Zeitpunkt, unmittelbar vor dem Ankunftszeitpunkt bzw. unmittelbar nach dem Abgangszeitpunkt einer Forderung* (Erlang (1918), Riordan [1], Takacs [1]). Für beliebige Anfangsverteilungen gilt

$$p_k = \mathsf{P}(N = k) = \lim_{t\to\infty} \mathsf{P}(N(t) = k), \qquad \mathring{p}_k = \mathsf{P}(\mathring{N} = k) = \lim_{n\to\infty} \mathsf{P}(\mathring{N}_n = k),$$

$$\tilde{p}_k = \mathsf{P}(\tilde{N} = k) = \lim_{n\to\infty} \mathsf{P}(\tilde{N}_n = k),$$

$$p_k = \mathring{p}_k = \tilde{p}_k = \frac{\varrho^k}{k!}\, \mathrm{e}^{-\varrho}, \qquad k = 0, 1, \ldots$$

(b) *Binomialmomente der Anzahl N, $\mathring{N}$ bzw. $\tilde{N}$ der Forderungen im System*

$$\mathsf{B}_{(k)} = \mathring{\mathsf{B}}_{(k)} = \tilde{\mathsf{B}}_{(k)} = \frac{\varrho^k}{k!}, \qquad k = 1, 2, \ldots$$

(c) *Erwartungswert und Varianz der Anzahl N, $\mathring{N}$ bzw. $\tilde{N}$ der Forderungen im System*

$$\mathsf{E}N = \mathsf{E}\mathring{N} = \mathsf{E}\tilde{N} = \mathsf{V}N = \mathsf{V}\mathring{N} = \mathsf{V}\tilde{N} = \varrho.$$

(d) *Verteilungsfunktion des Abstandes D zwischen den Abgangszeitpunkten zweier Forderungen.* Der Strom der bedienten Forderungen ist ein Poissonscher Strom der Intensität λ. Es gilt daher

$$D(x) = 1 - \mathrm{e}^{-\lambda x}.$$

Weitere stationäre Charakteristiken für Systeme M/M/∞ ergeben sich mit $B(x) = B_{\mathrm{R}}(x) = 1 - \mathrm{e}^{-\mu x}$ aus den entsprechenden Charakteristiken für Systeme M/GI/∞ (↑ [2.3.1.2]).

2.2. System G/M/∞

2.2.1. Beziehungen zwischen den stationären Zustandswahrscheinlichkeiten und Formeln für die Binomialmomente der Anzahl der Forderungen im System G/M/∞

Die Forderungen treffen im System gemäß eines stationären Forderungenstromes ein. Die stationären Verteilungen (p_k), $(\mathring{p}_k)$ und $(\tilde{p}_k)$ der Anzahl der Forderungen im System zu einem beliebigen Zeitpunkt, unmittelbar vor dem Ankunftszeitpunkt bzw. unmittelbar nach dem Abgangszeitpunkt einer Forderung existieren eindeutig (↑ [11.1]), und es gilt (Franken/Kerstan (1968), Franken (1976))

$$\mathring{p}_k = \tilde{p}_k = \frac{k+1}{\varrho}\, p_{k+1}, \qquad k = 0, 1, \ldots$$

Die Binomialmomente $\mathsf{B}_{(k)}$, $\mathring{\mathsf{B}}_{(k)}$ und $\breve{\mathsf{B}}_{(k)}$ der stationären Verteilungen sind gegeben durch (FRANKEN/KERSTAN (1968))

$$\mathsf{B}_{(1)} = \varrho ,$$

$$\mathsf{B}_{(k)} = \frac{\varrho}{k} \sum_{i_1,\ldots,i_{k-1}=1}^{\infty} \int\limits_0^{\infty} \cdots \int\limits_0^{\infty} \exp\left(-\mu \sum_{i=1}^{k-1} (k-i)\, x_i\right) \mathring{\mathsf{P}}_{i_1,\ldots,i_{k-1}}(\mathrm{d}x_1 \cdots \mathrm{d}x_{k-1}), \qquad k \geqq 2,$$

$$\mathring{\mathsf{B}}_{(k)} = \breve{\mathsf{B}}_{(k)} = \frac{k+1}{\varrho} \mathsf{B}_{(k+1)}, \qquad k \geqq 1,$$

wobei $\mathring{\mathsf{P}}_{i_1,\ldots,i_{k-1}}$ das Verteilungsgesetz des Vektors $\left(\sum_{j=1}^{i_1} A_j, \ldots, \sum_{j=i_{k-1}+1}^{i_k} A_j\right)$ bezeichnet.

2.2.2. System GI/M/∞

Im System trifft ein rekurrenter Forderungenstrom mit der Pausenzeitverteilungsfunktion $A(x)$ ein.

2.2.2.1. Instationäre Charakteristiken

Die Folge $(\mathring{N}_n)$ der Anzahl der Forderungen im System (bzw. der Anzahl der besetzten Bedienungsgeräte) unmittelbar vor dem Ankunftszeitpunkt der n-ten Forderung ist eine homogene, irreduzible, aperiodische und ergodische Markowsche Kette.

(a) *Übergangswahrscheinlichkeiten von* $(\mathring{N}_n)$ (TAKÁCS [1]). Die Übergangswahrscheinlichkeiten $P_{ij} = \mathsf{P}(\mathring{N}_{n+1} = j \mid \mathring{N}_n = i)$ sind gleich 0 für $j \geqq i+1$ und $n = 0$ sowie $j \geqq i+2$ und $n \geqq 1$. Es gilt

$$P_{ij} = \begin{cases} \binom{i}{j} \int\limits_0^{\infty} \mathrm{e}^{-j\mu x}(1-\mathrm{e}^{-\mu x})^{i-j}\, \mathrm{d}A(x), & j \leqq i, \qquad n = 0, \\[2ex] \binom{i+1}{j} \int\limits_0^{\infty} \mathrm{e}^{-j\mu x}(1-\mathrm{e}^{\mu x})^{i+1-j}\, \mathrm{d}A(x), & j \leqq i+1, \qquad n \geqq 1. \end{cases}$$

(b) *Zustandswahrscheinlichkeiten der Anzahl der Forderungen im System unmittelbar vor dem Ankunftszeitpunkt der n-ten Forderung* (FINCH (1961)). Die Zustandswahrscheinlichkeiten $P_k(n) = \mathsf{P}(\mathring{N}_n = k)$ können mit Hilfe der Übergangswahrscheinlichkeiten von $(\mathring{N}_n)$ berechnet werden. Ist $P_0(0) = 1$, dann gilt

$$P_0(1) = 1,$$

$$P_0(n) = 1 + \sum_{i=1}^{n-1} \sum_{m=1}^{i} (-1)^m \sum_{j=1}^{m} \left(A^*(j\mu)\right)^i \prod_{\substack{l=1\\ l \neq j}}^{m} \left(\frac{A^*(l\mu)}{A^*(j\mu) - A^*(l\mu)}\right), \quad n \geqq 2,$$

$$P_k(n) = \sum_{i=k}^{n-1} \sum_{m=k}^{i} (-1)^{m-k} \binom{m}{k} \sum_{j=1}^{m} \left(A^*(j\mu)\right)^i \prod_{\substack{l=1\\ l \neq j}}^{m} \left(\frac{A^*(l\mu)}{A^*(j\mu) - A^*(l\mu)}\right), \quad n \geqq k+1, \ k \geqq 1.$$

(c) *Erzeugende Funktion der Zustandswahrscheinlichkeiten* $P_k(n)$ (FINCH (1961), TAKACS [1])

$$\sum_{n=1}^{\infty} P_k(n)\, z^n = \sum_{m=k}^{\infty} (-1)^{m-k} \binom{m}{k} z \prod_{i=1}^{m} \left(\frac{zA^*(i\mu)}{1 - zA^*(i\mu)}\right)$$

$$\times \left((1-z)^{-1} + \sum_{j=1}^{m} \left(1 - zA^*(j\mu)\right)^{-1} \mathsf{B}_{(j)}(1) \prod_{i=1}^{j} \left(\frac{1 - zA^*(i\mu)}{zA^*(i\mu)}\right)\right),$$

wobei $\mathsf{B}_{(j)}(1) = \sum_{l=j}^{\infty} \binom{l}{j} P_l(1)$ das j-te Binomialmoment von $\mathring{N}_1$ bezeichnet. Ist $P_i(0) = 1$, so gilt

$$\sum_{n=1}^{\infty} P_k(n)\, z^n = \sum_{m=k}^{\infty} (-1)^{m-k} \binom{m}{k} \sum_{j=0}^{m} \binom{i}{j} \prod_{l=j}^{m} \left(\frac{zA^*(l\mu)}{1 - zA^*(l\mu)}\right).$$

(d) *Erzeugende Funktion der Anzahl der Forderungen im System zum Zeitpunkt t* (KLIMOW [1]). Sei $P_i(0) = 1$. Dann gilt

$$\mathsf{g}_{N(t)}(z) = (1 - e^{-\mu t} + z\, e^{-\mu t})^i\, \mathsf{g}(t, z),$$

wobei $\mathsf{g}(t, z)$, die erzeugende Funktion von $N(t)$ bei der Anfangsbedingung $P_0(0) = 1$, durch

$$\mathsf{g}(t, z) = 1 - A(t) + \int_0^t \mathsf{g}(t - x, z)\, (1 - e^{-\mu(t-x)} + z\, e^{-\mu(t-x)})\, dA(x)$$

gegeben ist. Für M/M/∞ gilt

$$\mathsf{g}(t, z) = e^{(z-1)\varrho(1-e^{-\mu t})}.$$

(e) *L.-T. der Zustandswahrscheinlichkeiten* $P_k(t)$ (TAKACS [1]). Sei $P_i(0) = 1$. Dann gilt

$$\tilde{P}_k(s) = \sum_{m=k}^{\infty} (-1)^{m-k} \binom{m}{k} (s + m\mu)^{-1} \sum_{j=0}^{m} \binom{i}{j} \prod_{l=j}^{m-1} \left(\frac{A^*(s + l\mu)}{1 - A^*(s + l\mu)}\right).$$

(f) *Binomialmomente der Anzahl der Forderungen im System unmittelbar vor dem Ankunftszeitpunkt der n-ten Forderung* (FINCH (1961)). Sei $\mathsf{B}_{(k)}(n) = \sum_{j=k}^{\infty} \binom{j}{k} P_j(n)$. Dann gilt

$$\mathsf{B}_{(1)}(n) = \mathsf{B}_{(1)}(1) \left(A^*(\mu)\right)^{n-1} + A^*(\mu) \left(1 - \left(A^*(\mu)\right)^{n-1}\right) \left(1 - A^*(\mu)\right)^{-1}, \qquad n \geqq 1,$$

$$\mathsf{B}_{(2)}(n) = \mathsf{B}_{(2)}(1) \left(A^*(2\mu)\right)^{n-1} + \mathsf{B}_{(1)}(1)\, A^*(2\mu) \left(A^*(\mu) - A^*(2\mu)\right)^{-1} \left(\left(A^*(\mu)\right)^{n-1}\right.$$

$$\left. - \left(A^*(2\mu)\right)^{n-1}\right) + A^*(\mu)\, A^*(2\mu) \left(A^*(\mu) - A^*(2\mu)\right)^{-1} \left(A^*(\mu) \left(1 - A^*(\mu)\right)^{-1}\right.$$

$$\left. \times \left(1 - \left(A^*(\mu)\right)^{n-2}\right) - A^*(2\mu) \left(1 - A^*(2\mu)\right)^{-1} \left(1 - \left(A^*(2\mu)\right)^{n-2}\right)\right),$$

$$n \geqq 2$$

Ist $P_0(0) = 1$, so gilt

$$\mathsf{B}_{(1)}(1) = 0,$$

$$\mathsf{B}_{(1)}(n) = A^*(\mu) \left(1 - \left(A^*(\mu)\right)^{n-1}\right) \left(1 - A^*(\mu)\right)^{-1}, \qquad n \geqq 2,$$

$$\mathsf{B}_{(2)}(n) = A^*(\mu)\,A^*(2\mu)\,\big(A^*(\mu) - A^*(2\mu)\big)^{-1}\Big(A^*(\mu)\,\big(1 - A^*(\mu)\big)^{-1}\Big(1 - \big(A^*(\mu)\big)^{n-2}\Big)$$
$$- A^*(2\mu)\,\big(1 - A^*(2\mu)\big)^{-1}\Big(1 - \big(A^*(2\mu)\big)^{n-2}\Big)\Big), \qquad n \geqq 2,$$
$$\mathsf{B}_{(k)}(n) = \sum_{r=k}^{n-1}\binom{r}{k}\sum_{i=r}^{n-1}\sum_{m=r}^{i}(-1)^{m-r}\sum_{j=1}^{m}\big(A^*(j\mu)\big)^i\prod_{\substack{l=1\\ l\neq j}}^{m}\left(\frac{A^*(l\mu)}{A^*(j\mu) - A^*(l\mu)}\right), \quad n \geqq k+1.$$

(g) *Erzeugende Funktion der Binomialmomente der Anzahl der Forderungen im System unmittelbar vor dem Ankunftszeitpunkt der n-ten Forderung* (Finch (1961), Takács [1])

$$\sum_{n=1}^{\infty}\mathsf{B}_{(k)}(n)\,z^n = z\left((1-z)^{-1} + \sum_{j=1}^{k}\big(1 - zA^*(j\mu)\big)^{-1}\,\mathsf{B}_{(j)}(1)\prod_{l=1}^{j}\left(\frac{1 - zA^*(l\mu)}{zA^*(l\mu)}\right)\right)$$
$$\times\prod_{l=1}^{k}\left(\frac{zA^*(l\mu)}{1 - zA^*(l\mu)}\right).$$

Ist $P_i(0) = 1$, so gilt

$$\sum_{n=1}^{\infty}\mathsf{B}_{(k)}(n)\,z^n = \sum_{j=0}^{k}\binom{i}{j}\prod_{l=j}^{k}\left(\frac{zA^*(l\mu)}{1 - zA^*(l\mu)}\right).$$

(h) *L.-T. der Binomialmomente der Anzahl der Forderungen im System zum Zeitpunkt t* (Takács [1]). Sei $P_i(0) = 1$ und $\mathsf{B}_{(k)}(t) = \sum_{j=k}^{\infty}\binom{j}{k}P_j(t)$. Dann gilt

$$\check{\mathsf{B}}_{(k)}(s) = (s + k\mu)^{-1}\sum_{j=0}^{k}\binom{i}{j}\prod_{l=j}^{k-1}\left(\frac{A^*(s + l\mu)}{1 - A^*(s + l\mu)}\right).$$

(i) *Mittlere Anzahl der Forderungen im System unmittelbar vor dem Ankunftszeitpunkt der n-ten Forderung* (Finch (1961))

$$\mathsf{E}\mathring{N}_n = \mathsf{B}_{(1)}(1)\,\big(A^*(\mu)\big)^{n-1} + A^*(\mu)\,\Big(1 - \big(A^*(\mu)\big)^{n-1}\Big)\,\big(1 - A^*(\mu)\big)^{-1}, \qquad n \geqq 1,$$

wobei $\mathsf{B}_{(1)}(1) = \mathsf{E}\mathring{N}_1 = \sum_{l=1}^{\infty} lP_l(1)$. Ist $P_0(0) = 1$, so gilt

$$\mathsf{E}\mathring{N}_1 = 0, \qquad \mathsf{E}\mathring{N}_n = A^*(\mu)\,\Big(1 - \big(A^*(\mu)\big)^{n-1}\Big)\,\big(1 - A^*(\mu)\big)^{-1}, \qquad n \geqq 2.$$

(j) *Erzeugende Funktion der mittleren Anzahl der Forderungen im System unmittelbar vor dem Ankunftszeitpunkt der n-ten Forderung.* $\sum_{n=1}^{\infty}\mathsf{E}\mathring{N}_n z^n$ ist durch $\sum_{n=1}^{\infty}\mathsf{B}_{(1)}(n)\,z^n$ gegeben (↑ (g)).

(k) *Momente der Anzahl der Forderungen im System zum Zeitpunkt t* (Takács (1956)). Sei $P_0(0) = 1$ und $H_A(u) = \sum_{n=1}^{\infty} A^{*(n)}(u)$. Dann gilt

$$\mathsf{E}\big(N(t)\big)^k = \sum_{j=0}^{k-1}\binom{k}{j}\int_0^t \mathsf{E}\big(N(t-u)\big)^j\,\mathrm{e}^{-\mu(t-u)}\,\mathrm{d}H_A(u).$$

(l) *Mittlere Anzahl der Forderungen im System zum Zeitpunkt t.* Sei $P_0(0) = 1$ und $H_A(u) = \sum_{n=1}^{\infty} A^{*(n)}(u)$. Dann gilt

$$\mathsf{E}N(t) = \int_0^t \mathrm{e}^{-\mu(t-u)}\,\mathrm{d}H_A(u).$$

(m) *L.-T. der mittleren Anzahl der Forderungen im System zum Zeitpunkt t*

$$\int_0^\infty e^{-st} \mathsf{E}N(t)\,dt = \check{\mathsf{B}}_{(1)}(s), \quad \text{für} \quad \check{\mathsf{B}}_1(s) \quad \uparrow \text{(h)}.$$

(n) *Varianz der Anzahl der Forderungen im System unmittelbar vor dem Ankunftszeitpunkt der n-ten Forderung*

$$\mathsf{V}\mathring{N}_n = 2\mathsf{B}_{(2)}(n) + \mathsf{B}_{(1)}(n) - \left(\mathsf{B}_{(1)}(n)\right)^2, \quad \text{für} \quad \mathsf{B}_{(k)}(n) \quad \uparrow \text{(f)}.$$

(o) *Varianz der Anzahl der Forderungen im System zum Zeitpunkt t.* Sei $P_0(0) = 1$ und $H_A(u) = \sum_{n=1}^{\infty} A^{*(n)}(u)$. Dann gilt

$$\mathsf{V}N(t) = \int_0^t e^{-\mu(t-u)} \left(1 + 2\int_0^{t-u} e^{-\mu(t-u-x)}\,dH_A(x)\right) dH_A(u) - \left(\int_0^t e^{-\mu(t-u)}\,dH_A(u)\right)^2.$$

(p) *L.-S.-T. der Verteilungsfunktion des Abstandes R_k zwischen den Ankunftszeitpunkten von Forderungen, die k besetzte Bedienungsgeräte vorfinden* (Takács (1959))

$$R_k^*(s) = 1 - \left(\sum_{j=0}^{k+1} \binom{k+1}{j} \prod_{i=0}^{j-1} \left(\frac{1 - A^*(s+i\mu)}{A^*(s+i\mu)}\right) \sum_{m=k}^{\infty} (-1)^{m-k} \binom{m}{k} \times \prod_{i=0}^{m} \left(\frac{A^*(s+i\mu)}{1 - A^*(s+i\mu)}\right)\right)^{-1}.$$

(q) *Erwartungswert des Abstandes R_k zwischen den Ankunftszeitpunkten von Forderungen, die k besetzte Bedienungsgeräte vorfinden* (Takács (1959))

$$\mathsf{E}R_k = \lambda^{-1} \left(\sum_{m=k}^{\infty} (-1)^{m-k} \binom{m}{k} \prod_{i=1}^{m} \left(\frac{1 - A^*(i\mu)}{A^*(i\mu)}\right)\right)^{-1}.$$

(r) *Varianz des Abstandes R_k zwischen den Ankunftszeitpunkten von Forderungen, die k besetzte Bedienungsgeräte vorfinden* (Takács (1959))

$$\mathsf{V}R_k = 2\lambda^{-1}\mathsf{E}R_k \sum_{j=1}^{k+1} \binom{k+1}{j} c_{j-1} - (\mathsf{E}R_k)^2 \left(1 - (\lambda^{-2}\mathsf{V}A - 1) \sum_{m=k}^{\infty} (-1)^{m-k} \binom{m}{k} c_m - 2\lambda^{-1} \sum_{m=k}^{\infty} (-1)^{m-k} \binom{m}{k} c_m \sum_{i=1}^{m} \left.\frac{dA^*(s+i\mu)}{ds}\right|_{s=0} \left(A^*(i\mu)\left(1 - A^*(i\mu)\right)^{-1}\right)\right)$$

mit

$$c_m = \prod_{i=1}^{m} \left(\frac{1 - A^*(i\mu)}{A^*(i\mu)}\right).$$

(s) *Verteilungsfunktion der Anzahl $L_k(t)$ der in $(0, t)$ eintreffenden Forderungen, die k besetzte Bedienungsgeräte vorfinden* (Takács (1959)). $(L_k(t))$ ist ein Erneuerungsprozeß mit den Abstandsverteilungfunktionen $D_{\mathrm{v},0}(x)$ und $R_k(x)$ für $k \geqq 1$ bzw. $A(x)$ und $R_0(x)$ für $k = 0$. Dabei ist $D_{\mathrm{v},0}(x)$ die Verteilungsfunktion des Abstandes $D_{\mathrm{v},0}$ bis zum Abgangszeitpunkt der ersten abgewiesenen Forderung im System GI/M/k/0. Es gilt daher

$$\mathsf{P}\left(L_k(t) < n\right) = \begin{cases} 1 - D_{\mathrm{v},0} * R_k^{*(n-1)}(t), & k \geqq 1, \\ 1 - A * R_0^{*(n-1)}(t), & k = 0. \end{cases}$$

(t) *L.-S.-T. des Erwartungswertes der Anzahl $L_k(t)$ der in $(0, t)$ eintreffenden Forderungen, die k besetzte Bedienungsgeräte vorfinden* (TAKACS (1959)). Sei $\sum_{l=0}^{k} P_l(0) = 1$. Dann gilt

$$\int_0^\infty e^{-st}\, d\mathsf{E}L_k(t) = \sum_{l=0}^{k} P_l(0) \sum_{j=0}^{l} \binom{l}{j} \prod_{i=0}^{j-1} \left(\frac{1 - A^*(s + i\mu)}{A^*(s + i\mu)}\right)$$

$$\times \sum_{m=k}^{\infty} (-1)^{m-k} \binom{m}{k} \prod_{i=0}^{m} \left(\frac{A^*(s + i\mu)}{1 - A^*(s + i\mu)}\right).$$

Bez. weiterer instationärer Charakteristiken siehe (l), (n), (p), (r) in [1.2.2.1] bzw. (k), (m), (o), (q) in [1.2.2.1]. Werden nämlich die Bedienungsgeräte im System GI/M/∞ durchnumeriert und wird jede eintreffende Forderung dem freien Bedienungsgerät mit der niedrigsten Nummer zugewiesen, so sind die Abstände zwischen den Ankunftszeitpunkten von Forderungen, die die ersten k Bedienungsgeräte besetzt vorfinden, unabhängige, identisch verteilte Zufallsgrößen, die den Abständen zwischen den Abgangszeitpunkten abgewiesener Forderungen im System GI/M/k/0 entsprechen. Ferner ist bei der Anfangsbedingung $\sum_{l=0}^{k} P_l(0) = 1$ der Abstand bis zum ersten Ankunftszeitpunkt einer Forderung, die k besetzte Bedienungsgeräte vorfindet, gleich dem Abstand bis zum Abgangszeitpunkt der ersten abgewiesenen Forderung im System GI/M/k/0.

2.2.2.2. Stationäre Charakteristiken

(a) *Zustandswahrscheinlichkeiten der Anzahl N, $\mathring{N}$ bzw. $\tilde{N}$ der Forderungen im System zu einem beliebigen Zeitpunkt, unmittelbar vor dem Ankunftszeitpunkt bzw. unmittelbar nach dem Abgangszeitpunkt einer Forderung* (TAKACS (1956), FRANKEN (1976)). Für beliebige Anfangsverteilungen gilt

$$\mathring{p}_k = \mathsf{P}(\mathring{N} = k) = \lim_{n\to\infty} \mathsf{P}(\mathring{N}_n = k)$$

und, falls zusätzlich $A(x)$ aperiodisch ist,

$$p_k = \mathsf{P}(N = k) = \lim_{t\to\infty} \mathsf{P}\big(N(t) = k\big), \qquad \tilde{p}_k = \mathsf{P}(\tilde{N}_n = k) = \lim_{n\to\infty} \mathsf{P}(\tilde{N}_n = k),$$

$$p_k = \frac{\varrho}{k} \sum_{m=k-1}^{\infty} (-1)^{m+1-k} \binom{m}{k-1} \prod_{i=1}^{m} \left(\frac{A^*(i\mu)}{1 - A^*(i\mu)}\right), \qquad k \geq 1, \qquad p_0 = 1 - \sum_{k=1}^{\infty} p_k,$$

$$\mathring{p}_k = \tilde{p}_k = (k + 1)\, p_{k+1}/\varrho, \qquad k = 0, 1, \ldots$$

(b) *Binomialmomente der Anzahl N, $\mathring{N}$ bzw. $\tilde{N}$ der Forderungen im System*

$$\mathsf{B}_{(k)} = \frac{\varrho}{k} \prod_{i=1}^{k-1} \left(\frac{A^*(i\mu)}{1 - A^*(i\mu)}\right), \qquad \mathring{\mathsf{B}}_{(k)} = \tilde{\mathsf{B}}_{(k)} = \frac{k + 1}{\varrho}\, \mathsf{B}_{(k+1)}, \qquad k = 1, 2, \ldots$$

(c) *Erwartungswert der Anzahl N, $\mathring{N}$ bzw. $\tilde{N}$ der Forderungen im System*

$$\mathsf{E}N = \varrho, \qquad \mathsf{E}\mathring{N} = \mathsf{E}\tilde{N} = A^*(\mu)\,\big(1 - A^*(\mu)\big)^{-1}.$$

(d) *Varianz der Anzahl N, $\mathring{N}$ bzw. $\tilde{N}$ der Forderungen im System*

$$\mathsf{V}N = \varrho\big(A^*(\mu)\,(1 - A^*(\mu))^{-1} + 1 - \varrho\big),$$

$$\mathsf{V}\mathring{N} = \mathsf{V}\tilde{N} = \frac{A^*(\mu)}{1 - A^*(\mu)} \left(\frac{2A^*(2\mu)}{1 - A^*(2\mu)} + 1 - \frac{A^*(\mu)}{1 - A^*(\mu)}\right).$$

2.2.3. System GI + M/M/∞

Im System treffen unabhängig voneinander ein Poissonscher Forderungenstrom mit der Intensität ν und ein rekurrenter Forderungenstrom mit der Intensität λ und der Pausenzeitverteilungsfunktion $A(x)$ ein.

(a) *Stationäre Zustandswahrscheinlichkeiten der Anzahl N, $\mathring{N}_{\mathrm{GI}}$ bzw. $\mathring{N}_{\mathrm{M}}$ der Forderungen im System zu einem beliebigen Zeitpunkt, unmittelbar vor dem Ankunftszeitpunkt einer beliebigen Forderung des rekurrenten Forderungenstromes bzw. unmittelbar vor dem Ankunftszeitpunkt einer beliebigen Forderung des Poissonschen Forderungenstromes* (Kuczura (1972), (1973)). Für beliebige Anfangsverteilungen gilt

$$p_k = \mathsf{P}(N = k) = \lim_{t\to\infty} \mathsf{P}\big(N(t) = k\big)$$

$$= \begin{cases} \dfrac{\varrho^k}{k!}\left(p_0 + \dfrac{\nu}{\mu}\displaystyle\sum_{i=0}^{k-1} i!\,\mathring{p}_{\mathrm{GI},i}\varrho^{-i-1}\right), & k = 1, 2, \ldots, \\ \mathrm{e}^{-\varrho}\left(1 - \dfrac{\nu}{\mu}\displaystyle\sum_{j=0}^{\infty}\dfrac{\varrho^j}{j!}\sum_{i=0}^{j-1} i!\,\mathring{p}_{\mathrm{GI},i}\varrho^{-i-1}\right), & k = 0, \end{cases}$$

$$\mathring{p}_{\mathrm{GI},k} = \mathsf{P}(\mathring{N}_{\mathrm{GI}} = k) = \mathrm{e}^{-\varrho}\sum_{j=0}^{k} b_j \frac{\varrho^{k-j}}{(k-j)!}, \qquad k = 0, 1, \ldots,$$

$$\mathring{p}_{\mathrm{M},k} = \mathsf{P}(\mathring{N}_{\mathrm{M}} = k) = p_k, \qquad k = 0, 1, \ldots,$$

wobei $\varrho = \dfrac{\lambda}{\mu}$ und $b_j = \displaystyle\sum_{m=j}^{\infty} (-1)^{m-j}\binom{m}{j}\prod_{i=1}^{m}\left(\frac{A^*(i\mu)}{1 - A^*(i\mu)}\right)$.

(b) *Erzeugende Funktion der Anzahl N, $\mathring{N}_{\mathrm{GI}}$ bzw. $\mathring{N}_{\mathrm{M}}$ der Forderungen im System*

$$\mathsf{g}_N(z) = \mathsf{g}_{\mathring{N}_{\mathrm{M}}}(z) = \mathrm{e}^{-\varrho(1-z)}\left(1 - \frac{\nu}{\mu}\sum_{j=0}^{\infty}\frac{b_j}{j+1} + \frac{\nu}{\mu}\sum_{j=0}^{\infty} b_j \frac{z^j}{j+1}\right),$$

$$\mathsf{g}_{\mathring{N}_{\mathrm{GI}}}(z) = \mathrm{e}^{-\varrho(1-z)}\sum_{j=0}^{\infty} b_j z^j = \mathrm{e}^{-\varrho(1-z)}\sum_{j=0}^{\infty}\prod_{i=1}^{j}\left(\frac{A^*(i\mu)}{1 - A^*(i\mu)}\right)(z-1)^j,$$

wobei ϱ und b_j wie in (a) definiert sind.

(c) *Erwartungswert der Anzahl N, $\mathring{N}_{\mathrm{GI}}$ bzw. $\mathring{N}_{\mathrm{M}}$ der Forderungen im System*

$$\mathsf{E}N = \mathsf{E}\mathring{N}_{\mathrm{M}} = \frac{\lambda + \nu}{\mu}, \qquad \mathsf{E}\mathring{N}_{\mathrm{GI}} = \frac{\lambda}{\mu} + \frac{A^*(\mu)}{1 - A^*(\mu)}.$$

2.2.4. System G/M/∞ mit schwach korreliertem Input

Die Pausenzeiten seien gegeben durch

$$A_{n+1} = c_0 Z_{n+1} = c_1 Z_n, \qquad n \geqq 0,$$

wobei $c_0 + c_1 = 1$, $c_0, c_1 \geqq 0$ gilt und $Z_1, Z_2, \ldots$, unabhängige, identisch verteilte Zufallsgrößen sind mit $Z(x) = \mathsf{P}(Z_n < x)$.

(a) *Stationäre Zustandswahrscheinlichkeiten der Anzahl N, $\mathring{N}$ bzw. $\tilde{N}$ der Forderungen im System zu einem beliebigen Zeitpunkt, unmittelbar vor dem Ankunftszeitpunkt bzw. unmittelbar nach dem Abgangszeitpunkt einer Forderung* (Pearce (1967))

$$p_k = \mathsf{P}(N = k) = \frac{\varrho}{k} \sum_{i=k-1}^{\infty} (-1)^{i-k+1} \binom{i}{k-1}$$

$$\times \prod_{j=1}^{k-1} \left(\int_0^\infty e^{-\mu x(j-c_1)} \, dZ(x) \left(1 - \int_0^\infty e^{-j\mu x} \, dZ(x)\right)^{-1} \right), \qquad k = 1, 2, \ldots,$$

$$p_0 = 1 - \sum_{k=1}^{\infty} p_k,$$

$$\mathring{p}_k = \tilde{p}_k = (k+1)\, p_{k+1}/\varrho, \qquad k = 0, 1, \ldots$$

(b) *Binomialmomente der Anzahl N, $\mathring{N}$ bzw. $\tilde{N}$ der Forderungen im System*

$$\mathsf{B}_{(k)} = \frac{\varrho}{k} \prod_{j=1}^{k-1} \left(\int_0^\infty e^{-\mu x(j-c_1)} \, dZ(x) \left(1 - \int_0^\infty e^{-j\mu x} \, dZ(x)\right)^{-1} \right), \qquad k = 1, 2, \ldots,$$

$$\mathring{\mathsf{B}}_{(k)} = \tilde{\mathsf{B}}_{(k)} = (k+1)\, \mathsf{B}_{(k+1)}/\varrho, \qquad k = 1, 2, \ldots$$

(c) *Erwartungswert der Anzahl N, $\mathring{N}$ bzw. $\tilde{N}$ der Forderungen im System*

$$\mathsf{E}N = \varrho, \qquad \mathsf{E}\mathring{N} = \mathsf{E}\tilde{N} = \int_0^\infty e^{-\mu x c_0} \, dZ(x) \left(1 - \int_0^\infty e^{-\mu x} \, dZ(x)\right)^{-1}.$$

(d) *Varianz der Anzahl N, $\mathring{N}$ bzw. $\tilde{N}$ der Forderungen im System*

$$\mathsf{V}N = \varrho \left(\int_0^\infty e^{-\mu x c_0} \, dZ(x) \left(1 - \int_0^\infty e^{-\mu x} \, dZ(x)\right)^{-1} + 1 - \varrho \right),$$

$$\mathsf{V}\mathring{N} = \mathsf{V}\tilde{N} = 2 \int_0^\infty e^{-\mu x c_0} \, dZ(x) \int_0^\infty e^{-\mu x(1+c_0)} \, dZ(x) \left(\left(1 - \int_0^\infty e^{-\mu x} \, dZ(x)\right) \left(1 - \int_0^\infty e^{-2\mu x} \, dZ(x)\right) \right)^{-1}$$

$$+ \left(1 - \int_0^\infty e^{-\mu x} \, dZ(x)\right)^{-2} \int_0^\infty e^{-\mu x c_0} \, dZ(x) \int_0^\infty (1 - e^{-\mu x} - e^{-\mu x c_0}) \, dZ(x).$$

2.2.5. System $\mathrm{GI}^{\mathrm{GI}}/\mathrm{M}/\infty$

In den Ankunftszeitpunkten eines rekurrenten Forderungenstromes mit der Pausenzeitverteilungsfunktion $A(x)$ $(A(0+0) = 0)$ treffen Gruppen von Forderungen im System ein, deren Umfänge unabhängige, identisch verteilte, diskrete Zufallsgrößen mit endlichem Erwartungswert sind. Sei M die zufällige Anzahl der Forderungen einer Gruppe und $q_i = \mathsf{P}(M = i)$, $i = 1, 2, \ldots$ Dann ist die Folge $(\mathring{N}_n)$ der Anzahl der Forderungen im System unmittelbar vor dem Ankunftszeitpunkt der n-ten Gruppe eine homogene, aperiodische, irreduzible und ergodische Markowsche Kette, deren Übergangswahrscheinlichkeiten $P_{ij} = \mathsf{P}(\mathring{N}_{n+1} = j \mid \mathring{N}_n = i)$ durch

$$P_{ij} = \int\limits_0^\infty \sum_{k=0}^{\infty} \binom{k+i+1}{j} q_{k+1}\, \mathrm{e}^{-j\mu x}(1 - \mathrm{e}^{-\mu x})^{k+i+1-j}\, \mathrm{d}A(x)$$

gegeben sind.

(a) *Stationäre Zustandswahrscheinlichkeiten der Anzahl N bzw. $\mathring{N}$ der Forderungen im System zu einem beliebigen Zeitpunkt bzw. unmittelbar vor dem Ankunftszeitpunkt einer Gruppe von Forderungen.* Für beliebige Anfangsverteilungen gilt

$$\mathring{p}_k = \mathsf{P}(\mathring{N} = k) = \lim_{n\to\infty} \mathsf{P}(\mathring{N}_n = k)$$

und, falls zusätzlich $A(x)$ aperiodisch ist,

$$p_k = \mathsf{P}(N = k) = \lim_{t\to\infty} \mathsf{P}\big(N(t) = k\big) = \varrho \mathring{p}_{k-1}/k, \qquad k \geqq 1; \qquad p_0 = 1 - \sum_{k=1}^{\infty} p_k.$$

Ist $A(x) = 1 - \mathrm{e}^{-\lambda x}$, so gilt $p_k = \mathring{p}_k$, $k = 0, 1, \ldots$

Für $\mathrm{GI}^{\mathrm{GI}(\delta_1 * \mathrm{Geo}(p))}/\mathrm{M}/\infty$ mit $p < \frac{1}{2}$ gilt (Rathmann (1966))

$$\mathring{p}_k = \sum_{m=k}^{\infty} (-1)^{m-k} \binom{m}{k} \frac{A^*(m\mu)}{(1-p)\big(1 - A^*(m\mu)\big)} \prod_{i=1}^{m-1} \left(\frac{p + (1-p)\, A^*(i\mu)}{(1-p)\big(1 - A^*(i\mu)\big)}\right), \quad k = 0, 1, \ldots$$

Für $\mathrm{M}^{\mathrm{GI}}/\mathrm{M}/\infty$ gilt (Kuczura (1969), Mills (1980))

$$\mathring{p}_0 = \exp\left(-\varrho \sum_{i=1}^{\infty} q_i \sum_{j=1}^{i} \frac{1}{j}\right),$$

$$\mathring{p}_k = \frac{\varrho}{k} \sum_{j=0}^{k-1} \left(1 - \sum_{i=1}^{j} q_i\right) \mathring{p}_{k-1-j}, \qquad k = 1, 2, \ldots$$

Für $\mathrm{M}^{\mathrm{GI}(\delta_1 * \mathrm{Geo}(p))}/\mathrm{M}/\infty$ ist $(\mathring{p}_k)$ eine negative Binomialverteilung. Es gilt (Gallieher/Morse/Simond (1959), Franken (1965), Kuczura (1969), Mills (1980))

$$\mathring{p}_k = \frac{p^k(1-p)^{\varrho/p}}{k!} \cdot \frac{\Gamma(\varrho/p + k)}{\Gamma(\varrho/p)} = \frac{p^k(1-p)^{\varrho/p}}{k!} \prod_{j=0}^{k-1} \left(\frac{\varrho}{p} + j\right), \qquad k = 0, 1, \ldots$$

Für Systeme $\mathrm{M}^{\mathrm{GI}}/\mathrm{M}/\infty$ mit $\mu = 1$ und $q_i = \int\limits_0^1 (1-p)\, p^{i-1}\, \mathsf{Q}\,(\mathrm{d}p)$, wobei Q ein beliebiges Verteilungsgesetz auf $[0, 1]$ ist, genügen die $\mathring{p}_k$ dem Gleichungssystem (Franken (1966))

$$\mathring{p}_{k+1} = \frac{\lambda + k}{k+1} \mathring{p}_k - \lambda \sum_{i=0}^{k-1} \mathring{p}_i q_{k-i}, \qquad k = 0, 1, \ldots, \sum_{k=0}^{\infty} \mathring{p}_k = 1.$$

(b) *Binomialmomente der Anzahl N bzw. $\mathring{N}$ der Forderungen im System* $GI^{GI(\delta_1 * Geo(p))}/M/\infty$ (RATHMANN (1966))

$$\mathring{B}_{(k)} = \frac{A^*(k\mu)}{(1-p)\left(1-A^*(k\mu)\right)} \prod_{i=1}^{k-1} \left(\frac{p+(1-p)\,A^*(i\mu)}{(1-p)\left(1-A^*(i\mu)\right)}\right), \qquad k = 1, 2, \dots$$

$$B_{(k)} = \frac{\varrho}{k} \frac{1-A^*(k\mu)}{A^*(k\mu)} \mathring{B}_{(k)}, \qquad k = 1, 2, \dots$$

Für $M^{GI(\delta_1 * Geo(p))}/M/\infty$ gilt

$$B_{(k)} = \mathring{B}_{(k)} = \frac{\varrho}{(1-p)^k\,k} \prod_{i=1}^{k-1} \left(p + \frac{\varrho}{i}\right).$$

(c) *Erzeugende Funktion der Anzahl N bzw. $\mathring{N}$ der Forderungen im System* $M^{GI}/M/\infty$ (REYNOLDS (1968), MURARI (1969), KUCZURA (1969), MILLS (1980))

$$g_N(z) = g_{\mathring{N}}(z) = \exp\left(-\varrho f(1)\left(1 - f(z)/f(1)\right)\right)$$

mit $f(z) = \sum_{i=1}^{\infty} \left(\sum_{k=i}^{\infty} q_k\right) \frac{z^i}{i}$. Für $M^{GI(\delta_1 * Geo(p))}/M/\infty$ gilt

$$g_N(z) = g_{\mathring{N}}(z) = \left(\frac{1-p}{1-pz}\right)^{\varrho/p}.$$

(d) *Erwartungswert der Anzahl N bzw. $\mathring{N}$ der Forderungen im System.* Für $GI^{GI(\delta_1 * Geo(p))}/M/\infty$ gilt

$$EN = \frac{\varrho}{(1-p)}, \qquad E\mathring{N} = \frac{A^*(\mu)}{(1-p)\left(1-A^*(\mu)\right)}.$$

Für $M^{GI}/M/\infty$ gilt $EN = E\mathring{N} = \varrho EM$.

(e) *Varianz der Anzahl N bzw. $\mathring{N}$ der Forderungen im System.* Für $GI^{GI(\delta_1 * Geo(p))}/M/\infty$ gilt

$$VN = 2B_{(2)} + B_{(1)} - B_{(1)}^2, \qquad V\mathring{N} = 2\mathring{B}_{(2)} + \mathring{B}_{(1)} - \mathring{B}_{(1)}^2,$$

wobei die Binomialmomente $B_{(k)}$ und $\mathring{B}_{(k)}$ in (b) gegeben sind.

Für $M^{GI}/M/\infty$ gilt $VN = V\mathring{N} = \varrho(EM + EM^2)/2$. Für $M^{GI(\delta_1 * Geo(p))}/M/\infty$ gilt $VN = V\mathring{N} = \varrho(1-p)^{-2}$.

Instationäre Charakteristiken des Systems $M^{GI}/M/\infty$ ergeben sich unter Berücksichtigung von $B(x) = 1 - e^{-\mu x}$ unmittelbar aus den entsprechenden Charakteristiken für Systeme $M^{GI}/GI/\infty$ (↑ [2.3.5.2]).

2.2.6. System SM/M/∞

Der Forderungenstrom wird durch einen semimarkowschen Prozeß $\left(X(t)\right)$,

$$X(t) = X_n \quad \text{für} \quad T_n < t \leqq T_{n+1},$$

mit der semimarkowschen Matrix $\left(Q_{ml}(x)\right)$,

$$Q_{ml}(x) = P_{ml}F_{ml}(x), \qquad m, l \in \mathscr{E}, \qquad |\mathscr{E}| < \infty,$$

beschrieben (↑ [I, 3.3.5]), wobei T_n den Ankunftszeitpunkt und X_n den Typ der n-ten Forderung bezeichnet. Die Übergangsmatrix (P_{ml}) sei aperiodisch und irreduzibel und damit ergodisch. Die stationäre Anfangsverteilung von (P_{ml}) ist (q_m), und es wird

$$\lambda^{-1} = \sum_{m,l} q_m P_{ml} \int_0^\infty x \,\mathrm{d}F_{ml}(x) < \infty$$

vorausgesetzt. Ist der semimarkowsche Forderungenstrom stationär, so ist die Pausenzeitverteilungsfunktion $A(x)$ gegeben durch

$$A(x) = \sum_{m,l} q_m P_{ml} F_{ml}(x).$$

Ferner sei $\boldsymbol{Q}^{**}(s) = \boldsymbol{Q}^*(s) \left(\boldsymbol{I} - \boldsymbol{Q}^*(s)\right)^{-1}$ mit $\boldsymbol{Q}^*(s) = \left(P_{ml}F^*_{ml}(s)\right)$ und $(\boldsymbol{\Psi})_{m,l}$ bezeichne das Element der m-ten Zeile und l-ten Spalte einer Matrix $\boldsymbol{\Psi}$. Mit $N(t)$ bzw. $\mathring{N}_n$ wird die Anzahl der Forderungen im System zum Zeitpunkt t bzw. unmittelbar vor dem Ankunftszeitpunkt der n-ten Forderung bezeichnet und für $\mathsf{P}\left(N(t) = k\right)$ wird $P_k(t)$ geschrieben.

2.2.6.1. Instationäre Charakteristiken

(a) *Übergangswahrscheinlichkeiten von* $(\mathring{N}_n, X_n)$ (Franken (1968)). Die Folge $(\mathring{N}_n, X_n)$ ist eine homogene, irreduzible, aperiodische und ergodische Markowsche Kette, deren Übergangswahrscheinlichkeiten $P_{ij}(l, m) = \mathsf{P}(\mathring{N}_n = j, X_n = m \mid \mathring{N}_{n-1} = i, X_{n-1} = l)$ gegeben sind durch

$$P_{ij}(l, m) = \begin{cases} \binom{i+1}{j} P_{lm} \int\limits_0^\infty \mathrm{e}^{-j\mu x}(1 - \mathrm{e}^{-\mu x})^{i+1-j} \,\mathrm{d}F_{lm}(x), & j \leqq i+1, \\ 0, & j > i+1. \end{cases}$$

(b) ***Erzeugende Funktion der Zustandswahrscheinlichkeiten*** $\mathsf{P}(\mathring{N}_n = k, X_n = m \mid X_0 = l)$ **(Neuts/Chen (1972)). Sei $P_{i-1}(0) = 1$. Dann gilt**

$$\sum_{n=1}^\infty \mathsf{P}(\mathring{N}_n = k, X_n = m \mid X_0 = l)\, z^n = \left(\sum_{j=k}^\infty (-1)^{j-k} \binom{j}{k} \sum_{r=0}^j \binom{i}{r} \prod_{n=r}^j z\boldsymbol{Q}^{**}(n\mu)\right)_{m,l}.$$

(c) *L.-T. der Zustandswahrscheinlichkeiten* $\mathsf{P}\left(N(t) = k, X(t) = m \mid X_0 = l\right)$ (Neuts/Chen (1972)). Sei $P_{i-1}(0) = 1$. Dann gilt

$$\begin{aligned} &\int_0^\infty \mathrm{e}^{-st}\mathsf{P}\left(N(t) = k, X(t) = m \mid X_0 = l\right) \mathrm{d}t \\ &= \sum_{j=k}^\infty (-1)^{j-k} \binom{j}{k} (s + j\mu)^{-1} \left(\binom{i}{j} \left(1 - \sum_n P_{mn}F^*_{mn}(s + j\mu)\right)\right. \\ &\quad + \left(1 - \sum_n P_{ln}F^*_{ln}(s + j\mu)\right) \left(\left(\sum_{r=0}^j \binom{i}{r} \prod_{v=r}^j \boldsymbol{Q}^{**}(s + v\mu)\right)_{m,l}\right. \\ &\quad \left.\left. + \left(\sum_{r=0}^{j-1} \binom{i}{r} \prod_{v=r}^{j-1} \boldsymbol{Q}^*(s + v\mu)\right)_{m,l}\right)\right). \end{aligned}$$

(d) *Erzeugende Funktion der Binomialmomente der Zustandswahrscheinlichkeiten* $\mathsf{P}(\mathring{N}_N = k, X_n = m \mid X_0 = l)$ (Neuts/Chen (1972)). Sei $P_{i-1}(0) = 1$ und

$$\mathsf{B}_{(k)}(n, m, l) = \sum_{j=k}^{\infty} \binom{j}{k} \mathsf{P}(\mathring{N}_n = j, X_n = m \mid X_0 = l).$$

Dann gilt

$$\sum_{n=1}^{\infty} \mathsf{B}_{(k)}(n, m, l)\, z^n = \left(\sum_{j=0}^{k} \binom{i}{j} \prod_{n=j}^{k} z\boldsymbol{Q}^*(n\mu) \left(\boldsymbol{I} - \boldsymbol{Q}^*(n\mu)\, z\right)^{-1} \right)_{m,l}.$$

(e) *L.-T. der Binomialmomente der Zustandswahrscheinlichkeiten* $\mathsf{P}\big(N(t) = k,\ X(t) = m \mid X_0 = l\big)$ (Neuts/Chen (1972)). Sei $P_{i-1}(0) = 1$ und

$$\mathsf{B}_{(k)}(t, m, l) = \sum_{j=k}^{\infty} \binom{j}{k} \mathsf{P}\big(N(t) = k,\ X(t) = m \mid X_0 = l\big).$$

Dann gilt

$$\int_0^{\infty} \mathrm{e}^{-st} \mathsf{B}_{(k)}(t, m, l)\, \mathrm{d}t = (s + k\mu)^{-1} \left(\binom{i}{k} \left(1 - \sum_n P_{mn} F^*_{mn}(s + k\mu)\right) \right.$$
$$+ \left(1 - \sum_n P_{ln} F^*_{ln}(s + k\mu)\right) \left(\left(\sum_{j=0}^{k} \binom{i}{j} \prod_{v=j}^{k} \boldsymbol{Q}^{**}(s + v\mu) \right)_{m,l} \right.$$
$$\left.\left. + \left(\sum_{j=0}^{k-1} \binom{i}{j} \prod_{v=j}^{k-1} \boldsymbol{Q}^{**}(s + v\mu) \right)_{m,l} \right)\right)$$

(f) *Momente der Anzahl der Forderungen im System zum Zeitpunkt t* (Smith (1973)). Sei $P_0(0) = 1$ und

$$H_{lm}(x) = \sum_{k=1}^{\infty} (P_{lm} F_{lm})^{*(k)}(x) = \sum_{k=1}^{\infty} \int_0^x \sum_n (P_{nm} F_{nm})^{*(k-1)}(x - u)\, \mathrm{d}P_{ln} F_{ln}(u).$$

Dann gilt

$$\mathsf{E}\big(N(t)\big)^k = \sum_{n=0}^{k-1} \binom{k}{n} \mathsf{E}\big(N_0(t)\big)^n \mathrm{e}^{-\mu t} + \mathsf{E}\big(N_0(t)\big),$$

mit

$$\mathsf{E}\big(N_0(t)\big)^n = \sum_{m,l} \mathsf{P}(X_0 = l) \sum_{j=0}^{n-1} \binom{n}{j} \int_0^t \mathsf{E}\Big(\big(N_0(t)\big)^j \mid X_0 = m\Big)\, \mathrm{e}^{-\mu(t-x)}\, \mathrm{d}H_{lm}(x)$$

und

$$\mathsf{E}\Big(\big(N_0(t)\big)^j \mid X_0 = m\Big) = \sum_{i=0}^{j-1} \binom{j}{i} \int_0^t \sum_l \mathsf{E}\Big(\big(N_0(t)\big)^i \mid X_0 = l\Big)\, \mathrm{e}^{-\mu(t-x)}\, \mathrm{d}H_{ml}(x).$$

(g) *Mittlere Anzahl der Forderungen im System zum Zeitpunkt t* (Smith (1973)). Sei $P_0(0) = 1$. Dann gilt

$$\mathsf{E}N(t) = \sum_{m,l} \mathsf{P}(X_0 = l) \int_0^t \mathrm{e}^{-\mu(t-x)}\, \mathrm{d}H_{lm}(x) + \mathrm{e}^{-\mu t},$$

wobei $H_{lm}(x)$ in (f) gegeben ist.

(h) *Varianz der Anzahl der Forderungen im System zum Zeitpunkt t* (SMITH (1973)). Sei $P_0(0) = 1$. Dann gilt

$$\mathsf{V}N(t) = \sum_{m,l,n} \mathsf{P}(X_0 = l) \int_0^t 2\,\mathrm{e}^{-2\mu(t-u)} \left(\int_0^{t-x} \mathrm{e}^{\mu u}\, \mathrm{d}H_{mn}(u)\right) \mathrm{d}H_{lm}(x) + \sum_{m,l} \mathsf{P}(X_0 = l)$$

$$\times \int_0^t \mathrm{e}^{-\mu(t-x)}\, \mathrm{d}H_{lm}(x) \left(1 - \sum_{m,l} \mathsf{P}(X_0 = l) \int_0^t \mathrm{e}^{-\mu(t-x)}\, \mathrm{d}H_{lm}(x)\right) + \mathrm{e}^{-\mu t}(1 - \mathrm{e}^{-\mu t}),$$

wobei $H_{lm}(x)$ in (f) gegeben ist.

2.2.6.2. Stationäre Charakteristiken

Sei $\boldsymbol{q}$ der Zeilenvektor der stationären Wahrscheinlichkeiten q_m von (P_{ml}) und q_m^{**} sei die m-te Komponente des Vektors $\boldsymbol{q} \sum_{l=1}^{j} \boldsymbol{Q}^{**}(l\mu)$.

(a) *Zustandswahrscheinlichkeiten* (FRANKEN (1968))

$$\mathring{p}_k = \lim_{n\to\infty} \sum_m \mathsf{P}(\mathring{N}_n = k, X_n = m) = \sum_{j=k}^{\infty} (-1)^{j-k} \binom{j}{k} \sum_m q_m^{**}.$$

Sind die Verteilungsfunktionen $F_{ml}(x)$ aperiodisch, so existiert die stationäre Verteilung (p_k),

$$p_k = \lim_{t\to\infty} \sum_m \mathsf{P}\big(N(t) = k,\, X(t) = m\big),$$

und es gilt

$$p_k = \frac{\varrho}{k}\, \mathring{p}_{k-1}, \qquad k = 1, 2, \ldots; \qquad p_0 = 1 - \sum_{k=1}^{\infty} \frac{\varrho}{k}\, \mathring{p}_{k-1}.$$

(b) *Binomialmomente der Verteilungen* $(\mathring{p}_k)$ *und* (p_k) (FRANKEN (1968)). Sei $\mathring{\mathsf{B}}_{(k)} = \sum_{j=k}^{\infty} \binom{j}{k} \mathring{p}_j$ und $B_{(k)} = \sum_{j=k}^{\infty} \binom{j}{k} p_j$. Dann gilt

$$\mathring{\mathsf{B}}_{(0)} = 1, \qquad \mathring{\mathsf{B}}_{(k)} = \sum_m q_m^{**}, \qquad \mathsf{B}_{(k)} = \varrho \mathring{\mathsf{B}}_{(k-1)}/k, \qquad k = 1, 2, \ldots$$

(c) *Verteilung der Vektoren* $\boldsymbol{N} = (N_1, \ldots, N_k)$ *bzw.* $\mathring{\boldsymbol{N}} = (\mathring{N}_1, \ldots, \mathring{N}_k)$ *der Anzahlen der durch Forderungen vom Typ* 1, ..., k *belegten Bedienungsgeräte zu einem beliebigen Zeitpunkt bzw. unmittelbar vor dem Ankunftszeitpunkt einer Forderung und dem Typ* X *der letzten vor diesem Zeitpunkt eingetroffenen Forderung bzw. dem Typ* $\mathring{X}$ *der zu diesem Ankunftszeitpunkt eintreffenden Forderung im System* SM/M/∞ *mit unterschiedlichen Bedienungsintensitäten* (SMITH (1972)). Es wird $\mathsf{P}(B_n < x \mid X_n = m) = 1 - \mathrm{e}^{-\mu_m x}$, $m \in \mathscr{E} = \{1, \ldots, k\}$, und $\sum_{l=1}^{k} P_{ml}F_{ml}(x)$ nicht gitterförmig vorausgesetzt. Ferner seien $\boldsymbol{N}(t)$ bzw. $\mathring{\boldsymbol{N}}_n$ die Vektoren der Anzahlen der Forderungen vom Typ m im System zum

Zeitpunkt t bzw. unmittelbar vor dem Ankunftszeitpunkt der n-ten Forderung. Dann gilt

$$\mathsf{P}(\boldsymbol{N} = \boldsymbol{j},\, X = m) = \lim_{t\to\infty} \mathsf{P}\big(\boldsymbol{N}(t) = \boldsymbol{j},\, X(t) = m \mid \boldsymbol{N}(0) = \boldsymbol{i},\, X(0) = l\big)$$

$$= \sum_{r_1=j_1}^{\infty} \cdots \sum_{r_k=j_k}^{\infty} (-1)^{\sum_{l=1}^{k}(r_l-j_l)} \prod_{l=1}^{k} \binom{r_l}{j_l} \mathsf{B}_{(\boldsymbol{r},m)}$$

und

$$\mathsf{P}(\mathring{\boldsymbol{N}} = \boldsymbol{j},\, \mathring{X} = m) = \lim_{n\to\infty} \mathsf{P}(\mathring{\boldsymbol{N}}_n = \boldsymbol{j},\, X_n = m \mid \mathring{\boldsymbol{N}}_0 = \boldsymbol{i};\, X_0 = l)$$

$$= \sum_{r_1=j_1}^{\infty} \cdots \sum_{r_k=j_k}^{\infty} (-1)^{\sum_{l=1}^{k}(r_l-j_l)} \prod_{l=1}^{k} \binom{r_l}{j_l} \mathring{\mathsf{B}}_{(\boldsymbol{r},m)}$$

wobei die Binomialmomente

$$\mathsf{B}_{(\boldsymbol{r},m)} = \sum_{j_1=r_1}^{\infty} \cdots \sum_{j_k=r_k}^{\infty} \prod_{l=1}^{k} \binom{j_l}{r_l} \mathsf{P}(\boldsymbol{N} = \boldsymbol{j},\, X = m),$$

$$\mathring{\mathsf{B}}_{(\boldsymbol{r},m)} = \sum_{j_1=r_1}^{\infty} \cdots \sum_{j_k=r_k}^{\infty} \prod_{l=1}^{k} \binom{j_l}{r_l} \mathsf{P}(\mathring{\boldsymbol{N}} = \boldsymbol{j},\, \mathring{X} = m)$$

gegeben sind durch die Rekurrenzbeziehungen

$$\mathbf{B}_{(\boldsymbol{r})} = \lambda \left(\sum_{l=1}^{k} \mu_l r_l\right)^{-1} \bar{\mathbf{B}}_{(\boldsymbol{r})} \left(\boldsymbol{I} - \boldsymbol{Q}^*\left(\sum_{l=1}^{k} \mu_l r_l\right)\right)^{-1} \left(\boldsymbol{I} - \mathbf{R}\left(\sum_{l=1}^{k} \mu_l r_l\right)\right)$$

$$\mathring{\mathbf{B}}_{(\boldsymbol{r})} = \begin{cases} \boldsymbol{q}, & \text{falls } \boldsymbol{r} = 0, \\ \bar{\mathbf{B}}_{(\boldsymbol{r})} \boldsymbol{Q}^{**}\left(\sum_{l=1}^{k} \mu_l r_l\right), & \text{sonst} \end{cases}$$

mit

$$\mathbf{B}_{(\boldsymbol{r})} = (\mathsf{B}_{(\boldsymbol{r},1)}, \ldots, \mathsf{B}_{(\boldsymbol{r},k)}), \quad \mathring{\mathbf{B}}_{(\boldsymbol{r})} = (\mathring{\mathsf{B}}_{(\boldsymbol{r},1)}, \ldots, \mathring{\mathsf{B}}_{(\boldsymbol{r},k)}), \quad \bar{\mathbf{B}}_{(\boldsymbol{r})} = (\mathring{\mathsf{B}}_{(\boldsymbol{r}-\boldsymbol{e}_1,1)}, \ldots, \mathring{\mathsf{B}}_{(\boldsymbol{r}-\boldsymbol{e}_k,k)}),$$

$$\big(\mathbf{R}(s)\big)_{ij} = \delta_{ij} \sum_{l=1}^{k} P_{il} F_{il}^*(s).$$

Insbesondere gilt

$$\mathring{\mathbf{B}}_{(\boldsymbol{e}_m)} = \boldsymbol{e}_m q_m \boldsymbol{Q}^{**}(\mu_m)$$

$$\mathring{\mathbf{B}}_{(\boldsymbol{e}_m+\boldsymbol{e}_l)} = \begin{cases} \boldsymbol{e}_m \mathring{\mathsf{B}}_{(\boldsymbol{e}_m,m)} \boldsymbol{Q}^{**}(2\mu_m) & \text{für} \quad m = l, \\ (\boldsymbol{e}_m \mathring{\mathsf{B}}_{(\boldsymbol{e}_l,m)} + \boldsymbol{e}_l \mathring{\mathsf{B}}_{(\boldsymbol{e}_m,l)})\, \boldsymbol{Q}^{**}(\mu_m + \mu_l) & \text{für} \quad m \neq l, \end{cases}$$

wobei $\boldsymbol{e}_m = (0, \ldots, 0, \underset{m}{1}, 0, \ldots, 0)$ ist.

2.3. Systeme M/GI/∞

Für Systeme mit Poissonschem Forderungenstrom und unendlich vielen Bedienungsgeräten sowie beliebiger Verteilung der Bedienungszeiten gibt es sowohl im einfachsten Fall (M/GI/∞) als auch für Verallgemeinerungen (Gruppenankünfte, zeitabhängiger oder systemzustandsabhängiger Parameter des Forderungenstromes, ankunftszeitpunktabhängige Bedienungszeitverteilungsfunktion) eine große Zahl von Ergebnissen. Diese liegen zum Teil in Form expliziter Formeln für Wahrscheinlichkeiten und Verteilungsfunktionen, aber auch (vor allem bei den komplizierteren Systemen) in Form von erzeugenden Funktionen und L.-S.-T. vor.

Die Formeln für Systeme mit Gruppenankünften und/oder zeitabhängigem Parameter des Forderungenstromes sind i. allg. recht kompliziert, während für das System M/GI/∞ einfachere Ausdrücke vorliegen (z. B. stationäre Zustandswahrscheinlichkeiten). Für einzelne Größen ergeben sich aber auch schon bei M/GI/∞ schwer berechenbare Ausdrücke (z. B. für die Besetztzeit des Systems).

Die Formeln für einige interessierende Größen in einfachen Systemen ergeben sich direkt aus den entsprechenden Formeln in den komplizierteren Systemen und werden deshalb explizit nicht angegeben. Der Systemzustand der im folgenden betrachteten Systeme ist stets durch die Anzahl der belegten Bedienungsgeräte charakterisiert.

Zur Abkürzung wird stets $\overline{B}(x) = 1 - B(x)$, $B_{\mathsf{R}}(x) = (\mathsf{E}B)^{-1} \int_0^x \overline{B}(y)\,\mathrm{d}y$ und $\overline{B}_{\mathsf{R}}(x) = 1 - B_{\mathsf{R}}(x)$ gesetzt.

2.3.1. Formeln für M/GI/∞

2.3.1.1. Instationäre Charakteristiken

Falls nicht anders angegeben, wird zum Zeitpunkt $t = 0$ bzw. $\mathring{T}_1$ ein leeres System vorausgesetzt, also $N(0) = 0$ bzw. $\mathring{N}_1 = N(\mathring{T}_1 - 0) = 0$. Andernfalls bedeutet $N(0) = k > 0$, daß zum Zeitpunkt $t = 0$ mit der Bedienung von k Forderungen begonnen wird.

(a) *Zustandswahrscheinlichkeiten* (Takacs (1969), Borowkow [1]):

$$P_k(t) = \frac{\left(\varrho B_{\mathsf{R}}(t)\right)^k}{k!} \exp\left(-\varrho B_{\mathsf{R}}(t)\right), \qquad k = 0, 1, \ldots,$$

$$\mathring{P}_k(n) = \lambda^n \int_0^\infty \mathrm{e}^{-\lambda x} \frac{\left(\int_0^x \overline{B}(y)\,\mathrm{d}y\right)^k}{k!} \frac{\left(x - \int_0^x \overline{B}(y)\,\mathrm{d}y\right)^{n-k-1}}{(n-k-1)!}\,\mathrm{d}x, \qquad k = 0, 1 \ldots, n-1.$$

(b) *Erzeugende Funktion der Anzahl $N(t)$ der belegten Bedienungsgeräte* (Klimow [1]):

$$\mathfrak{g}_N(t, z) = \exp\left(\varrho(z-1)\,B_{\mathsf{R}}(t)\right), \qquad |z| < 1,$$

und für beliebiges $N(0)$ gilt (Klimow [2])

$$\mathfrak{g}_N(t, z) = \left(B(t) + z\overline{B}(t)\right)^{N(0)} \exp\left(\varrho(z-1)\,B_{\mathsf{R}}(t)\right), \qquad |z| < 1.$$

(c) *Charakteristische Funktion der Anzahl $N(t)$ der belegten Bedienungsgeräte* (Annajew/Manilow (1975)):

$$\varphi_{N(t)}(x) = \exp\left(\varrho(\mathrm{e}^{\mathrm{i}x} - 1)\,B_{\mathsf{R}}(t)\right).$$

(d) *Gemeinsame Verteilung der Anzahl* $\mathring{N}_n$ *der belegten Bedienungsgeräte und der ungeordneten Restbedienungszeiten* $\mathring{B}^{\mathrm{R}}_{k,n}$ *in Ankunftszeitpunkten* (TAKACS (1969)):

$$\mathsf{P}(\mathring{N}_{n+1} = k, \mathring{B}^{\mathrm{R}}_{1,n+1} \geqq t_1, \ldots, \mathring{B}^{\mathrm{R}}_{k,n+1} \geqq t_k)$$

$$= \binom{n}{k} \frac{\lambda^{n+1}}{n!} \int_0^\infty \mathrm{e}^{-\lambda x} \left(\int_0^x B(y)\,\mathrm{d}y\right)^{n-k} \left(\prod_{i=1}^{k} \int_0^x \overline{B}(y + t_i)\,\mathrm{d}y\right) \mathrm{d}x, \qquad k = 0, 1, \ldots, n,$$

$n = 0, 1, \ldots$ (Der Begriff „ungeordnete Restbedienungszeiten" bedeutet, daß die Bedienungszeit der n-ten Forderung mit Wahrscheinlichkeit $(\mathring{N}_n + 1)^{-1}$ zur i-ten Komponente von $\left(B_1^{\mathrm{R}}(\mathring{T}_n + 0), \ldots, B^{\mathrm{R}}_{\mathring{N}_n+1}(\mathring{T}_n + 0)\right)$ wird, $i = 1, \ldots, \mathring{N}_n + 1$.)

(e) *Übergangswahrscheinlichkeiten* (CONOLLY [1]):

$$\mathsf{P}\big(N(t) = j \mid N(0) = i\big)$$

$$= \mathrm{e}^{-\varrho B_{\mathrm{R}}(t)} \sum_{k=\max\{0,j-i\}}^{j} \binom{i}{i-j+k} \big(B(t)\big)^{i-j+k} \big(\overline{B}(t)\big)^{j-k} \frac{\big(\varrho B_{\mathrm{R}}(t)\big)^k}{k!}, \qquad i, j = 0, 1, \ldots$$

(f) *Erzeugende Funktion für die gemeinsame Verteilung der Anzahlen* $N(t)$ *und* $N(t + t_1)$ *der belegten Bedienungsgeräte zu den Zeitpunkten* t *und* $t + t_1$ (KLIMOW [1], [2]):

$$\mathsf{E}(z_1^{N(t)} z_2^{N(t+t_1)}) = \exp\Big(\varrho\big((z_1 - 1)\, B_{\mathrm{R}}(t) + z_1(z_2 - 1)\big(B_{\mathrm{R}}(t + t_1) - B_{\mathrm{R}}(t_1)\big)$$

$$+ (z_2 - 1)\, B_{\mathrm{R}}(t_1)\big)\Big), \qquad |z_i| < 1, \qquad i = 1, 2.$$

(g) *Verteilung der Anzahl* $L^{\mathrm{D}}(t)$ *der Forderungen, die bis zum Zeitpunkt t das System verlassen haben* (GROSS/HARRIS [1]):

$$\mathsf{P}\big(L^{\mathrm{D}}(t) = k\big) = \exp\left(-\lambda \int_0^t B(y)\,\mathrm{d}y\right) \frac{\left(\lambda \int_0^t B(y)\,\mathrm{d}y\right)^k}{k!}, \qquad k = 0, 1, \ldots,$$

und für beliebiges $N(0)$ gilt (CONOLLY [1])

$$\mathsf{P}\big(L^{\mathrm{D}}(t) = k \mid N(0) = n\big) = \exp\left(-\lambda \int_0^t B(y)\,\mathrm{d}y\right) \sum_{i=0}^{\min\{k,n\}} \binom{n}{i} \big(B(t)\big)^i \big(\overline{B}(t)\big)^{n-i}$$

$$\times \frac{\left(\lambda \int_0^t B(y)\,\mathrm{d}y\right)^{k-i}}{(k-i)!}, \qquad k = 0, 1, \ldots, \qquad n = 0, 1, \ldots$$

(h) *Erzeugende Funktion der Anzahl* $L^{\mathrm{D}}(t)$ *der Forderungen, die bis zum Zeitpunkt t das System verlassen haben:*

$$\mathsf{g}_{L^{\mathrm{D}}(t)}(z) = \exp\left(\lambda(z - 1) \int_0^t B(t - y)\,\mathrm{d}y\right), \qquad |z| < 1.$$

(i) *Gemeinsame Verteilung der Besetztzeit S des Systems und der Anzahl N_S der während dieser Zeit bedienten Forderungen:* Es gelte $\mathsf{E}B < \infty$. Mit $G_n(x) = \mathsf{P}(S < x,\ N_S = n)$ und $G(x) = \mathsf{P}(S < x)$ gilt (KINGMAN (1970))

$$\mathrm{d}G_n(x) = \lambda^{n-1}\,\mathrm{e}^{-\lambda x}\,\mathrm{d}F_n(x), \text{ wobei } F_1 \equiv B \text{ und}$$

$$\mathrm{d}F_n(x) = \mathrm{d}\,\frac{\left(\int\limits_0^x B(y)\,\mathrm{d}y\right)^{n-1} B(x)}{(n-1!)}$$

$$-\sum_{i=1}^{n-1}\int\limits_0^\infty \left(\int\limits_0^{x-u} B(y)\,\mathrm{d}y\right)^{n-i-1} B(x-u)\,\mathrm{d}F_i(u)\Big/(n-i-1).$$

$G(x)$ kann auch aus

$$\int\limits_0^\infty h(y)\,\mathrm{e}^{cy}\,\mathrm{d}y = \left(c + \lambda - \lambda\int\limits_0^\infty \mathrm{e}^{-cy}\,\mathrm{d}G(y)\right)^{-1}, \qquad c > 0,$$

mit $h(x) = \exp\left(-\lambda\int\limits_0^\infty \min\{x, y\}\,\mathrm{d}B(y)\right)$ berechnet werden (KINGMAN (1970)). Weiter gilt unter der Voraussetzung $\mathsf{E}B < \infty$ (SHANBHAG (1966))

$$\mathsf{E}(\mathrm{e}^{-c_1 S - c_2 N_S}) = \lambda^{-1}(\lambda + c_1) - \lambda^{-1}\big(f(c_1, c_2)\big)^{-1}$$

mit $f(c_1, c_2) = \int\limits_0^\infty \exp\left(-c_1 x - \lambda x + \lambda\int\limits_0^x \mathrm{e}^{-c_2} B(y)\,\mathrm{d}y\right)\mathrm{d}x$, und $\mathsf{E}S = \lambda^{-1}(\mathrm{e}^\varrho - 1)$, $\mathsf{E}N_S = \mathrm{e}^\varrho$.

(j) *L.-S.-T. und kumulantenerzeugende Funktion der Summe $Y(t)$ der Bedienungszeiten aller in $[0, t)$ eingetroffenen Forderungen* (RIORDAN [1]):

$$F^*_{Y(t)}(s) = \exp\big(\lambda t(B^*(s) - 1)\big),$$

$$\mathsf{k}_{\Sigma Y(t)}(z) = \log F^*_{Y(t)}(-z) = \lambda t\big(B^*(-z) - 1\big) = \lambda t\sum_{i=1}^\infty (\mathsf{E}B^i)\,\frac{z^i}{i!}, \qquad |z| < 1,$$

$$\mathsf{k}_{\Sigma t^{-1}Y(t)}(z) = \lambda t\sum_{i=1}^\infty t^{-i}(\mathsf{E}B^i)\,\frac{z^i}{i!}, \qquad |z| < 1.$$

(k) *Unbegrenzte Teilbarkeit der gemeinsamen Verteilung der Anzahlen $L(t)$ und $L^\mathrm{D}(t)$ der bis t eintreffenden und abgehenden Forderungen.*

2.3.1.1. Satz (SHANBHAG (1973)). Falls ein $t' < t$ existiert mit $B(t') > 0$, so ist $\mathsf{P}\big(L(t) = i,\ L^\mathrm{D}(t) = j \mid N(0) = 0\big)$, $i, j = 0, 1, \ldots$, für $\mathrm{M/GI}/s/n$, $s \leqq \infty$, $n \leqq \infty$, mit $\varrho < s$ und $\mathsf{E}B < \infty$ unbegrenzt teilbar genau dann, wenn $s = \infty$.

2.3.1.2. Stationäre Charakteristiken

Für alle Formeln wird $\mathsf{E}B < \infty$ vorausgesetzt.

(a) *Zustandswahrscheinlichkeiten* (TAKACS [1], BOROWKOW [1]):

$$p_k = \mathring{p}_k = \varrho^k \mathrm{e}^{-\varrho}/k!, \qquad k = 0, 1, \ldots,$$

$$\lim_{t\to\infty} \mathsf{P}\big(N(t+t_1,t)=k\big)=\lim_{n\to\infty}\mathsf{P}\big(N(\mathring{T}_n+t_1,\mathring{T}_n)=k\big)$$
$$=\left(\lambda\int_{t_1}^{\infty}\overline{B}(y)\,\mathrm{d}y\right)^k \exp\left(-\lambda\int_{t_1}^{\infty}\overline{B}(y)\,\mathrm{d}y\right)\Big/k!,$$

$k=0,1,\ldots$ Dabei bezeichnet $N(t,s)$ die Anzahl derjenigen Forderungen im System zum Zeitpunkt t, die in $[0,s)$ eingetroffen sind, $s\leqq t$.

(b) *Erzeugende Funktion der Anzahl der belegten Bedienungsgeräte* (MEJZLER (1968)):

$$\lim_{t\to\infty}\mathfrak{g}_N(t,z)=\mathrm{e}^{\varrho(z-1)},\qquad |z|<1.$$

(c) *Erwartungswert, Varianz und zentrales Moment 3. Ordnung der Anzahl der belegten Bedienungsgeräte:*

$$\lim_{t\to\infty}\mathsf{E}N(t)=\lim_{t\to\infty}\mathsf{V}N(t)=\lim_{t\to\infty}\mathsf{E}\big(N(t)-\mathsf{E}N(t)\big)^3=\varrho.$$

(d) *Gemeinsame Verteilung der Anzahl der belegten Bedienungsgeräte und der ungeordneten Restbedienungszeiten (Produktansatz):* In Ankunftszeitpunkten gilt

$$\lim_{n\to\infty}\mathsf{P}(\mathring{N}_n=k,\ \mathring{B}^{\mathrm{R}}_{1,n}\geqq t_1,\ldots,\mathring{B}^{\mathrm{R}}_{k,n}\geqq t_k)=\mathrm{e}^{-\varrho}\left(\frac{\varrho^k}{k!}\right)\prod_{i=1}^{k}\overline{B}_{\mathrm{R}}(t_i),$$

unabhängig vom Anfangszustand (TAKACS (1969)). In beliebigen Zeitpunkten gilt unabhängig vom Anfangszustand (TAKACS [1])

$$\lim_{t\to\infty}\mathsf{P}\big(B_1^{\mathrm{R}}(t)<t_1,\ldots,B_k^{\mathrm{R}}(t)<t_k\mid N(t)=k\big)=\prod_{i=1}^{k}B_{\mathrm{R}}(t_i).$$

(e) *Übergangswahrscheinlichkeiten* (SYSKI [1]):

$$P_{ij}(t_1)=\lim_{t\to\infty}\mathsf{P}\big(N(t+t_1)=j\mid N(t)=i\big)$$
$$=\mathrm{e}^{-\varrho B_{\mathrm{R}}(t_1)}\sum_{k=0}^{\min(i,j)}\binom{i}{k}\big(\overline{B}_{\mathrm{R}}(t_1)\big)^k\big(B_{\mathrm{R}}(t_1)\big)^{i-k}\frac{\big(\varrho B_{\mathrm{R}}(t_1)\big)^{j-k}}{(j-k)!},$$

$i;j=0,1,\ldots$, und

$$\lim_{t\to\infty}P_{ij}(t)=p_j,\qquad i,j=0,1,\ldots$$

(f) *Erzeugende Funktion für die Übergangswahrscheinlichkeiten* (RIORDAN [1]):

$$\sum_{j=0}^{\infty}P_{ij}(t)\,z^j=\big(1+(z-1)\,\overline{B}_{\mathrm{R}}(t)\big)^i\exp\big((z-1)\,\varrho B_{\mathrm{R}}(t)\big),\qquad i=0,1,\ldots,\qquad |z|<1.$$

(g) *Erzeugende Funktion für die gemeinsame Verteilung der Anzahlen der belegten Bedienungsgeräte zu den Zeitpunkten t und $t+t_1$* (BENEŠ (1957), KLIMOW [1]):

$$\lim_{t\to\infty}\mathsf{E}\big(z_1^{N(t)}z_2^{N(t+t_1)}\big)=\exp\Big(\varrho\big((z_1-1)+z_1(z_2-1)\,\overline{B}_{\mathrm{R}}(t_1)+(z_2-1)\,B_{\mathrm{R}}(t_1)\big)\Big),$$

$|z_i|<1,\qquad i=1,2.$

(h) *Kovarianz- und Korrelationsfunktion der Anzahl der belegten Bedienungsgeräte* (Beneš (1957), Reynolds (1975)):

$$\mathsf{Cov}\left(N(t), N(t+t_1)\right) = \varrho(\mathsf{E}B)\,\overline{B}_{\mathsf{R}}(t_1),$$

$$\mathsf{K}\left(N(t), N(t+t_1)\right) = \overline{B}_{\mathsf{R}}(t_1).$$

Speziell im System M/D/∞ gilt für die Korrelationsfunktion von $N(t)$ (Riordan [1], Reynolds (1975))

$$\mathsf{K}\left(N(t), N(t+t_1)\right) = \begin{cases} 1 - t_1/\mathsf{E}B, & t_1 \leqq \mathsf{E}B, \\ 0, & t_1 > \mathsf{E}B. \end{cases}$$

(i) *Unbegrenzte Teilbarkeit der gemeinsamen Verteilung der Anzahlen $L(t, t+t_1)$ und $L^{\mathrm{D}}(t, t+t_1)$ der in $[t, t+t_1)$ eintreffenden und abgehenden Forderungen:*

2.3.1.2. Satz (Shanbhag (1973)). Es ist

$$\lim_{t\to\infty} \mathsf{P}\left(L(t, t+t_1) = i,\ L^{\mathrm{D}}(t, t+t_1) = j\right), \qquad i, j = 0, 1, \ldots,$$

für $\mathrm{M/GI}/s/n$, $s \leqq \infty$, $n \leqq \infty$, mit $\varrho < s$ und $\mathsf{E}B < \infty$ unbegrenzt teilbar genau dann, wenn $s = \infty$.

(j) *Unabhängigkeit der zufälligen Anzahl der belegten Bedienungsgeräte vom Prozeß der Abgangszeitpunkte:*

2.3.1.3. Satz (Brill (1971)). $N(t)$ ist unabhängig vom Prozeß der Abgangszeitpunkte vor t.

2.3.2. System M/GI/∞ mit zyklisch abhängigen Bedienungszeiten (stationäre Charakteristiken)

Es sei $(\boldsymbol{B}_n)$, $\boldsymbol{B}_n = (B_n^1, B_n^2, \ldots)$, eine streng stationäre Folge $(0 < \mathsf{E}B_n^k < \infty)$, wobei B_n^k die Bedienungszeit der k-ten Forderung ist, die während der n-ten Besetztzeit des Systems eintrifft. Für jedes feste n seien die Bedienungszeiten $B_n^1, B_n^2, \ldots$ unabhängig und identisch verteilt, und die Folge $(\boldsymbol{B}_n)$ sei unabhängig vom Poissonschen Forderungenstrom (T_n). Die Bedienungszeiten von Forderungen, die während der gleichen Besetztzeit des Systems bedient werden, sind also unabhängig. Über Bedienungszeiten, die in verschiedenen Besetztzeiten realisiert werden, wird eine solche Unabhängigkeitsvoraussetzung dagegen nicht gemacht. Zum Zeitpunkt Null treffe eine Forderung ein $(T_1 = 0)$, die das System leer vorfindet und die Bedienungszeit B_1^1 erhält.
Die stationäre Folge

$$\left(([T_1, B_1^1], [T_2, B_1^2], \ldots, [T_{M_1}, B_1^{M_1}]), ([T_{M_1+1}, B_2^1],\right.$$
$$\left.[T_{M_1+2}, B_2^2], \ldots, [T_{M_1+M_2}, B_2^{M_2}], \ldots)\right),$$

wobei M_n die Anzahl der während der n-ten Besetztzeit bedienten Forderungen ist, erzeugt die bedingte Palmsche Verteilung $\mathbf{P}_{\mathrm{e}}^0$(↑[I, 3.7.3]) des markierten Forderungenstromes $([T_i, B_i])$ unter der Bedingung, daß die zum Zeitpunkt Null eintreffende Forderung das System leer vorfindet; $B_i = B_{n+1}^k$ falls $i = M_1 + \cdots + M_n + k \leqq M_1 + \cdots + M_{n+1}$. Ausgehend von $\mathbf{P}_{\mathrm{e}}^0$ ergibt sich die unbedingte Palmsche Verteilung $\mathbf{P}^0$ des markierten Forderungenstromes durch Mittelung (↑(28) in [I, 3.7.3]).

Es gilt (SCHMIDT (1983)):

(a) $\mathbf{P}^0(N = k) = \frac{(\lambda/\mu)^k}{k!} \exp(-\lambda/\mu)$

für $k = 0, 1, 2, \ldots$, wobei $N = N(([T_i, B_i])) = \sum_i f(T_i, B_i)$ die Anzahl derjenigen Forderungen ist, die im Intervall $(-\infty, 0)$ eingetroffen und zum Zeitpunkt Null noch im System sind;

$$f(t, b) = \begin{cases} 1 & \text{falls } t < 0, b > -t, \\ 0 & \text{sonst.} \end{cases}$$

(b) Wenn die Folge $(\boldsymbol{B}_n)$ die Mischungsbedingung

$$\sup_{\mathscr{X} \in \mathfrak{F}_{-\infty}^n,\ \mathscr{X}' \in \mathfrak{F}_{n+m}^\infty} |\mathsf{P}(\mathscr{X} \cap \mathscr{X}') - \mathsf{P}(\mathscr{X})\,\mathsf{P}(\mathscr{X}')| \xrightarrow[m\to\infty]{} 0$$

für jedes n erfüllt, wobei $\mathfrak{F}_a{}^b$ die σ-Algebra bezeichnet, die durch die zufälligen Vektoren $(\boldsymbol{B}_n, n = a, \ldots, b)$ erzeugt wird, dann ist

$$\lim_{n\to\infty} \mathbf{P}_e{}^0(N_n = k) = \mathbf{P}^0(N = k) = \frac{(\lambda/\mu)^k}{k!} \exp(-\lambda/\mu),$$

wobei

$$N_n = N_n(([T_i, B_i])) = \sum_{i=1}^{n-1} f(T_i - T_n, B_i)$$

die Anzahl der Forderungen ist, die unmittelbar vor Ankunft der n-ten Forderung im System sind, unter der Bedingung, das das System zum Zeitpunkt $T_1 = 0$ leer ist.

Bemerkung. Wesentlich für das Ergebnis der Poisson-Verteilung der stationären Zustandswahrscheinlichkeiten ist die Unabhängigkeit der in einem Zustand gleichzeitig laufenden Bedienungszeiten. Für eine semimarkowsche Abhängigkeitsstruktur (System M/SM/∞) gelten dieses Ergebnis und insbesondere die entsprechenden Resultate in NEUTS/CHEN (1972) im allgemeinen nicht.

2.3.3. Formeln für $M/\overrightarrow{GI}/\infty$

Eine eintreffende Forderung wird mit Wahrscheinlichkeit r_i, $i = 1, \ldots, m$, gemäß der Bedienungszeitverteilungsfunktion $B_i(x)$ bedient.

Der Systemzustand ist durch den Vektor $\boldsymbol{N}(t) = (N_1(t), \ldots, N_m(t))$ charakterisiert, wobei $N_i(t)$ die Anzahl der Forderungen im System bezeichnet, die gemäß B_i bedient werden, $i = 1, \ldots, m$. Es gelte $\int_0^\infty x \, dB_i(x) < \infty$, $i = 1, \ldots, m$.

2.3.3.1. Instationäre Zustandswahrscheinlichkeiten

Es gelte $\boldsymbol{N}(0) = \boldsymbol{0}$, d. h. das System sei zum Zeitpunkt $t = 0$ leer. Dann gilt (GASTWIRTH (1964))

$$\mathsf{P}\big(\boldsymbol{N}(t) = \boldsymbol{k}\big) = \exp\left(-\sum_{i=1}^{m} \lambda r_i \int_0^t \overline{B}_i(x)\,\mathrm{d}x\right) \prod_{i=1}^{m} \frac{\left(\lambda r_i \int_0^t \overline{B}_i(x)\,\mathrm{d}x\right)^{k_i}}{k_i!}.$$

2.3.3.2. Stationäre Zustandswahrscheinlichkeiten

Mit $\varrho_i = \lambda \int_0^\infty x\,\mathrm{d}B_i(x)$, $i = 1, \ldots, m$, gilt

$$\lim_{t\to\infty} \mathsf{P}\big(\boldsymbol{N}(t) = \boldsymbol{k}\big) = \exp\left(-\sum_{i=1}^{m} \varrho_i r_i\right) \prod_{i=1}^{m} \frac{(\varrho_i r_i)^{k_i}}{k_i!}.$$

2.3.4. Formeln für $\mathrm{M}^{\mathrm{GI}}/\mathrm{GI}/\infty$ (Gruppenankünfte)

Die Forderungen treffen im System in Gruppen mit dem zufälligen Umfang M mit $q_i = \mathsf{P}\,(M = i)$, $i = 1, 2, \ldots$, ein. Die Ankunftszeitpunkte bilden einen Poissonschen Forderungenstrom mit der Intensität λ. Mit $\mathfrak{g}_M$ wird die erzeugende Funktion des zufälligen Gruppenumfangs bezeichnet.

2.3.4.1. Instationäre Charakteristiken

Für alle Formeln wird $N(0) = 0$ vorausgesetzt, d. h., das System sei zum Zeitpunkt $t = 0$ leer.

(a) *Zustandswahrscheinlichkeiten* (MEJZLER (1968))

$$P_0(t) = \exp\left(-\lambda \sum_{i=1}^{\infty} q_i \int_0^t \left(1 - \big(B(x)\big)^i\right) \mathrm{d}x\right),$$

$$P_k(t) = P_0(t) \sum_{i=1}^{k} \frac{\lambda^i}{i!} \sum{}^{*}\, c_{j_1}(t) \cdots c_{j_i}(t), \qquad k = 1, 2, \ldots,$$

mit

$$c_j(t) = \sum_{i=0}^{\infty} \binom{i+j}{j} q_{i+j} \int_0^t \big(\overline{B}(x)\big)^j \big(B(x)\big)^i \,\mathrm{d}x, \qquad j > 0,$$

wobei $\sum^*$ die Summation über alle geordneten i-Tupel positiver ganzer Zahlen $(j_1, \ldots, j_i)$ mit $j_1 + \cdots + j_i = k$ bezeichnet. Speziell gilt für $M^{GI}/D/\infty$ mit $B \equiv b = \mathsf{E}B$

$$P_0(t) = p_0 = e^{-\lambda b}, \qquad t \geqq b,$$

$$P_k(t) = p_k = e^{-\lambda b} \sum_{i=1}^{k} \frac{(\lambda^b)^i}{i!} \sum^* q_{j_1} \ldots q_{j_i}, \qquad t \geqq b, \qquad k \geqq 1,$$

$$P_k(t) = 0, \qquad t < b, \qquad k = 0, 1, \ldots$$

(b) *Erzeugende Funktion der Anzahl $N(t)$ der belegten Bedienungsgeräte* (Klimow [1], Mejzler (1968)):

$$\mathsf{g}_N(t, z) = \exp\left(\lambda \int_0^t \left(\mathsf{g}_M\big(z + (1-z)\, B(t-x)\big) - 1\right) \mathrm{d}x\right),$$

$$= \exp\left(\lambda\left(\sum_{j=0}^{\infty}\left(\sum_{i=0}^{\infty} \binom{i+j}{j} q_{i+j} \int_0^t \left(\overline{B}(x)\right)^j \left(B(x)\right)^i \mathrm{d}x\right) z^j - 1\right)\right), \qquad |z| < 1.$$

(c) *Erzeugende Funktion der Anzahl $L^D(t)$ der Forderungen, die bis zum Zeitpunkt t das System verlassen haben* (Brown/Ross (1969)):

$$\mathsf{g}_{L^D(t)}(z) = \exp\left(\sum_{k=1}^{\infty} \lambda(z^k - 1) \int_0^t \sum_{i=k}^{\infty} q_i \binom{i}{k} \left(B(t-x)\right)^k \left(\overline{B}(t-x)\right)^{i-k} \mathrm{d}x\right), \qquad |z| < 1.$$

(d) *Charakteristiken für die Besetztzeit S des Systems und für die Anzahl N_S der während dieser Zeit bedienten Forderungen* (Shanbhag (1966)): Es gelte $\mathsf{E}B < \infty$ und $\mathsf{E}M < \infty$.

$$\mathsf{E}(e^{-c_1 S - c_2 N_S}) = \lambda^{-1}(\lambda + c_1) - \lambda^{-1}\big(f(c_1, c_2)\big)^{-1},$$

mit $$f(c_1, c_2) = \int_0^\infty \exp\left(-c_1 x - \lambda x + \lambda \int_0^x \mathsf{g}_M\big(e^{-c_2} B(y)\big)\, \mathrm{d}y\right) \mathrm{d}x.$$

$$\mathsf{E}S = \lambda^{-1}\big(\exp(\lambda c) - 1\big), \qquad \mathsf{E}N_S = (\mathsf{E}M) \exp(\lambda c),$$

mit $$c = \int_0^\infty \big(1 - \mathsf{g}_M(B(x))\big)\, \mathrm{d}x = \int_0^\infty \sum_{i=0}^{\infty} \big(1 - (B(x))^i\big)\, q_i\, \mathrm{d}x.$$

2.3.4.2. Stationäre Charakteristiken

Für alle Formeln wird $\mathsf{E}B < \infty$ und $\mathsf{E}M < \infty$ vorausgesetzt.

(a) *Zustandswahrscheinlichkeiten* (Mejzler (1968)):

$$p_k = \begin{cases} \exp\left(-\lambda \sum_{i=1}^{\infty} q_i \int_0^\infty \big(1 - (B(x))^i\big)\, \mathrm{d}x\right), & k = 0, \\ p_0 \sum_{i=1}^{k} \frac{\lambda^i}{i!} \sum^* c_{j_1} \ldots c_{j_i}, & k > 0, \end{cases}$$

mit $c_j = \sum_{i=0}^{\infty} \binom{i+j}{j} q_{i+j} \int_0^\infty (\overline{B}(x))^j (B(x))^i \, dx, j > 0$, wobei $\sum^*$ die Summation über alle geordneten i-Tupel positiver ganzer Zahlen $(j_1, \ldots, j_i)$ mit $j_1 + \cdots + j_i = k$ bezeichnet.

(b) *Erzeugende Funktion der Anzahl der belegten Bedienungsgeräte* (MEJZLER (1968)):

$$\lim_{t\to\infty} g_N(t, z) = \exp\left(\lambda\left(-c_0 + \sum_{i=1}^{\infty} c_i z^i\right)\right), \qquad |z| < 1,$$

mit $c_0 = \sum_{i=1}^{\infty} q_i \int_0^\infty \left(1 - (B(x))^i\right) dx$ und den in (a) gegebenen c_j, $j \geqq 1$.

(c) *Erwartungswert der Anzahl der belegten Bedienungsgeräte* (MEJZLER (1968)):

$$\lim_{t\to\infty} \mathsf{E}N(t) = \varrho \mathsf{E}M.$$

(d) *Varianz der Anzahl der belegten Bedienungsgeräte:*

$$\lim_{t\to\infty} \mathsf{V}N(t) = \varrho \mathsf{E}M + \lambda \mathsf{E}\big(M(M-1)\big) \int_0^\infty (\overline{B}(x))^2 \, dx.$$

(e) *Zentrales Moment 3. Ordnung der Anzahl der belegten Bedienungsgeräte:*

$$\lim_{t\to\infty} \mathsf{E}\big(N(t) - \mathsf{E}N(t)\big)^3 = \lim_{t\to\infty} \mathsf{V}N(t) + (\mathsf{E}M^3 - 3\mathsf{E}M^2 + 2\mathsf{E}M)\, \lambda \int_0^\infty (\overline{B}(x))^3 \, dx.$$

2.3.4.3. Konvergenzaussagen

(a) *Konvergenzaussagen für die Summe $S_\Sigma(0, t)$ der Besetztzeiten des Systems in $[0, t)$* (BROWN/ROSS (1969)):

$$\frac{t - S_\Sigma(0, t)}{t} \xrightarrow[\text{f.s.}]{} \exp(-\lambda c),$$

$$\frac{S_\Sigma(0, t)}{t} \xrightarrow[\text{f.s.}]{} 1 - \exp(-\lambda c), \qquad \text{mit} \qquad c = \int_0^\infty \left(1 - g_M(B(x))\right) dx.$$

(b) *Konvergenzaussagen für aus der Anzahl $N(t)$ der belegten Bedienungsgeräte abgeleitete Größen* (BROWN/ROSS (1969)): Es gelte $\mathsf{E}M < \infty$, $\mathsf{E}M^2 < \infty$, $\mathsf{E}B < \infty$, $\mathsf{E}B^2 < \infty$.

$$\frac{N(t)}{L(t)} \xrightarrow[\text{f.s.}]{} 0,$$

$$\overline{N}_t = t^{-1} \int_0^t N(x) \, dx \xrightarrow[\text{f.s.}]{} \varrho \mathsf{E}M,$$

$$\lim_{t\to\infty} \mathsf{E}(\overline{N}_t - \varrho \mathsf{E}M)^2 = 0,$$

$$\sqrt{t}\,(\overline{N}_t - \varrho \mathsf{E}M) \Rightarrow \mathrm{N}\big(0, \lambda(\mathsf{E}M \mathsf{V}B + \mathsf{E}M^2 (\mathsf{E}B)^2)\big).$$

($\overline{N}_t$ wird als Zeitmittel oder traffic time average von $N(t)$ bezeichnet.)

2.3.5. System für $\mathrm{M}(t)/\mathrm{GI}/\infty$

Die Ankunftszeitpunkte der Forderungen bilden einen Poissonschen Forderungenstrom mit der zeitabhängigen Intensität $\lambda(t)$. Eine zum Zeitpunkt u eintreffende Forderung wird gemäß der Verteilungsfunktion $B(u, t)$ bedient.

2.3.5.1. Instationäre Charakteristiken

Falls nicht anders angegeben, wird zum Zeitpunkt $t = 0$ stets ein leeres System (also $N(0) = 0$) vorausgesetzt.

(a) *Zustandswahrscheinlichkeiten* (Poljak (1971), Freyer (1974)):

$$P_k(t) = \exp\left(-\int_0^t \overline{B}(x, t - x)\, \lambda(x)\, \mathrm{d}x\right) \frac{\left(\int_0^t \overline{B}(x, t - x)\, \lambda(x)\, \mathrm{d}x\right)^k}{k!}, \qquad k = 0, 1, \ldots$$

Speziell in $\mathrm{M}(t)/\mathrm{M}(t)/\infty$ gilt (Purdue (1974))

$$P_k(t) = \big(h(t)\big)^k \mathrm{e}^{-h(t)}/k!, \qquad k = 0, 1, \ldots,$$

mit $h(u) = \int_0^u \lambda(x) \exp\left(-\int_x^u \mu(y)\, \mathrm{d}y\right) \mathrm{d}x$, wobei $\mu(t)$ den zeitabhängigen Parameter der Verteilungsfunktion der Bedienungszeit bezeichnet.

(b) *Erzeugende Funktion der Anzahl $N(t)$ der belegten Bedienungsgeräte:*

$$\mathfrak{g}_N(t, z) = \exp\left((z - 1) \int_0^t \overline{B}(x, t - x)\, \lambda(x)\, \mathrm{d}x\right), \qquad |z| < 1.$$

(c) *Erwartungswert, Varianz und zentrales Moment 3. Ordnung der Anzahl $N(t)$ der belegten Bedienungsgeräte:*

$$\mathsf{E}N(t) = \mathsf{V}N(t) = \mathsf{E}\big(N(t) - \mathsf{E}N(t)\big)^3 = \int_0^t \overline{B}(x, t - x)\, \lambda(x)\, \mathrm{d}x.$$

Speziell in $\mathrm{M}(t)/\mathrm{M}(t)/\infty$ gilt bei beliebigem $N(0)$ (Purdue (1974))

$$\mathsf{E}N(t) = \mathsf{E}N(0) \exp\left(-\int_0^t \mu(x)\, \mathrm{d}x\right) + h(t),$$

$$\mathsf{V}N(t) = \mathsf{E}N(t) + \big(\mathsf{V}N(0) - \mathsf{E}N(0)\big) \exp\left(-2 \int_0^t \mu(x)\, \mathrm{d}x\right),$$

wobei $h(t)$ gemäß (a) definiert ist.

(d) *Erzeugende Funktion für die gemeinsame Verteilung der Anzahlen $N(t)$ und $N(t + t_1)$ der belegten Bedienungsgeräte zu den Zeitpunkten t und $t + t_1$* (KLIMOW [2]):

$$\mathsf{E}(z_1^{N(t)} z_2^{N(t+t_1)}) = \exp\big((z_1 - 1)\,\mathsf{E}N(t) + (z_2 - 1)\,\mathsf{E}N(t + t_1) + (z_1 - 1)(z_2 - 1)\,r(t, t_1)\big),$$

$$|z_i| < 1, \qquad i = 1, 2, \qquad \text{mit} \qquad r(t, t_1) = \int_0^t \overline{B}(x, t + t_1 - x)\,\lambda(x)\,\mathrm{d}x.$$

(e) *Erzeugende Funktion für die gemeinsame Verteilung der Anzahlen $N(t_i)$ der belegten Bedienungsgeräte zu den Zeitpunkten t_i, $i = 1, \ldots, n$* (KLIMOW [2]):

$$\mathsf{E}(z_1^{N(t_1)} \cdots z_n^{N(t_n)}) = \exp\Big(-\sum_{1 \leqq i \leqq j \leqq n} r_{ij}(1 - z_i \cdots z_j)\Big),$$

$$0 = t_0 < t_1 < \cdots < t_n < t_{n+1} = \infty, \qquad |z_i| < 1, \qquad i = 1, \ldots, n,$$

mit

$$r_{ij} = \int_{t_{i-1}}^{t_i} \big(B(x, t_{j+1} - x) - B(x, t_j - x)\big)\,\lambda(x)\,\mathrm{d}x, \qquad 1 \leqq i \leqq j < n,$$

$$r_{in} = \int_{t_{i-1}}^{t_i} \overline{B}(x, t_n - x)\,\lambda(x)\,\mathrm{d}x, \qquad 1 \leqq i \leqq n,$$

so daß mit $r(t, t_1)$ aus (d) gilt

$$r_{ij} = r(t_i, t_{j+1} - t_i) - r(t_i, t_j - t_i) + r(t_{i-1}, t_j - t_{i-1}) - r(t_{i-1}, t_{j+1} - t_{i-1}),$$

d. h., der Prozeß $\big(N(t), t \geqq 0\big)$ ist durch die Funktion $r(t, t_1)$ vollständig bestimmt.

(f) *Kovarianzfunktion der Anzahl $N(t)$ der belegten Bedienungsgeräte* (KLIMOW [2]):

$$\mathsf{Cov}\big(N(t), N(t + t_1)\big) = \int_0^t \overline{B}(x, t + t_1 - x)\,\lambda(x)\,\mathrm{d}x.$$

(g) *Erzeugende Funktion der Anzahl $L^{\mathrm{D}}(t)$ der Forderungen, die bis zum Zeitpunkt t das System verlassen haben:*

$$\mathsf{g}_{L^{\mathrm{D}}(t)}(z) = \exp\left((z - 1)\int_0^t B(x, t - x)\,\lambda(x)\,\mathrm{d}x\right), \qquad |z| < 1.$$

(h) *Erzeugende Funktion für die gemeinsame Verteilung der Anzahlen $L^{\mathrm{D}}(t_{i-1}, t_i)$ der in $[t_{i-1}, t_i)$ abgehenden Forderungen, $i = 1, \ldots, n$* (KLIMOW [2]):

$$\mathsf{E}(z_1^{L^{\mathrm{D}}(t_1)} z_2^{L^{\mathrm{D}}(t_1, t_2)} \cdots z_n^{L^{\mathrm{D}}(t_{n-1}, t_n)}) = \exp\Big(-\sum_{k=1}^{n} c_k(1 - z_k)\Big),$$

$$0 < t_1 < \cdots < t_n < \infty, \qquad |z_i| < 1, \qquad i = 1, \ldots, n,$$

mit

$$c_k = c(t_k) - c(t_{k-1}), \qquad k = 1, \ldots, n, \qquad t_0 = 0,$$

und

$$c(t) = \int_0^t B(x, t - x)\,\lambda(x)\,\mathrm{d}x.$$

2.3.5.2. Asymptotische Aussagen

Es gelte für alle Formeln $B(u, t) = B(t)$ für alle u, $\lim_{t\to\infty} \lambda(t) = \lambda$, sowie $\mathsf{E}B < \infty$.

(a) *L.-S.-T. der Anzahl der belegten Bedienungsgeräte* (Shanbhag (1966)):

$$\lim_{t\to\infty} \mathsf{E} \exp\left(-sN(t)\right) = \exp\left(-\varrho\left(1 - \exp\left(-s\right)\right)\right).$$

(b) *L.-S.-T. der Anzahl $L^{\mathrm{D}}(t, t + t_1)$ der Forderungen, die in $[t, t + t_1)$ das System verlassen* (Shanbhag (1966)):

$$\lim_{t\to\infty} \mathsf{E} \exp\left(-sL^{\mathrm{D}}(t, t + t_1)\right) = \exp\left(-\lambda t_1\left(1 - \exp\left(-s\right)\right)\right).$$

(c) *Verteilung der der Größe nach geordneten Restbedienungszeiten* (Shanbhag (1966)): $\vec{B}_i^{\mathrm{R}}(t)$, $i = 1, \ldots, N(t)$, seien die der Größe nach geordneten Restbedienungszeiten zum Zeitpunkt t, d. h. $\vec{B}_1^{\mathrm{R}}(t) \geqq \cdots \geqq \vec{B}^{\mathrm{R}}_{N(t)}(t)$. Dann gilt

$$\lim_{t\to\infty} \mathsf{P}\left(\vec{B}_i^{\mathrm{R}}(t) < x\right) = \exp\left(-\lambda \int_x^\infty \overline{B}(y)\,\mathrm{d}y\right) \sum_{k=0}^{i-1} \frac{\left(\lambda \int_x^\infty \overline{B}(y)\,\mathrm{d}y\right)^k}{k!}, \qquad i = 1, 2, \ldots$$

2.3.5.3. Abgangsprozeß

Es gelte $B(u, t) = B(t)$ für alle u.

(a) Der *Abgangsprozeß* ist ein inhomogener Poisson-Prozeß mit der Intensität (Mirasol (1963), Newell (1966))

$$\tilde{\lambda}(t) = \int_0^t \lambda(t - x)\,\mathrm{d}B(x), \qquad t > 0.$$

(b) Die *Zeitpunkte*, zu denen die Bedienungen von Forderungen beendet werden, die sich zum Zeitpunkt t im System befinden, bilden einen inhomogenen Poisson-Prozeß (Brown (1969)).

2.3.6. System $\mathrm{M}(t)/\mathrm{GI}/\infty$ mit Gruppenankünften

Die Ankunftszeitpunkte der Gruppen von Forderungen bilden einen Poisson-Prozeß mit der Intensität $\lambda(t)$. Die Ankunftszeitpunkte von Gruppen vom Umfang i, $i = 1, 2, \ldots$, bilden einen Poisson-Prozeß mit der Intensität $\lambda(t, i)$, $i = 1, 2, \ldots$ $\left(\sum_{i=1}^\infty \lambda(t,i) = \lambda(t)\right)$. Eine zum Zeitpunkt u eintreffende Gruppe hat den zufälligen Umfang $M(u)$ mit $q_i(u) = \mathsf{P}\left(M(u) = i\right)$, $i = 1, 2, \ldots$ $B(u, t)$ ist die Verteilungsfunktion der Bedienungszeit einer zum Zeitpunkt u eintreffenden Forderung. Mit $\mathfrak{g}_M$ wird im Falle $q_i(u) = q_i$, $i = 1, 2, \ldots$, die erzeugende Funktion des zufälligen Gruppenumfangs bezeichnet.

2.3.6.1. Instationäre Charakteristiken

Falls nicht anders angegeben, wird zum Zeitpunkt $t = 0$ stets ein leeres System (also $N(0) = 0$) vorausgesetzt.

(a) *Erzeugende Funktion der Anzahl $N(t)$ der belegten Bedienungsgeräte:*

$$\mathsf{g}_N(t, z) = \exp\left(\sum_{i=1}^{\infty} \int_0^t \left(\left(B(x, t-x) + z\overline{B}(x, t-x)\right)^i - 1\right) \lambda(x)\, q_i(x)\, dx\right)$$

$$= \exp\left(\sum_{i=1}^{\infty} (z^i - 1) \int_0^t \sum_{j=i}^{\infty} q_j(x) \binom{j}{i} \left(\overline{B}(x, t-x)\right)^i \left(B(x, t-x)\right)^{j-i} \lambda(x)\, dx\right), \qquad |z| < 1,$$

(FREYER (1974), BROWN/ROSS (1969)), und, falls $B(u, t) = B(t)$, $q_i(u) = q_i$ für alle u und i,

$$\mathsf{g}_N(t, z) = \exp\left(\int_0^t \left(\mathsf{g}_M\left(z + (1-z)\, B(t-x)\right) - 1\right) \lambda(x)\, dx\right)$$

$$= \exp\left(\int_0^t \left(\sum_{i=0}^{\infty} \sum_{j=0}^{\infty} \lambda(t-x, i+j) \binom{i+j}{i} \left(\overline{B}(x)\right)^i \left(B(x)\right)^j - 1\right) dx\right), \qquad |z| < 1,$$

(POLJAK (1971), ANNAJEW/MANILOW (1975)). Speziell gilt für M(t)/D/∞ (POLJAK (1971))

$$\mathsf{g}_N(t, z) = \exp\left(\left(\int_0^t \lambda(x)\, dx - \int_0^{t-\mathsf{E}B} \lambda(x)\, dx\right) \left(\mathsf{g}_M(z) - 1\right)\right), \qquad |z| < 1.$$

(b) *Erwartungswert der Anzahl $N(t)$ der belegten Bedienungsgeräte* (FREYER (1974)):

$$\mathsf{E}N(t) = \int_0^t \mathsf{E}M(x)\, \overline{B}(x, t-x)\, \lambda(x)\, dx,$$

und, falls $B(u, t) = B(t)$, $q_i(u) = q_i$ für alle u und i

$$\mathsf{E}N(t) = \mathsf{g}_M'(1) \int_0^t \overline{B}(x)\, \lambda(t-x)\, dx.$$

(c) *Varianz der Anzahl $N(t)$ der belegten Bedienungsgeräte:*

$$\mathsf{V}N(t) = \int_0^t \mathsf{E}\left(M(x)\left(M(x) - 1\right)\right) \lambda(x) \left(\overline{B}(x, t-x)\right)^2 dx + \mathsf{E}N(t),$$

(FREYER (1974)), und, falls $B(u, t) = B(t)$, $q_i(u) = q_i$ für alle u und i (POLJAK (1971))

$$\mathsf{V}N(t) = \int_0^t \left(\mathsf{g}_M''(1)\, \overline{B}(x) + \mathsf{g}_M'(1)\right) \overline{B}(x)\, \lambda(t-x)\, dx.$$

(d) *Zentrales Moment 3. Ordnung der Anzahl $N(t)$ der belegten Bedienungsgeräte* (FREYER (1974)):

$$\mathsf{E}\big(N(t) - \mathsf{E}N(t)\big)^3 = \int_0^t \Big(\mathsf{E}\big(M(x)\big)^3 - 3\mathsf{E}\big(M(x)\big)^2 + 2\mathsf{E}M(x)\Big)\,\big(\overline{B}(x, t - x)\big)^3\,\lambda(x)\,\mathrm{d}x + \mathsf{V}N(t).$$

(e) *Charakteristische Funktion der Anzahl $N(t)$ der belegten Bedienungsgeräte* (ANNAJEW/MANILOW (1975)): Es gelte $B(u, t) = B(t)$, $q_i(u) = q_i$ für alle u und i. Dann gilt

$$\varphi_{N(t)}(x) = \exp\left(\int_0^t \left(\sum_{r=0}^{\infty}\sum_{l=0}^{\infty} \lambda(t - y, r + l)\binom{r + l}{r} \mathrm{e}^{\mathrm{i}xr}\big(\overline{B}(y)\big)^r \big(B(y)\big)^l - 1\right) \mathrm{d}y\right).$$

(f) *Gemeinsame Verteilung der Anzahlen $N(t)$ und $N(t + t_1)$ der belegten Bedienungsgeräte zu den Zeitpunkten t und $t + t_1$ sowie der größten Restbedienungszeit $\vec{B}_1^{\mathrm{R}}(t + t_1)$ zum Zeitpunkt $t + t_1$* (DANIELJAN (1972)): Es gelte $B(u, t) = B(t)$, $q_i(u) = q_i$ für alle u und i. Dann gilt

$$\sum_{i=0}^{\infty}\sum_{j=0}^{\infty} \mathsf{P}\big(N(t + t_1) = j,\ N(t) = i,\ \vec{B}_1^{\mathrm{R}}(t + t_1) < x\big)\, z_1^i z_2^j$$

$$= \big(f_2(t, t_1, z_1, z_2, x)\big)^{N(0)} \exp\left(\int_0^{t_1} \Big(\mathfrak{g}_M\big(f_1(y, x, z_2)\big) - 1\Big)\,\lambda(t + t_1 - y)\,\mathrm{d}y\right.$$

$$\left. + \int_0^t \Big(\mathfrak{g}_M\big(f_2(y, t_1, z_1, z_2, x)\big) - 1\Big)\,\lambda(t - y)\,\mathrm{d}y\right), \qquad |z_i| < 1, \qquad i = 1, 2,$$

mit

$$f_1(y, x, z_2) = B(y) + z_2\big(B(x + y) - B(y)\big),$$

$$f_2(y, t_1, z_1, z_2, x) = (1 - z_1)\,B(y) + z_1 f_1(t_1 + y, x, z_2),$$

für beliebiges festes $N(0)$.

(g) *Verteilung der größten Restbedienungszeit $\vec{B}_1^{\mathrm{R}}(t)$* (BROWN/ROSS (1969)):

$$\mathsf{P}\big(\vec{B}_1^{\mathrm{R}}(t) < x\big) = \exp\left(-\int_0^t \Big(1 - \mathfrak{g}_M\big(y, B(y, t + x - y)\big)\Big)\,\lambda(y)\,\mathrm{d}y\right),$$

mit

$$\mathfrak{g}_M(u, z) = \sum_{i=1}^{\infty} q_i(u)\, z^i, \qquad |z| < 1.$$

(h) *Verteilung der der Größe nach geordneten Restbedienungszeiten* (SHANBHAG (1966)): $\vec{B}_i^{\mathrm{R}}(t)$, $i = 1, \ldots, N(t)$, seien die der Größe nach geordneten Restbedienungszeiten zum Zeitpunkt t, d. h. $\vec{B}_1^{\mathrm{R}}(t) \geqq \cdots \geqq \vec{B}_{N(t)}^{\mathrm{R}}(t)$. Es wird $B(u, t) = B(t)$, $q_i(u) = q_i$ für alle u und i, sowie $\mathsf{E}B < \infty$ und $\mathsf{E}M < \infty$ vorausgesetzt. Dann gilt

$$\sum_{i=1}^{\infty} \mathsf{P}\big(\vec{B}_i^{\mathrm{R}}(t) < x\big)\, z^i = \frac{z}{1 - z} \exp\left(-\int_x^{t+x} \lambda(t + x - y)\,\Big(1 - \mathfrak{g}_M\big(B(y) + z\overline{B}(y)\big)\Big)\,\mathrm{d}y\right),$$

$|z| < 1.$

(i) *Charakteristische Funktion des Zeitmittels $\overline{N}_t$ (traffic time average) der Anzahl $N(t)$ der belegten Bedienungsgeräte* (BROWN/ROSS (1969)): Es sei $\overline{N}_t = t^{-1} \int_0^t N(x)\,dx$. Dann gilt

$$\mathsf{E} \exp (ix\overline{N}_t) = \exp \left(\int_0^t \sum_{r=1}^{\infty} q_r(u) \left(\left(\int_0^{\infty} e^{ixy/t} B_t(u, dy) \right)^r - 1 \right) \lambda(u)\,du \right),$$

mit

$$B_t(u, y) = \begin{cases} B(u, y), & y < t - u, \\ 1, & \text{sonst.} \end{cases}$$

(j) *Erzeugende Funktion der Anzahl $L^D(t)$ der Forderungen, die bis zum Zeitpunkt t das System verlassen haben* (BROWN/ROSS (1969)):

$$g_{L^D(t)}(z) = \exp \left(\sum_{i=1}^{\infty} (z^i - 1) \int_0^t \sum_{j=i}^{\infty} q_j(x) \binom{j}{i} \left(B(x, t - x)\right)^i \left(\overline{B}(x, t - x)\right)^{j-i} \lambda(x)\,dx \right),$$

$|z| < 1$.

(k) *L.-S.-T. der gemeinsamen Verteilung der Anzahl der belegten Bedienungsgeräte, der Anzahl der abgehenden Forderungen und der Summe der Restbedienungszeiten* (SHANBHAG (1966)): Es sei $L^D(t_1, t; s)$ die Anzahl der in $[0, s)$ eingetroffenen Forderungen, die in $[t_1, t)$ das System verlassen, $s \leqq t$, und $L^D(t_1, t) = L^D(t_1, t; t)$. Weiter sei $N(t, s)$ die Anzahl derjenigen Forderungen im System zum Zeitpunkt t, die in $[0, s)$ eingetroffen sind, $s \leqq t$, und $N(t) = N(t, t)$. Außerdem sei $\mathbf{B}_\Sigma(t, s)$ die Summe der zum Zeitpunkt t noch abzuarbeitenden Restbedienungszeiten von in $[0, s)$ eingetroffenen Forderungen, $s \leqq t$, und $\mathbf{B}_\Sigma(t) = \mathbf{B}_\Sigma(t, t)$. Es wird $B(u, t) = B(t)$, $q_i(u) = q_i$ für alle u und i, sowie $\mathsf{E}B < \infty$ und $\mathsf{E}M < \infty$ vorausgesetzt. Dann gilt

$$\begin{aligned} &\mathsf{E} \exp \left(-c_1 N(t, s) - c_2 L^D(0, t_1; s) - c_3 L^D(t_1, t; s) - c_4 \mathbf{B}_\Sigma(t, s)\right) \\ &= \exp \left(-\int_0^s \lambda(y) \left(1 - g_M\left(f(c_1, c_2, c_3, c_4, t_1, t, y)\right)\right) dy \right), \end{aligned}$$

mit

$$\begin{aligned} f(c_1, c_2, c_3, c_4, t_1, t, y) &= e^{-c_2} B(t_1 - y) + e^{-c_3}\left(B(t - y) - B(t_1 - y)\right) \\ &\quad + e^{-c_1} \int_0^{\infty} e^{-c_4 x} B(t + dx - y), \end{aligned}$$

$c_i \geqq 0$, $i = 1, \ldots, 4$, und

$$\begin{aligned} &\mathsf{E} \exp \left(-c_1 N(t) - c_2 L^D(t_1, t) - c_3 \mathbf{B}_\Sigma(t)\right) \\ &= \exp \left(-\int_0^t \lambda(y) \left(1 - g_M\left(B(t_1 - y) + e^{-c_2}\left(B(t - y) - B(t_1 - y)\right)\right.\right.\right. \\ &\quad \left.\left.\left. + e^{-c_1} \int_0^{\infty} e^{-c_3 x} B(t + dx - y)\right)\right) dy \right), \qquad c_i \geqq 0, \qquad i = 1, 2, 3. \end{aligned}$$

Desweiteren sind folgende Aussagen äquivalent:

(1) $\mathbf{B}_\Sigma(t)$ und $N(t)$ sind unabhängig von $L^{\mathrm{D}}(t_1, t)$, falls nicht $B_i \equiv \mathsf{E}B$ für alle i;
(2) $L^{\mathrm{D}}(t_1, t)$ ist poissonverteilt, falls $\mathsf{P}(L^{\mathrm{D}}(t_1, t) = 0) < 1$;
(3) $N(t)$ ist poissonverteilt;
(4) $q_1 = 1$.

2.3.6.2. Asymptotische Aussagen

Es wird für alle Formeln $B(u, t) = B(t)$, $q_i(u) = q_i$ für alle u und i, $\mathsf{E}B < \infty$, $\mathsf{E}M < \infty$, sowie $\lim_{t\to\infty} \lambda(t) = \lambda$ vorausgesetzt.

(a) *L.-S.-T. der Anzahl der belegten Bedienungsgeräte* (SHANBHAG (1966)):

$$\lim_{t\to\infty} \mathsf{E} \exp\left(-sN(t)\right) = \exp\left(-\lambda \int_0^\infty \left(1 - \mathsf{g}_M\left(B(x) + \mathrm{e}^{-s}\overline{B}(x)\right)\right) \mathrm{d}x\right).$$

(b) *Verteilung der der Größe nach geordneten Restbedienungszeiten* (SHANBHAG (1966)): $\vec{B}_i^{\mathrm{R}}(t)$, $i = 1, \ldots, N(t)$, seien die der Größe nach geordneten Restbedienungszeiten, d. h. $\vec{B}_1^{\mathrm{R}}(t) \geqq \cdots \geqq \vec{B}_{N(t)}^{\mathrm{R}}(t)$. Dann gilt

$$\lim_{t\to\infty} \sum_{i=0}^{\infty} \mathsf{P}\left(\vec{B}_i^{\mathrm{R}}(t) < x\right) z^i = \frac{z}{1-z} \exp\left(-\lambda \int_x^\infty \left(1 - \mathsf{g}_M\left(B(y) + z\overline{B}(y)\right)\right) \mathrm{d}y\right), \qquad |z| < 1.$$

c) *L.-S.-T. der Anzahl der Forderungen, die in* $[t, t + t_1)$ *das System verlassen* (SHANBHAG 1966)):

$$\lim \mathsf{E} \exp\left(-sL^{\mathrm{D}}(t, t + t_1)\right)$$
$$= \exp\left(-\lambda \int_0^\infty \left(1 - \mathsf{g}_M\left(1 + (1 - \mathrm{e}^{-s})\left(B(x - t_1) - B(x)\right)\right)\right) \mathrm{d}x\right).$$

2.3.7. System $\mathrm{M}(t)/\overrightarrow{\mathrm{GI}}/\infty$ mit Gruppenankünften

Die Forderungen treffen im System in Gruppen zufälligen Umfangs ein, wobei jede Gruppe maximal m verschiedene Typen von Forderungen enthält. Die Ankunftszeitpunkte von Gruppen mit k_i Forderungen vom Typ i, $i = 1, \ldots, m$, bilden einen Poisson-Prozeß mit der Intensität $\lambda(t, \boldsymbol{k})$, $\boldsymbol{k} = (k_1, \ldots, k_m)$, und es gilt

$$\sum_{\boldsymbol{k}\neq 0} \lambda(t, \boldsymbol{k}) = \lambda(t),$$

($\sum_{\boldsymbol{k}\neq 0}$ bedeutet Summation über alle m-dimensionalen Vektoren $(k_1, \ldots, k_m)$ nichtnegativer ganzer Zahlen).

Eine zum Zeitpunkt u eintreffende Forderung vom Typ j, $j = 1, \ldots, m$, wird gemäß der Verteilungsfunktion $B_j(u, t)$ bedient. $N_j(t)$ ist die Anzahl von Forderungen vom Typ j, $j = 1, \ldots, m$, im System zum Zeitpunkt t, $\boldsymbol{N}(t) = \left(N_1(t), \ldots, N_m(t)\right)$.

Es gelte $N(t_0) = 0$, $t_0 \geqq 0$, d. h., das System sei zum Zeitpunkt t_0 leer. Dann gilt für die charakteristische Funktion der Anzahl der Bedienungsgeräte (ANNAJEW/MANILOW (1975)):

$$\varphi_{N(t)}(\boldsymbol{x}) = \mathsf{E} \exp\left(\mathrm{i}\left(x_1 N_1(t) + \cdots + x_m N_m(t)\right)\right)$$

$$= \exp\left(\int_0^{t-t_0} \left(\sum_{\boldsymbol{r}} \sum_{\boldsymbol{l}} \lambda(t-y, \boldsymbol{r}+\boldsymbol{l}) \prod_{j=1}^{m} \binom{r_j + l_j}{r_j}\right.\right.$$

$$\left.\left.\times\, \mathrm{e}^{\mathrm{i}x_j r_j} \left(\overline{B}_j(y, t-y)\right)^{r_j} \left(B_j(y, t-y)\right)^{l_j} - 1\right) \mathrm{d}y\right), \qquad t \geqq t_0.$$

2.3.8. System M/GI/∞ mit systemzustandsabhängiger Intensität des Forderungenstromes

Die Ankunftszeitpunkte der Forderungen bilden einen Poisson-Prozeß mit der Intensität $\lambda(t) = \lambda_{N(t)}$, wobei $N(t)$ die zum Zeitpunkt t belegten Bedienungsgeräte angibt.

Es gelte $\mathsf{E}B < \infty$. $B_i^{\mathrm{R}}(t)$, $i = 1, \ldots, N(t)$, seien die ungeordneten Restbedienungszeiten zum Zeitpunkt t, d. h., die Bedienungszeit der n-ten Forderung wird mit Wahrscheinlichkeit $(\mathring{N}_n + 1)^{-1}$ zur i-ten Komponente von $\left(B_1^{\mathrm{R}}(\mathring{T}_n + 0), \ldots, B^{\mathrm{R}}_{\mathring{N}_n+1}(\mathring{T}_n + 0)\right)$, $i = 1, \ldots, \mathring{N}_n + 1$. Dann gilt (WERETENNIKOW (1977))

$$\lim_{t\to\infty} \mathsf{P}\left(N(t) = k,\, B_1^{\mathrm{R}}(t) < x_1, \ldots, B_k^{\mathrm{R}}(t) < x_k\right)$$

$$= (p_0/k!) \left(\prod_{j=0}^{k-1} \lambda_j\right) \mu^{-k} \prod_{i=1}^{k} B_{\mathrm{R}}(x_i), \qquad k = 0, 1, \ldots,$$

mit

$$p_0 = \left(\sum_{i=0}^{\infty} \frac{\lambda_0 \cdots \lambda_{i-1}}{\mu^i i!}\right)^{-1}, \qquad \lambda_{-1} = 1, \qquad \prod_{j=0}^{-1} \cdots = \prod_{i=1}^{0} \cdots = 1.$$

Die Verteilung ist ergodisch, falls

(i) $$\overline{\lim_{i\to\infty}} \frac{\lambda_i}{\mu(i+1)} < 1.$$

Falls $\lim\limits_{k\to\infty} \dfrac{\lambda_k}{k+1} < \infty$, so ist die Bedingung

(ii) $$\sum_{k=0}^{\infty} \frac{\lambda_0 \cdots \lambda_{k-1}}{\mu^k k!} < \infty$$

äquivalent mit (i) (WERETENNIKOW (1977)).

2.3.9. System M/GI/∞ mit systemzustandsabhängigen Geschwindigkeiten

Im System trifft ein Forderungenstrom folgender Gestalt ein: Zwischen dem Eintreffen der n-ten und der $(n+1)$-ten Forderung, $n = 1, 2, \ldots$, wird die zufällige Pausenmenge A_n abgebaut. Die A_n, $n = 1, 2, \ldots$, seien unabhängig und identisch verteilt mit $A(x)$

$= \mathsf{P}(A_n < x) = 1 - e^{-x}$, $x \geqq 0$. Falls zum Zeitpunkt t k Bedienungsgeräte belegt sind, vollzieht sich der Abbau der momentan vorhandenen Pausenmenge mit der Geschwindigkeit $c_{1,k}$, $k = 0, 1, \ldots$ (d. h. die $c_{1,k}$ entsprechen den λ_k aus Abschnitt 2.3.8.). $A^{\mathrm{R}}(t)$ sei die zufällige Restpausenmenge zum Zeitpunkt t.

Zur Bedienung der n-ten Forderung, $n = 1, 2, \ldots$, ist der Abbau der zufälligen Arbeitsmenge B_n notwendig. Die B_n, $n = 1, 2, \ldots$, seien untereinander und von den A_n, $n = 1, 2, \ldots$, unabhängig und identisch verteilt mit $B(x) = \mathsf{P}(B_n < x)$, $n = 1, 2, \ldots$, und $\mathsf{E}B = 1$. Falls zum Zeitpunkt t k Bedienungsgeräte belegt sind, vollzieht sich der Abbau der Arbeitsmengen auf den belegten Geräten jeweils mit der Geschwindigkeit $c_{2,k}$, $k = 1, 2, \ldots$ (Für $c_{1,k} = \lambda$, $k = 0, 1, \ldots$, und $c_{2,k} = \mu$, $k = 1, 2, \ldots$, ergibt sich das gewöhnliche System M/GI/∞.)

$\boldsymbol{B}^{\mathrm{R}}(t) = \left(B_1^{\mathrm{R}}(t), \ldots, B_{N(t)}^{\mathrm{R}}(t)\right)$ sei der Vektor der ungeordneten Restarbeitsmengen zum Zeitpunkt t, d. h., die zur Bedienung der zum Zeitpunkt $\mathring{T}_n$ eintreffenden n-ten Forderung erforderliche Arbeitsmenge wird mit Wahrscheinlichkeit $(\mathring{N}_n + 1)^{-1}$ zur i-ten Komponente von $\boldsymbol{B}^{\mathrm{R}}(\mathring{T}_n + 0)$, $i = 1, 2, \ldots, \mathring{N}_n + 1$, $n = 1, 2, \ldots$ Es gelte $0 \leqq N(0) < \infty$. $(T_n)_{n=1,2,\ldots}$, $T_1 \leqq T_2 \leqq \cdots$, sei die geordnete Folge der Ankunfts- und Abgangszeitpunkte, d. h. $T_n = \mathring{T}_i$, wenn T_n der i-te Ankunftszeitpunkt ist, und $T_n = \tilde{T}_j$, wenn T_n der j-te Abgangszeitpunkt ist, $i, j = 1, 2, \ldots$ Weiter sei

$$\left(N(T_n), A^{\mathrm{R}}(T_n), \boldsymbol{B}^{\mathrm{R}}(T_n)\right) = \begin{cases} \left(\mathring{N}_i, A^{\mathrm{R}}(\mathring{T}_i - 0), \boldsymbol{B}^{\mathrm{R}}(\mathring{T}_i - 0)\right), & \text{falls} \quad T_n = \mathring{T}_i, \\ \left(N(\tilde{T}_j + 0), A^{\mathrm{R}}(\tilde{T}_j + 0), \boldsymbol{B}^{\mathrm{R}}(\tilde{T}_j + 0)\right), & \text{falls} \quad T_n = \tilde{T}_j, \end{cases}$$

$n = 1, 2, \ldots; \; i, j = 1, 2, \ldots$

2.3.9.1. Stationäre Charakteristiken

Für alle Formeln wird $c_{1,k} > 0$, $k = 0, 1, \ldots$; $c_{2,k} > 0$, $k = 1, 2, \ldots$, sowie $\sum_{k=1}^{\infty} \prod_{j=1}^{k} \frac{c_{1,j}}{j c_{2,j}} < \infty$ vorausgesetzt. Die Zustandswahrscheinlichkeiten sind unempfindlich (↑ I, Kap. 7).

(a) *Ergodische Verteilung von* $\left(N(T_n), A^{\mathrm{R}}(T_n), \boldsymbol{B}^{\mathrm{R}}(T_n)\right)$ (Brumelle (1978)):

$$\lim_{n\to\infty} \mathsf{P}\left(N(T_n) = k, A^{\mathrm{R}}(T_n) = 0, \boldsymbol{B}^{\mathrm{R}}(T_n) \geqq \boldsymbol{x}\right) = \frac{1}{2} p_k^* \prod_{i=1}^{k} \left(1 - B_{\mathrm{R}}(x_i)\right),$$

$$\lim_{n\to\infty} \mathsf{P}\left(N(T_n) = k, A^{\mathrm{R}}(T_n) \geqq x_0, \boldsymbol{B}^{\mathrm{R}}(T_n) \geqq \boldsymbol{x}\right) = \frac{1}{2} p_k^* \, e^{-x_0} \prod_{i=1}^{k} \left(1 - B_{\mathrm{R}}(x_i)\right),$$

$$k = 0, 1, \ldots, \qquad \boldsymbol{x} = (x_1, \ldots, x_k), \qquad \boldsymbol{x} \geqq \boldsymbol{0}, \qquad x_0 \geqq 0,$$

$\left(\prod_{i=1}^{0} \cdots = 1\right)$, unabhängig von $\left(N(T_1), A^{\mathrm{R}}(T_1), \boldsymbol{B}^{\mathrm{R}}(T_1)\right)$, mit $B_{\mathrm{R}}(t) = \int_0^t \overline{B}(y) \, dy$,

$$p_k^* = p_0^* \prod_{j=1}^{k} \frac{c_{1,j}}{j c_{2,j}}, \qquad k = 1, 2, \ldots, \qquad p_0^* = \left(1 + \sum_{i=1}^{\infty} \prod_{j=1}^{i} \frac{c_{1,j}}{j c_{2,j}}\right)^{-1},$$

und es gilt $\mathring{p}_k = \tilde{p}_k = p_k^*$, $k = 0, 1, \ldots$

(b) *Ergodische Verteilung von* $(N(t), A^R(t), \boldsymbol{B}^R(t))$ (BRUMELLE (1978)): Es gelte zusätzlich $\sum_{j=0}^{\infty} \frac{p_j^*}{c_{1,j}} < \infty$ mit den durch (a) gegebenen p_j^*, $j = 0, 1, \ldots$ Dann gilt

$$\lim_{t\to\infty} \mathsf{P}\big(N(t) = k,\ A^R(t) \geqq x_0,\ \boldsymbol{B}^R(t) \geqq \boldsymbol{x}\big)$$

$$= \left(\frac{p_k^*}{c_{1,k}}\right)\left(\sum_{j=0}^{\infty} \frac{p_j^*}{c_{1,j}}\right)^{-1} \mathrm{e}^{-x_0} \prod_{j=1}^{k} \big(1 - B_{\mathsf{R}}(x_j)\big),$$

$$k = 0, 1, \ldots;\ \boldsymbol{x} = (x_1, \ldots, x_k), \qquad \boldsymbol{x} \geqq \boldsymbol{0}, \qquad x_0 \geqq 0, \qquad \left(\prod_{j=1}^{0} \cdots = 1\right),$$

unabhängig von $(N(0), A^R(0), \boldsymbol{B}^R(0))$, mit $B_{\mathsf{R}}(t) = \int_0^t \overline{B}(y)\, \mathrm{d}y$.

(c) Grenzverhalten der Bedienungszeiten (BRUMELLE (1978)): $\sum_{i=1}^{n} \frac{B_i}{n} \xrightarrow[\text{f.s.}]{} \sum_{k=0}^{\infty} \frac{kp_k^*}{c_{1,k}}$ mit den durch (a) gegebenen p_k^*. (B_i bezeichnet hier die tatsächliche Bedienungszeit der i-ten Forderung, $i = 1, 2, \ldots$)

2.3.9.2. System M/GI/∞ mit processor-sharing-Geschwindigkeiten

Für den Spezialfall $c_{1,j} = \lambda$, $j = 0, 1, \ldots$, und $c_{2,j} = \mu/j$, $j = 1, 2, \ldots$, kann das betrachtete System auch als System vom Typ M/GI/∞ mit processor-sharing eines Bedienungsgerätes interpretiert werden. Bei diesem System wird die Kapazität des Bedienungsgerätes gleichmäßig auf alle im System anwesenden Forderungen aufgeteilt. Das bedeutet, daß bei n Forderungen im System jede $1/n$ der Leistung des Gerätes erhält, so daß ihre Arbeitsmengen mit der Geschwindigkeit μ/n abgebaut werden. Dieses System ist zur Approximation von M/GI/1/∞-Systemen mit time-sharing benutzt worden (vgl. KLEINROCK (1967), [1], KOBAYASHI/KONHEIM (1977)).

Stationäre Zustandswahrscheinlichkeiten und stationäre gemeinsame Verteilung der Anzahl der Forderungen im System und der ungeordneten Restarbeitsmengen (BARBOUR (1976)): Es gilt

$$p_k = \mathring{p}_k = \varrho^k p_0, \qquad k = 1, 2, \ldots, \qquad p_0 = \mathring{p}_0 = 1 - \varrho,$$

und

$$\lim_{n\to\infty} \mathsf{P}(\mathring{N}_n = k,\ \mathring{\boldsymbol{B}}_n^R < \boldsymbol{x}) = \lim_{t\to\infty} \mathsf{P}\big(N(t) = k,\ \boldsymbol{B}^R(t) < \boldsymbol{x}\big) = p_k \prod_{i=1}^{k} B_{\mathsf{R}}(x_i),$$

$k = 0, 1, \ldots$, $\boldsymbol{x} = (x_1, \ldots, x_k)$ mit $B_{\mathsf{R}}(x) = \int_0^x \overline{B}(y)\, \mathrm{d}y$, wobei $B(x)$ die (normierte) Verteilungsfunktion der zufälligen Arbeitsmengen ist.

3. Wartesysteme mit einer unendlichen Anzahl von Warteplätzen

Die im vorliegenden Kapitel betrachteten Bedienungsmodelle sind vom Typ $G/G/s/\infty$. Die Zahl s charakterisiert hierbei die Anzahl der zur Verfügung stehenden Bedienungsgeräte. Im Gegensatz zu den Verlustsystemen verläßt jede ankommende Forderung erst nach ihrer vollständigen Bedienung das System. Sind alle Bedienungsgeräte besetzt, so wartet die Forderung in einem Warteraum mit unbegrenzt vielen Warteplätzen auf den Beginn der Bedienung. Findet eine ankommende Forderung ein freies Bedienungsgerät vor, so beginnt sofort die Bedienung dieser Forderung. Ist die Bedienung einer Forderung beendet, so beginnt unverzüglich die Bedienung der nächsten Forderung usw.

Die Forderungen werden, sofern nichts anderes vermerkt ist, von den Bedienungsgeräten in der Reihenfolge ihres Eintreffens in das System bedient. Diese Bedienungsordnung bezeichnen wir abkürzend durch FCFS (first come, first served). Im Unterschied zur Disziplin FCFS werden außerdem folgende Bedienungsdisziplinen betrachtet:

(i) Bedienungsdisziplin RANDOM. Die wartenden Forderungen werden zur Bedienung beliebig (auf gut Glück) ausgewählt, d. h., jede Forderung aus dem Warteraum kann mit der gleichen Wahrscheinlichkeit als nächste Forderung zur Bedienung ausgewählt werden.
(ii) Bedienungsdisziplin LCFS (last come, first served). Die Forderungen werden in der umgekehrten Reihenfolge ihres Eintreffens in das System durch die Bedienungsgeräte bedient.
(iii) Zyklische Bedienungsdisziplin für Mehrbedienersysteme. Die k-te Forderung wird vom k-ten Bedienungsgerät bedient für $k = 1, 2, \ldots, s$. Die $(s + 1)$-te Forderung wird vom ersten Bedienungsgerät bedient usw. (↑ [3.3.6]).

Eine zentrale Fragestellung ist die Existenz von stationären und ergodischen Verteilungen und deren mögliche formelmäßige Charakterisierung. Entsprechende Zufallsgrößen, die nach stationären Verteilungen verteilt sind, können wie folgt eingeführt werden:

$$N(t) \xrightarrow[\mathrm{d}]{} N, \qquad \mathring{N}_n \xrightarrow[\mathrm{d}]{} \mathring{N}, \qquad \tilde{N}_n \xrightarrow[\mathrm{d}]{} \tilde{N},$$

$$W(t) \xrightarrow[\mathrm{d}]{} W, \qquad \mathring{W}_n \xrightarrow[\mathrm{d}]{} \mathring{W},$$

$$N_{\mathrm{w}}(t) \xrightarrow[\mathrm{d}]{} N_{\mathrm{w}}, \qquad \mathring{N}_{\mathrm{w},n} \xrightarrow[\mathrm{d}]{} \mathring{N}_{\mathrm{w}}, \qquad \tilde{N}_{\mathrm{w},n} \xrightarrow[\mathrm{d}]{} \tilde{N}_{\mathrm{w}}$$

mit $t \to \infty$ bzw. $n \to \infty$.

Ergänzend dazu werden Ergebnisse über quasistationäre Verteilungen angegeben. Diese Verteilungen definiert man als Grenzwert von bedingten Verteilungen, wobei als Bedingung das Ereignis $\{S_1 > t\}$ bei $t \to \infty$ bzw. $\{M_1 > n\}$ bei $n \to \infty$ verwendet wird. Anschaulich werden dadurch Verteilungen von Systemzufallsgrößen in „großen Beschäftigungszeiten" des Bedienungsgerätes beschrieben.

Sofern keine anderen Voraussetzungen getroffen werden, wird stets angenommen, daß im Zeitpunkt $t = 0$ eine Forderung eintrifft ($\mathring{T}_0 = 0$). Außerdem möge diese Forderung ein freies Bedienungsgerät vorfinden, so daß die Bedienung sofort beginnen kann. In diesem Fall gelten

$$\mathring{N}_0 = N(-0) = 0, \qquad N(0) = 1,$$

$$\mathring{W}_0 = W(-0) = 0, \qquad W(0) = V_0 = B_0 = \tilde{T}_0.$$

3.1. Wartesysteme mit einem Bedienungsgerät

3.1.1. System M/M/1/∞

(a) *Übergangswahrscheinlichkeiten für die Anzahl der Forderungen, die zur Zeit t im System sind* (Takács [1]):

$$P_{ik}(t) = \mathbf{P}\big(N(t) = k \mid N(0) = i\big)$$

$$= \frac{2\mathrm{e}^{-(\lambda+\mu)t}\left(\frac{\lambda}{\mu}\right)^{(k-i)/2}}{\pi} \int\limits_0^\pi \frac{\mathrm{e}^{2\sqrt{\lambda\mu}\,t}\cos y}{\left(1 - 2\sqrt{\frac{\lambda}{\mu}}\cos y + \frac{\lambda}{\mu}\right)} \left[\sin iy - \left(\frac{\lambda}{\mu}\right)^{1/2} \sin (i+1)\, y\right]$$

$$\times \left[\sin ky - \left(\frac{\lambda}{\mu}\right)^{1/2} \sin (k+1)\, y\right] \mathrm{d}y + \begin{cases} \left(1 - \frac{\lambda}{\mu}\right)\left(\frac{\lambda}{\mu}\right)^k & \text{für } \lambda < \mu, \\ 0 & \text{für } \lambda \geqq \mu, \end{cases}$$

$i, k \in \mathbb{G}_+$.

Unter Benutzung der tabellierten Besselschen Funktion der Ordnung r läßt sich dieser Ausdruck auch in die folgende Form überführen (Saaty [1]):

$$P_{ik}(t) = \mathrm{e}^{-(\lambda+\mu)t}\left[\left(\frac{\lambda}{\mu}\right)^{(k-i)/2} I_{k-i}\big(2\sqrt{\lambda\mu}\,t\big) + \left(\frac{\lambda}{\mu}\right)^{(k-i+1)/2} I_{k+i+1}\big(2\sqrt{\lambda\mu}\,t\big)\right.$$

$$\left. + \left(1 - \frac{\lambda}{\mu}\right)\left(\frac{\lambda}{\mu}\right)^k \sum_{r=i+k+2}^{\infty} \left(\frac{\lambda}{\mu}\right)^{-r/2} I_r\big(2\sqrt{\lambda\mu}\,t\big)\right],$$

wobei $I_r(x)$ für $r \in \mathbb{G}$ die modifizierte Besselsche Funktion der Ordnung r darstellt. Hierbei ist $I_{-r}(x) = I_r(x)$, und für $r \in \mathbb{G}_+$ gilt

$$I_r(x) = \sum_{j=0}^{\infty} \frac{(x/2)^{r+2j}}{j!\,(j+r)!}.$$

(b) *Erwartungswert für die Anzahl der Forderungen, die zur Zeit t im System sind* (TAKACS [1]):

$$\mathsf{E}\big(N(t) \mid N(0) = i\big)$$

$$= \frac{e^{-(\lambda+\mu)t}\left(\frac{\lambda}{\mu}\right)^{(1-i)/2}}{\pi} \int_0^\pi \frac{e^{2\sqrt{\lambda\mu}\,t\cos y}\sin y}{\left(1 - 2\sqrt{\frac{\lambda}{\mu}}\cos y + \frac{\lambda}{\mu}\right)^2}$$

$$\times \left(\sin iy - \left(\frac{\lambda}{\mu}\right)^{1/2} \sin (i+1)\, y\right) dy + \begin{cases} \frac{\lambda}{\mu - \lambda} & \text{für } \lambda < \mu, \\ 0 & \text{für } \lambda \geqq \mu, \end{cases}$$

$i \in \mathbb{G}_+$.

(c) *Erzeugende Funktion für die n-Schritt-Übergangswahrscheinlichkeiten der eingebetteten Markowschen Kette* ($\mathring{N}_n$, $n \in \mathbb{G}_+$) (TAKACS [1]):

$$\mathring{P}_{ik}(n) = \mathbf{P}(\mathring{N}_n = k \mid \mathring{N}_0 = i), \qquad i, k \in \mathbb{G}_+, \qquad |z_1| < 1, \qquad |z_2| < 1,$$

$$P_i(z_1, z_2) = \sum_{k=0}^{\infty} \sum_{n=0}^{\infty} \mathring{P}_{ik}(n)\, z_1^n z_2^k$$

$$= \frac{\delta(z_1)\big(\mu - (\lambda+\mu)\, z_2\big)\, z_2^i}{\big(z_2 - \delta(z_1)\big)\big(\mu - \lambda z_1 z_2 \delta(z_1)\big)} - \frac{(1 - z_2)\big(\mu - (\lambda+\mu)\,\delta(z_1)\big)\big(\delta(z_1)\big)^i}{\big(1 - \delta(z_1)\big)\big(z_2 - \delta(z_1)\big)\big(\mu - \lambda z_1 z_2 \delta(z_1)\big)}$$

mit $\delta(z_1) = \dfrac{\big((\lambda+\mu) - \sqrt{(\lambda+\mu)^2 - 4\lambda\mu z_1}\big)}{2\lambda z_1}$. Speziell für $i = 0$ ergibt sich explizit bei $k = 0, 1, \ldots, n$

$$\mathring{P}_{0k}(n) = \left(\frac{p}{q}\right)^k \sum_{j=k}^{n} \frac{j}{(2n-j)} \binom{2n-j}{n} p^{n-j} q^n,$$

mit $p = \dfrac{\lambda}{\lambda+\mu}$, $\quad q = \dfrac{\mu}{\lambda+\mu}$.

(d) *Stationäre Verteilung, Erwartungswert und Varianz für die Anzahl der Forderungen im System* (SAATY [1], TAKACS [1]):

- Voraussetzung: $\varrho = \dfrac{\lambda}{\mu} < 1$.

$$p_k = \mathsf{P}(N = k) = \left(1 - \frac{\lambda}{\mu}\right)\left(\frac{\lambda}{\mu}\right)^k = \mathsf{P}(\mathring{N} = k) = \mathring{p}_k, \qquad k \in \mathbb{G}_+,$$

$$\mathsf{E}N = \frac{\lambda}{(\mu - \lambda)} = \frac{\varrho}{(1-\varrho)}, \qquad \mathsf{V}N = \frac{\varrho}{(1-\varrho)^2}.$$

(e) *Verteilungsfunktion für die virtuelle Wartezeit* (TAKACS [1]):

$$W(t, x; 0) = \mathbf{P}\big(W(t) < x \mid W(0) = 0\big) = P_{00}(t) + \mu \sum_{k=1}^{\infty} P_{0k}(t) \int_0^x e^{-\mu y} \frac{(\mu y)^k}{(k-1)!}\, dy$$

mit

$$P_{0k}(t) = \mathrm{e}^{-(\lambda+\mu)t} \left(\frac{\lambda}{\mu}\right)^{k/2} I_k\left(2\sqrt{\lambda\mu}\, t\right) + \left(\frac{\lambda}{\mu}\right)^{(k+1)/2} I_{k+1}\left(2\sqrt{\lambda\mu}\, t\right)$$
$$+ \left(1 - \frac{\lambda}{\mu}\right)\left(\frac{\lambda}{\mu}\right)^{k} \sum_{r=k+1}^{\infty} \left(\frac{\lambda}{\mu}\right)^{-r/2} I_r\left(2\sqrt{\lambda\mu}\, t\right), \qquad k \in \mathbb{G}_+.$$

(f) *Verteilungsfunktion für die Wartezeit der n-ten Forderung* (RICE (1962)):

- Voraussetzung: $\mathring{W}_0 = 0$.

$$\mathring{W}_n(x) = \mathsf{P}(\mathring{W}_n < x) = 1 - \frac{\lambda\, \mathrm{e}^{-\lambda x}}{\lambda + \mu} \sum_{i=0}^{n-1} \frac{c^i P(i, x)}{(n+1)!\, 4^n}, \qquad n \in \mathbb{N},$$

wobei $c = \dfrac{4\lambda\mu}{(\lambda + \mu)^2}$

und $P(i, x) = \dfrac{(2x)^{n+1/2}\, \mathrm{e}^x}{\sqrt{\pi}} \left[(1 + x)\, I_{n+1/2}(x) - x I_{n-1/2}(x)\right].$

(g) *Erzeugende Funktion für die Verteilungsfunktionen der Wartezeiten der Forderungen* (RICE (1962)):

- Voraussetzung: $\mathring{W}_0 = 0$.

$$\sum_{n=0}^{\infty} \mathring{W}_n(x)\, z^n = \frac{1}{1 - z} - \frac{(\lambda + \mu)\, \mathrm{e}^{-\mu x_0}}{2\mu(1 - z)} \left(1 - \sqrt{cz}\right) \mathrm{e}^{c - x_0 \sqrt{1 - cz}}$$

mit $|z| < 1$, $x \in \mathbb{R}_+$, $x_0 = \dfrac{x(\lambda + \mu)}{2}$ und $c = \dfrac{4\lambda\mu}{(\lambda + \mu)^2}$.

(h) *Rekursionsformel für die mittlere Wartezeit der n-ten Forderung* (MORI (1976)):

- Voraussetzung: $\mathring{W}_0 = 0$, $\varrho = \dfrac{\lambda}{\mu} < 1$.

$$\mathsf{E}\mathring{W}_n = \mathsf{E}\mathring{W}_{n-1} - (1 - \varrho)/\lambda + a_n/\lambda, \qquad n \in \mathbb{N},$$

mit

$$a_n = \mathsf{P}(\mathring{W}_n = 0) = \frac{1}{(1 + \varrho)^n} \sum_{i=0}^{n-1} \left(\frac{\varrho}{1 + \varrho}\right)^i \binom{-n}{i} - \frac{\varrho}{1 - \varrho} \sum_{i=0}^{n-2} \left(\frac{\varrho}{1 + \varrho}\right)^i \binom{-n - 1}{i}.$$

In der Tab. 3.1.1 sind für verschiedene Werte des Belastungskoeffizienten ϱ die Werte von $\mu \cdot \mathsf{E}\mathring{W}_n$ für die 1-te, 3-te, ..., 15-te Forderung angegeben.

(i) *Stationäre Verteilung für die Wartezeit einer Forderung* (TAKACS [1], PRABHU [1]):

- Voraussetzung: $\varrho = \dfrac{\lambda}{\mu} < 1$.

$$\mathring{W}(x) = W(x) = \begin{cases} 1 - \varrho\, \mathrm{e}^{-(\mu-\lambda)x} & \text{für} \quad x > 0, \\ 0 & \text{für} \quad x \leqq 0. \end{cases}$$

Tab. 3.1.1. Werte für $\mu \mathsf{E}\mathring{W}_n$ (HEATHCOTE/WINER (1969))

n	ϱ							
	0,1	0,2	0,3	0,4	0,5	0,6	0,7	0,9
1	0,0909	0,1667	0,2308	0,2857	0,3333	0,3750	0,4118	0,4444
3	0,1100	0,2364	0,3707	0,5061	0,6379	0,7634	0,8813	0,9912
5	0,1110	0,2473	0,4085	0,5889	0,7806	0,9762	1,1699	1,3578
7	0,1111	0,2494	0,4210	0,6246	0,8597	1,1118	1,3633	1,6359
9	0,1111	0,2499	0,4256	0,6449	0,9072	1,2048	1,5263	1,8598
11	0,1111	0,2500	0,4273	0,6545	0,9371	1,2714	1,6461	2,0465
13	0,1111	0,2500	0,4280	0,6598	0,9567	1,3206	1,7424	2,2057
15	0,1111	0,2500	0,4283	0,6627	0,9697	1,3577	1,8213	2,3439

(j) ***k-tes Moment für die stationäre Verteilung der Wartezeiten*** (TAKACS [2]):

• Voraussetzung: $\varrho = \dfrac{\lambda}{\mu} < 1.$

$$\mathsf{E}\mathring{W}^k = \sum_{i=1}^{k} \frac{\lambda^i k!}{(1-\varrho)^i} \binom{k-1}{i-1} \mu^{-k-i}, \qquad k \in \mathbb{N}.$$

Speziell ist

$$\mathsf{E}\mathring{W} = \frac{\varrho}{\mu(1-\varrho)}, \qquad \mathsf{E}\mathring{W}^2 = \frac{2\varrho}{\mu^2(1-\varrho)^2}, \qquad \mathsf{V}\mathring{W} = \frac{\varrho(2-\varrho)}{\mu^2(1-\varrho)^2}.$$

(k) ***Verteilungsfunktion für die Länge einer Besetztzeit*** (PRABHU [1]):

$$\Pi_i(x) = \mathsf{P}\big(S_1 < x \mid N(0) = i\big)$$

$$= i\mu \left(\frac{\lambda}{\mu}\right)^{-(i-1)/2} \int_0^x \mathrm{e}^{-(\lambda+\mu)y} \frac{I_i\big(2\sqrt{\lambda\mu}\, y\big)}{y\sqrt{\lambda\mu}} \,\mathrm{d}y, \qquad i \in \mathbb{N}, \qquad x \in \mathbb{R}_+.$$

$$\Pi_i(\infty) = \mathsf{P}\big(S_1 < \infty \mid N(0) = i\big) = \max\,\{1, \varrho\}^{-i}.$$

(l) ***Erwartungswert und Varianz für die Länge einer Besetztzeit*** (PRABHU [1]):

• Voraussetzung: $\varrho = \dfrac{\lambda}{\mu} < 1.$

$$\mathsf{E}\big(S_1 \mid N(0) = i\big) = \frac{i}{(\mu - \lambda)}, \qquad i \in \mathbb{N}.$$

$$\mathsf{V}\big(S_1 \mid N(0) = i\big) = \mathsf{E}\left((S_1 - \mathsf{E}S_1)^2 \mid N(0) = i\right) = \frac{i\varrho}{\mu^2(1-\varrho)^3}.$$

(m) ***L.-S.-T. für die Verteilungsfunktion einer Besetztzeit*** (PRABHU [1]):

• Voraussetzung: $\varrho \leqq 1.$

$$\Pi_i^*(s) = \int_0^\infty \mathrm{e}^{-sx} \,\mathrm{d}\Pi_i(x), \qquad i \in \mathbb{N}, \qquad \operatorname{Re} s \geqq 0,$$

$$\Pi_1(s) = \frac{\lambda + \mu + s - \sqrt{(\lambda + \mu + s) - 4\lambda\mu}}{2\lambda}, \quad \Pi_i^*(s) = \big(\Pi_1^*(s)\big)^i.$$

(n) *Zusammenhang zwischen der L.-S.-T. einer Besetztzeit und der L.-T. der Übergangswahrscheinlichkeiten* $P_{i0}(t)$ (TAKACS [1]):

$$\check{P}_{i0}(s) = \int_0^\infty e^{-st} P_{i0}(t)\, dt = \frac{\left(\Pi^*(s)\right)^{i+1}}{\mu\left(1 - \Pi^*(s)\right)}, \qquad \operatorname{Re} s > 0, \qquad i \in \mathbb{G}_+.$$

(o) *Verteilung, Erwartungswert und Varianz für die Anzahl der Forderungen, die während einer Besetztzeit bedient werden:*

$$f_{n,i} = \mathbf{P}\left(M_1 = n \mid N(0) = i\right) = \frac{i}{n} \binom{-n}{n-i} a^n (-b)^{n-i}, \quad i \in \mathbb{N},\ n \in \mathbb{N},\ n \geqq i,$$

mit $a = \left(1 + \frac{\lambda}{\mu}\right)^{-1}$, $b = 1 - a$.

$$\mathbf{P}\left(M_1 < \infty \mid N(0) = i\right) = \max\{\varrho, 1\}^{-i}.$$

• Voraussetzung: $\varrho = \frac{\lambda}{\mu} < 1$.

$$\mathbf{E}\left(M_1 \mid N(0) = i\right) = \frac{i}{(1-\varrho)}, \qquad i \in \mathbb{N},$$

$$\mathbf{V}\left(M_1 \mid N(0) = i\right) = \mathbf{E}\left((M_1 - \mathbf{E}M_1)^2 \mid N(0) = i\right) = \frac{i\varrho}{(1-\varrho)^3}(1+\varrho).$$

(p) *Kovarianzfunktion für die Anzahl der Forderungen im System und Folgenkovarianzen für den Prozeß* $(\mathring{N}_n, n \in \mathbb{G})$ (REYNOLDS (1975)):

• Voraussetzung: $\varrho = \frac{\lambda}{\mu} < 1$; die stochastischen Prozesse $\left(N(t), t \in \mathbb{R}\right)$, $(\mathring{N}_n, n \in \mathbb{G})$ seien stationär im engeren Sinne.

$$\mathbf{K}\left(N(t), N(t+h)\right) = \frac{\mathbf{Cov}\left(N(t), N(t+h)\right)}{\mathbf{V}N(0)}$$

$$= \frac{(\mu - \lambda)^3}{\pi} \int_0^{2\pi} \frac{\sin^2 t \exp\left(-h\left(\lambda + \mu - 2\sqrt{\lambda\mu}\cos t\right)\right)}{\left(\lambda + \mu - 2\sqrt{\lambda\mu}\cos t\right)^3}\, dt,$$

$h \in \mathbb{R}_+$,

$$\mathbf{K}(\mathring{N}_n, \mathring{N}_{n+r}) = \frac{\mathbf{Cov}(\mathring{N}_n, \mathring{N}_{n+r})}{\mathbf{V}\mathring{N}_0} = \frac{(1-\varrho)^3(1+\varrho)\, a^{r+2}}{2\pi\varrho^2} \int_0^1 u^{r+1/2} \frac{(1-u)^{r+2}}{(1-au)}\, du,$$

$r \in \mathbb{G}_+$,

mit $a = \frac{4\varrho}{(1+\varrho)^2}$.

(q) *Folgenkovarianzen und Folgenkorrelationen für die Wartezeiten einer Forderung* (REYNOLDS (1975)):

• Voraussetzung: $\varrho = \frac{\lambda}{\mu} < 1$; der stochastische Prozeß $(\mathring{W}_n, n \in \mathbb{G})$ sei stationär im engeren Sinne.

$$\mathsf{Cov}\,(\mathring{W}_n, \mathring{W}_{n+r}) = \frac{(1-\varrho)^2}{\mu^2\varrho^2} \sum_{i=r+3}^{\infty} \left(\frac{\varrho}{(1+\varrho)^2}\right)^2 \frac{2i-3}{i!(i-2)!} (i-r-1)(i-r-2),$$

$$r \in \mathbb{N}, \quad n \in \mathbb{G}.$$

Die Folgenkorrelationen ergeben sich hieraus unter Benutzung von

$$\mathsf{V}\mathring{W} = \mathsf{V}\mathring{W}_0 = \varrho(2-\varrho)\,[\mu^2(1-\varrho)^2]^{-1}$$

oder aus folgenden Beziehungen (DALEY (1968a)):

$$\mathsf{K}(\mathring{W}_n, \mathring{W}_{n+r}) = \frac{\mathsf{Cov}\,(\mathring{W}_n, \mathring{W}_{n+r})}{\mathsf{V}\mathring{W}_0} = \frac{(1-\varrho)^3\,(1+\varrho)}{2\pi\varrho^3(2-\varrho)} \int_0^a \frac{t^r t^{1/2}(a-t)^{1/2}}{(1-t)^3}\,dt$$

$$= \frac{(1-\varrho)^2}{2a} \left[\frac{2\varrho r}{1+\varrho} + \sum_{n=1}^{r} (r+1-n)\,(-a)^n \binom{1/2}{n}\right]$$

mit $a = \frac{4\varrho}{(1+\varrho)^2}$.

(r) *Folgenkorrelation der Schlangenlänge in den Abgangszeitpunkten* (PAKES (1971a)):

• Voraussetzung: $\varrho = \frac{\lambda}{\mu} < 1$; der stochastische Prozeß $(\tilde{N}_{w,n}, n \in \mathbb{G}_+)$ sei stationär im engeren Sinne.

$$\mathsf{K}(\tilde{N}_{w,n}, \tilde{N}_{w,n+r}) = \frac{\mathsf{Cov}\,(\tilde{N}_{w,n}, \tilde{N}_{w,n+r})}{\mathsf{V}\tilde{N}_{w,0}} = \frac{(1-\varrho)^3\,(1+\varrho)\,a^{r+2}}{2\pi\varrho^2} \int_0^1 u^{r+1/2} \frac{(1-u)^{1/2}}{(1-au)^3}\,du$$

mit $a = \frac{4\varrho}{(1+\varrho)^2}$.

(s) *Ergebnisse über den Abgangsprozeß* (COHEN [1]):

$$\lim_{x\to\infty} \mathsf{P}\big(L_0(t+x) - L_0(x) = k \mid \mathring{N}_0 = n\big) = \min\{\lambda, \mu\}^k\, e^{-\min\{\lambda,\mu\}t}/k!,$$

$$n \in \mathbb{G}_+, \qquad k \in \mathbb{G}_+, \qquad t \in \mathbb{R}_+.$$

• Voraussetzung: $\varrho < 1$; der stochastische Prozeß $\big(N(t), t \in \mathbb{R}_+\big)$ sei stationär im engeren Sinne.

Die Zahl der Abgänge im Zeitabschnitt $[0, t)$ bildet einen Poisson-Prozeß mit der Intensität λ.

3.1.2. System M/GI/1/∞

3.1.2.1. Allgemeine Resultate für das System M/GI/1/∞

3.1.2.1.1. Übergangswahrscheinlichkeiten

(a) *Übergangswahrscheinlichkeiten für die Anzahl der Forderungen die zur Zeit t im System sind* (PRABHU [1], COHEN [1]):

$$P_{ik}(t) = \mathsf{P}\big(N(t) = k \mid N(0) = i\big)$$

$$= \begin{cases} \sum\limits_{n=i}^{\infty} e^{-\lambda t} \dfrac{(\lambda t)^{n-i-1}}{(n-i)!} \int\limits_0^t \lambda \left[t - \left(1 - \dfrac{i}{n}\right) y\right] dB^{*(n)}(y) & \text{für } i \in \mathbb{G}_+,\ k = 0, \\ \int\limits_{u=0}^{t} \int\limits_{y=0}^{t-u} \lambda\big(1 - B(t-y-u)\big)\, e^{-\lambda(t-u)} \dfrac{\big(\lambda(t-u)\big)^{k-1}}{(k-1)!}\, du\, d_y W(y, u; 0) & \\ & \text{für } i = 0,\ k \in \mathbb{N}, \\ \sum\limits_{l=\max\{0,i-k\}}^{i-1} C_l(t)\, e^{-\lambda t} \dfrac{(\lambda t)^{k-i+l}}{(k-1)!} & \\ + \int\limits_{u=0}^{t} \int\limits_{y=0}^{t-u} \int\limits_{x=0}^{y+u} \lambda\big(1 - B(t-y-u)\big)\, e^{-\lambda(t-u)} \dfrac{\big(\lambda(t-u)\big)^{k-1}}{(k-1)!}\, du\, dB^{*(i)}(x)\, d_y W(y, u; x) & \\ & \text{für } i, k \in \mathbb{N} \end{cases}$$

mit $C_l(t) = B^{*(l)}(t) - B^{*(l+1)}(t), \quad l \in \mathbb{G}_+,$

$$W(y, u; x) = \mathsf{P}\big(W(u) < y \mid W(0) = x\big).$$

(b) *Erzeugende Funktion der L.-T. der Übergangswahrscheinlichkeiten für die Anzahl der Forderungen im System* (TAKACS [1]):

$$\sum_{k=0}^{\infty} \left(\int_{t=0}^{\infty} e^{-st} P_{ik}(t)\, dt\right) z^k = \frac{z^{i+1}\big(1 - B^*(s + \lambda(1-z))\big)}{\big(s + \lambda(1-z)\big)\big(z - B^*(s + \lambda(1-z))\big)}$$

$$+ \frac{\big(\delta(s)\big)^i}{s + \lambda\big(1 - \delta(s)\big)} \left(1 - \frac{z\big(1 - B^*(s + \lambda(1-z))\big)}{z - B^*\big(s + \lambda(1-z)\big)}\right),$$

$\operatorname{Re} s > 0, \quad |z| < 1, \quad i \in \mathbb{G}_+.$

Dabei ist $z = \delta(s)$ die kleinste positive reelle Nullstelle der Gleichung $z = B^*\big(s + \lambda(1-z)\big)$.

(c) *Erzeugende Funktion für die n-Schritt-Übergangswahrscheinlichkeiten der Markowschen Kette* ($\tilde{N}_n$, $n \in \mathbb{G}_+$) (TAKACS [1]):

$$\tilde{P}_{ik}(n) = \mathbf{P}(\tilde{N}_n = k \mid \tilde{N}_0 = i), \qquad |z_1| < 1, \qquad |z_2| < 1, \qquad i \in \mathbb{G}_+,$$

$$\sum_{n=0}^{\infty} \sum_{k=0}^{\infty} \tilde{P}_{ik}(n)\, z_1^n z_2^k = \frac{z_2^{i+1}\big(1 - d(z_1)\big) - (1 - z_2)\, z_1 B^*\big(\lambda(1-z_2)\big)\big(d(z_1)\big)^i}{\big(1 - d(z_1)\big)\big(z_2 - z_1 B^*(\lambda(1-z_2))\big)}.$$

$z = d(z_1)$ bezeichnet die kleinste positive reelle Nullstelle der Gleichung $z = z_1 B^*(\lambda(1-z))$. Für alle $j \in \mathbb{N}$ ergibt sich diese aus

$$(d(z_1))^j = j \sum_{n=j}^{\infty} \frac{z_1{}^n \lambda^{n-j}}{n(n-j)!} \int_0^{\infty} e^{-\lambda x} x^{n-j} \, dB^{*(n)}(x).$$

3.1.2.1.2. Anzahl der Forderungen im System

(a) *Verteilung für die Anzahl der Forderungen im System unmittelbar nach dem Abgang der n-ten Forderung* (TAKACS [1], PRABHU [1]):

$$\tilde{P}_k(n) = \mathsf{P}(\tilde{N}_n = k) = \int_0^{\infty} e^{-\lambda x} \frac{(\lambda x)^k}{k!} \, d\big((B * \mathring{W}_n)(x)\big).$$

(b) *Stationäre Verteilung für die Anzahl der Forderungen im System* (PRABHU [1]):

- Voraussetzung: $\varrho = \lambda \mathsf{E} B < 1$.

$$p_k = \mathsf{P}(N = k) = \lim_{t \to \infty} P_{ik}(t) = \lim_{n \to \infty} \tilde{P}_{ik}(n) = \mathsf{P}(\tilde{N} = k) = \tilde{p}_k, \quad i, k \in \mathbb{G}_+,$$

$$p_k = \tilde{p}_k = \begin{cases} 1 - \varrho & \text{für } k = 0, \\ \lambda(1-\varrho) \displaystyle\int_0^{\infty} e^{-\lambda t} \sum_{n=0}^{\infty} \left[\frac{(\lambda t)^{n+k-1}}{(n+k-1)!} - \frac{(\lambda t)^{n+k}}{(n+k)!}\right] C_n(t) \, dt & \text{für } k \in \mathbb{N}. \end{cases}$$

Dabei wurde wieder abkürzend $C_n(t) = B^{*(n)}(t) - B^{*(n+1)}(t)$ gesetzt.

(c) *Erzeugende Funktion, Erwartungswert und Varianz für die stationäre Verteilung der Anzahl der Forderungen im System* (KENDALL (1953), PRABHU [1], TAKACS [1]):

- Voraussetzung: $\varrho = \lambda \mathsf{E} B < 1$.

$$\mathfrak{g}_N(z) = \sum_{k=0}^{\infty} p_k z^k = \frac{(1-\varrho)(1-z) B^*(\lambda(1-z))}{B^*(\lambda(1-z)) - z}, \quad |z| < 1,$$

$$\mathsf{E} N = \mathsf{E} \tilde{N} = \varrho + \frac{\lambda^2 \mathsf{E} B^2}{2(1-\varrho)} \quad \text{(Formel von Pollaczek-Chintschin):}$$

$$\mathsf{V} N = \mathsf{V} \tilde{N} = \frac{1}{2(1-\varrho)} \left[\frac{\lambda^3}{3} \mathsf{E} B^3 + \frac{\lambda^2 (\mathsf{E} B^2)^2}{1-\varrho} - 2\varrho(1-\varrho)\right].$$

(d) *Quasistationäre Verteilung für die Anzahl der Forderungen im System* (KYPRIANOU (1972)): Wenn $\varrho < 1$ erfüllt ist, dann existieren die Grenzwerte der folgenden bedingten Wahrscheinlichkeiten:

$$r_k = \lim_{t \to \infty} \mathsf{P}\left(N(t) = k \,\Big|\, \inf_{0 \le u \le t} N(u) > 0\right)$$

für jedes $k \in \mathbb{N}$.

- Voraussetzung: $\varrho < 1$; $B^*(s)$ sei für $\operatorname{Re} s < 0$ eine meromorphe Funktion.

$$R(z) = \sum_{k=1}^{\infty} r_k z^k = \frac{\gamma(\eta)\, z[1 - B^*(\gamma(\eta) + \lambda - \lambda z)]}{[\gamma(\eta) + \lambda - \lambda z]\,[z - B^*(\gamma(\eta) + \lambda - \lambda z)]}, \qquad |z| < 1.$$

Dabei ist η die größte Nullstelle der Gleichung $\dfrac{\mathrm{d}B^*(s)}{\mathrm{d}s} = -\dfrac{1}{\lambda}$ und $\gamma(z) = z - \lambda + \lambda B^*(z)$.

3.1.2.1.3. Wartezeiten

(a) *Verteilungsfunktion für die virtuelle Wartezeit* (Prabhu [1]):

$$W(t, y; x) = \mathbf{P}(W(t) < y \mid W(0) = x)$$

$$= \begin{cases} \sum\limits_{n=0}^{\infty} \mathrm{e}^{-\lambda t} \dfrac{(\lambda t)^{n-1}}{n!} \displaystyle\int_{u=0}^{t-x} \lambda(t-u)\, \mathrm{d}B^{*(n)}(u) & \text{für} \quad y = +0, \quad t \geqq x, \\ K(t + y - x, t) - \displaystyle\int_{u=0}^{t-x} W(t-u, 0; x)\, \mathrm{d}K_u(u + y, u) & \text{für} \quad y > 0, \quad t \geqq x. \end{cases}$$

Dabei ist

$$K(t + y, t) = \sum_{n=0}^{\infty} \int_0^t \mathrm{e}^{-\lambda x} \frac{(\lambda x)^{n-1}}{n!} \mathrm{d}_x B^{*(n)}(x + y), \qquad y \in \mathbb{R}_+.$$

Für $t < x$ gilt dagegen

$$W(t, y; x) = \begin{cases} 0 & \text{für} \quad y = +0, \\ K(t + y - x, t) & \text{für} \quad y > 0. \end{cases}$$

(b) *L.-T. für die Verteilungsfunktion der virtuellen Wartezeit* (Takacs [1], Prabhu [1], Cohen [1]):

$$\check{W}(t, s; x) = \int_0^{\infty} \mathrm{e}^{-sy} W(t, y; x)\, \mathrm{d}y$$

$$= s^{-1}\, \mathrm{e}^{-s(t-x) + \lambda t(1 - B^*(s))} - \mathbf{1}_{\mathbb{R}_+}(t - x) \int_{u=0}^{t-x} \mathrm{e}^{su + \lambda u(1 - B^*(s))} W(t - u, 0; x)\, \mathrm{d}u,$$

$\operatorname{Re} s > 0,\ x \geqq 0,\ t \geqq 0.$

(c) *Zusammenhang zwischen der Verteilung der virtuellen Wartezeit und der Anzahl der Forderungen, die zur Zeit t im System sind* (Prabhu [1]):

$$P_{00}(t) = W(t, 0; 0),$$

$$P_{i0}(t) = \int_{x=0}^{\infty} W(t, 0; x)\, \mathrm{d}B^{*(i)}(x), \qquad i \in \mathbb{N}.$$

(d) *Erzeugende Funktion für die L.-S.-T. der Verteilungsfunktion für die Wartezeit der n-ten Forderung* (Kingman (1966)):

$$\sum_{n=0}^{\infty} \left(\int_{x=0}^{\infty} \mathrm{e}^{-sx}\, \mathrm{d}\mathring{W}_n(x) \right) z^n = \frac{\mathsf{E}(\mathrm{e}^{-s\mathring{W}_0}) + \xi(z)\,(1 - \lambda/(\lambda + s))}{1 - z(\lambda/(\lambda + s)\, B^*(s))},$$

$\operatorname{Re} s \geqq 0$, $|z| < 1$. Dabei ist $s = \xi(z)$ die Nullstelle der Gleichung $zB^*(s) = 1 - s/\lambda$.

(e) *Stationäre Verteilungsfunktion für die Wartezeiten* (PRABHU [1]):

- Voraussetzung: $\varrho < 1$.

$$\mathring{W}_n \xrightarrow[\mathrm{d}]{} W, \qquad W(t) \xrightarrow[\mathrm{d}]{} W,$$

$$W(x) = \mathring{W}(x) = \begin{cases} 1 - \varrho & x = +0, \\ (1-\varrho) \int\limits_{t=0}^{\infty} \sum\limits_{n=0}^{\infty} \mathrm{e}^{-\lambda t} \dfrac{(\lambda t)^n}{n!} \, \mathrm{d}_t B^{*(n)}(t + x), & x > 0. \end{cases}$$

(f) *L.-S.-T. der stationären Verteilung für die virtuellen Wartezeiten* (CHINTSCHIN (1960), TAKÁCS [1]):

- Voraussetzung: $\varrho = \lambda \mathsf{E} B < 1$.

$$W^*(s) = \int\limits_0^{\infty} \mathrm{e}^{-sx} \, \mathrm{d}W(x) = \frac{1-\varrho}{1 - \lambda\big(1 - B^*(s)\big)/s}, \quad \mathrm{Re}\, s \geqq 0.$$

(g) *r-tes Moment für die stationäre Verteilung der Wartezeiten einer Forderung* (TAKÁCS [2]):

- Voraussetzung: $\varrho = \lambda \mathsf{E} B < 1$, $\mathsf{E} B^{r+1} < \infty$.

$$\mathsf{E} \mathring{W}^r = \int\limits_0^{\infty} x^r \, \mathrm{d}\mathring{W}(x) = \sum_{i=1}^{r} \frac{\lambda^i i!}{(1-\varrho)^i} b_{r,i}, \qquad r \in \mathbb{N},$$

mit

$$b_{r,i} = \sum_{\substack{j_1 + j_2 + \cdots + j_r = i \\ j_1 + 2j_2 + \cdots + r j_r = r}} \frac{r!}{j_1!\, j_2! \cdots j_r!} \left(\frac{\mathsf{E} B^2}{2!}\right)^{j_1} \left(\frac{\mathsf{E} B^3}{3!}\right)^{j_2} \cdots \left(\frac{\mathsf{E} B^{r+1}}{(r+1)!}\right)^{j_r}.$$

Somit ergibt sich

$$\mathsf{E} \mathring{W} = \frac{\lambda \mathsf{E} B^2}{2(1-\varrho)}, \quad \mathsf{E} \mathring{W}^2 = \frac{\lambda^2 (\mathsf{E} B^2)^2}{2(1-\varrho)^2} + \frac{\lambda \mathsf{E} B^3}{3(1-\varrho)},$$

$$\mathsf{E} \mathring{W}^3 = \frac{\lambda \mathsf{E} B^4}{4(1-\varrho)} + \frac{\lambda^2 \mathsf{E} B^2 \mathsf{E} B^3}{(1-\varrho)^2} + \frac{3\lambda^3 (\mathsf{E} B^2)^3}{4(1-\varrho)^3}, \quad \mathsf{V} \mathring{W} = \frac{\lambda^2 (\mathsf{E} B^2)^2}{4(1-\varrho)^2} + \frac{\mathsf{E} B^3 \lambda}{3(1-\varrho)}.$$

(h) *L.-S.-T. der quasistationären Verteilung der virtuellen Wartezeiten* (KYPRIANOU (1972)): Wenn $\varrho < 1$ erfüllt ist, dann existiert eine Verteilungsfunktion $F(x)$, so daß für alle Stetigkeitspunkte x dieser Funktion $F(x)$ folgende Beziehung gilt:

$$\lim_{t \to 0} \mathsf{P}\left(W(t) < x \,\Big|\, \inf_{0 \leqq u \leqq t} W(u) > 0\right) = F(x).$$

$F(x)$ wird quasistationäre Verteilungsfunktion der virtuellen Wartezeiten genannt.

- Voraussetzung: $\varrho < 1$; $B^*(s)$ sei für $\mathrm{Re}\, s < 0$ eine meromorphe Funktion.

$$F^*(s) = \int\limits_0^{\infty} \mathrm{e}^{-sx} \, \mathrm{d}F(x) = \frac{\eta - \lambda + \lambda B^*(\eta)}{(\eta - s) + \lambda\big(B^*(\eta) - B^*(s)\big)}, \qquad \mathrm{Re}\, s \geqq 0.$$

η bezeichnet wieder die größte Nullstelle der Gleichung $\mathrm{d}B^*(s)/\mathrm{d}s = -1/\lambda$.

(i) *Verteilungsfunktion für die maximale Wartezeit einer Forderung und die maximale virtuelle Wartezeit während einer Besetztzeit* (Cohen (1968)):

- Voraussetzung: $\varrho = \lambda \mathsf{E}B < 1$.

$$W_{\max}(x) = \mathsf{P}\big(W_{\max}(t) < x\big) = \frac{(\mathring{W} * B)(x)}{\mathring{W}(x)}, \qquad x > 0,$$

$$\mathring{W}_{\max}(x) = \mathsf{P}\big(\mathring{W}_{\max}(n) < x\big) = \frac{\mathring{W}(x)}{\int\limits_{-\infty}^{0} \lambda\, e^{\lambda y} \mathring{W}(x-y)\, dy}, \qquad x > 0.$$

(j) *Qualitative Eigenschaften von stationären Wartezeitverteilungen* (Stoyan [1]):

Für zwei M/GI/1/∞-Systeme mit den Intensitäten λ_1, λ_2 des Forderungsstromes und den Bedienungszeitverteilungsfunktionen $B_1(x)$, $B_2(x)$ mit dem gleichen Erwartungswert $\mathsf{E}B$ gelte

$$\lambda_1 \leqq \lambda_2, \qquad B_1 \overset{(2)}{\leqq} B_2 \quad \text{und} \quad \varrho_k = \lambda_k \mathsf{E}B < 1 \qquad (k = 1, 2).$$

Für die zugehörigen stationären Wartezeitverteilungsfunktionen $\mathring{W}_1(x)$ und $\mathring{W}_2(x)$ folgt dann $W_1 \overset{(1)}{\leqq} W_2$ (↑ [I, 2.10.2]).

(k) *Stationäre Verteilung, Erwartungswert und Varianz für die Wartezeiten einer Forderung beim Vorliegen der Bedienungsdisziplin* RANDOM (Conolly [1]):

- Voraussetzung: $\varrho = \lambda \mathsf{E}B < 1$, Bedienungsdisziplin RANDOM.

$$\mathring{W}^*(s) = \int\limits_0^\infty e^{-sx}\, d\mathring{W}(x) = (1-\varrho)\left(1 + \frac{\lambda}{s}\,\eta(s)\right), \qquad \operatorname{Re} s \geqq 0,$$

mit

$$\eta(s) = \int\limits_{\delta(s)}^{1} k(x, s)\left(1 + \frac{1-x}{B^*\big(\lambda(1-x)\big) - x}\right) dx.$$

Dabei ist $k(x, s)$ die Lösung der Gleichung

$$\frac{dk(x, s)}{dx} = \frac{k(x, s)}{x - B^*(s + \lambda - \lambda x)}, \qquad k(1, s) = 1,$$

und $z = \delta(s)$ ist die kleinste positive reelle Nullstelle der Gleichung $z = B^*\big(s + \lambda(1-z)\big)$.

$$\mathsf{E}\mathring{W} = \frac{\lambda \mathsf{E}B^2}{2(1-\varrho)}, \qquad \mathsf{V}\mathring{W} = \frac{\varrho^2 (\mathsf{E}B^2)^2\,(2+\varrho)}{4(1-\varrho)^2\,(2-\varrho)} + \frac{2\varrho \mathsf{E}B^3}{3\mathsf{E}B(2-\varrho)\,(1-\varrho)}.$$

(l) *L.-S.-T., Erwartungswert und Varianz der stationären Verteilung der Wartezeit einer Forderung für die Bedienungsdisziplin* LCFS (Conolly [1]):

- Voraussetzung: $\varrho = \lambda \mathsf{E}B < 1$, Bedienungsdisziplin LCFS.

$$\mathring{W}^*(s) = \int\limits_0^\infty e^{-sx}\, d\mathring{W}(x) = 1 - \varrho + \frac{\lambda\big(1 - \Pi^*(s)\big)}{s + \lambda - \lambda \Pi^*(s)}, \qquad \operatorname{Re} s \geqq 0.$$

Dabei bezeichnet $z = \Pi^*(s)$ die Lösung der Funktionalgleichung

$$z = B^*(s + \lambda(1 - z)), \qquad |z| \leqq 1.$$

$$\mathsf{E}\mathring{W} = \frac{\mathsf{E}B\lambda}{2(1-\varrho)}, \quad \mathsf{V}\mathring{W} = \frac{\frac{1}{3}\lambda\mathsf{E}B^3 - \frac{1}{4}\lambda^2(\mathsf{E}B^2)^2}{(1-\varrho)^2} + \frac{\frac{1}{2}\lambda^2(\mathsf{E}B^2)^2}{(1-\varrho)^3}.$$

3.1.2.1.4. Untätigkeitszeiten und Besetztzeiten

(a) *Verteilungsfunktion, Erwartungswert und Varianz für eine Untätigkeitszeit des Bedienungsgerätes:*

$$U(x) = \mathsf{P}(U_1 < x) = 1 - \mathrm{e}^{-\lambda x}, \qquad x > 0,$$

$$\mathsf{E}U_1 = \frac{1}{\lambda}, \quad \mathsf{V}U_1 = \frac{1}{\lambda^2}.$$

(b) *Gemeinsame und separate Verteilung für die Länge einer Besetztzeit und die Anzahl der Forderungen, die während einer Besetztzeit bedient werden* (PRABHU [1]):

$$\mathbf{P}(S_1 < x, M_1 = n \mid N(0) = i) = \frac{i}{n} \int_0^x \mathrm{e}^{-\lambda u} \frac{(\lambda u)^{n-i}}{(n-i)!} \, \mathrm{d}B^{*(n)}(u),$$

$$i \in \mathbb{N}, \quad n \geqq i, \quad x \in \mathbb{R}_+.$$

$$\Pi_i(x) = \mathbf{P}(S_1 < x \mid N(0) = i) = \sum_{n=i}^{\infty} \frac{i}{n} \int_0^x \mathrm{e}^{-\lambda u} \frac{(\lambda u)^{n-i}}{(n-i)!} \, \mathrm{d}B^{*(n)}(u),$$

$$f_{i,n} = \mathbf{P}(M_1 = n \mid N(0) = i) = \int_{x=0}^{\infty} \frac{i}{n} \mathrm{e}^{-\lambda x} \frac{(\lambda x)^{n-i}}{(n-i)!} \, \mathrm{d}B^{*(n)}(x),$$

$$\mathbf{P}(S_1 < \infty \mid N(0) = i) = \mathbf{P}(M_1 < \infty \mid N(0) = i) = \begin{cases} 1 & \text{für } \varrho \leqq 1, \\ \delta_0^i & \text{für } \varrho > 1. \end{cases}$$

$z = \delta_0$ ist dabei die kleinste positive reelle Nullstelle der Gleichung $z = B^*(\lambda(1 - z))$.

(c) *L.-S.-T. der Verteilungsfunktion für eine Besetztzeit des Bedienungsgerätes* (PRABHU [1]):

$$\Pi_i(x) = \mathbf{P}(S_1 < x \mid N(0) = i), \qquad i \in \mathbb{N}.$$

Die Funktion

$$\Pi^*(s) = \int_0^\infty \mathrm{e}^{-sx} \, \mathrm{d}\Pi_1(x), \qquad \operatorname{Re} s \geqq 0,$$

ist Lösung der Funktionalgleichung $z = B^*(s + \lambda(1 - z))$. Außerdem gilt

$$\Pi_i^*(s) = \int_0^\infty \mathrm{e}^{-sx} \, \mathrm{d}\Pi_i(x) = [\Pi^*(s)]^i.$$

(d) *Erzeugende Funktion der Verteilung für die Anzahl der Forderungen, die in einer Besetztzeit bedient werden* (PRABHU [1]):

$$f_{i,n} = \mathbf{P}(M_1 = n \mid N(0) = i), \qquad i \in \mathbb{N},$$

$$g_1(z) = g_{M_1}(z) = \sum_{n=1}^{\infty} f_{1,n} z^n, \qquad |z| < 1.$$

Die erzeugende Funktion $g_1(z)$ ist Lösung der Funktionalgleichung $g = zB^*(\lambda(1 - g))$. Außerdem gilt

$$g_i(z) = \sum_{n=1}^{\infty} f_{i,n} z^n = [g_1(z)]^i.$$

(e) *r-tes Moment für die Länge einer Besetztzeit des Bedienungsgerätes* (TAKACS [2]):

- Voraussetzung: $\varrho = \lambda \mathbf{E}B < 1$, $\mathbf{E}B^r < \infty$.

$$\mathbf{E}(S_1 \mid N(0) = i) = \frac{i\mathbf{E}B}{1 - \varrho}, \qquad i \in \mathbb{N},$$

$$\mathbf{V}(S_1 \mid N(0) = i) = \frac{i\mathbf{E}B^2}{(1 - \varrho)^3} - \frac{(\mathbf{E}B)^2}{(1 - \varrho)^2}, \qquad i \in \mathbb{N},$$

$$\mathbf{E}S_1^r = \sum_{i=1}^{r-1} \frac{r!\,\lambda^{i-1}}{(r-1)!\,(1-\varrho)^{r+i}}\, b_{(r-1),i}, \qquad r \in \mathbb{N},$$

mit

$$b_{r,i} = \sum_{\substack{j_1+j_2+\cdots+j_r=i \\ j_1+2j_2+\cdots+rj_r=r}} \frac{r!}{j_1!\,j_2!\cdots j_r!} \left(\frac{\mathbf{E}B^2}{2!}\right)^{j_1} \left(\frac{\mathbf{E}B^3}{3!}\right)^{j_2} \cdots \left(\frac{\mathbf{E}B^{r+1}}{(r+1)!}\right)^{j_r}.$$

Speziell ist

$$\mathbf{E}S_1^2 = \frac{\mathbf{E}B^2}{(1-\varrho)^3}, \qquad \mathbf{E}S_1^3 = \frac{\mathbf{E}B^3}{(1-\varrho)^4} + \frac{3\lambda(\mathbf{E}B^2)^2}{(1-\varrho)^5}$$

$$\mathbf{E}S_1^4 = \frac{\mathbf{E}B^4}{(1-\varrho)^5} + \frac{10\mathbf{E}B^2\mathbf{E}B^3}{(1-\varrho)^6} + \frac{15\lambda^2(\mathbf{E}B^2)^3}{(1-\varrho)^7}.$$

(f) *Übergangswahrscheinlichkeiten für die Anzahl der Forderungen, die während einer Besetztzeit im System sind* (Besetztwahrscheinlichkeiten) (PRABHU [1]):

$$\mathbf{P}(N(t) = j, S_1 > t \mid N(0) = i) = \sum_{n=\max(0,-j+i)}^{\infty} e^{-\lambda t} \frac{(\lambda t)^{n+j-i}}{(n+j-i)!} C_n(t)$$

$$- \sum_{n=0}^{\infty} \int_0^t e^{-\lambda(t-u)} \frac{[\lambda(t-u)]^{n+j}}{(n+j)!} C_n(t-u)\, d\Pi_i(u)$$

mit

$$\Pi_i(x) = \mathbf{P}(S_1 < x \mid N(0) = i), \qquad i \in \mathbb{N},$$

$$C_n(t) = B^{*(n)}(t) - B^{*(n+1)}(t), \qquad n \in \mathbb{G}_+.$$

(g) *Gemeinsame Verteilungsfunktion für die Länge einer Besetztzeit und für die Anzahl der Forderungen, die während dieser Besetztzeit bedient werden* (PRABHU [1]):

$$\mathsf{P}\big(S_1 < x,\, M_1 = n \mid W(0) = u\big) = \int\limits_{y=u}^{x} \mathrm{e}^{-\lambda y} \frac{(\lambda y)^{n-1}}{n!}\, \lambda u \, \mathrm{d}_y B^{*(n)}(y-u)$$

$u \in \mathbb{R}_+, \quad x \geqq u,$

$$\mathsf{P}\big(S_1 < x \mid W(0) = u\big) = \sum_{n=0}^{\infty} \int\limits_{y=u}^{x} \mathrm{e}^{-\lambda y} \frac{(\lambda y)^{n-1}}{n!}\, \lambda u \, \mathrm{d}_y B^{*(n)}(y-u),$$

$$\mathsf{P}\big(S_1 < \infty \mid W(0) = u\big) = \mathsf{P}\big(M_1 < \infty \mid W(0) = u\big) = \begin{cases} 1 & \text{für} \quad \varrho \leqq 1, \\ \mathrm{e}^{-u\eta_0} & \text{für} \quad \varrho > 1, \end{cases}$$

wobei $s = \eta_0$ die größte Nullstelle der Gleichung $s = \lambda - \lambda B^*(s)$ ist.

(h) *L.-S.-T. für die Verteilungsfunktion einer Besetztperiode:*

$$Z_i(x) = \mathsf{P}\big(Z_1 < x \mid N(0) = i\big), \qquad i \in \mathbb{N},$$

$$Z_i^*(s) = \int\limits_0^{\infty} \mathrm{e}^{-sx}\, \mathrm{d}Z_i(x) = \frac{\lambda\big(\Pi^*(s)\big)^i}{\lambda + s}, \qquad \operatorname{Re} s \geqq 0.$$

Dabei ist $\Pi^*(s)$ die L.-S.-T. einer Besetztzeit S_1 mit $N(0) = 1$.

(i) *L.-S.-T. der gemeinsamen Verteilung einer virtuellen Wartezeit und einer Restbesetztzeit* (NEUTS (1068)):

- Voraussetzung: $\varrho < 1$.

$S(t)$ bezeichne die Restbesetztzeit des Systems zur Zeit t. Dann folgt

$$\lim_{t\to\infty} \mathsf{E}\big(\mathrm{e}^{-s_1 S(t)}\, \mathrm{e}^{-s_2 W(t)}\big) = \frac{\big(s_1 + s_2 + \lambda - \lambda\delta(s_1)\big)\,(1 - \lambda \mathsf{E}B)}{s_1 + s_2 + \lambda B^*\big(s_1 + s_2 + \lambda - \lambda\delta(s_1)\big) - \lambda\delta(s_1)},$$

$\operatorname{Re} s_1 \geqq 0, \quad \operatorname{Re} s_2 \geqq 0,$

wobei $z = \delta(s_1)$ die dem Betrag nach kleinste Nullstelle der Gleichung $z = B^*\big(s_1 + \lambda(1 - z)\big)$ ist.

3.1.2.1.5. Korrelationsergebnisse und Abgangsprozeß

(a) *Erzeugende Funktion für die Kovarianzen der Wartezeiten* (BLOMQVIST (1967)):

- Voraussetzung: $\varrho = \lambda \mathsf{E}B < 1$; der stochastische Prozeß $(\mathring{W}_n,\, n \in \mathbb{G}_+)$ sei stationär im engeren Sinne.

$$\sum_{r=0}^{\infty} \operatorname{Cov}(\mathring{W}_n, \mathring{W}_{n+r})\, z^r = \frac{1}{1-z} \left\{ \left.\frac{\mathrm{d}^2 \mathring{W}^*(s)}{\mathrm{d}s^2}\right|_{s=0} - \left(\left.\frac{\mathrm{d}\mathring{W}^*(s)}{\mathrm{d}s}\right|_{s=0} \right)^2 \right.$$
$$\left. + \frac{z}{1-z} \left.\frac{\mathrm{d}\mathring{W}^*(s)}{\mathrm{d}s}\right|_{s=0} \frac{1-\varrho}{\lambda} - \frac{(\lambda - \delta)\, \mathring{W}^*(\delta)}{\lambda\delta} \right\}, \qquad |z| < 1,$$

wobei $z = \delta$ die kleinste positive reelle Nullstelle der Gleichung $\lambda - z = \lambda s B^*(s)$ ist.

(b) *Folgenkorrelation der Schlangenlänge in den Abgangszeitpunkten der Forderungen* (PAKES (1971a)):

• Voraussetzung: $\varrho < 1$, $\mathsf{E}B^3 < \infty$; der stochastische Prozeß $(\tilde{N}_{w,n}, n \in \mathbb{G}_+)$ sei stationär im engeren Sinne.

$$\mathsf{K}(\tilde{N}_{w,n}, \tilde{N}_{w,n+r}) = \frac{\mathsf{Cov}\,(\tilde{N}_{w,n}, \tilde{N}_{w,n+r})}{\mathsf{V}\tilde{N}_{w,0}} = 1 - \frac{rV_1(1-\varrho)}{\mathsf{V}\tilde{N}_{w,0}} + \frac{1}{\mathsf{V}\tilde{N}_{w,0}} \sum_{k=0}^{r-1} c_k, \quad r = 1, 2, \ldots,$$

mit

$$V_1 = \varrho + \lambda \mathsf{E}B^2/\big(2(1-\varrho)\big),$$

$$c_n = \frac{1}{n!}\left(\frac{\mathrm{d}}{\mathrm{d}x}\right)^{n-1} \left\{\frac{\mathrm{d}}{\mathrm{d}x}\left[\frac{x\,\dfrac{\mathrm{d}\Pi(x)}{\mathrm{d}x}}{1-x}\right] F(x)^n\right\}\Bigg|_{x=0}, \quad c_0 = 0,$$

$$\Pi(x) = \frac{(1-\varrho)\,(1-x)\,F(x)}{F(x)-x}, \quad F(x) = B^*\big(\lambda(1-x)\big).$$

(c) *Erzeugende Funktion des Erwartungswertes* $\mathsf{E}(\mathrm{e}^{-s\tilde{T}_n} z_1^{\mathring{N}_n})$ (TAKACS [1]):

$$\mathsf{g}_n(s, z_1) = \mathsf{E}(\mathrm{e}^{-s\tilde{T}_n} z_1^{\mathring{N}_n}), \qquad \mathrm{Re}\, s \geqq 0, \qquad |z_1| < 1, \qquad |z_2| < 1,$$

$$\sum_{n=0}^{\infty} \mathsf{g}_n(s, z_1)\, z_2^n = \frac{\mathsf{g}_0(s, z_1) - \dfrac{z_2 B^*\big(s+\lambda(1-z_1)\big)\big(s+\lambda(1-z_1)\big)\, \mathsf{g}_0\big(s, \delta(s, z_2)\big)}{s + \lambda\big(1-\delta(s, z_2)\big)}}{z_1 - z_2 B^*\big(s+\lambda(1-z_1)\big)},$$

wobei $z = \delta(s, z_2)$ die dem Betrag nach kleinste Nullstelle der Gleichung $z = z_2 B^*\big(s+\lambda(1-z)\big)$ ist.

(d) *L.-S.-T. für den Erwartungswert des Abgangsprozesses* (TAKACS [1]):

$L_0(t)$ bezeichne die Anzahl der abgehenden Forderungen im Zeitabschnitt $[0, t)$, $H(t) = \mathsf{E}L_0(t)$ sei die entsprechende Erneuerungsfunktion und $\mathsf{g}_0(z) = \mathsf{E}(z^{N(0)})$ bei $|z| < 1$. Dann gilt

$$H^*(s) = \int_0^\infty \mathrm{e}^{-st}\,\mathrm{d}H(t) = \frac{B^*(s)}{1-B^*(s)}\left\{1 - \frac{s\,\mathsf{g}_0\big(\delta(s)\big)}{s+\lambda\big(1-\delta(s)\big)}\right\}, \qquad \mathrm{Re}\, s > 0,$$

wobei $z = \delta(s)$ wieder die kleinste positive reelle Nullstelle der Gleichung $z = B^*\big(s+\lambda(1-z)\big)$ ist.

(e) *Verteilungsfunktion für die Zwischenabgangszeiten* (TAKACS [1]):

$$D_n(x) = \mathsf{P}(D_n < x) = \big(1 - \mathsf{P}(\mathring{N}_n = 0)\big)\, B(x) + \mathsf{P}(\mathring{N}_n = 0)\, (A * B)\,(x),$$

$$x \in \mathbb{R}_+, \quad n \in \mathbb{G}_+.$$

(f) *Stationäre Verteilungsfunktion und zugehörige L.-S.-T. für die Zwischenabgangszeiten* (TAKACS [1]):

• Voraussetzung: $\varrho = \lambda\mathsf{E}B < 1$.

$$D_n \xrightarrow[\mathrm{d}]{} D \ (n \to \infty), \qquad D(x) = \mathsf{P}(D < x) = \varrho B(x) + (1 - \varrho)\,(A * B)\,(x),$$
$x \in \mathbb{R}$,

$$D^*(s) = \int_0^\infty \mathrm{e}^{-sx}\, \mathrm{d}D(x) = \frac{\lambda(1 + s\mathsf{E}B)\, B^*(s)}{\lambda + s}, \qquad \operatorname{Re} s \geqq 0.$$

(g) *Erzeugende Funktion der Folgenkorrelation der Zwischenabgangszeiten* (DALEY (1968b)):

- Voraussetzung: $\varrho < 1$; der stochastische Prozeß $(D_n,\ n \in \mathbb{G}_+)$ sei stationär im engeren Sinne.

$$\sum_{r=1}^{\infty} \mathsf{K}(D_n, D_{n+r})\, z^r = \frac{(1-\varrho)\big(\delta(z) - z\big)}{\lambda^2 \mathsf{V}D_0(1 - z)\big(1 - \delta(z)\big)} + \frac{z \dfrac{\mathrm{d}}{\mathrm{d}z}\big(\delta(z)\big) - \delta(z)}{(1 - z)\,\delta(z)\, \dfrac{\mathrm{d}}{\mathrm{d}z}\big(\delta(z)\big)}, \qquad |z| < 1,$$

wobei $\delta = \delta(z)$ die dem Betrag nach kleinste Wurzel der Gleichung $\delta = zB^*\big(\lambda(1 - \delta)\big)$ ist.

Es werden nun zwei wichtige Spezialfälle des Systems M/GI/1/∞ betrachtet:

3.1.2.2 System M/D/1/∞

Die Bedienungszeiten aller Forderungen seien konstant, d. h., es gelten $B_n = \mathsf{E}B_n = b$ für alle n und $B(x) = \delta_b(x)$.

(a) *Übergangswahrscheinlichkeiten für die Anzahl der Forderungen, die zur Zeit t im System sind* (BHAT [1]):

$$P_{ij}(t) = \mathsf{P}\big(N(t) = j \mid N(0) = i\big), \qquad l = \operatorname{ent}(t/b),$$

$$P_{i0}(t) = \mathbf{1}_{\mathbb{G}_+}(l - i) \sum_{n=0}^{l-i} \mathrm{e}^{-\lambda t} \frac{(\lambda t)^{n-1}}{n!}\, \lambda(t - nb) \quad \text{für} \quad i \in \mathbb{G}_+,$$

$$P_{0j}(t) = \sum_{n=0}^{l} \sum_{k=0}^{l-n} \frac{\lambda^{n+k+j}}{n!(k + j - 1)!}\, \mathrm{e}^{-\lambda t} \int_{kb}^{(k+1)b} y^{k+j-1}(t - y)^{n-1}\,(t - y - nb)\, \mathrm{d}y$$
$$- \mathbf{1}_{\mathbb{N}}(l - n - 1) \sum_{n=0}^{l} \sum_{m=1}^{l-n-1} \sum_{k=m}^{l-n} \mathrm{e}^{-\lambda t}(mb)^{m-1} \frac{\lambda^{n+k+j}}{n!\, m!(k - m + j)!}$$
$$\times \int_{kb}^{(k+1)b} (y - mb)^{k-m+j}\,(t - y)^{n-1}\,(t - y - nb)\, \mathrm{d}y, \qquad j \in \mathbb{G}_+.$$

(b) *Besetztwahrscheinlichkeiten* (BHAT [1]):

$$\mathsf{P}\big(N(t) = j,\ M_1 = n,\ S_1 > t \mid N(0) = i\big)$$
$$= \mathrm{e}^{-\lambda t} \frac{(\lambda t)^{l+j-1}}{(l + j - i)!} - \mathrm{e}^{-\lambda t}\lambda^{l+j-i} \sum_{m=i}^{l-1} \frac{i}{m} \frac{(mb)^{m-i}}{(m - i)!} \frac{(t - mb)^{l-m+j}}{(l - m + j)!}$$

mit $l = \operatorname{ent}(t/b)$, $\quad i \in \mathbb{N},\ j \in \mathbb{N}$.

(c) *Stationäre Verteilung für die Anzahl der Forderungen im System* (BHAT [1]):

- Voraussetzung: $\varrho = \lambda b < 1$.

$$p_k = \tilde{p}_k = \begin{cases} 1 - \varrho & \text{für} \quad k = 0, \\ (1-\varrho) \sum_{n=0}^{\infty} \mathrm{e}^{-n\varrho} \dfrac{(n\varrho)^{n+k-1}}{(n+k-1)!} - \mathrm{e}^{-n\varrho} \dfrac{(n\varrho)^{n+j}}{(n+j)!} & \text{für} \quad k \in \mathbb{N}. \end{cases}$$

(d) *Verteilungsfunktion für die virtuelle Wartezeit* (PRABHU [1]):

$$W(t, y; x) = \mathbf{P}\big(W(t) < y \mid W(0) = x\big)$$
$$= \sum_{n=0}^{l(x-y)} \mathrm{e}^{-\lambda t} \frac{\lambda^n}{n!} \left[t^n - (t+y-nb) \sum_{m=0}^{n} \binom{n}{m} (mb-y)^m (t+y-mb)^{n-m-1} \right]$$

mit

$$W(t, +0; x) = \sum_{n=0}^{l(x)} \mathrm{e}^{-\lambda t} \frac{\lambda^n t^{n-1}}{n!} (t - nb), \qquad x > 0, \quad y \in \mathbb{R}_+,$$

$$l(x) = \operatorname{ent}\big((t-x)/b\big).$$

(e) *Stationäre Verteilung, Erwartungswert und Varianz für die virtuelle Wartezeit* (PRABHU [1]):

- Voraussetzung: $\varrho = \lambda b < 1$.

$$W(x) = \mathring{W}(x) = 1 - (1-\varrho) \sum_{n=l+1}^{\infty} \mathrm{e}^{-\lambda(nb-x)} \frac{\lambda^n}{n!} (nb - x)$$

mit $l = \operatorname{ent}(x/b)$,

$$\mathsf{E}W = \frac{b\varrho}{2(1-\varrho)}, \qquad \mathsf{V}W = \frac{4\lambda b^3 - \lambda^2 b^4}{12(1-\varrho)}.$$

(f) *Gemeinsame Verteilung für die Länge einer Besetztzeit und für die Anzahl der Forderungen, die während dieser Besetztzeit bedient werden* (BHAT [1]):

$$\mathsf{V}\big(M_1 = n, S_1 < x \mid N(0) = i\big) = \begin{cases} \sum_{k=i}^{l} \mathrm{e}^{-\lambda kb} \dfrac{(\lambda kb)^{(k-i)}}{(k-i)!}, \quad l = \operatorname{ent}\left(\dfrac{x}{b}\right), & n \geqq i, \quad x > nb, \\ 0 & \text{sonst}, \end{cases}$$

$i, n \in \mathbb{N}, \qquad x \in \mathbb{R}_+$.

(g) *Folgenkovarianzen der Schlangenlänge in den Abgangszeitpunkten der Forderungen* (JENKINS (1966)):

- Voraussetzung: $\varrho < 1$; der stochastische Prozeß $(\tilde{N}_{\mathrm{w},n}, n \in \mathbb{G}_+)$ sei stationär im engeren Sinne.

$$\mathsf{Cov}\,(\tilde{N}_{\mathrm{w},n}, \tilde{N}_{\mathrm{w},n+1}) = \frac{\varrho(2\varrho^2 - 7\varrho + 12)}{6 - 3\varrho + 5\varrho^2 - \varrho^3}.$$

(h) *Folgenkorrelation der Zwischenabgangszeiten* (JENKINS (1966)):

- Voraussetzung: $\varrho < 1$; der stochastische Prozeß $(D_n, n \in \mathbb{G}_+)$ sei stationär im engeren Sinne.

$$\mathsf{K}(D_n, D_{n+1}) = \frac{\mathrm{e}^{-\varrho} + \varrho + 1}{1 + \varrho}, \qquad \mathsf{K}(D_n, D_{n+2}) = \frac{(1+\varrho)\,\mathrm{e}^{-2\varrho} + \varrho - 1}{1 + \varrho}.$$

3.1.2.3. System $M/E_k/1/\infty$

Für die Dichte der Bedienungszeitverteilung gilt für ein $k \in \mathbb{N}$:

$$b(x) = e^{-k\mu x} \frac{(k\mu x)^{k-1}}{(k-1)!} k\mu, \qquad x \in \mathbb{R}_+.$$

Insbesondere sind

$$\mathsf{E}B = \frac{1}{\mu}, \quad \mathsf{E}B^2 = \frac{k+1}{k\mu^2}, \quad \mathsf{E}B^3 = \frac{(k+1)(k+2)}{k^2\mu^3}.$$

(a) *Übergangswahrscheinlichkeiten für die Anzahl der Forderungen, die zur Zeit t im System sind* (BHAT [1]):

$$P_{i0}(t) = \mathsf{P}\big(N(t) = 0 \mid N(0) = i\big) = 1 - e^{-\lambda t} \sum_{n=i}^{\infty} \frac{\lambda^{n-i} t^{n-i-1}}{\mu(n-i-1)!}$$

$$- e^{-(\lambda+k\mu)t} \sum_{n=i}^{\infty} \sum_{r=0}^{nk-1} \frac{\lambda^{n-i}(k\mu)^r t^{n-i+r}}{r!(n-i)!} + e^{(\lambda+k\mu)t} \sum_{n=i}^{\infty} \sum_{r=0}^{nk} \frac{\lambda^{n-i}(k\mu)^r t^{n-i+r-1}}{\mu(n-i-1)!\, r!}, \quad i \in \mathbb{G}_+.$$

(b) *Stationäre Verteilung, Erwartungswert und Varianz für die Anzahl der Forderungen im System* (BHAT [1], PRABHU [1]):

- Voraussetzung: $\varrho = \dfrac{\lambda}{\mu} < 1$.

$$p_j = \tilde{p}_j = \begin{cases} 1 - \varrho & \text{für } j = 0, \\ (1-\varrho) \displaystyle\int_0^\infty e^{-(\lambda+k\mu)t} \sum_{n=0}^{\infty} \frac{\lambda^{n+j-1}(k\mu)^{nk}}{(n-j)!\,(nk-1)!} t^{nk+n+j-2}(n+j-\lambda t)\, dt & \text{für } j \in \mathbb{N}, \end{cases}$$

$$\mathsf{E}N = \varrho + \frac{\varrho^2(k+1)}{2k(1-\varrho)},$$

$$\mathsf{V}N = \frac{1}{1-\varrho}\left[\frac{\varrho^3(k+1)(k+2)}{3k^2} + \frac{\varrho^2(k+1)^2}{\mu^2k^2} - 2\varrho(1-\varrho)\right].$$

(c) *Besetztwahrscheinlichkeiten* (BHAT [1]):

$$\mathsf{P}\big(N(t) = j, M_1 = n, S_1 > t \mid N(0) = i\big) = e^{-(\lambda+k\mu)t} \sum_{r=nk}^{nk+k-1} \frac{\lambda^{n+j-i}(k\mu)^r}{(n+j-i)\, r!} t^{n+j-i+r}$$

$$- e^{-(\lambda+k\mu)t} \sum_{m=i}^{n-1} \sum_{r=nk-mk}^{nk-mk+k-1} \frac{i\lambda^{n+j-i}(k\mu)^{mk+r}}{m(m-i)!\,(mk-1)!\,(n-m+j)!}$$

$$\times \int_0^\infty y^{mk+n-i-1}(t-y)^{n-m+j+r}\, dy, \qquad i, j \in \mathbb{N}.$$

(d) *Stationäre Verteilungsfunktion, Erwartungswert und Varianz für die Wartezeit einer Forderung* (PRABHU [1]):

- Voraussetzung: $\varrho = \dfrac{\lambda}{\mu} < 1$.

$$W(x) = \mathring{W}(x) = 1 - \varrho \sum_{l=1}^{k} \frac{c_l}{m_l - 1} e^{-\mu k x(1-(1/m_l))}, \qquad x > 0, \quad k \in \mathbb{N},$$

mit

$$c_l = \prod_{\substack{i=1\\i\neq l}}^{k} \left(\frac{m_l}{m_l - m_i}\right), \qquad l = 1, 2, \ldots, k.$$

Dabei sind die Größen m_i die Nullstellen der Gleichung $z^k + z^{k-1} + \cdots + z = \varrho/k$.

$$\mathsf{E}W = \mathsf{E}\mathring{W} = \frac{(k+1)\,\varrho}{2k\mu(1-\varrho)}, \quad \mathsf{V}W = \mathsf{V}\mathring{W} = \frac{(k+1)^2\,\varrho^2}{4k^2\mu^2(1-\varrho)^2} + \frac{\varrho(k+1)\,(k+2)}{3k^2\mu^2(1-\varrho)}.$$

3.1.3. System GI/M/1/∞

3.1.3.1. Anzahl der Forderungen im System

(a) *L.-T. für die Übergangswahrscheinlichkeiten der Anzahl der Forderungen, die zur Zeit t im System sind* (Takacs [1], Cohen [1]):

$$P_{0k}(t) = \mathsf{P}\big(N(t) = k \mid N(0) = 0\big)$$

$$\int_0^\infty e^{-st} P_{0k}(t)\,dt = \begin{cases} \dfrac{\big(1-\delta(s)\big)^2\,\big(\delta(s)\big)^{k-1}}{\big(1-A^*(s)\big)\,\big(s+\mu-\mu\delta(s)\big)} & \text{für} \quad k \in \mathbb{N}, \\[2ex] \dfrac{1}{s} - \dfrac{1-\delta(s)}{\big(1-A^*(s)\big)\,\big(s+\mu-\mu\delta(s)\big)} & \text{für} \quad k = 0, \ \operatorname{Re} s > 0. \end{cases}$$

Dabei ist $z = \delta(s)$ die Nullstelle der Gleichung $z = A^*\big(s + \mu(1-z)\big)$ mit dem kleinsten absoluten Betrag.

(b) *L.-T. des Erwartungswertes für die Anzahl der Forderungen, die zur Zeit t im System sind* (Cohen [1]):

$$\int_0^\infty e^{-st} \mathsf{E}\big(N(t) \mid N(0) = 0\big)\,dt = \big[\big(1-A^*(s)\big)\,\big(s+\mu-\mu\delta(s)\big)\big]^{-1}, \qquad \operatorname{Re} s > 0.$$

(c) *Besetztwahrscheinlichkeiten* (Bhat [1]):

$$\begin{aligned} P_{ij}(t, n) &= \mathsf{P}\big(N(t) = j,\ \mathring{T}_n \leqq t < \mathring{T}_{n+1},\ S_1 > t \mid N(0) = i\big) \\ &= e^{-\mu t} \frac{(\mu t)^{n+i-j+1}}{(n+i-j+1)!} \big(A^{*(n)}(t) - A^{*(n+1)}(t)\big) \\ &\quad - \sum_{m=1}^{n-j} \int_0^t e^{-\mu y} \frac{(\mu y)^{m+i}}{(n-j+1)!} P_{0j}(t-y, n-m)\,dA^{*(m)}(y), \qquad i, j \in \mathbb{N}, \end{aligned}$$

mit

$$P_{0j}(t, n) = e^{-\mu t} \frac{(\mu t)^{n-j}}{(n-j+1)!} \int_0^t \left(t - \left(1 - \frac{j-1}{n}\right) y\right) \big(1 - A(t-y)\big)\,dA^{*(n)}(y).$$

(d) *Erzeugende Funktion für die Übergangswahrscheinlichkeiten der eingebetteten Markowschen Kette* $(\mathring{N}_n, n \in \mathbb{G}_+)$ (TAKACS [1]):

$$\mathring{P}_{ik}(n) = \mathsf{P}(\mathring{N}_n = k \mid \mathring{N}_0 = i), \qquad i, k \in \mathbb{G}_+,$$

$$\sum_{n=0}^{\infty} \sum_{i=0}^{\infty} \mathring{P}_{ik}(n)\, z_1^n z_2^i$$

$$= \frac{(1 - z_1)(1 - z_2)\, z_2^{k+1} + z_1\big(z_2 - A^*(\mu(1 - z_2))\big)\big(1 - d(z_1)\big)\big(d(z_1)\big)^k}{(1 - z_1)(1 - z_2)\big(z_2 - z_1 A^*(\mu(1 - z_2))\big)},$$

$|z_1|, |z_2| < 1$.

Dabei ist $z = d(z_1)$ die Nullstelle der Gleichung $z = z_1 A^*\big(\mu(1 - z)\big)$ mit dem kleinsten absoluten Betrag. Sie berechnet sich explizit aus

$$d(w) = \sum_{n=1}^{\infty} \frac{w^n}{n!} \int_0^{\infty} \mathrm{e}^{-\mu x} \frac{(\mu x)^{n-1}}{n!}\, \mathrm{d}A^{*(n)}(x).$$

(e) *Erzeugende Funktion des Erwartungswertes für die Anzahl der Forderungen, die unmittelbar vor der Ankunft einer Forderung im System sind* (TAKACS [1]):

$$\sum_{n=0}^{\infty} \mathsf{E}(\mathring{N}_n \mid \mathring{N}_0 = 0)\, z^n = \frac{1}{(1 - z)} \frac{d(z)}{\big(1 - d(z)\big)}, \qquad |z| < 1.$$

(f) *Stationäre Verteilung, Erwartungswert sowie Varianz für die eingebettete Markowsche Kette* $(\mathring{N}_n, n \subset \mathbb{G}_+)$ (TAKACS [1], COHEN [1]):

- Voraussetzung: $\varrho = (\mathsf{E}A\mu)^{-1} < 1$.

$$\mathring{p}_k = \mathsf{P}(\mathring{N} = k) = \lim_{n \to \infty} \mathring{P}_{ik}(n) = (1 - \delta)\, \delta^k, \qquad i, k \in \mathbb{G}_+.$$

Dabei ist $z = \delta$ die kleinste positive reelle Nullstelle der Gleichung $z = A^*\big(\mu(1 - z)\big)$.

$$\mathsf{E}\mathring{N} = \frac{\delta}{1 - \delta}, \quad \mathsf{V}\mathring{N} = \frac{\delta}{(1 - \delta)^2}.$$

(g) *Stationäre Verteilung, Erwartungswert sowie Varianz für die Anzahl der Forderungen, die zur Zeit t im System sind* (COHEN [1]):

- Voraussetzung: $\varrho = (\mathsf{E}A\mu)^{-1} < 1$, $A(x)$ sei nicht gitterförmig.

$$p_k = \mathsf{P}(N = k) = \lim_{t \to \infty} P_{ik}(t) = \begin{cases} 1 - \varrho & \text{für } k = 0, \\ \varrho \mathring{p}_{k-1} & \text{für } k \in \mathbb{N}, \end{cases}$$

$$\mathsf{E}N = \frac{\varrho}{1 - \delta}, \quad \mathsf{V}N = \frac{\varrho(1 - \varrho + \delta)}{(1 - \delta)^2}.$$

Ist $A(x)$ dagegen gitterförmig mit der Schrittweite τ, so folgt

$$\lim_{m \to \infty} \mathsf{P}\big(N(m\tau + \xi) = k\big) = \begin{cases} 1 - a(\xi) & \text{für } k = 0, \\ a(\xi)\, \mathring{p}_{k-1} & \text{für } k \in \mathbb{N}, \end{cases}$$

wobei abkürzend

$$a(\xi) = \varrho\, e^{-\xi(1-\delta)\mu} \frac{\tau(1-\delta)\,\mu}{1 - e^{-(1-\delta)\mu\tau}}$$

mit $0 \leqq \xi < \tau$ gesetzt wurde.

(h) *Quasistationäre Verteilung für die Anzahl der Forderungen im System* (KYPRIANOU (1972)):

- Voraussetzung: $\varrho = (\mathsf{E}A\mu)^{-1} < 1$.

$$r_k = \lim_{t\to\infty} \mathsf{P}\Big(N(t) = k \,\Big|\, \inf_{0\leqq u\leqq t} N(u) > 0\Big)$$

$$r_1 = 0, \quad r_k = \left(1 - \frac{\eta}{\gamma}\right)\frac{\gamma}{\mu}\left(1 - \frac{\eta}{\mu}\right)^{k-1} + \frac{\eta\gamma}{\mu^2}(k-1)\left(1 - \frac{\gamma}{\mu}\right)^{k-2},$$
$$k = 2, 3, \ldots$$

Dabei ist η die kleinste positive reelle Nullstelle der Gleichung

$$1 + \mu A^*(s) = 0,$$

und γ ergibt sich aus $\gamma = \mu\big(1 - A^*(\eta)\big)$.

(i) *Gemeinsame stationäre Verteilung für die Anzahl der Forderungen im System und für die Vorwärts- bzw. Rückwärtspause des Eingangsstromes zur Zeit t* (COHEN [1]):

- Voraussetzung: $\varrho = (\mathsf{E}A\mu)^{-1} < 1$.

$A^A(t)$, $A^R(t)$ seien die Vorwärts- bzw. Rückwärtspause des Eingangsstromes zur Zeit t, dann gelten für $x \in \mathbb{R}_+$:

$$\lim_{t\to\infty} \mathsf{P}\big(N(t) = k,\, A^A(t) < x\big)$$
$$= \begin{cases} \dfrac{1}{\mathsf{E}A}\displaystyle\int_0^\infty \big(1 - e^{-\mu(1-\delta)u}\big)\big(A(x+u) - A(u)\big)\,du, & k = 0,\\[2ex] \dfrac{1}{\mathsf{E}A}(1-\delta)\,\delta^{k-1}\displaystyle\int_0^\infty e^{-\mu(1-\delta)u}\big(A(x+u) - A(u)\big)\,du, & k \in \mathbb{N}, \end{cases}$$

$$\lim_{t\to\infty} \mathsf{P}\big(N(t) = k,\, A^R(t) < x\big)$$
$$= \begin{cases} \dfrac{1}{\mathsf{E}A}\displaystyle\int_0^\infty \big(1 - e^{-\mu(1-\delta)u}\big)\big(1 - A(u)\big)\,du, & k = 0,\\[2ex] \dfrac{1}{\mathsf{E}A}(1-\delta)\,\delta^{k-1}\displaystyle\int_0^\infty e^{-\mu(1-\delta)u}\big(1 - A(u)\big)\,du, & k \in \mathbb{N}, \end{cases}$$

mit $\delta = \delta(0)$.

(j) *Verteilung und Erwartungswert für die maximale Anzahl der Forderungen, die im Zeitabschnitt* $[0, t)$ *im System sind* (COHEN [1]):

$$\mathsf{P}\left(\max_{0 \leq u \leq t} N(u) > k \,\middle|\, N(-0) = 0\right) = \begin{cases} 1 & \text{für} \quad k = 0, \\ F_{0,k}(t) & \text{für} \quad k \in \mathbb{N}, \end{cases}$$

$$\mathsf{E}\left(\max_{0 \leq u \leq t} N(u) \,\middle|\, N(-0) = 0\right) = 1 + \sum_{k=1}^{\infty} F_{0,k}(t).$$

Hierbei ist $F_{0,k}(t)$ die Verteilungsfunktion für die erstmalige Übergangszeit des Prozesses $(N(t), t \in \mathbb{R}_+)$ in den Zustand k. K_r bezeichne einen Kreis in der Ebene $\mathbb{Z}$ mit dem Mittelpunkt $z = 0$ und dem Radius r, dann gilt für die L.-S.-T.

$$F_{0,k}^*(s) = \int_0^\infty \mathrm{e}^{-st} \, \mathrm{d}F_{0,k}(t)$$

die folgende Integraldarstellung:

$$[F_{0,k}^*(s)]^{-1} = 1 - \frac{1}{2\pi \mathrm{i}} \int_{K_r} \left(\frac{u}{1-u}\right) \left(\frac{1 - A^*(s)}{s - A^*(s + \mu(1-u))}\right) \frac{\mathrm{d}u}{u^{k+1}},$$

$$\operatorname{Re} s \geqq 0, \qquad r < |\delta(s)|, \qquad k \in \mathbb{N}.$$

(k) *Verteilung für die maximale Anzahl der Forderungen im System* (COHEN (1968)):

• Voraussetzung: $\varrho < 1$.

$$\mathsf{P}(N_{\max} \leq k) = 1 - \int_0^\infty (x\mu)^{k-1} \mathrm{e}^{-\mu x} H(x) \, \mathrm{d}x, \qquad k \in \mathbb{N},$$

mit

$$H(x) = \sum_{k=0}^{\infty} F_{\mathrm{R},A}^{*(k)}(x), \quad F_{\mathrm{R},A}(x) = \frac{1}{\mathsf{E}A} \int_0^x (1 - A(y)) \, \mathrm{d}y.$$

(l) *Das asymptotische Verhalten des Erwartungswertes für die Anzahl der Forderungen im System* (COHEN [1]):

• Voraussetzung: $\varrho > 1$.

$$\lim_{t \to \infty} \frac{1}{t^2} \int_0^t \mathsf{E}(N(u) \mid N(-0) = 0) \, \mathrm{d}u = \frac{\mu(\varrho - 1)}{2}.$$

(m) *Das asymptotische Verhalten des Erwartungswertes für die maximale Anzahl der Forderungen im System* (HEATHCOTE (1965)):

• Voraussetzung: $\varrho > 1$, $\mathsf{E}A^2 < \infty$.

$$\lim_{t \to \infty} \left[\mathsf{E}\left(\max_{0 \leq u \leq t} N(u) \,\middle|\, N(-0) = 0\right) - \mu(\varrho - 1)\, t\right] = \frac{\mathsf{E}A^2(1 + \varrho)^2}{2(\mathsf{E}A)^2 \varrho(\varrho - 1)} - (1 - \varrho^{-1}).$$

3.1.3.2. Wartezeiten

(a) *Bedingte Verteilungsfunktion für die virtuelle Wartezeit und die Wartezeit der n-ten Forderung* (COHEN [1]):

$$\mathsf{P}\big(W(t) < x \mid \mathring{N}_0 = i\big) = \sum_{j=0}^{\infty} (1 - \mathrm{e}^{-\mu x})^{*(j)}\, \mathsf{P}\big(N(t) = j \mid \mathring{N}_0 = i\big),$$

$$\mathsf{P}(\mathring{W}_n < x \mid \mathring{N}_0 = i) = \sum_{j=0}^{\infty} (1 - \mathrm{e}^{-\mu x})^{*(j)}\, \mathsf{P}(\mathring{N}_n = j \mid \mathring{N}_0 = i), \qquad i \in \mathbb{G}_+,\ x > 0.$$

Speziell für $i = 0$ ergibt sich explizit

$$\mathsf{P}(\mathring{W}_n < x \mid \mathring{N}_0 = 0)$$

$$= \begin{cases} 1 - \mathrm{e}^{-\mu x} \int\limits_0^{\infty} \mathrm{e}^{-\mu t}\, \mathrm{d}A(t) & \text{für} \quad n = 1, \\ 1 - \sum\limits_{k=1}^{n} \mathrm{e}^{-\mu x} \int\limits_0^{\infty} \mathrm{e}^{-\mu y} \dfrac{\big(\mu(x+y)\big)^{k-1}}{(k-1)!}\, \mathrm{d}A^{*(k)}(y) & \\ - \sum\limits_{k=2}^{n} \dfrac{x\mu}{k}\, \mathrm{e}^{-\mu x} \int\limits_0^{\infty} \mathrm{e}^{-\mu y} \dfrac{\big(\mu(x+y)\big)^{k-2}}{(k-2)!}\, \mathrm{d}A^{*(k)}(y) & \text{für} \quad n = 2, 3, \ldots \end{cases}$$

(b) *L.-S.-T. sowie erzeugende Funktion der L.-S.-T. für die Wartezeiten der n-ten Forderung* (TAKACS [1]):

- Voraussetzung: $\mathring{N}_0 = 0$.

$$\mathring{W}_n{}^*(s) = \int\limits_0^{\infty} \mathrm{e}^{-sx}\, \mathrm{d}\mathring{W}_n(x) = \sum_{k=0}^{\infty} \mathring{P}_{0k}(n-1) \left(\frac{\mu}{\mu+s}\right)^n, \qquad \operatorname{Re} s \geqq 0,$$

$$\sum_{n=1}^{\infty} \mathring{W}_n{}^*(s)\, z^n = \frac{z\big(1 - d(z)\big)}{(1-z)\big(1 - \mu d(z)/(\mu+s)\big)}, \qquad |z| < 1,$$

mit

$$d(z) = \sum_{k=1}^{\infty} \frac{z^k}{k!} \int\limits_0^{\infty} \mathrm{e}^{-\mu x} \frac{(\mu x)^{k-1}}{k!}\, \mathrm{d}A^{*(k)}(x).$$

(c) *Stationäre Verteilungsfunktion, Erwartungswert sowie Varianz für die Wartezeit der n-ten Forderung* (TAKACS [1]):

- Voraussetzung: $\varrho = (\mathsf{E}A\mu)^{-1} < 1$.

$$\mathring{W}(x) = \mathsf{P}(\mathring{W} < x) = 1 - \delta \mathrm{e}^{-\mu x(1-\delta)}, \qquad x > 0,$$

$$\mathring{W}(+0) = 1 - \delta \qquad \text{mit} \qquad \delta = \delta(0)$$

$$\mathsf{E}\mathring{W} = \frac{\delta}{\mu(1-\delta)}, \qquad \mathsf{V}\mathring{W} = \frac{\delta(2-\delta)}{\mu^2(1-\delta)^2}.$$

(d) *Stationäre Verteilungsfunktion für die virtuelle Wartezeit* (Cohen [1]):

• Voraussetzung: $\varrho = (\mathsf{E}A\mu)^{-1} < 1$, $A(x)$ sei nicht gitterförmig.

$$W(x) = \mathsf{P}(W < x) = 1 - \varrho\, e^{-\mu x(1-\delta)}, \qquad x > 0.$$

Ist $A(x)$ dagegen gitterförmig mit der Schrittweite τ, so gilt

$$\lim_{m\to\infty} \mathbf{P}\big(W(m\tau + \xi) < x \mid \mathring{N}_0 = i\big) = 1 - a(\xi)\, e^{-\mu x(1-\delta)}$$

mit

$$a(\xi) = \varrho\, e^{-\xi(1-\delta)\mu}\, \frac{\tau(1-\delta)\,\mu}{1 - e^{-\tau(1-\delta)}}, \qquad 0 \leqq \xi < \tau, \quad i \in \mathbb{G}_+.$$

(e) *Verteilungsfunktion für die maximale Wartezeit einer Forderung* (Cohen (1968)):

• Voraussetzung: $\varrho = (\mathsf{E}A\mu)^{-1} < 1$.

$$\mathbf{P}(W_{\max} < x) = 1 - \left(\mu \int_0^\infty H(x+y)\, e^{-\mu y}\, dy\right)^{-1}, \qquad x \in \mathbb{R}_+,$$

$$H(x) = \sum_{k=0}^{\infty} F_{\mathrm{R},A}^{*(k)}(x), \qquad F_{\mathrm{R},A}(x) = \frac{1}{\mathsf{E}A} \int_0^x \big(1 - A(y)\big)\, dy.$$

(f) *L.-S.-T., Erwartungswert und Varianz für die stationäre Verteilung der Wartezeiten der Forderungen bei der Bedienungsdisziplin* LCFS (Conolly [1]):

• Voraussetzung: $\varrho = (\mathsf{E}A\mu)^{-1} < 1$, Bedienungsdisziplin LCFS.

$$\mathring{W}^*(s) = \int_0^\infty e^{-sx}\, d\mathring{W}(x) = 1 - \delta + \frac{\delta\mu\big(1 - \delta(s)\big)}{s + \mu - \mu\delta(s)}, \qquad \operatorname{Re} s \geqq 0,$$

$$\mathsf{E}\mathring{W} = \frac{\delta}{\mu(1-\delta)}, \qquad \mathsf{V}\mathring{W} = \frac{\delta\left(2 - \delta - 2\mu \left.\dfrac{d}{ds}\,\delta(s)\right|_{s=0}\right)}{\mu^2(1-\delta)^2}.$$

(g) *Dichtefunktion der quasistationären Verteilung für die virtuelle Wartezeit* (Kyprianou (1972)):

• Voraussetzung: $\varrho < 1$, $A^*(s)$ sei meromorph für $\operatorname{Re} s < 0$.

Es existiert stets eine Verteilungsfunktion $F(x)$, so daß

$$F(x) = \lim_{t\to\infty} \mathbf{P}\Big(W(t) < x \,\Big|\, \inf_{0 \leqq u \leqq t} W(u) > 0\Big)$$

erfüllt ist. $F(x)$ wird quasistationäre Verteilungsfunktion der virtuellen Wartezeiten genannt und besitzt die Dichte

$$f(x) = \frac{dF(x)}{dx} = \left(1 - \frac{\eta}{\gamma}\right) \gamma\, e^{-\gamma x} + \frac{\eta}{\gamma}\, \gamma x\, e^{-\gamma x}, \qquad x > 0.$$

η ist die kleinste positive reelle Nullstelle der Gleichung $1 + \mu A^*(s) = 0$, und es ist $\gamma = \mu\big(1 - A^*(\eta)\big)$.

(h) *Qualitative Eigenschaften für die stationären Verteilungen der Wartezeiten* (STOYAN [1]): Gegeben seien zwei GI/M/1/∞-Systeme mit den mittleren Bedienungszeiten μ_k^{-1} ($k = 1, 2$) und den Verteilungsfunktionen der Zwischenankunftszeiten $A_1(x)$ und $A_2(x)$ mit den entsprechenden Erwartungswerten $\mathsf{E}A_1$ und $\mathsf{E}A_2$. Es gelte

$$\mu_1 \geqq \mu_2, \qquad A_2 \leqq_L A_1, \qquad \varrho_k = (\mathsf{E}A_k\mu_k)^{-1} < 1 \qquad (k = 1, 2).$$

Dann gilt für die zugehörigen stationären Wartezeitverteilungen $\mathring{W}_1$ und $\mathring{W}_2$ die Relation $\mathring{W}_1 \overset{(1)}{\leqq} \mathring{W}_2$. Hinreichende Bedingungen für $A_2 \leqq_L A_1$ sind u. a. $A_2 \overset{(1)}{\leqq} A_1$ und $A_2 \overset{(3)}{\leqq} A_1$ (↑ [I, 2.10.2]).

3.1.3.3. Untätigkeiten, Besetztzeiten, Verweilzeiten

(a) *Gemeinsame Verteilung für die Dauer einer Besetztzeit und für die Anzahl der Forderungen, die während einer Besetztzeit bedient werden* (BHAT [1]):

$$\begin{aligned}\Pi_{i,n}(x) &= \mathsf{P}\big(S_1 < x,\, M_1 = n \mid N(0) = i\big)\\ &= \mathrm{e}^{-\mu x}\,\frac{\mu^n x^{n-1}}{(n-1)!}\,\big(A^{*(n-i-1)}(x) - A^{*(n-i)}(x)\big)\\ &\quad - \mathrm{e}^{-\mu x}\sum_{m=1}^{n-i-2}\frac{\mu^n}{m!\,(n-m-1)!}\int_{u=0}^{x}\int_{y=0}^{u} y^{n-m-1}(x-y)^{m-1}\,(x-u)\\ &\quad \times \big(1 - A(x-u)\big)\,\mathrm{d}A^{*(n-i-1)}(u-y)\,\mathrm{d}A^{*(n-i-1-m)}(y),\end{aligned}$$

$x \in \mathbb{R}_+,\ n \geqq i,\ i \in \mathbb{N}$.

(b) *Erzeugende Funktion der L.-S.-T. von* (S_1, M_1) (TAKACS [1]):

- Voraussetzung: $\varrho < 1$.

$$\sum_{n=1}^{\infty}\left(\int_0^{\infty}\mathrm{e}^{-sx}\,\mathrm{d}\Pi_{1,n}(x)\right)z^n = \frac{\mu\big(z - \delta(s,z)\big)}{s + \mu\big(1 - \delta(s,z)\big)}, \qquad \operatorname{Re} s \geqq 0, \quad |z| < 1,$$

wobei $w = \delta(s, z)$ die Nullstelle der Gleichung $w = zA^*\big(s + \mu(1 - w)\big)$ mit dem kleinsten absoluten Betrag ist. Für sie gilt explizit

$$\delta(s, z) = \sum_{j=1}^{\infty}\frac{\mu^{j-1}z^j}{j!}\int_0^{\infty}\mathrm{e}^{-(\mu+s)x}x^{j-1}\,\mathrm{d}A^{*(j)}(x).$$

(c) *L.-S.-T., Erwartungswert und Varianz für die Dauer einer Besetzt- bzw. einer Untätigkeitszeit des Bedienungsgerätes* (KALASCHNIKOW (1971)):

$$\mathsf{E}(\mathrm{e}^{-s_1S_1 - s_2U_1}) = \mu\,\frac{A^*(s_2) - \delta(s_1)}{s_1 + \mu\big(1 - \delta(s_1)\big) - s_2}, \qquad \operatorname{Re} s_1,\ \operatorname{Re} s_2 \geqq 0,$$

wobei $z = \delta(s)$ die Nullstelle der Gleichung $z = A^*\big(s + \mu(1 - z)\big)$ mit dem kleinsten absoluten Betrag ist. Als Spezialfälle erhält man hieraus die L.-S.-T. von S_1 bzw. U_1:

$$\Pi^*(s) = \mathsf{E}(\mathrm{e}^{-sS_1}) = \int_0^{\infty}\mathrm{e}^{-sx}\,\mathrm{d}\Pi(x) = \frac{\mu\big(1 - \delta(s)\big)}{s + \mu\big(1 - \delta(s)\big)}$$

$$U^*(s) = \mathsf{E}(e^{-sU_1}) = \int\limits_0^\infty e^{-sx}\, dU(x) = \frac{A^*(s) - \delta}{\mu(1-\delta) - s}, \qquad \operatorname{Re} s \geqq 0, \quad \delta = \delta(0);$$

$$\mathsf{E}S_1 = \big((1-\delta)\,\mu\big)^{-1}, \quad \mathsf{V}S_1 = \frac{\mathsf{E}A^2(1-\delta) - \mathsf{E}A(2\delta_1 - 1)}{(1-\delta)^2}$$

mit

$$\delta_1 = \left.\frac{d\delta(s)}{ds}\right|_{s=0} = \frac{\left.\dfrac{dA^*(s)}{ds}\right|_{s=\mu(1-\delta)}}{1 + \mu \left.\dfrac{dA(s)}{ds}\right|_{s=\mu(1-\delta)}}$$

und $\delta = \delta(0)$.

$$\mathsf{E}U_1 = \frac{\mu \mathsf{E}A - 1}{\mu(1-\delta)}, \quad \mathsf{V}U_1 = \frac{\mathsf{E}A^2(1-\delta) - (\mathsf{E}A)^2 + 1/\mu^2}{(1-\delta)^2}.$$

(d) *Gemeinsame Verteilung für die Länge einer Besetztperiode und für die Anzahl der ankommenden Forderungen* (Bhat [1]):

$$R_{i,n}(t) = \mathsf{P}\big(\mathring{N}_n = 0,\ \mathring{T}_n < t,\ S_1 \geqq \mathring{T}_{n-1} \mid N(0) = i\big), \qquad i, n \in \mathbb{N},$$

$$R_{i,1}(t) = \int\limits_{x=0}^{t} \int\limits_{y=0}^{x} e^{-\mu y} \frac{(\mu y)^i}{i!}\, \mu\, dy\, dA(x),$$

$$R_{i,n+1}(t) = \int\limits_{x=0}^{t} \Bigg[\int\limits_{u=0}^{x} \int\limits_{v=0}^{x-u} \int\limits_{y=0}^{v} \sum_{m=1}^{n-1} \frac{\mu^{n+i-1} u^{n+i-m}}{m!\,(n+i-m)!} v^{m-1}(v-y)$$
$$\times\, dA^{*(n-m)}(u)\, dv\, dA^{*(m)}(y)\, d_x A(x-u-y)$$
$$+ \int\limits_{y=0}^{x} \left(e^{-\mu y} \sum_{r=1}^{n+i} \frac{(\mu y)^{n+i-r}}{(n+i-r)!} - e^{-\mu x} \frac{(\mu y)^{n+i}}{(n+i)!} \right) dA^{*(n)}(y)\, d_x A(x-y)$$
$$- \sum_{r=0}^{n-i} e^{-\mu x} \frac{(\mu x)^{n+i-r}}{(n+i-r)!}\, dA^{*(n+1)}(x) \Bigg].$$

(e) *Erzeugende Funktion der L.-S.-T. für die Verteilungsfunktion einer Besetztperiode* (Bhat [1]):

$$R_i(x) = \mathsf{P}\big(Z_1 < x \mid N(0) = i\big) = \sum_{n=1}^{\infty} R_{i,n}(x),$$

$$\sum_{i=0}^{\infty} \left(\int\limits_0^\infty e^{-sx}\, dR_i(x) \right) z^i$$
$$= \left[\frac{A^*(s) - A^*\big(s + \mu(1-z)\big)\, z}{1-z} - \frac{\big(A^*(s) - \delta(s)\big)\, A^*\big(s + \mu(1-z)\big)}{1 - \delta(s)} \right]$$
$$\times \big(z - A^*\big(s + \mu(1-z)\big)\big)^{-1}, \qquad \operatorname{Re} s \geqq 0, \quad |z| < 1.$$

$z = \delta(s)$ ist wieder die Nullstelle der Gleichung

$$z = A^*\big(s + \mu(1 - z)\big).$$

(f) *Verteilungsfunktion für die virtuelle Verweilzeit* (PRABHU [1], BHAT [1]):

$$V(t, x; 0) = \mathsf{P}\big(V(t) < x \mid V(0) = 0\big)$$

$$= 1 - W_{\mathrm{M/GI/1/\infty}}(t, 0; x) + \int_{y=0}^{t-x} W_{\mathrm{M/GI/1/\infty}}(t - y, 0; x)\, \mathrm{d}H(y), \qquad t, x \in \mathbb{R}_+,$$

wobei $W_{\mathrm{M/GI/1/\infty}}(t, y; x)$ die Verteilungsfunktion für die virtuelle Wartezeit in einem M/GI/1/∞-Modell darstellt. Dieses Modell besitzt die Bedienungszeitverteilungsfunktion $A(x)$ und die Ankunftsintensität μ, und es gilt dafür

$$W_{\mathrm{M/GI/1/\infty}}(t, 0; x) = \sum_{n=1}^{\infty} \mathrm{e}^{-\lambda t} \frac{(\lambda t)^{n-1}}{n!} \lambda \int_0^{t-x} (t - u)\, \mathrm{d}A^{*(n)}(u).$$

Außerdem sei

$$H(t) = \sum_{n=1}^{\infty} R^{*(n)}(t) \qquad \text{mit} \qquad R(x) = \sum_{n=1}^{\infty} R(n, x),$$

$$R(n, x) = \mathsf{P}(\mathring{N}_n = 0, \mathring{T}_n < x, S_1 \geqq \mathring{T}_{n-1}), \qquad R(1, x) = \int_0^x (1 - \mathrm{e}^{-\mu t})\, \mathrm{d}A(t),$$

$$R(n + 1, x) = \int_0^x \sum_{r=1}^{n} \frac{r}{n} \int_0^t \mathrm{e}^{-\mu y}(\mu y)^{n+r}\, \mathrm{d}A^{*(n)}(y)\, \mathrm{d}_t A(t - y)$$

$$- \sum_{r=1}^{n} \frac{r + 1}{n + 1} \int_0^x \mathrm{e}^{-\mu t} \frac{(\mu t)^{n-r}}{(n - r)!}\, \mathrm{d}A^{*(n+1)}(t), \qquad n \in \mathbb{N}.$$

(g) *Stationäre Verteilungsfunktion für die virtuelle Verweilzeit* (PRABHU [1]):

- Voraussetzung: $\varrho = (\mathsf{E}A\mu)^{-1} < 1$.

$$V(t) \xrightarrow[\mathrm{d}]{} V \qquad (t \to \infty),$$

$$V(x) = \mathsf{P}(V < x) = 1 - \mathrm{e}^{-\eta_0 x}, \qquad x > 0.$$

Dabei ist η_0 die größte positive Nullstelle der Gleichung

$$s = \mu\big(1 - A^*(s)\big).$$

(h) *Verteilungsfunktion für die Dauer einer Untätigkeitszeit des Bedienungsgerätes, die zur Zeit t beginnt* (PRABHU [1]): Bezeichne $U(t)$ eine Untätigkeitszeit des Bedienungsgerätes, die zur Zeit t beginnt. Dann gilt

$$\mathsf{P}\big(U(t) \geqq x\big) = -\int_{y=0}^{t} \big(1 - A(x + y)\big)\, \mathrm{d}_y \overline{V}(t, y), \qquad t > 0, \quad x \in \mathbb{R}_+,$$

mit $\overline{V}(t, y) = \mathsf{P}(V(t) \geqq y)$. Für $\varrho < 1$ gilt $U(t) \xrightarrow[\mathrm{d}]{} U$ sowie

$$\mathsf{P}(U \geqq x) = \begin{cases} 0 & \text{für} \quad \varrho \geqq 1, \\ \eta_0 \int\limits_0^\infty \mathrm{e}^{-\eta_0 x} \big(1 - A(x + y)\big) \, \mathrm{d}y & \text{für} \quad \varrho < 1. \end{cases}$$

3.1.3.4. Korrelationsergebnisse und Abgangsprozeß

(a) *L.-T. für den Erwartungswert des Abgangsprozesses* (Cohen [1]):

$$\int\limits_0^\infty \mathrm{e}^{-st} \mathsf{E}\big(L_0(t) \mid N_0 = 0\big) \, \mathrm{d}t$$

$$= \frac{1}{s\big(1 - A^*(s)\big)} - \frac{1}{\big(1 - A^*(s)\big) \big(s + \mu(1 - \delta(s))\big)}, \qquad \mathrm{Re}\, s > 0.$$

(b) *Asymptotische Verteilung der Zuwächse des Abgangsprozesses* (Cohen [1]):

- Voraussetzung: $\varrho = (\mathsf{E}A\mu)^{-1} > 1$.

$$\lim_{n \to \infty} \mathsf{P}\big(L_0(t + \mathring{T}_n) - L_0(\mathring{T}_n) = k \mid \mathring{N}_0 = 0\big) = \mathrm{e}^{-\mu t} \frac{(\mu t)^k}{k!}, \qquad k \in \mathbb{G}_+.$$

(c) *Folgenkorrelation für die Wartezeiten der Forderungen* (Pakes (1970b)):

- Voraussetzung: $\varrho < 1$; der stochastische Prozeß $(\mathring{W}_n, n \in \mathbb{G}_+)$ sei stationär im engeren Sinne.

$$\mathsf{K}(\mathring{W}_n, \mathring{W}_{n+r}) = \frac{\mathsf{Cov}\,(\mathring{W}_n, \mathring{W}_{n+r})}{\mathsf{V}\mathring{W}_0}$$

$$= 1 - \frac{(1 - \delta)\, r}{(2 - \delta)\, \delta_1} + \frac{(1 - \delta)^3}{\delta^2 (2 - \delta)} \sum_{k=1}^{r} b_k + \frac{(1 - \delta)^2}{\delta(2 - \delta)\, \delta_1} \sum_{k=1}^{r} (r - k)\, b_k,$$

$r \in \mathbb{N}$,

mit

$$b_n = \frac{1}{n!} \frac{\mathrm{d}^{n-1}}{\mathrm{d}t^{n-1}} \left[\frac{A^*\big(\mu(1 - s)\big)^n}{(1 - s)^2}\right]\Bigg|_{t=0}, \quad \delta_1 = \frac{\mathrm{d}}{\mathrm{d}s} \delta(s)\big|_{s=0}, \ \delta = \delta(0) \ \text{ und } \ z = \delta(s)$$

ist wieder die Lösung der Gleichung $z = A^*\big(s + \mu(1 - z)\big)$. Außerdem gilt

$$\sum_{i=0}^{\infty} \mathsf{K}(\mathring{W}_n, \mathring{W}_{n+i})$$

$$= \left[(1 - \delta)(1 + \mu) \frac{\mathrm{d}A^*(s)}{\mathrm{d}s}\bigg|_{s=\mu(1-\delta)}\right]^{-1} + \frac{\mu^2 \dfrac{\mathrm{d}^2 A^*(s)}{\mathrm{d}s^2}\bigg|_{s=\mu(1-\delta)}}{2(2 - \delta)(1 + \mu) \dfrac{\mathrm{d}A^*(s)}{\mathrm{d}s}\bigg|_{s=\mu(1-\delta)}}.$$

(d) *Folgenkorrelation der Schlangenlänge in den Abgangszeitpunkten* (DALEY (1968b), PAKES (1971a)):

- Voraussetzung: $\varrho < 1$; der stochastische Prozeß $(\tilde{N}_{w,n}, n \in \mathbb{G}_+)$ sei stationär im engeren Sinne.

$$\mathsf{K}(\tilde{N}_{w,n}, \tilde{N}_{w,n+r}) = \frac{\mathsf{Cov}(\tilde{N}_{w,n}, \tilde{N}_{w,n+r})}{\mathsf{V}\tilde{N}_{w,0}} = 1 - \frac{r(1-\delta)\,\delta + (1-\delta)^2 \sum_{j=0}^{r-1} (r-j)\,\beta_j}{\frac{d}{ds}\left(d(s)\right)\Big|_{s=1}},$$

$r \in \mathbb{N}$,

wobei

$$\beta_0 = 0, \quad \beta_j = \frac{1}{j!}\left(\frac{d}{ds}\right)^{j-1} \left[\frac{A^*\left(\mu(1-s)\right)}{(1-s)^2}\right]\Bigg|_{s=0}, \qquad j \in \mathbb{N}, \quad \delta = d(1),$$

und $z = d(y)$ ist wieder die dem Betrag nach kleinste Nullstelle der Gleichung $z = yA^*\left(\mu(1-z)\right)$.

(e) *Dichtefunktion, Erwartungswert, Varianz, Kovarianzen sowie Summe der Folgenkorrelationen für die Zwischenabgangszeiten* (CONOLLY [1], DALEY (1968b)):

- Voraussetzung: $\varrho < 1$; der stochastische Prozeß $(D_n, n \in \mathbb{G}_+)$ sei stationär im engeren Sinne.

$$\frac{d\mathsf{P}(D_n < x)}{dx} = \delta\mu\, e^{-\mu x} + \mu \int_0^x e^{-\mu(x-y)}\, dA(y), \qquad x > 0,$$

$$\mathsf{E}D_n = \frac{1}{\mathsf{E}A}, \quad \mathsf{V}D_n = \frac{2(1 - \mathsf{E}A\mu\delta)}{\mu^2(1-\delta)} + \mathsf{E}A^2 - (\mathsf{E}A)^2,$$

$$\mathsf{Cov}(D_n, D_{n+1}) = \frac{A^*(\mu)}{\mu^2\delta}(\mu\mathsf{E}A\delta - 1),$$

$$\sum_{i=0}^{\infty} \mathsf{K}(D_n, D_{n+i}) = \frac{\delta - \varrho}{\varrho(1-\delta)\,\mu^2}.$$

Die Zwischenabgangszeiten sind genau dann unkorreliert, wenn $\varrho = \delta$ erfüllt ist. Die Abgangszeitpunkte bilden in diesem Fall nicht notwendig einen Erneuerungsprozeß.

Um aus den angegebenen Formeln für die einzelnen Systemgrößen im Modell GI/M/1/∞ die entsprechenden Formeln für die wichtigsten Spezialfälle dieses Systems zu erhalten, muß für eine vorgegebene Verteilungsfunktion $A(x)$ die Nullstelle der entsprechenden Gleichung berechnet werden. Diese Nullstelle ist nur für das Modell M/M/1/∞ explizit in Form einer Formel angebbar. Eine Übersicht für die entsprechende Bestimmungsgleichung zur Berechnung von $\delta = \delta(0) = d(1)$ bei wichtigen Spezialfällen kann man Tab. 3.1.2 entnehmen.

Tab. 3.2.1. Bestimmung der Nullstelle δ

System	Gleichung zur Bestimmung von δ
M/M/1/∞	$\delta = \lambda/\mu = \varrho$
D/M/1/∞	$\delta = \exp\left(-\mu\mathsf{E}A(1-\delta)\right)$
E_k/M/1/∞	$(1-z)\,\varrho = z(1-z^k)$ mit $\delta = z^{-1}$

Tab. 3.1.3. Einige wichtige Werte für das System D/M/1/∞ (Conolly [1])
$\mathring{p}_W = \mathsf{P}(\mathring{W} > 0) = 1 - \mathring{p}_0$ – stationäre Wartewahrscheinlichkeit

ϱ	$\delta = \mathring{p}_W$	$\mathsf{E}\mathring{W}$	$\mathsf{E}\mathring{N}$	$\sqrt{\mathsf{V}\mathring{N}}$
0,1	$4{,}54205 \times 10^{-5}$	0,000	0,100	0,300
0,2	$6{,}97715 \times 10^{-3}$	0,007	0,201	0,405
0,3	0,0408823	0,043	0,313	0,492
0,4	0,1073552	0,120	0,448	0,596
0,5	0,2031879	0,225	0,628	0,744
0,6	0,3242432	0,480	0,888	0,976
0,7	0,4669963	0,876	1,313	1,375
0,8	0,6286299	1,693	2,154	2,192
0,9	0,8068992	4,179	4,661	4,679
0,95	0,9016928	9,171	9,664	9,672

Tab. 3.1.4. Erwartungswert der stationären Verteilung der Wartezeiten einer Forderung im System E_k/M/1/∞ bei $\mathsf{E}B = 1$ und $\mathsf{E}A = \lambda^{-1}$

k	λ								
	0,1	0,2	0,3	0,4	0,5	0,6	0,7	0,8	0,9
1	0,111	0,250	0,429	0,667	1,000	1,500	2,333	4,000	9,000
2	0,030	0,104	0,217	0,380	0,618	0,984	1,601	2,844	6,589
3	0,013	0,063	0,152	0,289	0,494	0,813	1,358	2,459	5,785
4	0,007	0,045	0,122	0,244	0,433	0,729	1,237	2,267	5,383
5	0,004	0,035	0,104	0,218	0,396	0,679	1,164	2,152	5,142
6	0,003	0,029	0,093	0,201	0,372	0,645	1,116	2,021	4,981
7	0,002	0,025	0,085	0,189	0,355	0,621	1,082	2,021	4,867
8	0,001	0,022	0,079	0,180	0,342	0,604	1,056	1,980	4,781
9	0,001	0,020	0,075	0,173	0,333	0,590	1,036	1,948	4,714
10	0,001	0,019	0,071	0,168	0,325	0,579	1,020	1,922	4,660

3.1.4. Systeme GI/GI/1/∞ bzw. G/G/1/∞

3.1.4.1. Ergebnisse über die virtuellen Wartezeiten bzw. die Wartezeiten der n-ten Forderung

(a) *Verteilungsfunktion für die virtuelle Wartezeit im System* G/G/1/∞ (Beneš [1], Borowkow [1], Gnedenko/Kowalenko [1]): $X(t)$ bezeichne den Belastungsprozeß des Bedienungsgerätes, d. h. die Summe der Bedienungszeiten aller Forderungen, die bis zum Zeitpunkt t in das System gelangten:

$$X(t) = \sum_{\mathring{T}_i \leq t} B_i + \mathring{W}_0, \qquad t > 0.$$

Für die virtuelle Wartezeit ergibt sich dann

$$W(t) = X(t) - t - \inf_{0<u<t} \big(0, X(u) - u\big).$$

Ist $M(t) = \sup\limits_{0<u<t} \big(X(u) - u\big)$, so haben $W(t)$ und $M(t)$ für jedes $t \in \mathbb{R}_+$ die gleiche Verteilungsfunktion. Die Verteilungsfunktion der virtuellen Wartezeit $W(t, x) =$

$\mathsf{P}(W(t) < x)$ ergibt sich für beliebiges $W(0) \geqq 0$ aus der folgenden Volterraschen Integralgleichung:

$$W(t, x) = \mathsf{P}(X(t) < x) - \frac{\partial}{\partial x} \int_0^t R(t, u, x)\, W(u, 0)\, du$$

mit

$$R(t, u, x) = \mathsf{P}(X(t) - X(u) - t - u < x \mid W(0) = 0).$$

Die Randwerte $W(u, 0)$ gewinnt man aus der Gleichung

$$\mathsf{P}(X(t) < x + t) - \frac{\partial}{\partial x} \int_0^{t+x} R(t, u, x)\, W(u, 0)\, du = 0.$$

(b) *Resultate über die instationären Verteilungen der Wartezeiten der n-ten Forderung im System* GI/GI/1/∞: Die Folge der Zufallsgrößen $(\mathring{W}_n, n \in \mathbb{G}_+)$ bildet eine Markowsche Kette. Ist $\mathring{W}_0 \geqq 0$ vorgegeben, so folgt für jedes $n \in \mathbb{G}_+$

$$\mathring{W}_{n+1} = \max\{0, \mathring{W}_n + K_{n+1}\} \quad \text{mit} \quad K_{n+1} = B_n - A_{n+1}.$$

Setze nun

$$Y_n = K_1 + K_2 + \cdots + K_n,$$

$$M_n = \max\{0, Y_1, Y_2, \ldots, Y_{n-1}, Y_n + \mathring{W}_0\}, \qquad n \in \mathbb{N},$$

dann ist

$$\mathring{W}_n = Y_n - \min\{-\mathring{W}_0, K_1, K_2, \ldots, K_n\}$$

und die Zufallsgrößen $\mathring{W}_n$ und M_n haben für jedes $n \in \mathbb{N}$ die gleiche Verteilungsfunktion.

(c) *Resultate über die erzeugende Funktion der L.-S.-T. für die Verteilungen der Wartezeiten im System* GI/GI/1/∞: Setze $\psi(s, z) = \sum_{n=0}^{\infty} \mathsf{E}(e^{-s\mathring{W}_n})\, z^n$ sowie speziell $\psi_0(s, z)$ bei $\mathring{W}_0 = 0$, dann gelten (Spitzer (1965))

$$\psi_0(s, z) = \exp\left[\sum_{n=1}^{\infty} \frac{z^n}{n} \left(K^{*(n)}(0) + \int_0^{\infty} e^{-sx}\, dK^{*(n)}(x)\right)\right],$$

mit

$$|z| < 1, \qquad \operatorname{Re} s \geqq 0, \qquad K^{*(n)}(x) = \mathsf{P}(Y_n < x),$$

$$\psi(s, z) = \psi_0(s, z)\, \psi_1(s, z), \qquad |z| < 1, \qquad \operatorname{Re} s \geqq 0,$$

wobei ψ_1 die L.-S.-T. eines in $(0, \infty)$ konzentrierten Maßes ist, das sich als positiver Anteil eines in $(-\infty, \infty)$ konzentrierten beschränkten Maßes mit der charakteristischen Funktion

$$\varphi(t, z) = \varphi_{\mathring{W}_0}(t) \exp\left[\sum_{n=1}^{\infty} \frac{z^n}{n} \int_{-\infty}^{0} e^{itx}\, dK^{*(n)}(x)\right] \qquad t \in \mathbb{R}, \quad z \in (-1, 1),$$

ergibt (KINGMAN (1966)). Für $\psi_0(s, z)$ gibt es folgende Integraldarstellungen (KINGMAN (1966), HEYDE (1964)):

- Voraussetzung: $A^*(-c) < \infty$ für ein $c > 0$.

$$\psi_0(s,z) = \exp\left[\frac{s}{2\pi}\int\limits_{ic-\infty}^{ic+\infty} \log\left(1 - z\varphi_K(t)\right)\frac{\mathrm{d}t}{t(t-is)}\right],$$

$$|z| < \min\left\{\left(K^*(+c)\right)^{-1}, 1\right\}, \qquad \operatorname{Re} s > c.$$

- Voraussetzung: $B^*(-c) < \infty$ für ein $c > 0$.

$$(1-z)\,\psi_0(s,z) = \exp\left[\frac{-s}{2\pi}\int\limits_{-ic-\infty}^{-ic+\infty} \log\left(1 - z\varphi_K(t)\right)\frac{\mathrm{d}t}{t(t-is)}\right],$$

$$|z| < \min\{K^*(-c)^{-1}, 1\}, \qquad \operatorname{Re} s > -c.$$

Eine Verallgemeinerung der angegebenen Darstellungen ergibt sich durch die folgende Beziehung (verallgemeinerte Spitzersche Identität):

- Voraussetzung: $\mathring{W}_0 = 0,\ \mathring{T}_0 = 0$.

$$\sum_{n=0}^{\infty} z^n \mathsf{E}\left(\exp\left(-s_1\mathring{T}_n - s_2\mathring{W}_n\right)\right) = \exp\left[\sum_{n=1}^{\infty}\frac{z^n}{n}\,\mathsf{E}\left(\exp\left(-s_1\mathring{T}_n - s_2 Y_n^+\right)\right)\right],$$

$$\operatorname{Re} s_i \geqq 0 \quad (i = 1, 2), \qquad |z| < 1$$

mit

$$Y_n^+ = \max\{0, Y_n\}, \qquad Y_n = \sum_{i=1}^{n} K_i.$$

(d) *Erwartungswert und Varianz der Wartezeiten der n-ten Forderung* (KINGMAN (1966)):

- Voraussetzung: $\mathring{W}_0 = 0$, $\mathsf{E}B^2 < \infty$.

$$\mathsf{E}\mathring{W}_n = \sum_{k=1}^{n}\frac{1}{k}\,\mathsf{E}Y_k^+, \qquad \mathsf{V}\mathring{W}_n = \sum_{k=1}^{n}\frac{1}{k}\,(\mathsf{E}Y_k^+)^2 - \sum_{k=1}^{n}\sum_{l=1}^{n}\frac{1}{kl}\,\mathsf{E}Y_k^+\mathsf{E}Y_l^+.$$

(e) *Ergodensätze für die Verteilungen der Wartezeiten der n-ten Forderung im System* GI/GI/1/∞ (FELLER [2], SPITZER (1956)): Grundlage für die Existenz stationärer und ergodischer Verteilungen für die Wartezeiten im gegebenen System ist die Konvergenz der Reihe

$$c = \sum_{n=1}^{\infty}\frac{1}{n}\,\mathsf{P}(Y_n > 0).$$

Hierfür gibt es folgende Aussagen:

(i) Wenn $\mathsf{E}A \leqq \infty$, $\mathsf{E}B < \infty$ und $\varrho = \mathsf{E}B/\mathsf{E}A < 1$ gelten, dann ist $c < \infty$.
(ii) Wenn $1 \leqq \varrho \leqq \infty$ gilt, so folgt $c = \infty$.

Die Verteilungsfunktionen $\mathring{W}_n(x)$ streben bei $n \to \infty$ genau dann schwach gegen eine eigentliche und von der Verteilungsfunktion $\mathring{W}_0(x)$ unabhängige Verteilungsfunktion $\mathring{W}(x)$, wenn $c < \infty$ erfüllt ist. Gilt dagegen $c = \infty$, so folgt $\lim\limits_{n\to\infty} \mathsf{P}(\mathring{W}_n < x) = 0$ für jedes $x \in \mathbb{R}$.

(f) *Ergodensätze für die Verteilung der virtuellen Wartezeiten im System* GI/GI/1/∞ (SCHASSBERGER [1]): Ist die Verteilungsfunktion $A(x)$ nicht gitterförmig, so streben die Verteilungsfunktionen der virtuellen Wartezeiten $W(t, x) = \mathsf{P}(W(t) < x)$ bei $t \to \infty$ genau dann schwach gegen eine eigentliche Verteilungsfunktion $W(x)$, die von der Anfangsverteilung $W(0, x)$ unabhängig ist, wenn $c < \infty$ ist. Gilt dagegen $c = \infty$, so folgt

$$\lim_{t\to\infty} \mathsf{P}(W(t) < x) = 0 \qquad \text{für jedes} \qquad x \in \mathbb{R}.$$

Im System M/GI/1/∞ sind die Zufallsgrößen A_i beispielsweise nicht gitterförmig verteilt. Sind die Zufallsgrößen A_i gitterförmig verteilt mit der Schrittweite τ, so ist der obige Grenzwertsatz auf die folgenden Verteilungsfunktionen bei $t \to \infty$ anwendbar:

$$W_\tau(t, x) = \frac{1}{\tau} \int_t^{t+\tau} \mathsf{P}(W(u) < x)\, du.$$

Aussagen über die Existenz stationärer Verteilungen für die Wartezeiten im System G/G/1/∞ entnehme man als Spezialfall dem Abschnitt über Existenzaussagen im System G/G/s/∞.

(g) *Die stationäre Verteilung für die Wartezeit einer Forderung im System* GI/GI/1/∞:

- Voraussetzung:

$$c = \sum_{n=1}^{\infty} \frac{1}{n} \left(1 - K^{*(n)}(0)\right) < \infty.$$

Die Verteilungsfunktion $\mathring{W}(x) = \mathsf{P}(\mathring{W} < x)$ ist unbeschränkt teilbar und erfüllt die folgende Wiener-Hopfsche Integralgleichung (LINDLEY (1952)):

$$\mathring{W}(x) = \begin{cases} \int\limits_{y=-\infty}^{x} \mathring{W}(x-y)\, \mathrm{d}K(y) & \text{für} \quad x > 0, \\ 0 & \text{für} \quad x \leqq 0, \end{cases}$$

wobei

$$K(x) = \int_0^\infty B(x+y)\, \mathrm{d}A(y), \qquad x \in \mathbb{R}.$$

$\mathring{W}(x)$ ist vom Typ NWU, d. h. bei $\overline{\mathring{W}}(x) = 1 - \mathring{W}(x)$ gilt (KÖLLERSTRÖM (1976))

$$\overline{\mathring{W}}(x+y) \geqq \overline{\mathring{W}}(x)\, \overline{\mathring{W}}(y), \qquad x, y \in \mathbb{R}_+.$$

Für die stationäre Verteilungsfunktion $\mathring{W}(x)$ existieren folgende Darstellungen (COHEN [1], SCHASSBERGER [1]):

$$\mathring{W}(x) = \begin{cases} \mathrm{e}^{-c} \sum\limits_{n=0}^{\infty} \frac{c^n}{n!}\, G^{*(n)}(x) & \text{für} \quad x > 0, \\ 0 & \text{für} \quad x \leqq 0 \end{cases}$$

mit

$$G(x) = c^{-1} \sum_{n=1}^{\infty} \frac{1}{n} \mathsf{P}(0 < Y_n < x), \quad Y_n = \sum_{k=1}^{n} K_k.$$

$$\mathring{W}^*(s) = \int_0^\infty e^{-sx} \, d\mathring{W}(x) = \exp\left[\sum_{n=1}^{\infty} \frac{1}{n} \int_0^\infty (e^{-sx} - 1) \, dK^{*(n)}(x)\right], \qquad \operatorname{Re} s \geqq 0.$$

(h) *Abschätzung für die stationäre Wartezeitverteilung $\mathring{W}(x)$:*

- Voraussetzung: $\varrho < 1$, es existiere eine Konstante $\theta > 0$ mit $K^*(-\theta) = 1$.

Setze

$$f(x) = \frac{1 - K(x)}{\int_x^\infty e^{\theta(y-x)} \, dK(y)}, \qquad x \in \mathbb{R}_+, \quad a_1 = \sup_{x \geq 0} f(x), \quad a_2 = \inf_{x \geq 0} f(x),$$

dann gilt

$$1 - a_1 e^{-\theta x} \leqq \mathring{W}(x) \leqq 1 - a_2 e^{-\theta x}, \qquad x > 0.$$

Für θ gilt die Abschätzung $\theta \geqq \xi/\mathsf{E}B$, wobei ξ durch die Gleichung $\int_0^\infty e^{-x\xi/\mathsf{E}B} \, dA(x) = 1 - \xi$ festgelegt ist. Für die stationäre Wartewahrscheinlichkeit $p_w = 1 - \mathring{W}(+0)$ ergibt sich insbesondere die Abschätzung $a_2 \leqq p_w \leqq a_1$ (Kingman (1970), Ross (1974), Stoyan [1]).

- Voraussetzung: $\varrho < 1$, $A(x)$ und $B(x)$ seien vom Typ NBUE (NWUE).

Es gilt(Stoyan (1977))

$$\mathring{W}(x) \geqq (\leqq)\, 1 - \varrho e^{-\delta x}, \qquad x \in \mathbb{R}_+,$$

mit $\delta = \mathsf{E}B^{-1} - \mathsf{E}A^{-1}$.

(i) *Existenz und Darstellung von Momenten und Semiinvarianten für die stationäre Verteilung der Wartezeiten einer Forderung im System* GI/GI/1/∞:

- Voraussetzung: $0 < \varrho < 1$.

$\alpha > 0$ sei beliebig gewählt. Dann gilt $\mathsf{E}\mathring{W}^\alpha < \infty$ genau dann, wenn $\mathsf{E}B^{\alpha+1} < \infty$ erfüllt ist.

- Voraussetzung: $c = \sum_{n=1}^{\infty} \frac{1}{n} \mathsf{P}(Y_n > 0) < \infty$.

$\alpha > 0$ sei beliebig gewählt. Dann gilt (Siegel (1974)) $\mathsf{E}\mathring{W}^\alpha < \infty$ genau dann, wenn

$$\sum_{n=1}^{\infty} \frac{1}{n} \int_0^\infty x^\alpha \, dK^{*(n)}(x) < \infty.$$

Insbesondere existiert $\mathsf{E}W$, wenn $\mathsf{E}B^2 < \infty$ ist, und es existiert $\mathsf{V}W$, wenn $\mathsf{E}B^3 < \infty$ erfüllt ist. Für den Erwartungswert und die Varianz gelten:

$$\mathsf{E}W = \sum_{n=1}^{\infty} \frac{1}{n} \mathsf{E}Y_n^+ = \sum_{n=1}^{\infty} \frac{1}{n} \int_0^\infty x \, dK^{*(n)}(x),$$

$$\mathsf{V}W = \sum_{n=1}^{\infty} \frac{1}{n} (\mathsf{E}Y_n^+)^2 - \sum_{k=1}^{\infty} \sum_{l=1}^{\infty} \frac{1}{kl} \mathsf{E}Y_k^+ \mathsf{E}Y_l^+$$

mit

$$Y_n^+ = \max\{0, Y_n\}.$$

Die durch

$$\varkappa_m = (-\mathrm{i})^m \left. \frac{\mathrm{d}^m(\log \varphi_{\mathring{W}}(t))}{\mathrm{d}t^m} \right|_{t=0}, \qquad m \in \mathbb{N},$$

definierten Semiinvarianten (↑ [D. 2.6.2.10]) existieren genau dann, wenn $\mathsf{E}\mathring{W}^m$ existiert (Borowkow [1], Bergmann (1974)).
Es gilt dann

$$\varkappa_m = \sum_{n=1}^{\infty} \frac{1}{n} \int_0^{\infty} x^m \, \mathrm{d}K^{*(n)}(x).$$

Außerdem ist

$$\mathsf{E}\mathring{W}^{m+1} = \varkappa_{m+1} + \sum_{k=1}^{m} \binom{m}{k} \varkappa_{m+1-k} \mathsf{E}\mathring{W}^k.$$

(j) *Abschätzungen und Näherungsformeln für den Erwartungswert der stationären Verteilung der Wartezeiten im System* GI/GI/1/∞:

- Voraussetzung: $\varrho < 1$.

Es gilt (Mori (1975), Stoyan [1])

$$\mathsf{E}\mathring{W} \geqq \frac{\mathsf{V}B}{2\mathsf{E}A(1-\varrho)} - \mathsf{E}B/2$$

sowie (Daley (1977))

$$\mathsf{E}\mathring{W} \leqq \frac{(2-\varrho)\,\mathsf{V}A + \mathsf{V}B}{2(1-\varrho)\,\mathsf{E}A}.$$

- Voraussetzung: $\varrho < 1$, $A(x)$ sei vom Typ NBUE (NWUE).

Es gilt (Marshall (1968a))

$$\frac{\mathsf{V}A + \mathsf{V}B}{2\mathsf{E}A(1-\varrho)} - \mathsf{E}A(1-\varrho)/2 \leqq (\geqq)\, \mathsf{E}\mathring{W} \leqq (\geqq)\, \frac{\mathsf{E}B^2}{2\mathsf{E}A(1-\varrho)}.$$

- Voraussetzung: $\varrho < 1$; $\gamma(1 - A(x)) \geqq (\leqq) \int_x^{\infty} (1 - A(t))\,\mathrm{d}t$ für eine Zahl $\gamma > 0$ und alle $x \in \mathbb{R}_+$.

Es gilt (Marshall (1968a))

$$\mathsf{E}\mathring{W} \geqq (\leqq)\, \frac{\mathsf{V}A + \mathsf{V}B}{2\mathsf{E}A(1-\varrho)} + \mathsf{E}A(1-\varrho)/2 - \gamma.$$

- Voraussetzung: $\varrho < 1$, $A(x)$ sei vom Typ IFR (DFR).

  Es gilt (Marshall (1968a))

$$\mathsf{E}\mathring{W} \geqq (\leqq)\, \frac{\mathsf{V}A + \mathsf{V}B}{2\mathsf{E}A(1-\varrho)} - (\mathsf{E}A/2)\,(\mathsf{V}A/\mathsf{E}A^2 + \varrho).$$

- Voraussetzung: $\varrho < 1$.

Es gilt

$$\mathsf{E}\mathring{W} \leqq \frac{\mathsf{E}B}{2(1-\varrho)}(\mathsf{v}_A + \mathsf{v}_B)\begin{cases}\exp\left[\dfrac{-2(1-\varrho)(1-\mathsf{v}_A)^2}{3\varrho(\mathsf{v}_A+\mathsf{v}_B)}\right] & \text{für } \mathsf{v}_A \leqq 1,\\ \exp\left[\dfrac{-(1-\varrho)(\mathsf{v}_A-1)}{\mathsf{v}_A+4\mathsf{v}_B}\right] & \text{für } \mathsf{v}_A \geqq 1\end{cases}$$

mit $\mathsf{v}_A = \mathsf{V}A/(\mathsf{E}A)^2$, $\mathsf{v}_B = \mathsf{V}B/(\mathsf{E}B)^2$;

$$\mathsf{E}\mathring{W} \approx \max\left\{0, \frac{\varrho(2-\varrho)\,\mathsf{V}A + 2\mathsf{V}B}{4\mathsf{E}A(1-\varrho)} - \mathsf{E}B/4\right\} \text{ (Näherungsformel).}$$

Die Näherung in der letzten oberen Abschätzung für $\mathsf{E}\mathring{W}$ überschreitet unter der Voraussetzung $0{,}2 < \varrho < 0{,}9$ den Wert von $\mathsf{E}\mathring{W}$ nicht um 20%. (In vielen Beispielen ist der Fehler kleiner als 10% (Krämer/Langenbach-Belz (1976)).

(k) *Abschätzungen für die Varianz der stationären Verteilung der Wartezeiten im System* GI/GI/1/∞:

- Voraussetzung: $\varrho < 1$, $\mathrm{Exp}\,(1/\mathsf{E}A) \overset{(i)}{\leqq} A$ $(i = 1, 2)$.

Es gilt (Bergmann/Daley/Rolski/Stoyan (1979))

$$\mathsf{V}\mathring{W} \leqq \frac{(\mathsf{E}B^2)^2}{4\mathsf{E}A(1-\varrho)^2} + \frac{\mathsf{E}B^3}{3\mathsf{E}A(1-\varrho)}.$$

- Voraussetzung: $\varrho < 1$, $A(x)$ sei vom Typ NBUE.

Es gilt (Mori (1975))

$$\mathsf{V}\mathring{W} \leqq \frac{(\mathsf{E}K^2)^2}{4\mathsf{E}A^2(1-\varrho)^2} + \frac{\mathsf{E}K^3}{3\mathsf{E}A(1-\varrho)} + \mathsf{E}A^2 - \mathsf{E}A^2(1-\varrho)^2/4.$$

(l) *Eine Näherungsformel für die stationäre Wartewahrscheinlichkeit im System* GI/GI/1/∞ (Krämer/Langenbach-Belz (1976)):

- Voraussetzung: $\varrho < 1$.

$$p_{\mathsf{W}} \approx \varrho + \varrho(1-\varrho)(\mathsf{v}_A - 1)\begin{cases}\dfrac{1+\mathsf{v}_A+\varrho\mathsf{v}_B}{1+\varrho(\mathsf{v}_B-1)+\varrho^2(4\mathsf{v}_A+\mathsf{v}_B)} & \text{für } \mathsf{v}_A \leqq 1,\\ \dfrac{4\varrho}{\mathsf{v}_A+\varrho^2(4\mathsf{v}_A+\mathsf{v}_B)} & \text{für } \mathsf{v}_A \geqq 1.\end{cases}$$

(m) *Die stationäre Verteilungsfunktion für die virtuellen Wartezeiten im System* GI/GI/1/∞ (Takacs (1963)):

- Voraussetzung: $\varrho < 1$, $A(x)$ sei nicht gitterförmig.

$$W(x) = \mathsf{P}(W < x) = 1 - \varrho + \varrho(F_{\mathsf{R},B} * \mathring{W})(x), \qquad x > 0,$$

mit

$$F_{\mathsf{R},B}(x) = \frac{1}{\mathsf{E}B}\int_0^x \big(1 - B(y)\big)\,\mathrm{d}y, \quad \varrho = \mathsf{E}B/\mathsf{E}A.$$

Wenn insbesondere das Modell M/GI/1/∞ vorliegt, so gilt die Identität $W(x) \equiv \mathring{W}(x)$.

Für den Erwartungswert und die Varianz besteht der Zusammenhang

$$\mathsf{E}W = \varrho \mathsf{E}\mathring{W} + \mathsf{E}B^2/(2\mathsf{E}A),$$

$$\mathsf{V}W = \varrho \mathsf{E}\mathring{W}^2 + \mathsf{E}B^2 \mathsf{E}\mathring{W}/\mathsf{E}A + \mathsf{E}B^3/(3\mathsf{E}A) - \left(\varrho \mathsf{E}\mathring{W} + \mathsf{E}B^2/(2\mathsf{E}A)\right)^2.$$

(n) *Abschätzung des Erwartungswertes der stationären Verteilung der Wartezeiten im System* GI/GI/1/∞:

- Voraussetzung: $\varrho < 1$.

Es gilt (Mori (1975), Stoyan [1])

$$\mathsf{E}W \geqq \frac{\mathsf{V}B\varrho}{2\mathsf{E}A(1-\varrho)} - \mathsf{E}B\varrho/2 + \mathsf{E}B^2/(2\mathsf{E}A)$$

sowie (Daley (1977))

$$\mathsf{E}W \leqq \frac{\varrho^2(2-\varrho)\,\mathsf{V}A + \varrho \mathsf{V}B}{2\mathsf{E}A(1-\varrho)} + \mathsf{E}B^2/(2\mathsf{E}A).$$

3.1.4.2. Darstellungssätze für die Verteilungen von U_1, S_1, M_1, Z_1

(a) *Charakterisierung der zufälligen Vektoren* (S_1, M_1), (Z_1, M_1) sowie (U_1, M_1) *durch L.-S.-T. und erzeugenden Funktionen* (Finch (1961), Prabhu [1], Cohen [1]): Es sei $x \in \mathbb{R}_+$, $\operatorname{Re} s \geqq 0$, $|z| < 1$, $n \in \mathbb{N}$, und man setze

$$a_n(x) = \int_0^x \left(1 - A^{*(n)}(y)\right) \mathrm{d}B^{*(n)}(y), \quad a_n^*(s) = \int_0^\infty \mathrm{e}^{-sx}\,\mathrm{d}a_n(x),$$

$$b_n(x) = \int_0^x B^{*(n)}(y)\,\mathrm{d}A^{*(n)}(y), \qquad b_n^*(s) = \int_0^\infty \mathrm{e}^{-sx}\,\mathrm{d}b_n(x),$$

wobei $a_n(\infty) = b_n(\infty) = \mathsf{P}(Y_n < 0) = K^{*(n)}(0)$, sowie

$$\Pi_{1,n}(x) = \Pi_n(x) = \mathsf{P}(S_1 < x, M_1 = n),$$

$$\gamma_n(x) = \mathsf{P}(Z_1 < x, M_1 = n), \qquad \sigma_n(x) = \mathsf{P}(U_1 < x, M_1 = n),$$

$$f_n = \mathsf{P}(M_1 = n) = \Pi_n(\infty) = \gamma_n(\infty) = \sigma_n(\infty).$$

Es gelten dann folgende Darstellungen:

$$\Pi^*(s, z) = \sum_{n=1}^\infty \left(\int_0^\infty \mathrm{e}^{-sx}\,\mathrm{d}\Pi_n(x)\right) z^n = 1 - \exp\left[-\sum_{n=1}^\infty \frac{a_n^*(s)}{n} z^n\right],$$

$$\gamma^*(s, z) = \sum_{n=1}^\infty \left(\int_0^\infty \mathrm{e}^{-sx}\,\mathrm{d}\gamma_n(x)\right) z^n = 1 - \exp\left[-\sum_{n=1}^\infty \frac{b_n^*(s)}{n} z^n\right],$$

$$\sigma^*(s, z) = \sum_{n=1}^\infty \left(\int_0^\infty \mathrm{e}^{-sx}\,\mathrm{d}\sigma_n(x)\right) z^n = 1 - \exp\left[-\sum_{n=1}^\infty \frac{z^n}{n} \int_{-\infty}^0 \mathrm{e}^{sx}\,\mathrm{d}K^{*(n)}(x)\right].$$

Für die L.-S.-T. der Verteilungen von S_1 und Z_1 folgt hieraus

$$\Pi^*(s) = \mathsf{E}(e^{-sS_1}) = \Pi^*(s, 1) = 1 - \exp\left[-\sum_{n=1}^{\infty} \frac{1}{n} \int_0^{\infty} e^{-sx}\left(1 - A^{*(n)}(x)\right) dB^{*(n)}(x)\right],$$

$$\gamma^*(s) = \mathsf{E}(e^{-sZ_1}) = \gamma^*(s, 1) = 1 - \exp\left[-\sum_{n=1}^{\infty} \frac{1}{n} \int_0^{\infty} e^{-sx} B^{*(n)}(x)\, dA^{*(n)}(x)\right],$$

bzw.

$$\Pi^*(s) = -\sum_{\substack{k_1+2k_2+\cdots+nk_n=n \\ k_i \geqq 0,\, n\in\mathbb{N},\, i=1,2,\ldots,n}} \prod_{i=1}^{n} \left(\left(\frac{-a_i^*(s)}{i}\right)^{k_i} \Big/ k_i!\right)$$

$$\gamma^*(s) = -\sum_{\substack{k_1+2k_2+\cdots+nk_n=n \\ k_i \geqq 0,\, n\in\mathbb{N},\, i=1,2,\ldots,n}} \prod_{i=1}^{n} \left(\left(\frac{-b_i^*(s)}{i}\right)^{k_i} \Big/ k_i!\right).$$

Für die Verteilung von M_1 ergibt sich

$$f_n = \mathsf{P}(M_1 = n) = -\sum_{\substack{k_1+2k_2+\cdots+nk_n=n \\ k_i \geqq 0,\, n\in\mathbb{N},\, i=1,2,\ldots,n}} \prod_{i=1}^{n} \left(\left(\frac{-a_i}{i}\right)^{k_i} \Big/ k_i!\right)$$

mit $a_n = a_n(\infty) = \mathsf{P}(Y_n \leqq 0)$. Setze nunmehr

$$c = \sum_{n=1}^{\infty} \frac{1}{n} \mathsf{P}(Y_n > 0), \quad d = \sum_{n=1}^{\infty} \frac{1}{n} \mathsf{P}(Y_n \leqq 0)$$

(d. h., es gilt stets $c + d = \infty$), dann folgt

$$\mathsf{P}(S_1 < \infty) = \mathsf{P}(Z_1 < \infty) = \mathsf{P}(U_1 < \infty) = \mathsf{P}(M_1 < \infty) = c_0$$

mit $c_0 = 1$ für $d = \infty$ und $c_0 < 1$ für $d < \infty$. Ist $d = \infty$, so gilt $\mathsf{E}M_1 < \infty$ genau dann, wenn $c < \infty$ erfüllt ist. Hinreichend für $c < \infty$ ist $0 < \varrho = \mathsf{E}B/\mathsf{E}A < 1$. Für den defekten Fall ergibt sich $c_0 = 1 - e^{-d}$.

(b) *Zusammenhänge zwischen Wartezeiten und Untätigkeitszeiten* (Marshall (1968b), Stoyan [1]):

• Voraussetzung: $\varrho < 1$, $\mathring{W}(x) = \mathsf{P}(\mathring{W} < x)$ sei die stationäre Wartezeitverteilungsfunktion:

$$U(x) = \mathsf{P}(U_1 < x) = 1 - \frac{1}{\mathring{W}(+0)} \int_0^{\infty} K(-x-y)\, d\mathring{W}(y),$$

$$\mathsf{E}U_1 = \frac{\mathsf{E}A - \mathsf{E}B}{\mathring{W}(+0)},$$

$$\mathsf{V}U_1 = \left[\mathsf{E}B^2 + \mathsf{E}A^2 - 2\mathsf{E}A\mathsf{E}B + 2\mathsf{E}\mathring{W}(\mathsf{E}B - \mathsf{E}A) - \frac{(\mathsf{E}A - \mathsf{E}B)^2}{\mathring{W}(+0)}\right] \Big/ \mathring{W}(+0),$$

$$\mathsf{E}\mathring{W} = \frac{(\mathsf{E}A - \mathsf{E}B)^2 + \mathsf{V}A + \mathsf{V}B}{2(\mathsf{E}A - \mathsf{E}B)} - \frac{\mathsf{E}U_1^2 + \mathsf{V}U_1}{2\mathsf{E}U_1}.$$

- Voraussetzung: $\mathring{W}$ sei eine Wartezeit im System G/G/1/∞, die nach einer stationären Verteilung verteilt ist.

Es gilt (Brumelle (1971), König/Schmidt (1976))

$$\mathsf{E}\mathring{W} = \frac{2\,\mathrm{Cov}(\mathring{W}, B - A) + \mathsf{E}\big((B - A)^2\big)}{-2\mathsf{E}(B - A)} - \frac{\mathsf{E}U_1^2}{2\mathsf{E}U_1}.$$

(c) *Zusammenhänge zwischen den Größen* $1 - p_w = \mathring{W}(+0)$, $\mathsf{E}S_1$, $\mathsf{E}M_1$, $\mathsf{E}Z_1$ *sowie* $\mathsf{E}U_1$ *im System* GI/GI/1/∞:

- Voraussetzung: $\varrho < 1$.

Diese Ergebnisse sind in Tab. 3.1.5 zusammengefaßt. Die Beziehung $\mathsf{E}S_1 = \varrho\mathsf{E}U_1/(1 - \varrho)$ gilt dabei in jedem System des Types G/G/1/∞ (König/Schmidt (1976)).

Tab. 3.1.5. Beziehungen zwischen $\mathsf{E}S_1$, $\mathsf{E}M_1$, $\mathsf{E}U_1$, $\mathsf{E}Z_1$ und der stationären Wahrscheinlichkeit $\mathring{W}(+0)$ im System GI/GI/1/∞

unbekannt	bekannt				
	$\mathring{W}(+0)$	$\mathsf{E}S_1$	$\mathsf{E}M_1$	$\mathsf{E}U_1$	$\mathsf{E}Z_1$
$\mathring{W}(+0)$	–	$\frac{\mathsf{E}B}{\mathsf{E}S_1}$	$\frac{1}{\mathsf{E}M_1}$	$\frac{\mathsf{E}A - \mathsf{E}B}{\mathsf{E}U_1}$	$\frac{\mathsf{E}A}{\mathsf{E}Z_1}$
$\mathsf{E}S_1$	$\frac{\mathsf{E}B}{\mathring{W}(+0)}$	–	$\mathsf{E}B\mathsf{E}M_1$	$\frac{\varrho\mathsf{E}U_1}{1 - \varrho}$	$\varrho\mathsf{E}Z_1$
$\mathsf{E}M_1$	$\frac{1}{\mathring{W}(+0)}$	$\frac{\mathsf{E}S_1}{\mathsf{E}B}$	–	$\frac{\mathsf{E}U_1}{\mathsf{E}A - \mathsf{E}B}$	$\frac{\mathsf{E}Z_1}{\mathsf{E}A}$
$\mathsf{E}U_1$	$\frac{\mathsf{E}A - \mathsf{E}B}{\mathring{W}(+0)}$	$\frac{(1 - \varrho)}{\varrho}\,\mathsf{E}S_1$	$\mathsf{E}M_1(\mathsf{E}A - \mathsf{E}B)$	–	$(1 - \varrho)\,\mathsf{E}Z_1$
$\mathsf{E}Z_1$	$\frac{\mathsf{E}A}{\mathring{W}(+0)}$	$\frac{\mathsf{E}S_1}{\varrho}$	$\mathsf{E}A\mathsf{E}M_1$	$\frac{\mathsf{E}U_1}{1 - \varrho}$	–

(d) *Qualitative Aussagen und Abschätzungen für die mittlere Besetzt- und Untätigkeitszeit des Bedienungsgerätes im System* GI/GI/1/∞ (Stoyan [1]):

$$\mathsf{E}U_1 \geqq \left(\frac{1 - \varrho}{\varrho}\right)\mathsf{E}B, \qquad \mathsf{E}S_1 \geqq \mathsf{E}B\left(\int_0^\infty (1 - A(y))\,\mathrm{d}B(y)\right)^{-1}.$$

- Voraussetzung: $A(x)$ sei vom Typ NBUE (NWUE).

$$\mathsf{E}U_1 \leqq (\geqq)\,\mathsf{E}A.$$

- Voraussetzung: $A(x)$ sei vom Typ NBU (NWU).

$$U \overset{(1)}{\leqq} \left(\overset{(1)}{\geqq}\right) A, \quad \mathsf{E}S_1 \geqq (\leqq)\,\mathsf{E}B\left(1 - \int_0^\infty H_A(y)\,\mathrm{d}B(y)\right)^{-1}$$

mit

$$H_A(y) = \sum_{n=1}^{\infty} A^{*(n)}(y).$$

(e) *Abschätzung der Folgenkorrelationen der Zwischenabgangszeiten* (Eichhorn (1977)):

• Voraussetzung: $\varrho < 1$; der stochastische Prozeß $(D_n, n \in \mathbb{G}_+)$ sei stationär im engeren Sinne.

$$\mathsf{E}A(\mathsf{E}A - \mathsf{E}B)(1-\varrho) + (\mathsf{E}B)^2 - \mathsf{E}A\mathsf{E}B$$
$$\leqq \mathsf{K}(D_n, D_{n+1}) \leqq (\mathsf{E}A - \mathsf{E}B)\,\mathsf{E}A(1-\varrho) + (\mathsf{E}B)^2.$$

3.1.4.3. Verteilung für die Anzahl der Forderungen im System GI/GI/1/∞

(a) *Ergodensätze für die Verteilungen der Anzahl der Forderungen im System* (Borowokow [1], Schassberger [1]): Sei $c = \sum_{n=1}^{\infty} \frac{1}{n} \mathsf{P}(Y_n > 0)$ mit $\mathsf{P}(Y_n < x) = K^{*(n)}(x)$. Die Verteilungen der Systemgrößen $\tilde{N}_n$ und $\mathring{N}_n$ streben bei $n \to \infty$ genau dann schwach gegen eine von der Verteilung der Ausgangszustände unabhängige Grenzverteilung $(\tilde{p}_k, k \in \mathbb{G}_+)$ bzw. $(\mathring{p}_k, k \in \mathbb{G}_+)$, wenn $c < \infty$ erfüllt ist. Gilt $c = \infty$, so ist $\lim_{n\to\infty} \mathsf{P}(\tilde{N}_n = k) = \lim_{n\to\infty} \mathsf{P}(\mathring{N}_n = k) = 0$ für jedes $k \in \mathbb{G}_+$. Ist $A(x)$ außerdem nicht gitterförmig und gilt $c < \infty$, so strebt die Folge der Verteilungen von $N(t)$ bei $t \to \infty$ schwach gegen eine eigentliche Grenzverteilung $(p_k, k \in \mathbb{G}_+)$. Gilt $c = \infty$, so folgt wiederum $\lim_{t\to\infty} \mathsf{P}(N(t) = k) = 0$ für jedes $k \in \mathbb{G}_+$. Ist $A(x)$ gitterförmig mit der Schrittweite τ, so ist der angegebene Ergodensatz für die Verteilungen von $N(t)$ auf die Wahrscheinlichkeitsverteilung

$$P_{\tau,k}(t) = \frac{1}{\tau} \int_t^{t+\tau} \mathsf{P}(N(u) = k)\, du, \qquad k \in \mathbb{G}_+,$$

bei $t \to \infty$ anwendbar.

In den folgenden Punkten wird stets $\varrho < 1$ vorausgesetzt.

(b) *Stationäre Verteilungen für die Anzahl der Forderungen im System:*

$$p_k = \mathsf{P}(N = k) = \begin{cases} \varrho & \text{für} \quad k = 0, \\ \int_0^\infty \left(A^{*(k-1)}(x) - A^{*(k)}(x)\right) d(F_{\mathsf{R},B} * \mathring{W})(x) & \text{für} \quad k \in \mathbb{N} \end{cases}$$

mit

$$F_{\mathsf{R},B}(x) = \frac{1}{\mathsf{E}B} \int_0^x \left(1 - B(y)\right) dy,$$

$$\tilde{p}_k = \mathring{p}_k = \begin{cases} \mathring{W}(+0) & \text{für} \quad k = 0, \\ \int_0^\infty \left(A^{*(k)}(x) - A^{*(k+1)}(x)\right) dV(x) & \text{für} \quad k \in \mathbb{N}. \end{cases}$$

Hierbei ist $V(x)$ die stationäre Verteilungsfunktion der Verweilzeit einer Forderung:

$$V(x) = \mathsf{P}(V < x) = (B * \mathring{W})(x).$$

Insbesondere im System M/GI/1/∞ gilt $\tilde{p}_k = \mathring{p}_k = p_k$ für jedes $k \in \mathbb{G}_+$.

(c) *Stationäre Verteilung für die Anzahl der Forderungen in der Warteschlange* (TAKACS (1963), TUMURA (1967), FRANKEN (1975), KÖNIG/STOYAN [1]):

$$\mathsf{P}(\mathring{N}_w = k) = \begin{cases} \varrho + \mathsf{P}(\mathring{N} = 1) & \text{für} \quad k = 0, \\ \int\limits_0^\infty \left(A^{*(k)}(x) - A^{*(k+1)}(x)\right) \mathrm{d}\mathring{W}(x) & \text{für} \quad k \in \mathbb{N}. \end{cases}$$

(d) *Erwartungswerte für stationäre Verteilungen der Anzahl der Forderungen im System* (COHEN [1]):

$$\mathsf{E}\mathring{N} = 1 + \int\limits_0^\infty H_A(y) \, \mathrm{d}\mathring{W}(y) - \mathring{W}(+0) \quad \text{mit} \quad H_A(y) = \sum_{n=1}^\infty A^{*(n)}(y),$$

$$\mathsf{E}\tilde{N} = \mathsf{E}\mathring{N} = \mathsf{E}N + \mathsf{E}A^2/\left(2(\mathsf{E}A)^2\right) - 1.$$

(e) *Eine Näherungsformel für die stationäre Verteilung der Anzahl der Forderungen, die zur Zeit t im System sind* (REISER/KOBAYASHI (1974)):

- Voraussetzung: ϱ sei „nahe“ an Eins (starke Belastung).

$$p_n = \mathsf{P}(N = n), \qquad p_n \approx q_n = \alpha^n(1 - \alpha), \qquad n \in \mathbb{G}_+,$$

wobei $\alpha = \exp\left(-2(1 - \varrho)\,(\varrho \mathsf{v}_A + \mathsf{v}_B)^{-1}\right)$,

$$\mathsf{v}_A = \mathsf{V}A/(\mathsf{E}A)^2, \qquad \mathsf{v}_B = \mathsf{V}B/(\mathsf{E}B)^2.$$

Nach KOBAYASHI (1974) kann diese Beziehung folgendermaßen präzisiert werden:

$$p_n \approx r_n = \begin{cases} 1 - \varrho & \text{für} \quad n = 0, \\ \varrho(1 - \alpha)\,\alpha^{n-1} & \text{für} \quad n \in \mathbb{N}. \end{cases}$$

(f) *Eine Abschätzung für den Erwartungswert der stationären Verteilung der Anzahl der Forderungen im System* (FAINBERG (1974))

$$\varrho + \frac{\varrho^2(\mathsf{V}A + \mathsf{V}B)}{2(1 - \varrho)} - \varrho(1 - \mathsf{V}A)/2 \leqq \mathsf{E}N \leqq \varrho + \frac{\varrho^2(\mathsf{V}A + \mathsf{V}B)}{2(1 - \varrho)} + \frac{1 - \varrho}{2}(1 - \mathsf{V}A).$$

(g) *Zusammenhänge zwischen den Erwartungswerten für die Anzahl der Forderungen und der mittleren Wartezeit*

$$\mathsf{E}\mathring{N} = \mathsf{E}A^{-1}\left(\mathsf{E}\mathring{W} + \mathsf{E}B + \mathsf{E}A^2/(2\mathsf{E}A)\right) - 1,$$

$$\mathsf{E}\mathring{N}_w = \mathsf{E}\mathring{N} - 1 + \mathring{W}(+0),$$

$$\mathsf{E}N_w = \mathsf{E}A^{-1}\mathsf{E}\mathring{W} \quad \text{(gilt allgemein für G/G/1/}\infty\text{)},$$

$$\mathsf{E}N = \mathsf{E}A^{-1}(\mathsf{E}\mathring{W} + \mathsf{E}B) = \mathsf{E}A^{-1}\mathsf{E}V \quad \text{(gilt allgemein für G/G/1/}\infty\text{)}.$$

Die obigen Beziehungen zeigen, daß man zur Berechnung der Erwartungswerte für die Systemgrößen N, $\mathring{N}$, N_w, $\mathring{N}_w$ nur die Kenntnis der mittleren Wartezeit einer Forderung $\mathsf{E}\mathring{W}$ benötigt. Durch Anwendung der bekannten Abschätzungen für $\mathsf{E}\mathring{W}$ lassen sich aus den angegebenen Formeln Abschätzungen für die Erwartungswerte $\mathsf{E}N$, $\mathsf{E}\mathring{N}$, $\mathsf{E}N_w$, $E\mathring{N}_w$ gewinnen. Die letzten beiden Formeln spiegeln dabei einen besonders elementaren Zusammenhang wider; sie werden auch häufig als Bilanzgleichungen bezeichnet und kurz durch „$L = \lambda W$" charakterisiert (COHEN [1], HAJI/NEWELL (1971), BRUMELLE (1971), (1972), STIDHAM (1972), FRANKEN (1975) u. a.).

(h) *Binomialmomente für die stationäre Verteilung der Anzahl der Forderungen in der Warteschlange* (BRUMELLE (1972)):

$$\mathsf{B}_{\mathring{N}_w,(k)} = \mathsf{E}\left[\frac{\mathring{N}_w(\mathring{N}_w - 1)\dots(\mathring{N}_w - k + 1)}{k!}\right] = \int_0^\infty H_A{}^{*(k)}(y)\, \mathrm{d}\mathring{W}(y), \qquad k \in \mathbb{N},$$

$$\mathsf{B}_{N_w,(k)} = \mathsf{E}\left[\frac{N_w(N_w - 1)\cdots(N_w - k + 1)}{k!}\right] = \frac{1}{\mathsf{E}A}\int_0^\infty \left(1 - \mathring{W}(y)\right) H_A{}^{*(k+1)}(y)\, \mathrm{d}y,$$

$k \in \mathbb{N}$,

wobei $H_A(y) = \sum_{n=1}^{\infty} A^{*(n)}(y)$. Insbesondere im System M/GI/1/∞ gilt für alle $k \in \mathbb{N}$

$$\mathsf{B}_{N_w,(k)} = B_{\mathring{N}_w,(k)} = \lambda^k \mathsf{E} W^k / k!\,.$$

(i) *Zusammenhang zwischen den zweiten Momenten der stationären Verteilung für die Wartezeiten und für die Anzahl der Forderungen im System* (CONOLLY [1]):

$$\mathsf{E}\mathring{N}^2 = \frac{1}{(\mathsf{E}A)^2}\left[(\mathsf{E}A)^2 - \frac{3}{2}\,\mathsf{E}A^2 - \frac{2\mathsf{E}A^3}{3\mathsf{E}A} + \frac{3(\mathsf{E}A^2)^2}{2(\mathsf{E}A)^2} + \mathsf{E}\mathring{W}^2 \right.$$
$$\left. + \left(\frac{2\mathsf{E}A^2}{\mathsf{E}A} - 3\mathsf{E}A\right)\mathsf{E}\mathring{W}\right].$$

3.1.4.4. System E_k/GI/1/∞

Die Verteilungsfunktion der Zwischenankunftszeiten $A(x)$ ist in diesem Fall durch eine Erlang-Verteilung der Ordnung $k \in \mathbb{N}$ mit folgender Dichte gegeben:

$$a(x) = \mathrm{e}^{-\lambda k x}\,\frac{(\lambda k x)^{k-1}}{(k-1)!}\,\lambda k, \qquad x \in \mathbb{R}_+.$$

Außerdem gelten

$$\mathsf{E}A = \lambda^{-1}, \quad \varrho = \lambda \mathsf{E}B, \quad \mathsf{E}A^2 = \frac{k+1}{k\lambda^2}.$$

Zur Angabe von Verteilungsfunktionen, L.-S.-T. bzw. erzeugenden Funktionen für einzelne Systemgrößen benötigt man die Nullstellen $\delta_1, \delta_2, \dots, \delta_k$ der Gleichung

$$z^k = wB^*\left(s + k\lambda(1 - z)\right)$$

mit $\delta_i = \delta_i(s, w)$ und $|\delta_i(s, w)| < 1$ für $|w| < 1$ und $\mathrm{Re}\, s \geqq 0$.

(a) *Erzeugende Funktion für die Anzahl der Forderungen, die unmittelbar nach dem Abgang der n-ten Forderung im System sind* (PRABHU [1]):

- Voraussetzung: $\tilde{N}_0 = 0$.

$$\sum_{n=0}^{\infty} \mathsf{E}^{\tilde{N}_n}(z)\, w^n = \frac{z^k}{z^k - wB^*\left(k\lambda(1 - z)\right)} \prod_{i=1}^{k} \frac{z - \delta_i(0, w)}{1 - \delta_i(0, w)}, \qquad |w| < 1, \quad |z| < 1.$$

(b) *Erzeugende Funktion für die stationäre Verteilung der Anzahl der Forderungen, die unmittelbar nach dem Abgang einer beliebigen Forderung im System sind* (PRABHU [1]):

- Voraussetzung: $\varrho < 1$.

$$\mathsf{E}(z^{\tilde{N}}) = \sum_{k=0}^{\infty} \tilde{p}_k z^k = \frac{k(1-\varrho)(1-z)\, B^*\big(k\lambda(1-z)\big)}{B^*\big(k\lambda(1-z)\big) - z} \prod_{i=1}^{k-1} \frac{z - \delta_i(0,1)}{1 - \delta_i(0,1)}, \qquad |z| < 1.$$

(c) *Erzeugende Funktion der L.-S.-T. für die gemeinsame Verteilung des zufälligen Vektors* (S_1, M_1) (PRABHU [1]):

- Voraussetzung: $\varrho < 1$, $N(0) = 1$.

$$\sum_{n=1}^{\infty} \left(\int_0^{\infty} \mathrm{e}^{-sx} \, \mathrm{d}\mathsf{P}(S_1 < x,\ M_1 = n) \right) w^n = 1 - \prod_{i=1}^{k} \big(1 - \delta_i(s, w)\big),$$

$$|w| < 1, \quad \operatorname{Re} s \geqq 0.$$

(d) *Erzeugende Funktion der L.-S.-T. für die Wartezeit der n-ten Forderung:*

- Voraussetzung: $\mathring{W}_0 = 0$.

$$\sum_{n=0}^{\infty} \left(\int_0^{\infty} \mathrm{e}^{-sx} \, \mathrm{d}\mathring{W}_n(x) \right) w^n = \frac{\lambda^k}{(\lambda - s/k)^k - w\lambda^k B^*(s)} \prod_{i=1}^{k} \left(1 - \frac{s}{s_i(0, w)}\right),$$

$$|w| < 1, \quad \operatorname{Re} s \geqq 0,$$

$$s_i(0, w) = \lambda k\big(1 - \delta_i(0, w)\big).$$

(e) *L.-S.-T. der stationären Verteilung der Wartezeit einer Forderung* (PRABHU [1]):

- Voraussetzung: $\varrho < 1$.

$$\int_0^{\infty} \mathrm{e}^{-sx} \, \mathrm{d}\mathring{W}(x) = \frac{-s(1-\varrho)\,\lambda^{k-1}}{(\lambda - s/k)^k - \lambda^k B^*(s)} \prod_{i=1}^{k-1} (1 + s/s_i),$$

$$\operatorname{Re} s \geqq 0, \quad s_i = \lambda k\big(1 - \delta_i(0, 1)\big).$$

(f) *Abschätzung für den Erwartungswert der stationären Wartezeitverteilung* (FAINBERG (1974)):

- Voraussetzung: $\varrho < 1$.

$$\mathsf{E}\mathring{W} \leqq \frac{\dfrac{1}{\lambda k} + \mathsf{V}B}{2(1-\varrho)} + \frac{1-\varrho}{2\lambda} - \frac{1}{\lambda k}.$$

Speziell für das Modell $\mathrm{E}_k/\mathrm{D}/1/\infty$ kann die stationäre Verteilungsfunktion $\mathring{W}(x)$ explizit angegeben werden. Bei $B_n = \mathsf{E}B = b$ gilt (PRABHU [1]):

$$\mathring{W}(x) = \sum_{m=0}^{k-1} a_m \sum_{l=0}^{n} \frac{\big(-\lambda k(x - lb)\big)^{m+kl}}{(m+kl)\,!} \, \mathrm{e}^{\lambda k(x-lb)}, \qquad x \in \mathbb{R}_+,$$

mit $n = \operatorname{ent}(x/b)$. Die a_m ergeben sich aus dem Gleichungssystem

$$a_m = \sum_{i=0}^{k-1} d_{mi} a_i, \qquad m = 0, 1, \ldots, k-1,$$

wobei

$$d_{mi} = \sum_{n=0}^{\infty} \int_{nb}^{\infty} (-\lambda k)^{i+nk+k-1-m} \frac{(y-nb)^{i+nk}}{(i+nk)!} \frac{(b+y)^{k-1-m}}{(k-1-m)!} e^{-\lambda k b(n+1)} \, dy.$$

3.1.4.5. System $GI/E_k/1/\infty$

Die Verteilungsfunktion der Bedienungszeiten $B(x)$ ist in diesem Fall durch eine Erlang-Verteilung der Ordnung $k \in \mathbb{N}$ mit folgender Dichte gegeben:

$$b(x) = e^{-\mu k x} \frac{(\mu k x)^{k-1}}{(k-1)!} \mu k, \qquad x \in \mathbb{R}_+.$$

Außerdem gelten

$$\mathsf{E}B = \mu^{-1}, \quad \varrho = (\mu \mathsf{E}A)^{-1}, \quad \mathsf{E}B^2 = \frac{k+1}{k\mu^2}.$$

Zur Charakterisierung von Verteilungsfunktionen, L.-S.-T. bzw. erzeugenden Funktionen für einzelne Systemgrößen benötigt man die Nullstellen $\delta_1, \delta_2, \ldots, \delta_k$ der Gleichung

$$z^k = wA^*(s + k\mu(1-z))$$

mit $\delta_i = \delta_i(s, w)$ und $|\delta_i(s, w)| < 1$ für $|w| < 1$, $\operatorname{Re} s \geqq 0$. Ein Algorithmus zur Berechnung dieser Nullstellen wurde von KOTIAH/THOMPSON/WAUGH (1969) angegeben.

Im weiteren werden folgende Abkürzungen benutzt:

$$\delta_i = \delta_i(0, 1), \quad c_i = \prod_{\substack{j=1 \\ j \neq i}}^{k} \frac{\delta_i}{\delta_i - \delta_j}$$

für $i = 1, 2, \ldots, k$, sowie

$$c_0 = \sum_{i=1}^{k} \frac{c_i}{1-\delta_i}, \qquad D(s) = \prod_{i=1}^{k} \left(s - \delta_i(s, 1)\right).$$

(a) *L.-S.-T. der Verteilung für die Anzahl der Forderungen, die zur Zeit t im System sind* (SHANBHAG (1965)):

- Voraussetzung: $N(0) = 1$.

$$\int_0^{\infty} e^{-st} \, d_t \mathsf{P}(N(t) = j) = \sum_{i=1}^{k} \delta_i(s, 1)^{jk} \frac{\left(1 - \delta_i(s, 1)^k\right)}{1 - \delta_i(s, 1)} \frac{dD(s)}{ds}\bigg|_{s=\delta_i(0,1)},$$

$$\operatorname{Re} s \geqq 0, \quad j \in \mathbb{G}_+.$$

(b) *Erzeugende Funktion für die Anzahl der Forderungen, die unmittelbar vor der Ankunft der n-ten Forderung im System sind* (PRABHU [1]):

- Voraussetzung: $\mathring{N}_0 = 0$.

$$\sum_{n=0}^{\infty} \mathsf{E}(z^{\mathring{N}_n}) \, w^n = \frac{1}{1-w} \prod_{i=1}^{k} \frac{1 - \delta_i(0, w)}{1 - z\delta_i(0, w)}, \qquad |w| < 1, \quad |z| < 1.$$

(c) *Stationäre Verteilung, Erwartungswert und Varianz für die Anzahl der Forderungen, die unmittelbar vor der Ankunft einer Forderung im System sind* (KARLIN [1]):

- Voraussetzung: $\varrho < 1$.

$$\mathring{p}_j = \mathsf{P}(\mathring{N} = j) = \frac{1}{c_0} \sum_{i=1}^{k} c_i \delta_i^{\,j}, \qquad j \in \mathbb{G}_+,$$

$$\mathsf{E}\mathring{N} = \frac{1}{c_0} \sum_{i=1}^{k} \frac{c_i \delta_i}{(1 - \delta_i)^2},$$

$$\mathsf{V}\mathring{N} = \frac{1}{c_0} \sum_{i=1}^{k} \frac{c_i(1 + \delta_i)}{(1 - \delta_i)^3} - \frac{1}{c_0^2} \sum_{i=1}^{k} \left(\frac{c_i \delta_i}{(1 - \delta_i)^2}\right)^2.$$

(d) *Erzeugende Funktion für die stationäre Verteilung der Anzahl der Forderungen, die unmittelbar vor der Ankunft einer Forderung im System sind* (PRABHU [1]):

- Voraussetzung: $\varrho < 1$.

$$\mathsf{E}(z^{\mathring{N}}) = \sum_{j=0}^{\infty} \mathring{p}_j z^j = \prod_{i=1}^{k} \left(\frac{1 - \delta_i}{1 - z\delta_i}\right), \qquad |z| < 1.$$

(e) *Erzeugende Funktion der L.-S.-T. der gemeinsamen Verteilung für den zufälligen Vektor* (S_1, M_1):

- Voraussetzung: $\varrho \leqq 1$.

$$\sum_{n=0}^{\infty} \left(\int_0^{\infty} \mathrm{e}^{-sx} \, \mathrm{d}_x \mathsf{P}(S_1 < x, M_1 = n)\right) z^n = 1 - \frac{(s + k\mu)^k - z(k\mu)^k}{\prod_{i=1}^{k} \big(s + k\mu - k\mu\delta_i(s, z)\big)},$$

$$|z| < 1, \quad \operatorname{Re} s \geqq 0.$$

(f) *Erzeugende Funktion der L.-S.-T. für die Wartezeiten der Forderungen* (PRABHU [1]):

- Voraussetzung: $\mathring{W}_0 = 0$.

$$\sum_{n=0}^{\infty} \left(\int_0^{\infty} \mathrm{e}^{-sx} \, \mathrm{d}\mathring{W}_n(x)\right) z^n = \frac{1}{1 - z} \prod_{i=1}^{k} \left(\frac{1 + \dfrac{s}{k\mu}}{1 - \dfrac{s}{s_i(0, z)}}\right), \qquad |z| < 1, \quad \operatorname{Re} s \geqq 0,$$

$$s_i(0, z) = k\mu\big(1 - \delta_i(0, z)\big).$$

(g) *Stationäre Verteilungsfunktion, Erwartungswert und Varianz für die Wartezeiten der Forderungen* (TAKACS [2]):

- Voraussetzung: $\varrho < 1$.

$$\mathring{W}(x) = c_0^{-1} \sum_{i=1}^{k} \frac{c_i \delta_i}{1 - \delta_i} \exp\big(-\mu k x (1 - \delta_i)\big), \qquad x > 0,$$

$$\mathsf{E}\mathring{W} = c_0^{-1} \sum_{i=1}^{k} \frac{c_i \delta_i}{\mu k (1 - \delta_i)^2},$$

$$\mathsf{V}\mathring{W} = \frac{2}{c_0} \sum_{i=1}^{k} \frac{c_i \delta_i}{(\mu k)^2 (1 - \delta_i)^3} - \frac{1}{c_0^2} \left(\sum_{i=1}^{k} \frac{c_i \delta_i}{\mu k (1 - \delta_i)^2}\right)^2.$$

(h) *L.-S.-T. der stationären Wartezeitverteilung* (PRABHU [1]):

• Voraussetzung: $\varrho < 1$.

$$\mathring{W}^*(s) = \int_0^\infty e^{-sx}\, d\mathring{W}(x) = \prod_{i=1}^k \left(\frac{1 + \dfrac{s}{k\mu}}{1 - s/s_i} \right), \qquad \operatorname{Re} s \geqq 0,\ s_i = k\mu\big(1 - \delta_i(0, 1)\big).$$

3.1.4.6. System GI/GI(K_m)/1/∞

Die Bezeichnung K_m sei eine Abkürzung dafür, daß die entsprechende L.-S.-T. eine rationale Funktion ist. Im angegebenen System bedeutet das, daß die L.-S.-T. $B^*(s)$ eine rationale Funktion ist, d. h.

$$B^*(s) = \frac{b_1(s)}{b_2(s)},$$

wobei $b_2(s)$ ein Polynom in s vom Grade m und $b_1(s)$ ein Polynom in s vom Grade $m - 1$ oder m ist. Als Spezialfälle dieses Modells ergeben sich insbesondere die Modelle GI/M/1/∞, GI/E_k/1/∞ und GI/GI(H-exp (n))/1/∞.

Zur Formulierung der wichtigsten Resultate benötigt man im vorliegenden Fall die genau m Nullstellen der Gleichung

$$1 - zB^*(s)\, A^*(-s) = \big(b_2(s) - zb_1(s)\, A^*(-s)\big)/b_2(s) = 0$$

in der Halbebene $\{s: \operatorname{Re} s < 0\}$, die mit $\xi_i(z)$, $i = 1, 2, \ldots, m$, bezeichnet werden. Zwecks eindeutiger Bestimmung der Polynome $b_i(s)$, $i = 1, 2$, wird angenommen, daß der Koeffizient vor s^m in $b_2(s)$ Eins ist.

(a) *Erzeugende Funktion der L.-S.-T. für die Wartezeiten der Forderungen* (COHEN [1]):

• Voraussetzung: $\mathring{W}_0 = 0$.

$$\sum_{n=0}^\infty \left(\int_0^\infty e^{-sx}\, d\mathring{W}_n(x) \right) z^n = \frac{z}{1 - z}\, \frac{b_2(s)}{b_2(0)} \prod_{i=1}^m \left(\frac{\xi_i(z)}{\xi_i(z) - s} \right), \qquad \operatorname{Re} s \geqq 0,\ |z| < 1.$$

(b) *L.-S.-T. und Erwartungswert für die stationäre Verteilung der Wartezeit einer Forderung* (COHEN [1]):

• Voraussetzung: $\varrho < 1$.

$$\mathring{W}^*(s) = \int_0^\infty e^{-sx}\, d\mathring{W}(x) = \frac{b_2(s)}{b_2(0)} \prod_{i=1}^m \frac{\xi_i(1)}{\xi_i(1) - 1}, \qquad \operatorname{Re} s \geqq 0,$$

$$\mathsf{E}\mathring{W} = -\frac{1}{b_2(0)}\, \frac{db_2(s)}{ds}\bigg|_{s=0} - \prod_{i=1}^m \big(\xi_i(1)\big)^{-1}.$$

Insbesondere gilt für die stationäre Wartewahrscheinlichkeit

$$\lim_{n\to\infty} \mathsf{P}(\mathring{W}_n = 0) = \mathring{W}(+0) = 1 - p_W = \frac{(-1)^m}{b_2(0)} \prod_{i=1}^m \xi_i(1).$$

(c) *L.-S.-T. für die Dauer einer Besetzt- bzw. Untätigkeitszeit des Bedienungsgerätes und erzeugende Funktion für die Anzahl der Forderungen, die während einer Besetztzeit bedient werden* (COHEN [1]):

$\theta = \xi_i(s, z)$, $i = 1, 2, \ldots, m$, seien die Nullstellen der Gleichung

$$b_2(\theta) - zb_1(\theta)\, A^*(s - \theta) = 0$$

in der Halbebene $\{\theta\colon \operatorname{Re}\theta < 0\}$, wobei $\xi_i(0, z) = \xi_i(z)$. Dann gelten

$$\mathsf{E}(e^{-sS_1}) = 1 - \big(b_2(s) - b_1(s)\big) \prod_{i=1}^{m} \big(s - \xi_i(s, 1)\big),$$

$$\mathsf{E}(e^{-sU_1}) = 1 - \big(b_2(-s) - b_1(-s)\, A^*(s)\big)\, (-1)^m \prod_{i=1}^{m} \big(s + \xi_i(1)\big)^{-1},$$

$$\mathsf{E}(z^{N_1}) = 1 - b_2(0)\,(1 - z) \prod_{i=1}^{m} \big(-\xi_i(z)\big)^{-1}.$$

(d) *L.-S.-T. der Verteilung für die Zwischenabgangszeiten* (COHEN [1]):

- Voraussetzung: $\varrho < 1$, $\mathring{W}_0 = 0$.

$$\mathsf{E}(e^{-sD_n}) = \mathring{W}(+0)\, B^*(s) \Bigg[b_1(s)\, A^*(s) \prod_{i=1}^{m} \big(s + \xi_i(1)\big)^{-1} + \sum_{i=1}^{m} \frac{s}{s + \xi_i(1)} \frac{b_2\big(\xi_i(1)\big)}{\xi_i(1)} \prod_{\substack{j=1\\ j \neq i}}^{m} \big(\xi_i(1) - \xi_j(1)\big)^{-1} \Bigg], \quad n \in \mathbb{G}_+, \quad \operatorname{Re} s \geqq 0.$$

3.1.4.7. System GI(K_m)/GI/1/∞

Wie im vorangegangenen Abschnitt sei K_m eine Abkürzung dafür, daß die entsprechende L.-S.-T. $A^*(s)$ eine rationale Funktion ist. Als Spezialfälle ergeben sich die Modelle M/GI/1/∞, E_k/GI/1/∞ sowie GI(H-exp (n))/GI/1/∞. Zur Formulierung der wichtigsten Resultate benötigt man die genau m Nullstellen der Gleichung

$$a_2(s - \theta) - zB^*(\theta)\, a_1(s - \theta) = 0, \qquad \operatorname{Re} s \geqq 0, \qquad |z| < 1,$$

in der Halbebene $\{\theta\colon \operatorname{Re}\theta > 0\}$, die mit $\eta_i(s, z)$ abgekürzt werden. Ferner sei $\eta_i(z) = \eta_i(0, z)$. In Analogie zum vorangegangenen Abschnitt wird vorausgesetzt, daß der Koeffizient vor der höchsten Potenz in $a_2(s)$ Eins ist.

(a) *Erzeugende Funktion der L.-S.-T. für die Wartezeiten der Forderung* (COHEN [1]):

- Voraussetzung: $\mathring{W}_0 = 0$.

$$\sum_{n=0}^{\infty} \mathsf{E}(e^{-s\mathring{W}_n})\, z^n = \frac{za_2(0)}{a_2(-s) - zB^*(s)\, a_1(-s)} \prod_{i=1}^{m} \left(\frac{\eta_i(z) - s}{\eta_i(z)}\right), \qquad \operatorname{Re} s \geqq 0, \quad |z| < 1.$$

(b) *L.-S.-T. und Erwartungswert der stationären Verteilung für die Wartezeit einer Forderung* (COHEN [1]):

- Voraussetzung: $\varrho < 1$.

$$\mathring{W}^*(s) = \int_0^{\infty} e^{-sx}\, d\mathring{W}(x) = \frac{-\mathsf{E}As(1 - \varrho)\, a_2(0)}{a_2(-s) - B^*(s)\, a_1(-s)} \prod_{i=2}^{m} \left(\frac{\eta_i(1) - s}{\eta_i(s)}\right), \qquad \operatorname{Re} s \geqq 0,$$

$$\mathsf{E}\dot{W} = \frac{\varrho}{2(1-\varrho)\,\mathsf{E}B}\left[\mathsf{E}B^2 + \mathsf{E}A^2 + 2\mathsf{E}B\,\frac{\left.\frac{da_1(s)}{ds}\right|_{s=0}}{a_1(0)} - 2\mathsf{E}A\,\frac{\left.\frac{da_2(s)}{ds}\right|_{s=0}}{a_2(0)}\right] + \sum_{i=2}^{m}\big(\eta_i(1)\big)^{-1}.$$

Dabei wird $\prod_{i=2}^{m}$ ... für $m = 1$ jeweils gleich 1 und $\sum_{i=2}^{m}$ ... gleich 0 gesetzt. Insbesondere für die stationäre Wartewahrscheinlichkeit gilt

$$\lim_{n\to\infty} \mathsf{P}(\dot{W}_n = 0) = \dot{W}(+0) = 1 - p_w = (1-\varrho)\,a_2(0)\prod_{i=2}^{m}\big(\eta_i(1)\big)^{-1}.$$

(c) *L.-S.-T. für die Dauer einer Besetzt- bzw. Untätigkeitszeit des Bedienungsgerätes und erzeugende Funktion für die Anzahl der Forderungen, die während einer Besetztzeit bedient werden.* Es gelte Re $s \geqq 0$, $|z| < 1$, dann ergeben sich:

$$\mathsf{E}(\mathrm{e}^{-sU_1}) = 1 - \frac{s}{a_2(s)}\prod_{i=2}^{m}\big(s + \eta_i(1)\big), \qquad \mathsf{E}(z^{M_1}\mathrm{e}^{-sS_1}) = 1 - \frac{(-1)^m}{a_2(0)}\prod_{i=1}^{m}\big(s - \eta_i(s, z)\big),$$

$$\mathsf{E}(\mathrm{e}^{-sS_1}) = 1 - \frac{(-1)^m}{a_2(0)}\prod_{i=1}^{m}\big(s - \eta_i(1, s)\big), \quad \mathsf{E}(z^{M_1}) = 1 - \frac{1}{a_2(0)}\prod_{i=1}^{m}\eta_i(z).$$

3.2. Mehrbedienersysteme

3.2.1. System M/M/s/∞

(a) *Erzeugende Funktion der L.-T. für die Anzahl der Forderungen, die zur Zeit t im System sind*

$$P_{ik}(t) = \mathsf{P}\big(N(t) = k \mid N(0) = i\big), \qquad k, i \in \mathbb{G}_+,$$

$$\tilde{P}_i(u, z) = \sum_{k=0}^{\infty}\left(\int_0^{\infty}\mathrm{e}^{-ut}P_{ik}(t)\,\mathrm{d}t\right)z^k = \frac{z^{i+1} - (1-z)\sum_{k=0}^{s-1}(s-k)\,q_{ik}(u)\,z^k}{uz - (1-z)(s\mu - \lambda z)},$$

$$|z| < 1, \quad \mathrm{Re}\,u \geqq 0.$$

Die Funktionen $q_{ik}(u)$ bestimmen sich dabei für $k = 0, 1, \ldots, s-1$ und $i > s-1$ aus dem folgenden Gleichungssystem:

$$(u + \lambda)\,q_{i0}(u) = \mu q_{01}(u),$$

$$(u + \lambda + k\mu)\,q_{ik}(u) = \lambda q_{i,k-1}(u) + (k+1)\,q_{i,k+1}(u), \qquad k = 1, 2, \ldots, s-2,$$

$$\sum_{k=0}^{s-1}(s-k)\,\delta_2^{\,k}(u)\,q_{ik}(u) = \frac{\delta_2^{\,i+1}(u)}{\mu\big(1 - \delta_2(u)\big)},$$

wobei

$$\delta_i(u) = (2\lambda)^{-1}\left(\lambda + s\mu + u \pm \sqrt{(\lambda + s\mu + u)^2 - 4s\lambda\mu}\right), \qquad i = 1, 2,$$

die beiden Nullstellen der Gleichung

$$uz - (1-z)(s\mu - \lambda z) = 0$$

sind. Außerdem möge dabei $|\delta_2| < 1$ gelten. Speziell für das System M/M/2/∞ ergibt sich:

$$\tilde{P}_i(u, z) = \frac{z^{i+1} - (1 - z)\left(2q_{i0}(u) + zq_{i1}(u)\right)}{-\lambda(z - \delta_1)(z - \delta_2)},$$

wobei sich die Funktionen $q_{i0}(u)$, $q_{i1}(u)$ folgendermaßen ergeben:

$$q_{i0}(u) = \frac{\delta_2^{i+1}}{(1 - \delta_2)\left(2\mu + (u + \lambda)\,\delta_2\right)},$$

$$q_{i1}(u) = \frac{(u + \lambda)\,\delta_2^{i+1}}{\mu(1 - \delta_2)\left(2\mu + (u + \lambda)\,\delta_2\right)}.$$

Somit gilt

$$\tilde{P}_i(u, z) = \frac{z^{i+1}(1 - \delta_2) - (1 - z)\,\delta_2^{i+1}}{-\lambda(z - \delta_1)(z - \delta_2)(1 - \delta_2)} - \frac{(1 - z)\,\delta_2^{i+1}(u + \lambda)}{\lambda\delta_1(1 - z/\delta_1)\left(2\mu + (u + \lambda)\,\delta_2\right)(1 - \delta_2)}.$$

Hieraus lassen sich durch Reihenentwicklung und Anwendung der Umkehrformel für L.-T. die Übergangswahrscheinlichkeiten $P_{ik}(t) = \mathsf{P}\left(N(t) = k \mid N(0) = i\right)$ ableiten. Explizite Formeln für $P_{ik}(t)$ sind z. B. in den Arbeiten von Saaty [1] und Wellenreuther (1967) zu finden.

(b) *Stationäre Verteilung für die Anzahl der Forderungen im System* (Gnedenko/Kowalenko [1]):

- Voraussetzung: $\varrho = \lambda/\mu < s$.

$$p_k = \lim_{t\to\infty} \mathsf{P}\left(N(t) = k\right) = \lim_{n\to\infty} \mathsf{P}(\mathring{N}_n = k) = \lim_{n\to\infty} \mathsf{P}(\tilde{N}_n = k), \qquad k \in \mathbb{G}_+,$$

$$p_k = \begin{cases} \dfrac{\varrho^k p_0}{k!}, & k = 0, 1, \ldots, s, \\[2ex] \dfrac{\varrho^k p_0}{(s^{k-s} s!)}, & k = s + 1, s + 2, \ldots, \end{cases}$$

$$p_0 = \left[\sum_{j=0}^{s} \varrho^j/j! + \frac{\varrho^{s+1}}{s!(s - \varrho)}\right]^{-1}.$$

(c) *Die stationäre Wartewahrscheinlichkeit:*

- Voraussetzung: $\varrho = \lambda/\mu < s$.

$$p_W = \mathsf{P}(N \geqq s) = \mathsf{P}(\mathring{N} \geqq s) = \mathsf{P}(\tilde{N} \geqq s) = \frac{\varrho^s p_0}{(s - 1)!\,(s - \varrho)}.$$

Einen Überblick über die Werte von p_W in Abhängigkeit von ϱ/s kann man aus Tab. 3.2.1 entnehmen.

(d) *Erwartungswert für die stationäre Verteilung der Anzahl der Forderungen im System* (Prabhu [1]):

- Voraussetzung: $\varrho = \lambda/\mu < s$.

$$\mathsf{E}N = \mathsf{E}\mathring{N} = \mathsf{E}\tilde{N} = \varrho\left(1 + \frac{p_s}{s(1 - \varrho/s)^2}\right) = \varrho\left(1 + \frac{\varrho^s p_0}{(s - 1)!\,(s - \varrho)^2}\right).$$

Tab. 3.2.1. Die stationäre Wartewahrscheinlichkeit p_w im System M/M/s/∞

ϱ/s	Anzahl der Bedienungsgeräte								
	1	2	3	4	5	6	7	8	9
0,1	0,100	0,018	0,004	0,001	0,000	0,000	0,000	0,000	0,000
0,2	0,200	0,067	0,025	0,010	0,004	0,002	0,000	0,000	0,000
0,3	0,300	0,138	0,070	0,037	0,020	0,011	0,006	0,004	0,002
0,4	0,400	0,229	0,141	0,091	0,060	0,040	0,027	0,018	0,013
0,5	0,500	0,333	0,237	0,174	0,130	0,099	0,076	0,059	0,046
0,6	0,600	0,450	0,355	0,287	0,236	0,197	0,165	0,140	0,119
0,7	0,700	0,577	0,492	0,429	0,378	0,336	0,301	0,271	0,245
0,8	0,800	0,711	0,647	0,597	0,554	0,512	0,486	0,458	0,432
0,9	0,900	0,853	0,817	0,788	0,763	0,740	0,720	0,702	0,685

(e) *Stationäre Verteilung, Erwartungswert und Varianz für die Anzahl der Forderungen in der Warteschlange* (PRABHU [1]):

- Voraussetzung: $\varrho = \lambda/\mu < s$.

$$q_k = \lim_{t\to\infty} \mathsf{P}\big(N_w(t) = k\big) = \lim_{n\to\infty} \mathsf{P}(\tilde{N}_{w,n} = k) = \lim_{n\to\infty} \mathsf{P}(\mathring{N}_{w,n} = k),$$

$$q_0 = p_0 \sum_{j=0}^{s} \varrho^j/j!; \quad q_k = \frac{p_0\varrho^{k+s}}{s^k s!} \quad \text{für} \quad k \in \mathbb{N},$$

$$\mathsf{E}N_w = \frac{\varrho p_s}{s(1-\varrho/s)^2} = \frac{\varrho p_w}{s-\varrho}, \quad \mathsf{V}N_w = \frac{\varrho^2 p_w}{(s-\varrho)^2}(2-p_w) + \frac{p_w\varrho}{s-\varrho}.$$

(f) *Stationäre Verteilungsfunktion, Erwartungswert und Varianz für die Wartezeiten* (PRABHU [1]):

- Voraussetzung: $\varrho = \lambda/\mu < s$.

$$W(x) = \lim_{t\to\infty} \mathsf{P}\big(W(t) < x\big) = \lim_{n\to\infty} \mathsf{P}(\mathring{W}_n < x),$$

$$W(x) = 1 - p_w\, e^{-x(s\mu-\lambda)}, \qquad x > 0,$$

Tab. 3.2.2. Das Verhältnis von mittlerer Wartezeit und mittlerer Bedienungszeit $\frac{\mathsf{E}\mathring{W}}{\mathsf{E}B}$ im System M/M/s/∞

ϱ/s	Anzahl der Bedienungsgeräte								
	1	2	3	4	5	6	7	8	9
0,1	0,110	0,010	0,001	0,000	0,000	0,000	0,000	0,000	0,000
0,2	0,250	0,042	0,010	0,003	0,001	0,000	0,000	0,000	0,000
0,3	0,428	0,099	0,033	0,013	0,006	0,003	0,001	0,001	0,000
0,4	0,666	0,191	0,078	0,038	0,020	0,011	0,006	0,004	0,002
0,5	1,000	0,333	0,158	0,087	0,052	0,033	0,022	0,015	0,010
0,6	1,500	0,562	0,2 6	0,179	0,118	0,082	0,059	0,044	0,033
0,7	2,333	0,961	0,547	0,357	0,252	0,187	0,143	0,113	0,091
0,8	4,000	1,778	1,079	0,746	0,554	0,432	0,347	0,286	0,240
0,9	9,000	4,263	2,723	1,969	1,525	1,234	1,029	0,877	0,669

$$p_W = 1 - W(+0) = \sum_{k=s}^{\infty} p_k = \frac{\varrho^s p_0}{(s-1)!\,(s-\varrho)},$$

$$\mathsf{E}W = \mathsf{E}\mathring{W} = \frac{p_W}{\mu(s-\varrho)}, \quad \mathsf{V}W = \mathsf{V}\mathring{W} = \frac{p_W}{\mu^2(s-\varrho)^2}\,(2-p_W).$$

Aus Tab. 3.2.2 kann man das Verhältnis von mittlerer Wartezeit und mittlerer Bedienungszeit für einige Werte von ϱ/s entnehmen.

3.2.2. System GI/D/s/∞

(a) *Stationäre Verteilung für die Wartezeit einer Forderung* (SCHASSBERGER [1]):

- Voraussetzung: $\mathsf{E}B = b$, $\varrho = b\mathsf{E}A^{-1} < s$.

$$\mathring{W}(x) = \mathsf{P}(\mathring{W} < x) = \begin{cases} \exp\left[-\sum\limits_{n=1}^{\infty} \frac{1}{n} A^{*(sn)}(nb)\right] \sum\limits_{n=0}^{\infty} \frac{1}{n!} G^{*(n)}(x) & \text{für} \quad x > 0, \\ 0 & \text{für} \quad x \leqq 0, \end{cases}$$

wobei $G(x) = 0$ für $x \leqq 0$ ist und für $x > 0$ gilt

$$G(x) = \sum_{n=0}^{\infty} \frac{1}{n} \left(A^{*(sn)}(nb) - A^{*(sn)}(nb - x)\right).$$

(b) *Qualitative Aussagen über die stationäre Verteilung der Wartezeiten einer Forderung* (STOYAN [1]): Für alle GI/D/s/∞-Systeme gilt $\mathring{W}(x) \geqq \mathring{W}_d(x)$, $x \in \mathbb{R}$, wobei $\mathring{W}_d(x)$ die stationäre Verteilungsfunktion für die Wartezeiten einer Forderung in einem GI/D/1/∞-System mit der gleichen Verteilungsfunktion $A(x)$ für die Zwischenankunftszeiten und der Bedienungszeit ϱ/s ist.

Es seien zwei GI/D/s/∞-Systeme mit den Verteilungsfunktionen $A_1(x)$ und $A_2(x)$ für die Zwischenankunftszeiten und den Bedienungszeiten b_1 und b_2 gegeben, wobei $\varrho_k = b_k/\mathsf{E}A_k$, $k = 1, 2$, gesetzt wird. Gilt $\varrho_k < s$, $k = 1, 2$, dann folgt aus $A_2 \overset{(1)}{\leqq} A_1$ und $b_1 \leqq b_2$ die Beziehung $\mathring{W}_1 \overset{(1)}{\leqq} \mathring{W}_2$. Aus $A_2 \overset{(3)}{\leqq} A_1$ und $b_1 \leqq b_2$ folgt dagegen $\mathring{W}_1 \overset{(2)}{\leqq} \mathring{W}_2$. Einige numerische Aspekte bei der Berechnung von $\mathring{W}(x)$ für gewisse Klassen von Forderungenströmen werden in NEUTS (1980) untersucht.

3.2.3. System M/D/s/∞

Es wird $B = \mathsf{E}B = b$ gesetzt.

(a) *Verteilung für die Anzahl der Forderungen, die zur Zeit t im System sind* (PRABHU [1]):

$$P_j(t) = \mathsf{P}(N(t) = j), \qquad j \in \mathbb{G}_+, \qquad t \in \mathbb{R}_+,$$

$$P_j(t+b) = \sum_{i=0}^{s} P_i(t)\, e^{-\lambda b} \frac{(\lambda b)^j}{j!} + \sum_{i=s+1}^{\infty} P_i(t)\, e^{-\lambda b} \frac{(\lambda b)^{j-i+s}}{(j-i+s)!}.$$

(b) *Erzeugende Funktion der stationären Verteilung für die Anzahl der Forderungen im System* (SCHASSBERGER [1]):

- Voraussetzung: $\varrho = \lambda b < s$.

$$p_k = \lim_{t\to\infty} \mathsf{P}\big(N(t) = k\big) = \lim_{n\to\infty} \mathsf{P}(\mathring{N}_n = k) = \lim_{n\to\infty} \mathsf{P}(\tilde{N}_n = k)$$

$$\mathsf{g}_N(z) = \sum_{k=0}^{\infty} p_k z^k = (s - \varrho)\,\frac{1 - z}{1 - z^s \exp\big(\varrho(1 - z)\big)} \prod_{i=1}^{s-1} \frac{z - z_i}{1 - z_i}, \qquad |z| < 1.$$

Dabei sind die komplexen Zahlen z_i, $i = 1, 2, \ldots, s - 1$, $z_i \neq 1$, die Nullstellen der Gleichung $z^s - \exp\big(-\lambda b(1 - z)\big) = 0$ innerhalb des Einheitskreises $|z| < 1$.

(c) *Stationäre Wartewahrscheinlichkeit* (PRABHU [1]):

- Voraussetzung: $\varrho = \lambda b < s$; $z_1, z_2, \ldots, z_{s-1}$ seien die Nullstellen der Gleichung $z^s - \exp\big(-\lambda b(1 - z)\big) = 0$ innerhalb des Einheitskreises $|z| < 1$.

$$p_{\mathrm{w}} = \mathsf{P}(N \geqq s) = \sum_{k=s}^{\infty} p_k = 1 - (s - \varrho) \sum_{i=1}^{s-1} (1 - z_i)^{-1}.$$

Aus der Tab. 3.2.3 kann man die Werte von p_{w} in Abhängigkeit von ϱ/s entnehmen.

Tab. 3.2.3. Die stationäre Wartewahrscheinlichkeit p_{w} im System M/D/s/∞

ϱ/s	Anzahl der Bedienungsgeräte								
	1	2	3	4	5	6	7	8	9
0,1	0,100	0,018	0,004	0,000	0,000	0,000	0,000	0,000	0,000
0,2	0,200	0,064	0,024	0,009	0,001	0,001	0,000	0,000	0,000
0,3	0,300	0,134	0,067	0,035	0,019	0,011	0,006	0,003	0,002
0,4	0,400	0,221	0,134	0,085	0,056	0,037	0,025	0,017	0,012
0,5	0,500	0,323	0,225	0,163	0,121	0,092	0,070	0,054	0,042
0,6	0,600	0,439	0,340	0,272	0,221	0,183	0,153	0,128	0,109
0,7	0,700	0,565	0,476	0,410	0,358	0,316	0,282	0,252	0,226
0,8	0,800	0,701	0,631	0,576	0,532	0,494	0,461	0,431	0,406
0,9	0,900	0,847	0,808	0,776	0,748	0,724	0,702	0,682	0,664

(d) *Stationäre Wahrscheinlichkeit dafür, daß sich im System keine Forderungen befinden* (PRABHU [1])

- Voraussetzung: $\varrho = \lambda b < s$.

$$\mathsf{P}(N = 0) = \exp\left[-\sum_{k=1}^{\infty} \frac{1}{k} \sum_{j=ks+1}^{\infty} \mathrm{e}^{-\lambda kb}\, \frac{(\lambda kb)^j}{j!}\right].$$

(e) *Erwartungswert der stationären Verteilung für die Anzahl der Forderungen im System* (CROMMELIN (1932), SCHASSBERGER [1], PRABHU [1]):

- Voraussetzung: $\varrho = \lambda b < s$; $z_1, z_2, \ldots, z_{s-1}$ seien die Nullstellen der Gleichung $z - \exp\big(-\lambda b(1 - z)\big) = 0$ innerhalb des Einheitskreises $|z| < 1$.

$$\mathsf{E}N = \mathsf{E}\mathring{N} = \sum_{i=1}^{s-1} \frac{1}{1 - z_i} + \frac{\lambda - s}{2} + \frac{s}{2(\lambda - s)} = \varrho + \lambda \sum_{i=1}^{\infty} \mathrm{e}^{-i\lambda b} \sum_{j=is+1}^{\infty} \left(\frac{j - is}{j!}\right) (i\lambda b)^{j-1}.$$

(f) *Stationäre Verteilung und Erwartungswert für die Wartezeit einer Forderung* (CROMMELIN (1932), KÖNIG/STOYAN [1]):

- Voraussetzung: $\varrho = \lambda b < s$.

$$\mathring{W}(x) = 1 - p_w \sum_{n=m+1}^{\infty} \exp\left(-\lambda(nb - x)/s\right) \frac{\lambda^{\cdot}}{s^n n!} (nb - x)^n,$$

$$x > 0, \quad m = \text{ent}\,(x/6),$$

$$\mathsf{E}\mathring{W} = \sum_{i=1}^{\infty} \exp\,(-i\lambda b) \sum_{j=is+1}^{\infty} \frac{j - is}{j!} (i\lambda b)^{j-1}.$$

Aus der Tab. 3.2.4 kann man das Verhältnis von mittlerer Wartezeit und mittlerer Bedienungszeit in Abhängigkeit von ϱ/s entnehmen.

Tab. 3.2.4. Das Verhältnis von mittlerer Wartezeit und mittlerer Bedienungszeit $\frac{\mathsf{E}\mathring{W}}{\mathsf{E}B}$ im System M/D/s/∞

ϱ/s	Anzahl der Bedienungsgeräte								
	1	2	3	4	5	6	7	8	9
0,1	0,056	0,006	0,001	0,000	0,000	0,000	0,000	0,000	0,000
0,2	0,125	0,024	0,007	0,002	0,001	0,001	0,000	0,000	0,000
0,3	0,214	0,055	0,020	0,009	0,004	0,002	0,001	0,001	0,000
0,4	0,333	0,103	0,045	0,023	0,012	0,007	0,004	0,003	0,002
0,5	0,500	0,177	0,087	0,050	0,031	0,020	0,014	0,009	0,007
0,6	0,750	0,293	0,158	0,098	0,066	0,047	0,034	0,026	0,020
0,7	1,167	0,494	0,276	0,190	0,136	0,102	0,079	0,063	0,051
0,8	2,000	0,903	0,554	0,386	0,289	0,226	0,183	0,152	0,128
0,9	4,500	2,014	1,289	0,934	0,724	0,585	0,489	0,416	0,361

3.2.4. System M/GI/s/∞

Gilt für den Belastungskoeffizienten $\varrho = \lambda \mathsf{E}B < s$, so sind die Verteilungen der Zufallsgrößen N, $\mathring{N}$, $\tilde{N}$, der Zufallsgrößen N_w, $\mathring{N}_w$, $\tilde{N}_w$ sowie der Zufallsgrößen W, $\mathring{W}$ jeweils identisch. Weiterhin ist

$$\mathsf{E}(z^{N_w}) = \mathsf{E}(e^{-\lambda W(1-z)}), \qquad |z| < 1,$$

$$\mathsf{E}\big(N_w(N_w - 1) \cdots (N_w - k + 1)\big) = \lambda^k \mathsf{E}W^k, \qquad k \in \mathbb{N},$$

sofern die Momente auf einer der beiden Seiten existieren (WOLFF (1970)).

Für das System M/GI/s/∞ existieren nur wenige exakte Formeln für interessierende Systemgrößen. Dagegen sind aber eine Reihe von Abschätzungen und Näherungsformeln bekannt. Die folgenden Ergebnisse konzentrieren sich im wesentlichen auf solche Beziehungen.

(a) *Abschätzung für die Wahrscheinlichkeit, daß zur Zeit t mindestens n Forderungen im System sind* (STOYAN [1]):

$$\mathbf{P}\big(N(t) \geqq n \mid N(0) = 1\big) \geqq \sum_{k=n}^{\infty} \frac{\big(F_{R,B}(t)\big)^k}{k!} \exp\big(-F_{R,B}(t)\big), \qquad n \in \mathbb{G}_+,$$

mit

$$F_{R,B}(t) = \lambda \int_0^t \left(1 - B(y)\right) dy .$$

- Voraussetzung: $\varrho = \lambda \mathsf{E}B < s$.

$$\mathsf{P}(N \geqq n) \geqq \sum_{k=n}^{\infty} \frac{\varrho^k}{k!} e^{-\varrho}, \qquad n \in \mathbb{G}_+ .$$

(b) *Abschätzungen für die stationäre Wartewahrscheinlichkeit* (Stoyan (1973)):

- Voraussetzung: $\varrho = \lambda \mathsf{E}B < s$.

$$p_w = \mathsf{P}(N \geqq s) = \sum_{k=s}^{\infty} p_k \geqq 1 - \sum_{i=0}^{s-1} \frac{\varrho^i}{i!} e^{-\varrho},$$

$$p_w \leqq \varrho/s, \quad p_w \leqq \varrho - s + 1 + \sum_{i=0}^{s-1} \frac{s-1-i}{i!} \varrho^i e^{-\varrho}.$$

- Voraussetzung: $\varrho \ll s$ (schwache Belastung).

$$p_w \geqq \frac{\varrho^s/s!}{\sum\limits_{k=0}^{s} \frac{1}{k!} \varrho^k}.$$

- Voraussetzung: $\varrho < s$; $B(x)$ sei vom Typ NBU.

$$p_w \geqq \frac{\lambda^s c}{s!} \left[(\mathsf{E}B)^s + \lambda \int_x^{\infty} f_s(x) e^{\lambda x} dx \right]$$

mit

$$f_s(x) = \left(\int_x^{\infty} \left(1 - B(y)\right) dy \right)^s, \qquad c^{-1} = \sum_{k-0}^{s} \frac{(\mathsf{E}B)^k}{k!} \lambda^k + \frac{1}{s!} \int_0^{\infty} f_s(x)\; e^{\lambda x}\, dx.$$

(c) *Eine Näherungsformel für die stationäre Wartewahrscheinlichkeit* (Hein (1973)):

- Voraussetzung: $\varrho = \lambda \mathsf{E}B < s$.

$$p_w \approx \left(1 - \mathsf{V}B/(\mathsf{E}B)^2\right) p_w(\mathrm{M/D}/s/\infty) + \mathsf{V}B/(\mathsf{E}B)^2\, p_w(\mathrm{M/M}/s/\infty),$$

wobei $p_w(\mathrm{M/M}/s/\infty)$ bzw. $p_w(\mathrm{M/D}/s/\infty)$ die stationären Wartewahrscheinlichkeiten in den Modellen $\mathrm{M/M}/s/\infty$ bzw. $\mathrm{M/D}/s/\infty$ mit den jeweiligen gleichen Erwartungswerten $\mathsf{E}B$ darstellen.

(d) *Qualitative Resultate und Abschätzungen für die stationäre Verteilungsfunktion der Wartezeiten* (Stoyan (1973), [1]):

- Voraussetzung: $\varrho = \lambda \mathsf{E}B \ll s$ (schwache Belastung).

$$\mathring{W}(x) \leqq 1 - q + q \left(1 - \left(1 - \mathsf{E}B \int_0^x \left(1 - B(y)\right) dy\right)^s\right), \qquad x > 0,$$

mit

$$q = \frac{1}{s!} \varrho^s \left(\sum_{k=0}^{s} \frac{1}{k!} \varrho^k \right)^{-1}.$$

Für alle M/GI/s/∞-Systeme ist die stationäre Wartezeitverteilungsfunktion $\mathring{W}(x)$ bezüglich $\overset{(1)}{\leqq}$ kleiner als die entsprechende Wartezeitverteilungsfunktion in einem M/GI/1/∞-System mit der Intensität λ/s des Forderungenstromes und der Verteilungsfunktion der Bedienungszeiten $B(x)$.

(e) *Abschätzung des Erwartungswertes der stationären Verteilung für die Wartezeit einer Forderung* (Stoyan (1978), [1]):

- Voraussetzung: $\varrho = \lambda \mathsf{E}B < s$.

$$\mathsf{E}\mathring{W} \leqq \frac{\lambda(\mathsf{V}B + (\mathsf{E}B)^2)\, s p_{\mathrm{w}}}{2(s-\varrho)\,\varrho} \leqq \frac{\lambda(\mathsf{V}B + (\mathsf{E}B)^2)}{2(s-\varrho)}.$$

- Voraussetzung: $\varrho = \lambda \mathsf{E}B < s$, $B \overset{(2)}{\leqq} \operatorname{Exp}(\mathsf{E}B^{-1})$.

$$\mathsf{E}W \leqq \frac{z_0}{1 - z_0} \mathsf{E}B.$$

Dabei ist $z = z_0$ die Nullstelle der Gleichung

$$z = \left(1 + (1-z)/\varrho\right)^{-s}, \qquad 0 < z_0 < 1.$$

- Voraussetzung: $\varrho < s$, B ist vom Typ NBU.

$$\mathsf{E}W \leqq \frac{\mathsf{V}B + s/\lambda}{2(s-\varrho)} + \frac{s-\varrho}{2\lambda} - \frac{1}{\lambda},$$

$$\mathsf{E}W \geqq c \sum_{k=0}^{s} \frac{(-1)^k}{k!(s-k)!} \left(\frac{1}{s-k+1} + \frac{2\varrho}{s-k+2} + \frac{\varrho^2}{s-k+3} \right)$$

mit

$$c = \frac{\mathsf{E}B\varrho^s}{\sum\limits_{k=0}^{s} \frac{(\mathsf{E}B)^k}{k!} + \frac{\lambda\varrho^2}{s\mathsf{E}B - \lambda}}.$$

(f) *Näherungsformeln für den Erwartungswert und die Varianz der stationären Wartezeitverteilung:*

- Voraussetzung: $\varrho = \lambda \mathsf{E}B < s$.

$$\mathsf{E}\mathring{W} \approx \left(1 - \mathsf{V}B/(\mathsf{E}B)^2\right) \mathsf{E}\mathring{W}(\mathrm{M/D}/s/\infty) + \mathsf{V}B/(\mathsf{E}B)^2\, \mathsf{E}\mathring{W}(\mathrm{M/M}/s/\infty),$$

wobei wir durch $\mathsf{E}\mathring{W}(\mathrm{M/M}/s/\infty)$ bzw. $\mathsf{E}\mathring{W}(\mathrm{M/D}/s/\infty)$ die mittleren Wartezeiten in den Modellen M/M/s/∞ bzw. M/D/s/∞ mit dem jeweils gleichen Erwartungswert $\mathsf{E}B$ bezeichnen (Hein (1973), Stoyan [1]). $\Gamma(x)$ sei die Gamma-Funktion und $\gamma_1 = \alpha$ sei die Lösung der Gleichung

$$\mathsf{E}\mathring{W}(\mathrm{M/M}/s/\infty) = \Gamma(\alpha + 1)^{1/(\alpha-1)}\, \mathsf{E}\mathring{W}(\mathrm{M/D}/s/\infty),$$

dann gilt näherungsweise (TAKAHASHI (1977))

$$\mathsf{E}\mathring{W} \approx \left(\frac{\mathsf{E}B^{\gamma_1}}{(\mathsf{E}B)^{\gamma_1}}\right)^{1/(\gamma_1-1)} \mathsf{E}\mathring{W}(\mathrm{M/D}/s/\infty) = E_0.$$

Dabei ist $\mathsf{E}B^\alpha$ das α-te Moment von B für $0 < \alpha \leqq 2$. Sei nun $\gamma_2 = \alpha$ die Lösung der Gleichung

$$\begin{aligned} &\mathsf{V}\mathring{W}(\mathrm{M/M}/s/\infty) - \big(\mathsf{E}\mathring{W}(\mathrm{M/M}/s/\infty)\big)^2 \\ &= \Gamma(1+\alpha)^{2/(\alpha-1)}\, \mathsf{V}\mathring{W}(\mathrm{M/D}/s/\infty) - \big(\mathsf{E}\mathring{W}(\mathrm{M/D}/s/\infty)\big)^2, \end{aligned}$$

dann gilt näherungsweise (TAKAHASHI (1977))

$$\mathsf{V}\mathring{W} \approx \left(\frac{\mathsf{E}B^{\gamma_2}}{(\mathsf{E}B)^{\gamma_2}}\right)^{2/(\gamma_2-1)} \mathsf{V}\mathring{W}(\mathrm{M/D}/s/\infty) - \big(\mathsf{E}\mathring{W}(\mathrm{M/D}/s/\infty)\big)^2 + E_0^2.$$

(g) *Näherungsformel für die stationäre Verteilung der Anzahl der Forderungen im System* (BASCHARIN/LYSENKOWA (1972)):

- Voraussetzung: $\varrho < s$.

$$p_k = \mathsf{P}(N = k) \approx q_k = \begin{cases} q_0 \dfrac{(\varrho/s)^k}{k!} & \text{für } k = 0, 1, \ldots, s, \\ q_s \gamma \varphi^{k-s} & \text{für } k = s+1, s+2, \ldots, \end{cases}$$

wobei $\gamma = \dfrac{2(\mathsf{E}B)^2}{\mathsf{V}B + (\mathsf{E}B)^2}$ und $\varphi = (\varrho/s)^\gamma$ ist sowie

$$q_0 = \left[\sum_{i=0}^{s-1} \frac{(\varrho/s)^i}{i!} + \frac{(\varrho/s)^s\, \gamma}{s!(1-\varphi)}\right]^{-1}.$$

Bemerkung: Mit Hilfe der heuristischen Methode der Diffusionsapproximation (↑ [8.5.1]) können ähnliche Formeln gefunden werden (vgl. KIMURA (1983)).

3.2.5. System GI/M/s/∞

δ sei die kleinste positive Nullstelle der Gleichung $z = A^*\big(s\mu(1-z)\big)$, $0 < \delta < 1$. Außerdem seien $c_0, c_1, \ldots, c_{s-1}$ die Lösungen des folgenden linearen Gleichungssystems:

$$\begin{aligned} c_{s-n} A^*\big(\mu(s-n)\big) &= \sum_{i=1}^{n-1} (-1)^{i-1}\, c_{s-n+i} \left[\binom{s-n+i}{i-1} + \binom{s-n+i}{i}\right] \\ &\quad \times A^*\big(\mu(s-n+i)\big) + (-1)^{n-1} \prod_{i=1}^{n-1} \frac{(s-i+1)\,\big(n-(n-1)\,\delta\big)}{(i-s)\,(n-s\delta)} \end{aligned}$$

für $n = 1, 2, \ldots, s$ und $s\delta \notin \{1, 2, \ldots, s-1\}$. Ferner sei $z = d(r, \eta, \theta)$ die einzige Nullstelle der Gleichung

$$z - s + sr \frac{1}{1 + \theta/\mu} A^*\left(\eta + z \frac{\mu}{1 + \theta/\mu}\right) = 0$$

mit $\operatorname{Re} d(r, \eta, \theta) > 0$ für $|r| < 1$, $\operatorname{Re} \eta \geqq 0$, $\operatorname{Re} \theta \geqq 0$.

Abkürzend werden im weiteren folgende Funktionen benutzt: ($i = 0, 1, \ldots, s-1$; $k = 1, 2, \ldots, s$)

$$d_i = \binom{s-1}{i}\frac{1}{d-i}, \quad e_i = \binom{s-1}{i}\frac{1}{(d-i)(d-i-1)},$$

$$h_k = \frac{1+\theta/\mu - rA^*(\eta + k\mu/(1+\theta\mu))}{rA^*(\eta + k\mu/(1+\theta\mu))}, \quad \gamma = \gamma(r, \eta, \theta) = \sum_{i=0}^{s-1} e_i \prod_{k=1}^{i} h_k.$$

(a) *L.-T. der erzeugenden Funktion für die Anzahl der Forderungen, die zur Zeit t im System sind* (DE SMIT (1971)):

- Voraussetzung: $N(0) = 1$.

$$\int_0^\infty e^{-\eta t}\mathsf{E}(z^{N(t)})\,dt$$

$$= \frac{1}{1-A^*(\eta)}\left[\frac{1-A^*(\eta)}{\eta} + \frac{1}{\gamma}\sum_{i=1}^{s-1} e_i \sum_{k=1}^{i}(z-1)^k \prod_{l=1}^{i} h_l \frac{1-A^*(\eta+k\mu)}{(\eta+k\mu)A^*(\eta+k\mu)}\right.$$

$$\left. - \frac{d}{\gamma_s(\eta+d\mu)}\sum_{i=0}^{s-1}\left[e_i(z-1)^i(1-zd+zi) + \frac{z^{s+1}}{s(1-z)+zd}\right]\right],$$

$\operatorname{Re}\eta > 0, \quad |z| < 1,$

mit $\gamma = \gamma(1, \eta, 0)$, $d = d(1, \eta, 0)$, $e_i = e_i(1, \eta, 0)$ sowie $h_k = h_k(1, \eta, 0)$.

(b) *Erzeugende Funktion für die Anzahl der Forderungen, die unmittelbar vor der Ankunft der n-ten Forderung im System sind* (DE SMIT (1971)):

- Voraussetzung: $\mathring{N}_0 = 0$.

$$\sum_{n=0}^{\infty}\mathsf{E}(z^{\mathring{N}_n})\,r^n = \frac{r}{1-r}\left[1 + \frac{1}{\gamma d} - \frac{z^s}{(s(1-z)+zd)\,\gamma}\right.$$

$$\left. + \frac{1}{\gamma}\sum_{i=1}^{s-1}\left[d_i(z-1)^i + e_i\sum_{k=1}^{i}(z-1)^k\prod_{l=k+1}^{i} h_l\right]\right],$$

$|r| < 1, \quad |z| < 1,$

mit $d = d(r, 0, 0)$, $\gamma = \gamma(r, 0, 0)$, $d_i = d_i(r, 0, 0)$, $e_i = e_i(r, 0, 0)$ sowie $h_k = h_k(r, 0, 0)$.

(c) *Erzeugende Funktion für die Anzahl der Forderungen, die unmittelbar vor der Ankunft einer Forderung in der Warteschlange auf den Beginn ihrer Bedienung warten* (DE SMIT (1971)):

- Voraussetzung: $N(0) = 1$.

$$\sum_{n=0}^{\infty}\mathsf{E}(z^{\mathring{N}_{w,n}})\,r^n = \frac{r}{1-r}\left[1 + \frac{1}{\gamma d} - \frac{1}{\gamma(s(1-z)+zd)}\right], \quad |r| < 1, \quad |z| < 1,$$

mit $d = d(r, 0, 0)$, $\gamma = \gamma(r, 0, 0)$ und $h_k = h_k(r, 0, 0)$.

(d) *Erzeugende Funktion für die Anzahl der Bedienungsgeräte, die unmittelbar vor der Ankunft einer Forderung besetzt sind* (DE SMIT (1971)):

• Voraussetzung: $N(0) = 1$, $\mathring{T}_0 = 0$.

$$\mathring{N}_{b,n} = N_b(\mathring{T}_n - 0),$$

$$\sum_{n=0}^{\infty} \mathsf{E}(z^{\mathring{N}_{b,n}})\, r^n = \frac{r}{1-r}\left[1 + \frac{1-z^2}{\gamma d} + \frac{1}{\gamma}\sum_{i=1}^{s-1}\left((z-1)^i d_i + e_i \sum_{k=1}^{i} (z-1)^k \prod_{l=k+1}^{i} h_l\right)\right],$$

$|r| < 1, \quad |z| < 1,$

mit $d = d(r, 0, 0)$, $\gamma = \gamma(r, 0, 0)$, $d_i = d_i(r, 0, 0)$, $e_i = e_i(r, 0, 0)$.

(e) *Stationäre Verteilung und Erwartungswert für die Anzahl der Forderungen, die zur Zeit t im System sind* (KARLIN [1]):

• Voraussetzung: $\varrho = (\mathsf{E}A\mu)^{-1} < s$.

$$p_k = \mathsf{P}(N = k) = \lim_{t\to\infty} \mathsf{P}(N(t) = k)$$

$$= \begin{cases} 1 - \dfrac{s\varrho}{c_0}\left[\displaystyle\sum_{i=1}^{s-1} (-1)^i \frac{c_i}{i}\,(1 - A^*(i\mu)) + \frac{(-1)^s}{s} \prod_{i=1}^{s} \left(\frac{s-i+1}{i-s}\right)\right] & \text{für } k = 0, \\ \dfrac{s\varrho}{c_0}\left[\displaystyle\sum_{i=0}^{s-k+1} (-1)^i \frac{c_{k+i}}{k+i}\left(1 - A^*(\mu(k+i))\right) + \frac{(-1)^{s-k}}{s} \prod_{i=1}^{s-k} \left(\frac{s-i+1}{i-s}\right)\right] & \text{für } k = 1, 2, \ldots, s-1 \\ \varrho\delta^{k-s}/c_0 \quad \text{für } k = s, s+1, \ldots, & \end{cases}$$

$$\mathsf{E}N = s\varrho + \frac{\varrho\delta}{c_0(1-\delta)^2}.$$

(f) *Stationäre Verteilung für die Anzahl der Forderungen, die unmittelbar vor der Ankunft einer Forderung im System sind* (FRANKEN (1975)):

• Voraussetzung: $\varrho = (\mathsf{E}A\mu)^{-1} < s$.

$$\mathring{p}_k = \lim_{n\to\infty} \mathsf{P}(\mathring{N}_n = k) = \begin{cases} \dfrac{(k+1)\, p_{k+1}}{\varrho} & \text{für } k = 0, 1, \ldots, s-1, \\ \dfrac{s p_{k+1}}{\varrho} & \text{für } k = s, s+1, \ldots \end{cases}$$

Explizit gilt (TAKACS [1])

$$\mathring{p}_k = \begin{cases} \displaystyle\sum_{i=k}^{s-1} (-1)^{i-k} \binom{i}{k} b_i & \text{für } k = 0, 1, \ldots, s-1, \\ a\delta^{k-s} & \text{für } k = s, s+1, \ldots, \end{cases}$$

wobei

$$b_k = a q_k \sum_{j=k+1}^{s} \frac{\binom{s}{j}}{q_j(1-a_j)} \left(\frac{s(1-a_j)-j}{s(1-\delta)-j}\right),$$

$$a^{-1} = \frac{1}{1-\delta} \sum_{j=1}^{s} \frac{\binom{s}{j}}{q_j(1-a_j)} \left(\frac{s(1-a_j)-j}{s(1-\delta)-j}\right)$$

ist sowie

$$q_j = \prod_{i=1}^{j} \frac{a_i}{1 - a_i}, \qquad a_i = A^*(i\mu).$$

(g) *Stationäre Verteilung, Erwartungswert und Varianz für die Anzahl der Forderungen, die zur Zeit t in der Warteschlange auf den Bedienungsbeginn warten:*

- Voraussetzung: $\varrho = (\mathsf{E}A\mu)^{-1} < s$.

$$q_k = \lim_{t\to\infty} \mathsf{P}\big(N_{\mathrm{w}}(t) = k\big) = \begin{cases} \sum_{i=0}^{s} p_i & \text{für} \quad k = 0, \\ p_{k+s} & \text{für} \quad k \in \mathbb{N} \end{cases}$$

mit $p_k = \mathsf{P}(N = k)$,

$$\mathsf{E}N_{\mathrm{w}} = \frac{\delta\varrho}{c_0(1-\delta)^2}, \quad \mathsf{V}N_{\mathrm{w}} = \frac{\delta\varrho(1+\delta)}{c_0(1-\delta)^3} - \frac{\delta^2\varrho^2}{c_0^2(1-\delta)^4}.$$

(h) *L.-T. der Verteilung der virtuellen Wartezeit* (DE SMIT (1971)):

- Voraussetzung: $W(-0) = 0$, $\mathring{T}_0 = 0$.

$$\int_0^\infty \mathrm{e}^{-\eta t} \mathsf{E}(\mathrm{e}^{-uW(t)})\,\mathrm{d}t = \frac{1}{1 - A^*(\eta)} \left[\frac{1 - A^*(\eta)}{\eta} + \frac{ud}{(s-d)\,d\gamma(u + d\mu)\,(\eta + d\mu)}\right],$$

$$\operatorname{Re}\eta > 0, \qquad \operatorname{Re} u \geqq 0,$$

mit $d = d(1, \eta, 0)$ und $\gamma = \gamma(1, \eta, 0)$.

(i) *L.-S.-T. der stationären Verteilung für die virtuelle Wartezeit* (DE SMIT (1971)):

- Voraussetzung: $\varrho = (\mathsf{E}A\mu)^{-1} < s$.

$$W^*(u) = \int_0^\infty \mathrm{e}^{-ux}\,\mathrm{d}W(x) = 1 + \frac{\varrho}{s-d}\,\frac{u}{d(u + d\mu)\,\gamma}, \qquad \operatorname{Re} u \geqq 0,$$

mit $d = d(1, 0, 0)$ und $\gamma = \gamma(1, 0, 0)$.

(j) *Erzeugende Funktion der L.-S.-T. für die Wartezeit der n-ten Forderung* (DE SMIT (1971))

- Voraussetzung: $\mathring{W}_0 = 0$.

$$\sum_{n=1}^{\infty} \mathsf{E}(\mathrm{e}^{-u\mathring{W}_n})\,r^n = \frac{r}{1-r}\left(1 + \frac{u}{(u + d\mu)\,d\gamma}\right), \qquad |r| < 1, \quad \operatorname{Re} u \geqq 0,$$

mit $d = d(r, 0, 0)$ und $\gamma = \gamma(r, 0, 0)$.

(k) *Stationäre Verteilungsfunktion, Erwartungswert und Varianz für die Wartezeit einer Forderung* (KARLIN [1])

- Voraussetzung: $\varrho = (\mathsf{E}A\mu)^{-1} < s$.

$$\mathring{W}(x) = 1 - \frac{\delta}{c_0(1-\delta)} \exp\big(-s\mu(1-\delta)\,x\big), \qquad x > 0,$$

$$\mathsf{E}W = \frac{\delta}{s\mu c_0(1-\delta)^2}, \quad \mathsf{V}W = \frac{1}{(s\mu)^2}\left(\frac{2\delta}{c_0(1-\delta)^3} - \frac{\delta^2}{c_0^2(1-\delta)^4}\right).$$

(l) *L.-S.-T., Erwartungswert und Varianz für die stationäre Verteilung der Wartezeit einer Forderung für die Bedienungsdisziplin* LCFS (KLIMOW [1]):

- Voraussetzung: $\varrho = (\mathsf{E}A\mu)^{-1} < s$, Bedienungsdisziplin LCFS.

$$\mathring{W}^*(u) = 1 - p_w \left(1 - \frac{\mu\delta(u)}{\frac{u}{s} + \mu - \mu\delta(u)}\right), \qquad \operatorname{Re} u \geqq 0,$$

$$\mathsf{E}\mathring{W} = \frac{p_w}{\mu(1-\delta)\, s}, \quad \mathsf{V}\mathring{W} = \frac{p_w}{s^2\mu^2(1-\delta)} + \frac{p_w\left(1 - 2s\mu \left.\frac{d\delta(u)}{du}\right|_{u=0}\right)}{\mu^2(1-\delta)^2 s^2},$$

$$p_w = \frac{\delta}{c_0(1-\delta)}.$$

Dabei ist $z = \delta(u)$ die Nullstelle der Gleichung $z = A^*(u + s\mu(1-z))$ mit dem kleinsten absoluten Betrag. Die Wahrscheinlichkeit p_w und der Erwartungswert $\mathsf{E}W$ sind unabhängig von der Bedienungsdisziplin.

(m) *L.-S.-T. und Erwartungswert für die Dauer einer Besetztzeit* (DE SMIT (1971)):

- Voraussetzung: $\varrho = (\mathsf{E}A\mu)^{-1} < s$.

$$\mathsf{E}(e^{-uS_1}) = 1 - \frac{u}{\mu}\left[d \sum_{i=0}^{s-1} (-1)^i e_i \frac{\mu}{u + d\mu} + s \sum_{i=1}^{s-1} e_i \sum_{j=1}^{i} (-1)^{j+1} \prod_{k=j}^{i} \left(\frac{\mu}{u + \mu j}\right) h_k\right]$$
$$\times \left[d \sum_{i=0}^{s-1} (-1)^i e_i + s \sum_{i=1}^{s-1} e_i \sum_{j=1}^{i} (-1)^{j+1} \sum_{k=j}^{i} h_k\right]^{-1}$$

mit $d = d(1, u, 0)$, $d_i = d_i(1, u, 0)$, $e_i = e_i(1, u, 0)$, $h_k = h_k(1, u, 0)$ und $\operatorname{Re} u \geqq 0$.

$$\mathsf{E}S_1 = \frac{1}{\mu}\left[\sum_{i=0}^{s-1} e_i(-1)^i + s \sum_{i=1}^{s-1} e_i \sum_{j=1}^{i} \frac{(-1)^{j+1}}{j} \prod_{k=j}^{i} h_k\right]$$
$$\times \left[d \sum_{i=0}^{s-1} e_i(-1)^i + s \sum_{i=1}^{s-1} e_i \sum_{j=1}^{i} (-1)^{j+1} \prod_{k=j}^{i} h_k\right]^{-1}$$

mit $d = d(1, 0, 0)$, $e_i = e_i(1, 0, 0)$, $h_k = h_k(1, 0, 0)$.

(n) *L.-S.-T. und Erwartungswert für die Dauer einer Besetztperiode* (DE SMIT (1971)):

- Voraussetzung: $\varrho = (\mathsf{E}A\mu)^{-1} < s$.

$$\mathsf{E}(e^{-uZ_1}) = 1 - \left(1 - A^*(u)\right) \gamma \left(\sum_{i=0}^{s-1} (-1)^i d_i + e_i \sum_{j=0}^{i} (-1)^j \prod_{k=j+1}^{i} h_k\right)^{-1}, \qquad \operatorname{Re} u \geqq 0,$$

mit $\gamma = \gamma(1, u, 0)$, $d_i = d_i(1, u, 0)$, $e_i = e_i(1, u, 0)$, $h_k = h_k(1, u, 0)$.

$$\mathsf{E}Z_1 = \gamma \mathsf{E}A \left[\sum_{i=0}^{s} (-1)^i d_i + e_i \sum_{j=0}^{i} (-1)^j \prod_{k=j+1}^{i} h_k\right]^{-1}$$

mit $\gamma = \gamma(1, 0, 0)$, $d_i = d_i(1, 0, 0)$, $e_i = e_i(1, 0, 0)$, $h_k = h_k(1, 0, 0)$.

Tab. 3.2.5. Die stationäre Wartewahrscheinlichkeit p_W im System $D/M/s/\infty$

ϱ/s	Anzahl der Bedienungsgeräte								
	1	2	3	4	5	6	7	8	9
0,1	0,000	0,000	0,000	0,000	0,000	0,000	0,000	0,000	0,000
0,2	0,007	0,001	0,000	0,000	0,000	0,000	0,000	0,000	0,000
0,3	0,041	0,009	0,002	0,001	0,000	0,000	0,000	0,000	0,000
0,4	0,107	0,040	0,016	0,007	0,003	0,001	0,001	0,000	0,000
0,5	0,203	0,103	0,057	0,033	0,019	0,012	0,007	0,004	0,003
0,6	0,324	0,205	0,139	0,097	0,070	0,051	0,037	0,028	0,021
0,7	0,467	0,347	0,271	0,217	0,177	0,146	0,122	0,102	0,086
0,8	0,629	0,528	0,458	0,405	0,361	0,326	0,295	0,268	0,245
0,9	0,807	0,746	0,702	0,665	0,634	0,607	0,583	0,561	0,541

Tab. 3.2.6. Das Verhältnis von mittlerer Wartezeit und mittlerer Bedienungszeit $\frac{\mathsf{E}\mathring{W}}{\mathsf{E}B}$ im System $D/M/s/\infty$

ϱ/s	Anzahl der Bedienungsgeräte								
	1	2	3	4	5	6	7	8	9
0,1	0,000	0,000	0,000	0,000	0,000	0,000	0,000	0,000	0,000
0,2	0,007	0,003	0,000	0,000	0,000	0,000	0,000	0,000	0,000
0,3	0,043	0,005	0,001	0,000	0,000	0,000	0,000	0,000	0,000
0,4	0,120	0,022	0,006	0,002	0,001	0,000	0,000	0,000	0,000
0,5	0,255	0,065	0,024	0,010	0,005	0,002	0,001	0,001	0,000
0,6	0,480	0,152	0,069	0,036	0,021	0,013	0,008	0,005	0,003
0,7	0,876	0,326	0,170	0,102	0,066	0,046	0,003	0,024	0,018
0,8	1,693	0,711	0,411	0,273	0,195	0,146	0,113	0,090	0,073
0,9	4,179	1,933	1,211	0,861	0,657	0,524	0,431	0,363	0,311

3.2.6. Allgemeine Resultate für das System $G/G/s/\infty$

Durch $W_i'(t)$ wird die zur Zeit t am i-ten Bedienungsgerät anstehende Arbeit bezeichnet. Diese ist gleich der Summe aus der Restbedienungszeit der von diesem Gerät gerade bedienten Forderung und derjenigen Bedienungszeiten, die zu Forderungen gehören, welche bereits in der Warteschlange warten und später vom i-ten Bedienungsgerät bedient werden. Falls das i-te Gerät frei ist, wird $W_i'(t)$ gleich Null gesetzt.

Mit $\boldsymbol{W}(t)$ wird der Vektor mit den Komponenten $W_i'(t)$ bezeichnet, wobei die Zufallsgrößen $W_i'(t)$ der Größe nach geordnet werden, d. h.

$$\boldsymbol{W}(t) = \big(W_1(t), W_2(t), \ldots, W_s(t)\big)$$

mit

$$W_1(t) \leqq W_2(t) \leqq \cdots \leqq W_s(t), \qquad t \in \mathbb{R}_+.$$

Die virtuelle Wartezeit zur Zeit t ergibt sich dann durch

$$W(t) = W_1(t) = \min_{1 \leqq i \leqq s} W_i'(t).$$

Sei $\mathring{T}_n$, $n \in \mathbb{G}_+$, wieder der Ankunftspunkt der n-ten Forderung, $\mathring{W}_{in} = W_i(\mathring{T}_n - 0)$ sowie $\mathring{\boldsymbol{W}}_n = \boldsymbol{W}(\mathring{T}_n - 0)$, d. h., es gilt $\mathring{\boldsymbol{W}}_n = (\mathring{W}_{1n}, \mathring{W}_{2n}, \ldots, \mathring{W}_{sn})$. $\mathring{W}_n = \mathring{W}_{1n}$ ist dann die Wartezeit der n-ten Forderung, und für die Vektoren $\mathring{\boldsymbol{W}}_n$ gilt folgende Rekursionsbeziehung:

$$\mathring{\boldsymbol{W}}_{n+1} = [\mathsf{R}(\mathring{\boldsymbol{W}}_n + B_n \boldsymbol{e}_1) - A_{n+1}\boldsymbol{u}]^+, \qquad n \in \mathbb{N},$$

mit $\boldsymbol{e}_1 = (1, 0, \ldots, 0) \in \mathbb{R}^s$, $\boldsymbol{u} = (1, 1, \ldots, 1) \in \mathbb{R}^s$. Außerdem versteht man dabei unter $\boldsymbol{x}^+$ den zu $\boldsymbol{x} = (x_1, x_2, \ldots, x_s)$ gehörenden Vektor

$$\boldsymbol{x}^+ = (\max\{0, x_1\}, \ldots, \max\{0, x_s\})$$

und unter R denjenigen Operator, der die Komponenten von $\boldsymbol{x}$ der Größe nach ordnet, d. h.

$$\mathsf{R}\boldsymbol{x} = (\min\{x_1, \ldots, x_s\}, \ldots, \max\{x_1, \ldots, x_s\}).$$

Es seien nun $\mathring{W}_n(x)$, $x \in \mathbb{R}$, die Verteilungsfunktion von $\mathring{W}_n = \mathring{W}_{1n}$ und $\mathring{\boldsymbol{W}}_n(\boldsymbol{x})$ die Verteilungsfunktion von $\mathring{\boldsymbol{W}}_n$, $\boldsymbol{x} \in \mathbb{R}^s$.

(a) *Resultate über die Existenz stationärer und ergodischer Verteilungen im System* GI/GI/s/∞:

3.2.6.1. Satz (Kiefer/Wolfowitz (1955)).
Es sei $\varrho = \mathsf{E}B/\mathsf{E}A < s$, dann gibt es eine eindeutig bestimmte stationäre Grenzverteilung des Prozesses $(\mathring{\boldsymbol{W}}_n, n \in \mathbb{G}_+)$, so daß bei beliebiger Anfangsverteilung $\mathring{\boldsymbol{W}}_0(\boldsymbol{x})$ die Folge der Verteilungen $\mathring{\boldsymbol{W}}_n(\boldsymbol{x})$ schwach gegen $\mathring{\boldsymbol{W}}(\boldsymbol{x})$ konvergiert:

$$\mathring{\boldsymbol{W}}_n \Rightarrow \mathring{\boldsymbol{W}} \qquad (n \to \infty).$$

Hieraus folgt für die entsprechende Folge der Verteilung der Wartezeiten der n-ten Forderung $\mathring{W}_n \Rightarrow \mathring{W}$ $(n \to \infty)$.

Insbesondere ergibt sich hieraus auf Grund des Zusammenhangs zwischen der Verteilung für die Anzahl der Forderungen im System bzw. in der Warteschlange und der Verteilungsfunktion der Wartezeiten, daß unter der Bedingung $\varrho < s$ auch für die Folge der Verteilungen der Zufallsgrößen $\mathring{N}_n$, $\tilde{N}_n$, $\mathring{N}_{w,n}$, $\tilde{N}_{w,n}$ unabhängig von der Verteilung der Anfangszustände stationäre Verteilungen $(\mathring{p}_k, k \in \mathbb{G}_+)$, $(\tilde{p}_k, k \in \mathbb{G}_+)$, $(\mathring{q}_k, k \in \mathbb{G}_+)$ und $(\tilde{q}_k, k \in \mathbb{G}_+)$ existieren, wobei $\mathring{p}_k = \tilde{p}_k$ und $\mathring{q}_k = \tilde{q}_k$ für alle $k \in \mathbb{G}_+$ erfüllt ist. Für $\varrho \geqq s$ ergibt sich dagegen

$$\lim_{n\to\infty} \mathsf{P}(\mathring{W}_{in} < x) = 0, \qquad x \in \mathbb{R}, \quad i = 1, 2, \ldots, s,$$

$$\lim_{n\to\infty} \mathsf{P}(\mathring{N}_n = k) = \lim_{n\to\infty} \mathsf{P}(\tilde{N}_n = k) = 0,$$

$$\lim_{n\to\infty} \mathsf{P}(\mathring{N}_{w,n} = k) = \lim_{n\to\infty} \mathsf{P}(\tilde{N}_{w,n} = k) = 0$$

für alle $k \in \mathbb{G}_+$.

Für die virtuellen Wartezeiten $W(t)$ und für die Anzahl der Forderungen $N(t)$, die zur Zeit t im System sind, gilt ein analoger Ergodensatz.

3.2.6.2. Satz (Schassberger [1]).
Es gelte $\varrho < s$, und die Verteilungsfunktion $A(x)$ sei nicht gitterförmig, dann existieren ergodische Verteilungen für die entsprechenden Verteilungen bei $t \to \infty$. Für $\varrho \geqq s$

folgt ebenfalls

$$\lim_{t\to\infty} \mathsf{P}\big(W(t) < x\big) = 0, \qquad x \in \mathbb{R},$$

$$\lim_{t\to\infty} \mathsf{P}\big(N(t) = k\big) = 0, \qquad k \in \mathbb{G}_+.$$

Ist $A(x)$ gitterförmig mit der Schrittweite τ, so sind die angegebenen Konvergenzaussagen auf die Verteilungen

$$W_\tau(t, x) = \frac{1}{\tau} \int_t^{t+\tau} \mathsf{P}\big(W(u) < x\big)\, du, \qquad x \in \mathbb{R},$$

$$P_{\tau,k}(t) = \frac{1}{\tau} \int_t^{t+\tau} \mathsf{P}\big(N(u) = k\big)\, du, \qquad k \in \mathbb{G}_+,$$

bei $t \to \infty$ anwendbar.

(b) *Existenz von Momenten für die stationäre Wartezeitverteilung:* $\mathring{\boldsymbol{W}} = (\mathring{W}_1, \mathring{W}_2, \ldots, \mathring{W}_s)$ sei ein zufälliger Wartezeitvektor, der nach der stationären Verteilungsfunktion $\mathring{\boldsymbol{W}}(\boldsymbol{x})$ verteilt ist, und für ein $k \in \mathbb{N}$ gelte die Voraussetzung $\mathsf{E}B^{k+1} < \infty$. Dann folgt

$$\mathsf{E}\left(\sum_{i=1}^{s} \mathring{W}_i^k\right) < \infty.$$

Insbesondere existiert in diesem Fall auch das k-te Moment für die Wartezeit einer Forderung (Kiefer/Wolfowitz (1955)). Ist umgekehrt $\mathsf{E}B^{k+1} = \infty$ und $\mathsf{E}A < \infty$, so folgt $\mathsf{E}\left(\sum_{i=1}^{s} \mathring{W}_i^k\right) = \infty$.

(c) *Resultate über die Existenz von stationären Verteilungen im System* G/G/s/∞: Die hierfür wichtigsten Resultate entnimmt man im wesentlichen aus Borowkow [1], Loynes (1962), sowie Schassberger [1]. Dabei wird vorausgesetzt, daß die Folge der zufälligen Vektoren $\big((A_n, B_n),\, n \in \mathbb{N}\big)$ stationär im engeren Sinne und ergodisch ist. Wenn außerdem $\mathsf{E}B/\mathsf{E}A = \varrho < s$ erfüllt ist, dann existiert eine im engeren Sinne stationäre Folge $(\boldsymbol{M}_n, n \in \mathbb{G})$ von möglicherweise uneigentlichen Zufallsvektoren aus $\mathbb{R}^s$ mit den folgenden Eigenschaften:

(i) $\boldsymbol{M}_{n-1} = [\mathsf{R}(\boldsymbol{M}_n + B_n\boldsymbol{e}) - A_n\boldsymbol{u}]^+, \qquad n \in \mathbb{G};$

(ii) Wenn $\mathring{\boldsymbol{W}}_0 = \boldsymbol{0} \in \mathbb{R}^s$ gilt, dann konvergiert die Folge der Verteilungen $\mathring{\boldsymbol{W}}_n(x)$ bei $n \to \infty$ monoton fallend gegen die Verteilungsfunktion von $\boldsymbol{M}_0$.

Ist jedoch $\varrho \geqq s$, so folgt

$$\lim_{n\to\infty} \mathsf{P}\left(\sum_{i=1}^{s} \mathring{W}_{in} < x\right) = 0 \qquad \text{für alle } x \in \mathbb{R}.$$

Nach Kalähne (1976) läßt sich im Falle $s = 1$ obige Aussage auch auf den Fall einer beliebigen Bedienungsdisziplin verallgemeinern. Es sei noch vermerkt, daß die Konvergenz der Folge der Verteilungen für den stochastischen Prozeß $(\mathring{\boldsymbol{W}}_n, n \in \mathbb{G}_+)$ im allgemeinen von der Anfangsverteilung abhängig sein kann.

3.2.7. Zusammenhänge zwischen Systemgrößen und Abschätzungen im System G/G/s/∞

(a) *Zusammenhänge zwischen der stationären Verteilung für die Länge der Warteschlange und der stationären Verteilung für die Wartezeiten im System* GI/GI/s/∞ (König/Stoyan [1]):

• Voraussetzung: $\varrho < s$.

$$\mathsf{P}(N_w = k) = \begin{cases} \mathsf{E}A^{-1} \int\limits_{x=0}^{\infty} \int\limits_{u=0}^{\infty} \left(A^{*(k-1)}(x-u) - A^{*(k)}(x-u)\right)\left(1 - A(u)\right) du \, d\mathring{W}(x) & \text{für } k \in \mathbb{N}, \\ W(+0) & \text{für } k = 0, \end{cases}$$

$$\mathsf{P}(N_w = k) = \begin{cases} \int\limits_{x=0}^{\infty} \left(A^{*(k)}(x) - A^{*(k+1)}(x)\right) d\mathring{W}(x) & \text{für } k \in \mathbb{N} \\ \mathring{W}(+0) & \text{für } k = 0. \end{cases}$$

Außerdem gilt für die Binomialmomente

$$\mathsf{B}_{N_w,(k)} = \frac{\mathsf{E}(N_w(N_w-1)\cdots(N_w-k+1))}{k!} = \frac{1}{\mathsf{E}A} \int\limits_{x=0}^{\infty} H_A^{*(k+1)}(x)\left(1 - \mathring{W}(x)\right) dx,$$

$$\mathsf{B}_{\mathring{N}_w,(k)} = \frac{\mathsf{E}(\mathring{N}_w(\mathring{N}_w-1)\cdots(\mathring{N}_w-k+1))}{k!} = \int\limits_{x=0}^{\infty} H_A^{*(k+1)}(x) \, d\mathring{W}(x)$$

mit $H_A(x) = \sum\limits_{n=1}^{\infty} A^{*(n)}(x)$.

(b) *Zusammenhänge zwischen den Erwartungswerten für die Systemgrößen* N, N_w, $\mathring{W}$, $\mathring{V}$ *und der Anzahl der besetzten Geräte* N_b *im System* G/G/s/∞ (Little (1961), Brumelle (1971), (1972), Schassberger [1], Franken (1975)):

• Voraussetzung: $\varrho < s$; alle Zufallsgrößen seien nach stationären Verteilungen verteilt.

$$\mathsf{E}N_w = \lambda \mathsf{E}\mathring{W}, \quad \mathsf{E}N = \lambda \mathsf{E}V = \varrho + \lambda \mathsf{E}\mathring{W}, \quad \mathsf{E}N_b = \mathsf{E}N - \mathsf{E}N_w = \varrho,$$

wobei abkürzend $\lambda = (\mathsf{E}A)^{-1}$ gesetzt wurde. Eine Beziehung für höhere Momente läßt sich für Binomialmomente angeben (Brumelle (1972)):

$$\mathsf{B}_{N_w,(k)} = \frac{\mathsf{E}(N_w(N_w-1)\cdots(N_w-k+1))}{k!}$$

$$= \begin{cases} \frac{\lambda}{k!} \mathsf{E}\left[\int\limits_{-\infty}^{\infty} \mathbf{1}_n(u) \sum\limits_{i=k-1}^{\infty} \binom{i-1}{k-2} \mathbf{1}_{n-i}(u) \, du\right] & \text{für } k = 2, 3, \ldots, \\ \lambda \mathsf{E}\mathring{W} & \text{für } k = 1, \end{cases}$$

wobei wiederum $\lambda = (\mathsf{E}A)^{-1}$ gesetzt wurde und $\mathbf{1}_n(u) = \mathbf{1}_{\mathscr{C}_n(u)}$ der Indikator des Ereignisses

$$\mathscr{C}_n(u) = \left\{\sum_{k=0}^{n-1} \mathring{T}_k < u \leqq \sum_{k=0}^{n-1} \mathring{T}_k + \mathring{W}_n\right\}$$

ist.

(c) *Zusammenhang zwischen anstehender Arbeit und Wartezeiten im System* G/G/s/∞ (Brumelle (1971), Franken (1975)):

- Voraussetzung: $\varrho < s$, $\mathsf{E}(\mathring{W}_{1n} + B_n) < \infty$, $\mathsf{E}\mathring{W}_{sn}^2 < \infty$; der stochastische Prozeß $(\mathring{\mathbf{W}}_n, n \in \mathbb{G}_+)$ sei stationär im engeren Sinne; $\mathring{W}_{1n}$ sei die Wartezeit der n-ten Forderung, und $\mathring{W}_{sn}$ sei die größte Komponente des zufälligen Vektors $\mathring{\mathbf{W}}_n$.

$Y(t)$ bezeichne die gesamte zur Zeit t im System anstehende Arbeit, d. h. die Summe der Bedienungszeiten aller wartenden und die Restbedienungszeiten aller in Bedienung befindlichen Forderungen, dann gilt

$$\mathsf{E}\left(\operatorname*{P-lim}_{t\to\infty} \frac{1}{t} \int_0^t Y(x)\,\mathrm{d}x\right) = (\mathsf{E}A)^{-1}\left(\mathsf{E}(B_n\mathring{W}_{1n}) + \frac{1}{2}\,\mathsf{E}B_n{}^2\right), \qquad n \in \mathbb{N}.$$

Ist das System vom Typ GI/GI/s/∞, so ergibt sich insbesondere

$$\mathsf{E}\left(\operatorname*{P-lim}_{t\to\infty} \frac{1}{t} \int_0^t Y(x)\,\mathrm{d}x\right) = (\mathsf{E}A)^{-1}\left(\mathsf{E}B\mathsf{E}\mathring{W} + \frac{1}{2}\,(\mathsf{V}B + \mathsf{E}B^2)\right).$$

(d) *Abschätzungen des Erwartungswertes der stationären Verteilung für die Wartezeiten im System* GI/GI/s/∞ (Stoyan [1]):

- Voraussetzung: $\varrho < s$.

$$\mathsf{E}\mathring{W} \geqq \mathsf{E}\mathring{W}(\mathrm{GI/GI/1/\infty}) - \frac{(\mathsf{E}B^2 + \mathsf{V}B)\,(s-1)}{2s\mathsf{E}B},$$

wobei $\mathsf{E}\mathring{W}(\mathrm{GI/GI/1/\infty})$ der entsprechende Erwartungswert in einem System des Typs GI/GI/1/∞ mit der Verteilungsfunktion $A(x)$ für die Zwischenankunftszeiten und der Verteilungsfunktion für die Bedienungszeiten $B_1(x) = B(sx)$ ist. Für $\mathsf{E}\mathring{W}(\mathrm{GI/GI/1/\infty})$ können die unteren Schranken für Einbedienersysteme eingesetzt werden.

Speziell im System GI/GI/2/∞ gilt außerdem

$$\mathsf{E}\mathring{W} \geqq \frac{1}{2}\,\mathsf{E}\mathring{W}(\mathrm{GI/GI/1/\infty}) - \frac{\mathsf{V}B + \mathsf{E}B^2}{4\mathsf{E}B},$$

wobei $\mathsf{E}\mathring{W}(\mathrm{GI/GI/1/\infty})$ die mittlere Wartezeit in einem System des Typs GI/GI/1/∞ ist mit der Verteilungsfunktion $A_1(x) = A(x/2)$ für die Zwischenankunftszeiten und der Bedienungszeitverteilungsfunktion $B(x)$.

(e) *Obere Schranken für* $\mathsf{E}\mathring{W}$ *im Modell* GI/GI/s/∞*:* Es gilt (Daley (1977))

$$\mathsf{E}\mathring{W} \leqq \frac{[\varrho(2s-\varrho)\,\mathsf{V}A + \mathsf{V}B]}{2\mathsf{E}A(s-\varrho)}$$

sowie (Mori (1975))

$$\mathsf{E}\mathring{W} \leqq \frac{s^2 \mathsf{V}A + \mathsf{V}B + (s-1)(\mathsf{E}B^2 + \mathsf{V}B)\max\{0, 1 - 1/\varrho\}}{2\mathsf{E}A(1-\varrho/s)\, s^2}.$$

Eine verschiedentlich publizierte Vermutung ist (Kingman (1966), Stoyan [1]):

$$\mathsf{E}\mathring{W} \leqq \frac{\mathsf{V}A + \mathsf{V}B/s^2}{2\mathsf{E}A(1-\varrho/s)}.$$

Für Systeme vom Typ $\mathrm{E}_k/\mathrm{GI}/s/\infty$ gelten die Abschätzungen

$$\mathsf{E}\mathring{W} \leqq \frac{\mathsf{V}B^2 + s(\mathsf{E}A)^2/k}{2(s-\varrho)\,\mathsf{E}A} + \frac{\mathsf{E}A(s-\varrho)}{2} - \frac{\mathsf{E}A}{k},$$

$$\mathsf{E}\mathring{W} \leqq \mathsf{E}B\delta/(1-\delta),$$

wobei $z = \delta$ Lösung der folgenden Gleichung ist:

$$z = \left(1 + \frac{1-z}{\varrho}\right)^{-sk}, \qquad 0 < z < 1.$$

Für Systeme des Typs $\mathrm{GI}/\mathrm{E}_k/s/\infty$ gilt (Stoyan [1])

$$\mathsf{E}\mathring{W} \leqq \frac{\mathsf{V}A + \mathsf{V}B/s^2}{2\mathsf{E}A(1-\varrho/s)} + (s-1)\,\mathsf{E}B/s.$$

(f) *Eine Abschätzung der stationären Wartezeitverteilungsfunktion und der mittleren Wartezeiten im System* GI/GI/s/∞ (Stoyan [1])

- Voraussetzung: $\varrho < s$, $A(x)$ sei vom Typ NBUE.

$$\mathring{W}(x) \geqq (1-\varrho/s) \sum_{k=0}^{\infty} (\varrho/s)^k B_{\mathrm{R}}^{*(k)}(x), \qquad x > 0,$$

mit $B_{\mathrm{R}}(x) = \frac{1}{\mathsf{E}B} \int_0^x \big(1 - B(y)\big)\, dy$ und $\mathsf{E}\mathring{W} \leqq \frac{(\mathsf{E}B)^2 + \mathsf{V}B}{2\mathsf{E}A(s-\varrho)}$.

3.2.8. Darstellungssätze von de Smit für die Systemgrößen im System GI/GI/s/∞

Aufbauend auf der Pollaczekschen Methode zeigte de Smit (1971) einen Weg zur Untersuchung von Mehrbedienersystemen. Dabei ergaben sich grundlegende Darstellungssätze für alle wichtigen Systemcharakteristiken (sowohl für die stationären als auch für die instationären Verteilungen). Explizite Formeln können hieraus beispielsweise für das System GI/M/s/∞ abgeleitet werden (↑ [3.2.5]).

Eine fundamentale Rolle bei der Herleitung der Resultate von De Smit spielen die Funktionen $v_{j,i}$ und z_j. Zu ihrer Definition und formelmäßigen Bestimmung werden zunächst die folgenden zusätzlichen Bezeichnungen eingeführt:

$\mathbb{Z}^l$ Menge aller komplexwertigen l-dimensionalen Vektoren, $l = 1, 2, \ldots, s$,
$\mathbb{Z}_+^l$ Menge aller Vektoren aus $\mathbb{Z}^l$ mit nichtnegativem Realteil,

$\mathcal{F}^l$ Menge aller Funktionen $f(\xi)$, die in allen Komponenten des Vektors $\xi = (\xi_1, \xi_2, \ldots, \xi_l) \in \mathbb{Z}^l$ symmetrisch sind,

G_r Operator mit $\mathsf{G}_r f(\xi) = f(\xi_1, \ldots, \xi_{r-1}, 0, \xi_{r+1}, \ldots, \xi_s)$ für $\xi \in \mathbb{Z}^s$, $f \in \mathcal{F}^s$ und $r = 1, 2, \ldots, s$,

I_r Operator mit

$$\mathsf{I}_r f(\xi) = \frac{1}{2\pi \mathrm{i}} \int_{-\mathrm{i}\infty+0}^{+\mathrm{i}\infty+0} f(\xi) \frac{\mathrm{d}\xi_r}{\xi_r}$$

für $\xi \in \mathbb{Z}^s$, $f \in \mathcal{F}^s$ und $r = 1, 2, \ldots, s$,

J Operator mit $\mathsf{J}\xi = \xi_1 + \xi_2 + \cdots + \xi_l$ für $\xi \in \mathbb{Z}^l$,

Π Kombination l-ter Ordnung der Menge $\{1, 2, \ldots, s\}$,

$\bar{\Pi}$ Menge der natürlichen Zahlen aus $\{1, 2, \ldots, s\}$, die nicht zu Π gehören,

$\boldsymbol{\Pi}_l$ Menge aller Kombinationen l-ter Ordnung der Menge $\{1, \ldots, s\}$.

Sei nun $\Pi = (i(1), \ldots, i(l)) \in \boldsymbol{\Pi}_l$ und $\boldsymbol{x} = (x_1, x_2, \ldots, x_s) \in \mathbb{Z}^s$, dann definiert man

$$\Pi\boldsymbol{x} = (x_{i(1)}, \ldots, x_{i(l)}).$$

Außerdem setzt man

$$\mathsf{I} = \prod_{r=1}^{s} \mathsf{I}_r, \quad \mathsf{G} = \prod_{r=1}^{s} \mathsf{G}_r, \quad \Pi\mathsf{I} = \prod_{r=1}^{s} \mathsf{I}_{i(r)}, \quad \Pi\mathsf{G} = \prod_{r=1}^{s} \mathsf{G}_{i(r)}.$$

Für $j = 2, 3, \ldots, s$; $|r| < 1$, $\operatorname{Re}\varphi \geqq 0$, $\operatorname{Re}\psi \geqq 0$, $\operatorname{Re}\eta \geqq 0$, $\operatorname{Re}\theta \geqq 0$ werden nunmehr folgende Funktionen eingeführt:

$$z_j(r, \varphi, \psi, \eta, \theta; x) = \sum_{n=1}^{\infty} \mathsf{E}\big(\exp(-\varphi \mathring{W}_{1n} - \psi \mathring{W}_{jn} - \eta A_{s,n-1} - \theta B_{s,n-1}) \mid \mathring{W}_{10} = x\big)\, r^n,$$

$$z_j(r, \varphi, \psi, \eta, \theta) = z_j(r, \varphi, \psi, \eta, \theta; 0)$$

wobei $A_{s,n} = \sum_{i=1}^{n} A_i$, $B_{s,n} = \sum_{i=1}^{n} B_i$. Für diese Funktionen gilt

$$z_j(r, \varphi, \psi, \eta, \theta; x) = \sum_{l=0}^{s-1} \sum_{\Pi \in \boldsymbol{\Pi}_l} \Pi\mathsf{I}(\bar{\Pi}\mathsf{G} - \bar{\Pi}\mathsf{I})\, \mathrm{e}^{\mathsf{J}\xi x} v_{j,l}(\Pi\xi; \mathsf{J}\xi)$$

mit $v_{j,0}(\xi; y) = v_{j,0}(y)$. Die Funktionen $v_{j,0}(y)$, $v_{j,l}(\xi; y)$ sind dabei für alle $\xi \in \mathbb{Z}_+^l$ und alle y mit $\operatorname{Re} y \geqq 0$ definiert. Sie erfüllen für $|r| < 1/c_2$ (mit einer Konstanten $c_2 \geqq 1$), $\operatorname{Re}\varphi \geqq 0$, $\operatorname{Re}\psi \geqq 0$, $\operatorname{Re}\eta \geqq 0$, $\operatorname{Re}\theta \geqq 0$ und alle $\xi \in \mathbb{Z}_+^l$ das folgende Gleichungssystem:

$$v_{j,0}(y) + \sum_{l=1}^{s} \sum_{\Pi \in \boldsymbol{\Pi}_l} v_{j,l}(\Pi\xi; y) = 0,$$

$$v_{j,l}(\xi; y)\big(1 - rA^*(y + \eta)\, B^*(\theta)\big) - \frac{r}{2\pi \mathrm{i}} \int_{-\mathrm{i}\infty}^{+\mathrm{i}\infty} \frac{B^*(\theta - \zeta) - B^*(\theta)}{\zeta(y - \mathsf{J}\xi - \zeta)}$$

$$\times [(y - \mathsf{J}\xi)\, A^*(y + \eta)\, v_{j,l+1}(\zeta, \xi; y) - \zeta A^*(\mathsf{J}\xi + \zeta + \eta)\, v_{j,l+1}(\zeta, \xi; \mathsf{J}\xi + \zeta)]\, \mathrm{d}\zeta$$

$$= u_{j,l}(y, \mathsf{J}\xi), \qquad l = 0, 1, \ldots, s - 1,$$

wobei abkürzend

$$u_{j,l}(y, z) = \begin{cases} \dfrac{r(\varphi+\psi)}{\varphi+\psi+y} & \text{für } l = 0, \\ 0 & \text{für } l = 1, 2, \ldots, s-j, \\ (-1)^{s+l-j}\dbinom{l-1}{s-j}\dfrac{\psi(\varphi+\psi+z)}{(\varphi+\psi+y)(\psi+z)} & \text{für } l = s-j+1, \ldots, s-1 \end{cases}$$

gesetzt wurde. Mit den eingeführten Bezeichnungen lassen sich folgende Resultate formulieren:

(a) *Charakterisierung der gemeinsamen Verteilung für die Anzahl der Forderungen, die zur Zeit t im System sind, und für die Anzahl $L_I(t)$ der im Intervall $[0, t)$ ankommenden Forderungen:*

• Voraussetzung: $|r| < 1$, $|w| < 1$, $\operatorname{Re}\eta \geqq 0$, $N(0) = 0$; wenigstens eine der Verteilungsfunktionen $A(x)$ oder $B(x)$ sei stetig.

$$\int_0^\infty e^{-\eta t} \mathsf{E}(r^{L_I(t)} w^{N(t)})\,dt$$

$$= \frac{rw^{s+1}(1-A^*(\eta))}{1-rwA^*(\eta)} + (1-w)^2 \sum_{j=0}^{s-2} w^j \left(\frac{1}{2\pi i}\right)^2 \int_{-i\infty+0}^{+i\infty+0} \frac{d\xi_1}{\xi_1} \int_{-i\infty+0}^{+i\infty+0} \frac{d\xi_2}{\xi_2} z_{s-j}(r, \xi_1, \xi_2, \eta; 0)$$

$$\times \frac{B^*(\xi_1)\,(1-A^*(\eta-\xi_1-\xi_2))}{\eta-\xi_1-\xi_2} + (1-w)\,w \sum_{j=0}^{s-2} \frac{w^j}{2\pi i} \int_{-i\infty+0}^{+i\infty+0} \frac{d\xi}{\xi}$$

$$\times \frac{(1-A^*(\eta-\xi))}{\eta-\xi} z_{s-j}(r, 0, \xi, \eta; 0) + \frac{(1-w)\,w^{s-1}}{2\pi i} \int_{-i\infty+0}^{i\infty+0} \frac{d\xi}{\xi}$$

$$\times \frac{(1-A^*(\eta-\xi))\,B^*(\xi)}{\eta-\xi} z(r, \xi, \eta, 0) + \frac{(1-w)\,w^s}{2\pi i} \int_{-i\infty+0}^{+i\infty+0} \frac{d\xi}{\xi(\xi-\eta)}$$

$$\times \frac{1-A^*(\eta-\xi)}{1-rwA^*(\eta-\xi)} z(r, \xi, \eta, 0).$$

Dabei wurde $z(r, \varphi, \eta, \theta) = z_j(r, \varphi, 0, \eta; \theta)$ gesetzt.

(b) *Charakterisierung der Verteilung für die Anzahl der Forderungen, die unmittelbar vor der Ankunft der n-ten Forderung im System sind:*

• Voraussetzung: $\mathring{N}_1 = 0$, wenigstens eine der Verteilungsfunktionen $A(x)$ bzw. $B(x)$ sei stetig. Für $|r| < 1$, $|w| < 1$, $\operatorname{Re}\eta \geqq 0$, $\operatorname{Re}\theta \geqq 0$ gilt

$$\sum_{n=1}^{\infty} \mathsf{E}(w^{\mathring{N}_n} \exp(-\eta A_{s,n-1} - \theta B_{s,n-1})\, r^n$$

$$= (1-w) \sum_{j=0}^{s-1} w^j \lim_{\psi\to\infty} z_{s-j}(r, 0, \psi, \eta; \theta) + \frac{rw^s}{1-rwA^*(\eta)\,B^*(\theta)}$$

$$+ \frac{(1-w)\,w^s r B^*(\theta)}{2\pi i} \int_{-i\infty+0}^{+i\infty+0} \frac{A^*(\eta-\xi)\,z(r, \xi, \eta, \theta)\,d\xi}{(1-rwA^*(\eta-\xi)\,B^*(\theta))\,\xi},$$

wobei wiederum $z(r, \varphi, \eta, \theta) = z_j(r, \varphi, 0, \eta; \theta)$ gesetzt wird.

(c) *Charakterisierung der Verteilung für die Anzahl der Forderungen, die unmittelbar vor der Ankunft der n-ten Forderung in der Warteschlange auf den Beginn der Bedienung warten:*

• Voraussetzung: $\mathring{N}_1 = 0$; wenigstens eine der Verteilungsfunktionen $A(x)$ bzw. $B(x)$ sei stetig. Für $|r| < 1$, $|w| < 1$, $\operatorname{Re}\eta \geqq 0$, $\operatorname{Re}\theta \geqq 0$, $\operatorname{Re}\xi < \operatorname{Re}\eta$ gilt

$$\sum_{n=1}^{\infty} \mathsf{E}\left(w^{\mathring{N}_{w,n}} \exp(-\eta A_{s,n-1} - \theta B_{s,n-1})\right) r^n$$

$$= \frac{r}{1 - rwA^*(\eta)\, B^*(\theta)} + \frac{(1-w)\, rB^*(\theta)}{2\pi i} \int_{-i\infty+0}^{+i\infty+0} \frac{A^*(\eta-\xi)\, z(r,\xi,\eta,\theta)\, d\xi}{\left(1 - rwA^*(\eta-\xi)\, B^*(\theta)\right) \xi}.$$

(d) *Charakterisierung der Verteilung für die Anzahl der Bedienungsstellen, die unmittelbar vor der Ankunft der n-ten Forderung besetzt sind:*

• Voraussetzung: $\mathring{N}_{b,1} = 0$. Für $|r| < 1$, $|w| < 1$, $\operatorname{Re}\eta \geqq 0$, $\operatorname{Re}\theta \geqq 0$ gilt

$$\sum_{n=1}^{\infty} \mathsf{E}\left(w^{\mathring{N}_{b,n}} \exp(-\eta A_{s,n-1} - \theta B_{s,n-1})\right) r^n$$

$$= \frac{rw^s}{1 - rA^*(\eta)\, B^*(\theta)} + (1-w) \sum_{j=0}^{s-1} w^j \lim_{\psi\to\infty} z_{s-j}(r, 0, \psi, \eta; \theta).$$

(e) *Erzeugende Funktion der L.-S.-T. für die Wartezeit der n-ten Forderung:*

• Voraussetzung: $\mathring{W}_1 = 0$.

$$\sum_{n=1}^{\infty} \mathsf{E}\left(\exp(-\varphi \mathring{W}_n)\right) r^n = z(r, \varphi), \qquad |r| < 1, \quad \operatorname{Re}\theta \geqq 0,$$

mit $z(r, \varphi) = z_j(r, \varphi, 0, 0; 0)$.

(f) *Charakterisierung der gemeinsamen Verteilung für die Dauer einer Besetztzeit des Systems, für die Anzahl der Forderungen, die während einer Besetztzeit bedient worden sind und für die während einer Besetztzeit geleistete Gesamtarbeit:*

• Voraussetzung: $N(+0) = 1$; wenigstens eine der Verteilungsfunktionen $A(x)$ bzw. $B(x)$ sei stetig.

Durch $C_1 = \sum_{i=1}^{M_1} B_i$ bezeichne man die während einer Besetztzeit S_1 des Systems abgeleistete Gesamtarbeit. Dann gilt

$$\mathsf{E}(r^{M_1} e^{-\eta S_1 - \theta C_1}) = \frac{r \int_{-i\infty+0}^{+i\infty+0} \frac{d\xi_1}{\xi_1} \int_{-i\infty+0}^{+i\infty+0} \frac{d\xi_2}{\xi_2} \left(1 - A^*(\eta - \xi_1 - \xi_2)\right) (\xi_1 + \xi_2)\, z_s(r, \xi_1, \xi_2, \eta; \theta)}{\lim_{\psi\to\infty} z_s(r, 0, \psi, \eta, \theta)\, (2\pi i)^2}$$

$|r| < 1$, $\operatorname{Re}\eta \geqq 0$, $\operatorname{Re}\theta \geqq 0$.

3.3. Spezielle Systeme

3.3.1. Systeme M(t)/M(t)/1/∞ und M(t)/GI/1/∞

3.3.1.1. System M(t)/M(t)/1/∞

Gegeben sei ein Einbedienersystem mit Poissonschen Forderungenstrom (vgl. CLARKE (1956)), welcher durch die Intensität $\lambda(t)$ bestimmt ist. Außerdem sei $\mu(t) > 0$ die Intensität, mit der das Bedienungsgerät arbeitet. Für die Beschreibung dieses Modells erweist es sich als günstig, wenn die Zeit t auf einen neuen Parameter τ transformiert wird:

$$\tau = f(t) = \int_0^t \mu(u)\,\mathrm{d}u, \qquad t > 0, \quad f(0) = 0.$$

Ist $t = f^{-1}(\tau)$ die entsprechende Umkehrfunktion, so setzt man ferner

$$\varrho(\tau) = \frac{\lambda(f^{-1}(\tau))}{\mu(f^{-1}(\tau))}, \quad r(\tau) = \frac{1}{\tau}\int_0^\tau \varrho(u)\,\mathrm{d}u, \qquad \tau > 0.$$

Offenbar gilt dann auch

$$r(f(t)) = \frac{\int_0^t \lambda(x)\,\mathrm{d}x}{\int_0^t \mu(x)\,\mathrm{d}x}.$$

(a) *Ergebnisse über die Verteilung für die Anzahl der Forderungen im System zum Zeitpunkt τ:* Sei

$$P_{i,n}(\tau) = \mathbf{P}(N(\tau) = n \mid N(-0) = i); \qquad i, n \in \mathbb{G}_+,$$

$$q_i(z, \tau) = \exp\left(\tau(1 + r(t))\right) \sum_{k=0}^{\infty} P_{i,k}(\tau) \frac{(z-\tau)^k}{k!}, \qquad |z| < 1.$$

Die Funktionen $q_i(z, \tau)$ lassen sich dann eindeutig aus der folgenden partiellen Integralgleichung bestimmen:

$$\frac{\partial^2 q_i(z, \tau)}{\partial \tau\, \partial z} = \varrho(\tau)\, q_i(z, \tau)$$

mit den Randbedingungen

$$\left.\frac{\partial q_i(z, \tau)}{\partial \tau}\right|_{z=\tau} = q_i(\tau, \tau); \quad q_i(z, 0) = \frac{z^i}{i!}.$$

Ist $\tau \geqq 0$ und $i, n \in \mathbb{G}^+$, so ergibt sich die Lösung

$$P_{i,n}(\tau) = \mathrm{e}^{-\tau(1+r(\tau))}\left(a_{i-n}(0, \tau, \tau) + \int_0^\tau a_{-n}(u, \tau, \tau)\, g_i(u)\,\mathrm{d}u\right)$$

mit

$$a_k(u, \tau, z) = z^{k/2}\big(r(\tau)\,\tau - r(u)\,u\big)^{-k/2}\, \mathrm{I}_k\Big[2\Big(z\big(\tau r(\tau) - ur(u)\big)\Big)^{-1}\Big].$$

Hierbei ist I_k eine Besselsche Funktion der Ordnung $k \in \mathbb{G}$, und die Funktionen g_i ergeben sich aus der Volterraschen Integralgleichung

$$g_i(\tau) = b_i(0, \tau) + \int_0^\tau b_0(u, \tau)\, g_i(u)\, du$$

mit $b_n(u, \tau) = a_n(u, \tau, \tau) - \varrho(\tau)\, a_{n+1}(u, \tau, \tau)$.

(b) *Erwartungswert und Varianz für die Anzahl der Forderungen im System zur Zeit* τ:

$$\mathrm{E}_i(\tau) = \mathsf{E}\big(N(\tau) \mid N(-0) = i\big) = i + \tau\big(r(\tau) - 1\big) + \int_0^\tau \mathsf{P}\big(W(u) = 0\big)\, du,$$

$$\mathsf{V}\big(N(\tau) \mid N(-0) = i\big) = \mathsf{E}\big[\big(N(\tau) - \mathrm{E}_i(\tau)\big)^2 \mid N(-0) = i\big]$$

$$= i + i^2 + 2\int_0^\tau \Big(\varrho(u) + \big(\varrho(u) - 1\big)\, \mathrm{E}_i(u)\Big)\, du - \mathrm{E}_i(\tau) - \big(\mathrm{E}_i(\tau)\big)^2.$$

(c) *Explizite Ergebnisse bei konstantem Belastungskoeffizienten* ϱ:

- Voraussetzung: $\varrho(\tau) = \varrho$ für alle $\tau > 0$.

Für stetige Funktionen $\lambda(t)$, $\mu(t)$ ist obige Voraussetzung äquivalent mit $\lambda(t)/\mu(t) = \varrho$ für alle $t \in \mathbb{R}_+$. Außerdem gilt in diesem Fall $r(\tau) = r = \varrho$. Es ergibt sich

$$g_i(\tau) = \begin{cases} (1 - \varrho)\left(\mathrm{e}^\tau - \sum\limits_{k=0}^{i-1} \dfrac{\tau^k}{k!}\right) + \dfrac{\varrho \tau^i}{i!} & \text{für } i \in \mathbb{N}, \\ (1 - \varrho)\, \mathrm{e}^\tau + \varrho & \text{für } i = 0, \end{cases}$$

$$P_{i,n}(\tau) = \varrho^{-i} P_{0,i+n}(\tau) + \mathrm{e}^{-\tau(1+\varrho)}\big(a_{i-n}(0, \tau, \tau) - \varrho^n a_{i+n}(0, \tau, \tau)\big).$$

Für die Dichte der virtuellen Wartezeit $W(\tau)$ gilt außerdem für $x > 0$ und $N(-0) = i$

$$w(\tau, x) = \frac{\partial W(\tau, x)}{\partial x} = \mathrm{e}^{-x} \sum_{n=0}^{\infty} P_{i,n}(\tau)\, \frac{x^n}{n!} = \exp\Big(-\big(x + \tau(1 + \varrho)\big)\Big)\, q_i(x + \tau, \tau).$$

3.3.1.2. System M(*t*)/GI/1/∞

(a) *Ergebnisse über die Verteilungsfunktion der virtuellen Wartezeit* (Reich (1958)): $\lambda(t)$ sei wieder die Intensität des Forderungenstromes. Außerdem seien die Bedienungszeiten insgesamt unabhängig und nach $B(x)$ verteilt. Gesucht ist die Verteilungsfunktion $W(t, x) = \mathsf{P}\big(W(t) < x\big)$ für die virtuelle Wartezeit $W(t)$. Bei gegebenen Anfangswerten $W(0, x)$, $x \in \mathbb{R}^+$, genügt diese Verteilungsfunktion der folgenden Integro-Differentialgleichung:

$$\frac{\partial W(t, x)}{\partial t} = \frac{\partial W(t, x)}{\partial x} - \lambda(t)\, W(t, x) + \lambda(t) \int_0^x B(x - y)\, \mathrm{d}_y W(t, y).$$

Ist $\Lambda(t) = \int_0^t \lambda(u)\,du$, so gewinnt man die entsprechende L.-S.-T.

$$W^*(t, s) = \int_0^\infty e^{-sx}\,d_xW(t, x), \qquad \operatorname{Re} s \geqq 0,$$

aus der Beziehung

$$W^*(t, s) = e^{st-(1-B^*(s))\Lambda(t)}\left[W^*(0, s) - s\int_0^t e^{-su+(1+B^*(s))\Lambda(u)}W(u, +0)\,du\right].$$

Möglichkeiten zur Bestimmung von $W(u, +0)$ werden an späterer Stelle angegeben. Die folgenden Bedingungen sind hinreichend für die Existenz einer eindeutigen Lösung der Integro-Differentialgleichung von Reich (Reich (1959)):

(i) $\int_0^t \lambda^2(u)\,du < \infty$ für alle $t > 0$;

(ii) Die Bedienungszeiten seien absolutstetig und besitzen die Dichte $b(x)$. Außerdem existiert ein $c_1 > 0$, so daß

$$\int_0^\infty e^{c_1x}b^2(x)\,dx < \infty.$$

Gelten (i), (ii) sowie $\limsup_{t-u\to\infty} \mathsf{E}B\,\frac{\Lambda(t)-\Lambda(u)}{t-u} < 1$, so ergibt sich die asymptotische Beziehung

$$\lim_{t\to\infty}\left(\frac{1}{t}\int_0^t W(t, +0)\,dt - 1 + \mathsf{E}B\,\frac{\Lambda(t)}{t}\right) = 0.$$

(b) *Bestimmung der Randwerte $W(t, +0)$ für $t \in \mathbb{R}^+$* (Reich (1959))

• Voraussetzung: (i), (ii), $\lambda(t)$ sei stetig, die Dichte $w(0, x)$ der Anfangsverteilung $W(0, x)$ möge existieren und genüge der Beziehung

$$\int_0^\infty e^{c_1x}w(0, x)\,dx < \infty.$$

$W(t, +0)$ ergibt sich eindeutig aus der Volterraschen Integralgleichung zweiter Art:

$$\int_0^t k(t, u)\,W(u, +0)\,du + W(t, +0) = g(t)$$

mit

$$g(t) = \frac{1}{2\pi i}\frac{d}{dt}\int_{x-i\infty}^{x+i\infty} W^*(0, s)\exp\left\{ts - \Lambda(t)\left(1 - B^*(s)\right)\right\}\frac{ds}{s^2}, \qquad x > c_1,$$

und

$$k(t, u) = \frac{1}{2\pi i}\lim_{T\to\infty}\int_{x-iT}^{x+iT}\exp\left\{(t-u)\,s - \left(\Lambda(t) - \Lambda(u)\right)\left(1 - B^*(s)\right)\right\}\frac{ds}{s}, \qquad x > 0.$$

(c) *Ergebnisse über die Verteilungen der Systemgrößen $W(t)$, $\mathring{W}_n$, $N(t)$ und $\tilde{N}_n$ bei periodischem Eingangsstrom* (HARRISON/LEMOINE (1977)): $\lambda(t)$ sei periodisch mit der Periode $\omega = 1$, d. h., es gilt $\lambda(t + u) = \lambda(t)$ für alle $t \in \mathbb{R}_+$, $n \in \mathbb{N}$.

Ist $\lambda = \int\limits_0^1 \lambda(t)\,\mathrm{d}t$, $\varrho = \lambda \mathsf{E}B$ und gilt $\varrho < 1$, so existieren ergodische Verteilungsfunktionen $W_\infty(t, x)$ und $\mathring{W}(x)$, so daß für alle Stetigkeitspunkte x dieser Verteilungsfunktionen

$$W_\infty(t, x) = \lim_{n\to\infty} \mathsf{P}\big(W(n + t) < x\big), \qquad t \in [0, 1],$$

$$\mathring{W}(x) \quad = \lim_{n\to\infty} \mathsf{P}(\mathring{W}_n < x)$$

erfüllt ist. Außerdem existieren ergodische Verteilungen $\big(p_{\infty,k}(t),\ k \in \mathbb{G}_+\big)$; $(\tilde{p}_k,\ k \in \mathbb{G}_+)$, so daß gilt

$$p_{\infty,k}(t) = \lim_{n\to\infty} \mathsf{P}\big(N(t + n) = k\big), \qquad k \in \mathbb{G}_+,\quad t \in [0, 1],$$

$$\tilde{p}_k \quad = \lim_{n\to\infty} \mathsf{P}(\tilde{N}_n = k), \qquad k \in \mathbb{G}_+.$$

Für die obigen Grenzwerte, die von dem Parameter t abhängen, existiert noch eine andere Interpretation (vgl. EWDOKIMOWA (1974)), und zwar existieren unter der Voraussetzung $\varrho < 1$ in t periodische Funktionen $W_\infty(t, x)$, $p_{\infty,k}(t)$, so daß für alle $x \geqq 0$ bzw. $k \in \mathbb{G}_+$ für $t \to \infty$ gilt

$$W(t, x) = W_\infty(t, x) + o(1), \qquad p_k(t) = p_{\infty,k}(t) + o(1).$$

(d) *Beziehungen zwischen verschiedenen stationären Wartezeitverteilungen bei periodischem Eingangsstrom* (HARRISON/LEMOINE (1977)): Gegeben seien die folgenden Ereignisse

$$\mathcal{A}(u, x) = \{\omega : W(u) < x\} \quad \text{und} \quad \mathring{\mathcal{A}}_k(x) = \{\omega : \mathring{W}_k < x\}.$$

$\mathbf{1}_{\mathcal{A}}$ bezeichne ferner einen Indikator des Ereignisses $\mathcal{A}$. Unter den gleichen Voraussetzungen und Bezeichnungen wie oben gilt dann für $n \to \infty$ bzw. $t \to \infty$

$$\frac{1}{n} \sum_{k=1}^{n} \mathbf{1}_{\mathring{\mathcal{A}}_k(x)} \xrightarrow[\text{f.s.}]{} \mathring{W}(x), \qquad \frac{1}{t} \int\limits_0^t \mathbf{1}_{\mathcal{A}(u,x)}\,\mathrm{d}u \xrightarrow[\text{f.s.}]{} W(x),$$

wobei $W(x)$ eine gewisse Verteilungsfunktion ist. Außerdem ergibt sich

$$W(x) = \int\limits_0^1 W_\infty(t, x)\,\mathrm{d}t, \qquad \mathring{W}(x) = \frac{1}{\lambda} \int\limits_0^1 \lambda(t)\, W_\infty(t, x)\,\mathrm{d}t,$$

$$W(x) = \begin{cases} 1 - \varrho + \varrho(\mathring{W} * B_{\mathsf{R}})(x) & \text{für} \quad x > 0, \\ 0 & \text{für} \quad x \leqq 0 \end{cases}$$

mit

$$B_{\mathsf{R}}(x) = \frac{1}{\mathsf{E}B} \int\limits_0^x \big(1 - B(y)\big)\,\mathrm{d}y.$$

3.3.2. Systeme mit Abhängigkeiten

3.3.2.1. System M/M/1/∞ mit Abhängigkeiten von der Anzahl der Forderungen im System

Im vorliegenden System sind die Intensität des Forderungenstromes und der Parameter der Bedienungsintensität zum Zeitpunkt t von der Anzahl der Forderungen $N(t)$ im System abhängig. Sind zu irgendeinem Zeitpunkt n Forderungen im System, so sei die Intensität des Inputs λ_n und die Bedienungsgeschwindigkeit $\mu_n > 0$. Das Verhalten der Wahrscheinlichkeiten $P_k(t) = \mathsf{P}(N(t) = k)$, $k \in \mathbb{G}_+$, wird dann durch einen Geburts- und Todesprozeß beschrieben. Sie erfüllen dabei das Differentialgleichungssystem

$$\frac{\mathrm{d}P_0(t)}{\mathrm{d}t} = P_1(t)\,\mu_1 - P_0(t)\,\lambda_0,$$

$$\frac{\mathrm{d}P_k(t)}{\mathrm{d}t} = P_{k-1}(t)\,\lambda_k + P_{k+1}(t)\,\mu_{k+1} - (\lambda_k + \mu_k)\,P_k(t) \qquad (t \in \mathbb{R}_+,\ k \in \mathbb{N}).$$

Unter der Voraussetzung $\varkappa_1 = \sum_{m=1}^{\infty} \prod_{i=1}^{m} \frac{\mu_i}{\lambda_i} = \infty$ existiert eine Lösung $P_k(t)$, $k \in \mathbb{G}_+$, mit $\sum_{k=0}^{\infty} P_k(t) = 1$ für alle $t \in \mathbb{R}_+$, die bei fester Anfangsverteilung $P_k(0)$ eindeutig bestimmt ist (↑ [I, 3.3.2.4]).

Es gelte nun $\varkappa_1 = \infty$. Dann existiert für $N(t)$ genau dann eine ergodische Verteilung für $t \to \infty$, wenn die folgende Reihe konvergiert:

$$\varkappa_2 = \sum_{m=1}^{\infty} \prod_{i=1}^{m} \frac{\lambda_{i-1}}{\mu_i}.$$

Im einzelnen erhalten wir folgende Resultate (Conolly [1], Karlin/McGregor (1957), Gnedenko/Kowalenko [1]).

(a) *Stationäre Verteilung für die Anzahl der Forderungen im System:*

- Voraussetzung: $\varkappa_1 = \infty$, $\varkappa_2 < \infty$.

$$p_k = \mathsf{P}(N = k) = \mathsf{P}(\mathring{N} = k) = \mathsf{P}(\tilde{N} = k), \qquad k \in \mathbb{G}_+,$$

$$p_k = p_0 \frac{\lambda_0\lambda_1 \cdots \lambda_{k-1}}{\mu_1\mu_2 \cdots \mu_k}, \qquad p_0 = (1 + \varkappa_2)^{-1}.$$

(b) *L.-T. und erzeugende Funktion für die Verteilung der Länge einer Besetztzeit bzw. für die Anzahl der Forderungen, die in einer Besetztzeit bedient werden:*

- Voraussetzung: $\varkappa_1 = \infty$, $\varkappa_2 < \infty$.

$$\Pi_n(x) = \mathsf{P}(S_1 < x,\ M_1 = n), \qquad x \in \mathbb{R}_+, \quad n \in \mathbb{N},$$

$$\check{\Pi}(s, z) = \sum_{n=1}^{\infty} \int_0^{\infty} \mathrm{e}^{-sx} z^n \Pi_n(x)\,\mathrm{d}x, \qquad \operatorname{Re} s > 0, \quad |z| \leq 1.$$

Für $\check{\Pi}(s, z)$ gilt mit $\xi_n = s + \lambda_n + \mu_n$ folgende Kettenbruchdarstellung

$$\check{\Pi}(s, z) = \cfrac{\mu_1 z}{\xi_1 - \cfrac{\lambda_1 \mu_2 z}{\xi_2 - \cfrac{\lambda_2 \mu_3 z}{\xi_3 - \ddots}}}$$

(c) *Verteilungsfunktion, Erwartungswert und Varianz der Untätigkeitszeiten:*

- Voraussetzung: $\varkappa_1 = \infty$, $\varkappa_2 < \infty$.

$$U(x) = \mathsf{P}(U_1 < x) = 1 - \mathrm{e}^{-\lambda_0 x}, \qquad x > 0,$$

$$\mathsf{E}U_1 = \frac{1}{\lambda_0}, \quad \mathsf{V}U_1 = \frac{1}{\lambda_0^2}.$$

(d) *Erwartungswert einer Besetztzeit bzw. einer Besetztperiode:*

- Voraussetzung: $\varkappa_1 = \infty$, $\varkappa_2 < \infty$.

$$\mathsf{E}S_1 = \lambda_0^{-1}(p_0^{-1} - 1), \qquad \mathsf{E}Z_1 = (\lambda_0 p_0)^{-1}.$$

Dabei ist $p_0 = \mathsf{P}(N = 0) = (1 + \varkappa_2)^{-1}$.

(e) *Ergebnisse über die Verteilung der Bedienungszeiten:* Für das vorliegende Modell sind nur die Intensitäten λ_n, μ_n gegeben. Die tatsächlichen Bedienungszeiten bzw. deren Verteilungsfunktionen sind jedoch nicht bekannt und müssen erst ermittelt werden.

$B^{\mathrm{R}}(t)$ sei die Restbedienungsdauer, die noch zur Beendigung der bei t laufenden Bedienung ausgeführt werden muß. Außerdem seien

$$F_k(x) = \lim_{t \to \infty} \mathsf{P}\big(N(t) = k,\ B^{\mathrm{R}}(t) < x\big),$$

$$B_k(x) = \mathsf{P}(B_n < x \mid \tilde{N}_{n-1} = k) \quad \text{für alle} \quad k, n \in \mathbb{G}_+.$$

Hierbei gilt $F_k(\infty) = p_k$.

Sind die Voraussetzungen $\varkappa_1 = \infty$ und $\varkappa_2 < \infty$ erfüllt, so gelten

$$p_1 = \frac{\lambda_0 p_0\big(1 - B_1^*(\lambda_1/\mu_1)\big)}{\lambda_1 B_1^*(\lambda_1/\mu_1)},$$

$$F_1^*(s) = \frac{\lambda_0 p_0\big(B_1^*(\lambda_1/\mu_1) - B_1^*(s)\big)}{(\mu_1 s - \lambda_1)\, B_1^*(\lambda_1/\mu_1)}, \qquad \operatorname{Re} s \geqq 0.$$

Rekursiv ergibt sich dann für $i = 2, 3, \ldots$

$$p_i = \frac{\lambda_{i-1}\big(p_{i-1} - F_{i-1}^*(\lambda_i/\mu_i)\big)}{\lambda_i B_i^*(\lambda_i/\mu_i)}$$

sowie für $\operatorname{Re} s \geqq 0$

$$F_i^*(s) = (\mu_i s - \lambda_i)^{-1}\left(\lambda_{i-1} p_{i-1} - \lambda_i p_i B_i^*(s) - \lambda_{i-1} F_{i-1}^*(s)\right).$$

3.3.2.2. Spezialfälle des Systems M/M/1/∞ mit Abhängigkeiten

Im ersten Beispiel gelte $\lambda_n = \lambda$, $n \in \mathbb{G}_+$ sowie

$$\mu_n = \begin{cases} \mu_1, & n = 1, 2, \ldots, k - 1, \\ \mu, & n = k, k + 1, \ldots, \end{cases}$$

für eine feste ganze Zahl $k \geqq 2$. Wir setzen abkürzend

$$\varrho = \frac{\lambda}{\mu}, \quad \varrho_1 = \frac{\lambda}{\mu_1}.$$

Ist $\varrho < 1$, so folgt stets $\varkappa_1 = \infty$ und $\varkappa_2 = p_0^{-1} - 1 < \infty$. Explizit gilt (Gross/Harris [1])

$$p_0 = \begin{cases} \left[\dfrac{1 - \varrho_1^k}{1 - \varrho_1} + \dfrac{\varrho\varrho_1^{k-1}}{1 - \varrho}\right]^{-1} & \text{für} \quad \varrho_1 \neq 1, \\ \left(k + \dfrac{\varrho}{1 - \varrho}\right)^{-1} & \text{für} \quad \varrho_1 = 1 \end{cases}$$

und für $\varrho_1 \neq 1$

$$\mathsf{E}N = \mathsf{E}\mathring{N} = p_0 \left\{\frac{\varrho_1[1 + (k - 1)\,\varrho_1^k] - k\varrho_1^{k-1}}{(1 - \varrho_1)^2} + \frac{\varrho\varrho_1^{k-1}(k - (k - 1)\,\varrho)}{(1 - \varrho)^2}\right\}.$$

Ist dagegen $\varrho_1 = 1$, so ergibt sich $\mathsf{E}N$ aus der obigen Beziehung beim Grenzübergang $\varrho_1 \to 1$.

Weitere Beziehungen für Erwartungswerte von stationären Verteilungen sind

$$\mathsf{E}B = \frac{1 - p_0}{\lambda}, \quad \mathsf{E}A = \frac{1}{\lambda}, \quad \mathsf{E}N_w = \mathsf{E}\mathring{N}_w = \mathsf{E}N + p_0 - 1,$$

$$\mathsf{E}V = \mathsf{E}N/\lambda, \quad \mathsf{E}W = \mathsf{E}\mathring{W} = \frac{1}{\lambda}\,\mathsf{E}N_w = \mathsf{E}V - \frac{1 - p_0}{\lambda}.$$

In den folgenden Beispielen sind λ, μ beliebige positive Parameter.

Modell (A): $\lambda_n = \lambda$, $\mu_n = n\mu$ für alle $n \in \mathbb{G}_+$. Bei diesem Modell vergrößert sich die Bedienungsintensität μ_n proportional mit dem Anwachsen der Schlangenlänge.

Modell (B): $\lambda_n = \dfrac{\lambda}{n + 1}$, $\mu_n = \mu$ für alle $n \in \mathbb{G}_+$. Bei diesem Modell wird der Eingangsstrom gedrosselt, wenn die Schlangenlänge anwächst.

Modell (C): $\lambda_n = \dfrac{\lambda}{n + 1}$, $\mu_n = n\mu$ für alle $n \in \mathbb{G}_+$. Dieses Modell entsteht durch Zusammenfassung der Modelle (A) und (B).

Für diese Systeme sind die Voraussetzungen $\varkappa_1 = \infty$ und $\varkappa_2 < \infty$ für beliebige Parameter λ, μ stets erfüllt. Außerdem stimmen die Verteilungen für N in den Systemen (A) und (B) überein. Ferner ist

$$A(x) = 1 - \mathrm{e}^{-\lambda x}, \qquad x > 0,$$

die Verteilungsfunktion für die Zwischenankunftszeiten im Modell (A), und

$$B(x) = 1 - e^{-\mu x}, \qquad x > 0,$$

ist die Verteilungsfunktion der Bedienungszeiten im Modell (B). Im weiteren werden folgende Abkürzungen benutzt:

$$\varrho_0 = \frac{\lambda}{\mu}, \quad \varrho = \frac{\mathsf{E}B}{\mathsf{E}A} \text{ (Belastungskoeffizient)},$$

$$f(x) = (\mu x - 1 + e^{-\mu x})/\mu,$$

$$C(x) = 1 - e^{-\mu x}, \qquad \overline{C}(x) = 1 - C(x), \qquad c_1 = \lambda f(x), \qquad c_2 = \varrho_0 \overline{C}(x),$$

I_0, I_1 sind Besselfunktionen der Ordnung 0 oder 1. Nach CONOLLY [1] ergeben sich die folgenden Resultate.

(a) *Stationäre Verteilung, Erwartungswert und Varianz für die Anzahl der Forderungen im System*

Modell (A): $$p_k = e^{-\varrho_0} \frac{\varrho_0^k}{k!}, \qquad k \in \mathbb{G}_+,$$

Modell (B): $$p_k = e^{-\varrho_0} \frac{\varrho_0^k}{k!}, \qquad k \in \mathbb{G}_+,$$

Modell (C): $$p_k = \frac{\varrho_0^k}{(k!)^2 I_0(2\sqrt{\varrho_0})}, \qquad k \in \mathbb{G}_+,$$

Modell (A), (B): $$\mathsf{E}N = \varrho_0,$$

Modell (C): $$\mathsf{E}N = \frac{\sqrt{\varrho_0}\, I_1(2\sqrt{\varrho_0})}{I_0(2\sqrt{\varrho_0})},$$

Modell (A), (B): $$\mathsf{V}N = \varrho_0(1 - \varrho_0),$$

Modell (C): $$\mathsf{V}N = \varrho_0 \left[1 - \left(\frac{I_1(2\sqrt{\varrho_0})}{I_0(2\sqrt{\varrho_0})}\right)^2\right].$$

(b) *Erwartungswerte der Zwischenankunfts- bzw. Bedienungszeiten*

Modell (A): $$\mathsf{E}A = \frac{1}{\lambda}, \qquad \mathsf{E}B = \frac{1 - e^{-\varrho_0}}{\lambda},$$

Modell (B): $$\mathsf{E}A = \left(\mu(1 - e^{-\varrho_0})\right)^{-1}, \qquad \mathsf{E}B = \frac{1}{\mu},$$

Modell (C): $$\mathsf{E}A = \frac{\left(I_0(2\sqrt{\varrho_0}) - 1\right)^2}{\mu \sqrt{\varrho_0}\, I_1(2\sqrt{\varrho_0})\, I_0(2\sqrt{\varrho_0})},$$

$$\mathsf{E}B = \frac{I_0(2\sqrt{\varrho_0}) - 1}{\mu \sqrt{\varrho_0}\, I_1(2\sqrt{\varrho_0})}.$$

(c) *Belastungskoeffizienten*

Modell (A): $\varrho = 1 - e^{-\varrho_0}$,

Modell (B): $\varrho = 1 - e^{-\varrho_0}$,

Modell (C): $\varrho = 1 - \left(I_0(2\sqrt{\varrho_0})\right)^{-1}$.

(d) *Die Dichte der stationären Verweilzeitverteilung*

Modell (A):
$$\frac{dV(x)}{dx} = e^{-c_1-c_2}\{\lambda C(x)\,\overline{C}(x) + \mathsf{E}B(1 + \varrho_0 C(x))\}\, I_0(2\sqrt{c_1c_2}) + \left\{\varrho_0 \mathsf{E}B\overline{C}(x)\left(\frac{c_1}{c_2}\right)^{1/2} + \lambda C(x)^2\left(\frac{c_2}{c_1}\right)^{1/2}\right\} I_1(2\sqrt{c_1c_2}).$$

Modell (B):
$$\frac{dV(x)}{dx} = \frac{e^{-\mu x}}{1 - e^{-\varrho_0}}\sqrt{\frac{\lambda}{x}}\cdot I_1(2\sqrt{\lambda x}).$$

(e) *Erwartungswert und Varianz der stationären Verweilzeitverteilung*

Modell (A): $\mathsf{E}V = \frac{1}{\mu}$

Modell (B): $\mathsf{E}V = \frac{\varrho_0}{\mu(1 - e^{-\varrho_0})}$, $\quad \mathsf{V}V = \frac{\varrho_0(\varrho_0 + 2)}{\mu^2(1 - e^{-\varrho_0})} - \frac{\varrho_0^2}{\mu^2(1 - e^{-\varrho_0})^2}$.

(f) *Erwartungswert und Varianz einer Besetztzeit*

Modell (A): $\mathsf{E}S_1 = \frac{e^{\varrho_0} - 1}{\lambda}$, $\quad \mathsf{V}S_1 = \frac{2}{\lambda\mu} e^{\varrho_0} \sum_{n=1}^{\infty} \frac{\varrho_0^n}{n n!} - \left(\frac{e^{\varrho_0} - 1}{\lambda}\right)^2$,

Modell (B): $\mathsf{E}S_1 = \frac{e^{\varrho_0} - 1}{\varrho_0}$,

$$\mathsf{V}S_1 = \frac{2}{\mu^2} e^{\varrho_0} \sum_{n=1}^{\infty} \frac{\varrho_0^n}{n n!} + \frac{4e^{\varrho_0}}{\mu^2} - \frac{2e^{\varrho_0}}{\lambda\mu}(e^{\varrho_0} - 1) - \left(\frac{e^{\varrho_0} - 1}{\varrho_0}\right)^2,$$

Modell (C): $\mathsf{E}S_1 = \left(I_0(2\sqrt{\varrho_0}) - 1\right)/\lambda$.

3.3.2.3. System M/GI/1/∞ mit Abhängigkeiten von der Anzahl der Forderungen im System

Gegeben sei ein M/GI/1/∞-System mit der Intensität des Forderungenstromes $\lambda > 0$. Die Bedienungszeit B_n der n-ten Forderung sei nach $B_k(x)$ verteilt, sofern im Zeitpunkt des Abganges der vorangegangenen Forderung $\tilde{T}_{n-1} + 0$ genau k Forderungen im System waren, d. h., es gilt

$$\mathsf{P}(B_n < x \mid \tilde{N}_{n-1} = k) = B_k(x)$$

für alle $n \in \mathbb{N}$. Die Anzahl der Forderungen $N(t)$, die zur Zeit t im System sind, läßt sich durch „Markowsche Erneuerungsprozesse mit Hilfspfaden" (vgl. SCHÄL (1969)) beschreiben. Insbesondere bildet die Folge $(\tilde{N}_n,\ n \in \mathbb{G}_+)$ eine eingebettete homogene

Markowsche Kette. Für die Übergangswahrscheinlichkeiten $P_{ik} = \mathsf{P}(\tilde{N}_n = k \mid \tilde{N}_{n-1} = i)$ gilt hierbei

$$P_{0k} = \frac{1}{k!} \int_0^\infty e^{-\lambda u} (u\lambda)^k \, dB_0(u),$$

und für $i \in \mathbb{N}$

$$P_{ik} = \mathbf{1}_{\mathbb{N}}(k - i + 2) \frac{1}{(k - i + 1)!} \int_0^\infty e^{-\lambda u} (u\lambda)^{k-i+1} \, dB_i(u)$$

Abkürzend sei $b_i = \int_0^\infty x \, dB_i(x)$, $\varrho_i = \lambda b_i$, $i \in \mathbb{G}_+$.

(a) *Ergebnisse über die Existenz von ergodischen Verteilungen:*

• Voraussetzung: $\sup_{i \geq n_0} \varrho_i < 1$ für ein $n_0 \geq 0$.

Es existieren ergodische Verteilungen für die stochastischen Prozesse $(\mathring{W}_n, n \in \mathbb{G}_+)$ und $(\tilde{N}_n, n \in \mathbb{G}_+)$ für $n \to \infty$ sowie für $\big(W(t), t \in \mathbb{R}_+\big)$, $\big(N(t), t \in \mathbb{R}_+\big)$ bei $t \to \infty$. Die stationäre Verteilung für die Anzahl der Forderungen im System genügt dabei der Beziehung

$$p_k = \lim_{t \to \infty} \mathsf{P}\big(N(t) = k\big) = \lim_{n \to \infty} \mathsf{P}(\tilde{N}_n = k), \qquad k \in \mathbb{G}_+.$$

• Voraussetzung: $\inf_{i \geq n_0} \varrho_i \geq 1$ für ein $n_0 \geq 0$.

Für alle $i, k \in \mathbb{G}_+$ ist

$$\lim_{n \to \infty} \mathsf{P}(\tilde{N}_n = k \mid \tilde{N}_0 = i) = 0$$

und für alle $x, y \in \mathbb{R}_+$

$$\lim_{n \to \infty} \mathsf{P}(\mathring{W}_n < x \mid \mathring{W}_0 = y) = 0.$$

b) *Darstellung der stationären Verteilung für die Anzahl der Forderungen im System:*

• Voraussetzung: $\sup_{i \geq n_0} \varrho_i < 1$ für ein $n_0 \geq 0$.

Die gesuchten Wahrscheinlichkeiten ergeben sich aus dem folgenden Gleichungssystem

$$p_k = \sum_{i=0}^{k+1} p_i P_{ik}, \qquad k \in \mathbb{G}_+; \qquad 1 - p_0 = \lambda \sum_{i=0}^{\infty} p_i b_i.$$

(c) *Stationäre Verteilung für die Wartezeit einer Forderung:*

• Voraussetzung: $\varrho_i = \lambda b_i < 1$ für alle $i \in \mathbb{G}_+$.

$$\mathring{W}(x) = \mathsf{P}(\mathring{W} < x) = \sum_{i=0}^{\infty} \mathring{W}_i(x) \, p_i.$$

Dabei ist $\mathring{W}_i(x)$ die stationäre Verteilungsfunktion für die Wartezeit einer Forderung in einem System vom Typ $M/B_i/1/\infty$ mit der gleichen Intensität des Eingangsstromes λ (Schäl (1971)).

Explizite Resultate können nur angegeben werden, wenn die spezielle Struktur der Verteilungsfunktionen $B_i(x)$ bekannt ist. Das folgende Beispiel geht auf HARRIS (1967) zurück. Gegeben sei die Darstellung

$$B_k(x) = \int_0^\infty (1 - e^{-ux})\, d\tilde{B}_k(u)$$

für gewisse im Intervall $[0, \infty)$ konzentrierte Verteilungsfunktionen $\tilde{B}_k(x)$. Die Übergangswahrscheinlichkeiten P_{ij} sowie die erzeugende Funktion der Wahrscheinlichkeitsverteilung $(p_k, k \in \mathbb{G}_+)$ können dann formelmäßig angegeben werden. Insbesondere wenn alle $\tilde{B}_k(x)$ ausgeartete Verteilungen sind mit $\tilde{B}_k(x) = \delta_{k\mu}(x)$ für alle $k \in \mathbb{N}$ und ein $\mu > 0$, dann folgt $B_k(x) = 1 - e^{-k\mu x}$, $x > 0$. Setzt man $\varrho = \lambda/\mu$, so ergibt sich

$$p_k = p_0 \frac{\varrho^k}{k!} (\varrho + k) \Bigg[(k-1)(\varrho + k - 1)^{-1} + (k-1)! \sum_{i=2}^{k-1} (\varrho + k - 1)^{-i} - \sum_{j=1}^{k-2} \sum_{i=1}^{k-j-1} (\varrho + j)^{-i} \Bigg],$$

$$k = 2, 3, \ldots,$$

$$p_1 = \varrho p_0.$$

p_0 ist eindeutig aus der Normierungsbedingung $\sum_{i=0}^{\infty} p_i = 1$ bestimmbar.

3.3.3. Systeme mit Besonderheiten beim Beginn einer Besetztzeit

Gegeben sei ein Bedienungssystem des Types GI/GI/1/∞ mit der Bedienungsdisziplin FCFS und Besonderheiten für diejenigen Forderungen, die ein freies Bedienungsgerät vorfinden. Die Bedienung dieser Forderungen möge nicht sofort, sondern erst nach einer zufälligen Wartezeit $C \geqq 0$ beginnen. C sei nach $C(x)$ verteilt. Beispielsweise kann C eine Anlaufs- oder Erwärmungszeit sein, man spricht deshalb auch oft von Modellen mit „Erwärmung". Außer der Unabhängigkeit der Zwischenankunftszeiten A_k bzw. Bedienungszeiten B_k wird gefordert, daß die Zufallsgrößen A_k und B_k auch von den Erwärmungszeiten C unabhängig sind. Wenn insbesondere $C = 0$ mit Wahrscheinlichkeit Eins gilt, so reduziert sich dieses Modell auf das gewöhnliche Grundmodell GI/GI/1/∞. Zusammenfassende Ergebnisse über das vorliegende System findet man bei ROSSBERG/SIEGEL (1974) bzw. SIEGEL (1973), (1974).

Für Zufallsgrößen bzw. entsprechende Verteilungsfunktionen im System mit Besonderheiten beim Beginn einer Besetztzeit werden folgende Bezeichnungen benutzt:

$$N_c(t), \quad \mathring{N}_{c,n} = N_c(\mathring{T}_n - 0), \quad \mathring{W}_c(x) = \mathsf{P}(\mathring{W}_c < x), \quad M_{c,1} \quad \text{usw.}$$

Der Buchstabe „c" dient also zur Charakterisierung der entsprechenden Systemgrößen für das Modell mit Erwärmungsphase. Ohne den Buchstaben „c" werden wie bisher die entsprechenden Größen aus dem System GI/GI/1/∞ bezeichnet.

(a) *Allgemeine Existenzaussagen für stationäre bzw. ergodische Verteilungen:*

- Voraussetzung: $\varrho = \mathsf{E}B/\mathsf{E}A < 1$, $\mathsf{E}C < \infty$.

Eine Folge von Zufallsgrößen $(X_n, n \in \mathbb{G}_+)$ heißt stochastisch beschränkt, wenn zu jedem $\varepsilon > 0$ ein $x_0 = x_0(\varepsilon)$ existiert, so daß $\mathsf{P}(|X_n| \geqq x_0) < \varepsilon$ für alle $n \in \mathbb{N}$ gilt. Die

Folgen der Zufallsgrößen $(\mathring{N}_{c,n})$, $(\tilde{N}_{c,n})$, $(\mathring{W}_{c,n})$ sind stochastisch beschränkt. Für diese Folgen existieren dann auch stationäre Verteilungen, die eindeutig bestimmt sind.

• Voraussetzung: $\varrho < 1$, $\mathsf{E}C < \infty$. Außerdem gelte entweder $C(x) > 0$ für alle $x > 0$ oder es sei die Bedingung $K(+0) < 1$ erfüllt, wobei $K(x) = \mathsf{P}(B - A < x)$.
Die Folgen der Verteilungen der Zufallsgrößen $\mathring{W}_{c,n}$, $\mathring{N}_{c,n}$ und $\tilde{N}_{c,n}$ streben für $n \to \infty$ schwach gegen ergodische Verteilungen.

Ist dagegen $\varrho \geqq 1$, so ergibt sich

$$\lim_{n\to\infty} \mathsf{P}(\mathring{W}_{c,n} < x) = 0, \qquad x \in \mathbb{R},$$

$$\lim_{n\to\infty} \mathsf{P}(\mathring{N}_{c,n} = k) = \lim_{n\to\infty} \mathsf{P}(\tilde{N}_{c,n} = k) = 0, \qquad k \in \mathbb{G}.$$

(b) *Resultate über die Wartezeiten der n-ten Forderung:* Man betrachte die Differenz der Wartezeiten zwischen dem System GI/GI/1/∞ mit Besonderheiten und dem gewöhnlichen System GI/GI/1/∞:

$$\Delta\mathring{W}_n = \mathring{W}_{c,n} - \mathring{W}_n.$$

Aus $\mathring{W}_{c,0} \geqq \mathring{W}_0 \geqq 0$ folgt $\Delta\mathring{W}_n \geqq 0$ für alle $n \in \mathbb{N}$. Es ist offensichtlich, daß man aus Resultaten über die stochastischen Prozesse $(\Delta\mathring{W}_n)$, $(\mathring{W}_n)$ auch Resultate für $(\mathring{W}_{c,n})$ gewinnen kann und umgekehrt. Die folgenden Angaben sind als Beispiele hierfür zu betrachten.

Es möge eine ergodische Grenzverteilungsfunktion $\mathring{W}_c(x)$ für den Prozeß $(\mathring{W}_{c,n})$ existieren. Dann existieren auch ergodische Verteilungsfunktionen $\mathring{W}(x)$ und $\Delta\mathring{W}(x)$ für die stochastischen Prozesse $(\mathring{W}_n)$ und $(\Delta\mathring{W}_n)$. Außerdem sind in diesem Fall die Zufallsgrößen $\Delta\mathring{W}_n$, $\mathring{W}_n$ asymptotisch unabhängig. Für die stationären Verteilungsfunktionen bzw. deren Erwartungswerte gelten dann die Beziehungen

$$\mathring{W}_c(x) = (\mathring{W} * \Delta\mathring{W})(x), \qquad \mathsf{E}\mathring{W}_c = \mathsf{E}\Delta\mathring{W} + \mathsf{E}\mathring{W}.$$

Die stationäre Verteilung $\Delta\mathring{W}(x)$ besitzt folgende Darstellung:

$$1 - \Delta\mathring{W}(x) = \delta\left(1 - C(x) + \int_0^\infty H_U(y)\,\mathrm{d}_y C(y + x)\right), \qquad x > 0$$

mit

$$\delta = \left(1 + \int_0^\infty H_U(y)\,\mathrm{d}C(y)\right)^{-1}, \qquad H_U(x) = \sum_{k=1}^\infty U^{*(k)}(x).$$

Hierbei ist $U(x)$ die Verteilungsfunktion einer Untätigkeitszeit für das System GI/GI/1/∞.

(c) *Existenz von Momenten für die stationäre Verteilung der Wartezeiten:*

• Voraussetzung: Es existiere eine stationäre Verteilungsfunktion $\mathring{W}_c(x)$, und es gelte $\mathsf{E}A < \infty$.

Für beliebiges $\eta > 0$ gilt $\mathsf{E}\mathring{W}_c{}^\eta < \infty$ genau dann, wenn $\mathsf{E}C^{\eta+1} < \infty$ und $\mathsf{E}B^{\eta+1} < \infty$ gelten.

(d) *Verteilung für die Dauer einer Besetztzeit bzw. für die Anzahl der Forderungen, die während einer Besetztzeit bedient werden.* Die Verteilungsfunktionen der Systemgrößen

$S_{c,1}$, $M_{c,1}$ können bei $\mathring{N}_{c,0} = 0$ aus den entsprechenden Verteilungsfunktionen im System GI/GI/1/∞ berechnet werden. Es gelten die Beziehungen

$$\mathsf{P}(S_{c,1} < x) = \int_0^\infty \mathsf{P}\big(S_1 < x \mid W(0) = u\big)\, \mathrm{d}C(u), \qquad x \in \mathbb{R},$$

$$\mathsf{P}(M_{c,1} = k) = \int_0^\infty \mathsf{P}\big(M_1 = k \mid W(0) = u\big)\, \mathrm{d}C(u), \qquad k \in \mathbb{G}.$$

(e) *Zusammenhänge zwischen stationären Verteilungen bzw. stationären Wahrscheinlichkeiten:*

- Voraussetzung: Es sei $\varrho < 1$, und die entsprechenden stationären Verteilungen mögen existieren.

(e1) *Verteilungsfunktion der Untätigkeitszeiten:*

$$U_c(x) = \mathsf{P}(\tilde{U}_{c,1} < x) = 1 - \frac{1}{a}(K * \mathring{W}_c)(-x + 0), \qquad x > 0,$$

mit

$$a = (K * \mathring{W}_c)(+0).$$

(e2) *Stationäre Verteilungen und Erwartungswerte für die Anzahl der Forderungen im System in den Zeitpunkten $\mathring{T}_n - 0$ und $\tilde{T}_n + 0$:*

$$\mathring{p}_{c,k} = \mathsf{P}(\mathring{N}_c = k) = P(\tilde{N}_c = k), \qquad k \in \mathbb{G},$$

$$\mathring{p}_{c,k} = \int_0^\infty \big(A^{*(k)}(x) - A^{*(k+1)}(x)\big)\, \mathrm{d}V_c(x), \qquad k \in \mathbb{G}_+,$$

$$\mathsf{E}\mathring{N}_c = \int_0^\infty H_A(y)\, \mathrm{d}V_c(y).$$

Hierbei ist $V_c(x) = (B * \mathring{W}_c)(x)$ die stationäre Verteilungsfunktion der Verweilzeiten einer Forderung, und H_A ist die Erneuerungsfunktion der Zwischenankunftszeiten.

(e3) *Stationäre Verteilung und Erwartungswert für die Anzahl der Forderungen in der Warteschlange in den Zeitpunkten $\mathring{T}_n - 0$ und $\tilde{T}_n + 0$:*

$$\mathring{p}_{N^w,c,k} = \mathsf{P}(\mathring{N}_{w,c} = k) = \mathsf{P}(\tilde{N}_{w,c} = k), \qquad k \in \mathbb{G},$$

$$\mathring{p}_{N^w,c,k} = \int_0^\infty \big(A^{*(k)}(x) - A^{*(k+1)}(x)\big)\, \mathrm{d}\mathring{W}_c(x), \qquad k \in \mathbb{G}_+,$$

$$\mathsf{E}\mathring{N}_{w,c} = \int_0^\infty H_A(y)\, \mathrm{d}\mathring{W}_c(y).$$

Hierbei ist $H_A(y)$ wieder die Erneuerungsfunktion für die Zwischenankunftszeiten.

(e4) *Stationäre Wahrscheinlichkeit für das Vorfinden eines freien Bedienungsgerätes:*

$$\mathring{p}_{c,0} = (K * \mathring{W}_c)(+0).$$

(e5) *Stationäre Wahrscheinlichkeit für die sofortige Bedienung einer Forderung:*

$$\mathring{W}_c(+0) = \mathsf{P}(\mathring{W}_c = 0) = C(+0)\, \mathring{p}_{c,0}.$$

Offenbar gilt $\mathring{W}_c(+0) > 0$ genau dann, wenn $C(+0) > 0$ ist. Außerdem ergibt sich

$$0 \leqq \mathring{W}_c(+0) \leqq \mathring{p}_{c,0}.$$

Allgemein folgt aus $C(+0) < 1$ auch $\mathring{W}_c(+0) < \mathring{p}_{c,0}$. Anschaulich bedeutet dies, daß eine Forderung, die ein freies Bedienungsgerät vorfindet, im allgemeinen nicht sofort bedient werden kann.

(e6) *Zusammenhänge zwischen den Parametern* $\mathring{p}_{c,0}$, $\mathsf{E}S_c$, $\mathsf{E}M_c$, $\mathsf{E}Z_c$ *und* $\mathsf{E}U_c$. Sind die entsprechenden Parameter formelmäßig bzw. näherungsweise bekannt, so kann man folgende Beziehung benutzen:

$$\delta = \frac{\mathring{p}_{c,0}}{\mathring{W}(+0)} = \frac{\mathsf{E}M_1}{\mathsf{E}M_{c,1}} = \frac{\mathsf{E}S_1}{\mathsf{E}S_{c,1}}, \qquad 0 < \delta < 1,$$

wobei δ unter Punkt (e) eingeführt wurde. Speziell im System $\mathrm{M/GI/1/\infty}$ mit Besonderheiten ergibt sich

$$\mathring{p}_{c,0} = \frac{1-\varrho}{1+\lambda\mathsf{E}C}, \qquad \delta = (1 + \lambda\mathsf{E}C)^{-1}.$$

Dabei gibt λ die Intensität des Forderungenstromes an.

Tab. 3.3.1. Parameterbeziehungen

unbekannt	bekannt				
	$\mathring{p}_{c,0}$	$\mathsf{E}M_c$	$\mathsf{E}S_c$	$\mathsf{E}U_c$	$\mathsf{E}Z_c$
$\mathring{p}_{c,0}$	–	$(\mathsf{E}M_c)^{-1}$	$\dfrac{\mathsf{E}B}{\mathsf{E}S_c - \mathsf{E}C}$	$\dfrac{\mathsf{E}A - \mathsf{E}B}{\mathsf{E}U_c + \mathsf{E}C}$	$\dfrac{\mathsf{E}A}{\mathsf{E}Z_c}$
$\mathsf{E}M_c$	$\mathring{p}_{c,0}^{-1}$	–	$\dfrac{\mathsf{E}S_c - \mathsf{E}C}{\mathsf{E}B}$	$\dfrac{\mathsf{E}U_c + \mathsf{E}C}{\mathsf{E}A - \mathsf{E}B}$	$\dfrac{\mathsf{E}Z_c}{\mathsf{E}A} - \mathsf{E}Z_c$
$\mathsf{E}S_c$	$\dfrac{\mathsf{E}B}{\mathring{p}_{c,0}} + \mathsf{E}B$	$\mathsf{E}B\mathsf{E}M_c + \mathsf{E}C$	–	$\dfrac{\varrho\mathsf{E}U_c + \mathsf{E}C}{1-\varrho}$	$\varrho\mathsf{E}Z_c + \mathsf{E}C$
$\mathsf{E}U_c$	$\dfrac{\mathsf{E}A - \mathsf{E}B}{\mathring{p}_{c,0}} - \mathsf{E}C$	$\mathsf{E}M_c(\mathsf{E}A - \mathsf{E}B) - \mathsf{E}C$	$\dfrac{(1-\varrho)\,\mathsf{E}S_c - \mathsf{E}C}{\varrho}$	–	$(1-\varrho)\,\mathsf{E}Z - \mathsf{E}C$
$\mathsf{E}Z_c$	$\dfrac{\mathsf{E}A}{\mathring{p}_{c,0}}$	$\mathsf{E}M_c\mathsf{E}A$	$\dfrac{\mathsf{E}S_c - \mathsf{E}C}{\varrho}$	$\dfrac{\mathsf{E}U_c + \mathsf{E}C}{1-\varrho}$	–

(e7) *Zusammenhang zwischen* $\mathsf{E}U_c^2$ *und* $\mathsf{E}\mathring{W}_c$:

$$\mathsf{E}U_c^2 = \big(\mathsf{E}A^2 + \mathsf{E}B^2 - 2\mathsf{E}A\mathsf{E}B + 2\mathsf{E}\mathring{W}_c(\mathsf{E}B - \mathsf{E}A)\big)\, \mathring{p}_{c,0} + \mathsf{E}C^2.$$

(f) ***Abschätzungen und qualitative Aussagen.*** Im weiteren wird wiederum vorausgesetzt, daß die ergodischen Verteilungsfunktionen $\mathring{W}(x)$, $\mathring{W}_c(x)$ und $\Delta\mathring{W}(x)$ existieren mögen. Desweiteren seien $\mathring{W}$, $\mathring{W}_c$ und $\Delta\mathring{W}$ Zufallsgrößen, die nach diesen Verteilungsfunktionen verteilt sind.

(f1) *Eine Abschätzung der stationären Verteilungsfunktion für die Wartezeiten und deren Momente:*

- Voraussetzung: $C(x)$ sei vom Typ NBU (NWU).

$$\mathring{W}_c \overset{(1)}{\leqq} \left(\overset{(1)}{\geqq}\right) \mathring{W} * C$$

- Voraussetzung: $C(x)$ sei vom Typ NBUE (NWUE).

$$\mathsf{E}(\Delta\mathring{W})^n \leqq (\geqq)\ n!(\mathsf{E}C)^n, \qquad n \in \mathbb{N},$$

$$\mathsf{E}\mathring{W}_c \leqq (\geqq)\ \mathsf{E}C + \mathsf{E}\mathring{W}.$$

Im Falle der Exponentialverteilung $C = \text{Exp}\,(c)$ für gewisses $c > 0$ gilt in allen obigen Abschätzungen die Identität.

(f2) *Vergleiche von zwei Systemen mit Besonderheiten:* Gegeben seien jetzt zwei Systeme, die durch die Verteilungsfunktionen $A_i(x)$, $B_i(x)$ sowie $C_i(x)$ $(i = 1, 2)$ charakterisiert sind. Wenn eine der folgenden drei Komplexe von Bedingungen erfüllt sind:

$$A_1(x) \equiv A_2(x), \quad B_1(x) \equiv B_2(x), \quad C_1 \overset{(1)}{\leqq} C_2;$$

$$A_1(x) \equiv A_2(x), \quad B_1 \overset{(1)}{\leqq} B_2, \quad C_1(x) \equiv C_2(x);$$

$$A_2 \overset{(1)}{\leqq} A_1, \quad B_1(x) \equiv B_2(x), \quad C_1(x) \equiv C_2(x);$$

dann folgt für die entsprechenden stationären Wartezeitverteilungsfunktionen

$$\mathring{p}_{c,2,0}\mathring{W}_{c,1}(x) \geqq \mathring{p}_{c,1,0}\mathring{W}_{c,2}(x), \qquad x \in \mathbb{R}_+,$$

$$\mathring{p}_{c,2,0} \geqq \mathring{p}_{c,1,0}.$$

Hierbei ist $\mathring{p}_{c,i,0}$ die stationäre Wahrscheinlichkeit für das Vorfinden eines freien Bedienungsgerätes im i-ten System. Wenn die erste Gruppe der obigen Bedingungen erfüllt sind, so gilt außerdem

$$\mathring{p}_{c,2,0}\Delta W_1(x) \geqq \mathring{p}_{c,1,0}\Delta W_2(x), \qquad x \in \mathbb{R}_+.$$

(g) *System* M/GI/1/∞ *mit Besonderheiten beim Beginn einer Besetztzeit:* Es bezeichne λ wieder die Intensität des Forderungenstromes. Unter den Bedingungen $\mathsf{E}C < \infty$ und $\varrho = \lambda\mathsf{E}B < 1$ existieren stets ergodische Grenzverteilungen für die Folgen der Zufallsgrößen $(\mathring{W}_{c,n})$, $(\mathring{N}_{c,n})$, $(\tilde{N}_{c,n})$, $(\mathring{N}_{w,c,n})$, $(\tilde{N}_{w,c,n})$ für $n \to \infty$ sowie für die Folgen $\big(N_c(t)\big)$, $\big(W_c(t)\big)$, $\big(N_{w,c}(t)\big)$ bei $t \to \infty$.

(g1) *Stationäre Verteilungsfunktion, Erwartungswert und Varianz für die Wartezeiten einer Forderung und für die virtuellen Wartezeiten:*

- Voraussetzung: $\varrho < 1$, $\mathsf{E}C < \infty$.

$$W_c(x) = \mathring{W}_c(x) = (\Delta\mathring{W} * \mathring{W})\,(x), \qquad x \in \mathbb{R},$$

$$\Delta\mathring{W}(x) = \delta\left(C(x) + \lambda \int_0^x \big(1 - C(y)\big)\,dy\right), \qquad x \in \mathbb{R}_+,$$

$$\delta = (1 + \lambda\mathsf{E}C)^{-1}.$$

Für $\mathring{W}(x)$ können die Ergebnisse aus dem Modell M/GI/1/∞ benutzt werden. Sei nunmehr $\Delta\mathring{W}$ eine nach $\Delta\mathring{W}(x)$ verteilte Zufallsgröße. Existieren dann die entsprechenden Momente, so gelten die Beziehungen

$$\mathsf{E}\Delta\mathring{W} = \delta\left(\mathsf{E}C + \frac{\lambda}{2}\,\mathsf{E}C^2\right), \qquad \mathsf{E}(\Delta\mathring{W})^2 = \frac{\delta}{2}\left(\mathsf{E}C^2 + \frac{\lambda}{3}\,\mathsf{E}C^3\right),$$

$$\mathsf{E}\mathring{W}_c = \mathsf{E}\Delta\mathring{W} + \frac{\lambda\mathsf{E}B^2}{2(1-\varrho)},$$

$$\mathsf{V}\mathring{W}_c = \frac{\lambda^2(\mathsf{E}B^2)^2}{4(1-\varrho)^2} + \frac{\lambda(\mathsf{E}B)^3}{3(1-\varrho)} + \mathsf{E}(\Delta\mathring{W})^2 - (\mathsf{E}\Delta\mathring{W})^2.$$

Außerdem gelten

$$\mathring{p}_{c,0} = (1-\varrho)\,(1+\lambda\mathsf{E}C)^{-1}, \qquad \mathring{W}_c(+0) = (1-\varrho)\,C(+0)\,(1+\lambda\mathsf{E}C)^{-1}.$$

(g2) *L.-S.-T. der stationären Verteilung für die Wartezeiten einer Forderung:*

- Voraussetzung: $\varrho < 1$, $\mathsf{E}C < \infty$.

$$\mathring{W}_c^*(s) = (1-\varrho)\,\delta\left(1 - \frac{\lambda}{s}\,(1-B^*(s))^{-1}\left(C^*(s) + \frac{\lambda(1-C^*(s))}{s}\right)\right),$$

$$\operatorname{Re} s > s,$$

mit $\delta = (1+\lambda\mathsf{E}C)^{-1}$.

(g3) *Erzeugende Funktion und Momente für die stationäre Verteilung der Anzahl der Forderungen im System:*

- Voraussetzung: $\varrho < 1$, $\mathsf{E}C < \infty$.

$$p_{c,k} = \lim_{n\to\infty} \mathsf{P}(\tilde{N}_{c,n} = k) = \lim_{n\to\infty} \mathsf{P}(\mathring{N}_{c,n} = k) = \lim_{t\to\infty} \mathsf{P}\big(N_c(t) = k\big), \quad k \in \mathbb{G}_+,$$

$$\mathsf{g}_{N,c}(z) = \sum_{k=0}^{\infty} p_{c,k} z^k = V_c^*\big(\lambda(1-z)\big) = B^*\big(\lambda(1-z)\big)\,\mathring{W}_c^*\big(\lambda(1-z)\big)$$

$$= \mathsf{g}_N(z)\,\delta\left[C^*\big(\lambda(1-z)\big) + \frac{1 + C^*\big(\lambda(1-z)\big)}{1-z}\right], \qquad |z| \leqq 1.$$

Hierbei ist $V_c(x)$ die stationäre Verteilungsfunktion für die Verweilzeiten einer Forderung, und $\mathsf{g}_N(z)$ ist die erzeugende Funktion für die stationäre Verteilung der Anzahl der Forderungen im System M/GI/1/∞.

$$\mathsf{E}\mathring{N}_c = \mathsf{E}\tilde{N}_c = \mathsf{E}N_c = \lambda\mathsf{E}\mathring{W}_c,$$

$$\mathsf{E}(\mathring{N}_c)^2 = \lambda^2\mathsf{E}(\mathring{W}_c)^2 + \mathsf{E}\mathring{N}_c + 2\varrho\lambda\mathsf{E}\mathring{W}_c + \lambda^2\mathsf{E}B^2.$$

(g4) *Weitere Konstanten*

$$\mathsf{E}U_c = \frac{1}{\lambda}, \qquad \mathsf{E}N_c = (1-\varrho)^{-1}\,(1+\lambda\mathsf{E}C),$$

$$\mathsf{E}S_c = (1-\varrho)^{-1}\,\mathsf{E}B(1+\lambda\mathsf{E}C), \qquad \mathsf{E}Z_c = \frac{1}{\lambda} + \mathsf{E}S_c.$$

3.3.4. Systeme mit Gruppenankünften und Gruppenbedienungen

3.3.4.1. Beschreibung des Systems $GI^{GI}/GI^{GI}/1/\infty$

Das Modell $GI/GI/1/\infty$ wird in der folgenden Weise verallgemeinert:

(i) In den Zeitpunkten $\mathring{T}_1, \mathring{T}_2, \ldots, \mathring{T}_n, \ldots$ treffen jetzt Gruppen von gleichartigen Forderungen mit den zufälligen Formaten $G_1, G_2, \ldots, G_n, \ldots$ in das System ein. Die Zufallsgrößen G_n seien insgesamt unabhängig und identisch verteilt mit der beliebigen Verteilung

$$g_k = \mathsf{P}(G_n = k), \qquad k \in \mathbb{N}; \qquad g = \mathsf{E}G_n < \infty,$$

$$\mathfrak{g}_G(z) = \mathsf{E}(z^{G_n}) = \sum_{k=1}^{\infty} g_k z^k, \qquad |z| < 1.$$

(ii) Die Forderungen werden von dem Bedienungsgerät in Gruppen mit der zufälligen Anzahl H_n bedient. Bezeichne B_n die Bedienungszeit der Gruppe, die im Zeitpunkt $\tilde{T}_{n+1}$ das System verläßt, so wird vorausgesetzt, daß die B_n insgesamt unabhängige Zufallsgrößen mit der Verteilungsfunktion

$$B(x) = \mathsf{P}(B_n < x), \qquad \mu^{-1} = \mathsf{E}B_n < \infty$$

und der L.-S.-T.

$$B^*(s) = \int_0^{\infty} \mathrm{e}^{-sx}\, \mathrm{d}B(x)$$

sind.

(iii) H_n bezeichne die zufällige Größe der Gruppenforderung, deren Bedienung im Zeitpunkt $\tilde{T}_{n+1}$ endet. Die Zufallsgrößen H_n werden ebenfalls als insgesamt unabhängig und identisch verteilt vorausgesetzt. Außerdem sei

$$h_j = \mathsf{P}(H_n = j), \qquad j \in \mathbb{N}; \qquad h = \mathsf{E}H_n < \infty,$$

$$\mathfrak{g}_H(z) = \mathsf{E}(z^{H_n}) = \sum_{j=1}^{\infty} h_j z^j, \qquad |z| < 1.$$

Die Folgen (A_n), (B_n), (G_n) und (H_n) seien gegenseitige unabhängige Familien von Zufallsgrößen.

Der Belastungskoeffizient des Systems ist

$$\varrho = \frac{\mathsf{E}G_n \mathsf{E}B_n}{\mathsf{E}H_n \mathsf{E}A_n} = \frac{g\lambda}{h\mu}.$$

Dieses Modell wird im weiteren durch $GI^{GI}/GI^{GI}/1/\infty$ bezeichnet.

3.3.4.2. System $M^{GI}/M/1/\infty$

Die Ergebnisse dieses Abschnittes stammen aus der Arbeit Schachbasow/Samandarow (1964). Das Bedienungsgerät kann jeweils nur eine einzige Forderung bedienen. Die Abfertigung der einzelnen Gruppenforderungen erfolgt in der Reihenfolge ihres Eintreffens in das System. Die Forderungen in einer Gruppe werden dagegen in einer beliebigen Reihenfolge bedient.

Die Übergangswahrscheinlichkeiten

$$P_{jk}(t) = \mathsf{P}\big(N(t) = k \mid N(0) = j\big); \qquad j, k \in \mathbb{G}_+,$$

für die Anzahl der Forderungen, die zur Zeit t im System sind, erfüllen das folgende Differentialgleichungssystem

$$\frac{\mathrm{d}P_{j0}(t)}{\mathrm{d}t} = \mu P_{j1}(t) - \lambda P_{j0}(t),$$

$$\frac{\mathrm{d}P_{jk}(t)}{\mathrm{d}t} = \mu P_{jk+1}(t) - (\lambda + \mu)\, P_{jk}(t) + \lambda \sum_{s=0}^{k-1} P_{js}(t)\, g_{k-s},$$

für alle $j \in \mathbb{N}$ und $k \in \mathbb{G}_+$. Dabei gelte die Anfangsbedingung $P_{jk}(0) = \delta_{jk}$.

Für $\lambda g/\mu < 1$ existieren unabhängig von der Verteilung des Anfangszustandes $N(0)$ die Grenzwahrscheinlichkeiten

$$p_k = \lim_{t\to\infty} P_{jk}(t), \qquad k \in \mathbb{G}_+.$$

Sie erfüllen das Gleichungssystem

$$-\lambda p_0 + \mu p_1 = 0,$$

$$-(\lambda + \mu)\, p_k + \mu p_{k+1} + \sum_{s=0}^{k-1} p_s g_{k-s} = 0, \qquad k \in \mathbb{N},$$

$$\sum_{k=0}^{\infty} p_k = 1.$$

Für die erzeugende Funktion der Grenzverteilung (p_k) gilt die Darstellung

$$\sum_{k=0}^{\infty} p_k z^k = \frac{(\mu - g\lambda)\,(1 - z)}{\lambda z \mathfrak{g}_G(z) - (\lambda + \mu)\, z + \mu}, \qquad |z| < 1.$$

Sei speziell $g_k = \mathsf{P}(G_n = k) = pq^{k-1}$, $p + q = 1$, $k \in \mathbb{N}$, dann gilt

$$\mathfrak{g}_G(z) = \frac{pz}{1 - qz}, \quad g = \mathsf{E}G_n = p^{-1}$$

sowie

$$p_k = \varrho(1 - \varrho p^{-1})\,(\varrho + q)^{k-1}, \qquad k \in \mathbb{N},$$

und

$$\mathsf{E}N = \frac{\varrho}{p(1 - \varrho)}.$$

3.3.4.3. System $\mathrm{M}^{\mathrm{GI}}/\mathrm{GI}/1/\infty$

Es bezeichne $L_{\mathrm{I}}(t)$ die Anzahl der Forderungen, die im Intervall $[0, t)$ eingetroffen sind, dann gilt

$$\mathsf{P}\big(L_{\mathrm{I}}(t) = k\big) = \sum_{l=0}^{k} \mathrm{e}^{-\lambda t} \frac{(\lambda t)^l}{l!}\, g_k^{*(l)},$$

wobei $g_k^{*(l)}$ die l-te Faltung der Verteilung (g_k) mit sich selbst darstellt (Bhat [1]).

(a) *Wahrscheinlichkeit, daß zur Zeit t keine Forderungen im System sind:*

$$P_{i0}(t) = \mathbf{P}\big(N(t) = 0 \mid N(0) = i\big)$$
$$= \sum_{n=i}^{\infty} \sum_{k=0}^{n-i} \mathrm{e}^{-\lambda t} \frac{\lambda^k}{k!} g_{n-i}^{*(k)} t^{k-1} \int_0^t \left(t - \left(1 - \frac{i}{n}\right) u\right) \mathrm{d}B^{*(n)}(u), \qquad i \in \mathbb{G}_+.$$

(b) *Stationäre Verteilung, erzeugende Funktion und Erwartungswert für die Anzahl der Forderungen, die zum Zeitpunkt t im System sind:*

- Voraussetzung: $\varrho = (\lambda/\mu)\, g < 1$.

$$p_j = \lim_{t\to\infty} \mathbf{P}\big(N(t) = j \mid N(0) = i\big)$$
$$= \begin{cases} 1 - \varrho & \text{für } j = 0, \\ (1-\varrho) \sum\limits_{n=0}^{\infty} \int\limits_0^{\infty} \mathrm{e}^{-\lambda u} \left(\sum\limits_{k=1}^{n+j-1} \frac{(\lambda u)^k}{k!} g_{n+j}^{*(k+1)} - \sum\limits_{k=1}^{n+j} \frac{(\lambda u)^k}{k!} g_{n+j}^{*(k)} \right) \mathrm{d}B^{*(n)}(u) & \\ & \text{für } j \in \mathbb{N}, \end{cases}$$

$$\mathsf{g}_N(z) = \sum_{j=0}^{\infty} p_j z^j = \frac{(1-\varrho)(1-z)\, B^*\big(\lambda(1 - \mathsf{g}_G(z))\big)}{B^*\big(\lambda(1 - \mathsf{g}_G(z))\big) - z}, \qquad |z| < 1,$$

$$\mathsf{E}N = \varrho + \frac{(\lambda/\mu)\big(\mathsf{E}G - (\mathsf{E}G)^2\big) + \lambda^2 g^2 \mathsf{E}B^2}{2(1-\varrho)}.$$

(c) *Erzeugende Funktion für die stationäre Verteilung der Anzahl der Forderungen, die in einem Abgangspunkt im System sind* (Cohen [1]):

- Voraussetzung: $\varrho = (\lambda/\mu)\, g < 1$.

$$\tilde{p}_0 = \frac{1 - \varrho}{g},$$

$$\mathsf{g}_{\tilde{N}}(z) = \sum_{j=0}^{\infty} \tilde{p}_j z^j = \frac{\big(1 - \mathsf{g}_G(z)\big)\, B^*\big(\lambda(1 - \mathsf{g}_G(z))\big)}{B^*\big(\lambda(1 - \mathsf{g}_G(z))\big) - z} \, \frac{1-\varrho}{g}, \qquad |z| < 1.$$

(d) *Verteilung, Erwartungswert und Varianz für die Dauer einer Besetztzeit des Bedienungsgerätes:*

$$\mathbf{P}(S_1 < t \mid \mathring{N}_0 = i) = \sum_{n=i}^{\infty} \sum_{k=0}^{n-i} \frac{i}{n}\, g_{n-i}^{*(k)} \int_0^t \mathrm{e}^{-\lambda u} \frac{(\lambda u)^k}{k!} \,\mathrm{d}B^{*(n)}(u), \qquad i \in \mathbb{N},$$

$$\mathbf{P}(S_1 < \infty \mid \mathring{N}_0 = i) = \begin{cases} 1 & \text{für } \varrho = (\lambda/\mu)\, g \leqq 1, \\ \delta^i & \text{für } \varrho = (\lambda/\mu)\, g > 1, \qquad i \in \mathbb{N}, \end{cases}$$

wobei $z = \delta$ die kleinste positive reelle Nullstelle der Gleichung $z = B^*\big(\lambda(1 - g_G(z))\big)$ ist. Für $\varrho = (\lambda/\mu)\, g < 1$ und $i \in \mathbb{N}$ gilt außerdem

$$\mathsf{E}(S_1 \mid \mathring{N}_0 = i) = \frac{ib}{1 - \varrho}$$

$$\mathsf{V}(S_1 \mid \mathring{N}_0 = i) = \frac{i\big(\mathsf{E}B^2 + \lambda\mu^{-3}\mathsf{E}G_n{}^2 - \mu^{-2}(1 - \varrho)\big)}{(1 - \varrho)^3}.$$

(e) *Verteilung für die Anzahl der Forderungen, die während einer Besetztzeit bedient worden sind:*

$$\mathsf{P}(M_1 = n \mid \mathring{N}_0 = i) = \frac{i}{n} \sum_{k=0}^{n-i} g_{n-i}^{*(k)} \int_0^\infty \int_0^t e^{-\lambda u} \frac{(\lambda u)^k}{k!} \, dB^{*(n)}(u) \, dt, \qquad i \in \mathbb{N}, \quad i \leqq n.$$

(f) *Erwartungswert* $\mathsf{E}(e^{-sS_1} w^{M_1} \mid \mathring{N}_0 = i)$: Für $\operatorname{Re} s \geqq 0$, $|w| < 1$, $i \in \mathbb{N}$ gilt

$$\mathsf{E}(e^{-sS_1} w^{M_1} \mid \mathring{N}_0 = i) = [\delta(s, w)]^i,$$

$z = \delta(s, w)$ ist die einzige Lösung der Gleichung

$$z = wB^*\big(\lambda(1 - g(z)) + s\big)$$

im Einheitskreis $|z| < 1$.

(g) *Zusammenhang der L.-S.-T. für eine Besetztzeit mit der L.-T. für die Wahrscheinlichkeit, daß zur Zeit t keine Forderungen im System sind:*

$$\hat{P}_{i0}(s) = \int_0^\infty e^{-st} P_{i0}(t) \, dt = \frac{S^*(s)}{\lambda + s - \lambda g_G\big(S^*(s)\big)}, \qquad \operatorname{Re} s > 0, \ i \in \mathbb{G}_+,$$

mit

$$S^*(s) = \mathsf{E}(e^{-sS_1}) = \delta(s, 1).$$

(h) *Besetztwahrscheinlichkeiten:* Es bezeichne

$${}_0P_{ij}(t) = \mathsf{P}\big(N(t) = j, \ S_1 \geqq t \mid N(0) = i\big); \qquad i, j \in \mathbb{N}.$$

Dann gilt

$$\begin{aligned} {}_0P_{ij}(t) = {} & e^{-\lambda t} \sum_{n=0}^\infty \sum_{k=0}^{n+j-i} \frac{(\lambda t)^k}{k!} g_{n+j-i}^{*(k)} C_n(t) \\ & - \sum_{n=0}^\infty \sum_{m=0}^{n-i} \int_0^t e^{-\lambda(t-u)} \, dS_i{}^{*(n-m)}(u) \sum_{k=0}^{m+j} \frac{\big(\lambda(t-u)\big)^k}{k!} g_{m+j}^{*(k)} \end{aligned}$$

mit

$$C_n(t) = B^{*(n)}(t) - B^{*(n+1)}(t), \qquad n \in \mathbb{G}_+,$$

$$S_i(x) = \mathsf{P}(S_1 < x \mid \mathring{N}_0 = i), \qquad i \in \mathbb{N}.$$

(i) *Zusammenhang der Übergangswahrscheinlichkeiten $P_{ij}(t)$ mit den Besetztwahrscheinlichkeiten ${}_0P_{ij}(t)$:*

$$P_{ij}(t) = {}_0P_{ij}(t) + \lambda \int_0^t P_{i0}(u) \sum_{k=1}^{\infty} {}_0P_{kj}(t-u)\, g_k \,\mathrm{d}u, \qquad j, i \in \mathbb{N},$$

$$P_{0j}(t) = \lambda \int_0^t P_{00}(u) \sum_{k=1}^{\infty} {}_0P_{kj}(t-u)\, g_k \,\mathrm{d}u, \qquad j \in \mathbb{N}.$$

(j) *L.-T. für die virtuelle Wartezeitverteilung einer Gruppenforderung innerhalb einer Besetztzeit* (Gaver (1959)): Durch $W_G(t)$ sei die zufällige Zeit bezeichnet, die eine zur Zeit t in das System eintreffende Gruppenforderung auf den Beginn ihrer Bedienung warten muß, sowie

$${}_0W_i(x,t) = \mathsf{P}\big(W_G(t) < x, S_1 \geqq t \mid N(0) = i\big), \qquad i \in \mathbb{N},$$

und

$${}_0\check{W}_i(\theta, s) = \int_0^\infty \int_0^\infty \mathrm{e}^{-st-\theta x}\, {}_0W_i(x,t)\,\mathrm{d}x\,\mathrm{d}t, \qquad \operatorname{Re} s > 0, \quad \operatorname{Re}\theta > 0,$$

gesetzt. Dann gilt

$${}_0\check{W}_i(\theta, s) = \frac{S_i^*(s) - [B^*(\theta)]^i}{\theta\big[\theta - s - \lambda\big(1 - \mathrm{g}_G\big(B^*(\theta)\big)\big)\big]}$$

mit $S_i^*(s) = \big(\delta(s,1)\big)^i$.

(k) *L.-S.-T. und Erwartungswert für die stationäre Wartezeitverteilung einer Gruppenforderung:*

- Voraussetzung: $\varrho = (\lambda/\mu)\, g < 1$.

$$\mathring{W}_G^*(s) = W_G^*(s) = \mathsf{E}(\mathrm{e}^{-sW_G}) = \frac{1-\varrho}{1 + \dfrac{\lambda}{s}\big(1 - \mathrm{g}_G\big(B^*(s)\big)\big)}, \qquad \operatorname{Re} s \geqq 0,$$

$$\mathsf{E}\mathring{W}_G = \mathsf{E}W_G = \frac{\lambda[\mu^{-2}\mathsf{E}G_n^2 + g\mathsf{E}B^2]}{2(1-\varrho)}.$$

(l) *L.-S.-T. und Erwartungswert für die stationäre Verteilung der virtuellen Wartezeit einer beliebigen Forderung* (Gaver (1959)):

- Voraussetzung: $\varrho = (\lambda/\mu)\, g < 1$.

$W(t)$ sei die virtuelle Wartezeit einer beliebigen Forderung aus einer Gruppenforderung, die zur Zeit t in das System eingetroffen ist. Setzt man außerdem

$$W_i(x,t) = \mathsf{P}\big(W(t) < x \mid N(+0) = i\big),$$

$$W_{i,G}(x,t) = \mathsf{P}\big(W_G(t) < x \mid N(+0) = i\big)$$

und ist L die zufällige Nummer dieser Forderung innerhalb einer Gruppenforderung, so gilt

$$W(t) = W_G(t) + \sum_{i=1}^{L-1} B_i,$$

$$W_i(x, t) = W_{G,i}(x, t) * \left[\sum_{l=1}^{\infty} \frac{g_l}{l} \sum_{j=0}^{l-1} B^{*(j)}(x)\right],$$

$$\mathring{W}^*(s) = W^*(s) = W_G^*(s) \sum_{l=1}^{\infty} \frac{g_l}{l} \sum_{j=0}^{l-1} [B^*(s)]^j$$

$$= (1-\varrho)\left(1 - \frac{\lambda}{s}\left(1 - \mathsf{g}_G\big(B^*(s)\big)\right)\right)^{-1} \sum_{l=1}^{\infty} \frac{g_l}{l} \sum_{j=0}^{l-1} [B^*(s)]^j, \qquad \operatorname{Re} s \geqq 0,$$

$$\mathsf{E}\mathring{W} = \mathsf{E}W = \mathsf{E}W_G + \frac{(g-1)}{2\mu} = \frac{\mu^{-2}\mathsf{E}G_n^2 + g\mathsf{E}B^2 + \mu^{-1}(1-\varrho)(g-1)}{2(1-\varrho)}.$$

3.3.4.4. System $GI^{GI}/M/1/\infty$

Modell (A) (Foster (1961)): Die Zahl der Forderungen, die im Zeitpunkt $\mathring{T}_n$ in das System eintreffen, sei jetzt konstant, und zwar gleich einer Zahl $r \geqq 1$. Es gilt also

$$g_k = \mathsf{P}(G_n = k) = \begin{cases} 1 & \text{für } k = r, \\ 0 & \text{für } k \neq r. \end{cases}$$

Für $\varrho = r(\lambda/\mu) < 1$ existieren dann unabhängig von der Verteilung des Anfangszustandes die Grenzwahrscheinlichkeiten

$$\mathring{p}_k = \mathsf{P}(\mathring{N} = k) = \lim_{n\to\infty} \mathsf{P}\big(\mathring{N}_n = k \mid N_0 = i\big)$$

mit $\mathring{p}_k \geqq 0$ für $k \in \mathbb{G}_+$ und $\sum_{k=0}^{\infty} \mathring{p}_k = 1$. Die erzeugende Funktion der Grenzverteilung $(\mathring{p}_k)$ lautet

$$\mathsf{g}_{\mathring{N}}(z) = \mathsf{E}(z^{\mathring{N}}) = \sum_{k=0}^{\infty} \mathring{p}_k z^k = \prod_{k=1}^{r} \left(\frac{1-\alpha_k}{1-z\alpha_k}\right).$$

Die Größen $\alpha_1, \alpha_2, \ldots, \alpha_r$ sind dabei die Nullstellen der Funktion $1 - z^{-r}A^*\big(\lambda(1-z)\big)$ innerhalb des Einheitskreises $|z| \leqq 1$.

Modell (B) (Suzuki (1963)): Die Zahl der Forderungen, die im Zeitpunkt $\mathring{T}_n$ als Gruppenforderung eintreffen, sei wieder eine Zufallsgröße mit dem Verteilungsgesetz

$$g_j = \mathsf{P}(G_k = j)$$

sowie

$$\mathsf{g}_G(z) = \sum_{j=0}^{n} g_j z^j,$$

d. h., das zugrunde liegende Verteilungsgesetz der Gruppengröße G_k sei so beschaffen, daß die erzeugende Funktion dieser Verteilung ein Polynom vom Grade n ist. Für $\varrho = g(\lambda/\mu) < 1$ und $|z| < 1$ erhalten wir dann

$$\mathsf{g}_{\mathring{N}}(z) = \sum_{k=0}^{\infty} \mathring{p}_k z^k = \prod_{k=1}^{n} \left(\frac{1-\alpha_k}{1-z\alpha_k}\right),$$

wobei die $\alpha_1, \alpha_2, \ldots, \alpha_n$ jetzt die Nullstellen der Funktion

$$1 - A^*\big(\lambda(1-z)\big)\, \mathfrak{g}_G(z^{-1})$$

innerhalb des Einheitskreises $|z| \leqq 1$ sind.

Modell (C) (Schachbasow/Samandarow (1964)): Das Verteilungsgesetz g_k der zufälligen Gruppengröße sei jetzt so beschaffen, daß für die erzeugende Funktion die Darstellung $\mathfrak{g}_G(z) = u(z)/v(z)$ gilt, wobei der Grad des Polynoms $u(z)$ kleiner als der Grad des Polynoms $v(z)$ sei. $u(z)$ und $v(z)$ sollen außerdem keine gemeinsamen Nullstellen haben.

Ist $\varrho = g(\lambda/\mu) < 1$ und $|z| < 1$, so gilt für dieses Modell

$$\mathfrak{g}_{\mathring{N}}(z) = \mathsf{E}(z^{\mathring{N}}) = \frac{\sum\limits_{i=0}^{v_1-v_2} c_i z^i}{\prod\limits_{i=1}^{v_1-v_2} (1-\alpha_i z)}.$$

Dabei sind $\alpha_1, \alpha_2, \ldots, \alpha_{v_1-v_2}$ die Nullstellen der Funktion $1 - A^*\big(\mu(1-z)\big)\, \mathfrak{g}_G(z^{-1})$ innerhalb des Einheitskreises $|z| \leqq 1$. Es sei $v_1 = \text{Grad}\, v(z)$ und v_2 bezeichne die Anzahl der Nullstellen, für die die Funktionen $v(z^{-1})$ und $A^*\big(\mu(1-z)\big)$ gleichzeitig verschwinden. Die Konstanten $c_0, \ldots, c_{v_1-v_2}$ bestimmen sich aus dem Gleichungssystem

$$\sum_{i=0}^{v_1-v_2} c_i = \prod_{i=1}^{v_1-v_2} (1-\alpha_i), \qquad \sum_{i=0}^{v_1-v_2} c_i z_k{}^i = 0.$$

Die Größen z_k, $k = 1, \ldots, v_1$, sind die Nullstellen der Gleichung $v(z) = 0$.

(a) *Stationäre Wartezeitverteilung der n-ten Gruppenforderung (gültig für alle drei Modelle):* Es sei

$$\mathring{W}_{G,n} = W_G(\mathring{T}_n - 0).$$

Für $\varrho = g(\lambda/\mu) < 1$ existiert dann unabhängig von der Verteilung des Anfangszustandes die stationäre Grenzverteilung $\mathring{W}_G$ der Folge der Zufallsgrößen $(\mathring{W}_{G,n})$. Ist $\operatorname{Re} s \geqq 0$, so gilt

$$\mathring{W}_G{}^*(s) = \mathsf{E}(e^{-s\mathring{W}_G}) = \int_0^\infty e^{-sx}\, d\mathring{W}_G(x) = \mathfrak{g}_{\mathring{N}}\left(\frac{\mu}{\mu+s}\right)$$

sowie $\mathsf{E}\mathring{W}_G = \mu \mathsf{E}\mathring{N}$.

Für Modell (A) lautet $\mathring{W}_G{}^*(s)$ dann z. B. explizit

$$\mathring{W}_G{}^*(s) = \prod_{k=1}^{r} \left(\frac{1-\alpha_k}{1-\dfrac{\mu\alpha_k}{\mu+s}}\right),$$

wobei $\alpha_1, \alpha_2, \ldots, \alpha_r$ die Nullstellen der Gleichung

$$1 - z^{-r} A^*\big(\mu(1-z)\big) = 0$$

innerhalb des Einheitskreises $|z| \leqq 1$ sind.

(b) *Stationäre Wartezeitverteilung einer beliebigen Forderung:* $\mathring{W}$ bezeichne wiederum eine Zufallsgröße, die nach der stationären Wartezeitverteilung einer beliebigen

Forderung aus einer Gruppenforderung verteilt ist. Liegt speziell das Modell (A) vor und ist Re $s \geqq 0$ sowie $\varrho = r(\lambda/\mu) < 1$, so erhält man für die L.-S.-T. dieser Verteilung den Ausdruck (FOSTER (1961))

$$\mathring{W}^*(s) = \mathsf{E}(e^{-s\mathring{W}}) = \frac{1}{r}\sum_{j=0}^{r-1}\left(\frac{\mu}{\mu+s}\right)^j \prod_{k=1}^{r}\left(\frac{1-\alpha_k}{1-\frac{\mu\alpha_k}{\mu+s}}\right).$$

Für Modell (B) gilt für Re $s \geqq 0$ und $\varrho = g(\lambda/\mu) < 1$ entsprechend (SUZUKI (1963))

$$\mathring{W}^*(s) = \mathsf{g}_{\mathring{N}}\left(\frac{\mu}{\mu+s}\right)\sum_{l=1}^{n}\frac{g_l}{l}\sum_{j=0}^{l-1}\left(\frac{\mu}{\mu+s}\right)^j = \sum_{l=1}^{n}\frac{g_l}{l}\sum_{j=0}^{l-1}\left(\frac{\mu}{\mu+s}\right)^j\prod_{k=1}^{n}\left(\frac{1-\alpha_k}{1-\frac{\mu\alpha_k}{\mu+s}}\right),$$

wobei $\alpha_1, \alpha_2, \ldots, \alpha_n$ jetzt die Nullstellen der Gleichung $1 - A^*(\mu(1-z))\,\mathsf{g}_G(z^{-1})$ innerhalb des Einheitskreises $|z| \leqq 1$ sind.

3.3.4.5. System $GI^{GI}/GI/1/\infty$

(a) *L.-S.-T. für die stationären Wartezeitverteilungen* (COHEN (1976)):

- Voraussetzungen: $\varrho = g(\lambda/\mu) < 1$, A sei nicht gitterförmig. Unter diesen Voraussetzungen existieren für die Wartezeiten $W_G(t)$, $\mathring{W}_{G,n}$ und $\mathring{W}_n$ unabhängig von der Verteilung der Anfangszustände stationäre Grenzverteilungen, die mit $W_G(x)$, $\mathring{W}_G(x)$ und $\mathring{W}(x)$ bezeichnet werden. Die Grenzverteilung $\mathring{W}_G(x)$ ergibt sich dabei als Lösung der nachstehenden Wiener-Hopfschen Integralgleichung:

$$\mathring{W}_G(x) = \begin{cases} \int\limits_{-\infty}^{x} \mathring{W}_G(x-y)\,\mathrm{d}K(y) & \text{für} \quad x > 0, \\ 0 & \text{für} \quad x \leqq 0, \end{cases}$$

mit

$$K(x) = \int\limits_0^\infty B_G(x+y)\,\mathrm{d}A(y), \quad -\infty < x < \infty, \qquad B_G(x) = \sum_{k=1}^{\infty} g_k B^{*(k)}(x).$$

Die Grenzverteilung $\mathring{W}_G(x)$ besitzt für Re $s \geqq 0$ die folgende L.-S.-T.

$$\mathring{W}_G^*(s) = \int\limits_0^\infty e^{-sx}\,\mathrm{d}\mathring{W}_G(x) = \exp\left\{\sum_{n=1}^{\infty}\frac{1}{n}\int\limits_0^\infty (e^{-sx}-1)\,\mathrm{d}K^{*(n)}(x)\right\}, \qquad \text{Re}\, s \geqq 0.$$

Mit den L.-S.-T. $W_G^*(s)$ und $\mathring{W}^*(s)$ bestehen die Zusammenhänge

$$W_G^*(s) = \int\limits_0^\infty e^{-sx}\,\mathrm{d}W_G(x) = \frac{1-\mathsf{g}_G(B^*(s))}{g(1-B^*(s))}\,\mathring{W}_G^*(s),$$

$$\mathring{W}^*(s) = \int\limits_0^\infty e^{-sx}\,\mathrm{d}\mathring{W}(x) = 1 - \varrho + \varrho\mu\,\frac{1-\mathsf{g}_G(B^*(s))}{gs}\,W_G^*(s).$$

Ferner gilt

$$W_G^*(s) = 1 - \varrho + \varrho\mu \frac{1 - B^*(s)}{s} \mathring{W}^*(s).$$

(b) *Stationäre Verteilung für die Anzahl der Forderungen, die unmittelbar nach dem Abgang einer Forderung im System sind* (COHEN [1]):

- Voraussetzung: $\varrho = g\lambda/\mu < 1$.

$$\mathring{p}_j = \mathsf{P}(\mathring{N} = j) = \lim_{n\to\infty} \mathsf{P}(\mathring{N}_n = j \mid \mathring{N}_0 = i)$$

$$= \sum_{i=1}^{\infty} g_{i+j} \int_0^{\infty} \big(1 - A(u)\big)\, \mathrm{d}(\mathring{W}_G * B^{*(i)})\,(u)$$

$$+ \sum_{n=1}^{\infty} \sum_{i=1}^{n|} g_n \sum_{k=1}^{\infty} g_{j-(n-i)}^{*(k)} \int_0^{\infty} \big(A^{*(k)}(u) - A^{*(k+1)}(u)\big)\, \mathrm{d}(\mathring{W}_G * B^{*(i)})\,(u),$$

$i, j \in \mathbb{G}_+$.

3.3.4.6. System $M/M^{Gl(a,b)}/1/\infty$

Die Bedienung der Forderungen erfolgt in Gruppen zu je s Forderungen, wobei $a \leqq s \leqq b$ mit vorgegebenen Zahlen $a, b \in \mathbb{N}$ gilt. Im Zeitpunkt t sei eine Bedienung beendet. Sind in diesem Zeitpunkt $N(t) < a$ Forderungen im System, so müssen die Forderungen so lange auf den Beginn ihrer Bedienung warten, bis mindestens a Forderungen im System sind. Sind zum Zeitpunkt t $a \leqq N(t) \leqq b$ Forderungen im System, so werden alle Forderungen gleichzeitig bedient. Sind zum Zeitpunkt t schließlich $N(t) > b$ Forderungen vorhanden, so werden nur die ersten b Forderungen sofort bedient (MEDHI (1975)).

(a) *Stationäre Verteilung und Erwartungswert für die Wartezeit einer Forderung:*

- Voraussetzung: $\varrho = \dfrac{\lambda}{b\mu} < 1$.

Es bezeichne $\mathring{W}(x)$ die stationäre Grenzverteilung der Wartezeit einer Forderung und $\mathring{w}(x)$ die Dichte dieser Verteilungsfunktion. Für $a > 1$ gilt dann

$$\mathring{w}(x) = \lambda\xi\eta(\xi - 1)^{-1} (1 - \xi^b)\, \mathrm{e}^{-\mu(1-\xi^b)x} + g(a - 1, \lambda x)\, (1 - \mathrm{e}^{-\mu(1-\xi^{-b})x}),$$

$x > 0$.

Dabei ist ξ Lösung von

$$b\varrho = \xi^{-b}(\xi^b - 1)\, (\xi - 1)^{-1}$$

sowie

$$g(m, x) = \mathrm{e}^{-x} \sum_{k=0}^{m-1} \frac{x^k}{k!}, \qquad m \geqq 1,$$

und

$$\eta = \xi^{a-1}(\xi - 1)\, \{(a + b\varrho)\, \xi^a - (\xi^{a-1} + \xi^{a-2} + \cdots + 1)\}^{-1}.$$

Für das 1-te und 2-te Moment der stationären Wartezeitverteilung folgt

$$\mathsf{E}\mathring{W} = \frac{\lambda\eta\xi}{\xi - 1} \cdot \frac{1}{\mu^2(1 - \xi^{-1})} + \frac{a(a-1)}{2\lambda^2} - \frac{\xi^a - 1 - a(\xi - 1)}{\lambda^2\xi^a(\xi - 1)^2},$$

$$\mathsf{E}\mathring{W}^2 = \frac{\lambda\eta\xi}{\xi - 1}\left[\frac{2}{\mu^3(1 - \xi^{-b})^2} + \frac{(a-1)\,a(a+1)}{3\lambda^3} + \frac{a(a-1) - 2(a^2-1)\,\xi + a(a+1)\,\xi^2 - 2\xi^{a+1}}{\lambda^3\xi^{a+1}(\xi - 1)^3}\right].$$

Speziell für $a = 1$ gilt

$$\eta = \frac{\xi - 1}{\varrho b\xi + \xi - 1}, \quad \mathring{w}(x) = \frac{\lambda\xi(1 - \xi^{-b})}{\varrho b\xi + \xi - 1}\, \mathrm{e}^{-\mu(1-\xi^{-b})x}, \qquad x > 0,$$

$$\mathsf{E}\mathring{W} = \frac{\varrho b\xi}{\mu(\varrho b\xi + \xi - 1)(1 - \xi^{-b})}, \quad \mathsf{E}\mathring{W}^2 = \frac{2\varrho b\xi}{\mu^2(\varrho b\xi + \xi - 1)(1 - \xi^{-b})^2}.$$

Für $a = b = 1$ gilt insbesondere $\xi = 1/\varrho$.

(b) *Gemeinsame stationäre Verteilung für den Zustand des Bedienungsgerätes und für die Anzahl der Forderungen, die zum Zeitpunkt t auf den Beginn ihrer Bedienung warten:*

- Voraussetzung: $\varrho = \dfrac{\lambda}{b\mu} < 1$.

Mit Hilfe der Zufallsgröße

$$Y(t) = \begin{cases} 1, & \text{wenn das Bedienungsgerät zur Zeit } t \text{ besetzt ist,} \\ 0, & \text{wenn das Bedienungsgerät zur Zeit } t \text{ nicht besetzt ist,} \end{cases}$$

definiert man die Wahrscheinlichkeiten

$$P_{0,k}(t) = \mathsf{P}\big(Y(t) = 0,\, N_\mathrm{w}(t) = k\big) \quad \text{mit} \quad 0 \leqq k \leqq a - 1,$$

$$P_{1,n}(t) = \mathsf{P}\big(Y(t) = 1,\, N_\mathrm{w}(t) = n\big) \quad \text{mit} \quad n \geqq 0,$$

wobei $N_\mathrm{w}(t)$ die Anzahl der auf ihre Bedienung wartenden Forderungen bezeichnet. Für $\varrho = \lambda/(b\mu) < 1$ existieren die Grenzwahrscheinlichkeiten

$$\lim_{t\to\infty} P_{0,k}(t) = p_{0,k} \quad \text{und} \quad \lim_{t\to\infty} P_{1,n}(t) = p_{1,n},$$

und es gilt für $k = 1, \dots, a - 1$ bzw. $n \in \mathbb{G}_+$

$$p_{0,0} = \eta, \quad p_{0,k} = \frac{(\xi - \xi^{-k})\, p_{0,0}}{\xi - 1}; \quad p_{1,n} = \varrho b\xi^{-n} p_{0,0}.$$

3.3.4.7. System $M/GI^{GI(1,s)}/1/\infty$

Die im System befindlichen Forderungen werden zu ihrer Bedienung in Gruppen zusammengefaßt, wobei die Anzahl der Forderungen in einer Gruppe eine feste vorgegebene Größe s nicht überschreitet. Sind nach Abschluß einer Bedienung weniger als s Forderungen im System, so werden diese als Gruppe zusammengefaßt und ohne

Änderung der Bedienungszeitverteilung durch das Gerät bedient (Spezialfall des Modells von [3.3.4.6], vgl. BAILEY (1954)).

Ist $M_{a,n}$ die Anzahl der Forderungen, die während der Bedienung der n-ten Gruppe in das System eintreffen, so gilt

$$\mathsf{P}(M_{a,n} = k) = \int_0^\infty e^{-\lambda t} \frac{(\lambda t)^k}{k!} \, dB(t), \qquad k \in \mathbb{G}_+,$$

und

$$\mathsf{E}(z^{M_{a,n}}) = B^*(\lambda(1 - z)), \qquad |z| \leqq 1.$$

Ist $\tilde{N}_n = N(\tilde{T}_n + 0)$, so folgt $\tilde{N}_{n+1} = \max\{\tilde{N}_n - s + M_{a,n+1}, M_{a,n+1}\}$. Ist außerdem

$$\overline{M}_{a,n} = M_{a,n} - s \quad \text{und} \quad \overline{M}_{a,1} + \overline{M}_{a,2} + \cdots + \overline{M}_{a,n} = C_n, \qquad n \in \mathbb{N}, \; C_0 = 0$$

sowie

$$a_j = \mathsf{P}(\overline{M}_{a,n} = j); \qquad j = -s, -s + 1, \ldots, 0, 1, \ldots,$$

dann folgt

$$\mathsf{E}(z^{\overline{M}_{a,n}}) = \frac{B^*(\lambda(1 - z))}{z^s}.$$

Für $\mathring{N} = i$, $i \in \mathbb{G}_+$, sind die Zufallsgrößen $\tilde{N}_n$ und $M_{a,n} + \max\{0, C_1, \ldots, C_{n-2}, i + C_{n-1}\}$ identisch verteilt für alle $n \in \mathbb{N}$.

(a) *Erzeugende Funktion für die n-Schritt-Übergangswahrscheinlichkeiten der eingebetteten Markowschen Kette* ($\tilde{N}_n$): Sei

$$P_{ij}^{(n)} = \mathsf{P}(\tilde{N}_n = j \mid \tilde{N}_0 = i), \qquad i, j \in \mathbb{G}_+,$$

so gilt

$$\sum_{n=0}^\infty \sum_{j=0}^\infty P_{0j}^{(n)} w^n z^j = 1 + \frac{wB^*(\lambda(1 - z))}{z^s - wB^*(\lambda(1 - z))} \prod_{k=1}^s \left(\frac{z - \alpha_k}{1 - \alpha_k}\right), \qquad |z|, |w| < 1,$$

wobei $\alpha_k = \alpha_k(w)$, $k = 1, 2, \ldots, s$, die s verschiedenen Nullstellen der Gleichung $z^s - wB^*(\lambda(1 - z)) = 0$ innerhalb des Einheitskreises $|z| \leqq 1$ sind.

(b) *Erzeugende Funktion für die stationäre Verteilung der Anzahl der Forderungen, die zum Zeitpunkt t im System sind:*

- Voraussetzung: $\varrho = \dfrac{\lambda}{\mu s} < 1$.

$$\mathsf{g}_{\tilde{N}}(z) = \sum_{j=0}^\infty \tilde{p}_j z^j = 1 - \frac{z^s}{B^*(\lambda(1 - z))} \prod_{k=1}^{s-1} \left(\frac{z - \zeta_k}{1 - \zeta_k}\right), \qquad |z| < 1,$$

wobei die Größen ζ_k, $k = 1, \ldots, s$, die Nullstellen der Gleichung $\zeta^s = B^*(\lambda(1 - \zeta))$ sind. Für die Verteilung in einem Abgangszeitpunkt vgl. OHSONE/FUJISAWA (1980).

(c) *Erzeugende Funktion der gemeinsamen Verteilung für die Anzahl der Forderungen, die unmittelbar nach dem Abgang der n-ten Bedienungsgruppe im System sind und einer kapazitätsauslastenden Besetztzeit des Bedienungsgerätes:* Durch $M_K = \min\{n \geqq 1 : \tilde{N}_n - s < 0\}$ bezeichne man die Länge einer kapazitätsauslastenden Besetztzeit des Bedienungsgerätes. Sei $G_{ij}^{(n)} = \mathsf{P}(\tilde{N}_n = j,\, M_K = n)$, so gilt

$$\sum_{n=1}^{\infty} \sum_{i=1}^{\infty} \sum_{j=0}^{\infty} G_{ij}^{(n)} w^n \theta^i z^j = \frac{wB^*(\lambda(1-z))}{(1-\theta z)\left(z^s - wB^*(\lambda(1-z))\right)} \prod_{k=1}^{s} \left(\frac{z-\alpha_k}{1-\theta\alpha_k}\right),$$

$$|z| < 1, \qquad |w| < 1, \qquad |\theta| < 1.$$

$\alpha_k = \alpha_k(w)$, $k = 1, \ldots, s$, sind dabei wieder die Nullstellen der Gleichung $z^s - wB^*(\lambda(1-z)) = 0$ im Einheitskreis $|z| < 1$.

(d) *Erzeugende Funktion für die Anzahl der Bedienungsgruppen, die während einer kapazitätsauslastenden Besetztzeit bedient worden sind:* Durch $f_n = \mathsf{P}(M_K = n)$ bezeichnen wir die Wahrscheinlichkeit, daß während einer kapazitätsauslastenden Besetztzeit n Bedienungsgruppen bedient worden sind. Dann gilt

$$\mathsf{g}_{M_K}(z) = \sum_{n=1}^{\infty} f_n z^n = 1 - \prod_{k=1}^{s} (1 - \alpha_k), \qquad |z| < 1.$$

3.3.4.8. System $M^{GI}/GI^{GI}/1/\infty$

Es bezeichne H_n die Bedienungskapazität der Gruppenforderung, deren Bedienung im Zeitpunkt $\tilde{T}_{n+1}$ beendet ist. Ob die Bedienungskapazität von H_n Forderungen bei einer Gruppenbedienung voll ausgeschöpft wird, hängt natürlich von der Anzahl der Forderungen ab, die zu Beginn der Bedienung im System sind. Bezeichne $\tilde{N}_n$ die Anzahl der Forderungen, welche unmittelbar nach Beendigung der Bedienung einer Gruppenforderung vom Format H_{n-1} im System sind und gilt $\tilde{N}_n \geqq H_n$, so besitzt die nächste zu bedienende Gruppenforderung das Format H_n. Ist jedoch $\tilde{N}_n < H_n$, so bestehen für die Bedienung der wartenden Forderungen verschiedene Möglichkeiten, die kurz angegeben werden sollen (BHAT (1964)).

Modell (A): Es sei $0 \leqq \tilde{N}_n < H_n$. Das Bedienungsgerät wartet dann solange auf den Beginn einer neuen Gruppenforderung, bis soviel Forderungen eingetroffen sind, daß die Kapazität von H_n Forderungen ausgeschöpft werden kann.

Modell (B): Es sei $0 < \tilde{N}_n < H_n$. Die Bedienungskapazität der $(n+1)$-ten Bedienungsgruppe wird nicht voll ausgeschöpft. Es werden nur die im System befindlichen $\tilde{N}_n$ Forderungen bedient.

Modell (C): Es sei $0 = \tilde{N}_n < H_n$. Das Bedienungsgerät kann dann bis zum Eintreffen der nächsten Gruppenforderung warten (Modell (C1)) oder eine Bedienungszeit mit der Verteilungsfunktion $B(x)$ starten, ohne eine Forderung zu bedienen (Modell (C2)).

Es sei $M_{a,n}$ die Anzahl der Forderungen, die während der Bedienung der n-ten Gruppenforderung in das System eintreffen, dann gilt

$$\mathsf{P}(M_{a,n} = j) = \sum_{k=0}^{j} \int_0^{\infty} e^{-\lambda t} \frac{(\lambda t)^k}{k!} g_j^{*(k)} \, dB(t), \qquad j \in \mathbb{G}_+,$$

sowie

$$\mathsf{g}_{M_a}(z) = B^*\left(\lambda\left(1 - \mathsf{g}_G(z)\right)\right), \qquad |z| < 1.$$

Für die Modelle (A) bis (C) gilt dann

$$\tilde{N}_{n+1} = \max\{\tilde{N}_n - H_n + M_{a,n+1}, M_{a,n+1}\}.$$

Sei $M_{a,n} - H_n = \overline{M}_{a,n}$ und $\overline{M}_{a,1} + \overline{M}_{a,2} + \cdots + \overline{M}_{a,n} = C_n$, $n \in \mathbb{N}$, sowie $C_0 = 0$. Ist $\tilde{N}_0 = i \geqq 0$, dann sind $\tilde{N}_n$ und

$$\max\{M_{a,n} + C_0, M_{a,n} + C_1 + \cdots + M_{a,n} + C_{n-1}, i + M_{a,n} + C_{n-1}\}$$

identisch verteilte Zufallsgrößen.

(a) *Erzeugende Funktion für die n-Schritt-Übergangswahrscheinlichkeiten der eingebetteten Markowschen Kette* ($\tilde{N}_n$): Bezeichne: $P_{ij}^{(n)} = \mathsf{P}(\tilde{N}_n = j \mid \tilde{N}_0 = i)$, so folgt

$$\sum_{n=1}^{\infty} \sum_{i=0}^{\infty} \sum_{j=0}^{\infty} P_{ij}^{(n)} w^n z^j \theta^i = \frac{w(1-z)\, B^*\big(\lambda(1 - \mathsf{g}_G(z))\big)}{1-\theta} [\pi(1, w, z) - \theta\pi(\theta, w, z)],$$

$$|z| < 1, \quad |w| < 1, \quad |\theta| < 1,$$

mit

$$\pi(\theta, w, z) = \sum_{n=0}^{\infty} \sum_{i=0}^{\infty} \sum_{j=0}^{\infty} \pi_n(i, j)\, w^n z^j \theta^i$$

$$= \frac{1}{1 - \theta z} \exp\left(\sum_{n=1}^{\infty} \frac{w^n}{n} \sum_{j=0}^{\infty} c_j z^j - \sum_{n=1}^{\infty} \frac{w^n}{n} \sum_{j=-\infty}^{-1} c_j z^j\right),$$

$$\pi_n(i, j) = \mathsf{P}(i + C_1 \geqq 0, i + C_2 \geqq 0, \ldots, i + C_{n-1} \geqq 0, i + C_n = j);$$

$$i, j \in \mathbb{G}_+, \qquad c_j = \mathsf{P}(C_n = j).$$

(b) *Erzeugende Funktion für die Anzahl der Forderungen, die zu einem beliebigen Zeitpunkt im System sind:*

- Voraussetzung: $\varrho = \dfrac{\lambda g}{h\mu} < 1$.

$$\mathsf{g}_{\tilde{N}}(z) = \sum_{j=0}^{\infty} \tilde{p}_j z^j = B^*\big(\lambda(1 - \mathsf{g}_G(z))\big) \exp\left(-\sum_{n=1}^{\infty} \frac{1}{n} \sum_{j=1}^{\infty} (1 - z^j)\, c_j\right), \qquad |z| < 1.$$

(c) *Erzeugende Funktion für die gemeinsame Verteilung der Anzahl der Forderungen, die unmittelbar nach dem Abgang der n-ten Forderung im System sind und für die Anzahl der Forderungen in einer kapazitätsauslastenden Besetztzeit des Bedienungsgerätes:* Sei

$$M_K = \min\{n \geqq 1 : \tilde{N}_n - H_n < 0\} \qquad \text{und}$$

$$g_{ij}^{(n)} = \mathsf{P}(\tilde{N}_n = j, M_K = n \mid \tilde{N}_0 = i),$$

so gilt

$$\sum_{n=1}^{\infty} \sum_{i=1}^{\infty} \sum_{j=0}^{\infty} g_{ij}^{(n)} w^n z^j \theta^i = w B^*\big(\lambda(1 - \mathsf{g}_G(z))\big)\, \pi(\theta, w, z),$$

$$|w| < 1, \quad |z| < 1, \quad |\theta| < 1.$$

(d) *Erzeugende Funktion für die Anzahl der Bedienungsgruppen, die während einer kapazitätsauslastenden Besetztzeit bedient worden sind:* Sei $f_n = \mathsf{P}(M_K = n)$, $n \in \mathbb{N}$, dann folgt

$$\mathfrak{g}_{M_K}(z) = \sum_{n=1}^{\infty} f_n z^n = 1 - \exp\left\{\sum_{n=1}^{\infty} \frac{z^n}{n} \sum_{j=-\infty}^{-1} c_j\right\}, \qquad |z| < 1.$$

3.3.4.9. System $GI^{GI}/M^{GI}/1/\infty$

Man lege die folgende Bedienungsdisziplin zugrunde: Solange Forderungen im System sind, werden sie zu Gruppen mit der maximalen Kapazität H_n zusammengefaßt und gleichzeitig vom Bedienungsgerät bedient. Die zufällige Bedienungszeit ist gemäß der Verteilungsfunktion $B(x)$ verteilt. Wird die Kapazität einer Bedienungsgruppe nicht vollständig ausgelastet und trifft während der Bedienung dieser Gruppe eine neue Gruppenforderung ein, so füllen diese Forderungen die Kapazität der in Bedienung befindlichen Gruppe auf. Die Bedienungszeitverteilung dieser Bedienungsgruppe bleibt dabei ungeändert. Die restlichen Forderungen der Gruppe warten bis zum Beginn einer neuen Gruppenbedienung. Das Bedienungsgerät hat nur dann eine Untätigkeitszeit, wenn keine Forderungen im System sind (Bhat [1]). Bezeichne $M_{b,n}$ die Anzahl der Forderungen aus den Bedienungsgruppen, die während des Intervalles $(\mathring{T}_{n-1}, \mathring{T}_n)$ bedient worden sind, so gilt

$$\mathsf{P}(M_{b,n} = j) = \sum_{l=0}^{j} \int_0^{\infty} e^{-\mu t} \frac{(\mu t)^l}{l!} h_j^{*(l)} \, dA(t), \qquad j \in \mathbb{G}_+.$$

Außerdem ist $\mathfrak{g}_{M_b}(z) = \mathsf{E}(z^{M_{b,n}}) = A^*\big(\mu(1 - \mathfrak{g}_H(z))\big)$, $|z| < 1$. Der Belastungskoeffizient des Systems ist durch $\varrho = \lambda g/h\mu$ gegeben. Ist $\mathring{N}_n = N(\mathring{T}_n - 0)$, dann gilt

$$\mathring{N}_{n+1} = \max\{0, \mathring{N}_n + G_n - M_{b,n+1}\}$$

bzw.

$$\mathring{N}_{n+1} = \max\{0, \mathring{N}_n + \overline{G}_n\} \quad \text{mit} \quad \overline{G}_n = G_n - M_{b,n+1}.$$

Ist $\mathring{N}_0 = i$, so sind $\mathring{N}_n$ und $\max\{0, C_1, \ldots, C_{n-1}, i + C_n\}$ identisch verteilte Zufallsgrößen, wobei

$$C_n = \overline{G}_1 + \cdots + \overline{G}_n, \qquad n \in \mathbb{N}, \qquad C_0 = 0.$$

(a) *Erzeugende Funktion für die n-Schritt Übergangswahrscheinlichkeiten der eingebetteten Markowschen Kette* $(\mathring{N}_n)$: Es sei

$$P_{ij}^{(n)} = \mathsf{P}(\mathring{N}_n = j \mid \mathring{N}_0 = i).$$

Dann gilt

$$\sum_{n=0}^{\infty} \sum_{i=0}^{\infty} \sum_{j=0}^{\infty} P_{ij}^{(n)} w^n z^j \theta^i = \frac{1-z}{1-\theta} [\pi(1, w, z) - \pi(\theta, w, z)]$$

mit $|w| < 1$, $|z| < 1$, $|\theta| < 1$,

$$\pi(\theta, w, z) = \frac{1}{1 - \theta z} \exp\left(\sum_{n=1}^{\infty} \frac{w^n}{n} \sum_{j=0}^{\infty} c_j z^j + \sum_{n=1}^{\infty} \frac{w^n}{n} \sum_{j=-\infty}^{-1} c_j \theta^{-j}\right)$$

und $c_j = \mathsf{P}(C_n = j)$.

(b) *Erzeugende Funktion für die Anzahl der Forderungen, die zu einem beliebigen Zeitpunkt im System sind:*

- Voraussetzung: $\varrho = \dfrac{g\lambda}{h\mu} < 1$.

$$\mathfrak{g}_{\mathring{N}}(z) = \sum_{j=0}^{\infty} \mathring{p}_j z^j = \exp\left(-\sum_{n=1}^{\infty} \frac{1}{n} \sum_{j=1}^{\infty} (1 - z^j)\, c_j\right), \qquad |z| < 1.$$

(c) *Erzeugende Funktion für die Besetztwahrscheinlichkeiten:* Sei

$$M = \min\{n \geqq 1 : \mathring{N}_n = 0\}, \qquad \mathring{N}_0 = i;$$

$$g_{ij}^{(n)} = \mathsf{P}(\mathring{N}_n = j,\, M \geqq n \mid \mathring{N}_0 = i).$$

Dann folgt

$$\sum_{n=0}^{\infty} \sum_{i=1}^{\infty} \sum_{j=1}^{\infty} g_{ij}^{(n)} w^n z^j \theta^i = \theta z \pi(\theta, w, z), \qquad |w| < 1, \quad |z| < 1, \quad |\theta| < 1.$$

3.3.5. Semimarkowsche Bedienungssysteme

3.3.5.1. Bedienungssystem M/SM/1/∞

Das System M/GI/1/∞ wird in der folgenden Weise verallgemeinert: In den Zeitpunkten $\mathring{T}_1, \mathring{T}_2, \ldots, \mathring{T}_n, \ldots$ treffen Forderungen in das System ein. Die Zwischenankunftszeiten $A_n = \mathring{T}_n - \mathring{T}_{n-1}$ $(\mathring{T}_0 = 0,\, n \in \mathbb{G}_+)$ seien insgesamt unabhängige positive Zufallsgrößen, die nach einer Exponentialverteilung mit dem Parameter $\lambda > 0$ verteilt sind.

Die in das System eintreffenden Forderungen unterscheiden sich durch eine endliche Anzahl k verschiedener Typen. Es sei K_n der Typ der $(n+1)$-ten Forderung. K_0 sei der Typ der ersten Forderung, die nach $\mathring{T}_0 = 0$ eintrifft.

B_n bezeichne wieder die Dauer der n-ten Bedienung. Die Bedienungsdisziplin sei FCFS. Über die Bedienungszeiten wird vorausgesetzt, daß die Folge (B_n, K_n) $(n \in \mathbb{G}_+,$ $B_0 = 0)$ einen semimarkowschen Prozeß bildet, d. h., es gilt

$$\mathsf{P}(K_{n+1} = j,\, B_{n+1} < t \mid K_n, \ldots, K_0;\, B_n, \ldots, B_1) = \mathsf{P}(K_{n+1} = j,\, B_{n+1} < t \mid K_n).$$

Es bezeichne für $i, j = 1, 2, \ldots, k$

$$B_{ij}(t) = \mathsf{P}(K_{n+1} = j,\, B_{n+1} < t \mid K_n = i), \qquad \boldsymbol{B}(t) = \big(B_{ij}(t)\big);$$

$$B_{ij}(\infty) = \mathsf{P}(K_{n+1} = j \mid K_n = i, \ldots, K_0) = \mathsf{P}(K_{n+1} = j \mid K_n = i),$$

d. h., die Folge (K_n) bildet eine homogene Markowsche Kette mit den Übergangswahrscheinlichkeiten $P_{ij} = B_{ij}(\infty)$. Ferner sei

$$B_{ij}^*(s) = \int_0^{\infty} \mathrm{e}^{-sx}\, \mathrm{d}B_{ij}(x); \qquad i, j = 1, 2, \ldots, k.$$

Im weiteren wird angenommen, daß die Matrix $\boldsymbol{B}^*\big(s + \lambda(1-z)\big)$ in dem Gebiet $\operatorname{Re} s > 0$, $|z| \leqq 1$, k verschiedene Eigenwerte $\delta_j\big(s + \lambda(1-z)\big)$, $j = 1, 2, \ldots, k$ hat, die außerdem alle verschieden von Null seien. Jede der Gleichungen $z - w\delta_j\big(s + \lambda(1-z)\big) = 0$ besitzt dann im Kreis $|z| < 1$ eine eindeutige Nullstelle $\gamma_i(s, w)$, wenn entweder $\operatorname{Re} s \geqq 0$, $|w| < 1$ oder $\operatorname{Re} s > 0$, $|w| \leqq 1$ gilt. Diese Nullstellen sind für $\operatorname{Re} s > 0$ und $|w| \leqq 1$ holomorphe Funktionen von s und w, die in den Randpunkten stetig sind. Es gilt

$$\gamma_l(s, w) = w \sum_{j=1}^{\infty} \frac{(-\lambda w)^{j-1}}{j!} \left[\frac{\mathrm{d}^{j-1}\big(\delta_l(\lambda + s)\big)^j}{\mathrm{d}s^{j-1}}\right], \qquad l = 1, 2, \ldots, k.$$

Für reelles $s + \lambda(1 - z)$ ist die Matrix $\boldsymbol{B}^*\big(s + \lambda(1 - z)\big)$ überdies nichtnegativ. Durch $\alpha_j\big(s + \lambda(1 - z)\big) = \big(\alpha_{1j}(.), \ldots, \alpha_{kj}(.)\big)$ bezeichnen wir die zu den Eigenwerten $\delta_j\big(s + \lambda(1 - z)\big)$ gehörenden Rechtseigenvektoren. $\boldsymbol{\alpha}^0(s, w)$ sei eine $k \times k$ Matrix mit den Spalten $\alpha_j\Big(s + \lambda\big(1 - \gamma_j(s, w)\big)\Big)$. Die Matrix $\boldsymbol{\alpha}^0(s, w)$ ist unter diesen Voraussetzungen für alle s und w aus dem Bereich $\operatorname{Re} s > 0$, $|w| \leqq 1$ regulär. Durch $\omega = \delta_k(0, 1)$ bezeichnen wir die kleinste positive reelle Nullstelle der Gleichung $\omega = \delta_k(\lambda - \lambda z)$. Dabei ist genau dann $\omega < 1$, wenn $\lambda\delta_k'(+0) < -1$, und $\omega = 1$ genau dann, wenn $\lambda\delta_k'(+0) \geqq 1$. Wir setzen $b_1 = -\delta_k'(+0)$. Die folgenden Resultate entstammen einer Arbeit von Neuts (1966). Çinlar (1967a) hat das gleiche Modell unter schwächeren analytische Voraussetzungen untersucht.

(a) *Ergebnisse über den eingebetteten Warteschlangenprozeß* $(\tilde{N}_n, K_n, n \in \mathbb{G}_+)$: Es sei $\tilde{N}_n = N(\tilde{T}_n + 0)$, $n \in \mathbb{G}_+$, mit $\tilde{N}_0 = N(+0)$. K_0 sei der Typ der ersten Forderung, die sich nach $t = 0$ im System befindet und K_n der Typ der $(n + 1)$-ten Forderung. Die Folge $(\tilde{N}_n, K_n, n \in \mathbb{G}_+)$ bildet dann eine homogene Markowsche Kette mit dem Zustandsraum $\mathbb{G}_+ \times \{1, 2, \ldots, k\}$ und den Übergangswahrscheinlichkeiten

$$\begin{aligned} P_{i,h;j,l} &= \mathsf{P}(\tilde{N}_{n+1} = l, K_{n+1} = j \mid \tilde{N}_n = h, K_n = i) \\ &= \begin{cases} P_{l-h+1}(i, j) & \text{für } l \geqq h - 1,\ h \in \mathbb{N}, \\ P_l(i, j) & \text{für } l \geqq 0,\ h = 0, \\ 0 & \text{sonst}, \end{cases} \end{aligned}$$

wobei

$$P_l(i, j) = \int_0^{\infty} \mathrm{e}^{-\lambda x} \frac{(\lambda x)^l}{l!} \, \mathrm{d}B_{ij}(x), \qquad l \in \mathbb{G}_+; \quad i, j = 1, \ldots, k.$$

Sind alle Elemente der Matrix $\boldsymbol{P} = \boldsymbol{B}(\infty)$ positiv, so sind alle $P_l(i, j)$ positiv, und die Markowsche Kette $(N_n, K_n, n \in \mathbb{G}_+)$ ist irreduzibel. Außerdem besitzt die Markowsche Kette $(\tilde{N}_n, K_n, n \in \mathbb{G}_+)$ die gleiche Periode wie $(K_n, n \in \mathbb{G}_+)$. Es bezeichne

$$P_{i,h;j,l}^{(n)} = \mathsf{P}(\tilde{N}_n = l, K_n = j \mid \tilde{N}_0 = h, K_0 = i)$$

die n-Schritt-Übergangswahrscheinlichkeiten von $(\tilde{N}_n, K_n, n \in \mathbb{G}_+)$ von dem Zustand (h, i) in den Zustand (l, j). Damit bilden wir die erzeugenden Funktionen

$$g_{ij}(w, z) = \sum_{n=0}^{\infty} \sum_{l=0}^{\infty} P_{i,h;j,l}^{(n)} z^l w^n, \qquad h_{ij}(w) = \sum_{n=0}^{\infty} P_{i,h;j,0} w^n,$$

$$i, j = 1, \ldots, k; \qquad |w| \leqq 1, \qquad |z| \leqq 1.$$

Ist $\boldsymbol{I}$ eine Einheitsmatrix vom Typ $k \times k$, so gilt für die Matrix

$$\boldsymbol{g}(w, z) = \big(g_{ij}(w, z)\big)_{i,j=1,2,\ldots,k}$$

$$\boldsymbol{g}(w, z) = \big(z^{h+1}\boldsymbol{I} + (z-1)\, w\boldsymbol{h}(w)\, \boldsymbol{B}^*(\lambda - \lambda z)\big)\big(z\boldsymbol{I} - w\boldsymbol{B}^*(\lambda - \lambda z)\big)^{-1}.$$

Die Elemente der Matrix $\boldsymbol{h}(w) = \big(h_{ij}(w)\big)_{i,j=1,\ldots,k}$ bestimmen sich dabei als die eindeutigen Lösungen des folgenden Systems von linearen Gleichungen

$$\sum_{\nu=1}^{k} h_{i\nu}(w)\, \alpha_{\nu l}\big(\lambda\big(1 - \gamma_l(+0, w)\big)\big)$$
$$= \big(\gamma_l(+0, w)\big)^h \big(1 - \gamma_l(+0, w)\big)^{-1} \alpha_{il}\big(\lambda\big(1 - \gamma_l(+0, w)\big)\big)$$

für $i, l = 1, \ldots, k$, wobei h die Anzahl der Forderungen bezeichnet, die zu Beginn im System sind.

Für $\operatorname{Re} s \geqq 0$, $|z| \leqq 1$, $n \in \mathbb{G}_+$; $i, j = 1, \ldots, k$, betrachte man die Funktionen

$$\tilde{h}_{ij}^{(n)}(s, z) = \sum_{l=0}^{\infty} z^l \int_0^{\infty} \mathrm{e}^{-st}\, \mathrm{dP}(\tilde{T}_n < t, \tilde{N}_n = l, K_n = j \mid K_0 = i)$$

und

$$\tilde{g}_{ij}(s, w, z) = \sum_{n=0}^{\infty} \tilde{h}_{ij}^{(n)}(s, z)\, w^n, \qquad |w| \leqq 1.$$

In dem Bereich $\operatorname{Re} s \geqq 0$, $|z| \leqq 1$, $|w| < 1$ erfüllt die Matrix

$$\tilde{\boldsymbol{g}}(s, w, z) = \big(\tilde{g}_{ij}(s, w, z)\big)_{i,j=1,\ldots,k}$$

die Beziehung

$$\tilde{\boldsymbol{g}}(s, w, z) = \left(z\tilde{\boldsymbol{h}}^{(0)}(s, z) - \frac{w^{s+\lambda(1-z)}}{s+\lambda}\, \tilde{\boldsymbol{g}}(s, w, 0)\, \boldsymbol{B}^*\big(s + \lambda(1-z)\big)\right)$$
$$\times \big(z\boldsymbol{I} - w\boldsymbol{B}^*\big(s + \lambda(1-z)\big)\big)^{-1}$$

mit $\tilde{\boldsymbol{h}}^{(0)}(s, z) = \big(\tilde{h}_{ij}^{(0)}(s, z)\big)_{i,j=1,\ldots,k}$. Die Elemente der Matrix $\tilde{\boldsymbol{g}}(s, w, 0)$ ergeben sich als die eindeutigen Lösungen des linearen Gleichungssystems

$$\big(s + \lambda - \lambda\gamma_l(s, w)\big) \sum_{\nu=1}^{k} \tilde{g}_{i\nu}(s, w, 0)\, \alpha_{\nu l}^{!}\big(s + \lambda - \lambda\gamma_l(s, w)\big)$$
$$= (s + \lambda)\, \tilde{h}_{ii}^{(0)}\big(s, \gamma_l(s, w)\big)\, \alpha_{il}\big(s + \lambda - \lambda\gamma_l(s, w)\big); \qquad i, l = 1, \ldots, k.$$

Dabei sind die Funktionen $\gamma_l(s, w)$ die k Lösungen der Gleichung

$$\det\big(z\boldsymbol{I} - w\boldsymbol{B}^*(s + \lambda - \lambda z)\big) = 0, \qquad |z| < 1.$$

Ist die Markowsche Kette $(\tilde{N}_n, K_n, n \in \mathbb{G}_+)$ irreduzibel und gilt $\lambda b_1 < 1$ mit $b_1 = -\delta_k'(+0)$, so existieren unabhängig vom Anfangszustand die Cesaro-Grenzwerte

$$\bar{p}_{jl} = \lim_{n\to\infty} \frac{1}{n} \sum_{\nu=0}^{n} P_{i,h;j,l}^{(\nu)},$$

und für die erzeugende Funktion $\tilde{g}_j(z) = \sum_{l=0}^{\infty} \tilde{p}_{jl} z^l$, $|z| \leqq 1$, der Grenzwahrscheinlichkeiten $\tilde{p}_{jl}$ ergibt sich

$$\tilde{g}_j(z) = \sum_{l=1}^{k} \frac{\delta_l(\lambda - \lambda z)}{z - w\delta_l(\lambda - \lambda z)} \beta_{lj}^0(\lambda - \lambda z)(z - 1) \sum_{\nu=1}^{k} a_\nu \alpha_{\nu l}(\lambda - \lambda z).$$

Dabei bezeichne $\beta_{ij}^0(.)$ die Elemente der Matrix $\left(\alpha^0(s, w)\right)^{-1}$, und die Zahlen a_ν, $\nu = 1, \ldots, k$, sind für $\lambda b_1 < 1$ die einzigen Lösungen des Gleichungssystems

$$\sum_{\nu=1}^{k} a_\nu \alpha_{\nu l}\left(\lambda - \lambda \gamma_l(+0, 1)\right) = 0 \quad \text{für} \quad l = 1, \ldots, k - 1,$$

$$\sum_{\nu=1}^{k} a_\nu = -\frac{1 - \lambda b_1}{b_1} \quad \text{für} \quad l = k$$

Für $\lambda b_1 \geqq 1$ gilt $\lim_{n \to \infty} \frac{1}{n} \sum_{\nu=0}^{n} P_{i,h;j,l}^{(\nu)} = 0$ für alle Zustände i, h, j und l.

Ist die Markowsche Kette $(K_n, n \in \mathbb{G}_+)$ ergodisch und gilt $\lambda b_1 < 1$, so existieren unabhängig von der Anfangsverteilung die Grenzwahrscheinlichkeiten für die Kette $(\tilde{N}_n, K_n, n \in \mathbb{G}_+)$. Hierbei ist

$$\lim_{n \to \infty} \mathsf{P}(\tilde{N}_n = j, K_n = l) = \tilde{p}_{jl}.$$

Sei $\tilde{\boldsymbol{p}}_j = (\tilde{p}_{j1}, \ldots, \tilde{p}_{jk})$, so folgt für $|z| \leqq 1$

$$\sum_{j=0}^{\infty} \tilde{\boldsymbol{p}}_j z^j = \boldsymbol{v}(1 - \lambda b_1)(z - 1) \boldsymbol{B}^*(\lambda - \lambda z)\left(z\boldsymbol{I} - \boldsymbol{B}^*\left(\lambda(1 - z)\right)\right)^{-1}.$$

Dabei bezeichne $\boldsymbol{v}$ einen Zeilenvektor mit der Eigenschaft

$$\boldsymbol{v}\alpha^0(0, 1) = (0, 0, \ldots, 0, 1).$$

(b) *Ergebnisse über den Warteschlangenprozeß* $\left(N(t), K(t), t \in \mathbb{R}_+\right)$: Es bezeichne wie bisher $N(t)$ die Anzahl der Forderungen, die zur Zeit t im System sind. $K(t)$ sei der Typ der Forderung, die zur Zeit t bedient wird, d. h., es ist $K(t) = K_n$, falls $N(t) \geqq 1$ und $\tilde{T}_{n-1} < t \leqq \tilde{T}_n$. Ist $N(t) = 0$, so sei $K(t) = K_{n-1}$. Der so definierte zufällige Prozeß $\left(N(t), K(t), t \in \mathbb{R}_+\right)$ besitzt den Zustandsraum $\mathbb{G}_+ \times \{1, \ldots, k\}$. Man setze

$$P_{i,h;j,l}(t) = \mathsf{P}\left(N(t) = l, K(t) = j \mid N(0) = h, K(0) = i\right)$$

$$\hat{P}_{i,h;j,l}(s) = \int_0^\infty e^{-st} P_{i,h;j,l}(t)\, dt, \qquad \operatorname{Re} s > 0$$

$$\hat{P}_{ij}(s, z) = \sum_{l=0}^{\infty} z^l \hat{P}_{ih;j,l}(s), \qquad \operatorname{Re} s > 0, \qquad |z| \leqq 1.$$

Sei $N(0) = h$ und $\tilde{T}_0 = 0$ ein Abgangspunkt, dann gilt für $\operatorname{Re} s > 0$ und $|z| \leqq 1$

$$\hat{P}_{ij}(s, z) = \frac{1 - B_j^*\left(s + \lambda(1 - z)\right)}{s + \lambda(1 - z)} \left(\tilde{g}_{ij}(s, 1, z) + M_{ij}^*(s) + z^h \delta_{ij}(1 - \delta_{0h})\right) + \lambda^{-1} M_{ij}^*(s)$$

mit

$$B_j^*(s + \lambda(1 - z)) = \sum_{i=1}^{k} B_{ij}^*(s + \lambda(1 - z)), \qquad M_{ij}^*(t) = \int_0^\infty e^{-st} P_{i,h;j,0}(t)\,dt.$$

Für die Matrix $M^*(s) = (M_{ij}^*(s))_{i,j=1,\dots,k}$ gilt dabei $M^*(s) = \lambda \check{W}(s)$. $\check{W}(s)$ ist die Matrix der L.-T. für die bedingte Verteilung $W_{ij}(t, x)$ der virtuellen Wartezeit für $x = 0$ (vgl. die Ergebnisse über den virtuellen Wartezeitprozeß $(W(t), t \in \mathbb{R}_+)$, ↑ Punkt (d)). Sei nunmehr $N^*(s) = (N_{ij}^*(s))_{i,j=1,\dots,k}$ mit

$$N_{ij}(t) = \sum_{n=1}^{\infty} \mathsf{P}(\tilde{T}_n < t, K_n = j \mid K_0 = i), \qquad N_{ij}^*(s) = \int_0^\infty e^{-st}\,dN_{ij}(t).$$

$N_{ij}(t)$ stellt die mittlere Anzahl der im Intervall $(0, t]$ abgehenden Forderungen vom Typ j dar, falls die erste Forderung vom Typ i ist. Für Re $s \geqq 0$ gilt dann

$$N^*(s) = \left(I - \frac{s}{s + \lambda}\,\tilde{g}(s, 1, 0)\,B^*(s)\right)(I - B^*(s))^{-1} - I.$$

Die Elemente der Matrix $\tilde{g}(s, 1, 0)$ ergeben sich als die eindeutige Lösung des folgenden Systems von linearen Gleichungen

$$\begin{aligned}&(s + \lambda(1 - \gamma_l(s, 1))) \sum_{\nu=1}^{k} \tilde{g}_{i\nu}(s, 1, 0)\,\alpha_{i\nu}(s + \lambda(1 - \gamma_l(s, 1)))\\ &= (s + \lambda)\,h_{ii}^{(0)}(s, \gamma_l(s, 1))\,\alpha_{il}(s + \lambda(1 - \gamma_l(s, 1))) \quad \text{für} \quad i, l = 1, \dots\end{aligned}$$

Ist die Markowsche Kette $(K_n, n \in \mathbb{G}_+)$ ergodisch und gilt $\lambda b_1 < 1$, so existieren unabhängig von der Verteilung des Anfangszustandes die Grenzwahrscheinlichkeiten

$$\lim_{t\to\infty} \mathsf{P}(N(t) = j,\ K(t) = l) = p_{jl}.$$

Außerdem gilt $\lim\limits_{t\to\infty} \mathsf{P}(N(t) = j) = \lim\limits_{n\to\infty} \mathsf{P}(\tilde{N}_n = j) = p_j, \qquad j \in \mathbb{G}_+.$

(c) *Ergebnisse über die Folge der Besetztzeiten* $(S_n, n \in \mathbb{N})$: Es bezeichne $S_1, S_2, \dots$ die Längen der aufeinanderfolgenden Besetztzeiten des Bedienungsgerätes, welche jeweils durch die Ankunft einer Forderung erzeugt werden. Ferner sei $I_0 = K_0$ und I_n der Typ der ersten Forderung, die während der $(n + 1)$-ten Besetztzeit des Gerätes bedient wird. Durch $\Pi_{ij}(n; k, x)$ sei die Wahrscheinlichkeit bezeichnet, daß eine beliebige Besetztzeit aus mindestens n Bedienungen besteht, daß die totale Bedienungszeit der ersten n Forderungen kleiner als x ist, daß nach Abschluß der n-ten Bedienung k Forderungen im System sind und daß die nach Beendigung der n-ten Bedienung ankommende Forderung vom Typ j ist, wobei vorausgesetzt wird, daß die erste Forderung der Besetztzeit vom Typ i ist.

Die Wahrscheinlichkeiten $\Pi_{ij}(n, k, x)$ erfüllen die Rekursionsbeziehung

$$\Pi_{ij}(1, l, x) = \int_0^x e^{-\lambda u} \frac{(\lambda u)^l}{l!}\,dB_{ij}(u),$$

$$\Pi_{ij}(n; l, x) = \sum_{\nu=1}^{k} \sum_{r=1}^{l+1} \int_0^x \Pi_{i\nu}(n - 1, r, x - u)\,e^{-\lambda u} \frac{(\lambda u)^{l-r+1}}{(l - r + 1)!}\,dB_{\nu j}(u)$$

für $n > 1$.

Seien für $\operatorname{Re} s \geqq 0$ und $|w| < 1$

$$\Pi_{ij}^*(n; l, s) = \int_0^\infty e^{-sx} \, d\Pi_{ij}(n; l, x), \qquad \Pi_{ij}^*(n; s) = \Pi_{ij}^*(n; 0, s),$$

$$\Pi_{ij}^*(s, w) = \sum_{n=1}^\infty \Pi_{ij}^*(n; s) \, w^n,$$

dann ist mit

$$\Pi(s, w) = \left(\Pi_{ij}^*(s, w)\right)_{i,j=1,\ldots,k}$$

$$\Pi(s, w) = \alpha^0(s, w) \, \Delta(s, w) \left(\alpha^0(s, w)\right)^{-1},$$

wobei $\Delta(s, w) = \left(\Delta_{ij}(s, w)\right)$ mit $\Delta_{ij}(s, w) = \delta_{ij}\gamma_i(s, w)$ gesetzt wurde. Die Funktionen $\Delta_{ij}(s, w)$ erfüllen also für $\operatorname{Re} s \geqq 0$ und $|w| \leqq 1$ eindeutig das Gleichungssystem

$$\sum_{\nu=1}^k \Pi_{i\nu}^*(s, w) \, \alpha_{\nu j}\Big(s + \lambda\big(1 - \gamma_j(s, w)\big)\Big) = \gamma_j(s, w) \, \alpha_{ij}\Big(s + \lambda\big(1 - \gamma_j(s, w)\big)\Big)$$

für $i, j = 1, \ldots, k$. Gesucht sind nunmehr die Wahrscheinlichkeiten

$$\Pi_{ij}(x) = \mathbf{P}(S_n < x, I_n = j \mid I_{n-1} = i) = \sum_{n=1}^\infty \Pi_{ij}(n, 0, x).$$

Für diese gilt

$$\Pi_{ij}^*(s) = \int_0^\infty e^{-sx} \, d\Pi_{ij}(x) = \Pi_{ij}^*(s, 1), \qquad \operatorname{Re} s \geqq 0.$$

Bezeichne $m_{ij} = \int_0^\infty x \, d\Pi_{ij}(x)$, so ist für $\lambda b_1 < 1$ stets $m_{ij} < \infty$ $i, j = 1, \ldots, k$.

(d) *Ergebnisse über den virtuellen Wartezeitprozeß* $\big(W(t), t \in \mathbb{R}_+\big)$: Es bezeichne $W(t)$ die virtuelle Wartezeit und $\tilde{K}(t)$ gebe den Typ der letzten Forderung an, die sich vor t der Warteschlange angeschlossen hat. Der zufällige Prozeß $\big(W(t), \tilde{K}(t), t \in \mathbb{R}_+\big)$ ist dann ein Markowscher Prozeß. Man führe die folgenden Bezeichnungen ein:

$$W_{ij}(t, x) = \mathbf{P}\big(W(t) < x, \tilde{K}(t) = j \mid \tilde{K}(0) = i\big),$$

$$W_{ij}(0, x) = \delta_{ij}\tilde{W}_i(x) \quad \text{mit} \quad \tilde{W}_i(x) = \mathbf{P}\big(W(0) < x \mid \tilde{K}(0) = i\big),$$

$$W_{ij}^*(t, s) = \int_0^\infty e^{-sx} \, d_x W_{ij}(t, x),$$

$$\tilde{W}_i^*(s) = \int_0^\infty e^{-sx} \, d\tilde{W}_i(x), \qquad \operatorname{Re} s \geqq 0,$$

$$\check{W}_{ij}^*(\theta, s) = \int_0^\infty W_{ij}^*(t, s) \, e^{-\theta t} \, dt, \qquad \operatorname{Re} s \geqq 0, \quad \operatorname{Re} \theta \geqq 0,$$

$$\check{W}_{ij}(s) = \int_0^\infty W_{ij}(t, 0) \, e^{-st} \, dt, \qquad \operatorname{Re} s > 0.$$

Mit

$$\check{W}(t, s) = \left(\check{W}_{ij}(t, s)\right)_{i,j=1,\ldots,k}, \qquad W(t, 0) = \left(W_{ij}(t, 0)\right)_{i,j=1,\ldots,k},$$

$$\Delta_{\tilde{W}}(s) = \operatorname{diag}\left(\tilde{W}_1{}^*(s), \ldots, \tilde{W}_k{}^*(s)\right)$$

gilt

$$\check{W}(t, s) = \left(\Delta_{\tilde{W}}(s) - \int_0^t sW(u, 0)\, e^{-u((s-\lambda)I+B^*(s))} du\right) e^{t((s-\lambda)I+B^*(s))}.$$

Die L.-T. der Elemente der Matrix $W(t, 0)$ ergeben sich als die eindeutigen Lösungen des linearen Gleichungssystems

$$\sum_{\nu=1}^{k} \check{W}_{i\nu}(s)\, \alpha_{\nu l}^{\cdot}\left(\zeta_l(s)\right) = \frac{\tilde{W}_i{}^*\left(\zeta_l(s)\right) \alpha_{il}\left(\zeta_l(s)\right)}{\zeta_l(s)}, \qquad i, l = 1, \ldots, k.$$

Die Funktionen $\zeta_l(s)$ sind durch $\zeta_l(s) = s + \lambda\left(1 - \gamma_l(s, 1)\right)$, $l = 1, \ldots, k$, gegeben. Sie ergeben sich als die Nullstellen der Gleichung

$$\zeta = s + \lambda\left(1 - \zeta_l(s)\right)$$

mit dem kleinsten absoluten Wert.

Die Grenzwerte $\lim_{t\to\infty} W_{ij}(t, 0)$ existieren stets und sind unabhängig vom Anfangszustand i. Ist $v_j{}^* = \lim_{t\to\infty} W_{ij}(t, 0)$ und ist $\lambda b_1 \geqq 1$, so folgt $v_j{}^* = 0$ für alle $j = 1, \ldots, k$. Für $\lambda b_1 < 1$ sind die Grenzwerte $v_j{}^*$ die Lösungen des linearen Gleichungssystems

$$\sum_{j=1}^{k} v_j{}^* \alpha_{jl}\left(\zeta_l(+0)\right) = 0 \quad \text{für} \quad l < k,$$

$$\sum_{j=1}^{k} v_j{}^* = 1 - \lambda b_1 \quad \text{für} \quad l = k.$$

Für $\lambda b_1 \geqq 1$ ist stets $\lim_{t\to\infty} W_{ij}(t, x) = 0$; $i, j = 1, \ldots, k$ und $x \in \mathbb{R}_+$. Für $\lambda b_1 < 1$ existiert unabhängig von i und $\tilde{W}(0)$ der Grenzwert $W_j(x) = \lim_{t\to\infty} W_{ij}(t, x)$. Ist

$$\check{W}(s) = \left(\check{W}_1(s), \ldots, \check{W}_k(s)\right),$$

$$\check{W}_j(s) = \int_0^\infty e^{-sx}\, W_j(x)\, dx, \qquad \operatorname{Re} s > 0,\ j = 1, \ldots, k,$$

so gilt

$$\check{W}(s) = s\left((s - \lambda)\, I + \lambda B^*(s)\right)^{-1} v^*, \qquad v^* = (v_1{}^*, \ldots, v_k{}^*).$$

(e) *Ergebnisse über die Wartezeit der n-ten Forderung:* Es bezeichne $\mathring{W}_n = W(\mathring{T}_n - 0)$, $n \in \mathbb{G}_+$, die Wartezeit der n-ten Forderungen. Gesucht sind die Wahrscheinlichkeiten

$$\mathsf{P}(\mathring{W}_n < x, K_{n-1} = j \mid K_0 = i).$$

Sei für $i, j = 1, \ldots, k$

$$\mathring{W}^*_{ij,n}(s) = \int_0^\infty e^{-sx}\, d\mathsf{P}(\mathring{W}_n < x, K_{n-1} = j \mid K_0 = i), \qquad \operatorname{Re} s \geqq 0, \quad |w| \leqq 1,$$

sowie

$$\mathring{W}^*_{ij}(s, w) = \sum_{n=1}^{\infty} \mathring{W}^*_{ij,n}(s)\, w^n \qquad \text{und} \qquad \mathring{\boldsymbol{W}}^*(s, w) = \left(\mathring{W}^*_{ij}(s, w)\right)_{i,j=1,\dots,k}.$$

Dann gilt für Re $s \geqq 0$ und $|w| < 1$

$$\mathring{\boldsymbol{W}}^*(s, w) = \left(w(\lambda - s)\, \mathring{\boldsymbol{W}}_1{}^*(s) - s\boldsymbol{z}(w)\right) \left((\lambda - s)\, \boldsymbol{I} - \lambda w \boldsymbol{B}^*(s)\right)^{-1}.$$

Dabei ist $\boldsymbol{z}(w) = \left(z_{ij}(w)\right)_{i,j=1,\dots,k}$ mit

$$z_{ij}(w) = \sum_{n=1}^{\infty} \mathsf{P}(\mathring{W}_{n+1} = 0,\, K_n = j \mid K_0 = i)\, w^{n+1}, \quad \mathring{\boldsymbol{W}}_1{}^*(s) = \left(\mathring{W}^*_{ii,1}(s)\, \delta_{ij}\right)_{i,j=1,\dots,k}.$$

Die Funktionen $z_{ij}(w)$ ergeben sich als die eindeutigen Lösungen des linearen Gleichungssystems

$$\sum_{\nu=1}^{k} z_{i\nu}(w)\, \alpha_{\nu j}\left(\lambda\left(1 - \gamma_j(+0, w)\right)\right)$$
$$= \gamma_j(+0, w) \left(1 - \gamma_j(+0, w)\right)^{-1} w \mathring{W}^*_{ii,1}\left(\lambda\left(1 - \gamma_j(+0, w)\right)\right) \alpha_{ij}\left(\lambda\left(1 - \gamma_j(+0, w)\right)\right)$$

für $i, j = 1, 2, \dots, k$. Die Funktionen $\gamma_j(+0, w)$ sind die Nullstellen der Gleichung

$$\det\left(z\boldsymbol{I} - w\boldsymbol{B}^*\left(\lambda(1 - z)\right)\right) = 0$$

im Kreis $|z| < 1$. Für $\lambda b_1 \geqq 1$ ist

$$\lim_{n\to\infty} \mathsf{P}(\mathring{W}_n < x,\, K_{n-1} = j \mid K_0 = i) = 0, \qquad i, j = 1, \dots;\; x \in \mathbb{R}_+.$$

Für $\lambda b_1 < 1$ ist dagegen

$$\lim_{n\to\infty} \mathsf{P}(\mathring{W}_{r+nd} < x,\, K_{r+nd} = j \mid K_0 = i) = W_j(x).$$

3.3.5.2. Bedienungssystem SM/M/1/∞

Gegeben sei nun ein zu M/SM/1/∞ duales Modell (Çinlar (1967b)), das man durch natürliche Verallgemeinerung des Systems GI/M/1/∞ erhält. Es mögen wieder $k < \infty$ verschiedene Typen von Forderungen existieren, und die Folge der zufälligen Typen der n-ten Forderungen $(K_n,\, n \in \mathbb{G}_+)$ sei eine homogene Markowsche Kette mit den Übergangswahrscheinlichkeiten P_{ij}. Es wird vorausgesetzt, daß die Verteilungsfunktionen der Zwischenankunftszeiten $A_n = \mathring{T}_n - \mathring{T}_{n-1}$ eindeutig durch einen semimarkowschen Prozeß mit der Matrix der Übergangswahrscheinlichkeiten $\boldsymbol{A}(x) = \left(A_{ij}(x)\right)_{i,j=1,\dots,k}$ beschreibbar sind, wobei

$$A_{ij}(x) = \mathsf{P}(A_n < x,\, K_n = j \mid K_{n-1} = i), \qquad P_{ij} = A_{ij}(\infty); \qquad i, j = 1, \dots, k.$$

Die Bedienungszeiten seien wiederum insgesamt unabhängig und Exp (μ)-verteilt mit $\mathsf{E}B_i = \mu^{-1}$, $i \in \mathbb{N}$. Außerdem liege wiederum die Bedienungsdisziplin FIFS vor. Ferner sei $A^*_{ij}(s)$ die L.-S.-T. von $A_{ij}(x)$ und $\boldsymbol{A}^*(s) = \left(A^*_{ij}(s)\right)_{i,j=1,\dots,k}$; Re $s \geqq 0$. $\boldsymbol{I}$ sei wiederum eine Einheitsmatrix vom Typ $k \times k$. Die Grundlage für die Angabe konkreter Resultate über dieses Modell sind die k Nullstellen der Gleichung

$$\det\left(z\boldsymbol{I} - w\boldsymbol{A}^*\left(s + \mu(1 - z)\right)\right) = 0, \qquad |z| \leqq 1,$$

wobei entweder $\operatorname{Re} s > 0$, $|w| \leqq 1$ oder $\operatorname{Re} s \geqq 0$, $|w| < 1$ vorausgesetzt wird. Diese Nullstellen seien $\delta_1(s, w), \delta_2(s, w), \ldots, \delta_m(s, w)$, $m \leqq k$, jeweils mit der Vielfachheit $n_1, n_2, \ldots, n_m$, d. h. $n_1 + n_2 + \cdots n_m = k$, $n_i \geqq 1$. Für den gesamten weiteren Abschnitt wird vorausgesetzt, daß alle Elementarteiler der Matrix $w\boldsymbol{A}^*\big(s + \mu(1 - \delta_l(s, w))\big)$ bezüglich der Eigenwerte $\delta_l(s, w)$ für jedes $l = 1, 2, \ldots, m$ von erster Ordnung sind. Außerdem werden folgende Bezeichnungen benötigt: $\boldsymbol{\Gamma}(s, w) = \operatorname{diag}(\delta_1, \ldots, \delta_1; \delta_2, \ldots, \delta_2; \ldots; \delta_m, \ldots, \delta_m)$ ist eine Diagonalmatrix mit den jeweils n_i-mal auftretenden Elementen $\delta_i(s, w)$, $\boldsymbol{\alpha}_i(s, w)$ eine reduzierte Matrix des Types $k \times k$ von $\Big(\delta_i(s, w)\, \boldsymbol{I} - w\boldsymbol{A}^*\big(s + \mu(1 - \delta_i(s, w))\big)\Big)^{\mathrm{T}}$. Diese Matrizen entstehen durch Division mit dem größten gemeinsamen Teiler. Die Matrix $\boldsymbol{\alpha}_i$ hat den Rang n_i. $\boldsymbol{\alpha}_{i1}, \boldsymbol{\alpha}_{i2}, \ldots, \boldsymbol{\alpha}_{in_i}$, $i = 1, \ldots, k$, sind linear unabhängige Spaltenvektoren aus $\boldsymbol{\alpha}_i$ vom Typ $1 \times k$. $\boldsymbol{\alpha}(s, w)$ ist eine quadratische $k \times k$ Matrix mit den Spaltenvektoren $\boldsymbol{\alpha}_{11}, \ldots, \boldsymbol{\alpha}_{1n_1}, \boldsymbol{\alpha}_{21}, \ldots, \boldsymbol{\alpha}_{2n_2}, \ldots, \boldsymbol{\alpha}_{m1}, \ldots, \boldsymbol{\alpha}_{mn_m}$.

(a) *Ergebnisse über den Warteschlangenprozeß* $\mathring{N}_n = N(\mathring{T}_n - 0)$: Gegeben seien die n-Schritt-Übergangswahrscheinlichkeiten

$$P^{(n)}_{i,j;h,l}(t) = \mathbf{P}(K_n = h, \mathring{N}_n = l, \mathring{T}_n < t \mid K_0 = i, \mathring{N}_0 = j),$$

$$P^{(0)}_{i,j;h,l}(t) = \delta_{il}\delta_{jl}, \qquad i, h = 1, 2, \ldots, k;\ j, l \in \mathbb{G}_+;\quad n \in \mathbb{N};\quad t \in \mathbb{R}_+.$$

Außerdem wird für jedes $j, l \in \mathbb{G}_+$, $n \in \mathbb{N}$ die folgende $k \times k$ Matrix definiert:

$$\check{\boldsymbol{P}}^{(n)}_{jl}(s) = \left(\int\limits_0^\infty \mathrm{e}^{-st}\, \mathrm{d}_t P^{(n)}_{i,j;h,l}(t)\right); \qquad i, h = 1, 2, \ldots, k.$$

Für $\operatorname{Re} s \geqq 0$, $|z| < 1$, $|w| < 1$ gilt

$$\sum_{n=0}^\infty \sum_{j=0}^\infty \check{\boldsymbol{P}}^{(n)}_{jl}(s)\, z^j w^n$$
$$= \big(z\boldsymbol{I} - w\boldsymbol{A}^*(s + \mu(1 - z))\big)^{-1} \left(z^{l+1}\boldsymbol{I} + \frac{w}{1 - z}\big(z\boldsymbol{A}^*(s + \mu(1 - z))\big)\, \check{\boldsymbol{P}}(s, w)\right)$$

mit

$$\check{\boldsymbol{P}}(s, w) = \sum_{n=0}^\infty \check{\boldsymbol{P}}^{(n)}_{0k} w^n = \big(\boldsymbol{I} - w\boldsymbol{A}^*(s)\big)^{-1} \big(\boldsymbol{\alpha}^0(s, w)\big)^{-1} \big(\boldsymbol{I} - \boldsymbol{\Gamma}(s, w)\big)\, \boldsymbol{\Gamma}(s, w)^l\, \boldsymbol{\alpha}(s, w).$$

(b) *Ergebnisse über die Anzahl der Forderungen, die zur Zeit t im System sind:* $K(t)$ möge der Typ der zuletzt angekommenen Forderung sein, d. h., es ist $K(t) = K_n$ mit $n = \max\{i : \mathring{T}_i \leqq t\}$. Sei

$$q_{i,j;h,l}(t) = \mathbf{P}\big(K(t) = h, N(t) = l \mid K_0 = i, N(0) = j\big),$$
$$i, h = 1, 2, \ldots, k;\quad j, l \in \mathbb{G}_+;\quad t \in \mathbb{R}_+.$$

Ferner bezeichne $\check{\boldsymbol{q}}_{jl}(s)$ für jedes $j, k \in \mathbb{G}_+$ die folgende $k \times k$ Matrix:

$$\check{\boldsymbol{q}}_{jl}(s) = \left(\int\limits_0^\infty \mathrm{e}^{-st} q_{i,j;h,l}(t)\, \mathrm{d}t\right); \qquad i, h = 1, 2, \ldots, k.$$

Für $|z| < 1$, $\operatorname{Re} s > 0$ gilt dann

$$\sum_{j=0}^{\infty} \check{q}_{jl}(s) z^j = \begin{cases} \left(zI - A^*(s + \mu(1-z))\right)^{-1} \left(zA^*(s) - A^*(s + \mu(1-z))\right) \dfrac{\check{q}_{0l}(s)}{1-z} \\ + \dfrac{z}{s(1-z)\left(s + \mu(1-z)\right)} \left(\mu(1-z) A^*(0) - \left(s + \mu(1-z)\right) A^*(\mu) \right. \\ \left. + sA^*(s + \mu(1-z))\right) \quad \text{für} \quad l = 0, \\ \left(zI - A^*(s + \mu(1-z))\right)^{-1} \left(\dfrac{z}{1-z} A^*(s + \mu(1-z))\right) \check{q}_{0l}(s) \\ + \dfrac{z^l}{s + \mu(1-z)} \left(A^*(0) - A^*(s + \mu(1-z))\right) \quad \text{für} \quad l \in \mathbb{N}. \end{cases}$$

Hierbei ist

$$\check{q}_{0l}(s) = \begin{cases} \left(I - A^*(s)\right)^{-1} \left(\alpha^0(s)\right)^{-1} \left(sI + \mu\left(I - \Gamma(s)\right)\right)^{-1} \left(I - \Gamma(s)\right) \Gamma(s)^{l-1} \\ \times \left(\alpha^0(s) A^*(0) - \Gamma(s) \alpha^0(s)\right) \quad \text{für} \quad l \in \mathbb{N}, \\ \left(I - A^*(s)\right)^{-1} \left(s\left(A^*(0) - A^*(s)\right) - \left(\alpha^0(s)\right)^{-1} \right. \\ \left. \times \left(sI + \mu\left(I - \Gamma(s)\right)\right)^{-1} \left(\alpha^0(s) A^*(0) - \Gamma(s) \alpha^0(s)\right)\right) \quad \text{für} \quad l = 0 \end{cases}$$

sowie $\Gamma(s) = \Gamma(s, 1)$, $\alpha^0(s) = \alpha(s, 1)$.

(c) *Existenz und Darstellung der stationären Verteilungen der Warteschlangenprozesse* $(\mathring{N}_n)$ *und* $\left(N(t)\right)$*:* Die Markowsche Kette $(K_n, n \in \mathbb{G}_+)$ sei ergodisch. Wegen $k < \infty$ ist (K_n) auch irreduzibel und aperiodisch. Für $s \geq 0$ stellt dann der dem Betrag nach kleinste Eigenwert $\lambda(s)$ der Matrix $A^*(s)$ eine nichtwachsende Funktion dar. Dann existiert weiterhin ein $a_1 > 0$ mit

$$a_1 = -\left.\frac{\mathrm{d}\lambda(s)}{\mathrm{d}s}\right|_{s=+0} = \lim_{n\to\infty} \mathsf{E} A_n .$$

Π bezeichne den Spaltenvektor der stationären Zustandswahrscheinlichkeiten der Markowschen Kette (K_n). Gilt $a_1\mu > 1$, so existiert für die Folge $\mathring{N}_n = N(\mathring{T}_n - 0)$ eine ergodische Verteilung

$$\mathring{p}_{hl} = \lim_{n\to\infty} \mathsf{P}(K_n = h, \mathring{N}_n = l), \qquad h = 1, 2, \ldots, k;\, l \in \mathbb{G}_+ .$$

Für diese gilt

$$\mathring{p}_l = (\mathring{p}_{1l}, \mathring{p}_{2l}, \ldots, \mathring{p}_{kl}) = \Pi^{\mathsf{T}} (\alpha^0)^{-1} (I - \Gamma) \Gamma^l \alpha^0 ,$$

mit $\alpha^0 = \alpha^0(0, 1)$ und $\Gamma = \Gamma(0, 1)$. Für $a_1\mu \leq 1$ folgt dagegen

$$\lim_{n\to\infty} \mathsf{P}(K_n = h, \mathring{N}_n = l) = 0, \qquad h = 1, 2, \ldots, k; \qquad l \in \mathbb{G}_+ .$$

Für den stochastischen Prozeß $\left(N(t), t \in \mathbb{R}_+\right)$ gilt ein ähnlicher Ergodensatz. $(K_n, n \in \mathbb{G}_+)$ sei ergodisch und $a_1, \Pi, \Gamma, \alpha^0$ seien wie oben definiert. Dann existiert die ergodische Verteilung

$$p_{hl} = \lim_{t\to\infty} \mathsf{P}\left(\mathrm{K}(t) = h, N(t) = l\right), \qquad h = 1, 2, \ldots, k; \quad l \in \mathbb{G}_+ .$$

Unter der Voraussetzung $a_1\mu > 1$ bilden diese Wahrscheinlichkeiten eine echte Wahrscheinlichkeitsverteilung mit

$$\boldsymbol{p}_l = (p_{1l}, p_{2l}, \ldots, p_{kl})$$
$$= \begin{cases} a_1^{-1}\left(-\boldsymbol{\Pi}^{\mathsf{T}}\boldsymbol{A}^{*\prime}(0)\right) - (a_1\mu)^{-1}\,\boldsymbol{\Pi}^{\mathsf{T}}(\boldsymbol{\alpha})^{-1}\,(\boldsymbol{I} - \boldsymbol{\alpha}^0)^{-1}\left(\boldsymbol{\alpha}^0\boldsymbol{A}^*(0) - \boldsymbol{\Gamma}\boldsymbol{\alpha}^0\right) & \\ & \text{für } l = 0, \\ (a_1\mu)^{-1}\,\boldsymbol{\Pi}^{\mathsf{T}}(\boldsymbol{\alpha}^0)^{-1}\,\boldsymbol{\Gamma}^{l-1}\left(\boldsymbol{\alpha}^0\boldsymbol{A}^*(0) - \boldsymbol{\Gamma}\boldsymbol{\alpha}^0\right) & \text{für } l \in \mathbb{N}. \end{cases}$$

Insbesondere gilt $\lim\limits_{t\to\infty} \mathsf{P}\big(N(t) = 0\big) = 1 - \dfrac{1}{a_1\mu}$. Für $a_1\mu \leqq 1$ folgt dagegen $p_{hl} = 0$ für alle h, l.

(d) ***Ergebnisse über die Wartezeiten der Forderungen:*** $W(t)$ sei die virtuelle Wartezeit und $\mathring{W}_n = W(\mathring{T}_n - 0)$. $\mathring{\boldsymbol{W}}_{jn}^*(s)$, $\operatorname{Re} s \geqq 0$, möge eine $k \times k$-Matrix sein, deren (i, h)-tes Element durch die L.-S.-T.

$$\int_0^\infty \mathrm{e}^{-sx}\, \mathrm{d}_x\mathsf{P}(K_n = h, \mathring{W}_n < x \mid K_0 = i, \mathring{N}_0 = j)$$

bestimmt ist. Für $\operatorname{Re} s \geqq 0$, $|z| < 1$, $|w| < 1$ gilt dann

$$\sum_{j=0}^\infty \sum_{n=0}^\infty \mathring{\boldsymbol{W}}_{jn}^*(s)\, z^j w^n = \left(z\boldsymbol{I} - w\boldsymbol{A}^*\big(\mu(1-z)\big)\right)^{-1}\left(\boldsymbol{I} - w\boldsymbol{A}^*(0)\right)^{-1}\left(\boldsymbol{\alpha}(0, w)\right)^{-1}$$
$$\times \left[\frac{(s+\mu)\,z}{s + \mu(1-z)}\boldsymbol{I} + \frac{w(s+\mu)}{1-z}\left(z\boldsymbol{A}^*(0) - \boldsymbol{A}^*\big(\mu(1-z)\big)\right)\right.$$
$$\left.\times \left(\boldsymbol{I} - \boldsymbol{\Gamma}(0, w)\right)\left(s\boldsymbol{I} + \mu\big(\boldsymbol{I} - \boldsymbol{\Gamma}(0, w)\big)\right)^{-1}\boldsymbol{\alpha}(0, w)\right].$$

Ist $(K_n, n \in \mathbb{G}_+)$ ergodisch und gilt $a_1\mu > 1$, so gilt unabhängig vom speziellen W_0, K_0

$$\lim_{n\to\infty} \mathring{\boldsymbol{W}}_{jn}^*(s) = (s + \mu)\,(\boldsymbol{u}\boldsymbol{\Pi})\,(\boldsymbol{\alpha}^0)^{-1}\,(\boldsymbol{I} - \boldsymbol{\Gamma})\left(s\boldsymbol{I} + \mu(\boldsymbol{I} - \boldsymbol{\Gamma})\right)^{-1}\boldsymbol{\alpha}^0$$

mit $\boldsymbol{u} = (1, 1, \ldots, 1) \in \mathbb{R}^k$, $\boldsymbol{\alpha} = \boldsymbol{\alpha}(0, 1)$, $\boldsymbol{\Gamma} = \boldsymbol{\Gamma}(0, 1)$.

(e) ***Ergebnisse über die virtuellen Wartezeiten:*** $W(t)$ sei die virtuelle Wartezeit und $\boldsymbol{W}_j^*(s, t)$ eine $k \times k$-Matrix, deren (i, h)-tes Element für jedes $j \in \mathbb{G}_+$, $t \in \mathbb{R}_+$ durch die L.-S.-T.

$$\int_0^\infty \mathrm{e}^{-sx}\, \mathrm{d}_x\mathsf{P}\big(K(t) = h, W(t) < x \mid K(0) = i, N(0) = j\big)$$

bestimmt ist. Ist (K_n) ergodisch und gilt $a_1\mu > 1$, so gilt unabhängig von $W(0)$, K_0 mit $\boldsymbol{\alpha}^0 = \boldsymbol{\alpha}(0, 1)$, $\boldsymbol{\Gamma} = \boldsymbol{\Gamma}(0, 1)$

$$\lim_{t\to\infty} \boldsymbol{W}_j^*(s, t)$$
$$= \frac{1}{\mu}\,(\boldsymbol{u}\boldsymbol{\Pi})\left[-\boldsymbol{A}^{*\prime}(0) - \frac{s}{\mathsf{E}B}\,(\boldsymbol{\alpha}^0)^{-1}\left((\boldsymbol{I} - \boldsymbol{\Gamma})\left(s\boldsymbol{I} + \mathsf{E}B(\boldsymbol{I} - \boldsymbol{\Gamma})\right)\right)^{-1}\left(\boldsymbol{\alpha}^0\boldsymbol{A}^*(0) - \boldsymbol{\Gamma}\boldsymbol{\alpha}^0\right)\right].$$

3.3.6. GI/GI/s/∞-Systeme mit Verteiler

Beim gewöhnlichen Modell GI/GI/s/∞ existiert nur eine einzige Warteschlange. Aus dieser werden die Forderungen auf die freiwerdenden Geräte in der natürlichen Reihenfolge aufgeteilt. Im Gegensatz dazu wird nun angenommen, daß die ankommenden Forderungen sofort auf die einzelnen Bedienungsgeräte aufgeteilt werden (unabhängig vom Systemzustand). J_k sei die Nummer desjenigen Bedienungsgerätes, an dem die k-te Forderung bedient wird. Die Folge $(J_k, k \in \mathbb{N})$ bilde hierbei eine homogene Markowsche Kette mit den Übergangswahrscheinlichkeiten $P_{ij} = \mathsf{P}(J_k = j \mid J_{k-1} = i)$ und der Übergangsmatrix $\boldsymbol{P} = (P_{ij})_{i,j=1,\ldots,s}$. $A(x)$ sei die Verteilungsfunktion der Zwischenankunftszeiten, $B_i(x)$ $(i = 1, \ldots, s)$ die Verteilungsfunktion der Bedienungszeiten am i-ten Gerät mit dem entsprechenden Erwartungswert b_i. Außerdem seien $\mathring{T}_1^{(i)}, \mathring{T}_2^{(i)}, \ldots$ die Ankunftszeitpunkte der Forderungen, die am i-ten Gerät bedient werden. Dann ergeben sich folgende Resultate (KLIMOW [1]):

Die Zufallsgrößen $A_n^{(i)} = \mathring{T}_{n+1}^{(i)} - \mathring{T}_n^{(i)}$, $n = 1, 2, \ldots$, sind insgesamt unabhängig und identisch verteilt. Für jedes η mit $|\eta| < 1$ existiert $(\boldsymbol{I} - \lambda \boldsymbol{P})^{-1}$ und für die L.-S.-T. $A_i^*(s)$ der Zufallsgrößen $A_k^{(i)}$ gilt

$$A_i^*(s) = \frac{q_{ii}(A^*(s))}{1 + q_{ii}(A^*(s))}, \qquad i = 1, 2, \ldots, s,$$

mit $\boldsymbol{Q}(\eta) = (q_{ij}(\eta)) = \eta \boldsymbol{P}(\boldsymbol{I} - \eta \boldsymbol{P})^{-1}$; $|\eta| < 1$. Die Wartezeiten der Forderungen, die am i-ten Gerät bedient werden, können durch ein GI/GI/1/∞-System mit den entsprechenden Verteilungsfunktionen $A_i(x)$ und $B_i(x)$, $i = 1, \ldots, s$, beschrieben werden. Sei nun A_i eine Zwischenankunftszeit und B_i eine Bedienungszeit. Dann existiert unter der Voraussetzung $\mathsf{E}B_i < \mathsf{E}A_i$ die stationäre und ergodische Verteilungsfunktion $\mathring{W}_i(x)$ für die Wartezeiten der Forderungen am i-ten Gerät.

Nunmehr wird vorausgesetzt, daß die Markowsche Kette (J_n) irreduzibel ist, dann existiert eine stationäre Verteilung $(p_i)_{i=1,\ldots,s}$ mit

$$p_j = \sum_{i=1}^{s} p_i P_{ij}.$$

Weiterhin ist $\mathsf{E}A_i = \dfrac{\mathsf{E}A}{p_i}$. Unter der Voraussetzung $\max\limits_{1 \le i \le s} \{p_i \mathsf{E}B_i\} < \mathsf{E}A$ existiert bei irreduzibler, aperiodischer Markowscher Kette (J_n) auch die stationäre und ergodische Verteilungsfunktion $\mathring{W}(x)$ der Wartezeiten einer beliebigen Forderung. Dabei ist

$$\mathring{W}(x) = \sum_{i=1}^{s} p_i \mathring{W}_i(x), \qquad x \in \mathbb{R}.$$

Spezialfälle des Modells (STOYAN [1], KLIMOW [1]) sind:

(a) *Zyklische Bedienungsdisziplin:* Die $(js + k)$-te Forderung geht für alle $j = 0, 1, \ldots$ zum k-ten Gerät $(k = 1, 2, \ldots, s)$. Es gelten die Beziehungen

$$A_i(x) = A^{*(s)}(x) \quad \text{bzw.} \quad A_i^*(s_1) = (A^*(s_1))^s,$$

$$p_i = \frac{1}{s}, \quad \mathsf{E}A_i = s\mathsf{E}A \quad \text{für jedes} \quad i = 1, \ldots, s.$$

Die Markowsche Kette (J_n) ist periodisch mit

$$P_{ij} = \begin{cases} 1 & \text{für} \quad j = i + 1;\; i = 1, \ldots, s - 1 \quad \text{oder} \quad i = s;\; j = 1, \\ 0 & \text{sonst}. \end{cases}$$

Wenn außerdem $B_i(x) = B(x)$, $i = 1, \ldots, s$, und $\mathsf{E}B < s\mathsf{E}A$ gelten, so existiert eine ergodische Verteilungsfunktion $\mathring{W}(x)$ der Wartezeiten einer beliebigen Forderung, die aus einem GI/GI/1/∞-System mit den entsprechenden Verteilungsfunktionen $A^{*(s)}(x)$, $B(x)$ ermittelt werden kann.

(b) *Beliebige Aufteilung der ankommenden Forderungen:* Die Forderungen werden „auf gut Glück" auf die einzelnen Bedienungsgeräte aufgeteilt, d. h. $P_{ij} = \dfrac{1}{s}$ für jedes $i, j = 1, 2, \ldots, s$. Die Markowsche Kette (J_n) ist in diesem Fall aperiodisch und irreduzibel. Weiterhin gelten die Beziehungen

$$\mathring{W}(x) = \frac{1}{s} \sum_{i=1}^{s} \mathring{W}_i(x), \qquad A_i(x) = \frac{1}{s} \sum_{k=1}^{s} A^{*(k)}(x) \left(1 - \frac{1}{s}\right)^{k-1},$$

$$\mathsf{E}A_i = s\mathsf{E}A.$$

3.3.7. Wartesysteme mit preemptiver LIFO

In diesem Abschnitt werden Formeln für Wartesysteme vom Typ M/GI/s/∞ mit preemptiver LIFO-Disziplin angegeben. Diese Systeme sind unempfindlich im Sinne von I, D. 7.2.1, ihr Output ist im stationären Fall ein Poisson-Strom mit derselben Intensität wie der Input, und sie sind reversibel (Kelly (1976), Jansen/König/Nawrotzki (1979)). Sie bilden einen wichtigen Baustein für unempfindliche Netzwerke (↑ Kap. 8 Barbour (1976)) und werden zur Approximation komplizierter Bedienungssysteme benutzt.

Bei diesem System hat die jeweils zuletzt eingetroffene Forderung die höchste Priorität. Das hat folgende Konsequenzen: Solange es freie Bedienungsgeräte gibt, belegt eine neu eintreffende Forderung sofort eines der freien Geräte (mit gleicher Wahrscheinlichkeit jedes von ihnen). Sind alle s Bedienungsgeräte besetzt, so verdrängt die neu eintreffende Forderung eine der gerade bedienten Forderungen (mit Wahrscheinlichkeit $1/s$ jede von ihnen). Es beginnt sofort die Bedienung der neuen Forderung, während die verdrängte Forderung auf den 1. Platz der Warteschlange kommt; eventuell weitere wartende Forderungen rücken in der Warteschlange entsprechend nach hinten. Werden wieder Geräte frei, so besetzen sie die wartende Forderung ihrer Position in der Schlange entsprechend.

Dieses System wurde zur Approximation von M/GI/s/∞-Systemen mit der üblichen FIFO-Disziplin benutzt (Stoyan [1], (1978)).

(a) *Stationäre Zustandswahrscheinlichkeiten:* Es sei $p_i = \lim_{t\to\infty} \mathsf{P}(N(t) = i)$, $\mathring{p}_i = \lim_{n\to\infty} \mathsf{P}(\mathring{N}_n = i)$; $i \in \mathbb{G}_+$. Dann gilt

$$p_i = \mathring{p}_i = \begin{cases} \dfrac{\varrho^i p_0}{i!}; & i = 1, 2, \ldots, s - 1, \\[2ex] \dfrac{\varrho^i p_0}{s!\, s^{i-s}}; & i = s, s + 1, \ldots \end{cases}$$

mit

$$p_0 = \left[\sum_{i=0}^{s-1} \frac{\varrho^i}{i!} + \frac{\varrho^s}{(s-1)!\,(s-\varrho)}\right]^{-1}.$$

b) *Verteilung des Vektors der Restbedienungszeiten* $B_1^{\mathrm{R}}, B_2^{\mathrm{R}}, \ldots$: Es gilt (KELLY (1976), STOYAN [1])

$$\mathsf{P}(N = i, B_1^{\mathrm{R}} < x_1, \ldots, B_i^{\mathrm{R}} < x_i) = p_i \prod_{k=1}^{i} \mu \int_0^{x_k} [1 - B(u)]\,du, \qquad i = 1, 2, \ldots$$

Bemerkung: Ein weiteres System, das zur Approximation von Wartesystemen M/GI/∞ genutzt wird, ist das System M/GI/∞ mit Bedienungsgeschwindigkeiten (↑ [2.3.9]). Sobald die Forderungen warten müßten, wird die Kapazität der s Bedienungsgeräte gleichmäßig auf alle vorhandenen Forderungen aufgeteilt, d. h., ihre Bedienung erfolgt mit der Geschwindigkeit $\frac{s}{N(t)}$, falls $N(t) \geqq s$ (COHEN (1978), (1979)).

Speziell wird so auch bei einem Bedienungsgerät das „time-sharing" approximiert (KLEINROCK [1], KOBAYASHI (1977)).

3.3.8. Bemerkungen zu weiteren Wartesystemen mit speziellen Bedienungsregeln (Warteschlangenauswahl, Geräteauswahl u. a.)

Von den verschiedenen Möglichkeiten sowohl der Abarbeitung der zur Bedienung anstehenden Forderungen als auch der Wahl des Bedienungsgerätes seitens der Forderungen sollen hier noch einige kurz betrachtet werden. So werden in COOPER/MURRAY (1969) und COOPER (1970) mehrlinige Wartesysteme mit einem Bedienungsgerät betrachtet, wobei die i-te Schlange durch einen Poisson-Input (mit Parameter λ_i) und eine Bedienungszeitverteilung $B_i(x)$, $i = 1, \ldots, N$, charakterisiert ist. Dabei werden die Forderungen in einer Warteschlange solange bedient, bis zunächst keine Forderungen mehr in dieser Schlange vorhanden sind. Danach wird in zyklischer Reihenfolge zur Bedienung der nächsten nichtleeren Warteschlange übergegangen. In diesen beiden Arbeiten wird noch die folgende Modifikation untersucht, nämlich, es werden zunächst nur die Forderungen in einer Schlange bedient, welche bis zum Beginn der Bedienung gewartet haben. Von CARTER/COOPER (1972) werden GI/M/s/∞- und M/G/1/∞-Wartesysteme untersucht, bei denen die wartenden Forderungen in zufälliger Reihenfolge, d. h. gleichwahrscheinlich, zur Bedienung ausgewählt werden. Ein weiterer Fall ist ein heterogenes Wartesystem M/$\vec{\mathrm{M}}$/s/∞ mit numerierten Bedienungsgeräten, bei dem eine wartende Forderung dasjenige freie Bedienungsgerät auswählt, welches die kleinste Nummer hat, vgl. COOPER (1976).

4. Formeln für Systeme mit endlich vielen Warteplätzen

In diesem Kapitel werden Wartesysteme mit endlich vielen Warteplätzen betrachtet, bei denen die Forderungen, die alle Bedienungsgeräte und Warteplätze belegt vorfinden, vom System abgewiesen werden und damit verloren gehen. Ist zum Ankunftszeitpunkt einer Forderung wenigstens ein freies Bedienungsgerät oder ein freier Warteplatz vorhanden, so verbleibt die Forderung im System und wird sofort bedient, wenn wenigstens ein Bedienungsgerät nicht belegt ist. Dabei werden für Systeme ohne Prioritäten die Forderungen in der Reihenfolge ihres Eintreffens bedient. Falls nicht anders vereinbart, wird angenommen, daß jedes freie Bedienungsgerät und jeder freie Warteplatz für jede im System eintreffende Forderung zugänglich sind und daß das „Schicksal" der bereits eingetroffenen Forderungen sowie der gegenwärtige Zustand des Systems, beschrieben durch einen zufälligen Prozeß $(X(t), t \geqq 0)$ mit dem Zustandsraum $\mathcal{E}$, keinen Einfluß auf den künftigen Forderungenstrom haben. In [4.1] werden Formeln für wichtige instationäre und stationäre Charakteristiken der Systeme M/M/m/n (↑ [4.1.1]), GI/M/m/n (↑ [4.1.2]) und M/GI/1/n (↑ [4.1.3]) angegeben. Für verschiedene Systeme vom Typ $\sum^k$ M/M/m/n (↑[4.2.1]) bzw. $\sum^k$ M/GI/1/n (↑[4.2.2]) werden im folgenden Abschnitt Berechnungsformeln der stationären Zustandswahrscheinlichkeiten zusammengestellt. Sowohl Systeme mit als ohne Prioritäten sowie unzuverlässigen Bedienungsgeräten werden berücksichtigt. Engsetsche Wartesysteme (Mehrmaschinenbedienungsmodelle), d. h. Systeme mit endlich vielen Forderungenquellen, werden in [4.3] behandelt. Näherungsformeln werden nicht angegeben. Hierzu sei auf die Methode der Diffusionsapproximation (↑ [8.5.1]) sowie die Formeln in Kap. 3 verwiesen, siehe auch Kimura/Ohno/Mine (1979a, b), Ohsone (1981).

4.1. Systeme mit einem Eingangsstrom

4.1.1. System M/M/m/n

Es wird angenommen, daß im System ein Poissonscher Forderungenstrom mit der Pausenzeitverteilungsfunktion $A(x) = 1 - e^{-\lambda x}$ eintrifft und die Bedienungszeiten untereinander und von der zufälligen Folge der Ankunftszeitpunkte der Forderungen unabhängige Zufallsgrößen sind mit der Verteilungsfunktion $B(x) = 1 - e^{-\mu x}$. Der Zustand des Systems wird hierbei durch die Anzahl der Forderungen $N(t)$ beschrieben, die sich zum Zeitpunkt t im System befinden.

4.1.1.1. Instationäre Charakteristiken

Für Systeme M/M/m/n ist $(N(t))$ ein irreduzibler, ergodischer Geburts- und Todesprozeß mit den Übergangsintensitäten $\lambda_i = \lambda$, $i = 0, 1, \ldots, m + n - 1$; $\lambda_{m+n} = 0$; $\mu_i = \beta_i \mu$, $i = 0, \ldots, m + n$, wobei im gesamten Abschnitt $\beta_i = \min\{i, m\}$ gesetzt wird.

(a) *Übergangswahrscheinlichkeiten von* $(N(t))$ (RIORDAN [1]): Es sei

$$d_0(x) = 1, \qquad d_{j+1}(x) = (x + \nu_j)\, d_j(x) - \varrho\beta_j d_{j-1}(x), \quad j = 0, \ldots, m+n, \tag{1}$$

$$l_{m+n}(x) = 1 + \sum_{j=1}^{m+n} d_j^2(x) \left(\prod_{i=1}^{j} \varrho\beta_i\right)^{-1} \tag{2}$$

mit

$$\nu_j = \varrho + \beta_j, \qquad j = 0, \ldots, m+n-1; \qquad \nu_m = m+n,\ d_{-1}(x) = 0.$$

Dann sind die Übergangswahrscheinlichkeiten $P_{ij}(t) = \mathsf{P}(N(t) = j \mid N(0) = i)$, $i, j = 0, 1, \ldots, m+n$, durch

$$P_{ij}(t) = \sum_{\gamma} \frac{d_i(\gamma)\, d_j(\gamma)}{\left(\prod_{k=0}^{i} \alpha_k\right)\left(\prod_{k=0}^{j} \beta_k\right) l_{m+n}(\gamma)}\, e^{\gamma\mu t}$$

gegeben, wobei über alle Wurzeln γ des Polynoms $d_{m+n+1}(x)$ summiert wird. Für M/M/1/n gilt

$$P_{ij}(t) = \frac{(1-\varrho)\,\varrho^j}{1-\varrho^{n+2}} + \frac{2}{n+2}\, \varrho^{1+(j-i)/2} \sum_{k=1}^{n+1} \left(\frac{f_{ik} f_{jk}}{c_k}\, e^{-\mu c_k t}\right),$$

wobei

$$c_k = 1 + \varrho - 2\sqrt{\varrho} \cos\left(\frac{k\pi}{n+2}\right), \qquad f_{ik} = \sin\left(\frac{(i+1)\,k\pi}{n+2}\right) - \frac{1}{\sqrt{\varrho}} \sin\left(\frac{ik\pi}{n+2}\right)$$

(b) *L.-T. der erzeugenden Funktion der Anzahl* $L_i(t)$ *der in* $(0, t]$ *angenommenen* $(i = 0)$, *abgewiesenen* $(i = 1)$ *bzw. bedienten* $(i = 2)$ *Forderungen* (HOMMA/NINANIJA (1966)). Sei

$$\psi_{i,k}(s, z) = \int_0^\infty e^{-st} \sum_{j=0}^\infty z^j \mathbf{P}(L_i(t) = j \mid N(0) = k)\, dt, \qquad i = 0, 1, 2;$$

$$k = 0, 1, \ldots, m+n.$$

Dann gilt

$$\psi_{0,0}(s, z) = (\lambda z \psi_{0,1}(s, z) + s)/(\lambda + s),$$

$$\psi_{0,k}(s, z) = (\lambda z \psi_{0,k+1}(s, z) + \beta_k \mu \psi_{0,k-1}(s, z) + 1)/(\lambda + \beta_k \mu + s),$$
$$k = 1, \ldots, m+n-1,$$

$$\psi_{0,m+n}(s, z) = (m\mu \psi_{0,m+n-1}(s, z) + 1)/(m\mu + s),$$

$$\psi_{i,k}(s, z) = (\lambda \psi_{i,k+1}(s, z) + \beta_k \mu z^{i-1} \psi_{i,k-1}(s, z) + 1)/(\lambda + \beta_k \mu + s),$$
$$i = 1, 2; \qquad k = 0, \ldots, m+n-1,$$

$$\psi_{1,m+n}(s, z) = (m\mu \psi_{1,m+n-1}(s, z) + 1)/(\lambda(1-z) + m\mu + s),$$

$$\psi_{2,m+n}(s, z) = (m\mu z \psi_{2,m+n-1}(s, z) + 1)/(m\mu + s).$$

Weitere instationäre Charakteristiken für Systeme M/M/m/n ergeben sich unter Berücksichtigung von $A(x) = 1 - e^{-\lambda x}$ und $A^*(s) = \frac{\lambda}{\lambda + s}$ unmittelbar aus den entsprechenden Charakteristiken für Systeme GI/M/m/n (↑ (a), (b), (c) in [4.1.2.1]).

4.1.1.2. Stationäre Charakteristiken

(a) *Zustandswahrscheinlichkeiten der Anzahl N, $\mathring{N}$ bzw. $\tilde{N}$ der Forderungen im System zu einem beliebigen Zeitpunkt, unmittelbar vor dem Ankunftszeitpunkt einer Forderung bzw. unmittelbar nach dem Abgangszeitpunkt einer bedienten Forderung* (Takacs [1]): Für beliebige Anfangsverteilung gilt

$$p_k = \mathsf{P}(N = k) = \lim_{t\to\infty} \mathsf{P}\big(N(t) = k\big), \qquad \mathring{p}_k = \mathsf{P}(\mathring{N} = k) = \lim_{n\to\infty} \mathsf{P}(\mathring{N}_n = k),$$

$$\tilde{p}_k = \mathsf{P}(\tilde{N} = k) = \lim_{n\to\infty} \mathsf{P}(\tilde{N}_n = k),$$

$$p_0 = \mathring{p}_0 = \left(\sum_{k=0}^{m-1} \frac{\varrho^k}{k!} + \frac{\varrho^m}{m!} \sum_{k=0}^{n} \left(\frac{\varrho}{m}\right)^k\right)^{-1},$$

$$p_k = \mathring{p}_k = \begin{cases} (\varrho^k/k!)\, p_0, & k = 0, \ldots, m, \\ (\varrho^k/m!)\, m^{m-k} p_0, & k = m, \ldots, m + n, \end{cases}$$

$$\tilde{p}_k = p_k(1 - p_{m+n})^{-1}, \qquad k = 0, 1, \ldots, m + n - 1.$$

Für M/M/1/n gilt

$$p_k = (1 - \varrho)\, \varrho^k (1 - \varrho^{n+2})^{-1}, \qquad k = 0, 1, \ldots, n + 1.$$

(b) *Erwartungswert der Anzahl N_w der Forderungen in der Warteschlange* (Bascharin (1967a)):

$$\mathsf{E}N_w = \begin{cases} \dfrac{p_m \varrho}{m\left(1 - \dfrac{\varrho}{m}\right)^2} \left(1 - (n + 1)\left(\dfrac{\varrho}{m}\right)^n + n\left(\dfrac{\varrho}{m}\right)^{n+1}\right), & \varrho \neq m, \\ p_m \dfrac{n(n + 1)}{2}, & \varrho = m. \end{cases}$$

(c) *Erwartungswert der Anzahl N_b der besetzten Bedienungsgeräte* (Gnedenko/Kowalenko [1]):

$$\mathsf{E}N_b = p_0 \left(\sum_{k=0}^{m-1} \frac{\varrho^k}{k!} + \frac{\varrho^m(\varrho - m^{-n}\varrho^{n+1})}{(m - 1)!\,(m - \varrho)}\right).$$

(d) *Wartezeitverteilungsfunktion* (Gnedenko/Kowalenko [1]):

$$W(x) = 1 - \frac{p_m\, e^{-m\mu x}}{1 - \dfrac{\varrho}{m}} \sum_{k=0}^{n-1} \frac{(m\mu x)^k}{k!} \left(\left(\frac{\varrho}{m}\right)^k - \left(\frac{\varrho}{m}\right)^n\right).$$

(e) *Mittlere Wartezeit* (GNEDENKO/KOWALENKO [1]):

$$\mathsf{E}W = \frac{p_m m\mu}{(m\mu - \lambda)^2}\left(1 - 2\left(\frac{\varrho}{m}\right)^n + \left(\frac{\varrho}{m}\right)^{n+1}\right).$$

(f) *L.-S.-T. der Verteilungsfunktion der Besetztzeit S im System* M/M/1/n *mit* $\mu = 1$ (ISMAILOW (1970)):

$$S^*(s) = 1 + \frac{s}{\lambda}\left(1 - \frac{\big(z_1(s)\big)^{n+2} - \big(z_2(s)\big)^{n+2}}{\big(z_1(s)\big)^{n+1} - \big(z_2(s)\big)^{n+1}}\right)^{-1},$$

wobei $z_1(s)$ und $z_2(s)$ die Lösungen der Gleichung $\lambda z^2 - (\lambda + s + 1)\, z + 1 = 0$ sind.

(g) *Mittlere Besetztzeit im System* M/M/1/n *mit* $\mu = 1$:

$$\mathsf{E}S = \frac{\lambda^{n+1} - 1}{\lambda - 1}, \qquad \lambda \neq 1, \qquad \mathsf{E}S = n + 1, \qquad \lambda = 1.$$

(h) *L.-S.-T. der Verteilungsfunktion des Abstandes* D_{b} *zwischen den Abgangszeitpunkten zweier bedienter Forderungen im System* M/M/m/n + 1 (TOLMATSCHEW (1974a)):

$$D_{\mathrm{b}}^*(s) = \frac{\lambda}{\lambda + s}\left(1 - \tilde{p}_{m+n} + \frac{m\mu}{m\mu + s}\,\tilde{p}_{m+n}\right).$$

(i) *Erwartungswert des Abstandes* D_{b} *zwischen den Abgangszeitpunkten zweier bedienter Forderungen im System* M/M/m/n + 1:

$$\mathsf{E}D_{\mathrm{b}} = \lambda^{-1} + \frac{\tilde{p}_{m+n}}{m\mu}.$$

(j) *Varianz des Abstandes* D_{b} *zwischen den Abgangszeitpunkten zweier bedienter Forderungen im System* M/M/m/n + 1:

$$\mathsf{V}D_{\mathrm{b}} = \lambda^{-2} + \tilde{p}_{m+n}(2 - \tilde{p}_{m+n})/(m\mu)^2.$$

(k) *L.-S.-T. der Verteilungsfunktion zweier aufeinanderfolgender Abstände* $D_{\mathrm{b},i}, D_{\mathrm{b},i+1}$ *zwischen den Abgangszeitpunkten bedienter Forderungen im System* M/M/m/n + 1 (TOLMATSCHEW (1974a)):

$$D_{\mathrm{b}}^*(s_1, s_2) = \frac{\lambda}{\lambda + s_1}\left(\frac{\lambda}{\lambda + s_2}\left(1 - \frac{s_2\tilde{p}_{m+n}}{m\mu + s_2}\right) - \frac{s_1\tilde{p}_{m+n}}{m\mu + s_1}\left(\frac{\mu_n}{\lambda + \mu_n + s_2} + \frac{\lambda}{\lambda + \mu_n + s_2}\,\frac{m\mu}{m\mu + s_2}\right)\right)$$

mit $\mu_n = m\mu$ für $n \geqq 1$ und $\mu_0 = (m - 1)\,\mu$.

(l) *Korrelationskoeffizient zweier aufeinanderfolgender Abstände* $D_{\mathrm{b},i}, D_{\mathrm{b},i+1}$ *zwischen den Abgangszeitpunkten bedienter Forderungen im System* M/M/m/n + 1 (TOLMATSCHEW (1974a)):

$$\mathsf{K}(D_{\mathrm{b},i}, D_{\mathrm{b},i+1}) = \frac{\tilde{p}_{m+n}}{\mathsf{V}D_{\mathrm{b}}m\mu}\left(\frac{\varrho + m}{m(\lambda + \mu_n)} - \frac{1}{\lambda} - \frac{\tilde{p}_{m+n}}{m\mu}\right)$$

mit $\mu_n = m\mu$ für $n \geqq 1$ und $\mu_0 = (m - 1)\,\mu$.

Der Strom der abgewiesenen und bedienten Forderungen ist ein Poissonscher Strom der Intensität λ (vgl. TOLMATSCHEW (1974a)). Die abgewiesenen Forderungen bilden einen rekurrenten Strom mit der Pausenzeitverteilungsfunktion $D_v(x)$ (die L.-S.-T. der Verteilungsfunktion $D_v(x)$ ergibt sich mit $A^*(s) = \lambda/(\lambda + s)$ aus (c) in [4.1.2.1]). Der Strom der bedienten Forderungen ist dagegen nur für M/M/1/0 rekurrent.

4.1.2. System GI/M/m/n

Im System trifft ein rekurrenter Forderungenstrom mit der Pausenzeitverteilungsfunktion $A(x)$ ein. Die Bedienungszeiten sind untereinander und von der zufälligen Folge der Ankunftszeitpunkte der Forderungen unabhängige Zufallsgrößen mit der Verteilungsfunktion $B(x) = 1 - e^{-\mu x}$. Der Zustand des Systems wird durch die Anzahl $N(t)$ der Forderungen, die sich zum Zeitpunkt t im System befinden, beschrieben.

4.1.2.1. Instationäre Charakteristiken

Die Folge $(\mathring{N}_k)$ der Anzahl der Forderungen im System unmittelbar vor dem Ankunftszeitpunkt der k-ten Forderung ist eine homogene, irreduzible, aperiodische und damit ergodische Markowsche Kette.

(a) *Übergangswahrscheinlichkeiten von* $(\mathring{N}_k)$ (TAKACS [1]): Die Übergangswahrscheinlichkeiten $P_{ij} = \mathsf{P}(\mathring{N}_{k+1} = j \mid \mathring{N}_k = i)$, $k = 1, 2, \ldots;\ i, j = 0, 1, \ldots, m + n$, sind gleich 0 für $j > i + 1$. Für $j \leqq i + 1$ gilt

$$P_{ij} = \begin{cases} \binom{i+1}{j} \int\limits_0^\infty e^{-j\mu x}(1 - e^{-\mu x})^{i+1-j}\, dA(x), & i < m, \\ \binom{m}{j} \int\limits_0^\infty e^{-j\mu x} \left(\int\limits_0^x \frac{(m\mu y)^{i-m}}{(i-m)!} (e^{-\mu y} - e^{-\mu x})\, m\mu\, dy \right) dA(x), & \\ m \leqq i < m + n, \quad j < m, & \\ \int\limits_0^\infty e^{-m\mu x} \frac{(m\mu x)^{i+1-j}}{(i+1-j)!}\, dA(x), & m \leqq i < m + n, \\ m \leqq j \leqq m + n, & \end{cases}$$

$P_{m+n,j} = P_{m+n-1,j}$, $0 \leqq j \leqq m + n$.

(b) *L.-S.-T. der Verteilungsfunktion des Abstandes* $D_{v,0}$ *bis zum Abgangszeitpunkt der ersten abgewiesenen Forderung:*

$$D^*_{v,0}(s) = \sum_{k=0}^{m+n} \mathsf{P}\big(N(0) = k\big) \prod_{i=k}^{m+n} \psi_i(s),$$

wobei $\psi_l(s)$ bestimmt ist durch

$$\psi_l(s) = \left[A^*(s) - \sum_{k=0}^{l-1} \Phi_{l,k}(s)\right] \left[1 - \sum_{k=0}^{l-1} \Phi_{l,k}(s) \prod_{i=k+1}^{l} \psi_i(s)\right]^{-1}, \quad l = 0, 1, \ldots, m + n,$$

mit

$$\Phi_{l,k}(s) = \begin{cases} m^{l-m} \binom{m}{k} \left[\sum_{j=k}^{m-1} \frac{(-1)^{j-k}}{(m-j)^{l-m}} \binom{m-k}{m-j} A^*(s+j) + \frac{(-1)^{l-k}}{(l-m)!} \right. \\ \left. \times \left(A^*(s+m)\right)^{l-m} \right] + m^{l-m} \frac{m!}{k!} \sum_{j=1}^{l-m} \frac{(-1)^{l-m-j}}{(l-m-j)!}, & k < m < l, \\ \binom{l}{k} \sum_{j=k}^{l} (-1)^{j-k} \binom{l-k}{l-j} A^*(s+j), & l \leqq m, \\ (-1)^{l-k} \frac{n^{l-k}}{(l-k)!} \left(A^*(s+n)\right)^{l-k}, & m \leqq k, \end{cases}$$

$$b_{kj} = \frac{(-1)^{(m-k)(j+1)}}{\left((m-k)!\right)^{j+1}} \det\left((f_{k,-l+i+1})_{i,l=1,\ldots,j}\right),$$

wobei det ( ) = 1 für $j = 0$,

$$f_{kj} = \frac{1}{j!} \frac{d^j}{ds^j} \left(\prod_{i=k}^{m-1} (s+i) \right) \Bigg|_{s=-n} \quad \text{für} \quad j \geqq 0, \qquad f_{kj} = 0 \quad \text{für} \quad j < 0.$$

(c) *L.-S.-T. der Verteilungsfunktion des Abstandes D_v zwischen den Abgangszeitpunkten zweier abgewiesener Forderungen* (RUDLOWTSCHAK (1967)):

$$D_v^*(s) = \psi_{m+n}(s),$$

wobei $\psi_{m+n}(s)$ in (b) gegeben ist.

4.1.2.2. Stationäre Charakteristiken

(a) *Zustandswahrscheinlichkeiten der Anzahl N bzw. $\mathring{N}$ der Forderungen im System zu einem beliebigen Zeitpunkt bzw. unmittelbar vor dem Ankunftszeitpunkt einer Forderung* (TAKÁCS [1]): Für beliebige Anfangsverteilungen gilt

$$p_k = \mathsf{P}(N = k) = \lim_{t\to\infty} \mathsf{P}\left(N(t) = k\right), \qquad \mathring{p}_k = \mathsf{P}(\mathring{N} = k) = \lim_{n\to\infty} \mathsf{P}(\mathring{N}_n = k),$$

$$p_k = (\lambda \mathring{p}_{k-1})/(\mu \min\{k, m\}), \qquad p_0 = 1 - \sum_{k=1}^{m+n} p_k,$$

$$\mathring{p}_k = \begin{cases} \sum_{i=0}^{m-1} (-1)^{i-k} \binom{i}{k} v \prod_{l=1}^{i} \left(\frac{A^*(l\mu)}{1 - A^*(l\mu)} \right) \sum_{j=i+1}^{m} \frac{c_j}{1 - A^*(j\mu)} \prod_{l=1}^{j} \left(\frac{1 - A^*(l\mu)}{A^*(l\mu)} \right), \\ \qquad k = 0, 1, \ldots, m, \\ v g_{m+n-k}, \quad k = m+1, \ldots, m+n, \end{cases}$$

mit

$$v = \left(\sum_{j=0}^{n} g_j + \sum_{j=1}^{m} \frac{c_j}{1 - A^*(j\mu)} \prod_{l=1}^{j} \left(\frac{1 - A^*(l\mu)}{A^*(l\mu)} \right) \right)^{-1},$$

$$g_j = \frac{1}{j!} \frac{d^j}{dz^j} \left(\frac{(1-z) A^*\left(m\mu(1-z)\right)}{A^*\left(m\mu(1-z)\right) - z} \right) \Bigg|_{z=0},$$

$$c_j = \binom{m}{j} \left(\sum_{i=1}^{n+1} g_i a_{n+1-i} - A^*(j\mu) \sum_{i=1}^{n} g_i \left(\frac{m}{m-j} \right)^{n-i+1} + a_n + \sum_{i=1}^{n} g_i \sum_{k=0}^{n} a_k \left(\frac{m}{m-j} \right)^{n-i+1-k} \right.$$
$$\left. + \sum_{k=0}^{n} a_k \left(\frac{m}{m-j} \right)^{n-k} - A^*(j\mu) \left(\frac{m}{m-j} \right)^{n} \right), \quad j = 0, \ldots, m-1,$$

$$c_m = A^*(m\mu)\, g_{n+1}, \qquad a_k = \int_0^\infty \mathrm{e}^{-m\mu x} \frac{(m\mu x)^k}{k!}\, \mathrm{d}A(x).$$

(b) *Wartezeitverteilungsfunktion* (TAKACS [1]):

$$W(x) = 1 - \frac{v}{1-v} \sum_{j=1}^{n} g_j \sum_{k=0}^{n-j} \mathrm{e}^{-m\mu x} \frac{(m\mu x)^k}{k!},$$

wobei v und g_j in (a) gegeben sind.

(c) *Mittlere Wartezeit:*

$$\mathsf{E}W = \frac{v}{m\mu(1-v)} \sum_{j=1}^{n} (n+1-j)\, g_j,$$

wobei v und g_j in (a) gegeben sind.

(d) *L.-S.-T. der Verteilungsfunktion der Untätigkeitszeit U im System* GI/M/1/n (TOLMATSCHEW (1974b)): Sei

$$k_j = \begin{cases} \dfrac{1}{j} \dfrac{\mathrm{d}^j}{\mathrm{d}z^j} \left(\dfrac{1 - A^*(\mu - \mu z)}{A^*(\mu - \mu z) - z} \right) \Bigg|_{z=0} \left(\displaystyle\sum_{i=0}^{n} \frac{1}{i} \frac{\mathrm{d}^i}{\mathrm{d}z^i} \left(\frac{1 - A^*(\mu - \mu z)}{A^*(\mu - \mu z) - z} \right) \Bigg|_{z=0} \right)^{-1}, \\ \qquad\qquad j = 1, \ldots, n, \\ \left(A^*(\mu)\right)^{-1}, \qquad j = 0. \end{cases}$$

Dann gilt

$$U^*(s) = \frac{1}{k_n} \sum_{i=1}^{n} k_{n-i} \left(\frac{\mu}{\mu - s} \right)^{i+1} \left(A^*(s) - \sum_{j=0}^{i} \left(s - \frac{s}{\mu} \right)^j \int_0^\infty \mathrm{e}^{-sx} \frac{(sx)^j}{j!}\, \mathrm{d}A(x) \right).$$

(e) *L.-S.-T. der Verteilungsfunktion des Abstandes D_b zwischen den Abgangszeitpunkten zweier bedienter Forderungen im System* GI/M/1/n (TOLMATSCHEW (1974b)):

$$D_b^*(s) = \mu\left((1 - k_n) + k_n U^*(s)\right) / (\mu + s)$$

wobei k_n und $U^*(s)$ in (d) gegeben sind.

(f) *L.-S.-T. der Verteilungsfunktion zweier aufeinanderfolgender Abstände zwischen den Abgangszeitpunkten bedienter Forderungen im System* GI/M/1/n (TOLMATSCHEW (1974b)):

$$D_b^*(s_1, s_2) = \frac{\mu^2(1 - k_{n-1} - k_n)}{(\mu + s_1)(\mu + s_2)} + \frac{\mu^2 k_n}{\mu + s_2} \left(U^*(s_1) \left(\frac{A^*(s_2) - A^*(\mu + s_1)}{\mu + s_1 - s_2} + \frac{A^*(\mu + s_1)}{\mu + s_1} \right) + \frac{U^*(s_2)}{\mu + s_1 - s_2} - \frac{s_2 U^*(\mu + s_1)}{\mu + s_1} \right),$$

wobei k_{n-1}, k_n und $U^*(s)$ in (d) gegeben sind.

4.1.3. System M/GI/1/n

Im System trifft ein Poissonscher Forderungenstrom mit der Pausenzeitverteilungsfunktion $A(x) = 1 - e^{-\lambda x}$ ein. Die Bedienungszeiten sind untereinander und von der zufälligen Folge der Ankunftszeitpunkte der Forderungen unabhängige, nichtnegative Zufallsgrößen mit der Verteilungsfunktion $B(x)$.

In diesem Abschnitt ist $X(t) = 0$, falls das System zum Zeitpunkt t leer ist, und $X(t) = (x, k)$, $x \geqq 0$, $k = 1, \ldots, n+1$, falls sich zum Zeitpunkt t genau k Forderungen im System befinden und die laufende Bedienung das Alter x besitzt. Der Prozeß $\big(X(t)\big)$ ist dann ein homogener Markowscher Prozeß mit dem Zustandsraum $\mathscr{E} = \bigcup\limits_{k=0}^{n+1} \mathscr{E}_k$, wobei $\mathscr{E}_0 = \{0\}$ und $\mathscr{E}_k = \{(x, k) \mid x \geqq 0\}$, $k = 1, \ldots, n+1$, gilt.

4.1.3.1. Instationäre Charakteristiken

(a) *L.-T. der Zustandswahrscheinlichkeiten der Anzahl $N(t)$ der Forderungen im System zum Zeitpunkt t* (Wiskow/Ismailow (1970)): Sei $P_k(t) = \mathsf{P}\big(N(t) = k\big)$. Ist $P_0(0) = 1$, so gilt

$$\check{P}_k(s) = \begin{cases} \dfrac{1 + q_n(s)}{(s+\lambda)\, q_n(s) - \lambda q_{n-1}(s) + s}, & k = 0, \\[2ex] \sum\limits_{i=0}^{k-1} c_{k-i}(s)\, b_i(s), & k = 1, \ldots, n, \\[2ex] \dfrac{1 - s\check{P}_0(s)}{s} - \sum\limits_{i=0}^{n} c_{n-i+1}(s) \sum\limits_{j=0}^{i-1} b_j(s), & k = n+1, \end{cases}$$

mit

$$b_j(s) = \int\limits_0^\infty e^{-(s+\lambda)x} \left(\frac{(\lambda x)^j}{j!}\right) \big(1 - B(x)\big)\, dx,$$

$$c_j(s) = \big((s+\lambda)\, \check{P}_0(s) - 1\big)\, d_j(s) - \lambda \check{P}_0(s)\, d_{j-1}(s), \qquad j = 1, \ldots, n,$$

wobei $d_j(s)$ und $q_j(s)$ durch die erzeugenden Funktionen

$$\sum_{j=0}^\infty d_j(s)\, z^j = z\big(B^*(s - \lambda - \lambda z)\big)^{-1},$$

$$\sum_{j=0}^\infty q_j(s)\, z^j = z\big(1 - B^*(s)\big) \Big((1 - z)\,\big(B^*(s + \lambda - \lambda z) - z\big)\Big)^{-1}$$

gegeben sind.

4.1.3.2. Stationäre Charakteristiken

Ist $B(+0) = 0$, so existieren für jede beliebige Anfangsverteilung des Prozesses $\big(X(t)\big)$ die Grenzwerte

$$p_0 = \lim_{t \to \infty} \mathsf{P}\big(X(t) = 0\big), \qquad P(x, k) = \lim_{t \to \infty} \mathsf{P}\big(X(t) \in [0, x) \times \{k\}\big), \qquad k = 1, \ldots, n+1,$$

wobei $P(x, k)$ die Dichte $p(x, k)$ besitzt.

Die stationären Zustandswahrscheinlichkeiten p_k der Anzahl der Forderungen im System zu einem beliebigen Zeitpunkt ergeben sich mit Hilfe von

$$p_k = \lim_{t\to\infty} \mathsf{P}\big(X(t) \in \mathscr{E}_k\big) = \int_0^\infty p(x, k)\,\mathrm{d}x.$$

Ferner seien $\mathring{p}_k$ und $\tilde{p}_k$ die stationären Zustandswahrscheinlichkeiten der Anzahl der Forderungen im System unmittelbar vor dem Ankunftszeitpunkt einer Forderung bzw. unmittelbar nach dem Abgangszeitpunkt einer bedienten Forderung.

(a) *Zustandswahrscheinlichkeiten* (RIORDAN [1], KEILSON (1966), BOTSCHAROW (1970a, b), (1977)): Sei

$$c_1 = \big(B^*(\lambda)\big)^{-1}, \qquad c_k = \big(B^*(\lambda)\big)^{-1} \sum_{i=0}^{k-1} c_{k-i} \left(1 - \sum_{j=0}^{i} \int_0^\infty \mathrm{e}^{-\lambda x} \frac{(\lambda x)^j}{j!}\,\mathrm{d}B(x)\right), \qquad k = 2, \dots, n.$$

Dann gilt

$$p_k = \mathring{p}_k, \qquad k = 0, \dots, n+1; \qquad \tilde{p}_k = \frac{p_k}{1 - p_{n+1}}, \qquad k = 0, \dots, n,$$

$$p_k = \begin{cases} p_0(c_k - \delta_{1,k}), & k = 1, \dots, n, \\ 1 - (1 - p_0)\,\varrho^{-1}, & k = n+1, \end{cases} \qquad p_0 = \left(1 + \varrho \sum_{i=1}^{n} c_i\right)^{-1}$$

$$p(x, k) = \begin{cases} \big(1 - B(x)\big)\,\mathrm{e}^{-\lambda x} \sum\limits_{j=1}^{k} \dfrac{(\lambda x)^{k-j}}{(k-j)!}\, p(0, j), & k = 1, \dots, n, \\ \sum\limits_{k=1}^{n} \big(p(0, k)\,(1 - B(x)) - p(x, k)\big), & k = n+1, \end{cases}$$

wobei $p(0, k) = c_k p_0$, $k = 1, \dots, n$.

(b) *Erzeugende Funktion der Anzahl N der Forderungen im System zu einem beliebigen Zeitpunkt* (RIORDAN [1]):

$$g_N(z) = p_0 \frac{(1 - z)\, B^*(\lambda - \lambda z)}{B^*(\lambda - \lambda z) - z}.$$

(c) *Erzeugende Funktion der Anzahl N_w der Forderungen in der Warteschlange:*

$$g_{N_w}(z) = p_0 + \sum_{k=0}^{n} p_{k+1} z^k = z^n \big(B^*(\lambda - \lambda z)\big)^{-n} (1 - p_{n+1})\, W^*(\lambda - \lambda z)$$
$$+ z^n p_{n+1} - p_0 \frac{(1 - z)\left[z^n \big(B^*(\lambda - \lambda z)\big)^{-n} - 1\right]}{B^*(\lambda - \lambda z) - z},$$

wobei $W^*(s)$ in (d) gegeben ist.

(d) *L.-S.-T. der Wartezeitverteilungsfunktion* (RIORDAN [1]):

$$W^*(s) = \frac{p_0}{1 - p_{n+1}} \left(\frac{s}{s - \lambda} \sum_{j=0}^{n-1} \left(\frac{\lambda B^*(s)}{\lambda - s}\right)^j + B^*(s) \sum_{j=1}^{n} c_j \left(\frac{\lambda}{\lambda - s}\right)^{n-j+1}\right),$$

wobei c_j in (a) gegeben ist.

Es gelten die Beziehungen

$$\mathsf{E}N_{\mathrm{w}} = (1 - p_{n+1})\,\mathsf{E}W,$$

$$\mathsf{E}N_{\mathrm{w}}(N_{\mathrm{w}} - 1) = \lambda^2(1 - p_{n+1})\,\mathsf{E}W^2 - n$$

$$\times \left(2(\varrho - 1)\,\mathsf{E}N_{\mathrm{w}} + \lambda^2 \int_0^\infty \mathrm{e}^{-\lambda x} \frac{(\lambda x)^2}{2}\,\mathrm{d}B(x)\,(1 - p_{n+1}) - (n+1)\,\varrho p_{n+1}\right).$$

(e) *Verteilungsfunktion des Abstandes D_{b} zwischen den Abgangszeitpunkten zweier bedienter Forderungen* (Daley/Shanbhag (1975), Daley (1976)):

$$D_{\mathrm{b}}(x) = B(x) - p_0 \int_0^x \mathrm{e}^{-\lambda(x-u)}\,\mathrm{d}B(u).$$

(f) *Verteilungsfunktion zweier aufeinanderfolgender Abstände zwischen den Abgangszeitpunkten bedienter Forderungen* (Daley/Shanbhag (1975), Daley (1976)):

$$D_{\mathrm{b}}(x_1, x_2) = D_{\mathrm{b}}(x_1)\,B(x_2) + \big(D_{\mathrm{b}}(x_2) - B(x_2)\big) \int_0^{x_1} \big((1 + p_1 p_0)\,\mathrm{e}^{-\lambda u} - \mathrm{e}^{-\lambda x_1}\big)\,\mathrm{d}B(u).$$

4.2. Systeme mit mehreren Poissonschen Eingangsströmen

In diesem Abschnitt werden Bedienungssysteme mit k Poissonschen Forderungenströmen betrachtet, wobei sowohl Systeme ohne Prioritäten als auch Systeme mit relativer oder absoluter Priorität berücksichtigt werden. Die Forderungen des i-ten Forderungenstromes werden im folgenden Forderungen vom Typ i oder kurz i-Forderungen genannt. Mit λ_i wird die Intensität des i-ten Forderungenstromes und mit $\lambda = \sum_{i=1}^{k} \lambda_i$ die Intensität der Überlagerung der Forderungenströme bezeichnet.

4.2.1. Systeme mit exponentieller Bedienungszeitverteilungsfunktion

Die Bedienungszeiten der Forderungen seien untereinander und von der zufälligen Folge der Ankunftszeitpunkte der Forderungen unabhängige Zufallsgrößen mit den Verteilungsfunktionen $B_i(x) = 1 - \mathrm{e}^{-\mu_i x}$, $i = 1, \ldots, k$.

Jedes in diesem Abschnitt betrachtete System kann durch einen irreduziblen homogenen Markowschen Prozeß $\big(X(t)\big)$ mit endlichem Zustandsraum $\mathscr{E}$ und der Intensitätsmatrix $\boldsymbol{\alpha} = \big(\alpha(i, j)\big)_{i,j \in \mathscr{E}}$, beschrieben werden. Die stationären Zustandswahrscheinlichkeiten des Prozesses $\big(X(t)\big)$ und einige andere Charakteristiken des Systems können aus dem Gleichungssystem (↑ (10) in [I, 3.3.2] oder (2) in [I, 5.1.1] sowie (2) in [I, 12.1])

$$\boldsymbol{x\alpha} = \boldsymbol{b}, \qquad \boldsymbol{xu}^{\mathsf{T}} = 1 \tag{1}$$

bestimmt werden. Insbesondere ist der Vektor

$$\boldsymbol{p} = (p_i)_{i \in \mathscr{E}}, \qquad p_i = \lim_{t \to \infty} \mathsf{P}\big(X(t) = i \mid X(0) = j\big), \qquad i, j \in \mathscr{E},$$

der stationären Zustandswahrscheinlichkeiten des Prozesses $(X(t))$ eindeutige Lösung des Gleichungssystems

$$p\alpha = \mathbf{0}, \qquad p u^{\mathsf{T}} = 1. \tag{2}$$

Der Zustandsraum $\mathscr{E}$ des Prozesses $(X(t))$ läßt sich in der Art $\mathscr{E} = \bigcup_{l=0}^{s+n} \mathscr{E}_l$, $\mathscr{E}_l \cap \mathscr{E}_m = \emptyset$, $l \neq m$, wobei s die Anzahl der Bedienungsgeräte angibt, darstellen. Dabei gilt $\alpha(i, j) = 0$ für alle $i \in \mathscr{E}_l$, $j \in \mathscr{E}_m$ mit $|l - m| > 2$. Somit hat die Intensitätsmatrix

$$\alpha = \begin{pmatrix} \alpha_0 & \alpha_0^+ & 0 & 0 & \cdots & 0 & 0 & 0 \\ \alpha_1^- & \alpha_1 & \alpha_1^+ & 0 & & \vdots & \vdots & \vdots \\ 0 & \alpha_2^- & \alpha_2 & \alpha_2^+ & & & & \\ \vdots & \vdots & \vdots & \vdots & & \alpha_{s+n-1}^- & \alpha_{s+n-1} & \alpha_{s+n-1}^+ \\ 0 & 0 & 0 & 0 & \cdots & 0 & \alpha_{s+n}^- & \alpha_{s+n} \end{pmatrix}, \tag{3}$$

eine dreidiagonale Blockstruktur, wobei α_m^+ eine $(l_m \times l_{m+1})$-, α_m^- eine $(l_m \times l_{m-1})$- und α_m eine $(l_m \times l_m)$-Matrix ist mit $l_m = |\mathscr{E}_m|$, $m = 0, \ldots, s + n$.

Die Berechnung der stationären Zustandswahrscheinlichkeiten der in diesem Abschnitt betrachteten Systeme kann mit Hilfe der Methoden von I, Kap. 12 durchgeführt werden. Für einige Systeme werden deshalb die Größen angegeben, die notwendig für die konkrete Ausnutzung dieser Methoden sind und gleichzeitig deren Anwendungsmöglichkeiten verdeutlichen. Um jedoch die Berechnungsalgorithmen zu vereinfachen und eine möglichst optimale Programmierung (im Sinne der Kürzung von Rechenzeit und Speicherplatzbedarf) zu gewährleisten, werden in allen Fällen auch Berechnungsformeln in Skalarform angegeben.

4.2.1.1. System $\Sigma^k\vec{\mathrm{M}}/\vec{\mathrm{M}}/1/n$ ohne Prioritäten

In diesem Fall liegen die Matrizen α_m^- oft in der Art $\alpha_m^- = \mu m q_k^{\mathsf{T}}$, $m = 1, \ldots, n + 1$, vor (d. h., α_m^- hat den Rang 1). Daher kann zur Lösung von (1) der in I, S. 12.5.1.1 (↑ [I, 12.5.1]) angegebene Algorithmus verwendet werden. Im folgenden werden stets die Mengen $\mathscr{E}_m$, die Matrizen α_m, α_m^+, die Vektoren μ_m, q_m und weitere zur Anwendung des Algorithmus notwendige Größen angegeben.

4.2.1.1.1. System $\Sigma^k\vec{\mathrm{M}}/\vec{\mathrm{M}}/1/n$ mit zuverlässigem Bedienungsgerät

Es sei $X(t) = 0$, falls das System zur Zeit t leer ist, und $X(t) = (i, j)$, falls zur Zeit t eine Forderung vom Typ i bedient wird und j Warteplätze belegt sind. Dann gilt (vgl. Bascharin/Charkewitsch/Schneps [1])

$$\mathscr{E}_0 = \{0\}, \qquad \mathscr{E}_m = \{(i, m-1): i = 1, \ldots, k\}, \qquad m = 1, \ldots, n + 1,$$

$$l_0 = 1, \qquad l_m = k, \qquad m = 1, \ldots, n + 1,$$

$$\alpha_0^+ = (\lambda_1, \ldots, \lambda_k), \qquad \alpha_1^+ = \cdots = \alpha_n^+ = (\lambda\delta_{il})_{i,l=1,\ldots,k},$$

$$\alpha_0 = -\lambda, \qquad \alpha_1 = \cdots = \alpha_n = \left(-(\lambda - \mu_i)\,\delta_{il}\right)_{i,l=1,\ldots,k}, \qquad \alpha_{n+1} = (-\mu_i\delta_{il})_{i,l=1,\ldots,k},$$

$$\mu_1 = \cdots = \mu_{n+1} = (\mu_1, \mu_2, \ldots, \mu_k), \qquad q_0 = 1, \qquad q_1 = \cdots = q_m = \lambda^{-1}\alpha_0^+.$$

Der Vektor

$$\boldsymbol{p}_m = \big(p(1, m-1), p(2, m-1), \ldots, p(k, m-1)\big), \qquad m = 1, \ldots, n+1,$$

der stationären Zustandswahrscheinlichkeiten $p(i, m-1)$ dafür, daß zu einem beliebigen Zeitpunkt eine Forderung vom Typ i bedient wird und $m-1$ Warteplätze belegt sind, kann gemäß der Formeln

$$\boldsymbol{p}_m = \begin{cases} p_0 \boldsymbol{q}_1 \beta^m, & m = 1, \ldots, n, \\ p_0 \boldsymbol{q}_1 \beta^n \gamma, & m = n+1, \end{cases} \tag{4}$$

mit

$$\beta = \left(\frac{\lambda}{\lambda+\mu_i}\left(\delta_{il} + \left(\sum_{i=1}^{k} \frac{\lambda_i \mu_i}{\lambda(\lambda+\mu_i)}\right)^{-1} \frac{\lambda_l}{\lambda+\lambda_l}\right)\right) \qquad i, l = 1, \ldots, k,$$

$$\gamma = \left(\frac{\lambda}{\mu_i}\,\delta_{il}\right)_{i,l=1,\ldots,k}$$

berechnet werden. Dabei ergibt sich die stationäre Wahrscheinlichkeit p_0 dafür, daß das System leer ist, aus der Normierungsbedingung

$$p_0 = \left(\sum_{m=0}^{n} \boldsymbol{q}_1 \beta^m \boldsymbol{u}^{\mathsf{T}} + \boldsymbol{q}_1 \beta^n \gamma \boldsymbol{u}^{\mathsf{T}}\right)^{-1}, \qquad \boldsymbol{u} = (1, 1, \ldots, 1). \tag{5}$$

Die stationären Zustandswahrscheinlichkeiten $p(i, j)$, wobei i den Typ der Forderung bezeichnet, die gerade bedient wird, und j die Anzahl der Forderungen im System ist, lassen sich für $n \geqq 1$ mit Hilfe der Formeln

$$p^*(i, 1) = \left(1 - \sum_{i=1}^{k} \frac{\lambda_i}{\lambda+\mu_i}\right)^{-1} \frac{\lambda_i}{\lambda+\mu_i}, \qquad i = 1, \ldots, k,$$

$$p^*(i, j) = \frac{\lambda}{\lambda+\mu_i}\, p^*(i, j-1) + \left(1 - \sum_{l=1}^{k} \frac{\lambda_l}{\lambda+\mu_l}\right)^{-1} \frac{\lambda\lambda_i}{\lambda+\mu_i} \sum_{m=1}^{k} \frac{p^*(m, j-1)}{\lambda+\mu_m},$$

$$i = 1, \ldots, k; \qquad j = 2, \ldots, n,$$

$$p^*(i, n+1) = \frac{\lambda}{\mu_i}\, p^*(i, n), \qquad i = 1, \ldots, k; \qquad p_0 = \left(1 + \sum_{i=1}^{k} \sum_{j=1}^{n+1} p^*(i, j)\right)^{-1}$$

$$p(i, j) = p^*(i, j)\, p_0, \qquad i = 1, \ldots, k; \qquad j = 1, \ldots, n+1,$$

berechnen. Insbesondere gilt für $n = 0$

$$p_0 = (1+\varrho)^{-1}, \qquad p(i, 1) = \varrho_i (1+\varrho)^{-1}, \qquad i = 1, \ldots, k.$$

Die stationären Zustandswahrscheinlichkeiten p_j der Anzahl der Forderungen, die sich zu einem beliebigen Zeitpunkt im System befinden, ergeben sich aus

$$p_j = \sum_{i=1}^{k} p(i, j), \qquad j = 1, \ldots, n+1.$$

4.2.1.1.2. System $\Sigma^k\vec{M}/\vec{M}/1/n$ mit unzuverlässigem Bedienungsgerät

Im folgenden wird angenommen, daß das Bedienungsgerät ausfallen kann. Dabei ist die ausfallfreie Zeit exponentialverteilt mit dem Parameter η_0 bzw. η_1, falls das Bedienungsgerät frei bzw. belegt ist. Die Zeit für die Wiederherstellung des Bedienungsgerätes sei ebenfalls exponentialverteilt mit dem Parameter μ_0.

(a) *Unterbrechung mit Verlust:* Ist das Bedienungsgerät zum Zeitpunkt seines Ausfalls besetzt, so geht die Forderung, deren Bedienung unterbrochen wurde, verloren. In diesem Fall ist $X(t) = 0$, falls das System zum Zeitpunkt t leer ist, und $X(t) = (i, j)$, falls zum Zeitpunkt t genau j Warteplätze belegt sind und das Bedienungsgerät repariert $(i = 0)$ oder eine Forderung vom Typ i $(i = 1, \ldots, k)$ bedient wird. Dann gilt

$$E_0 = \{0\}, \qquad E_m = \{(i, m-1) : i = 0, 1, \ldots, k\}, \qquad m = 1, \ldots, n+1,$$

$$l_0 = 1, \qquad l_1 = \cdots = l_{n+1} = k+1,$$

$$\boldsymbol{a}_0{}^+ = \big(\eta_0\delta_{l0} + \lambda_i(1-\delta_{l0})\big)_{i=0,l=0,\ldots,k}, \qquad \boldsymbol{a}_1{}^+ = \cdots = \boldsymbol{a}_n{}^+ = (\lambda\delta_{il})_{i,l=0,\ldots,k}.$$

$$\boldsymbol{a}_0 = \lambda - \eta_0, \qquad \boldsymbol{a}_1 = \cdots = \boldsymbol{a}_n = \big(\eta_1(1-\delta_{i0})\,\delta_{l0} - \delta_{il}\big((\lambda+\mu_i) + \eta_1(1-\delta_{i0})\big)\big)_{i,l=0,\ldots,k},$$

$$\boldsymbol{a}_{n+1} = \big(\eta_1(1-\delta_{i0})\,\delta_{l0} - \mu_i\delta_{il}\big)_{i,l=0,\ldots,k}.$$

$$\boldsymbol{\mu}_1 = \cdots = \boldsymbol{\mu}_{n+1} = (\mu_0, \mu_1, \ldots, \mu_k), \qquad \boldsymbol{q}_0 = 1, \qquad \boldsymbol{q}_1 = \cdots = \boldsymbol{q}_n = \lambda^{-1}\boldsymbol{a}_0{}^+.$$

Ist $\eta_0 = \eta_1$, so kann der Vektor

$$\boldsymbol{p}_m = \big(p(0, m-1), p(1, m-1), \ldots, p(k, m-1)\big), \qquad m = 1, \ldots, n+1,$$

der stationären Zustandswahrscheinlichkeiten $p(i, m-1)$ dafür, daß zu einem beliebigen Zeitpunkt das Bedienungsgerät repariert $(i = 0)$ oder eine Forderung vom Typ i $(i = 1, \ldots, k)$ bedient wird und $m-1$ Warteplätze belegt sind, gemäß (4) und (5) mit

$$\beta = \left(\frac{\lambda}{\eta_0+\mu_i}\left(\delta_{il} + \left(\sum_{j=0}^{k}\frac{\eta_0\mu_j}{(\lambda+\eta_0)(\eta_0+\mu_j)}\right)^{-1}\frac{\lambda_l}{\eta_0+\mu_l}\right)\right)_{i,l=0,\ldots,k},$$

$$\gamma = \left(\frac{\lambda}{\mu_0}\,\delta_{i0} + (1-\delta_{l0})\left(\frac{\eta_0}{\mu_0(\eta_0+\mu_l)}\,\delta_{i0} + \frac{\lambda}{\eta_0+\mu_l}\,\delta_{il}\right)\right)_{i,l=0,\ldots,k},$$

berechnet werden (vgl. Bascharin/Charkewitsch/Schneps [1]). Die stationären Zustandswahrscheinlichkeiten p_0, $p(i, j)$, $i = 0, \ldots, k$; $j = 0, \ldots, n$, sind für $n \geqq 1$ gegeben durch

$$p^*(i, 0) = \left(1 - \sum_{l=0}^{k}\frac{\lambda_l}{\lambda+\eta_0+\mu_l}\right)^{-1}\frac{\lambda_i}{\lambda+\eta_0+\mu_i}, \qquad i = 0, \ldots, k,$$

$$p^*(i, j) = \frac{\lambda}{\lambda+\eta_0+\mu_i}\,p^*(i, j-1) + \left(1 - \sum_{l=0}^{k}\frac{\lambda_l}{\lambda+\eta_0+\mu_l}\right)^{-1}\frac{\lambda_i\lambda}{\lambda+\eta_0+\mu_i}$$
$$\times \sum_{m=0}^{k}\frac{p^*(m, j-1)}{\lambda+\eta_0+\mu_m}, \qquad i = 0, \ldots, k, \qquad j = 1, \ldots, n-1,$$

$$p^*(0, n) = \frac{\lambda}{\mu_0}\,p^*(0, n-1) + \frac{\lambda\eta_0}{\mu_0}\sum_{m=1}^{k}\frac{p^*(m, n-1)}{\eta_0+\mu_m},$$

$$p^*(i, n) = \frac{\lambda}{\eta_0 + \mu_i} p^*(i, n-1), \qquad i = 1, \ldots, k; \qquad p_0 = \left(1 + \sum_{i=0}^{k} \sum_{j=0}^{n} p^*(i, j)\right)^{-1},$$

$$p(i, j) = p^*(i, j)\, p_0, \qquad i = 0, \ldots, k; \qquad j = 0, \ldots, n.$$

(b) *Unterbrechung ohne Verlust:* Ist das Bedienungsgerät zum Zeitpunkt seines Ausfalls besetzt, so kehrt die Forderung, deren Bedienung unterbrochen wurde, an die erste Stelle der Warteschlange zurück und wird nach Wiederherstellung des Bedienungsgerätes sofort bedient. Dabei wird aus der Warteschlange eine zufällig ausgewählte Forderung verdrängt (und geht verloren), falls zum Ausfallzeitpunkt des Bedienungsgerätes alle Warteplätze belegt sind (vgl. Botscharow (1977)).

Es ist $X(t) = (i, j)$, falls das Bedienungsgerät zur Zeit t eine Forderung vom Typ i bedient und j Forderungen, $j = 0, \ldots, n$, auf Bedienung warten; $X(t) = (1, i, j)$, falls das Bedienungsgerät zur Zeit t nicht intakt ist, in der Warteschlange an erster Stelle eine Forderung vom Typ i steht, die beim Ausfall des Bedienungsgerätes in die Warteschlange gedrängt wurde, und hinter ihr j Forderungen, $j = 0, \ldots, n-1$, warten; $X(t) = 0$, falls das Bedienungsgerät zur Zeit t intakt und frei ist; $X(t) = (1, 0, 0)$, falls das Bedienungsgerät zur Zeit t nicht intakt ist und sich keine Forderungen im System befinden. Dann gilt

$$\mathcal{E} = \{0;\ (1, 0, 0);\ (i, j),\ i = 1, \ldots, k,\ j = 0, \ldots, n;\ (1, i, j),\ i = 1, \ldots, k,\ j = 0, \ldots, n-1\}.$$

Setzt man

$$\varphi = \frac{\lambda + \mu_0}{\lambda + \eta_0 + \mu_0}, \qquad \eta = \left(\varphi(1 - \varepsilon_1)\right)^{-1}, \qquad \varepsilon_1 = \varphi^{-1} \sum_{l=1}^{k} \lambda_l \psi_l,$$

$$\varepsilon_2 = \sum_{l=1}^{k} \frac{\lambda_l}{\lambda + \eta_0 + \mu_l},$$

$$\psi_i = \varphi/(\lambda + \varphi\mu_i), \quad \sigma_i = (\eta_0 + \mu_i)/\left((\lambda + \eta_0 + \mu_i)\,\mu_i\right), \qquad i = 1, \ldots, k,$$

so können die stationären Zustandswahrscheinlichkeiten p_0, $p(1, 0, 0)$, $p(i, j)$, $p(1, i, j)$ für $n \geqq 2$ gemäß der Beziehungen

$$p^*(1, 0, 0) = \eta_0(\lambda + \mu_0)^{-1},$$

$$p^*(i, 0) = \lambda_i \psi_i \left(p^*(1, 0, 0) + 1\right), \qquad i = 1, \ldots, k,$$

$$p^*(i, j) = \lambda\psi_i p^*(i, j-1) + \lambda_i \psi_i \lambda \eta \sum_{l=1}^{k} \psi_l p^*(l, j-1) + \frac{\lambda\mu_0\psi_i}{\lambda + \mu_0}$$
$$\times \left(p^*(1, i, j-1) + \lambda_i \eta \sum_{l=1}^{k} \left(\psi_l + \frac{\varphi}{\mu_0}\right) p^*(1, l, j-1)\right),$$
$$i = 1, \ldots, k; \qquad j = 1, \ldots, n-2,$$

$$p^*(1, i, j) = (\lambda + \mu_0)^{-1} \left(\lambda(1 - \delta_{j0})\, p^*(1, i, j-1) + \lambda_i \delta_{j0} q(1, 0, 0) + \eta_0 p^*(i, j)\right),$$
$$i = 1, \ldots, k, \qquad j = 0, \ldots, n-2,$$

$$p^*(i, n-1) = \lambda\sigma_i\left(p^*(i, n-2) + p^*(1, i, n-2)\right)$$
$$+ \frac{\lambda_i \sigma_i \lambda}{1 - \varepsilon_2} \sum_{l=1}^{k} \frac{p^*(l, n-2) + p^*(1, l, n-2)}{\lambda + \eta_0 + \mu_l}, \qquad i = 1, \ldots, k,$$

$$p^*(i, n) = \lambda(\eta_0 + \mu_i)^{-1} p^*(i, n-1), \qquad i = 1, \ldots, k,$$

$$p^*(1, i, n-1) = \mu_0^{-1}\big(\lambda p^*(1, i, n-2) + \eta_0\big(p^*(i, n-1) + p^*(i, n)\big)\big), \qquad i = 1, \ldots, k,$$

$$p_0 = \left(1 + p^*(1, 0, 0) + \sum_{i=1}^{k} \sum_{j=0}^{n} p^*(i, j) + \sum_{i=1}^{k} \sum_{j=0}^{n-1} p^*(1, i, j)\right)^{-1},$$

$$p(e) = p^*(e)\, p_0, \qquad e \in \mathscr{E},$$

berechnet werden.

4.2.1.2. System $\Sigma^k\vec{\mathrm{M}}/\vec{\mathrm{M}}/s/n$ ohne Prioritäten

In diesem Abschnitt sei $X(t) = 0$, falls das System zur Zeit t leer ist, und $X(t) = (m, i_1, \ldots, i_k)$, falls sich zur Zeit t genau m Forderungen im System befinden und die Anzahl der Forderungen vom Typ j, die gerade bedient werden, gleich i_j ist (vgl. Bordukowa (1977)). Setzt man

$$\mathscr{I}_m = \left\{(i_1, \ldots, i_k) : \sum_{j=1}^{k} i_j = m\right\}, \qquad m = 1, \ldots, n,$$

so ist der Zustandsraum des Prozesses $\big(X(t)\big)$ gegeben durch

$$\mathscr{E} = \bigcup_{m=0}^{s+n} \mathscr{E}_m \quad \text{mit} \quad \mathscr{E}_0 = \{0\}, \qquad \mathscr{E}_m = \{(m, i) : i \in \mathscr{I}_{\min\{m,s\}}\}, \qquad m = 1, \ldots, s+n.$$

Für die Anzahl l_m der Elemente von $\mathscr{E}_m$ gilt

$$l_m = \binom{\min\{m, s\} + k + 1}{k-1}, \qquad \sum_{m=1}^{s+n} l_m = s\binom{s+k-1}{k-1} + \sum_{m=0}^{s} \binom{m+k-1}{k-1}.$$

Im folgenden sei $\boldsymbol{r}(z) = \lambda z^2 \boldsymbol{I} + z\boldsymbol{a}_m + \boldsymbol{a}_{m+1}^-$, und $z_1, \ldots, z_{2l_m}$ seien die Wurzeln der Gleichung $\det \boldsymbol{r}(z) = 0$. Die Vektoren $\boldsymbol{p}_i$, $0 \leqq i < s$, $\boldsymbol{p}_{s+n}$ sind eindeutige Lösungen des linearen Gleichungssystems

$$(1 - \delta_{m0})\, \boldsymbol{p}_{m-1}\boldsymbol{a}_{m-1}^+ + \boldsymbol{p}_m\boldsymbol{a}_m + \boldsymbol{p}_{m+1}\boldsymbol{a}_{m+1}^- = 0, \qquad m = 0, \ldots, s-1,$$

$$\lambda^{-1}\boldsymbol{a}_{s-1}^+\big(\boldsymbol{p}_{s-1}(\lambda z_i \boldsymbol{I} + \boldsymbol{a}_{s-1}) + \boldsymbol{p}_{s-2}\boldsymbol{a}_{s-2}^+\big) - \lambda z_{i-1} z_i^{n+1}\, \boldsymbol{p}_{s+n} = 0, \qquad i = 1, \ldots, 2l_m.$$

Der Vektor $\boldsymbol{h}(z) = \big(h_i(z), i \in \mathscr{I}_s\big)$ der erzeugenden Funktionen $h_i(z) = \sum_{m=0}^{n} p(s+m, i)\, z^m$, $i \in \mathscr{I}_s$, läßt sich aus der Gleichung

$$\boldsymbol{h}(z)\, \boldsymbol{r}(z) = -\lambda^{-1}\big(\boldsymbol{p}_{s-1}(\lambda z \boldsymbol{I} + \boldsymbol{a}_{s-1}) + \boldsymbol{p}_{s-2}\boldsymbol{a}_{s-2}^+\big) + \lambda(z-1)\, z^{n+1}\, \boldsymbol{p}_{s+n}$$

bestimmen. Die Matrix $\boldsymbol{r}(z)$ genügt den Bedingungen von I, HS. 12.5.2.1 (↑ [I, 12.5.2]) und ist in den Punkten $z = z_i$, $i = 1, \ldots, 2l_s$ leicht zu invertieren.

4.2.1.3. Systeme mit Prioritäten

Die Intensitätsmatrizen (3) der Prozesse, die die im folgenden betrachteten Systeme beschreiben, sind derart, daß zur Lösung des linearen Gleichungssystems (1) der in I, S. 12.5.1.1 angegebene Algorithmus angewendet werden kann. Für diese Systeme werden die Mengen $\mathscr{E}_m$, die Matrizen a_m^+, a_m, a_m^- und weitere zur Anwendung dieses Algorithmus notwendige Größen angegeben. Die Matrizen aus I, S. 12.5.1.1 (↑ [I, 12.5.1]) sind in den hier betrachteten Fällen 1×1-Matrizen. Die Matrizen a_m erweisen sich im folgenden oft als dreidiagonal, so daß man für ihre Behandlung I, HS. 12.5.2.2 ausnutzen kann.

4.2.1.3.1. System $\Sigma^2\vec{M}/M/s/n$ mit relativer Priorität

Eine eintreffende Forderung vom Typ 2, die kein freies Bedienungsgerät vorfindet, unterbricht keine Bedienung, sondern tritt in die Warteschlange vor alle Forderungen vom Typ 1 ein, falls mindestens ein freier Warteplatz vorhanden ist. Andernfalls geht die eintreffende 2-Forderung oder eine andere Forderung vom Typ 2 aus der Warteschlange verloren. Ferner sei $\mu_1 = \mu_2 = \mu$, $X(t) = i$, $i = 0, \ldots, s-1$, falls zur Zeit t genau i Bedienungsgeräte besetzt sind, und $X(t) = (i, j)$, falls zur Zeit t alle Bedienungsgeräte besetzt sind und sich i Forderungen vom Typ 1 und j Forderungen vom Typ 2 in der Warteschlange befinden (vgl. Bascharin (1967a)). Dann gilt

$$\mathscr{E}_m = \begin{cases} \{m\}, & m = 0, \ldots, s-1, \\ \{(l, m-s) : l = 0, \ldots, s+n-m\}, & m = s, \ldots, s+n, \end{cases}$$

$$l_0 = \cdots = l_{s-1} = 1, \qquad l_m = s+n+1-m, \qquad m = s, \ldots, s+n,$$

$$l_{m1} = 1, \qquad m = 0, \ldots, s+n, \qquad l_{m2} = \begin{cases} 0, & m = 0, \ldots, s-1, \\ s+n-m, & m = s, \ldots, s+n, \end{cases}$$

$$a_m^+ = \begin{cases} (\lambda\delta_{ij})_{i=1,\ldots,l_m, j=1,\ldots,l_{m+1}}, & m = 0, \ldots, s-1, \\ (\lambda_2\delta_{ij})_{i=1,\ldots,l_m, j=1,\ldots,l_{m+1}}, & m = s, \ldots, s+n, \end{cases}$$

$$a_m^- = (\mu \min\{m, s\}\, \delta_{j1}\delta_{i1})_{i=1,\ldots,l_{m-1}, j=1,\ldots,l_m}, \qquad m = 1, \ldots, s+n,$$

$$a_m = \begin{cases} \big(-(\lambda + m\mu)\big)_{i,j=1}, & m = 0, \ldots, s-1, \\ \Big(\lambda_1\delta_{i+1,j} - \big(s\mu + \lambda(1-\delta_{il_m})\big) + s\mu\delta_{i-1,j}\Big)_{i,j=1,\ldots,l_m}, & m = s, \ldots, s+n. \end{cases}$$

Die stationären Zustandswahrscheinlichkeiten p_k, $k = 0, \ldots, s+n$, der Anzahl der Forderungen im System sind durch die entsprechenden Zustandswahrscheinlichkeiten p_k des Systems $M/M/s/n$ gegeben (↑ (a) in [4.1.1.2]). Setzt man

$$\begin{aligned} &\varrho_i = \lambda_i/s\mu, && i = 1, 2, && \varrho = \varrho_1 + \varrho_2, \\ &u_0 = 1, && u_1 = -1, && u_k = -(1+\varrho)\, u_{k-1} - \varrho_1 u_{k-2}, \\ &v_0 = 1, && v_1 = -1 - \varrho, && v_k = -(1+\varrho)\, v_{k-1} - \varrho_1 v_{k-2}, \end{aligned}$$

$$k = 2, \ldots, n,$$

so lassen sich die stationären Zustandswahrscheinlichkeiten $p(i, j)$, $0 \leqq i + j \leqq n$, wobei i bzw. j die Anzahl der wartenden Forderungen vom Typ 1 bzw. 2 bezeichnet, gemäß der Beziehungen

$$p(i, 0) = (-\varrho_1)^i \left(\frac{u_{n-i}}{u_n}\right) p_s, \qquad i = 0, \ldots, n,$$

$$p(0, j) = p_{s+j} - \sum_{i=1}^{j} p(i, j-i), \qquad j = 1, \ldots, n,$$

$$p(i, j) = \frac{1}{u_{n-j}} \left(\varrho_2 \left(u_{n-i-j} \sum_{m=1}^{i-1} (-1)^{i+m} p(m, j-1) \varrho_1{}^{i-m} v_{m-1} \right.\right.$$
$$\left.\left. + v_{i-1} \sum_{m=1}^{n-j} (-1)^{i+m} p(m, j-1) u_{n-j-m} \right) + (-\varrho_1)^i u_{n-i-j} p(0, j) \right),$$

$j = 1, \ldots, n-1$; $i = 1, \ldots, n-j$, berechnen.

Werden Forderungen desselben Typs in der Reihenfolge ihres Eintreffens bedient, so ist die stationäre Wartezeitverteilungsfunktion $W_1(x)$ der 1-Forderungen, die zur Bedienung angenommen werden, gegeben durch (vgl. BASCHARIN (1967a)) $W_1(x) = 0$ für $x \leqq 0$ und für $x > 0$ durch

$$W_1(x) = (1 - p_{s+n})^{-1} \left(\sum_{k=0}^{s-1} p_k + \sum_{i=0}^{n-1} \sum_{j=0}^{n-1-i} p(i, j) \left(1 - \sum_{k=0}^{i} e^{-s\mu x} \frac{(s\mu x)^k}{k!} \right) \right).$$

Für das k-te Moment der Wartezeit W_1 der 1-Forderungen gilt

$$\mathsf{E} W_1{}^k = (1 - p_{s+n})^{-1} (s\mu)^{-k} \sum_{i=0}^{n-1} \frac{(i+k)!}{i!} \sum_{j=0}^{n-1-i} p(i, j).$$

4.2.1.3.2. System $\Sigma^2\vec{\mathrm{M}}/\mathrm{M}/s/n$ mit relativer Priorität und typenabhängigen Warteplätzen

Es wird angenommen, daß von den $n = n_1 + n_2 \geqq 1$ Warteplätzen den 1-Forderungen n_1 und den 2-Forderungen n_2 Warteplätze zur Verfügung stehen. Ansonsten seien dieselben Voraussetzungen wie im vorangegangenen Abschnitt erfüllt. Dann gilt (vgl. BASCHARIN (1967a))

$$\mathscr{E}_m = \begin{cases} \{m\}, & m = 0, \ldots, s-1, \\ \{(l, m-s) : l = 0, \ldots, n_1\}, & m = s, \ldots, s+n_2, \end{cases}$$

$$l_m = \begin{cases} 1, & m = 0, \ldots, s-1, \\ n_1 + 1, & m = s, \ldots, s+n_2, \end{cases}$$

$$l_{m1} = 1, \qquad l_{m2} = l_m - 1, \qquad m = 0, \ldots, s+n_2,$$

$$a_m{}^+ = \begin{cases} (\lambda \delta_{ij})_{i=1,\ldots,l_m, j=1,\ldots,l_{m+1}}, & m = 1, \ldots, s-1, \\ (\lambda_2 \delta_{ij})_{i,j=1,\ldots,n_1}, & m = s, \ldots, s+n_2-1, \end{cases}$$

$$a_m{}^- = (\mu \min\{m, s\}\, \delta_{i1}\delta_{j1})_{i=1,\ldots,l_{m+1}, j=1,\ldots,l_m}, \qquad m = 1, \ldots, s+n_2,$$

$$a_m = \begin{cases} \left(-(\lambda + m\mu)\right)_{i,j=1}, & m = 0, \ldots, s-1, \\ \left(\lambda_1 \delta_{i+1,j} - (m\mu + \lambda + \lambda_1 \delta_{il_m})\, \delta_{ij} + m\mu \delta_{i-1,j}\right)_{i,j=1,\ldots,l_m}, & m = s, \ldots, s+n_2-1, \\ \left(\lambda_1 \delta_{i+1,j} - \left(m\mu + \lambda_1(1 - \delta_{il_m})\right) \delta_{ij} + m\mu \delta_{i-1,j}\right)_{i,j=1,\ldots,l_m}, & m = s+n_2. \end{cases}$$

Setzt man

$$\varrho_i = \frac{\lambda_i}{s\mu}, \qquad i = 1, 2; \qquad \varrho = \varrho_1 + \varrho_2, \qquad w_{l0}(\varrho_1, \varrho_2) = 1, \qquad l = 1, 2,$$

$$w_{11}(\varrho_1, \varrho_2) = -1 - \varrho_2, \qquad w_{21}(\varrho_1, \varrho_2) = -1 - \varrho_1 - \varrho_2,$$

$$w_{lk}(\varrho_1, \varrho_2) = -(1 + \varrho)\, w_{l,k-1}(\varrho_1, \varrho_2) - \varrho_1 w_{l,k-2}(\varrho_1, \varrho_2), \qquad l = 1, 2, \qquad k = 2, \ldots, n_1, \quad \text{und}$$

$$w_k = w_{1k}(\varrho_1, \varrho_2), \qquad v_k = w_{2k}(\varrho_1, \varrho_2), \qquad w_{k0} = w_{1k}(\varrho_1, 0), \qquad v_{k0} = w_{2k}(\varrho_1, 0),$$

so können die stationären Zustandswahrscheinlichkeiten p_k, $k = 0, \ldots, s + n_1 + n_2$, und $p(i, j)$, $i = 0, \ldots, n_1$; $j = 0, \ldots, n_2$, wobei i bzw. j die entsprechende Anzahl der i- bzw. j-Forderungen in den unterschiedlichen Warteschlangen bezeichnet, gemäß der Beziehungen

$$p_0 = \left(1 + \sum_{k=1}^{s+n_1+n_2} p_k^*\right)^{-1}, \qquad p_k = p_k^* p_0, \qquad k = 1, \ldots, s + n_1 + n_2,$$

$$p(i, j) = p^*(i, j)\, p_0, \qquad i = 0, \ldots, n_1, \qquad j = 0, \ldots, n_2,$$

berechnet werden, wobei

$$p_k^* = \frac{(s\varrho)^k}{k!}, \qquad k = 0, \ldots, s,$$

$$p^*(i, 0) = (-\varrho_1)^i\, p_s^* \frac{w_{n_1-i}}{w_{n_1}}, \qquad i = 0, \ldots, n_1, \qquad p^*(0, 1) = \varrho p_s^* - p^*(1, 0),$$

$$p_{ij}^*(\varrho_1, \varrho_2) = w_{n_1-i} \sum_{l=1}^{i-1} p^*(i - l, j - 1)\, (-\varrho_1)^l\, v_{i-l-1} + v_{i-1} \sum_{l=i}^{n_1} (-1)^{i+l}\, p^*(l, j - 1)\, w_{n_1-l},$$

$$i = 1, \ldots, n_1; \qquad j = 1, \ldots, n_2 - 1,$$

$$p_{ij}^* = p_{ij}^*(\varrho_1, \varrho_2), \qquad p_{ij,0}^* = p_{ij}^*(\varrho_1, 0),$$

$$p^*(i, j) = w_{n_1}^{-1}(-\varrho_2 p_{ij}^* + (-\varrho_1)^i\, w_{n_1-i} p^*(0, j)), \qquad i = 1, \ldots, n_1, \qquad j = 1, \ldots, n_2 - 1,$$

$$p^*(0, j + 1) = (1 + \varrho)\, p^*(0, j) - \varrho_2 p^*(0, j - 1) - p^*(1, j), \qquad j = 1, \ldots, n_2 - 1,$$

$$p^*(i, n) = w_{n_1}^{-1}\left(-\varrho_2 p_{in_2,0}^* + (-\varrho_1)^i\, w_{n_1-i,0} p^*(0, n_2)\right), \qquad i = 1, \ldots, n_1,$$

$$p_{s+k}^* = \sum_{i+j=k} p^*(i, j), \qquad k = 0, \ldots, n_1 + n_2.$$

Werden die Forderungen desselben Typs in der Reihenfolge ihres Eintreffens bedient, so ist die stationäre Wartezeitverteilungsfunktion $W_1(x)$ der 1-Forderungen, die zur Bedienung angenommen werden, für $x > 0$ durch

$$W_1(x) = \left(1 - \sum_{j=0}^{n_2} p(n_1, j)\right)^{-1} \left(\sum_{k=0}^{s-1} p_k + \sum_{i=0}^{n_1-1} \sum_{j=0}^{n_2} p(i, j) \left(1 - \sum_{k=0}^{i} \mathrm{e}^{-s\mu x} \frac{(s\mu x)^k}{k!}\right)\right)$$

und für $x \leqq 0$ durch $W_1(x) = 0$ gegeben und das k-te Moment der Wartezeit W_1 der 1-Forderungen durch

$$\mathsf{E} W_1{}^k = \left[\sum_{i=0}^{n_1-1} \frac{(i + k)!}{i!} \sum_{j=0}^{n_2} p(i, j)\right] \left(1 - \sum_{j=0}^{n_2} p(n_1, j)\right)^{-1} (s\mu)^{-k}.$$

Ferner gilt das folgende Analogon der Formel von Little

$$\mathsf{E}W_i = \mathsf{E}N_i \left(\lambda_i \left(1 - \sum_{j=0}^{n_1} p(n_1, j)\right)\right)^{-1},$$

wobei N_i die Anzahl der i-Forderungen in der Warteschlange und W_i die Wartezeit der i-Forderungen bezeichnet.

4.2.1.3.3. System $\Sigma^k\vec{\mathrm{M}}/\mathrm{M}/s/n$ mit relativer Priorität

Jede eintreffende Forderung höherer Priorität, die kein freies Bedienungsgerät vorfindet, unterbricht keine Bedienung, sondern tritt in die Warteschlange vor alle Forderungen niedrigerer Priorität ein.

In diesem Abschnitt ist $X(t) = j$, falls j Bedienungsgeräte zur Zeit t besetzt sind und $X(t) = (s, k_i)$, falls zur Zeit t alle Bedienungsgeräte besetzt sind und sich k_i Forderungen vom Typ 1 bis i in der Warteschlange befinden. Ferner sei $n \geqq 1$, $\mu_1 = \cdots = \mu_k = 1$, $\varrho_j = s^{-1} \sum_{i=1}^{j} \lambda_i$ und p_j, $j = 0, \ldots, s + n$, bezeichne die stationären Zustandswahrscheinlichkeiten des Systems M/M/s/n mit $\lambda = s\varrho_k$ und $\mu = 1$ (↑ (a) in [4.1.1.2]).

Es lassen sich folgende stationäre Charakteristiken des Systems $\Sigma^k\vec{\mathrm{M}}/\mathrm{M}/s/n$ angeben (vgl. Wagner (1967)).

(a) *Zustandswahrscheinlichkeiten:*

$$p(s, k_i) = \sum_{j=s}^{s+n} p_j(\varrho_i)^{k_i} \frac{1 - \varrho_i}{1 - \varrho_i^{n+1}}, \qquad k_i = 0, \ldots, n, \qquad i = 1, \ldots, k.$$

(b) *Warte- und Verlustwahrscheinlichkeiten:* Seien

- $\mathring{p}_{\mathrm{v},i}$ — die aktuelle Verlustwahrscheinlichkeit einer i-Forderung, d. h. die Wahrscheinlichkeit dafür, daß eine eintreffende i-Forderung sofort verloren geht,
- $p'_{\mathrm{v},i}$ — die Wahrscheinlichkeit dafür, daß eine i-Forderung verloren geht,
- $p''_{\mathrm{v},i}$ — die Wahrscheinlichkeit dafür, daß eine wartende i-Forderung verloren geht,
- w_i — die Wahrscheinlichkeit dafür, daß eine wartende i-Forderung zur Bedienung angenommen wird,
- w_i' — die Wahrscheinlichkeit dafür, daß eine i-Forderung in die Warteschlange aufgenommen wird.

Dann gilt

$$\mathring{p}_{\mathrm{v},i} = \varrho_i^n(1 - \varrho_i)(1 - \varrho_i^{n+1})^{-1} \sum_{j=s}^{s+n} p_j, \qquad i = 1, \ldots, k,$$

$$p'_{\mathrm{v},1} = p_{\mathrm{v},1}, \qquad p'_{\mathrm{v},i} = (p_{\mathrm{v},i}\varrho_i - p_{\mathrm{v},i-1}\varrho_{i-1})\, s\lambda_i^{-1}, \qquad i = 2, \ldots, k,$$

$$p''_{\mathrm{v},i} = s\varrho_i\lambda_i^{-1}(p_{\mathrm{v},i} - p_{\mathrm{v},i-1}), \qquad i = 2, \ldots, k,$$

$$w_1 = 1, \qquad w_i = \sum_{j=s}^{s+n} p_j - p'_{\mathrm{v},i}, \qquad i = 2, \ldots, k,$$

$$w_i' = (1 - \varrho_i^n)(1 - \varrho_i^{n+1})^{-1} \sum_{j=s}^{s+n} p_j, \qquad i = 1, \ldots, k.$$

(c) *Mittlere Anzahl wartender Forderungen:* Seien N_i die Anzahl wartender i-Forderungen und $N_{i,j}$ die Anzahl wartender j-Forderungen mit $j \leqq i$. Dann gilt

$$\mathsf{E}N_{i,j} = \left(\frac{\varrho_i}{1-\varrho_i} - \frac{(n+1)\,\varrho_i^{n+1}}{1-\varrho_i^{n+1}}\right) \sum_{j=s}^{s+n} p_j, \qquad i = 1, \ldots, k,$$

$$\mathsf{E}N_i = \mathsf{E}N_{i,j} - \mathsf{E}N_{i-1,j}, \qquad i = 2, \ldots, k, \qquad \mathsf{E}N_1 = \mathsf{E}N_{1,j}.$$

4.2.1.3.4. System $\Sigma^2\vec{\mathrm{M}}/\vec{\mathrm{M}}/1/n$ mit relativer Priorität

Eine eintreffende Forderung vom Typ 2, die kein freies Bedienungsgerät vorfindet, unterbricht keine Bedienung, sondern tritt in die Warteschlange vor alle Forderungen vom Typ 1 ein, falls mindestens ein freier Warteplatz vorhanden ist. Andernfalls geht die eintreffende 2-Forderung oder eine andere Forderung vom Typ 2 aus der Warteschlange verloren.

In diesem Abschnitt ist $X(t) = 0$, falls das System zur Zeit t leer ist, und $X(t) = (i, k, l)$, falls zur Zeit t eine i-Forderung bedient wird und sich k Forderungen vom Typ 1 sowie l Forderungen vom Typ 2 in der Warteschlange befinden.

Es gilt (vgl. Botscharow/Lysenkowa (1969))

$$\mathscr{E}_0 = \{0\}, \qquad \mathscr{E}_m = \{(i, k, m-1) \mid i = 1, 2,\ k = 0, \ldots, n+1-m\},$$
$$m = 1, \ldots, n+1,$$

$$l_0 = 1, \qquad l_m = 2(n+2-m), \qquad m = 1, \ldots, n+1,$$

$$l_{m1} = 1, \qquad l_{m2} = l_m - 1, \qquad m = 0, \ldots, n+1;$$

$$a_m^+ = \begin{cases} (\lambda_1\delta_{j,n+2} + \lambda_2\delta_{j1})_{i=1,j=1,\ldots,2(n+1)}; & m = 0,\\ \left(\lambda_2(\delta_{ij}\mathbf{1}_{\mathbf{N}}(l_m - 2i) + \delta_{i-1,j}\mathbf{1}_{\mathbf{N}}(2i - l_m)\right)_{i=1,\ldots,l_m;j=1,\ldots,l_{m+1}}, & m = 1, \ldots, n, \end{cases}$$

$$a_m^- = \left(\delta_{j1}(\mu_1\delta_{2i,l_m+2} + \mu_2\delta_{i1}\right)_{i=1,\ldots,l_m;j=1,\ldots,l_{m-1}},$$

$$a_m = \begin{cases} (-\lambda)_{i,j=1}, & m = 0,\\ \Big(\lambda_1\delta_{i+1,j}(1 - \delta_{2i,l_m}) + \mu_1\delta_{i-1,j}\mathbf{1}_{\mathbf{N}}(2i - l_m) - \delta_{ij}\big(\lambda(1 - \delta_{il_m}) & \\ \quad + \mu_2\mathbf{1}_{\mathbf{N}}(l_m + 1 - 2i) + \mu_1\mathbf{1}_{\mathbf{N}}(2i - l_m)\big)\Big)_{i,j=1,\ldots,l_m}, & m = 1, \ldots, n,\\ (\mu_1\delta_{i2} - \mu_2\delta_{i1})_{i,j=1,2}, & m = n+1. \end{cases}$$

Im folgenden sei

$$\lambda = \lambda_1 + \lambda_2, \qquad \sigma_i = \frac{\lambda}{\mu_i}, \qquad \varrho_i = \frac{\lambda_i}{\mu_i}, \qquad i = 1, 2, \qquad \alpha_i = \frac{\lambda_i}{\lambda + \mu_2},$$

$$\varrho_{ij} = \frac{\lambda_i}{\mu_j}, \qquad \mu_{ij} = \frac{\mu_i}{\mu_j}, \qquad i \neq j, \qquad i, j = 1, 2,$$

$$c(k, l) = \mu_{21}\alpha_1^k\big(\alpha_1\mathbf{1}_{\mathbf{N}}(n - k - l - 1) + \varrho_{12}\mathbf{1}_{\mathbf{N}}(k + l - n + 2)\big),$$

$$k = 0, \ldots, n - l - 1; \qquad l = 0, \ldots, n - 1,$$

$$u_{i0} = 1, \qquad i = 1, 2, \qquad u_{11} = -1, \qquad u_{21} = -1 - \sigma_1,$$

$$u_{ik} = -(1 + \sigma_1)\, u_{i,k-1} - \varrho_1 u_{i,k-2}, \qquad k = 2, \ldots, n+1, \qquad i = 1, 2,$$

wobei abkürzend $u_k = u_{1k}$, $v_k = u_{2k}$ geschrieben wird. Weiter bezeichne

$$b(k, l) = \alpha_2 c(k, l+1) \sum_{m=1}^{k+1} p^*(2, m, l)\, \alpha_1^{-m}, \qquad k = 0, \ldots, n-l-2; \quad l = 0, \ldots, n-2,$$

$$\boldsymbol{c}_l = \big(c(0, l), c(1, l), \ldots, c(n-l-1, l)\big), \qquad \boldsymbol{b}_l = \big(b(0, l), b(1, l), \ldots, b(n-l-1, l)\big),$$

$$\boldsymbol{p}_{1l}^* = \big(p^*(1, 0, l), p^*(1, 1, l), \ldots, p^*(1, n-l-1, l)\big), \qquad l = 0, \ldots, n-1,$$

$$d_{kl,1}(\boldsymbol{a}_1) = u_{n-k-l} \sum_{m=0}^{k-1} (-1)^{k+m+1} a_m \varrho_1^{k-m} v_m + v_k \sum_{m=k}^{n-l-1} (-1)^{k+m+1} a_m u_{n-l-m},$$

$$d_{kl,2}(\boldsymbol{a}_2) = d_{kl,1}(\boldsymbol{a}_1) + (-1)^{k+n-l+1} v_k a_{n-l}$$

mit $\boldsymbol{a}_1 = (a_0, a_1, \ldots, a_{n-l-1})$ und $\boldsymbol{a}_2 = (a_0, a_1, \ldots, a_{n-l})$.

Die stationären Zustandswahrscheinlichkeiten p_j und $p(i, k, l)$ können für $n \geqq 1$ gemäß den Beziehungen

$$p_0 = \left(1 + \sum_{\substack{l,k=0 \\ l+k \leqq n}}^{n} \big(p(1, k, l) + p(2, k, l)\big)\right)^{-1}, \qquad p_j = \sum_{\substack{l,k=0 \\ l+k=j-1}}^{n} \big(p(1, k, l) + p(2, k, l)\big),$$

$$j = 1, \ldots, n+1,$$

$$p(i, k, l) = p^*(i, k, l)\, p_0, \qquad i = 1, 2, \qquad l = 0, \ldots, n, \qquad k = 0, \ldots, n-l,$$

berechnet werden, wobei

$$p^*(2, 0, 0) = (\sigma_1 u_{n+1} + \varrho_1 u_n)\big(\mu_{21} u_{n+1} + d_{00,1}(\boldsymbol{c}_0)\big)^{-1},$$

$$p^*(2, k, 0) = \mu_{21}^{-1} c(k-1, 0)\, p^*(2, 0, 0), \qquad k = 1, \ldots, n,$$

$$p^*(2, 0, l) = \Big(\big((1+\sigma_2)\, p^*(2, 0, l-1) - \varrho_2(1-\delta_{l1})\, p^*(2, 0, l-2) - \delta_{l,1}\varrho_2\big) u_{n-l+1}$$
$$- \mu_{12}\big(\varrho_{21} d_{0l,2}(\boldsymbol{p}_{1,l-1}^*) + d_{0l,1}(\boldsymbol{b}_{l-1})\big)\Big)\big(\mu_{12} d_{0l,1}(\boldsymbol{c}_l) + u_{n-l+1}\big)^{-1},$$
$$l = 1, \ldots, n-1,$$

$$p^*(2, k, l) = c(k-1, l)\, p^*(2, 0, l) + b(k-1, l), \qquad l = 1, \ldots, n-1, \quad k = 1, \ldots, n-1,$$

$$p^*(1, k, 0) = \big((-\varrho_1)^{k+1} u_{n-k} + d_{k0,1}(\boldsymbol{c}_0)\, p^*(2, 0, 0)\big) u_{n+1}, \qquad k = 0, \ldots, n,$$

$$p^*(1, k, l) = \Big(\varrho_{21} d_{kl,2}(\boldsymbol{p}_{1,l-1}^*) + (1-\delta_{ln})\big(d_{kl,1}(\boldsymbol{c}_l)\, p^*(2, 0, l) + d_{kl,1}(\boldsymbol{b}_{l-1})\big)\Big) u_{n-l+1}^{-1},$$
$$l = 1, \ldots, n, \qquad k = 0, \ldots, n-l,$$

$$p^*(2, 0, n) = \varrho_2 p^*(2, 0, n-1).$$

Werden die Forderungen desselben Typs in der Reihenfolge ihres Eintreffens bedient, so ist im Fall $\mu_1 \neq \mu_2$ die stationäre Wartezeitverteilungsfunktion $W_1(x)$ der 1-Forderungen, die zur Bedienung angenommen werden, gegeben (vgl. Botscharow/Lysenkowa (1969)) für $x \leqq 0$ durch $W_1(x) = 0$ und für $x > 0$ durch

$$W_1(x) = (1 - p_{n+1})^{-1}\Bigg(p_0 + \sum_{k=0}^{n-1} \sum_{l=0}^{n-1-k} p(1, k, l)\left(1 - \sum_{j=0}^{k} e^{-\mu_1 x} \frac{(\mu_1 x)^j}{j!}\right)$$
$$+ \sum_{k=0}^{n-1} \sum_{l=0}^{n-1-k} p(2, k, l)\Bigg(1 - \left(\frac{\mu_1}{\mu_1 - \mu_2}\right)^k e^{-\mu_2 x}$$
$$+ \sum_{j=0}^{k-1} \frac{\big(x\mu_1(\mu_1 - \mu_2)\big)^{j-k}}{j!} e^{-\mu_1 x}\big(\mu_1^{k-j} - (\mu_1 - \mu_2)^{k-j}\big)\Bigg)\Bigg).$$

Ferner gilt

$$\mathsf{E}W_1 = (1 - p_{n+1})^{-1} \sum_{i=1}^{2} \sum_{k=0}^{n-1} \sum_{l=0}^{n-1-k} p(i, k, l) \, (\mu_i^{-1} + k\mu_1^{-1}),$$

$$\mathsf{E}W_i = \mathsf{E}N_i\big(\lambda_i(1 - p_{n+1})\big)^{-1}, \qquad i = 1, 2,$$

wobei N_i die Anzahl der i-Forderungen in der Warteschlange und W_i die Wartezeit der i-Forderungen bezeichnen.

4.2.1.3.5. System $\Sigma^2\vec{\mathrm{M}}/\vec{\mathrm{M}}/1/n$ mit absoluter Priorität

Findet eine eintreffende Forderung ein vollständig besetztes System vor, so geht sie (oder eine Forderung dergleichen Priorität aus der Warteschlange) verloren. Andernfalls unterbricht die eintreffende Forderung, die kein freies Bedienungsgerät vorfindet, die Bedienung einer Forderung niedrigerer Priorität, falls eine solche vorhanden ist.

Es wird $X(t) = (i, j)$ gesetzt, falls sich zur Zeit t im System i Forderungen vom Typ 1 und j Forderungen vom Typ 2 befinden. Dann gilt (vgl. Bascharin (1967b)) für $m = 0, \ldots, n + 1$

$$\mathscr{E}_m = \{(l, m) \mid l = 0, \ldots, n + 1 - m\},$$

$$l_m = n + 2 - m, \qquad l_{m1} = 1, \qquad l_{m2} = n + 1 - m,$$

$$a_m^+ = (\lambda_2\delta_{ij})_{i=1,\ldots,l_{m-1};\, j=1,\ldots,l_{m+1}}, \qquad m = 0, \ldots, n,$$

$$a_m^- = (\mu_2\delta_{i1}\delta_{j1})_{i=1,\ldots,l_{m-1};\, j=1,\ldots,l_m}, \qquad m = 1, \ldots, n + 1,$$

$$a_m = \begin{cases} \big(\lambda_1\delta_{i+1,j} - \lambda[1 - \delta_{il_m} + \mu_1(1 + \delta_{i1})]\,\delta_{ij} + \mu_1\delta_{i-1,j}\big)_{i,j=1,\ldots,l_m}, & m = 0, \\ \big(\lambda_1\delta_{i+1,j} - \lambda[1 - \delta_{il_m} + \mu_2\delta_{i1} + \mu_1(1 - \delta_{i1})]\,\delta_{ij} + \mu_1\delta_{i-1,j}\big)_{i,j=1,\ldots,l_m}, & \\ \qquad m = 1, \ldots, n + 1. & \end{cases}$$

Im folgenden sei

$$\varrho_i = \frac{\lambda_i}{\mu_i}, \qquad \sigma_i = \frac{\lambda}{\mu_i}, \qquad i = 1, 2; \qquad \varrho = \varrho_1 + \varrho_2, \qquad \mu_{12} = \frac{\mu_1}{\mu_2},$$

$$\varrho_{ij} = \frac{\lambda_i}{\mu_j}, \qquad i \neq j, \qquad i, j = 1, 2,$$

$$u_0 = 1, \qquad u_1 = -1, \qquad u_i = -(1 + \sigma_1)\, u_{i-1} - \varrho_1 u_{i-2}, \qquad i = 2, \ldots, n + 1,$$

$$v_0 = 1, \qquad v_1 = -1 - \sigma_1, \qquad v_i = -(1 + \sigma_1)\, v_{i-1} - \varrho_1 v_{i-2}, \qquad i = 2, \ldots, n + 1.$$

Die stationären Zustandswahrscheinlichkeiten p_k und $p(i, j)$, $0 \leqq i + j \leqq n + 1$, sind dann gegeben durch

$$p_k = \sum_{\substack{i,j=0 \\ i+j=k}}^{n+1} p(i, j), \qquad k = 0, \ldots, n + 1; \qquad p(0, 0) = \Bigg(\sum_{\substack{i,j=0 \\ i+j \leqq n+1}}^{n+1} p^*(i, j)\Bigg)^{-1},$$

$$p(i, j) = p^*(i, j)\, p(0, 0), \qquad i = 0, \ldots, n + 1 - j; \qquad j = 0, \ldots, n + 1,$$

wobei

$$p^*(i,0) = (-\varrho_1)^i \frac{u_{n-i+1}}{u_{n+1}}, \qquad i = 0, \ldots, n+1, \qquad p^*(0,1) = \sigma_2 - \mu_{12} p^*(1,0),$$

$$p^*(i,j) = u_{n-j+1}^{-1} \Biggl(-\varrho_{21} u_{n-i-j+1} \sum_{m=1}^{i-1} (-\varrho_1)^{i-m} p^*(m, j-1) v_{m-1}$$

$$- \varrho_{21} v_{i-1} \sum_{m=i}^{n-j+1} (-1)^{i+m} p^*(m, j-1) u_{n-j-m+1} + (-\varrho_1)^i u_{n-j-i+1} p^*(0,j) \Biggr),$$

$$i = 1, \ldots, n-j+1, \qquad j = 1, \ldots, n,$$

$$p^*(0, j+1) = (1+\sigma_2) p^*(0,j) - \varrho_2 p^*(0, j-1) - \mu_{12} p^*(1,j), \qquad j = 1, \ldots, n.$$

Werden die Forderungen desselben Typs in der Reihenfolge ihres Eintreffens bedient, so ist die stationäre Wartezeitverteilungsfunktion $W_1(x)$ der 1-Forderungen, die zur Bedienung angenommen werden, durch $W_1(x) = 0$ für $x \leqq 0$ und für $x > 0$ durch

$$W_1(x) = (1 - p_{n+1})^{-1} \left(\sum_{j=0}^{n} p(0,j) + \sum_{i=1}^{n} \sum_{j=0}^{n-i} p(i,j) \left(1 - \sum_{m=0}^{i-1} e^{-\mu_1 x} \frac{(\mu_1 x)^m}{m!} \right) \right)$$

und das k-te Moment der Wartezeit W_1 der 1-Forderungen durch

$$\mathsf{E} W_1^k = (1 - p_{n+1})^{-1} \mu_1^{-k} \sum_{i=1}^{n} \frac{(i+k-1)!}{(i-1)!} \sum_{j=0}^{n-i} p(i,j)$$

gegeben (vgl. BASCHARIN (1967b)). Ferner gilt

$$\mathsf{E} W_1 = \mathsf{E} N_{1,\mathrm{w}} \bigl(\lambda_1 (1 - p_{n+1}) \bigr)^{-1},$$

wobei $N_{1,\mathrm{w}}$ die Anzahl der 1-Forderungen in der Warteschlange bezeichnet.

4.2.2. Systeme mit beliebiger Bedienungszeitverteilungsfunktion

4.2.2.1. System $\Sigma^k \vec{\mathrm{M}}/\vec{\mathrm{GI}}/1/n$ ohne Prioritäten

Das in diesem Abschnitt betrachtete System wird durch einen Markowschen Prozeß $\bigl(X(t)\bigr)$ mit dem Zustandsraum

$$\mathscr{E} = \{0, (x, i, j) : x \geqq 0,\ i = 1, \ldots, k;\ j = 0, \ldots, n\}$$

beschrieben, wobei im Zustand 0 das System leer ist und im Zustand (x, i, j) sich im System zu einem beliebigen Zeitpunkt j wartende Forderungen beliebigen Typs befinden und eine Forderung vom Typ i bereits die Zeit x bedient wird. Es wird vorausgesetzt, daß $B_i(+0) = 0$ und $\mu_i^{-1} < \infty$ für $i = 1, \ldots, k$ gilt. Dann existieren für beliebige Anfangsverteilungen des Prozesses $\bigl(X(t)\bigr)$ die Wahrscheinlichkeiten $p_0 = \lim_{t\to\infty} \mathsf{P}\bigl(X(t) = 0\bigr)$ und

$$P(x, i, j) = \lim_{t\to\infty} \mathsf{P}\bigl(X(t) \in [0, x) \times \{(i, j)\}\bigr), \qquad P(\infty, i, j) = p(i, j),$$

wobei die Funktion $P(x, i, j)$ die Dichte $p(x, i, j)$ besitzt, vgl. BOTSCHAROW (1970a), (1977).

Im weiteren sei

$$b_{jm} = \int_0^\infty e^{-\lambda x} \frac{(\lambda x)^m}{m!} \, dB_j(x), \qquad j = 1, \ldots, k, \qquad m = 0, \ldots, n-1,$$

$$\varrho = \sum_{i=1}^k \varrho_i = \sum_{i=1}^k \frac{\lambda_i}{\mu_i},$$

$$c_{j0} = 1 - b_{j0}, \qquad c_{jm} = c_{j,m-1} - b_{jm}, \qquad m = 1, \ldots, n-1; \qquad j = 1, \ldots, k,$$

$$c_m = \sum_{j=1}^k \frac{\lambda_j}{\lambda} c_{jm}, \qquad m = 0, \ldots, n-1, \qquad b = 1 - c_0,$$

$$s_0 = b^{-1}, \qquad s_j = b^{-1} \sum_{m=0}^{j-1} c_{j-m} s_m, \qquad j = 1, \ldots, n-1.$$

Die stationären Zustandswahrscheinlichkeiten p_0 und $p(i, j)$ sind dann gegeben durch

$$p_0 = \left(1 + \varrho \sum_{j=0}^{n-1} s_j\right)^{-1},$$

$$p(i, j) = p_0 \frac{\lambda_i}{\lambda} \sum_{m=0}^{j} c_{i,j-m} s_m, \qquad i = 1, \ldots, k, \qquad j = 0, \ldots, n-1,$$

$$p(i, n) = \sum_{m=0}^{n-1} \big(\varrho_i p_0 s_m - p(i, m)\big), \qquad i = 1, \ldots, k.$$

Die stationären Wahrscheinlichkeiten

$$p_{w,j} = \sum_{i=1}^k p(i, j), \qquad j = 0, \ldots, n,$$

dafür, daß sich j Forderungen in der Warteschlange befinden, lassen sich gemäß der einfacheren Beziehungen

$$p_{w,0} = p_0(s_0 - 1), \qquad p_{w,j} = p_0 s_j, \qquad j = 1, \ldots, n-1, \qquad p_{w,n} = 1 - (1 - p_0)\,\varrho^{-1}$$

berechnen.

Für die Dichten $p(x, i, j)$ von $P(x, i, j)$ gelten die Beziehungen

$$p(x, i, j) = p_0 \lambda_i \big(1 - B_i(x)\big) e^{-\lambda x} \sum_{m=0}^{j} \frac{(\lambda x)^m}{m!} s_{j-m}, \qquad i = 1, \ldots, k; \qquad j = 0, \ldots, n-1,$$

$$p(x, i, n) = \big(1 - B_i(x)\big) \sum_{m=0}^{n-1} \big(p_0 \lambda_i s_m - p(x, i, m)\big), \qquad i = 1, \ldots, k.$$

Sei $(i, j_1, \ldots, j_k)$ ein Zustand des Systems, der angibt, daß sich j_l Forderungen vom Typ l, $l = 1, \ldots, k$, in der Warteschlange befinden und eine Forderung vom Typ i bedient wird, wobei das Alter der Bedienung unberücksichtigt bleibt. Setzt man $\boldsymbol{j} = (j_1, \ldots, j_k)$ und $j = \sum_{l=1}^k j_l$, so gilt

$$p(i, \boldsymbol{j}) = j! \left(\prod_{l=1}^k j_l!\right)^{-1} \prod_{l=1}^k \left(\frac{\lambda_l}{\lambda}\right)^{j_l} p(i, j).$$

4.2.2.2. System $\Sigma^2\vec{M}/\vec{GI}/1/n$ mit Prioritäten

Die in diesem Abschnitt betrachteten Systeme werden durch einen Markowschen Prozeß $(X_f(t))$, f = 1, ..., 4, mit dem Zustandsraum

$$\mathscr{E} = \{0, (x, i, j, k) \mid x \geqq 0, i = 1, 2; k = 0, \ldots, n; j = 0, \ldots, (n - k)\, v(i, \mathrm{f})\},$$

$$v(i, \mathrm{f}) = (\delta_{\mathrm{f}1} + \delta_{\mathrm{f}2}) + \delta_{i1}(\delta_{\mathrm{f}3} + \delta_{\mathrm{f}4})$$

beschrieben, wobei im Zustand 0 das System leer ist und im Zustand (x, i, j, k) sich im System zu einem beliebigen Zeitpunkt j wartende 1-Forderungen und k wartende 2-Forderungen befinden sowie eine i-Forderung bereits die Zeit x bedient wird. Dabei werden durch den Index f verschiedene Prioritätsregeln gekennzeichnet.

Ist f = 1, so unterbricht eine eintreffende Forderung höherer Priorität, die kein freies Bedienungsgerät vorfindet, die Bedienung nicht, sondern tritt in die Warteschlange vor alle Forderungen niedrigerer Priorität ein, falls mindestens ein freier Warteplatz vorhanden ist. Andernfalls geht die eintreffende Forderung verloren.

Im Fall f = 2 wird vorausgesetzt, daß eine eintreffende Forderung höherer Priorität, die das Bedienungsgerät besetzt vorfindet, die Bedienung nicht unterbricht, sondern sich in die Warteschlange vor alle Forderungen niedrigerer Priorität einreiht.

Ist f = 3, so geht jede eintreffende Forderung verloren, falls das System vollständig besetzt ist. Andernfalls unterbricht die eintreffende Forderung, die ein besetztes Bedienungsgerät vorfindet, die Bedienung, wenn eine Forderung niedrigerer Priorität bedient wird. Dabei wird die Bedienung der Forderung, deren Bedienung unterbrochen wurde, nach Abschluß der Bedienung der Forderung höherer Priorität von neuem begonnen.

Im Fall f = 4 wird angenommen, daß eine eintreffende Forderung höherer Priorität die Bedienung einer Forderung niedrigerer Priorität unterbricht, falls eine solche vorhanden ist. Andernfalls reiht sich die eintreffende Forderung vor alle Forderungen niedrigerer Priorität in die Warteschlange ein.

Ist $B_i(+0) = 0$ und $\mu_i^{-1} < \infty$ für $i = 1, 2$, so existieren für beliebige Anfangsverteilungen des Prozesses $(X_f(t))$ die Grenzwerte

$$p_{\mathrm{f},0} = \lim_{t\to\infty} \mathsf{P}(X_f(t) = 0)$$

und

$$P_f(x, i, j, k) = \lim_{t\to\infty} \mathsf{P}(X_f(t) \in [0, x) \times \{(i, j, k)\}), \qquad P_f(\infty, i, j, k) = p_f(i, j, k),$$

wobei die Funktion $P_f(x, i, j, k)$ die Dichte $p_f(x, i, j, k)$ besitzt, vgl. BOTSCHAROW (1970a), (1979).

Im folgenden sei für $i = 1, 2$; $j = 0, \ldots, n(n + 1)/2$

$$a(i, j) = \frac{\lambda^j}{j!} \int_0^\infty e^{-\lambda x}\, dB_i(x), \qquad a_s(i, j) = 1 - \sum_{s=0}^{j} a(i, s)$$

und für $i, j = 1, 2$; $j = 0, \ldots, n - 1$

$$b(i, j) = \frac{\lambda_1^j}{j!} \int_0^\infty e^{-\lambda_1 x}\, dB_i(x), \qquad b_s(i, j) = 1 - \sum_{s=0}^{j} b(i, s),$$

sowie für $j + k = 0, \ldots, n - 1$

$$\lambda(j, k) = \left(\frac{\lambda_1}{\lambda}\right)^j \left(\frac{\lambda_2}{\lambda}\right)^k \frac{(j+k)!}{j!\,k!}, \qquad a(i, j, k) = \lambda(j, k)\, a(i, j + k).$$

Ferner werden Folgen von Größen $c_\mathfrak{f}(j, k)$ und $s(j, k)$ für $\mathfrak{f} = 1, \ldots, 4$ und $j + k = 0, \ldots, n - 1$ definiert durch

$$\begin{aligned} c_\mathfrak{f}(j, k) = \big(-a(1, 0, 0)\big)^{-1} \Bigg(& \sum_{l=0}^{j} \sum_{r=0}^{k} a(1, j - l, k - 1)\, c_\mathfrak{f}(l, r)\, \mathbf{1}_\mathbf{N}(j + k - l - r) \\ & + \mathbf{1}_\mathbf{N}(j) \big(v(0, \mathfrak{f})\, \delta_{j1} \mathbf{1}_\mathbf{N}(k)\, \lambda(1, 0)\, \lambda(0, k - 1)\, a_s(2, k - 1) - c_\mathfrak{f}(j - 1, k)\big) \\ & + v(j + 1, \mathfrak{f})\, a(2, j, k) - \delta_{j0}\delta_{k1} \Bigg), \end{aligned}$$

und

$$\begin{aligned} s(j, k) = \big(-a(1, 0, 0)\big)^{-1} \Bigg(& \sum_{l=0}^{j} \sum_{r=0}^{k} a(1, j - l, k - r)\, s(l, r)\, \mathbf{1}_\mathbf{N}(j + k - l - r) \\ & + \delta_{j0}(\delta_{k1}\lambda_2 - \delta_{k0}\lambda) + \mathbf{1}_\mathbf{N}(j) \big(\mathbf{1}_\mathbf{N}(2 - j - k)\, \lambda_1 - s(j - 1, k)\big)\Bigg). \end{aligned}$$

Des weiteren gelte für $\mathfrak{f} = 1, 2$:

$$\begin{aligned} g_\mathfrak{f}(k, l, n) = & -\lambda_2 \sum_{m=0}^{n-k-1} \sum_{r=0}^{k-l} \lambda(m, r)\, c_\mathfrak{f}(n - k - m - 1, k - l - r) \\ & + \lambda_1 \lambda(n - k - 1, k - l) - \delta_{\mathfrak{f}2} \Bigg(\delta_{k,n-1} \lambda_1 \lambda(0, n - l - 1) \\ & \times a_s(2, n - l - 1) + \mathbf{1}_\mathbf{N}(n - k - 1) \frac{\lambda_1^2}{\lambda} \\ & \times \sum_{r=0}^{k-l} \lambda(n - k - 2, k - l - r)\, \lambda(0, r)\, a_s(2, r)\Bigg), \end{aligned}$$

$$k = 0, \ldots, n - 1; \qquad l = 0, \ldots, k,$$

$$g_\mathfrak{f}(k, n, n) = \lambda_2 \sum_{m=0}^{n-k-1} \sum_{r=0}^{k} \lambda(m, r)\, s(n - k - m - 1, k - r), \qquad k = 0, \ldots, n - 1,$$

und für $\mathfrak{f} = 3, 4$:

$$\begin{aligned} g_\mathfrak{f}(k, l, n) = & \sum_{m=0}^{n-k-1-\max\{0, l-k\}} b_s(1, n - k - m - 1) \sum_{r=0}^{n-l-m-1} c_\mathfrak{f}(m, r) \\ & + (\delta_{k,n-1}\delta_{\mathfrak{f}4} + \delta_{\mathfrak{f}2})\, b(2, n - k - 1) - \mathbf{1}_\mathbf{N}(n - k - 1)\, \mathbf{1}_\mathbf{N}(k - l + 2) \\ & \times \sum_{m=0}^{k-l+1} c_\mathfrak{f}(n - k - 2, m) + \delta_{\mathfrak{f}4} \Bigg(\delta_{k,n-2} \mathbf{1}_\mathbf{N}(n - l - 2)\, \lambda(1, 0) \\ & \times \sum_{r=0}^{n-l-3} \lambda(0, r)\, a_s(2, r) + b(1, n - k - 1) \\ & \times \Bigg(b_s(2, 0) - \mathbf{1}_\mathbf{N}(n - l - 1)\, \lambda(1, 0) \sum_{r=0}^{n-l-2} \lambda(0, r)\, a_s(2, r)\Bigg)\Bigg) - \delta_{k,n-1}, \end{aligned}$$

$$k = 0, \ldots, n - 1; \qquad l = 0, \ldots, n - 1,$$

$$g_f(k, n, n) = \sum_{m=0}^{n-k-1} b(1, n-k-m-1) \sum_{r=0}^{n-m-1} s(m, r) - 1_N(n-k-1)$$
$$\times \sum_{m=0}^{k+1} s(n-k-2, m) + \lambda_1(\delta_{k,n-2} - \delta_{k,n-1}), \qquad k = 0, \dots, n-1,$$

sowie für f = 1, …, 4,

$$g_f(n, l, n) = \mu_1^{-1} \sum_{r=0}^{n-l-1} \sum_{m=0}^{n-l-r-1} c_f(r, m) + (1 - \delta_{f4}) \mu_2^{-1}$$
$$+ \delta_{f3}\lambda(1, 0) \Bigg(\lambda(0, n-l-1) a_s(2, n-l-1) \mu_1^{-1}$$
$$+ \sum_{r=0}^{n-l-1} \lambda(0, r) \Bigg(\lambda^{-1} \sum_{j=0}^{r} a_s(2, j) - \mu_2^{-1}\Bigg)\Bigg)$$
$$+ \delta_{f4} \Bigg(\mu_1^{-1} \Bigg(b_s(2, 0) - 1_N(n-l-1) \lambda(1, 0)$$
$$\times \sum_{r=0}^{n-l-2} \lambda(0, r) a_s(2, r)\Bigg) + b_s(2, 0) \lambda_1^{-1}\Bigg), \qquad l = 0, \dots, n-1,$$

$$g_f(n, n, n) = \mu_1^{-1} \sum_{j=0}^{n-1} \sum_{r=0}^{n-j-1} s(j, r) + 1.$$

Dann sind die stationären Zustandswahrscheinlichkeiten $p_f(i, j, k)$ durch

$$p_f(i, j, k) = \lambda^{-1} \sum_{m=0}^{j} \sum_{r=0}^{k} \lambda(m, r) a_s(i, m+r) q_f(i, j-m, k-r)$$

für f = 1, …, 4, $i = 1, 2$, $k = 0, \dots, n-1$, $j = 0, \dots, n-k-1$,
und

$$p_f(i, j, n-j) = \sum_{m=0} \sum_{r=0}^{n-j} \lambda(j-m, n-j-r) \big(\mu_i^{-1} q_f(i, m, r) - 1_N(n-m-r) p_f(i, m, r)\big)$$

für f = 1, 3, $i = 1, 2$, $j = 0, \dots, nv(i, \mathrm{f})$

bzw.

$$p_f(i, j, n-j) = \lambda_1^{-1} \sum_{m=0}^{j} a_s(i, m) \sum_{r=0}^{n-j+m} q_f(i, j-m, r) - \sum_{r=0}^{n-j-1} p_f(i, j, r),$$

für f = 2, 4, $i = 1, 2$, $j = 0, \dots, (n-1) v(i, \mathrm{f})$,

$$p_f(i, n, 0) = \sum_{m=0}^{n-1} \Bigg(\mu_i^{-1} - \lambda_1^{-1} \sum_{j=0}^{m} b_s(i, j)\Bigg) \sum_{r=0}^{m+1} q_f(i, n-m-1, r)$$

für f = 2, 4, $i = 1, 1 + v(2, \mathrm{f})$

gegeben, wobei die Größen $q_f(2, 0, k)$ und die Wahrscheinlichkeit $p_{f,0}$ für f = 1, 3 und $k = 0, \dots, n-1$ gemäß

$$q_f^*(2, 0, k) = \Bigg(g_f(k, n, n) - (1 - \delta_{k0}) \sum_{l=0}^{k-1} g_f(k, l, n) q_f^*(2, 0, l)\Bigg) g_f^{-1}(k, k, n),$$

$$p_{f,0} = \Bigg(\sum_{l=0}^{n-1} g_f(n, l, n) q_f^*(2, 0, l) + g_f(n, n, n)\Bigg)^{-1},$$

$$q_f(2, 0, k) = q_f^*(2, 0, k) p_{f,0},$$

bestimmt werden bzw. für f = 2, 4 eindeutige Lösung des Gleichungssystems

$$\delta_{kn} = \sum_{l=0}^{n-1} g_{\mathfrak{f}}(k, l, n)\, q_{\mathfrak{f}}(2, 0, l) + g_{\mathfrak{f}}(k, n, n)\, p_{\mathfrak{f},0}, \qquad k = 0, \ldots, n,$$

sind und die Größen $q_{\mathfrak{f}}(i, j, k)$ für f = 1, ..., 4 durch

$$q_{\mathfrak{f}}(1, j, k) = \sum_{r=0}^{k} c_{\mathfrak{f}}(j, k-r)\, q_{\mathfrak{f}}(2, 0, r) + s(j, k)\, p_{\mathfrak{f},0}, \qquad k = 0, \ldots, n-1;$$

$$j = 0, \ldots, n-k-1,$$

$$q_{\mathfrak{f}}(i, j, n-j) = \delta_{1-i,j} v(0, \mathfrak{f})\, \lambda(1, 0) \sum_{r=0}^{n-1} \lambda(0, r)\, a_s(2, r)\, q_{\mathfrak{f}}(2, 0, n-r-1),$$

$$i = 1, 2, \qquad j = 0, \ldots, n,$$

$$q_{\mathfrak{f}}(2, j, k) = 0, \qquad k = 0, \ldots, n-1, \qquad j = 1, \ldots, n-k,$$

gegeben sind.

Die Dichte $p_{\mathfrak{f}}(x, i, j, k)$ kann mit Hilfe der Beziehungen

$$p_{\mathfrak{f}}(x, i, j, k) = \left(1 - B_i(x)\right) \mathrm{e}^{-\lambda x} \sum_{m=0}^{j} \sum_{r=0}^{k} \frac{\lambda_1^m \lambda_2^r}{m!\, r!} x^{m+r} q_{\mathfrak{f}}(i, j-m, k-r)$$

für f = 1, ..., 4; $i = 1, 2$; $k = 0, \ldots, n-1$; $j = 0, \ldots, (n-k-1)\, v(i, \mathfrak{f})$ und

$$p_{\mathfrak{f}}(x, i, j, n-j) = \sum_{m=0}^{j} \sum_{r=0}^{n-j} \lambda(j-m, n-j-r)$$

$$\times \left(\left(1 - B_i(x)\right) q_{\mathfrak{f}}(i, m, r) - \mathbf{1}_{\mathbf{N}}(n-m-r)\, p_{\mathfrak{f}}(x, i, m, r)\right)$$

für f = 1, 3; $i = 1, 2$; $j = 0, \ldots, nv(i, \mathfrak{f})$ bzw.

$$p_{\mathfrak{f}}(x, i, j, n-j) = -\sum_{r=0}^{n-j-1} p_{\mathfrak{f}}(x, i, j, r) + \left(1 - B_i(x)\right) \mathrm{e}^{-\lambda_1 x} \sum_{m=0}^{j} \frac{(\lambda_1 x)^m}{m!} \sum_{r=0}^{n-j-k} q_{\mathfrak{f}}(i, j-m, r)$$

für f = 2, 4; $i = 1, 2$; $j = 0, \ldots, (n-1)\, v(i, \mathfrak{f})$,

$$p_{\mathfrak{f}}(x, i, n, 0) = \left(1 - B_i(x)\right) \sum_{m=0}^{n-1} \left(1 - \mathrm{e}^{-\lambda_1 x} \sum_{l=0}^{m} \frac{(\lambda_1 x)^l}{l!} \sum_{r=0}^{m+1} q_{\mathfrak{f}}(i, n-m-1, r)\right)$$

für f = 2, 4, $i = 1, 1 + v(2, \mathfrak{f})$ berechnet werden.

4.3. Systeme mit endlich vielen Quellen. Mehrmaschinenbedienungssysteme

In diesem Abschnitt werden geschlossene Bedienungssysteme mit s identischen Bedienungsgeräten, einem von N Quellen erzeugten Forderungenstrom (2. Art) und n ($n \leq N - s$) Warteplätzen betrachtet. Die Quellen arbeiten unabhängig voneinander in dem Sinne, daß die Folgen der Pausenzeiten verschiedener Quellen unabhängig sind. Weiterhin schränken wir uns hier auf folgendes Modell ein: Die Erwartungswerte der Pausenzeiten seien λ^{-1}. Jeder eintreffenden Forderung wird eines der freien Bedienungsgeräte „auf gut Glück" zugewiesen. Sind alle Bedienungsgeräte belegt, so wird die Forderung in die Warteschlange eingereiht, falls ein freier Warteplatz vorhanden ist. Andernfalls geht die Forderung verloren und die nächste Pausenzeit der entsprechenden Quelle beginnt zu laufen. Während der Bedienung bzw. des Wartens einer Forderung arbeitet die jeweilige Quelle nicht, d. h., es läuft die nächste Pausenzeit erst nach Beendigung der Forderung an. Die Bedienungszeiten seien untereinander und von den Pausenzeiten unabhängige, identisch verteilte Zufallsgrößen mit der Verteilungsfunktion $B(x)$ und dem Erwartungswert μ^{-1}. Ferner sei $N_S(t)$ die Anzahl der Forderungen, die zum Zeitpunkt t bedient werden oder warten,

$$e_n(x) = \frac{x^n}{n!}\left(\sum_{k=0}^{n} \frac{x^k}{k!}\right)^{-1} \quad \text{und} \quad \varrho = \frac{\lambda}{\mu}.$$

Ist $n \geqq N - s$, so können die folgenden Systeme auch als Mehrmaschinenbedienungssysteme interpretiert werden, bei denen N Maschinen (sie entsprechen den Quellen) mit zufälligen Lebenszeiten von s Reparatureinrichtungen repariert werden. Nach Beendigung der Reparatur nehmen die Maschinen die Arbeit sofort wieder auf. Es sei darauf hingewiesen, daß dieses Modell auch als geschlossenes Netzwerk mit zwei Knoten (↑ Kap. 8) aufgefaßt werden kann mit einem System $\rightarrow/\mathrm{G}/N/0$ im Quellenknoten und einem System $\rightarrow/\mathrm{M}/s/n$ im Bedienungsknoten. Stationäre Charakteristiken sind so mit Hilfe der Ergebnisse von Kap. 8 auch für etwas allgemeinere Modelle zu gewinnen, die z. B. Quellen mit unterschiedlichen Parametern haben oder deren Bedienungsrate sich mit der Anzahl der Forderungen im System ändert. Insbesondere sind die stationären Zustandswahrscheinlichkeiten unempfindlich gegenüber der Verteilung der Folgen der Pausenzeiten der einzelnen Quellen (↑ [I, 7.2], König/Matthes/Nawrotzki [1], [2]).

4.3.1. Systeme $\langle N/\mathrm{M}/\mathrm{M}/s/n\rangle$ und $\langle N/\mathrm{G}/\mathrm{M}/s/n\rangle$

In diesem Abschnitt wird $B(x) = 1 - \mathrm{e}^{-\mu x}$ vorausgesetzt.

4.3.1.1. Instationäre Charakteristiken für $\langle N/\mathrm{M}/\mathrm{M}/s/n\rangle$

Der Prozeß $(N_S(t))$ ist ein irreduzibler, ergodischer Geburts- und Todesprozeß mit den Übergangsintensitäten $\lambda_{i-1} = (N - i)\,\lambda$, $\mu_i = \min\{i, s\}\,\mu$, $i = 1, \dots, s + n$, $\lambda_{s+n} = \mu_0 = 0$. Die Übergangswahrscheinlichkeiten $P_{ij}(t) = \mathsf{P}\big(N_S(t) = j \mid N_S(0) = i\big)$, $i, j = 0, \dots, s + n$, sind daher durch

$$P_{ij}(t) = \sum_{\gamma} \frac{d_i(\gamma)\, d_j(\gamma)}{\left(\prod\limits_{k=0}^{i} \alpha_k\right)\left(\prod\limits_{k=0}^{j} \beta_k\right) l_{s+n}(\gamma)}\, \mathrm{e}^{\gamma\mu t}$$

gegeben, wobei über alle Wurzeln γ des Polynoms $d_{s+n+1}(x)$ zu summieren ist und $d_j(x)$ und $l_{s+n}(x)$ durch (1) und (2) in [4.1.1] definiert sind mit

$$\alpha_0 = \beta_0 = 1, \qquad \alpha_j = (N - j + 1)\,\varrho; \qquad \beta_j = \min\{j, s\}, \qquad j = 1, \dots, s + n,$$

$$\nu_j = (N - j)\,\varrho + \min\{j, s\}, \qquad j = 0, 1, \dots, s + n - 1; \qquad \nu_{s+n} = s.$$

4.3.1.2. Stationäre Charakteristiken für $\langle N/G/M/s/n\rangle$

(a) *Zustandswahrscheinlichkeiten der Anzahl der Forderungen im System zu einem beliebigen Zeitpunkt* (LIFSCHIZ/FIDLIN [1]): Für beliebige Anfangsverteilungen gilt $p_k = \lim_{t\to\infty} \mathrm{P}(N_S(t) = k)$ im System $\langle N/GI/M/s/n\rangle$ (unabhängige Pausenzeiten), falls $A'(x)$ existiert und $A'(x) > 0$ auf $(0, a)$ oder (b, ∞), $a, b > 0$ (KÖNIG/MATTHES/NAWROTZKI [1]).

$$p_0 = \left[\sum_{i=0}^{s-1} \binom{N}{i} \varrho^i + N! \frac{s^s}{s!} \sum_{i=s}^{s+n} \frac{(\varrho/s)^i}{(N-i)!}\right]^{-1},$$

$$p_k = p_0 \varrho^k \frac{N!}{\min\{k, s\}!} s^{\min\{0, s-k\}}, \qquad k = 1, 2, \ldots, s+n.$$

Ist $n \geqq N - s$, so können die Wahrscheinlichkeiten p_k auch berechnet werden gemäß den Beziehungen (vgl. PALM (1947), NAOR (1956), (1957))

$$p_k = \frac{s^{\min\{k, s-1\}} \pi(N-k, s, \varrho^{-1})}{\min\{k, (s-1)\}!\, f(N, s, \varrho)}, \qquad k = 0, \ldots, N,$$

mit $\pi(i, x) = \dfrac{x^i}{i!} \mathrm{e}^{-x}$ und

$$f(N, s, \varrho) = \sum_{i=0}^{s-1} \frac{s^i}{i!} \pi(N-i, s\varrho^{-1}) + \frac{s^{s-1}}{(s-1)!} \sum_{i=0}^{N-s} \pi(i, s\varrho^{-1}).$$

Für große Werte $s\varrho^{-1}$ lassen sich die Größen $f(N, s, \varrho)$ näherungsweise darstellen durch

$$\frac{s^{s-1}\Phi(z)}{(s-1)!} \quad \text{mit} \quad z = \left(N + \frac{1}{2} - s\varrho^{-1} - a_1\right)(s\varrho^{-1} + a_2 - a_1^2)^{-1/2},$$

$$a_1 = s - \big(\pi(s, s)\big)^{-1} \sum_{i=0}^{s-1} \pi(i, s), \qquad a_2 = s^2 - \big(\pi(s, s)\big)^{-1} \left(\sum_{i=0}^{s-1} \pi(i, s) + 2s \sum_{i=0}^{s-2} \pi(i, s)\right).$$

(b) *Stationäre Zustandswahrscheinlichkeiten unmittelbar vor Beendigung einer Pause bzw. nach Beendigung einer Bedienung einer Forderung einer beliebigen Quelle:*

$$\mathring{p}_k = \tilde{p}_k = p_k(\langle N-1/G/M/s/n\rangle),$$

wobei die letzte Symbolik das p_k vom System mit einer Quelle weniger meint.

(c) *Anrufstauung und Gefahrzeit:* Die Gefahrzeit des Systems, d. h. die Wahrscheinlichkeit dafür, daß alle Bedienungsgeräte zu einem beliebigen Zeitpunkt belegt sind, ist

$$\frac{s^s}{s!} N! \left(\frac{\varrho}{s}\right)^{s+n+1} \left(\frac{(s/\varrho)^{n+1}}{(N-s)\, e_{N-s}(s/\varrho)} - \frac{1}{(N-s-n-1)!\, e_{N-s-n-1}(s/\varrho)}\right) p_0.$$

Die Anrufstauung, d. h. die Wahrscheinlichkeit dafür, daß eine Forderung der Quelle j auf Bedienung warten muß oder verloren geht, ist gegeben durch

$$\binom{N-1}{s}\binom{N-s-1}{n} \varrho^s \left(\frac{\varrho}{s}\right)^n n! \left(\sum_{i=0}^{s-1} \binom{N-1}{i} \varrho^i + \binom{N-1}{s} \varrho^s \left(\left(e_{N-s-1}\left(\frac{s}{\varrho}\right)\right)^{-1}\right.\right.$$

$$\left.\left. - (n+1)! \binom{N-s-1}{n+1} \left(\frac{\varrho}{s}\right)^{n+1} \left(e_{N-s-n-2}\left(\frac{s}{\varrho}\right)\right)^{-1}\right)\right)^{-1}$$

(d) *Erwartungswert der Anzahl N_w der Forderungen in der Warteschlange:*

$$\mathsf{E}N_w = N!\,\frac{s^s}{s!}\left(\frac{\varrho}{s}\right)^{s+n-1}\left(\frac{(s/\varrho)^{n+1}}{(N-s-1)!}\left(\frac{1}{e_{N-s}(s/\varrho)} + \frac{1}{e_{N-s-1}(s/\varrho)}\right)\right.$$

$$\left. - \frac{\left(N-s+(s/\varrho)\right)}{(N-s-n)!\,e_{N-s-n}(s/\varrho)} - \frac{2s/\varrho}{(N-s-n-1)!}\right)p_0.$$

(e) *Wartezeitverteilungsfunktion* (LIFSCHIZ/FIDLIN [1]):

$$\mathring{W}(x) = 1 - \mathrm{e}^{-sx}\sum_{k=0}^{n-1}\frac{(sx)^k}{k!}$$

$$\times\left[\frac{(s/\varrho)^{n-k}}{(N-s-k-1)!\,e_{N-s-k-1}(s/\varrho)} - \frac{1}{(N-s-n-1)!\,e_{N-s-n-1}(s/\varrho)}\right]$$

$$\times\left(\frac{(s/\varrho)^n}{(N-s-1)!\,e_{N-s-1}(s/\varrho)} - \frac{1}{(N-s-n-1)!\,e_{N-s-n-1}(s/\varrho)}\right)^{-1}.$$

(f) *Mittlere Wartezeit* (LIFSCHIZ/FIDLIN [1]):

$$\mathsf{E}\mathring{W} = s^{-1}\left(\frac{1}{e_{N-s-1}(s/\varrho)} - \frac{n!\binom{N-s-1}{n}\left(\frac{\varrho}{s}\right)^n}{e_{N-s-n-1}(s/\varrho)}\right)^{-1}\sum_{i=0}^{n-1}\binom{N-s-1}{i}\left(\frac{\varrho}{s}\right)^i (i+1)!\,.$$

4.3.2. System ⟨N/M/GI/1/N–1⟩

Es seien t_n die Zeitpunkte der aufeinanderfolgenden Bedienungsbeendigungen, $t_0 = 0$, $\tilde{N}_{S,n} = N_S(t_n - 0)$ und

$$b_i = \prod_{k=1}^{i}\left(\frac{B^*(k,\lambda)}{1 - B^*(k\lambda)}\right),\qquad i = 1,\ldots,N-1,\qquad b_0 = 1.$$

(a) *Stationäre Zustandswahrscheinlichkeiten der Anzahl N_S, $\tilde{N}_S$ bzw. $\mathring{N}_S$ der Forderungen im System zu einem beliebigen Zeitpunkt, unmittelbar vor dem Zeitpunkt einer Bedienungsbeendigung bzw. nach Ankunft einer Forderung* (TAKACS (1957), [1]): Für beliebige Anfangsverteilungen gilt

$$p_k = \mathsf{P}(N_S = k) = \lim_{t\to\infty}\mathsf{P}\big(N_S(t) = k\big),\qquad \tilde{p}_k = \mathsf{P}(\tilde{N}_S = k) = \lim_{n\to\infty}\mathsf{P}(\tilde{N}_{S,n} = k),$$

$$\mathring{p}_k = \mathsf{P}(\mathring{N}_k = k)\lim_{n\to\infty}\mathsf{P}(\mathring{N}_{S,n} = k),$$

$$p_k = \sum_{j=0}^{k}(-1)^j\binom{j+N-k}{N-k}\mathsf{B}_{(j+N-k)},\qquad k = 0,\ldots,N-1,\qquad p_N = 1 - \sum_{k=0}^{N-1}p_k,$$

$$\tilde{p}_k = \mathring{p}_k = \sum_{j=0}^{k-1}(-1)^j\binom{j+N-k}{N-k}\tilde{\mathsf{B}}_{(j+N-k)},\qquad k = 1,\ldots,N,$$

wobei $\mathsf{B}_{(0)} = 1$,

$$\mathsf{B}_{(i)} = \frac{Nb_{i-1}}{i} \sum_{k=i-1}^{N-1} \binom{N-1}{k} b_k^{-1} \left(1 + N\varrho \sum_{k=0}^{n-1} \binom{N-1}{k} b_k^{-1}\right)^{-1}, \qquad i = 1, \ldots, N,$$

$$\tilde{\mathsf{B}}_{(i)} = b_i \sum_{k=1}^{N-1} \binom{N-1}{k} b_k^{-1} \left(\sum_{k=0}^{N-1} \binom{N-1}{k} b_k^{-1}\right)^{-1}, \qquad i = 0, \ldots, N-1.$$

(b) *Stationäre Wartezeitverteilungsfunktionen* (Takács (1957), [1]):
An dieser Stelle werden die jeweiligen Verteilungsfunktionen als rechtsstetig angenommen. Es gilt für die virtuelle Wartezeit

$$\lim_{t\to\infty} \mathsf{P}\big(W(t) \leqq x\big) = W(x) = \sum_{k=0}^{N} \check{B}_k * B^{*(N-k-1)}(x)$$

sowie für die aktuelle Wartezeit

$$\mathring{W}(x) = \left(\sum_{k=0}^{N} k\check{B}_k * B^{*(N-k-1)}(x)\right) \Big/ \left(\sum_{k=0}^{N} kp_{N-k}\right)$$

mit

$$\check{B}_N(x) \equiv 0,$$

$$\check{B}_k(x) = \frac{N\lambda}{N\lambda \mathsf{E}B + \tilde{p}_1} \left[\sum_{j=k}^{N-1} \binom{j}{k} \tilde{p}_{N-j} \int_0^\infty \mathrm{e}^{-k\lambda u}(1 - \mathrm{e}^{-\lambda u})^{j-k}\right.$$

$$\times \big(B(u+x) - B(u)\big)\,\mathrm{d}u + \binom{N-1}{k} \tilde{p}_1 \int_0^\infty \mathrm{e}^{-k\lambda u}(1 - \mathrm{e}^{-\lambda u})^{N-k-1}$$

$$\left.\times \big(B(u+x) - B(u)\big)\,\mathrm{d}u\right], \qquad k = 0, 1, 2, \ldots, N-1,$$

wobei

$$\tilde{p}_{N+1} = 0, \quad B^{*(0)}(x) = B^{*(-1)}(x) = \begin{cases} 0, & x < 0, \\ 1, & x \geqq 0 \end{cases}$$

gesetzt wird und

$$\check{B}_k(x) = \lim_{t\to\infty} \mathsf{P}\big(B^{\mathrm{R}}(t) \leqq x,\, N_{\mathrm{S}}(t) = N - k\big), \qquad k = 0, 1, \ldots, N-1,$$

die stationäre Verteilung der Restbedienungszeit B^{R} bestimmt. Insbesondere erhält man

$$\lim_{t\to\infty} \mathsf{P}\big(B^{\mathrm{R}}(t) \leqq x,\, N_{\mathrm{S}}(t) > 0\big) = B_{\mathrm{R}}(x) = (\mathsf{E}B)^{-1} \int_0^x \big(1 - B(y)\big)\,\mathrm{d}y.$$

(c) *Mittlere Wartezeiten* (Takács (1957), [1]): Sei $\mathsf{V}B < \infty$.

$$\mathsf{E}W = \frac{N\lambda \mathsf{E}B}{N\lambda \mathsf{E}B + \tilde{p}_1} \left(\frac{\mathsf{V}B + (\mathsf{E}B)^2}{2} + (N-1)\,\mathsf{E}B - \frac{1 - \tilde{p}_1}{\lambda}\right),$$

$$\mathsf{E}\mathring{W} = (N-1)\,\mathsf{E}B - (1 - \tilde{p}_1)/\lambda.$$

4.3.3. Systeme ⟨N/M/GI/1/N⟩ mit zyklischer Bedienung

Es wird angenommen, daß die Quellen und Warteplätze von 1 bis N durchnumeriert sind und eine von der Quelle i erzeugte Forderung stets den Warteplatz i belegt. Die Warteplätze werden in der Reihenfolge ihrer Numerierung vom Bedienungsgerät aufgesucht, wobei jede wartende Forderung unmittelbar nach dem Eintreffen des Bedienungsgerätes bedient wird. Das Bedienungsgerät nimmt zum Zeitpunkt $t = 0$ seine Arbeit am Warteplatz 1 auf. Um vom Warteplatz i zum Warteplatz $i + 1$ zu gelangen (wobei die Numerierung mod N erfolgt), benötigt das Bedienungsgerät die Zeit c_i. Ferner sei $c = \sum_{i=1}^{N} c_i$ und $X_k = 0$, falls der k-te Warteplatz zum Zeitpunkt des Eintreffens des Bedienungsgerätes belegt ist, und $X_k = 1$ andernfalls (vgl. Runnenburg (1957)). Dann wird durch $\boldsymbol{X}_{n,N} = (X_n, X_{n+1}, \ldots, X_{n+N-1})$ eine eingebettete Markowsche Kette definiert, für die

$$p(\boldsymbol{i}) = \lim_{n\to\infty} \mathsf{P}(\boldsymbol{X}_{n,N} = \boldsymbol{i}) = \prod_{j=0}^{i-1} \left(e^{\lambda c}(B^*(\lambda))^{-j} - 1\right)$$

$$\times \left(\sum_{i=0}^{N} \binom{N}{i} \prod_{j=0}^{i-1} \left(e^{\lambda c}(B^*(\lambda))^{-j} - 1\right)\right)^{-1}, \qquad i = \sum_{j=1}^{N} i_j, \qquad i_j = 0, 1,$$

gilt.

Die Verteilungsfunktion der Länge Y_n eines Inspektionszyklus, der mit dem Zeitpunkt, in dem das Bedienungsgerät den n-ten Warteplatz verläßt, beginnt, und mit dem Zeitpunkt, in dem der $(n + N)$-te Warteplatz vom Bedienungsgerät verlassen wird, endet, ist gegeben durch

$$\mathsf{P}(Y_n < x) = \frac{\sum_{k=0}^{N} B^{*(k)}(x - c) \binom{N}{k} \prod_{j=0}^{k-1} \left(e^{\lambda c}(B^*(\lambda))^{-j} - 1\right)}{\sum_{i=0}^{N} \binom{N}{i} \prod_{j=0}^{i-1} \left(e^{\lambda c}(B^*(\lambda))^{-j} - 1\right)},$$

$$i = \sum_{j=1}^{N} i_j, \qquad i_j = 0, 1.$$

Ist W_n die Wartezeit der $(n + N)$-ten Forderung, d. h. die Zeit vom Eintreffen der $(n + N)$-ten Forderung bis zum Eintreffen des Bedienungsgerätes, so existiert

$$\mathring{W}(x) = \mathsf{P}(\mathring{W} < x) = \lim_{n\to\infty} \mathsf{P}(\mathring{W}_n < x),$$

und die Zufallsgrößen

$$\mathring{W} \text{ und } \max \left\{0, c + \sum_{k=1}^{N} (Z_k B_k - A_k)\right\}$$

sind identisch verteilt, wobei A_k bzw. B_k die Pausen- bzw. Bedienungszeit einer Forderung der k-ten Quelle bezeichnet und Z_k, $k = 1, \ldots, N$, Zufallsgrößen sind, für die $p(i_1, \ldots, i_N) = \mathsf{P}(Z_1 = i_1, \ldots, Z_N = i_N)$, $i_j = 0, 1$; $j = 1, \ldots, N$, gilt.

5. Bedienungssysteme mit Zeitbeschränkungen

5.1. Einführung und Modellbeschreibung

Reine Wartemodelle stellen oft eine Idealisierung von Bedienungssituationen dar. Häufig ist beliebig langes Warten der einzelnen Forderungen nicht möglich. So kann z. B. ein Patient in einer Unfallstation nicht zu lange auf die Bedienung warten; ein Flugzeug kann durch eine Radarstation nur während des Durchfliegens der Empfangszone bedient werden; schnellverderbliche Produkte können nur während einer beschränkten Zeit verbraucht werden usw.

In der Bedienungstheorie werden Systeme mit *Zeitbeschränkungen* häufig durch den Begriff der *ungeduldigen Forderung* charakterisiert. Man unterscheidet dabei Systeme mit *beschränkter Wartezeit* und Systeme mit *beschränkter Verweilzeit*. Im ersten Fall kann eine ankommende Forderung nicht länger als eine zufällige Zeit C auf den Bedienungsbeginn warten; im zweiten Fall ist die gesamte Verweilzeit (d. h. Wartezeit plus Bedienungszeit) einer Forderung im System durch eine Zufallsgröße V beschränkt. Am häufigsten treten Systeme auf, bei denen C bzw. V eine Konstante τ sind. Man spricht dann abkürzend von τ-Wartezeiten bzw. τ-Verweilzeiten.

Im folgenden werden zwei allgemeinere Modelle angegeben, die Systeme mit beschränkter Wartezeit bzw. mit beschränkter Verweilzeit als Spezialfälle einschließen.

Modell A (Kowalenko [1]). Die Wartezeiten bis zum Bedienungsbeginn seien durch eine Zufallsgröße C beschränkt; C besitze die Verteilungsfunktion $C(x)$. Wenn während dieser Zeit C eine Forderung noch nicht zur Bedienung angenommen wurde, dann verläßt sie das System ohne bedient zu werden. Dieserart verlorengegangenen Forderungen werden *reine Verluste* des Bedienungssystems genannt. Wenn dagegen eine Forderung nach einer Wartezeit $y \leqq C$ nach dem Eintreffen im System zur Bedienung gelangt, so sei D_y die zulässige Bedienungszeit mit der Verteilungsfunktion $D_y(x)$. Ist B die tatsächliche Bedienungszeit, die zur vollständigen Bedienung einer Forderung notwendig ist, und gilt $D_y < B$, so verläßt diese Forderung nach Ablauf der Zeitspanne D_y, vom Beginn der Bedienung an gemessen, das System. Die auf diese Weise verlorengegangenen Forderungen werden *partielle Verluste* des Bedienungssystems genannt. Im Falle $D_y \geqq B$ dagegen kann die Forderung bis zum Schluß bedient werden. Es wird vorausgesetzt, daß C und D_y verallgemeinerte Zufallsgrößen sind, d. h., sie können auch den Wert ∞ mit den entsprechenden Wahrscheinlichkeiten $1 - C(\infty) \geqq 0$, $1 - D_y(\infty) \geqq 0$ annehmen. Anschaulich bedeutet das, daß mit positiver Wahrscheinlichkeit keine Zeitbeschränkungen vorliegen können.

Systeme mit Wartezeiten, die durch eine Zufallsgröße C beschränkt sind, ergeben sich insbesondere bei $C(\infty) = 1$ und $D_y(x) = 0$ für alle $y, x \geqq 0$. Liegt andererseits ein System mit Beschränkung der Verweilzeiten durch eine Zufallsgröße V vor, so setzt man speziell

$$C(x) = V(x) = \mathsf{P}(V < x),$$
$$D_y(x) = \mathsf{P}(V < x + y \mid V \geqq y) = \frac{V(x+y) - V(y)}{1 - V(y)},$$

$x \geqq 0$, $y \geqq 0$. Für $y < 0$ hat $D_y(x)$ keinen Sinn.

Etwas allgemeiner ist folgendes Modell:

Modell B (Afanasjewa (1964)). $W(t)$ sei die virtuelle Wartezeit des Systems zur Zeit t, d. h. die Zeit vom Zeitpunkt t bis zu dem Moment, in dem erstmals irgendein Bedienungsgerät frei von Forderungen ist, die vor dem Zeitpunkt t eintrafen (falls zum Zeitpunkt t ein Bedienungsgerät frei von Forderungen ist, so setzt man $W(t) = 0$). Ist $W(t) = y$ und kommt zur Zeit t eine Forderung an, so ist die Bedienungszeit dieser Forderung V_y. Modell A ergibt sich hieraus insbesondere bei

$$V_y = \begin{cases} 0 & \text{für} \quad C \leqq y \\ \min\{B, D_y\} & \text{sonst.} \end{cases}$$

Die Verteilungsfunktion von V_y sei $V_y(x)$. Das gesamte *Schicksal* der gegebenen Forderung wird dann durch das Paar $(y, V_y) = \big(W(t), V_{W(t)}\big)$ bestimmt.

In diesem Kapitel wird das Bedienungssystem GI/GI/s/∞ mit Zeitbeschränkungen betrachtet, d. h., es wird stets angenommen, daß die Pausenzeiten $A_n = \mathring{T}_n - \mathring{T}_{n-1}$, $\mathring{T}_0 = 0$, zwischen den eintreffenden Forderungen und die Bedienungszeiten B_n sowohl untereinander als auch voneinander unabhängige Zufallsgrößen sind und daß diese außerdem von den gegebenen Zeitbeschränkungen C, V, D_y bzw. V_y unabhängig sind. Insbesondere ist der Forderungsstrom stets ein rekurrenter Strom (↑ [I, 3.2]).

5.2. Allgemeine Aussagen für Mehrbedienersysteme mit Zeitbeschränkungen (Modell B)

5.2.1. Instationäre Resultate

$\mathring{W}_{i,n}$ sei die Zeit vom Moment $\mathring{T}_n$ bis zu dem Zeitpunkt, in dem das i-te Bedienungsgerät frei von Forderungen ist, die vor dem Zeitpunkt $\mathring{T}_n$ eintrafen, und

$$\mathring{W}_n = \min_{1 \leqq i \leqq s} (\mathring{W}_{i,n}) = W(\mathring{T}_n - 0) \tag{1}$$

die Wartezeit der n-ten Forderung. Durch $W_{i,n}^+$ wird die Zeit vom Moment $\mathring{T}_n$ bis zu dem Moment bezeichnet, in dem das i-te Bedienungsgerät frei von Forderungen ist, die nicht später als zur Zeit $\mathring{T}_n$ eintrafen. Ist zur Zeit $\mathring{T}_n - 0$ bzw. $\mathring{T}_n + 0$ das i-te Gerät frei, so setzt man $\mathring{W}_{i,n} = 0$ bzw. $W_{i,n}^+ = 0$. $\mathscr{I}_n$ sei nun diejenige Indexmenge, für die

$$\mathscr{I}_n = \{j \in \{1, 2, \ldots, s\} : \mathring{W}_{j,n} = \mathring{W}_n\}$$

gültig ist. Außerdem sei J_n eine Zufallsgröße, die mit Wahrscheinlichkeit 1 nur Werte aus der Menge $\mathscr{I}_n$ annimmt. Anschaulich gibt J_n an, von welchem Bedienungsgerät die n-te Forderung bedient wird, wenn mehr als ein Bedienungsgerät frei ist, d. h. durch J_n ist eine Auswahlregel fixiert. Die explizite Definition von J_n hängt von weiteren Übereinkünften ab. Die verbreitetsten Methoden zur Festlegung von J_n sind:

$$J_n = \min \{j : j \in \mathcal{I}_n\}, \tag{2}$$

oder bei einer festen Realisierung von $\mathcal{I}_n$

$$\mathsf{P}(J_n = j) = \begin{cases} \dfrac{1}{|\mathcal{I}_n|}, & j \in \mathcal{I}_n, \\ 0 & \text{sonst}, \end{cases} \tag{3}$$

wobei $|\mathcal{I}_n|$ die Anzahl der Elemente von $\mathcal{I}_n$ ist (Auswahl auf gut Glück).

Dann gilt

$$W_{i,n}^+ = \mathring{W}_{i,n} + \delta_{i,J_n} V_{\mathring{W}_n} \tag{4}$$

sowie

$$\mathring{W}_{i,n+1} = \max \{0, W_{i,n}^+ - A_{n+1}\}. \tag{5}$$

Unter den Anfangsbedingungen $\mathring{W}_{i,1} = 0$, $1 \leqq i \leqq s$ definieren die Beziehungen (1), (4) und (5) ein rekurrentes Berechnungsverfahren, das viele grundlegende Informationen über das System enthält. Sei etwa eine der folgenden bedingten Wahrscheinlichkeiten $u(y, z)$ unter den jeweiligen Bedingungen $\mathring{W}_n = y$, $V_y = z$ bekannt:

- die Wahrscheinlichkeit der vollständigen Bedienung einer Forderung,
- die Wahrscheinlichkeit der teilweisen Bedienung einer Forderung,
- die Wahrscheinlichkeit des reinen Verlustes einer Forderung,
- die Wahrscheinlichkeit dafür, daß eine Forderung im Verlaufe einer Zeit bedient wird, die nicht kleiner als $(1 - \varepsilon) B$ ist, wobei $\varepsilon > 0$ und B die geforderte vollständige Bedienungszeit ist.

Dann läßt sich die entsprechende unbedingte Wahrscheinlichkeit u_n für die n-te Forderung durch folgende Gleichung bestimmen:

$$u_n = \int_0^\infty \int_0^\infty u(y, z) \, \mathrm{d}V_y(z) \, \mathrm{d}\mathring{W}_n(y), \qquad n \in \mathbb{N}.$$

Die stochastischen Gleichungen (1), (4) und (5) können in Integralbeziehungen für die entsprechenden Verteilungsfunktionen umgeformt werden. Sei $\mathring{\boldsymbol{W}}_n(\boldsymbol{x})$ die Verteilungsfunktion des zufälligen Vektors $(\mathring{W}_{1,n}, \mathring{W}_{2,n}, \ldots, \mathring{W}_{s,n}) \in \mathbb{R}^s$ und entsprechend $\boldsymbol{W}_n{}^+(\boldsymbol{x})$ die Verteilungsfunktion von $(W_{1,n}^+, W_{2,n}^+, \ldots, W_{s,n}^+) \in \mathbb{R}^s$. Ferner sei $\delta_i(\boldsymbol{y})$, $\boldsymbol{y} = (y_1, \ldots, y_s)$, eine Hilfsfunktion mit der Eigenschaft

$$\delta_i(\boldsymbol{y}) = \begin{cases} 1 & \text{für} \quad J_n = i \quad \text{und} \quad \mathring{\boldsymbol{W}}_{i,n} = \boldsymbol{y}_i, \\ 0 & \text{sonst}. \end{cases}$$

Wenn gleichzeitig mehr als ein Bedienungsgerät frei ist, so wird eine nichtzufällige Auswahlregel für J_n vorausgesetzt (z. B. (2)). Setzt man weiterhin $y = \min \{y_1, y_2, \ldots, y_s\}$, so folgt

$$\boldsymbol{W}_n{}^+(\boldsymbol{x}) = \int_\Gamma \mathrm{d}\mathring{\boldsymbol{W}}_n(\boldsymbol{y}) \, \mathrm{d}V_y(z) \tag{6}$$

mit $\Gamma = \{(\boldsymbol{y}, z) : y_i + \delta_i(\boldsymbol{y})\, z < x_i,\ i = 1, 2, \ldots, s\} \subseteq \mathbb{R}^{s+1}$ $(x_i > 0,\ i = 1, 2, \ldots, s)$. Außerdem ergibt sich

$$\mathring{\boldsymbol{W}}_{n+1}(\boldsymbol{x}) = \int_0^\infty \boldsymbol{W}_n{}^+(x_1 + y, x_2 + y, \ldots, x_s + y)\, \mathrm{d}A(y). \tag{7}$$

Anschaulich gesehen gibt die Funktion δ_i an, von welchem Bedienungsgerät die n-te Forderung bedient wird, wenn die Bedingungen $\mathring{W}_{i,n} = y_i$ für $i = 1, 2, \ldots, s$ vorausgesetzt werden.

5.2.2. Asymptotische Resultate

5.2.2.1. Wartezeiten

Es folgen nun einige Resultate über die Existenz ergodischer Grenzverteilungen für die Wartezeiten im Modell B.

5.2.2.1. Satz (Kalaschnikow [1]). Es gelte $\mathsf{E}A_n < \infty$ sowie

(i) $\mathsf{E}V_y \leqq s\mathsf{E}A_n - \Delta, \qquad y \geqq y_0,$

wobei $\Delta > 0$, $y_0 \geqq 0$ feste Zahlen sind,

(ii) $\mathsf{E}V_y \leqq c, \qquad 0 \leqq y < y_0,$

für eine feste Zahl $c > 0$,

(iii) für gewisse $\delta > 0$ und alle $y \leqq y_0$ sei

$$\mathsf{P}(A_n \geqq V_y + \delta) \geqq \delta.$$

Dann existiert eine ergodische Grenzverteilung $\mathring{\boldsymbol{W}}$ für die Folge der zufälligen Wartezeiten: $\mathring{\boldsymbol{W}}_n \Rightarrow \mathring{\boldsymbol{W}}$ $(n \to \infty)$. Diese ist eindeutig aus dem System von Integralgleichungen (6) und (7) bestimmt (Weglassen des Index n).

Insbesondere existiert dann auch eine ergodische Grenzverteilung für die Wartezeiten der n-ten Forderung: $\mathring{W}_n \Rightarrow \mathring{W}$ $(n \to \infty)$. Außerdem ergeben sich eine Reihe Spezialfälle, für die die Existenz einer Grenzverteilung gesichert ist ($\mathsf{E}A < \infty$ stets vorausgesetzt). Es handelt sich um Bedienungssysteme mit Beschränkung der Wartezeit durch eine Zufallsgröße C mit

(i) $C(\infty) = 1, \qquad \mathsf{E}B < \infty;$

(ii) $C(\infty) < 1, \qquad \big(1 - C(\infty)\big)\, \mathsf{E}B < s\mathsf{E}A;$

(iii) $C(\infty) = 1, \qquad \mathsf{E}C < \infty;$

bzw.

(iv) Bedienungssysteme mit Beschränkung der Verweilzeit durch eine Zufallsgröße V, $V(\infty)\, \mathsf{E}B < \mathsf{E}A$ (Afanasjewa/Martynowa (1969)).

5.2.2.2. Resultate von anderen Systemgrößen

Man betrachte eine Zufallsgröße Y_n, die irgendeine Angabe über das „Schicksal" der n-ten Forderungen macht. Weiterhin sei

$$u(y, z) = \mathsf{E}(Y_n \mid \mathring{W}_n = y, V_y = z)$$

eine stetige Funktion in y, z. Dann folgt aus S. 5.2.1.1 (KALASCHNIKOW [1])

$$\lim_{n\to\infty} \mathsf{E} Y_n = \int_0^\infty \int_0^\infty u(y, z) \, \mathrm{d}V_y(z) \, \mathrm{d}F(y)$$

mit

$$F(y) = 1 - \int_y^\infty \cdots \int_y^\infty \mathrm{d}\mathring{W}(x_1, x_2, \ldots, x_s).$$

Hieraus lassen sich leicht Erwartungswerte von stationären Verteilungen berechnen, die mit dem Schicksal einer beliebigen Forderung verbunden sind. Gefragt sind aber auch Wahrscheinlichkeiten, die sich auf n Forderungen oder auf alle Forderungen in einer gewissen Zeit beziehen, wie z. B. die Wahrscheinlichkeit dafür, daß

(i) keine der ersten n Forderungen verlorengeht;

(ii) im Zeitabschnitt $(0, t)$ keine reinen Verluste auftreten;

(iii) die maximale Wartezeit der ersten n Forderungen nicht größer als eine gewisse Zahl x_0 ist;

(iv) das Verhältnis von tatsächlicher zur geforderten Bedienungszeit der ersten n Forderungen nicht kleiner als $1 - \varepsilon$ ist.

Entsprechende Ereignisse $\mathscr{A}_n$ haben in der Praxis oft sehr kleine Wahrscheinlichkeiten und werden für eine große Anzahl von Forderungen $(n \to \infty)$ bzw. für große Zeitabschnitte $(t \to \infty)$ untersucht. Das Eintreten eines solchen $\mathscr{A}_n$ wird im weiteren kurz als Katastrophe bezeichnet.

Zum Beispiel kann in einer Station für dringende medizinische Hilfe das Eintreten des Ereignisses $\mathscr{A}_n$ die Katastrophe des nicht rechtzeitigen Bedienens der n-ten Forderung sein, der etwa einen Todesfall zur Folge hat.

Die Wahrscheinlichkeit einer Katastrophe möge nicht von n selbst, sondern nur von der Zeit $\mathring{W}_n$ abhängen, nach der die Hilfeleistung beginnen könnte. Wir setzen

$$p(y) = \mathsf{P}(\mathscr{A}_n \mid \mathring{W}_n = y) \qquad \text{bzw.} \qquad p(\mathring{W}_n) = \mathsf{P}(\mathscr{A}_n \mid \mathring{W}_n).$$

Wenn für das System bei einer einmaligen Bedienung eine sehr kleine Wahrscheinlichkeit für $\mathscr{A}_n$ angenommen wird, dann kann man auch voraussetzen, daß die entsprechende Wahrscheinlichkeit $p(\mathring{W}_n)$ von einem kleinen Parameter ε abhängt, d. h.

$$p(\mathring{W}_n) = p(\mathring{W}_n, \varepsilon).$$

Im weiteren werden exakte Aussagen angeführt, die den Grenzübergang zur Exponentialverteilung für die Verteilung des Zeitpunktes der ersten Katastrophe ermöglichen (KOWALENKO [1]).

Die Voraussetzungen von S. 5.2.1.1 und $\mathring{W}(+0, +0, \ldots, +0) > 0$ seien erfüllt; die letzte Bedingung ist bekanntlich äquivalent damit, daß sich im System mit positiver Wahrscheinlichkeit keine einzige Forderung befindet. Wenn außerdem

$$\lim_{\varepsilon\to 0} \int_0^\infty p(y, \varepsilon) \, \mathrm{d}\mathring{W}(y) = 0 \tag{8}$$

gilt und $A(x)$, $V_y(x)$ nicht von ε abhängig sind, dann folgen:

(i) Ist M die kleinste Zahl n, für die solch ein Ereignis $\mathscr{A}_n$ eintritt, so ist

$$\lim_{\varepsilon\to 0} \mathsf{P}\left(\frac{M}{\mathsf{E}M} > x\right) = \mathrm{e}^{-x}, \qquad x > 0;$$

(ii) sei $T_{\mathscr{A}_n}$ der Zeitpunkt, in dem das Ereignis $\mathscr{A}_n$ registriert wird und sei T derjenige Zeitpunkt, in dem solch ein Ereignis $\mathscr{A}_n$ erstmals eintritt. Wenn außerdem

$$\mathsf{E}(|T_{\mathscr{A}_n} - \mathring{T}_n| \mid \mathscr{A}_n) \leqq c \tag{9}$$

erfüllt ist, wobei c unabhängig von $T_{\mathscr{A}_n}$ ist, dann folgt

$$\lim_{\varepsilon \to 0} \mathsf{P}\left(\frac{T}{\mathsf{E}T} > x\right) = \mathrm{e}^{-x}, \qquad x > 0.$$

Sei nun $(\mathring{W}_{1,1}, \mathring{W}_{2,1}, \ldots, \mathring{W}_{s,1})$ ein nach der stationären Verteilung $\mathring{W}$ verteilter zufälliger Vektor (↑ S. 5.2.1.1) und $W_{i,1}^+, \mathring{W}_{i,2}$ seien Zufallsgrößen, die durch (4) und (5) definiert sind bei beliebigem J_1. Setze

$$d = \mathsf{E}\left(\left(1 - p(\mathring{W}_1)\right) p(\mathring{W}_2)\right).$$

Dann ergibt sich aus den Ergebnissen von Kowalenko [1] unter den gleichen Voraussetzungen wie für die Beziehungen (8) und (9)

$$\lim_{d \to 0} d\mathsf{E}M = 1, \qquad \lim_{d \to 0} d\mathsf{E}T = \mathsf{E}A.$$

5.3. Einbedienersysteme mit Zeitbeschränkungen

5.3.1. System M/GI/1/∞ mit Zeitbeschränkungen

Gegeben sei ein Einbedienersystem mit Poissonschem Forderungenstrom der Intensität λ. Die Bedienungsdisziplin sei FCFS, und $W(t)$ sei wiederum die virtuelle Wartezeit, d. h. die Zeit vom Moment t bis zu dem Zeitpunkt, in dem keine vor t angekommene Forderung mehr im System ist. Gemäß Modell B seien die Bedienungszeiten gleich V_y, sofern $\mathring{W} = y$ ist.

5.3.1. Satz. Für ein $\Delta > 0$ und feste $y_0 \geqq 0$ sowie $c > 0$ gelte

$$\lambda \mathsf{E} V_y \leqq 1 - \Delta, \qquad y \geqq y_0,$$
$$\mathsf{E} V_y \leqq c, \qquad 0 \leqq y < y_0.$$

Dann existiert für den zufälligen Prozeß $(W(t), t \in \mathbb{R}_+)$ eine ergodische Grenzverteilung mit der Darstellung

$$W(x) = p_0 + \int_0^x p(t)\,\mathrm{d}t, \qquad x > 0,$$

wobei $p(t)$ die eindeutig bestimmte und im Intervall $(0, \infty)$ absolut integrierbare Lösung der Integralgleichung

$$p(x) - \lambda \int_0^x \left(1 - V_y(x - y)\right) p(y)\,\mathrm{d}y = p_0\left(1 - V_0(x)\right), \tag{1}$$

unter der Bedingung

$$p_0 + \int_0^\infty p(x)\,\mathrm{d}x = 1 \tag{2}$$

ist (Kowalenko [1]).

Die Volterrasche Integralgleichung in (1) kann für festes p_0 mit einem rekurrenten Differenzenschema iterativ gelöst werden. Es folgen nun Beispiele, für die eine Lösungsformel angegeben werden kann (Kowalenko (1961)).

5.3.2. Beispiel. Sei $V_y(x)$ eine Stufenfunktion in y, d. h., es existieren gewisse Zahlen $0 = y_0 < y_1 < \cdots y_n < y_{n+1} = \infty$ und Verteilungsfunktionen $G_i(x)$ mit

$$V_y(x) = G_i(x), \qquad y_{i-1} \leqq y < y_i, \qquad i = 1, 2, \ldots, n+1.$$

(1) kann nun induktiv in den Intervallen $(0, y_1), (y_1, y_2), \ldots, (y_n, \infty)$ in folgenden Schritten gelöst werden:

(a) Im Intervall $(0, y_1)$ hat die Gleichung (1) die Form

$$p(x) - \lambda \int_0^x \big(1 - G_1(x-y)\big)\, p(y)\, \mathrm{d}y = \lambda p_0\big(1 - G_1(x)\big).$$

Erweitert man diese Gleichung auf alle x und bezeichnet man die entsprechende Lösung mit $F_1(x)$ mit der zugehörigen L.-T. $\check{F}_1(s)$, $\operatorname{Re} s > 0$, so folgt

$$\check{F}_1(s) = \frac{\lambda p_0\big(1 - G_1^*(s)\big)}{s - \lambda\big(1 - G_1^*(s)\big)},$$

wobei $G_1^*(s)$ die L.-S.-T. von $G_1(x)$ ist. Wendet man die Umkehrformel auf $\check{F}_1(s)$ an, so ergibt sich

$$p(x) = F_1(x), \qquad 0 < x < y_1.$$

(b) Nach Einsetzen der bekannten Werte von $p(x)$ in (1) ergibt sich die Gleichung

$$p(x) - \lambda \int_{y_1}^{y_2} \big(1 - G_2(x-y)\big)\, p(y)\, \mathrm{d}y = \lambda p_0\big(1 - G_1(x)\big) + \lambda \int_0^{y_1} \big(1 - G_1(x-y)\big)\, F_1(y)\, \mathrm{d}y,$$

$y_1 < x < y_2$,

die man auf alle $x > y_1$ erweitert. Nach der Bestimmung der entsprechenden L.-T. erhält man aus der Umkehrformel wiederum

$$p(x) = F_2(x), \qquad y_1 < x < y_2.$$

Analog wird das Verfahren fortgesetzt. Die Konstante p_0 ergibt sich aus (2).

Bei Systemen mit τ-Wartezeiten gilt insbesondere

$$V_y(x) = \begin{cases} B(x), & 0 \leqq y < \tau, \\ \delta_0(x), & y \geqq \tau, \end{cases}$$

wobei $\delta_0(x)$ die ausgeartete Verteilungsfunktion ist.

5.3.3. Beispiel. Wir betrachten Systeme mit τ-Verweilzeiten. Für sie hat (1) die Gestalt

$$p(x) - \lambda \int_0^x \big(1 - B(x-y)\big)\, p(y)\, \mathrm{d}y = \lambda p_0\big(1 - B(x)\big), \qquad 0 \leqq x < \tau. \tag{3}$$

Für $x > \tau$ gilt $p(x) = 0$. Man löst (3), indem man $\check{F}_1(s)$ analog wie in B. 5.3.2 ermittelt. Die Anwendung der Umkehrformel auf $\check{F}_1(s)$ liefert bis auf einen konstanten Faktor p_0

$$p(x) = F_1(x), \qquad 0 \leqq x \leqq \tau.$$

p_0 ergibt sich aus der Gleichung $p_0 + \int_0^\tau p(x)\,\mathrm{d}x = 1$.

5.3.2. Beziehungen zwischen stationären Verteilungen von Systemgrößen im Modell A

In diesem Abschnitt wird vorausgesetzt, daß eine stationäre und ergodische Verteilungsfunktion $W(x)$ für den zufälligen Prozeß der virtuellen Wartezeiten $\left(W(t), t \in \mathbb{R}_+\right)$ existiert. Andere stationäre Verteilungen bzw. stationäre Wahrscheinlichkeiten können dann durch $W(x)$ dargestellt werden. Im einzelnen ergeben sich (Kowalenko [1]):

(a) *Stationäre Verteilungsfunktion der Wartezeiten einer Forderung bis zum Bedienungsbeginn bzw. bis zum reinen Verlust:*

$$W(x) + \left(1 - W(x)\right) C(x).$$

(b) *Stationäre Verteilungsfunktion der Verweilzeiten einer Forderung im System:*

$$\int_0^x \left(1 - W(y)\right) \mathrm{d}C(y) + \int_0^x \left(D_y(x-y) + B(x-y) - D_y(x-y)\,B(x-y)\right) \times \left(1 - C(y)\right) \mathrm{d}W(y).$$

(c) *Stationäre Verteilungsfunktion des Bedienungsgrades einer Forderung:* Der Bedienungsgrad einer Forderung sei das Verhältnis von tatsächlicher Bedienungszeit dividiert durch die vollständige Bedienungszeit einer Forderung

$$1 - \int_0^\infty \left(1 - C(y)\right) \int_0^\infty B\left(\frac{z}{x}\right) \mathrm{d}D_y(z)\,\mathrm{d}W(y), \qquad 0 < x \leqq 1.$$

(d) *Stationäre Wahrscheinlichkeit für die vollständige Bedienung einer Forderung, wenn zur vollständigen Bedienung die Zeit x notwendig ist:*

$$\int_0^\infty \left(1 - D_y(x)\right) \mathrm{d}W(y).$$

(e) *Stationäre Wahrscheinlichkeit des reinen Verlustes einer Forderung:*

$$p_{\mathrm{v},1} = \int_0^\infty C(y)\,\mathrm{d}W(y).$$

(f) *Stationäre Wahrscheinlichkeit des partiellen Verlustes einer Forderung:*

$$p_{\mathrm{v},2} = \int_0^\infty \int_0^\infty \left(1 - C(y)\right)\left(1 - B(z)\right) \mathrm{d}D_y(z)\,\mathrm{d}W(y).$$

5.3.3. Systeme mit Poissonschem Forderungenstrom, τ-Verweilzeiten und modifizierter Bedienung

Gegeben sei ein System mit einem Bedienungsgerät, mit Poissonschem Forderungenstrom der Intensität λ sowie τ-Verweilzeiten. Die Bedienungszeiten der Forderungen, die ein freies Bedienungsgerät vorfinden, seien nach einer Verteilungsfunktion $B_1(x)$ verteilt. Die Bedienungszeiten der Forderungen, die ein besetztes Bedienungsgerät vorfinden, haben dagegen die Verteilungsfunktion $B_2(x)$. $B_1^*(s)$ und $B_2^*(s)$ seien die entsprechenden L.-S.-T. Dann gelten (Takacs (1974)):

(a) *Ergodische Verteilungsfunktion für die Wartezeiten der Forderungen:*
Es gilt

$$\mathring{W}(x) = \mathsf{P}(\mathring{W} < x) = \frac{V(x)}{V(\tau)}, \qquad 0 < x \leqq \tau,$$

wobei $V(x)$ festgelegt ist durch die L.-S.-T.

$$V^*(s) = 1 + \frac{\lambda\big(1 - B_1^*(s)\big)}{s - \lambda\big(1 - B_2^*(s)\big)}.$$

Ist $\mathring{W}$ eine Zufallsgröße, die nach $\mathring{W}(x)$ verteilt ist, so gelten

$$\mathring{W}_n \xrightarrow[\mathrm{d}]{} \mathring{W} \qquad (n \to \infty), \qquad W(t) \xrightarrow[\mathrm{d}]{} \mathring{W} \qquad (t \to \infty).$$

(b) *Stationäre Wahrscheinlichkeit für den partiellen Verlust einer Forderung:*

$$p_{\mathrm{v},2} = \mathring{W}(+0)\big(1 - B_1(\tau)\big) + \int_0^\tau \big(1 - B_2(\tau - x)\big)\,\mathrm{d}\mathring{W}(x).$$

(c) *Stationäre Verteilungsfunktion für den Bedienungsgrad einer Forderung:*

$$\mathring{W}(+0)\left(1 - B_1\left(\frac{\tau}{x}\right)\right) + \int_0^\tau \left(1 - B_2\left(\frac{t-y}{x}\right)\right) \mathrm{d}\mathring{W}(y), \qquad 0 < x \leqq 1.$$

(d) *Stationäre Wahrscheinlichkeit für die vollständige Bedienung einer Forderung, wenn die notwendige Bedienungszeit x ist:*

$$\mathring{W}(\tau - x).$$

5.3.4. Wartezeiten in Systemen mit konstanten Zeitbeschränkungen

Gegeben sei ein System mit einem Bedienungsgerät. Die Wartezeiten bzw. die Verweilzeiten einer Forderung im System seien durch eine Konstante τ beschränkt (Systeme mit τ-Wartezeiten bzw. τ-Verweilzeiten). Erste Untersuchungen über dieses Modell findet man bei Barrer (1957) und Brodi (1959, 1962).

5.3.4.1. Virtuelle Wartezeiten

Die Summe der notwendigen Bedienungszeiten aller im Zeitabschnitt $(0, t]$ eingetroffenen Forderungen wird mit $X(t)$ abgekürzt und als Belastungsprozeß des Systems bezeichnet. Folglich gilt, falls zur Zeit t eine Forderung mit der notwendigen Bedienungszeit B eintrifft, $X(t) - X(t-0) = B$. Weiterhin gilt $X(0-0) = 0$ und im Intervall zwischen den Ankünften von zwei Forderungen ist $X(t)$ konstant. In diesen Intervallen gewinnt man die Realisierungen des Prozesses $\left(W(t), t \in \mathbb{R}_+\right)$ genau wie die entsprechenden Realisierungen im System GI/GI/1/∞, d. h., $W(t)$ ist fallend mit der Geschwindigkeit Eins. Wenn $W(t)$ Null erreicht, so verbleibt $W(t)$ in dieser Lage. Wenn aber im Moment t eine Forderung mit der notwendigen Bedienungszeit B eintrifft, so ergibt sich:

(i) bei Systemen mit τ-Wartezeiten

$$W(t) = \begin{cases} W(t-0) + B, & \text{falls} \quad W(t-0) < \tau, \\ W(t-0), & \text{falls} \quad W(t-0) \geqq \tau; \end{cases}$$

(ii) bei Systemen mit τ-Verweilzeiten

$$W(t) = \min\,\{W(t-0) + B, \tau\}.$$

Das Verhalten dieses zufälligen Prozesses kann durch eine stochastische Differentialgleichung ausgedrückt werden, wobei die rechte Seite von dem oben definierten Prozeß $X(t)$ abhängig ist. Bei τ-Wartezeiten gilt

$$\mathrm{d}W(t) = -\delta_0\big(W(t)\big)\,\mathrm{d}t + \delta_0\big(\tau - W(t)\big)\,\mathrm{d}X(t),$$

und bei τ-Verweilzeiten

$$\mathrm{d}W(t) = -\delta_0\big(W(t)\big)\,\mathrm{d}t + \delta_0\big(\tau - W(t) - \mathrm{d}X(t)\big)\,\mathrm{d}X(t),$$

wobei $\delta_0(x)$ die ausgeartete Verteilungsfunktion ist.

Das Verhalten der Realisierungen des Prozesses $W(t)$ für Systeme mit τ-Wartezeiten und τ-Verweilzeiten sowie zum Vergleich für Systeme ohne Zeitbeschränkungen wird in Abb. 5.3.1 dargestellt.

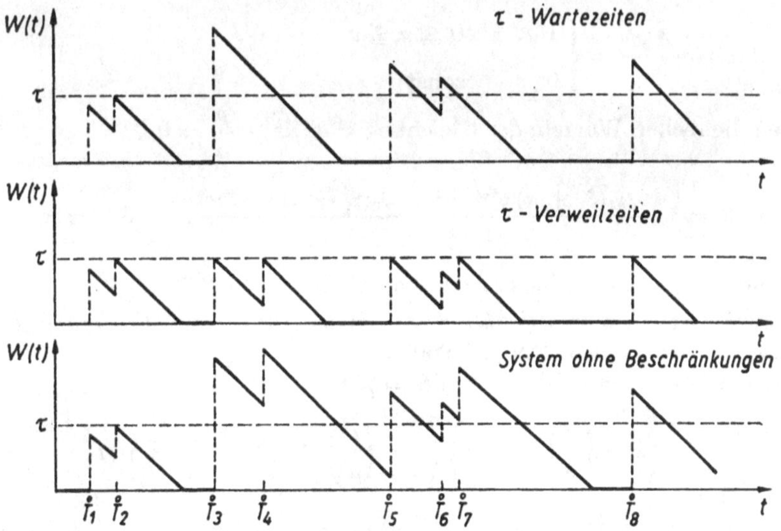

Abb. 5.3.1. Vergleich der Realisierungen der Wartezeitprozesse

5.3.4.2. Aktuelle Wartezeiten

Für den zufälligen Prozeß der Wartezeiten einer Forderung $(\mathring{W}_n, n \in \mathbb{G}_+)$ existiert stets eine stationäre und ergodische Verteilungsfunktion $\mathring{W}(x)$. Bei τ-Wartezeiten erfüllt diese Funktion die folgende Integralgleichung

$$\mathring{W}(x) = \mathring{W} * K(x) = \begin{cases} 0, & x \leqq 0, \\ \int\limits_{-\infty}^{x} \mathring{W}(x-y)\,\mathrm{d}K(y), & 0 < x \leqq \tau, \\ 1, & x > \tau, \end{cases}$$

mit $K(x) = \mathsf{P}(B - A < x)$.

(a) *Die stationäre Verteilungsfunktion der Wartezeiten einer Forderung im System* GI/M/1/∞ *bei τ-Verweilzeiten* (Schwab (1973)):

(a1) Konstante Pausenzeiten:

- Voraussetzung: $A(x) = \delta_a(x)$, $\mathsf{E}A = a > 0$, $\mathsf{E}B = \mu^{-1}$; ξ sei die reelle und von Null verschiedene Wurzel der Gleichung $\dfrac{s+\mu}{\mu} = \mathrm{e}^{sa}, \quad \mu a \neq 1.$

Bei $\mu a \neq 1$ gilt

$$\mathring{W}(x) = \begin{cases} \dfrac{\mathrm{e}^{\xi a}}{\mathrm{e}^{\xi\tau} - 1}\left(\mathrm{e}^{\xi x} - \dfrac{\mu}{\mu + \xi}\right), & 0 < x \leqq \tau - a, \\ 1, & x > \tau - a, \end{cases}$$

und bei $\mu a = 1$

$$\mathring{W}(x) = \begin{cases} (1 + \mu x)/\mu\tau, & 0 < x \leqq \tau - a, \\ 1, & x > \tau - a. \end{cases}$$

(a2) Im Intervall $[0, a]$ gleichverteilte Pausenseiten:

- Voraussetzung: $\tau \leqq a$, $\mathsf{E}B = \mu^{-1}$,

$$a(x) = \frac{\mathrm{d}A(x)}{\mathrm{d}x} = \begin{cases} 1/a, & 0 \leqq x \leqq a, \\ 0, & \text{sonst}; \end{cases}$$

ξ_1, ξ_2 seien die reellen Wurzeln der Gleichung $s^2 + \mu s + \dfrac{\mu}{a} = 0.$

$$\mathring{W}(x) = 1 - \frac{\xi_1(\xi_1 + \mu)\,\mathrm{e}^{\xi_2\tau + \xi_1 x} - \xi_2(\xi_2 + \mu)\,\mathrm{e}^{\xi_1\tau + \xi_2 x}}{(\xi_1\,\mathrm{e}^{\xi_2\tau} - \xi_2\,\mathrm{e}^{\xi_1\tau})}, \qquad 0 < x < \tau.$$

(Zur Bestimmung von $\mathring{W}(x)$ im Falle $a < \tau$ vgl. Schwab (1973).)

(b) *Die stationäre Verteilungsfunktion der Wartezeiten einer Forderung im System* GI/M/1/∞ *bei τ-Wartezeiten* (Finch (1960)):

(b1) System M/M/1/∞ mit $\mathsf{E}A = \lambda^{-1}$, $\mathsf{E}B = \mu^{-1}$:

$$\mathring{W}(x) = \begin{cases} \left(1 - \left(\dfrac{\lambda}{\mu}\right)\mathrm{e}^{-(\mu-\lambda)x}\right)\left(1 - \left(\dfrac{\lambda^2}{\mu^2}\right)\mathrm{e}^{(\mu-\lambda)\tau}\right)^{-1}, & \lambda \neq \mu, \quad 0 < x \leqq \tau, \\ \dfrac{1 + \mu x}{2 + \mu\tau}, & \lambda = \mu, \quad 0 < x \leqq \tau. \end{cases}$$

(b2) System $E_k/M/1/\infty$ mit $EA = \frac{k}{\lambda}$, $EB = \mu^{-1}$:

$$\mathring{W}(x) = \left[\sum_{i=1}^{k} k_i \left(\frac{\mu}{\mu - \xi_i} - e^{-\xi_i x}\right) e^{\xi_i \tau}\right] \left[k_0 + \sum_{i=1}^{k} \frac{\mu k_i}{\mu \xi_i} e^{\xi_i \tau}\right]^{-1}$$

$$\text{mit } k_i = \frac{\lambda + \xi_i + k(\xi_i - \mu)}{\mu A^*(\mu)(\lambda + \xi_i)}, \qquad i = 0, 1, \ldots, k,$$

und $\xi_0 = 0, \xi_1, \ldots, \xi_k$ sind die Wurzeln der Gleichung

$$(\lambda + s)^k (s - \mu) + \mu \lambda^k = 0.$$

(b3) System $GI/M/1/\infty$ mit $EB = \mu^{-1}$:

$$\mathring{W}(x) = 1 - G(\tau - x),$$

mit

$$G(x) = \left(\mu m(x) - \frac{dm(x)}{dx}\right) (\mu m(\tau))^{-1}, \qquad 0 \leqq x < \tau,$$

wobei $m(x)$ bestimmt ist durch die L.-T.

$$\check{m}(s) = \frac{s - \mu + \mu(A^*(s) - A^*(\mu))}{(s - \mu)(\mu A^*(s) + s - \mu)}.$$

5.3.5. Besetztzeiten in Systemen mit Poissonschem Forderungenstrom, zufälliger Beschränkung der Wartezeiten und unzuverlässigem Bedienungsgerät

Gegeben sei ein Einbedienersystem mit Poissonschen Forderungenstrom der Intensität λ. Ist das Bedienungsgerät frei von Forderungen, so kann es nach einer Exponentialverteilung mit dem Parameter η ausfallen. $B(x)$ sei die Verteilungsfunktion der Bedienungs- bzw. Reparaturzeiten des Gerätes. Die Wartezeiten seien durch Zufallsgrößen C beschränkt, die Exp (γ)-verteilt sind $(\gamma > 0)$. Als Besetztzeit des Bedienungsgerätes wird diejenige Zeit bezeichnet, in der das Bedienungsgerät ohne Pause Forderungen bedient oder gerade nicht einsetzbar ist. Es bezeichne $S^*_{(k),1}(s)$, Re $s \geqq 0$, $k \in \mathbb{N}$, die L.-S.-T. der Verteilungsfunktion einer Besetztzeit, sofern die Besetztzeit mit der Bedienung einer Forderung beginnt und zu diesem Zeitpunkt genau k Forderungen im System sind. Desweiteren seien $S_2^*(s)$, Re $s \geqq 0$, die L.-S.-T. der Verteilungsfunktion einer Besetztzeit, die mit einem Ausfall eines Bedienungsgerätes beginnt, und $S^*(s)$ die L.-S.-T. der Verteilungsfunktion einer beliebigen Besetztzeit. In Dimitrow/Petrowa (1974) werden folgende Resultate aufgeführt:

Für den Vektor $\boldsymbol{S}_1^*(s) = \left(S_{(1),1}(s), S^*_{(2),1}(s), \ldots\right)^{\mathsf{T}}$ ergibt sich die Darstellung

$$\boldsymbol{S}_1^*(s) = \left(\boldsymbol{I} - '\boldsymbol{B}^*(s)\right)^{-1} {'\boldsymbol{b}_0^*}(s), \qquad \text{Re } s \geqq 0,$$

mit

$$'\boldsymbol{B}^*(s) = \begin{pmatrix} 'b^*_{01}(s), & 'b^*_{02}(s), & \ldots, & 'b^*_{0k}(s), & \ldots \\ 'b^*_{11}(s), & 'b^*_{12}(s), & \ldots, & 'b^*_{1k}(s), & \ldots \\ \ldots & & & & \ldots \\ 'b^*_{n1}(s), & 'b^*_{n2}(s), & \ldots, & 'b^*_{nk}(s), & \ldots \\ \ldots & & & & \ldots \end{pmatrix},$$

$$'\boldsymbol{b}_0{}^*(s) = \left('b_{00}^*(s), 'b_{10}^*(s), \dots, 'b_{k0}^*(s), \dots\right)^\mathsf{T},$$

$$'b_{kn}^*(s) = \int_0^\infty P_{kn}(t)\, \mathrm{e}^{-st}\, \mathrm{d}B(t), \qquad k, n \in \mathbb{G}_+,$$

$\boldsymbol{I}$ — unendlichdimensionale Einheitsmatrix, und die Funktionen $P_{kn}(t)$ sind durch die erzeugende Funktion

$$\mathfrak{g}_k(z, t) = \sum_{n=0}^\infty P_{kn}(t)\, z^n = (1 - \mathrm{e}^{-\gamma t}) \left(1 - (1 - z)\, \mathrm{e}^{-\gamma t}\right)^k \mathrm{e}^{-\lambda(1-z)/\gamma}$$

definiert. Außerdem ergibt sich die Darstellung

$$S_2{}^*(s) = \int_0^\infty \mathrm{e}^{-st} P_{00}(t)\, \mathrm{d}B(t) + \sum_{k=1}^\infty S_{(k),1}^*(s) \int_0^\infty \mathrm{e}^{-st} P_{0k}(t)\, \mathrm{d}B(t),$$

wobei

$$P_{0k}(t) = \frac{\left(a(t)\right)^k}{k!}\, \mathrm{e}^{-a(t)}, \qquad a(t) = \frac{\lambda}{\gamma}\, (1 - \mathrm{e}^{-\gamma t}).$$

Schließlich gilt

$$S^*(s) = \frac{\lambda}{\lambda + \eta}\, S_{(1),1}^*(s) + \frac{\eta}{\lambda + \eta}\, S_2{}^*(s).$$

Aus den angegebenen Ausdrücken lassen sich leicht Beziehungen für Momente gewinnen (↑ Kap. 3).

5.4. Mehrbedienersysteme mit Zeitbeschränkungen

Die Resultate dieses Abschnittes entstammen den Arbeiten Kowalenko [1], Jurkewitsch (1970).

5.4.1. Poissonscher Forderungenstrom und τ-Wartezeiten

Gegeben sei ein System mit s Bedienungsgeräten und Poissonschem Forderungenstrom der Intensität λ. Die Wartezeiten seien durch eine Konstante τ beschränkt und die Bedienungszeiten Exp (μ)-verteilt. Mit $\varrho = \dfrac{\lambda}{\mu}$ existiert bei beliebigem ϱ und $\tau < \infty$ eine ergodische Verteilung für die Anzahl $N(t)$ der Forderungen im System

$$p_k = \lim_{t\to\infty} \mathsf{P}\left(N(t) = k\right), \qquad k \in \mathbb{G}_+.$$

Weiterhin existiert eine ergodische Verteilung für die Anzahl $N_\mathrm{b}(t)$ der besetzten Bedienungsgeräte:

$$p_{\mathrm{b},k} = \lim_{t\to\infty} \mathsf{P}\left(N_\mathrm{b}(t) = k\right).$$

(a) *Stationäre Zustandswahrscheinlichkeiten:*

$$p_k = p_{\mathrm{b},k} = \frac{\varrho^k}{k!}\, p_0, \qquad k = 0, 1, 2, \dots, s - 1,$$

sowie

$$p_{b,s} = \sum_{k=s}^{\infty} p_k = \begin{cases} \dfrac{1}{s!}\,\varrho^s\,\dfrac{\lambda\,\mathrm{e}^{(\lambda-s\mu)\tau} - s\mu}{\lambda - s\mu}, & \lambda \neq s\mu, \\[2ex] \dfrac{1+\lambda\tau}{s!}\,s^s p_0, & \lambda = s\mu, \end{cases}$$

$$p_0^{-1} = \begin{cases} \sum\limits_{k=0}^{s-1} \dfrac{\varrho^k}{k!} + \dfrac{\varrho^s}{s!}\,\dfrac{\lambda\,\mathrm{e}^{(\lambda-s\mu)\tau} - s\mu}{\lambda - s\mu}, & \lambda \neq s\mu, \\[2ex] \sum\limits_{k=0}^{s-1} \dfrac{\varrho^k}{k!} + \dfrac{s^s}{s!}\,(1+\lambda\tau), & \lambda = s\mu. \end{cases}$$

(b) *Stationäre Wahrscheinlichkeit dafür, daß sich im System keine einzige Forderung befindet:*

$$\sum_{k=0}^{s-1} \frac{\varrho^k}{k!}\,p_0.$$

(c) *Stationäre Wahrscheinlichkeit für den reinen Verlust einer beliebigen Forderung:*

$$p_{v,1} = \frac{\varrho^s}{s!}\,\mathrm{e}^{(\lambda-s\mu)\tau}\,p_0.$$

5.4.2. Poissonscher Forderungenstrom und τ-Verweilzeiten

Es wird das gleiche Modell wie in [5.4.1] betrachtet, wobei in diesem Fall die Verweilzeiten durch eine Konstante τ beschränkt sein mögen. Für beliebiges ϱ und $\tau < \infty$ existiert dann die ergodische Verteilung für die Anzahl der Forderungen im System mit der Darstellung:

$$p_k = \lim_{t\to\infty} \mathsf{P}(N(t) = k) = \frac{1}{k!}\,\varrho^k(1-\mathrm{e}^{-\mu\tau})^k\,p_0, \qquad k = 0, 1, \ldots, s-1,$$

$$\sum_{k=s}^{\infty} p_k = \frac{\mu p_0}{(s-1)!} \int\limits_0^{\tau} (\mathrm{e}^{-\mu x} - \mathrm{e}^{-\mu\tau})^{s-1}\,\mathrm{d}x.$$

Die Konstante p_0 ergibt sich aus $\sum\limits_{k=0}^{\infty} p_k = 1$.

In diesem Modell können keine reinen Verluste, sondern nur partielle Verluste auftreten. Wäre etwa eine notwendige Wartezeit einer beliebigen Forderung bis zum Bedienungsbeginn größer als τ, so müßte die Verweilzeit der vorangegangenen Forderung ebenfalls größer als τ sein. Das ist aber wegen der vorgegebenen Beschränkung nicht möglich.

Stationäre Wahrscheinlichkeit für die vollständige Bedienung einer Forderung:

$$(1-p_0)\,(1-\mathrm{e}^{-\mu\tau}) + \frac{\lambda^s p_0}{(s-1)!\,\mu^{s-1}} \int\limits_0^{\tau} \mathrm{e}^{(\lambda-\mu)x}\,(\mathrm{e}^{-\mu x} - \mathrm{e}^{-\mu\tau})^{s-1}\,(1-\mathrm{e}^{-\mu(\tau-x)})\,\mathrm{d}x.$$

5.4.3. Markowscher Forderungenstrom und zufällige Beschränkung der Wartezeiten

Die Wartezeiten eines Systems mit s Bedienungsgeräten seien durch eine Zufallsgröße C mit der Verteilungsfunktion $C(x)$ beschränkt. Wenn zur Zeit t genau k Bedienungsgeräte besetzt sind, so kann im nachfolgenden Zeitabschnitt dt eine neue Forderung mit der Wahrscheinlichkeit $\lambda_k\,dt$ eintreffen. Die Bedienungszeiten seien Exp (μ)-verteilt. Falls für gewisse natürliche Zahlen $n \in \mathbb{N}$ die Beziehung $\lambda_n \geqq s\mu$ erfüllt ist, so wird zusätzlich

$$\mathsf{E}C = \int_0^\infty x \,\mathrm{d}C(x) < \infty$$

vorausgesetzt. Gilt dagegen $\lambda_n < s\mu$ für alle $n = 0, 1, \ldots, s$, so kann $C(x)$ eine beliebige Verteilung sein ($C(\infty) < 1$ ist hierbei zugelassen).

Sei $N_b(t)$ die Anzahl der besetzten Bedienungsgeräte. Unter den obigen Bedingungen existiert eine ergodische Verteilung für den zufälligen Vektor $\big(N_b(t);\, W_1(t),\, W_2(t), \ldots, W_{N_b(t)}(t)\big)$, wobei $W_i(t)$ die virtuelle Wartezeit des i-ten Gerätes ist, d. h. die Zeit von t bis zum Abgang der letzten vor t eingetroffenen und durch das i-te Gerät bedienten Forderung.

(a) *Dichte der ergodischen Verteilung der virtuellen Wartezeiten und stationäre Wahrscheinlichkeit für k besetzte Bedienungsgeräte:*

$$w_k(x_1, x_2, \ldots, x_k) = \frac{\mathsf{P}\big(N_b(t) = k;\, x_j < W_j(t) < x_j + \mathrm{d}x_j,\, 1 \leqq j \leqq k\big)}{\mathrm{d}x_1\,\mathrm{d}x_2 \ldots \mathrm{d}x_k}, \qquad x_i \geqq 0,$$

$$w_k(x_1, x_2, \ldots, x_k) = p_0 \frac{(s-k)!}{s!} \lambda_0\lambda_1 \ldots \lambda_{k-1} \exp\left(-\mu \sum_{i=1}^k x_i\right), \qquad k = 1, 2, \ldots, s-1;$$

$$w_s(x_1, x_2, \ldots, x_s) = p_0 \frac{1}{s!} \lambda_0\lambda_1 \ldots \lambda_{s-1} \exp\left(-\mu \sum_{i=1}^s x_i + \lambda_s \int_0^{\min\{x_1, x_2, \ldots, x_s\}} \big(1 - C(u)\big)\,\mathrm{d}u\right),$$

wobei

$$p_0^{-1} = \sum_{k=0}^{s-1} \frac{1}{k!} \prod_{i=0}^{k-1} \varrho_i + \frac{1}{s!} \left(\prod_{i=0}^{s-1} \varrho_i\right) s\mu \int_0^\infty F(x)\,\mathrm{d}x,$$

$$F(x) = \exp\left(-s\mu x + \lambda_n \int_0^x \big(1 - C(u)\big)\,\mathrm{d}u\right).$$

(b) *Die Verlustzeitpunkte* bilden in diesem Modell einen homogenen Poisson-Prozeß mit der Intensität

$$\xi = \frac{p_0}{s!\,\mu^s} \left(\prod_{i=0}^{s} \lambda_i\right) s\mu \int_0^\infty C(x)\,F(x)\,\mathrm{d}x.$$

5.5. Systeme mit markowsch-ungeduldigen Forderungen

5.5.1. Mehrbedienersysteme

Gegeben sei ein System mit $s \geqq 1$ Bedienungsgeräten. Die maximal zulässige Wartezeit der Forderungen sei Exp (δ_0)-verteilt. Das ist äquivalent damit, daß eine beliebige Forderung, die sich in der Zeit dt in der Warteschlange befindet, diese mit der Wahrscheinlichkeit $\delta_0\,dt$ verlassen kann. Außerdem sei die maximal zulässige Bedienungszeit einer Forderung Exp (δ_1)-verteilt, d. h., in der Zeit dt kann eine gerade in Bedienung befindliche Forderung das System mit der Wahrscheinlichkeit $\delta_1\,dt$ verlassen. Es wird ein Markowscher Forderungenstrom vorausgesetzt (↑ [I, 3.6]). Wenn im Zeitpunkt t k Forderungen im System sind, so wird in der Zeit dt eine neue Forderung mit der Wahrscheinlichkeit $\lambda_k\,dt$ eintreffen (im einfachsten Fall ist $\lambda_k = \lambda$ für alle k). Die Bedienungszeiten der Forderungen seien Exp (μ)-verteilt, d. h., wenn zum Zeitpunkt t k Forderungen im System sind, so ergibt sich die Wahrscheinlichkeit der vollständigen Bedienung einer Forderung in der Zeit dt aus $\mu_k\,dt$ mit

$$\mu_k = \min\{k, s\}\,\mu, \qquad k \in \mathbb{N}.$$

Ist $N(t)$ die Anzahl der Forderungen, die zur Zeit t im System sind, so bildet $\left(N(t),\ t \in \mathbb{R}_+\right)$ einen Geburts- und Todesprozeß mit den Geburtsintensitäten

$$\lambda_k = \frac{1}{dt}\,\mathbf{P}\big(N(t + dt) = k + 1 \mid N(t) = k\big), \qquad k \in \mathbb{G}_+,$$

und den Todesintensitäten

$$\begin{aligned}\mu_k^* &= \frac{1}{dt}\,\mathbf{P}\big(N(t + dt) = k - 1 \mid N(t) = k\big)\\ &= (\mu + \delta_1)\min\{k, s\} + \delta_0 \max\{0, k - s\}, \qquad k \in \mathbb{N}.\end{aligned}$$

Dann ergeben sich aus der Theorie der Geburts- und Todesprozesse folgende Resultate (↑ [I, 3.3.2.4]).

(a) *Stationäre Zustandswahrscheinlichkeiten:* Unter den Voraussetzungen $\lambda_k \leqq c < \infty$, $k \in \mathbb{G}_+$, $\delta_0 > 0$, existiert für den zufälligen Prozeß $\big(N(t)\big)$ eine *ergodische Grenzverteilung* mit der Darstellung

$$p_k = \lim_{t\to\infty} \mathbf{P}\big(N(t) = k\big) = p_0\,\frac{\lambda_0\lambda_1 \ldots \lambda_{k-1}}{\mu_1^*\mu_2^* \ldots \mu_k^*}, \qquad k \in \mathbb{N},$$

$$p_0^{-1} = 1 + \sum_{k=1}^{\infty} \frac{\lambda_0\lambda_1 \ldots \lambda_{k-1}}{\mu_1^*\mu_2^* \ldots \mu_k^*}.$$

(b) *Stationäre Wahrscheinlichkeit für den partiellen Verlust einer beliebigen Forderung:*

$$p_{v,2} = \frac{\delta_1}{\delta_1 + \mu}.$$

(c) *Stationäre Wahrscheinlichkeit für den reinen Verlust einer Forderung, wenn diese $k \geqq s$ Forderungen im System vorgefunden hat:*

$$g_k = 1 - \prod_{i=s}^{k} \frac{\mu_i^*}{\mu_i^* + \delta_0}.$$

(d) *Stationäre Wahrscheinlichkeit für den reinen Verlust einer beliebigen Forderung:*

$$p_{v,1} = \sum_{k=s}^{\infty} g_k p_k = \frac{\delta_0 \sum\limits_{k=s+1}^{\infty} (k - s)\,p_k}{\sum\limits_{k=0}^{\infty} \lambda_k p_k}.$$

5.5.2. Einbedienersysteme

Es liege ein System mit einem Bedienungsgerät vor, wobei die Intensitäten λ_k, δ_0, δ_1 wie in [5.5.1] definiert werden. Die Bedienungszeiten seien aber jetzt nach einer beliebigen Verteilungsfunktion $B(x)$ verteilt.

Dieses Modell kann mittels semimarkowscher Prozesse beschrieben werden (↑ [I, 3.5]).

Sei $\tilde{T}_n$ der Zeitpunkt der Beendigung der Bedienung einer Forderung bzw. der Zeitpunkt des partiellen Verlustes einer Forderung (reine Verluste werden nicht berücksichtigt). Dann ist $(\tilde{N}_n = N(\tilde{T}_n + 0),\ n \in \mathbb{N})$ eine Markowsche Kette mit den Übergangswahrscheinlichkeiten

$$P_{ik} = \int_0^\infty u_{i,k+1}(t)\, \mathrm{d}H(t), \qquad i \in \mathbb{N},$$

mit

$$\mathrm{d}H(t) = \mathrm{e}^{-\delta_1 t}\big(\delta_1\big(1 - B(t)\big)\, \mathrm{d}t + \mathrm{d}B(t)\big), \tag{1}$$

und $u_{i,k+1}(t)$ sind die Übergangswahrscheinlichkeiten aus dem Zustand i in den Zustand $k + 1$ eines Geburts- und Todesprozesses $Z(t)$ mit den Geburtsintensitäten λ_k und den Todesintensitäten $(k - 1)\,\delta_0$. Für $i = 0$ gilt $P_{0k} = P_{1k}$. Unter den Voraussetzungen $\delta_0 > 0$ und $\lambda_k \leqq c < \infty$ für alle $k \in \mathbb{N}$ existiert stets eine ergodische Verteilung der Markowschen Kette $(\tilde{N}_n,\ n \in \mathbb{N})$ mit

$$\tilde{p}_k = \lim_{n\to\infty} \mathsf{P}(\tilde{N}_n = k), \qquad k \in \mathbb{G}_+.$$

Diese Wahrscheinlichkeiten erfüllen das Gleichungssystem

$$\tilde{p}_i \sum_{k=0}^\infty P_{ik} = \sum_{k=0}^\infty P_{ki} p_k, \qquad i \in \mathbb{G}_+, \qquad \sum_{k=0}^\infty p_k = 1.$$

Unter einem Zyklus des semimarkowschen Prozesses $(N(t),\ t \in \mathbb{R}_+)$ versteht man die Zeit, in der sich dieser zufällige Prozeß nicht ändert.

(a) *Erwartungswert einer Zykluslänge:*

$$T = \frac{p_0}{\lambda_0} + \int_0^\infty \mathrm{e}^{-\delta_0 t}\big(1 - B(t)\big)\, \mathrm{d}t.$$

(b) *Erwartungswert für die Anzahl der reinen Verluste während eines Zyklus:*

$$\delta_0 \int_0^\infty \mathrm{e}^{-\delta_0 t}\big(1 - B(t)\big)\, \mathrm{d}t.$$

(c) *Erwartungswert für die Anzahl der partiellen Verluste während eines Zyklus:*

$$\lambda' T = \delta_0 \left(\tilde{p}_0 \sum_{k=1}^\infty (k-1)\, u_{1k}(t)\, \mathrm{d}H(t) + \sum_{i=1}^\infty p_i \int_0^\infty \sum_{k=1}^\infty u_{ik}(t)\,(k-1)\, \mathrm{d}H(t)\right),$$

wobei λ' die Intensität des zufälligen Prozesses der reinen Verluste ist, und $H(t)$ wird in (1) definiert. Im Spezialfall eines Poissonschen Forderungenstromes der Intensität λ

ergibt sich die Wahrscheinlichkeit des reinen Verlustes einer Forderung aus $p_{v,1} = \frac{\lambda'}{\lambda}$.
Es sei hervorgehoben, daß die Anzahl der reinen bzw. der partiellen Verluste in einem Zyklus sowie deren Summe nur die Werte Null oder Eins annehmen kann. Die entsprechenden Erwartungswerte sind folglich nach oben durch Eins beschränkt.

5.6. Sonstige Resultate

(a) Jurkewitsch (1972). Gegeben sei ein Einbedienersystem, dessen Forderungen aus $l \geqq 1$ Quellen stammen. In einem beliebigen Zeitpunkt kann aus jeder Quelle höchstens eine Forderung kommen. Wenn zur Zeit t keine Forderung von der i-ten Quelle eintrifft, so kann eine solche im Intervall $(t, t + dt)$ mit der Wahrscheinlichkeit $\alpha_i\, dt$ auftreten. Die Forderungen verschiedener Quellen sind im Sinne absoluter Prioritäten geordnet. Die Bedienungszeit einer Forderung hängt davon ab, ob sie in der Schlange warten muß. Die Bedienungszeit ist durch eine exponentialverteilte Zufallsgröße beschränkt, deren Parameter von der Quelle der Forderung abhängt.

In der zitierten Arbeit werden verschiedene analytische Beziehungen für zufällige Folgen angegeben, die den Bedienungsprozeß charakterisieren. Außerdem wird ein Satz für die asymptotische Exponentialverteilung des Momentes des ersten Verlustes bewiesen.

(b) Jurkewitsch (1972). Betrachtet wird ein Mehrbedienersystem mit konstanter Beschränkung der Wartezeiten und unzuverlässigen Bedienungsgeräten. Die Anzahl aller zur Zeit t nicht ausgefallenen Geräte definiert einen homogenen Markowschen Prozeß mit endlich vielen Zuständen. Alle zu bedienenden Forderungen seien zur Zeit $t = 0$ bereits im System. Bei Ausfall eines Gerätes kann die auf ihr in Bedienung befindliche Forderung durch ein anderes Gerät bedient werden. Es wird die Wahrscheinlichkeit der vollständigen Bedienung aller Forderungen im Verlaufe einer gegebenen Zeit untersucht.

(c) Krupin (1974). Es werden Stetigkeitsaussagen für Mehrbedienersysteme mit Beschränkung der Verweilzeiten angegeben. Seien $A(x)$, $B(x)$ und $V(x)$ die Verteilungsfunktionen für die Pausenzeiten, für die notwendigen Bedienungszeiten bzw. für die zulässigen Verweilzeiten im System. Man betrachte nun eine Folge von Systemen

$$(A_n(x), B_n(x), V_n(x))$$

mit $A_n \Rightarrow A$, $B_n \Rightarrow B$ und $V_n \Rightarrow V$ bei $n \to \infty$. Wenn außerdem für ein $\delta > 0$ die Beziehung $\sup_n \int_0^\infty x^{1+\delta}\, dV_n(x) < \infty$ erfüllt ist, so konvergiert die Folge der ergodischen Grenzverteilungen für das n-te System $(\mathring{W}_n)$ schwach gegen die entsprechende ergodische Verteilung aus dem System $(A(x), B(x), V(x))$: $\mathring{W}_n \Rightarrow \mathring{W}$ $(n \to \infty)$. Ähnliche Aussagen wurden auch für andere wichtige Charakteristiken dieses Systems hergeleitet.

6. Prioritätensysteme

Die in diesem Kapitel betrachteten Prioritätensysteme sind Bedienungsmodelle, bei denen die eintreffenden Forderungen in mehrere *Prioritätsklassen* unterteilt werden. Die *höhere Priorität* einer gegebenen Forderung gegenüber anderen Forderungen drückt sich dabei in einer *bevorzugten Bedienung* dieser Forderung aus. Die Bevorzugung kann auf verschiedene Weise realisiert werden, je nachdem welche *Prioritätsdisziplin* vorliegt.

Es werden überwiegend Einbedienersysteme betrachtet, da in der Literatur für Mehrbedienersysteme mit Prioritäten nur einzelne Ergebnisse vorliegen (↑ [6.10]).

Der überwiegende Teil der für Einbedienersysteme dargelegten Ergebnisse betrifft dabei das System $M/GI/1/\infty$. Für dieses Grundmodell werden verschiedene Varianten betrachtet, wie der Fall eines unzuverlässigen Bedienungsgerätes, der Orientierung des Bedienungsgerätes auf eine neue Prioritätsklasse, der Bedienung in mehreren Bedienungsetappen bzw. der Fall endlich vieler Quellen. In [6.9] wird auf Prioritätensysteme mit allgemeineren, nichtpoissonschen Forderungenströmen eingegangen.

Es sei vermerkt, daß sich das in [6.6] betrachtete System mit mehreren Bedienungsetappen von den in Kapitel 7 behandelten Seriensystemen insofern unterscheidet, daß in [6.6] jeweils nur in einer Bedienungsetappe bedient werden kann, d. h., wenn in einer gegebenen Bedienungsetappe eine Bedienung läuft, dann sind sämtliche der übrigen Bedienungsetappen blockiert.

Im vorliegenden Kapitel wird sowohl das stationäre als auch das instationäre Verhalten der betrachteten Prioritätensysteme untersucht. Im stationären Fall wird oft nur schlechthin von der stationären Verteilung der betrachteten Größen gesprochen, da für Systeme mit Poissonschen Forderungenströmen die zeitstationären und die forderungenstationären Charakteristiken übereinstimmen (↑ [I, Kap. 6]). Im instationären Fall wird stets davon ausgegangen, daß das System zum Zeitpunkt $t = 0$ leer ist.

Neben den in diesem Kapitel dargelegten Ergebnissen gibt es noch eine Reihe weiterer spezieller Problemstellungen, die in der Literatur im Zusammenhang mit Prioritätssystemen untersucht werden. Hierzu sei auf [6.10] und die entsprechenden Monographien verwiesen (Conway/Maxwell/Miller [1], Franken/König/Arndt/Schmidt [1], Gnedenko/Danieljan/Dimitrow/Klimow/Matwejew [1], Jaiswal [1], Kleinrock [1], [2], Klimow [1], [2], Klimow/Mischkoj [1], Schassberger [1]).

6.1. Grundmodell

Im allgemeinen wird eine beliebige endliche Anzahl r von Prioritätsklassen zugelassen. Die Prioritätsklassen werden durchnumeriert, und es wird angenommen, daß die Forderungen der i-ten Klasse (i-ter Priorität) höhere Priorität als die Forderungen der

j-ten Klasse (j-ter Priorität) besitzen, falls $i < j$ ist. Die Forderungen erster Priorität werden also gegenüber sämtlichen Forderungen der übrigen Klassen bevorzugt. Forderungen ein und derselben Prioritätsklasse werden im allgemeinen gemäß der Bedienungsdisziplin FCFS, also in der Reihenfolge ihres Eintreffens bedient.

In einigen besonders gekennzeichneten Fällen wird auch die Bedienungsdisziplin LCFS betrachtet, d. h., die Forderungen ein und derselben Prioritätsklasse werden in der umgekehrten Reihenfolge ihres Eintreffens im System bedient. Bezüglich der absoluten (preemptive) LCFS-Disziplin sei auf [3.4.6] verwiesen.

6.1.1. Prioritätsdisziplinen

Es werden folgende Prioritätsdisziplinen betrachtet:

(a) *Relative Prioritäten:* Wenn mit der Bedienung einer Forderung begonnen wurde, dann wird diese zu Ende geführt, unabhängig davon, ob inzwischen Forderungen höherer Priorität eingetroffen sind (keine Unterbrechung). Befinden sich bei Beendigung einer Bedienung weitere Forderungen im System, dann wird sofort mit der Bedienung derjenigen Forderung begonnen, die die höchste Priorität hat und von den Forderungen ihrer Prioritätsklasse am längsten (bzw. am kürzesten) wartet.

(b) *Absolute Priorität:* Falls während der Bedienung einer Forderung eine Forderung höherer Priorität eintrifft, dann wird die laufende Bedienung unterbrochen und mit der Bedienung der eingetroffenen Forderung begonnen. Hinsichtlich des Schicksals einer unterbrochenen Bedienung wird unterschieden zwischen *Fortsetzung* (A1) und *Neubeginn* (A2) der unterbrochenen Bedienung, wenn das System frei von Forderungen höherer Priorität ist, bzw. zwischen *Verlust* (A3) der unterbrochenen Bedienung (d. h. die Bedienung wird abgebrochen).

(c) *Alternierende Prioritäten:* Nach der Beendigung der Bedienung einer Forderung i-ter Priorität kann nur dann mit der Bedienung einer Forderung einer anderen Prioritätsklasse begonnen werden, wenn sich keine weiteren Forderungen i-ter Priorität im System befinden; $i = 1, \ldots, r$. Wenn dies der Fall ist, dann wird von den im System befindlichen Forderungen die Forderung zur Bedienung ausgewählt, die die höchste Priorität hat und von den Forderungen ihrer Prioritätsklasse am längsten wartet.

6.1.2. Forderungenstrom und wichtigste Systemcharakteristiken

Im System $\vec{\mathrm{M}}/\vec{\mathrm{GI}}/1/\infty$ treffen die Forderungen k-ter Priorität gemäß einem Poisson-Prozeß mit der Intensität λ_k im System ein; $\lambda_{(k)} = \lambda_1 + \cdots + \lambda_k$ $(k = 1, \ldots, r)$. Die Gesamtankunftsintensität ist $\lambda = \lambda_{(r)} = \lambda_1 + \cdots + \lambda_r$. Es sei $B_k(x)$ die Verteilungsfunktion der gewünschten Bedienungszeiten der Forderungen k-ter Priorität.

Die am häufigsten betrachteten Systemgrößen sind:

$S_{(k)}$ – die Besetztzeit des Systems durch Forderungen k-ter und höherer Priorität; $S = S_{(r)}$,

W_k, $W_k(t)$ – die (aktuelle bzw. virtuelle) Wartezeit auf den Bedienungsbeginn der Forderungen k-ter Priorität,

V_k – die Verweilzeit im System der Forderungen k-ter Priorität,

N_k – die Anzahl der Forderungen k-ter Priorität im System; $\boldsymbol{N} = (N_1, \ldots, N_r)$.

Wenn stationäre Bedienungscharakteristiken betrachtet werden, dann wird stets die Gültigkeit einer Ungleichung vom Typ „$\varrho (= \varrho_{r1}) < 1$" vorausgesetzt, wobei ϱ als Gesamtbelastung des Systems interpretiert werden kann. Die Größe ϱ_{r1} (bzw. ϱ_{kn} für $k = 0, 1, \ldots, r$; $n = 1, 2, \ldots$) wird in jedem Abschnitt gesondert festgelegt. Es wird zur besseren Schreibweise stets $\varrho_{0n} = 0$ gesetzt und die Bezeichnung $\bar{\varrho}_k = 1 - \varrho_{k1}$ verwendet.

6.2. System $\vec{\mathrm{M}}/\vec{\mathrm{GI}}/1/\infty$ mit relativen Prioritäten

Es sei $\varrho_{kn} = \sum_{i=1}^{k} \lambda_i \mathsf{E} B_i^{\,n}$ für $k = 1, \ldots, r$; $n = 1, 2, \ldots$ Zur Abkürzung setzen wir

$$\eta_k(s, z) = s + \sum_{j=k}^{r} \lambda_j (1 - z_j), \qquad z = (z_1, \ldots, z_r), \qquad k = 1, \ldots, r. \tag{1*}$$

6.2.1. Besetztzeit

Die L.-S.-T. $S^*_{(k)}(s)$ der Verteilungsfunktion $S_{(k)}(x)$ der Besetztzeit $S_{(k)}$ des Systems durch Forderungen k-ter und höherer Priorität läßt sich mit Hilfe der Funktionalgleichung

$$S^*_{(k)}(s) = B^*_{(k)}\big(s + \lambda_{(k)} - \lambda_{(k)} S^*_{(k)}(s)\big), \qquad k = 1, \ldots, r, \tag{1}$$

bestimmen, wobei $B^*_{(k)}(s)$ die L.-S.-T. der Mischung $B_{(k)}(x) = \sum_{i=1}^{k} \frac{\lambda_i}{\lambda_{(k)}} B_i(x)$ ist (Conway/Maxwell/Miller [1], Jaiswal [1], Klimow [1], [2]).

Man kann die eindeutig bestimmte Lösung der Gleichung (1) darstellen als (Danieljan (1978), Prabhu [1])

$$S^*_{(k)}(s) = s + \lambda + \sum_{n=1}^{\infty} (-1)^n \left. \frac{\mathrm{d}^{n-1}\big([B^*_{(k)}(x)]^n\big)}{\mathrm{d}x^{n-1}} \right|_{x=s+\lambda}.$$

Durch Rücktransformation ergibt sich

$$S_{(k)}(x) = \sum_{n=1}^{\infty} \frac{1}{n} \int_0^x \mathrm{e}^{-\lambda_{(k)} t} \frac{(\lambda_{(k)} t)^{n-1}}{(n-1)!} \, \mathrm{d}B^{*(n)}_{(k)}(t),$$

wobei $B^{*(n)}_{(k)}(x)$ die n-te Faltungspotenz der Verteilungsfunktion $B_{(k)}(x)$ bezeichnet (Danieljan (1978)). Die Momente sind

$$\mathsf{E} S^{n+1}_{(k)} = \lambda^{-1}_{(k)} \sum_{i=1}^{n} \frac{(n+i)!}{n!} \cdot \frac{\alpha_{n,i}(k)}{\bar{\varrho}_k^{\,n+1+i}}; \qquad n = 1, 2, \ldots,$$

mit

$$\alpha_{n,i}(k) = \sum_{\substack{j_1 + j_2 + \cdots + j_n = i \\ j_1 + 2j_2 + \cdots + nj_n = n}} \frac{n!}{j_1! j_2! \ldots j_n!} \left(\frac{\varrho_{k2}}{2!}\right)^{j_1} \left(\frac{\varrho_{k3}}{3!}\right)^{j_2} \cdots \left(\frac{\varrho_{k,n+1}}{(n+1)!}\right)^{j_n}.$$

Speziell ergeben sich

$$\mathsf{E}S_{(k)} = \frac{\varrho_{k1}}{\lambda_{(k)}\bar{\varrho}_k}, \qquad \mathsf{V}S_{(k)} = \frac{1}{\lambda_{(k)}\bar{\varrho}_k{}^2}\left(\frac{\varrho_{k2}}{\bar{\varrho}_k} - \frac{\varrho_{k1}^2}{\lambda_{(k)}}\right),$$

$$\mathsf{E}S_{(k)}^2 = \lambda_{(k)}^{-1}\frac{\varrho_{k2}}{\bar{\varrho}_k{}^3}, \qquad \mathsf{E}S_{(k)}^3 = \lambda_{(k)}^{-1}\left(\frac{\varrho_{k3}}{\bar{\varrho}_k{}^4} + 3\,\frac{\varrho_{k2}^2}{\bar{\varrho}_k{}^5}\right),$$

$$\mathsf{E}S_{(k)}^4 = \lambda_{(k)}^{-1}\left(\frac{\varrho_{k4}}{\bar{\varrho}_k{}^5} + \frac{10\varrho_{k3}\varrho_{k2}}{\bar{\varrho}_k{}^6} + \frac{15\varrho_{k2}^3}{\bar{\varrho}_k{}^7}\right),$$

so daß für die Schiefe

$$\frac{\mathsf{E}(S_{(k)} - \mathsf{E}S_{(k)})^3}{(\mathsf{V}S_{(k)})^{3/2}} = \frac{\lambda_{(k)}{}^{1/2}\left[\varrho_{k3} + 3\,\dfrac{\varrho_{k2}}{\bar{\varrho}_k} - 3\lambda_{(k)}^{-1}\varrho_{k1}\varrho_{k2} + 2\lambda_{(k)}^{-2}\varrho_{k1}^3\bar{\varrho}_k\right]}{\left(\dfrac{\varrho_{k2}}{\bar{\varrho}_k} - \lambda_{(k)}^{-1}\varrho_{k1}^2\right)^{3/2}}$$

und den Exzeß

$$\frac{\mathsf{E}(S_{(k)} - \mathsf{E}S_{(k)})^4}{\left(\mathsf{E}(S_{(k)} - \mathsf{E}S_{(k)})^2\right)^2} - 3 = \frac{\mathsf{E}S_{(k)}^4 - 4\mathsf{E}S_{(k)}^3\mathsf{E}S_{(k)} + 5(\mathsf{E}S_{(k)}^2)^2 + 2\mathsf{E}S_{(k)}^2(\mathsf{E}S_{(k)})^2 - 4(\mathsf{E}S_{(k)})^4}{(\mathsf{E}S_{(k)}^2)^2 - 2\mathsf{E}S_{(k)}^2(\mathsf{E}S_{(k)})^2 + (\mathsf{E}S_{(k)})^4}$$

gilt, $k = 1, \ldots, r$ (vgl. auch JAISWAL [1], KLIMOW [1], [2]).

6.2.2. Wartezeit

(a) *Virtuelle Wartezeit im instationären Fall* (GNEDENKO/DANIELJAN/DIMITROW/KLIMOW/MATWEJEW [1], KLIMOW [1]): Die L.-S.-T. $W_k{}^*(t, s)$ der Verteilungsfunktion der virtuellen Wartezeit $W_k(t)$ der Forderungen k-ter Priorität zum Zeitpunkt $t > 0$ ergibt sich für FCFS aus ($k = 1, \ldots, r$)

$$W_k{}^*(t, s) = \mathrm{e}^{\varepsilon_1(s)t}\left(1 - \gamma_{k-1}(s)\int_0^t P_0(x)\,\mathrm{e}^{-\varepsilon_1(s)x}\,\mathrm{d}x - \sum_{j=k+1}^{r}\left[1 - B_j{}^*\big(\gamma_{k-1}(s)\big)\right]\int_0^t P_j(x)\,\mathrm{e}^{-\varepsilon_1(s)x}\,\mathrm{d}x\right)$$

und für LCFS aus

$$W_k{}^*(t, s) = \mathrm{e}^{\varepsilon_2(s)t}\left(1 - \gamma_k(s)\int_0^t P_0(x)\,\mathrm{e}^{-\varepsilon_2(s)x}\,\mathrm{d}x - \sum_{j=k}^{r}\left[1 - B_j{}^*\big(\gamma_k(s)\big)\right]\int_0^t P_j(x)\,\mathrm{e}^{-\varepsilon_2(s)x}\,\mathrm{d}x\right),$$

wobei $\varepsilon_1(s) = s - \lambda_k + \lambda_k B_k{}^*\big(\gamma_{k-1}(s)\big)$, $\varepsilon_2(s) = s + \lambda_k - \lambda_k B_k{}^*\big(\gamma_{k-1}(s)\big)$ ist und sich die L.-T. von $P_0(x)$, $P_j(x)$, $j = 1, \ldots, r$, mit Hilfe des folgenden Gleichungssystems bestimmen lassen:

$$\int_0^\infty \mathrm{e}^{-sx}P_0(x)\,\mathrm{d}x = [\gamma_r(s)]^{-1},$$

$$\sum_{j=k}^{r}\frac{1 - B_j{}^*\big(\gamma_{k-1}(s)\big)}{\gamma_{k-1}(s)}\int_0^\infty \mathrm{e}^{-sx}P_j(x)\,\mathrm{d}x = [\gamma_{k-1}(s)]^{-1} - [\gamma_r(s)]^{-1}.$$

Dabei ist

$$\gamma_k(s) = s + \lambda_{(k)} - \lambda_{(k)} S^*_{(k)}(s), \qquad k = 1, \ldots, r; \qquad \gamma_0(s) \equiv s. \tag{2}$$

(b) *Wartezeit im stationären Fall* (COBHAM (1954), GNEDENKO/DANIELJAN/DIMITROW/KLIMOW/MATWEJEW [1], HOLLEY (1954), JAISWAL [1], KESTEN/RUNNENBURG (1957), KLIMOW [1], [2]): Die L.-S.-T. $W_k^*(s)$ der stationären Wartezeitverteilung der Forderungen k-ter Priorität ist im Fall FCFS gegeben durch

$$W_k^*(s) = \frac{\bar\varrho_r \gamma_{k-1}(s) + \sum\limits_{j=k+1}^{s} \lambda_j\left[1 - B_j^*\left(\gamma_{k-1}(s)\right)\right]}{s + \lambda_k - \lambda_k B_k^*\left(\gamma_{k-1}(s)\right)},$$

mit

$$\mathsf{E}W_k = \frac{\varrho_{r2}}{2\bar\varrho_{k-1}\bar\varrho_k}, \quad \mathsf{V}W_k = \frac{\varrho_{r3}}{3\bar\varrho_{k-1}^3\bar\varrho_k} + \frac{\varrho_{r2}\varrho_{k-1,2}}{2\bar\varrho_{k-1}^3\bar\varrho_k} + \frac{\varrho_{r2}}{2\bar\varrho_{k-1}^2\bar\varrho_k^2}\left[\varrho_{k2} - \frac{\varrho_{r2}}{2}\right],$$

und im Fall LCFS durch

$$W_k^*(s) = \frac{\bar\varrho_r \gamma_k(s) + \sum\limits_{j=k}^{r} \lambda_j\left[1 - B_j^*\left(\gamma_k(s)\right)\right]}{s + \lambda_k - \lambda_k B_k^*\left(\gamma_k(s)\right)},$$

mit

$$\mathsf{E}W_k = \frac{\varrho_{r2}}{2\bar\varrho_{k-1}\bar\varrho_k}, \quad \mathsf{V}W_k = \frac{\varrho_{r3}}{3\bar\varrho_{k-1}\bar\varrho_k} + \frac{\varrho_{r2}\varrho_{k-1,2}}{2\bar\varrho_{k-1}^2\bar\varrho_k^2} + \frac{\varrho_{r2}}{2\bar\varrho_{k-1}\bar\varrho_k^2}\left[\frac{\varrho_{k2}}{\bar\varrho_k} - \frac{\varrho_{r2}}{\varrho_{k1}}\right],$$

wobei $\gamma_k(s)$ in beiden Fällen durch (2) gegeben ist ($k = 1, \ldots, r$).

(c) *Verweilzeit im stationären Fall:* Für die stationäre Verweilzeitverteilung $V_k(x)$ der Forderungen k-ter Priorität gilt

$$V_k^*(s) = W_k^*(s)\, B_k^*(s), \qquad \mathsf{E}V_k = \mathsf{E}W_k + \mathsf{E}B_k, \qquad \mathsf{V}V_k = \mathsf{V}W_k + \mathsf{V}B_k;$$

$$k = 1, \ldots, r.$$

6.2.3. Anzahl der Forderungen im System

(a) *Der instationäre Fall* (DANIELJAN/IWANOW (1976), JAISWAL [1]): Die L.-T. $\check{\mathfrak{g}}_N(z, s)$, $\check{\mathfrak{g}}_N(z, s) = \int\limits_0^\infty e^{-st}\mathfrak{g}_N(t, z)\,dt$, der erzeugenden Funktion $\mathfrak{g}_N(t, z)$, $\mathfrak{g}_N(t, z) = \mathsf{E}(z_1^{N_1(t)} \ldots z_r^{N_r(t)})$, $z = (z_1, \ldots, z_r)$, der Verteilung der Anzahl $N(t) = \left(N_1(t), \ldots, N_r(t)\right)$ von Forderungen im System zum Zeitpunkt t ist durch

$$\check{\mathfrak{g}}_N(z, s) = \frac{1 + \lambda \check{\mathfrak{g}}_N^{\mathsf{S}}(z, s)}{s - \lambda - \lambda S^*(s)}$$

gegeben, wobei

$$\check{\mathfrak{g}}_N^{\mathsf{S}}(z, s) = \lambda^{-1} \sum_{k=1}^{r} \check{\mathfrak{g}}_{N,k}(z, s) \frac{\gamma_k\left(\eta_{k+1}(s, z)\right) - \gamma_{k-1}\left(\eta_k(s, z)\right)}{z_k - B_k^*\left(\gamma_{k-1}\left(\eta_k(s, z)\right)\right)}$$

ist, die Funktionen $\check{\mathfrak{g}}_{N,k}(z, s)$, $k = 1, \ldots, r$, rekursiv mit Hilfe der Beziehung

$$\check{\mathfrak{g}}_{N,k}(z, s) = z_k \frac{1 - B_k^*(\eta_1(s, z))}{\eta_1(s, z)} + \sum_{i=1}^{k-1} \frac{\check{\mathfrak{g}}_{N,i}(z, s) \left[B_k^*\big(\gamma_{i-1}(\eta_i(s, z))\big) - B_k^*\big(\gamma_i(\eta_{i+1}(s, z))\big)\right]}{z_i - B_i^*\big(\gamma_{i-1}(\eta_i(s, z))\big)}$$

bestimmt werden und $\gamma_k(s)$ durch (2), $\eta_k(s, z)$ durch (1*) gegeben sind.

(b) *Der stationäre Fall* (Gnedenko/Danieljan/Dimitrow/Klimow/Matwejew [1], Jaiswal [1], Miller (1960)): Die erzeugenden Funktionen der stationären Verteilung des Vektors $\boldsymbol{N}$ bzw. der Anzahl N_k der Forderungen k-ter Priorität im System sind durch die Formeln

$$\mathfrak{g}_N(z) = \bar{\varrho}_r\big(1 + \lambda \check{\mathfrak{g}}_N{}^S(z, 0)\big)$$

und

$$\mathfrak{g}_{N_k}(z_k) = \frac{B_k^*(\lambda_k - \lambda_k z_k)}{\lambda_k} \cdot \frac{\bar{\varrho}_r \gamma_k(\lambda_k - \lambda_k z_k) + \sum\limits_{i=k+1}^{r} \lambda_i\big(1 - B_i^*(\gamma_k(\lambda_k - \lambda_k z_k))\big)}{B_k^*(\gamma_k(\lambda_k - \lambda_k z_k)) - z_k}$$

gegeben, wobei $\gamma_k(s)$ wiederum durch (2) definiert ist.

Momente ($k = 1, \ldots, r$):

$$\mathsf{E}N_k = \lambda_k \left(\mathsf{E}B_k + \frac{\varrho_{r2}}{2\bar{\varrho}_k \bar{\varrho}_{k-1}}\right),$$

$$\mathsf{V}N_k = \lambda_k^2 \left(\frac{\varrho_{r3}}{3\bar{\varrho}_{k-1}^2 \bar{\varrho}_k} + \frac{\varrho_{r2}\varrho_{k-1,2}}{2\bar{\varrho}_{k-1}^3 \bar{\varrho}_k} + \frac{\varrho_{r2}\varrho_{k2}}{2\bar{\varrho}_{k-1}^2 \bar{\varrho}_k^2} + \mathsf{E}B_k \frac{\varrho_{r2}}{\bar{\varrho}_k \bar{\varrho}_{k-1}} + \mathsf{E}B_k^2\right) + \mathsf{E}N_k - (\mathsf{E}N_k)^2.$$

6.2.4. Gemeinsame Verteilung der Besetztzeit S und der Anzahl N_S der Forderungen, die während dieser Besetztzeit bedient werden

Es sei $P(n_1, n_2, \ldots, n_r, x)$ die Wahrscheinlichkeit dafür, daß während der Besetztzeit S des Systems genau n_i Forderungen i-ter Priorität, $i = 1, \ldots, r$, bedient werden und daß $S \leqq x$ ist. Die L.-S.-T. $\mathfrak{g}^*(z, s)$, $\mathfrak{g}^*(z, s) = \int\limits_0^\infty e^{-sx}\, d_x g(z, x)$, der erzeugenden Funktion $\mathfrak{g}(z, x) = \sum\limits_{n_1, \ldots, n_r} P(n_1, n_2, \ldots, n_r, x)\, z_1^{n_1} z_2^{n_2} \ldots z_r^{n_r}$ ergibt sich aus der Funktionalgleichung

$$\lambda \mathfrak{g}^*(z, s) = \sum_{i=1}^{r} \lambda_i z_i B_i^*\big(s + \lambda - \lambda \mathfrak{g}^*(z, s)\big).$$

Für die Anzahl $N_{S,k}$ der Forderungen k-ter ($k = 1, \ldots, r$) Priorität, die während der Besetztzeit S bedient werden, gilt (vgl. Gnedenko/Danieljan/Dimitrow/Klimow/Matwejew [1], Jaiswal [1])

$$\mathsf{E}N_{S,k} = \frac{\lambda_k}{\lambda \bar{\varrho}_r}, \qquad \mathsf{V}N_{S,k} = 2\left\{\frac{\lambda_k^2}{2\lambda}\frac{\bar{\varrho}_2}{\bar{\varrho}_r^3} + \frac{\lambda_k^2\, \mathsf{E}B_k}{\lambda \bar{\varrho}_r^2} + \frac{\lambda_k}{2\lambda \bar{\varrho}_r}\right\} - \frac{\lambda_k^2}{\lambda^2 \bar{\varrho}_r^2} \tag{3}$$

und für die Schiefe

$$\frac{\mathsf{E}(N_{S,k} - \mathsf{E}N_{S,k})^3}{(\mathsf{V}N_{S,k})^{3/2}} = (2\lambda \bar{\varrho}_r)^{1/2} \left\{3\left[\frac{\lambda_k^2 \bar{\varrho}_2^2}{2\bar{\varrho}_r^4} + \frac{3\lambda_k^3 \mathsf{E}B_k \bar{\varrho}_2}{2\bar{\varrho}_r^3} + \frac{\lambda_k^3 \bar{\varrho}_3}{\lambda \bar{\varrho}_r^3} + \frac{\lambda_k^3 \mathsf{E}B_k}{2\bar{\varrho}_r^3} + \frac{\lambda_k^2 \bar{\varrho}_3}{2\bar{\varrho}_r^2}\right.\right.$$

$$\left.\left. + \frac{\lambda_k^2 \mathsf{E}B_k}{\bar{\varrho}_r} + \frac{\lambda_k}{\lambda} - \frac{\lambda_k^3 \bar{\varrho}_2}{2\bar{\varrho}_r^2} - \frac{\lambda_k^3 \mathsf{E}B_k}{\bar{\varrho}_r} - \frac{\lambda_k^2}{2}\right] + \frac{\lambda_k^3}{(\lambda \bar{\varrho}_r)^2}\right\} \left\{\frac{\lambda_k^2 \bar{\varrho}_2}{2\bar{\varrho}_r^2} + \frac{\lambda_k^2 \mathsf{E}B_k}{\bar{\varrho}_r^2} + \frac{\lambda_k}{2} - \frac{\lambda_k^2}{\lambda \bar{\varrho}_r}\right\}^{-1}.$$

Für die Wahrscheinlichkeit $P(n_1, \ldots, n_r; x_1, \ldots, x_r)$, daß während der Besetztzeit S genau n_k Forderungen k-ter Priorität bedient werden und daß die Summe ihrer Bedienungszeiten kleiner als x_k ist, $k = 1, 2, \ldots, r$, gilt

$$\mathrm{d}_x{}^+P(n_1, \ldots, n_r; x_1, \ldots, x_r) = \lambda^{-1} \exp(-\lambda x)\, x^{n-1} \left(\prod_{k=1}^{r}{}^+ \frac{\lambda_k^{n_k}}{n_k!} \mathrm{d}_{x_k}[B_k^{*(n_k)}(x_k)]\right),$$

wobei $\prod_{k=1}^{r}{}^+$ die Produktbildung für alle $k = 1, \ldots, r$ mit $n_k > 0$ bezeichnet, $d_x{}^+ = \prod_{k=1}^{r}{}^+ d_{x_k}$, $n = \sum_{k=1}^{r} n_k$, $x = \sum_{k=1}^{r} x_k$ (Danieljan (1978)).

6.3. System $\vec{\mathrm{M}}/\vec{\mathrm{GI}}/1/\infty$ mit absoluten Prioritäten

Es sei für die einzelnen Fälle des Schicksals der unterbrochenen Forderung (↑ [6.1.1]): Im Fall (A1)

$$\varrho_{kn} = \lambda_1 \mathsf{E}B_1{}^n + \cdots + \lambda_k \mathsf{E}B_k{}^n;$$

im Fall (A2)

$$\varrho_{k2} = \lambda_1 \mathsf{E}B_1{}^2 + 2\left[-\frac{\lambda_2}{\lambda_{(1)}} c_2\bar{\varrho}_1 - \cdots - \frac{\lambda_k}{\lambda_{(k-1)}} c_k\bar{\varrho}_{k-1} + \frac{\bar{\varrho}_1}{\lambda_{(1)}}(\bar{\varrho}_1 - \bar{\varrho}_2) + \cdots + \frac{\bar{\varrho}_{k-1}}{\lambda_{(k-1)}}(\bar{\varrho}_{k-1} - \bar{\varrho}_k)\right];$$

im Fall (A3)

$$\varrho_{k2} = \lambda_1 \mathsf{E}B_1{}^2 + 2\left(-\frac{c_2\lambda_2\bar{\varrho}_1}{\lambda_{(1)}[B_2{}^*(\lambda_{(1)})]^2} - \cdots - \frac{c_k\lambda_k\bar{\varrho}_{k-1}}{\lambda_{(k-1)}[B_k{}^*(\lambda_{(k-1)})]^2} + \frac{\bar{\varrho}_1(\bar{\varrho}_1 - \bar{\varrho}_2)}{\lambda_{(1)}} + \cdots + \frac{\bar{\varrho}_{k-1}(\bar{\varrho}_{k-1} - \bar{\varrho}_k)}{\lambda_{(k-1)}} + \frac{(\bar{\varrho}_1 - \bar{\varrho}_2)^2}{\lambda_2} + \cdots + \frac{(\bar{\varrho}_{k-1} - \bar{\varrho}_k)^2}{\lambda_k}\right), \quad k = 1, \ldots, r,$$

wobei $c_k = \int_0^\infty x\, \mathrm{e}^{-\lambda_{(k-1)}x}\, \mathrm{d}B_k(x)$ für $k = 1, \ldots, r$ ist. Für ϱ_{k1} wird in den Fällen (A2) und (A3) genau wie bisher $\varrho_{k1} = \sum_{i=1}^{k} \lambda_i \mathsf{E}B_i$, $k = 1, \ldots, r$, gesetzt.

6.3.1. Besetztzeit

Die L.-S.-T. der Verteilungsfunktion der Besetztzeit $S_{(k)}$ des Systems durch Forderungen k-ter und höherer Priorität genügt den Funktionalgleichungen (vgl. Gnedenko/Danieljan/Dimitrow/Klimow/Matwejew [1], Jaiswal [1], Klimow [1], [2])

$$\begin{aligned}
\lambda_{(k)}S_{(k)}^*(s) &= \lambda_1 S_{k1}^*(s) + \cdots + \lambda_k S_{kk}^*(s),\\
S_{ki}^*(s) &= S_{k-1,i}^*\big(s + \lambda_k - \lambda_k S_{kk}^*(s)\big), \qquad i < k, \qquad (1)\\
S_{kk}^*(s) &= V_{\mathrm{B},k}^*\big(s + \lambda_k - \lambda_k S_{kk}^*(s)\big),
\end{aligned}$$

wobei die Funktion $V^*_{B,k}(s)$, $k = 1, \ldots, r$, die die L.-S.-T. der Verteilungsfunktion der Zeitdauer $V_{B,k}$ vom Beginn bis zur Beendigung der Bedienung einer Forderung k-ter Priorität (Gesamtbedienungszeit) ist, die folgende Gestalt besitzt:

Fall (A1):

$$V^*_{B,k}(s) = B_k^*\big(s + \lambda_{(k-1)} - \lambda_{(k-1)} S^*_{(k-1)}(s)\big); \tag{2}$$

Fall (A2):

$$V^*_{B,k}(s) = B_k^*(s + \lambda_{(k-1)}) + \frac{\lambda_{(k-1)}}{s + \lambda_{(k-1)}} [1 - B_k^*(s + \lambda_{(k-1)})]\, S^*_{(k-1)}(s); \tag{3}$$

Fall (A3):

$$V^*_{B,k}(s) = B_k^*(s + \lambda_{(k-1)}) \left(1 - \frac{\lambda_{(k-1)}}{s + \lambda_{(k-1)}} [1 - B_k^*(s + \lambda_{(k-1)})]\, S^*_{(k-1)}(s)\right)^{-1}. \tag{4}$$

In allen drei Fällen gilt

$$\mathsf{E}S_{(k)} = \frac{\varrho_{k1}}{\lambda_{(k)}\bar{\varrho}_k}, \qquad \mathsf{V}S_{(k)} = \frac{\varrho_{k2}}{\lambda_{(k)}\bar{\varrho}_k^3} - \frac{\varrho_{k1}^2}{\lambda_{(k)}^2\bar{\varrho}_k^2}, \qquad k = 1, \ldots, r. \tag{5}$$

Für den Fall (A1) stimmen die Ergebnisse, die die Besetztzeit betreffen, mit den entsprechenden Ergebnissen für das System $\vec{M}/\vec{GI}/1/\infty$ mit relativen Prioritäten überein (↑ [6.2.1]).

6.3.2. Wartezeit, stationärer Fall

Für die L.-S.-T. $W_k^*(s)$ der stationären Wartezeitverteilung der Forderungen k-ter Priorität gilt (Jaiswal [1], Klimow [1], [2], Miller (1960))

$$W_k^*(s) = \bar{\varrho}_k \frac{s + \lambda_{(k-1)} - \lambda_{(k-1)} S^*_{(k-1)}(s)}{s - \lambda_k + \lambda_k V^*_{B,k}(s)}, \qquad k = 1, \ldots, r,$$

wobei sich die Funktionen $S^*_{(k)}(s)$ bzw. $V^*_{B,k}(s)$ aus (1) bzw. (2) bis (4) in [6.3.1] ergeben. Für alle drei Fälle (A1) bis (A3) gilt

$$\mathsf{E}W_k = \frac{\varrho_{k2}}{2\bar{\varrho}_{k-1}\bar{\varrho}_k}, \qquad k = 1, \ldots, r.$$

Im Fall (A1) ist

$$\mathsf{V}W_k = \frac{\varrho_{k3}}{3\bar{\varrho}_{k-1}^2\bar{\varrho}_k} + \frac{\varrho_{k2}^2}{4\bar{\varrho}_{k-1}^2\bar{\varrho}_k^2} + \frac{\varrho_{k2}\varrho_{k-1,2}}{2\bar{\varrho}_{k-1}^3\bar{\varrho}_k}, \qquad k = 1, \ldots, r.$$

6.3.3. Verweilzeit, stationärer Fall

Für die L.-S.-T. $V_k^*(s)$ der stationären Verweilzeitverteilung der Forderungen k-ter Priorität gilt (Gnedenko/Danieljan/Dimitrow/Klimow/Matwejew [1], Jaiswal [1], Klimow [1], [2])

$$V_k^*(s) = W_k^*(s)\, V^*_{B,k}(s), \qquad k = 1, \ldots, r,$$

und insbesondere $\mathsf{E}V_k = \mathsf{E}W_k + \mathsf{E}V_{\mathrm{B},k}$, wobei im Fall (A1)

$$\mathsf{E}V_{\mathrm{B},k} = \frac{\mathsf{E}B_k}{\bar{\varrho}_{k-1}}, \tag{6}$$

im Fall (A2)

$$\mathsf{E}V_{\mathrm{B},k} = [1 - B_k^*(\lambda_{(k-1)})]\,[\lambda_{(k-1)}\bar{\varrho}_{k-1}]^{-1} \tag{7}$$

und im Fall (A3)

$$\mathsf{E}V_{\mathrm{B},k} = [1 - B_k^*(\lambda_{(k-1)})]\,[\lambda_{(k-1)}\bar{\varrho}_{k-1}B_k^*(\lambda_{(k-1)})]^{-1} \tag{8}$$

ist $(k = 1, \ldots, r)$. Ferner gilt

$$\mathsf{V}V_k = \mathsf{V}W_k + \mathsf{E}V_{\mathrm{B},k}^2 - (\mathsf{E}V_{\mathrm{B},k})^2,$$

wobei im Fall (A1)

$$\mathsf{E}V_{\mathrm{B},k}^2 = \frac{\mathsf{E}B_k^2}{\bar{\varrho}_{k-1}^2} + \frac{\mathsf{E}B_k\varrho_{k-1,2}}{\bar{\varrho}_{k-1}^3} \tag{9}$$

ist $(k = 1, \ldots, r)$.

6.3.4. Anzahl der Forderungen im System

(a) *Der instationäre Fall* (Danieljan/Iwanow (1976), Gnedenko/Danieljan/Dimitrow/Klimow/Matwejew [1], Iwanow [1], Jaiswal [1]): Die L.-T. $\check{\mathfrak{g}}_N(\boldsymbol{z}, s)$, $\check{\mathfrak{g}}_N(\boldsymbol{z}, s) = \int_0^\infty e^{-st}\mathfrak{g}_N(t, \boldsymbol{z})\,dt$, der erzeugenden Funktion $\mathfrak{g}_N(t, \boldsymbol{z})$, $\mathfrak{g}_N(t, \boldsymbol{z}) = \mathsf{E}(z_1^{N_1(t)} \ldots z_r^{N_r(t)})$, $\boldsymbol{z} = (z_1, \ldots, z_r)$, ist durch

$$\check{\mathfrak{g}}_N(\boldsymbol{z}, s) = \frac{1 + \lambda\check{\mathfrak{g}}_N^{\mathrm{S}}(\boldsymbol{z}, s)}{s + \lambda - \lambda S^*(s)}$$

gegeben, wobei sich die Funktion $\check{\mathfrak{g}}_N^{\mathrm{S}}(\boldsymbol{z}, s)$ aus dem Gleichungssystem

$$\lambda_{(k)}\check{\mathfrak{g}}_{N,k}(\boldsymbol{z}, s) = \lambda_{(k-1)}\check{\mathfrak{g}}_{N,k-1}(\boldsymbol{z}, s) + \frac{\check{\mathfrak{g}}_k(s, \boldsymbol{z})\left(\lambda_k z_k + \lambda_{(k-1)}S_{(k-1)}^*\big(\eta_k(s, \boldsymbol{z})\big) - \lambda_{(k)}S_{(k)}^*\big(\eta_{k+1}(s, \boldsymbol{z})\big)\right)}{z_k - V_{\mathrm{B},k}^*\big(\eta_k(s, \boldsymbol{z})\big)}$$

$$\check{\mathfrak{g}}_N^{\mathrm{S}}(\boldsymbol{z}, s) = \check{\mathfrak{g}}_{N,r}(\boldsymbol{z}, s)$$

ergibt, die Funktionen $V_{\mathrm{B},k}^*(s)$ jeweils durch (2), (3) bzw. (4) in [6.3.1] gegeben sind und im Fall (A1)

$$\check{\mathfrak{g}}_k(\boldsymbol{z}, s) = z_k\Big(1 - B_k^*\big(\gamma_{k-1}(\eta_k(s, \boldsymbol{z}))\big)\Big)\left(1 + \lambda_{(k-1)}\check{\mathfrak{g}}_{N,k-1}(\boldsymbol{z}, s)\right)/\left[\gamma_{k-1}\big(\eta_k(s, \boldsymbol{z})\big)\right]^{-1}$$

im Fall (A2)

$$\check{\mathfrak{g}}_k(\boldsymbol{z}, s) = \left[1 - B_k^*\big(\lambda_{(k-1)} + \eta_k(s, \boldsymbol{z})\big)\right]\left[z_k + \lambda_{(k-1)}\check{\mathfrak{g}}_{N,k-1}(\boldsymbol{z}, s)\right]\left[\lambda_{(k-1)} + \eta_k(s, \boldsymbol{z})\right]^{-1}$$

bzw. im Fall (A3)

$$\begin{aligned}\check{\mathfrak{g}}_k(\boldsymbol{z}, s) = {}& z_k\left[1 - B_k^*\big(\eta_k(s, \boldsymbol{z}) + \lambda_{(k-1)}\big)\right]\left[1 + \lambda_{(k-1)}\check{\mathfrak{g}}_{N,k-1}(\boldsymbol{z}, s)\right]\\ &\times\left[\eta_k(s, \boldsymbol{z}) + \lambda_{(k-1)} - \lambda_{k-1}S_{(k-1)}^*\big(\eta_k(s, \boldsymbol{z})\big)\right]^{-1}\left[1 - B_k^*\big(\eta_k(s, \boldsymbol{z}) + \lambda_{(k-1)}\big)\right]^{-1}\end{aligned}$$

ist ($k = 1, \ldots, r$). Die Funktionen $\gamma_k(s)$ bzw. $\eta_k(s, z)$ sind dabei durch (2) bzw. (1*) in [6.2] (mit den dem vorliegenden Abschnitt entsprechenden Größen) gegeben. Für die L.-T. $\check{\mathsf{E}}_{N_k}(s)$, $\check{\mathsf{E}}_{N_k}(s) = \int\limits_0^\infty e^{-st}\mathsf{E}N_k(t)\,dt$, gilt

$$\check{\mathsf{E}}_{N_k}(s) = \frac{\lambda_k}{s^2} + \frac{\lambda_k + [\lambda_{(k-1)}S^*_{(k-1)}(s) - \lambda_{(k)}S^*_{(k)}(s)]}{s + \lambda_{(k)} - \lambda_{(k)}S^*_{(k)}(s)} \; \frac{V^*_{\mathrm{B},k}(s)}{s[1 - V^*_{\mathrm{B},k}(s)]},$$

wobei sich die Funktion $V^*_{\mathrm{B},k}(s)$ jeweils aus (2), (3) bzw. (4) und $S^*_{(k)}(s)$ aus (1) ergeben ($k = 1, \ldots, r$).

(b) *Der stationäre Fall* (Dressin/Reich (1957), Gnedenko/Danieljan/Dimitrow/Klimow/Matwejew [1], Heathcote (1960, 1961), Jaiswal [1], White/Christie (1958)): Die erzeugende Funktion $\mathfrak{g}_{N_k}(z)$ der stationären Verteilung der Anzahl N_k von Forderungen k-ter Priorität im System ist durch

$$\mathfrak{g}_{N_k}(z) = \frac{1 - f_k(z)}{V^*_{\mathrm{B},k}(\lambda_k - \lambda_k z) - z} \, V^*_{\mathrm{B},k}(\lambda_k - \lambda_k z)\, \mathfrak{g}_{N_k}(0)$$

gegeben, wobei

$$f_k(z) = z\,\frac{\lambda_k}{\lambda_{(k)} - \lambda_{(k-1)}S^*_{(k-1)}(\lambda_k)} + \lambda_{(k-1)}\,\frac{S^*_{(k-1)}(\lambda_k - \lambda_k z) - S^*_{(k-1)}(\lambda_k)}{\lambda_{(k)} - \lambda_{(k-1)}S^*_{(k-1)}(\lambda_k)},$$

$$\mathfrak{g}_{N_k}(0) = \frac{(1 - \lambda_k\mathsf{E}V_{\mathrm{B},k})\,[\lambda_{(k)} - \lambda_{(k-1)}S^*_{(k-1)}(\lambda_k)]}{\lambda_k + \lambda_k\lambda_{(k-1)}\mathsf{E}S_{(k-1)}}$$

ist und $\mathsf{E}V_{\mathrm{B},k}$ jeweils durch (6), (7) bzw. (8), $V^*_{\mathrm{B},k}(s)$ durch (2), (3) bzw. (4), $S^*_{(k)}(s)$ durch (1) sowie $\mathsf{E}S_{(k)}$ durch (5) gegeben sind ($k = 1, \ldots, r$).

Für alle drei Fälle (A1) bis (A3) gilt

$$\mathsf{E}N_k = \frac{\lambda_k^2\mathsf{E}V^2_{\mathrm{B},k}}{2(1 - \lambda_k\mathsf{E}V_{\mathrm{B},k})} + \lambda_k\mathsf{E}V_{\mathrm{B},k} + \frac{1}{2}\,\frac{\lambda_k^2\lambda_{(k-1)}\mathsf{E}S^2_{(k-1)}}{\lambda_k + \lambda_k\lambda_{(k-1)}\mathsf{E}S_{(k-1)}}.$$

Ferner ist im Fall (A1)

$$\begin{aligned}\mathsf{V}N_k = {} & \frac{\lambda_k^3\mathsf{E}V^3_{\mathrm{B},k}}{3(1 - \lambda_k\mathsf{E}V_{\mathrm{B},k})} + \lambda_k^2\mathsf{E}V^2_{\mathrm{B},k} + \frac{1}{3}\,\frac{\lambda_k^2\lambda_{(k-1)}[\mathsf{E}S^3_{(k-1)} + 3\mathsf{E}V_{\mathrm{B},k}\mathsf{E}S^2_{(k-1)}]}{1 + \lambda_{(k-1)}\mathsf{E}S_{(k-1)}} \\ & + \frac{1}{2}\left[\frac{\lambda_k^2\mathsf{E}V^2_{\mathrm{B},k}}{1 - \lambda_k\mathsf{E}V_{\mathrm{B},k}} + 1\right]\frac{\lambda_k\lambda_{(k-1)}\mathsf{E}V^2_{\mathrm{B},k}}{1 + \lambda_{(k-1)}\mathsf{E}S_{(k-1)}} + \lambda_k\mathsf{E}V_{\mathrm{B},k}\left[1 + \frac{\lambda_k^2\mathsf{E}V^2_{\mathrm{B},k}}{1 - \lambda_k\mathsf{E}V_{\mathrm{B},k}}\right] \\ & + \frac{1}{2}\left[\frac{\lambda_k^2\mathsf{E}V^2_{\mathrm{B},k}}{1 - \lambda_k\mathsf{E}V_{\mathrm{B},k}}\right]^2 + \frac{1}{2}\,\frac{\lambda_k^2\mathsf{E}V^2_{\mathrm{B},k}}{1 - \lambda_k\mathsf{E}V_{\mathrm{B},k}} - [\mathsf{E}N_k]^2,\end{aligned}$$

wobei

$$\mathsf{E}V^3_{\mathrm{B},k} = \frac{\mathsf{E}B_k^3}{\bar{\varrho}^3_{k-1}} + 3\,\frac{\mathsf{E}B_k^2\varrho_{k-1,2}}{\bar{\varrho}^4_{k-1}} + \mathsf{E}B_k\mathsf{E}S^3_{(k-1)}$$

und $\mathsf{E}V_{\mathrm{B},k}$ bzw. $\mathsf{E}V^2_{\mathrm{B},k}$ durch (6) bzw. (9) gegeben ist;

$$\mathsf{E}S^3_{(k-1)} = \frac{\varrho_{k-1,3}}{\bar{\varrho}^4_{k-1}} + 3\,\frac{\varrho^2_{k-1,2}}{\bar{\varrho}^5_{k-1}}.$$

6.3.5. Gemeinsame Verteilung der Besetztzeit $S_{(k)}$ und der Anzahl $N_{S_{(k)}}$ der Forderungen, die während dieser Besetztzeit bedient werden

Es sei $P_k(\boldsymbol{n}, x)$ $\big(= P_k(n_1, \ldots, n_r, x)\big)$ die Wahrscheinlichkeit dafür, daß während der Besetztzeit $S_{(k)}$ des Systems durch Forderungen k-ter und höherer Priorität genau n_i Forderungen i-ter Priorität, $i = 1, \ldots, r$, bedient werden und daß $S_{(k)} \leqq x$ ist. Die L.-S.-T. $g_k^*(\boldsymbol{z}, s)$,

$$\mathfrak{g}_k^*(\boldsymbol{z}, s) = \int_0^\infty e^{-sx} \, d_x \Big(\sum_{\boldsymbol{n}} P_k(\boldsymbol{n}, x) \, \boldsymbol{z}^{[\boldsymbol{n}]} \Big)$$

($\boldsymbol{z}^{[\boldsymbol{n}]} = z_1^{n_1} \ldots z_r^{n_r}$; $k = 1, \ldots, r$) genügt dem Gleichungssystem (vgl. Gnedenko/Danieljan/Dimitrow/Klimow/Matwejew [1], Jaiswal [1])

$$\lambda_{(k)} \mathfrak{g}_k^*(\boldsymbol{z}, s) = \lambda_1 \mathfrak{g}_{k1}^*(\boldsymbol{z}, s) + \cdots + \lambda_k \mathfrak{g}_{kk}^*(\boldsymbol{z}, s),$$

$$\mathfrak{g}_{ki}^*(\boldsymbol{z}, s) = \mathfrak{g}_{k-1,i}^*\big(\boldsymbol{z}, s + \lambda_k - \lambda_k \mathfrak{g}_{kk}^*(\boldsymbol{z}, s)\big), \qquad i < k,$$

$$\mathfrak{g}_{kk}^*(\boldsymbol{z}, s) = f_k\big(\boldsymbol{z}, s + \lambda_k - \lambda_k \mathfrak{g}_{kk}^*(\boldsymbol{z}, s)\big),$$

wobei die Funktionen $f_k(\boldsymbol{z}, s)$ gegeben sind durch

Fall (A1):

$$f_k(\boldsymbol{z}, s) = z_k B_k^*\big(s + \lambda_{(k-1)} - \lambda_{(k-1)} \mathfrak{g}_{k-1}^*(\boldsymbol{z}, s)\big),$$

Fall (A2):

$$f_k(\boldsymbol{z}, s) = z_k B_k^*(s + \lambda_{(k-1)}) + \frac{\lambda_{(k-1)}}{s + \lambda_{(k-1)}} \left[1 - B_k^*(s + \lambda_{(k-1)})\right] \mathfrak{g}_{k-1}^*(\boldsymbol{z}, s),$$

Fall (A3):

$$f_k(\boldsymbol{z}, s) = z_k B_k^*(s + \lambda_{(k-1)}) \left(1 - \frac{\lambda_{(k-1)}}{s + \lambda_{(k-1)}} \left[1 - B_k^*(s + \lambda_{(k-1)})\right] \mathfrak{g}_{k-1}^*(\boldsymbol{z}, s)\right)^{-1};$$

$$k = 1, \ldots, r.$$

Für den Erwartungswert $\mathsf{E}N_{S_{(k)},j}$ der Anzahl der Forderungen j-ter Priorität, die während der Besetztzeit $S_{(k)}$ des Systems durch Forderungen k-ter und höherer Priorität bedient werden, gilt in den Fällen (A1) bis (A3)

$$\mathsf{E}N_{S_{(k)},j} = \frac{\lambda_j}{\lambda_{(k)} \bar{\varrho}_k} \qquad (k = 1, \ldots, r; \; j = 1, \ldots, k).$$

Im Fall (A1) stimmt die gemeinsame Verteilung der Besetztzeit $S_{(r)} (= S)$ und der Anzahl $\boldsymbol{N}_{S_{(r)}} (= \boldsymbol{N}_S)$ der Forderungen, die während dieser Besetztzeit bedient werden, mit der entsprechenden Verteilung für das System $\vec{\mathrm{M}}/\vec{\mathrm{GI}}/1/\infty$ mit relativen Prioritäten überein (↑ [6.2.4]). Dies gilt auch für $\mathsf{V}N_{S_{(r)},j}$ und für die Schiefe von $N_{S_{(r)},j}$ (↑ (3) und (4) in [6.2]).

6.4. System $\vec{M}/\vec{GI}/1/\infty$ mit relativen Prioritäten und unzuverlässigem Bedienungsgerät

Es wird das System $\vec{M}/\vec{GI}/1/\infty$ mit relativen Prioritäten betrachtet, wobei das Bedienungsgerät sowohl im freien als auch im besetzten Zustand ausfallen kann. Hinsichtlich des Schicksals einer unterbrochenen Bedienung werden die folgenden Fälle $(\mathrm{R}(i, j))$ ($i = 1, 2, 3$; $j = 0, 1$) unterschieden. Dabei bedeutet $i = 1$, daß die unterbrochene Bedienung fortgesetzt wird, $i = 2$, daß die unterbrochene Bedienung von Neuem und zwar mit einer neuen Realisierung beginnt, $i = 3$, daß die unterbrochene Bedienung von Neuem mit der ursprünglich vorliegenden Realisierung beginnt (die bereits abgelaufene Bedienungszeit wird in den Fällen $i = 2, 3$ nicht berücksichtigt). Durch j wird die Bedienungsreihenfolge festgelegt. Und zwar bedeutet $j = 0$, daß die unterbrochene Bedienung einer Forderung erst dann wieder aufgenommen wird, wenn das System frei von Forderungen höherer Prioritäten ist, $j = 1$, daß die unterbrochene Bedienung einer Forderung unmittelbar nach Beendigung der Reparatur des Gerätes wieder aufgenommen wird (vgl. GNEDENKO/DANIELJAN/DIMITROW/KLIMOW/MATWEJEW [1]).

Tab. 6.4.1. Prioritätsdisziplinen

$\mathrm{R}(i, j)$	..., wenn die Reparatur des Gerätes beendet wurde und sich keine Forderungen höherer Priorität im System befinden	... unmittelbar nach Beendigung der Reparatur
Fortsetzung	R(1, 0)	R(1, 1)
Neubeginn mit neuer Realisierung	R(2, 0)	R(2, 1)
Neubeginn mit der ursprünglich vorliegenden Realisierung	R(3, 0)	R(3, 1)

Es sei $L_0(x)$ (bzw. $L(x)$) die Verteilungsfunktion der Lebenszeit des Gerätes im freien (bzw. besetzten) Zustand und $R_0(x)$ (bzw. $R(x)$) die Verteilungsfunktion der Reparaturzeit im freien (bzw. besetzten) Zustand. Ferner sei $\varrho_{kn} = \sum_{i=1}^{k} \lambda_i \mathsf{E} V_{\mathrm{G},i}^n$ für $k = 1, \ldots, r$; $n = 1, 2, \ldots$, wobei $V_{\mathrm{G},i}$ die Verweilzeit am Gerät einer Forderung i-ter Priorität (d. h. die Bedienungszeit zusammen mit den wärhend dieser Zeit auftretenden Reparaturzeiten) ist (↑ (3) bis (7)).

6.4.1. Besetztzeit

Für die L.-S.-T. der Verteilungsfunktion der Besetztzeit $S_{(k)}$ des Systems durch Forderungen k-ter und höherer Priorität gilt die Funktionalgleichung

$$S_{(k)}^*(s) = V_{\mathrm{G},(k)}^*\left(s + \lambda_{(k)} - \lambda_{(k)} S_{(k)}^*(s)\right) \tag{1}$$

mit $V^*_{G,(k)}(s) = \sum_{i=1}^{k} \frac{\lambda_i}{\lambda_{(k)}} V^*_{G,i}(s)$, wobei die Funktionen $V^*_{G,i}(s)$ mittels der in [6.4.4] angegebenen Formeln bestimmt werden können.

Momente:

$$\mathsf{E}S_{(k)} = \frac{\varrho_{k1}}{\lambda_{(k)}\bar{\varrho}_k}, \qquad \mathsf{V}S_{(k)} = \frac{1}{\lambda_{(k)}\bar{\varrho}_k^{\,2}} \left(\frac{\varrho_{k2}}{\bar{\varrho}_k} - \frac{\varrho_{k1}^2}{\lambda_{(k)}} \right), \qquad k = 1, \ldots, r.$$

6.4.2. Wartezeit

(a) *Die virtuelle Wartezeit im instationären Fall:* Für die L.-S.-T. $W_k^*(t, s)$ der Verteilungsfunktion der virtuellen Wartezeit $W_k(t)$ der Forderungen k-ter Priorität zum Zeitpunkt $t > 0$ gilt im Fall $\big(\mathrm{R}(1, 1)\big)$

$$\begin{aligned} W_k^*(t, s) = \mathrm{e}^{\varepsilon(s)t} \Bigg(& 1 - \gamma_{k-1}(s) \int_0^t P_0(x)\, \mathrm{e}^{-\varepsilon(s)x}\, \mathrm{d}x \\ & - \Big(1 - R_0^*\big(\gamma_{k-1}(s)\big)\Big) \int_0^t P_1(x)\, \mathrm{e}^{-\varepsilon(s)x}\, \mathrm{d}x \\ & - \sum_{j=k+1}^{r} \frac{1 - \varphi_j\big(\gamma_{k-1}(s)\big) - \psi_j\big(\gamma_{k-1}(s)\big)}{1 - \varphi_j\big(\gamma_{k-1}(s) + \lambda_{(j-1)}\big)} \int_0^t P_j(x)\, \mathrm{e}^{-\varepsilon(s)x}\, \mathrm{d}x \Bigg), \qquad k = 1, \ldots, r, \end{aligned}$$

wobei $\varepsilon(s) = s - \lambda_k + \lambda_k V^*_{G,k}\big(\gamma_{k-1}(s)\big)$ ist und sich die Funktionen $P_0(x)$, $P_1(x)$, $P_j(x)$ $(j = 2, \ldots, r)$ aus

$$\begin{aligned} & \int_0^\infty \mathrm{e}^{-sx} P_0(x)\, \mathrm{d}x + \frac{1 - R_0^*\big(\gamma_k(s)\big)}{\gamma_k(s)} \int_0^\infty \mathrm{e}^{-sx} P_1(x)\, \mathrm{d}x \\ & + \sum_{j=k+1}^{r} \frac{1 - f_j\big(\gamma_k(s)\big)}{\gamma_k(s)} \int_0^\infty P_j(x)\, \mathrm{e}^{-sx}\, \mathrm{d}x = [\gamma_k(s)]^{-1}, \qquad k = 1, \ldots, r-1, \end{aligned}$$

$$\begin{aligned} s \int_0^\infty \mathrm{e}^{-sx} P_0(x)\, \mathrm{d}x = & \frac{s}{s + \lambda} [1 - L_0^*(s + \lambda)] \\ & \times \left[1 - L_0^*\big(\gamma_r(s)\big) - \frac{\lambda}{s + \lambda} \big(1 - L_0^*(s + \lambda)\big) S^*(s) \right]^{-1} \end{aligned}$$

und die $\gamma_k(s)$ so wie in (2) in [6.2] ergeben. Dabei ist

$$\begin{aligned} f_j(s) &= \frac{\varphi_j(s) - \varphi_j(s + \lambda_{(j-1)}) + \psi_j(s)}{1 - \varphi_j(s + \lambda_{(j-1)})}, \qquad j = 2, \ldots, r, \\ \varphi_j(s) &= \int_0^\infty \mathrm{e}^{-sx}\, \mathrm{d}_x \left(\left(\int_0^x [1 - B_j(u)]\, \mathrm{d}L(u) \right) * R(x) \right), \\ \psi_j(s) &= \int_0^\infty \mathrm{e}^{-sx} \big(1 - L(x)\big)\, \mathrm{d}B_j(x), \\ V^*_{G,j}(s) &= \frac{\psi_j(s)}{1 - \varphi_j(s)}, \qquad j = 1, \ldots, r. \end{aligned} \tag{2}$$

In den Fällen $(R(1, 0))$, $(R(2, 0))$ und $(R(3, 0))$ gilt

$$W_k^*(t, s) = e^{\varepsilon(s)t} \Bigg(1 - \gamma_{k-1}(s) \int_0^t P_0(x)\, e^{-\varepsilon(s)x}\, dx - [1 - R_0^*(\gamma_{k-1}(s))] \int_0^t P_1(x)\, e^{-\varepsilon(s)x}\, dx$$
$$- \sum_{j=k+1}^{r} [1 - V_{G,j}^*(\gamma_{k-1}(s))] \int_0^t P_j(x)\, e^{-\varepsilon(s)x}\, dx\Bigg), \qquad k = 1, \ldots, r,$$

wobei $\varepsilon(s) = s - \lambda_k + \lambda_k V_{G,k}^*(\gamma_{k-1}(s))$ ist und sich die Funktionen $P_0(x)$, $P_1(x)$, $P_j(x)$ $(j = 2, \ldots, r)$ aus

$$\int_0^\infty e^{-sx} P_0(x)\, dx + \frac{1 - R_0^*(\gamma_k(s))}{\gamma_k(s)} \int_0^\infty e^{-sx} P_1(x)\, dx + \sum_{j=k+1}^{r} \frac{1 - V_{G,j}^*(\gamma_k(s))}{\gamma_k(s)} \int_0^\infty$$
$$\times P_j(x)\, e^{-sx}\, dx = [\gamma_k(s)]^{-1}, \qquad k = 1, \ldots, r - 1,$$

$$s \int_0^\infty e^{-sx} P_0(x)\, dx = \frac{s}{s + \lambda} [1 - L_0^*(s + \lambda)]$$
$$\times \left[1 - L_0^*(s + \lambda)\, R_0^*(\gamma_r(s)) - \frac{s}{s + \lambda} (1 - L_0^*(s + \lambda))\, S^*(s)\right]^{-1}$$

ergeben. Dabei sind die Funktionen $V_{G,j}^*(s)$, $j = 1, \ldots, r$, für die Fälle $(R(1, 0))$, $(R(2, 0))$ und $(R(3, 0))$ jeweils durch (3), (5) bzw. (7) gegeben (↑ [6.4.4]).

(b) *Der stationäre Fall:* Im Fall $(R(1, 1))$ gilt für die L.-S.-T. $W_k^*(s)$ der stationären Wartezeitverteilung der Forderungen k-ter Priorität

$$W_k^*(s) = [s - \lambda_k + \lambda_k V_{G,k}^*(\gamma_{k-1}(s))]^{-1} \Bigg(p_0 \gamma_{k-1}(s) + p_1(1 - R_0^*(\gamma_{k-1}(s)))$$
$$+ \sum_{j=k+1}^{r} p_j \frac{1 - \varphi_j(\gamma_{k-1}(s)) - \psi_j(\gamma_{k-1}(s))}{1 - \varphi_j(\gamma_{k-1}(s) + \lambda_{(j-1)})}\Bigg), \qquad k = 1, \ldots, r,$$

mit

$$p_0 = \frac{1 - L_0^*(\lambda)}{\lambda}\, \bar{\varrho}_r \left[\frac{1 - L_0^*(\lambda)}{\lambda} + \mathsf{E} R_0 L_0^*(\lambda)\right]^{-1},$$

$$p_1 = L_0^*(\lambda)\, \bar{\varrho}_r \left[\frac{1 - L_0^*(\lambda)}{\lambda} + \mathsf{E} R_0 L_0^*(\lambda)\right]^{-1},$$

$$p_j = \frac{\lambda_j V_{G,j}^{*\prime}(0) \left(1 - \varphi_j(\lambda_{(j-1)})\right)}{\varphi_j'(0) + \psi_j'(0)}, \qquad j = 2, \ldots, r,$$

wobei die Funktionen $\varphi_j(s)$, $\psi_j(s)$, $V_{G,j}^*(s)$ durch (2) und die $\gamma_k(s)$ so wie in (2) in [6.2] gegeben sind.

In den Fällen $(R(1, 0))$, $(R(2, 0))$ und $(R(3, 0))$ gilt

$$W_k^*(s) = \Bigg(\frac{\bar{\varrho}_r}{1 - L_0^*(\lambda) + \lambda L_0^*(\lambda)\, \mathsf{E} R_0} \left[(1 - L_0^*(\lambda))\, \gamma_{k-1}(s) + \lambda L_0^*(\lambda) \left(1 - R_0^*(\gamma_{k-1}(s))\right)\right]$$
$$+ \sum_{j=k+1}^{r} \lambda_j\left(1 - V_{G,j}^*(\gamma_{k-1}(s))\right)\Bigg) [s - \lambda_k + \lambda_k V_{G,k}^*(\gamma_{k-1}(s))]^{-1}, \qquad k = 1, \ldots, r,$$

wobei sich die Funktionen $V^*_{G,j}(s)$, $j = 1, \ldots, r$, jeweils mit Hilfe der Formeln (3), (5) bzw. (7) bestimmen lassen (↑ [6.4.4]). Insbesondere gilt

$$\mathsf{E}W_k = \frac{\varrho_{r2}}{2\bar{\varrho}_{k-1}\bar{\varrho}_k} \frac{\lambda L_0{}^*(\lambda)\,\bar{\varrho}_r}{1 - L_0{}^*(\lambda) + \lambda L_0{}^*(\lambda)\,\mathsf{E}R_0} \frac{\mathsf{E}R_0{}^2}{2\bar{\varrho}_{k-1}\bar{\varrho}_k}, \qquad k = 1, \ldots, r.$$

6.4.3. Anzahl der Forderungen im System

(a) *Der instationäre Fall:* Für die L.-T. $\check{\mathfrak{g}}_N(z, s) = \int\limits_0^\infty e^{-st}\mathfrak{g}_N(t, z)\,dt$, der erzeugenden Funktion $\mathfrak{g}_N(t, z)$ der Verteilung der Anzahl $N(t) = \big(N_1(t), \ldots, N_r(t)\big)$ von Forderungen im System zum Zeitpunkt t gilt für sämtliche der betrachteten Fälle $\big(R(1, 1)\big)$, $\big(R(1, 0)\big)$, $\big(R(2, 0)\big)$ und $\big(R(3, 0)\big)$

$$\check{\mathfrak{g}}_N(z, s) = \frac{1}{1 - \varrho(s)} \left(\frac{1 - L_0{}^*(s + \lambda)}{s + \lambda} [1 + \lambda \check{\mathfrak{g}}_N{}^S(z, s)] + L_0{}^*(s + \lambda)\,\check{\mathfrak{g}}_N{}^{R_0}(z, s) \right),$$

wobei

$$\varrho(s) = \left[\frac{1 - L_0{}^*(s + \lambda)}{s + \lambda} \right] \lambda S^*(s) + L_0{}^*(s + \lambda)\, R_0{}^*\big(s + \lambda - \lambda S^*(s)\big),$$

$$\check{\mathfrak{g}}_N{}^{R_0}(z, s) = \frac{1 - R_0{}^*\big(\eta_1(s, z)\big)}{\eta_1(s, z)} + \sum_{k=1}^{r} \check{\mathfrak{g}}_{N.k}(z, s) \frac{R_0{}^*\Big(\gamma_{k-1}\big(\eta_k(s, z)\big)\Big) - R_0{}^*\Big(\gamma_k\big(\eta_{k+1}(s, z)\big)\Big)}{z_k - V^*_{G.k}\Big(\gamma_{k-1}\big(\eta_k(s, z)\big)\Big)},$$

$$\check{\mathfrak{g}}_N{}^S(z, s) = \lambda^{-1} \sum_{k=1}^{r} \check{\mathfrak{g}}_{N.k}(z, s) \left[\gamma_k\big(\eta_{k+1}(s, z)\big) - \gamma_{k-1}\big(\eta_k(s, z)\big)\right] \left[z_k - V^*_{G.k}\Big(\gamma_{k-1}\big(\eta_k(s, z)\big)\Big)\right]^{-1}$$

und sich $S^*(s) = S_{(r)}{}^*(s)$ aus (1), $V^*_{G.k}(s)$ aus (3) bis (7) und $\check{\mathfrak{g}}_{N.k}(z, s)$ aus (8) bis (15) ergeben sowie γ_k und η_k wieder aus (2) bzw. (1*) in [6.2].

(b) *Der stationäre Fall:* Die erzeugende Funktion $\mathfrak{g}_N(z)$ der stationären Verteilung der Anzahl N von Forderungen im System ist durch

$$\mathfrak{g}_N(z) = \frac{\lambda \bar{\varrho}_r}{1 + L_0{}^{*\prime}(\lambda)\,(1 + \lambda) - L_0{}^*(\lambda)\,(\bar{\varrho}_1 + \mathsf{E}R_0)} \times \left(\frac{1 - L_0{}^*(\lambda)}{\lambda} [1 + \lambda \check{\mathfrak{g}}_N{}^S(z, 0)] + L_0{}^*(\lambda)\,\check{\mathfrak{g}}_N{}^{R_0}(z, 0) \right)$$

gegeben, wobei die Funktionen $\check{\mathfrak{g}}_N{}^S(z, s)$ und $\check{\mathfrak{g}}_N{}^{R_0}(z, s)$ so wie im instationären Fall bestimmt werden.

6.4.4. Verweilzeit am Gerät

Für die L.-S.-T. $V^*_{G.k}(s)$ der Verteilungsfunktion der Verweilzeit $V_{G.k}$ einer Forderung k-ter Priorität am Gerät gilt: In den Fällen $\big(R(1, 1)\big)$ und $\big(R(1, 0)\big)$

$$V^*_{G.k}(s) = \int\limits_0^\infty \xi\big(R^*(s), x\big)\,dB_k(x), \qquad \mathsf{E}V_{G.k} = \mathsf{E}B_k + \mathsf{E}R \int\limits_0^\infty \zeta(x)\,dB_k(x), \tag{3}$$

wobei

$$\int_0^\infty e^{sx}\xi(\eta, x)\,dx = \frac{1 - L^*(s)}{s(1 - \eta L^*(s))}, \qquad \int_0^\infty e^{-sx}\zeta(x)\,dx = \frac{L^*(s)}{s(1 - L^*(s))}; \tag{4}$$

in den Fällen $(R(2, 1))$ und $(R(2, 0))$

$$V^*_{G,k}(s) = \frac{\psi_k(s)}{1 - \overline{\psi}_k(s)\,R^*(s)}, \qquad \mathsf{E}V_{G,k} = \frac{-(\psi_k'(0) + \overline{\psi}_k'(0) - \overline{\psi}_k(0)\,\mathsf{E}R)}{\psi_k(0)}, \tag{5}$$

wobei $\psi_k(s)$ durch (2) gegeben und

$$\overline{\psi}_k(s) = \int_0^\infty e^{-sx}(1 - B_k(x))\,dL(x) \tag{6}$$

ist. In den Fällen $(R(3, 1))$ und $(R(3, 0))$ gilt

$$\begin{aligned} V^*_{G,k}(s) &= \psi_k(s) + \overline{\psi}_k(s)\,R^*(s), \\ \mathsf{E}V_{G,k} &= -(\psi_k'(0) + \overline{\psi}_k'(0) - \overline{\psi}_k(0)\,\mathsf{E}R), \end{aligned} \tag{7}$$

wobei $\psi_k(s)$, $\overline{\psi}_k(s)$ durch (2) bzw. (6) gegeben sind.

6.4.5. Hilfsergebnisse

Für die Funktionen $\check{g}_{N,k}(z, s)$ gilt mit γ_k und η_k aus (2) bzw. (1*) in [6.2]: Im Fall $(R(1, 1))$

$$\check{g}_{N,k}(z, s) = z_k\eta_1^{-1}[\Phi_k(0, \eta_1) - f_k(0, \eta_1) - \Phi_k(\eta_1, \eta_1) - f_k(\eta_1, \eta_1)\,R^*(\eta_1)]$$
$$\sum_{i=1}^{k-1} \check{g}_{N,i}(z, s)\,[V^*_{G,k}(\gamma_{i-1}(\eta_i)) - V^*_{G,k}(\gamma_i(\eta_{i+1}))]\,[z_i - V_{G,i}(\gamma_{i-1}(\eta_i))]^{-1}, \tag{8}$$

$\eta_k := \eta_k(s, z)$, wobei $V^*_{G,k}(s)$ durch (3) gegeben ist;

$$\Phi_k(x, y) = \psi_k(x) + R^*(y)\int_0^\infty e^{-xu}\,dB_k(u)\int_0^u e^{-(u-x)v}\xi(R^*(y), v)\,(1 - L(u - v))\,d\zeta(v), \tag{9}$$

$$f_k(x, y) = \overline{\psi}_k(x) + R^*(y)\int_0^\infty dB_k(u)\int_0^u e^{-yv}\xi(R^*(y), v)\,d\zeta(v)\int_0^{u-v} e^{-xt}\,dL(t), \tag{10}$$

wobei $\psi_k(s)$, $\overline{\psi}_k(s)$ durch (2) bzw. (6) und $\xi(\eta, x)$, $\zeta(x)$ durch (4) gegeben sind.

Im Fall $(R(1, 0))$ gilt

$$\begin{aligned} \check{g}_{N,k}(z, s) = z_k\eta_1^{-1}[&\Phi_k(0, \gamma_{k-1}(\eta_k)) - f_k(0, \gamma_{k-1}(\eta_k)) - \Phi_k(\eta_1, \gamma_{k-1}(\eta_k)) \\ &- f_k(\eta_1, \gamma_{k-1}(\eta_k))\,R^*(\eta_1)] + \sum_{i=1}^{k-1} \check{g}_{N,i}(z, s)\,[\Psi_k(\gamma_{i-1}(\eta_i)) - \Psi_k(\gamma_i(\eta_{i+1}))] \\ &\times [z_i - V^*_{G,i}(\gamma_{i-1}(\eta_i))]^{-1}, \end{aligned} \tag{11}$$

$\eta_k := \eta_k(s, z)$, wobei

$$\Psi_k(s) = \psi_k(s) + z_k\overline{\psi}_k(s)\,R^*(s) \tag{12}$$

und $V^*_{G,k}(s)$, $\Phi_k(x, y)$, $f_k(x, y)$ durch (3), (9) bzw. (10) gegeben sind. In den Fällen $\big(R(2, 1)\big)$ und $\big(R(2, 0)\big)$ gilt

$$\check{g}_{N,k}(z, s) = z_k \eta_1^{-1}\big[1 - \psi_k(\eta_1)\big(1 - \bar{\psi}_k(\eta_1) R^*(\eta_1)\big)^{-1}\big]$$
$$+ \sum_{i=1}^{k-1} \check{g}_{N,i}(z, s)\big[V^*_{G,k}\big(\gamma_{i-1}(\eta_i)\big) - V^*_{G,k}\big(\gamma_i(\eta_{i+1})\big)\big]\big[z_i - V^*_{G,i}\big(\gamma_{i-1}(\eta_i)\big)\big]^{-1} \tag{13}$$

bzw.

$$\check{g}_{N,k}(z, s) = \Bigg\{z_k \eta_1^{-1}[1 - \psi_k(\eta_1) - \bar{\psi}_k(\eta_1) R^*(\eta_1)] + \sum_{i=1}^{k-1} \check{g}_{N,i}(z, s)$$
$$\times \frac{\Psi_k\big(\gamma_{i-1}(\eta_i)\big) - \Psi_k\big(\gamma_i(\eta_{i+1})\big)}{z_i - V^*_{G,i}\big(\gamma_{i-1}(\eta_i)\big)}\Bigg\}\big[1 - \bar{\psi}_k\big(\gamma_{k-1}(\eta_k)\big) R^*\big(\gamma_{k-1}(\eta_k)\big)\big]^{-1} \tag{14}$$

und in den Fällen $\big(R(3, 1)\big)$ und $\big(R(3, 0)\big)$

$$\check{g}_{N,k}(z, s) = z_k \eta_1^{-1}\big(1 - \psi_k(\eta_1) - \bar{\psi}_k(\eta_1)\big) + \eta_1^{-1}\bar{\psi}_k(\eta_1)\big(1 - R^*(\eta_1)\big)$$
$$+ \sum_{i=1}^{k-1} \check{g}_{N,i}(z, s)\big[V^*_{G,k}\big(\gamma_{i-1}(\eta_i)\big) - V^*_{G,k}\big(\gamma_i(\eta_{i+1})\big)\big]\big[z_i - V^*_{G,i}\big(\gamma_{i-1}(\eta_i)\big)\big]^{-1},$$

wobei $V^*_{G,k}(s)$, $\Phi_k(x, y)$, $\Psi_k(s)$ jeweils durch (5), (7), (9) bzw. (12) und $\psi_k(s)$, $\bar{\psi}_k(s)$ durch (2) bzw. (6) gegeben sind.

Bezüglich entsprechender Formeln für das System $\vec{M}/\vec{GI}/1/\infty$ mit absoluten Prioritäten und unzuverlässigem Bedienungsgerät verweisen wir auf DANIELJAN (1971).

6.5. System $\vec{M}/\vec{GI}/1/\infty$ mit absoluten Prioritäten und Orientierung

Für das System $\vec{M}/\vec{GI}/1/\infty$ mit absoluten Prioritäten wird der Fall betrachtet, daß mit der Bedienung einer Forderung k-ter Priorität erst dann begonnen werden kann, wenn das Gerät auf die Forderungen k-ter Priorität *orientiert* wurde. Lediglich, wenn unmittelbar vorher die Bedienung einer Forderung k-ter Priorität beendet wurde, wenn das Gerät also bereits auf die Forderungen der Priorität k orientiert ist, kann sofort mit der Bedienung einer Forderung k-ter Priorität begonnen werden. Auf eine Forderung, die das System leer antrifft und somit eine neue Besetztzeit des Systems eröffnet, muß das Gerät in jedem Fall orientiert werden (auch dann, wenn die vorhergehende Besetztzeit des Systems durch eine Forderung der gleichen Priorität beendet wurde). Es sei $C_k(x)$ die Verteilungsfunktion der Zeitdauer C_k, die für die Orientierung auf die Forderungen der Priorität k benötigt wird. Ein ähnlicher Effekt wird bei Systemen mit *Erwärmung* untersucht (↑ [I, 9.4] und [3.3.3]).

Eine eintreffende Forderung höherer Priorität unterbricht sowohl die Bedienung einer Forderung niederer Priorität als auch die Orientierung des Gerätes auf eine Forderung niederer Priorität, falls sich das Gerät zu diesem Zeitpunkt in einer solchen Orientierungsphase befindet. Hinsichtlich des Schicksals einer unterbrochenen Orientierung wird unterschieden zwischen Fortsetzung $\big(A(i, 1)\big)$ und Neubeginn $\big(A(i, 2)\big)$ der Orientierung. In bezug auf die Unterbrechung einer Bedienung werden, so wie in [6.3], die Fälle Fortsetzung ($i = 1$), Neubeginn ($i = 2$) und Verlust ($i = 3$) unterschieden.

Es sei $\varrho_{k1} = \sum_{i=1}^{k} \lambda_i \mathsf{E} V_{G,i}$, wobei $V_{G,i}$ die Verweilzeit am Gerät einer Forderung i-ter Priorität bezeichnet (↑ Formeln (3) bis (6)).

6.5.1. Besetztzeit

Für die L.-S.-T. der Verteilungsfunktion der Besetztzeit $S_{(k)}$ des Systems durch Forderungen k-ter und höherer Priorität gilt

$$\lambda_{(k)} S^*_{(k)}(s) = \lambda_{(k-1)} S^*_{(k-1)}(s + \lambda_k) + \lambda_{(k-1)}$$
$$\left(S^*_{(k-1)}(s + \lambda_k[1 - \pi_k(s)]) - S^*_{(k-1)}(s + \lambda_k)\right) \xi_k(s + \lambda_k[1 - \pi_k(s)]) + \lambda S^*_{kk}(s)$$

mit

$$S^*_{kk}(s) = \xi_k(s + \lambda_k[1 - \pi_k(s)]) \, \pi_k(s), \; \pi_k(s) = \zeta_k(s + \lambda_k[1 - \pi_k(s)]),$$

wobei sich die Funktionen $\xi_k(s)$, $\zeta_k(s)$ aus (7), (9), (11), (13) bzw. (15) (↑ [6.5.4]) ergeben. Ferner gilt

$$\lambda_{(k)} \mathsf{E} S_{(k)} = \varrho_{k1}^{-1} \prod_{i=2}^{k} \left(1 + \frac{\lambda_{(i)} - \lambda_{(i-1)} S^*_{(i-1)}(\lambda_i)}{\lambda_{(i-1)}} [q_i - 1]\right) - 1,$$

wobei im Fall $(A(i, 1))$ $(i = 1, 2, 3)$

$$q_k = 1 + \lambda_{(k-1)} \mathsf{E} C_k, \qquad k = 1, \ldots, r, \tag{1}$$

gilt und im Fall $(A(i, 2))$ $(i = 1, 2, 3)$

$$q_k = \frac{1}{C_k^*(\lambda_{(k-1)})}, \qquad k = 1, \ldots, r. \tag{2}$$

6.5.2. Anzahl der Forderungen im System (instationärer Fall)

Für die L.-T. $\check{g}_N(z, s)$, $\check{g}_N(z, s) = \int_0^\infty e^{-st} g_N(t, z) \, dt$, der erzeugenden Funktion $g_N(t, z)$ der Verteilung der Anzahl $N(t) = (N_1(t), \ldots, N_r(t))$ von Forderungen im System zum Zeitpunkt t gilt:

$$\check{g}_N(z, s) = \frac{1 + \lambda \check{g}_N^S(z, s)}{s + \lambda - \lambda S^*(s)},$$

wobei für $k = 1, \ldots, r$

$$\lambda_{(k)} \check{g}_{N,k}(z, s) = \lambda_{(k-1)} \check{g}_{N,k-1}(z, s) + \pi_{k-1}(z, s) \, \xi_k(z, s)$$
$$+ \zeta_k(z, s) \left(\pi_{k-1}(z, s) \, \xi_k(\eta_k(s, z)) + \lambda_{(k-1)} S^*_{(k-1)}(s + \lambda_k) - \lambda_{(k)} S^*_{(k)}(s)\right)$$
$$\times \left(z_k - \zeta_k(\eta_k(s, z))\right)^{-1},$$

$$\check{g}_N^S(z, s) = \check{g}_{N,r}(z, s)$$

gilt und sich die Funktionen $\xi_k(s)$, $\zeta_k(s)$, $\xi_k(z, s)$, $\zeta_k(z, s)$, $\pi_k(z, s)$ aus (7) bis (17) sowie η_k aus (1*) in [6.2] ergeben.

6.5.3. Verweilzeit am Gerät

Für die mittlere Verweilzeit am Gerät $\mathsf{E}V_{G,k}$ einer Forderung k-ter Priorität gilt in sämtlichen der betrachteten Fälle $(A(i, j))$ $(i = 1, 2, 3; j = 1, 2)$

$$\mathsf{E}V_{G,1} = (\mathsf{E}B_1 + \mathsf{E}C_1)/(1 + \lambda_1 \mathsf{E}C_1) \tag{3}$$

und für $k = 2, \ldots, r$ mit $f_k = \prod_{i=2}^{k} \left(1 + \left(\lambda_{(i)} - \lambda_{(i-1)} S^*_{(i-1)}(\lambda_i)\right) (q_i - 1)/\lambda_{(i-1)}\right)$ in den Fällen $(A(1, j))$ $(j = 1, 2)$

$$\mathsf{E}V_{G,k} = q_k f_k \mathsf{E}B_k; \tag{4}$$

in den Fällen $(A(2, j))$ $(j = 1, 2)$

$$\mathsf{E}V_{G,k} = q_k f_k \left(1 - B_k^*(\lambda_{(k-1)})\right) / \left(\lambda_{(k-1)} B_k^*(\lambda_{(k-1)})\right), \tag{5}$$

in den Fällen $(A(3, j))$ $(j = 1, 2)$

$$\mathsf{E}V_{G,k} = q_k f_k \left(1 - B_k^*(\lambda_{(k-1)})\right) / \lambda_{(k-1)}, \tag{6}$$

wobei die q_k jeweils durch (1) bzw. (2) gegeben sind.

6.5.4. Hilfsergebnisse

Es gilt mit $\eta_k := \eta_k(s, z)$ aus (1*) in [6.2]: In den Fällen $(A(i, 1))$ $(i = 1, 2, 3)$

$$\xi_k(s) = C_k^*\left(s + \lambda_{(k-1)} \left[1 - S^*_{(k-1)}(s)\right]\right), \tag{7}$$

$$\xi_k(z, s) = \left[1 - C_k^*\left(\eta_k + \lambda_{(k-1)}\left(1 - S^*_{(k-1)}(\eta_k)\right)\right)\right] \times [1 + \lambda_{(k-1)} \mathfrak{g}_{N,k-1}(z, s)] \left[\eta_k + \lambda_{(k-1)}\left(1 - S^*_{(k-1)}(\eta_k)\right)\right]^{-1}, \tag{8}$$

in den Fällen $(A(i, 2))$ $(i = 1, 2, 3)$

$$\xi_k(s) = C_k^*(s + \lambda_{(k-1)}) \left(1 - \frac{\lambda_{(k-1)}}{s + \lambda_{(k-1)}} [1 - C_k^*(s + \lambda_{(k-1)})] \, S^*_{(k-1)}(s)\right)^{-1}, \tag{9}$$

$$\xi_k(z, s) = \frac{[1 - C_k^*(\eta_k + \lambda_{(k-1)})] [1 + \lambda_{(k-1)} \mathfrak{g}_{N,k-1}(z, s)]}{\eta_k + \lambda_{(k-1)} - \lambda_{(k-1)}\left(1 - C_k^*(\eta_k + \lambda_{(k-1)})\right) S^*_{(k-1)}(\eta_k)}. \tag{10}$$

In den Fällen $(A(1, j))$ $(j = 1, 2)$ ist

$$\zeta_k(s) = B_k^*\left(s + \lambda_{(k-1)}[1 - S^*_{(k-1)}(s) \, \xi_k(s)]\right), \tag{11}$$

$$\zeta_k(z, s) = z_k \frac{[1 - B_k^*(\eta_k + \lambda_{(k-1)})] \left(1 - S^*_{(k-1)}(\eta_k)\right) \xi_k(\eta_k)}{\eta_k + \lambda_{(k-1)}[1 - S^*_{(k-1)}(\eta_k)] \, \xi_k(\eta_k)} \times \left(1 + \lambda_{(k-1)}\left[\mathfrak{g}_{N,k-1}(z, s) + S^*_{(k-1)}(\eta_k) \, \xi_k(z, s)\right]\right); \tag{12}$$

in den Fällen $(A(2, j))$ $(j = 1, 2)$

$$\zeta_k(s) = B_k{}^*(s + \lambda_{(k-1)}) \left[1 - \frac{\lambda_{(k-1)}}{s + \lambda_{(k-1)}} \left(1 - B_k{}^*(s + \lambda_{(k-1)})\right) S^*_{(k-1)}(s)\, \xi_k(s)\right]^{-1}, \tag{13}$$

$$\zeta_k(z, s) = \frac{z_k[1 - B_k{}^*(\eta_k + \lambda_{(k-1)})]\left[1 + \lambda_{(k-1)}\left(\mathfrak{g}_{N,k-1}(z, s) + S^*_{(k-1)}(\eta_k)\, \xi_k(z, s)\right)\right]}{\eta_k + \lambda_{(k-1)} - \lambda_{(k-1)}\left(1 - B_k{}^*(\eta_k + \lambda_{(k-1)})\right) S^*_{(k-1)}(\eta_k)\, \xi_k(\eta_k)}; \tag{14}$$

in den Fällen $(A(3, j))$ $(j = 1, 2)$

$$\zeta_k(s) = B_k{}^*(s + \lambda_{(k-1)}) + \frac{\lambda_{(k-1)}}{s + \lambda_{(k-1)}} [1 - B_k{}^*(s + \lambda_{(k-1)})]\, S^*_{(k-1)}(s)\, \xi_k(s), \tag{15}$$

$$\begin{aligned} \zeta(z, s) = z_k[1 - B_k{}^*(\eta_k + \lambda_{(k-1)})]\,\big[1 + \lambda_{(k-1)}\big(\mathfrak{g}_{N,k-1}(z, s) \\ + S^*_{(k-1)}(\eta_k)\, \xi_k(z, s)\big)\big]\, [\eta_k + \lambda_{(k-1)}]^{-1}. \end{aligned} \tag{16}$$

Ferner ist in sämtlichen der betrachteten Fälle $(A(i, j))$ $(i = 1, 2, 3;\ j = 1, 2)$

$$\pi_k(z, s) = \lambda_{(k-1)}\left[S^*_{(k-1)}\left(\eta_k(z, s)\right) - S^*_{(k-1)}(s + \lambda_k)\right] + \lambda_k z_k. \tag{17}$$

Bezüglich der in diesem Abschnitt dargelegten und weiterer (insbesondere für den Fall $r = 2$) Ergebnisse für Prioritätensysteme mit Orientierung verweisen wir auf Klimow/Mischkoj [1], vgl. auch Gaver (1963), Mevert (1968), Nakamura/Hashida (1970), Sykes (1970).

6.6. Prioritätensystem $\vec{M}/\vec{GI}/1/\infty$ mit mehreren Bedienungsetappen

Die Bedienungszeit der Forderungen des k-ten Stromes setzt sich aus r_k unabhängigen, nacheinander ablaufenden Bedienungsetappen zusammen; $k = 1, \ldots, r$.

Manchmal wird es erforderlich sein, die Forderungen des k-ten Stromes nicht nur schlechthin als Forderungen k-ter Priorität zu bezeichnen, sondern zusätzlich die Bedienungsetappe j, in der sich die Forderung gerade befindet, festzuhalten, d. h. von (k, j)-Forderungen zu sprechen. Eine (k, j)-Forderung hat gegenüber einer (k', j')-Forderung höhere Priorität, falls $k < k'$ ist. Forderungen gleicher Priorität werden in der Reihenfolge ihres Eintreffens bedient. Es sei $B_{(k,j)}(x)$ die Verteilungsfunktion der Bedienungszeit einer Forderung k-ter Priorität in der j-ten Bedienungsetappe; $k = 1, \ldots, r;\ j = 1, \ldots, r_k$.

Es werden zwei Fälle betrachtet: absolute Prioritäten mit Neubeginn einer unterbrochenen Bedienungsetappe (A), relative Prioritäten hinsichtlich der Bedienungsetappen (R). Es sei $\varrho_{k1} = \sum_{i=1}^{k} \lambda_i \mathsf{E} V_{G,i}$ für $k = 1, \ldots, r;\ n = 1, 2, \ldots,$ wobei $V_{G,i}$ die Verweilzeit am Gerät einer Forderung i-ter Priorität ist. Ferner sei im Fall (A)

$$\varrho_{12} = \lambda \mathsf{E} V^2_{G,1}$$

$$\varrho_{k2} = \varrho_{k-1,2} + \lambda_k \mathsf{E} V^2_{G,k} \bar{\varrho}_{k-1} + 2\lambda_k \sum_{j=1}^{r_k} \sum_{j'=j}^{r_k} \eta_{(k,j')} \eta_{(k,j)} \varrho_{k-1,1}, \qquad k = 2, \ldots, r,$$

und im Fall (R)

$$\varrho_{k2} = \sum_{i=1}^{k} \lambda_i \mathsf{E} V^2_{G,i}, \qquad k = 1, \ldots, r.$$

Dabei ist im Fall (A)

$$\mathsf{E}V_{G,k} = \sum_{j=1}^{r_k} \eta_{(k,j)},$$

$$\mathsf{E}V^2_{G,k} = \begin{cases} \sum_{j=1}^{r_1} [\mathsf{E}B^2_{(1,j)} - (\mathsf{E}B_{(1,j)})^2] + \left(\sum_{j=1}^{r_1} \eta_{(1,j)}\right)^2 & \text{für} \quad k = 1, \\ \sum_{j=1}^{r_k} 2 \left(\frac{\varkappa_{(k,j)}}{\lambda_{(k-1)}\big(B^*_{(k,j)}(\lambda_{(k-1)})\big)^2} + \frac{\eta_{(k,j)}}{\lambda_{(k-1)}} + \eta_{(k,j)} \sum_{j'=j}^{r_k} \eta_{(k,j')}\right) & \text{für} \quad k = 2, \ldots, r \end{cases}$$

und im Fall (R)

$$\mathsf{E}V_{G,k} = \sum_{j=1}^{r_k} \mathsf{E}B_{(k,j)},$$

$$\mathsf{E}V^2_{G,k} = \sum_{j=1}^{r_k} [\mathsf{E}B^2_{(k,j)} - (\mathsf{E}B_{(k,j)})^2] + \left(\sum_{j=1}^{r_k} \mathsf{E}B_{(k,j)}\right)^2, \qquad k = 1, \ldots, r,$$

wobei

$$\varkappa_{(k,j)} = \int_0^\infty x \, e^{-\lambda_{(k-1)}x} \, dB_{(k,j)}(x), \qquad k = 1, \ldots, r; \quad j = 1, \ldots, r_k,$$

$$\eta_{(1,j)} = \mathsf{E}B_{(1,j)}, \; \eta_{(k,j)} = \frac{1}{\lambda_{(k-1)}} \left[\frac{1}{B^*_{(k,j)}(\lambda_{(k-1)})} - 1\right],$$

$$k = 2, \ldots, r; \; j = 1, \ldots, r_k. \tag{1}$$

Bezüglich der in diesem Abschnitt dargelegten und weiterer Ergebnisse für Prioritätensysteme mit mehreren Bedienungsetappen verweisen wir auf Balachandran (1974), Gnedenko/Danieljan/Dimitrow/Klimow/Matwejew [1], Matwejew (1971), Meister (1978), Schrage (1968), (1969).

6.6.1. Besetztzeit

Die L.-S.-T. $S^*_{(k)}(s)$ der Verteilungsfunktion der Besetztzeit $S^*_{(k)}$ des Systems durch Forderungen k-ter und höherer Priorität genügt den Funktionalgleichungen

$$\lambda_{(k)} S^*_{(k)}(s) = \sum_{i=1}^{k} \lambda_i S^*_{ki}(s),$$

$$S^*_{ki}(s) = S^*_{k-1,i}\big(s + \lambda_k - \lambda_k S^*_{kk}(s)\big), \qquad i < k, \tag{2}$$

$$S^*_{kk}(s) = \zeta_k\big(s + \lambda_k - \lambda_k S^*_{kk}(s)\big),$$

wobei $S^*_{ki}(s)$ die L.-S.-T. der Verteilungsfunktion der Besetztzeit des Systems durch Forderungen k-ter und höherer Priorität ist, die durch eine Forderung i-ter Priorität eingeleitet wird, und im Fall (A) ist

$$\zeta_1(s) = V^*_{G,1}(s),$$

$$\zeta_k(s) = \prod_{j=1}^{r_k} B^*_{(k,j)}(s + \lambda_{(k-1)}) \frac{s + \lambda_{(k-1)}}{s + \lambda_{(k-1)} - \lambda_{(k-1)} S^*_{(k-1)}(s) \, [1 - B^*_{(k-1)}(s + \lambda_{(k-1)})]},$$

$$k = 2, \ldots, r, \tag{3}$$

sowie im Fall (R)

$$\zeta_k(s) = V^*_{G,k}\big(s + \lambda_{(k-1)} - \lambda_{(k-1)}S^*_{(k-1)}(s)\big), \qquad k = 1, \ldots, r, \tag{4}$$

wobei im Fall (A)

$$V^*_{G,k}(s) = \prod_{j=1}^{r_k} B^*_{(k,j)}(s + \lambda_{(k-1)}) \frac{s + \lambda_{(k-1)}}{s + \lambda_{(k-1)}B^*_{(k,j)}(s + \lambda_{(k-1)})}, \tag{5}$$

und im Fall (R)

$$V^*_{G,k}(s) = \prod_{j=1}^{r_k} B^*_{(k,j)}(s). \tag{6}$$

Es sei vermerkt, daß sich das Gleichungssystem (1) im Fall (R) auf eine Funktionalgleichung zurückführen läßt:

$$S^*_{(k)}(s) = V^*_{G,(k)}\big(s + \lambda_{(k)} - \lambda_{(k)}S^*_{(k)}(s)\big),$$

wobei $V^*_{G,(k)}(s) = \sum_{i=1}^{k} \frac{\lambda_i}{\lambda_{(k)}} V^*_{G,i}(s)$ ist. Ferner gilt in beiden der betrachteten Fälle

$$\mathsf{E}S_{(k)} = \frac{\varrho_{k1}}{\lambda_{(k)}\bar{\varrho}_k}, \qquad \mathsf{V}S_{(k)} = \frac{1}{\lambda_{(k)}\bar{\varrho}_k{}^2}\left(\frac{\varrho_{k2}}{\bar{\varrho}_k} - \frac{\varrho_{k1}^2}{\lambda_{(k)}}\right), \qquad k = 1, \ldots, r.$$

6.6.2. Wartezeit bis zum ersten Bedienungsbeginn (stationärer Fall)

Unter der Wartezeit W_k einer Forderung der Priorität k bis zum ersten Bedienungsbeginn wird das Zeitintervall verstanden, das vom Ankunftszeitpunkt der Forderung bis zu dem Zeitpunkt reicht, in dem mit der Bedienung der Forderung begonnen wird.

Es gilt im Fall (A)

$$W_k{}^*(s) = \frac{\bar{\varrho}_k\big(s + \lambda_{(k-1)} - \lambda_{(k-1)}S^*_{(k-1)}(s)\big)}{s - \lambda_k\big(1 - \zeta_k(s)\big)}, \qquad \mathsf{E}W_k = \frac{\varrho_{k2}}{2\bar{\varrho}_k\bar{\varrho}_{k-1}},$$

wobei $\zeta_k(s)$ durch (2) gegeben ist, und im Fall (R)

$$W_k{}^*(s) = \frac{\bar{\varrho}_r\gamma_{k-1}(s) + \sum_{j=k+1}^{r} \lambda_j \sum_{j'=1}^{r_j} \big(1 - B^*_{(j,j')}(\gamma_{k-1}(s))\big)}{s - \lambda_k\big(1 - V^*_{G,k}(\gamma_{k-1}(s))\big)},$$

$$\mathsf{E}W_k = \frac{\varrho_{r2} - 2\sum_{i=k+1}^{r} \lambda_i \sum_{j=1}^{r_i-1} \mathsf{E}B_{(i,j)} \sum_{j'=j+1}^{r_i} \mathsf{E}B_{(i,j')}}{2\bar{\varrho}_k\bar{\varrho}_{k-1}},$$

wobei $V^*_{G,k}(s)$ durch (5) bzw. (6) und $\gamma_k(s)$ so wie in (2) in [6.2] gegeben ist; $k = 1, \ldots, r$.

6.6.3. Gesamtbedienungszeit (stationärer Fall)

Unter der Gesamtbedienungszeit $V_{B,k}$ einer Forderung k-ter Priorität wird das Zeitintervall verstanden, das vom Zeitpunkt des ersten Bedienungsbeginns bis zum Zeitpunkt des Verlassens des Systems reicht.

Es gilt im Fall (A)

$$V^*_{\mathrm{B},k}(s) = \prod_{j=1}^{r_k} B^*_{(k,j)}(s + \lambda_{(k-1)}) \frac{s + \lambda_{(k-1)}}{\gamma_{k-1}(s) + \lambda_{(k-1)} S^*_{(k-1)}(s)\, B^*_{(k,j)}(s + \lambda_{(k-1)})},$$

wobei $S^*_{(k-1)}(s)$ durch (2) gegeben ist, und

$$\mathsf{E}V_{\mathrm{B},k} = \frac{\mathsf{E}V_{\mathrm{G},k}}{\bar{\varrho}_{k-1}},$$

$$\mathsf{V}V_{\mathrm{B},k} = \sum_{j=1}^{r_k} \left[\frac{\varkappa_{(k,j)}}{\lambda_{(k-1)}\bar{\varrho}_{k-1}\left(B^*_{(k,j)}(\lambda_{(k-1)})\right)^2} + \eta_{(k,j)} \frac{\varrho_{k-1,2}}{\bar{\varrho}^3_{k-1}} + \frac{2}{\lambda_{(k-1)}\,\bar{\varrho}_{k-1}} + \frac{2\sum\limits_{j'=j}^{r_k} \eta_{(k,j')}}{\bar{\varrho}^2_{k-1}} \right] - (\mathsf{E}V_{\mathrm{B},k})^2,$$

wobei $\varkappa_{(k,j)}$ und $\eta_{(k,j)}$ durch (1) gegeben sind. Im Fall (R) gilt

$$V^*_{\mathrm{B},k}(s) = B^*_{(k,r_k)}(s + \lambda_{(k-1)}) \prod_{j=1}^{r_k-1} B^*_{(k,j)}\left(\gamma_{k-1}(s)\right),$$

$$\mathsf{E}V_{\mathrm{B},k} = \sum_{j=1}^{r_k-1} \frac{\mathsf{E}B_{(k,j)}}{\bar{\varrho}_{k-1}} + \mathsf{E}B_{(k,r_k)},$$

$$\mathsf{V}V_{\mathrm{B},k} = \sum_{j=1}^{r_k-1} \left[\frac{\mathsf{E}B^2_{(k,j)}}{\bar{\varrho}^2_{k-1}} + \mathsf{E}B_{(k,j)} \left(\frac{\varrho_{k-1,2}}{\bar{\varrho}^3_{k-1}} + \sum_{j'=j+1}^{r_k-1} \frac{\mathsf{E}B_{(k,j')}}{\bar{\varrho}^2_{k-1}} + 2\frac{\mathsf{E}B_{(k,r_k)}}{\bar{\varrho}_{k-1}} \right) \right] + \mathsf{E}B^2_{(k,r_k)} - (\mathsf{E}V_{\mathrm{B},k})^2, \qquad k = 1, \ldots, r.$$

6.6.4. Verweilzeit im System (stationärer Fall)

Die Gesamtverweilzeit V_k einer Forderung k-ter Priorität im System ergibt sich als Summe der Wartezeit W_k auf den ersten Bedienungsbeginn und der Gesamtbedienungszeit $V_{\mathrm{B},k}$. Für die L.-S.-T. $V_k{}^*(s)$ gilt

$$V_k{}^*(s) = W_k{}^*(s)\, V^*_{\mathrm{B},k}(s)$$

und somit $\mathsf{E}V_k = \mathsf{E}W_k + \mathsf{E}V_{\mathrm{B},k}$ bzw. $\mathsf{V}V_k = \mathsf{V}W_k + \mathsf{V}V_{\mathrm{B},k}$; $k = 1, \ldots, r$.

6.6.5. Anzahl der Forderungen im System (stationärer Fall)

Es werden die $\bar{r}$ $\left(\bar{r} = \sum\limits_{k=1}^{r} r_k\right)$ Forderungentypen (k, j) durchnumeriert $\left(i \sim (k, j);\ i = 1, \ldots, \bar{r}\right)$. Die erzeugende Funktion $\mathfrak{g}_{\boldsymbol{N}}(\boldsymbol{z})$ der stationären Verteilung der Anzahl $\boldsymbol{N}\left(\boldsymbol{N} = (N_1, \ldots, N_{\bar{r}})\right)$ von Forderungen im System ist gegeben durch

$$\mathfrak{g}_{\boldsymbol{N}}(\boldsymbol{z}) = \sum_{i=1}^{\bar{r}} \mathfrak{g}_{\boldsymbol{N},i}(\boldsymbol{z}), \qquad \boldsymbol{z} = (z_1, \ldots, z_{\bar{r}}),$$

wobei sich die Funktionen $\mathfrak{g}_{N,i}(z)$ rekursiv mit Hilfe der folgenden Beziehung bestimmen lassen:

$$\frac{\mathfrak{g}_{N,i}(z)}{\xi_i(z)} = \frac{\mathfrak{g}_N(0)\left(\zeta(z(i)) - 1\right) - \sum_{j=i+1}^{\bar{r}} \frac{\mathfrak{g}_{N,j}(z)}{\xi_j(z)}\left(z_j - \xi_j(z(i))\right)}{z_i - \xi_i(z(i))}, \qquad i = 1, \ldots, \bar{r}.$$

Dabei ist

$$z(i) = \left(\pi_{n[i-1],1}(\lambda^{(n[i-1]+1)} - \lambda^{(n[i-1]+1)}z), \pi_{n[i-1],2}(\lambda^{(n[i-1]+1)} - \lambda^{(n[i-1]+1)}z), \ldots,\right.$$
$$\left.\pi_{n[i-1],i-1}(\lambda^{(n[i-1]+1)} - \lambda^{(n[i-1]+1)}z),\ z_{r-i+1}\right),$$

$$\lambda^{(k)} = \sum_{i=k}^{\bar{r}} \lambda_i, \quad \lambda^{(k)}z = \sum_{j=k}^{r} \lambda_j z_{i(j)}, \quad i(j) \sim (j, 1),$$

$$n[i-1] = \max\{k : j \leq i-1, j \sim (k, 1)\},$$

$$\zeta(z) = \sum_{k=1}^{r} \frac{\lambda_k}{\lambda} z_{i(k)}, \quad i(k) \sim (k, 1), \quad \mathfrak{g}_N(0) = \frac{\lambda}{k_0}[1 - \varrho_{r1}],$$

$$k_0 = \begin{cases} \sum_{i=1}^{r} \lambda_i \sum_{j=1}^{r_i} [B^*_{(i,j)}(\lambda_{(i-1)})]^{-1} & \text{im Fall (A)},\\ \sum_{i=1}^{r} \lambda_i r_i & \text{im Fall (R)}, \end{cases}$$

und die Funktionen $\pi_{ki}(s)$, $\xi_i(z)$ sind durch (7) bzw. (8) gegeben.

6.6.6. Anzahl der während einer Besetztzeit bedienten Forderungen

Die erzeugenden Funktionen $\mathfrak{g}_k^+(z)$, $\mathfrak{g}_k^-(z)$ und $\mathfrak{g}_k(z)$ der Anzahl der während einer Besetztzeit des Systems durch Forderungen k-ter und höherer Priorität eintreffenden, bedienten bzw. nach Beendigung einer solchen Besetztzeit im System verbleibenden Forderungen sind durch die folgenden Beziehungen miteinander verknüpft:

$$\mathfrak{g}_k^-(z) = \mathfrak{g}_k^+(z_1, \ldots, z_k, \underbrace{1, \ldots, 1}_{r-k}), \qquad \mathfrak{g}_k(z) = \mathfrak{g}_k^+(\underbrace{1, \ldots, 1}_{k}, z_{k+1}, \ldots, z_r),$$
$$z = (z_1, \ldots, z_r).$$

Die erzeugende Funktion $\mathfrak{g}_k^+(z)$ genügt der Funktionalgleichung

$$\lambda \mathfrak{g}_k^+(z) = \sum_{i=1}^{k} \lambda_i z_i \varkappa_i(\underbrace{\mathfrak{g}_k^+(z), \ldots, \mathfrak{g}_k^+(z)}_{k}, z_{k+1}, \ldots, z_r),$$

wobei die Funktionen $\varkappa_i(z)$ durch (9) bzw. (10) gegeben sind.

Der Erwartungswert der Anzahl von Forderungen i-ter Priorität, die während einer Besetztzeit des Systems durch Forderungen k-ter und höherer Priorität eintreffen, ist gleich $\frac{\lambda_i}{\lambda_{(k)}\bar{\varrho}_k}$, falls $i = k$, und $\frac{\lambda_i \mathsf{E} B_k}{\lambda_{(k)}\bar{\varrho}_k}$, falls $i > k$; $k = 1, \ldots, r$.

6.6.7. Hilfsergebnisse

Die Funktionen $\pi_{ki}(s)$, $k = 1, \ldots, r$; $i \leqq i_k$ mit $i_k \sim (k, 1)$, genügen den folgenden Beziehungen:

$$\pi_{ki}(s) = \tau_i^k\big(s + \lambda_k - \lambda_k S_{kk}^*(s)\big) = \tau_i^{k+1}(s),$$

wobei $S_{kk}(s)$ durch (2) bis (4) gegeben ist und

$$\tau_i^k(s) = B_i^*\left(s + \lambda_{(k-1)} - \sum_{l=i^*}^{k-1} \lambda_l \pi_{k-1,l}(s)\right) \left(\tau_{i'}^k(s)\right)^{1-\delta_{jr_m}}$$

$$+ \left(1 - B_i^*\left(s + \lambda_{(k-1)} - \sum_{l=i^*}^{k-1} \lambda_l \pi_{k-1,l}(s)\right)\right) \frac{\sum\limits_{l=1}^{i^*-1} \lambda_l \pi_{k-1,l}(s)}{s + \lambda_{(k-1)} - \sum\limits_{l=i^*}^{k-1} \lambda_l \pi_{k-1,l}(s)} \tau_i^k(s),$$

$i \sim (m, j)$, $i' \sim (m, j + 1)$, $i \leqq i_k$ mit $i_k \sim (k, 1)$ und $i^* = m$ im Fall (A) sowie $i^* = 1$ im Fall (B).

Für die Funktionen $\xi_i(z)$ gilt: Im Fall (A)

$$\xi_i(z) = B_i^*\left(\lambda - \sum_{n=k}^{r} \lambda_n z_{i_n}\right) z_{i'}^{1-\delta_{jr_k}} + z_i\left(1 - B_{i'}^*\left(\lambda - \sum_{n=k}^{r} \lambda_n z_{i_n}\right)\right) \frac{\left(\sum\limits_{n=1}^{k-1} \lambda_n z_{i_n}\right)}{\left(s + \lambda - \sum\limits_{n=h}^{r} \lambda_n z_{i_n}\right)}, \tag{7}$$

und im Fall (R)

$$\xi_i(z) = B_i^*\left(\lambda - \sum_{n=1}^{r} \lambda_n z_{i_n}\right) z_{i'}^{1-\delta_{jr_k}}, \tag{8}$$

$i \sim (k, j)$, $i' \sim (k, j + 1)$, $i_n \sim (n, 1)$.

Die Funktionen $\varkappa_k(z)$ sind gegeben durch: Im Fall (A)

$$\varkappa_k(z) = \frac{\left(\prod\limits_{j=1}^{r_k} B_{(k,j)}^*\left(\lambda - \sum\limits_{n=k}^{r} \lambda_n z_{i_n}\right)\right)\left(\lambda - \sum\limits_{n=k}^{r} \lambda_n z_{i_n}\right)}{\lambda - \sum\limits_{n=1}^{r} \lambda_n z_{i_n} + \left(\sum\limits_{n=1}^{k-1} \lambda_n z_{i_n}\right) B_{(k,j)}^*\left(\lambda - \sum\limits_{n=k}^{r} \lambda_n z_{i_n}\right)}, \tag{9}$$

im Fall (R)

$$\varkappa_k(z) = B_{(k,1)}^*\left(\lambda - \sum_{n=1}^{r} \lambda_n z_{i_n}\right), \quad k = 1, \ldots, r; \quad i_n \sim (n, 1). \tag{10}$$

6.7. System $\vec{\mathrm{M}}/\vec{\mathrm{GI}}/1/\infty$ mit alternierenden Prioritäten

Es wird das System $\vec{\mathrm{M}}/\vec{\mathrm{GI}}/1/\infty$ betrachtet, dessen Bedienungsgerät, nach der Bedienung einer Forderung des i-ten Stromes, nur dann die Bedienung einer Forderung eines anderen Stromes aufnehmen kann, wenn sich keine weiteren Forderungen des i-ten Stromes im System befinden; $i = 1, \ldots, r$. Wenn dies zum Zeitpunkt der Beendigung der Bedienung einer Forderung des i-ten Stromes der Fall ist, dann wird von den im

System befindlichen Forderungen eine Forderung des Stromes mit der jeweils kleinsten Nummer zur Bedienung ausgewählt (vgl. Bronstein/Duchowny [1], Gnedenko/Danieljan/Dimitrow/Klimow/Matwejew [1], Jaiswal [1], Kleinrock [1], [2]).

Ferner sei in diesem Abschnitt $\varrho_{kn} = \sum_{i=1}^{k} \lambda_i \mathsf{E}B_i^n$ für $k = 1, \dots, r$; $n = 1, 2, \dots$

6.7.1. Besetztzeit

Für das System $\vec{\mathrm{M}}/\vec{\mathrm{GI}}/1/\infty$ mit alternierenden Prioritäten stimmen die Ergebnisse über die Besetztzeit mit den entsprechenden Ergebnissen für das System $\vec{\mathrm{M}}/\vec{\mathrm{GI}}/1/\infty$ mit relativen Prioritäten überein (↑ [6.2.1]).

6.7.2. Wartezeit (stationärer Fall)

Die L.-S.-T. $W_k^*(s)$ der stationären Wartezeitverteilung der Forderungen k-ter Prioritäten ist durch

$$\begin{aligned} W_k^*(s) = {} & \Big(\bar{\varrho}_r \gamma_{k-1}(s) + \sum_{i=k+1}^{r} \big[\xi_i(1) - \xi_i\big(S_{[i]}^*(\gamma_{k-1}(s))\big)\big] + 1 - \xi_k(B_k^*(s))\Big) \\ & \times [s - \lambda_k + \lambda_k B_k^*(s)]^{-1} - \big[1 - \xi_k\big(B_k^*(\gamma_{k-1}(s))\big)\big] \\ & \times \big[\gamma_{k-1}(s) - \lambda_k + \lambda_k B_k^*(\gamma_{k-1}(s))\big]^{-1} \end{aligned}$$

gegeben, wobei $S_{[i]}^*(s)$ die L.-S.-T. der Besetztzeit des Systems M/GI/1/∞ mit der Ankunftsintensität λ_i und der Verteilungsfunktion der Bedienungszeiten $B_i(x)$ ist. Die Funktionen $\gamma_k(s)$ ergeben sich aus (2) in [6.2] und die $\xi_k(s)$ aus:

$$\begin{aligned} & \xi_k(s) - \xi_k\Big(S_{[k]}^*\big(\lambda_{(k-1)} - \lambda_{(k-1)}\big(S_{(k-1)}^*(\lambda_k - \lambda_k s) - S_{(k-1)}^*(\lambda_k)\big)\big) - S_{[k]}^*(\lambda_{(k-1)})\Big) \\ & = \frac{\lambda_k s}{\lambda} \bar{\varrho}_r + \zeta_k(s), \qquad k = 1, \dots, r, \end{aligned}$$

$$\begin{aligned} \zeta_k(s) = \sum_{j=k+1}^{r} & \Big[\xi_j\big(S_{[j]}^*(\lambda_{(k)} - \lambda_k s) - S_{[j]}^*\big(\lambda_{(k)} - \lambda_k s - S_{[j]}^*(\lambda_{(k)})\big)\big) \\ & + \xi_j\big(S_{[j]}^*\big(\lambda_{(k)} - \lambda_k s - \lambda_{(k-1)} S_{(k-1)}^*(\lambda_k - \lambda_k s) - S_{[j]}^*(\lambda_{(k)} - \lambda_k s)\big)\big) \\ & + \xi_j\Big(S_{[j]}^*\big(\lambda_{(k)} - \lambda_{k-1}\big(S_{(k-1)}^*(\lambda_k - \lambda_k s) - S_{(k-1)}^*(\lambda_k)\big)\big) - S_{[j]}^*(\lambda_{(k)})\Big) \\ & - \xi_j\Big(S_{[j]}^*\big(\lambda_{(k)} - \lambda_{(k-1)} S_{(k-1)}^*(\lambda_k - \lambda_k s)\big) - S_{[j]}^*(\lambda_{(k)})\Big)\Big], \qquad k = 1, \dots, r-1, \end{aligned}$$

$$\xi_r(s) = 0.$$

Momente für W_k, $k = 1, \dots, r$:

$$\mathsf{E}W_k = \frac{\lambda_k \mathsf{E}B_k^2}{2(1 - \lambda_k \mathsf{E}B_k)} + \frac{\lambda}{\lambda_k^2} \frac{\tau_k}{2(1 - \lambda_k \mathsf{E}B_k)},$$

wobei die Größe τ_k dem Gleichungssystem

$$\tau_k = \frac{\alpha_k - \sum_{i=k+1}^{r} \beta_{ki}\tau_i}{\beta_{kk}}$$

genügen mit

$$\beta_{kk} = 1 - \left(\frac{\lambda_k \mathsf{E}B_k \varrho_{k-1,1}}{1 - \varrho_{k1} + \lambda_k \mathsf{E}B_k \varrho_{k-1,1}}\right)^2,$$

$$\beta_{ki} = -\frac{\lambda_k^2}{\bar{\varrho}_{k-1}^2} \frac{(\mathsf{E}B_i)^2}{(1 - \lambda_i \mathsf{E}B_i)^2}, \qquad i = k+1, \ldots, r,$$

$$\alpha_k = \frac{\lambda_k^2 \varrho_{k-1,2}}{\lambda \bar{\varrho}_{k-1}^2} + \lambda_k^2 \frac{\lambda_k \mathsf{E}B_k^2 \varrho_{k-1,1}^2}{\lambda(\bar{\varrho}_k + \lambda_k \mathsf{E}B_k \varrho_{k-1,1})^2} + \frac{\lambda_k^2}{\lambda \bar{\varrho}_{k-1}^2} \sum_{i=k+1}^{r} \frac{\lambda_i \mathsf{E}B_i^2}{(1 - \lambda_i \mathsf{E}B_i)^2};$$

$$\mathsf{V}W_k = \frac{\lambda_k \mathsf{E}B_k^3}{3(1 - \lambda_k \mathsf{E}B_k)} + \frac{\lambda}{\lambda_k^3} \frac{\tau_k'}{3(1 - \lambda_k \mathsf{E}B_k)} + \frac{\lambda_k \mathsf{E}B_k}{1 - \lambda_k \mathsf{E}B_k} \mathsf{E}W_k - (\mathsf{E}W_k)^2,$$

wobei die Größen τ_k' dem linearen Gleichungssystem

$$\tau_k' = \frac{\alpha_k' - \sum_{i=k+1}^{r} \beta'_{ki}\tau_i'}{\beta'_{kk}}$$

genügen mit

$$\beta'_{kk} = 1 - \left(\frac{\lambda_k \mathsf{E}B_k \varrho_{k-1,1}}{1 - \varrho_{k1} + \lambda_k \mathsf{E}B_k \varrho_{k-1,1}}\right)^3, \quad \beta'_{ki} = -\frac{\lambda_k^3}{\bar{\varrho}_{k-1}^3} \frac{\mathsf{E}B_k^3}{(1 - \lambda_i \mathsf{E}B_i)^3},$$

$$i = k+1, \ldots, r,$$

$$\alpha_k' = \frac{\lambda_k^3 \varrho_{k-1,3}}{\lambda \bar{\varrho}_{k-1}^3} + \frac{3\lambda_k^3 \varrho_{k-1,2}^2}{\lambda \bar{\varrho}_{k-1}^4} + 3 \sum_{i=k}^{r} \nu_{ik}\tau_i + \sum_{i=k}^{r} \mu_{ik},$$

$$\nu_{ik} = \frac{\lambda_k^3 \mathsf{E}B_i \varepsilon_{ik}}{\bar{\varrho}_{k-1}^3 (1 - \lambda_i \mathsf{E}B_i)^2} \left(\frac{\mathsf{E}B_i^2 \varepsilon_{ik}^2}{(1 - \lambda_i \mathsf{E}B_i)^2} + \frac{\varrho_{k-1,2} \mathsf{E}B_i}{\bar{\varrho}_{k-1}}\right),$$

$$\mu_{ik} = \frac{\lambda_k^3 \varepsilon_{ik}^3}{\lambda \bar{\varrho}_{k-1}^3 (1 - \lambda_i \mathsf{E}B_i)^3} \left(\frac{3\lambda_i^2 (\mathsf{E}B_i^2)^2}{1 - \lambda_i \mathsf{E}B_i} + \lambda_i \mathsf{E}B_i^3\right) + \frac{3\lambda_k^3 \varrho_{k-1,2} \varepsilon_{ik} \lambda_i \mathsf{E}B_i^2}{\lambda \bar{\varrho}_{k-1}^4 (1 - \lambda_i \mathsf{E}B_i)^2},$$

$$\varepsilon_{ik} = \begin{cases} \varrho_{k-1,1} & \text{für } i = k, \\ 1 & \text{für } i = k+1, \ldots, r. \end{cases}$$

6.7.3. Anzahl der Forderungen im System (stationärer Fall)

Es sei $\mathsf{g}_k(z) = \sum_{n_1, \ldots, n_r : n_i \geq 0} P_k(n_1, \ldots, n_r)\, z_1^{n_1} \ldots z_r^{n_r}$, wobei $P_k(n_1, \ldots, n_r)$ die stationäre Wahrscheinlichkeit dafür ist, daß eine das System verlassende Forderung von k-ter Priorität ist und den Anzahlvektor $(n_1, \ldots, n_r)$ von Forderungen erster bis r-ter Priorität im

System zurückläßt; $\boldsymbol{z} = (z_1, \ldots, z_r)$. Für die erzeugende Funktion $\mathfrak{g}_k(\boldsymbol{z})$ gilt

$$\mathfrak{g}_k(\boldsymbol{z}) = \frac{\xi_k(z_k, \ldots, z_r) - \xi_k(\zeta_k, z_{k+1}, \ldots, z_r)}{z_k - B_k^*\left(\sum_{j=1}^r \lambda_j(1 - z_j)\right)} B_k^*\left(\sum_{j=1}^r \lambda_j(1 - z_j)\right), \qquad k = 1, \ldots, r,$$

wobei $\zeta_k = S_{[k]}^*\left(\sum_{j=1}^r \lambda_j(1 - z_j)\right)$ und $S_{[k]}^*(s)$ die L.-S.-T. der Besetztzeit im System M/GI/1/∞ mit der Ankunftsintensität λ_k und der Bedienungszeitverteilung $B_k(x)$ ist. Die Funktionen $\xi_k(z_k, \ldots, z_r)$ genügen den Funktionalgleichungen

$$\sum_{i=k}^r \xi_i(z_i, \ldots, z_r) = \sum_{i=k}^r \xi_i(\xi_i, z_{i+1}, \ldots, z_r) + \frac{\pi_k(z_k, \ldots, z_r) + \sum_{j=k}^r \lambda_j z_j - \lambda_{(r)}}{\lambda_{(r)}} \varrho_r,$$
$$k = 1, \ldots, r,$$

wobei $\xi_i = S_{[i]}^*\left(\lambda_{(r)} - \lambda_i - \pi_k(z_k, \ldots, z_r) - \sum_{\substack{j=k \\ j \neq i}}^r \lambda_j z_j\right)$ und die Funktionen $\pi_k(z_k, \ldots, z_r)$ gegeben sind durch

$$\pi_{ki}(z_k, \ldots, z_r) = B_i^*\left(\lambda_{(r)} - \pi_k(z_k, \ldots, z_r) - \sum_{j=k}^r \lambda_j z_j\right), \qquad i = 1, \ldots, k-1,$$

$$\pi_k(z_k, \ldots, z_r) = \sum_{i=1}^{k-1} \lambda_i \pi_{ki}(z_k, \ldots, z_r).$$

6.8. System $\langle N/\vec{M}/\vec{GI}/1/\infty\rangle$ mit absoluten Prioritäten und N Quellen ($N \leqq \infty$)

Es wird der Fall betrachtet (vgl. Jaiswal [1]), daß die Forderungen k-ter Priorität von N_k Quellen erzeugt werden, wobei $N_k \leqq \infty$ zugelassen wird; $k = 1, \ldots, r$ $\left(N = \sum_{k=1}^r N_k\right)$. Es sei λ_k der Parameter der exponentialverteilten Pausenzeiten ($N_k < \infty$) bzw. des Poissonschen Eingangsstromes ($N_k = \infty$) der Forderungen k-ter Priorität. Ferner sei

$$\lambda_k^* = \begin{cases} N_k \lambda_k, & \text{falls} \quad N_k < \infty, \\ \lambda_k, & \text{falls} \quad N_k = \infty, \end{cases}$$

$\lambda_{(k)}^* = \sum_{i=1}^k \lambda_i^*$; $k = 1, \ldots, r$ ($\lambda_{(0)}^* = 0$). Hinsichtlich des Schicksals einer unterbrochenen Bedienung werden die folgenden Fälle unterschieden: Fortsetzung (A1) und Neubeginn (A2).

6.8.1. Besetztzeit

Die L.-S.-T. der Verteilungsfunktion der Besetztzeit $S_{(k)}$ des Systems durch Forderungen k-ter und höherer Priorität ist in den Fällen (A1) und (A2) gegeben durch

$$S_{(k)}^*(s) = \frac{\lambda_k^*}{\lambda_{(k)}^*} S_{kk}^*(s) + \frac{\lambda_{(k-1)}^*}{\lambda_{(k)}^*} V_{\mathrm{B},k-1}^*\left(s + \lambda_k\left(1 - S_{kk}^*(s)\right)\right),$$

wobei die Funktion $S^*_{kk}(s)$ für $N_k = \infty$ durch die Beziehung $S^*_{kk}(s) = V^*_{B,k}\big(s + \lambda_k \times \big(1 - S^*_{kk}(s)\big)\big)$ und für $N_k < \infty$ durch

$$S^*_{kk}(s) = \left[\sum_{j=0}^{N_k} \binom{N_k}{j} \frac{1}{\zeta_{j-1,k}(s)}\right]^{-1} \sum_{j=0}^{N_k-1} \binom{N_k - 1}{j} \frac{1}{\zeta_{j-1,k}(s)} \tag{1}$$

gegeben ist. Dabei ist

$$\zeta_{-1,k} = 1, \qquad \zeta_{jk}(s) = \prod_{n=0}^{j} \left[\frac{V^*_{B,k}(s + n\lambda_k)}{1 - V^*_{B,k}(s + n\lambda_k)}\right] \quad \text{für} \quad j \neq -1, \tag{2}$$

und $V_{B,k}(s)$ ist im Fall (A1) durch (5) und im Fall (A2) durch (7) gegeben. Des weiteren gilt

$$\mathsf{E}S_{(k)} = \begin{cases} \dfrac{\lambda_k^*}{\lambda^*_{(k)}} \dfrac{\mathsf{E}V_{B,k}}{(1 - \lambda_k \mathsf{E}V_{B,k})} + \dfrac{\lambda^*_{(k-1)} \mathsf{E}V_{B,k-1}}{\lambda^*_{(k)}(1 - \lambda_k \mathsf{E}V_{B,k})}, & \text{falls} \quad N_k = \infty, \\ \dfrac{\lambda_k^*}{\lambda^*_{(k)}} \mathsf{E}V_{B,k} \displaystyle\sum_{j=0}^{N_k-1} \binom{N_k - 1}{j} \frac{1}{\zeta_{jk}} + \frac{\lambda^*_{(k-1)}}{\lambda^*_{(k)}} & \\ \times \left[\mathsf{E}S_{(k-1)} + \mathsf{E}V_{B,k} \displaystyle\sum_{j=1}^{N_k} \binom{N_k}{j} \frac{1 - S^*_{(k-1)}(j\lambda_k)}{\zeta_{j-1,k}}\right], & \text{falls} \quad N_k < \infty, \end{cases}$$

wobei $\mathsf{E}V_{B,k}$ durch (6) bzw. (8) und die ζ_{jk} gegeben sind durch

$$\zeta_{0k} = 1, \qquad \zeta_{jk} = \prod_{n=1}^{j} \left[\frac{V^*_{B,k}(n\lambda_k)}{1 - V^*_{B,k}(n\lambda_k)}\right] \quad \text{für} \quad j \neq 0. \tag{3}$$

6.8.2. Wartezeit (stationärer Fall)

Die L.-S.-T. der stationären Verteilung der Wartezeit W_k der Forderungen k-ter Priorität ist gegeben durch

$$W_k^*(s) = \begin{cases} \dfrac{\varepsilon^{(k)}\big(s + \lambda^*_{(k-1)}[1 - S^*_{(k-1)}(s)]\big)}{s - \lambda_k + \lambda_k \mathsf{E}V_{B,k}} & \text{für} \quad N_k = \infty, \\ \varepsilon^{(k)} \Bigg(1 - \displaystyle\sum_{j=0}^{N_k-1} [V^*_{B,k}(s)]^{N_k-j-1} [1 - V^*_{B,k}(s)]^j & \\ \times \left[N_k \lambda_k a_{kj} + \lambda^*_{(k-1)} a^S_{kj} \dfrac{V^*_{B,k}(j\lambda_k) - V^*_{B,k}(s)}{s - j\lambda_k}\right]\Bigg) & \text{für} \quad N_k < \infty, \end{cases}$$

falls $\lambda_k \mathsf{E}V_{B,k} < 1$ und $\mathsf{E}S_{(k-1)} < \infty$ für $N_k = \infty$ bzw. $\mathsf{E}V_{B,k} < \infty$ und $\mathsf{E}S_{(k-1)} < \infty$ für $N_k < \infty$, $k = 1, \ldots, r$, wobei

$$\varepsilon^{(k)} = (1 + \lambda_{(k-1)} \mathsf{E}S_{(k-1)})^{-1} (1 - \lambda_k \mathsf{E}V_{B,k}) \quad \text{für} \quad N_k = \infty$$

bzw.

$$\varepsilon^{(k)} = (1 + \lambda^*_{(k-1)} \mathsf{E}S_{(k-1)}) \Bigg(1 + N_k \lambda_k \sum_{j=0}^{N_k-1} \binom{N_k - 1}{j} \frac{1}{\zeta_{jk}} + \lambda^*_{(k-1)} \sum_{j=1}^{N_k} \binom{N_k}{j} \frac{1 - S^*_{(k-1)}(j\lambda_k)}{\zeta_{jk}}\Bigg)^{-1} \quad \text{für} \quad N_k < \infty, \tag{4}$$

$$a_{kj} = \frac{\zeta_{j-1,k}}{1 - B_k^*(j\lambda_k)} \left[\sum_{n=0}^{j} \binom{N_k - 1}{j} \frac{1}{\zeta_{n-1,k}} - S_{kk}^*(0) \sum_{i=0}^{j} \binom{N_k}{i} \frac{1}{\zeta_{i-1,k}}\right],$$

$$a_{kj}^{\mathrm{S}} = \frac{\zeta_{j-1,k}}{1 - B_k^*(j\lambda_k)} \left[\sum_{n=0}^{j} \binom{N_k}{n} \frac{S_{(k-1)}^*(n\lambda_k)}{\zeta_{n-1,k}} - \frac{\sum\limits_{n=0}^{N_k} \binom{N_k}{n} \frac{S_{(k-1)}^*(n\lambda_k)}{\zeta_{n-1,k}}}{\sum\limits_{n=0}^{N_k} \binom{N_k}{n} \frac{1}{\zeta_{n-1,k}}} \left(\sum_{n=0}^{j} \binom{N_k}{n} \frac{1}{\zeta_{n-1,k}}\right)\right]$$

und $V_{\mathrm{B},k}^*(s)$, $\mathsf{E}V_{\mathrm{B},k}$ durch (5) bis (8) sowie $S_{kk}^*(0)$, $\zeta_{j,k}$ durch (1) bzw. (3) gegeben sind.

6.8.3. Anzahl der Forderungen im System (stationärer Fall)

Es sei $N_k < \infty$ für $k = 1, \ldots, r$. Die erzeugende Funktion $\mathfrak{g}_k(z)$ der stationären Verteilung der Anzahl von Forderungen k-ter Priorität im System (d. h. von Forderungen k-ter Priorität, die bedient werden bzw. auf Bedienung warten) ist gegeben durch

$$\mathfrak{g}_k(z) = \varepsilon^{(k)} \Bigg(1 + \sum_{n=0}^{N_k} z^{N_k-n}(1-z)^n \frac{\zeta_{n-1,k}}{n\lambda_k} \Bigg[N_k\lambda_k \sum_{j=n}^{N_k-1} \binom{N_k-1}{j} \frac{1}{\zeta_{jk}}$$
$$+ \lambda_{(k-1)}^* \sum_{j=n+1}^{N_k} \binom{N_k}{j} \frac{1 - S_{(k-1)}^*(j\lambda_k)}{\zeta_{jk}}\Bigg] + \lambda_{(k-1)}^* \sum_{j=0}^{N_k} z^{N_k-j}(1-z)^j$$
$$\times \binom{N_k}{j} \frac{1 - S_{(k-1)}^*(j\lambda_k)}{j\lambda_k}\Bigg),$$

wobei die Größen ζ_{jk}, $\varepsilon^{(k)}$ durch (3) bzw. (4) gegeben sind. Für den Erwartungswert $\mathfrak{g}_k'(0)$ gilt

$$\mathfrak{g}_k'(0) = N_k - \frac{1}{\lambda_k \mathsf{E}V_{\mathrm{B},k}} \left[1 - \frac{\varepsilon^{(k)}}{\varepsilon^{(k-1)}}\right],$$

wobei $\mathsf{E}V_{\mathrm{B},k}$ durch (6) bzw. (8) gegeben ist. Die durch (4) gegebene Größe $\varepsilon^{(k)}$ ist dabei die stationäre Wahrscheinlichkeit dafür, daß das Gerät nicht durch Forderungen k-ter und höherer Priorität belegt ist.

6.8.4. Gesamtbedienungszeit

Die L.-S.-T. $V_{\mathrm{B},k}^*(s)$ der Verteilungsfunktion der Gesamtbedienungszeit einer Forderung k-ter Priorität ist im Fall (A1) gegeben durch

$$V_{\mathrm{B},k}^*(s) = B_k^*\big(s + \lambda_{(k-1)}^*\big(1 - S_{(k-1)}^*(s)\big)\big) \tag{5}$$

mit

$$\mathsf{E}V_{\mathrm{B},k} = \mathsf{E}B_k(1 + \lambda_{(k-1)}^* \mathsf{E}S_{(k-1)}) \tag{6}$$

und im Fall (A2) durch

$$V_{\mathrm{B},k}^*(s) = \frac{B_k^*(s + \lambda_{(k-1)}^*)}{1 - \frac{\lambda_{(k-1)}^*}{s + \lambda_{(k-1)}^*} S_{(k-1)}^*(s) \left[1 - B_k^*(s + \lambda_{(k-1)}^*)\right]} \tag{7}$$

mit

$$\mathsf{E}V_{\mathrm{B},k} = \frac{1 - B_k^*(\lambda_{(k-1)}^*)}{B_k^*(\lambda_{(k-1)}^*)} \left[\mathsf{E}S_{(k-1)} + \frac{1}{\lambda_{(k-1)}^*}\right]. \tag{8}$$

6.9. Prioritätensysteme mit nichtpoissonschen Forderungenströmen

6.9.1. System $\mathrm{GI(H\text{-}Exp}(n))/\overrightarrow{\mathrm{GI}}/1/\infty$ mit relativen Prioritäten

Es wird ein rekurrenter Forderungenstrom mit hyperexponentialverteilten Pausenzeiten betrachtet, d. h., für die Dichte $a(x) = \frac{\mathrm{d}A(x)}{\mathrm{d}x}$ gilt (↑ [I, 2.9.15])

$$a(x) = \mathbf{1}_{\mathbb{R}_+}(x) \sum_{i=1}^{n} c_i\alpha_i \,\mathrm{e}^{-\alpha_i x}$$

wobei $\alpha_i > 0$, $\alpha_i \neq \alpha_j$ für $i \neq j$ und die c_i beliebige reelle Zahlen sind, die den folgenden Bedingungen genügen: $c_i \neq 0$, $\sum_{i=1}^{n} c_i = 1$, $a(x) \geqq 0$. Eine eintreffende Forderung ist mit der Wahrscheinlichkeit q_k eine Forderung k-ter Priorität ($k = 1, \ldots, r$), und zwar unabhängig von den übrigen, das System charakterisierenden Primärgrößen (vgl. Uschakow (1978b)). Der Forderungenstrom kann also als unabhängig markierter Strom aufgefaßt werden (↑ [I, 3.7.2]).

Der Spezialfall $c_i = \prod_{j\neq i} \frac{\alpha_j}{\alpha_j - \alpha_i}$ wurde in Uschakow (1977) behandelt. Es sei

$$\varrho_{kj} = \left\{\sum_{i=1}^{n} c_i\alpha_i^{-1}\right\}^{-1} \sum_{i=1}^{k} q_i \mathsf{E}B_i^{\,j}.$$

6.9.1.1. Besetztzeit

L.-S.-T. der Verteilungsfunktion der Besetztzeit S des Systems:

$$S^*(s) = 1 - (-1)^n \prod_{j=1}^{n} \alpha_j^{-1}\xi_j(s),$$

wobei $\xi_j(s) = \zeta_j\big(\boldsymbol{z}^{(j)}(s)\big)$ ist. Dabei ist $\boldsymbol{z}^{(j)}(s) = \big(z_1^{(j)}(s), \ldots, z_r^{(j)}(s)\big)$ die eindeutig bestimmte Lösung des Gleichungssystems

$$z_i = B_i^*\big(s - \zeta_j(\boldsymbol{z})\big), \qquad i = 1, \ldots, r,$$

$\big(\boldsymbol{z} = (z_1, \ldots, z_r)\big)$, und $\zeta_1(\boldsymbol{z}), \ldots, \zeta_n(\boldsymbol{z})$ sind die stetigen Lösungen der Gleichung

$$\prod_{i=1}^{n} (\zeta + \alpha_i) = \left(\sum_{i=1}^{r} q_i z_i\right)\left(\sum_{j=1}^{n} c_j\alpha_j \prod_{\substack{i=1\\ i\neq j}}^{n} (\zeta + \alpha_i)\right),$$

wobei $\zeta_1(1) = 0$ ist.

Momente:

$$\mathsf{E}S = \frac{(-1)^{n-1}}{\prod_{i=1}^{n} \alpha_i} \frac{\varrho_{r1}}{1 - \varrho_{r1}} \prod_{i=2}^{n} \xi_i(0),$$

$$\mathsf{E}S^2 = \frac{(-1)^{n-1}}{\prod_{i=1}^{n} \lambda_i} \left(\left[\frac{\varrho_{r2}}{(1-\varrho_{r1})^3} + \frac{2\varrho_{r1}}{(1-\varrho_{r1})^3} \frac{\sum_{j=1}^{n} c_j \alpha_j^{-2} - \left(\sum_{j=1}^{n} c_j \alpha_j^{-1} \right)^2}{\sum_{j=1}^{n} c_j \alpha_j^{-1}} \right] \prod_{j=2}^{n} \xi_j(0) \right.$$

$$\left. - \frac{2\varrho_{r1}}{1-\varrho_{r1}} \left[\sum_{i=2}^{n} \frac{\eta_i}{\eta_i - 1} \prod_{\substack{j=2 \\ j \neq i}}^{n} \xi_j(0) \right] \right),$$

wobei

$$\eta_i = - \left[\sum_{j=1}^{n} q_j B_j^{*\prime}(-\xi_i(0)) \right] \frac{\left(\sum_{j=1}^{n} c_j \alpha_j \prod_{\substack{l=1 \\ l \neq j}}^{n} (\xi_i(0) + \alpha_l) \right)^2}{\sum_{j=1}^{n} c_j \alpha_j \prod_{\substack{l=1 \\ l \neq j}}^{n} (\xi_i(0) + \alpha_l)^2};$$

$$B_j^{*\prime}(s) = \frac{\mathrm{d}B_j^*(s)}{\mathrm{d}s}.$$

6.9.1.2. Anzahl der Forderungen im System

(a) *Der instationäre Fall:* Die L.-T. $\check{\mathfrak{g}}_{\boldsymbol{N}}(\boldsymbol{z}, s) = \int_0^\infty e^{-st} \mathfrak{g}_{\boldsymbol{N}}(t, \boldsymbol{z}) \, \mathrm{d}t$ der erzeugenden Funktion $\mathfrak{g}_{\boldsymbol{N}}(t, \boldsymbol{z})$, $\mathfrak{g}_{\boldsymbol{N}}(t, \boldsymbol{z}) = \mathsf{E}(z_1^{N_1(t)} \dots z_r^{N_r(t)})$, $\boldsymbol{z} = (z_1, \dots, z_r)$, der Anzahl $\boldsymbol{N}(t) = (N_1(t), \dots, N_r(t))$ von Forderungen im System zum Zeitpunkt t ist gegeben durch:

$$\check{\mathfrak{g}}_{\boldsymbol{N}}(\boldsymbol{z}, s) = a(s) + \left(\sum_{k=1}^{r} q_k z_k - 1 \right) \sum_{k=1}^{n} \sum_{i=1}^{r} [1 - B_i^*(s - \zeta_k(\boldsymbol{z}))] [\zeta_k(\boldsymbol{z}) (s - \zeta_k(\boldsymbol{z}))]^{-1} \check{\mathfrak{g}}_{ki}(\boldsymbol{z}, s),$$

wobei

$$a(s) = s^{-1} \left[1 - (-1)^n \varphi(s) \prod_{i=1}^{n} \alpha_i^{-1} \xi_i(s) \right]$$

gilt und die Funktionen $\check{\mathfrak{g}}_{ki}(\boldsymbol{z}, s)$ durch die folgenden Rekursionsformeln gegeben sind:

$$\check{\mathfrak{g}}_{ki}(\boldsymbol{z}, s) = \sum_{j=1}^{n} c_{jk}^{(i)}(\boldsymbol{z}, s) \, \check{\mathfrak{g}}_{ij}(\boldsymbol{z}_{i-1}^{(j)}, z_i, \dots, z_r, s),$$

$$\sum_{j=i}^{r} d_{jk}(\boldsymbol{z}_{i-1}^{(k)}, z_i, \dots, z_r, s) \, \check{\mathfrak{g}}_{jk}(\boldsymbol{z}_{i-1}^{(k)}, z_i, \dots, z_r, s)$$

$$= \alpha_k^{-1}(\boldsymbol{z}_{i-1}^{(k)}, z_i, \dots, z_r) \, \varphi(s) \prod_{j=1}^{n} [\zeta_k(\boldsymbol{z}_{i-1}^{(k)}, z_i, \dots, z_r) - \xi_j(s)].$$

Dabei ist $\boldsymbol{z}_{i-1}^{(k)} = \boldsymbol{z}_{i-1}^{(k)}(z_i, \dots, z_r, s)$ die eindeutig bestimmte Lösung $\boldsymbol{z}_{i-1}^{(k)} = (z_{i-1,1}^{(k)}, \dots, z_{i-1,i-1}^{(k)})$ des Gleichungssystems

$$z_j = B_j^*(s - \zeta_k(\boldsymbol{z})), \qquad j = 1, \dots, i-1;$$

$$\alpha_k(\boldsymbol{z}) = \prod_{\substack{i=1 \\ i \neq k}}^{n} (\zeta_k(\boldsymbol{z}) - \zeta_i(\boldsymbol{z})), \qquad d_{jk}(\boldsymbol{z}, s) = 1 - z_j^{-1} B_j^*(s - \zeta_k(\boldsymbol{z})),$$

$$\varphi(s) = \left\{\sum_{j=1}^{n} c_j \alpha_j \prod_{\substack{l=1 \\ l \neq j}}^{n} (1 + \alpha_l)\right\} \prod_{k=1}^{n} \big(s - \xi_k(s)\big)^{-1},$$

$$c_{jk}^{(i)}(z, s) = \alpha_k^{-1}(z)\, \alpha_j(z_{i-1}^{(k)}, z_i, \ldots, z_r) \cdot \prod_{\substack{l=1 \\ l \neq j}}^{n} \frac{\zeta_k(z) - \zeta_l(z_{i-1}^{(k)}, z_i, \ldots, z_r)}{\zeta_j(z_{i-1}^{(j)}, z_i, \ldots, z_r) - \zeta_l(z_{i-1}^{(l)}, z_i, \ldots, z_r)},$$

und $\xi_i(s)$, $\zeta_i(z)$ sind die in [6.9.1.1] eingeführten Größen.

(b) *Der stationäre Fall:* Unter der Voraussetzung $\varrho_{r1} < 1$ existiert der Grenzwert

$$\lim_{t \to \infty} \mathfrak{g}_N(t, z) = \mathfrak{g}_N(z)$$

mit

$$\mathfrak{g}_N(z) = (1 - \varrho_{r1}) + \left(1 - \sum_{j=1}^{r} q_j z_j\right) \sum_{k=1}^{n} \sum_{i=1}^{r} \frac{1 - B_i^*\big(-\zeta_i(z)\big)}{\zeta_k^2(z)}\, \mathfrak{g}_{ki}(z).$$

Dabei sind die Funktionen $\mathfrak{g}_{ki}(z)$ durch die folgenden Rekursionsformeln gegeben:

$$\mathfrak{g}_{ki}(z) = \sum_{j=1}^{n} c_{jk}^{(i)}(z, 0)\, \mathfrak{g}_{ji}(z_{i-1}^{(j)}, z_i, \ldots, z_r),$$

$$\sum_{j=i}^{r} d_{jk}(z_{i-1}^{(k)}, z_i, \ldots, z_r, 0)\, \mathfrak{g}_{kj}(z_{i-1}^{(k)} z_i, \ldots, z_r)$$

$$= (1 - \varrho_{r1})\, \alpha_k^{-1}(z_{i-1}^{(k)}, z_i, \ldots, z_r) \cdot \prod_{l=2}^{n} \big(-\xi_l(0)\big)^{-1} \prod_{j=1}^{n} \big(\alpha_j[\zeta_k(z_{i-1}^{(k)}, z_i, \ldots, z_r) - \xi_j(0)]\big),$$

wobei $z_{i-1}^{(k)} = z_{i-1}^{(k)}(z_i, \ldots, z_r, 0)$.

In SCHASSBERGER (1975) werden Transformierte der Übergangswahrscheinlichkeiten des durch die Hinzunahme geeigneter Zusatzvariablen markowisierten Anzahlprozesses $\big(\boldsymbol{N}(t)\big)$, $\boldsymbol{N}(t) = \big(N_1(t), \ldots, N_r(t)\big)$, für Einbedienersysteme mit relativen Prioritäten bestimmt, wobei ein rekurrenter unabhängig markierter Forderungenstrom mit hypererlangverteilten Pausen- und Bedienungszeiten betrachtet wird.

In SCHASSBERGER [1] wird ein solcher rekurrenter unabhängig markierter Forderungenstrom für den Fall absoluter Prioritäten mit Fortsetzung einer unterbrochenen Bedienung betrachtet. Dabei werden Beziehungen für Transformierte des Prozesses $\big(\boldsymbol{L}(t)\big)$ angegeben, wobei $\boldsymbol{L}(t) = \big(L_1(t), \ldots, L_r(t)\big)$ und $L_k(t)$ die zum Zeitpunkt t im System anstehende Arbeit k-ter Priorität ist.

6.9.2. System GI/M/1/∞ mit absoluten Prioritäten

Für das System GI/M/1/∞ mit einem rekurrenten Forderungenstrom mit beliebig verteilten Pausenzeiten und exponentialverteilten Bedienungszeiten (deren Parameter μ nicht von der Priorität abhängt) wurde in HENDERSON (1969) die forderungenstationäre Verteilung der Anzahl $\boldsymbol{N} = (N_1, \ldots, N_r)$ von Forderungen im System unmittelbar vor Ankunftszeitpunkten untersucht, und zwar für den Fall absoluter Prioritäten mit Fortsetzung bzw. Neubeginn einer unterbrochenen Bedienung.

Die Priorität einer ankommenden Forderung wird wieder mittels einer diskreten Verteilung $(q_j)_{j=1,\ldots,r}$ bestimmt (unabhängige Markierung des Forderungenstromes). Für die erzeugende Funktion

$$\mathring{\mathfrak{g}}_N(\boldsymbol{z}) = \sum_{\boldsymbol{i}} \mathring{p}_{i_1,\ldots,i_r} z_1^{i_1} \ldots z_r^{i_r}, \quad \boldsymbol{z} = (z_1, \ldots, z_r), \quad \boldsymbol{i} = (i_1, \ldots, i_r),$$

$$\mathring{p}_{i_1,\ldots,i_r} = \mathsf{P}(\mathring{N}_1 = i_1, \ldots, \mathring{N}_r = i_r),$$

gilt

$$\mathring{\mathfrak{g}}_N(\boldsymbol{z}) = \prod_{i=1}^{r} \frac{1 - \delta_i z_{i+1}}{1 - \delta_i z_i},$$

wobei $z_{r+1} = 1$ und $\delta_i = \delta_i(z_{i+1}, \ldots, z_r)$ die eindeutig bestimmte Lösung der Gleichung

$$u_i \left[\sum_{j=1}^{i} q_j + \left(\sum_{j=i+1}^{r} q_j z_j\right) u_i\right]^{-1} = \int_0^\infty \mathrm{e}^{-\mu x(1-u_i)} \, \mathrm{d}A(x)$$

ist. $A(x)$ ist die Verteilungsfunktion der Pausenzeiten.

6.9.3. System $\overrightarrow{\mathrm{GI}}(\mathrm{Erl}(\lambda_i, k_i))/\overrightarrow{\mathrm{GI}}/1/\infty$ mit relativen Prioritäten

Der Forderungenstrom ist die Überlagerung von r rekurrenten Strömen mit jeweils erlangverteilten Pausenzeiten. Die Forderungen des i-ten Stromes, dessen Parameter λ_i, k_i sind, besitzen wie bisher höhere Priorität als die Forderungen des j-ten Stromes (mit den Parametern λ_j, k_j), falls $i < j$ ist (vgl. Uschakow (1978a), (1978b)).

6.9.3.1. Besetztzeit

Es sei $J_i(t)$ die Nummer der Phase, in der sich der i-te Strom zum Zeitpunkt t befindet (↑ [I, 5.3.1]); $\boldsymbol{J}(t) = (J_1(t), \ldots, J_r(t))$. Die Transformierte $S^*_{\boldsymbol{jj}'}(s)$,

$$S^*_{\boldsymbol{jj}'}(s) = \int_0^\infty \mathrm{e}^{-st} f_{\boldsymbol{jj}'}(t) \, \mathrm{d}t, \qquad f_{\boldsymbol{jj}'}(t) = \mathsf{P}(S \in (t, t + \mathrm{d}t), \boldsymbol{J}(t) = \boldsymbol{j} \mid \boldsymbol{J}(0) = \boldsymbol{j}'),$$

genügt dem folgenden linearen Gleichungssystem:

$$\sum_{\{\boldsymbol{j}: 1 \le j_l \le k_l\}} S^*_{\boldsymbol{jj}'}(s) \prod_{l=1}^{r} [\bar{z}_l^{(m)}(s)]^{j_l - 1} = \varphi(\boldsymbol{z}^{(m)}(s)) \prod_{l=1}^{r} [\bar{z}_l^{(m)}(s)]^{j_l' - 1}, \tag{1}$$

wobei $\varphi(\boldsymbol{z}) = \left(\sum_{i=1}^{r} \lambda_i k_i^{-1} z_i\right) \left(\sum_{i=1}^{r} \lambda_i k_i^{-1}\right)^{-1}$, $\boldsymbol{z} = (z_1, \ldots, z_r)$, und $\boldsymbol{z}^{(m)}(s) = (z_1^{(m)}(s), \ldots, z_r^{(m)}(s))$ die eindeutig bestimmte Lösung des Gleichungssystems

$$z_j = B_j^* \left(s + \sum_{l=1}^{r} \lambda_l (1 - z_l(k_l, m_l))\right), \qquad j = 1, \ldots, r,$$

ist; $z_l(k_l, m_l) = \sqrt[k_l]{|z_l|} \exp\left(\mathrm{i}[\varphi_l + 2\pi(m_l - 1)] \, k_l^{-1}\right)$ mit der Exponentialdarstellung $z_l = |z_l| \, \mathrm{e}^{\mathrm{i}\varphi_l}$, $\mathrm{i}^2 = -1$. Dabei ist $\bar{z}_l^{(m)}(s)$ gleich dem Wert $z_l(k_l, m_l)$ für $z_l = z_l^{(m)}(s)$.

6.9.3.2. Anzahl der Forderungen im System (instationärer Fall)

Die L.-T. $\check{\mathfrak{g}}_{\boldsymbol{N}}(\boldsymbol{z}, s) = \int\limits_0^\infty e^{-st} \mathfrak{g}_{\boldsymbol{N}}(t, \boldsymbol{z})\, dt$, der erzeugenden Funktion $\mathfrak{g}_{\boldsymbol{N}}(t, \boldsymbol{z}) = \mathsf{E}(z_1^{N_1(t)} \ldots z_r^{N_r(t)})$, $\boldsymbol{z} = (z_1, \ldots, z_r)$, der Verteilung der Anzahl $\boldsymbol{N}(t) = \big(N_1(t), \ldots, N_r(t)\big)$ von Forderungen im System zum Zeitpunkt t ist gegeben durch

$$\check{\mathfrak{g}}_{\boldsymbol{N}}(\boldsymbol{z}, s) = \sum_{\{\boldsymbol{j}:1 \leqq j_i \leqq k_i\}} \check{P}_{\boldsymbol{j}}(s) + \sum_{i=1}^{r} \sum_{\{\boldsymbol{m}:1 \leqq m_i \leqq k_i\}} \frac{1 - B_i^*\left(s + \lambda_{(r)} \sum\limits_{l=1}^{r} \lambda_l z_l(k_l, m_l)\right)}{s + \lambda_{(r)} - \sum\limits_{l=1}^{r} \lambda_l z_l(k_l, m_l)}$$

$$\times\, \xi_i^{(\boldsymbol{m})}(\boldsymbol{z}, s) \prod_{l=1}^{r} \frac{1 - z_l}{1 - z_l(k_l, m_l)},$$

wobei $z_l(k_l, m_l)$, $l = 1, \ldots, r$, die in [6.9.3.1] eingeführten Größen sind;

$$\xi_i^{(\boldsymbol{m})}(\boldsymbol{z}, s) = \left(\prod_{l=1}^{r} k_l^{-1}\right) \sum_{\{\boldsymbol{j}:1 \leqq j_i \leqq k_i\}} \left(\prod_{l=1}^{r} z_l(k_l, m_l)^{j_l - k_l}\right) \check{P}_{i\boldsymbol{j}}(\boldsymbol{z}, s).$$

Die Größen $\check{P}_{\boldsymbol{j}}(s)$, $\check{P}_{i\boldsymbol{j}}(\boldsymbol{z}, s)$ genügen dabei den folgenden linearen Gleichungssystemen:

$$\sum_{\{\boldsymbol{j}:1 \leqq j_i \leqq k_i\}} \prod_{l=1}^{r} [\bar{z}_l^{(\boldsymbol{m})}(s)]^{j_l - 1} \check{P}_{\boldsymbol{j}}(s) = \left[s + \lambda_{(r)} - \sum_{l=1}^{r} \lambda_l \bar{z}_l^{(\boldsymbol{m})}(s)\right]^{-1},$$

$$\sum_{\{\boldsymbol{j}:1 \leqq j_i \leqq k_i\}} \left(\prod_{l=1}^{n} [\bar{z}_{nl}^{(\boldsymbol{m})}(z_{n+1}, \ldots, z_r, s)]^{j_l - 1}\right) \left(\prod_{l=n+1}^{r} [z_l(k_l, m_l)]^{j_l - 1}\right) \sum_{l=n+1}^{r} d_l^{(\boldsymbol{m})}(\bar{\boldsymbol{z}}_n^{(\boldsymbol{m})}(z_{n+1}, \ldots, z_r, s),$$

$$z_{n+1}, \ldots, z_r, s)\, \check{P}_{l\boldsymbol{j}}(\boldsymbol{z}, s) = 1 - [s + \zeta_{nm}(z_{n+1}, \ldots, z_r, s)] \sum_{\{\boldsymbol{j}:1 \leqq j_i \leqq k_i\}} \check{P}_{\boldsymbol{j}}(s) \prod_{l=1}^{n} [\bar{z}_{nl}^{(\boldsymbol{m})}(z_{n+1}, \ldots, z_r, s)]^{j_l - 1}$$

$$\times \left(\prod_{l=n+1}^{r} [z_l(k_l, m_l)]^{j_l - 1}\right), \qquad n = 0, 1, \ldots, r - 1,$$

mit

$$\zeta_{nm}(z_{n+1}, \ldots, z_r, s) = \sum_{j=1}^{n} \big(\lambda_j - \lambda_j \bar{z}_{nj}^{(\boldsymbol{m})}(z_{n+1}, \ldots, z_r, s)\big) + \sum_{j=n+1}^{r} \big(\lambda_j - \lambda_j z_j(k_j, m_j)\big),$$

wobei $\bar{z}_l^{(\boldsymbol{m})}(s)$, $l = 1, \ldots, r$, die in [6.9.3.1] eingeführten Größen sind und die Größen $\bar{z}_{nl}^{(\boldsymbol{m})}(z_{n+1}, \ldots, z_r, s)$ genauso wie die $\bar{z}_l^{(\boldsymbol{m})}(s)$ definiert werden, wobei lediglich in (1) die Zahl r durch n zu ersetzen ist; $\boldsymbol{z}_n^{(\boldsymbol{m})} = (z_{n1}^{(\boldsymbol{m})}, \ldots, z_{nn}^{(\boldsymbol{m})})$.

6.9.4. Diskretes System $\overrightarrow{\mathrm{GI}}(\mathrm{Geo}(p_k))/\overrightarrow{\mathrm{GI}}/1/\infty$ mit relativen Prioritäten

Ein Bedienungssystem wird diskret genannt, wenn es seinen Zustand (durch das Eintreffen einer Forderung bzw. durch die Beendigung einer Bedienung) nur zu abzählbar vielen Zeitpunkten ändern kann, z. B. zu ganzzahligen Zeitpunkten.

Es wird der Fall betrachtet, daß zum Zeitpunkt n ($n = 1, 2, \ldots$) mit der Wahrscheinlichkeit p_k eine Forderung k-ter Priorität eintrifft und zwar unabhängig von dem sonstigen Zufallsmechanismus des Systems; $k = 1, \ldots, r$ (SOKOLOW (1981a), (1981b)). Die Pausenzeiten zwischen dem Eintreffen von Forderungen k-ter Priorität sind also unabhängig und identisch geometrisch verteilt mit dem Parameter p_k; $q_k = 1 - p_k$. Die Bedienungszeiten der Forderungen k-ter Priorität sind ganzzahlige Zufallsgrößen mit der Verteilungsfunktion $B_k(x)$. Es sei

$$\varrho_{k1} = \sum_{i=1}^{k} p_i \mathsf{E}B_i, \quad \bar{\varrho}_k = 1 - \varrho_{k1}, \quad \varrho_{k2} = \sum_{i=1}^{k} [p_i \mathsf{E}B_i^2 - (p_i \mathsf{E}B_i)^2] + \left(\sum_{i=1}^{k} p_i \mathsf{E}B_i\right)^2,$$

$$\varrho_{k3} = \sum_{i=1}^{k} (p_i \mathsf{E}B_i^3 - 3p_i^2 \mathsf{E}B_i \mathsf{E}B_i^2) + 3\varrho_{k1}\varrho_{k2} - 2\varrho_{k1}^3 + 2\sum_{i=1}^{k} (p_i \mathsf{E}B_i)^3.$$

6.9.4.1. Besetztzeit

Die erzeugende Funktion $\mathfrak{g}_{S_{(k)}}(z)$ der Verteilung der Besetztzeit $S_{(k)}$ des Systems durch Forderungen k-ter und höherer Priorität genügt der Funktionalgleichung

$$\left(1 - \prod_{j=1}^{k} q_j\right) \mathfrak{g}_{S_{(k)}}(z) + \prod_{j=1}^{k} q_j = \xi_k\left(z\left[\left(1 - \prod_{j=1}^{k} q_j\right) \mathfrak{g}_{S_{(k)}}(z) + \prod_{j=1}^{k} q_j\right]\right) \tag{2}$$

wobei $\xi_k(z) = \prod_{j=1}^{k} (p_j \mathfrak{g}_{B_j}(z) + q_j)$ ist.
Momente:

$$\mathsf{E}S_{(k)} = \frac{\varrho_{k1}}{\left(1 - \prod_{j=1}^{k} q_j\right) \bar{\varrho}_k},$$

$$\mathsf{V}S_{(k)} = \frac{\varrho_{k2}}{\left(1 - \prod_{j=1}^{k} q_j\right) \bar{\varrho}_k^3} - \frac{\varrho_{k1}^2}{\left(1 - \prod_{j=1}^{k} q_j\right) \bar{\varrho}_k^2} \left(\frac{\varrho_{k1}}{\bar{\varrho}_k} + \frac{1}{1 - \prod_{j=1}^{k} q_j}\right).$$

6.9.4.2. Wartezeit

(a) *Die virtuelle Wartezeit im instationären Fall:* Für die erzeugende Funktion $\mathfrak{g}_{W_k(n)}(z)$ der Verteilung der virtuellen Wartezeit $W_k(n)$ der Forderungen k-ter Priorität zum Zeitpunkt n ($n = 1, 2, \ldots$) gilt

$$\mathfrak{g}_{W_k(n)}(z) = \frac{\xi_k(\eta_{k-1}(z), n)}{p_k \mathfrak{g}_{B_k}(\eta_{k-1}(z)) + q_k}$$

mit

$$\eta_k(z) = z\left(\left(1 - \prod_{j=1}^{k} q_j\right) \mathfrak{g}_{S_{(k)}}(z) + \prod_{j=1}^{k} q_j\right),$$

$$\xi_k(z, n) = \left(1 - (1 - z) \sum_{i=0}^{n} P_0(i + 1) [\xi_k(z)/z]^{-i} - \sum_{j=k+1}^{r} [1 - \mathfrak{g}_{B_j}(z)] \sum_{i=0}^{n-1} P_j(i + 1) [\xi_k(z)/z]^{-i}\right)$$
$$\times [\xi_k(z)/z]^n,$$

wobei die erzeugenden Funktionen von $P_0(i)$, $(P_j(i))$, $j = 2, \dots, r$, dem folgenden Gleichungssystem genügen:

$$\sum_{i=0}^{\infty} P_0(i)\, z^i = \frac{z}{1 - \eta_r(z)},$$

$$\sum_{j=k+1}^{r} \left[1 - \mathsf{g}_{B_j}(\eta_k(z))\right] \sum_{i=0}^{\infty} P_j(i)\, z^i = z - z\,\frac{1 - \eta_k(z)}{1 - \eta_r(z)}, \qquad k = 1, \dots, r-1.$$

(b) *Die Wartezeit im stationären Fall:* Für die erzeugende Funktion $\mathsf{g}_{W_k}(z)$ der stationären Wartezeitverteilung der Forderungen k-ter Priorität gilt

$$\mathsf{g}_{W_k}(z) = \frac{\bar{\varrho}_r\left(1 - \eta_{k-1}(z)\right) + \sum\limits_{j=k+1}^{r} p_j\left[1 - \mathsf{g}_{B_j}(\eta_{k-1}(z))\right]}{1 - z - p_k + p_k \mathsf{g}_{B_k}(\eta_{k-1}(z))}$$

mit

$$\mathsf{E}W_k = \frac{1}{2\bar{\varrho}_{k-1}\bar{\varrho}_k}\left[\varrho'_{r2} - \varrho'_{k-1,2} + \varrho_{k-1,2} - \varrho_{r1}\right] + \frac{\varrho_{k-1,1}}{\bar{\varrho}_k},$$

$$\mathsf{V}W_k = \frac{\varrho'_{r3} - \varrho'_{k-1,3}}{3\bar{\varrho}^3_{k-1}\bar{\varrho}_k} + (\varrho'_{r2} - \varrho'_{k-1,2})\left[\frac{\eta^{(2)}_{k-1}}{\bar{\varrho}_k} - \frac{1}{\bar{\varrho}^2_{k-1}\bar{\varrho}_k}\right]$$

$$- (\varrho_{r1} - \varrho_{k-1,1})\left[\frac{\eta^{(2)}_{(k-1)}}{\bar{\varrho}_k} - \frac{2}{3\bar{\varrho}^2_{k-1}\bar{\varrho}_k}\right] + \frac{\varrho^2_{k-1}}{3\bar{\varrho}_k}\,\eta^{(3)}_{k-1}$$

$$+ \mathsf{E}W_k\left[\frac{p_k \mathsf{E}B_k{}^2}{\bar{\varrho}_{k-1}\bar{\varrho}_k} + p_k \mathsf{E}B_k\left(\frac{\bar{\varrho}_{k-1}}{\bar{\varrho}_k}\,\eta^{(2)}_{k-1} - \frac{1}{\bar{\varrho}_{k-1}\bar{\varrho}_k}\right) + 1\right] - (\mathsf{E}W_k)^2,$$

wobei $\varrho'_{ki} = \sum\limits_{j=1}^{k} p_j \mathsf{E}B_j{}^i$, $i = 2, 3$,

$$\eta_k{}^{(2)} = \frac{\varrho_{k2}}{\bar{\varrho}_k{}^3} + \frac{\varrho_{k1}}{\bar{\varrho}_k} - \frac{\varrho^3_{k1}}{\bar{\varrho}_k{}^3},$$

$$\eta_k{}^{(3)} = \frac{\varrho_{k3}}{\bar{\varrho}_k{}^4} + \frac{1}{\bar{\varrho}_k{}^5}\left[3\varrho^2_{k2} - 6\varrho_{k2}\varrho^2_{k1} - \varrho_{k1}(\bar{\varrho}_k - \varrho_{k1})^2 + 6\varrho^4_{k1}\right].$$

(c) *Die Verweilzeit im stationären Fall:* Für die erzeugende Funktion $\mathsf{g}_{V_k}(z)$, der stationären Verweilzeitverteilung der Forderungen k-ter Priorität $\mathsf{g}_{V_k}(z) = \mathsf{g}_{W_k}(z)\,\mathsf{g}_{B_k}(z)$ und insbesondere $\mathsf{E}V_k = \mathsf{E}W_k + \mathsf{E}B_k$, $\mathsf{V}V_k = \mathsf{V}W_k + \mathsf{V}B_k$; $k = 1, \dots, r$.

6.9.4.3. Anzahl der Forderungen im System (stationärer Fall)

Die erzeugende Funktion der stationären Verteilung der Anzahl von Forderungen im System ist durch die Rekursionsformeln

$$\sum_{i=k}^{r} \frac{\mathsf{g}_{N_i}(z_i)}{\mathsf{g}_{B_i}(\gamma(z))}\left[z_i - \mathsf{g}_{B_i}\left(\gamma(u_{k-1,1}(z_k, \dots, z_r), \dots, u_{k-1,k-1}(z_k, \dots, z_r), z_k, \dots, z_r)\right)\right]$$

$$= \frac{\bar{\varrho}_r}{\varrho_{r1}}\left[\gamma(u_{k-1,1}(z_k, \dots, z_r), \dots, u_{k-1,k-1}(z_k, \dots, z_r)\, z_k, \dots, z_r) - 1\right], \qquad k = 1, \dots, r,$$

gegeben, wobei $\gamma(z) = \prod_{j=1}^{r} (p_j z_j + q_j)$ ist und die Funktionen $u_{k,i}$ Lösungen der Funktionalgleichungen

$$u_{k,i}(z_{k-1}, \ldots, z_r) = \mathrm{g}_{B_i}\left(\prod_{j=1}^{k} (p_j u_{k,j}(z_{k-1}, \ldots, z_r) + q_j) \prod_{m=k-1}^{r} (p_m z_m + q_m)\right),$$

$i = 1, \ldots, k$; $k = 1, \ldots, r$, sind.

Momente:

$$\mathsf{E}N_k = p_k(\mathsf{E}W_k + \mathsf{E}B_k),$$
$$\mathsf{V}N_k = p_k^2(\mathsf{V}W_k + \mathsf{V}B_k) + q_k\mathsf{E}N_k; \qquad k = 1, \ldots, r.$$

6.9.4.4. Gemeinsame Verteilung der Restbesetztzeiten (stationärer Fall)

Es sei $S_{\mathrm{R},k}(n)$ die Zeitdauer, die vom Zeitpunkt n aus bis zum Freiwerden des Systems von Forderungen k-ter und höherer Priorität verstreicht. Für die erzeugende Funktion $\mathrm{g}_{S_\mathrm{R}}(z)$, $z = (z_1, \ldots, z_r)$,

$$\mathrm{g}_{S_\mathrm{R}}(z) = \lim_{n\to\infty} \mathrm{g}_{S_{\mathrm{R}(n)}}(z) = \lim_{n\to\infty} \sum_{i_1=0}^{\infty} \cdots \sum_{i_r=0}^{\infty} \mathsf{P}(S_{\mathrm{R},1}(n) = i_1, \ldots, S_{\mathrm{R},r}(n) = i_r)\, z_1^{i_1} \cdots z_r^{i_r},$$

gilt

$$\mathrm{g}_{S_\mathrm{R}}(z) = g\left(\frac{l_1}{l_2}, \ldots, \frac{l_{r-1}}{l_r}, l_r\right),$$

wobei

$$l_k = z^{(k)}\pi^{(k+1)}\left[\left(1 - \prod_{j=1}^{k} q_j\right) \mathrm{g}_{S_{(k)}}(z^{(k)}\,\pi^{(k+1)}) + \prod_{j=1}^{k} q_j\right],$$

$$z^{(k)} = z_k \ldots z_r,\ \pi^{(k)} = \pi_k \ldots \pi_r,\ \pi_r = p_k g_k(z^{(k)}\pi^{(k+1)}) + q_k,\ \pi_{r+1} = 1,$$

$$g_k(z) = \mathrm{g}_{B_k}\left(z\left[\left(1 - \prod_{j=1}^{k} q_j\right) \mathrm{g}_{S_{(k)}}(z) + \prod_{j=1}^{k} q_j\right]\right),$$

$$g(z) = \frac{(1 - z^{(1)})\,\bar{\varrho}_r + \sum_{j=2}^{r} [\mathrm{g}_{B_j}(z^{(j)}) - \mathrm{g}_{B_j}(z^{(1)})]\,\nu_j(z)}{\prod_{j=1}^{r} (p_j \mathrm{g}_{B_j}(z^{(j)}) + q_j) - z^{(1)}} \prod_{j=1}^{r} (p_j \mathrm{g}_{B_j}(z^{(j)}) + q_j)$$

und die Funktionen $\nu_k(z)$ den folgenden Rekursionsformeln genügen:

$$\nu_k(z) = \left((1 - \bar{z}^{(k-1)})\,\bar{\varrho}_r + \sum_{j=k+1}^{r} [\mathrm{g}_{B_j}(z^{(j)}) - \mathrm{g}_{B_j}(\bar{z}^{(k-1)})]\,\nu_j(z)\right) [\mathrm{g}_{B_k}(\bar{z}^{(k-1)}) - \mathrm{g}_{B_k}(z^{(k)})]^{-1}.$$

Dabei ist

$$\bar{z}^{(k-1)} = \bar{z}^{(k-1)}(z_k, \ldots, z_r) = \prod_{j=k}^{r} (p_i \mathrm{g}_{B_i}(z^{(i)}) + q_i) \left[\left(1 - \prod_{j=1}^{k-1} q_j\right) \mathrm{g}_{S_{(k-1)}}\left(\prod_{i=k}^{r} (p_i \mathrm{g}_{B_i}(z^{(i)}) + q_i)\right) + \prod_{j=1}^{k-1} q_j\right],$$

und die erzeugenden Funktionen $\mathrm{g}_{S_{(k)}}(z)$ ergeben sich aus (2).

In SOKOLOW (1980), (1981a) und (1981b) wird auch der allgemeinere Fall betrachtet, daß die Forderungen in Gruppen eintreffen können und daß das Bedienungsgerät sowohl im freien als auch im besetzten Zustand ausfallen kann. In SOKOLOW (1980a) wurde gezeigt, daß die für das diskrete System, dessen Zustand sich zu den Zeitpunkten $c_n = cn$, $c > 0$, ändern kann, bestimmten Erwartungswerte der Besetztzeit, der Wartezeit bzw. der Anzahl der Kunden im System gegen die entsprechenden Erwartungswerte des Systems $\overrightarrow{\mathrm{M}}/\overrightarrow{\mathrm{GI}}/1/\infty$ konvergieren, das man durch den Grenzübergang $c \to 0$ erhält. Die Konvergenzgeschwindigkeit wurde untersucht. Ferner wurde in SOKOLOW (1980a) für das in diesem Abschnitt betrachtete diskrete System der Fall absoluter Prioritäten (mit Fortsetzung, Neubeginn bzw. Verlust einer unterbrochenen Bedienung) behandelt.

6.9.5. Starke Belastung

Von einem System mit starker Belastung spricht man im allgemeinen dann, wenn die Bedingung $\varrho_{r1} < 1$, die für die Existenz der stationären Größen notwendig ist, nicht erfüllt ist bzw. wenn ϱ_{r1} von unten gegen Eins konvergiert;

$$\varrho_{k1} = \sum_{i=1}^{k} \lambda_i \mathsf{E}B_i, \qquad \varepsilon_k = \left(\lambda_k \mathsf{V}A_k + \frac{\lambda_k{}^3 \mathsf{V}B_k}{(\mathsf{E}B_k)^2}\right)^{1/2}, \qquad k = 1, \ldots, r.$$

Für das System $\overrightarrow{\mathrm{GI}}/\overrightarrow{\mathrm{GI}}/1/\infty$ $(r = 2)$ mit absoluten Prioritäten und mit Fortsetzung einer unterbrochenen Bedienung gelten die folgenden Grenzwertsätze (WHITT (1971)): *Für die zum Zeitpunkt t im System anstehende Arbeit $L_k(t)$ der Priorität k gilt unter den Voraussetzungen* $0 < \mathsf{V}A_k, \mathsf{V}B_k < \infty$ $(k = 1, 2)$:

(a) *Für* $\varrho_{11} > 1$ *ist*

$$\lim_{t\to\infty} \mathsf{P}\left(\frac{L_2(t) - (\varrho_{21} - \varrho_{11})\, t}{\varepsilon_2 \sqrt{t}} < x_2, \frac{L_1(t) - (\varrho_{11} - 1)\, t}{\varepsilon_1 \sqrt{t}} < x_1\right)$$

$$= (2\pi)^{-1} \int_{-\infty}^{x_2} \mathrm{e}^{-y^2/2}\, \mathrm{d}y \int_{-\infty}^{x_1} \mathrm{e}^{-z^2/2}\, \mathrm{d}z$$

(asymptotische Unabhängigkeit).

(b) *Für* $\varrho_{11} = 1$ *ist*

$$\lim_{t\to\infty} \mathsf{P}\left(\frac{L_2(t) - (\varrho_{21} - 1)\, t}{\sqrt{t}} < x_2, \frac{L_1(t)}{\sqrt{t}} < x_1\right)$$

$$= \int_{-\infty}^{\infty} \int_{\min(0,x)}^{x_1 - x} \int_{-\infty}^{x_2 - y} \frac{(2z - y)}{\pi \varepsilon_2 \varepsilon_1{}^3} \exp\left(-\frac{(2z - y)^2}{2\varepsilon_1{}^2} - \frac{x^2}{2\varepsilon_2{}^2}\right) \mathrm{d}z\, \mathrm{d}y\, \mathrm{d}x.$$

(c) *Für* $\varrho_{11} < 1$, $\varrho_{21} > 1$ *ist*

$$\lim_{t\to\infty} \mathsf{P}\left(\frac{L_2(t) - (\varrho_{21} - 1)\, t}{\sqrt{(\varepsilon_1{}^2 + \varepsilon_2{}^2)\, t}} < x_2, \frac{L_1(t)}{\sqrt{t}} < x_1\right) = \frac{1}{\sqrt{2\pi}} \int_{-\infty}^{x_2} \mathrm{e}^{-y^2/2}\, \mathrm{d}y$$

für jedes $x_1 > 0$.

(d) *Für* $\varrho_{21} = 1$ *ist*

$$\lim_{t\to\infty} \mathsf{P}\left(\frac{L_2(t)}{\sqrt{(\varepsilon_1^2+\varepsilon_2^2)\,t}} < x_2, \frac{L_1(t)}{\sqrt{t}} < x_1\right) = \mathbf{1}_{(0,\infty)}(x_2)\sqrt{\frac{2}{\pi}}\int_0^{x_2} \mathrm{e}^{-y^2/2}\,\mathrm{d}y,$$

für jedes $x_1 > 0$.

(e) *Für* $\varrho_{21} < 1$ *ist*

$$\lim_{t\to\infty} \mathsf{P}\left(\frac{L_2(t)}{\sqrt{t}} < x_2, \frac{L_1(t)}{\sqrt{t}} < x_1\right) = 1$$

für alle $x_1, x_2 > 0$.

Es sei daran erinnert, daß offensichtlich $L_1(t) = W_1(t)$ gilt. Für den Prozeß $(W_2(t))$ der virtuellen Wartezeit der Forderungen zweiter Priorität im System $\overrightarrow{\mathrm{GI}}/\overrightarrow{\mathrm{GI}}/1/\infty$ wurden ähnliche Grenzwertsätze in Hooke (1972) bewiesen, vgl. auch Harrison (1973). In Whitt (1971) wurden entsprechende Grenzwertsätze auch für den Prozeß der Anzahl von Forderungen im System $\overrightarrow{\mathrm{GI}}/\overrightarrow{\mathrm{GI}}/1/\infty$ mit absoluten Prioritäten hergeleitet. Wir betrachten hier das System $\overrightarrow{\mathrm{M}}/\overrightarrow{\mathrm{GI}}/1/\infty$ $(r = 2)$ mit absoluten Prioritäten und mit Fortsetzung einer unterbrochenen Bedienung. Für den Fall $\varrho_{21} \uparrow 1$, so daß $\lambda_1 \mathsf{E}B_1 \to c$ und $\lambda_2 \mathsf{E}B_2 \to 1 - c$, $0 \leqq c < 1$, gilt der folgende Grenzwertsatz (Aslarow/Husainow (1974), (1976)):

$$\lim_{\varrho_{21}\uparrow 1} \mathsf{P}\left(N_1 = j, \frac{N_2}{\mathsf{E}W_2} < x\right) = p_j E(x), \qquad j = 0, 1, \ldots;\ x > 0,$$

wobei $\boldsymbol{N} = (N_1, N_2)$ den stationären Anzahlvektor von Forderungen im System und $\mathsf{E}W_2$ die mittlere stationäre Wartezeit der Forderungen zweiter Priorität bezeichnen. $E(x)$ ist die Verteilungsfunktion der Exponentialverteilung mit dem Parameter $\lambda = 1$, und (p_j), $p_j = \mathsf{P}(N_1 = j)$, ist die stationäre Verteilung der Anzahl von Forderungen erster Priorität im System, deren erzeugende Funktion $\mathsf{g}_{N_1}(z)$ durch die Formel von Pollaczek-Chintschin (↑ [3.1.2.1.2], Punkt (c)) gegeben ist. Falls $\lambda_1 \mathsf{E}B_1 \to 1$, $\lambda_2 \mathsf{E}B_2 \to 0$, so daß $\dfrac{\lambda_2 \mathsf{E}B_2}{1 - \lambda_1 \mathsf{E}B_1} \to b$ $(0 \leqq b \leqq 1)$ und $\dfrac{\lambda_2 \mathsf{E}B_2}{(1 - \lambda_1 \mathsf{E}B_1)^2} \to c$ $(0 \leqq c < \infty)$, dann gilt (Aslarow/Husainow (1974), (1976))

$$\lim_{\varrho_{21}\uparrow 1} \mathsf{P}\left(\frac{N_1}{\mathsf{E}N_1} < x_1, N_2 < x_2\right) = \begin{cases} \mathbf{1}_{(0,\infty)}(x_2)\, E(x_1), & \text{falls} \quad c = 0, \\ F(x_1, x_2), & \text{falls} \quad 0 < c < \infty, \end{cases}$$

für alle $x_1, x_2 > 0$, wobei die L.-S.-T.

$$F^*(s_1, s_2) = \int_0^\infty \int_0^\infty \exp\left(-s_1 x_1 - s_2 x_2\right) \mathrm{d}F(x_1, x_2)$$

der zweidimensionalen Verteilungsfunktion $F(x_1, x_2)$ die Gestalt hat:

$$F^*(s_1, s_2) = \left\{s_1 + \frac{1}{2}\sqrt{1 + 2c\,\frac{\mathsf{E}B_1^2}{\mathsf{E}B_1 \cdot \mathsf{E}B_2}\left(1 - \mathrm{e}^{-s_2}\right)}\right\}^{-1}.$$

Abschließend sei vermerkt, daß in Danieljan (1975) für das System $\vec{M}/\vec{GI}/1/\infty$ (r beliebig) mit relativen bzw. absoluten Prioritäten entsprechende Grenzwertsätze für die Besetztzeit und für den virtuellen Wartezeitprozeß hergeleitet wurden, und zwar im Fall $\varrho_{r1} < 1$, $\varrho_{k1} \uparrow 1$ für alle $k = 1, \ldots, r$.

6.10. Überblick über weitere Ergebnisse

6.10.1. Mehrbedienersysteme

Zu Mehrbedienersystemen mit Prioritäten liegen in der Literatur bei weitem nicht so viele und umfassende Arbeiten wie zu Einbedienersystemen mit Prioritäten, sondern nur wenige Einzelergebnisse vor. Außerdem wird häufig vorausgesetzt, daß neben den Pausenzeiten auch die Bedienungszeiten exponentialverteilt sind. In diesem Abschnitt soll nur auf einige dieser Ergebnisse eingegangen werden, bezüglich weiterer sei auf die Monographien von Gnedenko/Danieljan/Dimitrow/Klimow/Matwejew [1] und Jaiswal [1] verwiesen.

6.10.1.1. System $\vec{M}/M/m/\infty$ mit relativen Prioritäten

Die Bedienungsintensität μ hängt weder von der Priorität der Forderung noch von der Nummer des Bedienungsgerätes ab. Findet eine eintreffende Forderung mehrere freie Bedienungsgeräte vor, so wählt sie eines von ihnen auf „gut Glück" aus. Für die L.-T. $\check{w}_k(s)$ der Dichtefunktion der stationären Wartezeitverteilung $W_k(x)$ der Forderungen k-ter Priorität gilt (Cobham (1954), Davis (1966))

$$\check{w}_k(s) = 1 - p_w + p_w \left(1 - \frac{\lambda_{(k)}}{m\mu}\right) 2m\mu[q_k(s)]^{-1}, \tag{1}$$

wobei

$$q_k(s) = s + \lambda_{(k-1)} + m\mu - 2\lambda_{(k)} + \sqrt{(s + \lambda_{(k-1)} + m\mu)^2 - 4m\mu\lambda_{(k-1)}}$$

und p_w die stationäre Wartewahrscheinlichkeit in $M/M/m/\infty$ mit der Ankunftsintensität $\lambda = \lambda_{(r)}$ und der Bedienungsintensität μ ist;

$$p_w = \left[1 + \left(\left(1 - \frac{\lambda}{m\mu}\right) m! \left(\frac{\lambda}{\mu}\right)^{-m}\right) \sum_{j=0}^{m-1} \left(\frac{\lambda}{\mu}\right)^j \Big/ j!\right]^{-1}.$$

Durch Rücktransformation ergibt sich aus (1)

$$w_k(x) = \begin{cases} 1 - \dfrac{p_w(\lambda_{(k)}^2 - m\mu\lambda_{(k-1)})}{\lambda_{(k)}\lambda_k} e^{-\alpha x} - \dfrac{p_w(m\mu - \lambda_{(k)})}{2\pi\lambda_{(k)}} \displaystyle\int_{\alpha_1}^{\alpha_2} f(u, x)\, du, \\ \qquad\qquad\qquad\qquad \text{falls } \dfrac{\lambda_{(k)}^2}{m\mu} > \lambda_{(k-1)}, \\ 1 - \dfrac{p_w(m\mu - \lambda_{(k)})}{2\pi\lambda_{(k)}} \displaystyle\int_{\alpha_1}^{\alpha_2} f(u, x)\, du, \quad \text{falls } \dfrac{\lambda_{(k)}^2}{m\mu} < \lambda_{(k-1)}, \end{cases}$$

wobei

$$\alpha = \frac{\lambda_k(m\mu - \lambda_{(k)})}{\lambda_{(k)}}, \quad \alpha_1 = \left(1 - \sqrt{\frac{\lambda_{(k-1)}}{m\mu}}\right)^2 m\mu, \quad \alpha_2 = \left(1 + \sqrt{\frac{\lambda_{(k-1)}}{m\mu}}\right)^2 m\mu,$$

$$f(u, x) = e^{-ux} \frac{\sqrt{(\alpha_2 - u)(u - \alpha_1)}}{u(u - \alpha)}; \qquad \mathsf{E}W_k = \frac{p_w m\mu}{(m\mu - \lambda_{(k-1)})(m\mu - \lambda_{(k)})}.$$

In Williams (1980) wurden Näherungsformeln für die L.-T. bzw. für die ersten beiden Momente der stationären Wartezeitverteilung im System M/GI/m/∞ mit zwei Klassen von Forderungen relativer Priorität angegeben.

6.10.1.2. System $\vec{\mathrm{M}}$/M/m/∞ mit absoluten Prioritäten

In Ergänzung zu dem in [6.1.1] dargelegten Unterbrechungsmechanismus wird vorausgesetzt (vgl. Brosh (1969), Segal (1970)): Falls sich unter den in Bedienung befindlichen Forderungen solche niederer Priorität als die neu eingetroffene befinden, dann wird die Bedienung der Forderung mit der niedersten Priorität unterbrochen (falls es mehrere solcher Forderungen gibt, dann wird von den Forderungen mit der niedersten Priorität die Bedienung der Forderung unterbrochen, die als letzte im System eingetroffen ist). Es wird der Fall der Fortsetzung (A1) und, weil die Bedienungszeiten exponentialverteilt sind, damit auch gleichzeitig des Neubeginns (A2) der unterbrochenen Bedienung betrachtet.

Findet eine eintreffende Forderung mehrere freie Bedienungsgeräte vor, so wählt sie eines von ihnen auf „gut Glück" aus. Für den Erwartungswert $\mathsf{E}W_k$ der stationären Wartezeit der Forderungen k-ter Priorität auf den Bedienungsbeginn gilt

$$\mathsf{E}W_k = \left(m\mu\left(1 - \frac{\lambda_{(k)}}{m\mu}\right)\left(1 - \frac{\lambda_{(k-1)}}{m\mu}\right)\left[1 + \frac{(1 - \lambda_{(k)}/m\mu)\, m!}{(\lambda_{(k)}/\mu)^m} \sum_{i=0}^{m-1} \frac{1}{i!}\left(\frac{\lambda_{(k)}}{\mu}\right)^i\right]\right)^{-1},$$

$$k = 1, \ldots, r,$$

wobei μ die Bedienungsintensität ist; $\lambda_{(j)} = 0$ für $j = 0$. Für die L.-T. $\check{V}_k(s)$ der stationären Verweilzeitverteilung der Forderungen k-ter Priorität gilt

$$\check{V}_1(s) = \frac{\mu}{\mu + s}\left(\sum_{i=0}^{m-1} p_{1i} + \sum_{i=m}^{\infty} p_{1i}\left(m - \frac{\lambda_{(1)}}{\mu}\right)\Big/\left(m - \frac{\lambda_{(1)}}{\mu} + \frac{s}{\mu}\right)\right),$$

$$\check{V}_k(s) = \sum_{i=0}^{m-1} p_{ki} f\left(\frac{s}{\mu}, i, k\right) + p_{km} f\left(\frac{s}{\mu}, m, k\right)\left(1 - \frac{\lambda_{(k)}}{m\mu}\check{S}_{[k-1]}\left(\frac{s}{\mu}\right)\right)^{-1},$$

$$k = 2, \ldots, r,$$

wobei $\check{S}_{[k]}(s)$ die L.-T. der Belegungszeitverteilung in M/M/m/∞ mit der Ankunftsintensität $\frac{\lambda_{(k)}}{\mu}$ und der Bedienungsintensität 1 ist und die Funktionen $f(s, i, k)$, $0 \leqq i \leqq m$, dem folgenden Gleichungssystem genügen:

$$-if(s, i - 1, k) + \left(i + 1 + \frac{\lambda_{(k-1)}}{\mu} + s\right) f(s, i, k) - \frac{\lambda_{(k-1)}}{\mu} f(s, i + 1, k) = 1,$$

$$0 \leqq i \leqq m - 1,$$

$$\check{S}_{[k-1]}(s)\, f(s, m - 1, k) - f(s, m, k) = 0.$$

Die stationäre Wahrscheinlichkeit p_{ki}, daß eine eintreffende Forderung k-ter Priorität i Forderungen erster bis (einschließlich) k-ter Priorität im System vorfindet, ist gegeben durch (↑ [3.2.1])

$$p_{ki} = \begin{cases} p_{k0} \left(\frac{\lambda_{(k)}}{\mu}\right)^i \Big/ i! & \text{für} \quad 0 \leqq i \leqq m-1, \\ p_{k0} \left(\frac{\lambda_{(k)}}{\mu}\right)^m \left(\frac{\lambda_{(k)}}{m\mu}\right)^{i-m} \Big/ m! & \text{für} \quad i \geqq m, \end{cases}$$

$$p_{k0} = \left(\sum_{i=0}^{m-1} \left(\frac{\lambda_{(k)}}{\mu}\right)^i \Big/ i! + \frac{\left(\frac{\lambda_{(k)}}{\mu}\right)^m}{m! \left(1 - \frac{\lambda_{(k)}}{m\mu}\right)} \right)^{-1}.$$

Momente für $k = 2, \ldots, r$:

$$\mathsf{E}V_k = \sum_{i=0}^{m-1} p_{ki} \mathsf{E}V_{ki} + p_{km} \left(\mathsf{E}V_{km} \Big/ \left(1 - \frac{\lambda_{(k)}}{m\mu}\right) + \frac{\lambda_{(k)}}{m\mu} \mathsf{E}S_{[k-1]} \Big/ \left(1 - \frac{\lambda_{(k)}}{m\mu}\right)^2 \right),$$

$$\mathsf{E}V_k^2 = \sum_{i=0}^{m-1} p_{ki} \mathsf{E}V_{ki}^2$$

$$+ p_{km} \left(\frac{\mathsf{E}V_{km}^2}{1 - \frac{\lambda_{(k)}}{m\mu}} + \frac{\frac{\lambda_{(k)}}{m\mu} \left[\mathsf{E}S_{[k-1]}^2 + 2\mathsf{E}S_{[k-1]} \mathsf{E}V_{km} \right]}{\left(1 - \frac{\lambda_{(k)}}{m\mu}\right)^2} + \frac{2 \left(\frac{\lambda_{(k)}}{m\mu}\right)^2 (\mathsf{E}S_{[k-1]})^2}{\left(1 - \frac{\lambda_{(k)}}{m\mu}\right)^3} \right),$$

wobei

$$\mathsf{E}S_{[k]} = \left(m - \frac{\lambda_{(k)}}{\mu}\right)^{-1}, \qquad \mathsf{E}S_{[k]}^2 = 2m \left(m - \frac{\lambda_{(k)}}{\mu}\right)^{-3}$$

und die $\mathsf{E}V_{ki}^n$ dem folgenden Gleichungssystem genügen ($\mathsf{E}V_{ki}^0 = \mathsf{E}S_{[k]}^0 = 1$)

$$-i\mathsf{E}V_{k,i-1}^n + \left(i + 1 + \frac{\lambda_{(k-1)}}{\mu}\right) \mathsf{E}V_{ki}^n - \frac{\lambda_{(k-1)}}{\mu} \mathsf{E}V_{k,i+1}^n = n\mathsf{E}V_{ki}^{n-1}, \quad 0 \leqq i \leqq m-1,$$

$$\mathsf{E}V_{k,m-1}^n - \mathsf{E}V_{km}^n = \sum_{i=0}^{n-1} \binom{n}{i} \mathsf{E}V_{k,m-1}^i \mathsf{E}S_{[k-1]}^{n-i}.$$

6.10.1.3. System GI/$\vec{\mathrm{M}}$/m/∞ mit absoluten Prioritäten

Es wird ein rekurrenter Forderungenstrom mit der Verteilungsfunktion $A(x)$ der Pausenzeiten betrachtet. Eine eintreffende Forderung ist mit der Wahrscheinlichkeit q_k eine Forderung k-ter Priorität (unabhängige Markierung); $k = 1, \ldots, r$. Die Bedienungsintensität μ_i hängt von der Nummer i des Gerätes, durch das die Forderung bedient wird, jedoch nicht von der Priorität der Forderung ab. Die Regel, nach der einer eintreffenden Forderung, die mehrere freie Bedienungsgeräte vorfindet, eines dieser Geräte zugeordnet wird, kann beliebig sein. Es wird der in [6.10.1.2] dargelegte

Unterbrechungsmechanismus mit Fortsetzung (A1) bzw. Neubeginn (A2) betrachtet. Hinsichtlich der Bedienungsreihenfolge von Forderungen gleicher Priorität wird unterschieden zwischen FCFS und LCFS (vgl. KLIMOW [1], [2]).

Die L.-S.-T. $\mathring{W}_k^*(s)$ der forderungenstationären Wartezeitverteilung der Forderungen k-ter Priorität auf den Bedienungsbeginn ist im Fall FCFS gegeben durch

$$\mathring{W}_k^*(s) = 1 - c_k\xi_k\varkappa(\xi_k, s, \alpha_{k-1}(s)), \qquad \text{falls} \qquad q_1 + \cdots + q_k < \mathsf{E}A(\mu_1 + \cdots + \mu_m),$$

$k = 1, \ldots, r$, und im Fall LCFS durch

$$\mathring{W}_k^*(s) = 1 - c_{k-1}\xi_{k-1}\varkappa(\xi_{k-1}, s, \alpha_k(s)),$$

falls $q_1 + \cdots + q_{k-1} < \mathsf{E}A(\mu_1 + \cdots + \mu_m)$; $k = 2, \ldots, r$. Dabei ist

$$\varkappa(z, s, \alpha(s)) = (z - \alpha(s + \mu - \mu s))^{-1}\left\{\frac{zs(1 - \alpha(s + \mu - \mu z))}{(1 - z)(s + \mu - \mu z)} - \frac{s\alpha(s + \mu - \mu z)}{s + \mu - \mu\gamma(s)}\right\},$$

$$\mu = \mu_1 + \cdots + \mu_m, \qquad \gamma(s) = \alpha(s + \mu - \mu\gamma(s)),$$

$$\alpha_k(s) = A^*(s)\,\frac{q_1 + \cdots + q_k}{1 - (q_{k+1} + \cdots + q_r)\,A^*(s)}, \qquad \xi_k = \alpha_k(\mu - \mu\xi_k).$$

Die Konstanten c_k hängen von der Regel ab, nach der einer eintreffenden Forderung, die mehrere freie Bedienungsgeräte vorfindet, eines dieser Geräte zugeordnet wird. Für $k = 1$ gilt im Fall LCFS

$$\mathring{W}_1^*(s) = 1 - \xi_1 + \xi_1\pi(s),$$

wobei

$$\pi(s) = \frac{(\mu/s)\,[1 - \gamma_1(s)]}{1 + (\mu/s)\,[1 - \gamma_1(s)]}, \qquad \gamma_1(s) = \alpha_1(s + \mu - \mu\gamma_1(s)).$$

Für die forderungenstationäre Wahrscheinlichkeit $\mathring{p}_{ki}$, daß eine eintreffende Forderung k-ter Priorität i Forderungen k-ter oder höherer Priorität im System vorfindet, gilt

$$\mathring{p}_{k,i+m-1} = c_k\xi_k^{\,i}, \qquad \mathring{p}_{k,m-1} = c_k,$$

wobei ξ_k die eindeutig bestimmte Lösung der Gleichung $\xi_k = \alpha_k(\mu - \mu\xi_k)$ ist, die im Intervall (0, 1) liegt. Hierbei ist $c_k\xi_k(1 - \xi_k)^{-1}$ die forderungenstationäre Wahrscheinlichkeit dafür, daß eine eintreffende Forderung sämtliche Geräte mit Forderungen k-ter oder höherer Priorität belegt vorfindet.

6.10.1.4. Formeln vom Little-Typ

Für das System $\vec{G}/\vec{G}/m/\infty$ mit relativen Prioritäten gilt im stationären Fall (FRANKEN/KÖNIG/ARNDT/SCHMIDT [1])

$$\mathsf{E}N_k = \lambda_k\mathsf{E}\mathring{V}_k(= \lambda_k\mathsf{E}(\mathring{W}_k + B_k)), \qquad \mathsf{E}N_k^{(w)} = \lambda_k\mathsf{E}\mathring{W}_k,$$

$$\mathsf{E}N_k^{(b)} = \lambda_k\mathsf{E}B_k, \qquad \mathsf{E}L_k = \lambda_k\mathsf{E}\left(\mathring{W}_kB_k + \frac{1}{2}B_k^2\right), \qquad k = 1, \ldots, m,$$

wobei $N_k^{(w)}$ bzw. $N_k^{(b)}$ die Anzahl von Forderungen k-ter Priorität in der Warteschlange bzw. die Anzahl der durch Forderungen k-ter Priorität belegten Bedienungsgeräte bezeichnet ($N_k = N_k^{(w)} + N_k^{(b)}$), L_k die anstehende Arbeit und λ_k die Ankunftsintensität der Forderungen k-ter Priorität ist ($\lambda_k^{-1} = \mathsf{E}A_k$). Mit dem Symbol „o" werden forderungenstationäre Größen bezeichnet. Insbesondere gilt im Fall $\vec{G}/\vec{G}/1/\infty$ für die zeitstationäre Wahrscheinlichkeit, daß das Gerät durch eine Forderung k-ter Priorität belegt ist,

$$\mathsf{P}(N_k^{(b)} = 1) = \varrho_k, \qquad \varrho_k = \lambda_k \mathsf{E}B_k. \tag{1}$$

Außerdem gilt für $\vec{G}/\vec{GI}/m/\infty$

$$\mathsf{E}L_k = \varrho_k \mathsf{E}\left(\mathring{W}_k + \frac{B_k^2}{2\mathsf{E}B_k}\right) \tag{2}$$

und folglich

$$\sum_{k=1}^{r} \varrho_k \mathsf{E}\mathring{W}_k = \mathsf{E}C - \sum_{k=1}^{r} \frac{\lambda_k}{2} \mathsf{E}B_k^2, \tag{3}$$

wobei $C = \sum_{k=1}^{r} L_k$ die (zeitstationäre) insgesamt im System anstehende Arbeit bezeichnet.

Für das System $\vec{G}/\vec{G}/m/\infty$ mit absoluten Prioritäten gelten analoge Beziehungen. Es genügt, drei Arten von Forderungen zu betrachten: Forderungen, die auf den Bedienungsbeginn warten, Forderungen, die nach einer Unterbrechung ihrer Bedienung warten, und Forderungen, die bedient werden, d. h., es wird ein zusätzlicher Warteraum („limbo") für die unterbrochenen Forderungen eingeführt. Dann gilt

$$\mathsf{E}N_k = \lambda_k \mathsf{E}(\mathring{W}_k + \mathring{W}_k^{(\text{limbo})} + B_k), \qquad \mathsf{E}N_k^{(w)} = \lambda_k \mathsf{E}\mathring{W}_k,$$

$$\mathsf{E}N_k^{(\text{limbo})} = \lambda_k \mathsf{E}\mathring{W}_k^{(\text{limbo})}, \qquad \mathsf{E}N_k^{(b)} = \lambda_k \mathsf{E}B_k,$$

$$\mathsf{E}C_k = \lambda_k \mathsf{E}[(\mathring{W}_k + \mathring{W}_k^{(\text{limbo})})\, B_k + B_k^2/2],$$

wobei $N_k^{(w)}$ bzw. $N_k^{(\text{limbo})}$ die Anzahl der Forderungen k-ter Priorität, die auf den Bedienungsbeginn bzw. im „limbo" warten, und W_k bzw. $W_k^{(\text{limbo})}$ die Wartezeit der Forderungen k-ter Priorität auf den Bedienungsbeginn bzw. im „limbo" ist. Die Formel (1) gilt unverändert, und in (2), (3) ist $\mathring{W}_k$ durch $\mathring{W}_k + \mathring{W}_k^{(\text{limbo})}$ zu ersetzen.
In Schmidt (1984) wurden Beziehungen zwischen forderungen- und zeitstationären Charakteristiken des Wartezeitprozesses in Einbedienersystemen mit relativen bzw. absoluten Prioritäten und, hierauf aufbauend, Abschätzungen für diese Größen hergeleitet.

6.10.2. Dynamische Prioritäten

(a) Zunächst wird das *System* $\vec{M}/\vec{M}/1/\infty$ *mit relativen Prioritäten* betrachtet, die von der bereits abgelaufenen Wartezeit der jeweiligen Forderung abhängen. Es treffen r Klassen von Forderungen im System ein, denen jedoch nicht von vornherein Prioritäten zugeordnet werden. Eine Forderung der k-ten Klasse, die zum Zeitpunkt T im System eingetroffen ist, hat zum Zeitpunkt t ($t > T$) die Priorität $q_k(t) = (t - T)\, b_k$, wobei b_k die Zuwachsrate der Priorität der k-ten Klasse von Forderungen ist; $0 \leqq b_r \leqq b_{r-1} \leqq \cdots \leqq b_1$. Bei Beendigung einer Bedienung wird die Forderung mit dem größten *Prioritätsindex* $q_k(t)$ aus der Warteschlange zur Bedienung ausgewählt. Gibt es mehrere solcher Forderungen, dann wird nach dem Prinzip FCFS verfahren. Für den Erwartungswert der stationären Wartezeitverteilung der Forderungen der k-ten Klasse gilt (KLEINROCK [2])

$$\mathsf{E}W_k = \frac{\sum_{i=1}^{r} \frac{\lambda_i}{\mu_i^2} \left(1 - \sum_{i=1}^{r} \lambda_i \mu_i\right)^{-1} - \sum_{i=k+1}^{r} \lambda_i \mu_i \mathsf{E}W_i \left(1 - \frac{b_i}{b_k}\right)}{1 - \sum_{i=1}^{k-1} \lambda_i \mu_i \left(1 - \frac{b_k}{b_i}\right)},$$

$k = 1, \ldots, r$. Für den Fall, daß der Zuwachs der Priorität einer beliebigen Potenz $u > 0$ der abgelaufenen Wartezeit proportional ist $\left(q_k(t) = (t - T)^u\, b_k\right)$, gilt (KLEINROCK/FINKELSTEIN (1967))

$$\mathsf{E}W_k = \frac{\sum_{i=1}^{r} \frac{\lambda_i}{\mu_i^2} \left(1 - \sum_{i=1}^{r} \lambda_i \mu_i\right)^{-1} - \sum_{i=k+1}^{r} \lambda_i \mu_i \mathsf{E}W_i \left[1 - \left(\frac{b_i}{b_k}\right)^{1/u}\right]}{1 - \sum_{i=1}^{k-1} \lambda_i \mu_i \left[1 - \left(\frac{b_k}{b_i}\right)^{1/u}\right]},$$

$k = 1, \ldots, r$. Für $u \to 0$ ergeben sich die gewöhnlichen (nichtdynamischen) relativen Prioritäten (↑ [6.2.2]) und für $u \to \infty$ die Bedienungsdisziplin FCFS (↑ [3.1.1]).

(b) Eine *andere Art relativer Prioritäten*, die von der bereits abgelaufenen Wartezeit abhängen, ist die folgende: Jeder im System eintreffenden Forderung wird unabhängig von dem sonstigen Zufallsmechanismus ein gewisser (zufälliger) *Prioritätsindex* D zugeordnet. Diese Forderung wird gegenüber denjenigen Forderungen, die sich bereits W' Zeiteinheiten in der Warteschlange befinden und den Prioritätsindex D' haben, bevorzugt, für die $D' - W' \geqq D$ gilt. Es wird also stets diejenige Forderung aus der Warteschlange, die den kleinsten „aktuellen Prioritätsindex" hat (der auch negativ werden kann) zur Bedienung ausgewählt. Gibt es mehrere solcher Forderungen, dann wird nach dem Prinzip FCFS verfahren. Es wird das folgende diskrete Analogon des Systems M/M/1/∞ betrachtet: Die Pausen- und Bedienungszeiten sind ganzzahlige geometrisch verteilte Zufallsgrößen mit den Parametern p bzw. q $(p < q)$. Die Wahrscheinlichkeit, daß der Prioritätsindex einer Forderung gleich oder kleiner k ist durch $d_{(k)} = \mathsf{P}(D \leqq k)$ gegeben.

Für den Erwartungswert $\mathsf{E}W_k^{\mathrm{J}}$ der stationären Wartezeitverteilung der Forderungen mit dem Prioritätsindex k gilt (JACKSON (1960))

$$\mathsf{E}W_k(1 - \varrho_{(k-1)}) \leqq \mathsf{E}W_k^{\mathrm{J}} \leqq \mathsf{E}W_k \frac{1 - \varrho_{(k)}}{1 - \varrho},$$

wobei $\varrho = \frac{p}{q}$, $\varrho_{(k)} = \varrho d_{(k)}$ und

$$\mathsf{E}W_k = \left[\varrho \frac{1 - q}{q}\right] \left[(1 - \varrho_{(k-1)})\,(1 - \varrho_{(k)})\right]^{-1}$$

der entsprechende Erwartungswert im Fall gewöhnlicher (nichtdynamischer) relativer Prioritäten ist (↑ [6.9.4.2] Punkt (b)). Falls $\mathsf{P}(D \leqq k) = 1$, d. h. falls k der maximale Prioritätsindex ist, dann gilt

$$\mathsf{E}W_k = \frac{(1 - q)\,\varrho}{q\,(1 - \varrho)} + \varrho \sum_{i=-\infty}^{k} \varrho_i \left[\frac{1 - q}{1 - p}\right]^{k-1}.$$

(c) Weitere dynamische Prioritätsdisziplinen sollen hier nur erwähnt werden:
(c1) „*shortest-remaining-processing-time-first* (*SRPT*)“ bzw. „*shortest-expected-remaining-processing-time-first* (*SERPT*)“ — absolute Prioritäten wobei jeweils die Forderung mit der kürzesten Restbedienungszeit bzw. mit der kürzesten mittleren Restbedienungszeit zur Bedienung gelangt (CONWAY/MAXWELL/MILLER [1]).
(c2) „*discretionary priorities*“, r Prioritätsklassen; $c_{ij} \geqq 0$. Ist die bereits realisierte Bedienungszeit der sich in Bedienung befindenden Forderung j-ter Priorität kleiner bzw. größer oder gleich c_{ij}, dann hat eine neu eintreffende Forderung i-ter Priorität ($i < j$) absolute bzw. relative Priorität gegenüber der sich in Bedienung befindenden Forderung (BRONSTEIN/DUCHOWNY [1], JAISWAL [1]).
(c3) Außerdem werden in der Literatur dynamische Prioritätsdisziplinen betrachtet, die vom Vektor $\boldsymbol{N} = (N_1, \ldots, N_r)$ der Anzahlen der sich im System befindenden Forderungen abhängen. Und zwar sei $f\colon \{0, 1, \ldots\}^r \to \{0, 1, \ldots, r\}$ eine Abbildung mit den Eigenschaften: (i) Aus $f(\boldsymbol{n}) = 0$ folgt $\boldsymbol{n} = 0$, (ii) aus $f(\boldsymbol{n}) = k > 0$ folgt $n_k > 0$. Im Fall absoluter dynamischer Prioritäten dieser Art gibt $f(\boldsymbol{N}(t))$ die Nummer der Klasse der Forderung an, die zum Zeitpunkt t bedient wird. Im Fall relativer Prioritäten gibt $f(\boldsymbol{N}_{\mathrm{w}}(\tilde{T}_i - 0))$ die Nummer der Klasse von Forderungen an, aus der nach Beendigung der i-ten Bedienung zum Zeitpunkt $\tilde{T}_i$ eine Forderung zur Bedienung gelangt. Dabei bezeichnet $\boldsymbol{N}_{\mathrm{w}}(t)$ den Vektor der Anzahlen der sich zum Zeitpunkt t in der Warteschlange befindenden Forderungen (BRONSTEIN/DUCHOWNY [1], PITTEL (1972)).

6.10.3. System M/GI/1/∞ mit der SJF-Disziplin

Die Forderungen besitzen relative Prioritäten, die von der Länge der gewünschten Bedienungszeit abhängen. Je kürzer die Bedienungszeit einer Forderung ist, um so höher ist ihre Priorität (*shortest-job-first*). Für die L.-S.-T. $W_x{}^*(s)$ der stationären Wartezeitverteilung der Forderungen, deren Bedienungszeit gleich x ist, gilt (SHANTHIKUMAR (1980))

$$W_x{}^*(s) = 1 - \varrho + \left(\frac{\lambda}{s}\right)(1-\varrho)\,B(x)\left(1 - G^*_{hx}(s)\right) + \left(\frac{\lambda}{s}\right)\left(1 - B(x)\right)\left(1 - G^*_{lx}(s)\right),$$

wobei

$$G^*_{lx}(s) = B^*_{lx}\left(s + \lambda B(x) - \lambda B(x)\,G^*_{hx}(s)\right), \qquad G^*_{hx}(s) = B^*_{hx}\left(s + \lambda B(x) - \lambda B(x)\,G^*_{hx}(s)\right),$$

$$B_{lx}(u) = \frac{B(u) - B(x)}{1 - B(x)}, \qquad u \geqq x, \qquad B_{hx}(u) = \frac{B(u)}{B(x)}, \qquad u \leqq x; \qquad \varrho = \lambda \mathsf{E}B < 1.$$

Dabei wird vorausgesetzt, daß die Verteilungsfunktion $B(u)$ der Bedienungszeiten stetig ist.

Insbesondere gilt (KLEINROCK [2])

$$\mathsf{E}W_x = \frac{1}{2}\,\lambda \mathsf{E}B^2 \left(1 - \lambda \int_0^x u \,\mathrm{d}B(u)\right)^{-2},$$

$$\lim_{x\to 0} \mathsf{E}W_x = \frac{\lambda}{2}\,\mathsf{E}B^2, \qquad \lim_{x\to\infty} \mathsf{E}W_x = \frac{\lambda \mathsf{E}B^2}{2(1-\varrho)^2}.$$

Hat die Verteilungsfunktion $B(u)$ im Punkt x eine Unstetigkeitsstelle, dann gilt

$$\mathsf{E}W_x = \frac{1}{2}\,\lambda \mathsf{E}B^2 \left(1 - \lambda \int_0^{x-0} u \,\mathrm{d}B(u)\right)^{-1} \left(1 - \lambda \int_0^{x+0} u \,\mathrm{d}B(u)\right)^{-1}.$$

7. Seriensysteme

In diesem Kapitel werden Bedienungssysteme betrachtet, die aus mehreren in einer Reihe angeordneten einfachen Systemen bestehen. Die in einem i-ten System (Etappe) bedienten und/oder abgewiesenen Forderungen gelangen zum $(i + 1)$-ten System (Etappe). Die Anzahl der Etappen sei n. Mit s_i $(i = 1, \ldots, n)$ und n_i $(i = 1, \ldots, n)$ werden die Anzahl der Bedienungsgeräte bzw. Warteplätze in der i-ten Etappe und mit r_i $(i = 1, \ldots, n)$ ihre Summe bezeichnet. r_i ist die *Kapazität* der i-ten Etappe. Ist $r_i = \infty$, dann wird eine in der i-ten Etappe ankommende Forderung in ihr auch bedient. Gilt dagegen $s_i + n_i < \infty$, dann sind verschiedene Entscheidungen über das Schicksal eintreffender Forderungen möglich. Falls im Bedienungssystem Überläufe zugelassen sind, dann wird die Forderung, die die i-te Etappe besetzt vorfindet (r_i Forderungen warten auf die Beendigung ihrer Bedienung), an die $(i + 1)$-te Etappe verwiesen usw. Falls Überläufe ausgeschlossen werden, dann sind folgende Entscheidungen möglich (es werden nur die im folgenden vorkommenden Entscheidungen genannt): Eine Forderung, die die i-te Etappe besetzt vorfindet,

(i) geht aus dem System verloren (Disziplin (L)),

(ii) blockiert die $(i - 1)$-te Etappe bis eine Aufnahme in der i-ten Etappe möglich ist (Disziplin (B), *Blockierdisziplin*),

(iii) wiederholt in der $(i - 1)$-ten Etappe die Bedienung (und blockiert diese Etappe damit für andere Forderungen) bis eine Aufnahme in der i-ten Etappe erfolgen kann (Disziplin (BS), *Bedienungsblockierdisziplin*).

Seriensysteme werden in den verschiedendsten Bereichen der Technik angewendet.
Beispiele dafür sind Untersuchungen zur Produktivität und Rhythmik von Produktionssystemen mit Fließbandcharakter, von Übermittlungs-, Rechner- und Steuersystemen. Auch die Lösung verschiedener Transportaufgaben erfolgt mittels der Theorie der Seriensysteme. Solche Systeme werden besonders intensiv bei der Untersuchung mathematischer Modelle von Rechneranlagen, der Steuerung von Rechenprozessen in solchen Anlagen und der Einschätzung ihrer Leistungsfähigkeit benutzt (Coffman/Denning [1], Awen/Kogan [1], Artamonow/Brechow [1], Kleinrock [1]).

Zur symbolischen Kennzeichnung der Seriensysteme wird eine modifizierte Kendallsche Schreibweise hinzugezogen. Der Übergang in die nächste Etappe wird mit einem Pfeil angezeigt. Im Anschluß daran wird die Bedienungszeitverteilung, die Anzahl der Bedienungsgeräte und die Anzahl der Warteplätze der nächsten Etappe vermerkt. Seriensysteme aus zwei Systemen nennen wir *Tandemsysteme*.

7.1. Tandemsysteme mit einem oder mehreren Ankunftsprozessen

7.1.1. Systeme mit unendlicher Kapazität in der ersten und endlicher Kapazität in der zweiten Etappe

Statt r_2 wird in diesem Abschnitt nur r verwendet, es sei $r = n_2 + 1$ $(s_2 = 1)$ und $r_1 = \infty$.

7.1.1.1. Definition. Ein Bedienungssystem heißt *System mit Rückkopplung* oder *System mit augenblicklichem Bernoulli-Feedback* (↑ D. 8.5.9), wenn die Forderungen, die die zweite Etappe bedient verlassen, mit der Wahrscheinlichkeit p in die Schlange zur ersten Etappe zurückkehren oder mit $1 - p$ das System verlassen.

7.1.1.1. System M/M/1/∞ → /M/1/n_2 mit Rückkopplung

Als Verknüpfung zwischen den zwei Etappen werden die Disziplinen (L), (B) und (BS) betrachtet. Für die Disziplin (L) und (BS) wird die Funktionsweise des Bedienungssystems durch den homogenen Markowschen Prozeß $(X(t), t \geqq 0)$ mit dem Zustands-

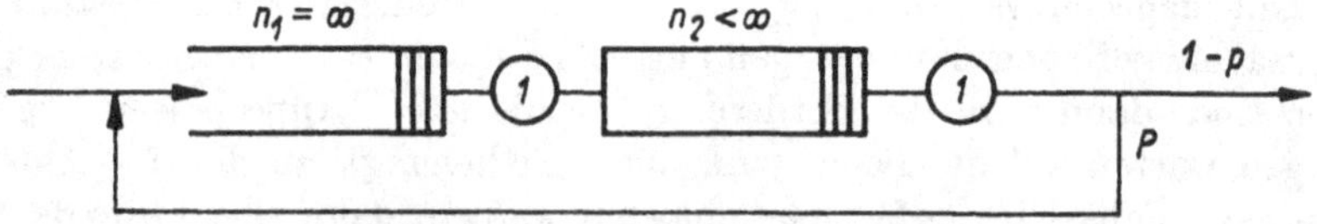

Abb. 7.1.1. Das System M/M/1/∞ → /M/1/n_2 mit Rückkopplung

raum $\mathscr{G} = \{(i, j) : i \geqq 0;\ j = 0, 1, \ldots, r\}$ beschrieben. Der Zustand (i, j) bedeutet dabei, daß i bzw. j Forderungen in der ersten bzw. zweiten Etappe vorhanden sind. Die Disziplin (B) wird durch die Einführung von Zusatzzuständen $(i, r + 1)$ $(i \geqq 0)$ erfaßt. Der Zustand $(i, r + 1)$ bedeutet, daß die zweite Etappe besetzt ist und die erste Etappe im Zustand i blockiert ist. Von der Disziplin (BS) gelangt man also zur Disziplin (B) durch Vergrößerung des Parameters r um 1 (Botscharow/Albores (1980)). Im folgenden werden die Ergebnisse für die stationären Zustandswahrscheinlichkeiten $p_{(i,j)}$ des Markowschen Prozesses angeführt. Es sei

$$\alpha(z) = \lambda(1 - z) + \mu_1 + \mu_2, \qquad \beta(z) = \mu_2(pz + 1 - p).$$

7.1.1.1.1. Verlustdisziplin

Mit $d_k(z)$ werden die wie folgt definierten Polynome bezeichnet:

$$d_{-1}(z) = 1, \qquad d_0(z) = z\alpha(z) - \mu_1,$$
$$d_k(z)\, z\big([\alpha(z) - 1_{\mathbf{N}}(k - n_2)\, \mu_2]\, d_{k-1}(z) - \mu_1\beta(z)\, d_{k-2}(z)\big), \qquad k = 1, 2, \ldots, n_2 + 1.$$

7.1.1.2. Satz. (i) Der Grad des Polynoms $d_r(z)$ ist $2r + 2$;
(ii) alle Wurzeln des Polynoms $d_r(z)$ sind reell und nichtnegativ;
(iii) $z = 0$ ist eine ent $(r + 1/2)$-fache Wurzel von $d_r(z)$;
(iv) für $d_r'(1) > 0$ sind alle positiven Wurzeln von $d_r(z)$ einfach.

7.1.1.3. Satz. Für die Existenz der stationären Zustandswahrscheinlichkeiten $p_{(i,j)}$ im Bedienungssystem $M/M/1/\infty \to/M/1/n_2$ mit Rückkopplung und der Disziplin (L) ist jede der folgenden äquivalenten Bedingungen notwendig und hinreichend:

(i) $d_r'(1) > 0$,

(ii) $d_r(z)$ besitzt genau $r + 1$ Wurzeln im Intervall [0, 1],

(iii) die Parameter λ, μ_1, μ_2 und p genügen folgenden Ungleichungen

$$\frac{(\lambda - \mu_1 + \mu_2 p)\, \mu_1^{n_2+2} - (\lambda - \mu_1 + \mu_1 p)\, \mu_2^{n_2+2}}{\mu_1 - \mu_2} < 0 \qquad (\mu_1 \neq \mu_2), \tag{1}$$

$$\frac{\lambda(n_2 + 2)}{\mu[1 + (n_2 + 1)(1 - p)]} < 1 \qquad (\mu_1 = \mu_2 = \mu).$$

z_j bezeichne die j-te Wurzel von $d_r(z)$ $(z_{j+1} \geqq z_j)$. Mit $s_j(z)$ werden die Polynome bezeichnet, die sich aus den folgenden Beziehungen ergeben:

$$\frac{s_j(z)}{d_r(z)} = \operatorname{rat}\left(\frac{z\mu_1{}^j d_{r-j-1}(z)\, m_r(z)}{d_r(z)}\right),$$

$$m_r(z) = -b_r(z)\, p^*_{(0,r)} - \sum_{k=0}^{n_2} f_k(z)\, p^*_{(0,k)}, \qquad p^*_{(0,k)} = \frac{p_{(0,k)}}{p_{(0,0)}}.$$

$b_r(z)$ und $f_k(z)$ erhält man aus den Beziehungen

$$b_{-1}(z) = 0, \qquad b_0(z) = 1 - z,$$

$$b_k(z) = \frac{z}{\mu_1}[\alpha(z)\, b_{k-1}(z) - \beta(z)\, b_{k-2}(z)], \qquad k = 1, 2, \ldots, n_2,$$

$$b_r(z) = [\alpha(z) - \mu_2]\, b_{r-1}(z) - \beta(z)\, b_{r-2}(z);$$

$$f_0(z) = \lambda(1 - z), \qquad f_1(z) = \frac{1 - z}{\mu_1}[z\lambda a(z) - \mu_1\mu_2(1 - p)],$$

$$f_k(z) = \frac{z}{\mu_1}[a(z)\, f_{k-1}(z) - b(z)\, f_{k-2}(z)], \qquad k = 2, 3, \ldots, n_2.$$

7.1.1.4. Bemerkung. Es gilt $b_k(z) = b_{kr}(z)$ und $f_k(z) = f_{kr}(z)$.

7.1.1.5. Satz. Falls die Bedingung (1) erfüllt ist, erhält man die stationäre Wahrscheinlichkeit $p_{(i,j)}$ $(i \geqq 0,\ j = 0, \ldots, r)$ nach folgendem Algorithmus:

(i) Aus dem Gleichungssystem $(j = 1, 2, \ldots, n_2)$

$$\sum_{k=0}^{n_2} [z_j\beta(z_j)]^k\, [d_{r-k-1}(z_j) - \beta(z_j)\, d_{r-k-2}(z_j)]\, p^*_{(0,k)} + z_j^{n_2}[\beta(z_j)]^r\, (z_j - 1)\, p^*_{(0,r)} = 0.$$

$$\mu_2(1 - p)\, p^*_{(0,1)} = \lambda, \qquad p^*_{(0,0)} = 1$$

bestimmt man die Werte $p^*_{(0,j)}$ $(j = 0, \ldots, r)$.

(ii) Die Werte $p^*_{(i,j)}$ $(i \geqq 1,\ j = 0, \ldots, r)$ errechnet man nach der Formel

$$p^*_{(i,j)} = -\sum_{k=r+2}^{2r+2} \frac{s_j(z_k)}{d_r'(z_k)\, z_k^{i+1}}.$$

(iii) Schließlich ergeben sich die stationären Wahrscheinlichkeiten $p_{(i,j)}$ aus

$$p_{(0,0)} = \left[\frac{1}{d_r(1)} \sum_{j=0}^{r} s_j(1)\right]^{-1},$$

$$p_{(i,j)} = p^*_{(i,j)} p_{(0,0)}, \qquad i \geqq 0, \qquad j = 0, 1, \ldots, r.$$

Zur praktischen Berechnung der stationären Wahrscheinlichkeiten $p_{(i,j)}$ bestimme man der Reihe nach die Koeffizienten der Polynome $d_k(z)$, $f_k(z)$ und $b_r(z)$; die Wurzeln von $d_r(z)$; $p^*_{(0,j)}$; die Koeffizienten der Polynome $s_j(z)$; $p^*_{(i,j)}$ für $i \geqq 1$ und schließlich $p_{(i,j)}$.

7.1.1.6. Bemerkung. Für $p = 0$ und die Strategie (L) erhält man die stationären Wahrscheinlichkeiten $p_{(i,j)}$ durch eine einzelne Betrachtung der Systeme $M/M/s_1/\infty$ und $M/M/s_2/n_2$ (↑ Kap. 8, Jackson (1956), Naumow (1975)). Der Parameter des in das zweite System einlaufenden Poisson-Prozesses ist λ. Die stationären Wahrscheinlichkeiten $p_{(i,j)}$ des Tandemsystems existieren unter der Bedingung $\lambda/(\eta_1\mu_1) < 1$.

7.1.1.1.2. Bedienungsblockierdisziplin

In der Arbeit Konheim/Reiser (1976) wurden notwendige und hinreichende Bedingungen für die Existenz und ein Algorithmus zur Berechnung der stationären Wahrscheinlichkeiten $p_{(i,j)}$ für die Bedienungsdisziplin (BS) angegeben. Die in Konheim/Reiser (1976) für den Fall $\lambda = 1$ und $\mu_1 = \mu_2$ erzielten Ergebnisse wurden von Löffler/Tschernokoschew (1977) (mit prophylaktischem Blockieren) und von Botscharow/Albores (1980) für beliebige λ, μ_1, μ_2 verallgemeinert und vereinfacht. Diese Resultate sind im folgenden dargestellt. Die Polynome $d_k(z)$ sind durch folgende Beziehungen bestimmt:

$$d_1(z) = 1,$$

$$d_0(z) = z\big(\alpha(z) - \mu_1\big),$$

$$d_k(z) = z\big(\alpha(z)\, d_{k-1}(z) - \mu_1\beta(z)\, d_{k-2}(z)\big), \qquad k = 1, \ldots, n_2,$$

$$d_r(z) = \big(\alpha(z) - \mu_2\big)\, d_{r-1}(z) - \mu_1\beta(z)\, d_{r-2}(z).$$

7.1.1.7. Satz. (i) Der Grad des Polynoms $d_r(z)$ ist $2r + 1$;

(ii) alle Wurzeln des Polynoms $d_r(z)$ sind reell und nichtnegativ;

(iii) $z = 0$ ist eine ent $(r/2)$-fache Wurzel von $d_r(z)$;

(iv) für $d_r'(1) > 0$ sind alle positiven Wurzeln von $d_r(z)$ einfach.

7.1.1.8. Satz. Für die Existenz der stationären Wahrscheinlichkeiten $p_{(i,j)}$ für das Bedienungssystem $M/M/1/\infty \to M/1/n_2$ mit Rückkopplung und der Bedienungsdisziplin (BS) ist die Gültigkeit einer der folgenden Bedingungen notwendig und hinreichend:

(i) $d_r'(1) > 0$,

(ii) $d_r(z)$ besitzt genau r Wurzeln im Intervall [0, 1],

(iii) die Parameter des Systems λ, μ_1, μ_2, p genügen den Ungleichungen:

$$\frac{\big(\lambda - \mu_2(1-p)\big)\,\mu_1^{n_2+2} - \big(\lambda - \mu_1(1-p)\big)\,\mu_2^{n_2+2}}{\mu_1 - \mu_2} < 0, \qquad \mu_1 \neq \mu_2,$$

$$\frac{\lambda(n_2 + 2)}{\mu(n_2 + 1)(1 - p)} < 1, \qquad \mu_1 = \mu_2 = \mu. \tag{2}$$

$a_j(z)$ und $g_j(z)$ seien Polynome, die sich aus folgenden Rekursionsbeziehungen ergeben:

$$a_0(z) = 1, \qquad a_1(z) = \frac{z}{\mu_1}\left(\alpha(z) - \mu_1\right),$$

$$a_j(z) = \frac{z}{\mu_1}\left(\alpha(z)\, a_{j-1}(z) - \beta(z)\, a_{j-2}(z)\right), \qquad j \geqq 2,$$

und

$$g_0(z) = \lambda, \qquad g_1(z) = \frac{1}{\mu_1}\left(\lambda z \alpha(z) - \mu_1\mu_2(1-p)\right),$$

$$g_j(z) = \frac{z}{\mu_1}\left(\alpha(z)\, g_{j-1}(z) - \beta(z)\, g_{j-2}(z)\right), \qquad j \geqq 2.$$

Es sei bemerkt, daß $d_{rr}(z) = (1-z)\,\mu_1{}^r g_r(z)$ gilt. z_j bezeichne die j-te Wurzel des Polynoms $g_r(z)$ $(z_j \leqq z_{j+1})$. $p_r{}^*(z)$ und $m_j(z)$ ergeben sich aus:

$$p_r{}^*(z) = -\frac{1}{g_r(z)} \sum_{k=0}^{n_2} p^*_{(0,k)} g_k(z),$$

wobei $p^*_{(0,k)} = \dfrac{p_{(0,k)}}{p_{(0,0)}}$ ist, und

$$\frac{m_j(z)}{g_r(z)} = \operatorname{rat}\left(\frac{a_{r-j}(z)\, p_r{}^*(z)}{g_r(z)}\right).$$

7.1.1.9. Satz. Unter der Bedingung (2) lassen sich die stationären Wahrscheinlichkeiten $p_{(i,j)}$ $(i \geqq 0,\ j = 0, \ldots, r)$ nach folgendem Algorithmus berechnen:

(i) Man bestimme $p^*_{(0,j)}$ $(j = 0, \ldots, r)$ aus dem Gleichungssystem

$$\sum_{k=0}^{r} p^*_{(0,k)} g_k(z_j) = 0, \qquad j = 0, \ldots, n,$$

und $p^*_{(0,0)} = 1$.

(ii) Die Größen $p^*_{(i,j)}$ $(i \geqq 1,\ j = 0, \ldots, r)$ erhält man aus den Formeln

$$p^*_{(i,j)} = -\sum_{k=1}^{r+1} \frac{m_j(z_k)}{g_r'(z_k)\, z_k{}^i}.$$

(iii) Die Wahrscheinlichkeiten $p_{(i,j)}$ ergeben sich gemäß den Formeln

$$p_{(0,0)} = \left(\frac{1}{g_r(1)} \sum_{j=0}^{r} m_j(1)\right)^{-1}$$

und

$$p_{(i,j)} = p^*_{(i,j)} p_{(0,0)} \qquad (i \geqq 0,\ j = 0, \ldots, r).$$

Zur praktischen Berechnung der stationären Wahrscheinlichkeiten $p_{(i,j)}$ bestimme man der Reihe nach die Koeffizienten der Polynome $a_j(z)$ und $g_j(z)$; die Wurzeln von $g_r(z)$; $p^*_{(0,j)}$; die Koeffizienten der Polynome $m_j(z)$; $p^*_{(i,j)}$ für $i \geqq 1$ und schließlich $p_{(i,j)}$.

7.1.1.1.3. Blockierdisziplin

Den Übergang von der Bedienungsdisziplin (BS) zu (B) verwirklicht man durch den Variablenaustausch $n_2 + 1$ statt n_2. Somit gilt gemäß BOTSCHAROW/ALBORES (1980) der Satz (↑ S. 7.1.1.8) mit dem Parameter $n_2 + 1$ statt n_2.

7.1.1.10. Bemerkung. Für den Fall $p = 0$ findet man ohne Beweis in der Arbeit Hunt (1956) Bedingungen für die Existenz der stationären Wahrscheinlichkeiten $p_{(i,j)}$. Außerdem werden in Tumura (1966) einige Ergebnisse angeführt, die die Lösung des Gleichgewichtsgleichungssystems betreffen. Insbesondere hat eine Näherungslösung für $p_{(0,0)}$ die Gestalt

$$p_{(0,0)} \approx \left(\sum_{k=0}^{r} \alpha^k - \frac{\varrho_1}{\alpha} \sum_{k=0}^{r+1} \alpha^k\right) \left(\sum_{l=0}^{r} \varrho_1^{r-l} \sum_{k=0}^{l} \alpha^k\right)^{-1},$$

wobei $\alpha = \mu_2/\mu_1$ und $\varrho_1 = \lambda/\mu_1$ ist.

Für das Tandemsystem $M/M/1/\infty \to /M/1/0$ mit $\mu_1 = \mu_2 = \mu$ sind einige Charakteristiken explizit bestimmt worden (Botscharow/Gromow (1975)).

(a) *Stationäre Zustandswahrscheinlichkeiten:* Es sei

$$k_{ij} = (\alpha_j + \beta_j)\, z_1^i + (\alpha_j - \beta_j)\, z_2^i + \frac{1}{2}\,(1_{\mathbb{N}} - j)\left(\frac{\varrho}{\varrho + 1}\right)^{i+1}$$

$$(i = -1, 0, 1, 2, \ldots;\ j = 0, 1, 2),$$

mit

$$\alpha_0 = \alpha_2 = \frac{\varrho(\varrho + 1)}{4}, \qquad \alpha_1 = \frac{\varrho^2(\varrho + 2)}{4},$$

$$\gamma = \sqrt{\varrho^2 + 6\varrho + 1}, \qquad \beta_0 = \beta_2 = \frac{\varrho(\varrho^2 + 4\varrho + 1)}{4\gamma},$$

$$\beta_1 = \varrho^2\,\frac{\varrho^2 + 5\varrho + 2}{4\gamma}, \qquad z_1 = \varrho\,\frac{\varrho + 3 + \gamma}{4}, \qquad z_2 = \frac{\varrho(\varrho + 3 - \gamma)}{4}.$$

Für $\varrho < 2/3$ sind die stationären Wahrscheinlichkeiten $p_{(i,j)}$ $(i \geqq 0,\ j = 0, 1, 2)$ durch die Formeln

$$p_{(i,j)} = k_{i-1,j}(2 - 3\varrho)/(\varrho + 2) \qquad (i \geqq 0,\ j = 0, 1),$$

$$p_{(i,2)} = k_{i,2}(2 - 3\varrho)/(\varrho + 2) \qquad (i \geqq 0)$$

bestimmt.

(b) *Wartezeit in der ersten Etappe:* Bei FCFS in der ersten Etappe gilt für die L.-S.-T. der Wartezeitverteilung

$$W^*(s) = p_{(0,0)} + p_{(0,1)} + \sum_i \sum_j p_{(i,j)} \left(\frac{\mu}{\mu + s}\right)\left(\frac{2\mu^2}{(\mu + s)\,(2\mu + s)}\right)^{i-1}$$

$$+ \sum_i p_{(i,1)} \left(\frac{2\mu^2}{(\mu + s)\,(2\mu + s)}\right)^i + \sum_i p_{(i,2)} \left(\frac{\mu}{\mu + 2}\right)\left(\frac{2\mu^2}{(\mu + s)\,(2\mu + s)}\right)^i.$$

7.1.1.2. System $M/GI/1/\infty \to /M/1/n_2$ mit Blockierdisziplin

Vorausgesetzt sei $\mu_1^{-1} < \infty$. Mit $\tilde{T}_{1,j}$ $(j > 0)$ werden die Zeitpunkte bezeichnet, in denen die j-te Forderung ihre Bedienung in der ersten Etappe beendet, $\tilde{T}_{1,0} = 0$. $N_1(t)$ und $N_2(t)$ geben die Anzahlen der Forderungen an, die noch nicht bis zum Zeitpunkt t in der ersten bzw. zweiten Etappe (also insbesondere die blockierende Forderung eingeschlossen) ihre Bedienung beendet haben, $\tilde{N}_{1,j} = N_1(\tilde{T}_{1,j}+0)$ und $\tilde{N}_{2,j} = N_2(\tilde{T}_{1,j}+0)$. Die Funktionsweise des Bedienungssystems kann durch den eingebetteten semimarkowschen Prozeß $(\tilde{N}_{1,j}, \tilde{N}_{2,j}, \tilde{T}_{1,j+1} - \tilde{T}_{1,j}, j \geqq 0)$ mit dem Zustandsraum $\{0, 1, \ldots\} \times \{1, 2, \ldots, r\}$ beschrieben werden (↑ I, Kap. 6), wobei $r = n_2 + 2$. Der eingebettete semimarkowsche Prozeß wird durch die Anfangsverteilung des zufälligen Vektors $(\tilde{N}_{1,0}, \tilde{N}_{2,0})$ und die semimarkowsche Übergangsmatrix $\boldsymbol{q}(x)$ mit den Elementen

$$q(i, l; j, v; x) = \mathbf{P}(\tilde{N}_{1,k+1} = j, \tilde{N}_{k+1} = v, \tilde{T}_{1,k+1} - \tilde{T}_{1,k} \leqq x \mid \tilde{N}_{1,k} = i, \tilde{N}_k = l)$$

$(i \geqq 0, j \geqq 0; l, v = 1, \ldots, r)$ gegeben. Die folgenden Ergebnisse wurden in der Arbeit Neuts (1968) bewiesen.

7.1.1.11. Definition. Die Matrix $\boldsymbol{m} = \big(m(i, l; j, v; x)\big)$ mit den Elementen $m(i, l; j, v; x) = \sum_{k=0}^{\infty} q^{(k)}(i, l; j, v; x)$ $(i \geqq 0, j \geqq 0, l, v = 1, \ldots, r, x \geqq 0)$, wobei $q^{(k)}(i, l; j, v; x)$ Element der k-ten Potenz der Matrix $\boldsymbol{q}(x)$ ist, heißt Matrix der Markowschen Erneuerung (↑ [I, 3.5]).

Die Funktion $m(i, l; j, v; x)$ gibt die erwartete Anzahl der Zeitpunkte in $[0, x]$ an, in denen sich das Bedienungssystem im Zustand (j, v) befindet, wenn es zum Zeitpunkt $t = 0$ in (i, l) war. Zur Darstellung der Ergebnisse werden folgende erzeugende Funktionen (abhängig vom Anfangszustand (i, l)), Vektoren erzeugender Funktionen und Matrizen benötigt:

$$\mathsf{u}_v^{(n)}(z, s) = \sum_{j=0}^{\infty} q_n{}^*(i, l; j, v; s)\, z^j, \qquad \mathsf{g}_v^{(n)}(z, w, s) = \sum_{n=0}^{\infty} \mathsf{u}_v^{(n)}(z, s)\, w^n,$$

$$v = 1, \ldots, r, \qquad |z| \leqq 1, \qquad \operatorname{Re} s > 0, \qquad |w| \leqq 1 \quad \text{oder} \quad \operatorname{Re} s \geqq 0, \qquad |w| < 1,$$

$$\mathbf{g}^{\mathsf{T}}(z, w, s) = \big(\mathsf{g}_1(z, w, s), \ldots, \mathsf{g}_r(z, w, s)\big), \qquad \boldsymbol{f}(u) = \big(f_{ij}(u)\big)_{i,j=1,\ldots,r},$$
$$\boldsymbol{h}(z, s) = \big(h_{ij}(z, s)\big)_{i,j=1,\ldots,r},$$

wobei

(i) für $i = 1, \ldots, n_2$, $j = 1$:

$$f_{i1}(u) = \int_0^{\infty} \mathrm{e}^{-(u+\mu_2)y} \sum_{\alpha=i}^{\infty} \frac{(\mu_2 y)^\alpha}{\alpha!}\, \mathrm{d}B_1(y),$$

$$h_{i1}(z, s) = z \int_0^{\infty} \lambda\, \mathrm{e}^{-(s+\lambda+\mu_2)y}\, \mathrm{d}y \int_0^{\infty} \mathrm{e}^{-(s+\lambda+\mu_2-\lambda z)t} \sum_{\alpha=i}^{\infty} \frac{(\mu_2 y + \mu_2 t)^\alpha}{\alpha!}\, \mathrm{d}B_1(t)$$
$$- \int_0^{\infty} \mathrm{e}^{-(s+\lambda+\mu_2-\lambda z)y} \sum_{\alpha=i}^{\infty} \frac{(\mu_2 y)^\alpha}{\alpha!}\, \mathrm{d}B_1(y)$$

(ii) $$f_{r1}(u) = \frac{\mu_2}{\mu_2 + u} \int_0^{\infty} \mathrm{e}^{-(u+\mu_2)y} \sum_{\alpha=r-1}^{\infty} \frac{(\mu_2 y)^\alpha}{\alpha!}\, \mathrm{d}B_1(y),$$

$$h_{r1}(z, s) = \frac{\mu_2 z}{s + \lambda + \mu_2} \int\limits_0^\infty \int\limits_0^\infty e^{-(x+y)(s+\lambda+\mu_2)+\lambda xz} \sum_{\alpha=r-1}^{\infty} \frac{(\mu_2 x + \mu_2 y)^\alpha}{\alpha!} \lambda \, dy \, dB_1(x)$$

$$- \frac{\mu_2}{s + \lambda + \mu_2} \int\limits_0^\infty e^{-(s+\lambda+\mu_2-\lambda z)y} \sum_{\alpha=r-1}^{\infty} \frac{(\mu_2 y)^\alpha}{\alpha!} \, dB_1(y),$$

(iii) $1 \leqq i < j - 1$:

$$f_{ij}(u) = h_{ij}(z, s) = 0,$$

(iv) $j - 1 \leqq i < r$:

$$f_{ij}(u) = \int\limits_0^\infty e^{-(u+\mu_2)y} \frac{(\mu_2 y)^{i-j+1}}{(i - j + 1)!} \, dB_1(y)$$

$$h_{ij}(z, s) = z \int\limits_0^\infty \lambda \, e^{-(s+\lambda+\mu_2)y} \, dy \int\limits_0^\infty e^{-(s+\lambda+\mu_2-\lambda z)t} \frac{(\mu_2 y + \mu_2 t)^{i-j+1}}{(i - j + 1)!} \, dB_1(t)$$

$$- \int\limits_0^\infty e^{-(s+\lambda+\mu_2-\lambda z)y} \frac{(\mu_2 y)^{i-j+1}}{(i - j + 1)!} \, dB_1(y),$$

(v) $1 < j \leqq r$:

$$f_{rj}(u) = \frac{\mu_2}{u + \mu_2} \int\limits_0^\infty e^{-(u+\mu_2)y} \frac{(\mu_2 y)^{r-j}}{(r - j)!} \, dB_1(y),$$

$$h_{rj}(z, s) = \frac{\mu_2 z}{s + \lambda + \mu_2} \int\limits_0^\infty \int\limits_0^\infty e^{-(x+y)(s+\lambda+\mu_2)+\lambda xz} \frac{(\mu_2 x + \mu_2 y)^{r-j}}{(r - j)!} \lambda \, dy \, dB_1(x)$$

$$- \frac{\mu_2}{s + \lambda + \mu_2} \int\limits_0^\infty e^{-(s+\lambda+\mu_2-\lambda z)} \frac{(\mu_2 y)^{r-j}}{(r - j)!} \, dB_1(y).$$

7.1.1.12. Satz (Neuts (1968)). Wenn (i, l) der Anfangszustand des Bedienungssystems ist, dann gilt

$$\mathbf{g}^\mathsf{T}(z, w, s) \left(z\boldsymbol{I} - w\boldsymbol{f}(s + \lambda - \lambda z)\right) = \delta_{il} z^{i+1} \boldsymbol{u}^\mathsf{T} + w\mathbf{g}^\mathsf{T}(0, w, s) \, \boldsymbol{h}(z, s).$$

Zur Vereinfachung wird die Bezeichnung $\mathsf{D}(z, s) = \det\left(z\boldsymbol{I} - w\boldsymbol{f}(s + \lambda - \lambda z)\right)$ eingeführt.

7.1.1.13. Hilfssatz. $\mathsf{D}(z, s)$ besitzt für jedes Paar (w, s) mit $\operatorname{Re} s > 0$ und $|w| \leqq 1$ oder $\operatorname{Re} s \geqq 0$ und $|w| < 1$ genau r Wurzeln im Kreis $|z| \leqq 1$.

7.1.1.14. Bemerkung. Der Vektor $\mathbf{g}(0, w, s)$ kann wegen HS. 7.1.1.13 und der Eigenschaft, daß die erzeugende Funktion in $|z| < 1$ analytisch ist, eindeutig bestimmt werden.

Es sei

$$p_j = \int_0^\infty e^{-\mu_2 u} \frac{(\mu_2 u)^j}{j!} \, dB(u), \qquad j \geqq 0,$$

und $(a_j)_{j=1,\dots,n_2}$ eine durch die Rekursionsbeziehung

$$\begin{aligned} a_0 &= 1, \\ p_0 a_{j+1} &= a_j - \sum_{i=1}^{j} p_i a_{j-i+1} - p_j, \qquad j = 0, \dots, n_2 - 1, \end{aligned} \tag{3}$$

bestimmte Zahlenfolge.

7.1.1.15. Satz (Neuts (1968)). Das Bedienungssystem $M/GI/1/\infty \to M/1/n_2$ mit der Disziplin (B) besitzt genau dann eine stationäre (ergodische) Zustandsverteilung, wenn die Parameter des Systems die Bedingung

$$\frac{1}{\lambda} > \frac{1}{\mu_1} + \frac{\theta_{n_2}}{\mu_2} \tag{4}$$

mit $\theta_{n_2} = \left(\sum_{j=0}^{n_2} a_j \right)^{-1}$ und a_j aus den Formeln (3) erfüllen.

7.1.1.16. Bemerkung. Durch $p^{(n)}(i, l; j, v) = q^{(n)}(i, l; j, v; \infty)$ werden n-Schritt-Übergangswahrscheinlichkeiten einer Markowschen Kette definiert. Falls die Bedingung (4) erfüllt ist, existieren für diese Markowsche Kette die stationären Grenzzustandswahrscheinlichkeiten $p_{(j,v)} = \lim_{n\to\infty} p^{(n)}(i, r; j, v)$ unabhängig von der Anfangsverteilung. Es sei

$$\begin{aligned} \mathbf{g}_v(z) &= \sum_{j=0}^{\infty} p_{j,v} z^j, \qquad |z| \leqq 1, \qquad v = 1, \dots, r, \\ \mathbf{g}^{\mathrm{T}}(z) &= \big(\mathbf{g}_1(z), \dots, \mathbf{g}_r(z)\big), \end{aligned}$$

dann gilt

$$\mathbf{g}^{\mathrm{T}}(z) \big(z\boldsymbol{I} - \boldsymbol{f}(\lambda - \lambda z)\big) = \mathbf{g}^{\mathrm{T}}(0) \, \boldsymbol{h}(z, 0).$$

Unter Verwendung von

$$c_r = \left[\mu_1^{-1} + \lambda^{-1} \sum_i p_{(i,0)} + \mu_2^{-1} \sum_i p_{(i,r)} - (\lambda + \mu_2)^{-1} p_{(0,r)}\right]^{-1}$$

ergeben sich für die Arbeitsweise des Bedienungssystems im Intervall $(0, t]$ für $t \to \infty$ folgende mit Wahrscheinlichkeit Eins geltende asymptotische Aussagen:

(a) Die Blockierungszeit der ersten Etappe ist äquivalent zu

$$\mu_2^{-1} \sum_i p_{(i,r)} c_r t.$$

(b) Die Zeit, die die Forderungen wegen Blockierung der ersten Etappe auf den Bedienungsbeginn warten müssen, ist äquivalent zu (Boxma (1979a, b))

$$\left(\mu_2^{-1} \sum_i p_{(i,r)} - (\lambda + \mu_2)^{-1} p_{(0,r)}\right) c_r t.$$

(c) Die Untätigkeitszeit der ersten Etappe ist äquivalent zu

$$\lambda^{-1} \sum_j p_{(0,j)} c_r t .$$

(d) Die Untätigkeitszeit der ersten Etappe bei gleichzeitiger Blockierung ist äquivalent zu $\lambda(\lambda + \mu_2)^{-1} \mu_2^{-1} p_{(0,r)} c_r t$.

(e) Die Anzahl der vom System bedienten Forderungen ist äquivalent zu $c_r t$.

In Neuts (1968) wurden weitere Ergebnisse für die Besetztzeitperiode der ersten Etappe erhalten.

7.1.1.3. System M/GI/1/∞ → /GI/1/0 mit Blockierdisziplin

Für diesen Abschnitt seien folgende Bezeichnungen vereinbart:

$N_i(t)$ — Anzahl der Forderungen vor dem 1. Gerät ($i = 1$), vor dem 2. Gerät ($i = 2$) bzw. im System ($i = 3$).

$$F(x) = B_1(x)\, B_2(x),$$

$$F_0^*(s) = F_0^*(s, \lambda) = \int_0^\infty \lambda\, e^{-\lambda t}\, dt \int_0^\infty e^{-sx}\, d_x[B_1(x)\, B_2(x + t)],$$

$$f_j = (-1)^j F^{*(j)}(0), \qquad f_1 = \alpha, \qquad f_{0j} = (-1)^j F_0^{*(j)}(0, \lambda), \qquad f_{01} = \beta .$$

7.1.1.3.1. Stationäre Charakteristiken

Die folgenden Resultate sind den Arbeiten von Suzuki (1964), Avi-Itzhak/Yadin (1965) und Chang (1975) entnommen. In diesen Artikeln wird $\varrho = \lambda\alpha < 1$ als Bedingung für die Existenz stationärer Zustandswahrscheinlichkeiten angegeben. Mit $(\tilde{T}_{1,j}, j \geqq 1)$ wird die Folge der Abgangsmomente aus der ersten Etappe bezeichnet, $\tilde{T}_{1,0} = 0$ und $\tilde{N}_{2,j} = N_2(\tilde{T}_{1,j} + 0)$.

(a) *Verteilung der Schlangenlänge:* Seien p_i und $p_{(i,k)}$ die stationären Wahrscheinlichkeiten der Markowschen Kette $(\tilde{N}_{2,j})$ bzw. des Prozesses $(N_k(t))$ und

$$\mathfrak{g}_k(z) = \sum_{i=0}^\infty p_{(i,k)} z^i \;(|z| \leqq 1), \qquad k = 1, 2, 3.$$

Es gilt

$$p_i = p_{(i,2)} \;(i \geqq 0), \qquad p_{(i,1)} = p_{(i+1,2)} \;(i \geqq 1), \qquad p_{(0,1)} = p_{(0,2)} + p_{(1,2)} .$$

Für die erzeugenden Funktionen ergibt sich

$$\mathfrak{g}_1(z) = p_0 \frac{F_0^*(\lambda - \lambda z) - F^*(\lambda - \lambda z) + z - 1}{z - F^*(\lambda - \lambda z)},$$

$$\mathfrak{g}_2(z) = p_0 \frac{z F_0^*(\lambda - \lambda z) - F^*(\lambda - \lambda z)}{z - F^*(\lambda - \lambda z)},$$

$$\mathfrak{g}_3(z) = B_2^*(\lambda - \lambda z)\, \mathfrak{g}_2(z),$$

wobei $p_0 = p_{(0,2)} = \dfrac{1 - \varrho}{1 - \varrho + \lambda\beta}$.

(b) *Verteilung der Wartezeit und Verweilzeiten:* Für die L.-S.-T. bzw. Erwartungswerte der Wartezeit- bzw. Verweilzeitverteilungen gilt:

$$W_1^*(s) = \frac{1-\varrho}{1-\varrho+\lambda\beta} \frac{s+\lambda F_0^*(s) - \lambda F^*(s)}{\lambda - s - \lambda F^*(s)},$$

$$V_1^*(s) = \frac{1-\varrho}{1-\varrho+\lambda\beta} \frac{(\lambda - s) F_0^*(s) - \lambda F^*(s)}{\lambda - s - \lambda F^*(s)},$$

$$V^*(s) = V_1^*(s) B_2^*(s),$$

$$\mathsf{E}W_1 = \frac{\lambda f_{02} + \lambda^2 \beta f_2/(1-\varrho)}{2(1-\varrho+\lambda\beta)},$$

$$\mathsf{E}V_1 = \frac{\lambda f_{02} + \beta(2 + \lambda^2 f_2/(1-\varrho))}{2(1-\varrho+\lambda\beta)},$$

$$\mathsf{E}V = \mathsf{E}V_1 + b_2.$$

Gemäß der Little-Formel (↑ [11.2.1]) erhält man aus den letzten drei Formeln durch Multiplikation mit λ die mittlere Schlangenlänge in der ersten Etappe bzw. mittlere Forderungenanzahl in der ersten Etappe bzw. mittlere Forderungenanzahl im System.

In den folgenden speziellen Systemen bezeichnet b_{max} das Maximum der Bedienungszeiten aus der ersten (b_1) und zweiten Etappe (b_2).

(c) *Das System* M/D/1/∞ → /D/1/0: Die Ergebnisse hierzu sind der Arbeit Avi-Itzhak/Yadin (1965) entnommen. $\varrho = \lambda \cdot b_{max} < 1$ ist die Bedingung für die Existenz der stationären Zustandswahrscheinlichkeiten. Für die mittlere Verweildauer im System gilt

$$\mathsf{E}V = b_1 + b_2 + \frac{1}{2} \lambda b_{max}^2/(1-\varrho),$$

die mittlere Forderungenanzahl im System ist gleich

$$\mathsf{E}N = \varrho_1 + \varrho_2 + \frac{\frac{1}{2}\varrho^2}{1-\varrho}$$

mit $\varrho_i = \lambda b_i$, $i = 1, 2$.

(d) *Das System* M/M/1/∞ → /M/∞: Die stationären Zustandswahrscheinlichkeiten existieren, falls

$$\varrho_1 + \varrho_2 - \frac{\varrho_1\varrho_2}{\varrho_1+\varrho_2} < 1,$$

wobei $\varrho_i = \lambda/\mu_i$ ist ($i = 1, 2$). Ausgehend von ϱ_1 ($0 < \varrho_1 < 1$) kann ϱ_2 im Intervall

$$0 < \varrho_2 < \frac{1}{2}(1-\varrho_1)\left(1 + \sqrt{\frac{1+3\varrho_1}{1-\varrho_1}}\right)$$

liegen.

Die mittlere Verweilzeit im System ist gleich

$$\mathsf{E}V = \frac{(\varrho_1+\varrho_2)^3 - 2\varrho_1^2\varrho_2^2(\varrho_1+\varrho_2)}{\lambda(\varrho_1+\varrho_2+\varrho_1\varrho_2)(\varrho_1+\varrho_2-\varrho_1^2-\varrho_2^2-\varrho_1\varrho_2)}.$$

Hieraus ergibt sich nach der Little-Formel (↑ [11.2.1]) auch die mittlere Forderungenanzahl im System. Für $\varrho_1 = \varrho_2$ gilt dann insbesondere

$$\mathsf{E}N = 2\varrho_1(2 - \varrho_1^2)/(2 + \varrho_1)(2 - 3\varrho_1).$$

Von AVI-ITZHAK/YADIN (1965) wurde ebenfalls gezeigt, daß bei exponentialverteilter bzw. konstanter Bedienungszeit die stationären Verteilungen der Verweilzeit im System unabhängig von der Reihenfolge der Etappen ist. Bei konstanter Bedienungszeit und entsprechender Reihenfolge kommt es zwischen den Etappen zu keiner Verzögerung und die stationäre Verteilung der Verweilzeit V im System ist durch die Verteilung der Verweilzeit $V_{\max}$ im System M/D/1/∞ mit der Bedienungszeit $b_{\max}$ gegeben, wobei $V = V_{\max} + \min\{b_1, b_2\}$. Falls die Bedienungszeit exponentialverteilt ist, dann ist die Verzögerung zwischen den Etappen besonders groß, wenn ϱ_1 wesentlich von ϱ_2 abweicht, und minimal für $\varrho_1 = \varrho_2$. Es wurde ebenfalls gezeigt, daß sich bei Einführung eines Zwischenwarteraumes die Verweilzeit einer Forderung im System im Falle exponentialverteilter Bedienungszeiten verringert und unverändert bleibt für konstante Bedienungszeiten.

In BURKE (1964) wird gezeigt, daß die stationäre Verteilung der Wartezeit für die einzelnen Etappen Verteilungen abhängiger Zufallsgrößen sind, hingegen sind die Verweilzeiten unabhängig (REICH (1963)).

7.1.1.3.2. Instationäre Charakteristiken

Die vorliegenden Ergebnisse gehen auf PRABHU (1967) zurück.

(a) *Anzahl der Forderungen im System:* Es sei

$$p_{(i,j)}(t) = \mathsf{P}(X_2(t) = i,\ Y_2(t) = j),$$

$$\mathsf{G}(z, w, s) = \int_0^\infty e^{-st}\,dt \sum_{i=0}^\infty \sum_{j=0}^1 z^i w^j p_{(i,j)}(t) \qquad (s > 0,\ |z| < 1,\ |w| < 1).$$

Dann gilt $\mathsf{G}(z, w, s) = \mathsf{G}_0(z, s) + w\mathsf{G}_1(z, s)$ mit

$$\mathsf{G}_0(z, s) = \big((s + \lambda)\, B_2^*(\gamma) - \lambda z[F_0^*(\gamma, s + \lambda) + \big(F^*(\gamma) - B_2^*(\gamma)\big)\, F_0^{**}]\big)/\beta\gamma,$$

$$\mathsf{G}_1(z, s) = \big(1 - B_2^*(\gamma)\big)\,(s + \lambda + \lambda z F_0^*)/\beta\gamma$$

wobei $\beta := \beta(z, s) = s + \lambda - \lambda F_0^*(\eta, s + \lambda)$, $\gamma := \gamma(z, s) = s + \lambda(1 - z)$ und

$$F_0^{**} = F_0^{**}(z, s) = \big[F_0^*\big(\gamma(z, s), s + \lambda\big) - F_0^*(\eta, s + \lambda)\big]\big/\big(z - F^*\big(\gamma(z, s)\big)\big)$$

gesetzt wurde. $\eta = \eta(s)$ ist die einzige Lösung der Gleichung $\eta = s + \lambda - \lambda F^*(\eta)$ mit $\eta(\infty) = \infty$.

(b) *Wartezeit:* Es bezeichne $W(x, y, t) = \mathsf{P}\big(W_1(t) \leqq x,\ V_1(t) \leqq y\big)$ und

$$W^*(\theta, \sigma, s) = \int_0^\infty e^{-st}\,dt \int_0^\infty\int_0^\infty e^{-\theta x - \sigma y}\, d_{xy} W(x, y, t).$$

Dann gilt

$$W^*(\theta, \sigma, s) = \left[F_0^*(\sigma, s + \lambda) + \lambda F^*(\sigma)\, \frac{F_0^*(\theta, s + \lambda) - F_0^*(\eta, s + \lambda)}{s - \theta + \lambda - \lambda F^*(\theta)}\right]\Big/\beta.$$

(c) *Besetztzeitperiode des Bedienungssystems:* Vorausgesetzt wird, daß zum Zeitpunkt $t = 0$ eine Forderung ihre Bedienung in der zweiten Etappe beginnt und die erste Etappe frei ist. $U_0^{(1)}$ sei in der ersten Etappe die Untätigkeitszeit, die zum Zeitpunkt $t = 0$ beginnt. Die in der ersten Etappe als nächstes eintreffende Forderung beginnt in der ersten Etappe die Besetztzeit S, die beendet wird durch den Abgang der letzten Forderung aus der zweiten Etappe. $Z = U_0^{(1)} + S$ stellt die Besetztzeitperiode des Systems dar. Für diese gilt

$$\mathsf{E}\, e^{-sZ} = \frac{\lambda}{\lambda + s} F_0^*(\eta, s + \lambda).$$

7.1.1.4. System $M^{GI}/GI/1/\infty \to /GI/1/0$ mit Blockierdisziplin und Gruppenankünften

Vorausgesetzt wird die Ankunft in Gruppen gemäß einem Poissonschen Forderungenstrom der Intensität λ. Jede Gruppe besteht mit Wahrscheinlichkeit f_m aus m Forderungen ($m = 1, \ldots, n$). Es sei $\mathfrak{g}_f(z) = \sum_{m=1}^{n} f_m z^m$ und m_1 und m_2 das erste und zweite Moment der Zufallsgröße, die die Gruppenstärke angibt; α, β, F_0^* und F^* seien wie in [7.1.1.3] definiert. Die stationären Zustandsverteilungen existieren, falls $\mathsf{m}_1 \lambda \alpha < 1$ (CHANG (1975)).

(a) *Verteilung der Schlangenlänge:* $N_1(t)$ gebe zum Zeitpunkt t die Anzahl der Forderungen in der ersten Etappe einschließlich der u. U. vorhandenen blockierenden Forderung an. $(\tilde{T}_{1,n}, n \geqq 1)$ sei die Folge der Abgangsmomente aus der ersten Etappe, $\tilde{T}_{1,0} = 0$, $\tilde{N}_{1,n} = N_1(\tilde{T}_{1,n} + 0)$. $(\tilde{p}_i)$ sind die stationären Zustandswahrscheinlichkeiten der Markowschen Kette $(\tilde{N}_{1,n})$ und

$$\tilde{\mathfrak{g}}(z) = \sum_{i=0}^{\infty} \tilde{p}_i z^i, \qquad |z| \leqq 1.$$

Falls die stationären Zustandswahrscheinlichkeiten existieren, gilt für sie

$$\tilde{p}_0 = \frac{1 - \mathsf{m}_1 \lambda \alpha}{\mathsf{m}_1 (1 - \lambda \alpha - \lambda \beta)},$$

$$\tilde{\mathfrak{g}}(z) = \frac{\tilde{p}_0 \left[\mathfrak{g}_f(z)\, F_0^*\big(\lambda - \lambda \mathfrak{g}_f(z)\big) - F^*\big(\lambda - \lambda \mathfrak{g}_f(z)\big)\right]}{z - F^*\big(\lambda - \lambda \mathfrak{g}_f(z)\big)}.$$

(b) *Verteilung der Wartezeit:* $W_1(x)$ sei die Verteilung der Wartezeit einer beliebigen in der ersten Etappe ankommenden Gruppe von Forderungen. Die L.-S.-T. $R^*(s)$ und $U^*(s)$ seien wie folgt definiert:

$$R^*(s) = \sum_{m=1}^{n} f_m [F^*(s)]^m,$$

$$U^*(s) = \sum_{m=1}^{n} f_m F_0^*(s)\, [F^*(s)]^{m-1}.$$

Dann ergibt sich

$$W_1^*(s) = \frac{(1 - \mathsf{m}_1 \lambda \alpha)\big(\lambda\big(U^*(s) - R^*(s)\big) - s U^*(s)\big)}{(1 - \lambda \alpha + \lambda \beta)\big(\lambda - s - \lambda R^*(s)\big)}.$$

Die mittlere Verweilzeit einer Gruppe von Forderungen im System ist somit gegeben durch $-W_1^{*\prime}(0) + b_2$.

7.1.1.5. System $E_k/GI/1/\infty \to /GI/1/0$ mit Blockierdisziplin

Es bezeichne

$$F(x) = B_1(x)\,B_2(x), \qquad F(x,t) = B_1(x)\,B_2(x+t),$$

$$F_{k-j}(x) = \int_0^\infty \lambda\, e^{-\lambda t}[(\lambda t)^{k-j+1}/(k-j+1)!]\, d_tF(x,t) \qquad (j = 0, \ldots, k-1),$$

wobei k und λ die Parameter der Erlang-Verteilung sind,

$$\alpha = \int_0^\infty x\, dF(x), \qquad \alpha_{k-j} = \int_0^\infty x\, dF_{k-j}(x) \qquad (j = 0, \ldots, k-1).$$

$N_2(t)$ gibt die Anzahl der Forderungen in der zweiten Etappe zum Zeitpunkt t an, $(\tilde{T}_{1,n}, n \geqq 1)$ sei die Folge der Abgangsmomente aus der ersten Etappe, $\tilde{N}_{2,n} = N_2(\tilde{T}_{1,n} + 0)$. Für die Markowsche Kette $(\tilde{N}_{2,n})$ gab Chang (1973) die stationären Zustandswahrscheinlichkeiten und die Verteilung der Wartezeit einer Forderung an, indem er zu dem dazu äquivalenten Bedienungssystem vom Typ $M/GI/1/\infty$ mit der Eingangsintensität λ und einer Bedienung in Gruppen der Stärke k überging. Hierbei hängt die Bedienungszeitlänge der $(n+1)$-ten Gruppe von der Schlangenlänge $N_{w,n}$ zum Zeitpunkt der Beendigung der Bedienung der n-ten Gruppe ab und besitzt die Verteilungsfunktion $F(x)$ falls $N_{w,n} \geqq k$ und $F_{k-j}(x)$ falls $N_{w,n} = j < k$.

(a) *Verteilung der Schlangenlänge:* $(\tilde{p}_i)$ seien die stationären Zustandswahrscheinlichkeiten der Markowschen Kette $(\tilde{N}_{2,n})$ und

$$\mathfrak{g}(z) = \sum_{i=0}^\infty \tilde{p}_i z^i, \qquad |z| \leqq 1.$$

Unter der Bedingung $\lambda\alpha < k$, die die Existenz der stationären Zustandswahrscheinlichkeiten sichert, gilt nach Chang (1973)

$$\mathfrak{g}(z) = \frac{\sum_{j=0}^{k-1} \tilde{p}_j[z^k F^*_{k-j}(\lambda - \lambda z) - z^j F^*(\lambda - \lambda z)]}{z^k - F^*(\lambda - \lambda z)},$$

wobei sich $(\tilde{p}_i)$ aus dem Gleichungssystem

$$\sum_{j=0}^{k-1} \tilde{p}_j[z_i{}^j - F^*_{k-j}(\lambda - \lambda z_i)] = 0 \qquad (i = 1, \ldots, k-1),$$

$$\sum_{j=0}^{k-1} \tilde{p}_j(k + \lambda\alpha_{k-j} - \lambda\alpha - j) = k - \lambda\alpha$$

ergibt mit den Wurzeln z_i $(i = 1, \ldots, k-1)$, $|z_i| < 1$, der Gleichung

$$z^k - F^*(\lambda - \lambda z) = 0.$$

(b) *Verteilung der Wartezeit:* Unter der Bedienungsdisziplin FCFS bezeichnen $W_1(x)$, $V_1(x)$ und $V(x)$ die Verteilungsfunktionen der stationären Wartezeitverteilung einer Forderung in der ersten Etappe, der stationären Verweilzeit einer Forderung in der ersten Etappe bzw. der stationären Verweilzeit einer Forderung im System. Dann gilt

$$W_1^*(s) = \frac{\sum_{j=0}^{k-1} \tilde{p}_j[(\lambda - s)^k - \lambda^{k-j}(\lambda - s)^j + \lambda^k F_{k-j}^*(s) - \lambda^k F^*(s)]}{(\lambda - s)^k - \lambda^k F^*(s)},$$

$$V_1^*(s) = \frac{\sum_{j=0}^{k-1} \tilde{p}_j[(\lambda - s)^k F_{k-j}^*(s) - \lambda^{k-j}(\lambda - s)^j F^*(s)]}{(\lambda - s)^k - \lambda^k F^*(s)},$$

$$V^*(s) = V_1^*(s)\, B_2^*(s)$$

(Chang (1973)). In der angeführten Arbeit demonstriert der Autor an einem Zahlenbeispiel, daß das System mit einem rekurrenten Eingangsstrom, dessen Abstände eine Erl $(2, \lambda)$-Verteilung besitzen, bessere Charakteristiken (kleinere mittlere Schlangenlänge, kleinere mittlere Wartezeit usw.) im Vergleich mit einem Poissonschen Eingangsstrom gleicher Intensität besitzt. Für den Fall, daß die Bedienungszeiten in beiden Etappen exponentialverteilt sind, haben Nishida/Watada (1969) die stationären Zustandswahrscheinlichkeiten des Markowschen Prozesses, der das System beschreibt, angegeben.

7.1.2. Bedienungssysteme mit beschränkter Kapazität in der ersten und unbeschränkter Kapazität in der zweiten Etappe

7.1.2.1. System M/GI/1/n_1 → /M/1/∞

$(\tilde{T}_{1,n}, n \geqq 1)$ bezeichnet die Folge der Abgangszeitpunkte der Forderungen aus der ersten Etappe und $N_i(t)$ die Anzahl der Forderungen in der i-ten Etappe. $\left(\tilde{N}_n = \left(N_1(\tilde{T}_{1,n} + 0), N_2(\tilde{T}_{1,n} - 0)\right), n \geq 1\right)$ bildet dann eine eingebettete Markowsche Kette mit dem Zustandsraum $\mathcal{G} = \{(i, j) : i = 0, \ldots, n_1;\ j = 0, 1, \ldots\}$. $p_{(i,j)}$ seien die stationären Zustandswahrscheinlichkeiten für (i, j),

$$\psi_i(z) = \int_0^\infty e^{-\lambda x} \frac{(\lambda x)^i}{i!} e^{-\mu_2 x(1-z)}\, dB_1(x),$$

$$d(i, j) = \begin{cases} \int_0^\infty e^{-\lambda x} \frac{(\lambda x)^{j+1-i}}{(j + 1 - i)!}\, dB_1(x), & i = 1, \ldots, j + 1;\ j = 0, \ldots, n_1, \\ \int_0^\infty e^{-\lambda x} \frac{(\lambda x)^j}{j!}\, dB_1(x), & i = 0,\ j \geq 0, \\ 0, & \text{sonst.} \end{cases}$$

Mit Hilfe der Koeffizienten γ_{n_1} von y^{n_1-2} in der Zerlegung von

$$\left[-y + \int_0^\infty \exp\left(-\lambda x(1 - y)\right) dB_1(x)\right]^{-1}$$

in eine Potenzreihe definiert PEARCE (1971) folgende Bedingung

$$\mu_2^{-1} < \mathsf{E}B_1 + 1/(\lambda\gamma_{n_1}). \tag{1}$$

7.1.2.1. Satz (PEARCE (1971)). Bei Erfüllung der Bedingung (1) besitzen die stationären Zustandswahrscheinlichkeiten $p_{(i,j)}$ die Gestalt

$$p_{(i,j)} = \sum_{l=1}^{n_1} f(l)\, a_i(l)\, z_l^j + \delta_{j0} f(l) \left[\delta_{i0} - \frac{\lambda}{\lambda + \mu_2}\, \delta_{i1}\right] \qquad (i = 0, \ldots, n_1;\ j \geqq 0), \tag{2}$$

wobei sich die Größen $a_i(l)$ $(i = 0, \ldots, n_1)$ für feste l $(l = 1, \ldots, n_1)$ bis auf einen skalaren Faktor aus dem Gleichungssystem

$$a_i(l)\, z_l = \sum_{j=0}^{i} a_{i+1-j}\psi_j + \frac{\lambda a_0(l)\, \psi_i(z_l)}{\lambda + \mu_2(1 - z_l)} \qquad (i = 0, \ldots, n_1 - 1),$$

$$a_{n1}(l)\, z_l = \sum_{j=1}^{n_1} a_j(l) \sum_{s=n_1-j+1}^{\infty} \psi_s(z_l) + \frac{\lambda a_0(l)}{\lambda + \mu_2(1 - z_l)} \sum_{j=n_1}^{\infty} \psi_j(z_l)$$

bestimmen lassen; die Konstante $f(l)$ wird so gewählt, daß die entsprechend der Formel (2) bestimmten stationären Zustandswahrscheinlichkeiten $p_{(i,j)}$ dem Gleichungssystem

$$\sum_{j=0}^{\infty} p_{(i,j)} = \sum_{l=0}^{i+1} \sum_{j=0}^{\infty} p_{(l,j)}\, d(l, i) \qquad (i = 0, \ldots, n_1 - 1),$$

$$\sum_{j=0}^{\infty} p_{(n_1,j)} = \sum_{l=0}^{n_1} \sum_{j=0}^{\infty} p_{(l,j)} \sum_{s=n}^{\infty} d(l, s)$$

genügen.

Ähnliche Ergebnisse für das System $\mathrm{M/GI}/1/n_1 \to /\mathrm{E}_k/1/\infty$ und $\mathrm{GI/M}/1/n_1 \to /\mathrm{M}/1/\infty$ enthält PEARCE (1971) bzw. eine unveröffentlichte Arbeit von PEARCE, die z. B. JAKUSCHEW (1973) zitiert.

7.1.2.2. System M/M/s/0 → /M/1/∞ mit vom Zustand der ersten Etappe abhängendem Eingangsstrom

(a) *System* $\mathrm{M/M}/s/0 \to \mathrm{M}/1/\infty$: Vorausgesetzt wird, daß die Intensität des eintreffenden Poissonschen Forderungenstromes $\lambda_i = \lambda(s - i)$ bei i Forderungen in der ersten Etappe ist; die Bedienungsintensität in der ersten Etappe sei μ_1, in der zweiten Etappe erfolgt die Bedienung gemäß FCFS. Ein solches Bedienungssystem kann durch den homogenen Markowschen Prozeß $(\boldsymbol{N}(t), t \geqq 0)$ mit dem Zustandsraum

$$\mathcal{G} = \{(i, j) : i = 0, \ldots, s;\ j = 0, 1, \ldots\}$$

beschrieben werden, wobei (i, j) bedeutet, daß i Forderungen in der ersten und j in der zweiten Etappe vorhanden sind. Die stationären Zustandswahrscheinlichkeiten seien $p_{(i,j)}$. Es bezeichne

$$c_{is}(z) = \mu_2(z - 1) \left[u_{s-i-1}(z) \sum_{k=0}^{i} (\lambda z)^{i-k}\, d_{k-1}(z)\, p_{(k,0)} + d_{i-1}(z) \sum_{k=i+1}^{s} (\mu_1 z^2)^{k-i} \right.$$
$$\left. \times\, u_{s-k-1}(z)\, p_{(k,0)}\right] \qquad (i = 0, \ldots, s)$$

mit $u_i(z) = u_{is}(z)$ und $d_i(z) = d_{is}(z)$ aus den Rekurrenzbeziehungen

$$\begin{aligned}
&u_{-1}(z) = 1,\\
&u_i(z) = \alpha_{s-i}(z)\, u_{i-1}(z) - i(s - i + 1)\, \lambda\mu_1 z^3 u_{i-2}(z) \qquad (i = 0, \ldots, s),\\
&d_{-1}(z) = 1,\\
&d_i(z) = \alpha_i(z)\, d_{i-1}(z) - i(s - i + 1)\, \lambda\mu_1 z^3 d_{i-2}(z) \qquad (i = 0, \ldots, s)
\end{aligned}$$

und $\alpha_i(z) = (\lambda_i + i\mu_1)\, z + \mu_2(z - 1)$.

Aus Botscharow (1980) werden die folgenden Resultate wiedergegeben.

7.1.2.2. Satz. Die Bedingung

$$(\lambda\mu_1 s)/\big(\mu_2(\lambda + \mu)\big) < 1 \tag{3}$$

ist notwendig und hinreichend für die Existenz der stationären Zustandswahrscheinlichkeiten $p_{(i,j)}$.

7.1.2.3. Satz. Gilt (3), so sind alle Wurzeln des Polynoms $d_s(z)$ reell, positiv, verschieden voneinander, und $d_s(z)$ besitzt in [0, 1] genau s Wurzeln.

Sei z_k die k-te Wurzel des Polynoms $d_n(z)$ $(z_{k+1} > z_k)$ und $q_{i,j}$ der Koeffizient bei z^j im Polynom $q_i(z)$, welches sich aus

$$\frac{c_{is}(z)}{d_s(z)} = \frac{n_i(z)}{d_s(z)} + q_i(z) \qquad (i = 0, \ldots, s)$$

ergibt, wobei der Grad von $n_i(z)$ kleiner als der von $d_s(z)$ ist.

7.1.2.4. Satz. Gilt (3), so lassen sich die stationären Zustandswahrscheinlichkeiten $p_{(i,j)}$ folgendermaßen bestimmen:

(i) $p_{(i,0)}$ $(i = 0, \ldots, s)$ aus dem Gleichungssystem

$$\sum_{k=0}^{s} (\lambda z_j)^{s-k}\, (s - k)!\, d_{k-1}(z_j)\, p_{(k,0)} \qquad (j = 1, \ldots, s),$$

$$\mu_2(\lambda + \mu_1) \sum_i p_{(i,0)} = \mu_2(\lambda + \mu_1) - s\lambda\mu_1;$$

(ii) $p_{(i,j)}$ $(i = 0, \ldots, s,\ j \geqq 1)$ aus den Formeln $(m, j \geqq 1)$

$$p_{(2m,j)} = \sum_{k:z_k>1} r_{2m,k} z^{-(j+1)} + 1_{\mathbb{N}}(l - m + 1 - j)\, q_{2m,j},$$

$$p_{(2m-1,j)} = \sum_{k:z_k>1} r_{2m-1,k} z_k^{-(j+1)} + 1_{\mathbb{N}}(l - m - j - 1)\, q_{2m-1,j}$$

wobei l mit s durch $s = 2l$ oder $s = 2l + 1$ zusammenhängt und

$$r_{i,k} = -n_i(z_k)/d_n'(z_k)$$

ist.

Zur praktischen Berechnung der stationären Wahrscheinlichkeiten $p_{(i,j)}$ bestimme man der Reihe nach die Koeffizienten der Polynome $u_i(z)$ und $d_i(z)$; die Wurzeln von $d_s(z)$; $p_{(i,0)}$; die Koeffizienten der Polynome $c_{is}(z)$, $n_i(z)$ und $q_i(z)$; die Größen $r_{i,k}$ für solche k, wo $z_k > 1$ ist, und schließlich $p_{(i,j)}$ $(j \geqq 1)$.

Zur Kontrolle bedient man sich der Engsetschen Formel

$$\sum_i p_{(i,j)} = \frac{\binom{s}{i} \varrho_1{}^i}{(1+\varrho_1)^s}, \qquad \varrho_1 = \frac{\lambda}{\mu_1},$$

welche die stationären Zustandswahrscheinlichkeiten der ersten Etappe unabhängig von der zweiten Etappe bestimmt.

(b) *System* M/M/1/0 → /M/1/∞: Falls die Bedingung $\lambda\mu_1 < \mu_2(\lambda + \mu_1)$ erfüllt ist, dann haben die stationären Zustandswahrscheinlichkeiten $p_{(i,j)}$ (Stange (1962)) die Gestalt

$$p_{(i,j)} = \begin{cases} \varrho_2{}^{-1} c_0 z_0 & \text{für} \quad i = j = 0, \\ c_i z_0{}^j & \text{sonst} \end{cases}$$

mit

$$\varrho_2 = \frac{\lambda}{\mu_2}, \qquad z_0 = \left(\beta - \sqrt{\beta - 4\varrho_1}\right)/(2\gamma),$$

$$c_0 = \frac{\gamma\varrho_1}{1+\varrho_1} \cdot \frac{1-z_0}{\varrho_1 - \gamma z_0}, \qquad c_1 = \frac{\gamma z_0}{1-\gamma z_0}\, c_0,$$

$$\gamma = \frac{\mu_2}{\mu_1}, \qquad \beta = 1 + \varrho_1 + \gamma.$$

Die mittlere Schlangenlänge in der zweiten Etappe, die mittlere Anzahl der Forderungen im System und die Intensität des Abgangsprozesses für das System η sind gleich

$$\mathsf{E}N_{w,2} = \frac{\varrho_2}{1+\varrho_1} \cdot \frac{z_0}{1-z_0}, \qquad \mathsf{E}N = q_1 + \varrho_2 \frac{1+\gamma}{1+\varrho_1}, \qquad \eta = \frac{\lambda}{1+\varrho_1}.$$

7.1.3. Markowsche Bedienungssysteme endlicher Kapazität

In diesem Abschnitt werden Tandemsysteme betrachtet, die durch Markowsche Prozesse mit endlich vielen Zuständen beschrieben werden können. Eine genauere Kennzeichnung der Markowschen Bedienungssysteme und die Angabe der entsprechenden Bedingungen erfolgt in [7.1.3.1]. Die stationären Kenngrößen Markowscher Bedienungssysteme werden in der Regel aus Gleichungssystemen gewonnen, deren Ordnung unmittelbar mit den Strukturparametern des Bedienungssystems verbunden ist (Anzahl der Warteplätze in jeder Etappe, Anzahl der Bedienungsgeräte, Anzahl der Eingangsströme usw., ↑ I, Kap. 5). Die real anzutreffenden Strukturparameter sind häufig jedoch so, daß eine direkte Lösung der Gleichungssysteme auf große rechentechnische Schwierigkeiten stößt: begrenzte Speicherkapazität der Rechenanlage, Rechenzeiten usw. Deshalb erlangten in den letzten Jahren die rekursiven Matrizenmethoden zur Lösung von Gleichungssystemen für Markowsche Tandemsysteme eine besondere Bedeutung (Botscharow/Gromow (1975), Bascharin/Gromow (1978)). Nur für sehr spezielle Fälle bei starken Beschränkungen an die Strukturparameter der Bedienungssysteme wurden Ergebnisse in geschlossener Form erhalten. Zunächst werden Markowsche Bedienungssysteme recht allgemeinen Typs beschrieben und Rechenalgorithmen für die Lösung der entsprechenden Gleichungssysteme angegeben. Danach werden diese Algorithmen zur Berechnung stationärer Kenngrößen einer Reihe von Tandemsystemen unter Exponentialitätsvoraussetzungen angewandt.

7.1.3.1. Beschreibung Markowscher Bedienungssysteme

Es werden Zweiphasenbedienungssysteme untersucht, die durch homogene Markowsche Prozesse $\big(X(t) = \big(X_1(t), X_2(t)\big), t \geqq 0\big)$ mit dem zweidimensionalen Zustandsraum

$$\mathcal{G} = \mathcal{G}_1 \times \mathcal{G}_2, \qquad \mathcal{G}_i = \{0, 1, \ldots, r_i\}, \qquad r_i < \infty \qquad (i = 1, 2)$$

beschrieben werden können. Zustände des Prozesses $\big(X(t)\big)$ sind Paare (i, j) mit $i \in \mathcal{G}_1$, $j \in \mathcal{G}_2$. Unter der Bedingung, daß der Prozeß irreduzibel ist (↑ [I, 3.4]) und die Belastungsparameter endlich sind, existieren eindeutige positive stationäre Zustandswahrscheinlichkeiten $p_{(i,j)}$ $(i \in \mathcal{G}_1, j \in \mathcal{G}_2)$. Für feste $j \in \mathcal{G}_2$ werden Vektoren

$$\boldsymbol{p}_j^{\mathrm{T}} = (p_{(0,j)}, p_{(1,j)}, \ldots, p_{(r_1,j)})$$

eingeführt. Die Klasse der betrachteten Bedienungssysteme ist folgendermaßen eingeschränkt: $\big(X(t)\big)$ ist durch ein Gleichungssystem

$$\begin{aligned} &\boldsymbol{a}_0\boldsymbol{p}_0 + \boldsymbol{c}_1\boldsymbol{p}_1 = \boldsymbol{0}, \\ &\boldsymbol{b}_{j-1}\boldsymbol{p}_{j-1} + \boldsymbol{a}_j\boldsymbol{p}_j + \boldsymbol{c}_{j+1}\boldsymbol{p}_{j+1} = \boldsymbol{0}, \qquad j = 1, \ldots, r_2 - 1, \qquad (1) \\ &\boldsymbol{b}_{r_2-1}\boldsymbol{p}_{r_2-1} + \boldsymbol{a}_{r_2}\boldsymbol{p}_{r_2} = 0 \end{aligned}$$

mit der Normierungsbedingung

$$\boldsymbol{u}^{\mathrm{T}} \sum_{j=0}^{r_2} \boldsymbol{p}_j = 1 \qquad (2)$$

beschreibbar. Die Matrizen $\boldsymbol{a}_j$, $\boldsymbol{b}_j$ und $\boldsymbol{c}_j$ der Ordnung $(r_1 + 1) \times (r_1 + 1)$ stellen Blöcke aus der Matrix der Übergangsintensitäten des Prozesses $\big(X(t)\big)$ dar und setzen sich wie folgt zusammen: Die Matrix $\boldsymbol{b}_j$ widerspiegelt die Übergänge aus der Zustandsmenge $\mathcal{G}_1 \times \{j\}$ in die Menge $\mathcal{G}_1 \times \{j + 1\}$; die Diagonalelemente der Matrix $\boldsymbol{a}_j$ sind die mit negativen Vorzeichen versehenen Intensitäten, mit denen Übergänge aus verschiedenen Zuständen unabhängig von ihrer Ursache passieren, die nichtdiagonalen Elemente geben die Übergangsintensitäten aus $\mathcal{G}_1 \times \{j\}$ in $\mathcal{G}_1 \times \{j\}$ an; durch die Matrix $\boldsymbol{c}_j$ werden die Übergänge aus $\mathcal{G}_1 \times \{j\}$ nach $\mathcal{G}_1 \times \{j - 1\}$ berücksichtigt. Die Einschränkung besagt also, daß das Verhalten des Prozesses $\big(X(t)\big)$ so ist, daß bei beliebigen Veränderungen des Prozesses $\big(X_1(t)\big)$ der Prozeß $\big(X_2(t)\big)$ nur in die Nachbarzustände übergehen kann.

7.1.3.2. Algorithmen zur Berechnung der stationären Zustandswahrscheinlichkeiten eines Markowschen Systems endlicher Kapazität

Das Gleichungssystem (1) wird nach einem Berechnungsalgorithmus von BASCHARIN/GROMOW (1978) gelöst. Drei Fälle sind dabei zu unterscheiden:

(i) die Matrizen $\boldsymbol{c}_j$ sind umkehrbar,
(ii) die Matrizen $\boldsymbol{b}_j$ sind umkehrbar,
(iii) die Matrizen $\boldsymbol{b}_j$ und $\boldsymbol{c}_j$ sind nicht umkehrbar.

7.1.3.1. Satz. Falls die Matrizen $\boldsymbol{c}_j$ umkehrbar sind, erhält man die Lösung von (1) mit der Normierungsbedingung (2) aus den Formeln:

$$\boldsymbol{p}_j = \boldsymbol{w}_j\boldsymbol{p}_0, \qquad j = 1, \ldots, r_2,$$

wobei der Vektor $\boldsymbol{p}_0$ aus dem Gleichungssystem

$$\boldsymbol{h}\boldsymbol{p}_0 = \boldsymbol{e}_1^{\mathsf{T}}$$

gewonnen wird und die Matrizen $\boldsymbol{w}_j$ $(j = 0, \ldots, r_2 + 1)$ den Rekursionsbeziehungen

$$\begin{aligned} &\boldsymbol{w}_0 = \boldsymbol{I}, \qquad \boldsymbol{w}_1 = -\boldsymbol{c}_1^{-1}\boldsymbol{a}_0, \\ &\boldsymbol{w}_{j+1} = -\boldsymbol{c}_{j+1}^{-1}(\boldsymbol{a}_j\boldsymbol{w}_j + \boldsymbol{b}_{j-1}\boldsymbol{w}_{j-1}), \qquad j = 1, \ldots, r_2 - 1, \\ &\boldsymbol{w}_{r_2+1} = \boldsymbol{a}_{r_2}\boldsymbol{w}_{r_2} + \boldsymbol{b}_{r_2-1}\boldsymbol{w}_{r_2-1} \end{aligned} \tag{3}$$

genügen und

$$\boldsymbol{h} = (h_{ij})_{i,j=0,\ldots,r_1}, \qquad h_{ij} = \begin{cases} w_j, & i = 1, \\ w_{ij}, & i \neq 1, \end{cases}$$

aus den Beziehungen

$$\boldsymbol{w} = \sum_{j=0}^{r_2} \boldsymbol{w}_j, \qquad \boldsymbol{u}^{\mathsf{T}}\boldsymbol{w} = (w_0, w_1, \ldots, w_{r_1}), \qquad \boldsymbol{w}_{r_2+1} = (w_{ij})_{i,j=0,\ldots,r_1},$$

errechnet werden $\bigl(\boldsymbol{e}_1 = (1, 0, \ldots, 0)\bigr)$.

Aus S. 7.1.3.1 ergeben sich zwei Folgerungen.

7.1.3.2. Folgerung. Sind sie Wahrscheinlichkeiten $p_{(i,0)}$ $(i \in \mathcal{G}_1)$ bekannt, dann ergeben sich die stationären Zustandswahrscheinlichkeiten aus der Formel

$$\boldsymbol{p}_{j+1} = \boldsymbol{c}_{j+1}^{-1}\left[\boldsymbol{b}_j\boldsymbol{p}_j - \sum_{k=0}^{j} \tilde{\boldsymbol{a}}_k\boldsymbol{p}_k\right], \qquad j = 0, \ldots, r_2 - 1,$$

mit $\tilde{\boldsymbol{a}}_j = \boldsymbol{a}_j + \boldsymbol{b}_j + \boldsymbol{c}_j(1 - \delta_{0j})$, $\quad j = 0, \ldots, r_2 - 1$.

7.1.3.3. Folgerung. Die Matrizen $\boldsymbol{w}_j$, die durch die Beziehungen (3) bestimmt sind, haben folgende Eigenschaften:

$$\begin{aligned} &\boldsymbol{u}^{\mathsf{T}}\boldsymbol{c}_j\boldsymbol{w}_j = \boldsymbol{u}^{\mathsf{T}}\boldsymbol{b}_{j-1}\boldsymbol{w}_{j-1}, \qquad j = 1, \ldots, r_2, \\ &\boldsymbol{u}^{\mathsf{T}}\boldsymbol{w}_{r_2+1} = 0^{\mathsf{T}}. \end{aligned} \tag{4}$$

Die Eigenschaft (4) kann zur Kontrolle für die Berechnung der Matrizen $\boldsymbol{w}_j$ im oben angeführten Algorithmus ausgenutzt werden.

7.1.3.4. Satz. Sind die Matrizen $\boldsymbol{b}_j$ umkehrbar, dann gewinnt man die Lösung des Gleichungssystems (1), (2) auf folgende Weise:

$$\boldsymbol{p}_j = \boldsymbol{v}_j\boldsymbol{p}_{r_2}, \qquad j = 0, \ldots, r_2 - 1,$$

wobei der Vektor $\boldsymbol{p}_{r_2}$ aus dem Gleichungssystem $\boldsymbol{v}\boldsymbol{p}_{r_2} = \boldsymbol{e}_1^{\mathsf{T}}$ gewonnen wird und die $\boldsymbol{v}_j$ aus den Rekursionsformeln

$$\begin{aligned} &\boldsymbol{v}_{r_2} = \boldsymbol{I}, \qquad \boldsymbol{v}_{r_2-1} = -\boldsymbol{b}_{r_2-1}\boldsymbol{a}_{r_2}, \\ &\boldsymbol{v}_{j-1} = -\boldsymbol{b}_{j-1}^{-1}(\boldsymbol{a}_j\boldsymbol{v}_j + \boldsymbol{c}_{j+1}\boldsymbol{v}_{j+1}) \qquad j = r_2 - 1, r_2 - 2, \ldots, 1, \\ &\boldsymbol{v}_{-1} = \boldsymbol{a}_j\boldsymbol{v}_0 + \boldsymbol{c}_1\boldsymbol{v}_1, \\ &\boldsymbol{v} = (v_{i,j})_{i,j=0,\ldots,r_1}, \end{aligned}$$

mit

$$v_{ij} = \begin{cases} j\text{-te Komponente des Vektors } \boldsymbol{u}^\mathrm{T} \sum_{k=0}^{r_2} \boldsymbol{v}_k, & i = 1, \\ (i, j)\text{-tes Element der Matrix } \boldsymbol{v}_{-1}, & i \neq 1. \end{cases}$$

7.1.3.5. Folgerung. Sind die Wahrscheinlichkeiten $p_{(i,0)}$ ($i \in \mathscr{G}_1$) gegeben, dann bestimmt man die restlichen stationären Zustandswahrscheinlichkeiten nach der Formel

$$\boldsymbol{p}_{j-1} = \boldsymbol{b}_{j-1}^{-1}\left(\boldsymbol{c}_j\boldsymbol{p}_j - \sum_{k=j}^{r_2} \boldsymbol{a}_k\boldsymbol{p}_k\right), \qquad j = 1, \ldots, r_2,$$

mit

$$\boldsymbol{a}_j = \boldsymbol{a}_j + \boldsymbol{c}_j + \mathbf{1}_\mathbf{N}(r_2 - j)\, \boldsymbol{b}_j.$$

Falls die Matrizen $\boldsymbol{b}_j$ und $\boldsymbol{c}_j$ nicht umkehrbar sind, dann bedient man sich zur Lösung von (1), (2) des Koskoschen Berechnungsverfahrens (↑ [I, 12.3.2]).

7.1.3.6. Satz. Es sei

$$\boldsymbol{q}_0 = \boldsymbol{a}_0^{-1},$$

$$\boldsymbol{q}_j = (\boldsymbol{a}_j - \boldsymbol{b}_{j-1}\boldsymbol{q}_{j-1}\boldsymbol{c}_j)^{-1}, \qquad j = 1, \ldots, r_2 - 1,$$

$$\boldsymbol{h}_{r_2} = \boldsymbol{I},$$

$$\boldsymbol{h}_j = \boldsymbol{q}_j\boldsymbol{c}_{j+1}\boldsymbol{h}_{j+1}, \qquad j = 0, \ldots, r_2 - 1.$$

Die Lösung von (1), (2) wird dann bestimmt durch

$$\boldsymbol{p}_j = \boldsymbol{h}_j\boldsymbol{p}_{r_2}, \qquad j = 0, \ldots, r_2 - 1,$$

wobei sich der Vektor $\boldsymbol{p}_{r_2}$ aus dem Gleichungssystem

$$(\boldsymbol{a}_{r_2} + \boldsymbol{b}_{r_2-1}\boldsymbol{h}_{r_2-1})\, \boldsymbol{p}_{r_2} = 0, \qquad \boldsymbol{u}^\mathrm{T} \sum_{k=0}^{r_2} \boldsymbol{h}_k\boldsymbol{p}_{r_2} = 1$$

berechnen läßt.

Alle drei angegebenen Algorithmen führen die Lösung des Gleichungssystems der Ordnung $(r_1 + 1)\,(r_2 + 1)$ auf die Lösung eines Gleichungssystems der Ordnung $r_1 + 1$ zurück. Der Algorithmus von S. 7.1.3.6 ist allgemeiner anwendbar als die zuvor angegebenen. Die Matrizen $\boldsymbol{c}_j$ und $\boldsymbol{b}_j$ besitzen jedoch oft eine einfache Gestalt, für solche Fälle sind die Algorithmen aus S. 7.1.3.1 und S. 7.1.3.4 vorzuziehen. Bei den ersten beiden Algorithmen sind während der Berechnung unbedingt drei Matrizen zu speichern, die den variablen Werten von $\boldsymbol{w}_j$ oder $\boldsymbol{v}_j$ und $\boldsymbol{p}_j$ entsprechen. Die Elemente der Matrizen $\boldsymbol{a}_j$, $\boldsymbol{b}_j$ und $\boldsymbol{c}_j$ kann man während der Rechnung überschreiben.

7.1.3.3. Exponentielle Systeme endlicher Kapazität mit Verlustdisziplin

7.1.3.7. Beispiel. Das System $M/M/s_1/n_1 \to /M/s_2/n_2$: Der Zustand $(i, j) \in \mathscr{G}$ bedeutet hier, daß i Forderungen in der ersten Etappe und j Forderungen in der zweiten Etappe vorhanden sind. Ein ähnliches System wurde bez. der stationären Charakteristiken in der Arbeit Botscharow/Gromow (1975) behandelt.

(a) *Stationäre Zustandswahrscheinlichkeiten:* Es wird der Berechnungsalgorithmus von S. 7.1.3.1 herangezogen. Dabei sind

$$\boldsymbol{a}_k = \begin{cases} \boldsymbol{a}_0 - k\mu_2 \boldsymbol{I}, & k = 0, \ldots, s_2, \\ \boldsymbol{a}_{s_2} + \delta_{kr_2}\boldsymbol{b}, & k = s_2 + 1, \ldots, r_2, \end{cases}$$

$$\boldsymbol{b}_{k-1} = \boldsymbol{b}, \qquad \boldsymbol{c}_k = \min\{k, s_2\}\, \mu_2 \boldsymbol{I}, \qquad k = 1, \ldots, r_2,$$

$$\boldsymbol{a}_0 = (a_{ij}) = \left(\delta_{i-1,j}\lambda - \delta_{ij}\left(\min\{i, s_1\}\, \mu_1 - (1 - \delta_{ir_1})\, \lambda\right)\right)_{i,j=0,\ldots,r_1},$$

$$\boldsymbol{b} = (b_{ij}) = (\delta_{i+1,j}\mu_1 \min\{j, s_1\})_{i,j=0,\ldots,r_1}.$$

Zur Kontrolle kann für diesen Algorithmus die Formel

$$\sum_j p_{(i,j)} = p_i, \qquad i = 0, \ldots, r_1,$$

herangezogen werden, wobei p_i die stationären Wahrscheinlichkeiten für die Anwesenheit von i Forderungen in der ersten Etappe unabhängig von der zweiten Etappe sind.

(b) *Verlustwahrscheinlichkeit:* $\mathring{p}_{v,i}$ bezeichne die Verlustwahrscheinlichkeit einer Forderung in der i-ten Etappe ($i = 1, 2$) und $\mathring{p}_v$ die Verlustwahrscheinlichkeit einer Forderung im System. Dann gilt

$$\mathring{p}_{v,1} = \sum_j p_{(r_1,j)} = p_{r_1}$$

(d. h., Übereinstimmung mit der Verlustwahrscheinlichkeit des Systems $M/M/s_1/n_1$),

$$\mathring{p}_{v,2} = \frac{\sum\limits_{i=0}^{r_1} \min\{i, s_1\}\, \mu p_{(i,r_2)}}{\sum\limits_{i=0}^{r_1} \min\{i, s_1\}\, \mu \sum\limits_j p_{(i,j)}},$$

und

$$\mathring{p}_v = 1 - (1 - \mathring{p}_{v,1})\,(1 - \mathring{p}_{v,2}).$$

Insbesondere erhält man für $s_1 = s_2 = 1$

$$\mathring{p}_{v,1} = \frac{(1 - \varrho_1)\, \varrho_1^{r_1}}{1 - \varrho_1^{r_1+1}}, \qquad \mathring{p}_{v,2} = 1 - \frac{\mu_2}{\mu_1} \frac{1 - \sum\limits_i p_{(i,0)}}{1 - \sum\limits_j p_{(0,j)}}.$$

(c) *Einige numerische Ergebnisse:* Auf der Basis numerischer Untersuchungen von Gromow/Naumow (1975) konnte die Aufgabe der optimalen Aufteilung der Warteplätze zur Minimierung der Gesamtverluste oder, was damit gleichbedeutend ist, zur Maximierung der Intensität des Abgangsprozesses für das System gelöst werden. Vorausgesetzt wird, daß $s_1\mu_1 = s_2\mu_2$ und $n_1 + n_2 = r$ gilt. In diesem Fall wird für $\varrho_1 < 1$ eine optimale Verteilung der Warteplätze auf die Etappen, das bedeutet ein minimaler Gesamtverlust, erreicht, wenn $n_1 = n_2$ ist. Bemerkenswert ist die im Bereich $\varrho_1 < 0,8$ und $s_1 = s_2$ gültige Aussage

$$\mathring{p}_v(n_1, n_2) \approx \mathring{p}_v(n_2, n_1), \qquad n_1 + n_2 = r.$$

(d) *Verteilung der Wartezeit:* Unter der Voraussetzung von FCFS in beiden Etappen gilt

$$W_1(x) = (1 - p_1)^{-1} \left(\sum_{i=0}^{s_1-1} \sum_j p_{(i,j)} + \sum_{i=s_1}^{r_1-1} \sum_j p_{(i,j)} \left[1 - \sum_{j=0}^{i-s_1} e^{-s_1\mu_1 x} \frac{(s_1\mu_1 x)^j}{j!} \right] \right), \qquad x \geqq 0,$$

$$W_2(x) = (1 - p_2)^{-1} \left(\sum_{j=0}^{s_2-1} \sum_i \mathring{p}_{(i,j)} + \sum_{j=s_2}^{r_2-1} \sum_i \mathring{p}_{(i,j)} \left[1 - \sum_{k=0}^{j-s_2} e^{-s_2\mu_2 x} \frac{(s_2\mu_2 x)^k}{k!} \right] \right), \qquad x \geqq 0,$$

mit den stationären Zustandswahrscheinlichkeiten $\left(\sum_i \mathring{p}_{(i,j)}, j = 0, \ldots, r_2\right)$ der Markowschen Kette $\left(\mathring{N}_{2,n} = N_2(\mathring{T}_{2,n} - 0), n \geqq 1\right)$, die die Funktionsweise der zweiten Etappe in den Ankunftszeitpunkten $(\mathring{T}_{2,n}, n \geqq 1)$ der Forderungen in der zweiten Etappe beschreibt. Die stationären Zustandswahrscheinlichkeiten $\left(\sum_i \mathring{p}_{(i,j)}\right)$ erhält man aus

$$\sum_i \mathring{p}_{(i,j)} = \frac{\mu_1}{\lambda(1 - \mathring{p}_{v,1})} \sum_{k=0}^{r_1} \min\{k, s_1\} \, p_{(k,j)}, \qquad j = 0, \ldots, r_2.$$

Zur Berechnung von Momenten der Wartezeiten sind ihre L.-S.-T. geeignet:

$$W_1^*(s) = (1 - p_{v,1})^{-1} \left[\sum_{i=0}^{s_1-1} \sum_j p_{(i,j)} + \sum_{i=s_1}^{r_1-1} \left(\frac{s_1\mu_1}{s_1\mu_1 + s} \right)^{i-s_1+1} \right],$$

$$W_2^*(s) = (1 - p_{v,2})^{-1} \left[\sum_{j=0}^{s_2-1} \sum_i \mathring{p}_{(i,j)} + \sum_{j=s_2}^{r_2-1} \sum_i \mathring{p}_{(i,j)} \left(\frac{s_2\mu_2}{s_2\mu_2 + s} \right)^{j-s_2+1} \right].$$

In Botscharow/Gromow (1975) sind weiterhin geschlossene Formeln für die stationären Zustandswahrscheinlichkeiten des Systems $M/M/s/n_1 \to M/1/0$ enthalten.

Das System $M/M/s/n_1 \to /M/1/0$ mit einem zusätzlichen Poissonschen Ankunftsstrom in der zweiten Etappe wurde für $s = 1$ in Taylor (1972) und für $s \geqq 1$ in Gromow (1975) behandelt. Die stationären Zustandswahrscheinlichkeiten konnten dabei in geschlossener Form angegeben werden. Ebenfalls hinsichtlich der stationären Zustandswahrscheinlichkeiten und weiterer stationärer Charakteristiken wurde das System $M/M/1/0 \to /M/s/n_2$ von Wdowin (1965) untersucht.

7.1.3.4. Exponentielle Systeme endlicher Kapazität mit Blockierdisziplin

7.1.3.8. Beispiel. Das System $M/M/1/n_1 \to /M/1/n_2$: Für den das System beschreibenden Markowschen Prozeß $(X(t))$ ist

$$\mathcal{G} = \{(i,j) : i = 0, \ldots, r_1;\ j = 0, \ldots, r_2;\ i = 0, \ldots, r_1 - 1,\ j = r_2 + 1\}$$

der Zustandsraum. Der Zustand (i, j) $(i = 0, \ldots, r_1;\ j = 0, \ldots, r_2)$ bedeutet zu einem bestimmten Zeitpunkt, daß i Forderungen in der ersten und j Forderungen in der zweiten Etappe sind. Die Zustände $(i, r_2 + 1)$ $(i = 0, \ldots, r_1 - 1)$ entsprechen den Blockierungszuständen bei i Forderungen in der ersten Etappe.

(a) *Stationäre Zustandswahrscheinlichkeiten:* Die stationären Zustandswahrscheinlichkeiten findet man für diese Bedienungssysteme mit Hilfe des Algorithmus aus S. 7.1.3.1 (Botscharow/Gromow (1975)). Es sind hierbei

$$a_k = \begin{cases} a_0 - (1 - \delta_{0k})\, \mu_2 I, & k = 0, \ldots, r_2, \\ \tilde{a}, & k = r_2 + 1, \end{cases}$$

$$\boldsymbol{b}_k = \boldsymbol{b}, \quad \boldsymbol{c}_k = \mu_2 \boldsymbol{I}, \quad k = 1, \ldots, r_2,$$

$$\boldsymbol{a}_0 = (a_{ij}) = \left(\lambda\delta_{i-1,j} - \delta_{ij}\left(\mu_1(1-\delta_{0i}) + \lambda(1-\delta_{r_1 i})\right)\right)_{i,j=0,\ldots,r_1},$$

$$\tilde{\boldsymbol{a}} = (\tilde{a}_{ij}) = \left(\lambda\delta_{i-1,j} - \delta_{ij}\left(\mu_2(1-\delta_{r_1 i}) + \lambda(1-\delta_{r_1 i})(1-\delta_{r_1-1,i})\right)\right)_{i,j=0,\ldots,r_1},$$

$$\boldsymbol{b} = (b_{ij}) = (\delta_{i+1,j}\mu_1)_{i,j=0,\ldots,r_1}.$$

(b) *Weitere Wahrscheinlichkeitscharakteristiken des Systems:* $\mathring{p}_v$ sei die Verlustwahrscheinlichkeit, p_b die Blockierwahrscheinlichkeit, p_l die Untätigkeitswahrscheinlichkeit des Bedienungsgerätes der ersten Etappe und η die Intensität des Systemabgangsprozesses. Diese Charakteristiken bestimmt man gemäß

$$\mathring{p}_v = \sum_j p_{(r_1,j)} + p_{(r_1-1,\, r_2+1)}, \qquad p_b = \sum_i p_{(i,r_2+1)},$$

$$p_l = \sum_j p_{(0,j)} + p_b - p_{(0,r_2+1)}, \qquad \eta = \mu_2\left(1 - \sum_i p_{(i,0)}\right).$$

Zur Rechenkontrolle kann man auf die Beziehungen $\lambda(1 - \mathring{p}_v) = \mu_1(1 - p_l)$ und $\lambda(1 - \mathring{p}_v) = \eta$ zurückgreifen.

Tab. 7.1.1. Numerische Charakteristiken für $\lambda = 0{,}6$, $\mu_1 = \mu_2 = 1$ und $n_1 + n_2 = 10$

n_1	$\mathring{p}_v$	P_b	η	$\mathsf{E}N$
0	0,37500	0,00000	0,37500	0,8790
1	0,18369	0,00003	0,48979	1,5215
2	0,09939	0,00040	0,54036	1,9774
3	0,05666	0,00172	0,56600	2,2957
4	0,03361	0,00491	0,57983	2,5146
5	0,02094	0,01130	0,58743	2,6649
6	0,01410	0,02263	0,59153	2,7753
7	0,01076	0,04186	0,59354	2,8791
8	0,00996	0,07554	0,59402	3,0331
9	0,01259	0,13811	0,59244	3,3844
10	0,02876	0,26232	0,58274	4,5123

Für $M/M/1/n_1 \to /M/1/0$ und $\mu_1 = \mu_2$ werden in Botscharow/Gromow (1975) explizite Formeln für stationäre Wahrscheinlichkeitscharakteristiken wie Zustandswahrscheinlichkeiten, Verlustwahrscheinlichkeiten und L.-S.-T. der Wartezeitverteilung in der ersten Etappe hergeleitet. Für $M/M/1/0 \to /M/s/n_2$ wurden für $s = 1$ von Stange (1962) und für $s \geqq 1$ von Wdowin (1965) explizite Formeln für stationäre Zustandswahrscheinlichkeiten, für die Abgangsintensität der bedienten Forderungen, für die mittlere Schlangenlänge in der zweiten Etappe $\mathsf{E}N_{w,2}$ sowie für Erwartungswerte der Anzahl besetzter Bedienungsgeräte und der Verweilzeit im System angegeben.

Tab. 7.1.2. Numerische Charakteristiken für $\lambda = 4$, $\mu_1 = 2$, $\mu_2 = 1$, $s = 2$, $n_2 = 3$

	p_v	η	$\sum_j p_{(0,j)}$	$\mathsf{E}N_{w,2}$	$\mathsf{E}N - \mathsf{E}N_{w,2}$
Untere Schranke	0,577	0,8	0,2	—	1,2
Wahrer Wert	0,674	1,304	0,326	0,410	1,987
Obere Schranke	0,901	1,333	0,333	—	2

7.2. Gesättigte Tandemsysteme mit Blockierdisziplin

In diesem Abschnitt sind Bedienungssysteme zusammengefaßt, an deren Eingang immer genügend Forderungen vorhanden sind, sog. *gesättigte Systeme* (Symbol ST), und deren Bedienung in einer der Etappen gemäß der allgemeinen Verteilungsfunktion $B(t)$ erfolgt, in der anderen Etappe entsprechend einer Erlang-Verteilung mit den Parametern k und μ.

7.2.1. System ST/GI/1 → /E$_k$/1/n_2

Stationäre Charakteristiken dieses Systems wurden von Artamonow/Brechow [1] untersucht, $r = n_2 + 1$.

(a) *Eingebettete Markowsche Kette:* $(\tilde{T}_{1,j}, j \geqq 1)$ sei die Folge der Abgangszeitpunkte von Forderungen aus der ersten Etappe. In den Zeitpunkten $\tilde{T}_{1,j} - 0$ kann die Funktionsweise des Bedienungssystems durch die eingebettete Markowsche Kette $(\tilde{X}_j, j \geqq 1)$ mit dem Zustandsraum

$$\mathcal{G} = \{0, 1, \ldots, i, \ldots, kn_2\}$$

beschrieben werden. Es bedeutet hierbei in $i = kl + m$ ($i \geqq 1$, k ist fest) l die Anzahl der Forderungen in der Schlange zur zweiten Etappe ($l = 0, \ldots, n_2$), $k - m - 1$ die Nummer der fiktiven Etappe, in welcher sich die Forderung befindet, die gerade in der zweiten Etappe bedient wird ($m = 1, \ldots, k$), $i = 0$ entspricht dem Fall, daß die zweite Etappe leer ist. $(\tilde{p}_i)$ seien die stationären Zustandswahrscheinlichkeiten der Markowschen Kette $(\tilde{X}_j)$.

Die stationären Zustandswahrscheinlichkeiten $(\tilde{p}_i)_{i=0,\ldots,kn_2}$ lassen sich folgendermaßen bestimmen:

(i) Aus dem Gleichungssystem

$$\sum_{i=0}^{k-1} q_{ij}\tilde{p}_{k(n_2-1)+i+1} = \delta_{0j} \qquad (j = 0, \ldots, k-1)$$

bestimmt man die Wahrscheinlichkeiten $\tilde{p}_{k(n_2-1)+i}$ $(i = 1, \ldots, k)$.

(ii) Die Wahrscheinlichkeiten $\tilde{p}_i$ $(i = 1, \ldots, kn_2)$ erhält man aus den Rekursionsformeln

$$\tilde{p}_{k(n_2-1)} = \frac{1}{b_0}\left(\tilde{p}_{k(n_2-1)} - \sum_{i=1}^{k} \tilde{p}_{k(n_2-1)+i}\right),$$

$$\tilde{p}_{kn_2-i} = \frac{1}{b_0}\left(\tilde{p}_{kn_2-1} - (1 - \delta_{1i}) \sum_{j=1}^{i-1} b_j\tilde{p}_{kn_2-i+j} - \frac{b_i}{b_0}\,\tilde{p}_{kn_2}\right) \qquad (i = 1, \ldots, kr - 1),$$

(iii)

$$\tilde{p}_0 = 1 - \sum_{i=1}^{kr} p_i,$$

wobei

$$q_{ij} = \frac{1}{b_0}\,(f_{k(n_2-1)+i+1,j} - f_{k(n_2-1),j}),$$

$$b_i = \int_0^\infty \frac{(\mu t)^i\,\mathrm{e}^{-\mu t}}{i!}\,\mathrm{d}B(t), \qquad (i, j = 0, \ldots, k-1),$$

mit

$$f_{-1,j} = 0, \qquad j = 0, \ldots, i-1,$$

$$f_{l,j} = \delta_{0j} + (1 - \delta_{0j})\,(b_{l+j} - \delta_{l+j,k}) - \frac{1}{b_0} \sum_{v=1}^{l} (b_0 - \delta_{v,k})\, f_{l-v,j}, \qquad j = 0, \ldots, k-1.$$

(b) *Stationäre Zustandswahrscheinlichkeiten in beliebigen Zeitpunkten:* Es bezeichne $(p_j)_{j=0,\ldots,r}$ die stationären Zustandswahrscheinlichkeiten für die Anzahl der Forderungen in der zweiten Etappe.

Für die stationären Zustandswahrscheinlichkeiten (p_j) gilt

$$p_j = \sum_{i=1}^{k} \beta_{k(j-1)+i} \qquad (j = 1, \ldots, r), \qquad p_0 = 1 - \sum_{j=1}^{r} p_j$$

mit

$$\beta_{kr+m} = \tilde{p}_{kr+m} \frac{\mu b_1 + m}{\mu \mathsf{E}V} \qquad (m = 1, \ldots, k),$$

$$\beta_i = \tilde{p}_i \frac{b_1}{\mathsf{E}V}$$

und der mittleren Verweilzeit $\mathsf{E}V$ einer Forderung im System, die sich errechnet aus der Formel

$$\mathsf{E}V = b_1 \sum_{i=0}^{kr} \tilde{p}_i + \sum_{i=1}^{k} \left(b_1 + \frac{i}{\mu}\right) \tilde{p}_{kr+i}.$$

Explizite Formeln lassen sich hieraus für die Systeme $\mathrm{ST/E}_k/1 \to /\mathrm{E}_2/1/n_2$ bzw. $\mathrm{ST/E}_k/1 \to /\mathrm{M}/1/n_2$ gewinnen, deren Struktur aber nicht einfacher wird, so daß wir auf ihre Angabe verzichten.

7.2.2. System $\mathrm{ST/E}_k/1 \to /\mathrm{GI}/1/n_2$

Das hier behandelte Bedienungssystem ist zum Bedienungssystem von [7.2.1] dual. Wird es in den Zeitpunkten $\tilde{T}_{2,j} - 0$, wobei $(\tilde{T}_{2,j}, j \geqq 1)$ die Folge der Abgangszeitpunkte der Forderungen aus dem System ist, betrachtet, dann kann es ebenfalls durch eine Markowsche Kette $(\tilde{X}_j, j \geqq 1)$ mit dem Zustandsraum aus (1) in [7.2.1] beschrieben werden. In $i = kl + m$ ist l die Anzahl der wartenden Forderungen in der zweiten Etappe $(l = 0, \ldots, n_2)$ und m die Nummer der Bedienungsetappe, welche gerade die Forderung am Bedienungsgerät der ersten Etappe durchläuft. Der Zustand $i = kr$ mit $r = n_2 + 1$ entspricht dem Fall, daß die erste Etappe blockiert ist. $(\tilde{p}_i)$ seien die stationären Zustandswahrscheinlichkeiten der Markowschen Kette $(\tilde{X}_j)$. Nach Artamonow/Brechow [1] hängen diese stationären Zustandswahrscheinlichkeiten mit denen des dualen Bedienungssystems durch

$$\tilde{p}_i = \tilde{p}_{kr-i} \qquad (i = 0, \ldots, kr)$$

zusammen. Die mittlere Verweilzeit ist durch (3) in [7.2.1] gegeben, d. h., daß die mittlere Verweilzeit des Systems $\mathrm{ST/E}_k/1 \to \mathrm{GI}/1/n_2$ mit dem des Systems $\mathrm{ST/GI}/1 \to \mathrm{E}_k/1/n_2$ zusammenfällt. Auf dieser Grundlage gewinnt man auch Resultate für die Systeme $\mathrm{ST/E}_2/1 \to \mathrm{E}_k/1/n_2$ und $\mathrm{ST/M}/1 \to \mathrm{E}_k/1/n_2$.

7.2.3. System ST/GI(H-Exp (k_1))/1 → /GI(H-Exp (k_2))/1/n_2

Die Bedienungszeitverteilungen haben die Gestalt

$$\begin{aligned} B_1(t) &= 1 - \sum_{i=1}^{k_1} f_i\, e^{-\mu_i t}, \qquad f_i \geqq 0, \qquad \sum_{i=1}^{k_1} f_i = 1, \\ B_2(t) &= 1 - \sum_{j=1}^{k_2} g_j\, e^{-\gamma_j t}, \qquad g_j \geqq 0, \qquad \sum_{j=1}^{k_2} g_j = 1. \end{aligned} \tag{1}$$

Diese Art der Bedienung kann man so interpretieren: Zu Beginn der Bedienung am Gerät der ersten (zweiten) Etappe wird der Typ $i(j)$ der Bedienung mit der Wahrscheinlichkeit $f_i(g_i)$ ausgewürfelt. Diese Bedienungszeit ist exponentialverteilt mit dem Parameter $\mu_i(\nu_j)$, sie wird hier i-(1)-Bedienung (j-(2)-Bedienung) genannt.

Die Funktionsweise des Bedienungssystems kann durch einen homogenen Markowschen Prozeß $\left(X(t), t \geqq 0\right)$ beschrieben werden mit dem Zustandsraum ($r = n_2 + 1$)

$$\begin{aligned} \mathcal{G} = \{&(i, 0),\ i = 1, \ldots, k_1;\ (i, q, j),\ i = 1, \ldots, k_1;\ q = 0, \ldots, n; \\ &j = 1, \ldots, k_2;\ (r, j),\ j = 1, \ldots, k_2\}, \end{aligned}$$

$$|\mathcal{G}| = k_1 k_2 r + k_1 + k_2.$$

Es treten dabei folgende Zustände ein:

(a) $X(t) = (i, 0)$, wenn in der ersten Etappe eine i-(1)-Bedienung abläuft und die zweite Etappe leer ist,

(b) $X(t) = (i, q, j)$, wenn in der ersten Etappe eine i-(1)-Bedienung, in der zweiten Etappe eine j-(2)-Bedienung abläuft und in der Schlange dieser Etappe q Forderungen warten,

(c) $X(t) = (r, j)$, wenn in der zweiten Etappe eine j-(2)-Bedienung abläuft, in der Schlange der zweiten Etappe n Forderungen warten und die erste Etappe blockiert ist.

Folgende Bezeichnungen werden benutzt:

$$\mathsf{E}B_1 = \sum_{i=1}^{k_1} \frac{f_i}{\mu_i}, \qquad \mathsf{E}B_2 = \sum_{j=1}^{k_2} \frac{g_j}{\nu_j}, \qquad \gamma_{s,l} = (\mu_s + \nu_l)^{-1} \qquad (s = 1, \ldots, k_1;\ l = 1, \ldots, k_2),$$

$$\beta_s = \mu_s \sum_{j=1}^{k_2} g_j \gamma_{sl} \qquad (s = 1, \ldots, k_2),$$

$$\varkappa_{sl} = \frac{\mu_s g_l \gamma_{sl}}{1 - \beta_s} \qquad (s = 1, \ldots, k_1;\ l = 1, \ldots, k_2),$$

$$h_{lm}^{(s)} = \delta_{lm} \gamma_{sl} + \varkappa_{sl} \gamma_{sm} \qquad (s = 1, \ldots, k_1;\ l, m = 1, \ldots, k_2),$$

$$w_{lm}^{(s)} = -f_s \nu_m h_{l,m}^{(s)} \qquad (s = 1, \ldots, k_1;\ l, m = 1, \ldots, k_2),$$

$$w_{lm}^{(s,s)} = \delta_{lm} + \varkappa_{sl} + w_{lm}^{(s)} \qquad (s = 1, \ldots, k_1;\ l, m = 1, \ldots, k_2),$$

$$\boldsymbol{h} = \operatorname{diag}(\boldsymbol{h}_1, \boldsymbol{h}_2, \ldots, \boldsymbol{h}_k), \qquad \boldsymbol{w} = (\boldsymbol{w}_{ij})_{i,j=1,\ldots,k_1},$$

$$\tilde{\boldsymbol{w}} = (\tilde{w}_{lm})_{l,m=1,\ldots,k_1 k_2}, \qquad \boldsymbol{z} = (z_{is})_{i,s=1,\ldots,k_1}$$

mit

$$\boldsymbol{h}_s = (h_{lm}^{(s)})_{l,m=1,\dots,k_s} \qquad (s = 1, \dots, k_1),$$

$$\boldsymbol{w}_{ij} = \begin{cases} (w_{lm}^{(i,i)})_{l,m=1,\dots,k_i}, & i = j \quad (i = 1, \dots, k_1) \\ (w_{lm}^{(i)})_{l,m=1,\dots,k_i}, & i \neq j \quad (i = 1, \dots, k_1;\ j = 1, \dots, k_2), \end{cases}$$

dabei erhält man $\tilde{w}$ aus $\tilde{\boldsymbol{w}} = \sum_{q=0}^{n} \boldsymbol{w}^q$ und die Elemente von $\boldsymbol{z}$ aus

$$z_{i,s} = f_i + \mathsf{E}B_2\mu_i \left[\delta_{is} + \sum_{m=1}^{k_1} \sum_{l=1}^{k_s} \tilde{w}_{(i-1)k_1+l,(s-1)k_s+m}\varkappa_{sm}\right] \qquad (i, s = 1, \dots, k_2)$$

$$\boldsymbol{f}^\mathsf{T} = (f_1, \dots, f_k), \qquad \boldsymbol{c}(q) = \sum_{m=0}^{q} \boldsymbol{w}^{q-m}\boldsymbol{h}\boldsymbol{f},$$

$$\boldsymbol{c} = \sum_{q=0}^{n} \boldsymbol{c}(q), \qquad \boldsymbol{d}^\mathsf{T} = (d_1, \dots, d_{k_1})$$

mit

$$d_s = -\mathsf{E}B_2\mu_s \sum_{i=1}^{k_s} c(s, i), \qquad s = 1, \dots, k_1.$$

(a) *Stationäre Zustandswahrscheinlichkeiten:* Die stationären Wahrscheinlichkeiten p_x, $x \in \mathcal{G}$, erhält man nach folgendem Algorithmus (BOTSCHAROW/NAUMOW (1976)):
(i) $\boldsymbol{p}_0 = (p_{(1,0)}, \dots, p_{(k_1,0)})^\mathsf{T}$ ist die Lösung des Gleichungssystems $\boldsymbol{z}\boldsymbol{p}_0 = \boldsymbol{d}$;
(ii) Die Wahrscheinlichkeiten $p_{(i,q,j)}$ und $p_{(r,j)}$ bestimmt man aus den Beziehungen

$$p_{(i,0,j)} = \varkappa_{ij}p_{(i,0)} \qquad (i = 1, \dots, k_1;\ j = 1, \dots, k_2),$$

$$p_{(i,q,j)} = p_{(i,q-1,j)} - \gamma_{ij}f_i\nu_j \sum_{i'} p_{(i',q-1,j)} + \varkappa_{ij}\left[\sum_{i'} \sum_{j'} p_{(i',q-1,j')} - f_i \sum_{s=1}^{k_s} \nu_s\gamma_{is} \sum_{i'} p_{(i',q-1,s)}\right]$$

$(q = 0, \dots, n;\ i = 1, \dots, k_1;\ j = 1, \dots, k_2)$,

$$p_{(r,j)} = \nu_j \sum_{s=1}^{k_1} \mu_s p_{(s,r,j)} \qquad (j = 1, \dots, k_2).$$

(b) *Weitere Wahrscheinlichkeitscharakteristiken:* In BOTSCHAROW/NAUMOW (1976) sind sowohl Algorithmen zur Berechnung von Koeffizienten in der asymptotischen Entwicklung der stationären Verteilung der Anzahl der Forderungen, die vom System in der Zeit t bedient wurden, als auch Beziehungen für einzelne stationäre Charakteristiken des Systems angegeben. p_b sei die Blockierwahrscheinlichkeit. Dann gilt

$$p_\mathrm{b} = \sum_j p_{(r,j)},$$

$$\frac{q_j}{\nu_j}(1 - p_\mathrm{b}) = \mathsf{E}B_1\left[\sum_{i,q} p_{(i,q,j)} + p_{(r,j)}\right] \qquad (j = 1, \dots, k_2),$$

$$\frac{f_i}{\mu_i}\left[1 - \sum_{i'} p_{(i',0)}\right] = \mathsf{E}B_2\left[p_{(i,0)} + \sum_{q,j} p_{(i,q,j)}\right] \qquad (i = 1, \dots, k_1),$$

$$\mathsf{E}B_1\left[1 - \sum_{i'} p_{(i',0)}\right] = \mathsf{E}B_2(1 - p_\mathrm{b}).$$

Diese Beziehungen können zur Kontrolle der Rechnungen nach dem Algorithmus (↑ Punkt (a)) herangezogen werden. Für die Intensität η des Abgangsprozesses der bedienten Forderungen gilt

$$\eta = \left[1 - \sum_i p_{(i,0)}\right] \Big/ \mathsf{E}B_2 = (1 - p_\mathrm{b})/\mathsf{E}B_1.$$

7.2.4. Einige Ergebnisse für weitere Systeme

Tandemsysteme, deren Bedienungszeiten wie in (1) aus [7.2.3] verteilt sind, bei denen jedoch entweder die Bedingung $f_i \geqq 0$ oder $g_j \geqq 0$ wegfällt, werden hier mit ST/GI(KH-Exp (k_1))/1 → /GI(H-Exp (k_2))/1/n_2 bzw. ST/GI(H-Exp (k_1))/1 → /GI(KH-Exp (k_2))/1/$n_2$bezeichnet ($r = n_2 + 1$).

7.2.4.1. Beispiel. Man setze in (1) von [7.2.3]

$$f_i = \prod_{j=1}^{k_1} \frac{\mu_j}{\mu_j - \mu_i}$$

und erhält für die L.-S.-T. von $B_1(x)$

$$B_1^*(s) = \prod_{j=1}^{k_1} \frac{\mu_j}{\mu_j + s},$$

d. h., eine Erlang-Verteilung mit verschiedenen Bedienungsetappen(-phasen). Für die in B. 7.2.4.1 beschriebene Bedienung wird die Bezeichnung $\vec{\mathrm{M}}$ verwendet.

Sind nun p_{r+1} die stationäre Wahrscheinlichkeit für die Blockierung der ersten Etappe und p_l ($l = 0, \ldots, r$) die stationären Wahrscheinlichkeiten für l Forderungen in der zweiten Etappe der Systeme, die in der ersten oder zweiten Etappe durch GI(KH-Exp (k_i)), GI(H-Exp (k_i)) bzw. M charakterisiert sind, dann können die Wahrscheinlichkeiten nach dem Algorithmus von Botscharow/Naumow (1977) berechnet werden (↑ Punkt (a) aus [7.2.3]).

Für das Bedienungssystem ST/GI/1 → GI/1/n_2 wurde in der Arbeit Rosental/Tolmatschew (1975) gezeigt, daß sich die Intensität des Abgangsprozesses der bedienten Forderungen nicht bei Umordnung der Bedienungsgeräte verändert. Gleichfalls gelang dort der Nachweis, daß die Umstellung der äußeren Bedienungsgeräte in 3-Etappensystemen ST/M/1 → /GI/1/0 → /M/1/0 mit der Disziplin (B) keinen Einfluß auf die Intensität des Abgangsprozesses der bedienten Forderungen ausübt. Die Intensität ist maximal, wenn bei fester Summe der Bedienungsintensitäten jeweils die Hälfte den beiden Bedienungsgeräten zugeordnet wird.

Für das Bedienungssystem ST/GI/1 → /GI/1/n_2 mit unzuverlässigen Bedienungsgeräten und prophylaktischen Eingriffen wurden für Zufallsgrößen, die die Funktionsweise des Systems widerspiegeln, Rekurrenzbeziehungen von Bascharin (1976) erhalten. Einige numerische Resultate für das System ST/M/1 → /M/1/n_2 → /M/1/n_3 sind in Makino (1965) zusammengestellt.

7.3. n-Etappensysteme

7.3.1. Systeme endlicher Kapazität

7.3.1.1. System G/M/1/0 → /M/1/0 → ··· → /M/1/0 mit Verlustdisziplin

Als Eingangsprozeß wird ein stationärer, ordinärer, ergodischer Forderungenstrom angenommen. In Bromberg/Kokotuschkin/Naumow (1977) wurde nachgewiesen, daß der Abgangsprozeß der in der k-ten Etappe bedienten Forderungen ebenfalls stationär, ordinär und ergodisch ist ($k = 1, \ldots, n$).

Sei $A_k(t)$ die Verteilung der Abstände zwischen zwei in der k-ten Etappe eintreffenden aufeinanderfolgenden Forderungen, η_k die Intensität dieses Forderungenstromes, $\mathring{p}_{v,k}$ die Verlustwahrscheinlichkeit in der k-ten Etappe und $\mathring{p}_{v,1,\ldots,k}$ die Verlustwahrscheinlichkeit einer Forderung in einer der ersten k-Etappen. In der oben erwähnten Arbeit wurde die Rekurrenzbeziehung ($k = 1, \ldots, n$)

$$A_{k+1}^*(s) = \begin{cases} \dfrac{\mu_k^2}{1 - A_k^*(\mu_k)} \dfrac{A_k^*(\mu_k) - A_k^*(s)}{s^2 - \mu_k^2}, & s \neq \mu_k, \\ -\dfrac{\mu_k}{2} \dfrac{(A_k^*)'(\mu_k)}{1 - A_k^*(\mu_k)}, & s = \mu_k, \end{cases} \tag{1}$$

angegeben. Eine geschlossene Lösung präsentiert Bromberg (1979). Hieraus ergibt sich auch

$$\eta_{k+1} = \eta_k\big(1 - A_k^*(\mu_k)\big).$$

Es zeigt sich, daß die Zwischenabgangsverteilung der bedienten Forderungen der k-ten Etappe nur von der Zwischenankunftsverteilung der Forderungen in der gleichen Etappe abhängt.

Weiterhin gibt es die Ergebnisse:

$$\mathring{p}_{v,1,\ldots,k} = \begin{cases} \sum\limits_{j=1}^{k} \left(\prod\limits_{i \neq j}^{k} \dfrac{\mu_i^2}{\mu_i^2 - \mu_j^2} \right) A_1^*(\mu_j), & \mu_j \neq \mu \quad (j = 1, \ldots, n) \\ \sum\limits_{j=0}^{k-1} (-1)^j \dfrac{\mu^{2j}}{j!} \dfrac{d^j}{dx^j} A_1^*\left(\sqrt{x}\right)\Big|_{x=\mu^2}, & \mu_j = \mu \quad (j = 1, \ldots, n), \end{cases}$$

$$\mathring{p}_{v,k} = \mathring{p}_{v,1,\ldots,k} - \mathring{p}_{v,1,\ldots,k-1} \qquad (k = 1, \ldots, n),$$

wobei

$$\prod_{i \neq j}^{n} \mu_i^2/(\mu_i^2 - \mu_j^2) = 1$$

angenommen wurde. Hierbei hängt die Verlustwahrscheinlichkeit einer Forderung nicht von der Anordnung der Bedienungsgeräte ab. Für hinreichend großes n gilt die Näherungsformel

$$\mathring{p}_{v,1,\ldots,n} \approx 1 - \frac{(-1)^n}{n!} \left(\prod_{j=1}^{n} \mu_j^2 \right) \frac{d^n}{dx^n} A_1^*\left(\sqrt{x}\right)\Big|_{x=\varepsilon}$$

mit $0 < \varepsilon < \max\limits_k \mu_k^2$.

Für einen Poissonschen Eingangsstrom wurde von Jefanowa/Kotschetkow (1974) eine rekursive Methode zur Berechnung der Verlustwahrscheinlichkeit in den einzelnen Etappen vorgeschlagen. Das System G/GI/1/0 → /GI/1/0 → ⋯ → /GI/1/0 mit der Disziplin (L) wurde von Jarowitzki (1961) untersucht. Es wurde eine Methode zur Berechnung der Intensitäten der Verlustabgänge vorgeschlagen, die auf numerischen Methoden zur Lösung von Integralgleichungen beruht. Zur Bestimmung von $A_k(x)$ wird auf Raykov/Warmuth (1982a, b) verwiesen.

7.3.1.2. System M/M/1/0 → /M/1/0 → ... → /M/1/0 mit Bedienungsblockierdisziplin

Es wird der Fall gleichartiger Bedienungsgeräte $\mu_i = \mu$ ($i = 1, \ldots, n$) untersucht. Von Botscharow (1979) wurden Rekursionsbeziehungen für die Errechnung der stationären Zustandswahrscheinlichkeiten eines Markowschen Prozesses, der die Funktionsweise des n-Etappenbedienungssystems beschreibt, angegeben, die diese mit den stationären Zustandswahrscheinlichkeiten eines $(n-1)$-Etappenbedienungssystems verbinden.

Sei p_0 die Stillstandwahrscheinlichkeit des Systems. In der erwähnten Arbeit wurde gezeigt:

$$p_0 = \begin{cases} \left[\sum_{i=1}^{n} \binom{n+i}{i} \frac{n-i+1}{n+1} \varrho^i\right]^{-1}, & \varrho \neq 1, \\ (n/2+1) \Big/ \binom{2n+1}{n}, & \varrho = 1, \end{cases}$$

$$\mathring{p}_{\mathrm{V},1,\ldots,n} = \begin{cases} \frac{p_0}{n+1} \sum_{i=0}^{n-1} \binom{n+i}{i} (n-i+1)\, \varrho^{i+1}, & \varrho \neq 1, \\ 3n/(4n+2), & \varrho = 1, \end{cases}$$

$$\mathsf{E}N = \begin{cases} p_0 \sum_{i=0}^{n-1} \binom{n+i}{i} (n-i)\, \varrho^{i+1}, & \varrho \neq 1, \\ \frac{n}{2}, & \varrho = 1, \end{cases}$$

$$\eta = \lambda(1 - \mathring{p}_{\mathrm{V},1,\ldots,n}).$$

7.3.2. Systeme mit unbegrenzter Warteplatzanzahl am Eingang eines Untersystems endlicher Kapazität

7.3.2.1. Bedingungen für die Existenz der stationären Zustandswahrscheinlichkeiten und der maximalen Abgangsintensität

(a) *Beschreibung der Bedienungssysteme:* Im folgenden werden komplizierte Bedienungssysteme beschrieben, die folgender Klasse angehören: Ein homogener Eingangsstrom findet einen unbeschränkten Warteraum vor. Die Forderungen aus der dortigen Schlange erreichen ein Bedienungssystem endlicher Kapazität, dessen Struktur und Funktionsweise unten beschrieben wird. Ein solches Bedienungssystem einschließlich der Schlange und dem Eingangsstrom heißt *offenes Bedienungssystem.* Das gleiche Bedienungssystem jedoch ohne Schlange heißt *offenes Untersystem.* Weiterhin wird auch ein Hilfssystem betrachtet, das sich vom offenen System dadurch unterscheidet, daß sein Eingangsstrom immer zur Bedienung bereite Forderungen enthält (ST für *gesättigtes Untersystem*).

Abb. 7.3.1. (a) Offenes Bedienungssystem, (b) Offenes Untersystem

Mit $(Y(t))$ und $(Y_{\mathrm{ST}}(t))$ werden die zufälligen Prozesse bezeichnet, die entsprechend das Verhalten des offenen bzw. gesättigten Untersystems beschreiben, mit der Zustandsmenge $\mathcal{Y}$ bzw. $\mathcal{Y}_{\mathrm{ST}}$. Für ein offenes System (Untersystem) gibt $(\mathring{T}_k, k \geqq 1)$ die Folge der Ankunftszeitpunkte in der Schlange an, $\mathring{T}_0 = 0$, $N_{\mathrm{w}}(t)$ zählt die Forderungen in dieser Schlange zum Zeitpunkt $t+0$ und $\alpha(t)$ registriert die Zeit, die seit der letzten Ankunft einer Forderung vor $t+0$ bis zum Zeitpunkt $t+0$ verstrichen ist. Vorausgesetzt wird, daß die Anfangswerte $N_{\mathrm{w}}(0)$, $Y(0)$ und $Y_{\mathrm{ST}}(0)$ bekannt sind.

Weiterhin bezeichnet $M_A(t)$ die Anzahl der Forderungen, die im Zeitbereich $(0, t]$ die Schlange des offenen Systems erreicht haben und $M_{STA}(t, y)$ gibt die Anzahl der Forderungen an, die während $[0, t)$ unter der Bedingung $Y_{ST}(0) = y$, $y \in \mathcal{Y}_{ST}$, aus der Schlange des gesättigten Untersystems in das Bedienungssystem übergingen. Sei $\mathcal{I} = \{0, 1, \ldots\}$ und $\mathcal{I}_{ST} = \{1, 2, \ldots\}$. Folgende Voraussetzungen werden an das offene Bedienungssystem geknüpft (LAVENBERG (1975)):

(i) Der Eingangsstrom ist rekurrent, dabei sind die Intervallängen zwischen den Ankunftsmomenten von Forderungen mit Wahrscheinlichkeit Eins nichtnegativ und besitzen endliche Erwartungswerte.

(ii) Der zufällige Prozeß $\left(\left(N_w(\mathring{T}_k),\ Y(\mathring{T}_k)\right),\ k \in \mathcal{I}\right)$ mit dem Zustandsraum

$$\mathcal{G} = \mathcal{I}_{ST} \times \mathcal{Y}_{ST} \times \{0\} \times \mathcal{Y},$$

wobei $|\mathcal{Y}_{ST}| < \infty$ und $|\mathcal{Y}| < \infty$ gilt, ist ein irreduzibler Markowscher Erneuerungsprozeß.

(iii) $\left(\mathcal{Y}_{ST}(t),\ t \geqq 0\right)$ ist ein irreduzibler Markowscher Prozeß mit dem endlichen Zustandsraum $\mathcal{Y}_{ST}$.

(iv) $\left(M_A(t),\ t > 0\right)$ hängt nicht von $\left(Y_{ST}(t)\right)$ und $\left(M_{STA}(t, y)\right)$ ab.

(v) Aus $N_w(t) > 0$ folgt $Y(t) \in \mathcal{Y}_{ST}$.

(vi) Der stochastische Prozeß $\left(\left(\alpha(t),\ N_w(t),\ Y(t)\right),\ t \geqq 0\right)$ ist ein Markowscher Prozeß.

(vii) Übergänge aus der Schlange des gesättigten Untersystems erfolgen nur in Momenten, in denen der Prozeß $\left(Y_{ST}(t)\right)$ einen Zustand wechselt.

(viii) Die Anzahl der Forderungen in der Schlange des offenen Systems wächst nur in Zeitpunkten $\mathring{T}_k$ (bei der Ankunft von Forderungen von außen).

(ix) Die Anzahl der Forderungen in offenen und gesättigten Untersystemen ist beschränkt. Insbesondere genügen Markowsche n-Etappensysteme mit unendlicher Eingangsschlange und mit Etappen endlicher Kapazität diesen Forderungen. Seriensysteme mit Rückkopplungen (↑ [7.1.1.1]) fallen nicht in diese Klasse von Bedienungssystemen.

(b) *Hauptergebnisse* (LAVENBERG (1975)): Aus (i) folgt, daß $\lambda \equiv \text{P-lim}\, N(t)/t$ und $0 < \lambda < \infty$ ist. Mit $M_B(t, x)$ wird die Anzahl der von einem offenen System im Intervall $(0, t]$ bedienten Forderungen bezeichnet unter der Bedingung $\left(N_w(0),\ Y(0)\right) = x$, $x \in \mathcal{G}$. Entsprechend steht $M_{STB}(t, x)$ für die gleiche Anzahl im gesättigten System unter der Bedingung $Y_{ST}(0) = x$. Aus (iii) und (vii) folgt, daß $\lambda_{ST} \equiv \text{P-lim}\, M_{STB}(t, x)/t$ existiert und nicht von x abhängt.

7.3.2.1. Satz. (a) Sei $\lambda < \lambda_{ST}$. Falls die Pausenzeitverteilungsfunktion des Eingangsstromes $A(t)$ absolutstetig ist, dann gilt für alle $x \in \mathcal{G}$ und $j \in \mathcal{I}$

$$\lim_{t\to\infty} \mathbf{P}\left(N_w(t) = j \mid \left(N_w(0),\ Y(0)\right) = x\right) = p_j > 0$$

mit $\sum_{j=0}^{\infty} p_j = 1$. Ist $A(t)$ arithmetisch mit der Schrittweite h, dann gilt für ein $l \in \mathcal{I}$ und für alle $x \in \mathcal{G}$ und $j \in \mathcal{I}$

$$\lim_{n\to\infty} \mathbf{P}\left(N_w(nlh) = j \mid \left(N_w(0),\ Y(0)\right) = x\right) = p_j,$$

wobei $\sum_{j=0}^{\infty} p_j = 1$ ist.

(b) Unter $\lambda \geqq \lambda$ gilt für alle $x \in \mathcal{G}$ und $j \in \mathcal{I}$

$$\lim_{n\to\infty} \mathbf{P}\big(N_{\mathrm{w}}(t) = j \mid (N_{\mathrm{w}}(0), Y(0)) = x\big) = 0.$$

7.3.2.2. Satz. (a) Bei $\lambda < \lambda_{\mathrm{ST}}$ gilt für $x \in \mathcal{G}$

$$\text{P-}\lim_{t\to\infty} M_{\mathrm{B}}(t, x)/t = \lambda.$$

(b) Für $\lambda \geqq \lambda_{\mathrm{ST}}$ ergibt sich für alle $x \in \mathcal{G}$

$$\text{P-}\lim_{t\to\infty} M_{\mathrm{B}}(t, x)/t = \lambda_{\mathrm{ST}}.$$

Somit ist λ_{ST} die größte Intensität, für die die stationären Zustandswahrscheinlichkeiten existieren, gleichzeitig die maximale Intensität des Abgangsprozesses der bedienten Forderungen des offenen Systems. Andererseits ist λ_{ST} die Intensität des Abgangsprozesses des gesättigten Untersystems. Diese Tatsache kann für konkrete Berechnungen von λ_{ST} ausgenutzt werden. Vorgeschlagen wurde dieses Herangehen von Hunt (1956).

7.3.2.2. Ergebnisse für verschiedene Seriensysteme

Hunt (1956) erhielt Formeln für die maximale Abgangsintensität λ_{ST} für $n_i = 0$ $(i = 2, \ldots, n)$ und $n = 2, 3$ für das System $\mathrm{M/M/1/\infty} \to \mathrm{/M/1/}n_2 \to \cdots \to \mathrm{/M/1/}n_n$. Für $n = 2$ gilt

$$\lambda_{\mathrm{ST}} = \mu_1\mu_2(\mu_1 + \mu_2)/(\mu_1^2 + \mu_1\mu_2 + \mu_2^2).$$

Sind alle Bedienungsintensitäten gleich μ, dann gilt für $n = 3$

$$\varrho_{\mathrm{ST}} = \lambda_{\mathrm{ST}}/\mu = 22/39.$$

Für den Fall $n = 2$ und $n_2 = m$ ergibt sich

$$\lambda_{\mathrm{ST}} = \begin{cases} \mu_1\mu_2(\mu_1^{m+2} - \mu_2^{m+2})/(\mu_1^{m+3} - \mu_2^{m+3}), & \mu_1 \neq \mu_2, \\ \mu(m+2)/(m+3), & \mu_1 = \mu_2 = \mu. \end{cases} \tag{1}$$

In Botscharow/Rochas (1980) wurde ein rekursives Herangehen zur Konstruktion der infinitesimalen Matrix der Markowschen Prozesse, die das Verhalten des Systems $\mathrm{M/M/1/\infty} \to \mathrm{/M/1/0} \to \cdots \to \mathrm{/M/1/0}$ und des entsprechenden gesättigten Systems beschrieben, vorgeschlagen. Gleichfalls wurde ein Algorithmus zur Berechnung von λ_{ST} angegeben, der auf eine rechentechnische Verwirklichung hin vorbereitet wurde. Für den Fall $n = 3$ sind in Makino (1964), (1965) Bedingungen für die Existenz der stationären Zustandswahrscheinlichkeiten der Bedienungssysteme erhalten worden. Ebenfalls gibt es dort numerische Ergebnisse für einige stationäre Systemcharakteristiken. Für beliebiges n und $n_i \geqq 0$ $(i = 1, \ldots, n)$ wird in Hillier/Boling (1967) eine Näherungsmethode zur Berechnung von λ_{ST} vorgeschlagen, für erlangverteilte Bedienungszeiten in jeder Phase mündet diese Methode in eine Berechnungsvorschrift für λ_{ST}.

Für das System $\mathrm{M/M/1/\infty} \to \mathrm{/M/1/}n_2 \to \cdots \to \mathrm{/M/1/}n_n$ mit Bedienungsblockierdisziplin (B) wurde von Caseau (1973) eine Methode zur Berechnung der maximalen Abgangsintensität λ^* vorgeschlagen. Die Methode führt im wesentlichen zu den Ergebnissen von Lavenberg (1975) (↑ [7.3.2.1]). Außerdem wird eine Konstruktionsmethode für die infinitesimalen Übergangsintensitäten des Markowschen Prozesses für das gesättigte Bedienungssystem angegeben. Für $n_i = 0$ $(i = 2, \ldots, n)$ und $\mu_i = \mu$ $(i = 1, \ldots, n)$ gilt

$$\lambda_{\mathrm{ST}} = \frac{\mu(n+1)}{2(2n-1)}.$$

Gleichfalls kann λ_{ST} für $n = 2$ explizit mittels (1) angegeben werden, wenn dort n_2 durch $n_2 - 1$ ersetzt wird. Näherungsweise erhält man λ_{ST} und einige andere Größen aus Pujolle (1976). In der Arbeit Hildebrand (1967) wird das System GI/GI/1/ → /GI/1/0 → ⋯ → /GI/1/0 mit der Blockierdisziplin (B) und FCFS betrachtet. Neben Beziehungen vom Kiefer-Wolfowitz-Typ (↑ (1) in [I, 9.1] und [11.1.1]) für die Blockierzeiten $W_{k,j}(W_{k,j}^{\mathrm{ST}})$ und Untätigkeitszeiten $U_{k,j}(U_{k,j}^{\mathrm{ST}})$ der j-ten Forderung bzw. des Gerätes der k-ten Etappe nach Abgang der j-ten Forderung zeigte Hildebrand (1967):

7.3.2.3. Satz. Sei $\varrho_{\mathrm{ST}} = \lim_{j\to\infty} \mathsf{E}(B_{1,j} + W_{1,j}^{\mathrm{ST}})/\mathsf{E}A_j$. Für $\varrho_{\mathrm{ST}} > 1$ gilt $\lim_{j\to\infty} \mathsf{P}(W_j \leqq t) = 0$, für $\varrho_{\mathrm{ST}} < 1$ ist $\lim_{j\to\infty} \mathsf{P}(W_j \leqq t) = W(t)$, wobei $W(t)$ eine eigentliche Verteilungsfunktion ist.

Hieraus folgt, daß $1/\lim_{j\to\infty} \mathsf{E}(B_{1,j} + W_{1,j}^{\mathrm{ST}})$ die maximale Eingangsintensität angibt, für die die stationären Zustandswahrscheinlichkeiten des Bedienungssystems existieren. Damit sind auch die Ergebnisse von Lavenberg (1975) für dieses System gültig. Von Hildebrand (1968) gibt es einen Algorithmus zur Berechnung von $\lim_{j\to\infty} \mathsf{E}(B_{1,j} + W_{1,j}^{\mathrm{ST}})$ für den Fall, daß die Bedienungszeiten exponentialverteilt sind. Mit Hilfe dieses Algorithmus gelangt man für $n = 2$ und 3 zu den Ergebnissen von Hunt (1956). Die Anwendung des Verfahrens auf den Fall $n = 4$ erfordert die Überwindung beträchtlicher rechentechnischer Schwierigkeiten.

Betrachtet sei nun speziell das System $G/D/s_1/\infty \to /D/s_2/n_2 \to \cdots \to /D/s_n/n_n$ mit Blockierdisziplin (B). In der i-ten Etappe ist die Bedienungszeit konstant gleich b_i $(i = 1, \ldots, n)$, $b = \max\{b_i: i = 1, \ldots, n\}$. In jeder Etappe ist eine beliebige Bedienungsabfolge zugelassen mit den Restriktionen: Keine Unterbrechung der laufenden Bedienung, das Bedienungsgerät wird nicht leer, solange eine nichtleere Schlange zu ihm existiert. Für ein solches Bedienungssystem zeigte Avi-Itzhak (1965) für $s_i = s$ $(i = 1, \ldots, n)$ folgende Sätze:

7.3.2.4 Satz. Für einen beliebigen Eingangsstrom hängt die Verweilzeit der k-ten Forderung $(1 \leqq k < \infty)$ nicht von der Reihenfolge und Kapazität der Etappen ab.

7.3.2.5. Satz. Für einen beliebigen Eingangsstrom ist die Verweilzeit der k-ten Forderung $(1 \leqq k < \infty)$ gleich $\sum_{j=1}^{n} b_j$ plus der fiktiven Wartezeit einer Forderung im System $G/D/1/\infty$, wo der gleiche Eingangsstrom einfließt und die Bedienungszeit gleich b ist.

Hieraus ergibt sich, daß die Existenzbedingung für die stationären Zustandswahrscheinlichkeiten gleich denen des Systems $G/D/1/\infty$ sind. Damit überzeugt man sich von der Gültigkeit der Ergebnisse von Lavenberg (1975) auch für das hier beschriebene System.

Für $n = 2$ wurde die Richtigkeit (↑ S. 7.3.2.5) auch für $s_1 \neq s_2$ und inhomogene Bedienungsgeräte nachgewiesen. Bei Poissonschem Eingangsstrom mit dem Parameter λ und $s_i = 1$ $(i = 1, \ldots, n)$ wurde im Falle $\lambda b = \varrho < 1$ von Avi-Itzhak (1965) bewiesen:

$$\mathsf{E}\, e^{Vz} = \frac{(1-\varrho)\, z \exp\left(z \sum_{j=1}^{n} b_j\right)}{z + \lambda - \lambda\, e^{bz}}$$

und

$$g_N(z) = \frac{(1-\varrho)(z-1) \exp\left([z-1] \sum_{j=1}^{n} \varrho_j\right)}{z - e^{\varrho(z-1)}}$$

mit $\varrho_j = \lambda b_j$ $(j = 1, \ldots, n)$.

Weitere Ergebnisse sind von Labetoulle/Pujolle (1976) für den Fall angegeben, daß die Forderungen mehrere Warteplätze in einer Etappe gleichzeitig belegen und freigeben.

7.3.3. Seriensysteme mit unendlichen Schlangen

7.3.3.1. System $\mathbf{M/M/s_1/\infty \to /M/s_2/\infty \to \cdots \to /M/s_n/\infty}$

Die Bedienungsintensität in den einzelnen Etappen sei μ_i $(i = 1, \ldots, n)$.

(a) *Anzahl der Forderungen in den Schlangen:* $N_i(t)$ gebe die Anzahl der Forderungen in der i-ten Etappe zum Zeitpunkt t an. Die Funktionsweise des Bedienungssystems kann man durch den Markowschen Prozeß $\big(\boldsymbol{N}(t) = (N_1(t), \ldots, N_n(t))\big)$ mit dem Zustandsraum

$$\mathscr{G} = \{(k_1, \ldots, k_n) : k_i \geqq 0,\ i = 1, \ldots, n\}$$

beschreiben. $p_{i,k}$ und $p_{(k_1,\ldots,k_n)}$ seien die stationären Zustandswahrscheinlichkeiten der Prozesse $(N_i(t))$ bzw. $(\boldsymbol{N}(t))$. Jackson (1956) zeigte

$$p_{(k_1,\ldots,k_n)} = \prod_{i=1}^{n} p_{i,k_i},$$

d. h., die Anzahlen der Forderungen in den einzelnen Etappen sind unabhängig. Dieses Ergebnis gilt allgemeiner für Bedienungsnetzwerke entsprechenden Typs (↑ Kap. 8).

Von Jakuschew (1973) wurde bewiesen, daß die stationären Zustandswahrscheinlichkeiten für die in die Ankunftszeitpunkte des Bedienungssystems $GI/M/1/\infty \to /M/1/\infty$ eingebettete Kette $\mathring{p}_{(k_1,k_2)}$ der Unabhängigkeitsaussage $\mathring{p}_{(k_1,k_2)} = p_{1,k_1} p_{2,k_2}$ genügen. Für Tandemsysteme recht allgemeinen Typs gab Naumow (1975) notwendige und hinreichende Bedingungen für die Unabhängigkeit (im obigen Sinne) der einzelnen Etappen an. Sind $\mathring{T}_{i,j}$ die Ankunftszeitpunkte der j-ten Forderung in der i-ten Etappe, so zeigte Krämer (1973) für $n = 2$ und $s_1 = 1$, daß die stationären Zustandswahrscheinlichkeiten für $\big((N_1(\mathring{T}_{1,j} + 0),\ N_2(\mathring{T}_{2,j} + 0))\big)$ nicht diese Unabhängigkeitseigenschaft besitzen.

(b) *Wartezeit:* Für die einzelnen Etappen wird die Bedienungsdisziplin FCFS angenommen. Bei $s_i = 1$ $(i = 2, \ldots, n-1)$ sind die Verweilzeiten der Forderungen in den einzelnen Etappen unabhängig. Die Voraussetzung, daß mit Ausnahme der ersten und der letzten Etappe nur ein Bedienungsgerät vorhanden ist, erweist sich als wesentlich (Jackson (1957), Reich (1957), (1963), Burke (1964), (1969)). Die stationären Verteilungen der Wartezeiten der Forderungen in den einzelnen Etappen sind Exponentialverteilungen (Jackson (1957), Nelson (1958), Reich (1963)). Für $n = 2$ wurde die Abhängigkeit der Wartezeiten von Burke (1964), (1969) für den Fall $s_1 = s_2 = 1$ und

Krämer (1973) für $s_1 = 1$, $s_2 \geqq 1$ nachgewiesen. Somit können die Ergebnisse von Nelson (1958) für die Gesamtwartezeit unter der Voraussetzung der Unabhängigkeit der Einzelwartezeiten in den Etappen nur als Näherungsformeln verwandt werden. Krämer (1973) bestimmte die Verteilungsfunktion der Wartezeit in beiden Etappen und zeigte, daß die maximale relative Abweichung bei numerischen Berechnungen unter der Voraussetzung der Unabhängigkeit der Einzelwartezeiten 33% bei $s_2 = 1$ erreicht und auf 4% bei $s_2 = 10$ abfällt. Nach Nelson (1958) kann näherungsweise

$$\mathsf{P}\left(\sum_{i=1}^{n} W_i \leqq t\right) \approx 1 - \sum_{i=1}^{n} a_{in}\, e^{-c_i t}$$

mit $c_i = s_i\mu_i(1 - \varrho_i)$, $\varrho_i = \lambda/(s_i\mu_i)$,

$$a_{in} = f_i \left(\prod_{\substack{i,j=1\\ i\neq j}}^{n} \frac{1 - f_i c_j}{c_j - c_i}\right), \qquad c_i \neq c_j\ (i \neq j), \qquad i = 1, \ldots, n,$$

$$f_i = \mathsf{P}(W_i > 0), \qquad i = 1, \ldots, n,$$

gesetzt werden. Für den Fall, daß in den einzelnen Etappen die Bedienungszeiten gegebene Zeiten um eine exponentialverteilte Größe übersteigen, wurden in der gleichen Arbeit die Wahrscheinlichkeiten dafür angegeben, daß die Wartezeiten diese gegebenen Zeiten überschreiten. Von de Baun/Katz (1959) wurden die Ergebnisse vereinfacht. Die Hypothese der Unabhängigkeit dieser oder ähnlicher Zufallsgrößen in analogen Bedienungssystemen wurde ohne Beweis auch in einer Reihe anderer Arbeiten angenommen, was nicht immer richtig ist. So wurde von Loynes (1965) gezeigt, daß die charakteristische Funktion der Wartezeit in der zweiten Etappe des Systems $M/E_k/1/\infty \to M/1/\infty$ nicht meromorph sein kann. Damit werden u. a. die Resultate von Ghosal (1962) und Suzuki (1963) widerlegt.

7.3.3.2. System $\mathbf{G/D/s_1/\infty \to /D/s_2/\infty \to \cdots \to /D/s_n/\infty}$

Es werden zwei verschiedene Typen von Bedienungssystemen betrachtet:

(A) Die Bedienungszeit in der i-ten Etappe ist b_i $(i = 1, \ldots, n)$.
(B) Die Bedienungszeit in der i-ten Etappe ist b_i $(i \neq j)$. Die Bedienungszeit in der j-ten Etappe $(s_j = 1)$ ist zufällig jedoch größer oder gleich b_i/s_i für alle $i \neq j$.

Die Forderungen werden nach der Regel FCFS bedient. $\tilde{T}_{i,k}$ bezeichnet den Abgangszeitpunkt der k-ten Forderung aus der i-ten Etappe, $\mathring{T}_{0,k}$ den Eingangszeitpunkt der k-ten Forderung in das System. Im System (B) wird mit $B_{j,k}$ die Bedienungszeit der k-ten Forderung in der j-ten Etappe bezeichnet. Die i-te Etappe wird durch $S_i = (b_i; s_i)$ (bzw. $(B_j(x), s_j)$ symbolisiert. Das Bedienungssystem (A) besitzt dann die symbolische Darstellung

$$(\mathring{T}_{0,k}) \to (b_1; s_1) \to (\tilde{T}_{1,k}) \to \cdots \to (\tilde{T}_{n-1,k}) \to (b_n; s_n) \to (\tilde{T}_{n,k}).$$

Die folgenden Resultate sind der Arbeit von Friedman (1965) entnommen.

7.3.3.1. Satz. Für einen beliebigen Eingangsstrom $(\mathring{T}_{0,k})$ der Bedienungssysteme (A) oder (B) hängt der Abgangsstrom $(\tilde{T}_{n,k})$ nicht von der Anordnung der Bedienungsetappen ab.

7.3.3.2. Definition. Seien S und S' zwei Bedienungsetappen. Falls im Bedienungssystem $\to S \to S'$ keine Forderung in der Schlange der Etappe S' wartet, dann sagt man, daß S über S' dominiert (symbolisch $S \supseteqq S'$).

7.3.3.3. Satz. $S_1 = (b_1; s_1)$ dominiert über $S_2 = (b_2; s_2)$ genau dann, wenn $b_2 < b_1$ ent (s_2/s_1) ist. (Für das System (B) ist $S_1 = (B_1(x); 1)$, d. h., $s_1 = 1$ und b_1 ist durch $B_1(x)$ zu ersetzen.) Die Eigenschaft der Dominanz ist transitiv und stabil, d. h., wenn $S_i \supseteqq S_j$ und $j = i + 1$ ist, dann treten in der Etappe S_j unabhängig vom Eingangsstrom dieser Etappe keine Verzögerungen durch Wartezeiten auf.

(a) *Systemreduzierung:* Wenn die Charakteristiken des Bedienungssystems nur vom Standpunkt des Eingangs- und Abgangsverhaltens untersucht werden, dann kann man ein einfacheres Bedienungssystem betrachten, das dem ursprünglichen äquivalent ist.

Für das System (A) bei $s_i = 1$ $(i = 1, \ldots, n)$ oder das System (B) besitzt das äquivalente System die Gestalt

$$(\mathring{T}_{0,k}) \to S_j - (b^*; \infty) \to (\tilde{T}_{n,r}),$$

wobei S_j die dominierende Etappe und $b^* = \sum_{\substack{i=1\\ i \neq j}}^{n} b_i$ ist. Im zu (B) äquivalenten System ist die erste Etappe zufällig, im zu (A) äquivalenten System ist die Bedienungszeit maximal. Die zweite Etappe besteht in beiden Systemen aus unendlich vielen Bedienungsgeräten mit jeweils konstanter Bedienungszeit, die gleich b^* ist.

Allgemein sind die Bedienungssysteme, die zum System (A) äquivalent sind, folgendermaßen aufgebaut:

(i) Die Etappen werden nach wachsendem s_i sortiert, für gleiche s_i in der Reihenfolge kleiner werdender Bedienungszeiten.

(ii) In jeder Folge von Etappen mit gleichen s_i dominiert die erste Etappe über alle zum Systemende verschobenen Etappen.

(iii) Entsprechend S. 7.3.3.3 wird die Eigenschaft der Dominanz überprüft, die restlichen Etappen werden an das Systemende gesetzt.

(iv) Alle dominierenden Etappen werden durch eine Etappe der Gestalt $(b; \infty)$ ersetzt, wobei b die Summe der Bedienungszeiten darstellt. Als Ergebnis ergibt sich das äquivalente System der Gestalt

$$(\mathring{T}_{0,k}) \to S_i \to \cdots \to S_l \to (b; \infty) \to (\tilde{T}_{n,k}).$$

7.3.3.4. Beispiel. Das Ausgangssystem (A) besitze die Gestalt

$$\to (5; 2) \to (4; 2) \to (2; 1) \to (3; 1) \to (7; 3) \to (3; 1) \to$$

Schritt (i): $\to (3; 1) \to (3; 1) \to (2; 1) \to (5; 2) \to (4; 2) \to (7; 3) \to$

Schritt (ii): $\to (3; 1) \to (5; 2) \to (7; 3) \to [(3; 1), (2; 1), (4; 2)] \to$

Schritt (iii): $\to (3; 1) \to [(5; 2), (7; 3), (3; 1), (2; 1), (4; 2)] \to$

Schritt (iv): $\to (3; 1) \to (21; \infty) \to$.

(b) *Wartezeiten:* Mit L_i $(i = 1, 2, \ldots, n)$ werde das Teilsystem

$$(\mathring{T}_{0,k}) \to S_1 \to S_2 \to \cdots \to S_i \to (\tilde{T}_{i,k})$$

bezeichnet. $W_{i,k}$ sei die Wartezeit der k-ten Forderung in L_i, $W'_{i,k}$ die Wartezeit im einlinigen Bedienungssystem des Typs $(\mathring{T}_{0,k}) \to S_j \to$, wobei j jeweils zugeordnet werden muß $(j \leqq i)$, und $W''_{i,k}$ die Wartezeit in der Etappe S_i des Systems L_i. Es gilt:

(i) Läßt sich L_i als $\to S_j \to (b_{[i]}; \infty) \to$ umformen, dann ist $W_{i,k} = W'_{i,k}$ (wobei $b_{[i]} = \sum_{l=1}^{i} b_l$).

(ii) Lassen sich L_i und L_{i-1} als $\to S_j \to (b_{[i]}; \infty) \to$ bzw. $\to S_l \to (b_{[i-1]}; \infty) \to$ umformen, so gilt $W''_{i,k} = W'_{i,k} - W'_{l,k}$.
(iii) Wenn über S_i eine oder mehrere vorangehende Etappen dominieren, so gilt $W''_{i,k} = 0$.

Für das System (A) befinden sich die hier genannten Ergebnisse im Einklang mit denen von Avi-Itzhak (1965). Friedman (1965) erzielte auch einige Ergebnisse für die Schlangenlänge und die Besetztzeitperiode des Systems. Von Tembe/Wolff (1974) wurde das Bedienungssystem $GI/GI/1/\infty \to /GI/1/\infty$ untersucht, wobei die Bedienungszeitverteilungen auf $(0, b]$ bzw. $[b, \infty)$ konzentriert sind. Es wurde gezeigt, daß die Verweilzeit jeder Forderung im System mindestens so groß ist wie im System mit umgestellten Etappen (für konstante Bedienungszeiten gilt die Gleichheit; Friedman (1965)). Im Fall eines Poissonschen Eingangsstromes gibt Boxma (1979) Formeln für die L.-S.-T. der gemeinsamen Verteilung der Wartezeiten in beiden Etappen und für die Gesamtwartezeit im System an. Der Einfluß einer Umstellung der Bedienungsetappen wird untersucht. Es werden stationäre und instationäre Charakteristiken berechnet.

7.3.3.3. System $G/G/1/\infty \to /G/1/\infty \to \cdots \to /G/1/\infty$

$(\mathring{T}_m, m \geqq 1)$ sei die aufsteigende Folge der Ankunftszeitpunkte der Forderungen, $A_m = \mathring{T}_{m+1} - \mathring{T}_m$ $(m \geqq 1)$, $\tilde{T}_{k,m}$ sind die Abgangszeitpunkte der Forderungen aus der k-ten Etappe und $B_{k,m}$ die Bedienungszeiten in den einzelnen Etappen.

(a) *Verweilzeit der Forderungen im System* (Klimow (1970)): Es sei $V_{k,m} = \tilde{T}_{k,m} - \mathring{T}_m$ die Verweilzeit der m-ten Forderung im n-Etappensystem. Es wird $z_0 = 0$, $V_{1,0} = V_{2,0} = \cdots = V_{n,0} = 0$ gesetzt. Die Größen $V_{k,m}$ sind durch folgende Beziehungen $(m \geqq 0)$ gegeben $(k = 1, 2, \ldots, n;\ V_{0,m+1} = 0)$:

$$V_{k,m+1} = \max\{V_{k-1,m+1}, V_{k,m} - A_m\} + B_{k,m+1}. \tag{1}$$

Im System $GI/GI/1/\infty \to /GI/1/\infty \to \cdots \to /GI/1/\infty$ sind die Zufallsgrößen $V_{n,m}$ und

$$\begin{aligned} W_{n,m} = \max_{1 \leqq i_1 \leqq i_2 \leqq \cdots \leqq i_n \leqq m} & (B_{n,1} + \cdots + B_{n,i_1} + B_{n-1,i_1} + \cdots + B_{n-1,i_2} + \cdots + B_{1,i_{n-1}} \\ & + \cdots + B_{1,i_n} - A_2 - \cdots - A_{i_n}) \qquad (m \geqq 1) \end{aligned} \tag{2}$$

identisch verteilt.

Das Problem der expliziten Bestimmung der Verteilung der Verweilzeit einer Forderung in einem n-Etappenbedienungssystem ist noch nicht gelöst. Hinweise zur Lösung dieses Problems sind in der Arbeit von Klimow (1970) gegeben. Dort wurden ein mehrdimensionales Analogon der Wiener-Hopf-Gleichung hergeleitet und Möglichkeiten ihrer Lösung vermerkt.

(b) *Bedingungen für die Substabilität und Ergodizität:*

7.3.3.5. Definition (Loynes (1962)). Die Bedingung, die sichert, daß die Verweilzeit (bei stationärer Verteilung) einer Forderung im System mit Wahrscheinlichkeit 1 beschränkt ist, heißt Bedingung für die *Substabilität*.

Es sei $K_k = B_{k,m} - A_m \qquad (m \geqq 1,\ k = 1, \ldots, n)$,

$$a_{k,m} = \mathsf{P}(K_{k,1} + \cdots + K_{k,m} \geqq 0),$$

$$V_m(x) = \mathsf{P}(V_{n,m} < x) = \mathsf{P}(W_{n,m} < x).$$

Betrachtet wird das System $GI/GI/1/\infty \to /GI/1/\infty \to \cdots \to /GI/1/\infty$.

(i) Mit Wahrscheinlichkeit 1 gelte $\sup_{m \geq 1} W_{m,m} = \max_{m \geq 1} W_{n,m} < \infty$.

(ii) Es gelte eine der folgenden zwei Bedingungen:

(ii$_1$) $\mathsf{P}(K_{k,1} = 0) < 1; \quad \sum_{m=1}^{\infty} a_{k,m}/m < \infty, \quad k = 1, 2, \ldots, n.$

(ii$_2$) Mit Wahrscheinlichkeit 1 ist $A_m = c = \text{const}$ und für ein k gilt

$$B_{i,1} \leq c \quad (i < k); \quad B_{k,1} = c; \quad \sum_{m=1}^{\infty} \frac{a_{j,k}}{m} < \infty \quad (j > k).$$

7.3.3.6. Satz (Klimow (1970)). Die Bedingungen (i) und (ii) sind äquivalent.

7.3.3.7. Satz (Klimow (1970)). Der Grenzwert $\lim_{m \to \infty} V_m(x) = V(x)$ existiert. Ist (ii) nicht erfüllt, so gilt $V(t) \equiv 0$. Gilt (ii), so ist $V(x)$ eine eigentliche Verteilungsfunktion. $V(x)$ hängt genau dann nicht von der Anfangsverteilung des Systems ab, wenn (ii$_1$) erfüllt ist. Die Anfangsverteilung ist hierbei durch die Verteilung von $(V_{1,1}, \ldots, V_{n,1})$ gegeben.

7.3.3.8. Folgerung. Falls $\mathsf{E}|K_{k,1}| < \infty$, dann sind die Bedingungen (ii$_2$) von D. 7.3.3.5 äquivalent zu $\mathsf{E}K_{k,1} < 0$.

Falls $\mathsf{E}A_1 < \infty$ und $\mathsf{E}B_{k,1} < \infty$ gilt, dann kann die Bedingung $\sum_{m=1}^{\infty} \frac{a_{k,m}}{m} < \infty$ aus (ii) durch $\mathsf{E}A_1 > \mathsf{E}B_{k,1}$ ersetzt werden. In diesem Fall erhält man die Bedingung der Substabilität, die Loynes (1964) für das System $G/G/1/\infty \to /G/1/\infty \to \cdots \to /G/1/\infty$ unter den Voraussetzungen angab, daß die Vektoren $(A_m, B_{1,m}, \ldots, B_{n,m})$ eine stationäre ergodische Folge bilden und $\mathsf{E}A_m < \infty$; $\mathsf{E}B_{k,m} < \infty$ ist. Die Ergodizität des Systems $GI/GI/1/\infty \to /GI/1/\infty \to \cdots \to /GI/1/\infty$ wurde schon früher von Sacks (1960) untersucht.

Einen etwas anderen Typ von Seriensystemen bilden Bedienungssysteme, die aus mehreren in einer Reihe angeordneten Bedienungsplätzen (Etappen) bestehen, für die jedoch insgesamt nur ein Bedienungsgerät zur Verfügung steht. Dabei wird jeweils unmittelbar nach Beendigung der Bedienung in einer Etappe gemäß einer Auswahlregel, die von der Nummer dieser Etappe und vom Vektor der Anzahl von Forderungen in den einzelnen Etappen abhängt, entschieden, in welcher Etappe als nächstes eine Bedienung durchgeführt wird (vgl. zum Beispiel König/Schmidt (1983)). Auf Bedienungssysteme mit mehreren parallel angeordneten Bedienungsplätzen und einem Bedienungsgerät wird in [3.3.8] hingewiesen. Ein weiteres spezielles Modell wird in König/Rykow/Schmidt (1983) untersucht, bei dem in einem Einbedienerwartesystem die Bedienungszeit aus zwei Etappen besteht und die auf ihre erste Bedienungsetappe wartenden Forderungen relative Priorität besitzen.

7.4. Heuristische Methoden für Seriensysteme

7.4.1. Methode der bedingten Intensitäten

Diese Methode wurde in Gromow/Naumow (1975) vorgeschlagen und stellt eine Anwendung der Ideen der Methode bedingter Verlustwahrscheinlichkeiten auf Seriensysteme dar.

Zugelassen sind Bedienungssysteme, deren Funktionsweise durch einen homogenen Markowschen Prozeß mit endlich vielen Zuständen beschrieben werden kann. Ein solches Bedienungssystem bilde die erste Etappe des Serienbedienungssystems. Die bedienten und/oder verlorenen Forderungen der i-ten Etappe laufen in die $(i+1)$-te Etappe ein. Für die auf die erste Etappe folgenden Etappen wird vorausgesetzt, daß jede Etappe in den Zeitpunkten T_n, in denen Forderungen aus der vorangehenden Etappe eintreffen, als homogene diskrete Markowsche Kette $(X_k(T_n))$ mit endlicher Zustandsmenge $\mathcal{G}_k$ beschrieben werden kann. Vorausgesetzt wird die Kenntnis einer Berechnungsmethode der stationären Charakteristiken jedes Tandemsystems, das aus zwei aufeinanderfolgenden Etappen des Seriensystems besteht und in das ein Poissonscher Forderungenstrom mit einer Intensität, die vom Zustand der ersten der beiden Etappen abhängt, einläuft.

Zur Bestimmung der bedingten Intensitäten werden einzeln Tandemsysteme betrachtet, die aus der k-ten und $(k+1)$-ten Etappe bestehen und deren Eingangsstrom ein Poissonscher Forderungenstrom mit vom Zustand der k-ten Etappe abhängender Intensität ist. Wegen der getroffenen Voraussetzungen kann ein solches Tandemsystem durch einen Markowschen Prozeß $\big((Y_k(t))\big)$ mit endlicher Zustandsmenge $\mathcal{G}_k \times \mathcal{G}_{k+1}$ beschrieben werden. $\alpha = (\alpha_{ij})_{i,j\in\mathcal{G}_k}$ sei die Matrix der Übergangsintensitäten der k-ten Etappe. Folgende Regeln werden für den Übergang der Forderungen in die nächste Etappe aufgestellt: Die Wahrscheinlichkeit dafür, daß während der Zeitintervalls $(t, t+\Delta t)$ eine Forderung in der $(k+1)$-ten Etappe eintrifft und die k-te Etappe aus dem Zustand i in den Zustand j $(i \neq j,\ i, j \in \mathcal{G}_k)$ übergeht, ist gleich $\alpha_{ij}^{(1)}\Delta t + o(\Delta t)$, die Wahrscheinlichkeit dafür, daß während der Zeit $(t, t+\Delta t)$ die k-te Etappe den Übergang vom Zustand i in den Zustand j vollzieht und in der folgenden Etappe keine Forderung eintrifft, ist gleich $\alpha_{ij}^{(0)}\Delta t + o(\Delta t)$. Dann gilt $\alpha^{(0)} + \alpha^{(1)} = \alpha$. Die Größe $\alpha_{ij}^{(1)}/(\alpha_{ij}^{(1)} + \alpha_{ij}^{(0)})$ kann man als Wahrscheinlichkeit dafür deuten, daß zum Zeitpunkt des Überganges der k-ten Etappe aus dem Zustand i in den Zustand j in der folgenden Etappe eine Forderung eintrifft. Falls zum Beispiel der Übergang der k-ten Etappe vom Zustand i in den Zustand $j \neq i$ für die Forderung eine Beendigung der Bedienung in dieser Etappe voraussetzt, dann tritt diese Forderung mit der Wahrscheinlichkeit $\alpha_{ij}^{(1)}/\alpha_{ij}$ in die $(k+1)$-te Etappe ein. Weiterhin sei $\alpha_{ii}^{(1)}\Delta t + o(\Delta t)$ die Wahrscheinlichkeit dafür, daß während des Zeitintervalls $(t, t+\Delta t)$ in die $(k+1)$-te Etappe eine Forderung eintritt und die k-te Etappe in dieser Zeit den Zustand i beibehält.

Die Größen $\alpha_{ii}^{(1)}$ $(i \in \mathcal{G}_k)$ charakterisieren den Verlustabgangsprozeß der k-ten Etappe. Ist zum Beispiel der Zustand i in der k-ten Etappe ein solcher, bei dem alle weiteren eintreffenden Forderungen verloren gehen, dann ist $\alpha_{ii}^{(1)}$ die Intensität des Eingangsstromes dieser Etappe, wenn sie sich im Zustand i befindet. Die Wahrscheinlichkeit für eine Beibehaltung des Zustandes i während der Zeit $(t, t+\Delta t)$ und den Verlust einer Forderung in diesem Zeitabschnitt ist dann gleich $\alpha_{ii}^{(1)}\Delta t + o(\Delta t)$. Es ist $\alpha_{ii}^{(0)} = \alpha_{ii} - \alpha_{ii}^{(1)}$. Die Matrizen $\alpha^{(0)}$ und $\alpha^{(1)}$ bestimmen den Forderungenstrom, der auf die nächste Etappe trifft.

Für das Tandemsystem, das aus den Phasen k und $k+1$ besteht, sei α wie oben die Matrix der Übergangsintensitäten des Prozesses $(X_k(t))$, der die k-te Etappe bei einem Poissonschen Eingangsstrom mit zustandsabhängiger Intensität beschreibt, $\beta = (\beta_{nm})_{n,m\in\mathcal{G}_k}$ sei die Matrix der Übergangsintensitäten des Markowschen Prozesses, der die $(k+1)$-te Etappe in den Intervallen zwischen den Ankünften von Forderungen aus der k-ten Etappe erfaßt. In den Ankunftsmomenten von Forderungen in der $(k+1)$-ten Etappe vollzieht der Prozeß $(X_{k+1}(t))$ mit der Wahrscheinlichkeit q_{ij}, $0 \leqq q_{ij} \leqq 1$, $\sum_j q_{ij} = 1$, einen Sprung von i nach j. Ist der Prozeß $(Y_k(t))$ irreduzibel, dann existieren eindeutige stationäre Zustandswahrscheinlichkeiten des Prozesses, die sich als eindeutige

Lösungen des Gleichungssystems

$$\sum_{i\in\mathcal{G}_k}\sum_{l\in\mathcal{G}_{k+1}} p_{(i,l)}\alpha_{ij}^{(1)}q_{l,m} + \sum_{i\in\mathcal{G}_k} p_{(i,m)}\alpha_{ij}^{(0)} + \sum_{l\in\mathcal{G}_{k+1}} p_{(j,l)}\beta_{lm} = 0, \qquad j\in\mathcal{G}_k, \qquad m\in\mathcal{G}_{k+1},$$

mit der Bedingung $\sum_{j\in\mathcal{G}_k}\sum_{m\in\mathcal{G}_{k+1}} p_{(j,m)} = 1$ ergeben.

Die Methode der bedingten Intensitäten kann nur dann angewendet werden, wenn eine Methode zur Lösung des Gleichungssystems (1) bekannt ist.

Es sei $p_k(i) = \sum_{m\in\mathcal{G}_{k+1}} p_{(i,m)}$. Die Wahrscheinlichkeiten $p_{k+1}(m) = \sum_{i\in\mathcal{G}_k} p_{(i,m)}$ genügen der Beziehung

$$\lambda(m)\, p_{k+1}(m) = \sum_{l\in\mathcal{G}_{k+1}} \lambda(l)\, p_{k+1}(l)\, q_{lm} + \sum_{l\in\mathcal{G}_{k+1}} p_{k+1}(l)\, \beta_{jm} \qquad (m\in\mathcal{G}_{k+1}),$$

wobei

$$\lambda(m) = \big(p_{k+1}(m)\big)^{-1} \sum_{i\in\mathcal{G}_k} p_{(i,m)} \sum_{j\in\mathcal{G}_k} \alpha_{ij} \qquad (m\in\mathcal{G}_{k+1}) \tag{2}$$

ist. Die Größen $\lambda(m)$ $(m \in \mathcal{G}_{k+1})$ heißen auch bedingte Intensitäten des Forderungenstromes, der in die $(k+1)$-te Etappe eintritt.

Zur näherungsweisen Berechnung der stationären Zustandswahrscheinlichkeiten der dritten und der folgenden Etappen wird folgendes Herangehen vorgeschlagen:

(i) Man berechnet die stationären Wahrscheinlichkeiten $p_{(i,m)}$ für ein Bedienungssystem, das aus den ersten beiden Etappen besteht.

(ii) Nach der Formel (3) wird $\lambda(m)$ $(m \in \mathcal{G}_2)$ berechnet und im weiteren angenommen, daß auf die zweite Etappe ein Poissonscher Forderungenstrom mit zustandsabhängiger Intensität $\lambda(m)$ trifft.

(iii) Man bestimmt die stationären Zustandswahrscheinlichkeiten für die zweite und dritte Etappe.

(iv) Für die dritte Etappe werden die bedingten Intensitäten berechnet, usw.

Die Methode ist dann genau, wenn der in jeder Etappe eintreffende Forderungenstrom ein Poissonscher Strom ist. Numerische Berechnungen an einer Reihe von Seriensystemen haben gezeigt, daß die Abweichung bei der Bestimmung der Verlustwahrscheinlichkeiten für Drei-, Vier- und Fünfetappensysteme 7%, 13% bzw. 18% nicht übersteigt. Die Näherung ist um so besser, je größer die Anzahl der Bedienungsgeräte und der Warteplätze in jeder Etappe ist.

7.4.2. Methode des äquivalenten Austausches

Die Methode des äquivalenten Austausches ist eine heuristische Methode und wird bei der praktischen Berechnung der Verlustwahrscheinlichkeit und der mittleren Wartezeit in Seriensystemen verwendet. Insbesondere werden solche Seriensysteme herangezogen, die aus mehreren parallel arbeitenden Bedienungssystemen bestehen. Im Seriensystem gelangen die von der vergangenen Etappe bedienten bzw. verlorenen (abgewiesenen) Forderungen in die zweite Etappe. Die Methode des äquivalenten Austausches besteht darin, daß der Eingangsstrom jeder Etappe durch einen speziellen rekurrenten Forderungenstrom ersetzt wird. Die Parameter seiner Abstandsverteilung hängen von der Struktur der vorangegangenen Etappe ab.

Die Methode des äquivalenten Austausches wurde für Seriensysteme entwickelt, in denen jedes Untersystem durch Markowsche Prozesse mit endlicher oder abzählbar unendlicher Zustandsmenge beschreibbar ist. Eingangsstrom der ersten Etappe ist ein Poissonscher Forderungenstrom, der möglicherweise eine vom Zustand der ersten Etappe abhängende Intensität besitzt. Die Abgangsströme der ersten und der folgenden Etappen sind im allgemeinen weder Poissonsche noch rekurrente Forderungenströme. Der Abgangsprozeß der ersten Etappe wird durch einen rekurrenten Forderungenstrom mit hyperexponentieller Abstandsverteilung ersetzt. Das ermöglicht die Anwendung eines Markowschen Prozesses mit diskreter Zustandsmenge zur Analyse jeder Etappe. Die Parameter der Hyperexponential-Verteilung werden aus den sogenannten Belastungsmomenten des in die entsprechende Etappe einlaufenden Forderungenstromes bestimmt.

In [7.4.2.1] wird das mathematische Modell für einen Abgangsprozeß verlorener oder bedienter Forderungen angegeben, welche durch Markowsche Prozesse mit endlicher Zustandsmenge beschrieben werden können. In [7.4.2.2] werden die Belastungsmomente, die der Forderungenstrom schafft, berechnet. Diese Charakteristiken werden bei der Anwendung der Methode des äquivalenten Austausches benötigt. Außerdem wird auf den Zusammenhang zwischen den ersten Belastungsmomenten, der Intensität des Forderungenstromes und der Varianz der Anzahl der Forderungen, die im Intervall der Länge t ankommen, hingewiesen. [7.4.2.3] und [7.4.2.4] enthalten Formeln für die Belastungsmomente einiger Forderungenströme, insbesondere für die der verlorenen bzw. bedienten Forderungen einiger Bedienungssysteme. Ein Algorithmus zur Anwendung der Methode des äquivalenten Austausches ist in [7.4.2.5] angegeben. In [7.4.2.7] werden Bemerkungen über die Genauigkeit der Methode und numerische Beispiele angegeben, die die Anwendung der Methode des äquivalenten Austausches und ihre Genauigkeit illustrieren sollen.

7.4.2.1. Modell des Forderungenstromes der bedienten und verlorenen Forderungen

Vor der Darlegung des Wesens der Methode sind Ausführungen über das Modell der ordinären Abgangsströme der bedienten und verlorenen Forderungen, die durch Markowsche Prozesse mit endlicher Zustandsmenge beschrieben werden können, notwendig. Sei $(X(t))$ ein Markowscher Prozeß mit endlicher Zustandsmenge $\mathcal{G}$ und $\alpha = (\alpha_{ij})$ die Matrix der Übergangsintensitäten. Vorausgesetzt wird, daß der Prozeß $(X(t))$ irreduzibel ist. Soll die Methode des äquivalenten Austausches benutzt werden, dann ist $(X(t))$ ein Prozeß, der ein Untersystem beschreibt, dessen Abgangsprozeß der verlorenen oder bedienten Forderungen in die nächste Etappe übergeht. Man nimmt an, daß $((X(t), L(t)))$ ein homogener Markowscher Prozeß ist, dessen zweite Komponente $L(t)$ die Anzahl der Ereignisse des Abgangsstromes in $(0, t]$ angibt. Die Übergangswahrscheinlichkeiten des Prozesses

$$p_{(i,0)(j,m-k)}(t) = \mathbf{P}\big(X(t_0 + t) = j,\, L(t_0 + t) = m \mid X(t_0) = i,\, L(t_0) = k\big),$$

$i, j \in \mathcal{G}$; $m \geqq k$; $t_0, t \geqq 0$ und damit die Intensitäten

$$\alpha_{ij}^{(0)} = \lim_{t \downarrow 0} \frac{1}{t} \,[P_{(i,0)(j,0)}(t) - \delta_{ij}],$$

$$\alpha_{ij}^{(1)} = \lim_{t \downarrow 0} \frac{1}{t}\, P_{(i,0)(j,1)}(t)$$

sowie

$$\alpha(i, k; j, m) = \begin{cases} \alpha_{ij}^{(0)}, & m = k, \\ \alpha_{ij}^{(1)}, & m = k + 1, \\ 0 & \text{sonst}, \end{cases} \tag{1}$$

definieren zusammen mit einer Anfangsverteilung diesen Abgangsstrom.

7.4.2.1. Definition. Der oben konstruierte Forderungenstrom heißt *Markowsche-Kette-Strom* (MC-Strom).

Dieser Forderungenstrom ist ein Spezialfall des semimarkowschen Forderungenstromes. Wie FRANKEN/KÖNIG (1976) bemerkten, kann er als Näherung für eine große Klasse von Forderungenströmen angesehen werden.

Sei $(X(t))$ der Markowsche Prozeß, der die Funktionsweise eines gewissen Bedienungssystems beschreibt (Primärprozeß). Die Matrizen $\boldsymbol{\alpha}^{(0)} = (\alpha_{ij}^{(0)})$ und $\boldsymbol{\alpha}^{(1)} = (\alpha_{ij}^{(1)})$ bestimmen einen MC-Strom eindeutig. Die Matrix $\boldsymbol{\alpha}$ der Übergangsintensitäten des Prozesses $(X(t))$ ist durch $\boldsymbol{\alpha} = \boldsymbol{\alpha}^{(0)} + \boldsymbol{\alpha}^{(1)}$ gegeben. Insbesondere ist $\alpha_{ij}^{(1)}/\alpha_{ij}^{(0)}$ $(i \neq j)$ die Wahrscheinlichkeit des Ereignisses, daß beim Übergang des Prozesses $(X(t))$ aus dem Zustand i in den Zustand j eine Forderung des MC-Stromes auftritt. Gilt $X(t) = i$ und $t \in (t_1, t_2)$, dann ist der MC-Strom auf (t_1, t_2) ein Poissonscher Forderungenstrom mit dem Parameter $\alpha_{i,i}^{(1)}$.

7.4.2.2. Beispiel. Betrachtet wird das Bedienungssystem M/M/s/n. λ bezeichne die Intensität des Eingangsstromes und μ die Bedienungsintensität. Für diesen Fall ist $\mathcal{G} = \{0, 1, \ldots, s + n\}$ und $X(t) = i$, wenn zum Zeitpunkt t im System i Forderungen sind. Die Elemente der Matrix α der Übergangsintensitäten des Prozesses $(X(t))$ besitzen die Werte

$$\alpha_{ij} = (\delta_{i+1,j} - \delta_{ij})\,\lambda + (\delta_{i-1,j} + \delta_{ij})\,\mu \min\{i, s\}.$$

Für den Forderungenstrom der verlorenen (L) und bedienten (S) Forderungen gilt entsprechend

$$_{\mathrm{L}}\alpha_{ij}^{(1)} = \lambda\delta_{i,s+n}\delta_{j,s+n} \qquad \text{bzw.} \qquad _{\mathrm{S}}\alpha_{ij}^{(1)} = \mu \min\{i, s\}\,\delta_{i,j-1}.$$

Mit $\boldsymbol{p} = (p_i)$ wird der Zeilenvektor der stationären Zustandswahrscheinlichkeiten des Prozesses $(X(t))$ bezeichnet. Die Intensität λ des MC-Stromes kann (bei stationärer Verteilung) gemäß

$$\lambda = \boldsymbol{p}\boldsymbol{\lambda}_{\mathrm{MC}}^{\mathsf{T}}$$

berechnet werden, wobei

$$\boldsymbol{\lambda}_{\mathrm{MC}} = (\lambda_{\mathrm{MC}}(i)), \qquad \lambda_{\mathrm{MC}}(i) = \sum_{j\in\mathcal{G}} \alpha_{ij}^{(1)}$$

die bedingten Intensitäten des MC-Stromes unter der Bedingung sind, daß der Prozeß $(X(t))$ sich im Zustand i $(i \in \mathcal{G})$ befindet.

Die MC-Ströme wurden detailliert von BASCHARIN/KOKOTUSCHKIN/NAUMOW (1979), (1980) untersucht.

7.4.2.2. Quantitative Charakteristiken der Ströme

Betrachtet wird das System G/GI/∞, auf das ein ordinärer Forderungenstrom trifft. Unter recht allgemeinen Voraussetzungen existieren die stationären Zustandswahrscheinlichkeiten des Prozesses $(N(t))$ der Anzahl der Forderungen im System (BOROWKOW [1])

$$p_n = \lim_t \mathsf{P}(N(t) = n), \qquad n = 0, 1, \ldots, \qquad \sum_{n=0}^{\infty} p_n = 1. \tag{2}$$

Es sei $g_N(z) = \sum_{n=0}^{\infty} p_n z_n$ die erzeugende Funktion der Verteilung in (2). Die faktoriellen Momente $m_{(k)}$ und die Binomialmomente $B_{(k)}$ dieser Verteilung sind durch

$$m_{(k)} = g_N^{(k)}(1), \qquad B_{(k)} = m_{(k)}/k! \tag{3}$$

bestimmt. Weiterhin ist die Varianz VN und der Variationskoeffizient v_N von Interesse:

$$VN = m_{(2)} - m_{(1)}^2 + m_{(1)}, \qquad v_N = (VN - m_{(1)})/m_{(1)}. \tag{4}$$

7.4.2.3. Definition. Im System G/M/∞ (Bedienungszeit exponentialverteilt) heißen die Momente aus (3) Belastungsmomente, die durch den Eingangsstrom hervorgerufen werden.

Für dieses System hängen die Momente aus (3) nur von der Bedienungsintensität ab. Man kann daher $m_{(k)}(\mu)$, $B_{(k)}(\mu)$, $V_\mu N$ und $v_N(\mu)$ schreiben.

$L(t)$ sei die Anzahl der Forderungen, die während $(0, t]$ in das System G/GI/∞ eingehen. Bei stationärer Zustandsverteilung gilt für die ersten Momente der Anzahl der besetzten Bedienungsgeräte und der Anzahl der eintreffenden Forderungen

$$EN(t) = \lambda/\mu, \qquad EL(t) = \lambda t,$$

wobei λ die Eingangsintensität und μ die Bedienungsintensität sind. Für das System MC/GI/∞ sind die Varianz von $N(t)$ und $L(t)$ durch

$$VN(t) = EN(t) + \int_0^\infty \left[\int_t^\infty \big(1 - B(x-t)\big)\,dB(x)\right] d[VL(t) - EL(t)] \tag{5}$$

verbunden (Bascharin/Kokotuschkin/Naumow (1979), (1980)), wobei $B(x)$ die Verteilungsfunktion der Bedienungszeit ist. Insbesondere gilt für den Streuungskoeffizienten im System MC/M/∞

$$v_N(\mu) = \frac{1}{2EN(t)} \int_0^\infty e^{-\mu t}\, d[VL(t) - EL(t)]. \tag{6}$$

Unter Ausnutzung der Ergebnisse von Franken/Kerstan (1968) kann man ähnliche Formeln auch bei beliebigem Eingangsstrom gewinnen. Zu beachten ist, daß unter den Forderungenströmen mit gegebenen Belastungsmomenten Ströme mit beliebig großem Streuungskoeffizienten existieren. Eine bessere untere Schranke für $v_N(\mu)$ ergibt:

7.4.2.4. Satz. Für das System G/M/∞ gilt

$$v_N(\mu) \geqq (e^{\mu/\lambda} - 1)^{-1} - \lambda/\mu,$$

wobei die Gleichheit bei regulärem Eingangsstrom (D statt G) angenommen wird.

Es treffe der MC-Strom eines Primärsystems mit der Belastung $\varrho(x) = \lambda(x)/\mu$ $(x \in \mathcal{G})$ bei Vorliegen des Zustandes x in ein Bedienungssystem ein. Bezüglich der Kovarianz der Prozesse $\big(\varrho(X(t))\big)$ und $\big(N(t)\big)$ gilt der aus Bascharin (1972a) folgende

7.4.2.5. Satz. Für das System MC/M/∞ gilt

$$\lim_{t\to\infty} \mathrm{Cov}\,\big(\varrho(X(t)), N(t)\big) = v_N(\mu)\, EN(t).$$

Trifft zum Beispiel ein Abgangsprozeß von bedienten Forderungen eines Primärsystems M/M/s/n mit der Bedienungsintensität μ auf ein Sekundärbedienungssystem mit unendlich vielen Bedienungsgeräten und der gleichen Bedienungsintensität, dann ist $\varrho(X(t))$ die Anzahl der Bedienungsgeräte des Primärsystems, die zum Zeitpunkt t besetzt sind. Somit kann man die Abhängigkeit der Funktionsweise des Primär- und Sekundärsystems durch den Streuungskoeffizienten der Belastung ausdrücken. Abschätzungen für $\mathsf{v}_N(\mu)$ in weiteren Systemen geben RAYKOV/WARMUTH (1983) an.

7.4.2.3. Belastungsmomente einiger Forderungenströme

$A(x)$ sei die Verteilungsfunktion des Abstandes zwischen den Ankunftszeitpunkten eines rekurrenten Forderungenstromes,

$$A^*(s) = \int_0^\infty e^{-st} \, dA(t), \qquad \lambda = \left[\int_0^\infty x \, dA(x)\right]^{-1}$$

und μ die Bedienungsintensität.

7.4.2.6. Satz (TAKACS (1960)). Für das System GI/M/∞ sind die Binomialmomente der Verteilung aus (2) gegeben durch die Formeln

$$\mathsf{B}_{(k)}(\mu) = \frac{\lambda}{k\mu} \prod_{i=1}^{k-1} \frac{A^*(i\mu)}{1 - A^*(i\mu)} \qquad (k = 1, 2, \ldots). \tag{7}$$

7.4.2.7. Satz (KLIMOW [1]). Falls die Bedienungszeitverteilung im System GI/GI/∞ die Gestalt

$$B(x) = \sum_{i=1}^{l} q_i(1 - e^{-\mu_i x}), \qquad \mu_i > 0, \qquad \sum_{i=1}^{l} q_i = 1 \tag{8}$$

besitzt, dann gilt für die Binomialmomente $\mathsf{B}_{(k)}$ der Verteilung aus (2)

$$\mathsf{B}_{(k)} = \lambda \sum_{i=1}^{l} q_i \beta_{k-1}(\mu_i) \qquad (k = 1, 2, \ldots) \tag{9}$$

mit

$$\beta_0(s) = s^{-1},$$

$$\beta_k(s) \, [1 - A^*(s)] = A^*(s) \sum_{i=1}^{l} q_i \beta_{k-1}(s + \mu_i) \qquad (k = 1, 2, \ldots).$$

Aus der Formel (9) gewinnt man schnell Formeln für die ersten beiden Binomialmomente

$$\mathsf{B}_{(1)} = \sum_{i=1}^{l} q_i \mathsf{B}_{(1)}(\mu_i), \qquad \mathsf{B}_{(2)} = 2 \sum_{i,j=1}^{l} \frac{q_i q_j \mathsf{B}_{(2)}(\mu_i)}{\mu_i + \mu_j}, \tag{10}$$

wobei $\mathsf{B}_{(1)}(\mu)$ und $\mathsf{B}_{(2)}(\mu)$ durch die Formel (7) gegeben sind.

7.4.2.8. Satz. Die Binomialbelastungsmomente für einen MC-Strom sind gleich

$$\mathsf{B}_{(k)}(\mu) = \boldsymbol{p}\alpha_1 \boldsymbol{r}_\mu \ldots \alpha_1 \boldsymbol{r}_{k\mu} \boldsymbol{u}^\mathsf{T} \tag{11}$$

mit $\boldsymbol{u} = (1, \ldots, 1)$, $\boldsymbol{r}_s = (s\boldsymbol{I} - \alpha)^{-1}$ ($\boldsymbol{I}$ ist die Einheitsmatrix).

Die Formel (11) stellt die Matrizenschreibweise der Formel für die Belastungsmomente des Abgangsprozesses der bedienten und verlorenen Forderungen eines komplizierten Bedienungssystems dar, wie sie in BASCHARIN (1972a) zu finden ist. Insbesondere gilt

$$\mathsf{B}_{(1)}(\mu) = \lambda/\mu, \qquad \mathsf{B}_{(2)}(\mu) = \frac{1}{2\mu} \boldsymbol{v}(\mu) \, \alpha_1 \boldsymbol{u}^\mathsf{T}, \tag{12}$$

wobei $\boldsymbol{v}(\mu)$ die einzige Lösung des Gleichungssystems

$$\mu \boldsymbol{v}(\mu) = \boldsymbol{v}(\mu)\, \boldsymbol{\alpha} + \boldsymbol{p}\boldsymbol{\alpha}_1$$

ist. Ein Analogon der Formel (10) für MC-Ströme gibt der

7.4.2.9. Satz. Falls die Bedienungsintensität im System MC/GI/∞ die Gestalt (8) besitzt, dann gilt für die ersten Binomialmomente der Verteilung aus (2) die Formel (10) in der $\mathsf{B}_{(1)}(\mu)$ und $\mathsf{B}_{(2)}(\mu)$ aus der Formel (12) zu nehmen sind.

Ist die Matrix $\boldsymbol{\alpha}_1$ eine Diagonalmatrix, dann ist der MC-Strom ein doppeltstochastischer Poissonscher Forderungenstrom (Cox/Lewis [1]), und für die faktoriellen Belastungsmomente gilt die Ungleichung von Kokotuschkin (1974)

$$\mathsf{m}_{(k)}(\mu) \geqq \big(\mathsf{E}N(t)\big)^k \qquad (k \geqq 1).$$

7.4.2.4. Belastungsmomente des Abgangsprozesses der verlorenen und bedienten Forderungen einiger Bedienungssysteme

Sei $\big(X(t)\big)$ ein Markowscher Prozeß, der das Bedienungssystem M/M/s/n beschreibt, $L_v(t)$ die Anzahl der in $(0, t]$ von diesem System verlorenen Forderungen. Dieser MC-Strom ist rekurrent. Mit λ_* sei die Eingangsintensität und mit μ_* die Bedienungsintensität dieses Systems bezeichnet, $\varrho_* = \lambda_*/\mu_*$, $\bar{\varrho} = \varrho^*/s$,

$$e_s(\varrho_*) = \frac{\varrho_*^{\,s}}{s!} \left(\sum_{i=0}^{s} \frac{\varrho_*^{\,i}}{i!}\right)^{-1}.$$

7.4.2.10. Satz (Kokotuschkin (1975)). Die faktoriellen Belastungsmomente des Stromes der verlorenen Forderungen des Systems M/M/s/n sind durch

$$\mathsf{m}_{(1)}(\mu) = \frac{\lambda_*}{\mu}\, \bar{\varrho}^n e_s(\varrho_*) \bigg/ \left(1 + \bar{\varrho}\, \frac{1 - \bar{\varrho}^n}{1 - \bar{\varrho}}\, e_s(\varrho_*)\right),$$

$$\mathsf{m}_{(k)}(\mu) = (k-1)!\, \mathsf{m}_{(1)}(\mu)\, \varrho_*^{\,k-1} \prod_{j=0}^{k-1} \frac{1 + q(j) \left(\dfrac{z_1(j)}{z_2(j)}\right)^n}{\big(z_2(j) - \varrho^*\big) + \big(z_1(j) - \varrho_*\big)\, q(j) \left(\dfrac{z_1(j)}{z_2(j)}\right)^n}$$

bestimmt, wobei $z_1(j) < z_2(j)$ Wurzeln der Gleichung

$$\mu_* z^2 - (\lambda_* + j\mu + s\mu_*)\, z - \lambda_* s = 0$$

sind und

$$q(j) = [z_2(j) - \gamma_{s+1}(j)]/[\gamma_{s+1}(j) - z_1(j)],$$

$$\gamma_0 = 1, \qquad \gamma_{k+1}(j) = \varrho_* + k + j\, \frac{\mu}{\mu_*} - \frac{\varrho_*^{\,k}}{\gamma_k(j)}.$$

Nach Bascharin (1972b) existiert der Grenzwert

$$\lim_{n\to\infty} \mathsf{v}_N(\mu) = \frac{\varrho_*}{z_2(1) - \varrho_*}.$$

Im Spezialfall M/M/s/0 mit $\mu^* = \mu$ sind die Belastungsmomente des Stromes der verlorenen Forderungen durch einfache Rekursionsbeziehungen miteinander verknüpft (Le Gall (1961)).

7.4.2.11. Satz. Die Binomialmomente des Stromes der verlorenen Forderungen des Systems M/M/s/0 sind durch die Formeln

$$\mathsf{B}_{(0)}(\mu_*) = 1,$$

$$\mathsf{B}_{(1)}(\mu_*) = \varrho_* e_s(\varrho_*),$$

$$\mathsf{B}_{(k)}(\mu_*) = \frac{1}{k} \frac{(k-1)\,\varrho_*\,\mathsf{B}_{(k-1)}(\mu_*)\mathsf{B}_{(k-2)}(\mu_*)}{(k-1)\,\mathsf{B}_{(k-1)}(\mu_*) + (s-k+1-\varrho_*)\,\mathsf{B}_{(k-2)}(\mu_*)},$$

$k = 2, 3, \ldots$, gegeben.

Das Primärsystem habe die Gestalt M/M/s/0. Man setze $\alpha = \mu_*/\mu$. Der folgende Satz gibt einen Algorithmus zur Berechnung der Belastungsmomente dieses Systems an.

7.4.2.12. Satz (Botscharow/Naumow (1975)). Die faktoriellen Belastungsmomente des Stromes der bedienten Forderungen des Systems M/M/s/0 erhält man aus den Beziehungen

$$\mathsf{m}_{k,0} = \frac{\varrho_*^{\,k}}{k!}\left[\sum_{i=0}^{s} \frac{\varrho_*^{\,i}}{i!}\right]^{-1},$$

$$\mathsf{m}_{s,k} = \frac{k \sum\limits_{j=0}^{s-1} \sum\limits_{i=0}^{j} (j+1)\,\mathsf{m}_{j+1,k-1} \binom{j}{i} \Gamma(k\alpha + i)\,\varrho_*^{-i}}{\sum\limits_{i=0}^{s} \binom{s}{i} \varrho_*^{-i}\Gamma(k\alpha + i + 1)},$$

$$\mathsf{m}_{j,k} = \mathsf{m}_{s,k} \sum_{l=j}^{s} \sum_{i=l}^{s} \binom{s}{i}\binom{i}{j} (-1)^{i-j} \frac{\Gamma(k\alpha + i + 1)\,\varrho_*^{\,l-i}}{\Gamma(k\alpha + l + 1)}$$
$$- \sum_{l=0}^{s-2} \sum_{i=l}^{s-2} \sum_{m=i}^{s-2} (m+2)\,\mathsf{m}_{m+2,k-1} \binom{m+1}{i+1}\binom{l}{j} (-1)^{l-j} \frac{\Gamma(k\alpha + i + 1)\,\varrho_*^{\,l-i}}{\Gamma(k\alpha + l + 1)}$$

$(0 \leqq j \leqq s,\ k \geqq 1)$,

$$\mathsf{m}_{(k)} = \sum_{j=0}^{s} \mathsf{m}_{j,k},$$

wobei $\Gamma(x)$ die Eulersche Gammafunktion bezeichnet.

Die ersten beiden Belastungsmomente für den Strom der bedienten Forderungen des Systems M/M/s/n sind im Falle $\mu_* = \mu$ in Botscharow/Naumow (1975) angegeben.

7.4.2.13. Satz. Sei $\bar{\varrho} = \varrho^*/s$. Dann ist

$$p_0 = \left[\sum_{i=0}^{s-1} \frac{\varrho_*^{\,i}}{i!} + \frac{\varrho_*^{\,s}}{s!} \frac{1 - \bar{\varrho}^{\,n+1}}{1 - \bar{\varrho}}\right]^{-1}$$

die Wahrscheinlichkeit für das Fehlen von Forderungen im Primärsystem M/M/s/n (bei stationärer Verteilung).

Bezeichnet $l_k = \sum\limits_{i=0}^{k} \frac{\varrho_*^{\,i}}{i!}$ und sind $\mathsf{v}_{N,1}$, $\mathsf{v}_{N,2}$ die Wurzeln der Gleichung

$$\mathsf{v}_N^{\,2} - \left(\bar{\varrho} + 1 + \frac{1}{s}\right)\mathsf{v}_N + \bar{\varrho} = 0$$

sowie

$$\lambda = \frac{\varrho_*{}^s \bar{\varrho}^n (\mathsf{v}_{N,1} - \mathsf{v}_{N,2})/s!}{s\mathsf{v}_{N,1}^{n+1}(1 - \mathsf{v}_{N,2})(\mathsf{v}_{N,1}l_s - \bar{\varrho}l_{s-1}) - s\mathsf{v}_{N,2}^{n+1}(1 - \mathsf{v}_{N,1})(\mathsf{v}_{N,1}l_s - \bar{\varrho}l_{s-1})},$$

$$\delta_1 = \lambda(\mathsf{v}_{N,1}l_s - \bar{\varrho}l_{s-1})/(\mathsf{v}_{N,2} - \mathsf{v}_{N,1}),$$

$$\delta_2 = \lambda(\mathsf{v}_{N,2}l_s - \bar{\varrho}l_{s-1})/(\mathsf{v}_{N,1} - \mathsf{v}_{N,2}),$$

so gilt für das faktorielle Belastungsmoment $\mathsf{m}_{(2)}$ des Stromes der bedienten Forderungen des Systems M/M/s/n:

$$\mathsf{m}_{(2)} = \sum_{k=0}^{s-1} k\mathsf{m}_{k,1} + s \sum_{k=s}^{s+n} \mathsf{m}_{k,1}$$

mit

$$\mathsf{m}_{k,1} = \begin{cases} \varrho_* p_0 (\varrho_*{}^k/k! - \lambda l_k), & 0 \leqq k \leqq s, \\ \varrho_* p_0 (\delta_1 \mathsf{v}_{N,1}^{k-s} + \delta_2 \mathsf{v}_{N,2}^{k-s} + \varrho_*{}^s \bar{\varrho}^{k-s}/s!), & k > s. \end{cases}$$

Es sei darauf hingewiesen, daß bei $\mu^* = \mu$ der Streuungskoeffizient v_N für den Strom der verlorenen Forderungen des Systems M/M/s/n positiv ist, für den Strom der bedienten Forderungen des Systems ist er hingegen negativ. Bei Vergrößerung der Warteplatzanzahl wächst der Streuungskoeffizient des Stromes der bedienten Forderungen und strebt somit bei $n \to \infty$ gegen Null. Diese Tatsache steht im Einklang damit, daß der Abgangsprozeß der bedienten Forderungen des Systems M/M/s/∞ (mit stationärer Verteilung) ein Poissonscher Forderungenstrom ist. Für große n kann man deshalb bei praktischen Berechnungen den Abgangsprozeß der bedienten Forderungen des Systems M/M/s/n als Poissonschen Strom ansetzen. Dieses Herangehen zieht leicht größere Verlustwahrscheinlichkeiten und mittlere Wartezeiten im sich anschließenden System nach sich.

7.4.2.5. Näherungsweise Berechnungen in einigen Bedienungssystemen mit der Methode des äquivalenten Austausches

Bei Näherungsrechnungen für einige Seriensysteme gehe man folgendermaßen vor: Vorausgesetzt sei, daß die Bedienungszeit exponentialverteilt ist. Den Eingangsstrom einer beliebigen Etappe ersetze man durch einen rekurrenten Eingangsstrom derart, daß die ersten Belastungsmomente für beide Forderungenströme übereinstimmen und daß eine Berechnung der stationären Charakteristiken der untersuchten Etappe möglich ist, d. h. die Funktionsweise dieser Etappe dabei durch einen Markowschen Prozeß mit endlicher oder abzählbar unendlicher Zustandsmenge beschrieben werden kann. Der Abgangsprozeß der bedienten sowie auch verlorenen Forderungen dieser Etappe ist dann ein MC-Strom. Nach der Berechnung der Belastungsmomente dieser Ströme kann man in gleicher Weise an die Untersuchung der nächsten Etappe gehen. Gewöhnlich wählt man den Austauschforderungenstrom aus der Klasse der rekurrenten Forderungenströme mit hyperexponentieller Abstandsverteilung.

(a) *Näherungsweise Berechnung der Verlustwahrscheinlichkeit im System* MC/M/s_2/0 (Wilkinson (1956), Bretschneider (1956)): Ohne Beschränkung der Allgemeinheit wird davon ausgegangen, daß die Bedienungsintensität jedes Bedienungsgerätes gleich 1 ist. Günstig ist die folgende Reihenfolge bei der Berechnung:

(i) Es werden die ersten beiden faktoriellen Belastungsmomente (↑ D. 7.4.2.4) $\mathsf{m}_{(1)}$ und $\mathsf{m}_{(2)}$ für den Eingangsprozeß berechnet.

(ii) s und λ wird so ausgewählt, daß der Abgangsprozeß der verlorenen Forderungen des Systems M/M/s/0 mit der Eingangsintensität λ gerade die Belastungsmomente $\mathsf{m}_{(1)}$ und $\mathsf{m}_{(2)}$ aufweist, d. h., s und λ bestimmt man aus den Gleichungen

$$\mathsf{m}_{(1)} = \lambda e_s(\lambda), \qquad \mathsf{m}_{(2)} = \lambda \mathsf{m}_{(1)}/(\mathsf{m}_{(1)} + s - 1 - \lambda). \tag{13}$$

Dabei wird s auf die nächstliegende ganze Zahl gerundet.

(iii) Das Bedienungssystem MC/M/s_2/0 ersetze man durch das Bedienungssystem M/M/s/0 - - - - -> /M/s_2/0 (der gestrichelte Pfeil soll den Abgangsprozeß der verlorenen Forderungen andeuten). Die Verlustwahrscheinlichkeit in der ersten Etappe dieses Bedienungssystems ist $e_s(\lambda)$ (↑ (1) in [7.4.2.4]), die Verlustwahrscheinlichkeit beider Etappen ist gleich $e_{s+s_2}(\lambda)$, wobei $e_k(\lambda)$ die Erlangsche Verlustwahrscheinlichkeit angibt. Somit ergibt sich als Näherung für die gesuchte Verlustwahrscheinlichkeit

$$p_v = e_{s+s_2}(\lambda)/e_s(\lambda). \tag{14}$$

Viele numerische Berechnungen von Wilkinson (1956) zeigen, wie gut die genauen und näherungsweise bestimmten Verlustwahrscheinlichkeiten übereinstimmen. Zur leichteren Lösung des Gleichungssystems (13) wurden spezielle Tafeln erstellt (z. B. Siemens-Tabellen [1]).

7.4.2.14. Beispiel.

(i) Der Eingangsstrom des Systems MC/M/10/0 besitze die Belastungsmomente $\mathsf{m}_{(1)} = 7$ und $\mathsf{m}_{(2)} = 56$.

(ii) Aus dem Gleichungssystem (13) gewinnt man $s = 14$ und $\lambda = 19{,}56$.

(iii) Die Formel (14) ergibt $p_v = e_{24}(19{,}56)/e_{14}(19{,}56) = 0{,}168$. Würde man den MC-Strom durch einen Poissonschen Forderungenstrom ersetzen, erhielte man $p_v = 0{,}0787$.

Wenn auf ein vollständig zugängliches System ohne Warteplätze k Ströme treffen, deren Belastungsmomente $\mathsf{m}_{(1)}^{(i)}$, $\mathsf{m}_{(2)}^{(i)}$ $(i = 1, \ldots, k)$ sind, dann gilt für die Belastungsmomente der Überlagerung dieser Ströme

$$\begin{aligned} \mathsf{m}_{(1)} &= \sum_{i=1}^{k} \mathsf{m}_{(1)}^{(i)}, \\ \mathsf{m}_{(2)} &= (\mathsf{m}_{(1)})^2 + \sum_{i=1}^{k} [\mathsf{m}_{(2)}^{(i)} - (\mathsf{m}_{(1)}^{(i)})^2]. \end{aligned} \tag{15}$$

7.4.2.15. Bemerkung. Die beschriebene Methode ist nur anwendbar für $\mathsf{m}_{(2)} \geqq (\mathsf{m}_{(1)})^2$, was gleichbedeutend mit $\mathsf{v}_N \geqq 0$ ist, und nur für Systeme, die für die zweite und die folgenden Etappen keine Warteplätze besitzen.

(b) *Verallgemeinerte Methode des äquivalenten Austausches* (Bascharin/Kokotuschkin/Naumow (1979)): Der MC-Eingangsstrom des Bedienungssystems wird jetzt durch einen rekurrenten Strom mit der Pausenlängenverteilung

$$A(x) = 1 - p\,\mathrm{e}^{-\lambda_1 x} - q\,\mathrm{e}^{-\lambda_2 x}, \qquad p + q = 1, \qquad \lambda_1, \lambda_2 > 0, \tag{16}$$

ersetzt. Sei ν die Bedienungsintensität jedes Gerätes im System, auf das ein MC-Strom trifft. Für die Reihenfolge der Berechnung empfiehlt sich:

(i) Man bestimme die faktoriellen Belastungsmomente $\mathsf{m}_{(1)}$, $\mathsf{m}_{(2)}$ und $\mathsf{m}_{(3)}$ des Eingangsstromes. Treffen auf das System k Forderungenströme, deren erste drei Belastungsmomente $\mathsf{m}_{(1)}^{(i)}$, $\mathsf{m}_{(2)}^{(i)}$ und $\mathsf{m}_{(3)}^{(i)}$ $(i = 1, \ldots, k)$ sind, dann benutzt man die Formeln

$$\mathsf{m}_{(1)} = \sum_{i=1}^{k} \mathsf{m}_{(1)}^{(i)},$$

$$\mathsf{m}_{(2)} = (\mathsf{m}_{(1)})^2 + \sum_{i=1}^{k} [\mathsf{m}_{(2)}^{(i)} - (\mathsf{m}_{(1)}^{(i)})^2], \tag{17}$$

$$\mathsf{m}_{(3)} = \mathsf{m}_{(1)}\big(3\mathsf{m}_{(2)} - 2(\mathsf{m}_{(1)})^2\big) + \sum_{i=1}^{k} \big[\mathsf{m}_{(3)}^{(i)}(2(\mathsf{m}_{(1)}^{(i)})^2 - 3\mathsf{m}_{(2)}^{(i)})\big].$$

(ii) Den Eingangsstrom, dessen Belastungsmomente $\mathsf{m}_{(1)}$, $\mathsf{m}_{(2)}$ und $\mathsf{m}_{(3)}$ sind, ersetzt man durch einen rekurrenten Forderungenstrom mit der Pausenlängenverteilung (16). Zu diesem Zweck werden die Belastungsmomente des rekurrenten Stromes denen des Eingangsstromes gleichgesetzt. Man erhält somit das Gleichungssystem

$$p + q = 1, \qquad p/\lambda_1 + q/\lambda_2 = \mu/\mathsf{m}_{(1)},$$

$$p\lambda_1/(\lambda_1 + \mu) + q\lambda_2/(\lambda_2 + \mu) = \mathsf{m}_{(2)}/(\mathsf{m}_{(2)} + \mathsf{m}_{(1)}), \tag{18}$$

$$p\lambda_1/(\lambda_1 + 2\mu) + q\lambda_2(\lambda_2 + 2\mu) = \mathsf{m}_{(3)}/(\mathsf{m}_{(3)} + 2\mathsf{m}_{(2)}).$$

(iii) Nun bestimme man näherungsweise die stationären Charakteristiken des Bedienungssystems. Dabei bedient man sich der Methode der fiktiven Etappen, was eine Beschreibung durch einen Markowschen Prozeß mit endlicher oder abzählbar unendlicher Zustandsmenge ermöglicht. Außerdem berechne man, falls nötig, die ersten drei Belastungsmomente für den Forderungenstrom der bedienten bzw. verlorenen Forderungen.

Es sei darauf hingewiesen, daß die Ordnung des Gleichungssystems für die stationären Charakteristiken, die mit der Methode der fiktiven Etappen gewonnen werden, bei $pq > 0$ doppelt so groß ist wie die Anzahl der unterscheidbaren Besetztzustände des Systems. Botscharow/Naumow (1977) haben gezeigt, daß das Gleichungssystem zur Bestimmung der stationären Zustandswahrscheinlichkeiten bei $pq < 0$ das gleiche wie für $pq > 0$ ist. Damit bleibt also auch der angegebene Algorithmus anwendbar.

7.4.2.6. Genauigkeit der Methode des äquivalenten Austausches und einige Ungleichungen

Die praktische Anwendbarkeit der Methode wird durch Simulation und exakte Berechnungen untermauert. In einigen Fällen gelingt es, analytische Abschätzungen anzugeben. Von Holzman (1973) wurden Abschätzungen der Genauigkeit der Methode für das System GI/M/s/0 angegeben, wenn der gegebene rekurrente Eingangsstrom durch einen anderen mit gleichen ersten zwei Belastungsmomenten ersetzt wird.

7.4.2.16. Satz. Die Bedienungsintensität sei 1. Untere ($\mathring{p}_{v-}$) und obere ($\mathring{p}_{v+}$) Schranken für die Verlustwahrscheinlichkeit im System GI/M/s/0 sind

$$\mathring{p}_{v-} = \left[\sum_{k=0}^{s} \binom{s}{k} \left[\left(1 + \frac{1}{\lambda + \mathsf{v}_N}\right)^k - 1\right]\right]^{-1},$$

$$\mathring{p}_{v+} = \left[\sum_{k=0}^{s} \binom{s}{k} \prod_{j=1}^{k} \alpha_j\right]^{-1}$$

mit

$$\alpha_j = \frac{1}{j}\left(1 - \frac{1}{\lambda \mathsf{v}_N}\right) + \frac{1}{\lambda(\mathsf{v}_N + j)} \qquad (j = 1, 2, \ldots, s)$$

und der Wurzel v_N aus der Gleichung

$$\lambda \mathsf{v}_N = (1 + \lambda + \mathsf{v}_N)\,(1 - e^{-\mathsf{v}_N}).$$

In vielen Fällen erhält man mittels der Formel

$$\mathring{p}_{\mathsf{v}} = e_s(\mathsf{m}_{(1)} + \mathsf{v}_N)$$

(Bascharin/Kokotuschkin/Naumow (1975)) eine gute Näherung der Verlustwahrscheinlichkeit p_{v} des Systems MC/M/s/0. Explizite Abschätzungen für die Verlustwahrscheinlichkeit und die Wartezeitverteilung haben Bascharin/Kokotuschkin/Naumow (1980) erhalten.

Es sei

$$\alpha(s) = sA^*(s)\,[1 - A^*(s)]^{-1},$$

wobei $A^*(s)$ die L.-S.-T. der Abstandsverteilung ist. Zwei Fälle werden untersucht:

(i) $\alpha(s)$ wächst monoton.
(ii) $\alpha(s)$ fällt monoton.

Für $s \to 0$ gilt $\alpha(+0) = \lambda$, für $s = 1$ gilt nach (1) $\alpha(1) = \lambda + \mathsf{v}_N$. Damit folgt aus (i) $\mathsf{v}_N > 0$ und aus (ii) $\mathsf{v}_N < 0$, wobei $\lambda + \mathsf{v}_N > 0$ ist. $W_{\varrho_*}(x)$ sei die Wartezeitverteilung des Systems M/M/1/∞ mit der Eingangsintensität ϱ_* und der Bedienungsintensität 1, $W(x)$ sei die Wartezeitverteilung im System GI/M/1/∞. Entsprechend seien $e_s(\varrho_*)$ und $\mathring{p}_{\mathsf{v}}$ die Verlustwahrscheinlichkeiten in den Systemen M/M/s/0 und GI/M/s/0.

7.4.2.17. Satz. Für das System GI/M/s/0 gilt: Bei (i) ist $e_s(\lambda + \mathsf{v}_N) < \mathring{p}_{\mathsf{v}}$ und bei (ii) ergibt sich $e_s(\lambda + \mathsf{v}_N)\, \mathring{p}_{\mathsf{v}}$.

7.4.2.18. Satz. Für das System GI/M/1/∞ gilt bei $\lambda < 1$, $\lambda + \mathsf{v}_N < 1$ und $\mathsf{v}_N = 0$, daß aus (i) die Beziehung

$$W_{\lambda+\mathsf{v}_N}(\mathsf{v}_N) < W(\mathsf{v}_N) < W_\lambda(\mathsf{v}_N)$$

folgt und sich bei (ii)

$$W_{\lambda+\mathsf{v}_N}(\mathsf{v}_N) > W(\mathsf{v}_N) > W_\lambda(\mathsf{v}_N)$$

als richtig erweist.

7.4.2.19. Beispiel. Gegeben sei ein Vieretappensystem. Die erste Etappe besteht aus acht vollständig erreichbaren Zweibedienersystemen ohne Warteplätze, die zweite Etappe setzt sich aus vier vollständig erreichbaren Dreibedienersystemen ohne Warteplätze zusammen, die dritte Etappe enthält zwei vollständig erreichbare Dreibedienersysteme ohne Warteplätze und die vierte Etappe beinhaltet ein vollständig erreichbares Zweibedienersystem ohne Warteplätze. Die Aufteilung der verlorenen Forderungen der Untersysteme auf die Untersysteme der nächsten Etappe entnehme man der Abbildung 7.4.1. In einem Untersystem bediente Forderungen verlassen das System. Auf jedes Untersystem der ersten Etappe trifft jeweils ein Poissonscher Forderungenstrom der Intensität λ. In der Tabelle 7.4.1 sind die Verlustwahrscheinlichkeiten angegeben, wie sie mittels der Methode des äquivalenten Austausches auf der Basis der Übereinstimmung von drei Belastungsmomenten und der Abstandsverteilung der Gestalt (16) erhalten wurden. Gleichfalls enthält die Tabelle Simulationsergebnisse aus Bascharin/Charkewitsch/Schneps [1].

7.4.2.20. Beispiel. Die Warteplätze sollen optimal in einem Tandemsystem M/M/1/n_1 $\to$ M/M/1/n_2 aufgeteilt werden, wobei die von der ersten Etappe bedienten Forderungen

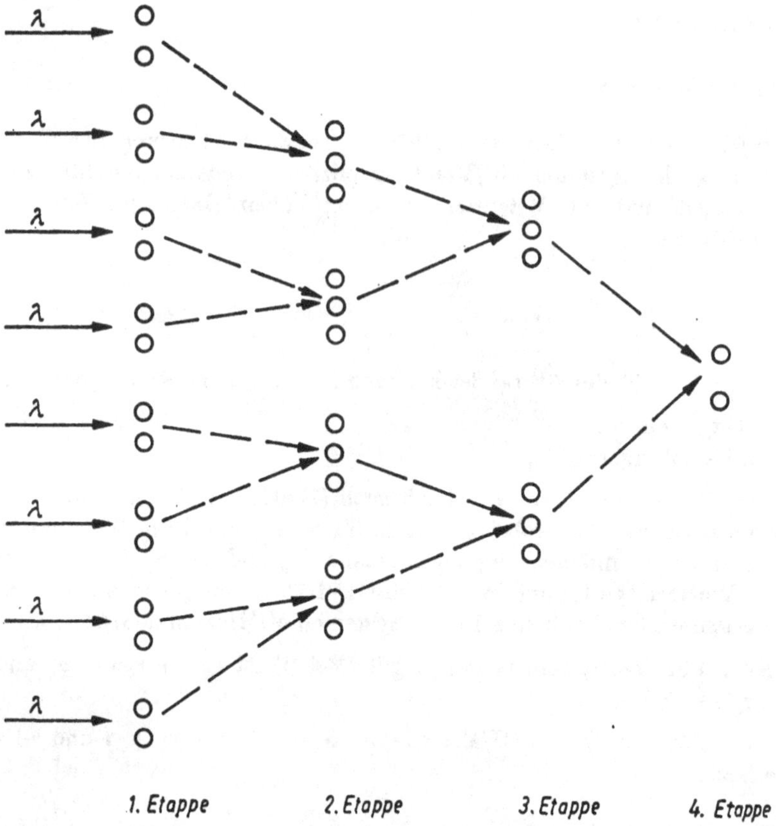

Abb. 7.4.1. Vieretappensystem (↑ B. 7.4.2.22)

Tab. 7.4.1. Numerische Ergebnisse für die Verlustwahrscheinlichkeiten p_V (↑ B. 7.4.2.22)

λ	2,15	2,52	3,03	4,04
Methode des äquivalenten Austausches	0,0052	0,0167	0,0522	0,1594
Simulation	0,0057	0,0186	0,0558	0,1622

in die zweite Etappe gehen. Forderungen, die alle Plätze besetzt vorfinden, gehen verloren. Die Bedienungsintensität sei in jeder Etappe 1. Außerdem sei die Gesamtanzahl der Warteplätze $n_1 + n_2 = n$ fest vorgegeben. $\mathring{p}_V(n_1, n_2)$ bezeichnet die Verlustwahrscheinlichkeit. Die Berechnung erfolgte auf der Grundlage der Methode des äquivalenten Austausches und wurde mit exakten Berechnungen von Bascharin/Gromow (1978) verglichen. Die relative Abweichung war in keinem Falle größer als 5%. Es zeigte sich, daß $\mathring{p}_V(n_1, n_2) \approx \mathring{p}_V(n_2, n_1)$ gilt, und daß die Verlustwahrscheinlichkeit bei $n_1 = n_2$ minimal wird. Die Verlustwahrscheinlichkeit ist dabei wesentlich kleiner als in den

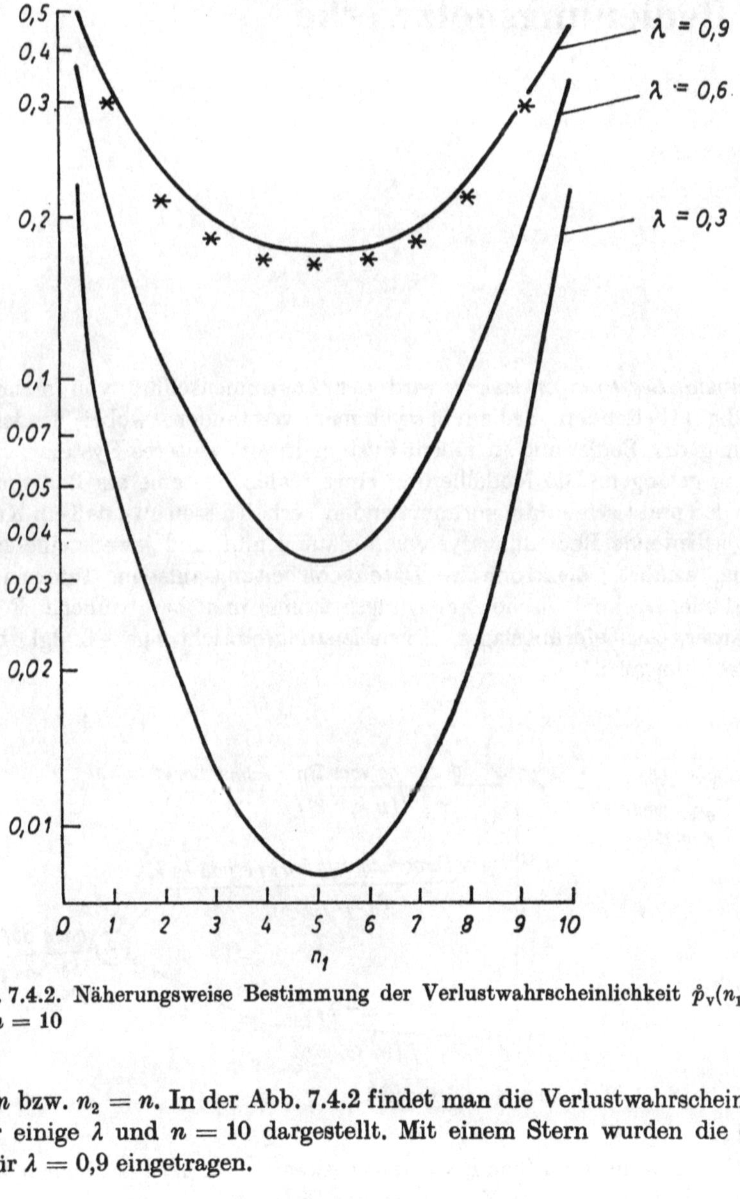

Abb. 7.4.2. Näherungsweise Bestimmung der Verlustwahrscheinlichkeit $\mathring{p}_V(n_1, n_2)$ bei $n = 10$

Fällen $n_1 = n$ bzw. $n_2 = n$. In der Abb. 7.4.2 findet man die Verlustwahrscheinlichkeit $\mathring{p}_v(n_1, n_2)$ für einige λ und $n = 10$ dargestellt. Mit einem Stern wurden die exakten Ergebnisse für $\lambda = 0{,}9$ eingetragen.

8. Bedienungsnetzwerke

Unter einem *Bedienungsnetzwerk* wird der Zusammenschluß von mehreren, relativ selbständig arbeitenden Bedienungssystemen verstanden, wobei Forderungen nach Beendigung der Bedienung in einem System in ein weiteres System zu einer neuen Bedienung gelangen. Die Modellierung eines realen Systems als Bedienungsnetzwerk geht von den praktisch häufig vorkommenden Verhältnissen aus, daß ein Kunde mehrere getrennt arbeitende Bedienungssysteme anlaufen muß und jeweils eine entsprechende Bedienung erfährt. Elektronische Datenverarbeitungsanlagen, Informationsübertragungssysteme, technologische Fertigungssysteme und bergbauliche Fördersysteme, Warenhäuser, Auslieferungslager, Dienstleistungseinrichtungen u. dgl. besitzen eine solche *Bedienungsstruktur*.

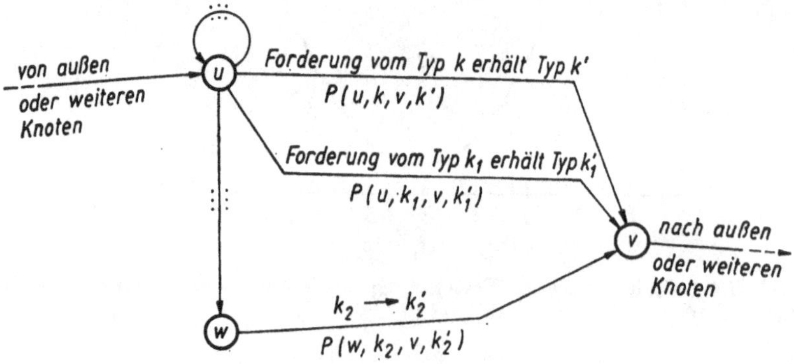

Abb. 8.1.1. Teil eines Netzwerkgraphen

Betrachtet man die einzelnen Bedienungssysteme als *Knoten* (sie heißen dann Knotensysteme) und die *Wege* einer Forderung von einem System zum anderen als *gerichtete* und, unter Umständen mit Übergangswahrscheinlichkeiten *bewertete Kanten*, so erhält man eine anschauliche Darstellung eines Bedienungsnetzwerkes (siehe Abb. 8.1.1). Man unterscheidet *offene*, *geschlossene* und *gemischte* Bedienungsnetzwerke, je nachdem, ob die Forderungen von außerhalb des Netzwerkes kommen und wieder dorthin verschwinden oder sich nur innerhalb des Netzwerkes bewegen bzw. Forderungen beider eben beschriebener Verhaltensweisen vorhanden sind. Oft wird auch nach der Gestalt der Bedienungszeitverteilungsfunktion in den Knotensystemen eine Hervorhebung sogenannter *exponentieller* Netzwerke vorgenommen. Bei diesen sind die zu betrachtenden zufälligen Prozesse der Anzahlen von Forderungen in den Knotensystemen bzw. im Netzwerk insgesamt zeitliche stetige Markowsche Ketten.

Bei der Untersuchung von Bedienungsnetzwerken konzentriert man sich hauptsächlich auf den *Mechanismus des Zusammenwirkens* der Knotensysteme, des Forderungenlaufes durch das Netzwerk und die daraus resultierenden Aussagen für interessierende *Charakteristiken* des gesamten Bedienungsnetzwerkes, wie z. B. stationäre Netzwerkzustandswahrscheinlichkeiten, Art der Forderungenströme zwischen zwei Knoten, stationäre Zustandsverteilung in Ankunfts- und Abgangszeitpunkten der Forderungen in einzelnen Knoten, Erwartungswerte bzw. höhere Momente von Verweilzeiten einer Forderung in einem Knoten, im Netzwerk bzw. einem Teil des Netzwerkes. Dabei sind solche Resultate von besonderer Bedeutung, die eine Beziehung der entsprechenden Charakteristiken der *isoliert* betrachteten Knotensysteme mit den Charakteristiken des Netzwerkes darstellen.

Die erstmalige Verwendung des Netzwerkbegriffes findet man in JACKSON (1957), wo offene, exponentielle Bedienungsnetzwerke betrachtet wurden.

Die im vorliegenden Kapitel angegebenen Ergebnisse werden in zwei Gruppen unterteilt. Zuerst werden exakte Resultate und Formeln angegeben und danach wird auf Näherungsverfahren und Methoden eingegangen. Die exakten Resultate sind sehr an eine besondere Struktur der Netzwerke und Knotensysteme gebunden. So müssen die isolierten Knotensysteme die Eigenschaft besitzen, einen Poissonschen Forderungenstrom in einen Poissonschen Strom von abgehenden Forderungen zu transformieren, wenn stationäre Verhältnisse vorliegen. In [8.1] wird eine Modellierung des Bedienungsnetzwerkes vorgenommen, die in [8.2] zur Formulierung entsprechender allgemeiner Bedingungen sowohl an die Arbeitsweise der Knotensysteme als auch an den Mechanismus der Übergänge der Forderungen von einem Knoten zum anderen dient. Zur Vereinheitlichung der vielen verschiedenen Netzwerkmodelle, die in der Literatur vorkommen, wurde eine Beschreibung aus der Arbeit von JANSEN/KÖNIG (1980) zugrunde gelegt. Gleichzeitig wird damit eine Erweiterung des Gültigkeitsbereiches der Aussagen der Originalarbeiten ermöglicht. Eine Durcharbeitung dieses Abschnittes ist dem Leser auch für die Einordnung und Aufstellung eigener Bedienungsnetzwerkmodelle zu empfehlen.

Da sich die oben erwähnten allgemeinen Bedingungen für offene und geschlossene Netzwerke nicht unterscheiden und auch die Formelstrukturen gleich sind, wird im Ergebnisteil zu dieser Modellierung ([8.3] und [8.4]) keine Gliederung nach offenen, geschlossenen und gemischten Bedienungsnetzwerken vorgenommen. Als unzweckmäßig erwies sich auch eine entsprechende Unterscheidung von exponentiellen und nichtexponentiellen Netzwerken, da das Gegenstand von Bedingungen an die Knotensysteme ist, welche in [8.2] angegeben werden. Gelten spezielle Aussagen nur für exponentielle Netzwerke, so wird dies natürlich vermerkt. Die Anzahl solcher Aussagen ist aber sehr gering.

In der Literatur wird oft mit *Poissonschen Forderungenströmen 2. Art* (↑ [I, 3.6.1]) als Eingangsströme in offenen Bedienungsnetzwerken gearbeitet. In der hier gewählten Darstellung werden diese Ströme so verstanden, als werden sie von einem speziellen Knoten in einem geschlossenen Netzwerk erzeugt (↑ B. 8.1.1, [8.4.1], B. 8.4.2).

Die Struktur der Formeln, ihre *Produktform*, beinhaltet selbst wesentliche Hinweise für die Anwendung auf konkrete Bedienungsnetzwerke. Es ist relativ einfach möglich, die Formeln auf einen entsprechenden Anwendungsfall zu spezialisieren. Auf die Heraushebung dieser Struktur wird deshalb besonderer Wert gelegt. Die Angabe von Formeln für spezielle Netzwerke beschränkt sich deshalb auf Beispiele der Anwendung der allgemeinen Formeln. Es sei auch auf das in I, Kap. 5 dargelegte *Schema für Bedienungsmodelle* hingewiesen, das vom Wesen der als allgemeines Bedienungsnetzwerk aufgefaßt werden kann. Insbesondere die in I, Kap. 7 (↑ [I, 7.2]) dafür dargelegte Methode der Prüfung der *Unempfindlichkeit* der stationären Zustandswahrscheinlichkeiten liefert die Ergebnisse, die man im wesentlichen bisher in analytischer Form für Bedienungsnetzwerke erhalten hat, vgl. JANSEN/KÖNIG (1980). So ist auch zu verstehen, daß entsprechende Ergebnisse für instationäre Charakteristiken von Bedienungsnetzwerken so gut wie nicht bzw. nur im Ansatz existieren (vgl. MASSEY (1983)).

Der Abschnitt [8.5] enthält einige Näherungsmethoden, weitere spezielle Ergebnisse und Bemerkungen. Im wesentlichen handelt es sich um die stetige *Diffusionsapproximation* (↑ [8.5.1]) der diskreten Anzahlprozesse, mit der näherungsweise deren Verteilung in den einzelnen Knoten ermittelt werden kann, sowie *iterative Algorithmen* und weitere *heuristische Approximationsbetrachtungen*. Insbesondere [8.5.2] enthält heuristische Ideen, wie Mittelwerte bestimmter Netzwerkcharakteristiken (z. B. Anzahl der Forderungen in den Knoten oder Verweilzeit der Kunden im Netzwerk) günstiger oder näherungsweise berechnet werden können. In [8.5.3] wird auf mehrere weitere Probleme eingegangen. Dazu gehören die Verwendung der *Cox-Verteilung* (die in der Netzwerkliteratur sehr populär ist), die Besonderheiten der Ströme in *Feedbacksystemen* in ihrer Bedeutung für die Bedienungsnetzwerke und auch spezielle allgemeine Ergebnisse und Hinweise, die zur Behandlung von Bedienungsnetzwerken nützlich sein können. Die Bücher von KLEINROCK [1], [2] und KELLY [1] sind zum Studium der Problematik, insbesondere auch der Anwendung der Bedienungsnetzwerke zu empfehlen. Für spezielle Ergebnisse sei auch auf die große Fülle der zu Bedienungsnetzwerken erschienenen Literatur verwiesen, insbesondere diejenige, die sich mit solchen Problemen in der Informationsverarbeitungstechnik beschäftigt. Das Werk von COOPER [1] enthält auch eine Einführung in die Netzwerkthematik.

8.1. Modellierung eines Bedienungsnetzwerkes

Es werden Forderungen verschiedener *Typen* und Knotensysteme mit einer gewissen, durch Bedingungen festgelegter Struktur betrachtet. Die Vereinfachung auf einen Typ oder genau bestimmte Knotensysteme kann der Leser selbständig an entsprechender Stelle vornehmen. Die dadurch möglicherweise entstehenden Vereinfachungen betreffen hauptsächlich den Bezeichnungsaufwand.

8.1.1. Forderungentypen

Es ist oftmals zweckmäßig, einem Kunden bestimmte Informationen aufzuprägen. Diese Informationen können einmal den Kunden selbst charakterisieren und andererseits auch Veränderungen der Verhaltensweise des Kunden während des Netzwerkdurchlaufes beinhalten. Dazu werden dem Kunden Forderungen mit verschiedenen *Typ k* zugeordnet, $\mathscr{K}$ sei die Menge aller Typen.

Mit Hilfe der Typen läßt sich z. B. folgendes modellieren:

(i_1) Die Ankunftsintensität der Kunden im Netzwerk wird vom Typ abhängig.
(i_2) Die Bedienungszeit im Knoten kann vom Typ abhängen.
(i_3) Abhängig vom Typ wählt ein Kunde seinen Weg durch das Bedienungsnetzwerk.
(i_4) Formal lassen sich auch *Prioritäten* mittels der Typen festlegen, nur lassen die in den folgenden Abschnitten gegebenen Bedingungen keine Prioritätensysteme in den Netzwerkknoten zu.

(ii_1) Der Typ kann über die Länge des bisher zurückgelegten Weges durch das Netzwerk Auskunft geben.
(ii_2) Gelten Beschränkungen für die Anzahl von Wiederholungen der Bedienungen in einem Knoten oder für die Anzahl der Bedienungen überhaupt, so kann der Typ die Zählung vornehmen.

Die Beispiele der Art (ii) für den Informationsgehalt eines Forderungentypes legen nahe, Änderungen des Typs während des Aufenthaltes im Netzwerk zuzulassen. Deshalb wird in der Menge $\mathcal{K}$ aller Forderungen eine Klasseneinteilung $\mathcal{K}_1, \ldots, \mathcal{K}_l$ vorgenommen, so daß nur die Typen innerhalb einer Klasse ineinander überwechseln können. Wir sprechen dann auch an Stelle vom Forderungentyp k der Klasse $\mathcal{K}_i$ vom Forderungen- oder Kundentyp $\mathcal{K}_i$. Es ist sinnvoll, die Endlichkeit von $\mathcal{K}$ zu fordern, um sonst auftretende Existenz- und Konvergenzprobleme zu umgehen (z. B. Existenz von Intensitäten, stationären Verteilungen usw.).

8.1.2. Übergänge zwischen den Knotensystemen

Zur einheitlichen Darstellung sei der Knoten 0 die *Quelle* (und Senke) aller Forderungen, d. h., für offene Netzwerke wäre dies „außen". In geschlossenen Netzwerken muß es nicht unbedingt eine solche Quelle geben, aber zum Vergleich offener und geschlossener Netzwerke, zur Approximation offener durch geschlossene Netzwerke oder Näherung in umgekehrter Richtung ist diese Auffassung nützlich. Man würde das Knotensystem 0 als ein System mit unbeschränkter Zahl von Bedienungsgeräten modellieren.

Zugelassen sind Übergänge der Forderungen zwischen den Knoten, die nur vom Typ der Forderung und den beteiligten Knoten abhängen. Es sei $\mathcal{U}$ die Menge der Knoten. Wir sprechen vom Knoten $u \in \mathcal{U}$ oder auch vom Knotensystem $u \in \mathcal{U}$, d. h. fassen u als einen entsprechenden Index auf. Einfachheitshalber fordern wir die Endlichkeit von $\mathcal{U}$. Meist wird $\mathcal{U} = \{0, 1, \ldots, m\}$ gesetzt. Es ist $P(u, k, u', k')$ die Wahrscheinlichkeit für den Übergang einer Forderung vom Typ $k \in \mathcal{K}$ aus dem Knoten $u \in \mathcal{U}$ in den Knoten $u' \in \mathcal{U}$, wobei eine Wandlung des Forderungentyps in $k' \in \mathcal{K}$ erfolgt. Mit $\mathcal{Z} \subseteqq \mathcal{U} \times \mathcal{K}$ sei diejenige Menge der Paare (u, k) bezeichnet, die von der Modellierung her als sinnvoll erscheinen, d. h., daß eine Bedienung der Forderung vom Typ k im Knoten u vorgesehen ist. Die Matrix der Übergangswahrscheinlichkeiten

$$\boldsymbol{P} = \big(P(u, k, u', k')\big)_{(u,k),(u',k')\in\mathcal{Z}}$$

ist eine stochastische Matrix, die man wie eine Übergangsmatrix bei homogenen, endlichen Markowschen Ketten mit diskreter Zeit auffassen kann. Sie steuert die Bewegung (oder den Lauf) der Forderungen von Knoten zu Knoten, also den Forderungenlauf durch das Netzwerk. Es wird die Klasseneinteilung der Markowschen Ketten übernommen (↑ [I, 3.3.1.1]).

8.1.1. Definition. Eine Teilmenge $\mathcal{Z}_i$ von $\mathcal{Z}$ heißt *Kommunikationsklasse*, wenn $\mathcal{Z}_i$ eine Klasse wesentlicher Zustände der Übergangsmatrix $\boldsymbol{P}$ ist.

8.1.2. Voraussetzung. $\mathcal{Z}$ läßt sich vollständig in Kommunikationsklassen zerlegen.

Mit anderen Worten heißt dies, daß die Zustandsmenge $\mathcal{Z}$ bezüglich $\boldsymbol{P}$ nur wesentliche Zustände enthält. Sinnvollerweise wird man die Forderungentypen und die Klasseneinteilung der Menge $\mathcal{K}$ der Typen $\mathcal{K}_1, \ldots, \mathcal{K}_l$ in Übereinstimmung mit den Kommunikationsklassen $\mathcal{Z}_i$ bringen. Das heißt, wir haben eine Darstellung der Kommunikationsklassen in der Form $\mathcal{Z}_i \subseteqq \mathcal{U}_i \times \mathcal{K}_i$ mit $\mathcal{U}_i \subseteqq \mathcal{U}$, $\mathcal{K}_i \subseteqq \mathcal{K}$, $i = 1, \ldots, l$, und $\mathcal{K}_i \cap \mathcal{K}_j = \emptyset$ für $i \neq j$.

Für offene Bedienungsnetzwerke sind die Übergangswahrscheinlichkeiten von „außen" (Knoten $u = 0$) und nach „außen" zu bestimmen. Es werden zumeist Poissonsche Forderungenströme der *Intensität* $\lambda(u, k)$ der in den Knoten u von außen mit Typ k eintreffenden Forderungen angenommen. Man wählt am besten nur einen Forderungentyp $k_i{}^*$ bez. einer Kommunikationsklasse $\mathscr{Z}_i$, wenn sich die Forderung außerhalb des Netzwerkes befinden, da dies nur zur einheitlichen formalen Beschreibung der Netzwerke dient. Es gilt damit

$$P(0, k_i{}^*, u, k) = \Big(\sum_{(v,k)\in\mathscr{Z}_i,\, v\neq 0} \lambda(v, k)\Big)^{-1} \lambda(u, k)$$

und analog für die Abgangswahrscheinlichkeiten aus dem Netzwerk

$$P(u, k, 0, k_i{}^*) = \mathbf{1}_{\mathscr{Z}_i}(u, k) \Big(1 - \sum_{(v,k')\in\mathscr{Z}_i,\, v\neq 0} P(u, k, v, k')\Big).$$

Mit $\lambda(i) = \sum_{(u,k)\in\mathscr{Z}_i, u\neq 0} \lambda(u, k)$ hat man dann auch die Intensität des in das Netzwerk eintreffenden Forderungenstromes der Forderungen vom Typ $\mathscr{K}_i$.

Es sei darauf hingewiesen, daß mit Hilfe des Knotens 0 auch Forderungenströme modelliert werden können, die von der Anzahl der Forderungen des jeweiligen Types $\mathscr{K}_i$ oder der Gesamtzahl der Forderungen im übrigen Teil des Netzwerkes beeinflußt werden, d. h. Forderungenströme 2. Art.

In den meisten Fällen hat man dabei eine obere Schranke m_i für die Anzahl der Forderungen einer bestimmten Klasse $\mathscr{K}_i$ im Netzwerk gegeben. Wird in einem geschlossenen Netzwerk das Knotensystem 0 mit unbeschränkter Anzahl von Bedienungsgeräten sowie zustandsabhängigen Bedienungsgeschwindigkeiten angenommen, so kann damit der Forderungenstrom 2. Art modelliert werden (↑ Bemerkungen zu B. 8.4.2). Oft wird auch angenommen, daß die Intensitäten eines Poissonschen Forderungenstromes 2. Art $\lambda(i, n_i)$ gegeben sind, wobei n_i die gerade (bez. Zustand g) im Netzwerk vorhandene Anzahl von Forderungen der Klasse $\mathscr{K}_i$ ist. Diese Auffassung bringt in der einheitlichen Darstellung der Netzwerke einige formelle Schwierigkeiten, so daß nicht in jedem Fall eine Spezialisierung der Formeln für solche Forderungenströme vorgenommen wird. Nach diesen Bemerkungen ist einzusehen, daß die Behandlung von Netzwerken mit Forderungenströmen 2. Art im wesentlichen der Handhabung von geschlossenen Netzwerken entspricht.

Bei der Betrachtung der Intensitäten der Forderungenströme zwischen den Knoten ergibt sich hier ein Unterschied in der Deutung der folgenden Größen für offene bzw. geschlossene Netzwerke. Sei $\alpha(u, k)$ die *Intensität* (offene Netzwerke) bzw. der *relative Anteil* der *Intensität* (geschlossene Netzwerke) des in den Knoten u eintreffenden Stromes der Forderungen vom Typ k. Die Größen $\alpha(u, k)$ werden als zeitunabhängig angenommen. Dies ist im allgemeinen nur der Fall, wenn der das Netzwerk beschreibende stochastische Prozeß stationär ist. Bei geschlossenen Netzwerken sprechen wir von relativen Anteilen der Intensitäten $\alpha(u, k)$, da die Zahlen $\alpha(u, k)$ in diesem Fall nur ein Verhältnis der Intensitäten der einzelnen Forderungenströme zueinander, aber nicht den wahren Wert angeben.

Die Größen $\alpha(u, k)$ genügen dem folgenden Gleichungssystem:

$$\alpha(u, k) = \sum_{(u',k')\in\mathscr{Z}_i} P(u', k', u, k)\, \alpha(u', k') \tag{1}$$

für alle $(u, k) \in \mathscr{Z}_i$ und $i = 1, \ldots, l$.

Dieses Gleichungssystem hat für jede Kommunikationsklasse $\mathcal{Z}_i$ eine bis auf einen konstanten Faktor bestimmte Lösung. Für offene Netzwerke bestimmt $\lambda(i)$ diesen Faktor, so daß mit Hilfe von (1) und $\lambda(i)$, $i = 1, \ldots, l$, die Intensitäten $\alpha(u, k)$ der Ströme zwischen den Knoten bestimmt werden können.

In diesem Falle hat (1) die Gestalt

$$\alpha(u, k) = \sum_{(u',k') \in \mathcal{Z}_i, u' \neq 0} P(u', k', u, k) \, \alpha(u', k) + P(0, k_i^*, u, k) \, \lambda(i)$$

für $u = 0$ bzw.

$$\lambda(i) = \sum_{(u',k') \in \mathcal{Z}_i, u' \neq 0} P(u', k', 0, k_i^*) \, \alpha(u', k').$$

Für geschlossene Netzwerke wählt man diesen Faktor günstig für durchzuführende Rechnungen u. dgl. Bei gemischten Netzwerken sind nicht für alle $i \in \{1, \ldots, l\}$, die Größen $\lambda(i)$ gegeben. Auch für offene Netzwerke mit Forderungenströmen 2. Art müssen auf alle Fälle die Wahrscheinlichkeiten $P(0, k_i^*, u, k)$ der Verteilung der Forderungen von außerhalb auf die Knoten gegeben sein. Damit würde man zunächst (wie für geschlossene Netzwerke) eine Lösung von (1) suchen.

8.1.3. Voraussetzung. Die Intensitäten $\alpha(u, k)$ erfüllen die Beschränkungen, die sich aus den Existenzbedingungen der stationären Zustandswahrscheinlichkeiten ergeben, die für die isolierten Knotensysteme u mit Poissonschen Eingangsströmen der Forderungen der Typen k mit den Parametern $\alpha(u, k)$ gelten.

Diese Voraussetzung ist eigentlich nur für offene (und teilweise für gemischte) Netzwerke von Bedeutung. Eine solche Bedingung wäre z. B. $\sum_{k \in \mathcal{K}} \alpha(u, k) < \varrho$, falls das Knotensystem u die Gestalt M/M/1/∞ hat.

Mit $\alpha(u) = \sum_{k \in \mathcal{K}} \alpha(u, k)$ wird die Gesamtintensität der in das System u eintreffenden Forderungenströme bezeichnet, analog ist $\alpha(u, \mathcal{K}_i)$ die entsprechende Intensität, wenn Forderungen des Typs $\mathcal{K}_i$ betrachtet werden.

8.1.3. Netzwerk- und Knotensystemzustände

Es soll eine möglichst große Klasse von Knotensystemen erfaßt werden, ohne hier spezielle Systeme zu modellieren. Dies geschieht in den entsprechenden anderen Kapiteln (↑ Kap. 1, 2, 3 und 4). Die möglichen Zustände eines Knotensystems u werden mit $g(u)$ bezeichnet und in der Zustandsmenge $\mathcal{G}(u)$ zusammengefaßt. Mit $g(u) = \{(k_j, a_j): j = 1, \ldots, n(u)\}$ sei der Zustand näher charakterisiert. Dabei ist

$n(u)$ – Anzahl der Forderungen im Knoten u,
k_j – Typ der Forderung,
a_j – Größe, die den Zustand der Forderung (vom Typ k_j) im Knotensystem beschreibt, z. B. Platz in der Warteschlange, Nummer des bedienenden Gerätes, oder mehrere derartiger Informationen zugleich.

In a_j sind alle Informationen aufgenommen, die zur Beschreibung der Arbeitsweise des Knotensystems notwendig sind; insbesondere daß man bei Beendigung einer Bedienung im Knoten bestimmen kann, was mit der zugehörigen Forderung (mit Typ k_j) geschieht. Dabei können nur solche Typen k_j vorkommen, für die $\alpha(u, k_j) > 0$.

Ein Netzwerkzustand g ist der Vektor der Zustände der Knotensysteme, wobei für offene Netzwerke (und gemischte Netzwerke) der formale Knoten 0 nicht mit aufgenommen wird, d. h.

$$g = \big(g(u_1), \ldots, g(u_{|\mathcal{U}|})\big) \in \mathcal{G} = \mathop{\times}_{u\in\mathcal{U}} \mathcal{G}(u)$$

für geschlossene Netzwerke und

$$g = \big(g(u)\big)_{u\in\mathcal{U}\setminus\{0\}} \in \mathcal{G} \subseteq \mathop{\times}_{u\in\mathcal{U}\setminus\{0\}} (u)$$

für offene Bedienungsnetzwerke.

Die Gesamtheit $\mathcal{G}$ aller annehmbaren Netzwerkzustände g für geschlossene Netzwerke wird dadurch bestimmt, daß nur endlich viele, nämlich $n(\mathcal{K}_i)$, Forderungen des Types $\mathcal{K}_i$ im Netzwerk vorhanden sind. Weiterhin bezeichne $n(u, k)$ die Anzahl von Forderungen des Types k im Knoten u (bez. $g(u)$) und $N(u)$, $N(u, \mathcal{K}_i)$, $N(u, k)$ die zufälligen Anzahlen der Forderungen bzw. Forderungen des Types $\mathcal{K}_i$ bzw. k im Knoten u. Die zufällige Anzahl $N(\mathcal{K}_i)$ der Forderungen des Typs $\mathcal{K}_i$ im Netzwerk (ohne Knoten 0) zu betrachten, wird nur für offene (bzw. gemischte) Netzwerke notwendig, d. h. wenn $n(\mathcal{K}_i) = \infty$ (Knoten 0 mit berücksichtigt).

8.1.4. Beispiel für die Modellierung eines Bedienungsnetzwerkes

Es soll am Beispiel einer vereinfachten Rechenanlage ein Bedienungsnetzwerk modelliert werden. Ein Schema der Anlage gibt Abb. 8.1.2 mit entsprechender Angabe der gewählten Knotensysteme. Die Pfeile sollen hierbei nur angeben, wie der Bedienungsort einer Forderung (sprich Programm) wechseln kann.

Zu den Terminals kommen die Kunden mit ihren Programmen und bleiben so lange dort, bis das Programm abgearbeitet ist, um Rückfragen des Rechners zu klären. Ein Forderungentyp soll deshalb Programmart a und Programmschritt i enthalten, also

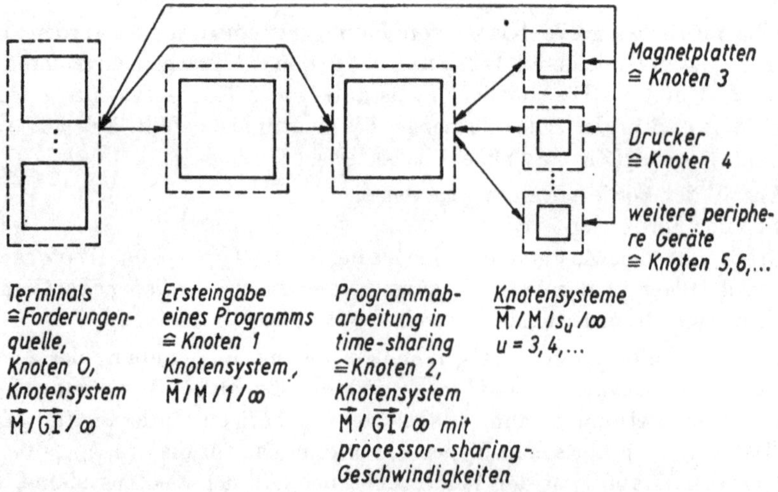

Abb. 8.1.2. Modellierung einer Rechenanlage als Bedienungsnetzwerk

$k = (a, i)$. Solch ein Programm könnte z. B. die in Tab. 8.1.1 angegebenen Schritte enthalten:

Tab. 8.1.1. Programmschritte

Schritt i	Erläuterung	
0	Pausenzeit bis Kunde mit Programm a kommt	$P(0,(a,0), 1,(a,1)) = 1$
1	Programmeingabe	$P(1,(a,1), 2,(a,2)) = 1$
2	1. Bearbeitung im Rechner, z. B. Übersetzungen in Maschinensprache	$P(2,(a,2), 0,(a,3)) = 1$
3	Korrekturen und Dateneingabe	$P(0,(a,3), 2,(a,4)) = 1$
4	Weiterbearbeitung des Programms	$P(2,(a,4), 3,(a,5)) = 1$
5	Abspeicherung von Zwischenergebnissen auf Magnetplatte	$P(3,(a,5), 0,(a,6)) = 1$
6	Eingabe von neuen Daten	$P(0,(a,6), 2,(a,7)) = 1$
7	Weiterbearbeitung des Programms	$P(0,(a,7), 3,(a,8)) = 1$
8	Zurückholen der Zwischenergebnisse	$P(3,(a,8), 2,(a,9)) = 1$
9	Weiterbearbeitung des Programms	$P(2\ (a,9), 4,(a,10)) = 1$
10	Ausgabe auf Drucker	$P(4,(a,10), 0,(a,11)) = 1$
11	Abschluß des Programms	$P(0,(a,11), 0,(b,0)) = q(b)$

Mit der Wahrscheinlichkeit $q(b)$ wird „ausgewürfelt", von welcher Art das neue Programm b eines Kunden im entsprechenden Terminal ist. Insgesamt können nur so viele Forderungen im Netzwerk sein wie Terminals vorhanden sind. Bei gleichartigen Kunden kann man ein geschlossenes Netzwerk mit einer Kommunikationsklasse benutzen. Auf einen Netzwerkgraphen entsprechend Abb. 8.1.1 sei hier verzichtet, da der Leser dies für Programm a schnell selbst durchführen kann und andere Programme nicht angegeben werden sollen.

Im Knoten 2 werden Bedienungsgeschwindigkeiten (↑ [8.1.5]) angenommen, die das „time-sharing" beschreiben sollen, also z. B. umgekehrt proportionale Größen zur Anzahl der Forderungen im Knoten.

Man beachte, daß bei der Modellierung eine Zuordnung von bestimmten Geräten, Einheiten u. dgl. zu entsprechenden Knoten nicht unbedingt günstig sein muß. Man sollte schon von vornherein bei der Modellierung vom Netzwerkgedanken ausgehen und Bedienungsschritte suchen. Auch sei erwähnt, daß das hier gegebene Netzwerkmodell keine Parallelbedienung einer Forderung zuläßt, d. h. für eine Forderung können nicht zwei Bedienungen gleichzeitig laufen. Es ist somit für die Modellierung äußerst wichtig, welcher Schritt (oder welche Schritte) eines Programms als Bedienung aufgefaßt wird (werden).

Zur Zustandsbeschreibung der Knotensysteme und des Netzwerkes sei bemerkt, daß oft nicht nur einfach die Anzahl der Forderungen im System interessiert, sondern zumindest die Anzahl der Forderungen jedes einzelnen Typs. Manchmal ist eine noch detailliertere Zustandsbeschreibung notwendig. Es müssen dann vom Leser selbst noch Formeln für interessierende Größen der isolierten Knotensysteme hergeleitet werden, da meist solche speziellen Systeme in einer Veröffentlichung nicht behandelt werden.

8.1.5. Allgemeines Schema für die Arbeitsweise der Knotensysteme

Die Bedienung der Forderung vom Typ k_j im Zustand $g(u)$ erfolgt mit der Geschwindigkeit $c(u, g(u), a_j)$, d. h., der Wert der Geschwindigkeit kann vom System, vom Zustand des Systems $g(u)$ und von dem Zustand a_j der Forderung im System abhängen. Eine entsprechende Zustandsbeschreibung gestattet es, anzahlabhängige Geschwindigkeiten zu wählen, z. B. $c(u, g(u), a_j) = c(n(u))\, c_1(a_j)$ in einem $\vec{\mathrm{M}}/\vec{\mathrm{GI}}/s/0$-System. Dabei kennzeichne a_j das die Forderung k_j bedienende Gerät, so daß mit $c_1(a_j)$ die Geschwindigkeit geräteabhängig und mit $c(n(u))$ abhängig von der Anzahl der Forderungen im System wird. Mit den Geschwindigkeiten können Belastungsabhängigkeiten modelliert werden, die meist über die Anzahlen der Forderungen der einzelnen Typen wirken. Es sei nur an die processor-sharing Systeme erinnert, in denen z. B. $c(n(u)) = \dfrac{1}{n(u)}$ zu wählen ist.

Über den Erwartungswert der Bedienungsgröße (Arbeitsmenge) $B_{u,k}$ einer Forderung vom Typ k werden weitere zwischen Forderungentyp und Knotensystem bestehende Verbindungen beschrieben.

8.1.4. Bemerkung. Prinzipiell könnten auch Abhängigkeiten der Bedienungsgröße zum Bedienungsgerät und andere, den Zustand a_j der Forderung im System bestimmende Dinge bestehen. In die angegebenen Ergebnisse gehen aber nur die Erwartungswerte und Geschwindigkeiten ein. Es kommen die gleichen Formeln heraus, gleich welche Abhängigkeit durch eine Geschwindigkeit beschrieben wird und welche über den Erwartungswert einer Zufallsgröße eingeht. Dies hat zur Folge, daß für inhaltlich verschiedene Modelle gleiche Formeln herauskommen. So kann man z. B. einerseits in einem System $\vec{\mathrm{M}}/\vec{\mathrm{G}}/s/0$ stationäre Abhängigkeiten zwischen den Bedienungen auf einem bestimmten Gerät zulassen und über Geschwindigkeiten den Einfluß verschiedener Forderungentypen modellieren und andererseits den Forderungen ihre Bedienungszeit mitgeben (für verschiedene Forderungen müssen dies unabhängige Größen sein) und über Geschwindigkeiten den Einfluß des bedienenden Gerätes steuern.

Es sei $\mu(u, k) = (\mathsf{E}B_{u,k})^{-1}$. Die Veränderungen der Knotensystemzustände sollen nur in Abhängigkeit der Ankunft bzw. des Abgangs einer Forderung, ihres Typs und des vorhergehenden Knotensystemzustandes des betrachteten Knotens erfolgen. Es werden Übergangswahrscheinlichkeiten für Ankunft und Abgang gegeben.

(a) Ankunft: $P_u{}^{\mathrm{A}}(g(u), k, g'(u)) \geqq 0$ mit

$g(u)$ — Zustand vor Ankunft,
k — Typ der ankommenden Forderung,
$g'(u)$ — Zustand nach Ankunft.

Es muß gelten

$$\sum_{\substack{g'(u) \in \mathscr{G}(u) \text{ mit} \\ n(u,k) \leqq n'(u,k) \leqq n(u,k)+1 \\ n'(u,k^*) = n(u,k^*) \text{ für } k^* \neq k}} P_u{}^{\mathrm{A}}(g(u), k, g'(u)) = 1,$$

d. h., höchstens die Anzahl $n(u, k)$ der Forderungen vom Typ k darf sich um Eins erhöhen. Gruppenankünfte, Abbrüche der Bedienung anderer Forderungen, die dann das System verlassen müssen, u. ä. werden nicht zugelassen.

(b) Abgang: $P_u{}^{\mathrm{D}}(g(u), (k_j, a_j), g'(u)) \geqq 0$ mit

$g(u)$ — Zustand vor Abgang,
(k_j, a_j) — Typ und Zustand der abgehenden Forderung,
$g'(u)$ — Zustand nach Abgang.

Es muß gelten

$$\sum_{\substack{g'(u) \in \mathscr{G}(u) \text{ mit} \\ n'(u,k_j) = n(u,k_j)-1 \\ n'(u,k) = n(u,k) \text{ für } k \neq k_j}} P_u{}^{\mathrm{D}}(g(u), (k_j, a_j), g'(u)) = 1, \qquad (k_j, a_j) \in g(u)$$

Ein Abbruch der Bedienung weiterer vorhandener Forderungen im Knoten wird nicht zugelassen, so daß keine anderen Forderungen ebenfalls den Knoten verlassen können.

Diese Übergangswahrscheinlichkeiten werden natürlich nur definiert, wenn die Bedienungsgeschwindigkeit $c(u, g(u), a_j) > 0$ ist, also die Bedienung der Forderung wirklich beendet werden kann. Prinzipiell könnten die Forderungen sofort nach Verlassen des Knotensystems in dieses zurückkehren. Dafür sind aber die Netzwerkübergänge von Knoten zu Knoten vorgesehen und die Wahrscheinlichkeiten $P(u, k, u, k')$ bereits gegeben. Abgänge können auch noch auftreten, wenn ankommende Forderungen abgewiesen werden, wie das bei Verlustsystemen der Fall ist. Es sind dann die entsprechenden Ankunftsübergangswahrscheinlichkeiten $P_u{}^A(g(u), k, g'(u))$ mit $n'(u, k) = n(u, k)$ heranzuziehen.

Zur Veranschaulichung, welche Gestalt die Übergangswahrscheinlichkeiten haben können, diene das folgende Beispiel:

8.1.5. Beispiel. Es sei das Erlangsche Verlustsystem $\vec{\mathrm{M}}/\vec{\mathrm{GI}}/s/0$ mit mehreren Forderungenströmen betrachtet. Ein Zustand sei bestimmt durch die Angabe, welches Gerät mit welchem Forderungentyp belegt ist:

$$g(u) = \{(k_j, a_j) : k_j \in \mathcal{K},\ a_j \in \{1, \ldots, s\},\ a_i \neq a_k,\ i \neq k;\ j = 1, \ldots, n(u)\}.$$

Kommt eine Forderung vom Typ k und ist $n(u) < s$, so wird der neue Systemzustand mittels

$$P_u{}^A(g(u), k, g'(u)) = \begin{cases} \dfrac{1}{s - n(u)}, & \text{falls} \quad g'(u) = g(u) \cup \{(k, a_{n(u)+1})\} \\ & \text{mit} \quad a_{n(u)+1} \notin \{a_j : (k_j, a_j) \in g(u)\}, \\ 0 & \text{sonst} \end{cases}$$

ausgewürfelt. Ist $n(u) = s$, so gilt

$$P_u{}^A(g(u), k, g(u)) = 1.$$

Es werden also alle freien Geräte gleichwahrscheinlich ausgewählt; sind keine freien Geräte vorhanden, so wird die Forderung abgewiesen.

Bei Ende einer Bedienung auf dem Gerät a_j hat man

$$P_u{}^D(g(u), (k_j, a_j), g'(u)) = \begin{cases} 1, & \text{falls} \quad g'(u) = g(u) \setminus \{(k_j, a_j)\}, \\ & \text{wobei} \quad (k_j, a_j) \in g(u), \\ 0 & \text{sonst,} \end{cases}$$

d. h., die Forderung vom Typ k_j verläßt das System.

8.2. Bedingungen für die isolierten Knotensysteme

In V. 8.1.3 sind bereits für die Intensitäten $\alpha(u, k)$ der ankommenden Forderungenströme Bedingungen zur Existenz der stationären Zustandswahrscheinlichkeiten $p_{g(u)}$ der isolierten Knotensysteme gefordert. In diesem Abschnitt sollen gewisse Symmetrieeigenschaften der Knotensysteme formuliert werden, die einmal die Transformation eines Poissonschen Forderungenstromes bei Ankunft in einen Poissonschen Forderungenstrom bei Abgang der Forderungen eines bestimmten Typs k sichern, und andererseits die Unempfindlichkeit der stationären Zustandswahrscheinlichkeiten gegenüber der Gestalt der Bedienungsgrößenverteilung bei gegebenen Erwartungswerten $\mathsf{E}B_{u,k}$ bewirken (↑ I, Kap. 7).

Der Knoten u sei im folgenden beliebig aber fest gewählt.

8.2.1. Voraussetzung. Die stationären Zustandswahrscheinlichkeiten $p_{g(u)}$ (falls sie existieren) erfüllen die lokale oder Richtungsbalance, d. h., sie erfüllen die folgenden Gleichungen (vgl. CHANDY/HOWARD/TOWSLEY (1977), KELLY [1], JANSEN/KÖNIG (1980)):

$$\sum_{k\in\mathscr{K}} \sum_{\substack{g'(u)\in\mathscr{G}(u) \text{ mit} \\ n'(u,k)=n(u,k)-1}} \alpha(u, k)\, P_u{}^{\mathrm{A}}\big(g'(u), k, g, (u)\big)\, p_{g'(u)} = \sum_{k\in\mathscr{K}} \sum_{(k,a_j)\in g(u)} \mu(u, k)\, c\big(u, g(u), a_j\big)\, p_{g(u)}, \tag{1}$$

falls $g(u) = \emptyset$, und

$$\begin{aligned} &\big(1 - P_u{}^{\mathrm{A}}\big(g(u), k, g(u)\big)\big)\, \alpha(u, k)\, p_{g(u)} \\ &= \sum_{\substack{g'(u)\in\mathscr{G}(u) \text{ mit} \\ n'(u,k)=n(u,k)+1}} p_{g'(u)} \sum_{(k,a_j)\in g'(u)} \mu(u, k)\, c\,\big(u, g'(u), a_j\big)\, P_u{}^{\mathrm{D}}\big(g'(u), (k, a_j), g(u)\big) \end{aligned} \tag{2}$$

für alle $g(u) \in \mathscr{G}(u)$ und $k \in \mathscr{K}$ mit $\alpha(u, k) > 0$.

Diese Richtungsbalancegleichungen bedeuten ein statistisches Gleichgewicht bez. des „Wahrscheinlichkeitsflusses" sowohl der Verringerung und als auch der Erhöhung der Anzahl der Forderungen vom Typ k bez. des Zustandes $g(u)$. Im Gegensatz dazu spricht man von globalem Gleichgewicht, wenn alle „Abflüsse" und alle „Zuflüsse" von Wahrscheinlichkeitsmasse bez. $g(u)$ über sämtliche Typen hinweg ausbalanciert sind, wie es im System der Zustandsgleichungen Z von I, S. 5.2.2.1 der Fall ist (globale Balancegleichungen). Die Gleichungen (2) sind dabei wesentlicher.

8.2.2. Voraussetzung. Die stationären Zustandswahrscheinlichkeiten $p_{g(u)}$ erfüllen die verschärfte oder Platzbalance bez. (k_j, a_j), d. h., sie erfüllen die nachstehenden Gleichungen (vgl. CHANDY/HOWARD/TOWSLEY (1977), KÖNIG/JANSEN (1976), JANSEN/KÖNIG (1976), (1980), SCHASSBERGER (1977), (1978), JANSEN/KÖNIG/NAWROTZKI (1979), MATTHES/KÖNIG/NAWROTZKI [1]):

$$c\big(u, g(u), a_j\big)\, \mu(u, k_j)\, p_{g(u)} = \sum_{\substack{g'(u)\in\mathscr{G}(u) \text{ mit} \\ n'(u,k_j)=n(u,k_j)-1 \\ (k_j,a_j)\notin g'(u)}} \alpha(u, k_j)\, P_u{}^{\mathrm{A}}\big(g'(u), k_j, g(u)\big)\, p_{g'(u)} \tag{3}$$

für alle $g(u) \in \mathscr{G}(u)$ mit $(k_j, a_j) \in g(u)$.

Dabei muß eine Komponente von a_j einen festen Platz im Knotensystem beschreiben, um zu gewährleisten, daß bei den Übergängen auf der rechten Seite von (3) wirklich die Bedienung der ankommenden Forderung vom Typ k_j (auf dem Platz, der durch a_j bestimmt ist) beginnt.

So ist V. 8.2.2 nur für Systeme mit beschränkter maximaler Forderungenzahl sinnvoll, wobei jede Forderung während ihres Aufenthaltes im System auf einem festen Platz verbleibt. Die Gleichung (3) stellt somit ein Gleichgewicht zwischen Beendigung und Anregung der Bedienung einer Forderung bez. des Zustandes $g(u)$ her, also eine Verschärfung der Balancegleichungen (2).

Die Balancegleichungen (3) sind notwendig und hinreichend für die Unempfindlichkeit der stationären Zustandswahrscheinlichkeiten $p_{g(u)}$ gegenüber der Gestalt der Verteilung der Bedienungsgröße der Forderung vom Typ k_j auf dem Platz, der durch a_j angegeben wird (↑ [I, 7.2]).

Sollen Systeme mit unbeschränkter möglicher Forderungenzahl im System behandelt werden, so prüfe man, ob sich diese durch Systeme mit beschränkter Forderungenzahl im System, die V. 8.2.2 erfüllen, durch Erhöhung der zugelassenen Forderungenzahl approximieren lassen. Ist die Antwort positiv, so liegt eine entsprechende Unempfindlichkeit der stationären Zustandswahrscheinlichkeiten auch für die unbeschränkten Systeme vor.

Bei Systemen mit unbeschränkter Forderungenzahl im System stecken implizit Gleichheitsforderungen von Bedienungsgrößenverteilungen in der Modellierung, und es müssen Zusatzbedingungen an die Übergänge von Zustand zu Zustand gestellt werden, die nicht in die Zustandsangabe $g(u)$ aufgenommen werden (↑ [I, 7.2]). Die mit (2) zusammenhängende Unempfindlichkeit läßt Bedienungsgrößenverteilungen zu, die vom Forderungentyp und Platz im System abhängen können.

Als Beispiel kann das System M/GI/∞ dienen. Hier können die Verlustsysteme M/GI/s/0 zur Approximation herangezogen werden. Im Verlustsystem würde ein Platz gleich einem bestimmten Bedienungsgerät entsprechen. Praktisch muß man sich klarmachen, ob es für unbeschränkte Systeme entsprechende endliche Systeme mit Unempfindlichkeitseigenschaften zur Approximation gibt oder nicht. Für geschlossene Bedienungsnetzwerke ist es offenbar gleich, ob ein unbeschränktes oder ein entsprechendes endliches System mit hinreichend großer Platzzahl als Knotensystem gewählt wird.

Damit V. 8.2.1 und V. 8.2.2 erfüllt werden können, müssen die Knotensysteme noch folgende Eigenschaft der Erreichbarkeit der Zustände untereinander haben.

8.2.3. Voraussetzung. Für je zwei Zustände $g(u)$ und $g'(u) \in \mathscr{G}(u)$ existiert eine Folge von Zuständen $g(u) = g^0(u), g^1(u), \ldots, g^m(u) = g'(u)$, $g^i(u) \in \mathscr{G}(u)$, so daß

$$P_u^{\mathrm{A}}\big(g^i(u), k^i, g^{i+1}(u)\big) > 0 \quad \text{oder} \quad P_u^{\mathrm{D}}\big(g^i(u), (k_j^i, a_j^i(u)), g^{i+1}(u)\big) > 0$$

für irgendwelche $k^i \in \mathscr{K}$ mit $\alpha(u, k^i) > 0$ bzw. $(k_j^i, a_j) \in g_i(u)$ und $n^i(u, k) \leqq \max\{n(u, k), n'(u, k)\}$ für alle $k \in \mathscr{K}$.

Man muß also mit positiver Wahrscheinlichkeit in jeden anderen Zustand übergehen können, wenn die Zustandsmenge durch obere Schranken für die im System befindlichen Forderungen eingeschränkt wird. Diese Bedingung ist für geschlossene Netzwerke unumgänglich und stärker als die übliche Irreduzibilitätsforderung für Markowsche Ketten.

Für das in B. 8.1.5 angegebene Erlangsche Verlustsystem mit Bedienungsgeschwindigkeiten der Form $c(g, a_j) = \frac{1}{|g|} c(a_j) > 0$ haben die Bedingungen die Gestalt (wir lassen den Knotenindex u fort)

(1): $$\frac{1}{s - |g| + 1} \sum_{(k,a_j) \in g} \alpha(k)\, p_{g \setminus \{(k,a_j)\}} = \sum_{(k,a_j) \in g} \mu(k)\, c(a_j) \frac{1}{|g|} p_g$$
für $g \neq \emptyset$.

(2): $$\alpha(k)\, p_g = \sum_{i \notin \{a_j : (k_j, a_j) \in g\}} \mu(k)\, c(i) \frac{1}{|g| + 1} p_{g \cup \{(k,i)\}}$$
für $|g| < s$ bzw. $0 = 0$ für $|g| = s$,

sowie

(3): $$\frac{1}{|g|} \mu(k)\, c(i)\, p_g = \alpha(k) \frac{1}{s - |g| + 1} p_{g \setminus \{(k,i)\}} \qquad \text{für} \quad g \neq \emptyset, \quad (k, i) \in g.$$

Man sieht in diesem Fall, daß mit der Bedingung (3) auch (2) und (1) erfüllt werden.

Die Zustandswahrscheinlichkeiten

$$p_g = p_\emptyset \left[\prod_{(a_j,k_j) \in g} \frac{\alpha(k_j)}{\mu(k_j)\, c(a_j)} \right] \frac{(s - |g|)!\, |g|!}{s!}$$

erfüllen somit die Bedingungen (1) bis (3).

Für die hier betrachteten Knotensysteme ist es immer so, daß eine Wahrscheinlichkeitslösung, die (1), (2) bzw. auch (3) erfüllt, die Zustandswahrscheinlichkeiten darstellt, weil keine Gruppenankünfte und kein Abbruch von Bedienungen zugelassen werden. Dadurch ergibt die Summe der Gleichungen in (1) und (2) die sogenannten globalen Balancebedingungen, die ein Gleichungssystem für die stationären Zustandswahrscheinlichkeiten bei exponentiellen Bedienungszeiten darstellen (↑ I, S. 5.2.2.1).

8.3. Aussagen über die Knotensysteme und Auswahl spezieller zugelassener Knotensysteme

In diesem Abschnitt interessiert die Topologie des Netzwerkes nicht. Der Index u für den jeweiligen Knoten wird deshalb in allen Bezeichnungen fortgelassen, d. h. z. B. g, $\alpha(k)$, $n(k)$, B_k, ... stehen für $g(u)$, $\alpha(u, k)$, $n(u, k)$, $B_{u,k}$, ...

8.3.1. Allgemeine Aussagen und Klassen zugelassener Knotensysteme

8.3.1. Definition. Ein stochastischer Prozeß $(X(t), t \in \mathbb{R})$ heißt *reversibel*, wenn der Prozeß $(Y(t), t \in \mathbb{R})$ mit $Y(t) = X(t_0 - t)$ das gleiche Verteilungsgesetz $\mathbf{P}$ besitzt wie $(X(t))$ für jedes beliebige feste $t_0 \in \mathbb{R}$.

Reversible Prozesse müssen somit insbesondere stationär sein (vgl. Kelly [1]).

8.3.2. Satz (vgl. Tolmatschew (1977), Kelly [1], Chandy/Howard/Towsley (1977)). Es seien V. 8.1.3, V. 8.2.1 für alle $k \in \mathscr{K}$ und (3) aus [8.2] erfüllt und die Bedienungsgrößen B_k für alle $k \in \mathscr{K}$ exponentialverteilt. In das Knotensystem u treffen Poissonsche Forderungenströme des Typs k mit der Intensität $\alpha(k)$ ein. Die dieses System beschreibende Markowsche Kette mit stetiger Zeit sei stationär (die stationäre Verteilung ist ergodisch). Dann gilt:

(a) Die Ströme der abgehenden Forderungen vom Typ k (abgewiesene Forderungen einbegriffen) sind Poissonsch mit Parameter $\alpha(k)$ und unabhängig für verschiedene k.
(b) Die Abgangszeitpunkte vor einem beliebig gewählten Zeitpunkt t sind unabhängig vom Zustand des Knotensystems zum Zeitpunkt t.
(c) Wird in die Zustandsbeschreibung der mit dem Knotensystem verbundenen stationären Markowschen Kette mit stetiger Zeit nur die Anzahl der Forderungen jedes Typs aufgenommen (falls dies möglich ist), so ist diese Kette ein reversibler Prozeß.

8.3.3. Satz (vgl. Kelly [1], Chandy/Howard/Towsley (1977), Jansen/König/Nawrotzki (1979), Jansen/König (1980)). Es seien V. 8.1.3, V. 8.2.1 für alle $k \in \mathscr{K}$, (3) aus [8.2] und zusätzlich (2) aus [8.2] für alle $(k_j, a_j) \in \mathscr{G}$ erfüllt. Die Bedienungsgrößen B_k seien mit Wahrscheinlichkeit Eins positiv, und es gelte $\mathsf{E}B_k < \infty$ für alle $k \in \mathscr{K}$.

Alle Bedienungsgrößen, deren Realisierung gleichzeitig erfolgen kann, seien unabhängig; der das System beschreibende stochastische Prozeß sei stationär und ergodisch (bzw. die stationäre Verteilung habe eine bestimmte Gestalt, vgl. Jansen/König/Nawrotzki (1979) oder [I, 7.2]). Dann gilt:

(a) Die stationären Zustandswahrscheinlichkeiten p_g sind unempfindlich gegenüber der Gestalt der Verteilung der Bedienungsgrößen B_k (↑ I, Kap. 7).

(b) Die Ströme der abgehenden Forderungen bestimmter Typen insgesamt (also bez. einer beliebigen Teilmenge von $\mathcal{K}$ betrachtet und abgewiesene Forderungen mit einbegriffen) sind Poissonsch mit der gleichen Intensität, mit der diese Forderungen in das Knotensystem eintreffen.

Die Überprüfung von V. 8.2.1 und V. 8.2.2 muß dabei nur für exponentialverteilte B_k erfolgen (↑ [I, 7.2]).

8.3.4. Bemerkung. Insbesondere die folgenden Systeme erfüllen die Voraussetzungen von S. 8.3.2 bzw. S. 8.3.3:

(a) $\vec{\mathrm{M}}/\mathrm{M}/s/m$ *mit* $1 \leqq s < \infty$, $0 \leqq m \leqq \infty$: Die Bedienungsgröße ist für alle Geräte und Forderungentypen identisch exponentialverteilt mit Parameter μ. Für $m = \infty$ muß gefordert werden, daß

$$\sum_k \alpha(k) < s\mu \qquad \text{(Ergodizitätsbedingung).}$$

Es können auch Bedienungsgeschwindigkeiten (ungleich Eins) zugelassen werden, die von der Anzahl aller Forderungen im System abhängen.

Insbesondere haben die stationären Zustandswahrscheinlichkeiten für das System mit Bedienungsgeschwindigkeiten $c(n) > 0$, die von der Anzahl $n = |g|$ im System vorhandener Forderungen abhängen, folgende Gestalt:

$$p_g = p_\emptyset \left(\prod_{(k_j,j)\in g} \alpha(k_j) \right) \mu^{-n} (\min\{n, s\})^{-1}\, s^{-\max\{0,n-s\}} \left(\prod_{i=1}^{n} c(i)^{-1} \right). \tag{1}$$

Für $m = \infty$ ist noch eine modifizierte Ergodizitätsbedingung zu erfüllen, nämlich

$$\sum_{n=s}^{\infty} \left(\sum_{k\in\mathcal{K}} \alpha(k) \right)^{n-s} \left(\prod_{i=s}^{n} c(i)\, s\mu \right).$$

Dabei wird ein Zustand durch

$$g = \{(k_j, j) : k_j \in \mathcal{K},\ j = 1, \ldots, n\}$$

beschrieben, wobei mit $j > s$ die wartenden Forderungen (mit Typ k_j) charakterisiert werden. Kommt eine Forderung vom Typ k im Zustand g an, so erfolgt, falls sie nicht abgewiesen wird ($n = s + m$), ein Übergang in den Zustand $g \cup \{(k, n + 1)\}$. Bei Beendigung einer Bedienung (und zwar der Forderung vom Typ k_i an der Stelle $i \leqq s$) hat man den Übergang vom Zustand g in $g \setminus \{(k_i, i)\}$ für $n \leqq s$ bzw.

$$\begin{aligned}(g \setminus [\{(k_i, i)\} \cup \{(k_j, j) : j = s + 1, \ldots, n\}]) \cup [\{(k_{s+1}, i)\} \\ \cup \{(k_j, j - 1) : j = s + 1, \ldots, n\}]\end{aligned}$$

für $n > s$. In diesem Sinne gibt der Zustand noch darüber Auskunft, in welcher Reihenfolge die anwesenden Forderungen gekommen sind.

Interessieren nur die Anzahlen der im System anwesenden Forderungen der einzelnen Typen, so muß man die entsprechenden Zustandswahrscheinlichkeiten p_g aufsummieren. Im obigen Fall sind dabei offenbar Wahrscheinlichkeiten für Zustände mit gleichen Anzahlen auch gleich, so daß mit $\mathcal{N} = \{n(k) : k \in \mathcal{K}\}$

$$p_{\mathcal{N}} = \frac{n!}{\prod\limits_{k\in\mathcal{K}} (n(k)!)}\, p_\emptyset \prod_{k\in\mathcal{K}} \alpha(k)^{n(k)}\, \mu^{-n} \min\{n, s\}^{-1}\, s^{-\max\{0,n-s\}} \prod_{i=1}^{n} c(i)^{-1}. \tag{2}$$

Bezüglich weiterer Formeln für stationäre Charakteristiken dieser Systeme sei auf die Kap. 1, 3 und 4 hingewiesen.

(b) $\vec{\mathrm{M}}/\vec{\mathrm{G}}/s/0$, $1 \leqq s < \infty$: Die Bedienungsgrößenverteilung kann vom Typ der Forderung und vom bedienenden Gerät abhängen. Es wird die Unabhängigkeit der Bedienungsgrößen an verschiedenen Geräten gefordert. Es kann bedienungsgerät- und forderungentypabhängiger Verlust einer ankommenden Forderung zugelassen werden, so daß die Einschränkung auf nur positive Bedienungsgrößen hierdurch abgebaut werden kann. Ein Verlust bei voll besetztem System ist natürlich unumgänglich. Es können Bedienungsgeschwindigkeiten zugelassen werden (positiv), die von der Anzahl im System vorhandener Forderung insgesamt bzw. des jeweiligen Forderungentyps abhängen. Freie Bedienungsgeräte werden auf gut Glück zugewiesen. Insbesondere gilt für die stationären Zustandswahrscheinlichkeiten mit Bedienungsgeschwindigkeiten der Gestalt

$$c(g, a_j) = c_3(a_j)\, c_2\big(k_j, n(k_j)\big)\, c_1(n) > 0,$$

wobei der erste Faktor $c_3(a_j)$ vom Gerät a_j, der zweite Faktor $c\big(k_j, n(k_j)\big)$ von der Anzahl $n(k_j)$ im System vorhandener Forderungen des Typs k_j und der dritte Faktor $c_1(n)$ von der Gesamtzahl n im System anwesender Forderungen abhängen:

$$p_g = p_\emptyset \frac{(s-n)!}{s!} \prod_{(k_j, a_j) \in g} \frac{\alpha(k_j)}{c_3(a_j)\, \mu(k_j)} \prod_{k \in \mathscr{K}} \left(\prod_{j=1}^{n(k)} c_2(k, j)^{-1} \right) \prod_{j=1}^{n} c_1(j)^{-1}, \qquad 0 < n \leqq s. \tag{3}$$

Ein Zustand g entspricht dabei der Menge der Paare (k_j, a_j) und sagt aus, welche Geräte (a_j) überhaupt und mit welchem Forderungentyp belegt sind.

Werden nur die Anzahlen der einzelnen Forderungentypen im System betrachtet und ist außerdem $c_3(a_j) = 1$, so erhält man mit $\mathscr{N} = \{n(k) : k \in \mathscr{K}\}$ für die stationären Anzahlzustandswahrscheinlichkeiten $p_{\mathscr{N}}$

$$p_{\mathscr{N}} = \left(\prod_{k \in \mathscr{K}} \frac{1}{n(k)!}\, p_\emptyset \prod_{k \in \mathscr{K}} \left(\frac{\alpha(k)}{\mu(k)} \right)^{n(k)} \prod_{j=1}^{n(k)} c_2(k, j)^{-1} \prod_{j=1}^{n} c_1(j)^{-1}. \tag{4}$$

Weitere Formeln für diese Systeme sind in [1.3] zu finden.

(c) $\vec{\mathrm{M}}/\vec{\mathrm{G}}/s/m$ *mit absoluter unterbrechender Priorität einer ankommenden Forderung* $1 \leqq s < \infty$, $0 \leqq m < \infty$: Die Bedienungsgrößenverteilung kann vom Typ der Forderung und auch von der Nummer der $s + m$ Plätze im Bedienungssystem abhängen (nicht vom bedienenden Gerät). Die Regel der Auswahl der in einer Warteschlange wartenden Forderungen mit unterbrochener Bedienung kann FCFS, LCFS oder auf „gut Glück" sein. Die bei Ankunft einer Forderung im System mit vollständig belegten Bedienungsgeräten zu unterbrechende laufende Bedienung wird auf gut Glück unter den laufenden s Bedienungen ausgewählt. Die Auswahl eines Platzes im System erfolgt ebenfalls auf gut Glück. Es wird die Unabhängigkeit der Bedienungsgrößen für verschiedene Plätze gefordert. Die Bedienungsgeschwindigkeiten (positive, für unterbrochene Bedienungen sind diese gleich Null) können von der Anzahl der im System vorhandenen Forderungen insgesamt oder des jeweiligen Forderungentyps abhängen.

Die stationären Zustandswahrscheinlichkeiten haben für das System mit der LIFO-Regel der Auswahl aus der Warteschlange und Bedienungsgeschwindigkeiten der Form $c(g, a_j) = c_1(n)\, c_2\big(k_j, n(k_j)\big) > 0$, wobei die Faktoren von der Gesamtanzahl bzw. der Anzahl des jeweiligen Typs im System anwesender Forderungen abhängen, die Gestalt:

$$p_g = p_\emptyset \left(\prod_{j=1}^{n} c_1(j)^{-1} \right) \prod_{(k_j, a_j) \in g} \frac{\alpha(k_j)}{\mu(k_j)} \prod_{k \in \mathscr{K}} \prod_{i=1}^{n(k)} c_2(k, i)^{-1} \frac{\max\{0, s-n\}!}{s!}\, s^{-\max\{0, n-s\}}. \tag{5}$$

Dabei bedeutet a_j für $j \leq s$ eine Gerätenummer und für $j > s$ den Platz in der Warteschlange. Interessiert nicht welches Gerät belegt ist, so kann a_j für $j \leq s$ z. B. 0 gesetzt werden. Dazu sei bemerkt, daß mit beiden Zustandsbeschreibungen die Bedingung (3) aus [8.2] für $s > 1$ aber nicht erfüllt werden kann. Dazu wäre in die Beschreibung ein fiktiver Platz im System zusätzlich aufzunehmen. Ohne Gerätebelegungsinformation gilt die Formel

$$p_g = p_\emptyset \left[\prod_{k \in \mathcal{K}} \left(\prod_{i=1}^{n(k)} \frac{\alpha(k)}{\mu(k)\, c_2(k, i)} \right) \right] \left(\prod_{j=1}^{n} c_1(j)^{-1} \right) (\min\{s, n\}!)^{-1}\, s^{-\max\{0, -s\}}.$$

Die Anzahlzustandswahrscheinlichkeiten $p_{\mathcal{N}} = p_{\{n(k): k \in \mathcal{K}\}}$ sind gegeben durch

$$p_{\mathcal{N}} = p_\emptyset \left(\prod_{k \in \mathcal{K}} \prod_{i=1}^{n(k)} \frac{\alpha(k)}{\mu(k)\, c_2(k, i)} \right) \left(\prod_{j=1}^{n} c_1(j)^{-1} \right) (n!)^{-1}\, s^{-\max\{0, n-s\}}. \tag{6}$$

Forderungentyp- und platzabhängige Verlustwahrscheinlichkeiten ankommender Forderungen heben (teilweise) die Einschränkung auf nur positive Bedienungsgrößen auf. Bez. weiterer Formeln vgl. Kap. 3 und 4.

8.3.5. Bemerkung. Die Aussagen von S. 8.3.3 bez. der Poisson-Eigenschaft der Ströme abgehender Forderungen und der Unempfindlichkeit der stationären Zustandswahrscheinlichkeiten $p_{g(u)}$, bleiben gültig für Systeme, die mittels Approximation durch Systeme entstehen, die die Voraussetzungen von S. 8.3.3 erfüllen. Insbesondere sind dies:

(d) $\vec{\mathrm{M}}/\vec{\mathrm{GI}}/\infty$ *mit Bedienungsgeschwindigkeiten, die von der Anzahl der im System vorhandenen Forderungen insgesamt bzw. des jeweiligen Typs abhängen.* Hierzu gehören die processor-sharing-Systeme. Die stationären Zustandswahrscheinlichkeiten $p_{\mathcal{N}} = p_{\{n(k): k \in \mathcal{K}\}}$ für die Anzahlen der Forderungen der einzelnen Typen im System haben für Bedienungsgeschwindigkeiten der Form $c(g, a_j) = c_1(n)\, c_2(k_j, n(k_j))$, wobei der erste Faktor von der Gesamtanzahl n und der zweite Faktor von der Anzahl $n(k_j)$ der Forderungen des Typs k_j im System abhängen, die Gestalt

$$p_{\mathcal{N}} = p_\emptyset \prod_{k \in \mathcal{K}} \frac{1}{n(k)!} \prod_{i=1}^{n(k)} \frac{\alpha(k)}{\mu(k)\, c_2(k, i)} \prod_{j=1}^{n} c_1(j)^{-1}, \tag{7}$$

die sich offensichtlich nicht von der Gestalt der Formel für die Verlustsysteme $\vec{\mathrm{M}}/\vec{\mathrm{G}}/s/0$ unterscheidet.

(e) $\vec{\mathrm{M}}/\vec{\mathrm{GI}}/s/\infty$ *mit absoluter unterbrechender Priorität der ankommenden Forderung.* Die Regeln für die Auswahl der zu unterbrechenden Bedienung bzw. der wieder aufzunehmenden Bedienung einer Forderung bei Freiwerden eines Bedienungsgerätes sind analog denen der Systeme (c) (bez. weiterer Formeln vergleiche Kap. 2 und 3).

8.3.6. Definition. Ein Knotensystem gehört zur Klasse PO (Poisson Output), falls es

(a) die Voraussetzungen von S. 8.3.2, oder S. 8.3.3 erfüllt;

(b) durch Approximation mittels Systemen, die (a) erfüllen, entsteht.

Bez. der Aussagen von B. 8.3.4 und B. 8.3.5 vergleiche die Arbeiten Jackson (1963), Kelly (1975), (1976), Kelly [1], Baskett/Chandy/Muntz/Palacios (1975), Barbour (1976), Chandy/Howard/Towsley (1977), Disney (1975), Jansen/König/Nawrotzki (1979), Jansen/König (1980), Lemoine (1977), Stoyan (1978a), (1978b), Gordon/Newell (1967).

8.3.2. Gestalt der stationären Zustandswahrscheinlichkeiten der isolierten Knotensysteme

Die Richtungsbalancegleichungen ermöglichen, die Struktur der stationären Zustandswahrscheinlichkeiten p_g der isolierten Knotensysteme der Klasse PO (siehe D. 8.3.6) näher anzugeben. Es gilt

$$p_g = p_\emptyset \prod_{(k_j, a_j) \in g} \alpha(k_j)\, q_g, \tag{8}$$

wobei $p_\emptyset$ die stationäre Leerwahrscheinlichkeit des Systems ist. Die Größen q_g ergeben sich aus den Gleichungen (2) bzw. auch (1) und (3) von [8.2], wenn dort p_g durch q_g und $\alpha(k)$ durch Eins ersetzt werden sowie anschließend $q_g = 1$ für $g = \emptyset$ angenommen wird, d. h., man betrachtet ein entsprechendes Gleichungssystem mit Gleichungen der Art (1) bis (3) von [8.2] für alle $k \in \mathscr{K}$ bzw. $(k_j, a_j) \in g \in \mathscr{G}$.

Für viele Systeme gilt, wenn die (Auswahl eines Gerätes, die Verteilungsfunktion der Bedienungsgrößen und die Bedienungsgeschwindigkeiten) nur von den im System vorhandenen Forderungen und nicht von den bedienenden Geräten abhängen, für die q_g selbst eine Produktdarstellung, deren Faktorenzahl der Anzahl der Forderungen im System entspricht. Das heißt

$$q_g = \left(\prod_{k \in \mathscr{K}} \prod_{j=1}^{n(k)} b(k_j, j) \right)^{-1} \prod_{l=1}^{n} c(l)^{-1}. \tag{9}$$

Dabei gehen in die $b(k, j)$ insbesondere die Bedienungsgeschwindigkeiten, die von der Anzahl der Forderungen des Typs k im System abhängen, und die Größen $\mu(k)$ ein. Die Größen $c(l)$ beinhalten die Geschwindigkeiten, die von der Gesamtzahl der Forderungen im System abhängen, und auch möglicherweise die $\mu(k) \equiv \mu$ (wenn letzteres eine notwendige Bedingung ist). In der Darstellung (9) geht die durch den Systemzustand g gegebene Ordnung der Forderungen nicht ein, d. h. die Zuordnung der Werte a_j zu den einzelnen Forderungentypen k_j. Es sind somit alle q_g mit gleichen Anzahlen $n(k)$ für g gleich. So gilt z. B. im System $\vec{\mathrm{M}}/\mathrm{M}/s/\infty$ mit von der Anzahl im System vorhandener Forderungen abhängenden Bedienungsgeschwindigkeiten $c_1(n)$ (↑ (1) und (2))

$$p_{\mathscr{N}} = p_\emptyset \left(\prod_{k \in \mathscr{K}} \alpha(k)^{n(k)} \frac{1}{n(k)!} \right) n! \left(\prod_{j=1}^{\min\{s,n\}} (j\mu c_1(j))^{-1} \right) \left(\prod_{j=s+1}^{\max\{s,n\}} (s\mu c_1(j))^{-1} \right)$$

mit

$$n = \sum_{k \in \mathscr{K}} n(k), \qquad \mathscr{N} = \{n(k) : k \in \mathscr{K}\}, \qquad \text{und} \qquad \prod_{j=i}^{i-m} (\ldots) = 1 \quad \text{für} \quad m > 0.$$

Hier sind $n! \left(\prod_{k \in \mathscr{K}} n(k)! \right)^{-1}$ Größen q_g gleich für entsprechende g mit gleichen Anzahlen $n(k)$ aber verschiedener Zuordnung $a_j \in \{1, \ldots, n\}$ zu den vorhandenen Forderungen in g, wobei $s + 1, \ldots, n$ den wartenden Forderungen vorbehalten sei.

Die Darstellung (9) gilt insbesondere dann, wenn die Bedingung (2) von [8.2] für das betrachtete System folgende Gestalt erhält:

$$\alpha(k)\, p_g = b\big(k, n(k) + 1\big)\, c_1(n) \frac{1}{m(k, g)} \left(\sum_{j=1}^{m(k,g)} p_{g_j'} \right)$$

mit g_j' so, daß $n_j'(k) = n(k) + 1$, g_j' bei der Beendigung einer Bedienung einer Forderung vom Typ k in g überwechselt; $m(k, g)$ ist dabei die Anzahl solcher Zustände g_j', $j = 1, \ldots, m(k, g)$. Für eine solche Struktur lassen sich die q_g und damit auch die p_g rekursiv berechnen. Dies wird man bei der numerischen Bestimmung von stationären Netzwerkcharakteristiken ausnutzen (siehe dazu auch die Bemerkungen in [8.4.1]).

8.3.3. Mittlere Aufenthaltsdauern und ablauforientierte Wahrscheinlichkeiten in isolierten Knotensystemen

Mit $\alpha(k)$ ist die Intensität der Ankunft von Forderungen des Typs k gegeben. Damit eignen sich Formeln vom Little-Typ (vgl. z. B. Franken/König/Arndt/Schmidt [1] und [11.2.1]) zur Berechnung der mittleren Aufenthaltsdauern $\mathsf{E}V_k$ der Forderungen im System

$$\mathsf{E}V_{u_0k} = \alpha(k)^{-1} \sum_{g \in \mathcal{G}} n(k)\, p_g, \tag{10}$$

d. h., der Erwartungswert wird bez. der stationären Verteilung des das System beschreibenden stochastischen Prozesses gebildet. Im allgemeinen sind diese Erwartungswerte für entsprechende instationäre Prozesse von obigen Werten verschieden.

8.3.7. Satz (vgl. Brémaud (1978), Jansen/König/Nawrotzki (1979), Jansen/König (1976), (1980)). Für Knotensysteme der Klasse PO (↑ D. 8.3.6) gilt für die Zustandswahrscheinlichkeiten unmittelbar vor Ankunft bzw. unmittelbar nach Abgang einer Forderung vom Typ k

$$\mathring{p}_g(k) = \bar{p}_g(k) = p_g \qquad \text{für alle} \qquad g \in \mathcal{G}. \tag{11}$$

Für Systeme mit Unempfindlichkeitseigenschaften der stationären Zustandswahrscheinlichkeiten (↑ I, Kap. 7) ist auch die Verteilung der Restbedienungsgrößen oder abgearbeiteten Bedienungsgrößen in diesen ablauforientierten Zeitpunkten bekannt. Diese hat im wesentlichen dieselbe Gestalt wie im stationären Prozeß, vgl. Jansen/König/Nawrotzki (1979) und [I, 7.2.7]. Insbesondere sind die bedingten mittleren Aufenthaltsdauern $\mathsf{E}(V_k/B_k = x)$ linear in x, vgl. Barbour/Schassberger (1981).

8.4. Exakte Ergebnisse für stationäre Netzwerkcharakteristiken

Es werden geschlossene, offene oder gemischte Bedienungsnetzwerke mit Knotensystemen der Klasse PO (↑ D. 8.3.6) betrachtet. Dabei gibt der Vektor $\boldsymbol{n} = \big(n(\mathcal{K}_1), \ldots, n(\mathcal{K}_l)\big)$ die Anzahlen der Forderungen der einzelnen Typen $\mathcal{K}_i$, $i = 1, \ldots, l$, im Netzwerk an. Ist $n(\mathcal{K}_i) = \infty$, so ist das Netzwerk bez. dieses Kundentyps $\mathcal{K}_i$ offen.

8.4.1. Stationäre Zustandswahrscheinlichkeiten des Netzwerkes

8.4.1. Satz. (a) Für die stationären Netzwerkzustandswahrscheinlichkeiten p_g gilt

$$p_g = d(\boldsymbol{n})^{-1} \prod_{u \in \overline{\mathcal{U}}} p_{g(u)}. \tag{1}$$

Dabei sind die $p_{g(u)}$ die stationären Zustandswahrscheinlichkeiten der isolierten Knotensysteme mit Poissonschen Eingangsströmen der Intensität $\alpha(u, k)$ für Forderungen des Typs k. Für geschlossene Bedienungsnetzwerke ist $\overline{\mathcal{U}} = \mathcal{U}$. Bei offenen Netzwerken (analog bei gemischten Netzwerken für Forderungen vom Typ $\mathcal{K}_i$ mit $n(\mathcal{K}_i) = \infty$) ist die Forderungenquelle (Knoten 0) nicht in $\overline{\mathcal{U}}$ aufzunehmen. Trivialerweise existieren auch keine Zustandswahrscheinlichkeiten für solche Knoten. Bei gemischten Netzwerken sollte man deshalb verschiedene Knoten einmal als Quelle der Forderungen der Typen $\mathscr{K}_i$ mit $n(\mathscr{K}_i) < \infty$ und einmal für Typen $\mathscr{K}_i$ mit $n(\mathscr{K}_i) = \infty$ wählen.

Die Größe $d(\boldsymbol{n}) = d\big(n(\mathscr{K}_1), \ldots, n(\mathscr{K}_1)\big)$ ist eine Normierungskonstante:

$$d(\boldsymbol{n}) = \sum_{g \in \left\{(g(u))_{u \in \mathscr{U}} : \sum_{(u,k) \in \mathscr{X}_i} n(u,k) = n(\mathscr{K}_i),\ \text{falls } n(\mathscr{K}_i) < \infty,\ i = 1, \ldots, l\right\}} \prod_{u \in \mathscr{U}} p_{g(u)} \tag{2}$$

d. h., es wird über alle (annehmbaren) Zustände des Netzwerkes summiert, damit die $(p_{\boldsymbol{g}})_{\boldsymbol{g} \in \mathscr{G}}$ eine Wahrscheinlichkeitsverteilung darstellt.

Insbesondere ist $d\big((\infty, \infty, \ldots, \infty)\big) = 1$ für offene Bedienungsnetzwerke.

(b) Die für die isolierten Knotensysteme geltenden Unempfindlichkeitseigenschaften der stationären Zustandswahrscheinlichkeiten $p_{g(u)}$ gegenüber der Gestalt der Verteilung der Bedienungsgrößen $B_{u,k}$ übertragen sich auf die stationären Netzwerkzustandswahrscheinlichkeiten $p_{\boldsymbol{g}}$. Ebenso gelten die mit dieser Eigenschaft zusammenhängenden Aussagen dann auch für das Bedienungsnetzwerk [↑ [I. 7.2]). Insbesondere können die Bedienungsgrößen eines Kunden in den verschiedenen Knoten abhängig sein.

Vergleiche zur Aussage des Satzes auch Chandy/Howard/Towsley (1977), Barbour (1976), Basket/Chandy/Muntz/Palacios (1975), Gordon/Newell (1967), Kelly (1975), (1976), Kelly [1], Lemoine (1977), Stoyan (1978a), (1978b), Reiser/Kobayashi (1975a), Jansen/König (1980), Jansen (1983).

Werden offene Bedienungsnetzwerke mit Poissonschen Forderungenströmen 2. Art betrachtet, in denen die (zufälligen) Intensitäten $\lambda(i, N_{\mathscr{K}_i})$ gegeben sind, so bekommt (1) die Gestalt (vgl. z. B. Baskett/Chandy/Muntz/Palacios (1975), Jackson (1963), Bascharin/Tolmatschew (1979))

$$p_{\boldsymbol{g}} = d \prod_{i=1}^{l} \prod_{j=0}^{n_i - 1} \lambda(i, j) \prod_{u \in \mathscr{U}} p_{g(u)},$$

wobei n_i die Anzahl der Forderungen des Typs $\mathscr{K}_i$ im Netzwerk bez. des Zustandes $\boldsymbol{g}$ darstellt.

Das heißt, anstelle des Faktors für ein entsprechendes System im Knoten 0 in einem geschlossenen Netzwerk erscheint der zusätzliche Faktor $\prod_{i=1}^{l} \prod_{j=0}^{n_i = 1} \lambda(i, j)$. Notwendig wird außerdem eine Existenzbedingung der Form

$$d = \sum_{g \in \mathscr{G}} \prod_{i=1}^{l} \prod_{j=0}^{n_i - 1} \lambda(i, j) \prod_{u \in \mathscr{U}} p_{g(u)},$$

während in (2) die Existenz von $d(\boldsymbol{n})$ trivialerweise gegeben ist.

8.4.2. Beispiel (Geschlossenes Netzwerk mit 3 Knoten ($\mathscr{U} = \{0, 1, 2\}$) und 2 Forderungentypen ($\mathscr{K} = \{1, 2\}$)). Die isolierten Knotensysteme seien $u = 0 : \vec{\mathrm{M}}/\vec{\mathrm{GI}}/\infty$, $u = 1 : \vec{\mathrm{M}}/\mathrm{M}/1/\infty$ und $u = 2 : \vec{\mathrm{M}}/\vec{\mathrm{G}}/3/0$. Die Übergangsmatrix $\boldsymbol{P}$ ist gegeben durch

$$\boldsymbol{P} = \begin{array}{c} (0,1) \\ (1,1) \\ (2,1) \\ (0,2) \\ (1,2) \\ (2,2) \end{array} \overset{\begin{array}{cccccc} (0,1) & (1,1) & (2,1) & (0,2) & (1,2) & (2,2) \end{array}}{\begin{pmatrix} 0 & 1 & 0 & 0 & 0 & 0 \\ 0 & 0 & 1 & 0 & 0 & 0 \\ 1 & 0 & 0 & 0 & 0 & 0 \\ 0 & 0 & 0 & 0 & \frac{1}{2} & \frac{1}{2} \\ 0 & 0 & 0 & 1 & 0 & 0 \\ 0 & 0 & 0 & 1 & 0 & 0 \end{pmatrix}}$$

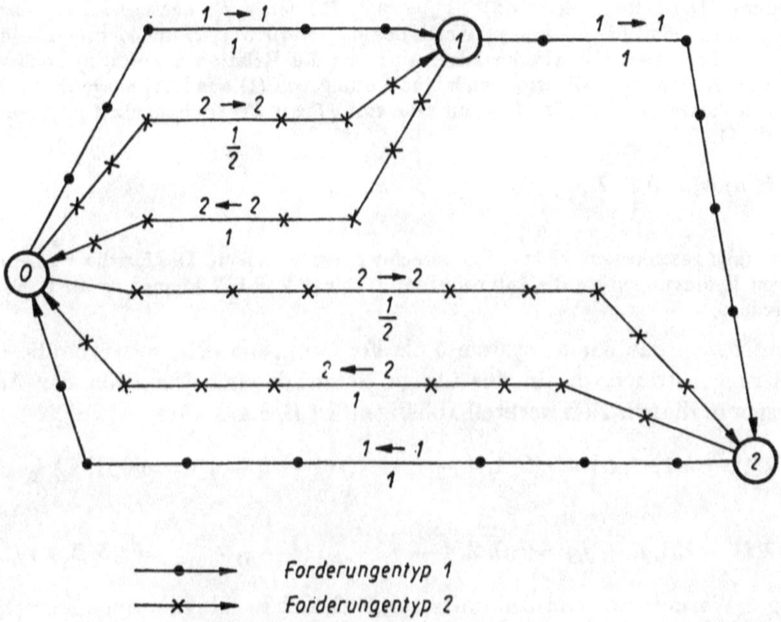

Abb. 8.4.1. Netzwerkgraph für B. 8.4.2.

Vergleiche dazu den Graph des Netzwerkes in Abb. 8.4.1. Die Klassen $\mathcal{K}_i$ sind $\mathcal{K}_1 = \{1\}$, $\mathcal{K}_2 = \{2\}$, woraus sich aus der Übergangsmatrix $\boldsymbol{P}$ die Kommunikationsklassen $\mathcal{X}_1 = \{(0, 1), (1, 1), (2, 1)\}$ bzw. $\mathcal{X}_2 = \{(0, 2), (1, 2), (2, 2)\}$ ergeben. Es sei $n(\{1\}) = n(\{2\}) = 4$, also von jedem Typ sind jeweils vier Forderungen im Netzwerk vorhanden. Die Bedienungsgeschwindigkeit im System Null hänge von der Anzahl der Forderungen des jeweiligen Typs im System ab, d. h., $c(0, g(0), a_j)$ ist $c(0, 1, n(0, 1))$ bzw. $c(0, 2, n(0, 2))$. Für die Knoten 1 und 2 seien die Bedienungsgeschwindigkeiten identisch eins. Der Einfachheit halber seien $\mu(0, k) = 1$, $\mu(1, k) = \mu_1$, $\mu(2, k) = \mu_2$, $k = 1, 2$. Eine Lösung des Gleichungssystems (1) aus [8.1] ist z. B. folgende:

$$\alpha(0, 1) = \alpha(1, 1) = \alpha(2, 1) = \alpha(1), \qquad \alpha(0, 2) = 2\alpha(1, 2) = 2\alpha(2, 2) = \alpha(2)$$

mit irgendwelchen positiven Werten $\alpha(1)$, $\alpha(2)$.

Die stationären Zustandswahrscheinlichkeiten des Netzwerkes berechnen sich entsprechend (1), wobei hier nur die Anzahlzustandswahrscheinlichkeiten angegeben werden sollen mit

i_u — Anzahl der Forderungen des Typs 1 im System u,
j_u — Anzahl der Forderungen des Typs 2 im System u:

$$p_{((i_0,j_0),(i_1,j_1),(i_2,j_2))} = d(4, 4)^{-1} \left(\frac{\alpha(1)}{1}\right)^{i_0} \left(\prod_{n=1}^{i_0} c(0, 1, n)\right)^{-1} \left(\frac{\alpha(2)}{1}\right)^{j_0} \left(\prod_{n=1}^{j_0} c(0, 2, n)\right)^{-1}$$
$$\times \frac{1}{(i_0 + j_0)!} p_{\emptyset,0} \alpha(1)^{i_1} \left(\frac{\alpha(2)}{2}\right)^{j_1} \mu_1^{-(i_1+j_1)} \binom{i_1 + j_1}{i_1} p_{\emptyset,1}$$
$$\times \left(\frac{\alpha(1)}{2}\right)^{i_2} \left(\frac{\alpha(2)}{2\mu_2}\right)^{j_2} \frac{1}{(i_2 + j_2)!} p_{\emptyset,2}$$

mit

$$d(4, 4) = \sum_{\substack{g \in \{((i_0,j),(i_1,j_1),(i_2,j_2)): \\ i_0+i_1+i_2=j_0+j_1+j_2=4, i_2+j_2=3, \\ i_k \geq 0, j_k \geq 0 \text{ für } k=0,1,2\}}} p_g$$

(↑ (2) und setze $\prod_{i=1}^{0} (\ldots) = 1$).

Da in dieser Darstellung $\alpha(1)^4 \alpha(2)^4 p_{\emptyset,0} p_{\emptyset,1} p_{\emptyset,2}$ für jedes p_g herausgekürzt werden kann, sieht man deutlich, daß die konkreten Werte der $p_{\emptyset,u}$ sowie $\alpha(u, k)$ unbedeutend sind. Das gilt natürlich für geschlossene Netzwerke allgemein; nur die Relation der $\alpha(u, k)$ zueinander muß berücksichtigt werden. Deshalb wird solch eine Lösung von (1) aus [8.1] ausgewählt, die günstig für weitere Rechenschritte ist. In (1) kann man mit $\prod_{k \in \mathcal{K}} \alpha(u, k)^{n(u,k)} q_{g(u)}$ statt $p_{g(u)}$ rechnen sowie statt $d(\boldsymbol{n})$ die Größe

$$d^*(\boldsymbol{n}) = d(\boldsymbol{n}) \left(\prod_{u \in \mathcal{U}} p_{\emptyset,u} \right)^{-1} \tag{3}$$

verwenden, falls geschlossene Netzwerke berechnet werden sollen. Die für die Existenz der $p_{\emptyset,u}$ notwendigen Bedingungen an die Intensitäten $\alpha(u, k)$ (↑ V. 8.1.3) können so auch einfach übergangen werden.

Betrachtet man das Knotensystem 0 als Forderungenquelle, so würde die Intensität der Forderungenströme, die in das übrige Netzwerk eintreffen, von der Anzahl der Forderungen in diesem Netzwerkteil abhängen. In B. 8.4.2 wäre

$$\lambda(1) = \lambda(1, i_1, i_2) = c(0, 1, 4 - i_1 - i_2)\,(4 - i_1 - i_2) = c(0, 1, i_0)\, i_0$$

bzw.

$$\lambda(2) = \lambda(2, j_1 + j_2) = c(0, 2, 4 - j_1 - j_2)\,(4 - j_1 - j_2) = c(0, 2, j_0)\, j_0.$$

In analoger Weise kann man Ankunftsströme 2. Art nachbilden und über (1) die stationären Zustandswahrscheinlichkeiten des Netzwerkes erhalten. Es ist nur ein künstliches System 0 erforderlich und zunächst eine Begrenzung der Forderungenzahl im Netzwerk damit mittels Zustand im Knoten 0 die Anzahl der Forderungen im restlichen Netzwerk abgelesen werden kann.

Praktisch wird man zur Berechnung der stationären Zustandswahrscheinlichkeiten p_g einen Algorithmus für die Berechnung der Größen $d(\boldsymbol{n})$ bzw. $d^*(\boldsymbol{n})$ aufstellen. Es können dabei zwei Wege eingeschlagen werden:

(i) Man erhöht sukzessive die Anzahl der Forderungen in den einzelnen Klassen $\mathcal{K}_i$ und multipliziert die erhaltenen Größen vom Schritt zuvor mit dem fehlenden Faktor entsprechend der Darstellung (1) und (2) aus [8.3.2] der stationären Zustandswahrscheinlichkeiten $p_{g(u)}$ für die einzelnen Systeme in den Knoten. Anschließend werden die erhaltenen Ergebnisse summiert. Komplikationen gibt es, wenn Verlustsysteme in bestimmten Knoten betrachtet werden. Bei der rekursiven Berechnung von $d(\boldsymbol{n})$ bzw. $d^*(\boldsymbol{n})$ ist der Anteil, der einem voll besetzten Knotensystem u zugeordnet ist (wenn der Faktor für das System u multipliziert werden soll), vom Ergebnis des vorhergehenden Schrittes wegzunehmen. Für ein geschlossenes Netzwerk bestehend aus den Knoten $u \in \mathcal{U} = \{0, 1, \ldots, r\}$, in denen Systeme der Art $\vec{\text{M}}/\vec{\text{GI}}/\infty$ mit Bedienungsgeschwindigkeiten arbeiten, würde der Algorithmus folgendermaßen lauten (es werden die Formeln von (5) und (6) von [8.3.1] herangezogen):

Zur Vereinfachung werde nur ein Forderungentyp betrachtet und die Zustände durch die Anzahlen n bzw. $n(u)$ der Forderungen im Netzwerk bzw. in den Knoten bestimmt. Sei $\boldsymbol{e}_u$ die u-te Zeile der $r + 1$ dimensionalen Einheitsmatrix $\boldsymbol{I}$ $(u = 0, \ldots, r)$.

1. Schritt: Es wird $d^*(0) = q_0 = 1$ gesetzt

2. Schritt: Berechnung von $d(1)$ über $q_{\boldsymbol{n}}$ für alle $\boldsymbol{n} = \big(n(0), \ldots, n(r)\big)$ mit $\sum_{u=0}^{r} n(u) = 1$

$$q_{\boldsymbol{e}_u} = q_0 \frac{\alpha(u)}{\mu(u)\, c_1(1)}, \qquad u = 0, \ldots, r; \qquad d^*(1) = \sum_{\boldsymbol{n}:\, \sum_{u=0}^{r} n(u) = 1} q_{\boldsymbol{n}}.$$

j-ter Schritt: Berechnung aller q_n mit $\sum_{u=0}^{r} n(u) = j$

$$q_n = q_{n-e_u} \frac{\alpha(u)}{\mu(u)\, n(u)\, c_1(n(u))},$$

d. h., es werden die Größen q_n aus dem $(j-1)$-ten Schritt verwendet.

$$d^*(j) = \sum_{n:\ \sum_{u=0}^{r} n(u) = j} q_n$$

Letzter Schritt:

Ist die gewünschte Anzahl n von Forderungen erreicht, so wird durch $p_n = d^*(n)\, q_n$ für n mit $\sum_{u=0}^{r} n(u) = n$ die stationäre Zustandsverteilung berechnet.

Der Vorteil dieser Methode liegt darin, daß man schon nach jedem Schritt die Zustandswahrscheinlichkeiten berechnen kann und somit für jede festgelegte Zahl von Forderungen im Netzwerk die Zustandswahrscheinlichkeiten erhält. Sie ist auch zur iterativen Bestimmung der Zustandswahrscheinlichkeiten in offenen Netzwerken verwendbar, wenn die Leerwahrscheinlichkeiten $p_{\emptyset,u}$ der Systeme in den Knoten schwierig numerisch berechenbar sind. Zum Beispiel ist dieser Weg vorteilhaft, wenn die $\alpha(u, k)$ günstige Werte in dem Sinne erhalten, daß bestimmte q_n sehr schnell im Vergleich zur Konstanten $d^*(n)$ gegen Null konvergieren (wenn man das Beispiel des obigen Algorithmus zugrunde legt). Insbesondere bei Verwendung von Bedienungsgeschwindigkeiten erfordert nämlich die Berechnung der stationären Leerwahrscheinlichkeiten der isolierten Systeme einen erheblichen Rechenaufwand.

(ii) Für eine vorgegebene Anzahl $n(\mathcal{K}_i)$ von Forderungen des Typs $\mathcal{K}_i$ im Netzwerk werden zunächst für einen bestimmten Knoten u die einzelnen stationären Zustandswahrscheinlichkeiten berechnet und dann wird jeweils ein weiterer Knoten hinzugenommen. Dabei müssen alle Werte für eine Forderungenzahl des jeweiligen Typs $\mathcal{K}_i$ von 0 bis $n(\mathcal{K}_i)$ in den schon betrachteten Systemen (sozusagen ein Teilnetzwerk) aufbewahrt werden. Sind es zunächst höchstens $\prod_{i=1}^{l} \big(n(\mathcal{K}_i) + 1\big)$ Werte am Anfang, so sind es nach j betrachteten Systemen unter Umständen bereits $\prod_{i=1}^{l} \binom{n(\mathcal{K}_i) + j}{j}$ Werte, die für den nächsten Schritt bewahrt werden müssen. Günstig beginnt man mit einem System mit unbeschränkter möglicher Forderungenzahl im System (↑ (4)).

Sinnvollerweise wird man eine Verknüpfung beider Methoden anstreben, also sukzessiv Forderungenzahl und Knotenzahl erhöhen. Entsprechende Rekursionsformeln (4) sind nach F. 8.4.3 angegeben, da sich dieser Weg günstig für die Berechnung der Zustandsverteilung des Knotensystems im Netzwerk erweist.

Verbal würden die Schritte eines entsprechenden Algorithmus folgendermaßen lauten.

Anfangsschritt: Man setze Werte für entsprechende Anfangsgrößen fest (meist gleich Eins oder Null).

1. *Schritt:* Man wähle einen günstigen Knoten u und beginne im Knoten die Anzahl der Forderungen der einzelnen Typen zu erhöhen (Dabei ist zu beachten, daß $(u, k) \in \mathcal{Z}_i$ für irgendein $i = 1, \ldots, l$). Die Schranken $n(\mathcal{K}_i)$ könnte man hier auch variabel erst bei nächsten Schritten anheben.

2. *Schritt:* Hinzunahme eines weiteren Knotens und Erhöhung der Anzahl der Forderungen in diesem Knoten, wobei sich bei der rekursiven Berechnung die Anzahl der Forderungen in beiden Knoten zusammen konstant verhält.
Weitere Schritte: Jetzt kann man einmal abwechselnd die Forderungenzahl in den einzelnen Knoten erhöhen und damit die Gesamtforderungenzahl im Netzwerk erhöhen oder weitere Knoten hinzunehmen. Für diese Algorithmen eignen sich mehrdimensionale Hornerschemata. Entsprechende Verfahren findet man in den Arbeiten Buzen (1973), Moore (1972), Reiser/Kobayashi (1975b), Williams/Brandiwad (1976), Lam (1977), Chandy/Sauer (1980), Bruell/Balbo [1].

Durch Annahme und Ausnutzung der Eigenschaften exponentialverteilter Bedienungsgrößen $B_{0,k}$ im Knoten 0 lassen sich mit den Geschwindigkeiten für dieses System weitere Effekte beschreiben. Soll z. B. in einem offenen Netzwerk eine ankommende Forderung des Typs $\mathscr{K}_i$ verloren gehen, wenn mehr als eine bestimmte Anzahl m_i von Forderungen des Typs $\mathscr{K}_i$ im gesamten Netzwerk sind, so kann man als Quelle für Forderungen des Typs $\mathscr{K}_i$ in einem geschlossenen Netzwerk ein System $\vec{\mathrm{M}}/\vec{\mathrm{M}}/\infty$ mit Geschwindigkeiten wählen und die Gesamtzahl der Forderungen des Typs im Netzwerk durch $n(\mathscr{K}_i) = m_i$ beschränken. Wenn $\lambda(u, \mathscr{K}_i)$ die Ankunftsintensität von Kunden des Typs $\mathscr{K}_i$ war, so ist mit $\mu(0, k) = 1$, $k \in \mathscr{K}_i$, die Geschwindigkeit $c\big(0, k, n(0, \mathscr{K}_i)\big) = \lambda(0, \mathscr{K}_i) \dfrac{1}{n(0, \mathscr{K}_i)}$ $(n(0, \mathscr{K}_i)$ bez. $g(0))$ zu wählen.

Ebenso kann man Verluste beschreiben, wenn mit jedem Typ einer Forderung eine Größe verbunden ist, deren Aufsummierung für alle im Netzwerk vorhandenen Forderungen einen festen Wert nicht überschreiten darf. Es ist wieder für die Anzahl der Forderungen jedes Typs eine Maximalzahl zu wählen, damit vom Zustand des Knotensystems auf die Anzahl der Forderungen im Netzwerk geschlossen werden kann. Die Geschwindigkeiten wählt man entweder wie oben oder gleich Null, wenn eine weitere Forderung des entsprechenden Typs bei Eintritt in das übrige Netzwerk den aufsummierten Wert über die gegebene Schranke heben würde (vgl. die Ergebnisse von Kaz (1976), Lam (1977)).

In diesem Sinne kann das Knotensystem 0 in (geschlossenen) Netzwerken verwendet werden, wenn für offene Netzwerke Effekte behandelt werden sollen, die von der Anzahl der Forderungen (bestimmter Typen) im Netzwerk abhängen.

S. 8.4.1 ermöglicht die Angabe weiterer abgeleiteter stationärer Netzwerkcharakteristiken.

8.4.3. Folgerung. Für die stationären Zustandswahrscheinlichkeiten $p^{\mathrm{R}}_{g(u)}$ des Knotensystems u im Netzwerk gilt (Randverteilung von (p_g))

$$p^{\mathrm{R}}_{g(u)} = p_{g(u)}\, d(\boldsymbol{n})^{-1}\, d_{\mathscr{U}\setminus\{u\}}\Big(\big(n(\mathscr{K}_1, g(u)), \ldots, n(\mathscr{K}_l, g(u))\big)\Big)$$

mit

$$d_{\mathscr{U}\setminus\{u\}}\Big(\big(n(K_1, g(u)), \ldots, n(K_l, g(u))\big)\Big) = \sum_{\substack{(g(v))_{v\in\mathscr{U}\setminus\{u\}} : g(v)\in\mathscr{G}(v),\, v\neq u,\\ \sum_{(v,k)\in\mathscr{K}_i,\, v\neq u} n(v,k) = n(\mathscr{K}_i, g(u)),\, i=1,\ldots,l}} \; \prod_{v\in\mathscr{U}\setminus\{u\}} p_{g(v)}$$

und $n\big(\mathscr{K}_i, g(u)\big) = n(\mathscr{K}_i) - \sum\limits_{(u,k)\in\mathscr{K}_i} n(u, k)$, $\boldsymbol{n} = \big(n(\mathscr{K}_1), \ldots, n(\mathscr{K}_l)\big)$. Für offene Netzwerke ist offenbar $p^{\mathrm{R}}_{g(u)} = p_{g(u)}$. Für diese Randverteilungen ist die Methode (ii) zur Berechnung der Normierungskonstanten $d(n)$ günstig. Dazu werden die Größen $d_{\mathscr{V}}\big((n_1, \ldots, n_l)\big)$,

$\mathscr{V} \subseteq \mathscr{U}$, $0 \leqq n_i \leqq n(\mathscr{K}_i)$ mittels folgender Rekursionsformel berechnet ($u \in \mathscr{U} \setminus \mathscr{V}$)

$$d_{\mathscr{V}\cup\{u\}}\big((n_1, \ldots, n_l)\big) = \sum_{\substack{g(u)\in\mathscr{G}(u) \\ \text{mit } \sum\limits_{(u,k)\in\mathscr{L}_i} n(u,k)\leq n_i, i=1,\ldots,l}} p_{g(u)} d_{\mathscr{V}}\Big(\Big(n_1 - \sum_{k:(u,k)\in\mathscr{L}_1} n(u,k), \ldots, n_l - \sum_{k:(u,k)\in\mathscr{L}_l} n(u,k)\Big)\Big) \tag{4}$$

mit $d_{\emptyset}(n_1; \ldots, n_l) = \begin{cases} 1 & \text{für} \quad n_i = 0, \quad i = 1, \ldots, l, \\ 0 & \text{sonst}. \end{cases}$

Ebenso ist zu beachten, daß manche $d_{\mathscr{V}}(n_1, \ldots, n_l)$ Null sein können, wenn $\mathscr{V}$ *nur* Verlustsysteme enthält.

Analog läßt sich $d^*(n)$ rekursiv über entsprechende Größen $d_{\mathscr{V}}(n_1, \ldots, n_l)$ berechnen, indem $p_{g(u)}$ in (4) durch $p_{g(u)}p_{\emptyset,u}^{-1}$ ersetzt wird. Insbesondere ist

$$p_{\emptyset,u}^{\mathrm{R}} = p_{\emptyset,u} d_{\mathscr{U}\setminus\{u\}}(n)\, d(n)^{-1} = d_{\mathscr{U}\setminus\{u\}}(n)\, d^*(n)^{-1}. \tag{5}$$

8.4.4. Bemerkung. Erwartungswerte und höhere Momente der zufälligen Anzahlen $N_{u,k}$, N_u, $N_{\mathscr{K}_i}$ u. dgl. lassen sich immer entsprechend ihrer Definition berechnen, d. h., z. B. gilt

$$\mathsf{E}N_{u,k}^j = \sum_{g\in\mathscr{G}} n(u,k)^j\, p_g, \qquad j = 1, 2, \ldots$$

Für Netzwerke mit nur einem Forderungentyp, deren stationäre Zustandswahrscheinlichkeiten der isolierten Knotensysteme u die Struktur

$$p_{n(u)} = \left(\prod_{j=1}^{n(u)} x(u,j)\right) p_{\emptyset,u}$$

haben und speziell für ein Knotensystem v gilt $x(v, j) = \dfrac{\alpha(v)}{j\mu(v)}$, so daß

$$d(n) = \sum_{(n(u))_{u\in\mathscr{U}}:\ \sum\limits_{u\in\mathscr{U}} n(u)=n}\ \prod_{u\in\mathscr{U}} \prod_{j=1}^{n(u)} x(u,j)\, p_{\emptyset,u},$$

lassen sich die Momente mittels $d(n)$ (bzw. $d^*(n)$) einfach ausdrücken:

$$\mathsf{E}N_v = \frac{\alpha(v)}{\mu(v)}\, d(n-1)\, d(n)^{-1},$$

$$\mathsf{E}N_v^2 = \frac{\alpha(v)}{\mu(v)}\left[\frac{\alpha(v)}{\mu(v)}\, d(n-2) + d(n-1)\right] d(n)^{-1}.$$

Insbesondere ist diese Struktur zu finden, wenn das System v von der Art M/GI/∞ ist. Ist speziell $x(v, j) = \dfrac{\alpha(v)}{\mu(v)}$, was für Systeme mit konstanter Gesamtbedienungsintensität (z. B. M/M/1/∞) zutrifft, so hat man

$$\sum_{g\in\mathscr{G},\, n(v)=j} p_g = \left(\frac{\alpha(v)}{\mu(v)}\right)^j d(n-j)\, d(n)^{-1}.$$

Diese Beispiele sollen zeigen, daß sich die konkrete Struktur der Knotensysteme ausnutzen läßt, um sofort mit Hilfe von $d(n)$ (oder auch $d^*(n)$) weitere Ausdrücke für stationäre Charakteristiken anzugeben.

8.4.2. Ablauforientierte stationäre Zustandswahrscheinlichkeiten des Netzwerkes

Es soll das Netzwerk in den Zeitpunkten betrachtet werden, in denen eine Forderung ein bestimmtes Knotensystem verläßt bzw. betritt. Dazu wird der Zustand des Netzwerkes betrachtet, der sich bei Herausnahme der jeweiligen wechselnden Forderung einstellt, also für das verlassene Knotensystem unmittelbar nach Abgang und für das betretene System unmittelbar vor Eintritt der jeweiligen Forderung, d. h. sozusagen ein Zwischenzustand. Die nichtbeteiligten Knotensysteme verbleiben natürlich in ihrem Zustand.

Es sei mit $\mathring{\boldsymbol{g}}(u, k)$ der Zustand des Netzwerkes unmittelbar vor Eintritt einer Forderung vom Typ k in den Knoten u (ein eventueller Typwechsel beim Übergang von Knoten zu Knoten ist schon vollzogen) und mit $\bar{\boldsymbol{g}}(u, k)$ der Zustand des Netzwerkes unmittelbar nach Abgang einer Forderung vom Typ k aus dem Knoten u (Typwechsel noch nicht vollzogen) bezeichnet.

8.4.5. Satz (Tolmatschew (1977), Bascharin/Tolmatschew (1979), Sevcik/Mitrani (1979), Jansen/König (1976), (1980), Jansen/König/Nawrotzki (1979) und Lavenberg/Reiser (1980)). Es seien die Bedingungen von S. 8.4.1 erfüllt. Für die ablauforientierten Zustandswahrscheinlichkeiten $\mathring{p}_{\boldsymbol{g}}(u, k)$ (unmittelbar vor Eintritt einer Forderung vom Typ k in den Knoten u) bzw. $\bar{p}_{\boldsymbol{g}}(u, k)$ (unmittelbar nach Abgang einer Forderung vom Typ k aus dem Knoten u) gilt

$$\mathring{p}_{\boldsymbol{g}}(u, k) = \bar{p}_{\boldsymbol{g}}(u, k) = d(\boldsymbol{n}^*)^{-1} \prod_{u \in \mathcal{U}} p_{g(u)}, \tag{6}$$

wobei $\boldsymbol{g} = \mathring{\boldsymbol{g}}(u, k) = \bar{\boldsymbol{g}}(u, k)$ und $\boldsymbol{n}^* = \left(n^*(\mathcal{K}_i)\right)_{i=1,\dots,l}$

$$\text{mit } n^*(\mathcal{K}_i) = \begin{cases} n(\mathcal{K}_i) - 1 & \text{für} \quad (u, k) \in \mathcal{Z}_i, \\ n(\mathcal{K}_i) & \text{sonst.} \end{cases} \tag{7}$$

Für offene Bedienungsnetzwerke gilt $d(\boldsymbol{n}^*) = d(\boldsymbol{n}) = 1$ und somit für alle $\boldsymbol{g}$

$$\mathring{p}_{\boldsymbol{g}}(u, k) = \bar{p}_{\boldsymbol{g}}(u, k) = p_{\boldsymbol{g}}.$$

Insbesondere ist auch wegen der vorliegenden Unempfindlichkeitseigenschaften der stationären Zustandswahrscheinlichkeiten (↑ S. 8.4.1) die Verteilung der Restbedienungsgrößen in solchen ablauforientierten Zeitpunkten bekannt (↑ [I, 7.2]).

8.4.3. Forderungenströme zwischen den Knoten

Für stationäre Bedienungsnetzwerke (d. h. der das Netzwerk beschreibende zufällige Prozeß ist stationär) aus Knotensystemen der Klasse PO kann man die Intensitäten der einzelnen Forderungenströme im Netzwerk angeben.

8.4.6. Folgerung. Unter den Bedingungen von S. 8.4.1 ist die Intensität, mit der eine Forderung vom Typ k in das System u gelangt bzw. das System u verläßt (bei Verlustsystemen müssen abgewiesene Forderungen mitgerechnet werden), gleich

$$\alpha^*(u, k) = \alpha(u, k)\, d(\boldsymbol{n}^*)\, d(\boldsymbol{n})^{-1} \tag{8}$$

mit $\boldsymbol{n}^*$ entsprechend (7).

Für offene Bedienungsnetzwerke gilt $\alpha^*(u, k) = \alpha(u, k)$. Mit Hilfe der Übergangswahrscheinlichkeiten $P(u, k, u', k')$ lassen sich die Intensitäten der Ströme zwischen den Systemen berechnen. So ist z. B. die Intensität des Stromes der vom Knoten u in das System v gehenden Forderungen, die beim Eintreffen im Knoten v den Typ k haben gleich

$$\sum_{k' \in \mathscr{K}_i} P(u, k', v, k)\, \alpha^*(u, k'), \qquad \text{falls} \quad k \in \mathscr{K}_i.$$

Es ist zu beachten, daß diese Intensitäten nur bez. des stationären Prozesses für das Netzwerk angegeben werden. Bei offenen Bedienungsnetzwerken sind diese Forderungenströme zwischen zwei Systemen nur unter speziellen Bedingungen Poissonsch (vgl. KELLY [1], BREMAUD (1978), CHANDY/HOWARD/TOWSLEY (1977), JANSEN/KÖNIG/NAWROTZKI (1979), BURKE (1972), MELAMED (1979), WALRAND/VARAIYA (1978), BEUTLER/MELAMED (1978), ↑ [8.5.3.4]). Insbesondere gelten für die Unabhängigkeit der einzelnen Ströme, d. h. der Ströme im Netzwerk zwischen verschiedenen Knoten, nur Aussagen, wenn das Netzwerk eine spezielle Struktur hat. Letztere läßt sich verbal folgendermaßen ausdrücken: Forderungen, dürfen sich nicht überholen. Dies ist der Fall, wenn der zu dieser Klasse gehörende Netzwerkgraph (ohne Knotensystem 0) z. B. einen Baum darstellt (vgl. LEMOINE (1979), WALRAND/VARAIYA (1980), (1981)).

8.4.4. Stationäre Charakteristiken der Aufenthaltszeiten

Es werden wieder Bedienungsnetzwerke mit Knotensystemen der Klasse PO (↑ D. 8.3.6) betrachtet. Mit Hilfe der Little-Formeln (↑ [11.2.1]) kann für jedes Knotensystem u die mittlere Aufenthaltsdauer $\mathsf{E}V_{u,k}$ einer Forderung vom Typ k als Folgerung von S. 8.4.1 angegeben werden.

8.4.7. Folgerung. Mit $\alpha^*(u, k)$ entsprechend (8) gilt

$$\mathsf{E}V_{u,k} = \alpha^*(u, k)^{-1}\, \mathsf{E}N_{u,k}. \tag{9}$$

Für offene Netzwerke ist diese Größe gleich der in den isolierten Systemen.

Analog hat man für die mittlere Aufenthaltsdauer $\mathsf{E}V_{\mathscr{K}_i}$ einer Forderung der Klasse $\mathscr{K}_i$ im Inneren des Netzwerkes (also nicht im Knoten 0):

$$\begin{aligned} \mathsf{E}V_{\mathscr{K}_i} &= \Big[\sum_{(0,k)\in\mathscr{Z}_i} \alpha(0, k)\Big]^{-1} \frac{d(\boldsymbol{n})}{d(\boldsymbol{n}^*)} \sum_{u\in\mathscr{U}\setminus\{0\}} \mathsf{E}\Big(\sum_{(u,k)\in\mathscr{Z}_i} N_{u,k}\Big) \\ &= \Big[\sum_{(0,k)\in\mathscr{Z}_i} \alpha(0, k)\Big]^{-1} \frac{d(\boldsymbol{n})}{d(\boldsymbol{n}^*)}\, \mathsf{E}N_{\mathscr{K}_i}. \end{aligned} \tag{10}$$

Wird mit

$$q(u, \mathscr{K}_i) = \sum_{(u,k)\in\mathscr{Z}_i} \alpha(u, k) \Big[\sum_{(0,k)\in\mathscr{Z}_i} \alpha(0, k)\Big]^{-1} \tag{11}$$

für einen festen Knoten u der Anteil des Forderungenstromes der Forderungen der Klasse $\mathscr{K}_i$, die in den Knoten u gehen, bezeichnet, so erhält man

$$\mathsf{E}V_{\mathscr{K}_i} = \sum_{u\in\mathscr{U}\setminus\{0\}} q(u, K_i) \frac{d(\boldsymbol{n})}{d(\boldsymbol{n}^*)} \Big(\sum_{(u,k)\in\mathscr{Z}_i} \alpha(u, k)\Big)^{-1} \mathsf{E}N_{u,\mathscr{K}_i} = \sum_{u\in\mathscr{U}\setminus\{0\}} q(u, \mathscr{K}_i)\, \mathsf{E}V_{u,\mathscr{K}_i}. \tag{12}$$

Für offene Netzwerke bedeutet dies eine einfache Berechnung der mittleren Aufenthaltszeiten über die mittleren Aufenthaltszeiten in den isolierten Knotensystemen. Bei geschlossenen Netzwerken muß beachtet werden, daß $\mathsf{E}N_{u,\mathcal{K}_i}$ und auch $\mathsf{E}V_{u,\mathcal{K}_i}$ verschieden von den entsprechenden Größen im isolierten System sein können.

Eine analoge Vorgehensweise ermöglicht die Berechnung der mittleren Zeit $\mathsf{E}V_{u,v,\mathcal{K}_i}$ des Übergangs von Forderungen der Klasse $\mathcal{K}_i$ von System u zum System v, wenn man eindeutig die Forderungen der Klasse $\mathcal{K}_i$ so markieren kann, daß man in jedem Knoten erkennt, daß sie auf dem Weg von u nach v sind. Die Knoten u und v wären dann sozusagen das Äußere und das Teilnetzwerk zwischen u und v das Innere des nun neu zu betrachtenden Netzwerkes. Die Intensitäten sind wie bisher zu berechnen, nur daß der Knoten u die Rolle von Knoten 0 übernimmt und die Summation in (10) nur über Knoten des Inneren des neuen Netzwerkes erfolgt. Ebenso ist zu verfahren, wenn der gerade beschriebene Sachverhalt nur Forderungen mit Typ k enthalten in einer Teilmenge von $\mathcal{K}_i$ betrifft. Wichtig ist, daß man in jedem Knoten am Forderungentyp k erkennen kann, daß die Forderung auf dem Weg von u nach v ist.

Insbesondere berechnet man so die mittlere Zykluslänge $\mathsf{E}Z_{u,\mathcal{K}_i}$, wenn das Netz bez. der Forderungen der Klasse $\mathcal{K}_i$ geschlossen ist. Da entweder alle Forderungen der Klasse $\mathcal{K}_i$ die Möglichkeit haben, den Knoten u zu erreichen oder nicht (was bei der Wahl der Klassen $\mathcal{K}_i$ entsprechend den Kommunikationsklassen $\mathcal{L}_i$ unumgänglich ist, wenn dies überhaupt möglich ist) gilt, falls $(u, k) \in \mathcal{L}_i$ für irgendein $k \in \mathcal{K}_i$ (vgl. auch Bascharin/Tolmatschew (1979)):

$$\mathsf{E}Z_{u,\mathcal{K}_i} = \Big(\sum_{(u,k)\in\mathcal{K}_i} \alpha(u, k)\Big)^{-1} \frac{d(\boldsymbol{n})}{d(\boldsymbol{n}^*)}\, \mathsf{E}\Big(\sum_{v\in\mathcal{U}\setminus\{u\}}\ \sum_{(v,k)\in\mathcal{L}_i} N_{v,k}\Big) + \mathsf{E}\Big(\sum_{(u,k)\in\mathcal{L}_i} N_{u,k}\Big)$$

$$= \Big(\sum_{(u,k)\in\mathcal{K}_i} \alpha(u, k)\Big)^{-1} \frac{d(\boldsymbol{n})}{d(\boldsymbol{n}^*)}\, n(\mathcal{K}_i). \tag{13}$$

Sind alle Bedienungsgrößen exponentialverteilt, so kann für den Erwartungswert der Zeitdauer $Z_{u,v,k}$ der Ankunft der Forderung vom Typ k im Knoten u bis zum Erreichen des Knotens v das folgende Gleichungssystem (vgl. Bascharin/Tolmatschew (1979)) angegeben werden, wenn $k \in \mathcal{K}_i$ und $n(\mathcal{K}_i) < \infty$:

$$\mathsf{E}Z_{u,v,k} = \mathsf{E}V_{u,k} + \sum_{k'\in\mathcal{K}_i}\ \sum_{w\neq v} P(u, k, w, k')\, \mathsf{E}Z_{w,v,k}. \tag{14}$$

Lassen sich alle Forderungen in einem geschlossenen Netzwerk unterscheiden, bzw. gilt für die betrachtete Kommunikationsklasse $n(\mathcal{K}_i) = 1$, so lassen sich (9) und (10) ohne die Erwartungswerte $\mathsf{E}N_{u,k}$ formulieren, da diese mit den Wahrscheinlichkeiten übereinstimmen, daß sich eine Forderung der Klasse $\mathcal{K}_i$ im Knoten u aufhält, also:

$$\mathsf{E}V_{u,k} = \alpha^*(u, k) \sum_{g\in\{g:\ \text{Forderung vom Typ } k \text{ im System } u\}} p_g \tag{15}$$

und

$$\mathsf{E}V_{\mathcal{K}_i} = \Big(\sum_{(0,k)\in\mathcal{L}_i} \alpha(0, k)\Big)^{-1} \frac{d(\boldsymbol{n})}{d(\boldsymbol{n}^*)} \sum_{\substack{g\in\{g:\ \text{Forderung die zur Klasse } \mathcal{K}_i \\ \text{gehört ist nicht im Knoten } 0\}}} p_g \tag{16}$$

mit p_g entsprechend (1) und $\boldsymbol{n} = (1, 1, \ldots, 1)$ sowie $n(\mathcal{K}_i) = 0$ für die Bestimmung von $\boldsymbol{n}^*$ (↑ (7)). Am besten ist diese Formel in geschlossenen Netzwerken, in denen jede einzelne Forderung einen festen individuellen Typ hat, anwendbar.

Für die Bestimmung höherer Momente der Aufenthaltsdauern sind Unabhängigkeitsforderungen zwischen den verschiedenen Aufenthaltsdauern in den einzelnen Knoten zu stellen. Sie liegen z. B. vor, wenn man Bedienungsnetzwerke hat, deren Knoten nur Systeme M/GI/∞ enthalten, d. h. insbesondere die Bedienungsgeschwindigkeit jeweils Eins ist und nur vom Typ und Knoten abhängige Bedienungszeitverteilungen zugelassen sind. Die Struktur von (12) überträgt sich, und zwar gilt:

$$\mathsf{E}V^j_{\mathcal{K}_i} = \Big(\sum_{(0,k)\in\mathcal{K}_i} \alpha(0,k)\Big)^{-1} \frac{d(\boldsymbol{n})}{d(\boldsymbol{n}^*)} \sum_{n\in\mathcal{U}\setminus\{0\}} \sum_{(u,k)\in\mathcal{L}_i} \alpha(u,k)\,\mathsf{E}B^j_{u,k}, \tag{17}$$

wobei $B_{u,k}$ die zufällige Bedienungsgröße der Forderung vom Typ k im System u bedeutet.

Ebenso gilt für solch ein Netzwerk mit endlichem $n(\mathcal{K}_i)$

$$\mathsf{E}Z^j_{u,\mathcal{K}_i} = \Big(\sum_{(u,k)\in\mathcal{L}_i} \alpha(u,k)\Big)^{-1} \frac{d(\boldsymbol{n})}{d(\boldsymbol{n}^*)} \sum_{(v,k)\in\mathcal{L}_i} \alpha(v,k)\,\mathsf{E}B^j_{v,k} \tag{18}$$

und (14) mit $\mathsf{E}V_{u,k} = \mathsf{E}B_{u,k}$. Für geschlossene Netzwerke bestehen ansonsten i. allg. keine Unabhängigkeitsaussagen der Aufenthaltszeiten. Für offene Netze wird ausgenutzt, daß die vorhandenen Poissonschen Forderungenströme zwischen den Knoten noch die Eigenschaft haben, daß der Zustand eines Knotens zu einem festen Zeitpunkt nicht von den zuvor liegenden Abgangszeitpunkten der Forderungen abhängt, wenn eine Baumstruktur des Netzwerkgraphen vorliegt, d. h., die Forderungen dürfen keinen Knoten mehrmals anlaufen (ausgenommen natürlich den formalen Knoten 0) (vgl. Kelly [1], Walrand/Varaiya (1980), Lemoine (1979)). In diesem Fall sind die Verweilzeiten in den einzelnen Knoten unabhängig, und man kann mittels der Verteilung der Verweilzeiten der Forderungen in den isolierten Knotensystemen die entsprechenden Charakteristiken für das Bedienungsnetzwerk ableiten.

Als Beispiel sei hier ein Netzwerk aus M/M/1/∞-Systemen (siehe Lemoine (1979)) mit einem Forderungentyp und einer Baumstruktur des Netzwerkgraphen angegeben. Das Netzwerk möge m Knoten besitzen. Die L.-S.-T. der Verweilzeitverteilungsfunktion $V(x)$ einer Forderung im Netzwerk ist gegeben durch

$$V^*(s) = \big(P(0,1),\ldots,P(0,m)\big)\,[\boldsymbol{q}(s) - \overline{\boldsymbol{P}}]^{-1}\,\big(P(1,0),\ldots,P(m,0)\big)^{\mathrm{T}} \tag{19}$$

mit $\boldsymbol{P} = \big(P(u,v)\big)_{u,v=0,\ldots,m}$; $\overline{\boldsymbol{P}}$ entsteht aus $\boldsymbol{P}$ durch Streichen der 1. Zeile und Spalte (für „Knoten" 0); $\boldsymbol{q}(s)$ ist eine Diagonalmatrix mit

$$q_{u,u}(s) = \big(\mu(u) - \alpha(u) + s\big)\,\big(\mu(u) - \alpha(u)\big)^{-1}.$$

Die $\alpha(u)$ ergeben sich wieder über das System (1) aus [8.1] und der Ankunftsintensität λ der Forderungen im Netzwerk.

Die Baumstruktur des Netzwerkgraphen in Betracht ziehend erhält man die L.-S.-T. der Verteilungsfunktion der Verweilzeit Z_u einer im Knoten u ankommenden Forderung im Netzwerk:

$$Z_u^*(s) = \frac{\mu(u) - \alpha(u)}{\mu(u) - \alpha(u) + s}\left[P(u,0) + \sum_{v=1}^{m} P(u,v)\,Z_v^*(s)\right],$$

woraus

$$\mathsf{E}Z_u = \big(\mu(u) - \alpha(u)\big)^{-1} + \sum_{v=1}^{m} P(u,v)\,\mathsf{E}Z_v$$

und

$$\mathsf{E}Z_u^2 = 2\mathsf{E}Z(u)\left(\mu(u) - \alpha(u)\right)^{-1} + \sum_{v=1}^{m} P(u, v)\, \mathsf{E}Z_v^2$$

sowie die Darstellung

$$\mathsf{E}V^2 = 2\frac{1}{\lambda}\sum_{u=1}^{m} \frac{\alpha(u)}{\mu(u) - \alpha(u)}\, \mathsf{E}Z_u$$

folgen (LEMOINE (1979)).

8.5. Asymptotische, iterative und heuristische Näherungsmethoden. Spezielle Ergebnisse und Bemerkungen

Die in diesem Abschnitt behandelten Methoden und darauf aufbauende Ergebnisse enthalten als wesentliche Grundidee die Beibehaltung der Struktur der Ergebnisse von [8.4]. Die Voraussetzungen von S. 8.4.1 sind für die in [8.5] betrachteten Netzwerke i. allg. nicht mehr erfüllt, so daß zur Begründung der Methoden asymptotische und heuristische Argumente verwendet werden. Weiterhin beinhalten die angegebenen Verfahren eine einfachere oder näherungsweise Berechnung charakteristischer Kenngrößen, wie z. B. mittlere Warteschlangenlängen, mittlere Verweilzeiten der Kunden im Netzwerk oder in den einzelnen Knoten oder stationäre Besetztwahrscheinlichkeiten der Knotensysteme.

Das in [8.1] beschriebene Modell eines Bedienungsnetzwerkes wird nicht in jedem Falle genügen bzw. ist zu spezialisieren. Entsprechende Änderungen werden verbal angegeben.

8.5.1. Diffusionsapproximation

Die Anwendung dieser Methode für Bedienungsnetzwerke beruht auf der Übernahme und Erweiterung der Ideen und Ergebnisse der entsprechenden Diffusionsapproximation für Einbediener-Wartesysteme (↑ [11.5] und KLEINROCK [2], NEWELL [1], [2], KINGMAN (1965), WHITT (1974)). In KOBAYASHI (1974a) (↑ B. 8.5.1.1) ist ein kurzer Abriß dieser Ergebnisse in bezug auf ihre Anwendung für Bedienungsnetzwerke gegeben.

Die Diffusionsapproximation für Netzwerke ist so zu verstehen, daß der diskretwertige zufällige Prozeß der Anzahlen der Forderungen in den Knoten durch einen Markowschen Prozeß mit stetigen Werten (nämlich einem Diffusionsprozeß, ↑ [I, 3.4.2]) approximiert wird, der annähernd das gleiche „Verhalten“ wie der diskrete Prozeß zeigt. Einige Ansätze und Modellierungen sind dabei stark heuristischer Natur und nur durch den mit der Methode erzielten Erfolg begründet.

Eine wesentliche Idee ist, daß zumindest die Abgangsprozesse aus den Knoten näherungsweise als rekurrente Punktprozesse (Erneuerungsprozesse) angenommen werden. Die Anwendung des zentralen Grenzwertsatzes (↑ I, S. 3.2.4.6) ermöglicht die asymptotische Angabe von Mittelwert und Streuung der gegenläufig wirkenden Ankunfts- und Abgangsprozesse, die sich als Überlagerung der angenommenen Erneuerungsprozesse ergeben. In der Literatur wurden bisher nur Einbediener-Wartesysteme mit der FIFO-Regel als Knotensysteme betrachtet. Überlegungen intuitiver Art, wie andere Systeme behandelt werden können, sind deshalb in diesem Sinne noch notwendig, ohne daß hier ein Rezept dafür angegeben werden kann. Ein interessanter Ansatz in dieser Richtung könnte die Approximation durch stückweise (lineare) Diffusionsprozesse sein (↑ KOGAN/LITWIN (1979), KIMURA (1980), (1983), KIMURA/OHSONE (1982)).

Bei Anwendung der Methode sind folgende Aufgaben zu lösen:

(a) Wie soll der approximierende Diffusionsprozeß konstruiert werden?
(b) Wie erhält man die Drift- und Diffusionskoeffizienten des Diffusionsprozesses und wie realisiert man Randeffekte sowie Effekte der Bedienungsdisziplin (z. B. Positivität der Zufallsgrößen, Beschränkungen nach oben, Blockierungseffekte, zustandsabhängige Bedienungsraten usw.)?
(c) Wie erhält man die Lösung der Diffusionsgleichungen?
(d) Wie ist die Rückübertragung der Ergebnisse auf das diskrete Bedienungsmodell vorzunehmen?

Dabei sind diese Fragen in engem Zusammenhang zu betrachten. Eine analytische Lösung der Diffusionsgleichungen ist nur möglich, falls der Diffusionsprozeß eine geringfügige Modifikation des Wiener-Prozesses darstellt (vgl. auch NEWELL [2]). Ansonsten müßte dieser Schritt durch eine Simulation erfolgen, was u. U. weniger Aufwand erfordern kann, als das Bedienungsnetzwerk zu simulieren.

Die Beschreibung der Randeffekte ist somit immer unter zwei Gesichtspunkten zu sehen: Erstens, der möglichst adäquaten Übertragung des Effektes, und zweitens, der Lösbarkeit der Diffusionsgleichungen.

In diesem Abschnitt wird anhand von Beispielen die Methode der Diffusionsapproximation demonstriert.

8.5.1. Beispiel (KOBAYASHI (1974a)). Das (offene) Bedienungsnetzwerk bestehe aus m Einbedienersystemen ($\mathcal{U} = \{0, 1, \ldots, m\}$), die nach der FIFO-Regel arbeiten. Verschiedene Kunden- und Forderungentypen seien nicht betrachtet. Die Bedienungszeiten B_u im Knoten u haben die Parameter $\mathsf{E}B_u = \mu(u)^{-1}$ und $\mathsf{V}B_u = \sigma^2(u)$. Für den nicht notwendig Poissonschen Kundenstrom werden ebenfalls die Parameter $\mu(0)$ und $\sigma^2(0)$ angenommen. Durch $\mathsf{v}(u) = \big(\mu(u)\big)^2 \sigma^2(u)$, $u \in \mathcal{U}$, sei der Variationskoeffizient bezeichnet. Die Übergänge der Kunden von Knoten zu Knoten werden wie in [8.1] durch die Markowsche Übergangsmatrix $\boldsymbol{P} = \big(P(u, u')\big)$ gesteuert. Zur Diffusionsapproximation wird zunächst der Fall $\mathcal{U} = \{0, 1\}$, also ein Einbedienersystem M/GI/1/∞, untersucht (↑ [3.1.4.3] Punkt (e)). Der Prozeß $\big(N(t)\big)$ der Anzahl der Forderungen im System wird durch einen Diffusionsprozeß $\big(X(t)\big)$ auf der positiven Achse (Aufgabe (a)) mit einer reflektierenden Grenze für $t = 0$ (Teilaufgabe von (b)) approximiert. Für die Übergangsdichte $p(t; x_0, x)$ (ausgehend von x_0 nach der Zeit t in x zu sein) gilt

$$p(t; x_0, x) = \frac{\mathrm{d}}{\mathrm{d}x}\, \Phi\big((-x - x_0 + at)/(bt)^{-1/2}\big) - \exp\,(2ax/b)\, \Phi(-x - x_0 + at)/(bt)^{-1/2}\big), \quad (1)$$

wobei $\Phi(z)$ die standardisierte Normalverteilung (↑ [I, 2.9.9]) bezeichnet und (Aufgabe (b))

$$b = \big(\mu(0)\big)^3 \sigma^2(0) + \big(\mu(1)\big)^3 \sigma^2(1), \qquad a = \mu(0) - \mu(1).$$

Für $a < 0$ ist der Prozeß ergodisch, und es existiert die Dichte der stationären Verteilung (Aufgabe (c)):

$$p(x) = \lim_{t\to\infty} p(t; x_0, x) = -\frac{2a}{b} \exp\,(2ax/b).$$

Die Rückübertragung auf den Prozeß $(N(t))$ erfolgt durch die Formeln (Aufgabe (d))

$$p_n \approx \hat{p}_n = \int_n^{n+1} p(x)\,dx = (1-\hat{\varrho})\,\hat{\varrho}^n, \qquad n \geqq 0, \tag{2}$$

mit $\hat{\varrho} = \exp(2a/b)$.

Da aber bekanntlich $p_0 = 1 - \varrho$ mit $\varrho = \dfrac{\mu(0)}{\mu(1)}$ ist (↑ [3.1.2.1.2] Punkt (b)) wird eine „Berichtigung" der Lösung vorgeschlagen

$$\hat{p}_n = \begin{cases} 1-\varrho, & n = 0, \\ \varrho(1-\hat{\varrho})\,\hat{\varrho}^{n-1}, & n > 0. \end{cases} \tag{3}$$

Einen physikalischen Sinn dieser Vorgehensweise legen Reiser/Kobayashi (1974) dar.

Für den Fall $\mathscr{U} = \{0, 1, \ldots, m\}$, $m > 1$, wird der n-dimensionale Prozeß $(N(t))$ in analoger Weise durch einen m-dimensionalen Diffusionsprozeß approximiert (Aufgabe (a)).

Aufgabe (b): Der Driftkoeffizientenvektor hat jetzt die Gestalt $\boldsymbol{a} = (a_1, \ldots, a_m)^{\mathsf{T}}$ mit $a_u = \sum_{u'=0}^{m} \mu(u')\,P(u', u) - \mu(u)$, $u = 1, \ldots, m$, und die Kovarianzmatrix $\mathsf{B} = (b_{u,u'})_{u,u'=1,\ldots,m}$ mit

$$b_{u,u'} = \sum_{w=0}^{m} \left[\big(\mathsf{v}(w) - 1\big)\,\mu(w)\right] P(w,u)\,P(w,u') + \left[\mathsf{v}(u)\,\mu(u) + \sum_{w=0}^{m} P(w,u)\,\mu(w)\right] \delta_{uu'}$$
$$- \mathsf{v}(u)\,\mu(u)\,P(u,u') - \mathsf{v}(u')\,\mu(u')\,P(u',u). \tag{4}$$

Zur Herleitung dieser Größen wird zunächst angenommen, daß die Systeme immer besetzt sind und deshalb die Abgangsprozesse aus den einzelnen Knoten Erneuerungsprozesse darstellen sowie die Abgangsprozesse verschiedener Knoten unabhängig sind. Die Eingangsprozesse in die Knoten stellen somit eine gewisse Überlagerung und Aufteilung der Ausgangsströme dar (unabhängige Verdünnung und Überlagerung von Strömen, ↑ [I, 3.6]). Die asymptotischen Aussagen über die Momente (↑ [I, 3.2.4]) der Erneuerungsprozesse ergeben über elementare Rechnungen und Vergleich die obigen Werte. So ergibt sich z. B. für den Prozeß $\Delta D_{u,u'}(t)$ in der Anzahl der Übergänge vom Knoten u in den Knoten u' in $[t, t + \Delta)$ für hinreichend großes Δ und t

$$\mathsf{E}\Delta D_{u,u'}(t + \Delta) \approx P(u, u')\,\Delta\mu(u)$$

und

$$\mathsf{V}\Delta D_{u,u'}(t) \approx \left[\big(\mathsf{v}(u) - 1\big)\,P(u,u') + 1\right]\left[P(u,u')/\mu(u)\right]\Delta,$$

da die Pausenzeiten $A_{u,u'}$ zwischen den Übergängen von Knoten u nach Knoten u' wieder unabhängig und identisch verteilt sind mit

$$\mathsf{E}A_{u,u'} = \big(\mu(u)\,P(u,u')\big)^{-1}$$

und

$$\mathsf{V}A_{u,u'} \approx \left[\big(\mathsf{v}(u) - 1\big)/P(u,u') + \big(P(u,u')\big)^{-2}\right]\mu(u)^{-2}.$$

Für die Kovarianz der Ströme, die vom selben Knoten ausgehen, hat man entsprechend

$$\mathsf{Cov}\,\big(\Delta D_{u,j}(t), \Delta D_{u,j'}(t)\big) \approx \big(\mathsf{v}(u) - 1\big)\left[P(u,j)\,P(u,j')/\mu(u)\right]\Delta.$$

Da sich die Anzahl der Forderungen in einem Knoten als Differenz der eintreffenden und abgehenden Forderungen bez. dieses Knotens darstellen läßt, erhält man mit $\boldsymbol{a}\Delta$ den Erwartungswertvektor dieser Änderungen im Intervall $[t, t+\Delta)$ und mit $\mathbf{B}$ die zugehörige Kovarianzmatrix. Bei dieser Argumentation wird angenommen, daß während des Intervalls $[t, t+\Delta)$ kein Knoten leer geworden ist. Praktisch wird aber sicher das Gegenteil eintreten können. Dieser Umstand wird durch reflektierende Grenzen an den Koordinatenhyperebenen berücksichtigt.

Aufgabe (c): Die Übergangsdichten des Diffusionsprozesses mit Anfangszustandsvektor $\boldsymbol{x}_0$ ohne reflektierende Grenzen haben die Gestalt

$$p(t; \boldsymbol{x}_0, \boldsymbol{x}) = \left(2\pi \det (\mathbf{B}t)\right)^{-1/2} \exp \left(-\frac{1}{2t} (\boldsymbol{x} - \boldsymbol{x}_0 \boldsymbol{a}t)^{\mathsf{T}} \mathbf{B}^{-1} (\boldsymbol{x} - \boldsymbol{x}_0 - \boldsymbol{a}t)\right), \tag{5}$$

wobei, falls $\mathbf{B}$ singulär ist, $\mathbf{B}^{-1}$ als verallgemeinerte Inverse (vgl. GANTMACHER [1]) aufzufassen ist.

Der Diffusionsprozeß ist ergodisch, und es existiert die Dichte $p(x)$ der stationären Verteilung des Diffusionsprozesses mit reflektierenden Grenzen, falls $\gamma_j < 0, j = 1, \ldots, m$, mit $\gamma = 2\mathbf{B}^{-1}\boldsymbol{a}$ und hat die Form

$$p(x) = \prod_{j=1}^{m} (-\gamma_j \, e^{\gamma_j x_j}), \tag{16}$$

Aufgabe (d): Aus (6) ergibt sich analog (2) der folgende Näherungsausdruck für die Verteilung der Anzahl der Forderungen in den Knoten des Netzwerkes

$$\hat{p}(n_1, \ldots, n_m) = \prod_{j=1}^{m} \hat{p}_j(n_j) \tag{7}$$

mit $\hat{p}_j(k) = (1 - \hat{\varrho}_j)\, \hat{\varrho}_j^{\,k}$, $\hat{\varrho}_j = e^{\gamma_j}$. Auch hier ist eine Korrektur unter Einbeziehung der Ankunftsintensitäten möglich. (Die Ankunftsintensität der Forderungen im Netzwerk ist gleich $\mu(0)$.) Das Gleichungssystem (1) in [8.1] ermöglicht die Berechnung der Ankunftsintensitäten in den einzelnen Knoten, und zwar ist

$$\alpha(u) = \sum_{u' \in \mathcal{U}} P(u', u)\, \alpha(u') \quad \text{mit} \quad \alpha(0) = \mu(0).$$

Es wird $\hat{p}_j(0) = 1 - \varrho_j$, $\varrho_j = \dfrac{\alpha(u)}{\mu(u)}$ und

$$\hat{p}_j(n) = \varrho_j (1 - \hat{\varrho}_j)\, \hat{\varrho}_j^{\,n-1}, \qquad n \geqq 1, \tag{8}$$

gesetzt.

8.5.2. Beispiel (GELENBE/PUJOLLE (1977), (1976), GELENBE (1975)). Ein offenes Netzwerk aus m Knoten mit jeweils einem Einbedienersystem, das nach der FIFO-Regel arbeitet, erreichen r rekurrente Forderungenströme mit individuellem Kundentyp. Die Kunden wechseln ihren Typ nicht.

Gegeben seien:

$\lambda(0, k)$ — Ankunftsintensität der Kunden vom Typ k,
$\nu(0, k)$ — Variationskoeffizient der Pausenzeiten der Kunden vom Typ k,
$B_{u,k}(x)$ — Verteilungsfunktion der Bedienungszeit $B_{u,k}$ eines Kunden vom Typ k im Knoten u.

Aufgabe (a): Es wird jeder Knoten für sich durch einen Diffusionsprozeß approximiert und formal die Unabhängigkeit der einzelnen Diffusionsprozesse angenommen.

Aufgabe (b): Für die einzelnen Diffusionsprozesse werden die Ankunfts- und Abgangsströme der Kunden jedes einzelnen Typs in jedem Knoten betrachtet. Dabei nimmt man wieder an, daß diese Ströme näherungsweise als rekurrente Ströme bzw. als Überlagerung verdünnter rekurrenter Ströme auftreten. Zunächst sind die Parameter dieser Ströme zu bestimmen:

(i) Es wird (1) aus [8.1] benutzt, um die Ankunftsintensitäten der Kunden in den einzelnen Knoten zu bestimmen:

$$\alpha(u, k) = \sum_{u'=0}^{m} P(u', k'; u, k)\, \alpha(u', k') \quad \text{mit} \quad \alpha(0, k) = \lambda(0, k),$$
$$u = 0, \ldots, m; \qquad k = 1, \ldots, r.$$

(ii) Es wird die Belastung $\varrho(u)$ jedes Knotens berechnet:

$$\varrho(u, k) = \sum_{k=1}^{r} \alpha(u, k)\, \mathsf{E}B_{u,k}, \qquad k = 1, \ldots, r;$$

$$\varrho(u) = \sum_{k=1}^{r} \varrho(u, k), \qquad u = 1, \ldots, m.$$

(iii) Es wird $\alpha(u) = \sum_{k=1}^{r} \alpha(u, k)$, $u = 1, \ldots, m$, und $q(u, k) = \dfrac{\alpha(u, k)}{\alpha(u)}$ gesetzt und damit für die Pausenzeit D_u zwischen zwei Abgängen vom Knoten u folgender Ansatz durchgeführt:

$$D_u = \begin{cases} B_u & \text{mit Wahrscheinlichkeit } \varrho(u), \\ B_u + A_u & \text{mit Wahrscheinlichkeit } 1 - \varrho(u), \end{cases}$$

wobei $B_u = B_{u,k}$ mit Wahrscheinlichkeit $q(u, k)$ sowie A_k die Pausenzeit der Ankünfte im Knoten u bezeichnet.

(iv) Diese Annahmen führen zu folgenden Gleichungssystemen für die Variationskoeffizienten $\mathsf{v}^{\mathrm{D}}(u)$ des Abgangsstromes im Knoten u und $\mathsf{v}^{\mathrm{A}}(u)$ des Eingangsstromes im Knoten u mittels der Variationskoeffizienten $v(u, k)$ der Bedienungszeit der Kunden von Typ k in Knoten u:

$$\mathsf{v}^{\mathrm{D}}(0) = \sum_{k=1}^{r} \lambda(0, k)\, \mathsf{v}(0, k) \left(\sum_{k=1}^{r} \lambda(0, k) \right)^{-1}, \tag{9}$$

$$\mathsf{v}^{\mathrm{D}}(u) = \alpha(u) \sum_{k=1}^{r} \varrho(u, k)\, \mathsf{E}B_{u,k}[\mathsf{v}(u, k) + 1] + \big(1 - \varrho(u)\big) [\mathsf{v}^{\mathrm{A}}(u) + 1 + 2\varrho(u)] - 1, \tag{10}$$

$$\mathsf{v}^{\mathrm{A}}(u) = \alpha(u)^{-1} \sum_{u'=0}^{n} \Big[\big(\mathsf{v}^{\mathrm{D}}(u') - 1\big) P(u', u) + 1\Big]\, \alpha(u')\, P(u', u), \tag{11}$$

wobei diese Beziehungen unter Ausnutzung der asymptotischen Eigenschaften der Erneuerungsprozesse (↑ [I, 3.2.4]) hergeleitet werden. Der Variationskoeffizient $\mathsf{v}^{\mathrm{A}}(u, k)$ der Pausenzeiten der Ankünfte von Kunden des Typs k im Knoten u ergibt sich durch

$$\mathsf{v}^{\mathrm{A}}(u, k) = \big(\mathsf{v}^{\mathrm{A}}(u) - 1\big)\, q(u, k) + 1, \tag{12}$$

wobei ausgenutzt wird, daß ein ankommender Kunde mit Wahrscheinlichkeit $q(u, k)$ vom Typ k ist.

(v) Jeder Knoten u wird jetzt einzeln betrachtet, und die Warteschlange durch einen Diffusionsprozeß folgendermaßen approximiert. Die Grenze im Nullpunkt absorbiert, und es erfolgen aus ihr zufällige Aufwärtssprünge der Höhe Eins mit der Intensität $\alpha(u)$. Die Arbeit verschiedener Knoten wird als unabhängig angenommen.

Der Drift- und der Diffusionskoeffizient $a(u)$ bzw. $b(u)$ haben die Form

$$a(u) = \alpha(u) - (\mathsf{E}B_u)^{-1},$$

$$b(u) = \alpha(u)\, \mathsf{v}^A(u) + (\mathsf{E}B_u)^{-3}\, \mathsf{V}B_u.$$

Aufgabe (c): Es erfüllen die Dichtefunktionen $p(u, x, t)$ der Verteilung $P(u, x, t)$ zum Zeitpunkt t für $x > 0$ das partielle Differentialgleichungssystem

$$-\frac{\partial p(u, x, t)}{\partial t} - a(u) \frac{\partial p(u, x, t)}{\partial x} + \frac{1}{2} b(u) \frac{\partial^2 p(u, x, t)}{\partial x^2} + \alpha(u) P_0(u, t)\, \delta(x - 1) = 0, \quad (13)$$

und

$$\frac{\mathrm{d}}{\mathrm{d}t} P_0(u, t) = -\alpha(u) P_0(u, t) + \lim_{x \downarrow 0} \left(-a(u)\, p(u, x, t) + \frac{1}{2} b(u) \frac{\partial p(u, x, t)}{\partial x}\right), \quad (14)$$

wobei $P_0(u, t) = \lim_{x \downarrow 0} P(u, x, t)$ die Leerwahrscheinlichkeit des Knotens zur Zeit t approximiert und $\delta(x - 1)$ die Diracsche Deltafunktion an der Stelle 1 bezeichnet.

Für die stationäre Lösung dieses Systems ergibt sich mit $\gamma(u) = \frac{2a(u)}{b(u)}$, falls $\gamma(u) < 0$ (oder gleichbedeutend: $\varrho(u) = \alpha(u)\, \mathsf{E}B_u < 1$),

$$p_0(u) = \lim_{t \to \infty} P_0(u, t) = 1 - \varrho(u), \quad (15)$$

$$p(u, x) = \lim_{t \to \infty} p(u, x, t) = \begin{cases} \varrho(u)\,[1 - \mathrm{e}^{\gamma(u)x}], & 0 < x \leqq 1, \\ \varrho(u)\,[1 - \mathrm{e}^{-\gamma(u)}]\, \mathrm{e}^{\gamma(u)x}, & 1 \leqq x < \infty. \end{cases} \quad (16)$$

Aufgabe (d): Mit obigen Formeln kann die mittlere Schlangenlänge $\mathsf{E}N(u)$ approximiert werden durch

$$\mathsf{E}N_u \approx \varrho(u) \left[1 + \frac{\varrho(u)\, \mathsf{v}^A(u) + (\mathsf{V}B_u)\,(\mathsf{E}B_u)^{-2}}{2\big(1 - \varrho(u)\big)}\right] \quad (17)$$

sowie die Verteilung $\big(p_j(u)\big)$ Schlangenlänge in jedem Knoten durch

$$p_j(u) = \int_{j-1}^{j} p(u, x)\, \mathrm{d}x, \qquad j = 1, 2, \ldots \quad (18)$$

Formel (17) weicht allerdings geringfügig von der Pollaczek-Chintschin-Formel hierfür ab (↑ [3.1.2.1] Punkt (c)). Zur Approximation der Verteilung der Anzahl der Kunden eines bestimmten Types k im Knoten wird ausgenutzt, daß ein Kunde bei Ankunft mit der Wahrscheinlichkeit $q(u, k)$ vom Typ k ist und dieser sich während des Aufenthaltes in der Schlange nicht ändert. Man erhält die Näherung

$$p_{(n(1), n(2), \ldots, n(r))}(u) = \frac{\prod_{k=1}^{r} \big(n(k)!\big)}{\left(\sum_{k=1}^{r} n(k)\right)!} \prod_{k=1}^{r} q(u, k)^{n(k)}\, p_{\sum_{k=1}^{r} n(k)}(u). \quad (19)$$

Durch Anwendung der Little-Formeln können daraus die mittleren Verweilzeiten erhalten werden, weil die Wartezeit eines Kunden in einem Knoten nicht von seinem Typ abhängt, d. h.,

$$\mathsf{E}W_{u,k} = \mathsf{E}W_u = \mathsf{E}N_u/\alpha(u) - \mathsf{E}B_u,$$

$$\mathsf{E}V_{u,k} = \mathsf{E}N_u/\alpha(u) - \mathsf{E}B_u + \mathsf{E}B_{u,k}$$

und somit für mittlere Verweilzeit eines Kunden vom Typ k im Netzwerk

$$\mathsf{E}V_k = \sum_{u=1}^{m} \mathsf{E}V_{u,k} \frac{\alpha(u, k)}{\lambda(0, k)}.$$

8.5.3. Beispiel (Gelenbe (1975)). Aufgabe (a) und (b) wird wie in B. 8.5.1.2 gelöst. Weiterhin sollen obere Grenzen für die Maximalzahl $\bar{n}(u)$ der Kunden in einem Knoten festgelegt sein. Dies wird berücksichtigt, indem für die einzelnen Diffusionsprozesse der Knoten auch absorbierende Grenzen in $n(u)$ gelegt werden, wobei mit den Abgangsintensitäten $\mu(u) = (\mathsf{E}B_u)^{-1}$ ein Rücksprung der Höhe Eins erfolgt.

Aufgabe (c): Die Diffusionsgleichungen ändern sich entsprechend, und für die stationäre Verteilung des Diffusionsprozesses im Knoten u erhält man

$$p_0(u) = 1 - \varrho(u) \left(1 - \varrho(u)^2 \, \mathrm{e}^{\gamma(u)[\bar{n}(u)-1]}\right)^{-1},$$

$$p_j(u) = \int_{j-1}^{j} p(u, x) \, \mathrm{d}x, \qquad j = 1, \ldots, \bar{n}(u),$$

mit

$$p(u, x) = \begin{cases} -\left(\alpha(u)\, p_0(u)/a(u)\right) [1 - \mathrm{e}^{-\gamma(u)x}], & 0 \leqq x \leqq 1, \\ -\left(\alpha(u)\, p_0(u)/a(u)\right) [e^{-\gamma(u)} - 1]\, \mathrm{e}^{\gamma(u)x}, & 1 \leqq x \leqq \bar{n}(u) - 1, \\ -\left(\mu(u)\, d(u)/a(u)\right) [\mathrm{e}^{\gamma(u)(x-n(u))} - 1], & \bar{n}(u) - 1 \leqq x \leqq \bar{n}(u), \end{cases}$$

$$d(u) = \left(\alpha(u)\, p_0(u)/\mu(u)\right) \mathrm{e}^{-\gamma(u)(\bar{n}(u)-1)}.$$

Aufgabe (d) muß analog (2) gelöst werden, worauf hier verzichtet wird, da eine weitere Ausrechnung der $p_j(u)$ keine Vereinfachung mehr ergibt.

Für die Betrachtung geschlossener Netzwerke kann näherungsweise die angenommene Unabhängigkeit der einzelnen Knoten verwendet werden, um über die Zustandswahrscheinlichkeiten der vom Netzwerk isoliert betrachteten Knotensysteme eine Berechnung der Zustandswahrscheinlichkeiten mittels entsprechender Eingangsintensitäten ((1) in [8.4.1]) durchzuführen. Die Eingangsintensitäten in jeden Knoten und somit die Belastung sind durch (1) in [8.1.1] natürlich nur bis auf einen konstanten Faktor bestimmt, der günstig zu wählen ist! Andererseits kann die in B. 8.5.1 verwendete Diffusionsapproximation direkt angewendet werden. In diesem Fall ist die Kovarianzmatrix $\mathbf{B}$ sicher singulär (wie leicht zu überprüfen ist), aber eine Lösung möglich. Ein solcher Ansatz ist in Kobayashi (1974a) vollzogen worden. Falls keine sofortige Rückkehr der Kunden in den gleichen Knoten zugelassen ist, wird es immer sinnvoll sein, die Unabhängigkeit der Arbeit der einzelnen Knoten anzunehmen und jeden Knoten zur Diffusionsapproximation einzeln zu betrachten und die Netzwerkeigenschaften nur zur Berechnung der Charakteristiken der Kundenströme zwischen den Knoten zu nutzen. Die Produktform der gemeinsamen Verteilung der Anzahl der Kunden in den verschiedenen Knoten wird jeweils immer als sehr gute Näherung angesehen. Das ist in allen Arbeiten zur Diffusionsapproximation von Bedienungsnetzwerken ein Grundgedanke, da insbesondere auch, wie aus (6) erkennbar, bei der Approximation in B. 8.5.1 diese Form erhalten wird. Es ist (leider) eine Tatsache, daß die Hinzunahme weiterer Effekte in den Ablauf der approximierenden Diffusionsprozesse deren analytische Handhabung praktisch unmöglich macht (vgl. auch NEWELL [2]), so daß geschickte heuristisch begründete Ideen der Umtransformation einfacherer Lösungen weitere brauchbare Näherungslösungen ergeben können. Insbesondere die Verwendung stückweise konstanter Drift- und Diffusionskoeffizienten scheint erfolgreich (↑ KOGAN/LITVIN (1979), KIMURA (1980), (1983), KIMURA/OHSONE (1982)).

Blockierungen und Prioritäten bringen erhebliche Schwierigkeiten und erfordern für jedes spezielle Modell neue Überlegungen. CZACHORSKI (1976) untersucht ein Netzwerk mit Hilfe der Diffusionsapproximation, das Prioritätssysteme in den Knoten enthält.

Die Arbeiten GAVER/SHEDLER (1973a), (1973b), GAVER (1968) verwenden im wesentlichen die Diffusionsapproximation mit reflektierenden Grenzen analog B. 8.5.1. Die Autoren E. GELENBE und G. PUJOLLE wählen in ihren Arbeiten absorbierende Grenzen entsprechend B. 8.5.2 und B. 8.5.3 zur Beschreibung der Randeffekte, was in ihren Formeln auf richtige Leerwahrscheinlichkeiten führt. Für approximierende Diffusionsprozesse mit nichtkonstanten Drift- und Diffusionskoeffizienten wird die Wahl der Randbedingungen sicherlich noch stärker durch die Lösungsmöglichkeiten der Diffusionsgleichungen bestimmt werden. Ergebnisse in dieser Richtung liegen nur in Ansätzen vor (vgl. NEWELL [2], HARRISON (1978)).

8.5.2. Erwartungswertanalysis

Nehmen die Anzahlen der Kunden, Kundentypen und Knoten im Netzwerk größere Werte an, so wird die Berechnung der Zustandswahrscheinlichkeiten, insbesondere für geschlossene Netzwerke, problematisch und numerisch fragwürdig. Zumindest wird man versuchen, diesen Schritt zu umgehen, wenn nur die stationären Erwartungswerte gewisser Grundcharakteristiken des Netzwerkes, wie mittlere Anzahl von Kunden eines bestimmten Types in bestimmten Knoten, mittlere Verweilzeiten eines Kunden im Netzwerk oder Knoten u. dgl. interessieren.

Die hier angegebene Verfahrensweise ist teils exakt mathematisch begründet, teils heuristischer Natur je nachdem, ob Bedienungsnetzwerke vorliegen, für die die wesentlichsten Aussagen von [8.4] gelten (also z. B. die Voraussetzungen von S. 8.4.1 erfüllt sind) oder nur näherungsweise (heuristisch) als gültig angenommen werden.

8.5.2.1. Mathematische Grundlagen

Als mathematische Basis der Algorithmen werden folgende allgemeine Beziehungen verwendet:

(a) Intensitätserhaltungsprinzip, ausgedrückt durch (1) in [8.1] oder (8) in [8.4];
(b) Formeln vom Little-Typ (↑ (10) in [8.3], (9), (10), (12) in [8.4]);
(c) Beziehungen zwischen den stationären Zustandsverteilungen in Zeitpunkten der Ankunft einer Forderung in einem Knoten und einem beliebigen Zeitpunkt in einem entsprechenden Netzwerk, in dem der zu dieser Forderung gehörende Kunde nicht existiert (↑ S. 8.4.5). Am problematischsten ist hierbei die Annahme der Gültigkeit entsprechender Aussagen von (c), da diese nur unter den Bedingungen von S. 8.4.1 be-

wiesen wurden. Die Aussagen von (a) und (b) gelten dagegen unter allgemeineren Bedingungen (↑ I, Kap. 6, FRANKEN/KÖNIG/ARNDT/SCHMIDT [1]).

Zum Anliegen dieses Abschnittes existiert viel Literatur, die eine Anwendung solcher Algorithmen auf konkrete Netzwerkmodelle in der Rechentechnik beschreibt. Den mehr theoretischen Aspekt der Bedienungstheorie behandeln SAUER/CHANDY (1975), REISER (1977), (1978), (1979), REISER/LAVENBERG (1980), BARD (1979).

8.5.2.2. Grundlagen der Algorithmen

Für die Algorithmen werden drei Beziehungen abwechselnd verwendet, und zwar für geschlossene Netzwerke:

(A1) Little-Formeln für die Beziehung der Erwartungswerte der Anzahl $N_{u,k}$ und der Verweilzeit $V_{u,k}$ der Forderungen vom Typ k im Knoten u:

$$\mathsf{E}N_{u,k} = \alpha(u, k)\, \mathsf{E}V_{u,k}. \tag{1}$$

(A2) Die feste Anzahl von Kunden im Netzwerk

$$n(\mathscr{K}_i) = \sum_{k \in \mathscr{K}_i} \sum_{u \in \mathscr{U}} N_{u,k} = \sum_{k \in \mathscr{K}_i} \sum_{u \in \mathscr{U}} \mathsf{E}N_{u,k}. \tag{2}$$

(A3) Ein funktionaler Zusammenhang zwischen dem Erwartungswert der Verweilzeit einer Forderung in einem Knoten und dem Erwartungswertvektor $\mathsf{E}\boldsymbol{N}^{(u,k)}$ der Anzahl der Forderungen der jeweiligen Typen in den Knoten bei Ankunft einer Forderung von bestimmtem Typ. $k \in \mathscr{K}$:

$$\mathsf{E}V_{u,k} = f_{u,k}(\mathsf{E}\boldsymbol{N}^{(u,k)}). \tag{3}$$

Die Bestimmung dieser Funktion ist manchmal sehr einfach, z. B., wenn $\mathsf{E}V_{u,k} = \mathsf{E}B_{u,k}$ gilt, jedoch liegt hier die Problematik der Methode. Blockierungen, Wartedisziplinen, Prioritäten und auch einfachere Bedienungsdisziplinen, wie zustandsabhängige Bedienungsraten, lassen die Lösung der Aufgabe unter Umständen scheitern oder nur näherungsweise zu.

Deshalb können hier nur einfache Fälle angegeben werden:

(F1) Processor-sharing-Disziplin im Knoten u (BARD (1979), REISER/LAVENBERG (1980))

$$\mathsf{E}V_{u,k} = \Big(1 + \sum_{k' \in \mathscr{K}} \mathsf{E}N_{u,k'}^{(u,k)}\Big)\, \mathsf{E}B_{u,k}, \qquad k \in \mathscr{K}_i.$$

(F2) FIFO-Disziplin im Einbedienersystem (REISER/LAVENBERG (1980))

$$\mathsf{E}V_{u,k} = \sum_{k' \in \mathscr{K}} \mathsf{E}N_{u,k'}^{(u,k)}\, \mathsf{E}B_{u,k'} + \mathsf{E}B_{u,k}, \qquad k \in \mathscr{K}_i.$$

Diese Beziehung ist allerdings nur bei exponentialverteilten $B_{u,k}$, $k \in \mathscr{K}$, exakt. Sonst spielt die Verteilung der Restbedienungszeit auf dem Gerät bei Ankunft der Forderung eine Rolle, und die obige Formel ist nur eine Näherung. Analog können Formeln für relative Prioritätsdisziplinen in Einbedienersystemen angegeben werden.

Mehrbedienersysteme, absolute Prioritäten u. dgl. erfordern weitgehend heuristische Ansätze, die in jedem Fall praktischer Überprüfung bedürfen (BARD (1979), REISER (1979)).

„Standardtricks" in dieser Richtung und zum Einbau weiterer Effekte sind z. B.:

(T1) Betrachtung von Mehrbedienersystemen als Einbedienersysteme mit veränderlicher Bedienungsrate.

(T2) Einbau heuristischer Korrekturfaktoren, die weitere Momente der Bedienungszeiten und Restbedienungszeiten ausnutzen, in die funktionalen Zusammenhänge, die für deterministische Bedienungszeiten gelten.

(T3) Bei Systemen mit absoluten, unterbrechenden Prioritäten wird das Netzwerk zunächst nur mit Kunden der höchsten Priorität betrachtet. Die Bedienungsgeräte arbeiten für die restlichen Kunden niedrigere Priorität mit einer verringerten Geschwindigkeit, und zwar verringert um den Anteil, der ihren Besetztwahrscheinlichkeiten (im Netzwerk) mit Kunden der höchsten Priorität entspricht. Mit dieser neuen Bedienungsgeschwindigkeit wird das Netzwerk betrachtet, in dem nur Kunden der zweithöchsten Priorität vorhanden sind. So wird stufenweise vorgegangen, bis die niedrigste Priorität erreicht ist.

(T4) Man kann mit Hilfe der Übergangsmatrix der Kunden von einem Knoten zum anderen die mittlere Anzahl der Besuche eines Kunden bei seinem Durchlauf des Netzes in den einzelnen Knoten bestimmen, indem $\lambda(i) = 1$ gesetzt wird. Die entsprechende Lösung von (1) in [8.1] ergibt dann Werte $\alpha(u, k)$, die gleich der mittleren Anzahl der Besuche eines Kunden vom Typ i mit einer Forderung vom Typ k im Knoten u ist. Hiermit wird ein funktioneller Zusammenhang zwischen dem Erwartungswert der Gesamtverweilzeit eines Kunden in dem Knoten und den Erwartungswerten der Anzahl der Kunden in den einzelnen Knoten hergestellt, der analog zu (3) ist. (Dieses ist natürlich mit den gleichen Problemen und Schwierigkeiten verbunden wie bisher.) In diesem Sinne kann die Topologie des Netzwerkes außer acht gelassen werden, wenn die Erwartungswerte der Anzahl der Besuche den einzelnen Kunden in den Netzwerken gegeben sind. Dies führt zu heuristischen Näherungen für Netzwerke mit komplizierterer Kundenlaufstruktur.

(T5) Oft sind Netzwerke zu behandeln, in denen Forderungen von demselben Kunden gleichzeitig in verschiedenen Knoten bedient werden (Parallelverarbeitung, sog. Bedienungsüberlappung). Durch Einführung eines zusätzlichen Überlappungstyps h neben dem Forderungentyp k (falls vorhanden), wobei alle gleichzeitig bediente Forderungen eines Kunden denselben Typ h erhalten, kann man diesen Sachverhalt erfassen. Insbesondere sind dann in jeden jeweiligen Knotensystemen die Anzahlen der Forderungen mit dem Überlappungstyp h gleich. Bei der Aufsummierung (2) ist damit statt $\sum_{u\in\mathcal{U}} \sum_{k\in\mathcal{K}_i} N_{u,(k,h)}$ nur $\max_{u\in\mathcal{U}} \sum_{k\in\mathcal{K}_i} N_{u,(k,h)}$ zu setzen. Werden keine Forderungentypen k unterschieden, sondern nur Überlappungstypen h, so gilt außerdem, daß $N_{u,h}$ entweder Null oder gleich $\max_{u\in\mathcal{U}} N_{u,h}$ ist. Die Bestimmung des funktionalen Zusammenhangs (3) wird allerdings noch problematischer, da die Eigenschaften aller beteiligten Knoten und neue Verhaltensregeln der Kunden eingehen müssen.

8.5.2.3. Aufbau der Algorithmen

$\mathsf{E}V_{u,k}$ und $\mathsf{E}N_{u,k}$ sind diejenigen Mittelwerte, die am meisten interessieren, bzw. aus denen sich die Mehrzahl anderer Mittelwerte ableiten lassen. Deshalb beziehen sich die Algorithmen auf diese Größen

(a) *Geschlossene Netzwerke.* Es werden sukzessive Werte $n_{n*}(u, k)$ für $\mathsf{E}N_{u,k}$ und $v_{n*}(u, k)$ für $\mathsf{E}V_{u,k}$ bestimmt, wobei schrittweise die Population (d. h. die Arten und Anzahlen) n der Kunden vergrößert wird.

(i) Setzen von Anfangswerten für die Nullpopulation

$$n^* = 0 = \left(n^*(\mathcal{K}_i)\right)_{i=1,\dots,l}:$$

$$0 = \sum_{i=1}^{l} n^*(\mathcal{K}_i) = n_0(u, k) \quad \text{für alle} \quad k \in \mathcal{K}_i, \qquad i = 1, \dots, l.$$

Danach wird $j = 1$ gesetzt und zu (ii) übergegangen.

(ii) Verwendung von (3) zur Berechnung der $v_{n^*_{(j)}}(u, k)$:

$$v_{n^*_{(j)}}(u, k) = f_{u,k}\left((n_{n^*_{(j-1)}-e_i}(u, k)\right) \quad \text{für alle} \quad u \in \mathcal{U}, \quad k \in \mathcal{K}_i, \qquad i = 1, \dots, l,$$

und $n^*_{(j)}$ mit $n^*_{(j)}(\mathcal{K}_i) \leqq n(\mathcal{K}_i)$, $i = 1, \dots, l$, $\sum_{i=1}^{l} n^*_{(j)}(\mathcal{K}_i) = j$; e_i — i-ter Einheitsvektor. Nach der Berechnung erfolgt Übergang zu (iii).

(iii) Bestimmung von Intensitäten $\alpha_{n^*_{(j)}}(u, k)$ zur Anwendung der Little-Formel im (iv)-ten Schritt:

Es wird (1) und (2) benutzt für

$$\alpha_{n^*_{(j)}}(u, k) = \alpha^0(u, k)\, n^*_{(j)}(\mathcal{K}_i) \sum_{k' \in \mathcal{K}_i} \sum_{u' \in \mathcal{U}} \alpha^0(u', k')\, v_{n^*_{(j)}}(u', k')^{-1}$$

für alle $u \in \mathcal{U}$, $k \in \mathcal{K}_i$, $i = 1, \dots, l$, und $n^*_{(j)}$ mit

$$n^*_{(j)}(\mathcal{K}_i) \leqq n(\mathcal{K}_i), \qquad \sum_{i=1}^{l} n^*_{(j)}(\mathcal{K}_i) = j.$$

Dabei ist $\left(\alpha^0(u, k)\right)_{u \in \mathcal{U}, k \in \mathcal{K}_i}$, $i = 1, \dots, l$, jeweils ein (am besten einmal bestimmter) Lösungsvektor von (1) in [8.1]. (Dieser war bis auf einen konstanten Faktor eindeutig zu berechnen.)

Falls die Topologie des Netzwerkes entsprechend (T4) außer acht gelassen werden soll, wird $\alpha^0(u, k)$ als Konstante angenommen und kürzt sich aus den obigen Gleichungen heraus.

Es folgt der Übergang zu (iv).

(iv) Berechnung der $n_{n^*_{(j)}}(u, k)$ mittels (1):

$$n_{n^*_{(j)}}(u, k) = \alpha_{n^*_{(j)}}(u, k)\, v_{n^*_{(j)}}(u, k)$$

für alle $u \in \mathcal{U}$, $k \in \mathcal{K}_i$, $i = 1, \dots, l$, und $n^*_{(j)}$ mit $n^*_{(j)}(\mathcal{K}_i) \leqq n(\mathcal{K}_i)$, $i = 1, \dots, l$, $\sum_{i=1}^{l} n^*_{(j)}(\mathcal{K}_i) = j$. Danach erfolgt die Erhöhung der Gesamtpopulation $j := j + 1$. Ist $j = \sum_{i=1}^{l} n(\mathcal{K}_i)$, so ist der Algorithmus beendet und

$$\mathsf{E}N_{u,k} = n_{n^*_{(j)}}(u, k), \qquad \mathsf{E}V_{u,k} = v_{n^*_{(j)}}(u, k),$$

andernfalls wird beim Schritt (ii) der Algorithmus weitergeführt.

(b) *Asymptotische Lösungen für offene Netzwerke.* Bei offenen Netzwerken sind die Intensitäten $\alpha(u, k)$ durch (1) aus [8.1] eindeutig durch die Ankunftsintensitäten $\lambda(i)$, $i = 1, \dots, l$, der Kunden der einzelnen Typen bestimmt. Dagegen können sich meist unbeschränkt viele Kunden im System aufhalten. Es wird die heuristische Annahme gemacht, daß bei einer hinreichend großen Anzahl von Kunden im System sich die mittleren Anzahlen von Kunden im System sowie die mittleren Anzahlen der Kunden in den Knoten bei Ankunft einer Forderung in einem Knoten oder in einem beliebigen Zeitpunkt nur unwesentlich unterscheiden und deshalb gleichgesetzt werden können. Damit ergeben (1) und (3) die Möglichkeit, Iterationsalgorithmen aufzustellen:

(i) *Algorithmus für* $\mathsf{E}N_{u,k}$: Iterationsvorschrift:

$$n^*_{(j+1)}(u,k) = \alpha(u,k)\, f_{(u,k)}\Big(\big(n^*_{(j)}(u',k')\big)_{u'\in\mathcal{U},k'\in\mathcal{K}(i),i=1,\dots,l}\Big),$$

$$\mathsf{E}N_{u,k} = \lim_{j\to\infty} n^*_{(j)}(u,k).$$

(ii) *Berechnung von* $\mathsf{E}V_{u,k}$ *über die Little-Formel* (1): Die Konvergenz der Algorithmen wird durch die Funktionen $f_{(u,k)}$ sowie die Intensitäten $\alpha(u,k)$ bestimmt. Es gehen hier sowohl die Existenzbedingungen für eine stationäre Zustandsverteilung des Bedienungsnetzwerkes als auch Eigenschaften der Funktionen $f_{(u,k)}$ selbst ein. Deshalb muß die Konvergenz überprüft werden. Die einzelnen Arbeiten enthalten z. T. solche Beweise (↑ Sauer/Chandy (1975)). Die Konvergenzgeschwindigkeit ist oft sehr gut, auch bei ungünstig gewählten Anfangswerten, vgl. auch Chandy/Neuse (1982).

8.5.3. Spezielle Ergebnisse und Bemerkungen

Die hier aufgeführten Resultate sind i. allg. nur für spezielle Bedienungsnetzwerke gültig und formulierbar. Wir geben die Einschränkungen gegenüber dem allgemeineren Modell aus [8.1] jeweils verbal an.

8.5.3.1. Ein Resultat für geschlossene Netzwerke aus Systemen →/GI/s/∞

Es sei ein geschlossenes Netzwerk aus m Knoten mit jeweiligen Bedienungssystemen $\to/\mathrm{GI}/s_u/\infty$ (FIFO) $u = 1, \dots, m$, gegeben, d. h., die Bedienungszeit eines Kunden im Knoten u besitzt die Verteilungsfunktion $B_u(x)$, ist unabhängig von den Bedienungszeiten in anderen Knoten und anderer Kunden, und der Erwartungswert $\mathsf{E}B_u$ existiere.

8.5.4. Satz (Chang/Lavenberg (1974)). Für jeden Knoten $u = 1, \dots, m$ gelten folgende Beziehungen für die (mittlere) stationäre Gesamtintensität $\mu_{\Sigma,u}$ der Bedienung im Knoten u:

(a) Sei $B_{\Sigma,u}(t)$ die vom Knoten u im Intervall $[0, t)$ durchgeführte Gesamtarbeit. Es existiert fast sicher

$$\mu_{\Sigma,u} = \lim_{t\to\infty} B_{\Sigma,u}(t)/t.$$

(b) $$\mu_{\Sigma,u}/\mu_{\Sigma,u'} = \alpha(u)\,\mathsf{E}B_u/(\alpha(u')\,\mathsf{E}B_{u'}),$$

wobei $\alpha(u)$ eine Lösung des entsprechenden Systems (1) in [8.1] ist (da keine Kunden und Forderungentypen zu unterscheiden sind, wurde die Variable k bei den Symbolen gestrichen).

(c) $$\mu_{\Sigma,u} = \alpha(u)\,\mathsf{E}B_u/\max_{u'\in\mathcal{U}}\big(\alpha(u')\,\mathsf{E}B_{u'}/s_{u'}\big) = \bar{\mu}_{\Sigma,u}.$$

(d) Wird die Abhängigkeit der $\mu_{\Sigma,u}$ von der Anzahl N im Netzwerk vorhandener Kunden betrachtet (Bezeichnung $\mu_{\Sigma,u} = \mu_{\Sigma,u}(N)$), so gilt

$$\lim_{N\to\infty} \mu_{\Sigma,u}(N) = \bar{\mu}_{\Sigma,u}$$

(e) Betrachtet man die Approximation der Verteilungsfunktionen $B_u(x)$ der Bedienungszeiten durch Verteilungsfunktionen $B_{u,n}(x)$ in dem Sinne, daß

$$\lim_{n\to\infty} \sum_{u-1}^{m} \int_0^\infty |B_{u,n}(x) - B_u(x)| \,\mathrm{d}x = 0,$$

so gilt $\lim\limits_{n\to\infty} \mu_{\Sigma,u,n} = \mu_{\Sigma,u}$, wobei $\mu_{\Sigma,u,n}$ die entsprechende Intensität für die Wahl der Verteilungsfunktionen $B_{u,n}(x)$, $u = 1, \ldots, m$, bezeichnet.

8.5.5. Bemerkung. Aus der Beziehung (ii) folgt, daß alle Werte $\mu_{\Sigma,u}$, $= 1, \ldots, m$, bestimmt sind, sobald nur ein Wert bekannt ist, der mit irgendeiner anderen Methode, z. B. auch durch Simulation, gewonnen werden kann.

8.5.3.2. Dekomposition und iterative Bestimmung von stationären Charakteristiken der Bedienungsnetzwerke

Es seien Bedienungsnetzwerke betrachtet, in denen die Forderungentypen eines Kunden nicht wechseln. In Anlehnung an einen entsprechenden Satz von Norton aus der Theorie elektrischer Schaltungen kann für geschlossene Netzwerke folgende Zerlegung des Netzwerkes vorgenommen werden. Jeder Knoten u und sein Komplement (restlicher Teil des Netzwerkes) werden betrachtet. Anstelle des Komplements wird ein neuer Knoten mit einem System des Typs $\to/\vec{\mathrm{M}}/\infty$ mit zustandsabhängigen (von der jeweiligen Anzahl der Kunden der einzelnen Typen im System abhängenden) Geschwindigkeiten gesetzt. Diese zweiknotigen Netzwerke nennen wir zu den ursprünglichen Netzwerken *äquivalent bez. Knoten u*, wenn die Bedienungsgeschwindigkeiten gerade so gewählt werden, daß die in den Knoten u eingehenden Kundenströme mit jeweiligen Typ bei gegebenem Zustand des Systems im Knoten u eine Intensität haben, die gleich der Intensität dieser Ströme im Ausgangsnetzwerk ist (das System $\to/\vec{\mathrm{M}}/\infty$ erzeugt somit Poissonsche Forderungenströme 2. Art (↑ [I, 3.6])). Dabei bewegen sich die Kunden im äquivalenten System zwischen den beiden Knoten und kehren nicht unmittelbar in den aussendenden Knoten (außer bei Verlust in Knoten u) zurück (vgl. auch [7.4] insbesondere [7.4.2]).

8.5.6. Satz (vgl. auch Chandy/Herzog/Woo (1975a), Vantilbourgh (1978)). Es seien die Bedingungen von S. 8.4.1 erfüllt. Die Randverteilungen der stationären Zustandswahrscheinlichkeiten $(p^{\mathrm{R}}_{g(u)})$ bez. des Knotens u sind im äquivalenten und Ausgangsnetzwerk identisch. Die entsprechende Aussage gilt ebenso für die Zustandsrandverteilungen bzw. des Knotens u in den Zeitpunkten der Ankünfte von Forderungen im Knoten u.

Auf der Grundlage dieses Satzes lassen sich iterative Verfahren zur Berechnung einfacher stationärer Charakteristiken wie die Erwartungswerte von Verweilzeiten und Forderungenanzahlen in den einzelnen Knoten als auch im Netzwerk aufbauen. Das läßt sich um so besser realisieren, je einfacher die Struktur des Forderungenlaufes ist, also insbesondere das Netzwerk in Teilabschnitte zerlegbar ist. Es werden abwechselnd Randverteilungen und Intensitäten abgehender Kundenströme berechnet. Eine Übertragung dieser Vorgehensweise in denen die Bedingungen von S. 8.4.1 verletzt sind, ergibt heuristisch Algorithmen zur Berechnung dieser stationären Charakteristiken. Über die Konvergenz der Verfahren ist nur wenig bekannt. In den Arbeiten CHANDY/HERZOG/WOO (1975b) oder SAUER/CHANDY (1975) sind solche Algorithmen für Knotensysteme der Typen $\rightarrow/GI/1/\infty$, $\rightarrow/\overrightarrow{GI}/1/\infty$ sowie entsprechender Prioritätensysteme angegeben. Das Prinzip der Arbeitsweise der Algorithmen sei an einem Beispiel eines geschlossenen Netzwerkes aus m Knoten mit Systemen $\rightarrow/GI/1/\infty$ (Bedienungsintensität $\mu(u) = (\mathsf{E}B_u)^{-1}$, $u = 1, \ldots, m$) und N Kunden erläutert:

$$\sum_{i=1}^{n} \mathsf{E}N_u = N, \tag{1}$$

$$\alpha^*(u)/\alpha(u) = q(u) = \text{const.} \tag{2}$$

(↑ (b) in S. 8.5.4), wobei $\alpha^*(u)$ die Intensität des Stromes der Forderungen durch den Knoten u ist und $\alpha(u)$ eine Lösung des Systems (1) in [8.1] mit $\sum_{u=1}^{m} \alpha(u) = 1$. Man wählt einen bestimmten Genauigkeitsfaktor $\varepsilon > 0$ ($\varepsilon \approx 0{,}01$) und führt die abwechselnde Berechnung der Intensitäten der zwischen den Knoten laufenden Kundenströme im exponentiellen Netzwerk und den Randverteilungen der stationären Zustandswahrscheinlichkeiten entsprechend der Aussage von S. 8.5.6 durch. Dieser Rechenprozeß wird abgebrochen, wenn die Beziehungen (1) und (2) mit der gewünschten Genauigkeit ε erfüllt werden. Folgende Schritte werden bei der iterativen Berechnung ausgeführt:

(i) (Anfangsschritt der Iteration). Es wird $\mu(u) = (\mathsf{E}B_u)^{-1}$ im exponentiellen Netzwerk gesetzt.

(ii) (Nutzung der Ergebnisse von [8.4]). Für jeden Knoten u wird die kundenanzahlabhängige Ausgangsintensität $\mu(u, n)$ berechnet und ein Poissonscher Eingangsstrom 2. Art mit diesen Intensitäten in das System $\rightarrow/GI/1/N$ geschickt und dessen Charakteristiken ermittelt. Es werden also insbesondere der Erwartungswert $\mathsf{E}N_u$ der Anzahl der Kunden im Knoten u und die mittlere Intensität $\alpha^*(u)$ der abgehenden Kunden berechnet. Danach wird $q(u)$, $u = 1, \ldots, m$, $q = \sum_{u=1}^{m} q(u)/m$, sowie $d = \sum_{u=1}^{m} \mathsf{E}N_u$ gebildet. Ist $N(1 - \varepsilon) \leqq d \leqq N(1 + \varepsilon)$, so erfolgt der Übergang zum Schritt (iv). Für $N(1 + \varepsilon) < d$ (Fall (a)) und $N(1 - \varepsilon) > d$ (Fall (b)) wird zum Schritt (iii) übergegangen.

(iii) Für jedes u mit $q(u) < q(1 + \varepsilon)$ (Fall (a)) bzw. $q(u) > q(1 + \varepsilon)$ (Fall (b)) wird $\mu_u' = \mu_u q(u)/q$ gesetzt. Für die anderen u wird $\mu_u' = \mu_u N/d$ gesetzt und zum Schritt (v) übergegangen.

(iv) Es wird $\mu_u' = \mu_u q(u)/q$ gesetzt, $u = 1, \ldots, m$. Falls für alle u die Ungleichungen $\mu_u(1 - \varepsilon) < \mu_u' < \mu_u(1 + \varepsilon)$ erfüllt sind, so ist die Rechnung beendet, andernfalls erfolgt Schritt (v)

(v) Für eine neue Iteration (Erhöhung des Iterationszählers um eine Einheit) wird $\mu_u = \mu_u'$, $u = 1, \ldots, m$, gesetzt und zum Schritt (ii) übergegangen.

Über die Konvergenz und Genauigkeit des Verfahrens liegen außer Vergleichen mit Simulationsergebnissen keine Ergebnisse vor. Das Prinzip der Vorgehensweise läßt sich folgendermaßen zusammenfassen:

(a) Die Forderungenströme am Eingang eines Knotens im geschlossenen Netzwerk werden näherungsweise als Poissonsch (2. Art) aufgefaßt.

(b) Zur Intensitätsberechnung dieser Forderungenströme werden S. 8.5.6 und die Ergebnisse von [8.4.1] genutzt.

(c) Die Systeme in den Knoten werden mit dem jeweiligen Poissonschen Eingangsstrom 2. Art behandelt.

(d) Allgemeine Ergebnisse und Beziehungen wie Intensitätserhaltungsgleichungen, Little-Formeln, konstante Kundenanzahl im Gesamtnetzwerk, werden für Korrekturen und Abbruchbedingungen der Algorithmen genutzt.

Die meisten iterativen Methoden nutzen Methoden der *Zerlegung* (*Dekomposition*) der Netzwerke in Teilabschnitte. Oft wird diese Zerlegung nur heuristisch begründet und vorgenommen. Für die Netzwerke mit „Produktform" der (stationären) Wahrscheinlichkeiten (↑ [8.4]) ist die Zerlegungsmöglichkeit in die einzelnen Knotensysteme offensichtlich. Untersuchungen zur Übertragung dieser Dekompositionsmöglichkeiten auf andere Bedienungsnetzwerke werden vielfältig vorgenommen. Man vergleiche hierzu die spezielle Literatur, z. B. Courtois [1], Vantilbourgh (1978), Zarling (1976), Sevcik (1977), Chandy/Sauer (1978), Kuehn (1979).

8.5.3.3. Verwendung von Verteilungen vom Cox-Typ

8.5.7. Definition. Eine Bedienungszeitverteilung $B(x)$ heißt vom *Cox-Typ*, wenn sie folgende Form hat:

$$B(x) = \sum_{k=1}^{n} \left(\prod_{i=1}^{k-1} q_i \right) (1 - q_k) \prod_{i=1}^{k} E_{\mu_i}(x),$$

wobei $0 < q_i < 1, i = 1, \ldots, n-1, q_n = 0$ und $E_{\mu_i}(x) = 1 - e^{-\mu_i(x)}, x \geq 0, i = 1, \ldots, n$. Diese Bedienungszeitverteilung kann so aufgefaßt werden, daß eine Forderung bei der Bedienung *Phasen* i mit exponentialverteilter Länge (Parameter μ_i) durchlaufen muß, wobei nach jeder Phase i mit der Wahrscheinlichkeit q_i ausgewürfelt wird, ob weiterbedient wird oder die Bedienung beendet ist (↑ Abb. 8.5.1).

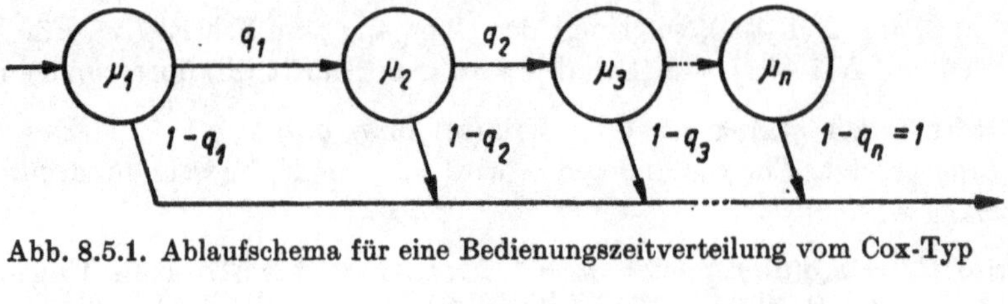

Abb. 8.5.1. Ablaufschema für eine Bedienungszeitverteilung vom Cox-Typ

Die Cox-Verteilung ist eine spezielle Bedienungszeitverteilung vom Phasentyp (PH-Verteilung, ↑ [I, 6.3.3]) und umfaßt ebenfalls die Hyper-Erlang-Verteilung (↑ [I, 2.9.14]). Mit ihr können gleichfalls alle Bedienungszeitverteilungen im Sinne der schwachen Konvergenz (↑ [I, 2.7]) approximiert werden (Cox (1955), Bux/Herzog (1977)).

8.5.8. Bemerkung. Offenbar wird die Cox-Verteilung als Bedienungszeitverteilung im Knoten u durch die Netzwerkmodellierung mit verschiedenen Forderungentypen und einem Knotensystem mit Unempfindlichkeitseigenschaften (↑ S. 8.3.3 und B. 8.3.4) realisiert, wenn man die Bedienungszeitverteilung im Knoten der Forderungen mit hierfür gewähltem Typ i als Exponentialverteilung mit dem Parameter μ_i verwendet und die Übergangswahrscheinlichkeiten $P(u, i, u, i + 1)$ gleich q_i setzt. Auf dieser Methode beruhen die Unempfindlichkeitsaussagen der stationären Zustandswahrscheinlichkeiten für Bedienungsnetzwerke, die für die Bedienungszeitverteilung in diesen Knotensystemen die Forderung einer rationalen L.-S.-T. benötigen (vgl. z. B. Baskett/Chandy/Muntz/Palacios (1975) oder Kelly (1976)).

Besondere Bedeutung erlangt die Cox-Verteilung bei der Modellierung von Bedienungsnetzwerken, wenn die Produktform der Ergebnisse von [8.4] nicht mehr gilt. Die Gleichungssysteme der stationären Zustandswahrscheinlichkeiten für exponentielle Netzwerke (die zu betrachtenden zufälligen Prozesse sind dann kontinuierliche Markowsche Ketten) vergrößern sich bei der Annahme von Cox-Verteilungen im Vergleich zu anderen PH-Verteilungen am geringfügigsten in bezug auf die Approximationsgenauigkeit und die Handhabbarkeit und Übersichtlichkeit der vergrößerten Gleichungssysteme. Außerdem läßt sich die Aufstellung der Matrizen für diese Gleichungssysteme einfacher realisieren und unter Umständen automatisieren. Ansätze dafür findet man in Irani/Wallace (1971), Wallace (1974). Die Lösung der Gleichungssysteme erfolgt dann über Iterationsverfahren (↑ I, Kap. 12). Unter den Verteilungen vom PH-Typ werden die Cox-Verteilungen sehr breit angewendet, so daß die obigen Aussagen auf Erfahrung beruhen. Die numerischen Probleme dieser Iterationsverfahren bei Netzwerkmodellen von Rechnersystemen behandelt Müller (1980); man vergleiche zu numerischen Fragestellungen auch Neuts (1975). Eine Verbindung der Ideen von [8.5.3.2] und der Cox-Verteilung zur heuristischen Bestimmung der stationären Zustandsverteilung des Netzwerkes wird in Marie (1979) gegeben. Dort werden Systeme $\rightarrow$/GI(Cox)/1/N in den Knoten behandelt, d. h., hier kann in der Vorgehensweise von [8.5.3.2] explizit abgearbeitet werden, vgl. auch Marie/Pellaumail (1983).

8.5.3.4. Bemerkungen zu Feedback in Bedienungsnetzwerken

Die Möglichkeit für einen Kunden, unmittelbar bzw. nach einem kleinen Umweg in den selben Knoten zurückzukehren (*Feedback*), ist von der Struktur der Netzwerkübergänge entsprechend [8.1] her möglich.

8.5.9. Definition. Wird eine Forderung nach ihrer Bedienung (unabhängig von ihrer Vorgeschichte, insbesondere vom Zustand des Bedienungssystems und von ihrer Bedienungszeit) mit der Wahrscheinlichkeit p (bzw. $p(k)$, falls der Forderungentyp berücksichtigt werden soll) in das System zurückgeschickt wird, so wird von *Bernoulli-Feedback* der Forderungen (des Typs k) gesprochen, $0 < p(p(k)) < 1$. Zurückkehrende Forderungen werden wie neu eintreffende Forderungen behandelt. Ein *verzögertes Feedback* liegt vor, wenn die Rückkehr der Forderung erst nach einer mit Wahrscheinlichkeit Eins positiven zufälligen Zeit möglich ist. Andernfalls spricht man von einem *augenblicklichen Feedback*.

Insbesondere kann man somit Systeme mit Bernoulli-Feedback als spezielle Bedienungsnetzwerke auffassen. Andererseits interessieren Feedback-Systeme auch in solchen Fällen, die nicht im Sinne von Abschnitt [8.1] und den Ergebnissen von [8.4] behandelt werden können. Formelmäßige Ergebnisse sind aber dann entweder sehr unhandlich oder sehr speziell, so daß wir auf die entsprechende Literatur verweisen.

In [7.1.1.1] sind einige Ergebnisse angegeben, insbesondere wenn Blockierungseffekte betrachtet werden, die in [8.1] nicht erfaßt werden. Der Begriff des Feedback wird außerdem nicht von allen Autoren im gleichen Sinne verstanden. Takacs (1963) scheint als erster diese Problematik für M/GI/1/∞ Systeme betrachtet zu haben. In der Rechentechnik werden die Begriffe „*round robin*" und „*foreground-background*" Warteschlangen ebenfalls unter „Feedback" zu betrachtet.

In Kleinrock [1], [2] und Schassberger [1] sind solche Grundmodelle beschrieben. Einen Überblick über Bedienungsmodelle mit Feedback für die Anwendung in modernen Datenverarbeitungsanlagen ist von Disney/Wyszewianski (1975) gegeben. Die meisten Arbeiten betrachten das Einbediener-Wartesystem, z. B. d'Avignon/Disney (1976), (1977), Fujisawa/Chen (1974), Fujisawa/Osawa (1975), Disney/McNickle/Simon (1980), Disney/König/Schmidt (1984).

Etwas anders geartet ist der Feedback-Begriff bei Kopocińska/Kopociński (1972). Die Problematik eines M/GI/1/∞-Feedbacksystems mit einem System M/M/1/∞ als Verzögerung im Rückkehrstrom wird von Foley (1979) behandelt; von d'Avignon (1974) wird das Feedback-System $SM/\overrightarrow{GI}/1/\infty$ ohne Verzögerung und zustandsabhängiger Entscheidung der Rückkehr eines Kunden betrachtet.

Die Frage nach dem Typ der Abgangsströme der Feedbacksysteme ist für die Bedienungsnetzwerkproblematik am interessantesten:

8.5.10. Bemerkung. Für Systeme mit Poissonschem Ankunftsstrom läßt sich der Ausgangsprozeß für die in d'Avignon (1974) und Foley (1979) behandelten Feedbackmodelle als Markowscher Erneuerungsprozeß (↑ I, D. 3.5.1.3) darstellen und damit auch die Abgangs- und Rückkehrprozesse, die sich durch Aufspaltung des Ausgangsprozesses ergeben.

Es werden nun Bedingungen gesucht, wann diese Prozesse auch rekurrente Punktprozesse sein können. Dabei wurden folgende Ergebnisse gefunden:

8.5.11. Satz. (a) Im System M/GI/1/∞ mit augenblicklichem Bernoulli-Feedback ist, stationär betrachtet, nur der *Abgangsstrom* Poissonsch, wenn GI gleich M gesetzt wird, während alle anderen Ströme nicht einmal rekurrent sind (vgl. Burke (1976), Foley (1977), Disney/McNickle/Simon (1980) und auch Melamed (1979)).

(b) Für das System M/GI/1/∞ mit verzögertem Bernoulli-Feedback, wobei die Verzögerung mittels eines Systems mit exponentialverteilter Bedienungszeit (z. B. M/M/∞ oder M/M/1/∞) erfolgt, wird ein rekurrenter Abgangsstrom des stationären Systems erreicht, wenn statt GI das Symbol M für exponentialverteilte Bedienungszeit steht. M muß sogar genau dann stehen, wenn die Vergangenheit des Abgangsstroms noch unabhängig vom Systemzustand im betrachteten Zeitpunkt sein soll (quasireversibel, vgl. Kelly (1976)). Der *Abgangsstrom* ist in diesem Fall nicht nur rekurrent, sondern auch Poissonsch. Der *Ausgangsstrom* ist allerdings wieder nicht rekurrent (Foley (1979)).

Es liegen mit diesen Feedback-Systemen Beispiele dafür vor, daß die unabhängige Verdünnung eines stationären Punktprozesses (der nicht rekurrent ist) einen Poissonschen Punktprozeß ergibt! Diese Ergebnisse lassen erkennen, warum für Netzwerke eine Baumstruktur des Graphen gefordert werden muß, um die Unabhängigkeit der Aufenthaltszeiten in den einzelnen Knoten zu erreichen, ohne die man i. allg. nicht Formeln für Verteilungen der Verweilzeiten der Kunden im Netzwerk erhält.

8.5.12. Bemerkung. Für das System M/GI/1/∞ mit Bernoulli-Feedback hat Takacs (1963) die Berechnung der Warteschlangenlängenverteilung und der Charakteristiken des Abgangsprozesses auf deren Berechnung in einem äquivalenten M/GI/1/∞-System zurückgeführt, indem im äquivalenten System die Bedienungszeitverteilung $B_{eq}(x)$ in der Form

$$B_{eq}(x) = \sum_{k=1}^{\infty} p^{k-1}(1-p)\, B^{*(k)}(x)$$

angesetzt wird mit der Rückkehrwahrscheinlichkeit p, $0 \leqq p < 1$. Eine Beziehung für die L.-S.-T. der Verweilzeitverteilung eines Kunden im System wurde angegeben, die aber selbst für M/M/1/∞-Systeme schwer auswertbar ist.

Das System M/M/s/∞ mit augenblicklichem Feedback wurde in Montazer-Haghighi (1975) untersucht. Für den Fall $s = 2$ konnten die ersten beiden Momente der Gesamtaufenthaltszeit eines Kunden im System explizit angegeben werden, wenn das System stationär betrachtet wird. Dabei ist der Ausdruck für das zweite Moment bereits so kompliziert, daß seine Angabe hier nicht möglich ist.

Das erste Moment kann allgemein mit Hilfe der Little-Formel für beliebiges s berechnet werden unter Verwendung der Formeln für das System M/M/s/∞ ohne Feedback (↑ Punkt (d) aus [3.2.1] mit $\varrho = \lambda/[(1-p)\,\mu]$):

$$\mathsf{E}V = \left[1 - \varrho^s p_0/\left((s-1)!\,(s-\varrho)^2\right)\right]/\left((1-p)\,\mu\right),$$

wobei $p_0 = \left(\sum_{j=0}^{s} \varrho^j/j! + \varrho^{s+1}/\left(s!\,(s-\varrho)\right)\right)^{-1}$.

In Disney (1981) wird weiterhin gezeigt: Bei festgesetzten ersten drei Momenten der Gesamtbedienungszeit eines Kunden (stationär betrachtet) gibt es kein M/GI/1/∞-System ohne Feedback, dessen Bedienungszeit diese drei Momente hat und dessen Verteilung der Aufenthaltszeit eines Kunden im System mit der entsprechenden Verteilung im System mit Feedback übereinstimmen würde. Für die Schlangenlängenverteilung können dagegen M/GI/1/∞-Systeme gefunden werden, so daß diese Verteilung im System mit und ohne Feedback identisch sind. Ein weiteres modifiziertes M/M/1/∞-System wurde in Takacs (1977) behandelt.

8.5.13. Bemerkung. Folgende nutzbare Resultate liegen für das System M/GI/1/∞ mit augenblicklichem Bernoulli-Feedback vor (↑ Disney/McNickle/Simon (1980)), wobei für die Existenz der stationären Verteilung $\mathsf{E}B \cdot \lambda/(1-p) < 1$, $B(0+) = 0$ vorausgesetzt wird; $q = 1 - p$.

(a) *Erzeugende Funktion der stationären Verteilung der Anzahl der Forderungen $\tilde{N}$ im System unmittelbar nach Abgangszeitpunkten $\tilde{T}_n$:*

$$\mathsf{g}_{\tilde{N}}(z) = \lim_{n\to\infty} \mathsf{g}_{N(\tilde{T}_n)}(z) = \frac{(q-\lambda\mathsf{E}B)\,(z-1)\,B^*(\lambda-\lambda z)}{z - pzB^*(\lambda-\lambda z) - qB^*(\lambda-\lambda z)}.$$

(b) *Erzeugende Funktion der stationären Verteilung der Anzahl der Forderungen $\tilde{N}_{\mathrm{B}}$ unmittelbar nach dem Ende $\tilde{T}_{\mathrm{B},n}$ der Bedienung eines Kunden*

$$\mathsf{g}_{\tilde{N}_{\mathrm{B}}}(z) = \lim_{n\to\infty} \mathsf{g}_{N(\tilde{T}_{\mathrm{B},n})}(z) = \frac{(q-\lambda\mathsf{E}B)\,(z-1)\,[pzB^*(\lambda-\lambda z) + qB^*(\lambda-\lambda z)]}{z - pzB^*(\lambda-\lambda z) - qB^*(\lambda-\lambda z)}.$$

Im Falle exponentialverteilter Bedienungszeiten (Parameter μ) können die Verteilungen explizit angegeben werden:

(c) Stationäre Verteilung unmittelbar nach Abgangszeitpunkt

$$\tilde{p}_k = p_k = \left(1 - \frac{\lambda}{q\mu}\right)\left(\frac{\lambda}{q\mu}\right)^k \quad \text{mit} \quad q = 1 - p, \qquad k = 0, 1, \ldots$$

(d) Stationäre Verteilung unmittelbar nach Bedienungsende

$$\tilde{p}_{B,k} = \left(1 - \frac{\lambda}{q\lambda}\right)\left(\frac{\lambda}{q\mu}\right)^{k-1}\left(p + \frac{\lambda}{\mu}\right) \qquad k = 1, 2, \ldots$$

$$\tilde{p}_{B,0} = q\left(1 - \frac{\lambda}{q\mu}\right) \quad \text{mit} \quad q = 1 - p.$$

Weitere Ergebnisse dieser Form, insbesondere für den Wartezeitprozeß, wurden in Disney/König/Schmidt (1984) erzielt. Bezüglich Beziehungen zwischen zeit- und forderungenstationären Charakteristiken in Feedback-Systemen sei auch auf König/Schmidt (1983a), (1983b) verwiesen.

8.5.3.5. Bemerkungen zu weiteren Problemen

(a) *Abhängigkeiten zwischen den Bedienungsgrößen eines Kunden in verschiedenen Knoten:* Die Ergebnisse von [8.4] gelten auch für Netzwerke mit Knotensystemen des Typs, die die Voraussetzungen von S. 8.3.3 erfüllen (↑ B. 8.3.4 und B. 8.3.5), wenn die Kunden einen festen vorgegebenen Weg durch das Netzwerk nehmen (die Übergangswahrscheinlichkeiten $P(u, k, u', k)$ also nur Werte Null oder Eins haben) und zwischen den Bedienungsgrößen $B_{u,k}$, $k \in \mathcal{K}_i$, solche eines Weges beliebige Abhängigkeiten bestehen. Letzteres könnte z. B. durch eine gemeinsame Verteilungsfunktion der $B_{u,k}$ ausgedrückt werden (↑ Barbour (1976), Jansen (1983)).

(b) Näherungsformeln durch Systemapproximation der Knotensysteme: Um zu Näherungsformeln für bestimmte Charakteristiken zu gelangen, können statt der tatsächlich zu betrachtenden Knotensysteme solche gewählt werden, die den Bedingungen von S. 8.3.2 bzw. S. 8.3.3 genügen, aber sonst doch „weitgehend" (heuristisch gesehen) wie das richtige System arbeiten. Dieser unklare Begriff „weitgehend" ist so zu verstehen, daß erstens die Auswahl der zur Verfügung stehenden Systeme natürlich begrenzt ist und zweitens keine Systemapproximation im Sinne irgendeiner Konvergenz durchgeführt wird. So ist z. B. in Stoyan (1978) eine Näherung für die mittlere Wartezeit eines Kunden im Knoten u angegeben. Es wird ein $\rightarrow$/GI/s/∞-System in diesem Knoten durch ein $\rightarrow$/GI/s/∞-System mit absoluter unterbrechender Priorität der ankommenden Forderungen ersetzt. Damit ergibt sich für ein offenes Netzwerk ohne Forderungen und Kundentypen

$$\mathsf{E}W_u \approx (1 + \mathsf{V}B_u/\mathsf{E}B_u)\, \mathsf{E}W_u(\mathrm{M/M}/s/\infty),$$

wobei mit $W_u(\mathrm{M/M}/s/\infty)$ die Wartezeit der Kunden im System M/M/s/∞ mit entsprechender Bedienungs- und Ankunftsintensität $\mu(u)$ bzw. $\alpha(u)$ zu verstehen ist.

Eine Näherung für die mittlere Warteschlangenlänge $\mathsf{E}N_{W,u}$ kann daraus mit Hilfe der Little-Formel ermittelt werden

$$\mathsf{E}N_{W,u} = \alpha(u)\, \mathsf{E}W_u.$$

(c) *Abhängigkeit der Übergänge von Knoten zu Knoten von der Anzahl der Forderungen in den Knoten:* Allgemein greifen solche Abhängigkeiten stark in die Struktur der Netzwerke ein, so daß die Produktstruktur der Ergebnisse von [8.4] nicht zu erwarten ist. Blockierungseffekte sind z. B. von dieser Art. Die Ergebnisse in Kap. 7 deuten die auftretenden Schwierigkeiten an. Ein iterativer heuristischer Lösungsalgorithmus für solch ein Problem, in dem die Abhängigkeit der Übergangswahrscheinlichkeiten nur von der Anzahl der Kunden in einem Knoten angenommen wurde, ist in Chen (1975) für ein exponentielles Netzwerk ausgeführt worden.

(d) *Ausnutzung der Grenzwertsätze von Überlagerungen gegen den Poissonprozeß:* Ist die Knotenanzahl im Netzwerk relativ groß und kann man näherungsweise annehmen, daß die Kunden, die in einem Knoten eintreffen, selten von genau einem anderen Knoten geschickt werden, so lassen sich die Grenzwertsätze für die Konvergenz gegen den Poissonprozeß der Überlagerung von Strömen (↑ I, S. 3.6.3.3 bis S. 3.6.3.5) verwenden. Das heißt, man hat so eine Begründung dafür, in Bedienungsnetzwerken mit sehr vielen Knoten die Ankunftsströme in den Knoten als Poissonsch anzunehmen. In Dobruschin/Suchow (1976) und Kelbert/Suchow (1979) wurden mit diesen Ideen sternförmige Netzwerke untersucht, wobei jeder Kunde zwei Knoten zu durchlaufen hat und seine Bedienungszeit in beiden Knoten gleich ist.

(e) *Simulation von Bedienungsnetzwerken*: Die Schwierigkeiten bei der Simulation von Bedienungsnetzwerken bestehen in dem sehr schnellen Anwachsen der Zustandsanzahl in Abhängigkeit von der Anzahl der Knoten und Systemzustände. Die Ströme zwischen den Knoten sind i. allg. nicht rekurrent und erst recht nicht Poissonsch, so daß eine Modellierung einzelner Knoten exakt nicht möglich ist. Aus diesen Gründen wird man oft von der vollständigen Simulation von Bedienungsnetzwerken absehen und eine Simulation von heuristischen Analogmodellen, von Teilnetzwerken unter vereinfachenden Annahmen oder eine heuristische Verknüpfung analytischer Rechnungen und der Simulation anstreben. Einfache Simulationsmodelle von Bedienungsnetzwerken sind in Iglehart/Shedler (1978), [1], Buslenko/Manusewitsch (1979) zu finden.

(f) *Optimierung von Bedienungsnetzwerken:* Entsprechend der Vielfalt der eingehenden Strukturelemente eines Bedienungsnetzwerkes sind die Fragestellungen nach optimalen Netzwerken äußerst zahlreich und an das konkrete Problem gebunden. Je nachdem, was unter optimal zu verstehen ist und was als veränderliche Größen angesehen wird, treten die unterschiedlichsten Optimalitätsprobleme mit ihren verschiedenen Lösungsmöglichkeiten und Verfahren auf. Die Spezifik der Bedienungsnetzwerke liegt hierbei nur in der Bereitstellung von Ausgangsgrößen und Formeln zur mathematischen Formulierung der Optimierungsaufgabe. In Trivedy/Wagner (1979) ist ein Beispiel einer Optimierungsaufgabe eines geschlossenen exponentiellen Netzwerkes gegeben. Es wird dort die Intensität des Kundenstromes durch einen bestimmten Knoten maximiert, wobei die Bedienungsgeschwindigkeit in den einzelnen Knoten unter gemeinsamen Randbedingungen verändert werden kann.

9. Methoden und Modelle zur Steuerung von Bedienungssystemen

9.1. Grundbegriffe und Beispiele

Außer Methoden zur qualitativen und quantitativen Erfassung der Eigenbewegung von zufälligen Prozessen, die in einem Bedienungssystem ablaufen, werden in der Praxis vor allem Verfahren zur Optimierung dieser Prozesse benötigt. Dazu betrachtet man eine Folge von Inspektionszeitpunkten, in denen der Zustand des Bedienungssystems (z. B. die Anzahl der im System befindlichen Forderungen) beobachtet wird. Zu diesen Zeitpunkten sei es nun möglich, auf gewisse Bestimmungsstücke des Systems (z. B. Forderungenstrom, Bedienungsgeschwindigkeit, Bedienungsreihenfolge, Struktur usw.) so einzuwirken, daß das Verhalten des Bedienungssystems in der jeweils folgenden Kontrollperiode beeinflußt wird. Diese Einwirkungen auf die Eigenbewegung des Systems bezeichnen wir als *Steuerungen*. Die Regel zur Anwendung der steuernden Einwirkung in der Zeit heißt *Strategie* (auch *Politik* genannt). Dabei wird die Steuerung in Abhängigkeit vom bisherigen Verlauf des Prozesses bestimmt, der sich aus den beobachteten Zuständen, Verweilzeiten und gewählten Aktionen der Vergangenheit zusammensetzt.

Jeder Prozeßverlauf im Bedienungssystem ist mit einem gewissen Aufwand — z. B. finanzieller Art — verbunden. Gesucht ist eine solche sequentielle Steuerung des Prozesses, für die der Aufwand möglichst klein bzw. der Gewinn möglichst groß wird.

Zur Veranschaulichung seien einige Beispiele angeführt.

9.1.1. Beispiel. Es wird das Warte-Verlustsystem $M/M/1/n$ betrachtet, wobei zur Bedienung der einzelnen Forderungen k Bedienungsintensitäten $\mu_1, \ldots, \mu_k$ mit $0 < \mu_1 < \cdots < \mu_k < \infty$ zur Verfügung stehen (vgl. Sabeti (1973)). In den Ankunfts- und Abgangspunkten von Forderungen sei es möglich, von einer Intensität auf eine beliebige andere Intensität umzuschalten. Das System besitze die folgende Kostenstruktur:

(a) Jede bediente Forderung erbringt dem Bedienungssystem einen konstanten Gewinn von r Werteinheiten.

(b) Bei der Bedienung einer beliebigen Forderung mit der Intensität μ_j entstehen pro Zeiteinheit die Kosten $c^B(\mu_j) \geqq 0$. Dabei sei $c^B(\mu_j) \leqq c^B(\mu_k)$, falls $\mu_j < \mu_k$.

Ein ähnliches Modell untersucht Crabill (1972). Er betrachtet das Modell $M/M/1/\infty$ mit k verschiedenen Bedienungsintensitäten und folgenden zwei Kostenarten:

(a) Pro Zeiteinheit treten die Wartezeitkosten $c^W(i)$ auf, verursacht durch die Anzahl i der Forderungen im System.

(b) Pro Zeiteinheit entstehen bei der Bedienung einer Forderung mit der Intensität μ_j die Kosten $c^B(\mu_j)$ ($j = 1, \ldots, k$).

Für beide Systeme soll die Frage untersucht werden, mit welcher Bedienungsintensität bedient werden muß, damit die zu erwartenden durchschnittlichen Gesamtkosten minimal werden.

9.1.2. Beispiel. Low (1974a) untersucht das Bedienungssystem $M/M/s/n - s$ mit variabler Ankunftsrate λ_a. Jede Forderung muß für seine Bedienung an das System einen bestimmten zu Beginn der Bedienung feststehenden Geldbetrag c^A (genannt *Servicepreis*) bezahlen. Der Servicepreis ist dabei nicht konstant, sondern wird als Steuergröße aufgefaßt. Um die Ankunftsintensität des Forderungenstromes zu verstärken bzw. abzuschwächen, werden die Servicepreise gesenkt bzw. angehoben. Eine Änderung des Servicepreises ist in den Ankunfts- bzw. Abgangspunkten von Forderungen möglich. Wird ein Servicepreis c_a^A $(a = 1, \dots, k;\ k < \infty)$ mit $0 \leqq c_1^A < \cdots < c_k^A < \infty$ angekündigt, so ist der Forderungenstrom ein Poissonprozeß mit der Intensität λ_a. Dabei gelte

$$0 < \lambda_k < \cdots < \lambda_1 < s\mu .$$

Pro Zeiteinheit entstehen für das System Wartezeitkosten der Größe $c^W(i)$, falls sich i Forderungen im System befinden. Der Nettogewinn, den man erhält, sobald die Ankunft einer Forderung erfolgt, ergibt sich dann bei Aktionenwahl a zu $c_a^A - c^W(i)$. Für die Wartezeitkosten c^W soll gelten

$$0 \leqq c^W(0) = c^W(1) = \cdots = c^W(s-1) = c^W(s) \leqq \cdots < c_k^A .$$

Gesucht ist eine Preispolitik, die den Nettogewinn maximiert.

9.1.3. Beispiel. Harrison (1975) betrachtet ein Bedienungssystem mit einem Bedienungsgerät, in dem k unabhängige Poissonsche Forderungenströme mit den Parametern $\lambda_1, \dots, \lambda_k$ eintreffen. Die Bedienungszeiten für die Forderungen aus der l-ten Klasse seien unabhängige und identisch verteilte Zufallsgrößen mit der Verteilungsfunktion $B_l(x)$. Das Bedienungssystem besitze die folgende Bewertungsstruktur:

(a) Es treten Verweilkosten c_l^V auf, die jede Forderung der Klasse l pro Zeiteinheit für ihren Aufenthalt im System zu zahlen hat.

(b) Nach Beendigung der Bedienung einer Forderung aus der Klasse l wird dem System ein Gewinn der Größe r_l^B ausgezahlt.

Die Verweilkosten c_l^V und die Gewinne r_l^B seien dabei stetig mit dem Faktor $e^{-\alpha}$ diskontiert. Die reelle Zahl $\alpha > 0$ heißt *Diskontfaktor*. Ein zur Zeit t anfallender Betrag r hat danach den gegenwärtigen Wert $re^{-\alpha t}$.

Als Entscheidungspunkte werden die Zeitpunkte gewählt, in denen entweder die Bedienung einer Forderung beendet wird oder eine eintreffende Forderung ein freies Gerät vorfindet. Der Zustand des Systems wird bestimmt durch die Anzahl der Forderungen, die aus jeder Klasse anwesend sind.

In einem beliebigen Zustand sind in einem Entscheidungspunkt die folgenden Aktionen möglich: Entweder man beginnt in einem Entscheidungspunkt mit der Bedienung einer wartenden Forderung aus irgendeiner Klasse oder man läßt das Gerät leerlaufen. Hat die Bedienung einer Forderung begonnen, so läuft sie bis zu ihrer Beendigung ohne Unterbrechung ab. Hat man die Aktion „Leerlauf" gewählt, so kann eine Bedienung erst im nächsten Ankunftspunkt einer Forderung beginnen.

Gesucht ist eine Bedienungsdisziplin (*Prioritätsregel*), die den erwarteten Nettogewinn des Systems maximiert. In der Arbeit Harrison (1975) wird gezeigt, daß bei passender Numerierung der Forderungenströme die optimale Bedienungsdisziplin die folgende Gestalt hat: Es existiert ein k^* $(0 \leqq k^* \leqq k)$, so daß die Forderungen aus einer Klasse $\tilde{k}$ mit $\tilde{k} > k^*$ nicht bedient werden. Sind also nur Forderungen aus diesen Klassen im System, so wird stets die Aktion „Leerlauf" gewählt. Die Forderungen der Klassen 1 bis k^* werden dagegen ohne Einschaltung von Leerlaufzeiten bedient, wobei zwischen den Forderungen der einzelnen Klassen relative Prioritäten bestehen. Die Forderungen der ersten Klasse besitzen dabei die höchste und die Forderungen der k^*-ten Klasse die niedrigste Priorität.

Die Lösung dieser und ähnlicher Beispiele erfolgt durch Anwendung der Methode der semimarkowschen Entscheidungsprozesse, deren Grundzüge in den folgenden Abschnitten für den Fall eines abzählbaren Zustandsraumes und eines endlichen Aktionenraumes dargestellt werden soll. Wir stützen uns dabei im wesentlichen auf Arbeiten von Harrison (1970), Lippman (1973), (1975a), Mine/Osaki [1], Prabhu/Stidham (1973), Quelle (1973), Ross [1], (1970), Rykow (1975), [1], Sladky (1974) und Tijms (1972), (1975), (1978). Bezüglich Aussagen über allgemeinere Modelle sei z.B. auf deLeve (1974), deLeve/Federgruen/Tijms (1976a, b), Deppe (1981), Müller/Nollau [1], Schäl (1970), Schellhaas (1974b) sowie van der Duyn Schouten (1979) verwiesen.

In [9.9] und [9.10] werden Methoden zur Steuerung von Bedienungssystemen entwickelt, die nur für Spezialfälle des allgemeinen semimarkowschen Entscheidungsmodells gültig sind.

In [9.11] wird schließlich noch eine Übersicht über weitere Methoden zur Optimierung von Bedienungssystemen gegeben, die nicht durch das semimarkowsche Entscheidungsmodell erfaßbar sind.

9.2. Semimarkowsches Entscheidungsmodell

(a) Es werde ein System mit dem höchsten abzählbar unendlichen Zustandsraum $\mathscr{E} \subseteqq \mathbb{G}_+$ betrachtet. Jedem Zustand $i \in \mathscr{E}$ wird eine gewisse endliche Menge $\mathscr{A}_i$ von möglichen Aktionen zugeordnet. $\mathscr{A}_i$ heißt *Aktionsmenge* zum Zustand i. Es sei

$$\mathscr{A} = \bigcup_{i \in \mathscr{E}} \mathscr{A}_i, \qquad |\mathscr{A}| < \infty.$$

Die Menge $\mathscr{A}$ wird als *Aktionenraum* bezeichnet. Wir setzen voraus, daß die Eigenbewegung des Systems in den möglichen Übergangspunkten durch Anwendung einer Aktion verändert werden kann.

(b) Ist das System im Zustand i und wird die Aktion $a \in \mathscr{A}_i$ gewählt, so erfolgt die weitere Entwicklung des Systems nach dem folgenden Bewegungsgesetz:

(b_1) Der folgende Zustand des Systems werde mit der Wahrscheinlichkeit $P_{ij}(a)$ gewählt. Dabei gelte $P_{ij}(a) \geqq 0$ für alle $i, j \in \mathscr{E}$ und alle $a \in \mathscr{A}_i$ sowie $\sum_{j \in \mathscr{E}} P_{ij}(a) = 1$ für alle $i \in \mathscr{E}$ und alle $a \in \mathscr{A}_i$. Die Funktionen $P_{ij}(a)$ heißen die *Übergangswahrscheinlichkeiten* des Systems.

(b_2) Das System verweilt eine zufällige Zeit im Zustand i bei Aktionswahl a. Ist bekannt, daß der Zustand im folgenden Entscheidungspunkt die Nummer j trägt, so besitze die zufällige Verweilzeit des Systems im Zustand i die Verteilungsfunktion $F_{ij}(t; a)$.

(c) Während eines Übergangsintervalles von i nach j der Länge t entstehen bei Aktionswahl a die Kosten (bzw. Gewinne) $c_{ij}(t; a)$. Man setzt

$$\bar{c}_i(a) = \sum_{j \in \mathscr{E}} P_{ij}(a) \int_0^\infty c_{ij}(t; a) \, \mathrm{d}F_{ij}(t; a).$$

Die Funktionen $\bar{c}_i(a)$ bezeichnen die zu erwartenden einperiodischen Kosten (bzw. Gewinne) des Systems bei Start im Zustand i und Aktionswahl a.

9.2.1. Definition. Das durch (a)—(c) beschriebene 5-Tupel

$$[\mathscr{E}; \mathscr{A}; (P_{ij}(a))_{i,j\in\mathscr{E}}; (F_{ij}(t; a))_{i,j\in\mathscr{E}}; (\bar{c}_i(a))_{i\in\mathscr{E}}]$$

($a \in \mathscr{A}_i$, $t \in \mathbb{R}_+$) heißt ein (stationäres) *semimarkowsches Entscheidungsmodell.* Ist $F_{ij}(t;a) = \delta_{t_0}(t)$ für alle $i,j\in\mathscr{E}$ und alle $a\in\mathscr{A}_i$ mit einer konstanten positiven reellen Zahl t_0, so ergibt sich als Spezialfall ein *Markowsches Entscheidungsmodell mit diskreter Zeit* (vgl. Blackwell (1962), Maitra (1965), Derman [1]). Gilt für alle $i, j \in \mathscr{E}$ und $a \in \mathscr{A}_i$

$$P_{ii}(a) = 0 \qquad \text{und} \qquad F_{ij}(t; a) = \max\{0, 1 - e^{-\lambda_i(a)t}\}$$

mit einem Parameter $\lambda_i(a) > 0$ und $t \in \mathbb{R}$, so wird das obige 5-Tupel als *Markowsches Entscheidungsmodell mit stetiger Zeit* bezeichnet (vgl. Kakumanu (1971), Miller (1968a, b)).

9.2.2. Beispiel. Das in B. 9.1.1 beschriebene steuerbare Bedienungssystem soll nun als semimarkowsches Entscheidungsmodell dargestellt werden. Der Zustand des Systems werde durch die Anzahl der vorhandenen Forderungen im System bestimmt, d. h. $\mathscr{E} = \{0, 1, \ldots, n, n+1\}$. Für den Aktionenraum gilt $\mathscr{A} = \{1, 2, \ldots, k\}$, wobei die Aktion $a \in \mathscr{A}$ der Wahl der Bedienungsrate μ_a entspricht. Für die Übergangswahrscheinlichkeiten und für die Verteilungsfunktion der Verweilzeiten ergibt sich

$$P_{ij}(a) = \begin{cases} 1 & \text{für } i = 0, \quad j = 1, \\ \dfrac{\lambda}{\lambda + \mu_a} & \text{für } j = i + 1; \quad 0 < i \leqq n \text{ oder } i = j = n + 1, \\ \dfrac{\mu}{\lambda + \mu_a} & \text{für } j = i - 1, \quad 0 < i \leqq n + 1, \\ 0 & \text{für } |i - j| > 1, \end{cases}$$

sowie

$$F_{ij}(t; a) = \begin{cases} \max\{0, 1 - e^{-\lambda t}\} & \text{für } j = i + 1, \quad 0 \leqq i \leqq n + 1, \quad t \in \mathbb{R}, \\ \max\{0, 1 - e^{-\mu_a t}\} & \text{für } j = i - 1, \quad 0 < i \leqq n + 1, \quad t \in \mathbb{R}, \\ 0 & \text{für } |i - j| > 1. \end{cases}$$

Für die erwarteten einperiodischen Kosten $\bar{c}_i(a)$ folgt schließlich noch

$$\bar{c}_i(a) = \mu_a(\lambda + \mu_a)^{-1} \left(c^{\mathrm{B}}(\mu_a) - (\lambda + \mu_a)\, r\right)$$

für alle $i \geqq 1$ und $a \in \mathscr{A}$ sowie $\bar{c}_0(a) = 0$ für alle $a \in \mathscr{A}$.

9.3. Stationäre Strategien und semimarkowsche Entscheidungsprozesse

Es bezeichne $\mathscr{H}_n = (\mathscr{E} \times \mathscr{A} \times (0, \infty))^n \times \mathscr{E}$ den *Raum der Vorgeschichten einer Entscheidung im n-ten Entscheidungspunkt.* $h_n = (i_0, a_0, v_1, i_1, a_1, \ldots, i_n)$ sei ein Element von $\mathscr{H}_n$.

Eine Übergangswahrscheinlichkeit Π_n von $\mathscr{H}_n$ in $\mathscr{A}$ mit

$$\sum_{a \in \mathscr{A}} \Pi_n(a; h_n) = 1 \quad \text{für alle} \quad h_n \in \mathscr{H}_n$$

heißt eine *randomisierte Entscheidungsregel*. Eine bestimmte Aktion $a_n \in \mathscr{A}$ wird also bei Anwendung der randomisierten Entscheidungsregel Π_n mit der Wahrscheinlichkeit $\Pi_n(a_n; h_n)$ gewählt, falls die Vorgeschichte h_n vorliegt.

Eine Folge $\Pi = (\Pi_n, n \in \mathbb{N})$ von randomisierten Entscheidungsregeln wird *randomisierte Strategie* genannt.

Entscheidungsregeln, die nur vom gegenwärtigen Zustand abhängen, für die also

$$\Pi_n(a_n; h_n) = \overline{\Pi}_n(a_n; i_n)$$

für alle $h_n \in \mathscr{H}_n$ gilt, werden als *Markowsche Entscheidungsregeln* bezeichnet. Eine Folge Markowscher Entscheidungsregeln heißt *Markowsche Strategie.*

Existiert eine Abbildung $f_n: \mathscr{H}_n \to \mathscr{A}$ mit $\Pi_n(f_n(h_n); h_n) = 1$ für alle $h_n \in \mathscr{H}_n$, so artet die randomisierte Entscheidungsregel Π_n zu der *determinierten Entscheidungsregel* f_n aus. Eine determinierte Entscheidungsregel $f_n = f_n(h_n)$ ist also eine Funktion, die jedem Element $h_n \in \mathscr{H}_n$ mit Wahrscheinlichkeit 1 eine Aktion $a_n \in \mathscr{A}$ zuordnet.

Eine Strategie vom Markowtyp heißt *stationär,* wenn ihre Komponenten zeitinvariant sind, d. h. wenn $f_n(i) = f(i)$ für alle $n \in \mathbb{G}_+$ und alle $i \in \mathscr{E}$ gilt.

Im weiteren werden in der Regel nur determinierte Strategien vom Markowtyp betrachtet. Die Entscheidungsregel f_n im n-ten Entscheidungspunkt ist dann eine Abbildung von $\mathscr{E}$ in $\mathscr{A}$ mit der Eigenschaft $f_n(i) \in \mathscr{A}_i$ für alle $i \in \mathscr{E}$. Jede solche Entscheidungsregel läßt sich als Element des Produktraumes $\mathscr{A}' = \times_{i \in \mathscr{E}} \mathscr{A}_i$ auffassen. In diesem Fall heißt die Entscheidungsregel f_n *zulässig.* Durch

$$\mathscr{F}^{\mathrm{dm}}(\mathscr{E}) = \{\Pi = (f_n, n \in \mathbb{G}_+) : f_n \in \mathscr{A}'\}$$

wird die Menge aller determinierten Strategien vom Markowtyp zu einem semimarkowschen Entscheidungsmodell mit dem Zustandsraum $\mathscr{E}$ bezeichnet.

Entsprechend ist $\mathscr{F}_s^{\mathrm{dm}}(\mathscr{E}) = \{\Pi = (f_n, n \in \mathbb{G}_+) : f_n \in \mathscr{A}', f_n = f \text{ für alle } n \in \mathbb{G}_+\}$ die Menge aller stationären Strategien zu einem Modell mit dem Zustandsraum $\mathscr{E}$. Dann gilt der folgende

9.3.1. Satz. Jede Strategie $\Pi \in \mathscr{F}_s^{\mathrm{dm}}(\mathscr{E})$ eines semimarkowschen Entscheidungsmodells erzeugt bei Vorgabe einer Anfangsverteilung $\mathbf{P}_0^{\Pi} = (P_0^{\Pi}(i))_{i \in \mathscr{E}}$ einen semimarkowschen Prozeß $(X(t), t \in \mathbb{R}_+)$ mit dem Zustandsraum $\mathscr{E}$ und einer Kosten- bzw. Gewinnstruktur $\bar{\mathbf{c}}(a) = (\bar{c}_i(a))_{i \in \mathscr{E}}$, der als *semimarkowscher Entscheidungsprozeß* bezeichnet wird.

Speziell für $F_{ij}(t; a) = \delta_{t_0}(t)$ für alle $i, j \in \mathscr{E}$ und alle $a \in \mathscr{A}_i$ ergibt sich eine homogene Markowsche Kette mit diskreter Zeit (Markowscher Entscheidungsprozeß mit diskreter Zeit) und für $F_{ij}(t; a) = \max\{0, 1 - \mathrm{e}^{-\lambda_i(a)t}\}$ eine homogene Markowsche Kette mit stetiger Zeit (Markowscher Entscheidungsprozeß mit stetiger Zeit).

9.3.2. Interpretation. Bei Vorgabe einer stationären Strategie $\Pi = (f, f, \ldots)$ und einem Anfangszustand i läßt sich über dem meßbaren Raum $(\Omega, \mathfrak{F})$ mit $\Omega = \times_{n=0}^{\infty} (\mathscr{E} \times \mathscr{A} \times \mathbb{R}_+)^n$ und $\mathfrak{F}$ als zugehöriger Produkt-σ-Algebra ein Wahrscheinlichkeitsmaß $\mathbf{P}_i^{\Pi}$ konstruieren. Mit den Projektionen $X_n: \Omega \to \mathscr{E}$, $V_n: \Omega \to \mathbb{R}_+$ $(n \in \mathbb{G}_+)$ wird dann über dem Raum

$(\Omega, \mathfrak{F}, \mathsf{P}^{\Pi})$ für alle $t \in \mathbb{R}_+$ durch

$$X(t) = X_{L(t)} \quad \text{mit} \quad L(t) = \max\left\{n > 0 : \sum_{k=1}^{n} V_k < t\right\}$$

ein semimarkowscher Prozeß mit dem Zustandsraum $\mathscr{E}$ erzeugt (↑ [I, 3.5]). Dabei werden X_n als der Systemzustand im n-ten Entscheidungspunkt ($n \in \mathbb{G}_+$) und V_n als die Länge der n-ten Entscheidungsperiode bzw. Verweilzeit ($V_0 = 0$) interpretiert. $E_n = f(X_n)$ bezeichnet die im n-ten Entscheidungspunkt gewählte (zufällige) Aktion.

Der semimarkowsche Prozeß $(X(t), t \in \mathbb{R}_+)$ ist durch Angabe der Anfangsverteilung $\mathsf{P}_0{}^{\Pi}(i_0)$, der Übergangswahrscheinlichkeiten $P_{ij}(f(i))$ und der (bedingten) Verteilung $F_{ij}(t; f(i))$ für die Verweilzeiten vollständig charakterisiert (↑ [I, 3.5]). Nach Ablauf einer Entscheidungsperiode wird dabei ein Kosten- bzw. Gewinnanteil $\bar{c}_i(a)$ realisiert, wenn der Prozeß bei Aktionswahl a vom Zustand i ausging.

Nach S. 9.3.1 entspricht einem semimarkowschen Entscheidungsmodell somit eine Familie $\langle (X(t), t \in \mathbb{R}_+); \mathsf{P}^{\Pi} \rangle \, (\Pi \in \mathscr{F}_s{}^{\mathrm{dm}}(\mathscr{E}))$ von semimarkowschen Entscheidungsprozessen mit dem Zustandsraum $\mathscr{E}$. Gesucht ist derjenige Prozeß $\langle (X(t), t \in \mathbb{R}_+); \mathsf{P}^{\Pi^*} \rangle$, dessen Verlauf einen minimalen Verlust bzw. maximalen Gewinn erbringt. Dabei soll die Kostenminimierung bzw. Gewinnmaximierung nach den folgenden zwei Kriterien erfolgen:

(a) Diskontierte Erwartungsoptimalität,
(b) Durchschnittsoptimalität (↑ D. 9.4.2 und D. 9.7.1).

Für das weitere werden die nachstehenden zwei Voraussetzungen getroffen, wobei auf die Angabe der Strategie Π an dem Verteilungsgesetz verzichtet wird.

9.3.3. Voraussetzung. Es existiere eine reelle Zahl c, so daß

$$|c_{ij}(a)| \leqq c < \infty$$

für alle $i, j \in \mathscr{E}$ und alle $a \in \mathscr{A}_i$ gilt, wobei $c_{ij}(a) = \int\limits_0^\infty c_{ij}(t; a) \, \mathrm{d}F_{ij}(t; a)$.

9.3.4. Voraussetzung. Zu fest vorgegebenem $\alpha > 0$ existiere ein $\beta = \beta(\alpha)$ mit $0 \leqq \beta < 1$, so daß

$$\beta_\alpha(i, j; a) \leqq \beta$$

für alle $i, j \in \mathscr{E}$ und alle $a \in \mathscr{A}_i$. Dabei bezeichne

$$\beta_\alpha(i, j; a) = \int\limits_0^\infty \mathrm{e}^{-\alpha t} \, \mathrm{d}F_{ij}(t; a)$$

den sogenannten *erwarteten Diskontfaktor*. Für $i, j \in \mathscr{E}$; $a \in \mathscr{A}_i$ gibt $\beta_\alpha(i, j; a)$ die erwartete Diskontierung für einen im nächsten Zustand anfallenden Betrag an, wenn man von i nach j bei Aktionswahl a geht.

V. 9.3.4 sichert die *Regularität* der semimarkowschen Entscheidungsprozesse eines semimarkowschen Entscheidungsmodells (vgl. z. B. Harrison (1970) sowie [I, 3.5]), d. h., gilt V. 9.3.4, so läßt sich für jede stationäre Strategie $\Pi = (f, f, \ldots)$ zu vorgegebenem $\delta > 0$ ein $\varepsilon > 0$ finden mit

$$\mathsf{P}(V_{n+1} > \delta \mid X_n = i, E_n = f(i)) \geqq \varepsilon .$$

9.4. Steuerung eines semimarkowschen Entscheidungsprozesses mit Diskontierung

Für eine Strategie $\Pi = (f_0, f_1, \ldots) \in \mathscr{F}^{\mathrm{md}}(\mathscr{E})$ sei

$$r_\Pi(\alpha; i) = \mathsf{E}_\Pi \left(\sum_{n=0}^{\infty} \exp \left\{ -\alpha \sum_{k=0}^{n} V_k \right\} \bar{c}_{X_n}(E_n) \mid X_0 = i \right). \tag{1}$$

Im Falle der Existenz des auftretenden Erwartungswertes stellt $r_\Pi(\alpha; i)$ die erwarteten α-diskontierten Gesamterlöse (Gesamtkosten) eines semimarkowschen Entscheidungsprozesses bei Steuerung mit einer Strategie Π und vorgegebenem Anfangszustand i dar, wobei die in einem Entscheidungspunkt t erwirtschafteten Erlöse stetig mit dem Faktor $e^{-\alpha t}$ $(\alpha > 0)$ diskontiert sind. Der Index an E soll darauf hindeuten, daß der Erwartungswert bez. des Verteilungsgesetzes P^Π gebildet wird.

Den Fall des unendlichen Planungshorizontes kann man dadurch approximieren, daß man zunächst den zu erwartenden diskontierten Gesamterlös $r_\Pi^{(m)}$ eines Entscheidungsprozesses bis zum m-ten Übergang bestimmt.

9.4.1. Optimale Strategien für semimarkowsche Entscheidungsmodelle mit Diskontierung und m Kontrollperioden

Als Literatur hierzu vgl. Derman [1], Jewell (1963), Rykow [1], Schellhaas (1979), (1980). Analog zu (1) bezeichnet man durch $r_\Pi^{(m)}(\alpha; i)$ den erwarteten diskontierten Gesamterlös (Gesamtkosten) eines Entscheidungsprozesses für die ersten m Entscheidungsintervalle bei Start im Zustand i und Steuerung mit einer Strategie Π. Es soll nun eine Strategie $\Pi^* = \Pi_\alpha^*(m)$ bestimmt werden, für die

$$r_{\Pi^*}^{(m)}(\alpha; i) = \sup_\Pi r_\Pi^{(m)}(\alpha; i) \quad (\text{bzw. } r_{\Pi^*}^{(m)}(\alpha; i) = \inf_\Pi r_\Pi^{(m)}(\alpha; i))$$

für alle $i \in \mathscr{E}$ $(\alpha > 0$ fest) gilt. Eine solche Strategie heißt *optimal* bez. des Diskontfaktors α und beliebigen Anfangszuständen i (↑ D. 9.4.2).

Zur Bestimmung von Π^* werden die Funktionen $r_\Pi^{(m)}(\alpha; i, n)$ eingeführt, die den bedingten mittleren Gesamtgewinn (Gesamtverlust) für die verbleibenden n Entscheidungsintervalle angeben, falls im $(m-n)$-ten Entscheidungspunkt der Zustand i angenommen und stetig mit dem Faktor $e^{-\alpha t}$ diskontiert wurde. (Die Vorgeschichte geht für semimarkowsche Entscheidungsmodelle bei Steuerung mit Markowschen Strategien nur über den Zustand $X_{m-n} = i$ ein.) Sei $r_*^{(m)}(\alpha; i, n) = \sup_\Pi r_\Pi^{(m)}(\alpha; i, n)$ $(i \in \mathscr{E};$ $0 < n \leqq m)$ der bedingte erwartete maximale Gewinn für die restlichen n Entscheidungsintervalle bez. aller Prozesse mit $X_{m-n} = i$, so kann die optimale Strategie Π^* über die Funktionen $r_*^{(m)}(\alpha; i, n)$ gewonnen werden. Die Funktionen $r_*^{(m)}(\alpha; i, n)$ erfüllen die folgende auf Bellman [1] zurückgehende Funktionalgleichung

$$r_*^{(m)}(\alpha; i, n) = \max_{a \in \mathscr{A}_i} \left(\bar{c}_i(a) + \sum_{j \in \mathscr{E}} P_{ij}(a) \, \beta_\alpha(i, j; a) \, r_*^{(m)}(\alpha; j, n-1) \right) \tag{2}$$

für $i \in \mathscr{E}$ und $n = 1, 2, \ldots, m$, wobei noch die Randbedingung $r_*^{(m)}(\alpha; i, 0) = c^{\mathrm{V}}(i)$ für alle $i \in \mathscr{E}$ vorgegeben wird. Bei Kostenproblemen ist in der Definitionsgleichung für die

Funktionen $r_*^{(m)}(\alpha; i, n)$ sup durch inf zu ersetzen. Ist $\mathscr{E}$ insbesondere endlich, so lassen sich unter Ausnutzung der Randbedingung aus Gleichung (2) die bedingten maximalen Gewinne $r_*^{(m)}(\alpha; i, n)$ für alle $i \in \mathscr{E}$ rekursiv berechnen. Sind die Funktionen $r_*^{(m)}(\alpha; i, n)$ bekannt, so bestimmt man für jedes n und jeden Zustand i diejenige Aktion $f_{\alpha,n}^*(i)$, welche den Ausdruck

$$\bar{c}_i(a) + \sum_{j\in\mathscr{E}} P_{ij}(a)\, \beta_\alpha(i, j; a)\, r_*^{(m)}(\alpha; j, n)$$

maximiert, d. h. für die

$$\begin{aligned}\bar{c}_i(f_{\alpha,n}^*(i)) &+ \sum_{j\in\mathscr{E}} P_{ij}(f_{\alpha,n}^*(i))\, \beta_\alpha(i, j; f_{\alpha,n}^*(i))\, r_*^{(m)}(\alpha; j, n)) \\ &= \max_{a\in\mathscr{A}_i} \Big(\bar{c}_i(a) + \sum_{j\in\mathscr{E}} P_{ij}(a)\, \beta_\alpha(i, j; a)\, r_*^{(m)}(\alpha; j, n)\Big)\end{aligned} \tag{3}$$

für alle $i \in \mathscr{E}$ und $n = 0, 1, \ldots, m$ gilt. Für die Strategie $\Pi^* = \Pi_\alpha^*(m) = (f_{\alpha,0}^*, \ldots, f_{\alpha,m}^*)$ mit $f_{\alpha,n}^* = (f_{\alpha,n}^*(i); i \in \mathscr{E})$ gilt dann $r_*^{(m)}(\alpha; i, n) = r_{\Pi^*}^{(m)}(\alpha; i, n)$ für alle $n = 0, 1, \ldots, m$ und alle $i \in \mathscr{E}$, und Π^* maximiert dann insbesondere auch die Funktionen $r_\Pi^{(m)}(\alpha; i)$. Es existiert also genau dann eine optimale Strategie in der Klasse der Markowschen Strategien, wenn die Aktionen $f_{\alpha,n}^*(i)$ eindeutig aus der Funktionalgleichung (2) bestimmbar sind.

9.4.1. Beispiel. Es wird das Bedienungssystem $M/M/s/n - s$ $(n \geqq s)$ mit abschaltbaren Bedienungsgeräten betrachtet (vgl. Magazine (1971)). Zu den Zeitpunkten $t = 0, 1, \ldots, m$ wird in Abhängigkeit von der Anzahl der im System befindlichen Forderungen über die Anzahl der arbeitenden Bedienungsgeräte entschieden. Die Funktionstätigkeit des Systems sei mit den folgenden Kosten verbunden:

c_0^U — Kosten für das Ausschalten eines Bedienungsgerätes;
c_1^U — Kosten für das Einschalten eines Bedienungsgerätes;
c^B — Kosten für die Arbeit eines eingeschalteten Bedienungsgerätes;
$c^V(i)$ — Kosten für das Verweilen von i Forderungen im System.

Die Funktionen $c^V(i)$ werden für alle $i \in \mathscr{E}$ als konvex vorausgesetzt.

Da die Entscheidungen in den Kontrollzeitpunkten $t = 0, 1, \ldots, m$ getroffen werden, liegt hier der Spezialfall eines Markowschen Entscheidungsmodells in diskreter Zeit mit dem Zustandsraum $\mathscr{E} = \{0, 1, \ldots, n\}$ und dem Aktionenraum $\mathscr{A} = \{0, 1, \ldots, s\}$ vor, wobei dem Zustand j die Anwesenheit von j Forderungen im System entspricht, und die Aktionenwahl i bedeutet, daß i Bedienungsgeräte arbeiten (und $s - i$ Geräte abgeschaltet sind). Es bezeichne $r_*^{(m)}(\alpha'; i, k, n)$ die erwarteten minimalen Kosten für die restlichen n Kontrollperioden, falls i Forderungen im System sind, k Geräte arbeiten und mit dem Faktor $\alpha' = e^{-\alpha}$ $(\alpha > 0)$ diskontiert wird. Die Funktionen $r_*^{(m)}(\alpha'; i, k, n)$ erfüllen dann die Funktionalgleichung

$$\begin{aligned} r_*^{(m)}(\alpha'; i, k, n) = c^V(i) + \min_{a=1,\ldots,s} \Big(&\max\{0, a - k\}\, c_1^U + \max\{0, k - a\}\, c_0^U \\ &+ a c^B + \alpha' \sum_{j\in\mathscr{E}} P_{ij}(a)\, r_*^{(m)}(\alpha'; j, a, n - 1)\Big), \end{aligned}$$

wobei $r_*^{(m)}(\alpha'; i, k, 0) = c^V(i)$. Dabei bezeichnet $P_{ij}(a)$ die Wahrscheinlichkeit, daß sich nach Ablauf einer Kontrollperiode genau j Forderungen im System befinden, unter der

Bedingung, daß sich in dem vorhergehenden Kontrollzeitpunkt i Forderungen im System befanden und a Geräte eingeschaltet waren. Zur Bestimmung einer optimalen Ein- und Ausschaltstrategie wird rekursiv vorgegangen. Zunächst wird der Fall $n = 1$ betrachtet. Hierfür gilt

$$r_*^{(m)}(\alpha'; i, k, 1) = c^V(i) + \min_{a=1,\dots,s} \Big(\max\{0, a-k\}\, c_1^U + \max\{0, k-a\}\, c_0^U + ac^B + \alpha' \sum_{j\in\mathscr{E}} P_{ij}(a)\, c^V(j)\Big).$$

Für zwei Aktionen a_1, a_2 mit $a_1 < a_2$ folgt

$$c^V(i) + c_1 + \alpha' \sum_{j\in\mathscr{E}} P_{ij}(a_1)\, c^V(j) \overset{\leqq}{\underset{\geqq}{=}} c^V(i) + c_2 + \alpha' \sum_{j\in\mathscr{E}} P_{ij}(a_2)\, c^V(j)$$

bzw.

$$\sum_{j\in\mathscr{E}} \big(P_{ij}(a_1) - P_{ij}(a_2)\big)\, c^V(j) \overset{\leqq}{\underset{\geqq}{=}} c_1 - c_2 = c,$$

wobei c_1, c_2 Konstanten sind, die die von i unabhängigen Operationskosten des Systems erfassen. Dabei kann das Gleichheitszeichen für höchstens einen Wert von i gelten, da die Größe $\sum_{j\in\mathscr{E}} \big(P_{ij}(a_1) - P_{ij}(a_2)\big)\, c^V(j)$ für $a_1 < a_2$ in i nichtfallend ist. Also ist auch die Folge der Zahlen, welche die zu wählenden Aktionen darstellt, in i nichtfallend, und die optimale Strategie kann somit in der Form

$$\Pi^* = \{i, k : j_0^*, \dots, j_{k-1}^*; i_{k+1}^*, \dots, i_s^*\}$$

mit nichtfallenden Folgen (j_l^*) und (i_l^*) angesetzt werden, wobei i die Anzahl der im System befindlichen Forderungen bezeichnet und k die Anzahl der gegenwärtig arbeitenden Bedienungsgeräte angibt. Die Folgen (j_l^*) und (i_l^*) besitzen folgende Interpretation:

(a) Ist $i_l^* \leqq i < i_{l+1}^*$ und $k \leqq l$, so sind $l - k$ Bedienungsgeräte zu öffnen.
(b) Ist $j_{l-1}^* \leqq i < j_l^*$ und $k \geqq l$, so sind $k - l$ Bedienungsgeräte zu schließen.
(c) Ist dagegen $i \geqq i_s^*$ oder $i \leqq j_0^*$, so sind alle Geräte zu öffnen bzw. zu schließen.
(d) Erfüllt i keine dieser Bedingungen, so bleibt die Anzahl k der geöffneten Geräte für die nächste Kontrollperiode erhalten.

Rekursiv läßt sich zeigen, daß für beliebiges $n = 1, \dots, m$ die Strategie, welche die Funktionen $r_\Pi^{(m)}(\alpha'; i, k, n)$ minimiert vom gleichen Typ ist wie Π^* (vgl. Magazine (1971)).

Mit Ausnahme des Spezialfalles eines Markowschen Entscheidungsmodells in diskreter Zeit kommt der Größe $r_*^{(m)}$ für allgemeine semimarkowsche Entscheidungsprozesse keine reale Bedeutung zu. In der Praxis interessiert weniger die Steuerung eines Entscheidungsprozesses nach einer festen Anzahl von Übergängen, sondern vielmehr die Steuerung über einen festen Zeithorizont T. Charakteristisch hierfür ist, daß einerseits der Endpunkt T des Planungshorizontes kein Entscheidungspunkt mehr ist und zum anderen die Anzahl der Entscheidungspunkte innerhalb des Planungshorizontes zufällig ist.

Schellhaas (1980) (vgl. auch Schellhaas (1979) sowie Jewell (1963)) untersucht die Steuerung von semimarkowschen Entscheidungsprozessen mit abzählbarem Zustandsraum und allgemeinem Aktionenraum über einen endlichen Zeithorizont T. Er leitet eine zu (2) analoge Optimalitätsgleichung her und zeigt unter Stellung gewisser

Zusatzvoraussetzungen die Existenz optimaler stationärer Strategien für das gestellte Entscheidungsproblem sowie die Eindeutigkeit der Lösung der Optimalitätsgleichung. Schließlich werden numerische Aspekte (Extrapolationsverfahren) zur Lösung der Optimalitätsgleichung diskutiert.

9.4.2. Optimale Strategien für semimarkowsche Entscheidungsmodelle mit Diskontierung und unendlichem Planungshorizont

Nunmehr werde die Steuerung von semimarkowschen Entscheidungsprozessen mit Diskontierung über einen unendlichen Planungshorizont betrachtet (vgl. JEWELL (1963), HARRISON (1970), ROSS [1] u. a.). Für eine Strategie $\Pi \in \mathcal{F}^{\mathrm{md}}(\mathcal{E})$ bezeichne $r_\Pi(\alpha; i)$ die zu erwartenden α-diskontierten Gesamterlöse (Gesamtkosten) eines semimarkowschen Entscheidungsprozesses bei Steuerung mit einer Strategie Π über einen unendlichen Planungshorizont und Start im Zustand i (↑ (1)). Die Existenz der Wertfunktionen $r_\Pi(\alpha; i)$ läßt sich mit Hilfe der m-periodischen Gewinne (Kosten) $r_\Pi^{(m)}$ zeigen. Bezeichne

$$\boldsymbol{r}_\Pi^{(m)}(\alpha) = \left(r_\Pi^{(m)}(\alpha; i)\right)_{i\in\mathcal{E}},$$

$$\tilde{\boldsymbol{P}}(f_n) = \left(\tilde{P}_{ij}(f_n(i))\right)_{i\in\mathcal{E}} \quad \text{mit} \quad \tilde{P}_{ij}(f_n(i)) = P_{ij}(f_n(i))\, \beta_\alpha(i, j; f_n(i))$$

sowie

$$\bar{\boldsymbol{c}}(f_n) = \left(\bar{c}_i(f_n(i))\right)_{i\in\mathcal{E}},$$

so folgt

$$\boldsymbol{r}_\Pi^{(m)}(\alpha) = \sum_{l=0}^{m-1} \tilde{\boldsymbol{P}}_l(\Pi)\, \bar{\boldsymbol{c}}(f_{l+1})$$

mit

$$\tilde{\boldsymbol{P}}_l(\Pi) = \tilde{\boldsymbol{P}}(f_0) \dots \tilde{\boldsymbol{P}}(f_{l-1}) \quad (l \geqq 1), \quad \tilde{\boldsymbol{P}}_0(\Pi) = I.$$

Ist $|\boldsymbol{r}|_\Pi^{(m)}(\alpha)$ der Vektor mit den Komponenten $|r_\Pi^{(m)}(\alpha; i)|$, so ergibt sich aufgrund von V. 9.3.3 und V. 9.3.4

$$|\boldsymbol{r}|_\Pi^{(m)}(\alpha) \leqq (1-\beta)^{-1}\, \boldsymbol{c}$$

mit $\boldsymbol{c} = (c, c, \dots)$. Die Reihe $\sum_{l=0}^{\infty} \tilde{\boldsymbol{P}}_l(\Pi)\, \bar{\boldsymbol{c}}(f_{l+1})$ ist somit absolut konvergent. Daher existiert auch $r_\Pi(\alpha; i) = \lim_{m\to\infty} r_\Pi^{(m)}(\alpha; i)$ für alle $i \in \mathcal{E}$, und es gilt

$$|r_\Pi(\alpha; i)| \leqq (1-\beta)^{-1}\, c.$$

Für eine beliebige stationäre Strategie $\Pi = (f, f, \dots)$ erfüllen die Wertfunktionen $r_\Pi(\alpha; i)$ für alle Zustände $i \in \mathcal{E}$ das Gleichungssystem

$$r_\Pi(\alpha; i) = \bar{c}_i(a) + \sum_{j\in\mathcal{E}} P_{ij}(a)\, \beta_\alpha(i, j; a)\, r_\Pi(\alpha; j) \tag{4}$$

mit $a = f(i)$.

9.4.2. Definition. Es sei $r_*(\alpha; i) = \sup_\Pi r_\Pi(\alpha; i)$ ($\alpha > 0$ fest).

(a) Die Strategie Π^* heißt *α-optimal*, wenn $r_{\Pi^*}(\alpha; i) = r_*(\alpha; i)$ für alle Zustände $i \in \mathcal{E}$ gilt.

(b) Π^* heißt *ε-optimal* bez. des Diskontfaktors $\alpha > 0$, wenn für ein beliebig vorgegebenes $\varepsilon > 0$

$$r_{\Pi^*}(\alpha; i) \geqq r_*(\alpha; i) - \varepsilon$$

für alle $i \in \mathscr{E}$ gilt.

Um Aussagen über die Existenz α-optimaler stationärer Strategien formulieren zu können, wird der Raum $\mathrm{l}^\infty = \mathrm{l}^\infty(\mathscr{E})$ der auf $\mathscr{E}$ definierten beschränkten reellen Folgen eingeführt. Offenbar ist $r_\Pi \in \mathrm{l}^\infty(\mathscr{E})$. $\mathrm{l}^\infty(\mathscr{E})$ ist ein normierter Raum mit der Norm

$$\|g\| = \sup_{i \in \mathscr{E}} |g(i)| .$$

Für jedes $u \in \mathrm{l}^\infty(\mathscr{E})$ und eine beliebige stationäre Strategie $\Pi = (f, f, \ldots)$ wird durch

$$(\mathsf{T}_f u)(i) = \bar{c}_i(f(i)) + \sum_{j \in \mathscr{E}} P_{ij}(f(i))\, \beta_\alpha(i, j; f(i))\, u(j) \tag{5}$$

für alle $i \in \mathscr{E}$ eine Abbildung $\mathsf{T}_f : \mathrm{l}^\infty(\mathscr{E}) \to \mathrm{l}^\infty(\mathscr{E})$ definiert. $(\mathsf{T}_f u)(i)$ läßt sich als der zu erwartende Gewinn des Prozesses bei Start im Zustand i und Anwendung der Entscheidungsregel f interpretieren, wenn der Prozeß nach dem ersten Entscheidungsintervall endet und dort der Endgewinn $\beta_\alpha(i, j; f(i))\, u(j)$ anfällt, wobei j der Endzustand ist.

Die Abbildung T_f besitzt die folgenden Eigenschaften:

(i) Für alle $u, v \in \mathrm{l}^\infty(\mathscr{E})$ mit $u \leqq v$ gilt $\mathsf{T}_f u \leqq \mathsf{T}_f v$. Dabei gelte für zwei Funktionen $u, v \in \mathrm{l}^\infty(\mathscr{E})$ genau dann $u \leqq v$, wenn $u(i) \leqq v(i)$ für alle $i \in \mathscr{E}$ ist.

(ii) Die Abbildung T_f ist *kontrahierend*, d. h.

$$\|\mathsf{T}_f u - \mathsf{T}_f v\| \leqq k \, \|u - v\|$$

mit $0 \leqq k < 1$; $u, v \in \mathrm{l}^\infty(\mathscr{E})$ und $\Pi = (f, f, \ldots)$, so daß nach dem Banachschen Fixpunktsatz die Wertfunktionen r_Π eindeutige Lösungen der Funktionalgleichung

$$\mathsf{T}_f u = u$$

für alle $u \in \mathrm{l}^\infty(\mathscr{E})$ sind.

(iii) $$\mathsf{T}_f^n u \xrightarrow{n \to \infty} r_\Pi$$

für alle $u \in \mathrm{l}^\infty(\mathscr{E})$, wobei $\mathsf{T}_f^1 u = \mathsf{T}_f u$ und $\mathsf{T}_f^n u = \mathsf{T}_f(\mathsf{T}_f^{n-1} u)$ für alle natürlichen Zahlen $n > 1$ gesetzt wird.

Mit diesen Eigenschaften läßt sich dann die folgende grundlegende Existenzaussage beweisen.

9.4.3. Satz. Die α-optimalen Wertfunktionen $r_*(\alpha; i)$ erfüllen für alle $i \in \mathscr{E}$ die Funktionalgleichung

$$u(i) = \max_{a \in \mathscr{A}_i} \left(\bar{c}_i(a) + \sum_{j \in \mathscr{E}} P_{ij}(a)\, \beta_\alpha(i, j; a)\, u(j) \right). \tag{6}$$

Sei f_α^* eine Entscheidungsregel, welche aus denjenigen Aktionen $f_\alpha^*(i)$ gebildet wird, für welche

$$\bar{c}_i(f_\alpha^*(i)) + \sum_{j \in \mathscr{E}} P_{ij}(f_\alpha^*(i))\, \beta_\alpha(i, j; f_\alpha^*(i))\, r_*(\alpha; j)$$
$$= \max_{a \in \mathscr{A}_i} \left(\bar{c}_i(a) + \sum_{j \in \mathscr{E}} P_{ij}(a)\, \beta_\alpha(i, j; a)\, r_*(\alpha; j) \right) \quad \text{für alle} \quad i \in \mathscr{E}$$

gilt, so ist die stationäre Strategie $\Pi^* = \Pi_\alpha^* = (f_\alpha^*, f_\alpha^*, \ldots)$ α-optimal, d. h. $r_{\Pi^*}(\alpha; i) = r_*(\alpha; i)$ für alle $i \in \mathscr{E}$.

Zu einem semimarkowschen Entscheidungsmodell mit abzählbarem Zustandsraum, endlichen Aktionsmengen und den Voraussetzungen V. 9.3.3 und V. 9.3.4 existiert also eine α-optimale Strategie, die stationär ist. Ist die optimale Wertfunktion $r_*(\alpha; i)$ für alle $i \in \mathscr{E}$ bekannt, so erhält man diese Strategie, in dem man den Ausdruck

$$\bar{c}_i(a) + \sum_{j \in \mathscr{E}} P_{ij}(a)\, \beta_\alpha(i, j; a)\, r_*(\alpha; j)$$

für alle $i \in \mathscr{E}$ maximiert (bzw. bei Kostenproblemen minimiert).

9.4.4. Folgerung. Ist der Aktionenraum $\mathscr{A}$ abzählbar unendlich, so existiert unter Beibehaltung der übrigen Voraussetzungen eine bez. des Diskontfaktors α ε-optimale stationäre Strategie.

9.5. Methoden zur Bestimmung einer α-optimalen Strategie bei Steuerung über einen unendlichen Planungshorizont

In S. 9.4.3 wurde die Existenz einer stationären α-optimalen Strategie konstatiert. Es sollen nun einige Methoden angegeben werden, die es gestatten, die optimale Strategie zu berechnen (vgl. Howard [1], [2], Jewell (1963), Mine/Osaki [1], Ross [1]).

9.5.1. Howardsche Politikiteration

Für eine beliebige Entscheidungsregel $f \in \mathscr{A}' = \mathop{\times}\limits_{i \in \mathscr{E}} \mathscr{A}_i$ und Funktionen $u \in l^\infty(\mathscr{E})$ wird die in [9.4.2] durch (5) eingeführte Abbildung $\mathsf{T}_f u$ betrachtet. Existiert dann eine Strategie Π^* mit

$$\mathsf{T}_f r_{\Pi^*}(\alpha; i) \leqq r_{\Pi^*}(\alpha; i)$$

für alle $i \in \mathscr{E}$, so ist die Strategie Π^* α-optimal.

Für jedes $i \in \mathscr{E}$ werden nun (für Gewinnprobleme) die Mengen

$$\mathscr{A}_i(f) = \left\{a : \bar{c}_i(a) + \sum_{j \in \mathscr{E}} P_{ij}(a)\, \beta_\alpha(i, j; a)\, v_j^\alpha > v_i^\alpha\right\}$$

für alle $i \in \mathscr{E}$, $a \in \mathscr{A}_i$ mit $v_i^\alpha = r_\Pi(\alpha; i)$ gebildet, wobei $\Pi = (f, f, \ldots)$ ist.

Es gelte $\mathscr{A}_i(f) = \emptyset$ für alle $i \in \mathscr{E}$. Für jede Entscheidungsregel $g \in \mathscr{A}'$ und alle $i \in \mathscr{E}$ ergibt sich dann

$$\mathsf{T}_g r_\Pi(\alpha; i) \leqq r_\Pi(\alpha; i)$$

für alle $i \in \mathscr{E}$, und die Strategie $\Pi = (f, f, \ldots)$ ist somit α-optimal.

Gelte dagegen $\mathscr{A}_i(f) \neq \emptyset$ für wenigstens ein $i \in \mathscr{E}$, so existiert ein $l \in \mathscr{E}$ und ein $a' \in \mathscr{A}_l(f)$ mit

$$\bar{c}_l(a') + \sum_{j \in \mathscr{E}} P_{lj}(a')\, \beta_\alpha(l, j; a')\, r_\Pi(\alpha; j) > r_\Pi(\alpha; l).$$

Bildet man nun

$$g(i) = \begin{cases} a' & \text{für } i = l, \\ f(i) & \text{für } i \neq l, \end{cases}$$

so ist $\mathsf{T}_g \boldsymbol{r}_\Pi(\alpha) > \boldsymbol{r}_\Pi(\alpha)$ bzw. $\boldsymbol{r}_{\Pi'}(\alpha) > \boldsymbol{r}_\Pi(\alpha)$ mit $\Pi' = (g, g, \ldots)$, und die Strategie Π' erweist sich als eine *stationäre Verbesserung* von Π.

Die Bedingung $\mathscr{A}_i(f) \neq \emptyset$ für alle $i \in \mathscr{E}$ erweist sich somit als notwendig und hinreichend für die α-Optimalität einer Strategie $\Pi = (f, f, \ldots)$. Gleichzeitig liefert der dargestellte Zusammenhang eine Methode zum Auffinden einer α-optimalen Strategie. Diese Methode, die sogenannte *Howardsche Politikiteration*, besteht aus den folgenden Schritten:

(i) *Die Wertbestimmung:* Man wähle eine zulässige Entscheidungsregel $f \in \mathscr{A}' = \times_{i \in \mathscr{E}} \mathscr{A}_i$. In praktischen Anwendungen erweist es sich als günstig, eine solche Entscheidungsregel f zu wählen, deren Aktionen den Ausdruck $\bar{c}_i(a)$ für alle $a \in \mathscr{A}_i$ maximieren (bzw. minimieren bei Kostenproblemen).

Mit dem gewählten f löse man das Gleichungssystem

$$\bar{c}_i(a) + \sum_{j \in \mathscr{E}} P_{ij}(a)\, \beta_\alpha(i, j; a)\, v_j^\alpha = v_i^\alpha$$

für alle $i \in \mathscr{E}$ mit $a = f(i)$ und bilde die Mengen

$$\mathscr{A}_i(f) = \left\{a : \bar{c}_i(a) + \sum_{j \in \mathscr{E}} P_{ij}(a)\, \beta_\alpha(i, j; a)\, v_j^\alpha > v_i^\alpha\right\}.$$

(ii) *Der Optimalitätstest:*

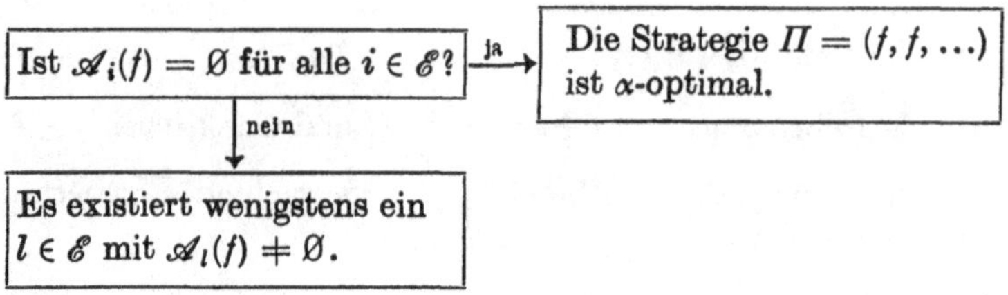

(iii) *Die Strategieverbesserung:* Enthalte $\mathscr{A}_l(f)$ das Element a', so konstruiere man gemäß der Vorschrift

$$g(i) = \begin{cases} a' & \text{für} \quad i = l, \\ f(i) & \text{für} \quad i \neq l \end{cases}$$

eine stationäre Strategie $\Pi' = (g, g, \ldots)$ mit $\boldsymbol{r}_{\Pi'}(\alpha) > \boldsymbol{r}_\Pi(\alpha)$ und beginne wieder mit dem Schritt (i).

Ist der Zustandsraum $\mathscr{E}$ des Entscheidungsmodells endlich, z. B. $\mathscr{E} = \{0, 1, \ldots, n\}$, so führt der beschriebene Algorithmus unter den gemachten Voraussetzungen nach endlich vielen Schritten zu einer α-optimalen stationären Strategie. Ist $\mathscr{E}$ unendlich, so konvergiert der Algorithmus. Der Rechenaufwand des Verfahrens wird dabei durch das mehrmalige Lösen von Gleichungssystemen bestimmt, deren Größe durch die Anzahl der möglichen Zustände im allgemeinen sehr beträchtlich ist. Zur Verringerung des Rechenaufwandes sind deshalb sogenannte *Entscheidungsausschließungsverfahren* entwickelt worden, mit denen nach (oder bei) jedem Wertiterationsschritt untersucht wird, welche Entscheidungen (Aktionen) in allen folgenden Iterationsschritten nicht mehr betrachtet werden müssen, weil sie in den künftigen Schritten nicht mehr optimal sein können. Ansätze hierzu liefern die Arbeiten von MacQueen (1967), Porteus (1971), Hastings/Mello (1973), van Nunen (1973), (1974) sowie Hastings/van Nunen (1976), die sämtlich Verfahren zur Ausschließung suboptimaler Aktionen für Entscheidungsmodelle mit unendlichem Planungshorizont betrachten. HÜBNER (1975) behandelt Ausschließungsverfahren für suboptimale Aktionen in endlich-stufigen Entscheidungsmodellen.

9.5.1. Beispiel. Zur Veranschaulichung der HOWARDschen Politikiteration wird ein abgeschlossenes System mit einem Bedienungsgerät betrachtet, wobei das Bedienungsgerät die folgenden zwei Zustände annehmen kann: Arbeitszustand ($i = 0$), Reparaturzustand ($i = 1$). Das System wird periodisch zu den Zeitpunkten $T_n = nd$ kontrolliert, wobei $n \in \mathbb{N}$ und $d > 0$ die vorgegebene Inspektionsspanne bezeichnet.

Im weiteren wird vorausgesetzt, daß in den beiden Zuständen $i = 0$ und $i = 1$ zu den Inspektionszeitpunkten die Möglichkeit besteht, mehrere Abläufe zu wählen, und zwar einen normalen Arbeitsablauf (Aktion a_0^1) oder einen beschleunigten Arbeitsablauf (Aktion a_0^2) bzw. eine normale Reparaturphase (Aktion a_1^1) oder eine beschleunigte Reparatur (Aktion a_1^2). Bezeichne $X(t)$ den Zustand des Gerätes zur Zeit t, so bildet die Folge $X_n = X(T_n)$ einen Markowschen Entscheidungsprozeß mit diskreter Zeit mit den Übergangswahrscheinlichkeiten

$$P_{00}(a_0^i) = a_i, \qquad P_{01}(a_0^i) = 1 - a_i,$$
$$P_{10}(a_1^i) = b_i, \qquad P_{11}(a_1^i) = 1 - b_i,$$

wobei $0 \leqq a_i, b_i \leqq 1$ ($i = 1, 2$) und $a_1 > a_2$ sowie $b_1 < b_2$. Für unser Beispiel wird $a_1 = 0{,}7$; $a_2 = 0{,}5$; $b_1 = 0{,}4$; $b_2 = 0{,}6$ gesetzt. Die zu erwartenden einperiodischen Gewinne seien $\bar{c}_0(a_0^1) = 3$; $\bar{c}_0(a_0^2) = 5$; $\bar{c}_1(a_1^1) = -1$; $\bar{c}_1(a_1^2) = -2$. Außerdem sei $\alpha' = e^{-\alpha} = 0{,}9$ ein vorgegebener Diskontfaktor. Mit Hilfe der Howardschen Politikiteration soll nun derjenige Ablauf bestimmt werden, für den der zu erwartende diskontierte Gesamtgewinn maximal wird. Wegen

$$\max_{a \in \mathscr{A}_0} \bar{c}_0(a) = 5 \quad \text{und} \quad \max_{a \in \mathscr{A}_1} \bar{c}_1(a) = -1$$

startet der Algorithmus mit der Entscheidungsregel

$$\boldsymbol{f}^{(0)} = (a_0^2, a_1^1).$$

Dann ist

$$\boldsymbol{P}(\boldsymbol{f}^{(0)}) = \begin{pmatrix} 0{,}5 & 0{,}5 \\ 0{,}6 & 0{,}4 \end{pmatrix}; \qquad \bar{\boldsymbol{c}}^{\mathrm{T}}(\boldsymbol{f}^{(0)}) = \begin{pmatrix} 5 \\ -1 \end{pmatrix},$$

und die Wertbestimmungsgleichung

$$\boldsymbol{v}^{\alpha'} = \boldsymbol{c}(\boldsymbol{f}^{(0)}) + 0{,}9\boldsymbol{P}(\boldsymbol{f}^{(0)})\, \boldsymbol{v}^{\alpha'}$$

besitzt die Lösung

$$\boldsymbol{v}^{\alpha'} = (v_0^{\alpha'}, v_1^{\alpha'}) = \left(\frac{1850}{91}, \frac{1250}{91}\right).$$

Für die Mengen $\mathscr{A}_i(\boldsymbol{f}^{(0)})$ ($i = 1, 2$) wird dann

$$\mathscr{A}_1(\boldsymbol{f}^{(0)}) = \emptyset \quad \text{und} \quad \mathscr{A}_2(\boldsymbol{f}^{(0)}) = \{a_1^2\}$$

berechnet. Die Entscheidungsregel $\boldsymbol{f}^{(0)}$ ist somit nicht optimal. Man bildet die stationäre Verbesserung $\boldsymbol{f}^{(1)} = (a_0^2, a_1^2)$. Damit ergibt sich

$$\boldsymbol{P}(\boldsymbol{f}^{(1)}) = \begin{pmatrix} 0{,}5 & 0{,}5 \\ 0{,}6 & 0{,}4 \end{pmatrix}; \qquad \bar{\boldsymbol{c}}^{\mathrm{T}}(\boldsymbol{f}^{(1)}) = \begin{pmatrix} 5 \\ -2 \end{pmatrix},$$

und die Wertbestimmungsgleichung

$$\boldsymbol{v}^{\alpha'} = \bar{\boldsymbol{c}}(\boldsymbol{f}^{(1)}) + 0{,}9\boldsymbol{P}(\boldsymbol{f}^{(1)})\, \boldsymbol{v}^{\alpha'}$$

besitzt die Lösungen $v^{\alpha'} = (v_0^{\alpha'}, v_1^{\alpha'}) = (2300/109, 1600/109)$. Wegen $\mathscr{A}_i(\boldsymbol{f}^{(1)}) = \emptyset$ für $i = 1, 2$ ist $\boldsymbol{f}^{(1)} = (a_0^2, a_1^2)$ die optimale Entscheidungsregel.

9.5.2. Methode der sukzessiven Approximation

Für jedes $u \in \mathrm{l}^\infty(\mathscr{E})$ wird jetzt durch

$$(\mathsf{T}_\alpha u)(i) = \max_{a \in \mathscr{A}_i} \left(\bar{c}_i(a) + \sum_{j \in \mathscr{E}} P_{ij}(a)\, \beta_\alpha(i, j; a)\, u(j)\right) \tag{1}$$

für alle $i \in \mathscr{E}$ eine weitere Abbildung $\mathsf{T}_\alpha : \mathrm{l}^\infty(\mathscr{E}) \to \mathrm{l}^\infty(\mathscr{E})$ definiert. Diese Abbildung ist kontrahierend, d. h., zu beliebig vorgegebenen Elementen $u, v \in \mathrm{l}^\infty(\mathscr{E})$ existiert ein k mit $0 \leqq k < 1$, so daß

$$\|\mathsf{T}_\alpha u - \mathsf{T}_\alpha v\| \leqq k\, \|u - v\|$$

gilt. Nach S. 9.4.3 gilt für die α-optimale Wertfunktion $r_*(\alpha; i)$

$$\mathsf{T}_\alpha r_*(\alpha; i) = r_*(\alpha; i)$$

für alle $i \in \mathscr{E}$, und nach dem Banachschen Fixpunktsatz ist r_* somit die einzige Lösung der Funktionalgleichung

$$u(i) = \max_{a \in \mathscr{A}_i} \left(\bar{c}_i(a) + \sum_{j \in \mathscr{E}} P_{ij}(a)\, \beta_\alpha(i, j; a)\, u(j)\right)$$

für alle $i \in \mathscr{E}$. Außerdem gilt

$$\lim_{n \to \infty} (\mathsf{T}_\alpha{}^n u)(i) = r_*(\alpha; i)$$

für alle $i \in \mathscr{E}$ und alle $u \in \mathrm{l}^\infty(\mathscr{E})$. Diese Grenzbeziehung liefert die Grundlage für die *Methode der sukzessiven Approximation*: Man wählt eine beliebige Anfangslösung $u_0 \in \mathrm{l}^\infty(\mathscr{E})$, z. B. $u_0 \equiv \mathbf{0}$ und wendet die Abbildung T_α n-mal sukzessive auf die Anfangslösung an. Man erhält die Folge

$$(\mathsf{T}_\alpha \mathbf{0})(i) = \max_{a \in \mathscr{A}_i} \bar{c}_i(a) = u_1(i)$$

$$(\mathsf{T}_\alpha{}^2 \mathbf{0})(i) = (\mathsf{T}_\alpha u_1)(i) = \max_{a \in \mathscr{A}_i} \left(\bar{c}_i(a) + \sum_{j \in \mathscr{E}} P_{ij}(a)\, \beta_\alpha(i, j; a)\, u_1(j)\right) = u_2(i)$$

$$\cdots\cdots\cdots\cdots\cdots\cdots\cdots\cdots\cdots\cdots$$

$$(\mathsf{T}_\alpha{}^n \mathbf{0})(i) = (\mathsf{T}_\alpha u_{n-1})(i) = \max_{a \in \mathscr{A}_i} \left(\bar{c}_i(a) + \sum_{j \in \mathscr{E}} P_{ij}(a)\, \beta_\alpha(i, j; a)\, u_{n-1}(j)\right) = u_n(i), \ldots$$

Dann gilt $\lim\limits_{n \to \infty} u_n(i) = \lim\limits_{n \to \infty} (\mathsf{T}_\alpha{}^n \mathbf{0})(i) = r_*(\alpha; i)$ für alle $i \in \mathscr{E}$.

Praktisch ist der Grenzwert der Näherungen $u_n(i)$ für alle $i \in \mathscr{E}$ natürlich nur schwer exakt berechenbar, zumal die Konvergenzgeschwindigkeit der Näherungslösungen äußerst klein ist. Es empfiehlt sich deshalb, die Berechnung der Approximationen u_n mit einer Extrapolation zu verbinden. Algorithmen dazu hat z. B. SCHELLHAAS (1974a) entwickelt.

Eng verwandt mit der Methode der sukzessiven Approximation ist die Methode der *Approximation eines Entscheidungsproblems mit unendlichem Planungshorizont durch ein äquivalentes Problem mit endlichem Horizont.* Anstelle des ursprünglichen Problems mit unendlichem Steuerungsbereich betrachtet man ein Problem mit einem Horizont von m Entscheidungsperioden.

Bezeichne $r_\Pi^{(m)}(\alpha; i, n)$ die erwarteten α-diskontierten Gesamterlöse für die verbleibenden n Restperioden bei Steuerung mit einer Politik Π und Start im Zustand i, und sei

$$r_*^{(m)}(\alpha; i, n) = \sup_\Pi r_\Pi^{(m)}(\alpha; i, n),$$

so gilt

$$r_*^{(m)}(\alpha; i, n) = \max_{a \in \mathcal{A}_i} \Big(\bar{c}_i(a) + \sum_{j \in \mathscr{E}} P_{ij}(a)\, \beta_\alpha(i, j; a)\, r_*^{(m)}(\alpha; i, n-1)\Big)$$

bzw. mittels der Abbildung T_α

$$r_*^{(m)}(\alpha; i, n) = \mathsf{T}_\alpha r_*^{(m)}(\alpha; i, n-1) \qquad (n \geqq 1).$$

Wie aus [9.4.1] zu ersehen ist, erhält man die Lösung eines solchen m-stufigen Entscheidungsproblems durch rekursive Auflösung der Bellmanschen Gleichung (2). Außerdem ergab sich die Existenz einer α-optimalen Markowschen Strategie $\Pi_\alpha{}^*(m) = (f_{\alpha,n}^*)_{n=0,1,\ldots,m}$, wobei die Entscheidungsregeln $f_{\alpha n}^*$ aus denjenigen Aktionen gebildet wird, welche für jedes n und alle i den Ausdruck

$$\bar{c}_i(a) + \sum_{j \in \mathscr{E}} P_{ij}(a)\, \beta_\alpha(i, j; a)\, r_*^{(m)}(\alpha; i, n)$$

maximieren.

Ist die Struktur der optimalen Strategie für das m-Periodenproblem auf diese Weise rekursiv ermittelt, so untersucht man das Verhalten der Funktionen $r_*^{(m)}(\alpha; i, n)$ für $n \to \infty$. Man kann zeigen, daß die sukzessive gewonnenen Wertfunktionen $r_*^{(m)}(\alpha; i, n)$ in n beschränkt und monoton sind und somit für $n \to \infty$ einen Grenzwert $r_*(\alpha; i)$ besitzen, welcher für alle $i \in \mathscr{E}$ der Funktionalgleichung

$$r_*(\alpha; i) = \max_{a \in \mathcal{A}_i} \Big(\bar{c}_i(a) + \sum_{j \in \mathscr{E}} P_{ij}(a)\, \beta_\alpha(i, j; a)\, r_*(\alpha; j)\Big)$$

genügt. Die aus den Entscheidungsregeln $f_\alpha{}^*$ gebildete stationäre Strategie $\Pi^* = (f_\alpha{}^*, f_\alpha{}^*, \ldots)$ ist dann α-optimal für das Entscheidungsproblem mit unendlichem Planungshorizont, wobei $f_\alpha{}^*$ aus denjenigen Aktionen gebildet wird, welche für alle $i \in \mathscr{E}$ den Ausdruck

$$\bar{c}_i(a) + \sum_{j \in \mathscr{E}} P_{ij}(a)\, \beta_\alpha(i, j; a)\, r_*(\alpha; j)$$

maximieren.

9.5.2. Beispiel. Es wird noch einmal B. 9.4.1 betrachtet, wobei jetzt die Steuerung über die Menge der Zeitpunkte $t = 0, 1, 2, \ldots$ erstreckt wird. Es soll gezeigt werden, daß die optimale Einschaltpolitik bei unendlichem Planungshorizont von der gleichen Struktur ist, wie die in B. 9.4.1 angegebene Strategie Π^* (vgl. MAGAZINE (1971)).

Ausgehend von der Funktionalgleichung

$$r_*^{(m)}(\alpha'; i, k, n) = \mathsf{T}_\alpha\, r_*^{(m)}(\alpha'; i, k, n-1), \qquad (n \geqq 1,\ \alpha' = e^{-\alpha},\ \alpha > 0)$$

mit

$$(\mathsf{T}_\alpha u)\,(i) = c^{\mathrm{V}}(i) + \min_{a=1,\ldots,s} \Big(\max\{0, a-k\}\, c_1{}^{\mathrm{B}} + \max\{0, k-a\}\, c_0{}^{\mathrm{B}} + a c^{\mathrm{B}} + \alpha' \sum_{j \in \mathscr{E}} P_{ij}(a)\, u(j)\Big)$$

folgt

$$|r_*^{(m)}(\alpha'; i, k, n) - r_*^{(m)}(\alpha'; i, k, n+1)|$$
$$\leqq \alpha' \sum_{j \in \mathcal{E}} P_{ij}(k) \, |r_*^{(m)}(\alpha'; i, k, n-1) - r_*^{(m)}(\alpha'; i, k, n)| .$$

Setzt man

$$u_n = \max_{i \in \mathcal{E}} \left(|r_*^{(m)}(\alpha'; i, k, n) - r_*^{(m)}(\alpha'; i, k, n-1)|\right),$$

so erhält man $u_{n+1} \leqq \alpha' u_n \leqq \cdots \leqq (\alpha')^n u_1$, d. h.

$$\sum_{n=0}^{\infty} u_{n+1} \leqq \sum_{n=0}^{\infty} (\alpha')^n u_1 = \frac{u_1}{1 - \alpha'},$$

woraus sich $\lim_{n \to \infty} u_n = 0$ ergibt. Somit ist die unendliche Reihe

$$\sum_{n=0}^{\infty} \left(r_*^{(m)}(\alpha'; i, k, n+1) - r_*^{(m)}(\alpha'; i, k, n)\right)$$

gleichmäßig konvergent, und es gilt

$$\lim_{n \to \infty} r_*^{(m)}(\alpha'; i, k, n) = r_*(\alpha'; i, k),$$

wobei die Grenzfunktionen r_* der Funktionalgleichung

$$r_*(\alpha'; i, k) = c^V(i) + \min_{a=1,\ldots,s} \Big(\max\{0, a-k\}\, c_1{}^U + \max\{0, k-a\}\, c_0{}^U + ac^B$$
$$+ \alpha' \sum_{j \in \mathcal{E}} P_{ij}(a)\, r^*(\alpha'; j, a)\Big)$$

genügen. Da somit die in B. 9.4.1 angegebene Einschaltpolitik für jedes $n \geqq 1$ optimal ist, ist sie auch optimale Strategie für ein Problem mit unendlichem Planungshorizont.

9.5.3. Beispiel. ZACKS/YADIN (1970) wenden die Methode der Approximation eines Entscheidungsproblems mit unendlichem Planungshorizont durch ein äquivalentes Problem mit endlichem Horizont auf die Steuerung der Bedienungsgeschwindigkeit in einem Modell vom Typ M/M/1/∞ an, wobei die Bedienungsintensität μ in einem abgeschlossenen Intervall $[0, \bar{\mu}]$ variieren kann, und die Arbeit des Systems durch die folgenden drei Kostenarten bewertet wird:

(a) Es treten Umschaltkosten $c^U_{\mu,\mu'}$ auf, wenn die Bedienungsgeschwindigkeit von der Intensität μ auf die Intensität μ' umgeschaltet wird. Dabei sei

$$c^U_{\mu,\mu'} = c\,|\mu - \mu'|; \quad 0 < c < \infty; \quad \mu, \mu' \in [0, \bar{\mu}].$$

(b) Sind i Forderungen im System, so entstehen pro Zeiteinheit die Wartezeitkosten $c^W(i)$ Es gelte

$$c^W(i) = qi, \quad 0 < q < \infty, \quad i \in \mathcal{E}.$$

(c) Wird mit der Intensität μ bedient, so treten pro Zeiteinheit die Bedienungskosten $c^B(\mu)$ auf. Dabei wird vorausgesetzt, daß die Funktion $c^B(\mu)/(\lambda + \mu + \alpha)$ bez. μ konvex ist und für alle $\mu \in [0, \bar{\mu}]$ eine stetige positive Ableitung besitzt. Der Zustand des

Systems werde durch die Paare (μ, i) charakterisiert, wobei μ die benutzte Bedienungsintensität und i die Anzahl der anwesenden Forderungen charakterisieren. Entscheidungspunkte sind die Ankunfts- bzw. Abgangspunkte von Forderungen. Als Aktionsmenge $\mathscr{A}$ tritt das Intervall $[0, \bar{\mu}]$ auf, wobei der Wahl der Aktion a die Auswahl einer Intensität μ_a aus dem Intervall $[0, \bar{\mu}]$ entspricht.

Im Gegensatz zu unseren bisher behandelten Entscheidungsmodellen liegt also jetzt ein Modell mit dem Zustandsraum $\mathscr{E} = [0, \bar{\mu}] \times \mathbf{G}_+$ und dem überabzählbaren Aktionenraum $\mathscr{A} = [0, \bar{\mu}]$ vor. Bezeichne $r_*^{(m)}(\alpha; (\mu, i), n)$ die minimalen Kosten für die verbleibenden n Entscheidungsintervalle, wenn mit α diskontiert wurde und der Zustand (μ, i) vorliegt, so ergeben sich die Wertfunktionen $r^{*(m)}(\alpha; (\mu, i), n)$ in der folgenden rekursiven Weise:

$$r_*^{(m)}(\alpha; (\mu, i), 0) = \alpha^{-1}\{c^{\mathrm{B}}(\mu) + qi + q\alpha^{-1}(\lambda - \mu) + (1 - d)^{-1} d^{i+1}\}$$

mit $d = [\lambda + \mu + \alpha - ((\lambda + \mu + \alpha)^2 - 4\lambda\mu)^{1/2}]/2\lambda$ sowie für $n \geqq 1$

$$r_*^{(m)}(\alpha; (\mu, i), n) = \inf_{\mu' \in [0, \bar{\mu}]} \left(c^{\mathrm{U}}_{\mu,\mu'} + h(\alpha; (\mu', i), n)\right) \tag{2}$$

mit

$$h(\alpha; (\mu, i), n) = \begin{cases} (\lambda + \alpha)^{-1} \left(c^{\mathrm{B}}(\mu) + \lambda r_*^{(m)}(\alpha; (\mu, 1), n - 1)\right) & \text{für } i = 0, \\ (\lambda + \mu + \alpha)^{-1} \left(c^{\mathrm{B}}(\mu) + qi + \lambda r_*^{(m)}(\alpha; (\mu, i + 1), n - 1)\right. & \\ \left. + \mu r_*^{(m)}(\alpha; (\mu, i - 1), n - 1)\right) & \text{für } i \geqq 1. \end{cases}$$

Setzt man

$$\underline{\mu}_{i,n} = \max \left\{0, \inf \left\{\mu : \frac{\partial}{\partial \mu} h(\alpha; (\mu, i), n) \geqq -c\right\}\right\}$$

$$\bar{\mu}_{i,n} = \min \left\{\bar{\mu}, \sup \left\{\mu : \frac{\partial}{\partial \mu} h(\alpha; (\mu, i), n) \leqq c\right\}\right\},$$

so gilt für alle $n \geqq 1$ und alle $i \in \mathbf{G}_+$

$$\underline{\mu}_{i,n} < \bar{\mu}_{i,n}$$

sowie $\quad \underline{\mu}_{i,n} \leqq \underline{\mu}_{i+1,n}$ und $\bar{\mu}_{i,n} \leqq \bar{\mu}_{i+1,n}$.

Die α-optimalen Bedienungsintensitäten $f^*_{\alpha,n}(\mu, i)$ im Systemzustand (μ, i) für die verbleibenden n Entscheidungspunkte ergeben sich dann für alle $n \geqq 1$, $\mu \in [0, \bar{\mu}]$ und alle $i \in \mathbf{G}_+$ aus der Beziehung

$$r_*^{(m)}(\alpha, (\mu, i), n) = c\, |\mu - f^*_{\alpha,n}(\mu, i)| + h\left(\alpha; (f^*_{\alpha,n}(\mu, i), i), n - 1\right)$$

zu

$$f^*_{\alpha,n}(\mu, i) = \begin{cases} \bar{\mu}_{i,n}, & \text{wenn } \mu \geqq \bar{\mu}_{i,n} \\ \mu, & \text{wenn } \underline{\mu}_{i,n} < \mu < \bar{\mu}_{i,n} \\ \underline{\mu}_{i,n}, & \text{wenn } \mu < \underline{\mu}_{i,n}. \end{cases} \tag{3}$$

Wenn also für irgendein n bei vorliegendem Systemzustand (μ, i) gilt $\mu < \underline{\mu}_{i,n}$, so wird von der Intensität μ auf die Intensität $\underline{\mu}_{i,n}$ umgeschaltet. Ist $\mu \in [\underline{\mu}_{i,n}; \bar{\mu}_{i,n}]$, so bleibt μ ungeändert, während für $\mu > \bar{\mu}_{i,n}$ die Intensität μ auf den Wert $\bar{\mu}_{i,n}$ abfällt.

Unter gewissen Voraussetzungen über die Differenzen $\Delta r_*^{(m)}\big(\alpha; (\mu, i), n\big)$ und die Funktion $c^{B}(\mu)/(\lambda + \mu + \alpha)$ sowie deren zweite Ableitung, läßt sich zeigen (vgl. ZACKS/YADIN (1970)), daß die Wertfunktionen $r_*^{(m)}\big(\alpha; (\mu, i), n\big)$ gleichmäßig in $\mu \in [0, \bar{\mu}]$ für $n \to \infty$ gegen die α-optimalen Kosten $r_*\big(\alpha; (\mu, i)\big)$ für ein Problem mit unendlichem Horizont konvergieren. Die optimalen Wertfunktionen $r_*\big(\alpha; (\mu, i)\big)$ erfüllen dann die Funktionalgleichung

$$r_*\big(\alpha; (\mu, i)\big) = \inf_{\mu' \in [0, \bar{\mu}]} \begin{cases} c^{U}_{\mu,\mu'} + (\lambda + \alpha)^{-1} \big(c^{B}(\mu) + \lambda r_*\big(\alpha; (\mu', 1)\big)\big) & \text{für} \quad i = 0, \\ c^{B}_{\mu,\mu'} + (\lambda + \mu' + \alpha)^{-1} \big(c^{B}(\mu) + \lambda r_*\big(\alpha; (\mu', i + 1)\big) \\ \quad + \mu' r_*\big(\alpha; (\mu', i - 1)\big) + qi\big) & \text{für} \quad i \geqq 1. \end{cases} \tag{4}$$

Das Intervall $[0, \bar{\mu}]$ zerfällt dann in zwei Teilintervalle $[\underline{\mu}_L, \underline{\mu}_U]$ und $[\bar{\mu}_L, \bar{\mu}_U]$, wobei das Intervall $[\underline{\mu}_L, \underline{\mu}_U]$ alle Kontrollpunkte $\underline{\mu}_{i,n}$ für $n \geqq 1$, $i \in \mathbb{G}_+$ und das Intervall $[\bar{\mu}_L, \bar{\mu}_U]$ alle Punkte $\bar{\mu}_{i,n}$ für $n \geqq 1$ und $i \in \mathbb{G}_+$ enthält. Dabei sind die Grenzpunkte $\underline{\mu}_L, \underline{\mu}_U, \bar{\mu}_L, \bar{\mu}_U$ in der folgenden Weise definiert:

$$\underline{\mu}_L = \max \big\{0, \sup \{\mu : \big(c^{B}(\mu)\big)' = -c\alpha\}\big\}$$

$$\underline{\mu}_U = \max \big\{0, \inf \{\mu : \big(c^{B}(\mu)\big)' = q\alpha^{-1} - c\alpha\}\big\}$$

$$\bar{\mu}_L = \min \big\{\bar{\mu}, \sup \{\mu : \big(c^{B}(\mu)\big)' = \alpha c\}\big\}$$

$$\bar{\mu}_U = \min \big\{\bar{\mu}, \inf \{\mu : \big(c^{B}(\mu)\big)' = \alpha c + \alpha q\}\big\}$$

mit

$$\big(c^{B}(\mu)\big)' = \frac{dc^{B}(\mu)}{d\mu}.$$

Hieraus ergeben sich noch die folgenden Aussagen:

(i) Ist $\big(c^{B}(\mu)\big)' > \alpha^{-1}q - c\alpha$ für alle $\mu > 0$, so ist $\underline{\mu}_{i,n} = 0$ für alle $n \geqq 1$ und alle $i \in \mathbb{G}_+$. Wird also mit der optimalen Umschaltpolitik gearbeitet, so sind die Bedienungsintensitäten nichtwachsend.

(ii) Ist $\big(c^{B}(\mu)\big)' < \alpha c$ für alle $\mu \leqq \bar{\mu}$, so ist $\bar{\mu}_{i,n} = \bar{\mu}$ für alle $n \geqq 1$ und $i \in \mathbb{G}_+$. Bei Anwendung der optimalen Umschaltpolitik sind die Bedienungsintensitäten nichtfallend.

(iii) Für $c\alpha > \frac{1}{2} \alpha^{-1}q$ sind die Intervalle $[\underline{\mu}_L, \underline{\mu}_U]$ und $[\bar{\mu}_L, \bar{\mu}_U]$ disjunkt. Für alle $\mu \in [\underline{\mu}_U, \bar{\mu}_L]$ ist $f^*_{\alpha,n}(\mu, i) = \mu$ für alle $n \geqq 1$ und $i \in \mathbb{G}_+$. Die Bedienungsintensität bleibt also in diesem Teilintervall stets konstant. In dem Teilintervall $[\underline{\mu}_L, \underline{\mu}_U]$ kann die Intensität nur wachsen, während in dem Intervall $[\bar{\mu}_L, \bar{\mu}_U]$ die Intensität nur fallend ist.

Ist $\alpha q - c\alpha < \big(c^{B}(\mu)\big)' < \alpha c$, so fällt das Intervall $[\underline{\mu}_U, \bar{\mu}_L]$ mit dem Intervall $[0, \bar{\mu}]$ zusammen, und die Bedienungsintensität bleibt bei Anwendung der optimalen Strategie ungeändert.

9.5.3. Methode der linearen Optimierung

Jetzt wird speziell ein semimarkowsches Entscheidungsmodell mit endlichem Zustandsraum $\mathscr{E} = \{0, 1, \ldots, n\}$ betrachtet. Die Abbildung T_α sei wieder durch

$$(\mathsf{T}_\alpha u)(i) = \max_{a \in \mathscr{A}_i} \Big(\bar{c}_i(a) + \sum_{j \in \mathscr{E}} P_{ij}(a)\, \beta_\alpha(i, j; a)\, u(j)\Big)$$

für alle $i \in \mathscr{E}$ und $u \in l^\infty(\mathscr{E})$ definiert. Für jede Funktion $u \in l^\infty(\mathscr{E})$ mit $\mathsf{T}_\alpha u \leqq u$ ergibt sich dann schrittweise $\mathsf{T}_\alpha^n u \leqq u$ und damit nach dem Fixpunktsatz $r_*(\alpha; i) \leqq u(i)$ für alle $i \in \mathscr{E}$. Andererseits ist r_* die einzige Lösung der Gleichung $\mathsf{T}_\alpha u = u$, so daß man die α-optimale Wertfunktion r_* über ein lineares Optimierungsproblem erhält, indem man u unter der Nebenbedingung

$$\max_{a \in \mathscr{A}_i} \Big(\bar{c}_i(a) + \sum_{j \in \mathscr{E}} P_{ij}(a)\, \beta_\alpha(i, j; a)\, u(j)\Big) \leqq u(i)$$

für alle $i \in \mathscr{E}$ minimiert. In allgemeiner Form lautet dieses Problem

$$\sum_{i \in \mathscr{E}} u(i)\, P_0(i) \doteq \min$$

Nebenbedingung:

$$\sum_{j \in \mathscr{E}} \big(\delta_{ij} - P_{ij}(a)\, \beta_\alpha(i, j; a)\big)\, u(j) \geqq \bar{c}_i(a) \tag{5}$$

$$i \in \mathscr{E}, \qquad a \in \mathscr{A}_i, \qquad u \in l^\infty(\mathscr{E}) \ \text{beliebig.}$$

Dabei sei $P_0(i)$ die vorgegebene Anfangsverteilung. Durch formales Dualisieren nimmt das Problem (1) die Gestalt an

$$\sum_{j \in \mathscr{E}} \sum_{a \in \mathscr{A}_i} \bar{c}_j(a)\, x_j^a \doteq \max$$

Nebenbedingungen:

$$\sum_{i \in \mathscr{E}} \sum_{a \in \mathscr{A}_i} \big(\delta_{ij} - P_{ij}(a)\, \beta_\alpha(i, j; a)\big)\, x_i^a = P_0(i) \tag{6}$$

$$x_j^a \geqq 0, \qquad j \in \mathscr{E}, \qquad a \in \mathscr{A}_i.$$

Es sei nun $P_0(i) > 0$ für alle $i \in \mathscr{E}$. Dann gibt es eine optimale Basislösung $(\bar{x}_i^a)$ des linearen Optimierungsproblems (6) mit der Eigenschaft, daß für jedes $i \in \mathscr{E}$ genau ein $a_i \in \mathscr{A}_i$ existiert, so daß

$$\bar{x}_i^a > 0 \quad \text{für} \quad a = a_i,$$

$$\bar{x}_i^a = 0 \quad \text{sonst}$$

gilt. Die stationäre Strategie $\Pi^* = (f_\alpha^*, f_\alpha^*, \ldots)$ mit $f_\alpha^*(i) = a_i$ für alle $i \in \mathscr{E}$ ist dann α-optimal.

Die Lösung des Problems (6) läßt sich mit den bekannten Algorithmen der linearen Optimierung ermitteln (vgl. z. B. Judin/Golstein [1]).

9.6. Das Problem unbeschränkter Kosten

9.6.1. Vorbemerkung

Eine entscheidende Annahme bei der Entwicklung der Theorie der semimarkowschen Entscheidungsmodelle ist die Voraussetzung, daß die einperiodischen Gewinne (bzw. Kosten) für alle Zustände und Aktionen gleichmäßig beschränkt sind. Diese Annahme sicherte die Beschränktheit der Wertfunktionen $r_\Pi(\alpha; i)$ für alle $\Pi \in \mathscr{F}^{\mathrm{dm}}(\mathscr{E})$ und alle Startzustände i. Deshalb war z. B. bei der Untersuchung der Abbildungen T_f und T_α die Einschränkung auf die Menge der beschränkten Funktionen $u: \mathscr{E} \to \mathbb{R}$ möglich.

Diese Menge war metrisierbar zu einem vollständig metrischen Raum, wobei als Norm die übliche Supremumnorm benutzt wurde. Diese Tatsache erlaubte dann u. a. die Anwendung des Fixpunktsatzes und sicherte für den Fall endlicher Aktionenräume die Existenz einer α-optimalen stationären Strategie.

Die Forderung der gleichmäßigen Beschränktheit der einperiodischen Gewinne (bzw. Kosten) erweist sich bei der Anwendung der Methode der semimarkowschen Entscheidungsmodelle zur Steuerung von Bedienungssystemen als recht hinderlich. Solche Systeme besitzen nämlich in der Regel eine Gewinn- bzw. Kostenkomponente, die mit wachsendem Systemzustand (z. B. der Anzahl der anwesenden Forderungen) selbst unbeschränkt wächst.

9.6.1. Beispiel. Betrachtet wird das Bedienungssystem $M/GI/1/\infty$ mit abschaltbarem Bedienungsgerät (vgl. Heyman (1968), Bell (1971), Langen (1976) u. a.).

Die Arbeit des Gerätes wird dabei durch die folgenden Kostenarten bewertet:

c_0^B — Wartungskosten pro Zeiteinheit, wenn das Bedienungsgerät nicht arbeitet,
c_1^B — Wartungskosten pro Zeiteinheit, wenn das Bedienungsgerät arbeitet ($c_1^B \geqq c_0^B$),
c_0^U, c_1^U — Ausschalt- bzw. Einschaltkosten für das Gerät,
c^V — Kosten für das Verweilen einer Forderung pro Zeiteinheit im System.

Der Planungshorizont soll unendlich sein. Kosten, die zur Zeit t anfallen, sollen stetig mit dem Faktor $e^{-\alpha t}(\alpha > 0)$ diskontiert werden. Gesucht ist eine α-optimale Ein- und Ausschaltstrategie, welche die zu erwartenden diskontierten Gesamtkosten minimiert.

Unter den gemachten Voraussetzungen ist das Bedienungssystem als semimarkowsches Entscheidungsmodell darstellbar. Der Zustand des Systems zur Zeit t wird dabei durch das Paar $[N(t), J(t)]$ bestimmt, wobei $N(t)$ die Anzahl der Forderungen kennzeichnet, die zur Zeit t im System sind, und

$$J(t) = \begin{cases} 1, & \text{wenn das Bedienungsgerät zur Zeit } t \text{ eingeschaltet ist} \\ 0, & \text{wenn das Bedienungsgerät zur Zeit } t \text{ ausgeschaltet ist.} \end{cases}$$

Für den Zustandsraum gilt somit $\mathscr{E} = \mathbb{G}_+ \times \{0, 1\}$. Zu den einzelnen Zuständen $(n, k) \in \mathscr{E}$ gehören die Aktionsmengen $\mathscr{A}_{(n,k)} = \{0, 1\}$. Dabei bedeutet

Aktion 0: Schalte das Bedienungsgerät aus oder lasse es ausgeschaltet,
Aktion 1: Schalte das Bedienungsgerät ein oder lasse es eingeschaltet.

Zulässige Entscheidungspunkte seien: Falls nicht bedient wird, darf erst zum Zeitpunkt der nächsten Ankunft einer Forderung eine Entscheidung getroffen werden; falls eine Forderung bedient wird, ist das Bedienungsende der nächste zulässige Entscheidungspunkt.

Für die zu erwartenden einperiodischen Kosten ergibt sich dann

$$\bar{c}_{(i,k)}(0) = A^*(\alpha)\,(c_0^B + ic^V)\,\lambda^{-1} + kc_0^U \qquad \text{für alle} \qquad i \in \mathbb{G}_+,$$

$k \in \mathscr{A}_i$ mit $A^*(\alpha) = \int\limits_0^\infty e^{-\alpha t}\,dA(t)$ sowie

$$\bar{c}_{(i,k)}(1) = B^*(\alpha)\,(\mu c_1^B + i\mu c^V) + (1 - k)\,c_1^B$$

für alle $i \in \mathbb{N}$, $k \in \mathscr{A}_i$ mit $B^*(\alpha) = \int\limits_0^\infty e^{-\alpha t}\,dB(t)$ und

$$\bar{c}_{(0,k)}(1) = A^*(\alpha)\,c_1^B\lambda^{-1} + (1 - k)\,c_1^U \qquad \text{für alle} \qquad k \in \mathscr{A}_0 = \{0, 1\}.$$

Man erkennt, daß die erwarteten einperiodischen Kosten $\bar{c}_{(i,k)}(0)$ $(i \in \mathbb{G}_+, k \in \mathscr{A}_i)$ und $\bar{c}_{(i,k)}(1)$ $(i \in \mathbb{N}, k \in \mathscr{A}_i)$ einen Kostenanteil besitzen, der mit wachsender Zustandsnummer unbeschränkt wächst, so daß die Voraussetzung der gleichmäßigen Beschränktheit der einperiodischen Kosten verletzt ist. Somit sind die Ergebnisse aus [9.4] nicht direkt anwendbar.

Um auch für Bedienungssysteme mit unbeschränkten einperiodischen Kosten die Methode der semimarkowschen Entscheidungsmodelle anwenden zu können, lassen sich zwei verschiedene Wege beschreiten:

(a) Das Problem mit unbeschränkten einperiodischen Kosten wird in ein äquivalentes Problem mit gleichmäßig beschränkten Kosten transformiert. Die Idee für diese Vorgehensweise stammt von Bell (1971) und wurde von Stidham (1972) ausführlich dargestellt (vgl. auch Prabhu/Stidham (1973) und Harrison (1975)).

(b) Die Theorie der semimarkowschen Entscheidungsmodelle wird dahingehend verallgemeinert, daß jetzt als Grundraum die Menge aller Funktionen $u: \mathscr{E} \to \mathbb{R}$, einschließlich der unbeschränkten Funktionen betrachtet wird. Da diese Menge mit der üblichen Supremumnorm im allgemeinen zu keinem vollständigen metrischen Raum führt, erweist es sich als notwendig, eine geeignete Metrik zu finden, die diesen Raum zu einem vollständigen metrischen Raum macht. Diesen zweiten Weg haben Harrison (1970), (1972), Lippman (1973), (1975a) sowie Wessels/van Nunen (1975) vorgeschlagen.

9.6.2. Methode der Überführung in ein Problem mit gleichmäßig beschränkten Kosten

Es wird ein beliebiges einkanaliges Bedienungssystem betrachtet, das in jedem Zeitpunkt $t \in \mathbb{R}_+$ arbeitsfähig ist. In dieses System treffen zu den Zeitpunkten $0 \leqq \mathring{T}_1 \leqq \mathring{T}_2 \leqq \cdots$ Forderungen ein, die nach ihrer Bedienung zu den Zeitpunkten $\mathring{T}_1 + V_1$, $\mathring{T}_2 + V_2, \ldots$ das System wieder verlassen. V_n ist also die Verweilzeit der n-ten Forderung.

Das Bedienungssystem wird durch Verweilkosten c^V bewertet, die jede Forderung pro Zeiteinheit für ihre Anwesenheit im System zu zahlen hat. Die in einem Zeitpunkt t anfallende Rate für die Verweilkosten beträgt dann $c^V N(t)$, und für die Gesamtkosten ergibt sich bei stetiger Diskontierung mit dem Faktor $e^{-\alpha t}(\alpha > 0)$ der Ertrag $c^V \int_0^\infty e^{-\alpha t} N(t)\, dt$, wobei $N(t)$ die Anzahl der Forderungen charakterisiert, die zur Zeit t im System sind. Für jede Realisierung und alle $\alpha > 0$ gilt dann

$$\int_0^\infty e^{-\alpha t} N(t)\, dt = \sum_{n=1}^\infty e^{-\alpha \mathring{T}_n}(1 - e^{-\alpha V_n})/\alpha \qquad (\text{Stidham } (1972)).$$

Zur Zeit $t = 0$ seien i Forderungen im System. Vernachlässigt man die durch die anfänglich vorhandenen i Forderungen verursachten Verweilkosten, so sind die gesamten α-diskontierten Verweilkosten gleich

$$c^V \int_0^\infty e^{-\alpha t} N(t)\, dt = \frac{c^V}{\alpha} \sum_{n=1}^\infty \left(e^{-\alpha \mathring{T}_n} - e^{-\alpha(\mathring{T}_n + V_n)}\right). \tag{1}$$

Neben der gewöhnlichen, d. h. stetigen Bewertung des Prozesses über die Zeit als Funktion der anwesenden Forderungen kann die Bewertung also auch dadurch erfolgen, daß in den Ankunftszeitpunkten $\mathring{T}_n$ der n-ten Forderung die diskontierten Kosten c^V/α zu zahlen sind, die entstehen würden, wenn die n-te Forderung von $\mathring{T}_n$ bis ∞ im System verweilen würde, und in den Abgangspunkten $\mathring{T}_n + V_n$ sind als Überschußbetrag die diskontierten Kosten c^V/α für das Verweilen der Forderung von $\mathring{T}_n + V_n$ bis ∞ zurückzuzahlen.

Bei Vernachlässigung der durch die anfänglich vorhandenen i Forderungen verursachten Verweilkosten sind nach der Formel von Stidham für beide Bewertungsschemata die gesamte α-diskontierten Verweilkosten über einen unendlichen Planungshorizont gleich.

Startet das System zur Zeit $t = 0$ mit i Forderungen, so führen beide Bewertungsschemata zu unterschiedlichen Gesamtkosten. Bei der Bewertung des Prozesses in den Ankunfts- und Abgangspunkten fehlt nämlich die Registrierung der „Ankünfte" der zu Beginn vorhandenen i Forderungen und damit der Kostenanteil ic^V/α. Die so entstehende Differenz der auftretenden Verweilkosten bei unterschiedlicher Bewertung hängt aber nur von dem Startzustand ab und ist für alle Strategien gleich. Folglich ist eine Strategie für das neue Bewertungsschema genau dann optimal, wenn sie bei der gewöhnlichen stetigen Bewertung optimal ist.

In dem neuen Bewertungsschema hängen die gesamten diskontierten Verweilkosten zwischen den Entscheidungspunkten nur von der Anzahl der Ankunfts- bzw. Abgangspunkte ab, die in einem Entscheidungsintervall liegen. Somit sind die zu erwartenden einperiodischen Verweilkosten für alle Zustände und Aktionen gleichmäßig beschränkt, solange die Anzahl der Ankünfte und Abgänge von Forderungen zwischen den Entscheidungspunkten unabhängig von den angenommenen Zuständen und Aktionen ist (bzw. höchstens von einer endlichen Anzahl von Zuständen bzw. Aktionen abhängt). In diesem Fall sind jedoch die Ergebnisse aus [9.4] anwendbar, welche die Existenz und Eindeutigkeit der optimalen Wertfunktion r_* sowie einer optimalen Strategie Π^* für das neue Bewertungsschema sichern. Nach obiger Bemerkung ist dann die Strategie Π^* auch für das ursprüngliche Bewertungsschema optimal.

9.6.2. Beispiel. Es wird noch einmal das Bedienungssystem M/GI/1/∞ mit abschaltbarem Bedienungsgerät betrachtet (↑ B. 9.6.1). Als Entscheidungspunkte treten die Abgangspunkte von Forderungen auf, wenn das Gerät eingeschaltet ist bzw. Ankunftszeitpunkte, wenn das Gerät ausgeschaltet ist. Der Prozeß wird nun gemäß der beschriebenen Vorgehensweise wie folgt bewertet:

— Beim Eintreffen bzw. Verlassen einer Forderung werden die Kosten c^V/α bzw. $-c^V/\alpha$ veranschlagt,

— Ist das Gerät ein- bzw. ausgeschaltet, so entstehen die Kosten $c_1{}^U + c_1{}^B/\alpha - c_0{}^B/\alpha$ bzw. $c_0{}^U + c_0{}^B/\alpha + c_1{}^B/\alpha$.

Die Länge des Intervalles zwischen den Entscheidungspunkten T_n und T_{n+1} hängt davon ab, ob das Gerät ein- bzw. ausgeschaltet ist und ob $N(T_n) = 0$ oder $N(T_n) > 0$ gilt. Sie ist nicht abhängig von der Anzahl der anwesenden Forderungen. Folglich sind die erwarteten einperiodischen Kosten als Funktion der zu Beginn eines Entscheidungsintervalles angenommenen Systemzustände beschränkt, und es existiert somit eine optimale stationäre Ein- bzw. Ausschaltstrategie. Es läßt sich zeigen (vgl. Bell (1971)), daß für beliebige Startzustände $(i, 0)$ bzw. $(i, 1)$ die optimale stationäre Ein- bzw. Ausschaltstrategie Π^* eine (oder mehrere) der folgenden Eigenschaften besitzt.

(a) Bei Anwendung von Π^* wird das Gerät nie abgeschaltet.
(b) Bei Anwendung von Π^* wird das Gerät genau dann abgeschaltet, wenn sich nach Beendigung der Bedienung keine Forderungen mehr im System befinden.
(c) Bei Anwendung von Π^* wird das Gerät nie eingeschaltet.

Π^* hat dabei die Struktur (j^*, i^*), wobei sich dieses Zahlenpaar wie folgt interpretieren läßt: Man schalte das Bedienungsgerät nur dann ein, wenn mindestens i^* Forderungen im System sind, und schalte das Gerät genau dann ab, wenn höchstens noch j^* Forderungen anwesend sind.

Im einzelnen können folgende Fälle auftreten:

(i) Schalte das Gerät ein bzw. lasse es eingeschaltet, wenn i^* oder mehr Forderungen im System sind, und schalte nur dann aus, wenn keine Forderung mehr anwesend ist. In diesem Fall liege also eine $(0, i^*)$-Strategie vor.
(ii) Schalte das Gerät das erste Mal aus, wenn keine Forderungen im System sind, und lasse es dann im weiteren ausgeschaltet. Diesen Fall bezeichnet man als $(0, \infty)$-Strategie.
(iii) Schalte das Gerät im Zeitpunkt $t = 0$ aus bzw. lasse es ausgeschaltet, und schalte es nie wieder ein ((j^*, ∞)-Strategie mit $j^* \geqq 0$).
(iv) Schalte das Gerät das erste Mal ein, wenn i oder mehr Forderungen im System sind, und schalte es nie wieder aus ($(-1, i^*)$-Strategie).
(v) Schalte das Bedienungsgerät nie an bzw. aus ($(-1, \infty)$-Strategie).

In der Arbeit von Bell wurde ein Algorithmus zur Konstruktion der Strategie Π^* angegeben (vgl. auch Langen (1976)). Sobel (1969) hat ähnliche Resultate für ein $GI/GI/1/\infty$-System mit abschaltbarem Bedienungsgerät erhalten.

In analoger Weise läßt sich durch die hier dargestellte Methode z. B. auch das als B. 9.1.3 eingeführte steuerbare Bedienungssystem $M/GI/1/\infty$ mit mehreren Forderungenströmen und unbeschränkten einperiodischen Kosten (aufgrund der Kostenkomponente $c^V(i)$) in ein äquivalentes semimarkowsches Entscheidungsmodell mit gleichmäßig beschränkten einperiodischen Kosten überführen (vgl. Harrison (1975)).

Bei bewerteten Bedienungssystemen mit mehreren Forderungenströmen entsteht in natürlicher Weise die Frage nach einer optimalen Steuerung der Bedienungsdisziplin, d. h. die Frage nach der Festlegung einer kostengünstigsten Bedienungsdisziplin, die über die Rangordnung der Forderungen bei der Bedienung entscheidet. Jede solche Rangordnung wird als *Prioritätsregel* bezeichnet.

Über steuerbare Bedienungsmodelle, die die Steuerung von Prioritäten untersuchen, existiert umfangreiche Literatur, auf die hier nicht näher eingegangen werden kann. Ein Überblick über die unterschiedlichsten Aufgabenstellungen zu Fragen der optimalen Steuerung von Prioritäten wird in Rykow (1975) gegeben. Allgemeine Gesichtspunkte dieser Problematik werden in Etschmayer (1972a) diskutiert. Zu speziellen Fragen vergleiche man Balachandran (1970), (1971), (1972), Bell (1971b), Bronstein/Rykow (1965), Brosh/Naor (1963), Etschmayer (1972b), Haji/Newell (1971), Pittel (1973), Reynolds (1975), Robinson (1976) u. a.

9.6.3. Methode von Harrison und Lippman

Harrison (1970), (1972) betrachtet ein semimarkowsches Entscheidungsmodell mit abzählbarem Zustandsraum und endlichem Aktionenraum. Er ersetzt V. 9.3.3 durch

9.6.3. Voraussetzung. Für jedes $i \in \mathscr{E}$, $a \in \mathscr{A}$ und jede stationäre Strategie $\Pi = (f, f, \ldots)$ sei die Reihe $\sum_{j \in \mathscr{E}} P_{ij}(a)\, \bar{c}_j(f(j))$ absolut konvergent. Außerdem existiere ein $d > 0$ (unabhängig von i, a und f) so daß

$$\sum_{j \in \mathscr{E}} P_{ij}(a) \left|\bar{c}_j(f(j))\right| \leqq |\bar{c}_i(a)| + d$$

gilt. Unter dieser Voraussetzung und Beibehaltung von V. 9.3.4 ist dann die Reihe $\boldsymbol{r}_\Pi(\alpha) = \sum_{n=0}^{\infty} \tilde{\boldsymbol{P}}_n(\Pi)\, \bar{\boldsymbol{c}}(f_{n+1})$ absolut konvergent, und es gilt

$$r_\Pi(\alpha; i) = (1-\beta)^{-1}\, \bar{c}(i) + \beta d(1-\beta)^{-2}$$

für alle $i \in \mathscr{E}$ mit $\bar{c}(i) = \max_{a \in \mathscr{A}_i} \bar{c}_i(a)$. Dabei ist β mit $0 \leqq \beta < 1$ die nach V. 9.3.4 existierende obere Schranke für den erwarteten Diskontfaktor.

Der Grundraum sei jetzt die Menge

$$\mathrm{l_H}^\infty(\mathscr{E}) = \{u : \mathscr{E} \to \mathbb{R} \text{ mit } |u(i)| \leqq (1-\beta)^{-1}\, \bar{c}(i) + \beta d(1-\beta)^{-2}\}.$$

Sie wird metrisiert durch Einführung der Metrik

$$\varrho_\mathrm{H}(u, v) = \sup_{i \in \mathscr{E}} \frac{|u(i) - v(i)|}{\bar{c}(i) - m_\alpha}, \qquad u, v \in \mathrm{l_H}^\infty,$$

wobei $m_\alpha = \beta d(\alpha - \beta)^{-1}$ $(\beta < \alpha < 1)$. Für jedes α mit $\beta < \alpha < 1$ bildet dann das Paar $(\mathrm{l_H}^\infty, \varrho_\mathrm{H})$ einen vollständigen metrischen Raum. Für jede stationäre Strategie $\Pi = (f, f, \ldots)$ wird durch

$$(\mathsf{T}_f u)\,(i) = \bar{c}_i(f(i)) + \sum_{j \in \mathscr{E}} P_{ij}(f(i))\, \beta_\alpha(i\ j; f(i))\, u(j)$$

für alle $i \in \mathscr{E}$ eine Abbildung $\mathsf{T}_f : \mathrm{l_H}^\infty(\mathscr{E}) \to \mathrm{l_H}^\infty(\mathscr{E})$ definiert.

Diese Abbildung ist monoton und kontrahierend. Damit gelten wieder die Ergebnisse aus [9.4]. Insbesondere existiert eine α-optimale stationäre Strategie $\Pi_\alpha{}^* = (f_\alpha{}^*, f_\alpha{}^*, \ldots)$, wobei die Entscheidungsregel $f_\alpha{}^*$ aus denjenigen Aktionen gebildet wird welche für alle $i \in \mathscr{E}$ den Ausdruck $\bar{c}_i(a) + \sum_{j \in \mathscr{E}} P_{ij}(a)\, \beta_\alpha(i, j; a)\, r_*(\alpha; j)$ maximieren.

Lippman (1973) betrachtet ein semimarkowsches Entscheidungsmodell mit abzählbarem Zustandsraum $\mathscr{E}$, aber beliebigem Aktionenraum $\mathscr{A}$. Die Annahme V. 9.3.3 ersetzt er durch die folgende

9.6.4. Voraussetzung. Für jedes $i \in \mathscr{E}$ und $a \in \mathscr{A}$ hat das Bewegungsgesetz $\mathbf{P}$ des semimarkowschen Entscheidungsmodells die Eigenschaft $P_{i,i+1}(a) + P_{i,i-1}(a) = 1$. Außerdem existieren Konstanten k, l, so daß

$$\max_{j \in \mathscr{E}} \sup_{a \in \mathscr{A}} |c_{ij}(a)| \leqq k(\max\{i, 1\})^l$$

gilt. Die Annahme V. 9.3.4 wird wie bisher beibehalten.

Durch

$$\mathrm{l_L}^\infty(\mathscr{E}) = \left\{u : \mathscr{E} \to \mathbb{R} \text{ mit } \sup_{i \in \mathscr{E}} \frac{|u(i)|}{(\max\{i, 1\})^l} < \infty\right\}$$

und

$$\varrho_\mathrm{L}(u, v) = \sup_{i \in \mathscr{E}} \frac{|u(i) - v(i)|}{(\max\{i, 1\})^l}, \qquad u, v \in \mathrm{l_L}^\infty,$$

wird ein vollständiger metrischer Raum definiert. Die Abbildung $(\mathsf{T}_f u)(i) = \bar{c}_i(a) + \sum_{j \in \mathscr{E}} P_{ij}(a)\, \beta_a(i, j; a)\, u(j)$ $\big(a = f(i)\big)$ bildet dann für alle $i \in \mathscr{E}$ den Raum $\mathrm{l_L}^\infty(\mathscr{E})$ in sich ab. Außerdem existiert eine ganze Zahl m, so daß für jede stationäre Strategie $\Pi = (f, f, \ldots)$ die Abbildung T_f^m die Kontraktionseigenschaft besitzt. Es läßt sich zeigen (vgl. Denardo (1967), Satz 4, Satz 5 und Korollar 2), daß die m-stufige Kontraktionseigenschaft für die Gültigkeit der Ergebnisse aus [9.4] hinreichend ist, woraus die Existenz einer ε-optimalen Strategie und für den Fall endlicher Aktionenräume sogar einer α-optimalen stationären Strategie folgt.

Lippman (1975a) sowie Wessels/van Nunen (1975) haben gezeigt, daß sich V. 9.6.4 noch weiter abschwächen läßt.

9.7. Steuerung eines semimarkowschen Entscheidungsmodells über einen unendlichen Planungshorizont nach dem Durchschnittskriterium (Methode von S. M. Ross)

Es wird wieder ein semimarkowsches Entscheidungsmodell mit einem höchstens abzählbaren Zustandsraum $\mathscr{E}$ und endlichem Aktionenraum $\mathscr{A}$ betrachtet (vgl. Fox (1967), Ross [1], (1970)). V. 9.3.3 und V. 9.3.4 seien erfüllt. Der Planungshorizont sei unendlich.

Es bezeichne $R(t)$ den bis zur Zeit t erwirtschafteten Gewinn. Für eine vorgegebene Strategie Π wird dann durch

$$d_\Pi^1(i) = \limsup_{t \to \infty} \mathsf{E}_\Pi \left(\frac{R(t)}{t} \,\middle|\, X_0 = i \right) \tag{1}$$

der zu *erwartende durchschnittliche Gesamtgewinn* bei Steuerung mit einer Strategie Π und Start im Zustand i definiert. Liegt ein Kostenproblem vor, so interpretiert man $R(t)$ als die bis zur Zeit t veranschlagten Gesamtkosten.

9.7.1. Definition. Es sei $d_*^1(i) = \sup_\Pi d_\Pi^1(i)$ für alle $i \in \mathscr{E}$ (bzw. $d_*^1(i) = \inf_\Pi d_\Pi^1(i)$). Eine Strategie Π^* heißt *durchschnittsoptimal* (bez. $d_{\Pi^*}^1$), wenn $d_*^1(i) = d_{\Pi^*}^1(i)$ für alle $i \in \mathscr{E}$.

Zunächst soll nach der Existenz und Struktur durchschnittsoptimaler Strategien gefragt werden. Eine erste Antwort darauf gibt der

9.7.2. Satz. Für ein semimarkowsches Entscheidungsmodell mit endlichem Zustandsraum $\mathscr{E}$, endlichen Aktionsmengen $\mathscr{A}_i$ und unter V. 9.3.3 und V. 9.3.4 existiert eine durchschnittsoptimale Strategie, die stationär ist.

Wesentliche Voraussetzung für die Gültigkeit von S. 9.7.2 ist die Endlichkeit des Zustandsraumes $\mathscr{E}$. Ist z. B. $\mathscr{E} = \mathbb{G}_+$ (wie es in vielen Beispielen der Bedienungstheorie der Fall ist), so braucht keine durchschnittsoptimale Strategie zu existieren. Existiert eine durchschnittsoptimale Strategie, so kann diese u. U. nichtstationär sein. Ein Beispiel hierfür ist in Ross [1] zu finden. Das Durchschnittskriterium d_Π^1 erweist sich bei der Lösung von praktischen Problemen i. allg. als ungeeignet. $R(t)$ läßt sich nämlich nur schwer ermitteln, da in der Regel nur die zu erwartenden einperiodischen Gewinne bekannt sind. Praktikabler erscheint dagegen die Benutzung des folgenden Kriteriums:

$$d_\Pi^2(i) = \limsup_{n \to \infty} \left[\mathsf{E}_\Pi(R_1 + \cdots + R_n \mid X_0 = i) / \mathsf{E}_\Pi(V_1 + \cdots + V_n \mid X_0 = i) \right] \tag{2}$$

mit $R_j = \bar{c}_{X_j}(f(X_j))$. Das Kriterium d_Π^2 setzt also den erwarteten Gesamtgewinn für die ersten n Übergangsintervalle ins Verhältnis zur Prozeßdauer nach n Übergängen. Es läßt sich zeigen (vgl. Ross [1], (1970)), daß unter sehr schwachen Voraussetzungen beide Kriterien gleich sind. Somit ergibt sich folgender Satz, wobei für einen Ausgangszustand i

$$T^{(i)} = \begin{cases} \inf\{t > 0 : X(t) = i,\ X(t') \neq i\} & \text{für ein } t' > 0, \text{ falls solch ein } t \text{ existiert,} \\ \infty & \text{sonst} \end{cases}$$

als die *erstmalige Rückkehrzeit* eines semimarkowschen Entscheidungsprozesses $(X(t), t \in \mathbb{R}_+)$ in den Zustand i definiert wird.

9.7.3. Satz. Sei $\Pi \in \mathcal{F}_s{}^{\mathrm{dm}}(\mathcal{E})$ und gilt $\mathsf{E}_\Pi(T^{(i)} \mid X_0 = i) < \infty$ für alle $i \in \mathcal{E}$, so folgt für alle $i \in \mathcal{E}$

$$d_\Pi^1(i) = d_\Pi^2(i) = \frac{\mathsf{E}_\Pi(R(T^{(i)}) \mid X_0 = i)}{\mathsf{E}_\Pi(T^{(i)} \mid X_0 = i)}. \tag{3}$$

Es sollen nun hinreichende Bedingungen für die Existenz einer stationären durchschnittsoptimalen Strategie für den Fall angegeben werden, daß $\mathcal{E} \subseteq \mathbb{G}_+$. Dabei wird das Kriterium d_Π^2 benutzt.

Es sei $\bar{v}_i(a) = \int_0^\infty t \, \mathrm{d}F_i(t; a)$, wobei $F_i(t; a)$ die Verteilungsfunktion für die Verweilzeit des Entscheidungsprozesses $(X(t), t \in \mathbb{R}_+)$ im Zustand i bei Aktionenwahl a angibt. Im Falle der Existenz des rechtsstehenden Integrals gibt $\bar{v}_i(a)$ somit die mittlere Verweilzeit des Prozesses im Zustand i bei Wahl der Aktion $a \in \mathcal{A}_i$ an.

9.7.4. Satz. Gegeben sei ein semimarkowsches Entscheidungsmodell mit $\mathcal{E} \subseteq \mathbb{G}_+$ und endlichen Aktionsmengen $\mathcal{A}_i$. Gibt es dann eine beschränkte Funktion $u(i)$ (definiert auf $\mathcal{E}$) und eine Konstante g^*, so daß für alle $i \in \mathcal{E}$

$$u(i) = \max_{a \in \mathcal{A}_i} \Big(\bar{c}_i(a) + \sum_{j \in \mathcal{E}} P_{ij}(a)\, u(j) - g^* \bar{v}_i(a)\Big) \tag{4}$$

gilt, so existiert eine stationäre Strategie $\Pi^* = (f^*, f^*, \ldots)$ mit $g^* = d_{\Pi^*}^2(i) = \sup_\Pi d_\Pi^2(i)$ für alle $i \in \mathcal{E}$. Die Entscheidungsregel f^* besteht dabei aus denjenigen Aktionen $a = f^*(i)$, welche für alle $i \in \mathcal{E}$ den Ausdruck

$$\bar{c}_i(a) + \sum_{j \in \mathcal{E}} P_{ij}(a)\, u(j) - g^* \bar{v}_i(a)$$

maximieren.

Es sollen nun einige hinreichende Bedingungen angegeben werden, unter denen die Voraussetzungen von S. 9.7.4 erfüllt sind. Dazu wird die folgende Vereinfachung getroffen: O.B.d.A. wird die Verteilungsfunktion der Verweilzeiten in einem Zustand i bei Aktionswahl a in der folgenden Form angesetzt

$$F_i(t; a) = \delta_{\bar{v}_i(a)}(t) = \begin{cases} 1 & \text{für alle } t \geqq \bar{v}_i(a), \\ 0 & \text{für alle } t < \bar{v}_i(a). \end{cases}$$

Die Verweilzeit in einem Zustand i sei also bei Wahl der Aktion a mit Wahrscheinlichkeit Eins gleich $\bar{v}_i(a)$. Die während dieser Übergangszeit erzielten mittleren Gewinne betragen $\bar{c}_i(a)$. Nach [9.5.2] ergab sich der α-optimale Gesamtgewinn $r_*(\alpha; i) = r_{\Pi^*}(\alpha; i)$ für alle $i \in \mathscr{E}$ als eindeutige Lösung der Gleichung

$$r_*(\alpha; i) = \max_{a \in \mathscr{A}_i} \left(\bar{c}_i(a) + \sum_{j \in \mathscr{E}} P_{ij}(a)\, \beta_\alpha(i, j; a)\, r_*(\alpha; j) \right)$$

bzw. aufgrund der vorgenommenen Vereinfachung

$$r_*(\alpha; i) = \max_{a \in \mathscr{A}_i} \left(\bar{c}_i(a) + e^{-\alpha \bar{v}_i(a)} \sum_{j \in \mathscr{E}} P_{ij}(a)\, r_*(\alpha; j) \right). \tag{5}$$

Für festes reelles $\alpha > 0$ und alle $i \in \mathscr{E}$ wird die Funktion $u_\alpha(i) = r_*(\alpha; i) - r_*(\alpha; 0)$ definiert; man erhält damit

$$u_\alpha(i) = \max_{a \in \mathscr{A}_i} \left(\bar{c}_i(a) + e^{-\alpha \bar{v}_i(a)} \sum_{j \in \mathscr{E}} P_{ij}(a)\, u_\alpha(j) - \bar{v}_i(a)\, \alpha r_*(\alpha; 0) - \alpha r_*(\alpha; 0) \frac{o(\alpha)}{\alpha} \right). \tag{6}$$

Setzt man noch zusätzlich voraus, daß eine Konstante $l < \infty$ existiert, so daß für alle $i \in \mathscr{E}$

$$|u_\alpha(i)| = |r_*(\alpha; i) - r_*(\alpha; 0)| \leq l < \infty$$

gilt, so läßt sich aufgrund der Abzählbarkeit von $\mathscr{E}$ nach dem Diagonalisierungsverfahren eine Folge $(\alpha_n, n \in \mathbb{G}_+)$ mit $\lim_{n \to \infty} \alpha_n = 0$ und $\lim_{n \to \infty} u_{\alpha_n}(i) = u(i)$ für alle $i \in \mathscr{E}$ finden. Aufgrund von V. 9.3.3 sind außerdem die Größen $\alpha_n r_*(\alpha_n; 0)$ beschränkt. Nach dem Korollar zum Satz von Bolzano-Weierstraß gibt es dann eine Teilfolge (α_n') von (α_n) mit $\lim_{n \to \infty} \alpha_n' = 0$ und $\lim_{n \to \infty} \alpha_n' r_*(\alpha_n'; 0) = g^*$. Mit $\alpha = \alpha_n'$ erhält man dann durch Ausführung des Grenzüberganges $n \to \infty$ in der Funktionalgleichung (6)

$$u(i) = \max_{a \in \mathscr{A}_i} \left(\bar{c}_i(a) + \sum_{j \in \mathscr{E}} P_{ij}(a)\, u(j) - g^* \bar{v}_i(a) \right).$$

Damit ergibt sich der folgende

9.7.5. Satz. Existiert eine Konstante $l < \infty$, so daß

$$|u_\alpha(i)| = |r_*(\alpha; i) - r_*(\alpha; 0)| \leq l < \infty$$

für alle i, α gilt, so sind die Voraussetzungen von S. 9.7.4 erfüllt, d. h., es existieren eine beschränkte Funktion $u(i)$ und eine Konstante g^*, so daß für alle $i \in \mathscr{E}$ die Gleichung (4) gilt.

Zu vorgegebenem Startzustand i bezeichne

$$N_{i0} = \begin{cases} \min \{n > 0 : X_n = 0\}, & \text{falls solch ein } n \text{ existiert}, \\ \infty & \text{sonst} \end{cases}$$

die *erstmalige Übergangszeit* einer Markowschen Kette $(X_n, n \in \mathbb{G}_+)$ mit dem Zustandsraum $\mathscr{E}$ in den Zustand 0.

Der folgende Satz stellt eine Bedingung bereit, welche die gleichmäßige Beschränktheit der Funktionen $u_\alpha(i)$ sichert.

9.7.6. Satz. Es sei Π^* die α-optimale Strategie eines gegebenen semimarkowschen Entscheidungsmodells. Gilt dann für die zugrundeliegende Markowsche Kette des resultierenden semimarkowschen Entscheidungsprozesses

$$\mu_{i0}(\Pi^*) = \mathsf{E}_{\Pi^*}(N_{i0} \mid X_0 = i) \leqq l < \infty$$

für alle $i \in \mathscr{E}$, so sind die Funktionen $u_\alpha(i)$ gleichmäßig beschränkt.

Da eine Markowsche Kette mit endlichem Zustandsraum keine nullrekurrenten Zustände enthält und nicht alle Zustände transient sein können, folgt stets $\mu_{i0}(\Pi) \leqq l < \infty$ $\left(i \in \mathscr{E},\, \Pi \in \mathscr{F}_s^{\,\mathrm{dm}}(\mathscr{E})\right)$, falls die Strategie Π zu einer irreduziblen Markowschen Kette führt. Damit ergibt sich noch der für die nachfolgende Anwendung wichtige

9.7.7. Satz. Ist der Zustandsraum $\mathscr{E}$ des semimarkowschen Entscheidungsmodells endlich, und führt jede stationäre Strategie Π zu einem Entscheidungsprozeß mit einer zugrundeliegenden irreduziblen Markowschen Kette, so sind die Funktionen $u_\alpha(i)$ für alle $i \in \mathscr{E}$ gleichmäßig beschränkt.

9.7.8. Beispiel. Zur Veranschaulichung der dargestellten Methode soll die optimale Preispolitik für B. 9.1.2 berechnet werden (vgl. Low (1974a)). Das in B. 9.1.2 beschriebene steuerbare Bedienungssystem läßt sich als Entscheidungsmodell mit dem Zustandsraum $\mathscr{E} = \{0, 1, \ldots, n\}$ und dem Aktionenraum $\mathscr{A} = \{1, 2, \ldots, k\}$ darstellen, wobei der Zustand i die Anwesenheit von i Forderungen charakterisiert, während die Aktion l dem angekündigten Servicepreis c_l^{A} $(l = 1, \ldots, k)$ entspricht. Für die Übergangswahrscheinlichkeiten, die mittleren Verweilzeiten und die erwarteten einperiodischen Gewinne erhält man

$$P_{ij}(a) = \begin{cases} \lambda_a(\min\{i, s\}\,\mu + \lambda_a)^{-1} & \text{für } j = i+1,\ 0 \leqq i \leqq n-1,\ a \in \mathscr{A}, \\ \min\{i, s\}\,\mu\,(\min\{i, s\}\,\mu + \lambda_a)^{-1} & \text{für } j = i-1,\ 1 \leqq i \leqq n,\ a \in \mathscr{A}, \\ 0 & \text{sonst},\ a \in \mathscr{A}, \end{cases}$$

$$\bar{v}_i(a) = (\min\{i, s\}\,\mu + \lambda_a)^{-1} \quad \text{für} \quad 0 \leqq i \leqq n, \qquad a \in \mathscr{A},$$

$$\bar{c}_i(a) = \left(c^{\mathrm{W}} - c^{\mathrm{W}}(i)\right)\lambda_a\,(\min\{i, s\}\,\mu + \lambda_a)^{-1}, \quad i = 0, 1, \ldots, n-1, \quad a \in \mathscr{A}.$$

Es ist zu sehen, daß für das gegebene Entscheidungsmodell die Voraussetzungen von S. 9.7.4 erfüllt sind. Also existiert stets eine beschränkte Funktion u und eine Konstante g^*, so daß gilt

$$u(i) = \max_{a \in \mathscr{A}_i} \left(\bar{c}_i(a) + \sum_{j \in \mathscr{E}} P_{ij}(a)\, u(j) - g^* \bar{v}_i(a)\right)$$

bzw. explizit

$$u(i) = \max_{a \in \mathscr{A}_i} \left(\frac{\lambda_a\left(c_a^{\mathrm{A}} - C_a^{\mathrm{A}}(i) + u(i+1)\right) + \mu u(i-1)\min\{i, s\} - g^*}{\min\{i, s\}\,\mu + \lambda_a}\right)$$

$$\text{für} \quad i = 0, 1, \ldots, n-1,$$

$$u(n) = u(n-1) - g^*/(s\mu). \tag{7}$$

Dabei ist $g^* = d^2_{\Pi^*}(i) = \sup\limits_{\Pi} d^2_{\Pi}(i)$. Wären g^* und u bekannt, so würde sich hieraus durch $n + 1$ Maximierungen die gesuchte durchschnittsoptimale Preispolitik ergeben. g^* und u sind in der Regel jedoch unbekannt. In diesem Fall führt man für alle $i = 0, 1, \ldots, n-1$ die Hilfsfunktionen

$$\Delta u(i) = u(i) - u(i+1), \qquad \Delta u(-1) = 0$$

ein. Durch Einsetzen ergibt sich, daß das Gleichungssystem für die Funktionen u zu dem folgenden System äquivalent ist:

$$\Delta u(i) = \max_{a \in \mathcal{A}_i} \left(c_a^A - c^W(i) - \lambda_a^{-1}[g^* - (\min\{i, s\}\, \mu + \lambda_a)\, \Delta u(i-1)]\right)$$

für $i = 0, 1, \ldots, n-1$ und $\Delta u(n-1) = \frac{g^*}{s\mu}$. Hieraus lassen sich die Funktionen $\Delta u(i)$ für alle $i \in \mathcal{E}$ in Abhängigkeit von g^*, beginnend mit $\Delta u(-1) = 0$ rekursiv berechnen.

Unbekannt bleibt dabei noch die Konstante g^*, zu deren Bestimmung ein iteratives Verfahren hergeleitet wird. Dazu führt man die Funktionen $u(.,.) : \mathcal{E} \times \mathbb{R} \to \mathbb{R}$ ein, die definiert werden als Lösungen der Gleichung

$$\begin{aligned} u(i, g) &= \max_{a \in \mathcal{A}_i} \left(c_a^A - c^W(i) - \lambda_a^{-1}[g - \min\{i, s\}\, \mu u(i-1, g)]\right), \quad i = 0, 1, \ldots, n-1, \\ u(-1, g) &= 0. \end{aligned} \tag{8}$$

Für $g = g^*$ ist natürlich $u(i, g^*) = \Delta u(i)$ für alle $i \in \mathcal{E}$. Außerdem sei

$$\mathrm{I}(g) = u(n-1, g) - \frac{g}{s\mu}.$$

Der folgende Hilfssatz faßt einige grundlegende Eigenschaften der Funktion $\mathrm{I}(g)$ zusammen.

9.7.9. Hilfssatz. Die Funktion $\mathrm{I}(g)$ ist für alle $g \in \mathbb{R}$ streng monoton fallend, konvex und stückweise linear. Sie besitzt genau eine Nullstelle $g = g^*$.

Um die nach HS. 9.7.9 existierende Nullstelle g^* der Gleichung $\mathrm{I}(g) = 0$ zu bestimmen, bildet man zu vorgegebenem $g \leqq g^*$ die sogenannte *g-optimale Entscheidungsregel* $f(g) = \{a_0(g), \ldots, a_n(g)\}$. Die Elemente $a_i(g)$ von $f(g)$ sollen dabei diejenigen Aktionen sein, für welche $u(-1, g) = 0$ gilt und das Maximum in (8) angenommen wird. Dabei sei $a_n(g) = c_k{}^A$ für alle $g \in \mathbb{R}$. Ist $f(g)$ festgelegt, so kann man aus dieser Gleichung, beginnend mit $u(-1, g) = 0$, rekursiv die Funktionen $u(0, g), \ldots, u(n-1, g)$ und damit $\mathrm{I}(g)$ bestimmen. Es ergibt sich

$$\begin{aligned} I(g) = \left(\prod_{j=0}^{n-1} \varrho_j\right)^{-1} \Bigg[&\left(c_{a_0}^A - c^W(0)\right) \varrho_0 + \sum_{i=1}^{n-1} \left(c_{a_i}^A - c^W(i)\right) \varrho_0 \prod_{j=1}^{i} \frac{\varrho_j}{\min\{j, s\}} \\ &- \frac{g}{\mu} \left(1 + \sum_{i=0}^{n-1} \prod_{j=0}^{i} \frac{\varrho_j}{\min\{j+1, s\}}\right)\Bigg] \end{aligned} \tag{9}$$

mit $a_j = a_j(g)$ und $\varrho_j = \lambda_{a_j(g)}/\mu$ für alle $j \in \mathcal{E}$. Durch diese Gleichung wird dasjenige Kurvenstück von I dargestellt, welches über g liegt. Setzt man diesen Ausdruck gleich Null, so erhält man den Schnittpunkt der durch diese Gleichung definierten Geraden mit der g-Achse. Dieser Schnittpunkt wird durch $\mathrm{G}(g)$ bezeichnet. Man erhält dafür

$$\mathrm{G}(g) = \frac{\mu \left[\left(c_{a_0}^A - c^W(0)\right) \varrho_0 + \sum_{i=1}^{n-1} \left(c_{a_i}^A - c^W(i)\right) \varrho_0 \prod_{j=1}^{i} \frac{\varrho_j}{\min\{j, s\}}\right]}{1 + \sum_{i=0}^{n-1} \prod_{j=0}^{i} \frac{\varrho_j}{\min\{j+1, s\}}}. \tag{10}$$

Die folgenden zwei Sätze fassen wichtige Eigenschaften der Funktion $\mathrm{G}(g)$ zusammen.

9.7.10. Hilfssatz. Für ein beliebig vorgegebenes $g \in \mathbb{R}$ mit $g \leqq g^*$ sei $\Pi(g) = \big(f(g), f(g), \ldots\big)$ die aus den g-optimalen Entscheidungsregeln gebildete Strategie.

(a) Dann gilt $\mathrm{G}(g) = d^2_{\Pi(g)} = d^1_{\Pi(g)}$.

(b) Ist $g \leqq g^*$, so muß eine der beiden folgenden Behauptungen gelten:

(i) Ist $g < g^*$, so folgt $g < \mathrm{G}(g) \leqq g^*$.

(ii) Ist $g = g^*$, so folgt $g = \mathrm{G}(g) = g^*$.

9.7.11. Hilfssatz. (a) Es ist $a_i(g) \leqq a_i\big(\mathrm{G}(g)\big)$ für alle $i = 0, 1, \ldots, n$.

(b) Es gilt genau dann $f(g) = f\big(\mathrm{G}(g)\big)$, wenn $\mathrm{G}(g) = g^*$.

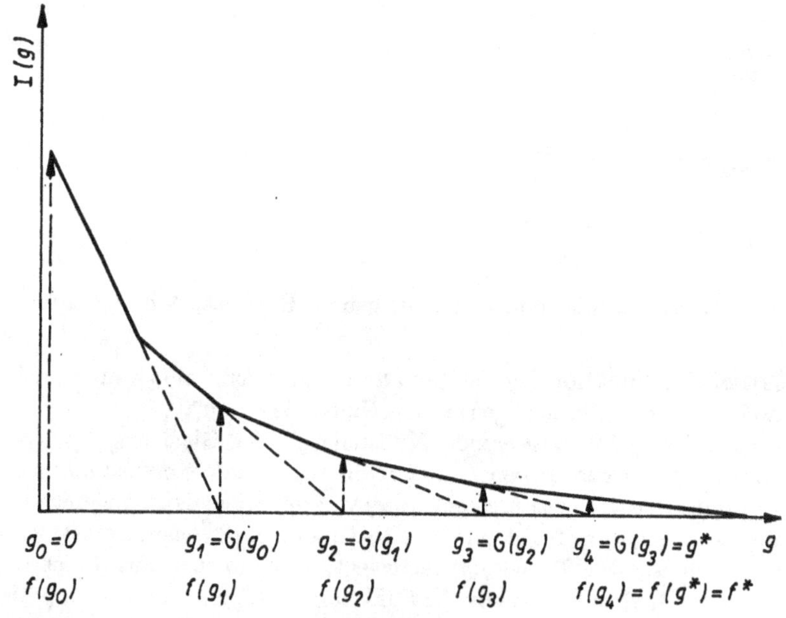

Abb. 9.7.1. Darstellung der Iterationsfunktion $\mathrm{I}(g)$

Es wird nun ein $g_0 \in \mathbb{R}$ vorgegeben, wobei o.B.d.A. $g_0 \leqq g^*$ gelten möge. Wäre $g_0 > g^*$, so garantierte die Konvexität von $\mathrm{I}(g)$, daß $g_1 = \mathrm{G}(g_0) \leqq g^*$ gilt. Ausgehend von diesem g_0 berechnet man für alle $j \geqq 0$ sukzessive die Größen $g_{j+1} = \mathrm{G}(g_j)$ als Schnittpunkte der Verlängerungen der über g_j liegenden Kurvenstücke von $\mathrm{I}(g)$ mit der g-Achse. Aufgrund von HS. 9.7.10 und HS. 9.7.11 gilt dann

$$g_0 \leqq g_1 \leqq \cdots \leqq g_{l-1} \leqq g_l = g^*,$$

wobei $g_j = g_{j+1}$ genau dann gilt wenn $g_j = g^*$ sowie

$$f(g_0) \leqq f(g_1) \leqq \cdots \leqq f(g_{l-1}) \leqq f(g_l) = f(g^*) = f^*$$

mit $f(g_j) = f(g_{j+1})$ genau dann, wenn $g_{j+1} = g^*$. Durch diese Vorgehensweise gelangt man zu einer Folge $\big((g_j, f(g_j));\ j = 0, 1, \ldots, l\big)$ von Paaren $\big(g_j, f(g_j)\big)$, durch welche in $l + 1$ Schritten das Paar (g^*, f^*) erreicht wird. Dabei muß l endlich sein. Wegen der Endlichkeit des Aktionenraumes gibt es nämlich nur endlich viele g_j-optimale Entscheidungsregeln $f(g_j)$, so daß g^* nach Durchlaufen von endlich vielen Polygonzügen erreicht wird.

Zur Bestimmung von f^* und g^* ergibt sich somit der folgende Algorithmus.

(i) *Wertbestimmung:* Zu vorgegebenem $g_j \in \mathbb{R}$ (in der Regel beginnend mit $g_0 = 0$) berechne man aus den Gleichungen (8)

$$u(i, g_j) = \max_{a \in \mathcal{A}_i} \left(c_a^A - c^W(i) - \frac{g_j}{\lambda_a} + \frac{\min\{i, s\}\,\mu}{\lambda_a}\, u(i-1, g_j) \right), \qquad i = 0, 1, \ldots, n-1,$$

$$u(-1, g_j) = 0$$

die g_j-optimale Entscheidungsregel $f(g_j)$ sowie die Iterationsfunktion

$$I(g_j) = u(n-1, g_j) - \frac{g_j}{s\mu}.$$

(ii) *Optimalitätstest:*

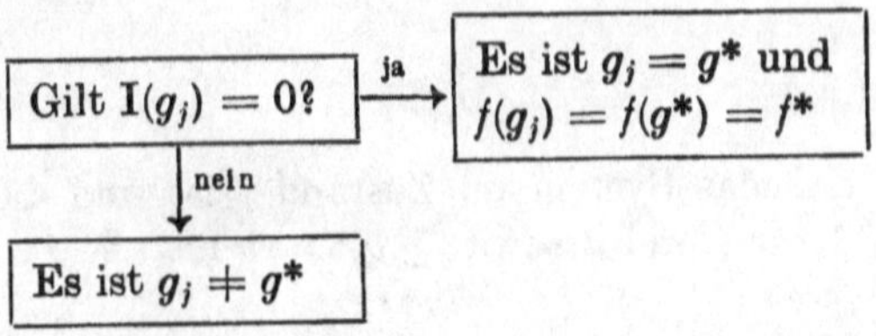

(iii) *Strategieverbesserung:* Man berechne $g_{j+1} = G(g_j)$ $(j \geqq 0)$ gemäß (10) und beginne wieder mit dem Schritt der Wertbestimmung.

Die durch diesen Algorithmus in jedem Iterationsschritt berechneten g_j-optimalen Entscheidungsregeln besitzen dabei die folgende Monotonieeigenschaft.

9.7.12. Satz. Ist $g \leqq g^*$, so gilt für die Komponenten der g-optimalen Entscheidungsregel

$$a_0(g) \leqq a_1(g) \leqq \cdots \leqq a_{n-1}(g) \leqq a_n(g) = c_k^A.$$

Ist insbesondere $g = g^*$, so ist

$$a_0^* \leqq a_1^* \leqq \cdots \leqq a_{n-1}^* \leqq a_n^* = c_k^A$$

mit $a_i^* = a_i(g^*)$ für alle $i = 0, 1, \ldots, n$.

Durch analoge Überlegungen läßt sich für das steuerbare Bedienungsmodell $M/M/1/n$ mit k verschiedenen Bedienungsintensitäten $\mu_1, \ldots, \mu_k$ (↑ B. 9.1.1) eine durchschnittsoptimale Umschaltregel für die einzelnen Bedienungsintensitäten konstruieren.

9.8. Weitere Berechnungsmethoden für durchschnittsoptimale Strategien

9.8.1. Die Methode der linearen Optimierung

Diese Methode wurde in Osaki/Mine (1968), Denardo/Fox (1968), Fox (1969), Mine/Osaki (1) dargestellt.

Es wird ein Entscheidungsmodell mit endlichem Zustandsraum $\mathcal{E} = \{0, 1, \ldots, n\}$ betrachtet. Außerdem gelte für das Bewegungsgesetz des Entscheidungsmodells bei

Steuerung mit der stationären Strategie $\Pi = (f, f, \ldots)$ die Grenzbeziehung

$$\lim_{n\to\infty} \frac{1}{n} \sum_{k=1}^{n} P_{ij}^{(k)}(f(i)) = q_j(f).$$

Dabei gilt für die Grenzwahrscheinlichkeiten

$$q_j(f) = \sum_{j\in\mathscr{E}} q_i(f)\, P_{ij}(f(i)), \qquad \sum_{j\in\mathscr{E}} q_j(f) = 1,$$
$$q_j(f) > 0 \quad \text{für alle} \quad j \in \mathscr{E}.$$

Ein Entscheidungsmodell mit dieser Eigenschaft heißt *ergodisch*. Bei einem ergodischen Modell führt jede stationäre Strategie zu einem Entscheidungsprozeß mit einer zugrundeliegenden ergodischen Markowschen Kette. Bezeichne $g(\Pi)$ die Gewinnrate bei Steuerung mit der stationären Strategie $\Pi = (f, f, \ldots)$, so gilt (vgl. Jewell (1963))

$$g(\Pi) = \frac{\sum_{j\in\mathscr{E}} q_j(f)\, \bar{c}_j(f(j))}{\sum_{j\in\mathscr{E}} q_j(f)\, \bar{v}_j(f(j))}. \tag{1}$$

Sei q_j^a die Wahrscheinlichkeit, daß das System im Zustand j ist und die Aktion a gewählt wurde, so ist $0 \leqq q_j^a \leqq 1$ für j und a sowie $\sum_{a\in\mathscr{A}_i} q_j^a = 1$ für alle $j \in \mathscr{E}$. Setzt man noch

$$x_j^a = q_j(f)\, q_j^a \qquad (j \in \mathscr{E},\ a \in \mathscr{A}_j),$$

so läßt sich die optimale Gewinnrate $g^* = g(\Pi^*)$ dadurch erhalten, daß man die Zielfunktion

$$\frac{\sum_{j\in\mathscr{E}} \sum_{a\in\mathscr{A}_j} q_j(f)\, \bar{c}_j(a)\, q_j^a}{\sum_{j\in\mathscr{E}} \sum_{a\in\mathscr{A}_j} q_j(f)\, \bar{v}_j(a)\, q_j^a} = \frac{\sum_{j\in\mathscr{E}} \sum_{a\in\mathscr{A}_j} \bar{c}_j(a)\, x_j^a}{\sum_{j\in\mathscr{E}} \sum_{a\in\mathscr{A}_j} \bar{v}_j(a)\, x_j^a}$$

unter den Nebenbedingungen maximiert, daß

$$\sum_{a\in\mathscr{A}_j} x_j^a - \sum_{i\in\mathscr{E}} \sum_{a\in\mathscr{A}_i} P_{ij}(a)\, x_i^a = 0,$$
$$\sum_{j\in\mathscr{E}} \sum_{a\in\mathscr{A}_j} x_j^a = 1, \quad x_j^a \geqq 0 \quad \text{für alle } j \in \mathscr{E} \quad \text{und} \quad a \in \mathscr{A}_j \text{ gilt.}$$

Dieses Problem läßt sich in ein lineares Problem transformieren, indem man die folgende Variablentransformation durchführt. Man setzt

$$y_j^a = \frac{x_j^a}{\sum_{j\in\mathscr{E}} \sum_{a\in\mathscr{A}_j} \bar{v}_j(a)\, x_j^a}.$$

Das gegebene Entscheidungsproblem ist dann zu dem folgenden linearen Problem äquivalent (vgl. Mine/Osaki [1]):

$$\sum_{j\in\mathscr{E}} \sum_{a\in\mathscr{A}_j} \bar{c}_j(a)\, y_j^a \doteq \max$$

Nebenbedingungen:

$$\begin{aligned}&\sum_{a\in\mathcal{A}_j} y_j^a - \sum_{i\in\mathcal{E}}\sum_{a\in\mathcal{A}_i} P_{ij}(a)\, y_i^a = 0,\\&\sum_{j\in\mathcal{E}}\sum_{a\in\mathcal{A}_j} \bar{v}_j(a)\, y_j^a = 1, \qquad y_j^a \geqq 0 \text{ für alle } j\in\mathcal{E} \text{ und } a\in\mathcal{A}_j.\end{aligned} \tag{2}$$

Für das lineare Optimierungsproblem (2) existiert dann eine zulässige Basislösung mit der Eigenschaft, daß

$$\begin{aligned}&y_i^a > 0 \qquad \text{für genau ein} \qquad a\in\mathcal{A}_i,\\&y_i^a = 0 \qquad \text{sonst}\end{aligned}$$

gilt. In Analogie zur Vorgehensweise von [9.5.3] ergibt sich aus der optimalen Lösung des linearen Problems (2) die gesuchte durchschnittsoptimale Strategie.

Bezeichne $v_0, v_1, \ldots, v_{n-1}, g$ die dualen Variablen so ergibt sich noch das zu dem Problem (2) gehörende duale Problem

$$g \doteq \min$$

Nebenbedingungen:

$$\begin{aligned}&v_i - \sum_{j\in\mathcal{E}} P_{ij}(a)\, v_j + \bar{v}_i(a)\, g \leqq \bar{c}_i(a) \text{ für alle } i\in\mathcal{E} \text{ und } a\in\mathcal{A}_i\\&v_i, g \text{ beliebig für alle } i\in\mathcal{E}.\end{aligned} \tag{3}$$

9.8.2. Howardsche Politikiteration

Aus der Theorie der linearen Optimierung folgt, daß für

$$\Delta_i^a = g\bar{v}_i(a) + V_i - \bar{c}_i(a) - \sum_{j\in\mathcal{E}} P_{ij}(a)\, v_j \geqq 0 \qquad (i\in\mathcal{E},\, a\in\mathcal{A}_i)$$

die zulässige Basislösung des Problems (3) die optimale Entscheidungsregel liefert. Ist dagegen $\Delta_i^a < 0$ so existiert für die erhaltene nichtoptimale Strategie eine stationäre Verbesserung. Hierauf aufbauend ergibt sich die folgende auf Howard-Jewell zurückgehende Methode der Politikverbesserung für durchschnittsoptimale Probleme (vgl. Howard [1], [2], Jewell (1963) Mine/Osaki [1]).

(i) *Wertbestimmung:* Man wähle eine zulässige Entscheidungsregel f und löse das Gleichungssystem

$$g\bar{v}_i(a) + v_i = \bar{c}_i(a) + \sum_{j\in\mathcal{E}} P_{ij}(a)\, v_j \quad \text{für alle} \quad i\in\mathcal{E}$$

mit $a = f(i)$ (setze $v_n = 0$). Mit den Lösungen $v_0, \ldots, v_{n-1}, g$ bilde man für alle $i\in\mathcal{E}$ die Mengen

$$\mathcal{A}_i(f) = \left\{a : g\bar{v}_i(a) + v_i - \bar{c}_i(a) - \sum_{j\in\mathcal{E}} P_{ij}(a)\, v_j < 0\right\}.$$

(ii) *Optimalitätstest:*

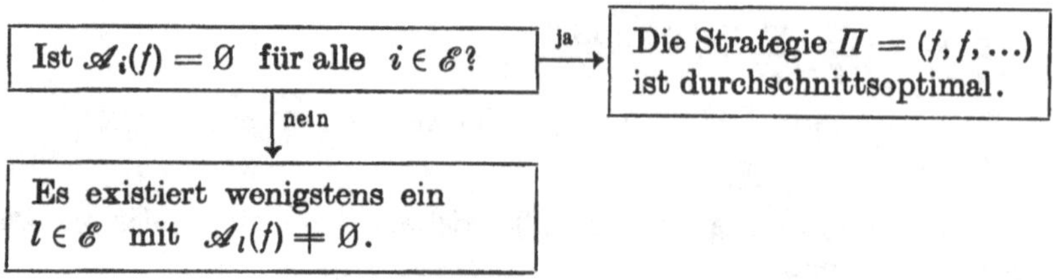

(iii) *Strategieverbesserung:* Enthalte $\mathscr{A}_l(f)$ das Element a' so konstruiere man gemäß der Vorschrift

$$g(i) = \begin{cases} a' & \text{für} \quad i = l \\ f(i) & \text{für} \quad i \neq l, \end{cases}$$

eine stationäre Strategie $\Pi' = (g, g, \ldots)$ mit $g(\Pi) < g(\Pi')$ und beginne mit (i).

Bezüglich der Effizienz des Verfahrens gelten die in [9.5.1] gemachten Bemerkungen. Für endliche Zustandsräume führt der Algorithmus nach endlich vielen Iterationen zu einer durchschnittsoptimalen Strategie, die stationär ist. Ist $\mathscr{E}$ abzählbar unendlich, so entsteht die Problematik, ständig ein Gleichungssystem mit unendlich vielen Variablen lösen zu müssen. Tijms (1978) hat eine Vorgehensweise entwickelt, die auch in diesem Fall die Lösung des unendlichen Wertbestimmungsgleichungssystems auf die Lösung eines endlich-dimensionalen Systems reduziert.

Anwendungen der Howardschen Politikiteration zum Auffinden einer durchschnittsoptimalen Strategie in steuerbaren Bedienungssystemen sind z. B. in den Arbeiten Jaiswal/Simha (1972), Nollau/Ewers (1975), (1976a, b) und Tijms (1978) zu finden.

9.8.3. Methode der endlichen Zustandsraumapproximation

Die Problematik unbeschränkter einperiodischer Kosten bzw. Erlöse für durchschnittsoptimale Probleme aus theoretischer Sicht ist in den Arbeiten von Lippman (1973), (1975a), Federgruen/Hordijk/Tijms (1979) sowie Tijms (1979) ausführlich behandelt. Sie kann hier nicht näher dargelegt werden. Stattdessen wird eine Vorgehensweise angegeben, die es sowohl für diskontierte als auch für durchschnittsoptimale Probleme mit unbeschränkten einperiodischen Kosten bzw. Gewinnen gestattet, die Ergebnisse aus [9.4] und [9.7] anzuwenden. Diese Methode hat Crabill (1972) bei der Bestimmung einer durchschnittsoptimalen Umschaltregel für die Bedienungsgeschwindigkeit in einem Modell vom Typ M/M/1/∞ mit k verschiedenen Bedienungsintensitäten (vgl. B. 9.1.1) angewendet. Eine analoge Vorgehensweise benutzt Low (1974b). Anstelle eines Entscheidungsmodells mit dem Zustandsraum $\mathscr{E} = \mathbb{G}_+$ und endlichem Aktionenraum wird ein äquivalentes Problem mit dem Zustandsraum $\mathscr{E} = \{0, 1, \ldots, n\}$ betrachtet. Für das Problem mit dem abgeschnittenen Zustandsraum sind V. 9.3.3 und V. 9.3.4 automatisch erfüllt, so daß die Ergebnisse aus [9.4] und [9.7] anwendbar sind. Also existiert für das Problem mit dem abgeschnittenen Zustandsraum sowohl für diskontierte als auch für durchschnittsoptimale Probleme eine stationäre optimale Strategie Π_n^*. Diese Strategie kann z. B. mittels der Howardschen Politikiteration bestimmt werden. Damit konstruiert man sich eine stationäre Strategie Π^*, die für alle hinreichend großen n optimal ist.

Sei $g_n^* = d^1_{\Pi_n^*}(i)$ für alle $i \in \mathscr{E}$ die Gewinn- bzw. Kostenrate bei Steuerung mit der Strategie Π_n^*, so gilt für alle $i \in \mathscr{E}$

$$\lim_{n\to\infty} g_n^* = g^* \quad \text{mit} \quad g^* = d^1_{\Pi^*}(i) = \inf_{\Pi} d^1_{\Pi}(i).$$

9.8.1. Beispiel. Als Anwendung der dargestellten Methode wird die Existenz und Struktur einer durchschnittsoptimalen Umschaltregel für die Bedienungsgeschwindigkeit für das in B. 9.1.1. beschriebene steuerbare Bedienungsmodell M/M/1/∞ (Crabill (1972)) untersucht. In diesem Modell ist $\mathscr{E} = \mathbb{G}_+$ und $\mathscr{A} = \{1, 2, \ldots, k\}$, wobei die Wahl der Aktion l der Auswahl der Bedienungsintensität μ_l $(l = 1, \ldots, k)$ entspricht. Wird mit einer stationären Strategie $\Pi = (f, f, \ldots)$ gesteuert, so ist das Entscheidungsmodell einem Geburts- und Todesprozeß mit den Intensitäten $\lambda_n = \lambda$ für alle $n \geqq 0$ und $\mu_n = \mu_{f(n)}$ für alle $n \geqq 1$ äquivalent. Anstelle des ursprünglichen Problems betrachtet man nun ein Problem mit dem Zustandsraum $\mathscr{E} = \{0, 1, \ldots, n\}$ mit

$$\lambda_k = \begin{cases} \lambda & \text{für} \quad 0 \leqq k < n, \\ 0 & \text{für alle} \quad k \geqq n. \end{cases}$$

Die Kostenstruktur und der Aktionenraum bleiben unverändert.

Der Einfachheit halber wird im weiteren nur der Fall $k = 2$ betrachtet, d. h., es sei $\mathscr{A} = \{1, 2\}$. Es bezeichne $\Pi_n^* = (f_n^*, f_n^*, \ldots)$ die optimale Strategie für das reduzierte Problem und entsprechend g_n^* die zugehörige optimale Verlustrate. Mit Hilfe der Howardschen Politikiteration zeigt man, daß die optimale Strategie von einer gewissen Zustandsnummer $n \geqq n^*$ die folgende Struktur hat. Es gibt einen Zustand i_n mit

$$f_n^*(i) = \begin{cases} 1 & \text{für} \quad 0 \leqq i < i_n, \\ 2 & \text{für} \quad i_n \leqq i < n. \end{cases}$$

Es sei $c^W(i)$ nichtfallend in i mit $c^W(i) \to \infty$ für $i \to \infty$, $0 \leqq c^B(\mu_1) < c^B(\mu_2)$, $\lambda < \mu_2$ und $\sum_{i=0}^{\infty} c^W(i) (\lambda/\mu_2)^i < \infty$. Für $n \geqq n^*$ und $0 < i \leqq n$ mit $f_n^*(i) = 2$ ist dann $f^*_{n+1}(i) = 2$ für alle $i \in \mathscr{E}$ und $g^*_{n+1} \geqq g_n^*$. Außerdem existiert ein Zustand j^* $(1 \leqq j^* \leqq n^*)$, so daß $\lim_{n\to\infty} i_n = j^*$, d. h., es gibt ein ganzzahliges n^{**}, so daß $i_n = j^*$ für alle $n \geqq n^{**}$. Mittels des Grenzzustandes j^* wird dann durch

$$f^*(i) = \begin{cases} 1 & \text{für} \quad 0 \leqq i < j^*, \\ 2 & \text{für} \quad j^* \leqq i \end{cases}$$

eine Entscheidungsregel f^* definiert. Dann gilt $\lim_{n\to\infty} g_n^* = g^*$ mit $g^* = d^1_{\Pi^*}(i) = \inf_{\Pi} d^1_{\Pi}(i)$, wobei $\Pi^* = (f^*, f^*, \ldots)$. Die Strategie Π^* ist somit optimal für das ursprüngliche Problem mit $\mathscr{E} = \mathbb{G}_+$. Eine obere Schranke für den Umschaltpunkt j^* läßt sich erhalten über die Abschätzung

$$c^W(j^* - 1) \leqq g^* - c^B(\mu_1) + \mu_1 h - \lambda h$$

mit $h = \dfrac{c^B(\mu_2) - c^B(\mu_1)}{\mu_2 - \mu_1}$. Da $c^W(i)$ nach Voraussetzung nichtfallend in i mit $c^W(i) \to \infty$ für $i \to \infty$ ist, läßt sich hieraus eine Schranke für j^* gewinnen. g^* ersetzt man dabei durch eine obere Schranke, die man erhält, wenn man die Kostenrate für eine Strategie $\Pi = (f, f, \ldots)$ mit $f(i) = 2$ für alle $i \in \mathscr{E}$ berechnet.

Durch diese Vorgehensweise läßt sich bezüglich der Steuerung der Bedienungsgeschwindigkeit in dem betrachteten M/M/1/∞-System das folgende allgemeine Ergebnis erhalten (vgl. CRABILL (1972)).

9.8.2. Satz. Es sei $c^W(i)$ nichtfallend mit $c^W(i) \to \infty$ für $i \to \infty$, $0 < \mu_1 < \mu_2 < \cdots < \mu_k$, $0 \leqq c^B(\mu_1) < \cdots < c^B(\mu_k)$, $\lambda < \mu_k$ und $\sum_{i=0}^{\infty} c^W(i)\,(\lambda/\mu_k)^i < \infty$. Dann existiert eine stationäre durchschnittsoptimale Strategie mit folgender Struktur: Es gibt $k+1$ Zustände $i_1, \ldots, i_k, i_{k+1}$ mit $0 = i_1 \leqq i_2 = \cdots \leqq i_k \leqq i_{k+1} = \infty$ wobei für $i_l \leqq i < i_{l+1}$ die Bedienungsintensität μ_l benutzt wird. Gilt $i_l = i_{l+1}$, so kommt die Bedienungsintensität μ_l in der optimalen Strategie nicht vor.

9.9. Zurückführung der Steuerung von Bedienungssystemen, die sich durch gesteuerte Geburts- und Todesprozesse beschreiben lassen, auf ein äquivalentes Markowsches Entscheidungsmodell mit diskreter Zeit

9.9.1. Ein spezielles Markowsches Entscheidungsmodell mit diskreter Zeit

In diesem Abschnitt wird speziell die Steuerung von Bedienungssystemen betrachtet, die sich durch Geburts- und Todesprozesse beschreiben lassen (↑ [3.2.4]). Dazu wird zunächst ein Modell zur Steuerung der Irrfahrt eines Teilchens auf der Menge der nichtnegativen ganzen Zahlen untersucht. Dieses Modell wird durch die folgenden Voraussetzungen charakterisiert (vgl. SERFOZO (1977a)).

(a) *Bewegungsgesetz.* Betrachtet wird eine *Familie von Irrfahrten* auf der Menge $\mathbb{G}_+$. Erreicht eine beliebige Irrfahrt einen Zustand $i \in \mathscr{E} = \mathbb{G}_+$, so wird aus der Menge $\{(p(1), q(1)), \ldots, (p(k), q(k))\}$ ein Paar von Wahrscheinlichkeiten $(p(a), q(a))$ mit $a \in \mathscr{A} = \{1, 2, \ldots, k\}$ ausgewählt. Dabei sei $0 \leqq p(a) + q(a) \leqq 1$, und mindestens eine der Größen $p(a), q(a)$ sei von Null verschieden. Ausgehend von dem Zustand i kann sich dann die Irrfahrt mit den Wahrscheinlichkeiten

$$P_{i,i+1}(a) = p(a); \qquad P_{i,i-1}(a) = q(a); \qquad P_{ii}(a) = 1 - p(a) - q(a)$$

für alle $i \geqq 1$ im nächsten Schritt zu den Zuständen $i+1$, $i-1$ bewegen bzw. im Zustand i verweilen. Für $i = 0$ gilt noch

$$P_{01}(a) = p(a) \quad \text{und} \quad P_{00}(a) = q(a).$$

Das beschriebene Bewegungsgesetz wiederholt sich unendlich oft.

(b) *Bewertungsgesetz.* Ist die Irrfahrt im Zustand i, und wird die Aktion a gewählt, so entsteht der erwartete einperiodische Gewinn $\bar{c}_i^{\mathrm{I}}(a)$. Das durch (a)—(b) beschriebene Modell wird als *gesteuertes Irrfahrtsmodell* bezeichnet. Es stellt ein Markowsches Entscheidungsmodell mit diskreter Zeit mit dem Zustandsraum $\mathscr{E} = \mathbb{G}_+$, dem Aktionenraum $\mathscr{A} = \{1, \ldots, k\}$, dem Bewegungsgesetz $\boldsymbol{P}(f) = (P_{ij}(f(i)))_{i,j\in\mathscr{E}}$ und dem Bewertungsgesetz $\bar{\boldsymbol{c}}^{\mathrm{I}}(f) = (\bar{c}_i^{\mathrm{I}}(f(i)))_{i\in\mathscr{E}}$ dar. Eine Entscheidungsregel f ist hierbei jede Abbildung von $\mathscr{E} = \mathbb{G}_+$ in die Menge $\mathscr{A} = \{1, \ldots, k\}$, wobei die Aktion $a = f(i)$ der Auswahl des Paares $(p(f(i)), q(f(i)))$ entspricht. Jede Strategie $\Pi = (f, f, \ldots)$ bestimmt dann zusammen mit einer Startverteilung einen zufälligen Prozeß $((X_n, E_n), n \in \mathbb{G}_+)$, wobei X_n den Zustand der Irrfahrt zur Zeit $t = n$ und $E_n = f(X_n)$ die gewählte Aktion charakterisiert. Durch

$$d_\Pi^{\mathrm{I}}(i) = \limsup_{n\to\infty} \mathsf{E}_\Pi \left(\frac{1}{n} \sum_{k=0}^{n-1} \bar{c}_{X_k}^{\mathrm{I}}(E_k) \mid X_0 = i \right)$$

wird wieder der erwartete durchschnittliche Gesamtgewinn bezeichnet. Gesucht ist diejenige Strategie Π^*, für welche $d_{\Pi^*}^{\mathrm{I}}(i) = \sup_\Pi d_\Pi^{\mathrm{I}}(i)$ für alle $i \in \mathscr{E} = \mathbf{G}_+$ gilt.

Für die Anwendung auf gesteuerte Bedienungssysteme interessiert besonders die Existenz monoton wachsender Strategien. Eine Entscheidungsregel f, aus der eine solche Strategie gebildet wird, kann in der Form $f(i) = a$ dargestellt werden, falls $i_a \leqq i < i_{a+1}$ gilt, wobei $0 \leqq i_1 \leqq i_2 \leqq \cdots \leqq i_k \leqq i_{k+1} = \infty$. Ist also die Irrfahrt im Zustand i und gilt $i_a \leqq i < i_{a+1}$, so wird stets die Aktion a gewählt.

Der folgende Satz stellt hinreichende Bedingungen bereit, unter denen eine stationäre durchschnittsoptimale Strategie existiert, welche monoton wachsend ist.

9.9.1. Satz. Unter den Voraussetzungen

(i) $p(1) \geqq p(2) \geqq \cdots \geqq p(k)$; $q(1) \leqq q(2) \leqq \cdots \leqq q(k)$, $p(1) + q(k) \leqq 1$,

(ii) $p(1) > 0$, $q(1) > 0$, $p(k)/q(k) < 1$,

(iii) $\Delta\bar{c}_i^{\mathrm{I}}(1) \leqq \Delta\bar{c}_i^{\mathrm{I}}(2) \leqq \cdots \leqq \Delta\bar{c}_i^{\mathrm{I}}(k) \leqq 0$ für alle $i \in \mathscr{E}$ und mindestens ein $\Delta\bar{c}_i^{\mathrm{I}}(a)$ ist ungleich Null. Dabei ist $\Delta\bar{c}_i^{\mathrm{I}}(a) = \bar{c}_{i+1}^{\mathrm{I}}(a) - \bar{c}_i^{\mathrm{I}}(a)$ für alle i, a.

(iv) $\Delta\bar{c}_i^{\mathrm{I}}(1) \geqq \Delta\bar{c}_{i+1}^{\mathrm{I}}(k)$ für alle $i \in \mathscr{E}$

existiert für alle Strategien Π unabhängig vom Startzustand i $d_\Pi^{\mathrm{I}}(i)$, und es ist $-\infty \leqq d_\Pi^{\mathrm{I}}(i) < \infty$. Gibt es außerdem noch ein m, so daß

(v) $\bar{c}_i^{\mathrm{I}}(1) \geqq \bar{c}_i^{\mathrm{I}}(2) \geqq \cdots \geqq \bar{c}_i^{\mathrm{I}}(k)$ für alle $i \geqq m$,

so existiert für das gesteuerte Irrfahrtsmodell eine stationäre durchschnittsoptimale Strategie, die monoton wachsend ist.

Für den Fall $k = 2$, d. h. $\mathscr{A} = \{1, 2\}$, soll noch die Gestalt dieser Strategie angegeben werden. Es bezeichne $\varrho_a = p(a)/q(a)$ für $a = 1, 2$;

$$d_n = -(\varrho_1 - \varrho_2)\,(1 - \varrho_2)^{-1} \sum_{i=0}^{n-1} \bar{c}_i^{\mathrm{I}}(1)\,\varrho_1^{\,i} + \varrho_1\big(\bar{c}_n^{\mathrm{I}}(1) - \bar{c}_n^{\mathrm{I}}(2)\big)$$
$$\times \left(\varrho_1^{\,n-1}\varrho_2(1 - \varrho_2)^{-1} + \sum_{i=0}^{n-1} \varrho_1^{\,i}\right) + (\varrho_1 - \varrho_2) \left(\sum_{i=0}^{n-1} \varrho_1^{\,i}\right) \sum_{i=n}^{\infty} \bar{c}_i^{\mathrm{I}}(2)\,\varrho_2^{\,i-n}$$

sowie

$$n^* = \begin{cases} \infty, & \text{falls } d_n > 0 \text{ für alle } n \geqq 0 \\ \min\{n \geqq 0 : d_n \leqq 0\} & \text{sonst.} \end{cases}$$

9.9.2. Satz. Für das gesteuerte Irrfahrtsmodell mit dem Zustandsraum $\mathscr{E} = \mathbf{G}_+$ und dem Aktionenraum $\mathscr{A} = \{1, 2\}$ seien folgende Voraussetzungen erfüllt:

(i) $0 \leqq q(1) \leqq q(2)$, $\varrho_1 > \varrho_2$, $\varrho_2 < 1$ und $p(1) + q(2) \leqq 1$.

(ii) $\Delta\bar{c}_i^{\mathrm{I}}(1) \leqq \Delta\bar{c}_i^{\mathrm{I}}(2) \leqq 0$ für alle $i \in \mathscr{E}$ und $\Delta\bar{c}_i^{\mathrm{I}}(a) \neq 0$ für ein a und ein i.

(iii) $\Delta\bar{c}_i^{\mathrm{I}}(1) \geqq \Delta\bar{c}_{i+1}^{\mathrm{I}}(2)$ für alle $i \in \mathscr{E}$.

(iv) $\sum_{i=0}^{\infty} \bar{c}_i^{\mathrm{I}}(2)\,\varrho_2^{\,i} > -\infty$.

Dann ist die Strategie $\Pi^* = (f^*, f^*, \ldots)$ mit $f^*(i) = \begin{cases} 1, & \text{wenn } 0 \leqq i < n^*, \\ 2, & \text{wenn } i \geqq n^*, \end{cases}$

durchschnittsoptimal und monoton wachsend, d. h., man wählt stets das Paar $(p(1), q(1))$, falls die Irrfahrt in einem Zustand unterhalb von n^* ist, und wählt $(p(2), q(2))$ sonst.

9.9.3. Folgerung. Gelten die Voraussetzungen

(i) $0 < q(1) \leqq q(2)$, $\varrho_1 > \varrho_2$, $\varrho_2 < 1$ und $p(1) + q(2) \leqq 1$.

(ii) $\bar{c}_i^{\mathrm{I}}(a) = c^{\mathrm{B}}(a) - ci$, wobei $c^{\mathrm{B}}(1) > c^{\mathrm{B}}(2)$ und $c > 0$ gilt, so ist die in S. 9.9.2 definierte Strategie $\Pi^* = (f^*, f^*, \ldots)$ durchschnittsoptimal und monoton wachsend. Dabei ist

$$n^* = \min\{n \geqq 0 : \tilde{d}_n \geqq 0\},$$

$$\tilde{d}_n = \begin{cases} n + h\varrho_1^n + h - \varrho_2\big(c^{\mathrm{B}}(1) - c^{\mathrm{B}}(2)\big)/\big(c(\varrho_1 - \varrho_2)(1 - \varrho_2)\big) & \text{für} \quad \varrho_1 \neq 1, \\ n^2 + n(1 + \varrho_2)/(1 - \varrho_2) - 2\varrho_2\big(c^{\mathrm{B}}(1) - c^{\mathrm{B}}(2)\big)/c(1 - \varrho_2) & \text{für} \quad \varrho_1 = 1, \end{cases}$$

mit $h = (\varrho_1 - \varrho_2)/(1 - \varrho_1)(1 - \varrho_2)$. Außerdem ist

$$n^* \leqq \begin{cases} \varrho_2\big(c^{\mathrm{B}}(1) - c^{\mathrm{B}}(2)\big)/\big(c(\varrho_1 - \varrho_2)(1 - \varrho_1)\big) & \text{für} \quad \varrho_1 \neq 1, \\ \big(2\varrho_2\big(c^{\mathrm{B}}(1) - c^{\mathrm{B}}(2)\big)/\big(c(1 - \varrho_2)\big)\big)^{1/2} & \text{für} \quad \varrho_1 = 1. \end{cases}$$

Für den Fall, daß $k > 2$ Aktionen möglich sind, läßt sich die optimale Strategie über ein lineares Optimierungsproblem ermitteln (vgl. Serfozo (1977a)).

9.9.2. Äquivalenzen zwischen Markowschen Entscheidungsmodellen mit diskreter und stetiger Zeit

Für einen Markowschen Entscheidungsprozeß mit stetiger Zeit unterliegen die Verweilzeiten zwischen den Entscheidungspunkten einer Exponentialverteilung mit dem Parameter $\lambda_i(a) \geqq 0$. Ein solches Entscheidungsmodell wird (in leichter Abänderung zu D. 9.2.1) durch das 5-Tupel $[\mathscr{E}, \mathscr{A}, \boldsymbol{P}, \lambda, \bar{\boldsymbol{c}}]$ charakterisiert. Es wird nun ein solches Entscheidungsmodell speziell für $\lambda_i(a) = \bar{\lambda}$ für alle i und a betrachtet. $[\mathscr{E}, \mathscr{A}, \hat{\boldsymbol{P}}, \hat{\lambda}, \hat{\bar{\boldsymbol{c}}}]$ sei ein weiteres Markowsches Entscheidungsmodell mit stetiger Zeit, wobei $\big(1 - \hat{P}_{ii}(a)\big) \times \hat{\lambda}_i(a) \leqq \bar{\lambda} < \infty$ für alle i und a gelten möge. Außerdem bestehen zwischen den Bewegungsgesetzen und den Bewertungen in beiden Modellen für alle $i \in \mathscr{E}$ und alle $a \in \mathscr{A}_i$ die Zusammenhänge

$$P_{ij}(a) = \begin{cases} 1 - \hat{\lambda}_i(a)\big(1 - \hat{P}_{ii}(a)\big)/\bar{\lambda}, & \text{wenn} \quad i = j, \\ \hat{\lambda}_i(a)\,\hat{P}_{ij}(a)/\bar{\lambda}, & \text{wenn} \quad i \neq j, \end{cases} \tag{1}$$

sowie

$$\bar{c}_i(a) = \hat{\bar{c}}_i(a)\,\hat{\lambda}_i(a)/\bar{\lambda}. \tag{2}$$

Schließlich sei $[\mathscr{E}, \mathscr{A}, \boldsymbol{P}, \bar{\boldsymbol{c}}]$ noch ein Markowsches Entscheidungsmodell mit diskreter Zeit, wobei $\boldsymbol{P}$ und $\bar{\boldsymbol{c}}$ durch die Formeln (1) und (2) definiert sind. Dann gilt der folgende

9.9.4. Satz (Lippman (1975), Serfozo (1976)). Seien $d_\Pi(i)$, $\hat{d}_\Pi(i)$ und $d_\Pi^{\mathrm{I}}(i)$ die zu erwartenden durchschnittlichen Gesamtkosten für die Entscheidungsmodelle $[\mathscr{E}, \mathscr{A}, \boldsymbol{P}, \lambda, \bar{\boldsymbol{c}}]$; $[\mathscr{E}, \mathscr{A}, \hat{\boldsymbol{P}}, \hat{\lambda}, \hat{\bar{\boldsymbol{c}}}]$ und $[\mathscr{E}, \mathscr{A}, \boldsymbol{P}, \bar{\boldsymbol{c}}]$, so gilt $d_\Pi(i) = \hat{d}_\Pi(i) = \bar{\lambda} d_\Pi^{\mathrm{I}}(i)$ für alle $i \in \mathscr{E}$ und alle $\Pi \in \mathscr{F}_s^{\mathrm{dm}}(\mathscr{E})$.

Langen (1979) (vgl. auch Langen (1982)) untersucht allgemeiner die Äquivalenz beliebiger semimarkowscher Entscheidungsprozesse.

9.9.3. Anwendung auf die Steuerung von Geburts- und Todesprozessen

Es wird nun eine Familie von Geburts- und Todesprozessen mit dem Zustandsraum $\mathscr{E} \subseteq \mathbb{G}_+$ betrachtet. Durch die folgenden Voraussetzungen wird ein Modell zur Steuerung von Geburts- und Todesprozessen definiert (vgl. SERFOZO (1977b)).

(a) *Bewegungsgesetz:* Erreicht ein beliebiger Prozeß den Zustand i, so wird ein Paar (λ_a, μ_a) von Geburts- und Todesraten aus der Menge $\{(\lambda_1, \mu_1), \ldots, (\lambda_k, \mu_k)\}$ ausgewählt.

Die Wahl einer Aktion $a \in \mathscr{A} = \{1, \ldots, k\}$ entspricht also der Auswahl des Paares (λ_a, μ_a). Es wird angenommen, daß $\lambda_1 \geqq \lambda_2 \geqq \cdots \geqq \lambda_k \geqq 0$ und $0 < \mu_1 \leqq \mu_2 \leqq \cdots \leqq \mu_k$ gilt. Der Prozeß geht mit den Wahrscheinlichkeiten

$$\hat{p}_{i,i+1}(a) = \frac{\lambda_a}{\lambda_a + \mu_a}, \qquad \hat{p}_{i,i-1}(a) = \frac{\mu_a}{\lambda_a + \mu_a}$$

für alle $i \geqq 1$ sowie $\hat{p}_{01}(a) = 1$ für $i = 0$ und $\hat{p}_{ij}(a) = 0$ für $|i - j| > 1$ in die benachbarten Zustände über.

Der Prozeß verweilt eine zufällige Zeit im Zustand i, wobei diese Zeit einer Exponentialverteilung mit dem Parameter $\hat{\lambda}_i(a) = \lambda_a + 1_{\mathbb{N}}\mu_a$ unterliegt.

(b) *Bewertungsgesetz:* Pro Zeiteinheit tritt eine Kostenrate $c^{\mathrm{B}}(a) + c^{\mathrm{W}}(i)$ auf, wobei $c^{\mathrm{W}}(i)$ die Wartezeitkosten im Zustand i und $c^{\mathrm{B}}(a)$ die Kosten charakterisieren, die bei der Wahl der Aktion a pro Zeiteinheit entstehen. Es wird angenommen, daß $c^{\mathrm{B}}(a)$ nichtfallend ist und $c^{\mathrm{W}}(i)$ konvex und nichtfallend mit $c^{\mathrm{W}}(0) = 0$. Geht der Prozeß von dem Zustand i in den Zustand $i + 1$ über (tritt also eine Geburt auf), so wird ein Gewinn von r Werteinheiten erzielt. Es ist also

$$\hat{c}_i(a) = \begin{cases} \left(r - c^{\mathrm{B}}(a) - c^{\mathrm{W}}(i)\right)/\lambda_a & \text{für} \quad i = 0, \\ \left(\lambda_a r - c^{\mathrm{B}}(a) - c^{\mathrm{W}}(i)\right)/(\lambda_a + \mu_a) & \text{für} \quad i \geqq 1. \end{cases}$$

Jede stationäre Strategie $\Pi = (f, f, \ldots)$ legt dann einen Geburts- und Todesprozeß fest, dessen Parameter im Zustand i durch $\lambda_{f(i)}$ und $\mu_{f(i)}$ charakterisiert werden. Durch $\hat{d}_\Pi(i)$ werden die erwarteten durchschnittlichen Gesamtkosten für das durch die Annahmen (a) und (b) definierte Modell zur Steuerung von Geburts- und Todesprozessen bezeichnet.

Setzt man in dem in [9.9.1] beschriebenen Modell zur Steuerung einer Irrfahrt auf der Menge $\mathbb{G}_+$

$$p(a) = \frac{\lambda_a}{\Lambda}, \qquad q(a) = \frac{\mu_a}{\Lambda} \quad \text{mit} \quad \Lambda = \lambda_1 + \mu_k \tag{1}$$

für alle $a \in \mathscr{A} = \{1, \ldots, k\}$ sowie

$$\bar{c}_i^{\mathrm{I}}(a) = \begin{cases} \left(r - c^{\mathrm{B}}(a) - c^{\mathrm{W}}(i)\right) \Lambda^{-1} & \text{für} \quad i = 0, \\ \left(\lambda_a r - c^{\mathrm{B}}(a) - c^{\mathrm{W}}(i)\right) \Lambda^{-1} & \text{für} \quad i \geqq 1, \end{cases} \tag{2}$$

so gilt

$$P_{ij}(a) = \begin{cases} \hat{\lambda}_i(a)\, \hat{p}_{ij}(a)\, \Lambda^{-1}, & \text{wenn} \quad i \neq j, \\ 1 - \hat{\lambda}_i(a)\, \Lambda^{-1}, & \text{wenn} \quad i = j, \end{cases}$$

und

$$\bar{c}_i^{\mathrm{I}}(a) = \hat{c}_i(a)\, \hat{\lambda}_i(a)\, \Lambda^{-1}.$$

Nach S. 9.9.4 gilt dann $\hat{d}_\Pi(i) = \Lambda d_\Pi{}^{\mathrm{I}}(i)$ für alle $i \in \mathscr{E}$ und alle $\Pi \in \mathscr{F}_s{}^{\mathrm{dm}}(\mathscr{E})$. Da außerdem durch die vorgenommenen Setzungen die Voraussetzungen von S. 9.9.1 erfüllt sind, gilt somit der

9.9.5. Satz. Eine Strategie Π^* ist durchschnittsoptimal und monoton wachsend für das Entscheidungsmodell zur Steuerung eines Geburts- und Todesprozesses genau dann, wenn sie für das durch (1) und (2) beschriebene Entscheidungsmodell zur Steuerung einer Irrfahrt durchschnittsoptimal und monoton wachsend ist (vgl. Serfozo (1976)).

Aufgrund dieses Äquivalenzsatzes läßt sich die Aussage aus F. 9.9.3 unmittelbar zur Beschreibung der optimalen Strategie eines Geburts- und Todesprozesses anwenden. Dabei soll wieder nur der Fall $k = 2$ betrachtet werden.

9.9.6. Folgerung. Es sei $\hat{\bar{c}}_i(a) = \left(-c^{\mathrm{B}}(a) - ic\right)/\hat{\lambda}_i(a)$ für alle $a \in \mathscr{A}$ mit einer Konstanten $c > 0$. Dann ist diejenige stationäre Strategie durchschnittsoptimal (und monoton wachsend) welche das Parameterpaar (λ_1, μ_1) wählt, falls der Prozeß unterhalb n^* ist, und andernfalls (λ_2, μ_2) benutzt. Dabei ist n^* die kleinste ganze Zahl für welche $d_n \geqq 0$ ist, wobei

$$d_n = \begin{cases} n + h\varrho_1{}^n + h - \varrho_2\left(c^{\mathrm{B}}(2) - c^{\mathrm{B}}(1)\right)/\left(c(\varrho_1 - \varrho_2)\,(1 - \varrho_2)\right) & \text{für} \quad \varrho_1 \neq 1, \\ n^2 + n(1 + \varrho_2)/(1 - \varrho_2) - 2\varrho_2\left(c^{\mathrm{B}}(2) - c^{\mathrm{B}}(1)\right)/\left(c(1 - \varrho_2)\right) & \text{für} \quad \varrho_1 = 1 \end{cases}$$

mit $\varrho_a = \lambda_a/\mu_a$ und $h = (\varrho_1 - \varrho_2)/\left((1 - \varrho_1)\,(1 - \varrho_2)\right)$. Außerdem ist

$$n^* \leqq \begin{cases} \varrho_2\left(c^{\mathrm{B}}(2) - c^{\mathrm{B}}(1)\right)/\left(c(\varrho_1 - \varrho_2)\,(1 - \varrho_2)\right) & \text{für} \quad \varrho_1 \neq 1, \\ \left[2\varrho_2\left(c^{\mathrm{B}}(2) - c^{\mathrm{B}}(1)\right)/\left(c(1 - \varrho_2)\right)\right]^{1/2} & \text{für} \quad \varrho_1 = 1. \end{cases}$$

In den folgenden Beispielen soll nun S. 9.9.5 und F. 9.9.6 auf die Steuerung von Bedienungssystemen angewendet werden.

9.9.7. Beispiel. Es werden die steuerbaren Bedienungssysteme vom Typ M/M/1/n bzw. M/M/1/∞ von Sabeti (1973) und Crabill (1972) betrachtet. In beiden Modellen war der Forderungenstrom fest, und als Steuergröße trat die Bedienungsintensität auf. Die Bedienungszeit war Exp(μ)-verteilt, wobei der Parameter μ in einer Menge $\{\mu_1, \ldots, \mu_k\}$ mit $0 < \mu_1 < \cdots < \mu_k$ variieren konnte. Die Auswahl der Bedienungsintensität μ_a wurde pro Zeiteinheit durch die Kostenrate $c^{\mathrm{B}}(\mu_a)$ bewertet. $c^{\mathrm{W}}(i)$ gab die Wartezeitkosten pro Zeiteinheit an, falls i Forderungen im System sind. Außerdem wurde für jede Forderung ein Gewinn von $r \geqq 0$ Werteinheiten erzielt. Dabei sei $c^{\mathrm{B}}(\mu_a)$ monoton wachsend, $c^{\mathrm{W}}(i)$ konvex und monoton wachsend mit $c^{\mathrm{W}}(0) = 0$.

Bei beiden Modellen handelt es sich um steuerbare Geburts- und Todesprozesse mit der Parametermenge $\{(\lambda, \mu_1); \ldots; (\lambda, \mu_k)\}$. Nach S. 9.9.5 existiert dann in Übereinstimmung mit den Ergebnissen von Crabill (1972) und Sabeti (1973) eine stationäre durchschnittsoptimale Umschaltpolitik. Danach ist es optimal, die Bedienungsintensitäten zu erhöhen, wenn die Anzahl der sich im System befindlichen Forderungen wächst. Sind die Wartezeitkosten linear, so ist die Gestalt der optimalen Strategie für den 2-Aktionenfall aus F. 9.9.6 ablesbar.

Mit Hilfe des in [9.5.2] behandelten Verfahrens der Ersetzung eines Entscheidungsproblems mit unendlichem Horizont durch ein äquivalentes Problem mit m Entscheidungsintervallen und der durch S. 9.9.4 gezeigten Äquivalenz zwischen den Markowschen Entscheidungsmodellen $[\mathscr{E}, \mathscr{A}, \boldsymbol{P}, \lambda, \bar{\boldsymbol{c}}, \alpha]$ und $[\mathscr{E}, \mathscr{A}, \hat{\boldsymbol{P}}, \hat{\lambda}, \hat{\bar{\boldsymbol{c}}}, \alpha]$ (α vorgegebener Diskontfaktor) untersucht Lippman (1975b) für das Modell M/M/1/∞ mit steuerbarer

Bedienungsintensität die Existenz einer α-optimalen Umschaltregel, wobei jetzt die Bedienungsintensität μ in einem abgeschlossenen Intervall $[0\ \bar{\mu}]$ mit $\bar{\mu} < \infty$ variieren kann (vgl. hierzu auch GALLISCH (1979a, b) bez. einer ähnlichen Aufgabenstellung für das Modell M/GI/1/∞). Die kostenmäßige Bewertung erfolgt durch Bedienungskosten $c^B(\mu)$ $(c^B(0) \geqq 0, c^B(\mu) < \infty)$, Wartezeitkosten c^W pro Forderung und Zeiteinheit und einem konstanten Gewinn $r \geqq 0$ für jede bediente Forderung.

Es läßt sich zeigen, daß für jedes $\alpha > 0$ und alle $i \in \mathscr{E}$ die α-optimalen Kosten $r_*(\alpha; i)$ existieren, konvex sind und sich als eindeutige Lösungen der Funktionalgleichung

$$r_*(\alpha; i) = \min_{\mu \in \mathscr{A}} \left(c^B(\mu) + ic^W + r(\alpha; i, \mu)\right)/(\alpha + \Lambda)$$

mit

$$r(\alpha; i, \mu) = \lambda r_*(\alpha; i+1) + \bar{\mu} r_*(\alpha; i) - \mu r - \mu \Delta r_*(\alpha; i), \qquad \Lambda = \lambda + \bar{\mu},$$

ergeben, wobei $\Delta r_*(\alpha; i) = r_*(\alpha; i) - r_*(\alpha; i-1)$. Außerdem existiert eine α-optimale Strategie $\Pi_\alpha{}^* = (f_\alpha{}^*, f_\alpha{}^*, \ldots)$ mit $f_\alpha{}^*(i) \leqq f_\alpha{}^*(i+1)$ für alle $i \in \mathscr{E}$ Dabei bezeichnet $f_\alpha{}^*(i)$ die optimale Bedienungsintensität, wenn das System im Zustand i ist.

9.9.8. Beispiel. Als Gegenstück zu den Modellen von Crabill und Sabeti ist das Modell von Low (1974a, b) für den Fall $s = 1$ zu betrachten. Es handelt sich hierbei um Systeme vom Typ M/M/1/n mit $1 \leqq n \leqq \infty$. Die Bedienungsintensität ist konstant, während die Ankunftsrate als Steuergröße auftritt. Die kostenmäßige Bewertung erfolgt analog zum vorhergehenden Beispiel: Die Wahl der Ankunftsrate λ_l wird durch die Rate $c_l{}^A$ (Servicepreis bzw. Ankunftskosten; $l = 1, \ldots, k$) bewertet. Außerdem treten Wartekosten $c^W(i)$ und ein Gewinn von r Werteinheiten pro Forderung auf. Im Gegensatz zu den Modellen von Crabill und Sabeti liegt also jetzt ein gesteuerter Geburts- und Todesprozeß mit der Parametermenge $\{(\lambda_1, \mu), \ldots, (\lambda_k, \mu)\}$ vor, wobei $\lambda_1 > \lambda_2 > \cdots > \lambda_k > 0$ gilt Nach S. 9.9.5 existiert dann sowohl für $1 \leqq n < \infty$ als auch für den Fall $n = \infty$ eine durchschnittsoptimale Preispolitik, deren explizite Gestalt speziell für lineare Wartezeitkosten und $\mathscr{A} = \{1, 2\}$ aus F. 9.9.6 ablesbar bzw. für beliebiges konvexes $c^W(i)$ nach S. 9.9.2 berechenbar ist. Danach ist es optimal, die Ankunftsrate zu senken (d. h. den Servicepreis zu erhöhen), wenn die Anzahl der Forderungen im System wächst.

Schließlich läßt sich noch ein Modell vom Typ M/M/1/∞ betrachten, in dem in den Ankunfts- bzw. Abgangspunkten von Forderungen sowohl der Forderungenstrom als auch der Bedienungsprozeß durch Auswahl eines Parameterpaares (λ_a, μ_a) aus der Menge $\{(\lambda_1, \mu_1), \ldots, (\lambda_k, \mu_k)\}$ mit $\lambda_1 \geqq \lambda_2 \geqq \cdots \geqq \lambda_k > 0$ und $0 < \mu_1 \leqq \mu_2 \leqq \cdots \leqq \mu_k$ gesteuert werden kann. Mit den Kosten $c(a) = c_a{}^A + c^B(\mu_a)$ (Ankunftskosten und Bedienungskosten), Wartekosten $c^W(i)$ und dem auftretenden Gewinn von r Werteinheiten, erweist es sich als optimal, die Bedienungsintensitäten zu erhöhen, und die Ankunftsintensitäten zu senken, wenn die Anzahl der sich im System befindlichen Forderungen wächst.

Eine andersgeartete Methode zur Steuerung von Geburts- und Todesprozessen mit endlichem Zustandsraum $\mathscr{E} = \{0, 1, \ldots, n+1\}$ hat GROH (1979) vorgeschlagen. Hierbei wird ein Geburts- und Todesprozeß durch seinen *infinitesimalen Generator*, d. h. durch die Matrix seiner Intensitäten beschrieben. Durch Einführung einer Familie derartiger Intensitätsmatrizen sowie geeigneter (Markowscher) Strategien und eines Kostenfunktionals (es treten Verweilkosten für den Aufenthalt des Prozesses in den inneren Punkten von $\mathscr{E}$ und Abbruchkosten in den Randpunkten $r_0 = 0$ und $r_1 = n + 1$ auf) wird das Steuerproblem definiert.

Die infinitesimalen Generatoren von Geburts- und Todesprozessen besitzen die Gestalt Jacobischer Matrizen und können als Differenzenoperatoren zweiter Ordnung aufgefaßt werden. Dies gestattet es, die gestellte Steueraufgabe in weitgehender Analogie zur optimalen Steuerung eindimensionaler Diffusionsprozesse zu lösen (vgl. z. B. Mandl [1]). Im Abschnitt 9.11.3.1 wird auf eine weitere Methode zur Steuerung von Geburts- und Todesprozessen eingegangen.

9.10. Anwendung der Methode des optimalen Stoppens von Markowschen Ketten auf die Steuerung von Bedienungssystemen

In diesem Abschnitt sollen Bedienungssysteme betrachtet werden, für die sich die zeitliche Entwicklung ihrer Systemzustände durch Markowsche Ketten $\big(X(t), t \in \mathbb{R}_+\big)$ mit stetiger Zeit beschreiben lassen.

In jedem Zeitpunkt kann der Prozeß $\big(X(t)\big)$ dabei durch Wahl einer der beiden Aktionen 0 bzw. 1 gesteuert werden, wobei die Aktion 0 angibt, daß der Prozeß in der bisherigen Weise weiterlaufen soll, während die Aktion 1 den Abbruch des Prozesses vorschreibt. Wird der Prozeß zur Zeit t gestoppt, d. h. wird in diesem Zeitpunkt erstmalig die Aktion 1 gewählt, so wird dem System der Gewinn $\mathsf{a}\big(X(t)\big)$ ausgezahlt. Dabei sei $\mathsf{a}: \mathscr{E} \to \mathbb{R}_+$ eine beschränkte und stetige Funktion, die als *Auszahlungsfunktion* bezeichnet wird.

Aus der Menge aller zufälligen Abbruchzeitpunkte T mit Werten aus $\mathbb{R}_+$, deren beobachtete Realisierungen nur von der Vorgeschichte des Prozesses abhängen möge, soll dann ein solcher Abbruchzeitpunkt T^* ausgewählt werden, für den der mittlere Gewinn $\mathsf{E}\big(\mathsf{a}(X(T^*)) \mid X(0) = x\big)$ $(x \in \mathbb{R}_+)$ maximal wird. Im folgenden soll dieser Sachverhalt präzisiert werden.

9.10.1. Definition. $(\Omega, \mathfrak{F})$ sei ein vorgegebener Maßraum und $(\mathfrak{F}_t, t \in \mathbb{R}_+)$ eine nichtfallende Folge von σ-Unteralgebren von $\mathfrak{F}$, d. h., es ist $\mathfrak{F}_s \subseteqq \mathfrak{F}$, $\mathfrak{F}_s \subseteqq \mathfrak{F}_t$ mit $s \leqq t$. Eine $\mathfrak{F}$-meßbare Funktion $T: \Omega \to \mathbb{R}_+$ heißt *Stoppzeit* bez. des Systems $(\mathfrak{F}_t)$ (welches etwa den zufälligen Prozeß $\big(X(t)\big)$ beschreibt), wenn für jedes $t < \infty$

$$\{\omega \in \Omega : T(\omega) \leqq t\} \in \mathfrak{F}_t$$

gilt.

T ist also eine Stoppzeit für den Prozeß $\big(X(t), t \in \mathbb{R}_+\big)$, wenn für alle $t \in \mathbb{R}_+$ das Ereignis $\{\omega \in \Omega : T(\omega) \leqq t\}$ nur von den Realisierungen des Prozesses $\big(X(t), t \in \mathbb{R}_+\big)$ bis zur Zeit t abhängt.

Die Theorie des optimalen Stoppens von Markowschen Ketten ist von Doob [1] sowie Dynkin [1], (1963), (1969) (vgl. auch Dynkin/Juschkewitsch [2], Taylor (1968), Ross (1971), Schirjajew [1], Müller/Nollau [1]) entwickelt worden. Sie untersucht die Existenz und Struktur einer Stoppzeit T^*, für welche

$$\mathsf{E}\big(\mathsf{a}(X(T^*)) \mid X(0) = x\big) \geqq \mathsf{E}\big(\mathsf{a}(X(T)) \mid X(0) = x\big) \tag{1}$$

für alle Stoppzeiten T und vorgegebenem Anfangswert $x \in \mathbb{R}_+$ gilt. Eine solche Stoppzeit T heißt *x-optimale Stoppzeit* für den Prozeß $\big(X(t), t \in \mathbb{R}_+\big)$.

Das folgende Beispiel (vgl. Prabhu (1970), (1974)) soll veranschaulichen, auf welche Klasse von Problemen aus der Bedienungstheorie sich die Methode des optimalen Stoppens von Markowschen Ketten anwenden läßt.

9.10.2. Beispiel. Betrachtet wird das Bedienungssystem M/GI/1/∞ mit der folgenden Kostenstruktur: Es seien r die Einnahmen des Systems pro Zeiteinheit, c_1^B die Bedienungskosten pro Zeiteinheit, die während der normalen Arbeitszeit entstehen, d. h. während der Zeit $[0, t_0]$, wobei t_0 der Zeitpunkt der Beendigung der normalen Arbeitszeit ist, und c_2^B bezeichne die Bedienungskosten pro Zeiteinheit für Überstunden, d. h. für das Zeitintervall (t_0, ∞).

Es wird $c_1^B < r < c_2^B$ vorausgesetzt. Außerdem wird $d_1 = r - c_1^B$ und $d_2 = c_2^B - r$ gesetzt. d_1 kann als Gewinnrate und d_2 als Verlustrate interpretiert werden.

Als Steuergröße wird der virtuelle Wartezeitprozeß $(W(t), t \in \mathbb{R}_+)$ betrachtet. Dieser Prozeß ist eine homogene Markowsche Kette mit stetiger Zeit (vgl. z. B. PRABHU [1]) mit dem Zustandsraum $\mathscr{E} = \mathbb{R}_+$. Dann ist auch der Prozeß $(X(t), t \in \mathbb{R}_+)$ mit $X(t) = (t, W(t))$ eine Markowsche Kette mit stetiger Zeit mit dem Zustandsraum $\mathscr{E} = \mathbb{R}_+ \times \mathbb{R}_+$.

Bei Abbruch des Prozesses $(X(t), t \in \mathbb{R}_+)$ zur Zeit t wird dem System der Gewinn $\mathsf{a}(X(t)) = \mathsf{a}(t, W(t))$ ausgezahlt, wobei für die vorgegebene Kostenstruktur die Auszahlungsfunktion $\mathsf{a}(t, W(t))$ die folgende Gestalt hat:

$$\mathsf{a}(t, x) = \int_0^{t+x} \mathrm{e}^{-\alpha u} g(u)\, \mathrm{d}u, \qquad t, x \in \mathbb{R}_+,$$

mit

$$g(t) = \begin{cases} d_1 & \text{für} \quad t \leqq t_0, \\ -d_2 & \text{für} \quad t > t_0. \end{cases}$$

$\mathrm{e}^{-\alpha t}$ bezeichne für beliebiges reelles $\alpha > 0$ den Diskontfaktor zur Gewinnfunktion $g(t)$. Außerdem gelte $\mathsf{P}(W(0) = x) = 1$.

Gesucht ist dann eine solche Stoppzeit T^*, für welche

$$\mathsf{E}\big(\mathsf{a}(T^*, W(T^*)) \mid W(0) = x\big) \geqq \mathsf{E}\big(\mathsf{a}(T, W(T)) \mid W(0) = x\big) \tag{2}$$

für alle Stoppzeiten des Prozesses $((t, W(t)), t \in \mathbb{R}_+)$ gilt, wobei hier eine Stoppzeit den Zeitpunkt angibt, von dem ab keine Forderungen mehr in das System eingelassen werden. Verwandte Aufgabenstellungen, in denen die Steuerung des Bedienungssystems durch Optimierung der Betriebszeit erfolgt, werden z. B. durch EMMONS (1972) und MINE/OHNO (1971) untersucht.

Um hinreichende Bedingungen für die Lösbarkeit des Stopp-Problems (2) angeben zu können, wird das Konzept des *infinitesimalen Generators* verwendet (vgl. z. B. DYNKIN [1]). Es bezeichne $W(x; y, t) = \mathsf{P}(W(s + t) < y \mid W(s) = x)$ die Übergangswahrscheinlichkeit des Wartezeitprozesses $(W(t), t \in \mathbb{R}_+)$. Für die Funktionen $W(x; y, t)$ sind explizite Darstellungen bekannt (↑ Kap. 3 bzw. PRABHU [1]), wobei speziell für $h \to +0$

$$W(x; y, h) = (1 - \lambda h)\, \mathbf{1}_{\mathbb{R}_-}(y - x + h) + \lambda h B(y - x + h) + o(h) \tag{3}$$

gilt. Die Übergangsfunktion der Markowschen Kette $((t, W(t)), t \in \mathbb{R}_+)$ lautet dann

$$\begin{aligned} F(s, x; s', y, t) &= \mathsf{P}\big(T + t < s', W(T + t) < y \mid T = s, W(T) = x\big) \\ &= \mathbf{1}_{\mathbb{R}_+}(s' - s - t)\, W(x; y, t). \end{aligned} \tag{4}$$

Bezüglich des Prozesses $X(t) = (t, W(t))$ wird ein linearer Operator

$$\mathsf{T}_t \mathsf{a}(s, x) = \int_0^\infty \int_0^\infty \mathsf{a}\,(s', y)\, F(s, x; \mathrm{d}s', \mathrm{d}y, t) \tag{5}$$

definiert. Das Definitionsgebiet des Operators T_t sei die Klasse $\mathscr{C}$ aller beschränkten und stetigen Funktionen über $\mathbb{R}_+ \times \mathbb{R}_+$. Die Familie (T_t) der Operatoren T_t bildet eine Halbgruppe. Der infinitesimale Generator von T_t ist der durch die Beziehung

$$\mathsf{A}\mathsf{a}(t, x) = \lim_{h \to +0} \frac{\mathsf{T}_h\mathsf{a}(t, x) - \mathsf{a}(t, x)}{h} \tag{6}$$

definierte lineare Operator, wobei der Operator A für solche Funktionen $\mathsf{a}(t, x)$ aus der Klasse $\mathscr{C}$ definiert ist, für welche der rechtsseitige Grenzwert (6) existiert. Mit Hilfe der Formeln (3)—(6) läßt sich für $\mathsf{A}\mathsf{a}(t, x)$ eine explizite Darstellung angeben (vgl. PRABHU (1974)).

9.10.3. Satz. Sind die Auszahlungsfunktionen $\mathsf{a}(t, x)$ und ihre partiellen Ableitungen $\partial\mathsf{a}/\partial t$ und $\partial\mathsf{a}/\partial x$ stetig und beschränkt, so ist der infinitesimale Generator der Halbgruppe (T_t) durch

$$\mathsf{A}\mathsf{a}(t, x) = \frac{\partial\mathsf{a}}{\partial t} - \frac{\partial\mathsf{a}}{\partial x} - \lambda\mathsf{a}(t, x) + \lambda \int_0^\infty \mathsf{a}(t, x + v)\, B(\mathrm{d}v) \tag{7}$$

gegeben.

Werden bis zur Zeit t neue Forderungen eingelassen, so wird der Gewinn $\mathsf{a}(t, x)$ erzielt. Läßt man nun das System bis zur Zeit $t + h$ $(h > 0)$ geöffnet, so wird genau dann ein höherer Gewinn erzielt, wenn

$$\mathsf{E}\mathsf{a}\big(t + h, W(t + h)\big) > \mathsf{a}(t, x) \tag{8}$$

gilt. Die Ungleichung (8) wird zu

$$\frac{\partial\mathsf{a}}{\partial t} - \frac{\partial\mathsf{a}}{\partial x} - \lambda\mathsf{a}(t, x) + \lambda \int_0^\infty \mathsf{a}(t, x + v)\, B(\mathrm{d}v) + h^{-1}o(h) > 0 \tag{9}$$

umgeformt. Bezeichnet man die linke Seite von (9) mit $g(t, x, h)$, so kann man sagen, daß die Fortsetzung der Arbeit des Bedienungsgerätes solange profitabel ist, solange $g(t, x, h) > 0$ ist. Für das kleinste t' mit $g(t', x, h) \leqq 0$ arbeitet das System unprofitabel (d. h., es wird ein niedrigerer Gewinn erzielt), und es werden keine neuen Forderungen mehr zugelassen.

Um hierdurch eine Lösung des Stopp-Problems (2) zu erhalten, muß natürlich gesichert sein, daß $g(t, x, h) \leqq 0$ für alle $t \geqq t'$ gilt. Speziell für $h \to +0$ ergibt sich

$$\lim_{h \to +0} g(t, x, h) = \mathsf{A}\mathsf{a}(t, x).$$

Diese intuitive Vorbetrachtung über die Struktur einer x-optimalen Stoppzeit wird durch den folgenden Satz präzisiert (vgl. Ross (1971)): Für eine beliebige Teilmenge $\mathscr{B}$ des Zustandsraumes $\mathscr{E}$ des Prozesses $\big(X(t), t \in \mathbb{R}_+\big)$ sei

$$T_{\mathscr{B}} = \begin{cases} \inf\{t > 0 : X(t) \in \mathscr{B}\}, & \text{falls solch ein } t \text{ existiert,} \\ \infty & \text{sonst.} \end{cases}$$

$T_{\mathscr{B}}$ bezeichnet also den *erstmaligen Eintrittszeitpunkt* des Prozesses $\big(X(t), t \in \mathbb{R}_+\big)$ in die Zustandsmenge $\mathscr{B}$.

9.10.4. Satz. Es sei $\mathscr{S} = \{(t, x) \in \mathbb{R}_+ \times \mathbb{R}_+ : \mathsf{A}a(t, x) \leqq 0\}$. $\overline{\mathscr{S}}$ bezeichne die zu $\mathscr{S}$ komplementäre Menge, und

$$T_{\mathscr{S}} = \inf\{t > 0 : X(t) \in \mathscr{S}\} \quad \text{sowie} \quad T_{\overline{\mathscr{S}}} = \inf\{t > 0 : X(t) \in \overline{\mathscr{S}}\}$$

seien die zu $\mathscr{S}$ bzw. $\overline{\mathscr{S}}$ gehörenden erstmaligen Eintrittszeitpunkte.

Es wird vorausgesetzt, daß der Erwartungswert $\mathsf{E}T_{\mathscr{S}}$ existieren möge. Wenn die Menge $\mathscr{S}$ in dem Sinne abgeschlossen ist, daß

$$\mathsf{P}\big(T_{\overline{\mathscr{S}}} < \infty \mid X(0) \in \mathscr{S}\big) = 0 \quad \text{und} \quad \mathsf{P}\big(T_{\overline{\mathscr{S}}} < \infty \mid X(0) \in \overline{\mathscr{S}}\big) = 1$$

gilt, so ist $T_{\mathscr{S}}$ eine optimale Stoppzeit für den Prozeß $\big(X(t), t \in \mathbb{R}_+\big)$ bez. des Anfangswertes $X(0) \in \overline{\mathscr{S}}$.

9.10.5. Beispiel. Für B. 9.10.2 soll jetzt mit Hilfe von S. 9.10.4 die Struktur der optimalen Stoppzeit bestimmt werden (vgl. Prabhu (1974)). Dazu wird $W(0) = 0$ und

$$\int_0^{t_0} e^{-\alpha t}\big(1 - B(v)\big)\, dv > \frac{d_2}{d_1 + d_2} \cdot \frac{1 - B^*(\alpha)}{\alpha} \tag{10}$$

mit $B^*(\alpha) = \int_0^\infty e^{-\alpha v}\, dB(v)$ vorausgesetzt. Mit Hilfe von Formel (7) wird der infinitesimale Generator $\mathsf{A}a(t, x)$ berechnet. Man erhält

$$\mathsf{A}a(t, x) = \lambda b(t + x)$$

mit

$$b(t) = \mathbf{1}_{\mathbb{R}_+}(t_0 - t)\,(d_1 + d_2)\, e^{-\alpha t} \int_0^{t_0 - t} e^{-\alpha v}\big(1 - B(v)\big)\, dv - d_2\, e^{-\alpha t} \frac{1 - B^*(\alpha)}{\alpha}.$$

Im Intervall $[0, t_0]$ gilt

$$b'(t) = (d_1 + d_2)\, e^{-\alpha t} \int_0^{t_0 - t} e^{-\alpha v}\, dB(v) - d_1\, e^{-\alpha t} - d_2\, e^{-\alpha t} B^*(\alpha) < -d_1\, e^{-\alpha t}\big(1 - B^*(\alpha)\big) < 0.$$

Die Funktion $b(t)$ ist im Intervall $[0, t_0]$ somit monoton nichtfallend. Wegen (10) ist

$$b(0) = (d_1 + d_2) \int_0^{t_0} e^{-\alpha v}\big(1 - B(v)\big)\, dv - d_2 \frac{1 - B^*(\alpha)}{\alpha} > 0$$

und

$$b(t_0) = -d_2\, e^{-\alpha t_0} \frac{1 - B^*(\alpha)}{\alpha} < 0,$$

so daß ein eindeutig bestimmtes a mit $b(t) > 0$ für $0 \leqq t < a$ und $b(t) < 0$ für $a \leqq t < t_0$ existiert. Der Punkt a ist dabei durch die eindeutige Lösung der Gleichung

$$(d_1 + d_2) \int_0^{t_0 - t} e^{-\alpha v}\big(1 - B(v)\big)\, dv - d_2 \frac{1 - B^*(\alpha)}{\alpha} = 0 \tag{11}$$

gegeben. Aufgrund von $b(t) \leqq 0$ für $t \geqq t_0$ ist $b(t) \leqq 0$ für $t \leqq a$. Folglich ist $\mathsf{A}a(t, x) \leqq 0$ für $t + x \geqq a$, und die Menge $\mathcal{S}$ aus S. 9.10.4 hat die Gestalt

$$\mathcal{S} = \{(t, x) \in \mathbb{R}_+ \times \mathbb{R}_+ : t + x \geqq a\}.$$

Der Eintrittszeitpunkt in die Menge $\mathcal{S}$ ist dann durch

$$T_a = \inf \{t > 0 : t + W(t) \geqq a\}$$

gegeben. Der Prozeß $\big(t + W(t), t \in \mathbb{R}_+\big)$ ist außerdem mit Wahrscheinlichkeit 1 monoton nichtfallend. Folglich ist die Menge $\mathcal{S}$ im Sinne von S. 9.10.4 abgeschlossen. Mit Wahr-

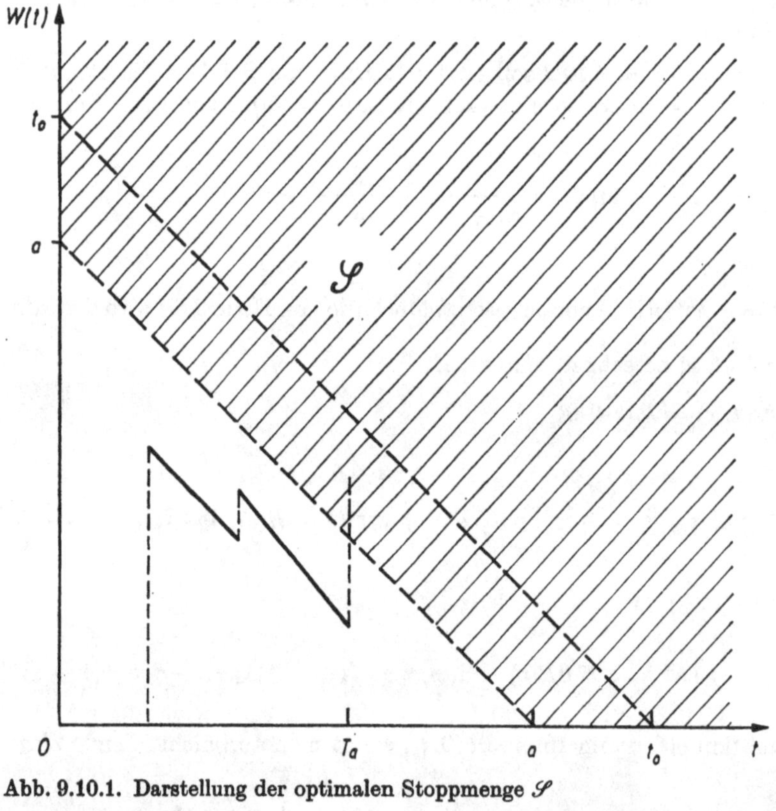

Abb. 9.10.1. Darstellung der optimalen Stoppmenge $\mathcal{S}$

scheinlichkeit 1 ist noch $T_a \leqq a$ und damit $\mathsf{E}T_a < \infty$. Die Bedingungen von S. 9.10.4 sind somit erfüllt und T_a ist optimale Stoppzeit bez. des Anfangswertes $W(0) = 0$.

Ist speziell $B(x) = \max \{0, 1 - e^{-\mu x}\}$, so reduziert sich die Bedingung (10) zu

$$t_0 > (\mu + \alpha)^{-1} \log \left(1 + \frac{d_2}{d_1}\right),$$

und die Lösung der Gleichung (11) ergibt sich zu

$$a = t_0 - (\mu + \alpha)^{-1} \log \left(1 + \frac{d_2}{d_1}\right).$$

9.11. Übersicht über weitere Methoden und Modelle zur Steuerung von Bedienungssystemen

9.11.1. Steuerung von Bedienungssystemen durch Anwendung eines verallgemeinerten Maximumprinzips

Ein weiterer Zugang zur Steuerung von Bedienungssystemen erfolgt über die Darstellung als ein allgemeines Optimierungsproblem und deren Lösung durch Politikiteration.

In der klassischen Theorie werden Bedienungssysteme dadurch beschrieben, daß man unter gewissen Annahmen über die Struktur des Systems und die beteiligten Verteilungen für die interessierenden Größen X (z. B. Anzahl der Forderungen im System, Wartezeit, Besetztzeit, ...) bzw. deren Wahrscheinlichkeitsverteilungen P Prozeßgleichungen ableitet, die von einem Parametersatz f (z. B. Ankunftsraten, Bedienungsraten, ...) abhängen. Diese Prozeßgleichung schreibt man in der Form

$$\mathsf{T}(X, f) = 0 \quad (\text{bzw. } \mathsf{T}(\mathsf{P}, t) = 0).$$

Der Parametersatz f wird in der klassischen Betrachtungsweise als fest vorgegeben angesehen. Der Optimierungsgedanke tritt dabei in den Hintergrund. Faßt man hingegen den Parametersatz f als variabel auf, so kann das Bedienungssystem durch ihn gesteuert werden. Den Parametersatz f bezeichnet man daher im weiteren als *Steuerung*. $\mathscr{A}$ bezeichne die Menge aller Steuerungen. $\mathscr{A}$ heißt *Steuerungsbereich*. Nicht alle Steuerungen von $\mathscr{A}$ sind zur Optimierung zugelassen, sondern nur solche, die Element einer gewissen Teilmenge $\mathscr{A}_f \subset \mathscr{A}$ sind. Diese Steuerungen heißen *zulässig*.

X heißt Zustandsvariable. Jede Zustandsvariable ist Element eines Raumes $\mathscr{X}$ (Raum der Zustandsvariablen).

Die Abbildung $\mathsf{T}: \mathscr{X} \times \mathscr{A}_f \to \mathscr{X}$ heißt *Prozeßoperator*. Dabei soll zu jedem $f' \in \mathscr{A}_f$ genau ein $X' \in \mathscr{X}$ mit $\mathsf{T}(X', f') = 0$, die zugehörige Zustandsvariable, existieren. Durch ein vorgegebenes Zielfunktional $\mathsf{Z}(X, f) \to \sup$ werden verschiedene Steuerungen $f \in \mathscr{A}_f$ und die durch die *Prozeßgleichung* $\mathsf{T}(X, f) = 0$ mit ihnen verknüpften Bedienungssysteme bewertet.

9.11.1. Definition. Eine Steuerung $f' \in \mathscr{A}_f$ heißt *besser* als eine Steuerung $f'' \in \mathscr{A}_f$, wenn

$$\mathsf{Z}(X', f') \geqq \mathsf{Z}(X'', f'')$$

gilt, wobei X' und X'' die zugehörigen Zustandsvariablen sind. Eine Steuerung $f^* \in \mathscr{A}_f$ heißt *optimal*, wenn f^* besser als alle Strategien $f \in \mathscr{A}_f$ ist.

Mit dieser Definition stellt sich die Aufgabe, die Nullstellen von T miteinander zu vergleichen und durch Z zu bewerten. Die Steuerung von Bedienungssystemen kann somit in übersichtlicher Form durch das allgemeine Optimierungsproblem

$$\mathsf{Z}(X, f) \to \sup, \qquad \mathsf{T}(X, f) = 0, \qquad f \in \mathscr{A}_f, \qquad X \in \mathscr{X} \tag{1}$$

beschrieben werden.

9.11.2. Beispiel. Betrachtet wird das folgende Maschinenstörungsproblem (vgl. Feindor (1973)): An einer Reparaturstelle warten ausgefallene Maschinen auf ihre Reparatur. Abhängig von der Zahl i der ausgefallenen Maschinen und dem Zeitpunkt t treffen in der Reparaturstelle weitere ausgefallene Maschinen ein. Der Strom der ausgefallenen

Maschinen bildet einen Poisson-Prozeß mit der Intensität $\lambda_i(t)$. Die Reparatur erfolgt mit einer Abfertigungsrate $\mu_i(t)$, die ebenfalls vom Zeitpunkt t und der Anzahl i der schon ausgefallenen Maschinen abhängt. Es können insgesamt höchstens n Maschinen ausfallen. Die Wahrscheinlichkeit, daß zur Zeit t i Maschinen auf Reparatur warten, sei $P_i(t)$.

Betrachtet wird also ein zeitabhängiger Geburts- und Todesprozeß mit endlich vielen Zuständen. Die Zustandswahrscheinlichkeiten $P_i(t)$ erfüllen das folgende System linearer Differentialgleichungen

$$P_0'(t) = -\lambda_0(t)\, P_0(t) + \mu_1(t)\, P_1(t),$$
$$P_i'(t) = \lambda_{i-1}(t)\, P_{i-1}(t) - \big(\lambda_i(t) + \mu_i(t)\big)\, P_i(t) + \mu_{i+1}(t)\, P_{i+1}(t) \quad \text{für} \quad i = 1, \dots, n-1,$$
$$P_n'(t) = \lambda_{n-1}(t)\, P_{n-1}(t) - \mu_{n-1}(t)\, P_n(t)$$

bzw. in Matrizenschreibweise

$$\boldsymbol{P}'(t) = a\big(\boldsymbol{f}(t), t\big)\, \boldsymbol{P}^{\mathrm{T}}(t) \tag{2}$$

mit $(\alpha_{ij}) = \big(\delta_{i,j+1}\lambda_j + \delta_{i+1,j}\mu_j - \delta_{ij}(\lambda_j + \mu_j)\big)_{i,j=0,\dots,n}$ ($\mu_0 = \lambda_n = 0$ gesetzt) und $\boldsymbol{f}(t) = \big(\mu_1(t), \dots, \mu_n(t)\big)$; $\boldsymbol{P}(t) = \big(P_0(t), \dots, P_n(t)\big)$. Bei bekanntem Anfangszustand $\boldsymbol{P}(0) = \boldsymbol{I}$ erhält man als Prozeßgleichung das Integralgleichungssystem

$$\mathsf{T}(\mathbf{P}, f) = \boldsymbol{P}(t) - \boldsymbol{I} - \int_0^t a\big(\boldsymbol{f}(s), s\big)\, \boldsymbol{P}^{\mathrm{T}}(s)\, \mathrm{d}s = 0.$$

Der Parametersatz f ist variabel. In jeder Situation seien vier Entscheidungen möglich:

Entscheidung	eingesetzte Reparaturkräfte	Reparaturrate
a_0	kein Monteur	$r_0 = 0$
a_1	Monteur 1	r_1
a_2	Monteur 2	r_2
a_3	beide Monteure	r_3

Wird mit der Reparaturrate r_j bedient, so entstehen pro Zeiteinheit die Reparaturkosten $c^{\mathrm{R}}(r_j)$.

Andererseits entstehen auch Kosten, wenn Maschinen auf ihre Reparatur warten müssen. Pro Zeiteinheit entstehen in Abhängigkeit vom Zeitpunkt t und der Anzahl i der ausgefallenen Maschinen die Wartekosten $c_i^{\mathrm{W}}(t)$. Wenn zum Zeitpunkt t gerade i Maschinen warten, so entstehen bei der Entscheidung

$$f_i(t) = \mu_i(t) \in \{r_0, r_1, r_2, r_3\}$$

die Gesamtkosten

$$c_i\big(\mu_i(t), t\big) = c_i^{\mathrm{W}}(t) + c^{\mathrm{R}}\big(\mu_i(t)\big).$$

Diese Kosten treten mit der Wahrscheinlichkeit $P_i(t)$ auf. Zum Zeitpunkt t sind also folgende Gesamtkosten zu erwarten:

$$\sum_{i=0}^{n} c_i\big(\mu_i(t), t\big)\, P_i(t)$$

bzw. in Vektorschreibweise $\boldsymbol{c}\big(\boldsymbol{f}(t), t\big)\, \boldsymbol{P}^{\mathrm{T}}(t)$.

Die während der Zeiteinheit von einem Jahr zu erwartenden Kosten, die minimiert werden sollen, betragen demnach

$$\mathsf{Z}(\mathbf{P}, f) = \int_0^1 \mathbf{c}\big(\mathbf{f}(t), t\big)\, \boldsymbol{P}^{\mathsf{T}}(t)\, \mathrm{d}t \to \min.$$

Zusammengefaßt erhält man das folgende Optimierungsproblem:

$$\mathsf{Z}(\mathbf{P}, f) = \int_0^1 -\mathbf{c}\big(\mathbf{f}(t), t\big)\, \boldsymbol{P}^{\mathsf{T}}(t)\, \mathrm{d}t \to \max$$

$$\mathsf{T}(\mathbf{P}, f) = \boldsymbol{P}(t) - \boldsymbol{I} - \int_0^t \boldsymbol{\alpha}\big(\mathbf{f}(s), s\big)\, \boldsymbol{P}^{\mathsf{T}}(s)\, \mathrm{d}s = 0 \tag{3}$$

$$f_i(t) \in \mathscr{A}_{f_i(t)} = \{r_0, r_1, r_2, r_3\} \quad \text{mit} \quad f_i(t) = \mu_i(t).$$

In mehreren Arbeiten haben Spremann und Gessner (vgl. SPREMANN (1972), (1973) sowie SPREMANN/GESSNER [1]) ein Lösungsverfahren für das Optimierungsproblem (1) durch Politikiteration angegeben. Ausgangspunkt ist das Optimierungsproblem

$$\mathsf{Z}(X, f) \to \sup, \qquad \mathsf{T}(X, f) = 0, \qquad f \in \mathscr{A}_f, \qquad X \in \mathscr{X}$$

mit den in X linearen Operatoren $\mathsf{T} : \mathscr{X} \times \mathscr{A}_f \to \mathscr{X}$ und $\mathsf{Z} : \mathscr{X} \times \mathscr{A}_f \to \mathbb{R}$.

Das Optimierungsproblem erfülle die folgenden drei Voraussetzungen.

9.11.3. Voraussetzungen.

(a) $\mathscr{X}$ sei ein reeller unitärer Raum mit dem Skalarprodukt $\langle . , . \rangle$.

(b) T ist Prozeßoperator, d. h., zu jedem $f \in \mathscr{A}_f$ gibt es genau ein $X \in \mathscr{X}$ mit $\mathsf{T}(X, f) = 0$.

(c) Zu jedem $f^* \in \mathscr{A}_f$ gibt es einen beschränkten linearen Operator $\mathsf{L} : \mathscr{X} \to \mathscr{X}$ und ein $l \in \mathscr{X}$ mit

$$\mathsf{T}(X^* + \Delta X, f^*) = \mathsf{T}(X^*, f^*) + \mathsf{L}\Delta X$$

und

$$\mathsf{Z}(X^* + \Delta X, f^*) = \mathsf{Z}(X^*, f^*) + \langle l, \Delta X \rangle$$

für alle $\Delta X \in \mathscr{X}$. L und l können sowohl von f^* unabhängig sein, als auch von der zu f^* gehörenden Zustandsvariablen X^* abhängen.

Der *Zuwachs der Zielfunktion* beim Übergang von f^* zu f werde mit

$$\Delta\mathsf{Z}_{f,f^*} = \mathsf{Z}(X, f) - \mathsf{Z}(X^*, f^*)$$

bezeichnet. Nach D. 9.11.1 ist eine Steuerung f genau dann besser als eine Steuerung f^*, wenn $\Delta\mathsf{Z}_{f,f^*} \leqq 0$. Die Steuerung f^* ist genau dann optimal, wenn $\Delta\mathsf{Z}_{f,f^*} \leqq 0$ für alle $f \in \mathscr{A}_f$. Es werden nun zwei Steuerungen $f, f^* \in \mathscr{A}_f$ mit den zugehörigen Zustandsvariablen X, X^* betrachtet, also

$$\mathsf{T}(X, f) = 0 \quad \text{und} \quad \mathsf{T}(X^*, f^*) = 0.$$

Für die Werte des Zielfunktionals gilt dann die folgende Aussage.

9.11.4. Satz. Sei h^* eine Lösung der linearen Gleichung

$$\mathsf{L}^{\mathrm{ad}} h^* = l,$$

wobei L^{ad} der zu L adjungierte Operator ist, und $\mathsf{L}: \mathscr{X} \to \mathscr{X}$ sowie $l \in \mathscr{X}$ durch Voraussetzung (c) gegeben sind. Dann gilt

$$\mathsf{Z}(X, f) - \langle h^*, \mathsf{T}(X, f) \rangle = \mathsf{Z}(X, f^*) - \langle h^*, \mathsf{T}(X, f^*) \rangle + \Delta \mathsf{Z}_{f, f^*}.$$

Die Aussage von S. 9.11.4 läßt sich in zwei Formen aussprechen, und zwar als Kriterium für Optimalität (*Maximumprinzip*) und als *konstruktive Vorschrift zur Verbesserung von Steuerungen.*

9.11.5. Satz (*Maximumprinzip*). Eine Steuerung $f^* \in \mathscr{A}_f$ ist genau dann optimal, wenn für alle $f \in \mathscr{A}_f$

$$\mathsf{Z}(X, f) - \langle h^*, \mathsf{T}(X, f) \rangle \leqq \mathsf{Z}(X, f^*) - \langle h^*, \mathsf{T}(X, f^*) \rangle$$

gilt, wobei X die zu f gehörende Zustandsvariable und h^* irgendeine Lösung der Gleichung $\mathsf{L}^{ad} h^* = l$ ist.

9.11.6. Satz (*Konstruktive Verbesserung von Steuerungen*). Sei $f^* \in \mathscr{A}_f$ eine beliebig vorgegebene Steuerung. Wählt man dann ein $\bar{f} \in \mathscr{A}_f$ so, daß es das Maximum

$$\max_{f \in \mathscr{A}_f} \left(\mathsf{Z}(X, f) - \langle h^*, \mathsf{T}(X, f) \rangle - \mathsf{Z}(X, f^*) + \langle h^*, \mathsf{T}(X, f^*) \rangle \right)$$

(wobei X die zu f gehörende Zustandsvariable und h^* irgendeine Lösung der Gleichung $\mathsf{L}^{ad} h^* = l$ ist) annimmt, dann hat man damit die optimale Steuerung gefunden. Gelingt es nur, $\bar{f}$ so zu wählen, daß der zu maximierende Term positiv wird, so ist $\bar{f}$ besser als f^*.

Zusammengefaßt erhält man damit das folgende Lösungsschema durch Politikiteration.

(i) Man stelle das gegebene Problem zur Steuerung eines Bedienungssystems in der Form (1) dar. Dazu muß man die Operatoren T, Z und die Menge $\mathscr{A}_f$ explizit angeben.
(ii) Man gebe sich eine beliebige Steuerung $f^* \in \mathscr{A}_f$ vor und überprüfe (a)—(c) aus V. 9.11.3. Dazu werden die Operatoren L, L^{ad} und l berechnet sowie die Lösbarkeit der linearen Gleichung $\mathsf{L}^{ad} h^* = l$ untersucht und deren Lösungsmenge bestimmt.
(iii) Man suche eine Steuerung $\bar{f} \in \mathscr{A}_f$, welche den Ausdruck

$$\Delta \mathsf{Z}_{f, f^*} = \mathsf{Z}(X, f) - \langle h^*, \mathsf{T}(X, f) \rangle - \mathsf{Z}(X, f^*) + \langle h^*, \mathsf{T}(X, f^*) \rangle$$

zu vorgegebenem $f^* \in \mathscr{A}_f$ maximiert. Gelingt es, eine solche Steuerung zu finden, so hat man damit die optimale Steuerung gefunden. Gelingt es dagegen nur, ein $\bar{f} \in \mathscr{A}_f$ zu finden, so daß $\Delta \mathsf{Z}_{\bar{f}, f^*} > 0$ wird, so ist die Steuerung $\bar{f}$ echt besser als f^*, und man setzt das Verfahren mit der verbesserten Steuerung $f^* = \bar{f}$ mit Wiederholung des Schrittes (ii) fort.

Durch Anwendung dieses Iterationsverfahrens auf das in B. 9.11.2 beschriebene Wartesystem gelingt es, optimale Abfertigungsraten $\mu_i(t) \in \{r_0, r_1, r_2, r_3\}$ zu bestimmen (vgl. Feindor (1973)).

Es läßt sich zeigen (vgl. z. B. Spremann (1972), (1973)), daß für das Optimierungsmodell (1) unter anderen (schärferen) Voraussetzungen der Satz über den Wertzuwachs des Zielfunktionals auch für Steuerprobleme im Sinne von Pontrjagin (also für nichtlineare Operatoren T und Z) gilt, woraus sich verschiedene Formen des Maximumprinzipes von Pontrjagin ergeben (vgl. PONTRJAGIN u. a. [1]). Insbesondere ergibt sich daraus auch die Howardsche Politikiteration für ergodische Markowsche Entscheidungsprozesse. Das folgende Beispiel zeigt eine Anwendungsmöglichkeit des Maximumprinzipes von Pontrjagin zur Steuerung von Bedienungssystemen.

9.11.7. Beispiel. Es wird ein Bedienungssystem, bestehend aus s Bedienungsgeräten und $n - s$ $(n \geqq s)$ Warteplätzen betrachtet (vgl. KLIMOW (1968)). Der Forderungenstrom bildet einen Poisson-Prozeß mit der nichtstationären Ankunftsintensität $\lambda(t)$. Die Bedienungszeiten auf jedem Gerät unterliegen einer Exponentialverteilung mit der Intensität $\mu(t)$, d. h., die Dauer einer Bedienung, die zur Zeit t_0 beginnt, ist eine Zufallsgröße mit der Verteilungsfunktion

$$B(t, t_0) = 1 - \exp\left(\int_{t_0}^{t_0+t} \mu(t)\,\mathrm{d}t\right), \qquad t \geqq 0.$$

Zur Zeit $t = 0$ sei das System unbelegt. α, β, γ, δ und t^* seien fest vorgegebene nichtnegative Zahlen. Ein Forderungenstrom soll dann *zulässig* sein, wenn er ein nichtstationärer Poisson-Prozeß mit der Intensität $\lambda(t)$ ist, wobei $\lambda(t)$ die folgenden Voraussetzungen erfüllt:

(a) $\lambda(t)$ sei auf $[0, t^*]$ eine beschränkte und meßbare Funktion,

(b) $\alpha \leqq \lambda(t) \leqq \beta$, $t \in [0, t^*]$,

(c) $\alpha \leqq \gamma \leqq \frac{1}{t^*} \int_0^{t^*} \lambda(t)\,\mathrm{d}t \leqq \delta \leqq \beta$.

Analog heißt ein Bedienungsprozeß zulässig, wenn die Länge der Bedienung einer Forderung auf jedem Gerät einer Exponentialverteilung mit der Intensität $\mu(t)$ unterliegt, wobei

(a′) $\mu(t)$ auf $[0, t^*]$ meßbar und beschränkt ist,

(b′) $\alpha' \leqq \mu(t) \leqq \beta'$, $t \in [0, t^*]$,

(c′) $\alpha' \leqq \gamma' \leqq \frac{1}{t^*} \int_0^{t^*} \mu(t)\,\mathrm{d}t \leqq \delta' \leqq \gamma'$

mit fest vorgegebenen nichtnegativen Zahlen α', β', γ', δ'.

Als Gütemaß für die Optimalität wird je nach der speziellen Aufgabenstellung eines der Funktionale

$$\mathrm{I}_1(\lambda(t), \mu(t)) = \frac{1}{t^*} \int_0^{t^*} \vartheta_1(t)\,\mathrm{d}t; \qquad \mathrm{I}_2(\lambda(t), \mu(t)) = \frac{1}{t^*} \int_0^{t^*} \vartheta_2(t)\,\mathrm{d}t$$

gewählt, wobei $\vartheta_1(t)$ die Intensität des Stromes der Forderungen ist, die zur Bedienung gelangen, und $\vartheta_2(t)$ die Intensität des Stromes der Forderungen, die nicht zur Bedienung gelangen. Bezeichne $P_k(t)$ $(k = 0, 1, \ldots, n)$ die Wahrscheinlichkeit, daß zur Zeit t k Forderungen im System sind, so gilt

$$\vartheta_1(t) = \mu(t) \left\{ \sum_{k=0}^{s} k P_k(t) + s P_{(>s)}(t) \right\}, \qquad \vartheta_2(t) = \lambda(t)\, P_n(t),$$

wobei sich die Zustandswahrscheinlichkeiten $P_k(t)$ als Lösungen des folgenden Differentialgleichungssystems ergeben:

$$\begin{aligned}
P_0'(t) &= -\lambda(t)\,P_0(t) + \mu(t)\,P_1(t)\\
P_i'(t) &= \lambda(t)\,P_{i-1}(t) - \big(\lambda(t) + \min\{i, s\}\,\mu(t)\big)\,P_i(t) + \min\{i+1, s\}\,\mu(t)\,P_{i+1}(t)\\
(i &= 1, \ldots, n-1) \qquad (4)\\
P_n'(t) &= \lambda(t)\,P_{n-1}(t) - s\mu(t)\,P_n(t).
\end{aligned}$$

Es werden folgende Aufgabenstellungen behandelt:

(i) Auffinden des optimalen Forderungenstromes bei vorgegebener Bedienungsintensität.
(ii) Auffinden der optimalen zulässigen Bedienungsintensität bei vorgegebenem Eingangsstrom.
(iii) Auffinden der optimalen Strategie in einer Spielsituation, falls weder die Intensität des Ankunftsstromes noch die der Bedienung gegeben sind. Diese Aufgabe wird hier für den Fall betrachtet, daß die Interessen der Spieler zusammenfallen.
(iv) Auffinden des optimalen Forderungenstromes, wenn bekannt ist, daß die Bedienungsintensität der Ankunftsintensität proportional ist, d. h. $\lambda(t) = c\mu(t)$ mit einer Konstanten c.

Dabei soll die jeweils gesuchte Intensität so bestimmt werden, daß das Funktional $\mathsf{I}(\lambda, \mu)$ extremal wird, d. h. entweder sein Minimum oder Maximum annimmt. Unter dem Funktional $\mathsf{I}(\lambda, \mu)$ ist dabei entweder das Funktional $\mathsf{I}_1(\lambda, \mu)$ oder $\mathsf{I}_2(\lambda, \mu)$ zu verstehen. In der Sprache der Theorie der optimalen Prozesse läßt sich dann z. B. der ersten Aufgabe die folgende äquivalente Form geben:

Vorgegeben sei ein Bedienungsprozeß mit der zulässigen Intensität $\mu(t)$. Das Bewegungsgesetz des Systems und der einwirkenden Steuerung (sie ist hier durch die Ankunftsintensität $\lambda(t)$ gegeben) seien gegeben durch das Differentialgleichungssystem (4) sowie der zusätzlichen Gleichung

$$\frac{\mathrm{d}P_{n+1}(t)}{\mathrm{d}t} = \lambda(t).$$

Der Steuerungsbereich sei $\mathscr{A} = [\alpha, \beta]$. Gesucht ist diejenige zulässige Steuerung $\lambda(t)$, die den Phasenpunkt $(1, 0, \ldots, 0)$ in der Zeit 0 bis t^* auf der Hyperebene $P_{n+1} = \gamma t^*$ in den Punkt $(P_0, \ldots, P_n, P_{n+1})$ unter der Nebenbedingung überführt, daß das Funktional $\mathsf{I}_1(\lambda, \mu)$ minimal wird.

Mit Hilfe des Maximumprinzipes von Pontrjagin läßt sich dann zeigen (vgl. Klimow (1968)), daß die Intensität $\lambda(t)$ des optimalen Forderungenstromes nur die Randwerte α oder β des Steuerungsbereiches annehmen kann; dabei ist

$$\frac{1}{t^*}\int_0^{t^*} \lambda(t)\,\mathrm{d}t = \begin{cases} \gamma & \text{für den Forderungenstrom, der das Minimum von } \mathsf{I}(\lambda, \mu) \text{ liefert,}\\ \delta & \text{für den Forderungenstrom, der das Maximum von } \mathsf{I}(\lambda, \mu) \text{ liefert.}\end{cases}$$

Eine analoge Aussage gilt auch für den Bedienungsprozeß, d. h. auch hier kann die extremale Bedienungsintensität nur die Werte α' oder β' annehmen. Entsprechende Ergebnisse gelten für die übrigen Aufgaben. Weiter wurde ein Weg zur Bestimmung der optimalen Umschaltzeitpunkte angegeben. Die Umschaltpunkte lassen sich mit Hilfe einer sogenannten modellierenden Funktion bestimmen. Für den Spezialfall $n = s = 1$ wurde die explizite Gestalt dieser Funktion angegeben.

Ein Modell vom Typ $M/M/s/n - s$ ($n \geqq s$) mit nichtstationärer Ankunfts- bzw. Bedienungsintensität $\lambda(t)$ bzw. $\mu(t)$ untersucht ROLFE (1968). Dabei soll die Bedienungsintensität $\mu(t)$ vorgegeben sein, während die Intensität $\lambda(t)$ des Forderungenstromes so bestimmt werden soll, daß das Funktional

$$I = \int_{t_0}^{t_f} \sum_{k=0}^{n} (k - s)^2 P_k(t) \,\mathrm{d}t$$

minimal wird, wobei t_0 der Startzeitpunkt und t_f der Abbruchzeitpunkt für die Arbeit des Systems sein soll. Außerdem unterliege die Steuervariable $\lambda(t)$ der Beschränkung $\mathscr{A} = \{\lambda : 0 \leqq \lambda \leqq \lambda_0(t) \leqq \lambda_{\max}\}$, wobei $\lambda_0(t)$ die anfängliche Ankunftsintensität ist. Mit Hilfe des Maximumprinzips von Pontrjagin werden die möglichen Extremalfälle für $\lambda(t)$ diskutiert.

9.11.2. Methode des Kostenfunktionals für stationäre Systeme

In vielen Aufgaben zur optimalen Gestaltung vorgegebener Systemparameter in einem Bedienungssystem wird die exakte Darstellung des Problems als Entscheidungsmodell (im Sinne der Entscheidungstheorie bzw. der Theorie der optimalen Prozesse) umgangen. Man geht vielmehr so vor, daß man das System nur im stationären Zustand untersucht und sich ein Kostenfunktional konstruiert, in welches als Variable der zu optimierende Systemparameter eingeht. Durch Anwendung der Methoden der Differentialrechnung zur Extremwertbestimmung wird der gesuchte Optimalwert des Systemparameters ermittelt. In den folgenden Unterabschnitten werden Beispiele für diese Vorgehensweise angegeben.

9.11.8. Beispiel. Zuerst soll das Problem der Steuerung eines Geburts- und Todesprozesses unter dem Gesichtspunkt der Anwendung in der Bedienungstheorie untersucht werden (vgl. SOLOWJEW (1970)). Gegeben sei ein Bedienungssystem mit einem Bedienungsgerät und nichtstationärem Poissonschem Forderungenstrom. Sind i Forderungen im System, so ist der Forderungenstrom ein Poisson-Prozeß mit der Intensität $\lambda_i > 0$ für alle $i = 0, 1, 2, \ldots$ Die Bedienungszeiten unterliegen einer Exponentialverteilung mit den zustandsabhängigen Intensitäten μ_i. Folgende Kosten treten auf:

(a) Für eine Forderung entstehen pro Zeiteinheit die Wartekosten c^{W}.

(b) Wird eine Forderung mit der Intensität μ_k bedient, so entstehen pro Zeiteinheit die Bedienungskosten $c^{\mathrm{B}}(\mu_k)$.

Dabei sei

(i) die Funktion $c^{\mathrm{B}}(t)$ für alle $t \in [0, b)$ mit $0 \leqq b < \infty$ definiert und zweimal differenzierbar,

(ii) $c^{\mathrm{B}}(t) > 0, \quad \dfrac{\mathrm{d}c^{\mathrm{B}}(t)}{\mathrm{d}t} > 0, \quad \dfrac{\mathrm{d}^2c^{\mathrm{B}}(t)}{\mathrm{d}t^2} > 0, \quad 0 < t < b,$

(iii) $\lim\limits_{t \to b-0} \dfrac{\mathrm{d}c^{\mathrm{B}}(t)}{\mathrm{d}t} = \infty.$

Für vorgegebene Folgen $(\lambda_i)_{i \in \mathbb{G}_+}$ und $(\mu_i)_{i \in \mathbb{G}_+}$ ergeben sich dann die mittleren Kosten des Systems pro Zeiteinheit im stationären Zustand zu

$$\mathsf{c}(p) = \sum_{k=0}^{\infty} \left(kc^{\mathrm{W}} + c^{\mathrm{B}}(\mu_k)\right) p_k, \tag{1}$$

wobei $p = (p_k)_{k \in \mathbb{G}_+}$ die stationäre Zustandsverteilung des durch $(\lambda_i, \mu_i)_{i \in \mathbb{G}_+}$ gegebenen Geburts- und Todesprozeß bezeichnet. Es läßt sich zeigen (↑ [I, 3.3.2.4]), daß für sie unter der Voraussetzung

(iv) $$\sum_{k=0}^{\infty} \theta_k < \infty, \qquad \sum_{k=0}^{\infty} \frac{1}{\lambda_k \theta_k} < \infty$$

gilt

$$p_k = \frac{\theta_k}{\sum\limits_{k=0}^{\infty} \theta_k} \quad \text{mit} \quad \theta_k = \frac{\lambda_0 \dots \lambda_{k-1}}{\mu_1 \dots \mu_k}, \qquad k \in \mathbb{G}_+.$$

Die Aufgabe besteht nun darin, bei gegebener Folge $(\lambda_i)_{i \in \mathbb{G}_+}$ von Ankunftsintensitäten solche Bedienungsintensitäten $(\mu_i)_{i \in \mathbb{G}_+}$ zu bestimmen, die ein stationäres Verhalten des Systems sichern, und das Kostenfunktional (1) minimieren. (Die Folgen (μ_i) und (p_i) bestimmen sich für eine vorgegebene Folge (λ_i) von Ankunftsintensitäten eindeutig auseinander ↑ [I, 3.3.2.4].) Gelten die Voraussetzungen (i)—(iv) und wird noch zusätzlich gefordert, daß

(v) eine Folge (μ_i) existiert, so daß mit $z(t) := t\big(c^{\mathrm{B}}(t)\big)' - c^{\mathrm{B}}(t)$ gilt

$$\sum_{n=1}^{\infty} \frac{n}{z(\mu_n)} < \infty, \qquad \lambda_n \leqq \frac{z(\mu_n)}{\big(c^{\mathrm{B}}(\mu_{n+1})\big)'} \quad \text{für alle} \quad n \geqq n_0$$

sowie

(vi) $$\lim_{n \to \infty} \lambda_n \big(c^{\mathrm{B}}(\mu_{n+1})\big)' \, p_n = 0,$$

so ergibt sich mit Hilfe der Lagrangeschen Multiplikatorenmethode die Existenz einer Folge (μ_i^*) von Bedienungsintensitäten, die das Funktional $\mathsf{c}(\boldsymbol{p})$ minimieren. Diese Folge genügt dem Gleichungssystem

$$\begin{aligned} &\mu_0^* = 0, \\ &\lambda_n \big(c^{\mathrm{B}}(\mu_{n+1}^*)\big)' = z(\mu_n^*) - n c^{\mathrm{W}} + \lambda_0 \big(c^{\mathrm{B}}(\mu_1^*)\big)' \quad \text{für alle} \quad n \geqq 1. \end{aligned} \tag{2}$$

Das System besitzt eine eindeutig bestimmte Lösung. Der minimale Wert des Funktionals $\mathsf{c}(\boldsymbol{p})$ ist durch

$$\mathsf{c}(\boldsymbol{p}^*) = \lambda_0 \big(c^{\mathrm{B}}(\mu_1^*)\big)'$$

gegeben, wobei der Optimalwert μ_1^* die kleinste nichtnegative Zahl ist, für die alle μ_i^* nichtnegativ sind.

Gilt für die Folge (λ_i) im Gegensatz zur oben gemachten Voraussetzung $\lambda_i > 0$ für $i = 0, 1, \dots, n-1$ und $\lambda_i = 0$ für alle $i \geqq n > 0$, so wird unter Beibehaltung der Voraussetzung (i)—(vi) das Minimum des Funktionals $\mathsf{c}(\boldsymbol{p})$ für eine Verteilung angenommen, deren Bedienungsintensitäten μ_i^* den Gleichungen

$$\begin{aligned} &\mu_0^* = 0, \\ &\lambda_k \big(c^{\mathrm{B}}(\mu_{k+1}^*)\big)' = z(\mu_k^*) - k c^{\mathrm{W}} + \lambda_0 \big(c^{\mathrm{B}}(\mu_1^*)\big)' \quad \text{für} \quad k = 0, 1, \dots, n-1, \\ &0 = z(\mu_n^*) - n c^{\mathrm{W}} + \lambda_0 \big(c^{\mathrm{B}}(\mu_1^*)\big)' \end{aligned} \tag{3}$$

genügen, und das Funktional (1) den Minimalwert

$$\mathsf{c}(\boldsymbol{p}^*) = \lambda_0 \big(c^{\mathrm{B}}(\mu_1^*)\big)'$$

besitzt. Dieser Spezialfall entspricht offenbar einem Bedienungssystem mit $n-1$ Warteplätzen. Bezeichne $\mu_1^{(n)*}$ die Optimallösung des Systems (3), so gilt $\mu_1^{(2)*} < \mu_1^{(3)*} < \cdots < \mu_1^{(n)*} < \cdots$, so daß aufgrund der Beschränktheit der Intensitäten $\mu_1^{(n)*}$ der Grenzwert $\lim\limits_{n\to\infty} \mu_1^{(n)*} = \mu_1^*$ existiert. Damit ist eine Methode zur Bestimmung von μ_1^* und damit zur Bestimmung der optimalen Bedienungsraten $(\mu_i^*)_{i\in\mathbb{G}_+}$ und des Optimalwertes des Kostenfunktionals $\mathsf{c}(p)$ gegeben. Bei praktischen Beispielen bereitet jedoch die Bestimmung von μ_1^* erhebliche Mühe, da es im allgemeinen nicht gelingt, geschlossene Ausdrücke für $\mu_1^{(n)*}$ zu finden.

9.11.9. Beispiel. Es wird ein Bedienungssystem vom Typ M/GI/1/∞ mit abschaltbarem Bedienungsgerät und einem Belastungskoeffizienten $\varrho = \lambda b < 1$ betrachtet. Im Gegensatz zu früheren Beispielen, wo in Abhängigkeit von der Warteschlangenlänge entschieden wurde, ob das Gerät ein- bzw. ausgeschaltet wird, soll jetzt die in einem Ankunftszeitpunkt anliegende Summe der Bedienungszeiten als Kontrollgröße dienen. Übertrifft die Summe der Bedienungszeiten einen vorgegebenen Wert $d \geqq 0$, so wird das Bedienungsgerät eingeschaltet. Es arbeitet dann solange, bis keine Forderung mehr im System ist. Die Steuerung der Arbeitsweise des Bedienungsgerätes nach diesem Schema bezeichnet man als *d-Politik* (vgl. BALACHANDRAN (1973), BALACHANDRAN/TIJMS (1975), TIJMS (1976b)). Es steht dann wieder die Aufgabe aus der Menge der möglichen Kontrollwerte $d \in \mathbb{R}_+$ denjenigen Wert d^* auszuwählen, welcher die zu erwartenden durchschnittlichen Gesamtkosten $\mathsf{c}(d)$ minimiert, wobei das System die folgende Kostenstruktur besitzt:

(a) Bei Inbetriebnahme des Bedienungsgerätes entstehen pro Zeiteinheit die Kosten c^{U}.
(b) Pro Wartezeiteinheit sind die Wartekosten c^{W} zu zahlen.

Die Abbildung 9.11.1 zeigt eine Realisierung des virtuellen Wartezeitprozesses $(W_d(t),\, t \in \mathbb{R}_+)$, wobei $W_d(t)$ die virtuelle Wartezeit unter Einwirkung der d-Politik bezeichnet.

Bezeichnet man durch S_d die zufällige Länge eines Besetztzyklus und durch W_d die während S_d geleistete Gesamtarbeit (Wartezeit), so ergeben sich die durchschnittlichen Gesamtkosten $\mathsf{c}(d)$ zu

$$\mathsf{c}(d) = \frac{c^{\mathrm{U}}}{\mathsf{E}S_d} + c^{\mathrm{W}}\mathsf{E}W_d.$$

Dabei ist $\mathsf{E}S_d = \lambda^{-1}(1-\lambda b)^{-1}\big(1 + H(d)\big)$, wobei $H(x)$ die Erneuerungsfunktion zu dem durch die Bedienungszeiten $(B_n,\, n \in \mathbb{N})$ erzeugten Erneuerungsprozeß bezeichnet, sowie

$$\mathsf{E}W_d = \frac{\mathsf{E}W_{\mathrm{E}} + \mathsf{E}W_{\mathrm{A}}}{\mathsf{E}S_d} = \frac{\lambda b_2}{2(1-\lambda b)} + \big(1 - H(d)\big)^{-1} \int_0^d y \,\mathrm{d}H(y).$$

Hierbei sind W_{E} die während der Einschaltphase und W_{A} die während der Arbeitsphase anliegenden Wartezeiten. Damit folgt

$$\mathsf{c}(d) = \frac{\lambda c^{\mathrm{U}}(1-\lambda b) - c^{\mathrm{W}} \int_0^d \big(1 + H(y)\big)\,\mathrm{d}y}{1 + H(d)} + c^{\mathrm{W}} d + \frac{\lambda c^{\mathrm{W}} b_2}{2(1-\lambda b)}.$$

Die Funktion $\mathsf{c}(d)$ erreicht dabei ihren Minimalwert für ein eindeutig bestimmtes $d^* > 0$, welches der Gleichung

$$d^* + \int_0^{d^*} H(y)\,\mathrm{d}y = \lambda(1 - \lambda b)\,\frac{c^{\mathrm{U}}}{c^{\mathrm{W}}}$$

genügt. Die minimalen durchschnittlichen Kosten lauten dabei

$$\mathsf{c}(d^*) = c^{\mathrm{W}} d^* + \frac{\frac{1}{2}\,\lambda b_2 c^{\mathrm{W}}}{(1 - \lambda b)}.$$

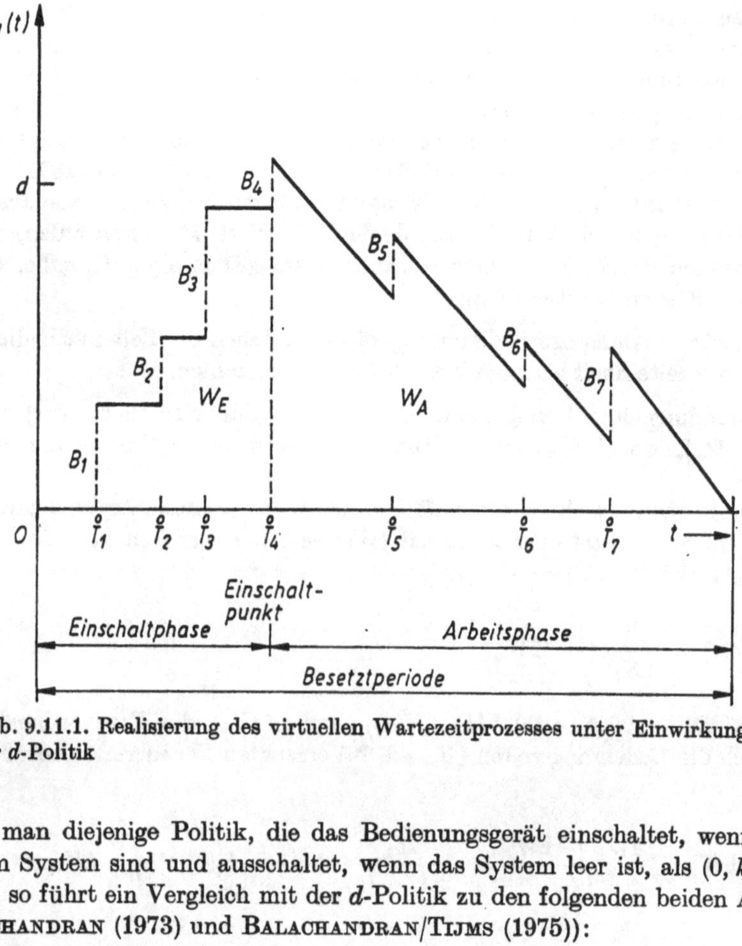

Abb. 9.11.1. Realisierung des virtuellen Wartezeitprozesses unter Einwirkung der d-Politik

Bezeichnet man diejenige Politik, die das Bedienungsgerät einschaltet, wenn k Forderungen im System sind und ausschaltet, wenn das System leer ist, als *(0, k)-Politik* (↑ B. 9.6.2), so führt ein Vergleich mit der d-Politik zu den folgenden beiden Aussagen (vgl. BALACHANDRAN (1973) und BALACHANDRAN/TIJMS (1975)):

— Bei konstanten Bedienungszeiten sind die optimale d-Strategie und die $(0, k)$-Strategie äquivalent.

— Bei exponentialverteilten Bedienungszeiten ist die optimale d-Strategie nicht besser als die optimale $(0, k)$-Strategie.

9.11.10. Beispiel. Betrachtet wird ein Bedienungssystem vom Typ M/GI/1/∞, in welchem die Bedienungsgeschwindigkeit $\bar{c}(W(t))$ in Abhängigkeit von der virtuellen

Wartezeit $W(t)$ gesteuert wird (vgl. COHEN (1976)). Gilt für ein vorgegebenes k ($k \in \mathbb{R}_+$) $0 < W(t) < k$, so wird mit der Bedienungsrate $\mu_1 = \left(\bar{c}\left(W(t)\right) (\mathsf{E}B)^{-1}\right)$ bedient, während für $W(t) \geqq k$ die Rate μ_2 benutzt wird ($\mu_1 > 0$, $\mu_2 > 0$). Dabei treten die folgenden Kostenarten auf:

(a) Ist $W(t) < k$, so werden pro Wartezeiteinheit die Wartekosten $c_1{}^{\mathrm{W}}$ veranschlagt, während für $W(t) \geqq k$ die Kosten $c_2{}^{\mathrm{W}}$ entstehen.

(b) Wird mit der Rate μ_i bedient, so fallen pro Zeiteinheit die Kosten $c^{\mathrm{B}}(\mu_i)$ ($i = 1, 2$) an.

(c) Das Umschalten von der Rate μ_1 auf μ_2 bzw. von μ_2 auf μ_1 verursacht die Kostenraten c_{12}^{U} bzw. c_{21}^{U}.

Gesucht ist derjenige Optimalwert k^* von k, für den ein gegebenes Kostenfunktional $\mathsf{c}(k)$ seinen Minimalwert annimmt. Sei

$$b_2 = \int\limits_0^\infty x^2 \, \mathrm{d}B(x) \qquad \text{sowie} \qquad \varrho_i = \lambda/\mu_i \qquad (i = 1, 2)$$

so folgt, daß für das gegebene Bedienungsmodell der virtuelle Wartezeitprozeß $\left(W(t), t \in \mathbb{R}_+\right)$ unter der Voraussetzung $\varrho_2 < 1$ eine stationäre Verteilung $W(x)$ besitzt, für welche gilt (vgl. COHEN [1])

$$W(x) = \begin{cases} W(+0)\, \hat{W}(x) & \text{für} \quad x \leqq k, \\ W(+0) \left[\dfrac{\varrho_2}{\varrho_1} \hat{W}(x) + \left(1 - \dfrac{\varrho_2}{\varrho_1}\right) \displaystyle\int\limits_0^k \bar{\hat{W}}(x-y) \, \mathrm{d}\hat{W}(y)\right] & \text{für} \quad x \geqq k. \end{cases}$$

Dabei ist

$$W(+0) = (1 - \varrho_2)\, \varrho_2/\varrho_1 + (1 - \varrho_2/\varrho_1)\, \hat{W}(k),$$

$$\hat{W}(x) = \mathbf{1}_{\mathbb{R}_+}(x) \int\limits_0^x \mathrm{e}^{dy} \, \mathrm{d}\left[\sum_{n=0}^\infty E^{*(n)}(y)\right], \qquad \hat{W}(x) = \sum_{n=0}^\infty \left(\frac{\varrho_2}{\varrho_1}\right)^n D^{*(n)}(x)$$

mit

$$D(x) = \mathbf{1}_{\mathbb{R}_+}(x) \frac{\varrho_1}{\mathsf{E}B} \int\limits_0^x \left(1 - B(u)\right) \mathrm{d}u, \qquad E(x) = \mathbf{1}_{\mathbb{R}_+}(x) \int\limits_0^x \mathrm{e}^{-du} \, \mathrm{d}D(u).$$

Dabei ist d die eindeutig bestimmte Nullstelle der Gleichung $\int\limits_0^\infty \mathrm{e}^{-xu} \, \mathrm{d}D(u) = 1$, wenn $\varrho_1 > 1$ ist, und $d = 0$ für $\varrho_1 \leqq 1$. Außerdem sei $w_i = \varrho_i b / \left(2(1 - \varrho_i)\, b\right)$, $i = 1, 2$; $\varrho_i \neq 0$.

Für $\varrho_i < 1$ stellen die Größen w_i die mittlere virtuelle Wartezeit in einem stationären M/GI/1/∞-System dar. Bezeichne $\mathsf{c}^{\mathrm{W}}(k)$ die durchschnittlichen Wartezeitkosten pro Zeiteinheit, $\mathsf{c}^{\mathrm{B}}(k)$ die durchschnittlichen Bedienungskosten pro Zeiteinheit und $\mathsf{c}^{\mathrm{U}}(k)$ die durchschnittlichen Umschaltkosten pro Zeiteinheit, wenn von der Bedienungsrate μ_1 auf μ_2 bzw. umgekehrt von μ_2 auf μ_1 umgeschaltet wird, so ergeben sich die Gesamtkosten $\mathsf{c}(k)$ pro Zeiteinheit zu

$$\mathsf{c}(k) = \mathsf{c}^{\mathrm{W}}(k) + \mathsf{c}^{\mathrm{B}}(k) + \mathsf{c}^{\mathrm{U}}(k) = c^{\mathrm{B}}(\mu_2)\, c_2{}^{\mathrm{W}} w_2$$

$$+ \frac{\lambda}{\mathsf{E}Z(k)} \left[-c^{\mathrm{B}}(\mu_1) + (c_{12}^{\mathrm{U}} + c_{21}^{\mathrm{U}})\, \mu_1 \frac{\mathrm{d}\hat{W}(k)}{\mathrm{d}k} + c_{12}^{\mathrm{B}} \hat{W}(k) + c_{12}^{\mathrm{W}} \int\limits_0^k x \,\mathrm{d}\hat{W}(k) \right]$$

mit $c_{12}^{\mathrm{B}} = c^{\mathrm{B}}(\mu_1) - c^{\mathrm{B}}(\mu_2)$ und $c_{12}^{\mathrm{W}} = c_1{}^{\mathrm{W}} - c_2{}^{\mathrm{W}} \dfrac{w_2}{w_1}$.

$Z(k)$ bezeichne die zufällige Zeit zwischen aufeinanderfolgenden Besetztperioden, d. h. die Zeit zwischen zwei Punkten T_1, T_2 mit $W(T_i - 0) = 0$ und $W(T_i + 0) > 0$ $(i = 1, 2)$.

Unter den Voraussetzungen $c_{12}^{\mathrm{B}} = c^{\mathrm{B}}(\mu_1) - c^{\mathrm{B}}(\mu_2) < 0$; $c_{12}^{\mathrm{U}} = c_{21}^{\mathrm{U}} = 0$ ist dann

$$\mathsf{c}'(k) = \frac{1}{\varrho_1(1 - \varrho_2)} \cdot \frac{\lambda^2}{\big(\mathsf{E}Z(k)\big)^2}$$

$$\times \left[(\varrho_1 - \varrho_2)\, c_{12}^{\mathrm{W}} \int\limits_0^k \hat{W}(x)\,\mathrm{d}x + \varrho_2 c_{12}^{\mathrm{W}} k + \varrho_1 c^{\mathrm{B}}(\mu_1) - \varrho_2 c^{\mathrm{B}}(\mu_2) \right] \frac{\mathrm{d}\hat{W}(k)}{\mathrm{d}k}. \tag{4}$$

Bei der Untersuchung des Verhaltens von $\mathsf{c}'(k)$ werden die folgenden vier Fälle unterschieden:

(i) $c_{12}^{\mathrm{W}} \leqq 0$, $\varrho_1 c^{\mathrm{B}}(\mu_1) - \varrho_2 c^{\mathrm{B}}(\mu_2) \leqq 0$, $\varrho_1 > \varrho_2$.

Hierfür ist $\mathsf{c}'(k) \leqq 0$ für alle $k \in (0, \infty)$. Im Fall $\mathsf{c}'(k) < 0$ ist $\mathsf{c}(k) > \lim\limits_{x \to \infty} \mathsf{c}(x)$ für alle $k \in \mathbb{R}_+$, und $k = \infty$ ist der Optimalwert. Gilt dagegen $\mathsf{c}'(k) = 0$, dann ist jeder Wert $k \in \mathbb{R}_+$ optimal.

(ii) $c_{12}^{\mathrm{W}} > 0$, $\varrho_1 c^{\mathrm{B}}(\mu_1) - \varrho_2 c^{\mathrm{B}}(\mu_2) > 0$, $\varrho_1 > \varrho_2$.

In diesem Fall ist $\mathsf{c}'(k)$ stets positiv, so daß $k^* = 0$ der gesuchte Optimalwert ist.

(iii) $c_{12}^{\mathrm{W}} \leqq 0$, $\varrho_1 c^{\mathrm{B}}(\mu_1) - \varrho_2 c^{\mathrm{B}}(\mu_2) > 0$, $\varrho_1 > \varrho_2$.

Die Ableitung $\mathsf{c}'(k)$ ist dann positiv für $k = 0$ und negativ für $k \to \infty$. Folglich gibt es einen Wert k_0 von k mit $\mathsf{c}'(k) = 0$. Dabei ist

$$k_0 = \frac{-\big(\varrho_1 c^{\mathrm{B}}(\mu_1) - \varrho_2 c^{\mathrm{B}}(\mu_2)\big)/c_{12}^{\mathrm{W}}}{\varrho_2 + (\varrho_1 - \varrho_2) \int\limits_0^{k_0} \hat{W}(x)\,\mathrm{d}x/k_0}. \tag{5}$$

Da die Funktion $\mathsf{c}(k)$ ihr Maximum in $k = k_0$ annimmt, erreicht sie ihr Minimum in $k = 0$ oder $k = \infty$.

(iv) $c_{12}^{\mathrm{W}} > 0$, $\varrho_1 c^{\mathrm{B}}(\mu_1) - \varrho_2 c^{\mathrm{B}}(\mu_2) \leqq 0$, $\varrho_1 > \varrho_2$.

Unter dieser Annahme ist $\mathsf{c}'(k)$ negativ für $k = 0$ und positiv für $k = \infty$, so daß $\mathsf{c}'(k)$ genau eine Nullstelle k_0 hat, welche wieder durch den Ausdruck (5) gegeben ist. Da das Kostenfunktional $\mathsf{c}(k)$ in $k = k_0$ seinen Minimalwert annimmt, ist $k^* = k_0$. Für k_0 gilt die Abschätzung $k_0 < \big(\varrho_2 c^{\mathrm{B}}(\mu_2) - \varrho_1 c^{\mathrm{B}}(\mu_1)\big)/(\varrho_1 c_{12}^{\mathrm{W}})$.

Ein Modell zur Steuerung der Bedienungsgeschwindigkeit in Abhängigkeit von der Warteschlangenlänge untersucht MEYÉR [1]. Dazu wird ein Bedienungssystem vom Typ $M/M/s/\infty$ betrachtet, dessen Bedienungsgeräte in Anlehnung an die Terminologie der Lagerhaltungstheorie nach einer sogenannten $(s, \bar{s})$-Regel arbeiten. Unter einer $(s, \bar{s})$-Regel versteht man die folgende Arbeitsweise eines Bedienungsgerätes: Befinden sich mindestens $\bar{s}$ Forderungen in der Warteschlange, so wird mit der Intensität $\mu_2 > \mu_1$ bedient, und zwar solange, bis die Länge der Warteschlange auf den Wert $s < \bar{s}$ abgesunken ist. In diesem Augenblick wird die Bedienungsintensität an jedem Gerät auf den Wert μ_1 verringert. Die Intensität μ_1 wird solange beibehalten, bis die Länge der Warteschlange wieder den Wert $\bar{s}$ erreicht.

Die Arbeit des Systems ist mit den folgenden Kosten verbunden:

(a) Für jede Forderung werden pro Wartezeiteinheit die Kosten c^W veranschlagt.

(b) Ein Bedienungsgerät, das mit der Intensität μ_i arbeitet, verursacht pro Zeiteinheit die Kosten $c^B(\mu_i)$ $(i = 1, 2)$.

(c) Beim Umschalten auf eine andere Bedienungsintensität entstehen für jedes Gerät pro Zeiteinheit die Kosten c^U.

In der zitierten Arbeit von MEYÉR ([1]) wird unter Einbeziehung der stationären Charakteristiken des Bedienungssystems ein Kostenfunktional konstruiert und mit Hilfe der Methoden der Differentialrechnung zur Extremwertbestimmung Rechenverfahren zur Bestimmung der optimalen Parameterwerte s^*, $\bar{s}^*$ angegeben.

Weitere Beispiele zur Optimierung von Systemparametern durch Anwendung der Methode stationärer Kostenfunktionale findet man in GROSS/HARRIS [1], SOBEL (1973) sowie KRAMPE/KUBAT/RUNGE [1].

9.11.3. Anwendung von Halbordnungsrelationen (STIDHAM (1968), (1970))

Optimalitätsaussagen über Bedienungssysteme lassen sich auch durch Anwendung von *Halbordnungsrelationen für zufällige Vektoren*, insbesondere der Relation „$\subseteqq$" gewinnen (↑ [I, 2.10.2], [I, 8.1.2]). Bezüglich dieser Ordnungsrelation von zufälligen Vektoren gilt dann die folgende einfache Aussage

9.11.11. Satz. (i) Es seien $\boldsymbol{X} = (X_1, \ldots, X_n)$ und $\boldsymbol{Y} = (Y_1, \ldots, Y_n)$ zwei zufällige Vektoren mit $\boldsymbol{X} \subseteqq \boldsymbol{Y}$. Dann ist $\mathsf{E}\boldsymbol{X} \leqq \mathsf{E}\boldsymbol{Y}$.

(ii) Es sei $n = 1$. Dann gilt $\boldsymbol{X} \subseteqq \boldsymbol{Y}$ genau dann, wenn

$$h(\boldsymbol{X}) \subseteqq h(\boldsymbol{Y})$$

für jede nichtfallende Baire-Funktion $h(x)$ gilt.

Zur Darstellung der Methode wird das folgende bewertete Bedienungssystem betrachtet, das durch die Annahmen (a)—(d) charakterisiert wird:

(a) Der Forderungenstrom sei unabhängig von der Struktur, Vorgeschichte und dem Zustand des Systems. Die mittlere Ankunftsrate sei λ.

(b) Das System beginnt zur Zeit $t = 0$ zu arbeiten. In diesem Zeitpunkt seien keine Forderungen im System. Die Anzahl der Ankünfte von Forderungen in einem endlichen Zeitintervall sei mit Wahrscheinlichkeit 1 endlich.

(c) Die Bedienungszeiten aufeinanderfolgender Forderungen seien unabhängige und identisch verteilte Zufallsgrößen mit der mittleren Bedienungsrate $\mu \geqq 0$. Die Bedienungsdisziplin sei FCFS. Zur Bedienung der ankommenden Forderungen stehen s $(s \geqq 1)$ Geräte zur Verfügung.

(d) Es bezeichne $c_t^B(s, \mu)$ die Bedienungskostenrate zur Zeit t, wenn mit der mittleren Bedienungsrate μ bedient wird und s Geräte zur Verfügung stehen, und $c_t^W(s, \mu)$ die Wartezeitkostenrate zur Zeit t, wenn mit der Rate μ bedient wird und s Geräte zur Verfügung stehen. Die Gesamtkostenrate zur Zeit t hat dann die Form

$$c_t(s, \mu) = c_t^B(s, \mu) + c_t^W(s, \mu), \qquad t \in \mathbb{R}_+,$$

wobei zunächst der lineare Kostenansatz

$$c_t(s, \mu) = c^B s\mu + c^W N_{(s,\mu)}(t) \tag{1}$$

betrachtet wird. Dabei gibt $N_{(s,\mu)}(t)$ die Anzahl der Forderungen zur Zeit t an, wenn s Geräte vorhanden sind und mit der Rate μ bedient wird.

Die Systemparameter s, μ werden im weiteren als Entscheidungsparameter betrachtet. In Abhängigkeit von diesen Größen werden dann die zu erwartenden durchschnittlichen Gesamtkosten

$$\mathsf{d}(s, \mu) = \liminf_{t' \to \infty} \mathsf{E}\left(\frac{1}{t'} \int_0^{t'} c_t(s, \mu)\, dt\right) \tag{2}$$

eingeführt.

9.11.12. Definition. Ein Paar von Systemparametern (s^*, μ^*) heißt *optimal*, wenn $\mathsf{d}(s^*, \mu^*) \leqq \mathsf{d}(s, \mu)$ für alle $s \geqq 1$, $\mu \geqq 0$ gilt.

Es gilt dann der folgende

9.11.13. Satz. Sei (s, μ) ein vorgegebenes Paar von Systemparametern für die Bedienungssysteme $G/M/s/\infty$, $G/E_k/s/\infty$ und $G/D/s/\infty$. Dann gilt für alle $t \in \mathbb{R}_+$

$$N_{(1,s\mu)}(t) \leqq N_{(s,\mu)}(t). \tag{3}$$

Nach Formel (1) und S. 9.11.11 ergibt sich damit weiter

$$c_t(1, s\mu) \leqq c_t(s, \mu)$$

und

$$\mathsf{E}\left(\frac{1}{t'} \int_0^{t'} c_t(1, s\mu)\, dt\right) \leqq \mathsf{E}\left(\frac{1}{t'} \int_0^{t'} c_t(s, \mu)\, dt\right)$$

bzw.

$$\liminf_{t' \to \infty} \mathsf{E}\left(\frac{1}{t'} \int_0^{t'} c_t(1, s\mu)\, dt\right) \leqq \liminf_{t' \to \infty} \mathsf{E}\left(\frac{1}{t'} \int_0^{t'} c_t(s, \mu)\, dt\right).$$

Aus Formel (4) folgt dann der

9.11.14. Satz. Für die gemäß Voraussetzung (d) bewerteten Bedienungssysteme $G/M/s/\infty$, $G/E_k/s/\infty$, $G/D/s/\infty$ mit der totalen Kostenrate $c_t(s, \mu) = c^B s\mu + c^W N_{(s,\mu)}(t)$ ist für ein beliebig vorgegebenes Paar (s, μ) von Entscheidungsvariablen $s = 1$ der Optimalwert bez. der Durchschnittskosten (2).

Dieses Ergebnis erlaubt noch eine Erweiterung auf nichtlineare Wartekosten. Sei nämlich (s, μ) wieder ein beliebig vorgegebenes Paar von Systemparametern und $h(x)$ eine nichtfallende reellwertige Baire-Funktion, so gilt für die Bedienungssysteme G/M/s/∞, G/E$_k$/s/∞, G/D/s/∞

$$h(N_{(1,s\mu)}(t)) \subseteqq h(N_{(s,\mu)}(t)), \qquad t \in \mathbb{R}_+. \tag{5}$$

Somit ist auch für die durch die Kostenrate

$$c_t(s, \mu) = c^{\mathrm{B}} s\mu + h(N_{(s,\mu)}(t)) \tag{6}$$

bewerteten Systeme G/M/s/∞, G/E$_k$/s/∞ und G/D/s/∞ $s = 1$ der gesuchte Optimalwert für ein beliebig vorgegebenes Paar (s, μ) von Entscheidungsvariablen und jede nichtfallende Baire-Funktion $h(x)$.

9.11.4. Steuerung von Bedienungssystemen unter Unsicherheit

In den bisher zur Steuerung von Bedienungssystemen herangezogenen Entscheidungsmodellen gaben uns die Übergangswahrscheinlichkeiten bzw. allgemeiner die Übergangsfunktionen $Q_{ij}(t; a) = P_{ij}(a) F_{ij}(t; a)$ (↑ [I, 3.5]) in Abhängigkeit von i und a die Verteilung für den nächsten Zustand an. Die Anwendung solcher Modelle setzte natürlich stets stillschweigend voraus, daß die Ungewißheit über den nächsten Zustand bei Kenntnis von i und a in ihrer statistischen Gesetzmäßigkeit bekannt ist und in dem Modell hinreichend genau durch eine Wahrscheinlichkeitsverteilung beschrieben werden kann. In vielen praktischen Anwendungen ist diese Voraussetzung jedoch nicht erfüllt, und man muß noch einen Schritt weiter gehen: Außer der Unsicherheit über den nächsten Zustand wird jetzt auch eine Unsicherheit über die zugrundeliegende statistische Gesetzmäßigkeit zugelassen. In dem mathematischen Modell wird also nicht mehr nur eine Übergangsfunktion $Q_{ij}(t; a)$, sondern eine ganze Familie $\{Q^\theta_{ij}(t; a); \theta \in \Theta\}$ von Übergangsfunktionen betrachtet, die im folgenden stets durch $\theta \in \Theta$ parametrisiert sein sollen. Betrachtet wird also jetzt ein semimarkowsches Entscheidungsmodell mit dem Zustandsraum $\mathscr{E}$, dem Aktionenraum $\mathscr{A}$ und einem Parameterraum Θ sowie dem Bewegungsgesetz $Q^\theta_{ij}(t; a)$ $(i, j \in \mathscr{E}; a \in \mathscr{A}; \theta \in \Theta)$, wobei wir die Übergangsfunktionen $Q^\theta_{ij}(t; a)$ als die Wahrscheinlichkeit interpretieren, daß das System ausgehend vom Zustand i und der Aktionswahl a in der Zeit t bei zugrundeliegendem unbekanntem Parameter θ in den Zustand j übergeht. Dabei ist $Q^\theta_{ij}(\infty; a) = P^\theta_{ij}(a)$. Bei dem Übergang von i nach j entsteht der zu erwartende einperiodische Gewinn $\bar{c}_i^\theta(a)$. Aktionen werden dabei gemäß einer randomisierten Strategie $\Pi \in \mathscr{F}^r(\mathscr{E})$ gewählt, wobei diese von der gesamten Vorgeschichte bis zum betrachteten Entscheidungspunkt abhängen kann. In einem solchen Entscheidungsmodell, welches wir im weiteren als *semimarkowsches Entscheidungsmodell unter Unsicherheit* bezeichnen wollen, entsteht in natürlicher Weise die Frage, wie die Optimalität einer Strategie definiert werden soll, da das Verhalten des Systems bzw. der unter einer Strategie erzielte Wert i. allg. von dem unbekannten Parameter θ abhängen wird. Wir beschränken uns hier auf das Durchschnittskriterium (↑ [9.7]). Für $\theta \in \Theta$, $\Pi \in \mathscr{F}^r(\mathscr{E})$ und vorgegebenen Startzustand i existiert wieder ein Wahrscheinlichkeitsmaß $\mathbf{P}^\Pi_{\theta,i}$ (über dem meßbaren Raum $(\Omega, \mathscr{F})$) (↑ [9.3.2]), welches den Entscheidungsprozeß unter Unsicherheit beschreibt. Bezeichne wie bisher X_n (bzw. E_n) den Zustand (bzw. die Aktion) in dem n-ten Entscheidungspunkt, und sei V_{n+1} die Verweilzeit zwischen n-tem und $(n + 1)$-tem Entscheidungspunkt, so wird durch

$$d_\Pi{}^\theta(i) = \limsup_{n\to\infty} \frac{\mathsf{E}_\Pi{}^\theta\left(\sum_{k=0}^{n} \bar{c}^\theta_{X_k}(E_k) \mid X_0 = i\right)}{\mathsf{E}_\Pi{}^\theta\left(\sum_{k=0}^{n} V_{k+1} \mid X_0 = i\right)}$$

der zu erwartende durchschnittliche Gesamtgewinn definiert. Der Erwartungswert $\mathsf{E}_\Pi{}^\theta(\ldots \mid X_0 = i)$ wird dabei bez. des Wahrscheinlichkeitsmaßes $\mathsf{P}^\Pi_{\theta,i}$ gebildet. Das Ziel besteht nun wieder in der Maximierung des durchschnittlichen Gesamtgewinns. Dabei wird ein sehr viel schärferer Optimalitätsbegriff verwendet als z. B. in [9.7]: Gesucht ist eine Strategie, die den (erwarteten) Durchschnittsgewinn unabhängig von dem zugrundeliegenden „wahren" Parameter maximiert, die also gleichmäßig in $\theta \in \Theta$ optimal ist. Die folgende Definition präzisiert diesen Sachverhalt:

9.11.15. Definition. (a) Für $\theta \in \Theta$ heißt eine Strategie $\Pi^* \in \mathscr{F}^r(\mathscr{E})$ genau dann *θ-optimal*, bez. $d_\Pi{}^\theta$, wenn für alle $\Pi \in \mathscr{F}^r(\mathscr{E})$ und alle $i \in \mathscr{E}$ gilt

$$d_\Pi{}^\theta(i) \leqq d^\theta_{\Pi^*}(i).$$

(b) Die Strategie $\Pi^* \in \mathscr{F}^r(\mathscr{E})$ heißt genau dann *optimal* bez. $d_\Pi{}^\theta$, wenn für alle $\theta \in \Theta$ die Strategie Π^* θ-optimal bez. $d_\Pi{}^\theta$ ist.

Kurano (1972) und Mandl (1974) haben für ein Markowsches Entscheidungsmodell mit endlichem Zustandsraum ein Verfahren entwickelt, das die Optimalität einer Strategie Π sichert. Es wird dazu vorausgesetzt, daß zu jedem Parameterwert θ eine Strategie $\Pi_\theta{}^*$ existiert, die in dem Modell bez. $d_\Pi{}^\theta$ durchschnittsoptimal ist, in welchem θ der „wahre" bekannte Parameter ist. Dieses wird durch die Annahme erreicht, daß die zugrundeliegenden Markowschen Ketten unter allen stationären Strategien irreduzibel und positiv rekurrent sind. Der unbekannte Parameter wird in jedem Entscheidungspunkt mittels einer Schätzfunktion $\hat{\theta}_n(X_0, \ldots, X_n)$ aus den vorliegenden Beobachtungsdaten $X_0, \ldots, X_n$ geschätzt; und es wird die zu dem Schätzwert gehörende stationäre Strategie für die vorliegende Stufe als Entscheidungsregel benutzt. Auf diese Weise wird eine (instationäre) Strategie $\hat{\Pi}^*$ definiert. Kurano und Mandl haben (unter geeigneten Bedingungen) gezeigt, daß

(i) $\hat{\Pi}^*$ gleichmäßig in θ bez. der Zielfunktion $d_\Pi{}^\theta$ optimal ist, falls das verwendete Schätzverfahren unter der Strategie $\hat{\Pi}^*$ konsistent ist und

(ii) es Schätzverfahren gibt, die unter jeder Strategie stark konsistent sind.

Kolonko (1980) (vgl. auch Kolonko/Schäl (1980), Schäl (1981)) hat diese Ergebnisse auf ein semimarkowsches Entscheidungsmodell unter Unsicherheit mit abzählbarem Zustandsraum übertragen. Es werden dabei Voraussetzungen gemacht, die im wesentlichen fordern, daß

(i) für jedes „bekannte" $\theta \in \Theta$ eine Lösung der Optimalitätsgleichung und eine optimale stationäre Strategie existieren und

(ii) die Optimalitätsgleichung gewisse Stetigkeitseigenschaften besitzt. Der folgende Satz macht eine Aussage über die Konstruktion einer gleichmäßig in θ optimalen Strategie aus einer Strategie $\Pi_\theta{}^*$, welche optimal ist für den „bekannten" Parameter θ.

9.11.16. Satz. Es seien $(\hat{\theta}_n, n \in \mathbb{N})$ Schätzfunktionen, $\Pi_\theta{}^*$ sei eine optimale stationäre Strategie für „bekanntes" $\theta \in \Theta$, und die Strategie $\hat{\Pi}^* = (\hat{\Pi}_1{}^*, \hat{\Pi}_2{}^*, \ldots)$ sei durch

$$\hat{\Pi}_n{}^*(X_0, \ldots, E_{n-1}, X_n, V_n) = \Pi^*_{\hat{\theta}_n}(X_0, \ldots, E_{n-1}, X_n, V_n)\,(X_n)$$

definiert. Gilt dann

$$\lim_{n\to\infty} \hat{\theta}_n = \theta_0 \qquad \mathbf{P}^{\hat{\Pi}^*}_{\theta_0,i}\text{-f. s.}$$

für alle $\theta_0 \in \Theta$ sowie alle $i \in \mathscr{E}$, so folgt

$$g_{\theta_0} = d^{\theta_0}_{\hat{\Pi}^*}(i) = \sup_{\Pi \in \mathscr{F}^r(\mathscr{E})} d_\Pi{}^{\theta_0}(i)$$

für alle $\theta_0 \in \Theta$ und alle $i \in \mathscr{E}$, d. h., $\hat{\Pi}^*$ ist (gleichmäßig) optimal in θ.

Das Warteschlangenmodell M/GI/1/∞ mit steuerbarem Ankunftsstrom und steuerbarem Bedienungsprozeß kann als ein semimarkowsches Entscheidungsmodell betrachtet werden, wenn als Entscheidungspunkte die Zeitpunkte gewählt werden, in denen die Bedienung einer Forderung beendet wird. Dabei dürfen sowohl die Ankunftsrate λ als auch die Bedienungszeitverteilung $B(x)$ außer von den Aktionen a auch noch von einem unbekannten Parameter $\theta \in \Theta$ abhängen. Es wird also ein Bedienungssystem mit der Ankunftsrate $\lambda = \lambda_\theta(a)$ und der Bedienungsdauerverteilung $B_a{}^\theta(x)$ betrachtet. Für die Konstruktion einer optimalen Strategie $\hat{\Pi}^*$ gemäß S. 9.11.16 besteht vor allem das Problem, eine passende Schätzfunktion zu finden.

Kolonko (1980), (1982) hat für die folgenden zwei Spezialfälle des Warteschlangenmodells M/GI/1/∞ geeignete konsistente Schätzfunktionen angegeben. Dabei sind beide Fälle so gewählt, daß Optimierung und Schätzung voneinander getrennt sind, d. h., $\lambda_\theta(a)$ und $b_\theta(a) = \int_0^\infty x \, dB_a{}^\theta(x)$ sind nicht zugleich von a (dem zu steuernden Parameter) und θ (dem zu schätzenden Parameter) abhängig.

(a) Es sei $\lambda = \lambda(a)$ unabhängig von θ und die Bedienungsdauerverteilung sei unabhängig von a. Die Bedienungszeiten sind dann unabhängig und identisch nach dem Verteilungsgesetz $B^\theta(x)$ verteilt. Mit Hilfe der bekannten Methoden (z. B. der Maximum-Likelihoodschätzung (↑ [I, 4.11])) lassen sich dann unabhängig von der benutzten Strategie stark konsistente Schätzfunktionen $\hat{\theta}_n(\ldots)$ finden. Für alle $\theta \in \Theta$, $\Pi \in \mathscr{F}^r(\mathscr{E})$ und $i \in \mathscr{E}$ gilt

$$\mathbf{P}^{\Pi}_{\theta,i}\text{-}\lim_{n\to\infty} \frac{1}{n} \sum_{k=0}^{n-1} \left(V_{k+1} - \lambda(E_k)\, \mathbf{1}_{\{X_k=0\}}\right) = b_\theta$$

(b) Jetzt wird der zu (a) komplementäre Fall betrachtet: $\lambda = \lambda_\theta$ sei unabhängig von $a \in \mathscr{A}$ und die Bedienungsdauerverteilung sei unabhängig von $\theta \in \Theta$. In diesem Fall lassen sich Schätzungen für λ_θ angeben. Als erstes wird die Schätzung „Ankünfte pro Zeit" betrachtet. Der Ankunftsstrom bildet einen Poisson-Prozeß mit der konstanten Ankunftsrate λ_θ. Dann gilt für $\theta \in \Theta$, $\Pi \in \mathscr{F}^r(\mathscr{E})$ und $i \in \mathscr{E}$

$$\mathbf{P}^{\Pi}_{\theta,i}\text{-}\lim_{n\to\infty} (X_n - X_0 + n) \Big/ \left(\sum_{k=0}^{n} V_k\right) = \lambda_\theta,$$

$(X_n - X_0 + n) \Big/ \left(\sum_{k=0}^{n} V_k\right)$ ist also ein stark konsistenter Schätzer für λ_θ. Die obige Schätzung kann noch vereinfacht werden, indem statt „Ankünfte pro Zeit" die „Bedienungen pro Zeit" betrachtet werden. Für $\theta \in \Theta$, $\Pi \in \mathscr{F}^r(\mathscr{E})$ und $i \in \mathscr{E}$ gilt in diesem Fall

$$\mathbf{P}^{\Pi}_{\theta,i}\text{-}\lim_{n\to\infty} n \Big/ \sum_{k=0}^{n} V_k = \lambda_\theta.$$

9.11.5. Bedienungsmodelle mit Zeitteilung

Für ein Bedienungssystem mit Zeitteilung der Bedienung untersucht KLIMOW [1] die Steuerung der Bedienungsreihenfolge. Das Bedienungssystem besitze die folgende Struktur: Das System bestehe aus einer endlichen Menge $\mathscr{K} = \{k\}$ von Bedienungsphasen. Vor jeder Bedienungsphase wird eine unbeschränkte Warteschlange zugelassen. Die Bedienung kann gleichzeitig nur in einer Phase erfolgen (hierin besteht die zeitliche Teilung der Bedienungszeit). Die Unterbrechung der Bedienung innerhalb einer Phase ist nicht erlaubt. Eine eintreffende Forderung begibt sich mit der Wahrscheinlichkeit p_k zur Warteschlange der Phase $k \in \mathscr{K}$. Dabei sei $\sum\limits_{k \in \mathscr{K}} p_k = 1$. Eine Forderung, die in der Phase k bedient wurde, ordnet sich mit der Wahrscheinlichkeit p_{kl} in die Warteschlange der Phase l ein (es sei $\sum\limits_{l \in \mathscr{K}} p_{kl} \leqq 1$), oder sie verläßt mit der Wahrscheinlichkeit $1 - \sum\limits_{l \in \mathscr{K}} p_{kl}$ das System. Der Eingangsstrom der Forderungen sei Poissonsch mit der Intensität λ. Die Bedienungszeit einer Forderung in der Phase $k \in \mathscr{K}$ besitzt die Verteilungsfunktion $B_k(x)$. Die Bedienungszeiten der Forderungen in den einzelnen Phasen seien voneinander und vom Eingangsstrom unabhängig. Es bezeichne N_k die Schlangenlänge vor der k-ten Phase in dem betrachteten Zeitpunkt (ohne Berücksichtigung der Forderung, die gegebenenfalls bedient wird). Der Vektor $\boldsymbol{n} = (n_k)_{k \in \mathscr{K}}$ charakterisiert dann die Länge der Warteschlange im System. $\mathscr{N}$ bezeichne die Menge aller solcher möglichen Vektoren. Nach Beendigung der Bedienung in einer Phase wird die Bedienungsphase, in der als nächstes eine Bedienung erfolgt, in Abhängigkeit vom Vektor $\boldsymbol{n} \in \mathscr{N}$ der im System verbleibenden Forderungen ausgewählt. Dazu wird jedem $\boldsymbol{n} \in \mathscr{N}$, $\boldsymbol{n} \neq 0$, ein Element $u(\boldsymbol{n}) \in \mathscr{K}$ zugeordnet. Von der Abbildung $0 \neq \boldsymbol{n} \to u(\boldsymbol{n})$ wird gefordert, daß aus $u(\boldsymbol{n}) = k$ die Gültigkeit von $n_k \neq 0$ folgt. Die folgende Bedienung der Forderung, die nach Beendigung der Bedienung in einer Phase im System verbleiben und durch einen Vektor $\boldsymbol{n} \in \mathscr{N}$ mit $\boldsymbol{n} \neq 0$ charakterisiert wird, beginnt dann also in der Phase $k = u(\boldsymbol{n})$. Die Bedienung einer Forderung, die das System leer vorfindet, beginnt sofort in der Phase, in der diese Forderung eingetroffen ist.

Die Forderungen, die auf den Beginn der Bedienung in einer gewissen Phase warten, werden in der Reihenfolge ihres Eintreffens in dieser Phase bedient. Die Funktion $u = u(\boldsymbol{n})$, welche die Bedienungsreihenfolge der Forderungen im System festlegt, heißt *Umschaltfunktion* (für die Bedienungsphasen). Das gegebene Bedienungssystem ist somit durch die Gesamtheit der Objekte $\mathscr{K}$; $\boldsymbol{p} = (p_k)_{k \in \mathscr{K}}$; $\boldsymbol{P} = (p_{kl})_{k,l \in \mathscr{K}}$; λ; u und $\{B_k(x),\, k \in \mathscr{K}\}$ vollständig beschrieben. Das Problem besteht nun darin, in Abhängigkeit vom Systemzustand und einer noch zu präzisierenden kostenmäßigen Bewertung (durch das Auftreten von Wartekosten) die Reihenfolge der Bedienung der Forderungen festzulegen, d. h. eine Bedienungsdisziplin zu konstruieren, die angibt, welche Forderung und in welcher Phase zu bedienen ist. Dabei sollen die entstehenden Gesamtkosten minimal werden.

Es seien $c^{\mathrm{W}}{}_k$ die Wartekosten (pro Zeiteinheit) in der Phase $k \in \mathscr{K}$. Weiterhin wird $\boldsymbol{N}(t) = \big(N_k(t)\big)_{k \in \mathscr{K}}$ gesetzt, wobei $N_k(t)$ die Schlangenlänge vor der Phase k zum Zeitpunkt t angibt. Ist

$$\mathrm{e}_{\boldsymbol{n}}(t) = \int\limits_0^t \mathbf{1}_{\{\boldsymbol{N}'(t)=\boldsymbol{n}\}}(t')\,\mathrm{d}t',$$

$$\boldsymbol{c}^{\mathrm{W}} = (c^{\mathrm{W}}{}_k)_{k \in \mathscr{K}}, \qquad \langle \boldsymbol{c}^{\mathrm{W}}, \boldsymbol{n} \rangle = \sum_{k \in \mathscr{K}} c^{\mathrm{W}}{}_k n_k,$$

so betragen die bis zum Zeitpunkt t auftretenden Gesamtkosten

$$\sum_{n\in\mathcal{M}} \langle \mathbf{c}^{\mathrm{W}}, \boldsymbol{n}\rangle\, e_{\boldsymbol{n}}(t).$$

Die mittleren Kosten pro Zeiteinheit bis zum Zeitpunkt t sind dagegen gleich

$$\mathsf{I}_t = \mathsf{E}\,\frac{1}{t} \sum_{n\in\mathcal{N}} \langle \mathbf{c}^{\mathrm{W}}, \boldsymbol{n}\rangle\, e_{\boldsymbol{n}}(t) = \frac{1}{t}\int\limits_0^t \langle \mathbf{c}^{\mathrm{W}}, \mathsf{E}\boldsymbol{N}(t')\rangle\, \mathrm{d}t'.$$

Die mittleren stationären Kosten je Zeiteinheit sind dann

$$\mathsf{I} = \langle \mathbf{c}^{\mathrm{W}}, \overline{\boldsymbol{N}}\rangle,$$

wobei $\overline{\boldsymbol{N}} = (\overline{N}_k)_{k\in\mathcal{K}}$ und $\overline{N}_k$ der Erwartungswert der Schlangenlänge vor der Phase k im stationären Regime ist. Da das Kostenfunktional I von der gewählten Reihenfolge der Bedienung der Forderungen, d. h. von der Umschaltfunktion u abhängt, wird im weiteren $\mathsf{I} = \mathsf{I}(u)$ geschrieben.

Es gilt nun die folgende Problemstellung zu lösen:

(a) Angabe von Bedingungen für die Existenz einer Umschaltfunktion $u^* \in \mathcal{U}$, so daß $\mathsf{I}(u^*) = \min\limits_{u\in\mathcal{U}} \mathsf{I}(u)$ gilt. Jede solche Umschaltfunktion $u^* \in \mathcal{U}$ heißt optimale Umschaltfunktion. Dabei bezeichne $\mathcal{U}$ die Menge aller Umschaltfunktionen u.

(b) Bestimmung der Struktur einer optimalen Umschaltfunktion u.

In Klimow [1] werden beide Aufgabenstellungen über ein lineares Optimierungsproblem gelöst.

10. Statistische Ergebnisse für Bedienungssysteme

Bei der mathematischen Behandlung einer gegebenen Bedienungssituation muß zunächst geklärt werden, welches Bedienungssystem zu ihrer Beschreibung dienen kann. Diese Frage der Modellwahl beinhaltet die Bestimmung des Modelltyps (Verlust- oder Wartesystem usw.) und der statistischen Struktur der Folgen von Forderungen und Bedienungen. Eine systematische Darstellung hierzu vorhandener statistischer Methoden findet man in Cox/Lewis [1], s. auch [I, 4.8], [I, 4.9]. Insbesondere kann mit Hilfe verteilungsfreier Tests (↑ [I, 4.5.3]) entschieden werden, ob auftretende Zufallsgrößen unabhängig und identisch verteilt sind und bestimmte vorgegebene Verteilungsfunktionen besitzen.

Die nächste Aufgabe besteht dann darin, statistische Schlüsse über die Systemparameter (z. B. λ, μ und ϱ im System $M/M/1/\infty$) und die das System charakterisierenden Kenngrößen (Wahrscheinlichkeit dafür, daß eine Forderung verloren geht bzw. warten muß; Verteilungsfunktion der Anzahl der Forderungen im System, in der Warteschlange bzw. der Wartezeit einer beliebigen Forderung; Erwartungswerte der genannten Zufallsgrößen u. a. m.) abzuleiten. Dabei werden im folgenden ausschließlich Kenngrößen stationärer Verteilungen betrachtet. Die Voraussetzungen für die Existenz dieser stationären Charakteristiken sind an entsprechender Stelle in anderen Kapiteln (insbesondere Kap. 11) angegeben. Ihre Gültigkeit für ein vorliegendes System muß mit statistischen Methoden überprüft werden. Zur Konstruktion wirksamster Punktschätzungen für zeitabhängige Charakteristiken s. Rosenblit (1979).

Beobachtet werden häufig einfache Stichproben, d. h. Stichproben mit unabhängigen und identisch verteilten Komponenten. Beispielsweise ist das bei allen angeführten wirksamsten Punktschätzungen der Fall, die Rosenblit [1] entnommen wurden. Diese hängen über hinreichende und vollständige Statistiken von den Stichproben ab (↑ I, S. 4.3.1.4). Hierbei wird manchmal in einem bestimmten System beobachtet und eine Kenngröße eines anderen Systems geschätzt (↑ S. 10.2.2.1 (b)). Bei der numerischen Berechnung auftretender konvergenter unendlicher Reihen sollten 10–15 Glieder berücksichtigt werden. Für die Varianzen der wirksamsten Punktschätzungen sind in Rosenblit [1] ebenfalls wirksamste Punktschätzungen angegeben.

Einfache Stichproben treten auch bei der Beobachtung regenerativer Prozesse auf (↑ [10.4.3], [10.5.2]). Darüber hinaus liegt einigen Ergebnissen die Anwendung eines Grenzwertsatzes für kumulative Prozesse (↑ I, S. 3.2.7.2) zugrunde. Die Beschreibung einzelner Bedienungssysteme durch Markowsche Prozesse gibt die Möglichkeit, die Likelihood-Theorie Markowscher Prozesse (↑ [I, 4.10], [I, 4.11]) zu nutzen (↑ S. 10.2.1.1, S. 10.3.1.1, S. 10.3.1.2, S. 10.5.1.1). Für endliche Markowsche Ketten findet man in Garabedjan/Romanowski (1967) Konfidenzschätzungen für die Zustandswahrscheinlichkeiten und wird in Stepanow (1979) zur Bestimmung der Varianzen von Punktschätzungen die Kovarianzfunktion berechnet.

Ausgehend von einer Beobachtung stationärer Prozesse $(N(t))$ und (W_n) werden bei einigen Systemen die Varianzen erwartungstreuer Punktschätzungen für die Erwartungswerte dieser Prozesse angegeben (↑ I, S. 4.7.1). Der Nachweis der Stationarität eines zufälligen Prozesses im engeren Sinne ist praktisch allgemein nicht möglich. Eine Methode zur Prüfung der Stationarität eines Prozesses im weiteren Sinne findet man in SADEH/KOPER (1978).

In Abhängigkeit von den verschiedenen Beobachtungsmethoden eines Bedienungssystemes ergibt sich eine Vielzahl statistischer Probleme, die z. B. in Cox (1965) u. a. für die Systeme M/GI/∞, M/M/1/∞ und M/GI/1/∞ diskutiert sind. Eine wichtige Fragestellung besteht z. B. darin zu untersuchen, welche statistischen Schlüsse über ein System möglich sind, wenn nur der Ausgangsprozeß beobachtet wird. Auf diese Weise lassen sich im System M/GI/1/∞ die Intensität λ und die Verteilungsfunktion $B(x)$ der Bedienungszeit statistisch bestimmen, wenn $\varrho < 1$ und die Bedienungszeit nicht exponentialverteilt ist (KOWALENKO (1965)). Im System M/GI/∞ kann jedoch bei unbekanntem λ durch eine Beobachtung des Ausgangsprozesses nicht auf $B(x)$ geschlossen werden (MIRASOL (1963)).

Der Einfachheit halber wird im Unterschied zum Kap. I, 4 bei Parametern und Kenngrößen der Index Null zur Kennzeichnung des unbekannten wahren Wertes weggelassen. Die in den Formeln auftretenden Momente von Zufallsgrößen mögen stets existieren.

Die statistischen Ergebnisse beziehen sich vor allem auf folgende Parameter und Kenngrößen:

Ankunfts- und Bedienungsintensität λ bzw. μ, Belastung $\varrho = \frac{\lambda}{\mu}$, Verlust- und Wartewahrscheinlichkeit p_v bzw. p_w, Erwartungswert der Anzahl der Forderungen N und N_w im System bzw. in der Warteschlange, Erwartungswert der Wartezeit W einer Forderung und der Verweilzeit V einer Forderung im System sowie Erwartungswert und Varianz der Besetztzeit S des Systems.

Beobachtet werden in der Regel einfache Stichproben $(B_1, \ldots, B_m)$, $(V_1, \ldots, V_m)$ und $(N_1, \ldots, N_m)$ aus Bedienungszeiten, Verweilzeiten bzw. Anzahlen von Forderungen im System, die Anzahlen L_u und M_u der in einem vorgegebenen Zeitintervall $[0, u)$ im System eintreffenden bzw. bedienten Forderungen oder die zufälligen Prozesse $(N(t))$ und (W_n) der Anzahlen von Forderungen im System bzw. der (aktuellen) Wartezeiten aufeinanderfolgender Forderungen. Die vorausgesetzte Unabhängigkeit zwischen den Komponenten einer Stichprobe aus Verweilzeiten oder Anzahlen von Forderungen im System wird praktisch durch hinreichend große Beobachtungsabstände erreicht.

Die angegebenen Punktschätzungen hängen u. a. häufig über die Statistiken $X_\Sigma = \sum_{i=1}^{m} X_i$, $X_{\max} = \max\{X_1, \ldots, X_m\}$ und $X_{\min} = \min\{X_1, \ldots, X_m\}$ von einer Stichprobe $(X_1, \ldots, X_m)$ ab.

10.1. Verlustsysteme

Bei Verlustsystemen besteht ein zentrales Problem in der Schätzung der Verlustwahrscheinlichkeit p_v. Neben der Angabe wirksamster Punktschätzungen für verschiedene Beobachtungssituationen haben bei den im folgenden betrachteten Systemen vor allem zwei Vorgehensweisen Bedeutung.

10.1.1. Schätzmethode. Beobachtet wird innerhalb eines bestimmten Zeitintervalls $[0, T)$ die Zeitdauer S_T, während der sich das System in Zuständen befindet, in denen eintreffende Forderungen abgewiesen werden. Als Punktschätzung für p_v dient $\hat{p}_{v,T} = \frac{S_T}{T}$.

10.1.2. Schätzmethode. Bei einer Beobachtung der Anzahl L_v der abgewiesenen Forderungen unter L eintreffenden Forderungen ist $\hat{p}_{v,L} = \frac{L_v}{L}$ eine Punktschätzung für p_v.

Die angegebenen Schätzmethoden werden bei speziellen Verlustsystemen z. B. in Bascharin/Charkewitsch/Schneps [1], Kap. 6, Descloux (1965) und Poljak/Below (1972) angewandt und die entsprechenden Punktschätzungen miteinander verglichen.

10.1.1. System M/M/1/0

10.1.1.1. Satz. (a) Es sei λ bekannt und μ unbekannt. Wirksamste Punktschätzung für $p_v = \frac{\lambda}{\lambda + \mu}$ auf der Grundlage von $(B_1, \ldots, B_m)$ ist

$$\hat{p}_v = (-1)^m (m-1)!\,(\lambda B_\Sigma)^{1-m} \left(e^{-\lambda B_\Sigma} - \sum_{i=0}^{m-1} (-1)^i \frac{(\lambda B_\Sigma)^i}{i!} \right).$$

(b) Beide Intensitäten λ und μ seien unbekannt. Wirksamste Punktschätzung für p_v bei einer Beobachtung von L_u und $(B_1, \ldots, B_m)$ ist

$$\hat{p}_v = u^{-1}(m-1)!\,L_u!\,B_\Sigma \sum_{i=0}^{L_u-1} (-1)^i\,[(L_u - i - 1)!\,(m+i)!]^{-1} \left(\frac{B_\Sigma}{u}\right)^i.$$

10.1.1.2. Satz (Bascharin/Charkewitsch/Schneps [1], S. 238). Es sei $\mu = 1$. Beobachtet wird im Intervall $[0, u)$ die Summe S_u der Besetztzeiten oder die Anzahl $L_{v,u}$ der abgewiesenen unter L_u eintreffenden Forderungen.

(a) Eine asymptotisch ($u \to \infty$) normalverteilte Punktschätzung für p_v nach Sch. 10.1.1 stellt $\hat{p}_{v,u} = \frac{S_u}{u}$ dar. Dabei gilt

$$\mathsf{E}\hat{p}_{v,u} = \frac{\lambda}{1+\lambda} + \frac{\lambda}{u(1+\lambda)^3} + o(u^{-1}), \qquad \mathsf{V}\hat{p}_{v,u} = \frac{2\lambda}{u(1+\lambda)^3} + o(u^{-1}).$$

(b) Nach Sch. 10.1.2 ist

$$\hat{p}_{v,L_u} = \frac{L_{v,u}}{L_u}$$

eine asymptotisch ($u \to \infty$) normalverteilte Punktschätzung für p_v mit

$$\mathsf{E}\hat{p}_{v,L_u} = \frac{\lambda}{1+\lambda} - \frac{1}{u(1+\lambda)} + o(u^{-1}), \qquad \mathsf{V}\hat{p}_{v,L_u} = \frac{1}{u(1+\lambda)^2} + o(u^{-1}).$$

(c) Folglich gilt

$$\mathsf{V}\hat{p}_{v,u} < \mathsf{V}\hat{p}_{v,L_u} \quad \text{im Fall } \lambda < 1,$$
$$\mathsf{V}\hat{p}_{v,u} > \mathsf{V}\hat{p}_{v,L_u} \quad \text{im Fall } \lambda > 1.$$

10.1.2. System M/GI/1/0

10.1.2.1. Satz. (a) Es sei λ unbekannt und μ bekannt. Wirksamste Punktschätzung für $p_v = \frac{\lambda}{\lambda + \mu}$ bei einer Beobachtung von L_u ist

$$\hat{p}_v = L_u!(\mu u)^{-1} \sum_{i=0}^{L_u-1} (-1)^i (\mu u)^{-i} [(L_u - i - 1)!]^{-1}.$$

(b) Es sei λ bekannt und μ unbekannt. Beobachtet wird $(B_1, \ldots, B_m)$. Besitzt die Bedienungszeit eine Gleichverteilung Gl $(0, b)$ mit unbekanntem b bzw. eine Gammaverteilung Ga (β, α) mit bekanntem α und unbekanntem β, so stellt

$$\hat{p}_v = m^{-1} \sum_{i=0}^{\infty} (-1)^i (m + i + 1) \left(\frac{\lambda B_{\max}}{2}\right)^{i+1}$$

bzw.

$$\hat{p}_v = \Gamma(m\alpha) \sum_{i=0}^{\infty} (-1)^i [\Gamma(m\alpha + i + 1)]^{-1} (\lambda\alpha B_\Sigma)^{i+1}$$

eine wirksamste Punktschätzung für p_v dar.

(c) Die Intensitäten λ und μ seien beide unbekannt. Beobachtet werden L_u und $(B_1, \ldots, B_m)$. Im Fall einer Gl $(0, b)$-verteilten Bedienungszeit mit unbekanntem b bzw. einer Ga (β, α)-verteilten Bedienungszeit mit bekanntem α und unbekanntem β ist

$$\hat{p}_v = m^{-1} L_u! \sum_{i=0}^{L_u-1} (-1)^i (m + i + 1) [(L_u - i - 1)!]^{-1} \left(\frac{B_{\max}}{2u}\right)^{i+1}$$

bzw.

$$\hat{p}_v = \Gamma(m\alpha)\, L_u! \sum_{i=0}^{L_u-1} (-1)^i [\Gamma(m\alpha + i + 1)\, (L_u - i - 1)!]^{-1} \left(\frac{\alpha B_\Sigma}{u}\right)^{i+1}$$

eine wirksamste Punktschätzung für p_v.

Für weitere Bedienungszeitverteilungen findet man die wirksamste Punktschätzung für p_v in Rosenblit [1], S. 72, 98.

10.1.2.2. Satz (Poljak (1970a)). Beobachtet wird im Intervall $[0, u)$ die Summe S_u der Besetztzeiten, $S_u = \int_0^u N(t)\, dt$. Nach Sch. 10.1.1 stellt

$$\hat{p}_{v,u} = \frac{S_u}{u}$$

eine Punktschätzung für p_v dar. Diese ist für große Werte u näherungsweise $N\left(p_v, \frac{v}{u}\right)$-verteilt mit $v = \lambda(1 + \varrho)^{-3}\, \mathsf{E}B^2$.

10.1.2.3. Satz (Poljak (1970b)). (a) Bei einer Beobachtung der Summe S_T der Besetztzeiten bzw. der Anzahl $L_{v,l}$ der abgewiesenen Forderungen bis zur l-ten eintreffenden Forderung sind

$$\hat{p}_{v,T} = \frac{S_T}{T} \quad \text{und} \quad \hat{p}_{v,l} = \frac{L_{v,l}}{l}$$

Punktschätzungen für p_v nach Sch. 10.1.1 bzw. Sch. 10.1.2.

(b) Für große Werte l besitzen $\hat{p}_{v,T}$ und $\hat{p}_{v,l}$ näherungsweise eine Normalverteilung mit dem Erwartungswert p_v und der Varianz

$$\mathsf{V}\hat{p}_{v,T} = \frac{\varrho^2(1 + c^2)}{l(1 + \varrho)^3} + o(l^{-1}) \quad \text{bzw.} \quad \mathsf{V}\hat{p}_{v,l} = \frac{\varrho(1 + \varrho c^2)}{l(1 + \varrho)^3} + o(l^{-1}), \quad c = \frac{\sqrt{\mathsf{V}B}}{\mathsf{E}B}.$$

(c) Aus (b) folgt

$$\mathsf{V}\hat{p}_{v,T} < \mathsf{V}\hat{p}_{v,l} \quad \text{im Fall} \quad \varrho < 1,$$

$$\mathsf{V}\hat{p}_{v,T} > \mathsf{V}\hat{p}_{v,l} \quad \text{im Fall} \quad \varrho > 1.$$

Beim System M/GI/1/0 besteht die Möglichkeit, statistische Schlüsse über λ und $B(x)$ bzw. Systemkenngrößen durch Beobachtung des Ausgangsprozesses abzuleiten. (Iwnizki (1968) zeigt dies allgemeiner für das System M/GI/1/n.) Da der Ausgangsprozeß einen Erneuerungsprozeß darstellt, können hierzu insbesondere einfache Stichproben aus Zwischenabgangszeiten dienen (↑ [I, 4.2]–[I, 4.5], [I, 4.9]).

10.1.2.4. Satz. Die Bedienungszeit sei Gl (0, 1)-verteilt. Beobachtet wird eine einfache Stichprobe $(C_1, \ldots, C_m)$ aus Zwischenabgangszeiten.

(a) Eine erwartungstreue und konsistente ($m \to \infty$) Punktschätzung für $\mathsf{E}A = \lambda^{-1}$, wobei allerdings $\mathsf{P}(\widehat{\mathsf{E}A} < 0) > 0$ ist, ist

$$\widehat{\mathsf{E}A} = \frac{1}{m} \sum_{i=1}^{m} C_i - \frac{1}{2} \quad \text{mit} \quad \mathsf{V}(\widehat{\mathsf{E}A}) = \frac{1}{m}\left(\lambda^{-2} + \frac{1}{12}\right).$$

(b) Gilt $C_i \geqq 1$ f. s., $i = 1, \ldots, m$, so stellt

$$\hat{\lambda} = \frac{m - 1}{\sum\limits_{i=1}^{m} C_i - m}$$

eine erwartungstreue und konsistente Punktschätzung für λ dar.

In Samaan (1976) und Samaan/Tracy (1981) sind weitere Ergebnisse zur Schätzung von λ bei Gl (0, 1)-verteilter Bedienungszeit angegeben.

10.1.2.5. Satz. Die Bedienungszeit sei konstant gleich a. Beobachtet wird eine einfache Stichprobe $(C_1, \ldots, C_m)$ aus Zwischenabgangszeiten, die in diesem Fall eine zweiparametrige Exponentialverteilung mit dem Lageparameter a besitzen. Wirksamste Punktschätzung für die Verteilungsfunktion $F(x; \lambda, a)$ der Zwischenabgangszeiten ist

$$\hat{F}(x) = \begin{cases} 1 - \left(1 - \dfrac{1}{m}\right)\left(\left[1 - \dfrac{x - C_{\min}}{C_\Sigma - mC_{\min}}\right]^+\right)^{m-2}, & x > C_{\min}, \\ 0, \quad x \leqq C_{\min}. \end{cases}$$

Punktschätzungen für weitere interessierende Funktionen von (λ, a) findet man in Zacks [1], Abschnitt 3.6. Konfidenzintervalle für λ bei speziellen Einbedienerverlustsystemen mit Poissonschem Forderungenstrom, die insbesondere für die Zählerstatistik bedeutsam sind, enthält die Arbeit von Albert/Nelson (1953).

10.1.3. System M/M/s/0

10.1.3.1. Bezeichnung. Im weiteren sei $\xi_0 = 1$ und

$$\xi_k = \sum_{i=1}^{k} (-1)^i \binom{k}{i} (i+1)^{-1} \sum_{l_j} \prod_{j=1}^{i} (l_j!)^{-1}, \qquad k = 1, 2, \dots$$

Dabei bedeutet das Symbol $\sum_{l_j}$ das Summieren über die Menge der nichtnegativen ganzen Zahlen $l_j \leqq s$, $j = 1, \dots, i$, die der Bedingung $\sum_{j=1}^{i} l_j = k$ genügen.

10.1.3.2. Satz. (a) Es sei λ bekannt und μ unbekannt. Beobachtet wird $(B_1, \dots, B_m)$. Wirksamste Punktschätzungen für p_v und $\mathsf{E}N$ (↑ S. 10.1.4.1) sind

$$\hat{p}_v = (m-1)!\,(s!)^{-1}\,(\lambda B_\Sigma)^s \sum_{k=0}^{\infty} (k+1)\,[(m+s+k-1)!]^{-1}\,(\lambda B_\Sigma)^k\,\xi_k,$$

$$\widehat{\mathsf{E}N} = (m-1)! \sum_{i=1}^{s} [(i-1)!]^{-1}\,(\lambda B_\Sigma)^i \sum_{k=0}^{\infty} (k+1)\,[(m+i+k-1)!]^{-1}\,(\lambda B_\Sigma)^k\,\xi_k.$$

(b) Beide Intensitäten λ und μ seien unbekannt. Bei einer Beobachtung von L_u und $(B_1, \dots, B_m)$ sind

$$\hat{p}_v = (m-1)!\,(s!)^{-1}\,L_u!\left(\frac{B_\Sigma}{u}\right)^s \sum_{k=0}^{L_u-s} (k+1)\,[(L_u-s-k)!\,(m+s+k-1)!]^{-1}\left(\frac{B_\Sigma}{u}\right)^k \xi_k,$$

$$\widehat{\mathsf{E}N} = (m-1)!\,L_u! \sum_{i=1}^{s} [(i-1)!]^{-1}\left(\frac{B_\Sigma}{u}\right)^i \sum_{k=0}^{L_u-i} (k+1)\,[(L_u-i-k)!$$

$$\times\,(m+i+k-1)!]^{-1}\left(\frac{B_\Sigma}{u}\right)^k \xi_k$$

wirksamste Punktschätzungen für p_v und $\mathsf{E}N$.

Eigenschaften von Punktschätzungen für p_v nach den Schätzmethoden Sch. 10.1.1 und Sch. 10.1.2 enthält [10.1.5].

10.1.4. System M/GI/s/0

10.1.4.1. Satz. Es sei λ unbekannt und μ bekannt. Beobachtet wird L_u. Wirksamste Punktschätzungen für $p_v = \left[\sum_{i=0}^{s} \frac{\varrho^i}{i!}\right]^{-1} \frac{\varrho^s}{s!}$ und $\mathsf{E}N = \left[\sum_{i=0}^{s} \frac{\varrho^i}{i!}\right]^{-1} \sum_{i=1}^{s} \frac{\varrho^i}{(i-1)!}$ sind

$$\hat{p}_v = (s!)^{-1}\,(\mu u)^{-s}\,L_u! \sum_{k=0}^{L_u-s} (k+1)\,[(L_u-s-k)!]^{-1}\,(\mu u)^{-k}\,\xi_k,$$

$$\widehat{\mathsf{E}N} = L_u! \sum_{i=1}^{s} [(i-1)!\,(\mu u)^i]^{-1} \sum_{k=0}^{L_u-i} (k+1)\,[(L_u-i-k)!]^{-1}\,(\mu u)^{-k}\,\xi_k$$

(ξ_k ↑ Bez. 10.1.3.1).

10.1.4.2. Satz. Es sei λ bekannt und μ unbekannt. Beobachtet wird $(B_1, \ldots, B_m)$. Im Fall einer Gl (0, b)-verteilten Bedienungszeit mit unbekanntem b sind

$$\hat{p}_v = (ms!)^{-1} \left(\frac{\lambda B_{\max}}{2}\right)^s \sum_{k=0}^{\infty} (k+1)(m+s+k) \left(\frac{\lambda B_{\max}}{2}\right)^k \xi_k,$$

$$\widehat{\mathsf{E}N} = m^{-1} \sum_{i=1}^{s} [(i-1)!]^{-1} \left(\frac{\lambda B_{\max}}{2}\right)^i \sum_{k=0}^{\infty} (k+1)(m+i+k) \left(\frac{\lambda B_{\max}}{2}\right)^k \xi_k$$

und bei einer Ga (β, α)-verteilten Bedienungszeit mit bekanntem α und unbekanntem β

$$\hat{p}_v = (s!)^{-1} \Gamma(m\alpha) (\alpha\lambda B_\Sigma)^s \sum_{k=0}^{\infty} (k+1) [\Gamma(m\alpha+s+k)]^{-1} (\alpha\lambda B_\Sigma)^k \xi_k,$$

$$\widehat{\mathsf{E}N} = \Gamma(m\alpha) \sum_{i=1}^{s} [(i-1)!]^{-1} (\alpha\lambda B_\Sigma)^i \sum_{k=0}^{\infty} (k+1) [\Gamma(m\alpha+i+k)]^{-1} (\alpha\lambda B_\Sigma)^k \xi_k,$$

($\xi_k \uparrow$ Bez. 10.1.3.1) wirksamste Punktschätzungen für p_v und $\mathsf{E}N$.

10.1.4.3. Satz. Die Intensitäten λ und μ seien beide unbekannt. Beobachtet werden L_u und $(B_1, \ldots, B_m)$. Ist die Bedienungszeit Gl(0, b)-verteilt mit unbekanntem b, so sind

$$\hat{p}_v = (ms!)^{-1} L_u! \left(\frac{B_{\max}}{2u}\right)^s \sum_{k=0}^{L_u-s} (k+1)(m+s+k) [(L_u-s-k)!]^{-1} \left(\frac{B_{\max}}{2u}\right)^k \xi_k,$$

$$\widehat{\mathsf{E}N} = m^{-1} L_u! \sum_{i=1}^{s} [(i-1)!]^{-1} \left(\frac{B_{\max}}{2u}\right)^i \sum_{k=0}^{L_u-i} (k+1)(m+i+k) \times [(L_u-i-k)!]^{-1} \left(\frac{B_{\max}}{2u}\right)^k \xi_k$$

und im Fall einer Ga (β, α)-verteilten Bedienungszeit mit bekanntem α und unbekanntem β

$$\hat{p}_v = (s!)^{-1} \Gamma(m\alpha) L_u! \left(\frac{\alpha B_\Sigma}{u}\right)^s \sum_{k=0}^{L_u-s} (k+1) [\Gamma(m\alpha+s+k)(L_u-s-k)!]^{-1} \left(\frac{\alpha B_\Sigma}{u}\right)^k \xi_k,$$

$$\widehat{\mathsf{E}N} = \Gamma(m\alpha) L_u! \sum_{i=1}^{s} [(i-1)!]^{-1} \left(\frac{\alpha B_\Sigma}{u}\right)^i \sum_{k=0}^{L_u-i} (k+1) \times [\Gamma(m\alpha+i+k)(L_u-i-k)!]^{-1} \left(\frac{\alpha B_\Sigma}{u}\right)^k \xi_k$$

($\xi_k \uparrow$ Bez. 10.1.3.1) wirksamste Punktschätzungen für p_v und $\mathsf{E}N$.

Für weitere Bedienungszeitverteilungen findet man die Formeln für $\hat{p}_v$ und $\widehat{\mathsf{E}N}$ in Rosenblit [1], S. 84, 104.

10.1.5. System M/M/s/*n*

10.1.5.1. Satz (Poljak/Below (1972)). (a) Bei einer Beobachtung von $S_u = \int_0^u \mathbf{1}_{\{s+n\}} \times (N(t))\,dt$ ist $p_v = \frac{S_u}{u}$ Punktschätzung für p_v nach Sch. 10.1.1.

(b) Für große Werte u besitzt $\hat{p}_v$ näherungsweise eine $\mathrm{N}\left(p_v, \frac{v}{u}\right)$-Verteilung mit $v = s\mu \mathsf{E} Y^2 (s\mu \mathsf{E} Y + 1)^{-3}$. Dabei bezeichnet Y die Zeitdauer, für die $N(t) < s + n$ ist.
(c) Es gilt

$$v = \begin{cases} 2(\lambda s!)^{-1} \varrho^s \left(\frac{\varrho}{s}\right)^{n+1} & \text{für } \varrho \downarrow 0, \\ 2s\lambda^{-2}\mu \quad \text{für } \varrho \uparrow \infty. \end{cases}$$

10.1.5.2. Satz (Poljak/Below (1972)). (a) Werden $L_{v,l}$ abgewiesene unter l eintreffenden Forderungen beobachtet, so stellt nach Sch. 10.1.2 $\hat{p}_{v,l} = \frac{L_{v,l}}{l}$ eine Punktschätzung für p; dar.
(b) Für große Werte l ist $\hat{p}_{v,l}$ näherungsweise $\mathrm{N}\left(p_v, \frac{v}{l}\right)$-verteilt mit $v = \mathsf{V}K(1 + \mathsf{E}K)^{-3}$. Hierbei bezeichnet K die Anzahl der zwischen zwei abgewiesenen Forderungen im System eintreffenden Forderungen.
(c) Es gilt

$$v = \begin{cases} (s!)^{-1} \varrho^s \left(\frac{\varrho}{s}\right)^{n} & \text{für } \varrho \downarrow 0, \\ s\lambda^{-1}\mu & \text{für } \varrho \uparrow \infty. \end{cases}$$

Bei einer Beobachtung des Prozesses $(N(t))$ unmittelbar nach aufeinanderfolgenden Zustandsänderungen läßt sich die Likelihood-Theorie Markowscher Prozesse für statistische Schlüsse bez. $\varrho = \frac{\lambda}{\mu}$ anwenden (↑ I, B. 4.10.2.3).

10.2. Systeme mit unendlich vielen Bedienungsgeräten

Die statistischen Ergebnisse beziehen sich auf die Systemparameter λ und μ, den Belastungskoeffizienten sowie die Verteilungen der Anzahl der Forderungen im System und der Bedienungszeit.

10.2.1. System M/M/∞

10.2.1.1. Satz (↑ I, S. 4.11.2.6, Beneš (1957)). Beobachtet wird in einem vorgegebenen Intervall $[0, u)$ die hinreichende Statistik $(N(0), L_u, M_u, Y_u)$ für (λ, μ) mit $Y_u = \int_0^u N(t)\, \mathrm{d}t$.
(a) Bei Vernachlässigung der Information über $N(0)$ stellen

$$\hat{\lambda}_1 = \frac{L_u}{u}, \qquad \hat{\mu}_1 = \frac{M_u}{Y_u} \quad \text{und} \quad \hat{\varrho}_1 = \frac{\hat{\lambda}_1}{\hat{\mu}_1}$$

Maximum-Likelihood-Schätzungen für λ, μ bzw. ϱ dar. Dabei gilt insbesondere $\mathsf{E}\hat{\lambda}_1 = \lambda$ und $\mathsf{V}\hat{\lambda}_1 = \frac{\lambda}{u}$.

(b) Die Punktschätzungen $\hat{\lambda}_1$ und $\hat{\mu}_1$ sind für große Werte u näherungsweise $\mathrm{N}\left(\lambda, \frac{\lambda}{u}\right)$- bzw. $\mathrm{N}\left(\mu, \frac{\mu^2}{\lambda u}\right)$-verteilt.

(c) Wird für $N(0)$ eine Poisson-Verteilung $\Pi(\varrho)$ angenommen, so ergeben sich für λ und μ die Maximum-Likelihood-Schätzungen

$$\hat{\lambda}_2 = \frac{L_u + M_u}{u} - \hat{\mu}_2\hat{\varrho}_2,$$

$$\hat{\mu}_2 = (2Y_u)^{-1} \{M_u - N(0) - \hat{\varrho}_2 + [(M_u - N(0) - \hat{\varrho}_2)^2 + 4\hat{\varrho}_2(L_u + M_u)]^{1/2}\}$$

mit $\hat{\varrho}_2 = \frac{Y_u}{u}$ als Punktschätzung für ϱ (S. 10.2.1.2 (b)).

Weitere Punktschätzungen für λ und μ diskutiert Beneš (1957). Bayes-Schätzungen für λ, μ und ϱ findet man bei Muddapur (1972), s. auch Reynolds (1973). Als A-priori-Verteilungen werden dabei Gammaverteilungen benutzt.

10.2.1.2. Satz. (a) (Andronow (1972)). Der als stationär angenommene Prozeß $(N(t))$ wird in m disjunkten Zeitintervallen $[t_i, t_i')$ mit $\tau = t_i' - t_i$, $i = 1, \ldots, m$, $\delta = t_{i+1} - t_i'$ stetig beobachtet. Die erwartungstreue Punktschätzung

$$\widehat{\mathsf{E}N} = \frac{1}{m\tau} \sum_{i=1}^{m} \int_{t_i}^{t_i'} N(t)\,\mathrm{d}t$$

für $\mathsf{E}N = \varrho$ besitzt die Varianz

$$\mathsf{V}(\widehat{\mathsf{E}N}) = 2\lambda\mu^{-3}(m\tau)^{-2} \Bigg\{m(\mu\tau - 1 + \mathrm{e}^{-\mu\tau}) + \left(\frac{1 - \mathrm{e}^{-\mu\tau}}{1 - \mathrm{e}^{-\mu(\tau+\delta)}}\right)^2 \times [m(1 - \mathrm{e}^{-\mu(\tau+\delta)}) - 1 + \mathrm{e}^{-m\mu(\tau+\delta)}]\,\mathrm{e}^{-\mu\delta}\Bigg\}.$$

(b) (Beneš (1957)). Speziell ergibt sich für $\delta = 0$ und $u = m\tau$ die Punktschätzung $\widehat{\mathsf{E}N} = u^{-1} \int_0^u N(t)\,\mathrm{d}t$ für $\mathsf{E}N$ mit

$$\mathsf{V}(\widehat{\mathsf{E}N}) = 2\varrho(\mu u)^{-1}\,[1 - (\mu u)^{-1}\,(1 - \mathrm{e}^{-\mu u})].$$

Für große Werte u ist $\widehat{\mathsf{E}N}$ näherungsweise $\mathrm{N}\left(\mathsf{E}N, \frac{2\varrho}{\mu u}\right)$-verteilt.

Die Varianzen der erwartungstreuen Punktschätzungen $\widehat{\mathsf{E}N}$ und $m^{-1} \sum_{i=1}^{m} N(i\tau)$ für $\mathsf{E}N$ bei einer stetigen Beobachtung des stationären Prozesses $(N(t))$ im Intervall $[0, u)$ bzw. einer diskreten Beobachtung in den Zeitpunkten $i\tau$, $i = 1, \ldots, m$, $u = m\tau$, werden in Gafarian/Ancker (1966) verglichen, s. auch Reynolds (1972).

10.2.1.3. Bezeichnung. Im weiteren bezeichne g die Funktion

$$g(\varrho) = \sum_{i=0}^{\infty} v(i)\,\frac{\varrho^i}{i!}\,\mathrm{e}^{-\varrho}.$$

Im Fall

$$v(i) = \begin{cases} 0 & \text{für} \quad i < k, \\ 1 & \text{für} \quad i \geqq k \end{cases}$$

ergibt sich $g = \mathsf{P}(N \geqq k)$. Wird $v(i) = i$ gesetzt, $i \geqq 0$, so folgt $g = \mathsf{E}N$.

10.2.1.4. Satz. (a) Es sei λ bekannt und μ unbekannt. Bei einer Beobachtung von $(B_1, \ldots, B_m)$ ist

$$\hat{g} = (m-1)!\,(\lambda B_\Sigma)^{(1-m)/2} \sum_{i=0}^{\infty} v(i)\,(i!)^{-1}\,(\lambda B_\Sigma)^{i/2}\,\mathrm{J}_{m+i-1}\left(2\sqrt{\lambda B_\Sigma}\right)$$

wirksamste Punktschätzung für g. Dabei bezeichnet $\mathrm{J}_r(z)$ die Besselsche Funktion erster Art.

(b) Die Intensitäten λ und μ seien beide unbekannt. Beobachtet werden L_u und $(B_1, \ldots, B_m)$. Wirksamste Punktschätzung für g ist

$$\hat{g} = (m-1)!\,L_u! \sum_{i=0}^{L_u} [(L_u - i)!\,(m+i-1)!\,u^i]^{-1}\,B_\Sigma{}^i \sum_{j=0}^{i} v(j)\,(-1)^{i-j}\,[j!(i-j)!]^{-1}.$$

Als wirksamste Punktschätzungen für $p_{\geqq k} = \mathsf{P}(N \geqq k)$ und $\mathsf{E}N$ ergeben sich folglich

$$\hat{p}_{\geqq k} = \begin{cases} (m-1)!\,L_u! \sum\limits_{i=k}^{L_u} [(L_u-i)!\,(m+i-1)!\,u^i]^{-1}\,B_\Sigma{}^i \sum\limits_{j=k}^{i} (-1)^{i-j} \\ \times\,[j!(i-j)!]^{-1} & \text{für} \quad L_u \geqq k, \\ 0 & \text{für} \quad L_u < k \end{cases}$$

$$\widehat{\mathsf{E}N} = (um)^{-1}\,L_u B_\Sigma.$$

10.2.2. System M/GI/∞

10.2.2.1. Satz. Es sei λ unbekannt und μ bekannt.

(a) Bei einer Beobachtung von L_u ist

$$\hat{g} = \left(1 - (\mu u)^{-1}\right)^{L_u} \sum_{i=0}^{L_u} v(i) \binom{L_u}{i} (\mu u - 1)^{-i}$$

wirksamste Punktschätzung für g (↑ Bez. 10.2.1.3).

(b) Wird $(N_1, \ldots, N_m)$ beobachtet, so stellt

$$\hat{g} = [1 - \mu(m\mu_*)^{-1}]^{N_\Sigma} \sum_{i=0}^{N_\Sigma} v(i) \binom{N_\Sigma}{i} (m\mu_*\mu^{-1} - 1)^{-i}$$

eine wirksamste Punktschätzung für g im System M/GI/∞ mit bekanntem $\mu_* = (\mathsf{E}B)^{-1}$ dar. Speziell erhält man für $p_{\geqq k} = \mathsf{P}(N \geqq k)$ und $\mathsf{E}N$ die wirksamsten Punktschätzungen

$$\hat{p}_{\geqq k} = \begin{cases} [1 - \mu(m\mu_*)^{-1}]^{N_\Sigma} \sum\limits_{i=k}^{N_\Sigma} \binom{N_\Sigma}{i} (m\mu_*\mu^{-1} - 1)^{-i} & \text{für} \quad N_\Sigma \geqq k, \\ 0 \quad \text{für} \quad N_\Sigma < k, \end{cases}$$

$$\widehat{\mathsf{E}N} = \mu(m\mu_*)^{-1}\,N_\Sigma.$$

10.2.2.2. Satz. (a) Es sei λ bekannt und μ unbekannt. Beobachtet wird $(B_1, \ldots, B_m)$. Ist die Bedienungszeit Gl $(0, b)$-verteilt mit unbekanntem b bzw. Ga (β, α)-verteilt mit bekanntem α und unbekanntem β, so ergibt sich

$$\hat{g} = m^{-1} \sum_{i=0}^{\infty} (m + i)\, 2^{-i} (\lambda B_{\max})^i \sum_{j=0}^{i} v(j)\, (-1)^{i-j}\, [j!(i-j)!]^{-1}$$

bzw.

$$\hat{g} = \Gamma(m\alpha)\, (\lambda\alpha B_\Sigma)^{(1-m\alpha)/2} \sum_{i=0}^{\infty} v(i)\, (i!)^{-1}\, (\lambda\alpha B_\Sigma)^{i/2}\, \mathrm{J}_{m\alpha+i-1}\left(2\sqrt{\lambda\alpha B_\Sigma}\right)$$

als wirksamste Punktschätzung für g.

(b) Die Intensitäten λ und μ seien beide unbekannt. Beobachtet werden L_u und $(B_1, \ldots, B_m)$. Im Fall einer Gl $(0, b)$-verteilten Bedienungszeit mit unbekanntem b bzw. einer Ga (β, α)-verteilten Bedienungszeit mit bekanntem α und unbekanntem β stellt

$$\hat{g} = m^{-1} L_u! \sum_{i=0}^{L_u} (m + i)\, [(L_u - i)!\, (2u)^i]^{-1}\, B_{\max}^i \sum_{j=0}^{i} v(j)\, (-1)^{i-j}\, [j!(i-j)!]^{-1}$$

bzw.

$$\hat{g} = \Gamma(m\alpha)\, L_u! \sum_{i=0}^{L_u} (\alpha B_\Sigma)^i\, [(L_u - i)!\, u^i]^{-1} \sum_{j=0}^{i} v(j)\, (-1)^{i-j}\, [j!(i-j)!\, \Gamma(m\alpha + i)]^{-1}$$

eine wirksamste Punktschätzung für g dar. Für weitere Bedienungszeitverteilungen sind wirksamste Punktschätzungen $\hat{g}$ in Rosenblit [1], S. 67, 90 angegeben.

10.2.2.3. Satz (Poljak (1975)). Bei festem k sei der Prozeß $\left(\mathbf{1}_{\{k\}}(N(t))\right)$ stationär.

(a) Eine erwartungstreue Punktschätzung für die stationären Zustandswahrscheinlichkeiten $p_k = \lim_{t \to \infty} \mathsf{P}\left(N(t) = k\right)$ ist

$$\hat{p}_k = \frac{1}{u} \int_0^u \mathbf{1}_{\{k\}}(N(t))\, dt.$$

(b) Für große Werte u gilt im Fall $\lambda \downarrow 0$

$$\mathsf{V}\hat{p}_k = \begin{cases} 2\varrho^k (u\mu k!\, k)^{-1} & \text{im System M/M/}\infty, \\ 2\varrho^k [u\mu(k+1)!]^{-1} & \text{im System M/D/}\infty, \\ \leq 2\varrho^k (u\mu k!\, k)^{-1}, & \text{wenn } B(x) \text{ vom Typ IFR ist.} \end{cases}$$

10.2.2.4. Satz (Poljak (1970a)). Der Prozeß $\left(N(t)\right)$ wird im Intervall $[0, u)$ stetig beobachtet. Die Punktschätzung

$$\widehat{\mathsf{E}N} = \frac{1}{u} \int_0^u N(t)\, dt$$

für $\mathsf{E}N = \lim_{t \to \infty} \mathsf{E}N(t)$ besitzt für große Werte u näherungsweise eine $\mathrm{N}\left(\mathsf{E}N, \frac{v}{u}\right)$-Verteilung mit $v = \lambda \mathsf{E}B^2$.

10.2.2.5. Satz (BROWN (1970)). Ausgehend von einem beliebig gewählten Abgangszeitpunkt $\tilde{T}_0$ bezeichne $\tilde{T}_i$ den i-ten nach $\tilde{T}_0$ folgenden Abgangszeitpunkt und Z_i den Abstand zwischen $\tilde{T}_i$ und dem letzten Ankunftszeitpunkt vor $\tilde{T}_i$. Liegt eine Stichprobe $(Z_1, \ldots, Z_m)$ vor, so ist

$$\hat{B}_m(x) = \sup_{0 \leq y < x} \left\{1 - e^{\hat{\lambda} y} \left[1 - m^{-1} \sum_{i=1}^{m} \mathbf{1}_{[0,y)}(Z_i)\right]\right\}$$

eine Punktschätzung für die Bedienungszeitverteilungsfunktion $B(x)$. Dabei stellt $\hat{\lambda}$ eine Punktschätzung für λ dar mit $\hat{\lambda} \xrightarrow[\text{f.s.}]{} \lambda$, z. B. $\hat{\lambda} = \frac{L_u}{u}$. Es gilt

$$\mathsf{P}\left(\lim_{m\to\infty} \sup_x |\hat{B}_m(x) - B(x)| = 0\right) = 1.$$

Der voranstehende Satz beinhaltet die Möglichkeit, $B(x)$ auf der Grundlage einer Beobachtung des Prozesses $(N(t))$ statistisch zu bestimmen. Eine kurze Übersicht zu diesem Problem findet man in COX (1965). Für den Fall einer bekannten Intensität λ geben GEORGE/AGRAWAL (1973) eine Maximum-Likelihood-Schätzung für $B(x)$ an. Beobachtet wird dabei der Ausgangsprozeß des Systems. Außerdem werden $\hat{B}_m(x)$, die Maximum-Likelihood-Schätzung und die empirische Verteilungsfunktion einer einfachen Stichprobe aus Bedienungszeiten numerisch verglichen. GRASSMANN (1981) diskutiert die Schätzung von $\mathsf{E}N$ im System M/D/∞.

10.2.3. System GI/GI/∞

10.2.3.1. Satz (POLJAK (1970a)). Bei einer stetigen Beobachtung des Prozesses $(N(t))$ im Intervall $[0, u)$ ist

$$\widehat{\mathsf{E}N} = \frac{1}{u} \int_0^u N(t)\, \mathrm{d}t$$

eine für große Werte u näherungsweise $\mathrm{N}\left(\mathsf{E}N, \frac{v}{u}\right)$-verteilte Punktschätzung für $\mathsf{E}N = \lim_{t\to\infty} \mathsf{E}N(t)$. Dabei gilt

$$v = (\mathsf{E}A)^{-1} \{\mathsf{E}B^2 + (\mathsf{E}B)^2 [\mathsf{E}A^2(\mathsf{E}A)^{-2} - 2]\}.$$

Statistische Schlüsse über die Verteilungsfunktionen $A(x)$ und $B(x)$ der Pausen- bzw. Bedienungszeiten erfordern Informationen sowohl über den Eingangs- als auch über den Ausgangsprozeß (KENDALL/LEWIS (1965)). Punktschätzungen für die charakteristische Funktion und die Verteilungsfunktion der Bedienungszeit, die unter bestimmten Regularitätsbedingungen asymptotisch normalverteilt sind, findet man in BRILLINGER (1974).

10.2.4. System M^{GI}/GI/∞

Die Zufallsgröße D bezeichne die Anzahl der gleichzeitig im System eintreffenden Forderungen. Es sei $d = \mathsf{E}D$, $d_2 = \mathsf{E}D^2$ und $\varkappa = \varrho d$ der Belastungskoeffizient.

10.2.4.1. Satz (ANDRONOW (1972)). Beobachtet wird der stationäre Prozeß $(N(t))$ stetig in m aufeinanderfolgenden disjunkten Intervallen $[t_i, t_i')$, $i = 1, \ldots, m$.

(a) Eine erwartungstreue Punktschätzung für $\varkappa$ ist

$$\hat{\varkappa} = \frac{\sum_{i=1}^{m} \int_{t_i}^{t_i'} N(t)\, dt}{\sum_{i=1}^{m} (t_i' - t_i)}.$$

(b) Im Fall $m = 1$ gilt mit $u = t_i' - t_i$

$$\mathsf{V}\hat{\varkappa} = \frac{2}{u} \int_0^u \left(1 - \frac{t}{u}\right) \mathsf{C}(t)\, dt.$$

Die Kovarianzfunktion $\mathsf{C}(t)$ des Prozesses $\big(N(t)\big)$ lautet dabei

$$\mathsf{C}(t) = \lambda d \int_t^\infty \big(1 - B(x)\big)\, dx + \lambda(d_2 - d) \int_0^\infty \big(1 - B(x)\big) \big(1 - B(t + x)\big)\, dx.$$

(c) Speziell ergibt sich bei exponentialverteilter Bedienungszeit

$$\mathsf{V}\hat{\varkappa} = \lambda(d + d_2)\, (\mu u)^{-2}\, (u - \mu^{-1} + \mu^{-1}\, e^{-\mu u}).$$

10.2.4.2. Satz (ANDRONOW (1972)). Der stationäre Prozeß $\big(N(t)\big)$ wird diskret in den Zeitpunkten $t_1 < t_2 < \cdots < t_m$ beobachtet.

(a) Eine erwartungstreue Punktschätzung für $\varkappa$ ist

$$\hat{\varkappa} = \frac{1}{m} \sum_{i=1}^{m} N(t_i).$$

(b) Bei gleichabständig gewählten t_i mit $\tau = t_{i+1} - t_i$, $i = 1, 2, \ldots, m - 1$, gilt

$$\mathsf{V}\hat{\varkappa} = m^{-1} \left[\mathsf{V}N + 2 \sum_{i=1}^{m-1} \left(1 - \frac{i}{m}\right) \mathsf{C}(i\tau)\right], \quad \mathsf{C}(i\tau) \uparrow \text{[S. 10.2.4.1 (b)]}.$$

(c) Im Fall exponentialverteilter bzw. konstanter Bedienungszeit folgt

$$\mathsf{V}\hat{\varkappa} = \lambda(2m\mu)^{-1}\, (d + d_2)\, [(1 + e^{-\mu u})\, (1 - e^{-\mu u})^{-1} - 2m^{-1}\, e^{-\mu u}(1 - e^{-m\mu u})\, (1 - e^{-\mu u})^{-2}]$$

bzw.

$$\mathsf{V}\hat{\varkappa} = \lambda d_2(m\mu)^{-1} + 2\lambda d_2 m^{-2} \left[m\eta\mu^{-1} - (\mu^{-1} + mu)\, \frac{\eta}{2}\, (1 + \eta) + \mu u\eta(\eta + 1)\, (2\eta + 1)\right]$$

mit $\eta = \min\{m - 1, \eta^*\}$. Dabei ist η^* die größte ganze Zahl, die der Beziehung $\eta^* \leqq (\mu u)^{-1}$ genügt.

10.3. Einbedienerwartesystem M/M/1/∞

Der Abschnitt enthält statistische Ergebnisse über die Systemparameter λ, μ und ϱ, die sich im wesentlichen aus der Anwendung der Likelihood-Theorie ergeben. Weiterhin werden wirksamste Punktschätzungen für Systemkenngrößen bei verschiedenen Beobachtungssituationen zusammengestellt. Die Schätzung der mittleren Anzahl der Forderungen im System, der mittleren Wartezeit und der mittleren Verweilzeit erfolgt unter der Annahme, daß die entsprechenden beobachteten Prozesse stationär sind.

10.3.1. Ergebnisse für die Systemparameter λ, μ und ϱ

10.3.1.1. Satz (↑ I, S. 4.11.2.6, Cox (1965)). Beobachtet wird in einem vorgegebenen Intervall $[0, u)$ die hinreichende Statistik $\big(N(0), L_u, M_u, S_u\big)$ für (λ, μ) mit $S_u = \int\limits_0^u \mathbf{1}_{\{1,2,\ldots\}} \times \big(N(t)\big)\, dt$. Bei Vernachlässigung der Information über $N(0)$ stellen

$$\hat{\lambda}_1 = \frac{L_u}{u}, \qquad \hat{\mu}_1 = \frac{M_u}{S_u} \quad \text{und} \quad \hat{\varrho}_1 = \frac{\hat{\lambda}_1}{\hat{\mu}_1}$$

Maximum-Likelihood-Schätzungen für λ, μ bzw. ϱ dar. Den Einfluß der Information über $N(0)$ diskutiert Cox (1965) für den Fall wiederholter unabhängiger Beobachtungen des Prozesses $\big(N(t)\big)$.

10.3.1.2. Satz (Clarke (1957)). (a) Die Beobachtung des Systems erfolgt so lange, bis die Summe der Besetztzeiten einen vorgegebenen Wert s erreicht hat. Es bezeichne M die Anzahl der bedienten Forderungen während der Beobachtungsdauer, $\tilde{T}$ den M-ten Abgangszeitpunkt und L die Anzahl der bis $\tilde{T}$ eintreffenden Forderungen. Wird für $N(0)$ eine geometrische Verteilung Geo (ϱ) angenommen, so ergeben sich als Maximum-Likelihood-Schätzungen für λ, μ und ϱ

$$\hat{\lambda}_2 = \frac{(L + M)\,\hat{\varrho}_2}{\hat{\varrho}_2 \tilde{T} + s}, \qquad \hat{\mu}_2 = \frac{L + M}{\hat{\varrho}_2 \tilde{T} + s}$$

und $\hat{\varrho}_2$ als die einzige Lösung der quadratischen Gleichung

$$\big(M - N(0) - 1\big)\,\tilde{T}\varrho^2 - \big[\big(M - N(0)\big)\,\tilde{T} + \big(L + N(0) + 1\big)\,s\big]\,\varrho + \big(L + N(0)\big)\,s = 0$$

im Intervall $(0, 1)$.

(b) Näherungen für $\hat{\lambda}_2$, $\hat{\mu}_2$ und $\hat{\varrho}_2$ sind die konsistenten Punktschätzungen $(s \to \infty)$

$$\hat{\lambda}_3 = \frac{L + N(0)}{\tilde{T}}, \qquad \hat{\mu}_3 = \frac{M - N(0)}{s} \quad \text{bzw.} \quad \hat{\varrho}_3 = \frac{\hat{\lambda}_3}{\hat{\mu}_3},$$

wenn $M - N(0)$ große Werte annimmt.

10.3.1.3. Satz. Beobachtet werden einfache Stichproben $(A_1, \ldots, A_{m_1})$ und $(B_1, \ldots, B_{m_2})$ aus Pausen- und Bedienungszeiten (vgl. hierzu auch Schruben/Kulkarni (1982)).

(a) Eine erwartungstreue Punktschätzung für ϱ ist

$$\hat{\varrho}_4 = \frac{(m_1 - 1)\, B_\Sigma}{m_2 A_\Sigma} \quad \text{mit} \quad \mathsf{V}\hat{\varrho}_4 = (m_1 + m_2 - 1)\,[(m_1 - 2)\, m_2]^{-1}\, \varrho^2.$$

(b) (↑ I, B. 4.4.5) Konfidenzgrenzen eines Konfidenzintervalls $[G_u, G_o]$ für ϱ zum Konfidenzniveau $1 - \alpha$, $\alpha \in (0, 1)$, sind

$$G_u = \frac{m_1 B_\Sigma}{F_{2m_2, 2m_1; 1-\alpha/2}\, m_2 A_\Sigma} \quad \text{und} \quad G_o = \frac{m_1 B_\Sigma}{F_{2m_2, 2m_1; \alpha/2}\, m_2 A_\Sigma}.$$

Hieraus erhält man auch Konfidenzintervalle für die Kenngrößen $\mathsf{P}(N = 0) = 1 - \varrho$, $\mathsf{E}N = \frac{\varrho}{1-\varrho}$ und $\mathsf{E}N_w = \frac{\varrho^2}{1-\varrho}$, die monotone Funktionen von ϱ darstellen (LILLIEFORS (1966)).

10.3.1.4. Satz. Gegeben sei eine Stichprobe $\left((S_i, U_i),\ i = 1, \ldots, m\right)$ aus aufeinanderfolgenden Besetzt- und Untätigkeitszeiten. Eine konsistente $(m \to \infty)$ Punktschätzung für ϱ ist

$$\hat{\varrho}_5 = \frac{\sum_{i=1}^{m} S_i}{\sum_{i=1}^{m} (S_i + U_i)}.$$

Den systematischen Fehler von $\hat{\varrho}_5$ untersucht LAUNER (1974).

Bei einer Beobachtung des Prozesses (W_n) sind Ergebnisse der Likelihood-Theorie Markowscher Prozesse bez. λ, μ und ϱ anwendbar (↑ I, B. 4.10.1.4). Konsistente Punktschätzungen für die Systemparameter werden in AIGNER (1975), LINDENBERG (1978) und SAMAAN/TRACY (1979) sowie BABA (1982) verglichen. COX (1965) diskutiert Konfidenzschätzungen und Signifikanztests, s. auch LAW (1977b) hinsichtlich numerischer Untersuchungen. Bayes-Schätzungen für λ, μ und ϱ (Gammaverteilungen als a-priori-Verteilungen) findet man in MUDDAPUR (1972) und REYNOLDS (1973).

10.3.2. Wirksamste Punktschätzungen für Systemkenngrößen

10.3.2.1. Satz. Es sei λ unbekannt und μ bekannt.

(a) Bei einer Beobachtung von L_u sind

$$\widehat{\mathsf{E}N} = L_u! \sum_{i=1}^{L_u} [(L_u - i)!]^{-1} (u\mu)^{-i},$$

$$\widehat{\mathsf{E}N_w} = L_u! \sum_{i=2}^{L_u} [(L_u - i)!]^{-1} (u\mu)^{-i},$$

$$\widehat{\mathsf{E}W} = \mu^{-1}\widehat{\mathsf{E}N}$$

wirksamste Punktschätzungen für $\mathsf{E}N = \frac{\varrho}{1-\varrho}$, $\mathsf{E}N_w = \frac{\varrho^2}{1-\varrho}$ bzw. $\mathsf{E}W = \frac{\varrho}{\mu(1-\varrho)}$.

(b) Beobachtet wird $(N_1, \ldots, N_m)$. Wirksamste Punktschätzung für $\mathsf{E}W$ im System $M/M/1/\infty$ mit bekanntem $\mu_* = (\mathsf{E}B)^{-1}$ ist

$$\widehat{\mathsf{E}W} = \mu_*^{-1}(\mu\mu_*^{-1})^{N_\Sigma} \left[\binom{m + N_\Sigma - 1}{N_\Sigma}\right]^{-1} \sum_{i=0}^{N_\Sigma - 1} \binom{m+i-1}{i} (\mu_*\mu^{-1})^i$$

und im System $M/M/2/\infty$ mit bekanntem $\mu_* = (\mathsf{E}B)^{-1}$

$$\widehat{\mathsf{E}W} = \mu_*^{-1}(\mu\mu_*^{-1})^2\, 2^{-2} \left[\binom{m + N_\Sigma - 1}{N_\Sigma}\right]^{-1} \sum_{i=0}^{N_\Sigma - 2} \binom{m + N_\Sigma - i - 3}{m-1} \times [\mu(2\mu_*)^{-1}]^i \sum_{j=0}^{i} (-1)^j.$$

(c) Beobachtet wird $(V_1, \ldots, V_m)$. Wirksamste Punktschätzung für $p_0 = \mathsf{P}(N = 0)$, $p_0 = 1 - \varrho$, ist

$$\hat{p}_0 = (m-1)\,(\mu V_\Sigma)^{-1}$$

und für $\mathsf{E}W$ im System M/GI/1/∞ mit bekannten Parametern $\mu = (\mathsf{E}B)^{-1}$ und $\mathsf{V}B$

$$\widehat{\mathsf{E}W} = 2^{-1}(1 + \mu^2 \mathsf{V}B)\,(m^{-1}V_\Sigma - \mu^{-1}).$$

10.3.2.2. Satz. Es sei λ bekannt und μ unbekannt.

(a) Bei einer Beobachtung von $(B_1, \ldots, B_m)$ sind

$$\widehat{\mathsf{E}W} = (m-1)!\,\lambda^{-m} B_\Sigma^{1-m} \left[e^{\lambda B_\Sigma} - \sum_{i=0}^{m} (i!)^{-1} (\lambda B_\Sigma)^i\right],$$

$$\widehat{\mathsf{E}V} = (m-1)!\,\lambda^{-m} B_\Sigma^{1-m} \left[e^{\lambda B_\Sigma} - \sum_{i=0}^{m-1} (i!)^{-1} (\lambda B_\Sigma)^i\right]$$

wirksamste Punktschätzungen für $\mathsf{E}W$ und $\mathsf{E}V = \dfrac{1}{\mu - \lambda}$.

(b) Beobachtet wird $(N_1, \ldots, N_m)$. Wirksamste Punktschätzung für $\mathsf{E}W$ im System M/M/1/∞ mit bekanntem $\lambda_* = (\mathsf{E}A)^{-1}$ ist

$$\widehat{\mathsf{E}W} = \lambda_*^{-1} \left[\binom{m + N_\Sigma - 1}{N_\Sigma}\right]^{-1} (\lambda_* \lambda^{-1})^{N_\Sigma} \sum_{i=0}^{N_\Sigma - 2} (\lambda \lambda_*^{-1})^i \binom{m+i-1}{i}.$$

(c) Ausgehend von $(V_1, \ldots, V_m)$ stellt

$$\widehat{\mathsf{E}W} = (m-1)!\,V_\Sigma \sum_{i=0}^{m} (-1)^i\,[(m-i)!]^{-1} (\lambda V_\Sigma)^{-i} + (-1)^{m+1} (m-1)!\,\lambda^{-m} V_\Sigma^{1-m} e^{-\lambda V_\Sigma}$$

eine wirksamste Punktschätzung für $\mathsf{E}W$ dar.

10.3.2.3. Satz. Die Intensitäten λ und μ seien beide unbekannt.

(a) Beobachtet werden L_u und $(B_1, \ldots, B_m)$. Wirksamste Punktschätzungen für $\mathsf{E}N$, $\mathsf{E}N_\mathrm{w}$, $\mathsf{E}W$ und $\mathsf{E}V$ sind

$$\widehat{\mathsf{E}N} = (m-1)!\,L_u! \sum_{i=1}^{L_u} [(L_u - i)!\,(m+i-1)!]^{-1} \left(\frac{B_\Sigma}{u}\right)^i,$$

$$\widehat{\mathsf{E}N_\mathrm{w}} = (m-1)!\,L_u! \sum_{i=2}^{L_u} [(L_u - i)!\,(m+i-1)!]^{-1} \left(\frac{B_\Sigma}{u}\right)^i,$$

$$\widehat{\mathsf{E}W} = (m-1)!\,L_u!\,B_\Sigma \sum_{i=1}^{L_u} [(L_u - i)!\,(m+i)!]^{-1} \left(\frac{B_\Sigma}{u}\right)^i,$$

$$\widehat{\mathsf{E}V} = \widehat{\mathsf{E}W} + m^{-1} B_\Sigma.$$

Wirksamste Punktschätzung für $\mathsf{E}S = \dfrac{1}{\mu - \lambda}$ und $\mathsf{V}S = \dfrac{\mathsf{V}B + \mu^{-2}\varrho}{(1-\varrho)^3}$ im System M/GI/1/∞ mit unbekanntem λ und μ sowie bekannter Varianz $\mathsf{V}B$ sind $\widehat{\mathsf{E}S} = \widehat{\mathsf{E}V}$ und

$$\widehat{\mathsf{V}S} = \mathsf{V}B(m-1)!\,L_u!\sum_{i=0}^{L_u}\binom{i+2}{2}[(L_u-i)!\,(m+i-1)!]^{-1}\left(\frac{B_\Sigma}{u}\right)^i$$
$$+\,u^{-1}(m-1)!\,L_u!\,B_\Sigma^3\sum_{i=0}^{L_u-1}\binom{i+2}{2}[(L_u-i-1)!\,(m+i+2)!]^{-1}\left(\frac{B_\Sigma}{u}\right)^i.$$

(b) Bei einer Beobachtung von L_u und $(V_1, \ldots, V_m)$ ist

$$\widehat{\mathsf{E}W} = (m-1)!\,L_u!\,V_\Sigma^2 u^{-1}\sum_{i=0}^{L_u-1}(-1)^i\,[(m+i+1)!\,(L_u-i-1)!\,u^i]^{-1}\,V_\Sigma^i$$

wirksamste Punktschätzung für $\mathsf{E}W$.

(c) Beobachtet werden $(N_1, \ldots, N_{m_1})$ und $(B_1, \ldots, B_{m_2})$. Wirksamste Punktschätzung für $\mathsf{E}W$ im vorliegenden System M/M/1/∞ ist

$$\widehat{\mathsf{E}W} = \frac{N_\Sigma B_\Sigma}{m_1 m_2}$$

und im System M/M/2/∞ mit unbekanntem λ und μ

$$\widehat{\mathsf{E}W} = \left[\binom{m_1+N_\Sigma-1}{N_\Sigma}\right]^{-1}(4m_2)^{-1}\,B_\Sigma\sum_{i=0}^{N_\Sigma-2}\binom{m_1+N_\Sigma-i-3}{m_1-1}2^{-i}\sum_{j=0}^{i}(-1)^j.$$

(d) Ausgehend von $(B_1, \ldots, B_{m_1})$ und $(V_1, \ldots, V_{m_2})$ stellt

$$\widehat{\mathsf{E}W} = 2^{-1}\left(\frac{V_\Sigma}{m_2} - \frac{B_\Sigma}{m_1}\right) + 2^{-1}\mathsf{V}B[(m_1-1)\,(m_1-2)\,V_\Sigma(m_2B_\Sigma^2)^{-1} - (m_1-1)\,B_\Sigma^{-1}]$$

eine wirksamste Punktschätzung für $\mathsf{E}W$ im System M/GI/1/∞ mit unbekanntem λ und μ sowie bekannter Varianz $\mathsf{V}B$ dar.

10.3.3. Beobachtung stationärer Prozesse $(N(t))$ und (W_n)

10.3.3.1. Satz. (a) Bei einer stetigen Beobachtung des stationären Prozesses $\big(N(t)\big)$ im Intervall $[0, u)$ ist

$$(\widehat{\mathsf{E}N})_1 = \frac{1}{u}\int_0^u N(t)\,\mathrm{d}t$$

eine erwartungstreue Punktschätzung für $\mathsf{E}N$.

(b) (Breny (1961)). Werden L_u und $(B_1, \ldots, B_{L_u})$ beobachtet, so stellt für kleine Werte ϱ und große Werte u

$$(\widehat{\mathsf{E}N})_2 = \frac{1}{u}\sum_{i=1}^{L_u} B_i \qquad \text{mit} \qquad \mathsf{V}(\widehat{\mathsf{E}N})_2 = (\lambda u)^{-1}\,2\varrho^2$$

eine Näherung für $(\widehat{\mathsf{E}N})_1$ dar.

10.3.3.2. Satz (Gebhard (1963)). Der stationäre Prozeß $(N(t))$ wird diskret in den Zeitpunkten $t_1, \ldots, t_m$ beobachtet.

(a) Eine erwartungstreue Punktschätzung für $\mathsf{E}N$ ist

$$\widehat{\mathsf{E}N} = \frac{1}{m} \sum_{i=1}^{m} N(t_i).$$

Für große Werte m gilt näherungsweise

$$\mathsf{V}(\widehat{\mathsf{E}N}) = \frac{v}{m} \quad \text{mit} \quad v = \mathsf{V}N + 2 \sum_{i=1}^{\infty} \mathsf{Cov}\big(N(t_1), N(t_{i+1})\big).$$

(b) Werden die Zeitpunkte t_i gleichabständig gewählt mit $\tau = t_{i+1} - t_i$, $i = 1, \ldots, m - 1$, so ergibt sich

$$v = \varrho(1 - \varrho)^{-2} \{1 + 2(1 + \varrho) [\mu\tau(1 - \varrho)^2]^{-1}\}.$$

(c) Sind die Zeitpunkte t_i Realisierungen aufeinanderfolgender Sprungstellen eines Poissonschen Prozesses mit der Intensität $\nu\lambda$, so gilt

$$v = \varrho(1 - \varrho)^{-2} [1 + 2\varrho\nu(1 + \varrho) (1 - \varrho)^{-2}].$$

Im Fall $\nu = 1$ können als t_i die Ankunftszeitpunkte von Forderungen dienen.

(d) Für große Werte m ist $\widehat{\mathsf{E}N}$ näherungsweise $\mathrm{N}\left(\mathsf{E}N, \frac{v}{m}\right)$-verteilt. Dies ermöglicht die Angabe eines Konfidenzintervalls für $\mathsf{E}N$.

Die asymptotischen Varianzen der Punktschätzungen für $\mathsf{E}N$ bei stetiger und diskreter Beobachtung des stationären Prozesses $(N(t))$ werden in Cafarian/Ancker (1966) und Reynolds (1972) verglichen.

10.3.3.3. Satz (Daley (1968a)). Gegeben sei eine Stichprobe $(W_1, \ldots, W_m)$ aus Wartezeiten aufeinanderfolgender Forderungen einer stationären Folge (W_n). Die erwartungstreue Punktschätzung

$$\widehat{\mathsf{E}W} = \frac{1}{m} \sum_{i=1}^{m} W_i$$

für $\mathsf{E}W$ besitzt für große Werte m näherungsweise die Varianz

$$\mathsf{V}(\widehat{\mathsf{E}W}) = m^{-1}\varrho^3(2 - \varrho)\, \lambda^{-2} (1 - \varrho)^{-3}[(1 + \varrho) + 2\varrho(3 - \varrho)\, (2 - \varrho)^{-1}\, (1 - \varrho)^{-1}].$$

Simulationsergebnisse hierzu findet man in Jackson (1961).

10.3.3.4. Satz (Jenkins (1972)). (a) Ausgehend von einer stetigen Beobachtung des stationären Prozesses $(N(t))$ im Intervall $[0, u)$ ist

$$(\widehat{\mathsf{E}V})_1 = \frac{1}{L_u} \int_0^u N(t)\, \mathrm{d}t$$

eine asymptotisch erwartungstreue Punktschätzung ($u \to \infty$) für $\mathsf{E}V$.

(b) Für große Werte u gilt näherungsweise

$$\mathsf{V}(\widehat{\mathsf{E}V})_1 = u^{-1}\varrho^2(1 + \varrho)^2\, \lambda^{-3}(1 - \varrho)^{-4}.$$

(c) Die Konsistente ($s \to \infty$) Punktschätzung $(\widehat{\mathsf{E}V})_2 = \frac{1}{\hat{\mu}_2 - \hat{\lambda}_2}$ für $\mathsf{E}V$, $\hat{\lambda}_2$, $\hat{\mu}_2$ (↑ S. 10.3.1.2), besitzt näherungsweise die Varianz

$$\mathsf{V}(\widehat{\mathsf{E}V})_2 = u^{-1}\varrho^2(1 + \varrho^2)\,\lambda^{-3}(1 - \varrho)^{-4}.$$

(d) Der asymptotische Wirkungsgrad von $(\widehat{\mathsf{E}V})_1$ in bezug auf $(\widehat{\mathsf{E}V})_2$ ist folglich $(1 + \varrho^2) \times (1 + \varrho)^{-2}$ und variiert zwischen 1 und 1/2, wenn ϱ Werte zwischen 0 und 1 annimmt.

10.4. Einbedienerwartesysteme GI/GI/1/∞

Die Ergebnisse beziehen sich vor allem auf die Schätzung der mittleren Anzahl der Forderungen im System und der mittleren Wartezeit. Dabei liegen verschiedene Beobachtungsmethoden zugrunde.

10.4.1. System M/GI/1/∞

10.4.1.1. Satz. Es sei λ unbekannt und μ bekannt. Bei einer Beobachtung von L_u ist

$$\widehat{\mathsf{E}S} = \mu^{-1}L_u!\sum_{i=0}^{L_u}(u\mu)^{-i}\,[(L_u - i)!]^{-1}$$

und im Fall bekannter Varianz $\mathsf{V}B$

$$\widehat{\mathsf{V}S} = \mathsf{V}BL_u!\sum_{i=0}^{L_u}\binom{i+2}{2}(u\mu)^{-i}\,[(L_u - i)!]^{-1}$$

$$+ u^{-1}\mu^{-3}L_u!\sum_{i=0}^{L_u-1}\binom{i+2}{2}(u\mu)^{-i}\,[(L_u - i - 1)!]^{-1}$$

wirksamste Punktschätzung für $\mathsf{E}S = \frac{1}{\mu - \lambda}$ bzw. $\mathsf{V}S = \frac{\mathsf{V}B + \mu^{-2}\varrho}{(1 - \varrho)^3}$.

10.4.1.2. Satz. Es sei λ bekannt und μ unbekannt. Beobachtet wird $(B_1, \ldots, B_m)$.

(a) Bei bekannter Varianz $\mathsf{V}B$ stellt

$$\widehat{\mathsf{E}W} = 2^{-1}\lambda\mathsf{V}B + (2m)^{-1}\,\lambda^2\mathsf{V}BB_\Sigma + (m - 1)!\,[2\lambda^m B_\Sigma^{m-1}]^{-1}\,(1 + \lambda^2\mathsf{V}B)$$

$$\times \left(e^{\lambda B_\Sigma} - \sum_{i=0}^{m}(i!)^{-1}\,(\lambda B_\Sigma)^i\right)$$

eine wirksamste Punktschätzung für $\mathsf{E}W = \frac{\lambda}{2}\,\frac{\mathsf{E}B^2}{(1 - \varrho)}$ dar.

(b) Im System M/D/1/∞ ergibt sich speziell

$$\widehat{\mathsf{E}W} = (m - 1)!\,[2\lambda^m B_\Sigma^{m-1}]^{-1}\left(e^{\lambda B_\Sigma} - \sum_{i=0}^{m}(i!)^{-1}\,(\lambda B_\Sigma)^i\right).$$

10.4.1.3. Satz. Die Intensitäten λ und μ seien beide unbekannt und $\mathsf{V}B$ sei bekannt. Beobachtet werden L_u und $(B_1, \ldots, B_m)$.

(a) Wirksamste Punktschätzung für $\mathsf{E}W$ ist

$$\widehat{\mathsf{E}W} = (m-1)!\, 2^{-1} L_u! \left\{ B_\Sigma \sum_{i=1}^{L_u} [(L_u - i)!\,(m+i)!\,u^i]^{-1} B_\Sigma^i + \mathsf{V}B B_\Sigma^{-1} \sum_{i=1}^{L_u} [(L_u - i)!\,(m+i-2)!\,u^i]^{-1} B_\Sigma^i \right\}.$$

(b) Im System M/D/1/∞ gilt folglich

$$\widehat{\mathsf{E}W} = (m-1)!\, 2^{-1} L_u!\, B_\Sigma \sum_{i=1}^{L_u} [(L_u - i)!\,(m+i)!\,u^i]^{-1} B_\Sigma^i.$$

Weitere wirksamste Punktschätzungen findet man in S. 10.3.2.1 (c) und S. 10.3.2.3 (a), (d).

10.4.1.4. Satz (Poljak (1970a)). Der Prozeß $(N(t))$ wird im Intervall $[0, u)$ stetig beobachtet.

(a) Die Punktschätzung

$$(\widehat{\mathsf{E}N})_1 = \frac{1}{u} \int_0^u N(t)\,\mathrm{d}t$$

für $\mathsf{E}N = \lim\limits_{t\to\infty} \mathsf{E}N(t)$ besitzt für große Werte u näherungsweise eine $\mathrm{N}\left(\mathsf{E}N, \frac{v}{u}\right)$-Verteilung (bez. v vgl. Poljak (1970a)).

(b) Es gilt

$$v = \begin{cases} \lambda \mathsf{E}B^2 & \text{für} \quad \lambda \downarrow 0, \\ \mathsf{E}B(1+\mathsf{v})^3\, 2^{-1}(1-\varrho)^{-4} & \text{für} \quad \varrho \uparrow 1, \quad \mathsf{v} = \dfrac{\mathsf{V}B}{\mathsf{E}B^2}. \end{cases}$$

10.4.1.5. Satz (Poljak (1970b)). $(\tilde{N}_1, \ldots, \tilde{N}_m)$ sei eine Stichprobe des Prozesses $(N(t))$ bei diskreter Beobachtung in aufeinanderfolgenden Abgangszeitpunkten.

(a) Die Punktschätzung

$$(\widehat{\mathsf{E}N})_2 = \frac{1}{m} \sum_{i=1}^{m} \tilde{N}_i$$

für $\mathsf{E}N$ ist für große Werte m näherungsweise $\mathrm{N}\left(\mathsf{E}N, \frac{v}{m}\right)$-verteilt (bez. v vgl. Poljak (1970b)).

(b) Es gilt

$$v = \begin{cases} \varrho & \text{für} \quad \lambda \downarrow 0, \\ (1+\mathsf{v})^3\, 2^{-1}(1-\varrho)^{-4} & \text{für} \quad \varrho \uparrow 1, \quad \mathsf{v} = \dfrac{\mathsf{V}B}{\mathsf{E}B^2}. \end{cases}$$

Bei kleiner Belastung ($\lambda \downarrow 0$) ist die asymptotische Varianz von $(\widehat{\mathsf{E}N})_1$ kleiner als die von $(\widehat{\mathsf{E}N})_2$. Im Fall $\varrho \uparrow 1$ stimmen die asymptotischen Varianzen überein.

10.4.1.6. Satz (Pakes (1971)). Beobachtet wird eine Stichprobe $(\tilde{N}_1, \ldots, \tilde{N}_m)$ aus Anzahlen von Forderungen im System in aufeinanderfolgenden Abgangszeitpunkten einer stationären Folge $(\tilde{N}_i)$.

(a) Die erwartungstreue Punktschätzung

$$\widehat{\mathsf{E}\tilde{N}} = \frac{1}{m} \sum_{i=1}^{m} \tilde{N}_i$$

für $\mathsf{E}\tilde{N}$ besitzt für große Werte m näherungsweise die Varianz

$$\mathsf{V}(\widehat{\mathsf{E}\tilde{N}}) = [m(1-\varrho)]^{-1} (\mathsf{E}\tilde{N}^3 - \mathsf{E}\tilde{N}^2\mathsf{E}\tilde{N} - \varrho\mathsf{V}\tilde{N})$$

mit

$$\mathsf{E}\tilde{N} = \varrho + \frac{\lambda^2\mathsf{E}B^2}{2(1-\varrho)},$$

$$\mathsf{E}\tilde{N}^2 = \varrho + \frac{\lambda^4(\mathsf{E}B^2)^2}{2(1-\varrho)^2} + \frac{\lambda^3\mathsf{E}B^3}{3(1-\varrho)} + \frac{3\lambda^2\mathsf{E}B^2}{2(1-\varrho)},$$

$$\mathsf{E}\tilde{N}^3 = \varrho + \frac{3\lambda^6(\mathsf{E}B^2)^3}{4(1-\varrho)^3} + \frac{\lambda^5\mathsf{E}B^3\mathsf{E}B^2}{(1-\varrho)^2} + \frac{3\lambda^4(\mathsf{E}B^2)^2}{(1-\varrho)^2} + \frac{\lambda^4\mathsf{E}B^4}{4(1-\varrho)} + \frac{3\lambda^3\mathsf{E}B^3}{(1-\varrho)} + \frac{7\lambda^2\mathsf{E}B^2}{2(1-\varrho)}.$$

(b) Für $\varrho \uparrow 1$ folgt

$$\mathsf{V}(\widehat{\mathsf{E}\tilde{N}}) = m^{-1}\mathsf{V}\tilde{N}[2\lambda^2\mathsf{E}B^2(1-\varrho)^{-2} + 2\lambda\mathsf{E}B^3(3\mathsf{E}B^2)^{-1}(1-\varrho)^{-1} + (1+\varrho)(1-\varrho)^{-1}].$$

10.4.1.7. Satz (Daley (1968a)). Gegeben sei eine Stichprobe $(W_1, \ldots, W_m)$ aus Wartezeiten aufeinanderfolgender Forderungen einer stationären Folge (W_n).

(a) Die erwartungstreue Punktschätzung

$$\widehat{\mathsf{E}W} = \frac{1}{m} \sum_{i=1}^{m} W_i$$

für $\mathsf{E}W = \lim_{n\to\infty} \mathsf{E}W_n$ hat für große Werte m näherungsweise die Varianz

$$\mathsf{V}(\widehat{\mathsf{E}W}) = [m(1-\varrho)]^{-1} [(1+\varrho)\mathsf{V}W + \lambda(\mathsf{E}W^3 - \mathsf{E}W^2\mathsf{E}W)]$$

mit

$$\mathsf{E}W = \frac{\lambda\mathsf{E}B^2}{2(1-\varrho)}, \qquad \mathsf{E}W^2 = \frac{\lambda^2(\mathsf{E}B^2)^2}{2(1-\varrho)^2} + \frac{\lambda\mathsf{E}B^3}{3(1-\varrho)},$$

$$\mathsf{E}W^3 = \frac{3\lambda^3(\mathsf{E}B^2)^3}{4(1-\varrho)^3} + \frac{\lambda^2\mathsf{E}B^3\mathsf{E}B^2}{(1-\varrho)^2} + \frac{\lambda\mathsf{E}B^4}{4(1-\varrho)}.$$

(b) Im Fall $\varrho \uparrow 1$ ergibt sich

$$\mathsf{V}(\widehat{\mathsf{E}W}) = m^{-1}\mathsf{V}W[2\lambda^2\mathsf{E}B^2(1-\varrho)^{-2} + 2\lambda\mathsf{E}B^3(3\mathsf{E}B^2)^{-1}(1-\varrho)^{-1} + (1+\varrho)(1-\varrho)^{-1}].$$

Untersuchungen zur Varianz der erwartungstreuen Punktschätzung $\frac{1}{m} \sum_{i=1}^{m} \mathbf{1}_{[0,x)}(W_i)$ für $\mathsf{P}(W < x) = \lim_{n\to\infty} \mathsf{P}(W_n < x)$ enthält die Arbeit von BLOMQVIST (1967).

Statistische Schlüsse über λ und die Verteilungsfunktion $B(x)$ der Bedienungszeit im System M/GI/1/∞ bei einer Beobachtung des Ausgangsprozesses sind dann möglich, wenn $\varrho < 1$ und die Bedienungszeit nicht exponentialverteilt ist (KOWALENKO (1965)). Cox (1965) diskutiert dieses Problem bez. unbekannter Parameter einer dem Typ nach bekannten Dichtefunktion der Bedienungszeit. Wird im System M/GI/1/∞ zusätzlich die Verweilzeit einer Forderung im System durch eine Konstante ν beschränkt, so können aus einer Beobachtung des durch die bedienten und teilweise bedienten Forderungen gebildeten Ausgangsprozesses statistische Schlüsse über λ, $B(x)$ und ν abgeleitet werden (IWNIZKI (1969)). Tests der Hypothese, daß die Bedienungszeit exponentialverteilt ist, findet man in THIAGARAJAN/HARRIS (1979). Beobachtet werden dabei Warte- bzw. Verweilzeiten. Maximum-Likelihood-Schätzungen für λ und die Parameter einer zustandsabhängigen Bedienungszeitverteilung sind in GOYAL/HARRIS (1972) angegeben: Es bezeichne $B_k(x)$ die Verteilungsfunktion der Bedienungszeit einer Forderung, bei deren Bedienungsbeginn sich $k - 1$ Forderungen in der Warteschlange befinden. Betrachtet werden die Fälle

$$B_k(x) = \begin{cases} 1 - e^{-\mu_1 x} & \text{für } k = 1, \\ 1 - e^{-\mu x} & \text{für } k > 1 \end{cases} \quad \text{und} \quad B_k(x) = 1 - e^{-k\mu x} \quad \text{für} \quad k \geqq 1.$$

Die Beobachtung der Anzahl der Forderungen im System in aufeinanderfolgenden Abgangszeitpunkten führt auf eine Stichprobe einer Markowschen Kette. Zusätzliche Information liefern beobachtete aufeinanderfolgende Bedienungs- und Untätigkeitszeiten.

Konfidenzintervalle für $\mathsf{E}N$ und $\mathsf{E}N_w$ im System M/E$_k$/1/∞ bei Beobachtung von Pausen- und Bedienungszeiten findet man in LILLIEFORS (1966).

10.4.2. System GI/M/1/∞

10.4.2.1. Satz (LJACHU (1975)). Es bezeichne K die Anzahl der in einem vorgegebenen Intervall $[0, u)$ beobachteten Besetztperioden und M_i die Anzahl der bedienten Forderungen während der i-ten Besetztzeit S_i, $i = 1, \ldots, K$. Die Punktschätzung

$$\hat{\mu} = \frac{\sum_{i=1}^{K} M_i}{\sum_{i=1}^{K} S_i}$$

für μ besitzt für große Werte u näherungsweise eine $\mathrm{N}\left(\mu, \frac{v}{u}\right)$-Verteilung mit $v = \mu\left[2\left(\xi(1, 0) + \xi_y'(1, 0)\right) - 1\right]\left(1 - \xi(1, 0)\right)^{-1}$. Dabei ist $\xi(y, z)$ Lösung der Gleichung $x = \eta(xy, z)$ mit

$$\eta(xy, z) = \int_0^\infty \exp\{-t[z + \mu(1 - xy)]\} \, \mathrm{d}A(t).$$

10.4.2.2. Satz. Gegeben sei eine einfache Stichprobe $(\mathring{N}_1, \ldots, \mathring{N}_m)$ aus Anzahlen von Forderungen im System in Ankunftszeitpunkten. Wirksamkste Punktschätzung für die Kenngröße $g(\vartheta) = \sum_{i=0}^{\infty} v(i)\, \vartheta^i(1-\vartheta)$ mit unbekanntem Parameter $\vartheta = \mathsf{P}(W \neq 0)$ ist

$$\hat{g} = \left[\binom{m + \mathring{N}_\Sigma - 1}{\mathring{N}_\Sigma}\right]^{-1} \sum_{i=0}^{\mathring{N}_\Sigma} v(i) \binom{m + \mathring{N}_\Sigma - i - 2}{m-2}.$$

10.4.2.3. Satz (Daley (1968b)). Beobachtet wird eine Stichprobe $(\mathring{N}_1, \ldots, \mathring{N}_m)$ aus Anzahlen von Forderungen im System in aufeinanderfolgenden Ankunftszeitpunkten einer stationären Folge $(\mathring{N}_i)$.

(a) Die erwartungstreue Punktschätzung

$$\widehat{\mathsf{E}\mathring{N}} = \frac{1}{m} \sum_{i=0}^{m} \mathring{N}_i$$

für $\mathsf{E}\mathring{N}$ besitzt für große Werte m näherungsweise die Varianz

$$\mathsf{V}(\widehat{\mathsf{E}\mathring{N}}) = \frac{\eta}{m(1-\eta)^2}\left[1 + \frac{2\eta}{(1-\eta)\,(1+\mu\alpha_1)} + \frac{\eta\mu^2\alpha_2}{(1+\mu\alpha_1)^2} - \frac{2\mu\alpha_1}{1+\mu\alpha_1}\right].$$

Dabei ist $z = \eta$ die einzige Lösung der Gleichung $z = A^*(\mu(1-z))$ im Intervall $(0, 1)$, $\alpha_1 = (A^*)'\,(\mu(1-\eta))$ und $\alpha_2 = (A^*)''\,(\mu(1-\eta))$.

(b) Im Fall $\varrho \uparrow 1$ ergibt sich

$$\mathsf{V}(\widehat{\mathsf{E}\mathring{N}}) = \frac{\eta}{m(1-\eta)^2}\left\{1 + 2\left[(1-\varrho)^{-2}\left(1 + \frac{\mathsf{E}A^2}{2(\mathsf{E}A)^2} + o(1)\right)\right]\right\}.$$

Die Ergebnisse von Iwnizki (1977) ermöglichen statistische Schlüsse über Parameter und Kenngrößen des Systems GI/M/1/∞ auf der Grundlage einer Beobachtung des Ausgangsprozesses.

10.4.3. System GI/GI/1/∞

10.4.3.1. Satz (Blomqvist (1968), (1970)). Beobachtet werden bei vorgegebenen Werten l und m die Wartezeiten $W_1, \ldots, W_{l+m}$ der ersten $l + m$ Forderungen mit $W_1 = 0$ f. s.

(a) Im Fall $\mathsf{E}B < \mathsf{E}A < \infty$ und $\mathsf{E}B^2 < \infty$ strebt der systematische Fehler $\mathsf{E}(\widehat{\mathsf{E}W}) - \mathsf{E}W$ der Punktschätzung

$$\widehat{\mathsf{E}W} = \frac{1}{m} \sum_{i=1}^{m} W_{l+i}$$

für $\mathsf{E}W = \lim_{n\to\infty} \mathsf{E}W_n$ mit $l \to \infty$ gegen Null.

(b) Ist zusätzlich $\mathsf{E}B^4 < \infty$, so gilt gleichmäßig in l

$$\lim_{m\to\infty} m\mathsf{E}(\widehat{\mathsf{E}W} - \mathsf{E}W)^2 = \mathsf{C}(0) + 2 \sum_{i=1}^{\infty} \mathsf{C}(i).$$

Dabei bezeichnet $\mathsf{C}(i)$ die Kovarianzfunktion des stationären Wartezeitprozesses.

(c) Es seien $\mathsf{E}B < \mathsf{E}A < \infty$, $\mathsf{E}B^4 < \infty$ und der Variationskoeffizient der stationären Wartezeitverteilung größer gleich Eins. (Dies ist z. B. in den Systemen M/GI/1/∞ und GI/M/1/∞ der Fall.) Die Wahl von $l = 0$ in der Punktschätzung $\widehat{\mathsf{E}W}$ ist in dem Sinne optimal, daß für hinreichend große Werte $l + m$ die mittlere quadratische Abweichung $\mathsf{E}(\widehat{\mathsf{E}W} - \mathsf{E}W)^2$ bei $l = 0$ minimal wird.

Die Aussagen des voranstehenden Satzes gelten in entsprechender Weise auch bez. der Punktschätzung $\frac{1}{m} \sum_{i=1}^{m} 1_{[0,x)}(W_{l+i})$ für $\mathsf{P}(W < x) = \lim_{n\to\infty} \mathsf{P}(W_n < x)$ (Blomqvist (1968), (1970)). Besitzen die Pausen- und Bedienungszeiten Dichten, die von unbekannten Parametern abhängen, so können über diese bei Beobachtung der Folge (W_n) statistische Schlüsse aus der Likelihood-Theorie Markowscher Prozesse abgeleitet werden (↑ I, B. 4.10.1.4). Weitere Ergebnisse findet man in Basawa/Prabhu (1981).

Im System GI/GI/1/∞ sichert die Bedingung $\varrho < 1$, daß das System unendlich oft leer wird. Zum Beispiel existiert dann bei der Folge $(W_n, n \geqq 1)$ mit $W_1 = 0$ f. s. eine Folge von Regenerationspunkten $(K_i, i \geqq 1)$ mit $K_1 = 1$, $K_i < K_{i+1}$ und $W_{K_i} = 0$ f. s. Für $i \geqq 1$ seien $M_i = K_{i+1} - K_i$ die Anzahl der in der i-ten Besetztzeit S_i bedienten Forderungen, Y_i die Summe der Wartezeiten in S_i und U_i die i-te Untätigkeitszeit. Die Beobachtung der Folgen unabhängiger und identisch verteilter Zufallsgrößen (S_i), (M_i), (Y_i) oder (U_i) gibt die Möglichkeit, statistische Schlüsse über stationäre Systemcharakteristiken auf der Grundlage einfacher Stichproben abzuleiten (↑ [I, 4.9.3], Crane/Iglehart (1974), Iglehart (1975), Fishman (1976), Crane/Lemoine [1]).

10.4.3.2. Satz (Crane/Lemoine [1], S. 39ff.). In einer vorgegebenen Anzahl m von Besetztzeiten wird die Stichprobe $\big((Y_i, M_i), i = 1, \ldots, m\big)$ beobachtet.

(a) Eine konsistente $(m \to \infty)$ Punktschätzung für $\mathsf{E}W$ ist

$$\widehat{\mathsf{E}W} = \frac{Y_\Sigma}{M_\Sigma}.$$

(b) Es sei $R = (R_{11} - 2\widehat{\mathsf{E}W}R_{12} + (\widehat{\mathsf{E}W})^2 R_{22})^{1/2}$ mit

$$R_{11} = (m-1)^{-1} \sum_{i=1}^{m} Y_i^2 - [m(m-1)]^{-1} Y_\Sigma^2,$$

$$R_{12} = (m-1)^{-1} \sum_{i=1}^{m} Y_i M_i - [m(m-1)]^{-1} Y_\Sigma M_\Sigma,$$

$$R_{22} = (m-1)^{-1} \sum_{i=1}^{m} M_i^2 - [m(m-1)]^{-1} M_\Sigma^2.$$

Konfidenzgrenzen eines Konfidenzintervalls $[G_u, G_o]$ für $\mathsf{E}W = \lim_{n\to\infty} \mathsf{E}W_n$ zum Konfidenzniveau $1 - \alpha$, $\alpha \in (0, 1)$, sind für große Werte m

$$G_u = \widehat{\mathsf{E}W} - \frac{z_{1-\alpha/2}\sqrt{n}R}{M_\Sigma} \quad \text{und} \quad G_o = \widehat{\mathsf{E}W} + \frac{z_{1-\alpha/2}\sqrt{n}R}{M_\Sigma}.$$

10.5. Mehrbedienerwartesysteme GI/GI/s/∞

Im System M/M/s/∞ werden Ergebnisse der Likelihood-Theorie bezüglich der Systemparameter λ und μ sowie wirksamste Punktschätzungen für verschiedene Systemkenngrößen angegeben. Bemerkungen zu statistischen Schlüssen im System GI/GI/s/∞ beziehen sich auf die Beobachtung regenerativer Prozesse.

10.5.1. System M/M/s/∞

10.5.1.1. Satz (↑ I, S. 4.11.2.6, BILLINGSLEY [1], S. 44). Der Prozeß $(N(t))$ wird im Intervall $[0, u)$ stetig beobachtet und die Information über $N(0)$ vernachlässigt.

(a) Ausgehend von der hinreichenden Statistik (L_u, M_u, Y_u) für (λ, μ) mit $Y_u = \int_0^u \min\{s, N(t)\}\, dt$ sind $\hat\lambda = \frac{L_u}{u}$ und $\hat\mu = \frac{M_u}{Y_u}$ Maximum-Likelihood-Schätzungen für λ und μ.

(b) Die Punktschätzungen $\hat\lambda$ und $\hat\mu$ besitzen für große Werte u näherungsweise eine $\mathrm{N}\left(\lambda, \frac{\lambda}{u}\right)$- bzw. $\mathrm{N}\left(\mu, \frac{\mu}{uq}\right)$-Verteilung mit $q = \sum_{i=1}^{s-1} ip_i + s\sum_{i=s}^{\infty} p_i$, $p_i = \lim_{t\to\infty} \mathsf{P}(N(t) = i)$.

(c) Zu prüfen sei die einfache Hypothese $\mathbf{H}_0$: $(\lambda, \mu) = (\lambda_*, \mu_*)$, wobei λ_* und μ_* vorgegebene Werte für die Intensitäten sind. Ist die Hypothese $\mathbf{H}_0$ wahr, so hat die Testgröße

$$2\left[L_u \ln\left(\frac{L_u}{u\lambda_*}\right) + M_u \ln\left(\frac{M_u}{Y_u\mu_*}\right) - L_u - M_u + u\lambda_* + Y_u\mu_*\right]$$

asymptotisch $(u \to \infty)$ eine χ^2-Verteilung mit 2 Freiheitsgraden.

Bayes-Schätzungen für λ und μ findet man in REYNOLDS (1973). Als A-priori-Verteilungen der Intensitäten dienen Gammaverteilungen. Außerdem wird bei quadratischer Kostenfunktion die für minimale mittlere Kosten erforderliche Beobachtungsdauer bestimmt.

10.5.1.2. Bezeichnung. (a) Es sei $\eta_0 = 1$ und $\eta_k = \sum_{i=1}^{k} (-1)^i \binom{k}{i} (i+1)^{-1} \sum_{l_j} \prod_{j=1}^{i} (s - l_j) \times (sl_j!)^{-1}$, $k = 1, 2, \ldots$ Dabei bedeutet das Symbol $\sum_{l_j}$ das Summieren über die Menge der nichtnegativen ganzen Zahlen $l_j \leq s$, $j = 1, \ldots, i$, die der Bedingung $\sum_{j=1}^{i} l_j = k$ genügen.

(b) Im weiteren ist $p_k = \mathsf{P}(N = k)$, $\mathsf{E}N'_{\mathrm{w}} = \mathsf{E}(N_{\mathrm{w}} \mid N_{\mathrm{w}} > 0)$ und $p_{\overline{\mathrm{w}}}$ die Wahrscheinlichkeit dafür, daß eine eintreffende Forderung nicht warten muß.

10.5.1.3. Satz. Es seien λ unbekannt und μ bekannt. Beobachtet wird L_u. Wirksamste Punktschätzungen für p_k, $\mathsf{E}N$, $\mathsf{E}N_{\mathrm{w}}$, $\mathsf{E}N'_{\mathrm{w}}$, $p_{\overline{\mathrm{w}}}$, $\mathsf{E}W$ und $\mathsf{E}V$ sind

$$\hat p_k = s^q[\mu^k q!(us)^k]^{-1} L_u! \left\{\sum_{i=0}^{L_u-k} (i+1)\, [\mu^i(L_u - k - i)!\, u^i]^{-1} \eta_i \right.$$

$$\left. - s^{-1} \sum_{i=0}^{L_u-k-1} (i+1)\, [\mu^{i+1}(L_u - k - i - 1)!\, u^{i+1}]^{-1} \eta_i \right\}, \qquad q = \min\{k, s\},$$

$$\widehat{\mathsf{E}N} = (s!\, s)^{-1} (u\mu)^{-s-1} L_u! \sum_{i=0}^{L_u-s-1} [(u\mu s)^i (L_u - i - s - 1)!]^{-1} \sum_{j=0}^{i} (j+1)\, s^j\eta_j + (u\mu)^{-1} L_u,$$

$$\widehat{\mathsf{E}N_{\mathrm{w}}} = \widehat{\mathsf{E}N} - (u\mu)^{-1} L_u,$$

$$\widehat{\mathsf{E}N_{\mathrm{w}}}' = L_u! \sum_{i=0}^{L_u} [(L_u - i)!]^{-1} (u\mu s)^{-i},$$

$$\hat{p}_{\overline{w}} = 1 - (s!)^{-1} (u\mu)^{-s} L_u! \sum_{i=0}^{L_u-s} (i+1) [(L_u - i - s)! (u\mu)^i]^{-1} \eta_i,$$

$$\widehat{\mathsf{E}W} = (\mu s!\, s)^{-1} (u\mu)^{-s} L_u! \sum_{i=0}^{L_u-s} [(L_u - i - s)!]^{-1} (u\mu s)^{-i} \sum_{j=0}^{i} (j+1) s^j \eta_j,$$

$$\widehat{\mathsf{E}V} = \widehat{\mathsf{E}W} + \mu^{-1}.$$

10.5.1.4. Satz. Es seien λ bekannt und μ unbekannt. Beobachtet wird $(B_1, \ldots, B_m)$. Wirksamste Punktschätzungen für p_k, $\mathsf{E}N$, $\mathsf{E}N_w$, $\mathsf{E}N_w'$, $p_{\overline{w}}$, $\mathsf{E}W$ und $\mathsf{E}V$ sind

$$\hat{p}_k = (m-1)!\, s^q \lambda^k (q!)^{-1} s^{-k} B_\Sigma{}^k \sum_{i=0}^{\infty} (i+1) \{[(m+k+i-1)!]^{-1} (\lambda B_\Sigma)^i$$

$$- [s(m+k+i)!]^{-1} (\lambda B_\Sigma)^{i+1}\} \eta_i, \qquad q = \min\{k, s\},$$

$$\widehat{\mathsf{E}N} = (m-1)!\, (s!\, s)^{-1} (\lambda B_\Sigma)^{s+1} \sum_{i=0}^{\infty} [(m+s+i)!\, s^i]^{-1} (\lambda B_\Sigma)^i \sum_{j=0}^{i} (j+1) s^j \eta_j + m^{-1} \lambda B_\Sigma,$$

$$\widehat{\mathsf{E}N}_w = \widehat{\mathsf{E}N} - m^{-1} \lambda B_\Sigma,$$

$$\widehat{\mathsf{E}N}_w' = (m-1)!\, s^{m-1} (\lambda B_\Sigma)^{1-m} \left[e^{s^{-1}\lambda B_\Sigma} - \sum_{i=0}^{m-2} (i!)^{-1} s^{-i} (\lambda B_\Sigma)^i \right],$$

$$\hat{p}_{\overline{w}} = 1 - (m-1)!\, (s!)^{-1} (\lambda B_\Sigma)^s \sum_{i=0}^{\infty} (i+1) [(m+s+i-1)!]^{-1} (\lambda B_\Sigma)^i \eta_i,$$

$$\widehat{\mathsf{E}W} = (m-1)!\, (s!\, s)^{-1} B_\Sigma (\lambda B_\Sigma)^s \sum_{i=0}^{\infty} [(m+s+i)!\, s^i]^{-1} (\lambda B_\Sigma)^i \sum_{j=0}^{i} (j+1) s^j \eta_j,$$

$$\widehat{\mathsf{E}V} = \widehat{\mathsf{E}W} + m^{-1} B_\Sigma.$$

10.5.1.5. Satz. Beide Intensitäten λ und μ seien unbekannt.

(a) Beobachtet werden L_u und $(B_1, \ldots, B_m)$. Wirksamste Punktschätzungen für p_k, $\mathsf{E}N$, $\mathsf{E}N_w$, $\mathsf{E}N_w'$, $p_{\overline{w}}$, $\mathsf{E}W$ und $\mathsf{E}V$ sind

$$\hat{p}_k = (m-1)!\, s^q [q! (us)^k]^{-1} L_u!\, B_\Sigma{}^k \left\{ \sum_{i=0}^{L_u-k} (i+1) [(m+k+i-1)!\, (L_u-k-i)!\, u^i]^{-1} \right.$$

$$\left. \times B_\Sigma{}^i \eta_i - \sum_{i=0}^{L_u-k-1} (i+1) [s(m+k+i)!\, (L_u-k-i-1)!\, u^{i+1}]^{-1} B_\Sigma{}^{i+1} \eta_i \right\},$$

$$q = \min\{k, s\},$$

$$\widehat{\mathsf{E}N} = (m-1)!\, (s!\, s u^{s+1})^{-1} L_u!\, B_\Sigma{}^{s+1} \sum_{i=0}^{L_u-s-1} [(m+s+i)!\, (L_u-s-i-1)!\, (us)^i]^{-1}$$

$$\times B_\Sigma{}^i \sum_{j=0}^{i} (j+1) s^j \eta_j + (um)^{-1} L_u B_\Sigma,$$

$$\widehat{\mathsf{E}N}_w = \widehat{\mathsf{E}N} - (um)^{-1} L_u B_\Sigma,$$

$$\widehat{\mathsf{E}N_w}' = (m-1)!\,L_u!\sum_{i=0}^{L_u}[(m+i-1)!\,(L_u-i)!\,(us)^i]^{-1}B_\Sigma{}^i,$$

$$\hat{p}_{\overline{w}} = 1-(m-1)!\,(s!\,u^s)^{-1}L_u!\,B_\Sigma{}^s$$

$$\times\sum_{i=0}^{L_u-s}(i+1)\,[(m+s+i-1)!\,(L_u-s-i)!\,u^i]^{-1}B_\Sigma{}^i\eta_i,$$

$$\widehat{\mathsf{E}W} = (m-1)!\,(s!\,s)^{-1}u^{-s}L_u!\,B_\Sigma{}^{s+1}$$

$$\times\sum_{i=0}^{L_u-s}[(m+s+i)!\,(L_u-i-s)!\,(us)^i]^{-1}B_\Sigma{}^i\sum_{j=0}^{i}(j+1)\,s^j\eta_j,$$

$$\widehat{\mathsf{E}V} = \widehat{\mathsf{E}W}+m^{-1}B_\Sigma.$$

(b) Beobachtet wird eine einfache Stichprobe $(W_1, \ldots, W_m)$ aus Wartezeiten von Forderungen. Es bezeichne Z die Anzahl der W_i, $i = 1, \ldots, m$, mit $W_i = 0$ f. s. Wirksamste Punktschätzungen für $p_{>x} = \mathsf{P}(W > x)$ und $\mathsf{E}W$ sind

$$\hat{p}_{>x} = \begin{cases}\left(1-\dfrac{Z}{m}\right)\left(1-\dfrac{x}{W_\Sigma}\right)^{m-Z-1} & \text{für} \quad Z < m, \quad W_\Sigma \geqq x,\\ 0 \quad \text{für} \quad W_\Sigma < x,\end{cases}$$

$$\widehat{\mathsf{E}W} = \frac{W_\Sigma}{m}.$$

Die Konstruktion von Konfidenzschätzungen für p_0, $\mathsf{E}N$ und $\mathsf{E}N_w$ auf der Grundlage einfacher Stichproben aus Pausen- und Bedienungszeiten diskutiert Lilliefors (1966).

10.5.2. System GI/GI/s/∞

Das System befinde sich im Zustand i, wenn i Forderungen im System sind. Bei einer Beobachtung des Prozesses $(N(t))$ in einem bestimmten Zeitintervall $[0, T)$ sei V_i die Verweilzeit von $(N(t))$ im Zustand i, $i \geqq 0$, $Y_1 = \sum_{i=s}^{\infty} V_i$ und $Y_2 = \sum_{i=s}^{\infty} iV_i$.

10.5.2.1. Satz. Ausgehend von der Stichprobe $(V_i, i \geqq 0)$ sind

$$\hat{p}_k = \frac{V_k}{T}, \qquad \widehat{\mathsf{E}N_w} = \frac{Y_2 - sY_1}{T} \qquad \text{und} \qquad \hat{p}_w = \frac{Y_1}{T}$$

Punktschätzungen für $p_k = \mathsf{P}(N = k)$, $\mathsf{E}N_w$ bzw. p_w, die Wahrscheinlichkeit dafür, daß eine Forderung warten muß.

Der Prozeß $(N(t))$ ist ein regenerativer Prozeß. Als Regenerationspunkte treten die Zeitpunkte auf, in denen das System den Zustand Null verläßt. Der Abstand zwischen zwei aufeinanderfolgenden Regenerationspunkten wird als Zykluslänge bezeichnet. Punkt- und Konfidenzschätzungen für verschiedene Systemkenngrößen bei einer Beobachtung des Prozesses $(N(t))$ in einer vorgegebenen Anzahl von Zykluslängen findet man in Fishman (1974), (1976).

Betrachtet werden die regenerativen Prozesse $(N_w(t), t \geqq 0)$ und $(W_n, n \geqq 1)$ der Anzahlen von Forderungen in der Warteschlange bzw. der Wartezeiten aufeinanderfolgender Forderungen. Regenerationspunkte sind dabei die Zeitpunkte, in denen Forderungen eintreffen, die das System leer finden bzw. die Indizes K_i, $i \geqq 1$, mit $W_{K_i} = 0$ f. s.

10.5.2.2. Satz. (a) Wird der Prozeß $(N_w(t))$ stetig im Intervall $[u_0, u_0 + u)$ beobachtet, so ist

$$(\widehat{\mathsf{E}N_w})_1 = \frac{1}{u} \int\limits_{u_0}^{u_0+u} N_w(t)\, dt$$

eine Punktschätzung für $\mathsf{E}N_w$.

(b) Ausgehend von einer Stichprobe $(W_{l+1}, \ldots, W_{l+m})$ des Prozesses (W_n) stellt

$$(\widehat{\mathsf{E}W})_1 = \frac{1}{m} \sum_{i=1}^{m} W_{l+i}$$

eine Punktschätzung für $\mathsf{E}W$ dar. Die Vorgabe eines Wertes u_0 bzw. l dient der Verringerung des systematischen Fehlers.

Es bezeichne Z die Zykluslänge beim Prozeß $(N_w(t))$, M_Z die Anzahl der in Z bedienten Forderungen, W_Z die Summe der M_Z Wartezeiten und V_Z die Summe der M_Z Verweilzeiten. Die Bedingungen $\varrho < s$ und $\mathsf{P}(A > B) > 0$ sichern, daß $\mathsf{P}(Z < \infty) = 1$ gilt (Whitt (1972)).

10.5.2.3. Satz. Beobachtet werden für m Zykluslängen die einfachen Stichproben $(Z_1, \ldots, Z_m)$, $(M_{Z,1}, \ldots, M_{Z,m})$, $(W_{Z,1}, \ldots, W_{Z,m})$ und $(V_{Z,1}, \ldots, V_{Z,m})$. Aufgrund der Beziehungen

$$\mathsf{E}N_w = \frac{\mathsf{E}W_Z}{\mathsf{E}Z}, \qquad \mathsf{E}W = \frac{\mathsf{E}W_Z}{\mathsf{E}M_Z} \qquad \text{und} \qquad \mathsf{E}V = \frac{\mathsf{E}V_Z}{\mathsf{E}M_Z}$$

ergeben sich für $\mathsf{E}N_w$, $\mathsf{E}W$ und $\mathsf{E}V$ die konsistenten $(m \to \infty)$ Punktschätzungen

$$(\widehat{\mathsf{E}N_w})_2 = \frac{W_{Z,\Sigma}}{Z_\Sigma}, \qquad (\widehat{\mathsf{E}W})_2 = \frac{W_{Z,\Sigma}}{M_{Z,\Sigma}} \qquad \text{bzw.} \qquad \widehat{\mathsf{E}V} = \frac{V_{Z,\Sigma}}{M_{Z,\Sigma}}.$$

10.5.2.4. Satz. Aus den Gleichungen $\mathsf{E}N_w = \lambda \mathsf{E}W$ und $\mathsf{E}V = \mathsf{E}W + \mathsf{E}B$ folgen bei bekanntem λ bzw. $\mathsf{E}B$ für $\mathsf{E}W$ die Punktschätzungen

$$(\widehat{\mathsf{E}W})_3 = \frac{(\widehat{\mathsf{E}N_w})_2}{\lambda} \qquad \text{und} \qquad (\widehat{\mathsf{E}W})_4 = \widehat{\mathsf{E}V} - \mathsf{E}B.$$

Die in den letzten beiden Sätzen bez. $\mathsf{E}W$ dargelegte Vorgehensweise der Beobachtung einfacher Stichproben und der Ausnutzung bekannter Beziehungen zwischen den Momenten stationärer Charakteristiken führt auf verschiedene Punktschätzungen einer interessierenden Kenngröße. Ihre asymptotischen Varianzen werden in Law (1975), (1977a) und Carson/Law (1980) miteinander verglichen.

10.5.2.5. Satz (Law (1975)). Für eine stationäre Kenngröße ϑ (z. B. $\vartheta = \mathsf{E}W$) gelte die Darstellung $\vartheta = \alpha \dfrac{\mathsf{E}X}{\mathsf{E}Y} + \beta$, wobei $\mathsf{E}X$ und $\mathsf{E}Y$ gewisse Charakteristiken der

Zykluslänge (z. B. $\mathsf{E}X = \mathsf{E}W_Z$, $\mathsf{E}Y = \mathsf{E}M_Z$) und α, β-Konstanten sind. Ausgehend von einfachen Stichproben $(X_1, \ldots, X_m)$ und $(Y_1, \ldots, Y_m)$ ist die Punktschätzung

$$\hat{\vartheta} = \frac{\alpha X_\Sigma}{Y_\Sigma} + \beta$$

für ϑ für große Werte m näherungsweise $\mathrm{N}\left(\vartheta, \frac{v}{m}\right)$-verteilt. Dabei gilt

$$v = \vartheta^2[\mathsf{E}X^2(\mathsf{E}Y)^{-2} - 2\mathsf{E}(XY)\,(\mathsf{E}X\mathsf{E}Y)^{-1} + \mathsf{E}Y^2(\mathsf{E}Y)^{-2}].$$

Besitzen die Pausen- und Bedienungszeiten im System GI/GI/s/∞ Dichten, die von unbekannten Parametern abhängen, so lassen sich über diese statistische Schlüsse aus der Likelihood-Theorie ableiten, wenn in einem bestimmten Zeitintervall sowohl die Ankunftszeitpunkte von Forderungen als auch Beginn und Dauer der Bedienungen beobachtbar sind.

11. Allgemeine Resultate für Bedienungssysteme

In diesem Kapitel werden gewisse allgemeine Ergebnisse dargestellt, die sowohl für Anwendungen als auch für die künftige Entwicklung der Bedienungstheorie von Bedeutung sind.

In [11.1] werden Aussagen über die Existenz und Eindeutigkeit stationärer Verteilungen von Systemcharakteristiken in Bedienungssystemen, vorwiegend vom Typ G/G/s/n, formuliert. Der entscheidende Unterschied zu analogen Sätzen in früheren Kapiteln besteht im Verzicht auf Unabhängigkeitsannahmen bez. der Folge $([A_k, B_k])$ der Pausen- und Bedienungszeiten bzw. in deren Abschwächung. Der Schwerpunkt liegt auf strengen Definitionen der Begriffe *zeitstationär*, *ankunftsstationär* und *abgangsstationär*. Anschaulich bedeuten diese Begriffe, daß zwar ein und dasselbe Bedienungssystem im statistischen Gleichgewicht beobachtet wird, der Koordinatenursprung jedoch mit einem beliebigen Zeitpunkt oder mit der Ankunft bzw. dem Abgang einer beliebigen Forderung identisch ist.

Daran schließen sich die Untersuchung des Einschwingverhaltens (Ergodizität) des betrachteten Systems, sowie die Untersuchung der Stabilität der o.g. stationären Verteilungen von Systemcharakteristiken (d. h. ihrer stetigen Abhängigkeit vom markierten Input $([A_k, B_k])$) an.

In [11.2] werden unter denselben allgemeinen Voraussetzungen Beziehungen zwischen den in [11.1] eingeführten stationären Verteilungen untersucht. In einigen Fällen gelingt es, auf diese Weise Abschätzungen für bestimmte Wahrscheinlichkeiten bzw. Erwartungswerte zu erhalten. In diesem Abschnitt wurden auch weitere Formeln, die aus Darstellungsgründen nicht vorher abgehandelt werden konnten, aufgenommen.

[11.3] enthält einige asymptotische Resultate für Systeme mit *hoher Belastung* (*heavy traffic*) und Resultate, die mit der sogenannten *Diffusionsapproximation* zusammenhängen. [11.4] gibt eine Übersicht qualitativer und quantitativer Resultate für *Abgangsprozesse.*

11.1. Existenz, Eindeutigkeit und Stetigkeit stationärer Verteilungen von Systemcharakteristiken

Traditionell werden für Systeme GI/GI/s/n und deren Modifikationen stationäre Verteilungen von Systemcharakteristiken wie *Wartezeit*, *Anzahl der Forderungen im System*, etc. in verschiedenen Bezugspunkten — in einem *beliebigen Zeitpunkt*, zum *Zeitpunkt des Eintreffens einer beliebigen Forderung* und zum *Zeitpunkt des Abgangs einer beliebigen Forderung* — eingeführt. Dabei wird das asymptotische Zeitverhalten des Systems untersucht und mit Hilfe der Methoden aus der Erneuerungstheorie und der Theorie der Markowschen Prozesse die Existenz entsprechender *Grenzverteilungen* nachgewiesen, die sich dann auch als entsprechende (eindeutig bestimmte) *stationäre Verteilungen* erweisen. Läßt man jedoch die Unabhängigkeitsannahmen über die Folge $([A_k, B_k])$ der Pausen- und Bedienungszeiten fallen, so arbeiten die erwähnten klassischen Hilfsmittel nicht mehr. Das Problem kann jedoch mit Hilfe der in [I, 3.7] und I, Kap. 6 dargelegten Methoden behandelt werden.

In diesem Abschnitt werden fast ausschließlich Systeme vom Typ $G/G/s/n$ betrachtet. Das Symbol G/G bedeutet, daß keine Unabhängigkeitsannahmen über die Folge $([A_k, B_k])$ gemacht werden; jedoch soll das Eintreffen von Forderungen im folgenden Sinne stationär sein: Gegeben sei eine *streng stationäre* Folge $([A_j, B_j])$ von Pausenzeiten $A_j \geqq 0$ und Bedienungszeiten $B_j > 0$. Das Verteilungsgesetz dieser Folge sei $\mathring{\mathsf{P}}$. Es wird angenommen, daß

$$0 < \lambda^{-1} = \mathsf{E}_{\mathring{\mathsf{P}}} A_0 < \infty, \qquad 0 < \mu^{-1} = \mathsf{E}_{\mathring{\mathsf{P}}} B_0 < \infty, \tag{1}$$

$$\sum_{k=-\infty}^{-1} A_k = \sum_{k=0}^{\infty} A_k = \infty \qquad \mathring{\mathsf{P}}\text{-f. s.} \tag{2}$$

gilt. Die Ankunftszeitpunkte der Forderungen sind gemäß

$$\mathring{T}_0 = 0; \qquad \mathring{T}_j = \sum_{k=0}^{j-1} A_k, \qquad j \geqq 1; \qquad \mathring{T}_j = -\sum_{k=j}^{-1} A_k, \qquad j \leqq -1, \tag{3}$$

definiert. Zusätzlich wird angenommen, daß die Folge $([A_k, B_k])$ (oder das Verteilungsgesetz $\mathring{\mathsf{P}}$) *metrisch transitiv*, vgl. [I, 3.1], ist (diese Forderung kann abgeschwächt werden (↑ (14) und [11.1.3]).

Die Stationarität der Folge $([A_k, B_k])$ entspricht der Vorstellung einer bereits „eingeschwungenen" Quelle von Forderungen, die ihre Arbeit in $-\infty$ aufgenommen hat. Der markierte Input $\mathring{\Phi} = [\mathring{T}_k, B_k]$ beschreibt den „Ausstoß" dieser Quelle aus der Sicht eines Beobachters, der sich im Ankunftszeitpunkt einer beliebigen Forderung befindet ($\mathring{T}_0 = 0$). Im folgenden soll nicht zwischen $([A_k, B_k])$ und $\mathring{\Phi}$ unterschieden werden.

Ist $\mathring{\mathsf{P}}(A_0 > 0) < 1$, so sind *Gruppenankünfte* zugelassen. Da die Bedienungszeiten B_k durchnumeriert sind, sind das die Forderungen innerhalb einer Gruppe ebenfalls. Dies stellt jedoch keine Einschränkung bei der Behandlung von Bedienungssystemen mit Gruppenankünften dar, vgl. Franken (1982), Wirth (1982).

In Spezialfällen benutzen wir die Bezeichnungen $GI/G/s/n$, $G/GI/s/n$, usw. (↑ [I, 1.5]). Die meisten Aussagen werden für die Bedienungsdisziplin FCFS formuliert. Existieren jedoch für spezielle s, n Ergebnisse auch für andere Bedienungsdisziplinen, so wird darauf hingewiesen. Die Darstellung beruht im wesentlichen auf den Kapiteln 2 und 3 von Franken/König/Arndt/Schmidt [1], sowie Franken (1982).

11.1.1. Muster eines Existenz- und Ergodensatzes

Bevor wir das Zeitverhalten eines Bedienungssystems $G/G/s/n$ mit dem markierten Input $([A_k, B_k])$ (oder $\mathring{\Phi}$) diskutieren, benötigen wir eine geeignete Zustandsbeschreibung. Der Zustand des Systems zu einem Zeitpunkt wird durch einen $(s + n)$-dimensionalen Vektor z beschrieben. Die ersten s Komponenten von z sind die restlichen Bedienungszeiten der Bedienungsgeräte, geordnet in fallender Reihenfolge (die restliche Bedienungszeit eines freien Bedienungsgerätes wird gleich 0 gesetzt). Die letzten n Komponenten sind die geforderten Bedienungszeiten der in der Warteschlange befindlichen Forderungen, geordnet in der Reihenfolge ihres Eintreffens. Sind nur j, $j < n$, Forderungen in der Warteschlange, so sind die letzten $n - j$ Komponenten von $\boldsymbol{z}$ gleich 0. Diese detailierte Beschreibung des Systemzustandes erlaubt es, die Evolution des Systems durch einfache stochastische Gleichungen darzustellen. (Eine etwas andere Zustandsbeschreibung findet man z. B. in Borowkow [1], [3].)

Für jedes System G/G/s/n existiert eine (meßbare) Funktion $h_{s,n}$, so daß die zufälligen Zustände $\boldsymbol{Z}_k$ des Systems *unmittelbar vor dem Eintreffen der Forderungen* folgender Rekurrenzgleichung genügen:

$$\boldsymbol{Z}_{k+1} = h_{s,n}(\boldsymbol{Z}_k, A_k, B_k), \qquad k \in \mathbb{G}. \tag{4}$$

Zum Beispiel ist für Verlustsysteme G/G/s/0

$$h_{s,0}(\boldsymbol{Z}_k, A_k, B_k) = \mathsf{R}(\boldsymbol{Z}_k - A_k\boldsymbol{u} + B_k\boldsymbol{e}_s\mathbf{1}_{\{Z_{k,s}=0\}})_+,$$

wobei $\boldsymbol{u} = (1, \ldots, 1)$, $\boldsymbol{e}_s = (0, \ldots, 0, 1)$, $\boldsymbol{x}_+ = (\max\{x_1, 0\}, \ldots, \max\{x_s, 0\})$ und R der Operator der Umordnung der Vektorkomponenten in fallender Reihenfolge sind. Die Funktion $h_{s,n}$ hängt von den Systemparametern s und n ab, ihre exakte Form spielt im weiteren jedoch keine Rolle.

Für ein beliebiges $\boldsymbol{z} \in \mathscr{Z}$, wobei $\mathscr{Z}$ der Raum aller Zustände des gegebenen Systems ist, definieren wir

$$\mathring{\boldsymbol{Z}}_0(\boldsymbol{z}) = \boldsymbol{z}; \qquad \mathring{\boldsymbol{Z}}_{k+1}(\boldsymbol{z}) = h_{s,n}(\mathring{\boldsymbol{Z}}_k(\boldsymbol{z}), A_k, B_k), \qquad k \geqq 1. \tag{5}$$

Offenbar beschreibt die Folge $(\mathring{\boldsymbol{Z}}_k(\boldsymbol{z}), k \in \mathbb{G}_+)$ das Übergangsverhalten des Bedienungssystems, das seine Arbeit im Zeitpunkt 0 mit dem Anfangszustand $\boldsymbol{z}$ aufnimmt, und das den markierten Input $([A_k, B_k])$ hat.

Welcher Bedingung muß nun die Folge $([A_k, B_k])$ genügen, damit genau eine stationäre Lösung $(\mathring{\boldsymbol{Z}}_k)$ von (4) existiert? Diese Bedingung hängt von s und n ab und soll symbolisch mit A(s, n) bezeichnet werden. Eine weitere, symbolisch mit B(s, n) bezeichnete Bedingung sichert das Einschwingen des Systems zum stationären Verhalten, d. h. die Konvergenz der Folge $(\mathring{\boldsymbol{Z}}_{k+j}(\boldsymbol{z}), j \in \mathbb{G}_+)$ für $k \to \infty$ gegen die stationäre Folge $(\mathring{\boldsymbol{Z}}_j)$ bei beliebigem $\boldsymbol{z} \in \mathscr{Z}$.

Die meisten bisher bekannten Sätze über die Existenz stationärer Verteilungen in Ankunftszeitpunkten haben die folgende Form (die Bedeutung von A(s, n) und B(s, n) für verschiedene Parameterwerte s, n wird weiter unten diskutiert):

11.1.1. Satz (*Mustertheorem*). Gegeben sei ein System G/G/s/n mit stationärer und metrisch transitiver Folge $([A_k, B_k])$ von Pausen- und Bedienungszeiten, die der Bedingung (1) genügt. Unter der zusätzlichen Bedingung A(s, n) existiert eine eindeutig bestimmte stationäre Folge $(\mathring{\boldsymbol{Z}}_k)$, die (4) genügt. Darüber hinaus existiert eine Funktion $g_{s,n}$ derart, daß für alle $k \in \mathbb{G}$

$$\mathring{\boldsymbol{Z}}_k = g_{s,n}([A_j, B_j], j < k). \tag{6}$$

Unter einer weiteren Bedingung B(s, n) gilt für jedes $\boldsymbol{z} \in \mathscr{Z}$

$$\lim_{k \to \infty} \mathbf{P}\big(\mathring{\boldsymbol{Z}}_{k+j}(\boldsymbol{z}) = \mathring{\boldsymbol{Z}}_j, j \geqq 0\big) = 1, \tag{7}$$

wobei $\big(\mathring{\boldsymbol{Z}}_j(\boldsymbol{z})\big)$ durch (5) definiert ist.

Die Beziehung (7) besagt, daß das System unabhängig vom Anfangszustand z zum statistischen Gleichgewicht, das durch die Folge $(\mathring{Z}_k)$ repräsentiert wird, strebt. Die Konvergenzart in (7) ist sehr stark; sie besagt, daß fast für jede Realisierung von $([A_k, B_k])$ ein Zeitpunkt existiert, nach dem die entsprechenden Realisierungen von $(\mathring{Z}_k)$ und $\big(\mathring{Z}_k(z)\big)$ zusammenfallen. Ist A(s, n) erfüllt, so kann $(\mathring{Z}_k)$ als Modell des Zeitverhaltens des Systems in Ankunftspunkten betrachtet werden. Man bezeichnet $(\mathring{Z}_k)$ als den *ankunftsstationären Zustandsprozeß* des betrachteten Systems. Die Bedingung (6) besagt, daß $\mathring{Z}_k$ eine meßbare Funktion der Vergangenheit $([A_j, B_j], j < k)$ ist.

Die zufälligen Vektoren $\mathring{Z}_k$ beschreiben das stationäre Verhalten des Systems in Ankunftspunkten. Das entsprechende Modell in stetiger Zeit wird durch den $\mathscr{Z}$-wertigen Prozeß $\big(\mathring{Z}(t)\big)$ gegeben

$$\mathring{Z}(t) = h_{s,n}(\mathring{Z}_{L(t)}, t - \mathring{T}_{L(t)}, B_{L(t)}), \tag{8}$$

wobei $L(t) = \max\{j\colon T_j < t\}$ ist. Offenbar ist $\big(\mathring{Z}(t)\big)$ nicht stationär, obwohl $(\mathring{Z}_n)$ stationär ist.

Erfüllt der markierte Input $([A_k, B_k])$ die Voraussetzung A(s, n), so kann man einen (bis auf Äquivalenz) eindeutig bestimmten stationären $\mathscr{Z}$-wertigen Prozeß $\big(\mathbf{Z}(t)\big)$ konstruieren, der das stationäre Verhalten des betrachteten Systems G/G/s/n in stetiger Zeit beschreibt. Dazu beachten wir, daß $\mathring{\chi} = \big[\mathring{Z}(t), [\mathring{T}_k, (B_k, \mathring{Z}_k)]\big]$ ein sogenannter *synchroner Prozeß* mit einem *eingebetteten markierten Punktprozeß* ist, vgl. z. B. Streller (1982), Franken (1982) und [I, 6.4.3] für den Spezialfall $\mathring{\mathsf{P}}(A_0 > 0) = 1$. Wegen (6) und (8) ist das Verteilungsgesetz von $\mathring{\chi}$ vollständig durch $\mathring{\mathsf{P}}$ bestimmt und soll daher ebenfalls mit $\mathring{\mathsf{P}}$ bezeichnet werden. Das Wort „synchron" besagt, daß die sogenannten Zyklen $\mathring{C}_k$ mit

$$\mathring{C}_k = \begin{cases} [B_k, \mathring{Z}_k], & \text{falls} \quad \mathring{T}_k = \mathring{T}_{k+1}, \\ \big[B_k, \big(\mathring{Z}_k(T_k + u), 0 \leqq u < A_k\big)\big], & \text{sonst}, \end{cases}$$

eine streng stationäre Folge bilden. Unter den gemachten Voraussetzungen ist $(\mathring{C}_k)$ sogar metrisch transitiv. Durch den synchronen Prozeß mit einem eingebetteten markierten Punktprozeß $\mathring{\chi}$ mit dem Verteilungsgesetz $\mathring{\mathsf{P}}$ wird eindeutig das Verteilungsgesetz P eines stationären Prozesses mit einem eingebetteten markierten Punktprozeß $\chi = \big[(\mathbf{Z}(t)), ([T_k, (\bar{B}_k, \mathbf{Z}_k)])\big]$ bestimmt (und umgekehrt). Insbesondere gilt für $\mathscr{C} \subseteq \mathscr{Z}$

$$\mathsf{P}\big(\mathbf{Z}(0) \in \mathscr{C}\big) = \lambda \mathsf{E}_{\mathring{\mathsf{P}}} \left(\int_0^{A_0} \mathbf{1}_{\mathscr{C}}\big(\mathring{Z}(t)\big)\, \mathrm{d}t \right) \tag{9}$$

(↑ [I, 6.4.3]). Bemerkenswerterweise erscheint P, ähnlich wie in Systemen vom Typ GI/GI/s/n, als Grenzverteilung des synchronen Modells $\mathring{\chi}$.

11.1.2. Satz. Unter der Bedingung A(s, n) gilt für jede reelle Funktion f auf $\mathscr{Z}$ mit wohldefiniertem Erwartungswert $\mathsf{E}_{\mathsf{P}} f\big(\mathbf{Z}(0)\big)$ die Beziehung

$$\lim_{T\to\infty} \frac{1}{T} \int_0^T f\big(\mathring{Z}(t)\big)\, \mathrm{d}t = \mathsf{E}_{\mathsf{P}} f\big(\mathbf{Z}(0)\big) \qquad \mathring{\mathsf{P}}\text{-f. s.}$$

Insbesondere erhält man für $f = \mathbf{1}_{\mathscr{C}}$, $\mathscr{C} \subseteq \mathscr{Z}$ aus (9)

$$\lim_{T\to\infty} \frac{1}{T} \int_0^T \mathring{\mathsf{P}}\big(\mathring{Z}(t) \in \mathscr{C}\big)\, \mathrm{d}t = \mathsf{P}\big(\mathbf{Z}(0) \in \mathscr{C}\big). \tag{10}$$

Ist die Voraussetzung B(s, n) ebenfalls erfüllt, so gilt für jedes $z \in \mathscr{Z}$

$$\lim_{T\to\infty} \frac{1}{T} \int_0^T f(\mathring{\boldsymbol{Z}}(t, z))\, dt = \mathsf{E}_{\mathsf{P}} f(\boldsymbol{Z}(0)), \qquad \mathring{\mathsf{P}}\text{-f. } s.,$$

insbesondere

$$\lim_{T\to\infty} \frac{1}{T} \int_0^T \mathring{\mathsf{P}}(\mathring{\boldsymbol{Z}}(t, z) \in \mathscr{C})\, dt = \mathsf{P}(\boldsymbol{Z}(0) \in \mathscr{C}),$$

wobei $\boldsymbol{Z}(t, z)$ der gemäß (5) und (8) definierte Zustandsprozeß mit der Anfangsbedingung z und dem markierten Input $([A_k, B_k])$ ist.

Man bezeichnet χ als das zeitstationäre Modell des Zeitverhaltens des betrachteten Systems, $(\boldsymbol{Z}(t))$ ist der *zeitstationäre Zustandsprozeß*. Jede Wahrscheinlichkeit und jeder Erwartungswert bez. der zeitstationären Verteilung P erscheint als Zeitmittel im ankunftsstationären Modell. Es muß betont werden, daß im Gegensatz zu $(\mathring{\boldsymbol{Z}}_k)$ und $\mathring{\chi}$ die zeitstationären Prozesse $(\boldsymbol{Z}(t))$ und χ nicht durch eine meßbare Abbildung aus dem markierten Input $([A_k, B_k])$ entstehen. Dieses wird in der Literatur häufig irrtümlicherweise angenommen, z. B. in LITTLE (1961). Dennoch kann das Verteilungsgesetz P aus dem Verteilungsgesetz von $([A_k, B_k])$ gewonnen werden (vgl. FRANKEN/KÖNIG/ARNDT/SCHMIDT [1], STRELLER (1982), FRANKEN (1982)).

$\Phi = ([T_k, \overline{B}_k])$ ist der der Folge $([A_k, B_k])$ gemäß I, S. 3.7.3.1 entsprechende stationäre markierte Punktprozeß ist. Man bezeichnet Φ als das *zeitstationäre* Modell des durch $([A_k, B_k])$ gegebenen markierten Inputs. Nimmt man an, daß der markierte Input in der Form Φ gegeben ist, und benutzt man die zu (4) und (5) analogen Evolutionsgleichungen in stetiger Zeit, so bekommt man ähnliche Sätze wie S. 11.1.1 und S. 11.1.2, wobei das Modell χ als primär, und das Verteilungsgesetz P von $\mathring{\chi}$ als Grenzverteilung erscheinen, vgl. FRANKEN/KÖNIG/ARNDT/SCHMIDT [1] und FRANKEN (1982).

Insgesamt kann man feststellen, daß sich das allgemeine Schema zur Gewinnung von stationären Verteilungen durch den Verzicht auf Unabhängigkeit kaum verändert, solange man die Stationarität des markierten Inputs voraussetzt.

Die Bedingung der metrischen Transitivität kann recht einschränkend sein, vgl. BRANDT/LISEK (1982). Sie kann für einige Systeme (z. B. für G/GI/s/∞) durch die Forderung

$$\lim_{k\to\infty} \frac{1}{k} \sum_{j=0}^{k} A_j = \lambda^{-1} \qquad \mathring{\mathsf{P}}\text{-f. s.} \tag{11}$$

ersetzt werden. Wie NAWROTZKI (1978) gezeigt hat, ist (11) notwendig und hinreichend für die Gültigkeit der Beziehung (10), die die Deutung von $\mathring{\chi}$ und χ als äuqivalente Modelle ein und derselben Erscheinung erlaubt.

11.1.2. Ankunfts-, zeit- und abgangsstationäre Bedienungsprozesse und deren Verteilungen

Ist der ankunftsstationäre Zustandsprozeß $(\mathring{\boldsymbol{Z}}_k)$ gegeben, so kann man daraus leicht weitere Charakteristiken herleiten, so z. B. die *aktuelle Arbeit* (*Last*) im System $\mathring{Z}_k$, die *Anzahl der Forderungen im System* $\mathring{N}_k$, *die Anzahl der Forderungen in der Warte-*

schlange $\mathring{N}_{\mathrm{w},k}$:

$$\mathring{Z}_k = \sum_{j=1}^{s+n} Z_{k,j}; \qquad \mathring{N}_k = \sum_{j=1}^{s+n} \mathbf{1}_{\{\mathring{Z}_{k,j}>0\}}; \qquad \mathring{N}_{\mathrm{w},k} = \sum_{j=s+1}^{s+n} \mathbf{1}_{\{\mathring{Z}_{k,j}>0\}}.$$

Für $s = 1$ kann die aktuelle Wartezeit $\mathring{W}_k$ gemäß

$$\mathring{W}_k = \sum_{j=1}^{n+1} \mathring{Z}_{k,j} \tag{12}$$

berechnet werden. In Mehrbedienersystemen, $s > 1$, ist es zweckmäßig, den Kiefer-Wolfowitz-Wartezeitvektor $\mathring{\boldsymbol{W}}_k = (\mathring{W}_{k,1}, \ldots, \mathring{W}_{k,s})$ einzuführen, wobei $T_k + \mathring{W}_{k,j}$ den Zeitpunkt definiert, an dem genau j Bedienungsgeräte frei werden würden, falls nach $\mathring{T}_k$ keine weiteren Forderungen in das System einliefen. Folglich ist $\mathring{W}_{k,1}$ die aktuelle Wartezeit der k-ten Forderung. Man kann $\mathring{\boldsymbol{W}}_k$ aus $\mathring{\boldsymbol{Z}}_k$ berechnen. Andererseits genügen die Vektoren $\mathring{\boldsymbol{W}}_k$ der Gleichung

$$\mathring{\boldsymbol{W}}_{k+1} = \mathsf{R}(\mathring{\boldsymbol{W}}_k + B_k \boldsymbol{e}_s - A_k \boldsymbol{u})_+, \tag{13}$$

die vom gleichen Typ wie (4) ist; $\boldsymbol{e}_s$, $\boldsymbol{u}$ und R wurden unmittelbar nach (4) erklärt. Die Folgen (Z_k), $(\mathring{W}_k)$, $(\mathring{N}_k)$, $(\mathring{N}_{\mathrm{w},k})$ sind stationär, da $(\mathring{\boldsymbol{Z}}_k)$ stationär ist. Ein beliebiges Element dieser Folge bezeichnen wir mit $\mathring{Z}$, $\mathring{W}$, $\mathring{N}$ und $\mathring{N}_{\mathrm{w}}$. Ihre Verteilungsgesetze sind durch $\mathring{\mathsf{P}}$ vollständig bestimmt. Wir können daher die folgenden Bezeichnungen verwenden:

$\mathring{Z}(x) = \mathring{\mathsf{P}}(\mathring{Z} < x)$	Verteilungsfunktion der (stationären) aktuellen Last im System,
$\mathsf{E}_{\mathring{\mathsf{P}}}\mathring{Z} = \int_0^\infty \left(1 - \mathring{Z}(x)\right) \mathrm{d}x$	(stationäre) mittlere aktuelle Last,
$\mathring{W}(x) = \mathring{\mathsf{P}}(\mathring{W} < x)$	Verteilungsfunktion der (stationären) aktuellen Wartezeit,
$\mathsf{E}_{\mathring{\mathsf{P}}}\mathring{W} = \int_0^\infty \left(1 - \mathring{W}(x)\right) \mathrm{d}x$	(stationäre) mittlere aktuelle Wartezeit,
$\mathring{p}_k = \mathring{\mathsf{P}}(\mathring{N} = k)$	stationäre Wahrscheinlichkeit dafür, daß eine eintreffende Forderung k Forderungen im System vorfindet,
$\mathring{p}_{\mathrm{v}} = \mathring{\mathsf{P}}(\mathring{N} = s + n)$	stationäre Verlust- oder Blockierwahrscheinlichkeit (wenn $s + n < \infty$ ist).

Ausgehend vom zeitstationären Zustandsprozeß $(\boldsymbol{Z}(t))$ führt man auf die gleiche Weise wie im ankunftsstationären Modell die zeitstationären Prozesse $(Z(t))$, $(N(t))$ bzw. $(N_{\mathrm{w}}(t))$ der Last im System, der Anzahl der Forderungen im System bzw. in der Warteschlange ein. Ebenso kann der stationäre Vektorprozeß der virtuellen Wartezeit $(\boldsymbol{W}(t))$ eingeführt werden, dessen erste Komponente der stationäre Prozeß der virtuellen Wartezeit $(W(t))$, $W(t) = W_1(t)$ ist. Die eindimensionalen Größen bezeichnen wir einfach mit Z, N, N_{w} und W. Die Verteilungsgesetze dieser Größen sind durch das Verteilungsgesetz P bestimmt. Wir verwenden die folgenden Bezeichnungen:

$Z(x) = \mathsf{P}(Z < x)$	Verteilungsfunktion der (stationären) virtuellen Last im System,

$\mathsf{E_P}Z = \int\limits_0^\infty (1 - Z(x))\,dx$ mittlere (stationäre) virtuelle Last,

$W(x) = \mathsf{P}(W < x)$ Verteilungsfunktion der (stationären) virtuellen Wartezeit,

$\mathsf{E_P}W = \int\limits_0^\infty (1 - W(x))\,dx$ mittlere (stationäre) virtuelle Wartezeit,

$p_k = \mathsf{P}(N = k)$ die zeitstationäre Wahrscheinlichkeit dafür, daß k Forderungen im System sind,

$\mathsf{E_P}N$ bzw. $\mathsf{E_P}N_{\mathrm{w}}$ mittlere (zeitstationäre) Anzahl von Forderungen im System bzw. in der Warteschlange,

$p_{\mathrm{w}} = \mathsf{P}(s \leqq N \leqq s + n)$ die zeitstationäre Wartewahrscheinlichkeit.

Zur strengen Definition der stationären Verteilungen von Systemkenngrößen unmittelbar nach einem Abgangspunkt (abgangsstationäre Verteilungen) geht man vom zeitstationären Modell χ aus. Ein Zeitpunkt T^* heißt ein Abgangspunkt, falls $N(T^* - 0) - N(T^* + 0) + L(T^* + 0) - L(T^*) > 0$ gilt, wobei $L(t) = \max\{j : T_j^* < t\}$ ist. Nach dieser Definition werden im Fall $s + n < \infty$ sowohl die bedienten als auch die verlorengegangenen Forderungen mitgezählt. Verlassen in einem Zeitpunkt T^* mehrere Forderungen das System, so werden sie in der Reihenfolge ihres Auftretens durchnumeriert (T^* wird „aufgespalten"). Die Abgangspunkte bilden einen stationären Punktprozeß und können o. B. d. A. wie folgt numeriert werden: $\ldots \leqq T_0^* \leqq 0 < T_1^* \leqq \ldots$ Wir müssen im Fall von Mehrfachabgängen den Begriff des Zustands unmittelbar nach einem Abgang etwas modifizieren, indem wir die Anzahl der Forderungen im System als eine zusätzliche Zustandskomponente aufnehmen. $(\mathbf{Z}_k^*, N_k^*)$ sei der Zustand des Systems nach dem k-ten Abgang. Dabei gilt für $T_k^* < T_{k+1}^*$

$$\mathbf{Z}_k^* = \mathbf{Z}(T_k^* + 0), \qquad N_k^* = \sum_{j=1}^{s+n} \mathbf{1}_{\{Z_{k,j}^* > 0\}}.$$

Ist jedoch $T_{k-r-1}^* < T_{k-r}^* = \cdots = T_k^* < T_{k+1}^*$, so gilt

$$\mathbf{Z}_{k-r}^* = \cdots = \mathbf{Z}_k^*; \qquad N_j^* = N_{j+1}^* + \mathbf{1}_{\{N_k^* < s+n\}}, \qquad j = k - r, \ldots, k - 1.$$

Der markierte Punktprozeß $([T_k^*, (\mathbf{Z}_k^*, N_k^*)])$ ist ebenfalls stationär und hat die Intensität λ. Nach I, S. 3.7.3.1 entspricht ihm in eindeutiger Weise die stationäre Folge $([D_k, (\tilde{\mathbf{Z}}_k, \tilde{N}_k)])$ bzw. der synchrone markierte Punktprozeß $([\tilde{T}_k, (\tilde{\mathbf{Z}}_k, \tilde{N}_k)])$ mit $\tilde{T}_0 = 0$; $\tilde{T}_k = \sum\limits_{j=0}^{k-1} D_j$, $k \geqq 1$; $\tilde{T}_k = -\sum\limits_{j=k}^{-1} D_j$, $k < 0$. Beide beschreiben das stationäre Verhalten des betrachteten Bedienungssystems in Abgangspunkten (aus der Sicht eines Beobachters, der sich im Abgangspunkt einer beliebigen Forderung befindet). Man bezeichnet $(\tilde{\mathbf{Z}}_k, \tilde{N}_k)$ als *abgangsstationären Zustandsprozeß*. Die Größen $\tilde{Z}_k$, $\tilde{W}_k$, $\tilde{N}_{\mathrm{w},k}$ werden analog zu $\mathring{Z}_k$, $\mathring{W}_k$ und $\mathring{N}_{\mathrm{w},k}$ eingeführt. Die abgangsstationären Verteilungen der Last, der Wartezeit und der Anzahl der Forderungen im System sind durch $\tilde{Z}(x) = \tilde{\mathsf{P}}(\tilde{Z} < x)$, $\tilde{W}(x) = \tilde{\mathsf{P}}(\tilde{W} < x)$ und $\tilde{p}_k = \tilde{\mathsf{P}}(\tilde{N} = k)$ gegeben.

Wir bemerken, daß die bisher eingeführten Begriffe und die Beziehungen zwischen ihnen (↑ [11.2]) sowohl für Systeme ohne Gruppenankünfte als auch für Systeme mit Gruppenankünften gelten. (Es muß allerdings beachtet werden, daß die Forderungen in Ankunfts- und in Abgangsgruppen durchnumeriert sind.) In Systemen mit Gruppenankünften ist es jedoch notwendig, den Begriff der gruppenstationären Verteilungen von Kenngrößen einzuführen. Sie, bzw. die zugehörigen stationären Folgen beschreiben das Verhalten des Systems im statistischen Gleichgewicht aus der Sicht eines Beobachters, der mit der ersten Forderung einer beliebigen ankommenden Gruppe verknüpft ist. So kann man sich z. B. für die stationäre Wartezeitverteilung der ersten Forderung in einer Gruppe interessieren (z. B. vgl. Borowkow [1], Wirth (1981) und [11.2.6]).

11.1.3. Die Gestalt der Bedingungen $\mathrm{A}(s, n)$ und $\mathrm{B}(s, n)$

Wie sehen die Bedingungen $\mathrm{A}(s, n)$ und $\mathrm{B}(s, n)$ für konkrete s und n aus? Es existiert bis heute keine vollständige Antwort auf diese Frage. Die aktuellsten Ergebnisse findet man in Borowkow [3] und Franken/König/Arndt/Schmidt [1], sowie in Lisek (1979) und Brandt (1982a, b) und Brandt/Lisek (1983).

(a) *Für das System* G/G/∞ *mit* $\varrho < \infty$ benötigt man keine zusätzlichen Bedingungen $\mathrm{A}(\infty)$, $\mathrm{B}(\infty)$. Die Abbildung von $([A_k, B_k], k < 0)$ auf den Zustand $\boldsymbol{Z}_0$ ist durch

$$\boldsymbol{Z}_0 = \mathsf{R}(T_{-1} + B_{-1}, T_{-2} + B_{-2}, \ldots)$$

gegeben.

(b) *Für Systeme* G/G/1/∞ kann man zeigen, daß $\varrho < 1$ die Gültigkeit aller Behauptungen von S. 11.1.1 und S. 11.1.2 sichert. Die Aussagen von S. 11.1.1 und S. 11.1.2 gelten unter diesen Voraussetzungen für eine beliebige *konservative* (d. h. die vom System zu leistende Arbeit nicht verändernde) Bedienungsdisziplin, für Systeme $\mathrm{G}_N/\mathrm{G}_N/1/\infty$ mit mehreren Forderungentypen, sowie für konservative Prioritätssysteme $\overrightarrow{\mathrm{G}_N}/\overrightarrow{\mathrm{G}_N}/1/\infty$. In den beiden letzten Fällen kann man auch für einzelne Forderungentypen Bedienungsprozesse konstruieren, die denen aus den vorangehenden Teilabschnitten analog sind, vgl. Franken/König/Arndt/Schmidt [1].

(c) *Für Wartesysteme* G/G/s/∞ *mit* $\varrho < s$ *und* FCFS-*Disziplin* hat Loynes (1962), ausgehend von Monotonieeigenschaften der rechten Seite in (13), die Existenz einer stationären Wartezeitfolge $(\boldsymbol{W}_k)$ bewiesen. Darüber hinaus existiert eine stationäre Lösung $(\boldsymbol{Z}_k)$ von (4), die die Eigenschaft (6), und für $\boldsymbol{z} = \mathbf{0}$ die Eigenschaft (7) besitzt. Jedoch muß diese Lösung nicht eindeutig sein, und muß auch nicht für alle $\boldsymbol{z} \in \mathscr{Z}$ (7) genügen (auch nicht bei einer schwächeren Konvergenzart). Bedienungssysteme G/G/s/∞ mit anderen konservativen Bedienungsdisziplinen wurden von Miyazawa (1977) diskutiert, vgl. auch Franken/König/Arndt/Schmidt [1].

(d) *Für Systeme* GI/GI/s/∞ ist allerdings seit langem bekannt (vgl. Kiefer/Wolfowitz (1955)), daß die Bedingung $\varrho < s$ die Existenz und Eindeutigkeit der stationären Zustandsprozesse $(\mathring{\boldsymbol{Z}}_n)$, $(\boldsymbol{Z}(t))$, sowie eine abgeschwächte Variante der Behauptung (7) (schwache Konvergenz) sichert. Brandt (1982a) konnte nachweisen, daß auch für Systeme G/GI/s/∞ die Behauptung $\varrho < s$ die Eindeutigkeit der von Loynes konstruierten Lösung und die Gültigkeit einer Abschwächung von (7) sichert.

(e) *Für Verlustsysteme* G/G/s/0 *und Systeme* G/G/s/n, $0 < n < \infty$, ist die Situation wesentlich komplizierter. Für Systeme GI/GI/s/n ist die Bedingung $\mathring{\mathsf{P}}(B_0 < sA_0) > 0$ hinreichend für die Gültigkeit der Behauptungen von S. 11.1.1 und S. 11.1.2. Für Systeme G/GI/s/0 ist es die schärfere Bedingung $\mathring{\mathsf{P}}(B_0 < A_0) > 0$. Hinsichtlich weiterer Details sei auf Borowkow [2] und Franken/König/Arndt/Schmidt [1] verwiesen.

In der letzten Zeit wurden allgemeine Methoden zur Behandlung von rekurrenten stochastischen Gleichungen vom Typ (4) entwickelt, wobei zu erwähnen ist, daß derartige Gleichungen nicht nur für die Bedienungstheorie von Interesse sind. Eine Methode ist die der sogenannten „Konstruktions“- oder „Innovations“-Ereignisse, vgl. FRANKEN (1970), BOROWKOW (1972), (1978), BOROWKOW [3], FRANKEN/KALÄHNE (1978), FRANKEN/KÖNIG/ARNDT/SCHMIDT [1], LISEK (1979). Hierbei sucht man nach Bedingungen für die Existenz solcher Zeitpunkte, in denen der Systemzustand vollständig bestimmt ist (die sogenannte „Innovation“; diese hat aber nichts mit Regeneration im klassischen Sinne zu tun). Ein Beispiel hierfür sind die Leerstellen (Ankunftszeitpunkte, in denen das System leer ist) im System G/G/1/∞, deren Existenz aus $\varrho < 1$ mit Hilfe des Ergodensatzes von Birkhoff-Chintchin folgt.

Eine grundsätzlich andere Methode wurde von LISEK (1982) entwickelt und bereits früher auf Verlustsysteme angewandt (LISEK (1979)). Es wurde insbesondere bewiesen, daß für Systeme G/G/s/0 stets eine stationäre Lösung von (4) existiert (die im allgemeinen nicht der Formel (6) genügt) und deren Eindeutigkeit diskutiert. Siehe zu dieser Problematik die Arbeiten LISEK (1983), BRANDT (1982b), BRANDT/FRANKEN/LISEK (1983), WIRTH (1983a, b). In einigen Klassen von Bedienungssystemen kann die Entwicklung des Systems nicht durch eine deterministische Gleichung vom Typ (4) beschrieben werden. Man benötigt hierzu einen stochastischen Kern $K_{(a,b,x)}$ von $\mathbb{R}_+^2 \times \mathscr{X}$ auf $\mathscr{X}$. Derartige Modelle wurden z. B. in FRANKEN (1969), KALÄHNE (1976) und FASSLER (1980) behandelt.

Bisher haben wir vorausgesetzt, daß der markierte Input stationär ist, d. h. die Gestalt einer stationären Folge $([A_k, B_k])$ oder des dazu gehörigen markierten Punktprozesses $\Phi = ([T_k, \bar{B}_k])$ besitzt. In BOROWKOW [1], [3] und ROLSKI (1981) wird die Existenz eindeutig bestimmter Grenzverteilungen für instationäre Inputs, die sich jedoch stationären in dieser oder jener Form nähern, untersucht.

11.1.4. Stetigkeit (Stabilität) stationärer Verteilungen von Systemcharakteristiken

Es ist von großer praktischer und theoretischer Bedeutung zu wissen, ob beim betrachteten Bedienungssystem kleine Schwankungen des markierten Inputs zu ebenfalls kleinen Schwankungen der Systemcharakteristiken führen (d. h. ob die letzteren stabil sind). Diese Frage läßt sich exakt in Form von Grenzwertsätzen bzw. von Abschätzungen für geeignet definierte Abstände zwischen den „gestörten“ und „ungestörten“ Verteilungen der Systemcharakteristiken formulieren. Wir geben hier nur einige qualitative Ergebnisse für stationäre Verteilungen von Systemcharakteristiken an, vgl. auch BOROWKOW [3], FRANKEN/KÖNIG/ARNDT/SCHMIDT [1], sowie die dort zitierte Literatur.

Wir betrachten stationäre Folgen $([A_k^r, B_k^r])_{r=1,2,\ldots}$ und eine stationäre Folge $([A_k, B_k])$, deren Intensitäten und Verteilungsgesetze mit λ^r; μ^r, $\mathring{\mathbf{P}}^r$ bzw. λ, μ, $\mathring{\mathbf{P}}$ bezeichnet werden. Die Vorstellung, daß $([A_k^r, B_k^r])$ durch eine schwache Störung aus $([A_k, B_k])$ entsteht, drücken wir wie folgt aus:

$$([A_k^r, B_k^r]) \xrightarrow[\mathrm{d}]{} ([A_k, B_k]), \qquad r \to \infty. \tag{14}$$

Wir benutzen die in [11.1.2] eingeführten Bezeichnungen für stationäre Verteilungen und versehen sie rechts oben mit dem Index r, falls sie dem markierten Input $([A_k^r, B_k^r])$ entsprechen, $r = 1, 2, \ldots$

11.1.3. Satz. Für Systeme G/G/∞, deren stationäre Inputs die Bedingung (14) und

$$\lim_{r\to\infty} \mu^r = \mu, \tag{15}$$

$$\mathring{\mathsf{P}}^r \left(\bigcup_{i\geq 0} \bigcup_{j<i} \left\{ B_j = \sum_{k=0}^{i} A_{j+k} \right\} \right) = 0 \tag{16}$$

erfüllen, gilt

$$\lim_{r\to\infty} \mathring{p}_j{}^r = \mathring{p}_j, \qquad j \geqq 0.$$

Sind die Bedingungen (14), (15), sowie

$$\lim_{r\to\infty} \lambda^r = \lambda \tag{17}$$

erfüllt, so gilt

$$\lim_{r\to\infty} p_j{}^r = p_j, \qquad j \geqq 0.$$

Sind die Bedingungen (14) bis (17), sowie eine weitere Zusatzbedingung (vgl. Franken/König/Arndt/Schmidt [1]) erfüllt, so ist

$$\lim_{r\to\infty} \tilde{p}_j{}^r = \tilde{p}_j, \qquad j \geqq 0.$$

Die Bedingung (16) besagt, daß Abgangspunkte und Ankunftspunkte nicht zusammenfallen sollen. Es ist sofort klar, daß sie für die Stetigkeit von $\mathring{p}_j{}^r$ erforderlich ist.

Ein analoger Satz gilt für Verlustsysteme G/G/s/0, wobei gesichert werden muß, daß alle Input-Folgen einer geeigneten Bedingung A(s, 0) genügen müssen, vgl. Franken/König/Arndt/Schmidt [1], Borowkow [3].

Für Wartesysteme G/G/1/∞ gilt der folgende Satz (Borowkow [3], Franken/König/Arndt/Schmidt [1]).

11.1.4. Satz. Alle auftretenden Inputs seien metrisch transitiv und mögen Belastungen kleiner als Eins haben. Sind die Bedingungen (14) und (15) erfüllt, so gilt $\mathring{W}^r \Rightarrow \mathring{W}$. Ist außerdem (16) erfüllt, so gilt $\lim_{r\to\infty} \mathring{p}_j{}^r = \mathring{p}_j$, $j \geqq 0$. Unter den Bedingungen (14), (15) und (17) gilt $W^r \Rightarrow W$, $\lim_{r\to\infty} p_j{}^r = p_j$, $j \geqq 0$. Unter einer weiteren Bedingung (vgl. Franken/König/Arndt/Schmidt [1]) gilt $\tilde{W}^r \Rightarrow \tilde{W}$, $\lim_{r\to\infty} \tilde{p}_j{}^r = \tilde{p}_j$, $j \geqq 0$.

Für Wartesysteme mit $s > 1$ existiert ein entsprechendes Resultat bisher nur für Systeme G/GI/s/∞, vgl. Brandt/Lisek (1981), sowie Arndt (1978), (1980).

11.1.5. Satz. Betrachtet werden Systeme G/GI/s/∞, deren Inputs den Bedingungen $\varrho^r < s$, $\varrho < s$, (11) und (14) genügen. Ist außerdem die Bedingung (15) erfüllt, so gilt für die (eindeutig bestimmten, vgl. Brandt (1982b)) aktuellen Wartezeiten

$$\mathring{W}^r \xrightarrow[\mathrm{d}]{} \mathring{W} \qquad \text{für} \qquad r \to \infty.$$

Ist zusätzlich (16) erfüllt, so gilt für virtuelle Wartezeiten

$$W^r \xrightarrow[\mathrm{d}]{} W \qquad \text{für} \qquad r \to \infty.$$

Hier gelten für die Anzahlverteilungen ähnliche Aussagen wie in S. 11.1.4. Überhaupt lassen sich alle Aussagen zu Sätzen über mehrdimensionale Verteilungen der entsprechenden stationären Prozesse umformulieren. Auch kann man Sätze über die Stetigkeit der Zustandsverteilungen angeben.

Es gibt unterschiedliche Beweismethoden für Stetigkeitssätze, vgl. I, Kap. 10, Borowkow [3], Borowkow (1972), (1978), Franken/Kalähne (1978), Solotarjew (1977), Kalaschnikow [1] und Lisek (1981).

11.2. Beziehungen zwischen stationären Verteilungen

In diesem Abschnitt werden einige Beziehungen zwischen den in [11.1] eingeführten stationären Verteilungen von Systemcharakreristiken von Bedienungssystemen angegeben. Diese Beziehungen haben die Form von Gleichungen oder Ungleichungen. In bestimmten Fällen lassen sich aus ihnen Formeln für zeit- und ankunftsstationäre Wahrscheinlichkeiten oder Erwartungswerte angeben. Die Ergebnisse aus [11.2.1] bis [11.2.3] gelten für beliebige konservative Bedienungsdisziplinen, insbesondere auch für Prioritätssysteme (konservativ). Die meisten Resultate aus [11.2.4] sind zwar für FCFS formuliert, lassen sich aber auch für andere Disziplinen modifizieren.

Die in diesem Abschnitt formulierten Resultate sind in der angegebenen Allgemeinheit recht neu, die Darstellung beruht im wesentlichen auf dem Kapitel 4 in Franken/König/Arndt/Schmidt [1]. Sie wurden in der Regel durch Anwendung der Punktprozeßmethoden erzielt, vgl. z. B. Franken (1976), Miyazawa (1977), (1979), König/Rolski/Schmidt/Stoyan (1978), König/Schmidt (1980a, b), Franken (1982). Ein Teil der Resultate läßt sich auf kompliziertere Systeme (mehrere Forderungsklassen, zustandsabhängige Geschwindigkeiten, usw.) übertragen, vgl. Franken/König/Arndt/Schmidt [1], Kapitel 5, König/Schmidt (1980a, b), Franken (1982), Wirth (1982), Brill/Posner (1981).

11.2.1. Formeln vom Little-Typ

Wir geben hier einige Ergebnisse an, die mit der bekannten Formel $L = \lambda W$ (Formel von Little) eng verknüpft sind.

11.2.1. Satz. In einem G/G/s/∞-System gilt

$$\mathsf{E}_{\mathsf{P}} N_{\mathrm{w}} = \lambda \mathsf{E}_{\mathring{\mathsf{P}}} \mathring{W}, \tag{1}$$

$$\mathsf{E}_{\mathsf{P}} N = \lambda \mathsf{E}_{\mathring{\mathsf{P}}} (\mathring{W} + B), \tag{2}$$

$$\mathsf{E}_{\mathsf{P}} V = \lambda \mathsf{E}_{\mathring{\mathsf{P}}} \left(\mathring{W} B + \frac{1}{2} B^2 \right). \tag{3}$$

Die Formeln (1)—(3) sind Beziehungen zwischen Erwartungswerten, allerdings bez. sehr verschiedener Wahrscheinlichkeitsmaße $\mathring{\mathsf{P}}$ und P (↑ [11.1]). Man kann (1) jedoch in der Form

$$\lim_{T\to\infty} \frac{1}{T} \int_0^T \mathring{N}_{\mathrm{w}}(t)\, \mathrm{d}t = \lim_{k\to\infty} \frac{\mathring{T}_k}{k} \lim_{k\to\infty} \frac{1}{k} \sum_{j=1}^{k} W_j \qquad \mathring{\mathsf{P}}\text{-f. s.} \tag{4}$$

oder

$$\lim_{T\to\infty} \frac{1}{T} \int_0^T N_w(t)\, dt = \lim_{k\to\infty} \frac{T_k}{k} \lim \frac{1}{k} \sum_{j=1}^{k} W_j \qquad \mathsf{P}\text{-f.s.} \tag{5}$$

angeben. Ist für das betrachtete System die Bedingung (7) aus [11.1] erfüllt, so kann man in (4) und (5) die Größen $\mathring{N}_w(t, z)$, $\mathring{W}(z)$, bzw. $N_w(t, z)$ und $W_j(z)$ einsetzen, die einer beliebigen Anfangsbedingung $z \in \mathscr{Z}$ entsprechen (↑ (5) in [11.1]). (Analog lassen sich die Relationen (2) und (3) umschreiben.) Die Formeln (4) und (5) entsprechen der anderen verbreiteten Form der Little-Formel. Gegeben seien ein u. U. instationärer markierter Input $([T_k, B_k])$ und eine Anfangsbedingung z. Man betrachtet die instationären Prozesse $(N_w(t))$ und (W_j) und sucht nach Voraussetzungen für die Existenz der Grenzwerte

$$\text{P-}\lim_{k\to\infty} \frac{T_k}{k}, \ \text{P-}\lim_{k\to\infty} \frac{1}{k} \sum_{j=1}^{k} W_j \qquad \text{und} \qquad \text{P-}\lim_{T\to\infty} \frac{1}{T} \int_0^T N_w(t)\, dt,$$

sowie der Gültigkeit von

$$\text{P-}\lim_{T\to\infty} \frac{1}{T} \int_0^T N_w(t)\, dt = \text{P-}\lim_{k\to\infty} \frac{T_k}{k}\ \text{P-}\lim_{k\to\infty} \frac{1}{k} \sum_{j=1}^{k} W_j. \tag{6}$$

Aus (4) und (5) geht hervor, daß sowohl (1) als auch (6) (für jede Anfangsbedingung) richtig ist, wenn $([T_k, B_k])$ ein synchroner oder der zugehörige stationäre Punktprozeß ist, der den Bedingungen $\mathrm{A}(s, n)$ und $\mathrm{B}(s, n)$ genügt, vgl. Franken/König/Arndt/Schmidt [1], Heyman/Stidham (1980).

11.2.2. Folgerung. Für ein System $G/G/s/n$ mit $n < \infty$ gilt

$$\mathsf{E}_{\mathsf{P}} \min\{s, N\} = \lambda(1 - \mathring{p}_v)\, \mathsf{E}_{\mathsf{P}'} B'.$$

Hierbei bezeichnet die linke Seite die zeitstationäre mittlere Anzahl der besetzten Bedienungsgeräte, $\mathring{p}_v$ ist die Verlustwahrscheinlichkeit und $\mathsf{E}_{\mathsf{P}'} B'$ ist die mittlere Bedienungszeit von bedienten Forderungen, und es gilt

$$\mathsf{P}'(B' < x) = \mathring{\mathsf{P}}(B_0 < x \mid \mathring{N}_0 < s + n).$$

Im allgemeinen ist $\mathsf{E}_{\mathsf{P}'} B' \neq \mathsf{E}_{\mathring{\mathsf{P}}} B$, vgl. Franken (1976), Disney/Franken (1982). Im Falle $G/GI/s/n$ sind B und $\mathring{N}$ jedoch unabhängig, und somit $\mathsf{E}_{\mathring{\mathsf{P}}} B = \mathsf{E}_{\mathsf{P}'} B'$.

11.2.3. Folgerung. (a) für Systeme $G/G/s/\infty$ ist

$$\mathsf{E}_{\mathsf{P}} \min\{s, N\} = \lambda \mathsf{E}_{\mathring{\mathsf{P}}} B = \varrho.$$

(b) Für Systeme $G/G/1/\infty$ gilt

$$p_w = \mathsf{P}(N > 0) = \varrho.$$

(c) Für Systeme $G/GI/s/n$ ist

$$\mathsf{E}_{\mathsf{P}} \min\{s, N\} = \varrho(1 - \mathring{p}_v).$$

(d) Für Systeme G/G/s/n gilt die Abschätzung

$$\varrho - (1 - \varrho)(s - 1) \leqq p_w \leqq \varrho. \tag{7}$$

(e) Für Systeme G/G/s/n gilt

$$\mathring{p}_v \geqq 1 - (\lambda \mathsf{E}_{P'} B')^{-1}, \tag{8}$$

und insbesondere für Systeme G/GI/s/n

$$\mathring{p}_v \geqq 1 - \varrho^{-1}. \tag{9}$$

Die Ungleichungen (7)–(9) findet man in Disney/Franken (1982).

Betrachtet wird ein System G/GI/s/∞, das zur Zeit Null seine Arbeit mit der Anfangsbedingung $z = 0$ beginnt. Sei

$$Z_w(t, 0) = \sum_{j=s+1}^{\infty} Z_j(t, 0)$$

die *Last in der Warteschlange*. Dann gilt in Ergänzung z u der stationären Little-Formel (1), vgl. Franken/König/Schmidt (1981)

$$\mathsf{E}_{\mathring{P}}(N(t, 0)) = \mu \mathsf{E}_{\mathring{P}} Z_w(t, 0).$$

11.2.2. Besetztperioden

Zur Untersuchung von Besetztperioden von Bedienungssystemen im statistischen Gleichgewicht betrachtet man die bedingte Verteilung $\hat{\mathsf{P}}(.) = \mathring{\mathsf{P}}(. \mid \mathring{N}_0 = 0)$. Dabei muß $\mathring{p}_0 = \mathring{\mathsf{P}}(\mathring{N} = 0) > 0$ vorausgesetzt werden. (Die Bedingung $\mathring{p}_0 > 0$ folgt keineswegs aus der Existenz der eindeutig bestimmten stationären Zustandsverteilung für das betrachtete System. In der Tat ergibt sich für G/G/1/∞ die Beziehung $\mathring{p}_0 > 0$ aus $\varrho < 1$, für Systeme G/G/s/∞ ist $\varrho < s$ für $\mathring{p}_0 > 0$ nicht hinreichend, vgl. z. B. Whitt (1972).) Das Verteilungsgesetz $\hat{\mathsf{P}}$ entspricht der Beschreibung des betrachteten Systems im statistischen Gleichgewicht aus der Sicht einer beliebigen Forderung, die zum Zeitpunkt ihres Eintreffens das System leer vorfindet. Natürlich stimmen für Systeme GI/GI/s/n die Verteilungsgesetze $\hat{\mathsf{P}}$ und $\mathring{\mathsf{P}}$ überein.

Es bezeichne S die Besetztzeit, U die Untätigkeitszeit und N_S die Anzahl der während der Besetztperiode $S + U$ eingetroffenen Forderungen.

11.2.4. Satz. In einem System G/G/s/n, das der Bedingung $\mathring{p}_0 > 0$ genügt, gilt

$$\begin{aligned} \mathsf{E}_{\hat{P}} N_S &= \mathring{p}_0^{-1}, \\ \mathsf{E}_{\hat{P}}(S + U) &= \lambda \mathsf{E}_{\hat{P}} N_S = \lambda \mathring{p}_0^{-1}, \\ \mathsf{E}_{\hat{P}} U &= p_0 / \lambda \mathring{p}_0. \end{aligned} \tag{10}$$

In einem System G/G/1/∞ ist

$$\mathsf{E}_{\hat{P}} S = \mathsf{E}_{\mathring{P}} B \mathsf{E}_{\hat{P}} Y_1.$$

Die Formel (10) wurde für Systeme G/G/1/∞ von Marshall (1968) angegeben, der allgemeine Fall wird in Franken/König/Arndt/Schmidt [1] und Franken (1982) behandelt.

11.2.5. Folgerung (DISNEY/FRANKEN (1982)). Für Systeme $M/G/1/\infty$ ist

$$\mathsf{E}_{\hat{\mathsf{P}}} S = \mathsf{E}_{\mathring{\mathsf{P}}} B/(1 - \varrho).$$

Besitzt in einem System $GI/G/1/\infty$ die Verteilungsfunktion $A(t)$ die Eigenschaft NBUE (NWUE), so gilt

$$\mathsf{E}_{\hat{\mathsf{P}}} S \leqq (\geqq)\ \mathsf{E}_{\mathring{\mathsf{P}}} B/(1 - \varrho).$$

11.2.3. Anzahl der Forderungen im System

Wir interessieren uns für Beziehungen zwischen den Wahrscheinlichkeiten $p_k = \mathsf{P}(N = k)$, $\mathring{p}_k = \mathring{\mathsf{P}}\,(\mathring{N} = k)$ und $\tilde{p}_k = \tilde{\mathsf{P}}\,(\tilde{N} = k)$.

11.2.7. Satz. Für alle Systeme $G/G/s/n$ gilt $\mathring{p}_k = \tilde{p}_k$ für alle k.

Die Beziehungen zwischen p_k und $\mathring{p}_k$ sind dagegen i. allg. recht kompliziert (vgl. z. B. FRANKEN/KÖNIG/ARNDT/SCHMIDT [1]). Hier soll ein Teilergebnis genannt werden.

11.2.8. Satz. Für Systeme $G/GI/1/0$ und $G/M/s/n$ gilt

$$p_k \min\{k, s\} = \varrho \mathring{p}_{k-1}, \qquad 1 \leqq k \leqq s + n. \tag{11}$$

Man kann zeigen, daß die exponentielle Bedienungszeitverteilung für die Gültigkeit von (11) wesentlich ist, i. allg. gilt (11) nicht einmal für $GI/GI/s/0$ (vgl. FRANKEN/KÖNIG/ARNDT/SCHMIDT [1], § 4.3). In der gleichen Quelle findet man jedoch folgende nützliche Ungleichungen:

11.2.9. Satz. Für Systeme $GI/G/s/n$ gilt

$$N \overset{(1)}{\leqq} \min\{\mathring{N} + 1, s + n\}.$$

Hat die Verteilungsfunktion $A(t)$ der Pausen darüber hinaus die Eigenschaft NBUE (NWUE), so gilt $N \overset{(1)}{\geqq} (\overset{(1)}{\leqq})\ \mathring{N}$. Die Aussagen von S. 11.2.8 gelten auch für die Größen N_w und $\mathring{N}_w$.

Es bezeichne $X \leqq_\varrho (\geqq_\varrho)\ Y$, daß $\mathbf{P}(X > x) \leqq (\geqq)\ \varrho \mathbf{P}(Y > x)$ für alle $x > 0$ gilt.

11.2.10 Satz. Hat die Bedienungszeitverteilung $B(t)$ in einem System $G/GI/1/\infty$ die Eigenschaft NBUE (NWUE), so gilt $N \leqq_\varrho (\geqq_\varrho)\ \mathring{N} + 1$. Allgemein gilt für ein System $G/GI/1/\infty$ $N \geqq_\varrho \mathring{N}$.

11.2.4. Wartezeitverteilungen

11.2.11. Satz. Für beliebige Systeme $G/G/s/n$, die der Bedingung $A(s, n)$ genügen, gilt folgende Beziehung zwischen dem Prozeß $(\boldsymbol{W}(t))$ und der Folge $(\mathring{\boldsymbol{W}}_k)$

$$\mathsf{P}(\boldsymbol{W} > \boldsymbol{x}) = \lambda \mathsf{E}_{\mathring{\mathsf{P}}} \int_0^\infty (1_{\{\mathsf{R}(\mathring{\boldsymbol{W}}_0 + B_0 \boldsymbol{e}_s) > t\boldsymbol{u} + \boldsymbol{x}\}} - 1_{\{\mathring{\boldsymbol{W}}_0 > t\boldsymbol{u} + \boldsymbol{x}\}}\, dt.$$

(Der Umordnungsoperator R ist zu Beginn von [11.1.1] erläutert.)

11.2.12. Folgerung. Für Systeme $G/G/1/\infty$ gilt

$$W(x) = 1 - \varrho + \lambda \mathsf{E}_{\mathring{\mathsf{P}}} \min\{B, (x - \mathring{W})_+\}.$$

Insbesondere erhält man für G/GI/1/∞ die Formel

$$W(x) = 1 - \varrho + \lambda(B_{\mathrm{R}} * \mathring{W})(x)$$

mit $B_{\mathrm{R}}(x) = \mu \int\limits_0^x \big(1 - B(u)\big)\,\mathrm{d}u$.

11.2.13. Satz. Für Systeme GI/G/s/n sind $\boldsymbol{W}$ und $\big(\mathsf{R}(\mathring{\boldsymbol{W}}_0 + \boldsymbol{e}_s B_0)\,\boldsymbol{u} - A_{\mathrm{R}}\big)_+$ identisch verteilt, wobei A_{R} eine von B_0 und $\mathring{\boldsymbol{W}}_0$ unabhängige und gemäß $A_{\mathrm{R}}(x) = \lambda \int\limits_0^x \big(1 - A(u)\big)\,\mathrm{d}u$ verteilte Größe bezeichnet.

11.2.14. Folgerung. Besitzt die Verteilungsfunktion $A(x)$ im System GI/G/s/n die Eigenschaft NBUE (NWUE), so gilt $\boldsymbol{W} \overset{(1)}{\geqq} (\overset{(1)}{\leqq})\, \mathring{\boldsymbol{W}}$.

11.2.15. Satz. Für Systeme G/G/s/∞ gilt

$$\sum_{j=1}^{s} \mathsf{P}\big(Z_j(0) > y\big) = \varrho\big(1 - B_{\mathrm{R}}(y)\big).$$

11.2.5. Beziehungen zwischen Verteilungen der Wartezeit und der Anzahl der Forderungen

Das folgende Resultat gilt nur für FCFS-Systeme.

11.2.16. Satz. Für Systeme GI/G/s/∞ gilt

$$\mathring{\mathsf{P}}(\mathring{N}_{\mathrm{w}} \geqq k) = \int\limits_0^\infty A^{*(k)}(u)\,\mathrm{d}\mathring{W}(u), \qquad k \geqq 0,$$

$$\mathsf{P}(N_{\mathrm{w}} \geqq k) = \int\limits_0^\infty (A^{*(k-1)} * A_{\mathrm{R}})(u)\,\mathrm{d}\mathring{W}(u), \qquad k \geqq 1.$$

Für Systeme GI/G/1/∞ und GI/D/s/∞ gilt

$$\mathring{\mathsf{P}}(\mathring{N} \geqq k) = \int\limits_0^\infty A^{*(k)}(u)\,\mathrm{d}(\mathring{W} * B)(u), \qquad k \geqq 0,$$

$$\mathsf{P}(N \geqq k) = \int\limits_0^\infty (A^{*(k-1)} * A_{\mathrm{R}})(u)\,\mathrm{d}(\mathring{W} * B)(u), \qquad k \geqq 1,$$

wobei $A_{\mathrm{R}}(x) = \lambda \int\limits_0^x \big(1 - A(u)\big)\,\mathrm{d}u$ ist.

Für GI/GI/1/∞ gilt außerdem

$$\mathsf{P}(N \geqq k) = \varrho \int\limits_0^\infty A^{*(k-1)}(u)\,\mathrm{d}(\mathring{W} * B_{\mathrm{R}})(u), \qquad k \geqq 1.$$

11.2.6. System G/G/1/∞ mit Gruppenankünften

Wir betrachten das System G/G/1/∞ mit dem stationären Input der Form $([A_k, B_k])$ mit $\varrho < 1$ und $0 < \mathring{P}(A_0 > 0) < 1$. Gruppenankünfte sind also zugelassen, es wird jedoch angenommen, daß die Forderungen individuell gemäß FCFS bedient werden. Wir betrachten die stationäre Folge $([A_k, B_k, \mathring{Z}_k])$, deren Verteilungsgesetz wieder mit $\mathring{P}$ bezeichnet wird (↑ [11.1]). Wegen der Voraussetzung $\mathring{P}(A_{-1} > 0) = \mathring{P}(A_0 > 0) > 0$ kann man das Verteilungsgesetz $\mathsf{P}_G'(.) = \mathring{P}(\cdot \mid A_{-1} > 0)$ bilden. Sei $([A_k', \overset{0}{B_k}', \mathring{Z}_k'])$ eine gemäß $\mathring{P}_G(.)$ verteilte zufällige Folge. Daraus wird eine neue zufällige Folge $[A_{G,k}, \boldsymbol{B}_{G,k}, \mathring{\boldsymbol{Z}}_{G,k}])$ gebildet, indem alle B- und $\mathring{Z}$-Marken, die zu einer Gruppe von Forderungen gehören, jeweils zu einem Vektor zusammengefaßt werden; $A_{G,k}$ sind die Abstände zwischen sukzessiven Gruppenankünften. Die Dimension dieser Vektoren ist gerade die Gruppenstärke G_k ($\mathring{\boldsymbol{Z}}_{G,k}$ ist ein G_k-dimensionaler Vektor aus $\mathcal{X}$-wertigen Komponenten). Das Verteilungsgesetz $\mathring{P}_G$ der neuen Folge ist durch P_G' bestimmt. Die Folge $([A_{G,k}, \boldsymbol{B}_{G,k}, \mathring{\boldsymbol{Z}}_{G,k}])$ ist nach Konstruktion *stationär*. Diese Folge beschreibt die zeitliche Entwicklung des eingeschwungenen Inputs und des Systems aus der Sicht einer beliebigen Gruppe (des „Anführers" einer beliebigen Gruppe). Sei $m_G = \mathsf{E}_{\mathring{P}_G}(G_0)$ die mittlere Gruppenstärke. Es gilt (↑ [I, 3.7.3])

$$m_G = 1/\mathring{P}(A_0 > 0), \qquad \lambda = \nu m_G,$$

wobei ν die Intensität des stationären markierten Punktprozesses mit dem Verteilungsgesetz P_G ist, der nach I, S. 3.7.3.1 zu der Folge $([A_{G,k}, \boldsymbol{B}_{G,k}, \mathring{\boldsymbol{Z}}_{G,k}])$ gehört. (ν ist die Intensität der Gruppenankünfte.)

Es bezeichne $\mathring{W}_G(x) = \mathring{P}(\mathring{W}_0 < x \mid A_{-1} > 0)$ die Wartezeitverteilung der ersten Forderung in einer beliebigen Gruppe und $\mathring{p}_{G,k} = \mathring{P}\,(\mathring{N}_0 = k \mid A_{-1} > 0)$ die Verteilung der Anzahl der Forderungen im System, die die Forderung einer beliebigen Gruppe vorfindet, $\mathring{q}_{G,k} = \mathring{P}_G\,(G_0 = k)$ sei die Wahrscheinlichkeit dafür, daß eine beliebige Gruppe aus k Forderungen besteht. Es seien $B^*(s)$, $\mathring{W}_G^*(s)$, $\mathring{W}^*(s)$ die L.-S.-T. von $B(x)$, $\mathring{W}_G(x)$ und $\mathring{W}(x)$, sowie $\mathring{q}_G(s)$, $\mathring{p}(s)$, $\bar{p}(s)$ und $\mathring{p}_G(s)$ die erzeugenden Funktionen der Verteilungen $(\mathring{q}_{G,k})$, $(\mathring{p}_k)$, $(\bar{p}_k)$ und $(\mathring{p}_{G,k})$. Zwischen den ankunftsstationären und den „gruppenstationären" Verteilungen gelten folgende Beziehungen (WIRTH (1981)):

11.2.17. Satz. Für ein System G/GI/1/∞ mit FCFS-Disziplin und $0 < \mathring{P}(A_0 > 0) < 1$ gilt

$$\mathring{W}^*(s) = \mathring{W}_G^*(s)\,\frac{1 - \mathring{q}_G\big(B^*(s)\big)}{m_G\big(1 - B^*(s)\big)}.$$

Die Gruppenstärken G_k seien unabhängige und identisch verteilte Zufallsgrößen. Ferner soll G_k von der Anzahl der Forderungen, die sich zum Zeitpunkt des Eintreffens der Gruppe im System befinden, unabhängig sein (das ist z. B. der Fall, wenn G_k von $([A_{G,k}, \boldsymbol{B}_{G,j}], j < k)$ unabhängig ist). Dann gilt

$$\mathring{p}(s) = \bar{p}(s) = \mathring{p}_G(s)\,\frac{1 - \mathring{q}_G(s)}{m_G(1 - s)}.$$

Zwischen der zeitstationären und der gruppenstationären Verteilung der Wartezeiten besteht die folgende Beziehung (vgl. FRANKEN/KÖNIG/ARNDT/SCHMIDT [1], § 5.2, WIRTH (1982)).

11.2.18. Satz. Die Folge $([A_{\mathrm{G},k}])$ sei von der Folge $([\boldsymbol{B}_{\mathrm{G},k}, G_k])$ unabhängig, die Vektoren $(\boldsymbol{B}_{\mathrm{G},k}, G_k)$ seien unabhängig und identisch verteilt. Dann gilt

$$W(x) = 1 - \varrho + \varrho(\tilde{B}_{\mathrm{R}} * \mathring{W}_{\mathrm{G}})\,(x),$$

wobei $\tilde{B}_{\mathrm{R}}(x) = (m_{\mathrm{G}} \mathsf{E}_P\, B) \int\limits_0^x \big(1 - \tilde{B}(u)\big)\, du$ und $\tilde{B}(u)$ die Verteilungsfunktion der Summe der Bedienungszeiten aller Forderungen einer Gruppe (aller Komponenten des Vektors $(\boldsymbol{B}_{\mathrm{G},0}, m_{\mathrm{G}})$) ist.

11.3. Asymptotische Analyse von Systemen mit hoher Belastung und Diffusionsapproximation

Der erste Teil dieses Abschnitts enthält einige asymptotische Resultate für (offene) Systeme mit *hoher Belastung* (*heavy traffic*). Die hierbei gezeigte Konvergenz des geeignet normierten und zentrierten Prozesses $\big(N(t), t \geqq 0\big)$ der Anzahl der Forderungen im System gegen einen Wiener-Prozeß gibt die theoretische Grundlage für die im zweiten Teil dieses Abschnitts dargelegten *Methoden der Diffusionsapproximation* des Prozesses $\big(N(t), t \geqq 0\big)$.

Einige Ergebnisse der Anwendung der Diffusionsapproximation auf Bedienungsnetzwerke sind in [8.5.1] enthalten.

11.3.1. Asymptotische Analyse von Systemen mit hoher Belastung

Den Begriff der hohen Belastung (heavy traffic) führte Kingman (1961) im Zusammenhang mit der Untersuchung einer Folge von Bedienungssystemen mit einem Bedienungsgerät ein, deren Belastung $\bar{\varrho}_i$ für $i \to \infty$ von unten gegen den kritischen Wert 1 konvergiert. Im Weiteren wurde der Begriff „hohe Belastung" auch auf einzelne Bedienungssysteme mit s $(s < \infty)$ Bedienungsgeräten und einer Belastung $\bar{\varrho} = \varrho/s = \lambda/(s\mu)$ und auf Folgen solcher Bedienungssysteme mit Belastungen $\bar{\varrho}_i \to \bar{\varrho} \geqq 1$ für $i \to \infty$ angewendet.

Während bei $\bar{\varrho} < 1$ stationäre Verteilungen der interessierenden Systemgrößen wie virtuelle und aktuelle Wartezeiten, Warteschlangenlänge, Anzahl der Forderungen im Bedienungssystem u. ä. existieren, divergieren diese Systemgrößen bei $\bar{\varrho} \geqq 1$ mit Wahrscheinlichkeit 1 bei wachsender Zeit. In diesem Falle werden Grenzwertsätze aufgestellt, die die Konvergenz der geeignet zentrierten und normierten Systemgrößen gegen nichtentartete Zufallsgrößen beschreiben.

Ergebnisse für Bedienungssysteme mit hoher Belastung (heavy traffic) wurden für folgende drei Typen von Grenzübergängen gewonnen:

Typ 1. Die Belastung $\bar{\varrho}_i$ einer Folge von Systemen konvergiert gegen einen Wert $\bar{\varrho} \geqq 1$, während die Anzahl der Geräte und die Bedienungsintensität eines Gerätes für alle Systeme gleich sind.

Typ 2. Die Folgen der Intensitäten λ_i des Inputs und der Geräteanzahl gehen gegen Unendlich, während $\bar{\varrho}_i = \bar{\varrho} < 1$ und die Bedienungsintentität μ eines Geräts für alle Systeme gleich ist.

Typ 3. Bei einer Folge von Systemen geht die Anzahl der Bedienungsgeräte gegen Unendlich, und es ist $\lambda_i \to \infty$, $\bar{\varrho}_i \to 1$ für $i \to \infty$. Die stationäre Wahrscheinlichkeit, daß eine eintreffende Forderung warten muß, ist für alle Systeme gleich und von Null und Eins verschieden.

Beim ersten Typ muß eine eintreffende Forderung im Grenzwert $i \to \infty$ fast sicher warten, während sie beim zweiten Typ fast sicher sofort ein freies Bedienungsgerät findet. Der dritte Typ liegt zwischen den beiden zuerst beschriebenen.

Zur asymptotischen Analyse von Bedienungssystemen mit hoher Belastung gibt es eine sehr umfangreiche Literatur. Wir verweisen auf folgende Übersichtsarbeiten, in denen der interessierte Leser ausführliche Literaturhinweise finden kann: COHEN (1973), WHITT (1974), LEMOINE (1978), BOROWKOW [2].

11.3.1.1. Grenzübergang vom Typ 1

11.3.1.1.1. Das System GI/GI/1/∞

Betrachtet wird die Folge von Eingangsdaten $((A_n, B_n), n \geqq 0)$ eines Wartesystems GI/GI/1/∞, wobei A_n die Pausenzeiten und B_n die Bedienungszeiten sind. Die A_n sind unabhängig und identisch verteilt wie eine Zufallsgröße A, und entsprechend sind die B_n unabhängig und identisch verteilt wie eine Zufallsgröße B. Es gelte $\frac{1}{\lambda} = \mathsf{E}A < \infty$, $\frac{1}{\mu} = \mathsf{E}B < \infty$, $\bar{\varrho} = \varrho = \frac{\lambda}{\mu}$, $\mathsf{V}A < \infty$, $\mathsf{V}B < \infty$, $\sigma^2 = \mathsf{V}A + \mathsf{V}B$. Mit $\mathscr{D}[0, t]$ wird der Raum aller rechtsseitig stetigen Funktionen auf $[0, t]$, die linksseitige Grenzwerte haben, bezeichnet; $\mathscr{D} = \mathscr{D}[0, 1]$. Es bezeichne $(X^{\mathrm{w}}(t), t \geqq 0)$ den Standard-Wiener-Prozeß und $b \circ x(t) = x(t) - \inf\limits_{0 \leqq s \leqq t} x(t)$.

Die folgenden Grenzwertsätze wurden von IGLEHART/WHITT (1970a, b) und LOULOU (1973) bewiesen. Für den Prozeß $(W(t), t \geqq 0)$ der virtuellen Wartezeit werden die Zufallsgrößen

$$X_k(t) = \frac{W(kt) - (\varrho - 1)\, kt}{\sqrt{(\mathsf{V}B + \varrho^2 \mathsf{V}A)\, \lambda k}}, \qquad 0 \leqq t \leqq 1; \qquad k = 1, 2, \ldots,$$

eingeführt.

11.3.1. Satz. Ist $\varrho = 1$, so gilt $X_k \underset{k\to\infty}{\Rightarrow} b \circ X^{\mathrm{w}}$ in $\mathscr{D}$. Ist $\varrho > 1$, so gilt $X_k \underset{k\to\infty}{\Rightarrow} X^{\mathrm{w}}$ in $\mathscr{D}$.

11.3.2. Folgerung. Ist $\varrho = 1$, so gilt

$$\lim_{t\to\infty} \mathsf{P}\left(\frac{W(t)}{\sigma\sqrt{t}} \leqq x\right) = \frac{1}{\sqrt{2\pi}} \int_0^x \mathrm{e}^{-y^2/2}\, \mathrm{d}y, \qquad x \geqq 0.$$

Ist $\varrho > 1$, so gilt

$$\lim_{t\to\infty} \mathsf{P}\left(\frac{W(t) - (\varrho - 1)\, t}{\sqrt{(\mathsf{V}B + \varrho^2 \mathsf{V}A)\, \lambda t}} \leqq x\right) = \frac{1}{\sqrt{2\pi}} \int_{-\infty}^x \mathrm{e}^{-y^2/2}\, \mathrm{d}y.$$

Ähnliche Grenzwertaussagen wurden für die Folge (W_k) der aktuellen Wartezeiten, den Prozeß $(U(t), t \geqq 0)$ der Zeit, in der das System im Intervall $[0, t]$ leer ist und den Prozeß $(N(t), t \geqq 0)$ der Anzahl der Forderungen im System zum Zeitpunkt t, siehe LOULOU (1973), sowie für die summarische Besetztzeit des Bedienungsgeräts, siehe PRABHU (1970), bewiesen.

11.3.1.1.2. Eine Folge von Systemen GI/GI/1/∞

Der Folgenindex wird mit „i" bezeichnet, z. B. ist B_i die Repräsentante der Bedienungszeit im i-ten System. Es gelte $\mathsf{V}A_i \to \mathsf{V}A < \infty$, $\mathsf{V}B_i \to \mathsf{V}B < \infty$, $\lambda_i \to \lambda$, $\mu_i \to \mu$ für $i \to \infty$. Wir bezeichnen $\varrho_i = \frac{\lambda_i}{\mu_i}$, $\varrho = \frac{\lambda}{\mu}$, $\varkappa = \sqrt{(\mathsf{V}B + \varrho^2 \mathsf{V}A)\,\lambda}$. Folgende fünf Fälle von Grenzwerten werden unterschieden:

(i) $\varrho_i \uparrow 1, \qquad (\varrho_i - 1)\sqrt{i} \to -\infty,$

(ii) $\varrho_i \uparrow 1, \qquad (\varrho_i - 1)\sqrt{i} \to c, \qquad -\infty < c < 0,$

(iii) $\varrho_i \to 1, \qquad (\varrho_i - 1)\sqrt{i} \to 0,$

(iv) $\varrho_i \downarrow 1, \qquad (\varrho_i - 1)\sqrt{i} \to c, \qquad 0 < c < \infty$

(v) $\varrho_i \to \varrho \geqq 1, \qquad (\varrho_i - 1)\sqrt{i} \to \infty.$

Wir definieren für $i = 1, 2, \ldots$ und $0 \leqq t \leqq 1$

$$X_i = \frac{W_i(it) - (\varrho_i - 1)\,it}{\varkappa\sqrt{i}}, \qquad Y_i = \frac{W_i(it)}{\varkappa\sqrt{i}}$$

Die folgenden Ergebnisse wurden in den Arbeiten Kingman (1961), Prochorow (1963), Kyprianou (1971) und Loulou (1973) bewiesen.

11.3.3. Satz. Für $i \to \infty$ gilt in den Fällen (ii), (iii) und (iv)

$$Y_i \Rightarrow b \circ (X^w + \beta) \text{ in } \mathscr{D} \text{ mit } \beta = \frac{ct}{\varkappa}.$$

und im Fall (v)

$$X_i \underset{i\to\infty}{\Rightarrow} X^w \text{ in } \mathscr{D}.$$

11.3.4. Folgerung. In den Fällen (ii), (iii) und (iv) gilt

$$\lim_{t\to\infty} \mathsf{P}\left(\frac{W_i(it)}{\varkappa\sqrt{i}} \leqq x\right) = \frac{1}{\sqrt{2\pi}} \int_0^x e^{-(y-c/2)^2/2}\,dy, \qquad x \geqq 0.$$

Bezeichne $W_{i,i}$ die Wartezeit der i-ten Forderung im i-ten System und $K_i(t)$ die Verteilungsfunktion von $B_i - A_i$.

11.3.5. Satz. Sei für alle $\varepsilon > 0$

$$\lim_{t\to\infty} \int_{|x|>\varepsilon\sqrt{i}} x^2\,dK_i(x) = 0.$$

Dann gilt in den oben genannten Fällen (i)—(v):

(i) $$\lim_{i\to\infty} \mathsf{P}\left(W_{i,i}\,\frac{1-\varrho_i}{\lambda_i} \leqq x\right) = 1 - e^{-2x/\sigma^2}, \qquad x \geqq 0. \tag{1}$$

(ii) $$\lim_{i\to\infty} \mathsf{P}\left(W_{i,i}\,\frac{1-\varrho_i}{\lambda_i} \leqq x\right) = 1 - e^{-2x/\sigma^2}\left(1 - \frac{e^{x^2/\sigma^2}}{\sqrt{2\pi}} \int_{(c\sigma)^2/(x\lambda_i)^2}^{\infty} u^{-3/2}\, e^{(1/u+ux^2/\sigma^2)/2}\, du\right).$$

(iii) $$\lim_{i\to\infty} \mathsf{P}\left(\frac{W_{i,i}}{\sqrt{i}} \leqq x\right) = \sqrt{\frac{2}{\pi}} \int_{-\infty}^{x/\sigma} e^{-u^2/2}\, du.$$

(iv) $$\lim_{i\to\infty} \mathsf{P}\left(W_{i,i}\,\frac{\varrho_i - 1}{\lambda_i} \leqq x\right) = \frac{e^{x^2/\sigma^2}}{\sqrt{2\pi}} \int_{(c\sigma)^2/(x\lambda_i)^2}^{\infty} u^{-3/2}\, e^{(1/u+ux^2/\sigma^2)/2}\, du.$$

(v) Ist $\varrho = 1$, so gilt

$$\lim_{i\to\infty} \mathsf{P}\left(\frac{W_{i,i} - i(\varrho_i - 1)/\lambda_i}{\sqrt{i}} \leqq x\right) = \frac{1}{\sqrt{2\pi}} \int_{-\infty}^{x/\sigma} e^{-u^2/2}\, du.$$

Eine Abschätzung der Genauigkeit der Formel (1) für endliches i wird von Rosenkrantz (1980) angegeben. Loulou (1973) betrachtet Systeme mit allgemeineren Voraussetzungen an den Input der Forderungen. So werden z. B. Überlagerungen von unabhängigen regenerativen Prozessen und instationäre Poisson-Prozesse als Input zugelassen. Ähnliche Ergebnisse wie oben wurden auch für einige Prioritätssysteme bewiesen, vgl. z. B. Hooke/Prabhu (1971). Abschätzungen der Konvergenzgeschwindigkeit in Grenzwertsätzen wurden von Kennedy (1972a, b) angegeben.

11.3.1.1.3. System GI/GI/s/∞

Wir bezeichnen $\bar\varrho = \dfrac{\lambda}{s\mu}$, $\varkappa = \sqrt{(\mathsf{V}B + \bar\varrho^2 \mathsf{V}As^2)}$. Alle anderen Bezeichnungen werden aus [11.3.1.1.1] übernommen. Für den Prozeß $\big(Z(t), t \geqq 0\big)$ der anstehenden Arbeit sei

$$Z_k(t) = \frac{Z(kt) - s(\bar\varrho - 1)\,kt}{\varkappa\sqrt{k}}, \qquad 0 \leqq t \leqq 1, \qquad k = 1, 2, \ldots$$

Die folgenden Ergebnisse sind den Arbeiten Iglehart/Whitt (1970a,b) und Loulou (1973) entnommen worden.

11.3.6. Satz. Für $k \to \infty$ gilt

$$Z_k \Rightarrow \begin{cases} b \circ X^{\mathrm{W}} & \text{für} \quad \bar\varrho = 1 \\ X^{\mathrm{W}} & \text{für} \quad \bar\varrho > 1 \end{cases} \quad \text{in } \mathscr{D}.$$

Sei $X_k(t) = \frac{s[W(kt) - (\bar{\varrho} - 1)\, kt]}{\varkappa \sqrt{k}}, \quad 0 \leqq t \leqq 1; \quad k = 1, 2, \ldots$

11.3.7. Satz. Für $k \to \infty$ gilt

$$X_k \Rightarrow \begin{cases} b \circ X^{\mathrm{w}} & \text{für} \quad \bar{\varrho} = 1 \\ X^{\mathrm{w}} & \text{für} \quad \bar{\varrho} > 1 \end{cases} \quad \text{in } \mathscr{D}.$$

Bezeichne $(N(t), t \geqq 0)$ den Prozeß der Anzahl der Forderungen im System und $Y_k(t)$ die Zufallsgrößen

$$Y_k(t) = \frac{N(kt) - (\lambda - s\mu)\, kt}{\sqrt{(\lambda^3 \mathsf{V}A + s\mu^3 \mathsf{V}B)\, k}}, \quad 0 \leqq t \leqq 1, \quad k = 1, 2, \ldots$$

11.3.8. Satz. Für $k \to \infty$ gilt

$$Y_k \Rightarrow \begin{cases} b \circ X^{\mathrm{w}} & \text{für} \quad \bar{\varrho} = 1 \\ X^{\mathrm{w}} & \text{für} \quad \bar{\varrho} > 1 \end{cases} \quad \text{in } \mathscr{D}.$$

11.3.9. Folgerung. Ist $\bar{\varrho} = 1$, so gilt

$$\lim_{t \to \infty} \mathsf{P}\left(\frac{N(t)}{\sqrt{(\lambda^3 \mathsf{V}A + s\mu^3 \mathsf{V}B)\, t}} \leqq x\right) = \sqrt{\frac{2}{\pi}} \int_0^x \mathrm{e}^{-y^2/2}\, \mathrm{d}y, \qquad x \geqq 0.$$

Ist $\bar{\varrho} > 1$, so gilt

$$\lim_{t \to \infty} \mathsf{P}\left(\frac{N(t) - (\lambda - s\mu)\, t}{\sqrt{(\lambda^3 \mathsf{V}A + s\mu^3 \mathsf{V}B)\, t}} \leqq x\right) = \frac{1}{\sqrt{2\pi}} \int_{-\infty}^x \mathrm{e}^{-y^2/2}\, \mathrm{d}y.$$

Es wird jetzt das gleiche System wie vorher betrachtet, wobei die Pausenzeiten A_k zwar unabhängig aber nicht mehr identisch verteilt sind. Es gelte $\mathsf{E}A_k \to \frac{1}{\lambda}$, $0 < \frac{1}{\lambda} < \infty$, $\mathsf{V}A_k \to \mathsf{V}A$, $0 < \mathsf{V}A < \infty$, bei $k \to \infty$. Für die Folge $(W_k, k \geqq 0)$ der aktuellen Wartezeiten werden die Zufallsgrößen

$$Z_k(t) = \frac{W_{\mathrm{ent}(kt)} - (\bar{\varrho} - 1)\, kt/\lambda}{\sqrt{(s^{-2} \mathsf{V}B + \mathsf{V}A)\, k}}, \quad 0 \leqq t \leqq 1; \quad k = 1, 2, \ldots,$$

eingeführt.

11.3.10. Satz. Für $k \to \infty$ gilt

$$Z_k \Rightarrow \begin{cases} b \circ X^{\mathrm{w}} & \text{für} \quad \bar{\varrho} = 1 \\ X^{\mathrm{w}} & \text{für} \quad \bar{\varrho} > 1 \end{cases} \quad \text{in } \mathscr{D}.$$

Grenzwertsätze bei hoher Belastung des Systems wurden ebenfalls für die entsprechend normierten Prozesse der Warteschlangenlänge am j-ten Bedienungsgerät, den Abgangsprozeß der bedienten Forderungen, das Maximum der Wartezeiten der ersten k Forderungen und die maximale Anzahl von Forderungen im System $GI/GI/s/\infty$ bewiesen, siehe LOULOU (1973). Für Folgen von Systemen $GI/GI/s/\infty$ gelten ähnliche Grenzwertsätze wie in [11.3.1.1.2], vgl. z. B. KÖLLERSTRÖM (1974).

11.3.1.2. Grenzübergang vom Typ 2

Betrachtet wird eine Folge von Systemen $GI/GI/s/\infty$, $s = 1, 2, \ldots$, mit $\lambda_s = \lambda s$, $\mu_s = \mu$, $\bar{\varrho} = \bar{\varrho}_s = \frac{\lambda_s}{s\mu_s} = \frac{\lambda}{\mu} < 1$. Sei $h(t) = \lambda \int\limits_0^t \big(1 - B(x)\big)\, dx$, $N_s(t)$ die Anzahl der Forderungen im System $GI/GI/s/\infty$ zum Zeitpunkt t und

$$Z_s(t) = \frac{N_s(t) - sh(t)}{\sqrt{s}}, \qquad 0 \leqq t < \infty, \qquad s = 1, 2, \ldots$$

11.3.11. Satz. (BOROWKOW (1967), IGLEHART (1973)). Es gilt $Z_s \underset{s\to\infty}{\Rightarrow} X_1 + X_2$, wobei X_1 ein zentrierter Gaußscher Prozeß mit der Kovarianzfunktion

$$C(z, t) = \lambda \int\limits_0^z B(z - \tau)\big(1 - B(t - \tau)\big)\, d\tau,$$

ist, und X_2 ein zentrierter Gaußscher Prozeß

$$X_2(t) = \sqrt{\mathsf{V}A}\,\lambda^{3/2} \int\limits_0^t \big(1 - B(t - \tau)\big)\, X^w(d\tau).$$

Die Beschreibung eines Bedienungssystems durch den Vektor der Prozesse der ankommenden, der bedienten und der abgewiesenen (verlorenen) Forderungen schlägt BOROWKOW (1967), (1977a, b) vor. Seine Grenzwertsätze für Systeme mit hoher Belastung enthalten die Aussage von S. 11.3.11 als Spezialfall (vgl. auch BOROWKOW [2]).

11.3.1.3. Grenzübergang vom Typ 3

Betrachtet wird eine Folge von Systemen $GI/GI/s/\infty$ mit $\lambda_s \to \infty$, $\mu_s = \mu$, $\bar{\varrho}_s = \frac{\lambda_s}{\mu s} < 1$,

$$\lim_{s\to\infty} (\lambda_s)^2\, \mathsf{V}A_s = c^2, \qquad \sup_{s\geqq 1} (\lambda_s)^3\, \mathsf{E}(A_s)^3 < \infty. \tag{2}$$

Die Bedingung (2) ist z. B. erfüllt, wenn $A_s = \frac{A}{\lambda_s}$, $\mathsf{E}A = 1$, $\mathsf{V}A = c^2$, $\mathsf{E}(A^3) < 1$. Sei $N_s(t)$ die Anzahl der Forderungen zum Zeitpunkt t im System $GI/GI/s/\infty$, und $p_s = \mathsf{P}\big(N_s(\infty) \geqq s\big)$ die stationäre Wahrscheinlichkeit dafür, daß alle Bedienungsgeräte im System $GI/GI/s/\infty$ besetzt sind. Wir definieren

$$X_s(t) = \frac{N_s(t) - s}{\sqrt{s}}, \qquad t \geqq 0.$$

11.3.12. Satz. (HALFIN/WHITT (1981)). Sei Bedingung (2) erfüllt und $\lim\limits_{s\to\infty} (1 - \bar{\varrho}_s)\sqrt{s} = \beta > 0$. Dann gilt

(a) $\lim\limits_{s\to\infty} p_s = \mathsf{P}\big(X(\infty) \geqq 0\big) = p = \left(1 + \sqrt{2\pi}\, \beta'\Phi(\beta') \exp\left(\frac{(\beta')^2}{2}\right)\right)^{-1}$, wobei $\beta' = \frac{2\beta}{1 + c^2}$,

$\Phi(x)$ die Verteilungsfunktion der Standard-Normalverteilung und $(X(t), t \geqq 0)$ ein Diffusionsprozeß mit

$$\mathsf{E}X(t) = -\mu(t\mathbf{1}_{\mathbb{R}_-}(t) + \beta), \qquad \mathsf{V}X(t) = \mu(1 + c^2).$$

(b) Falls $X_s(0) \xrightarrow[d]{} X(0)$ für $s \to \infty$, dann gilt $X_s \underset{s\to\infty}{\Rightarrow} X$ in $\mathscr{D}[0, \infty)$.

(c) Es ist $X_s(\infty) \xrightarrow[d]{} X(\infty)$ mit

$$\mathsf{P}(X(\infty) \geqq 0) = \alpha, \qquad \mathsf{P}(X(\infty) > x \mid X(\infty) \geqq 0) = e^{-x\beta},$$

$$\mathsf{P}(X(\infty) \leqq x \mid X(\infty) \leqq 0) = \frac{\Phi(\beta' + x)}{\Phi(\beta')}, \qquad x \geqq 0.$$

11.3.2. Diffusionsapproximation

Explizite Lösungen für die stationären Verteilungen der Anzahl der Forderungen, der virtuellen Wartezeit und anderer Systemgrößen in Systemen GI/GI/s/N, $s < \infty$, $N \leqq \infty$, konnten bisher nicht gefunden werden. Deshalb sind Näherungen für diese Größen von Interesse. Oft werden die Systemgrößen von Systemen M/M/s/∞ oder GI/M/s/∞ als Näherung der entsprechenden Größen eines Systems GI/GI/s/∞ mit gleichen Intensitäten λ und μ genommen. Die dabei auftretenden Fehler können groß sein, besonders in Fällen, wenn die Variationskoeffizienten $v_B = \frac{\mathsf{V}B}{(\mathsf{E}B)^2}$ und/oder $v_A = \frac{\mathsf{V}A}{(\mathsf{E}A)^2}$ wesentlich von Eins verschieden sind.

Die Ergebnisse von [11.3.1] lassen erwarten, daß man den Prozeß der Anzahl der Forderungen im System durch einen Diffusionsprozeß (↑ [I, 3.4.2]) approximieren kann, wenn die Belastung des Systems hoch ist (heavy traffic). Vergleiche mit exakten Lösungen zeigen, daß bei geeignet gewählten Parametern und Randbedingungen die Diffusionsapproximation gute Näherungen liefert. Einige Ansätze sind hierbei heuristischer Natur und berücksichtigen allgemeine Vorstellungen über das Verhalten des zu approximierenden Prozesses. In [8.5.1] wurde bereits auf Probleme und Aufgaben bei der Anwendung der Diffusionsapproximation eingegangen. Ist ein Bedienungssystem gegeben, auf dessen Systemgrößen die Methode der Diffusionsapproximation angewendet werden soll, so hat man nach dem in [8.5.1] (Aufgaben (a) bis (d), Seite 403) beschriebenen Schema vorzugehen. Bekannte Ergebnisse über das System sollten dabei im Diffusionsansatz möglichst verwendet werden.

Wir beschränken uns im folgenden auf eine kurze Herleitung der Diffusionsapproximation für die stationäre Verteilung der Anzahl der Forderungen im System GI/GI/s/∞ und verweisen den interessierten Leser auf die Monographien Newell [1, 2, 3], in denen man ausführliche Literaturhinweise finden kann. Systeme mit beschränkter Warteplatzanzahl werden z. B. in den Arbeiten Sunaga/Kondo/Biswas (1978) und Kimura/Ohno/Mine (1979a, b) approximiert. Näherungen für den Prozeß $(W(t), t \geqq 0)$ der virtuellen Wartezeit wurden von Gaver (1968) für das System M/GI/1/∞ und von Heyman (1975) für das System GI/GI/1/∞ hergeleitet.

11.3.13. Beispiel (Halachmi/Franta (1978)). Betrachtet wird der Prozeß der Anzahl der Forderungen $(N(t), t \geqq 0)$ im System GI/GI/s/∞ mit den ersten beiden Momenten der Pausenzeit- und Bedienungszeitverteilungen $\mathsf{E}A = \frac{1}{\lambda} < \infty$, $\mathsf{E}B = \frac{1}{\mu} < \infty$, $\mathsf{V}A < \infty$, $\mathsf{V}B < \infty$. Sei

$P_n(t) = P(N(t) = t)$ die Wahrscheinlichkeit, daß zum Zeitpunkt t ($t \geqq 0$) genau n Forderungen im System sind; $n = 1, 2, \ldots$ Gesucht ist eine Approximation für die stationäre Zustandsverteilung

$$p_n = \lim_{t\to\infty} P_n(t), \qquad n = 1, 2, \ldots$$

Aufgabe (a): Der Prozeß $(N(t), t \geqq 0)$ wird durch einen Diffusionsprozeß $(X(t), t \geqq 0)$ approximiert, dessen Dichtefunktion

$$p(x, t)\,dx = P(x \leqq X(t) \leqq x + dx)$$

der folgenden Differentialgleichung genügt:

$$\frac{1}{2}\frac{\partial^2}{\partial x^2}(\sigma^2(x)\,p(x, t)) - \frac{\partial}{\partial x}(a(x)\,p(x,t)) = \frac{\partial}{\partial t}\,p(x, t). \tag{1}$$

Hierbei sind $a(x)$ der Erwartungswert und $\sigma^2(x)$ die Varianz der infinitesimalen Veränderung von $(X(t), t \geqq 0)$ im Punkt $X(t) = x$. Die Gleichung für den entsprechenden stationären Diffusionsprozeß mit der Dichtefunktion $p(x) = \lim_{t\to\infty} p(x, t)$ erhält man aus (1) durch den Grenzübergang $t \to \infty$:

$$\frac{1}{2}\frac{\partial^2}{\partial x^2}(\sigma^2(x)\,p(x)) - \frac{\partial}{\partial x}(a(x)\,p(x)) = 0. \tag{2}$$

Aufgabe (b): Wenn die Belastung $\bar{\varrho} = \frac{\lambda}{s\mu}$ des Systems nahe an Eins aber kleiner als Eins ist (heavy traffic), so sind alle Bedienungsgeräte fast immer besetzt, und der Abgangsprozeß der Forderungen kann als annähernd rekurrent angenommen werden. Wird weiterhin angenommen, daß Ankunfts- und Abgangsprozeß der Forderungen unabhängig sind, so können mit Hilfe der Erneuerungstheorie (↑ [I, 3.2]) und des zentralen Grenzwertsatzes (↑ I, S. 3.2.4.6) infinitesimaler Erwartungswert und Varianz des Prozesses $(N(t), t \geqq 0)$ und damit des approxim erenden Diffusionsprozesses $(X(t), t \geqq 0)$ bestimmt werden:

$$a(x) = \lambda - \min\{x, s\}\,\mu, \qquad \sigma^2(x) = \lambda^3 VA + \min\{x, s\}\,\mu^3 VB, \qquad x \geqq 0. \tag{3}$$

Da $N(t) \geqq 0$ ist, so soll auch $X(t) \geqq 0$ sein. Führt man für $(X(t), t \geqq 0)$ im Punkt $x = 0$ eine Reflektionsbarriere ein, so erfüllt $p(x)$ die Randbedingung

$$\frac{1}{2}\frac{\partial}{\partial x}(\sigma^2(x)\,p(x))\Big|_{x=0} - a(0)\,p(0) = 0. \tag{4}$$

Außerdem gilt

$$p(\infty) = 0, \qquad \frac{\partial p(x)}{\partial x}\Big|_{x=\infty} = 0. \tag{5}$$

Aufgabe (c): Die Diffusionsgleichung (2) hat unter Berücksichtigung der Bedingungen (3)—(5) die Lösung

$$p(x) = \begin{cases} g_1^* g_1(x), & 0 \leqq x \leqq s, \\ g_2^* g_2(x), & s \leqq x, \end{cases} \tag{6}$$

mit

$$g_1(x) = (\lambda^3 VA + x\mu^3 VB)^{u-1} \exp(-2x/(\mu^2 VB)),$$

$$g_2(x) = \exp(2x(\lambda - s\mu)/(s\mu^3 VB + \lambda^3 VA)),$$

$$u = 2\lambda\mu(\lambda^2 VA + \mu^2 VB)/(\mu^3 VB)^2.$$

Die Konstanten g_1^* und g_2^* werden aus der Normierungsbedingung

$$\int_0^\infty p(x)\,dx = g_1^* \int_0^s g_1(x)\,dx + g_2^* \int_s^\infty g_2(x)\,dx = 1 \tag{7}$$

und einer Gleichung bestimmt, die den stetigen Übergang der Lösung $p(x)$ durch den Punkt $x = s$ sichert. Dafür kommen die Gleichungen

$$g_1^* \int_{s-0,5}^{s+0,5} g_1(x)\,dx = g_2^* \int_{s-0,5}^{s+0,5} g_2(x)\,dx \tag{8}$$

oder

$$g_1^* g_1(s) = g_2^* g_2(s) \tag{9}$$

in Frage. Die Wahl der Bestimmungsgleichung (8) oder (9) kann nur durch die erzielten Erfolge begründet werden.

Aufgabe (d): Eine mögliche Näherung für die stationären Wahrscheinlichkeiten ist

$$\hat{p}_n = \int_{n-0,5}^{n+0,5} p(x)\,dx, \qquad n = 1, 2, \ldots \tag{10}$$

Numerische Vergleiche zeigen, daß $\hat{p}_n$ für Systeme mit hoher Belastung, aber $\bar{\varrho} < 1$, eine gute Näherung ist, bei $s > 1$ und $n = 0$ aber schlechte Ergebnisse liefert. Setzt man im Fall $s = 1$ $\hat{p}_0 = 1 - \bar{\varrho}$, so erhält man aus (6), (7) und (10) die Näherung

$$\hat{p}_n = \bar{\varrho}(1 - \hat{\varrho})\,\hat{\varrho}^{n-1}, \qquad n = 1, 2, \ldots, \tag{11}$$

mit $\hat{\varrho} = \exp\left(2(\lambda - \mu)/(\mu^3 VB + \lambda^3 VA)\right)$.

Sind v_A und v_B sehr von Eins verschieden, so gibt (11) eine gute Näherung, siehe auch Kobayashi (1974) und Reiser/Kobayashi (1974). Für Systeme GI/GI/1/∞ mit $v_A \sim 1$, $v_B \sim 1$ erweist sich die Näherung

$$\tilde{p}_n = \int_n^{n+1} p(x)\,dx = (1 - \hat{\varrho})\,\hat{\varrho}^n, \qquad n \geq 0,$$

besser als (11).

Für Systeme mit einer Belastung $\bar{\varrho}$, die wesentlich kleiner als Eins ist, erweist es sich oft als vorteilhaft, die Reflektionsbarriere des Diffusionsprozesses in einen Punkt $x = \delta < 0$ statt in $x = 0$ zu legen (Kimura/Ohno/Mine (1979a, b)), oder in $x = 0$ eine Absorptionsbarriere mit anschließendem Rücksprung in den Bereich $x > 0$ zu errichten (Gelenbe (1975), Gelenbe/Pujolle (1976)). Generell kann keiner der aufgezählten Methoden der Vorzug gegeben werden. Die Anwendbarkeit hängt jeweils von den Parametern des konkreten Systems ab. Man kann jedoch feststellen, daß die Diffusionsapproximation um so genauer wird, je mehr Information über das Verhalten des Systems in den Diffusionsansatz hineingesteckt werden kann.

11.4. Strukturaussagen für Abgangsprozesse

In Mehretappensystemen (↑ Kap. 7) oder in Bedienungsnetzwerken (↑ Kap. 8) ist der Abgangsprozeß eines Bedienungssystems gleichzeitig der Eingangsprozeß in ein anderes Bedienungssystem. Erweist sich der Abgangsprozeß als Erneuerungsprozeß oder sogar als Poisson-Prozeß, dann kann das nachfolgende System separat behandelt werden. Sind die Zwischenabgangsintervalle unkorreliert, dann kann eine Approximation durch einen rekurrenten Prozeß eine erste heuristische Näherung darstellen (Burke (1972), Eichhorn (1978), Raykov/Warmuth (1981)). Es besteht auch die Möglichkeit, aus Informationen über den Abgangsprozeß solche über den Eingangsprozeß und die Bedienungszeitverteilung zu gewinnen.

Es hängt vom Funktionsprinzip eines Bedienungssystems ab, ob die ankommenden Forderungen das System nur vollständig bedient oder auch in anderer Weise verlassen. Der Abgangsprozeß der bedienten, verlorenen oder beider Arten von Forderungen wird entsprechend als S-, L- bzw. S + L-Abgangsprozeß bezeichnet.

Alle in diesem Abschnitt auftretenden Bedienungssysteme haben ihre Arbeit in $t = -\infty$ begonnen (befinden sich im statistischen Gleichgewicht (↑ [11.1]).

11.4.1. Struktursätze für die Abgangsprozesse aus Verlustsystemen

11.4.1.1. Rekurrenz des S-Abgangsprozesses

(a) Der S-Abgangsprozeß eines M/GI/1/0 Systems ist ein Erneuerungsprozeß mit der Zwischenabgangsverteilung (vgl. z. B. Daley (1974))

$$D_1(x) = \int_0^x \left(1 - \exp\left(-\lambda(x-y)\right)\right) \mathrm{d}B(y).$$

Der S-Abgangsprozeß kann aber auch ein Erneuerungsprozeß sein, ohne daß $A(x)$ die Exponentialverteilung ist (Daley (1974)).

(b) Ist im GI/GI/1/0 System $B'(x)$ stetig und streng positiv auf $(0, \infty)$, dann ist der S-Abgangsprozeß nur dann ein Erneuerungsprozeß, wenn der rekurrente Eingangsprozeß ein Poisson-Prozeß ist (Schmidt (1967)).

(c) Im System GI/GI/1/0 ist der S-Abgangsprozeß genau dann ein Erneuerungsprozeß, wenn die Untätigkeitszeit und die Bedienungszeit unabhängig sind. Insbesondere ist der Abgangsprozeß eines GI/D/1/0-Systems rekurrent (Daley (1974)).

(d) Falls der S-Abgangsprozeß ein Erneuerungsprozeß ist, dann gilt entweder, daß die Menge $\mathscr{E}$ der Wachstumspunkte von $B(x)$ einelementig ist, d. h., die Bedienungszeit ist konstant, oder aber die Erneuerungsfunktion $H_A(x)$ erfüllt die Gleichung

$$H_A(u+z) - H_A(u) = H_A(y+z) - H_A(y)$$

für jedes $z \geqq 0$ und $B(x)$-fast alle Paare (u, y) aus $\mathscr{E}$ (Daley (1974)).

(e) Falls $B(0+) = 0$ und $\inf \mathscr{E} = 0$ ist (insbesondere also auch für die Exponentialverteilung), dann ist der S-Abgangsprozeß genau dann ein Erneuerungsprozeß, wenn der Eingangsprozeß ein Pseudo-Poisson-Prozeß mit geometrischer Gruppenanzahlverteilung ist (Daley (1974)).

(f) Falls der Eingangsprozeß ein Quasi-Poisson-Prozeß ($H_A(x)$ ist linear für jedes $x \geqq a$) mit $\inf \mathscr{E} > 0$, dann ist der S-Abgangsprozeß ein Erneuerungsprozeß (Daley (1974)).

11.4.1.2. Unkorreliertheit des S-Abgangsprozesses

(a) Für das System GI/M/1/0 ist der S-Abgangsprozeß genau dann unkorreliert, wenn $A^*(s)$ der Beziehung

$$(A^*)'(0)\,(A^*)'(1/\mu) = \big((1 - A^*(1/\mu))\,\mu\big)^2$$

genügt (Vlach (1971), Takacs (1972)).

(b) Im System GI/M/1/0 ist der S-Abgangsprozeß unkorreliert für alle(!) Exponentialverteilungen genau dann, wenn der Eingangsprozeß ein Poisson-Prozeß ist (Vlach (1971)). Für spezielle Exponentialverteilungen ist diese Bedingung hingegen nicht notwendig (Takacs (1972)).

11.4.1.3. Weitere Charakterisierungssätze

(a) Der S + L-Abgangsprozeß eines M/GI/s/0-Systems ist ein Poisson-Prozeß (Shanbhag/Tambouratzis (1973), Cohen [1]).

(b) Der Poissonsche Punktprozeß ist invariant gegenüber dem Durchgang durch das verallgemeinerte Erlangsche Modell (Fleischmann (1975)).

(c) Im System M/G/s/0 besitzt der stationäre S-Abgangsprozeß als Punktprozeß aufgefaßt die gleiche Verteilung wie der Punktprozeß, den man mit dem Eingangsprozeß der bedienten Forderungen des entsprechenden zeitlich umgekehrt ablaufenden stationären Erlangschen Bedienungsprozesses erhält (Mecke (1976)).

Für GI/GI/s/0-Systeme zeigen Iglehart/Whitt (1970 a, b) zentrale Grenzwertsätze für den Abgangsprozeß. Bei geeigneter Skalenänderung konvergiert der S-Abgangsprozeß eines SMP/M/1/0-Systems gegen einen Poisson-Prozeß, falls der Erwartungswert der Bedienungszeit entsprechend wächst (Tomko (1972)).

11.4.2. Struktursätze für die Abgangsprozesse aus Systemen mit unendlich vielen Bedienungsgeräten

Die bedienten Forderungen bilden einen Abgangsprozeß. Es werden in diesem Abschnitt Sätze angegeben, die diesen stochastischen Prozeß allgemein beschreiben oder sogar charakterisieren. Folgende Unabhängigkeitsforderungen werden benutzt:

(i) $(\mathring{T}_i)$ und (B_i) sind unabhängig,

(ii) (B_i) hat unabhängige und identisch verteilte Komponenten, d. h., $B_i(x) = B(x)$ für jedes x und i,

(iii) (B_i) hat de Finetti-äquivalente Komponenten, d. h., für jede endliche Indexfolge $j_1, \ldots, j_k$ mit $j_i \neq j_l$ falls $i \neq l$ hängt die gemeinsame Verteilung von $(B_{j_1}, \ldots, B_{j_k})$ nur von k ab, insbesondere gilt auch hier $B_i(x) = B(x)$.

Für Bedienungssysteme mit unendlich vielen Bedienungsgeräten gilt für die Abgangszeitpunkte $\tilde{T}_i = \mathring{T}_i + B_i$ (Verschiebung um die Bedienungszeit).

11.4.2.1. Abgangsprozesse mit Poissonschem Eingangsprozeß

(a) Der Abgangsprozeß eines M/GI/∞-Systems mit einem homogenen Poisson-Prozeß als Eingangsprozeß, (i) und (ii) ist ebenfalls ein homogener Poisson-Prozeß mit der gleichen Intensität (Doob [1], Riordan [1]). Von Ryll-Nardzewski (1954) wurde dieses Ergebnis auf bestimmte Systeme M/G/∞ ausgedehnt, indem er das gleiche Resultat unter der schwächeren Forderung (iii) bewies. Mirasol (1963) zeigte, daß bei inhomogenem Poissonschem Eingangsprozeß der Intensität $\lambda(t)$ unter (i) und (ii) der Abgangsprozeß ebenfalls Poissonscher Prozeß mit der Intensität $\int_0^\infty \lambda(t-u)\,\mathrm{d}B(u)$ ist. Dieses Ergebnis deutete Kendall (1964) als Überlagerung von Abgangsprozessen, die als Eingangsprozeß jeweils einen homogenen Poisson-Prozeß mit der Intensität $\lambda(t-u)\,\mathrm{d}B(u)$ hatten (vgl. auch Newell (1966a), zur Beweisvervollständigung siehe Shanbhag (1972) und Shanbhag/Tambouratzis (1973)).

(b) Der Abgangsprozeß eines M(t)/GI(t)/∞-Systems ist ein Poisson-Prozeß. Ist $\mathring{L}(t)$ die Anzahl der Eingangspunkte im Intervall $[0, t]$, so ergibt sich für die entsprechende Größe $\tilde{L}(t)$ des Abgangsprozesses $\mathsf{E}\tilde{L}(t) = \int_0^t B((t-u)/u)\,\mathrm{d}\mathsf{E}(\mathring{L}(u))$. Insbesondere für $\mathsf{E}\mathring{L}(t) = \lambda t$ und $B(x/t) = B(x)$ gilt dann $\mathsf{E}\tilde{L}(t) = \lambda \int_0^t B(u)\,\mathrm{d}u$ (Klimow [2]).

11.4.2.2. Weitere Ergebnisse

Anknüpfend an die aufgeführten Ergebnisse wurde eine Reihe von Bewegungsmodellen untersucht, die als spezielle G/G/∞-Systeme aufgefaßt werden können. Hier wird nur auf einige Arbeiten verwiesen: Rényi (1964), Brown (1968), (1969), (1970), (1972), Breiman (1963), Miller (1962), Hermann/Weiss (1962), Thedéen (1964), (1965), (1969), Newell (1966b), Fichtner (1975), (1976).

(a) Die Folge der sukzessiv verschobenen Punktprozesse (mit der Verteilung P) konvergiert schwach gegen eine Mischung stationärer Poissonscher Verteilungsgesetze, wenn P stationär, von endlicher Intensität und nicht gitterförmig ist (Dobruschin (1956), Thedéen (1967), Stone (1968)).

Hier schließt sich eine ganze Reihe von Verallgemeinerungen an, die als komplizierte Modelle G/G/∞ interpretiert werden können (vgl. Kerstan/Matthes/Mecke [1]).

(b) Sei G_P das erzeugende Funktional eines Punktprozesses (↑ I, Kap. 3). Sind P_1 und P_2 die Verteilungsgesetze des Eingangsprozesses bzw. Abgangsprozesses in einem G/GI/∞-System, dann gilt

$$\mathsf{G}_{\mathsf{P}_1}(\xi) = \mathsf{G}_{\mathsf{P}_2}(\xi * B)$$

mit $\xi * B(t) = \int_0^\infty \xi(t+x)\,\mathrm{d}B(x)$ für jedes ξ aus $\mathrm{L}(\mathsf{P}_2)$ (Vere-Jones (1968)). Hieraus ergeben sich auch entsprechende Beziehungen für die Momentenmaße (↑ I, Kap. 3).

(c) Für das stationäre M/GI/∞-System ist die gemeinsame Verteilung der Anzahl der Eingangs- und Abgangspunkte in einem Intervall unbegrenzt teilbar (Milne (1971)).

11.4.3. Struktursätze für Abgangsprozesse aus Wartesystemen

11.4.3.1. Rekurrenz des Abgangsprozesses

(a) Der Abgangsprozeß eines M/M/s-Systems ist für jedes s ein Poisson-Prozeß (Burke (1956), für $s = 1$ vgl. auch Morse (1955)). Mit diesem Ergebnis wurden Untersuchungen angeregt, die ähnliche Invarianzeigenschaften für andere Systeme zum Ziel haben. Jedoch zeigte schon Reich (1963), daß der Abgangsprozeß eines $E_2/E_2/1$-Systems nicht auch ein Erlang-2-Erneuerungsprozeß ist.

(b) Das einzige M/GI/1-System mit einem Poisson-Prozeß als Abgangsprozeß ist das System M/M/1 (Reich (1963)). Dieses Resultat gilt auch für LIFO-Disziplin und nichtunterbrechender Bedienung (Kelly (1976)).

(c) Der Abgangsprozeß eines M/GI/1-Systems mit LIFO-Disziplin und unterbrochener Bedienung ist ein Poisson-Prozeß (Doob [1], Kelly (1976)).

(d) Dafür, daß der Abgangsprozeß eines M/GI/1/∞-Systems ein Erneuerungsprozeß wird (unter der Bedingung $B''(x)$ existiert und ist auf $(0, \infty)$ stetig), ist notwendig, daß die Bedienungszeit exponentialverteilt ist (Finch (1959)).

(e) Das einzige System GI/M/1/∞ mit einem rekurrenten Abgangsprozeß ist das System M/M/1/∞ (Daley (1968)).

(f) Der Abgangsprozeß eines M/M(N)/1/∞-Systems (ein Modell, in dem die Ankünfte und Abgänge Elemente eines Geburts- und Todesprozesses sind mit dem Geburtsparameter λ und dem Todesparameter $k\mu$ bei k Forderungen im System) ist ein Poisson-Prozeß (Hadidi (1972)).

11.4.3.2. Unkorreliertheit des Abgangsprozesses

(a) Dafür, daß der Abgangsprozeß eines M/GI/1-Systems unkorreliert ist, ist notwendig, daß die Bedienungszeit exponentialverteilt ist; damit ist der Abgangsprozeß auch rekurrent (Daley (1968)).

Der Abgangsprozeß eines GI/M/1-Systems kann jedoch unkorreliert sein, ohne daß er ein Erneuerungsprozeß ist:

(b) Dafür, daß der Abgangsprozeß unkorreliert ist, ist notwendig und hinreichend, daß $\varrho = \delta$, $\delta \in [0, 1)$, einzige Wurzel von $\delta = A^*(\mu(1 - \delta))$ ist (Daley (1968)).

11.4.3.3. Weitere Ergebnisse

Der Abgangsprozeß eines M(N)/M/1/∞-Systems (ein Modell, in dem die Ankünfte und Abgänge Elemente eines Geburts- und Todesprozesses sind mit dem Geburtsparameter $\lambda/(k + 1)$ und dem Todesparameter μ bei k Forderungen im System) ist nicht nur kein Poisson-Prozeß, sondern aufeinanderfolgende Zwischenabgangsintervalle sind abhängig (Hadidi (1974)).

Nach hinreichend großer Zeit stellen die Eigenschaften eines M/GI/1/∞-Systems gute Näherungen für ein System G/GI/1/∞ dar, wobei der Eingangsprozeß gleich dem Abgangsprozeß einer Reihenschaltung von Bedienungssystemen mit rekurrentem Eingangsprozeß und einer großen Anzahl von Bedienungsgeräten ist (DOBRUSCHIN (1956), VERE-JONES (1966), (1968)).

Für das stationäre System M/M/1/∞ ist die gemeinsame Verteilung der Anzahl der Eingangs- und Abgangspunkte in einem Intervall nicht unbegrenzt teilbar (DALEY (1972)).

Zentrale Grenzwertsätze für Abgangsprozesse von GI/GI/s/∞-Systemen geben IGLEHART/WHITT (1970a, b) an.

DEBES/ZÄHLE (1978) charakterisieren mehrere Bedienungssysteme M/G/1/∞, die den Poisson-Prozeß invariant lassen.

11.4.4. Struktursätze für Abgangsprozesse aus Warte-Verlust-Systemen

11.4.4.1. Rekurrenz des S-Abgangsprozesses

(a) Für das System D/GI/1/n ($1 \leqq n < \infty$) gilt unter der Bedingung $\mathsf{P}(B_k \geqq 1/\lambda) = 1$, daß der S-Abgangsprozeß rekurrent ist (DALEY (1976)).

(b) Unter der Bedingung, daß $B''(x)$ existiert und auf $(0, \infty)$ stetig ist, ist M/M/1/∞ das einzige System M/GI/1/n ($n \geqq 1$) mit rekurrentem Abgangsprozeß.

(c) Ein System M/GI/1/n besitzt als Abgangsprozeß genau dann einen Erneuerungsprozeß, wenn eine der folgenden Bedingungen erfüllt ist:

(i) $n = 1$ und konstante Bedienungszeit (s. a. KING (1971)),

(ii) $n = \infty$ und die Bedienungszeit ist exponentialverteilt,

(iii) $B(x) = \delta_0(x)$,

(iv) $n = 0$.

Hierbei ist $D_1(x)$ in (iii) und (ii) die Exponentialverteilung, in (iv) die Faltung von $B(x)$ mit der Eingangs-Exponentialverteilung, in (i) die Mischung der δ-Verteilung der Bedienungszeit mit der Faltung dieser Verteilung und der Eingangs-Exponentialverteilung mit dem Mischungsfaktor $\exp(-\lambda/\mu)$ (DISNEY/FARRELL/DE MORAIS (1973)).

Für das System M/GI/1/n gilt weiterhin, daß der S-Abgangsprozeß genau dann ein Erneuerungsprozeß ist, wenn D_1 unabhängig von der Schlangenlänge im Abgangszeitpunkt $\tilde{T}_1$ ist (oder, was dazu äquivalent ist, D_k unabhängig von $\tilde{T}_k$ für alle k ist). Als Folgerung ergibt sich hieraus, daß das System M/GI/1/n genau dann einen Poisson-Prozeß als Abgangsprozeß hat, wenn (iii) oder (ii) gilt (Umkehrung des Satzes von Burke).

(d) Ein stationäres GI/GI/1/1-System besitzt als S-Abgangsprozeß einen Erneuerungsprozeß, falls D_1 unabhängig von D_2 ist. Ein stationäres GI/GI/s/n-System besitzt als S-Abgangsprozeß einen Erneuerungsprozeß, falls D_1, D_2 und D_3 unabhängig sind (DISNEY/FARRELL/DE MORAIS (1973), vgl. auch SHANBHAG/SHARMA (1972)).

(e) Das System GI/D/s/n hat einen rekurrenten Abgangsprozeß, falls $\mathsf{P}(A_k \geqq B/s) = 1$ erfüllt ist (DALEY (1976)).

(f) Die Systeme M/M/1/0 und M/M/1/∞ sind die einzigen Systeme GI/M/1/n mit einem Erneuerungsprozeß als S-Abgangsprozeß (LASLETT (1975)).

11.4.4.2. Unabhängigkeit aufeinanderfolgender Abgangsintervalle

Es existieren stationäre M/GI/1/n-Systeme ($1 < n < \infty$), in denen D_0 und D_1 unabhängig, hingegen D_0 und D_2 abhängig sind.

(a) D_k und D_{k+1} sind in einem System M/GI/1/n ($n \geqq 1$) genau dann unabhängig, wenn eine der folgenden Bedingungen gilt:

(i) $n = 1$ und die Bedienungszeit ist konstant,

(ii) $n = \infty$ und die Bedienungszeit ist exponentialverteilt,

(v) $n = 2, 3, \ldots$ und für Konstanten ξ, k_2, γ gilt

$$B(y) = 0 \qquad \text{für} \qquad y \leqq \xi$$

und

$$B'(y) = k_1 \exp\left(-k_2(y - \xi)\right)\left(1 - \exp\left(-\lambda(y - \xi)\right)\right)^{-(1-\gamma)k_2} \qquad \text{für} \qquad y > \xi.$$

Dabei bedeuten die Konstanten

$$k_1 = \lambda\Gamma(1 + \gamma k_2)/\left(1 - (1 - \gamma)\, k_2\right)\Gamma(k_2),$$

$$k_2 = 1/(1 - \pi_0), \qquad \gamma = \exp(-\lambda\xi) = \pi_0(1 - \pi_0)/\pi_1$$

(Daley/Shanbhag (1975), zur Existenz der Konstanten vgl. auch Disney/Farrell/de Morais (1973)). Die zufällige Bedienungszeit mit der in (v) beschriebenen Verteilung ist stochastisch äquivalent mit der Zufallsgröße $-(\ln Z + \ln \gamma)/\lambda$, wobei Z beta-verteilt ist mit $p = k_2$ und $q = 1 - (1 - \gamma)\, k_2$ (Gerlach/Warmuth (1978)).

(b) (D_k, D_{k+1}) und (D_k, D_{k+2}) sind genau dann Paare unabhängiger Zufallsgrößen, wenn entweder (i) oder (ii) gilt, wo dann auch alle (D_k) untereinander unabhängig sind (Daley/Shanbhag (1975)).

11.4.4.3. Der S + L-Abgangsprozeß

(a) Der S + L-Abgangsprozeß eines M/M/1/n-Systems ist ein Poisson-Prozeß (Finch (1959)).

Die folgenden Aussagen beziehen sich auf ein Modell M(N)/M(N)/s/n, in dem die Ankünfte und Abgänge Elemente eines Geburts- und Todesprozesses sind, mit dem Geburtsparameter $\lambda_k = \lambda(1 - p_{v,k})$ und dem Todesparameter

$$\mu_k = \begin{cases} k\nu_k + p_{v,k}, & 1 \leqq k \leqq s, \\ s\nu_n + p_{v,k}, & s < k < s + n, \end{cases}$$

bei k Forderungen im System ($p_{v,k}$ — Verlustwahrscheinlichkeit, ν_k — Bedienungsrate bei k Forderungen im System) (Natvig (1975a, b)).

(b) Unter $s + n > 1$ ist notwendig und hinreichend dafür, daß der Eingangsprozeß identisch mit dem S-Abgangsprozeß ist, die Bedingung $s + n = \infty$, $\lambda_k = \lambda_0$, $k \geqq 1$, d. h., der S-Abgangsprozeß ist ein Poisson-Prozeß mit dem Parameter λ_0.

(c) Unter $s = 1$ und $n = 0$ sind der Eingangsprozeß und der S-Abgangsprozeß einem Erneuerungsprozeß gleich, der nicht ein Poisson-Prozeß sein muß. Für den Erneuerungsprozeß wird die L.-T. seiner Abstandsverteilung angegeben.

(d) Unter $s + n > 1$ ist notwendig und hinreichend dafür, daß der Eingangsprozeß identisch dem S+L-Abgangsprozeß ist (die vorzeitig abgegangenen Forderungen werden hierbei nicht gezählt), die Bedingung $s + n = \infty$, $\lambda_k = \lambda_0$ für $s + n \geqq k \geqq 1$, d. h., der Abgangsprozeß ist ein Poisson-Prozeß mit dem Parameter λ_0.

(e) Unter $s = 1$ und $n = 0$ sind der Eingangsprozeß und der S + L-Abgangsprozeß einem Erneuerungsprozeß gleich, der nicht Poissonsch sein muß. Für den Erneuerungsprozeß wird die L.-T. seiner Abstandsverteilung angegeben.

(f) Der S + L-Abgangsprozeß ist genau dann mit dem Eingangsprozeß identisch, wenn beide Poisson-Prozesse sind (vgl. auch Boes (1969)). Das Modell von Boes fällt mit dem Spezialfall des Natvig-Modells

$$\lambda_k = \begin{cases} \lambda, & 0 \leqq k \leqq s - 1, \\ \lambda(1 - \xi), & s \leqq k < s + n, \\ 0, & k = s + n \end{cases} \qquad \mu_k = \begin{cases} k\nu, & 1 \leqq k \leqq s, \\ s\nu + (k - s)\gamma, & s < k \leqq s + n, \end{cases}$$

zusammen. Für $n = \infty$ vgl. man auch Venter/Swanepoel (1971).

(g) Für das System GI/M/s/0 und die Ablehnwahrscheinlichkeit q_k bei k besetzten Bedienungsgeräten ($q_s = 1$) ist der L-Abgangsprozeß nur im Fall $q_k = 0$ ($k < n$) rekurrent (Linhart (1964)).

11.4.4.4. Weitere Ergebnisse

(a) Die gemeinsame Verteilung der Eingangs- und Abgangspunkte in einem Intervall des Modells M(N)/M(N)/s/n ist genau dann unbegrenzt teilbar, wenn $s + n = \infty$, $\lambda_k = \lambda_0$ und $\mu_k = k\mu$ für $k \geqq 1$, d. h., wenn das System M/M/∞ vorliegt (siehe auch Milne (1971)). Natvig (1977) zeigte, daß die Eingangs- und Abgangsprozesse umkehrbar sind, falls die verlorenen Forderungen weder zum Eingangsprozeß noch zum Abgangsprozeß oder zu beiden gerechnet werden.

(b) Die Verteilung der Zwischenabgangszeiten in (v) ist unbegrenzt teilbar (Gerlach/Warmuth (1978)).

(c) Die gemeinsame Verteilung der Anzahlen der Eingangs- und Abgangspunkte in einem Intervall für das System M/GI/s/n ist für $s = \infty$ unbegrenzt teilbar (Shanbhag (1973)).

12. Literaturverzeichnis

12.1. Lehrbücher, Monographien und Tafelwerke

AGOSTHÁZI, M., G. GOSZTONY und E. UXA [1]: Engset Charts. Budavox telecommunication review, Budapest 1973.

ARTAMONOW, G. T., und O. M. BRECHOW (Артамонов Г. Т., Брехов О. М.) [1]: Аналитические вероятностные модели функционирования ЭВМ. Энергия, Москва 1978.

AWEN, O. I., und J. A. KOGAN (Авен О. И., Коган Я. А.) [1]: Управление вычислительным процессом в ЭВМ. Энергия, Москва 1978.

BALBO, G., und S. C. BRUELL [1]: Computational Algorithms for Single and Multiple Class Queueing Network Models. Series on Programming and Operating Systems. Elsevier/North Holland Publ. Comp., New York 1980.

BARLOW, R. E., und F. PROSCHAN [1]: Mathematical Theory of Reliability. J. Wiley & Sons, New York 1965.

— [2]: Statistische Theorie der Zuverlässigkeit. Akademie-Verlag, Berlin 1978 (engl. Originalausgabe: Statistical Theory of Reliability and Life Testings (Probability Models). Holt, Rinehart and Winston, New York/London 1975).

BASCHARIN, G. P. (Башарин Г. П.) [1]: Таблицы вероятностей и средных квадратических отклонений потерь на полнодоступном нучке линий. Изд. АН СССР, Москва 1962.

BASCHARIN, G. P., A. D. CHARKEWITSCH und M. A. SCHNEPS (Башарин Г. П., Харкевич А. Д., Шнепс М. А.) [1]: Массовое обслуживание в телефонии. Наука, Москва 1968.

BELLMAN, R. [1]: Dynamic Programming. Princeton University Press, Princeton 1957.

BENEŠ, V. E. [1]: Mathematical Theory of Connecting Networks and Telephone Traffic. J. Wiley & Sons, New York 1964.

BHARUCHA-REID, A. T. [1]: Elements of the Theory of Markov Processes and their Applications. McGraw Hill, New York/Toronto/London 1960.

BILLINGSLEY, P. [1]: Statistical Inference for Markov Processes. University of Chicago Press, Chicago 1961.

— [2]: Convergence of Probability Measures. J. Wiley & Sons, New York/London/Sydney 1968.

BOLSCHEW, L. N., und N. W. SMIRNOW (Большев Л. Н., Смирнов Н. В.) [1]: Таблицы математической статистики. Наука, Москва 1965.

BOROWKOW, A. A. (Боровков А. А.) [1]: Вероятностьные процессы в теории массового обслуживания, Наука, Москва 1972 (engl. Übersetzung: BOROVKOV, A. A.: Random Processes in Queueing Theory. Springer-Verlag, Berlin/Heidelberg/New York 1976).

— [2]: Wahrscheinlichkeitstheorie. Akademie-Verlag, Berlin 1976 (russ. Originalausgabe: Курс теории вероятностей. Наука, Москва 1976).

— [3]: Асимптотические методы теории массового обслуживания. Наука, Москва 1980.

BRÉMAUD, P. [1]: Point Processes and Queues: Martingale Dynamics. Springer-Verlag, Berlin/Heidelberg/New York 1981.

BRILLINGER, D. R. [1]: Time Series: Data Analysis and Theory. Holt, Rinehard and Winston, New York/London 1975.

BRODI, S. M., und I. A. POGOSJAN (Броди С. М., Погосян И. А.) [1]: Вложенные стохастические процессы в теории массового обслуживания. Наукова думка, Киев 1973.

BRONSTEIN, O. I., und I. M. DUCHOWNY (Бронштейн О. И., Духовный И. М.) [1]: Модели приоритетного обслуживания в информационно-вычислительных системах. Наука, Москва 1976.

BRUELL, S. C., und G. BALBO [1]: Computational Algorithms for Closed Queueing Networks. North-Holland Publ. Comp., Amsterdam/New York 1980.

Buslenko, N. P., W. W. Kalaschnikow und I. N. Kowalenko (Бусленко Н. П., Калашников В. В., Коваленко И. Н.) [1]: Лекции по теории сложных систем. Советское радио, Москва 1973.

Buslenko, W. N. (Бусленко В. Н.) [1]: Автоматизация имитационного моделирования сложных систем. Наука, Москва 1977.

Butterworth, R. W., und K. T. Marshall [1]: A Survey of Renewal Theory with Emphasis on Approximations, Bounds and Applications. Naval Postgratuate School, Montrerey (Calif.) 1964.

Chintschin, A. J. (Хинчин А. Я.) [1]: Работы по математической теории массового обслуживания. Физматгиз, Москва 1963.

— [2]: Mathematical Methods in the Theory of Queueing. Griffin, London 1960.

Chow, Y. S., H. Robbins und D. Siegismund [1]: Great Expectations: The Theory of Optimal Stopping. Houghton Mifflin Comp., Boston 1971.

Çinlar, E. [1]: Introduction to Stochastic Processes. Prentice-Hall, Englewood Cliffs (New Jersey) 1975.

Coffman, E. G., und P. J. Denning [1]: Operating System Theory. Prentice-Hall, Englewood Cliffs (New Jersey) 1973.

Cohen, J. W. [1]: The Single Server Queue. North-Holland Publ. Comp., Amsterdam/London 1969.

— [2]: On Regenerative Processes in Queueing Theory. Lecture Notes in Economics and Math. Systems, vol. 121. Springer-Verlag, Berlin/Heidelberg/New York 1976.

Conolly, B. W. [1]: Lecture Notes on Queueing Systems. Ellis Norwood Limited Publisher, Chichester 1975.

Conway, R. W., W. L. Maxwell und L. W. Miller [1]: Theory of Scheduling. Addison-Wesley, Reading (Mass.) 1967.

Cooper, R. B. [1]: Introduction to Queueing Theory. (2. Aufl.) Elsevier/North Holland Publ. Comp., New York/Oxford 1981.

Courtois, P. J. [1]: Decomposability, Queueing and Computer System Applications. Academic Press, London 1977.

Cox, D. R. [1]: Erneuerungstheorie. Oldenburg-Verlag, München/Wien 1966 (engl. Originalausgabe: Renewal Theory. Methuen, London 1962).

Cox, D. R., und P. A. W. Lewis [1]: The Statistical Analysis of Series of Events. Methuen, London; J. Wiley & Sons, New York 1966.

Crane, M. A., und A. J. Lemoine [1]: An Introduction to the Regenerative Method for Simulation Analysis. Lecture Notes in Control and Information Sciences, vol. 4. Springer-Verlag, Berlin/Heidelberg/New York 1977.

Derman, C. [1]: Finite State Markovian Decision Processes. Academic Press, New York 1970.

Doob, J. L. [1]: Stochastic Processes. J. Wiley & Sons, New York 1953.

Dynkin, E. B. (Дынкин Е. Б.) [1]: Markov Processes, I, II. Springer-Verlag, Berlin 1965 (russ. Originalausgabe: Марковские процессы. Физматгиз, Москва 1963).

Dynkin, E. B., und A. A. Juschkewitsch (Дынкин Е. Б., Юшкевич А. А.) [1]: Sätze und Aufgaben über Markoffsche Prozesse. Springer-Verlag, Berlin/Heidelberg/New York 1969 (russ. Originalausgabe: Теоремы и задачи о процессах Маркова. Наука, Москва 1967).

Feller, W. [1]: An Introduction to Probability Theory and its Applications, vol. I (3. Aufl.). J. Wiley & Sons, New York 1968.

— [2]: An Introduction to Probability Theory and its Applications, vol. II (2. Aufl.). J. Wiley & Sons, New York 1971.

Frank, M., und P. Lorenz [1]: Simulation diskreter Prozesse. VEB Fachbuchverlag, Leipzig 1979.

Franken, P., D. König, U. Arndt und V. Schmidt [1]: Queues and Point Processes. Akademie-Verlag, Berlin 1981; J. Wiley & Sons, New York 1982.

Gantmacher, F. R. (Гантмахер Ф. Р.) [1]: Matrizenrechnung. Teil I u. II. VEB Deutscher Verlag der Wissenschaften, Berlin 1958, 1959 (russ. Originalausgabe: Теория матриц, Изд. техн.-теор. лит., Москва 1954).

Gichman, I. I., und A. W. Skorochod (Гихман И. И., Скороход А. В.) [1]: Теория случайных процессов, том 1. Наука, Москва 1971. (engl. Übersetzung: Gihman, I. I., and A. V. Skorohod: The Theory of Stochastic Processes I. Springer-Verlag, Berlin/Heidelberg/New York 1974).

— [2]: Теория случайных процессов, том 2. Наука, Москва 1973 (engl. Übersetzung: Gihman, I. I., and A. V. Skorohod: The Theory of Stochastic Processes II. Springer-Verlag, Berlin/Heidelberg/New York 1975).

— [3]: Теория случайных процессов, том 3. Наука, Москва 1975 (engl. Übersetzung: GIHMAN, I. I., and A. V. SKOROHOD: The Theory of Stochastic Processes III. Springer-Verlag, Berlin/Heidelberg/New York 1979).

GIRLICH, H.-J. [1]: Diskrete stochastische Entscheidungsprozesse. Math.-Nat. Bibliothek, Bd. 57. Teubner-Verlag, Leipzig 1973.

GNEDENKO, B. W., J. K. BELJAJEW und A. D. SOLOWJEW (Гнеденко Б. В., Беляев Ю. К., Соловьев А. Д.) [1]: Mathematische Methoden der Zuverlässigkeitstheorie, Band I u. II. Akademie-Verlag, Berlin 1968 (russ. Originalausgabe: Математические методы в теории надежности. Наука, Москва 1965).

GNEDENKO, B. W., E. A. DANIELJAN, B. N. DIMITROW, G. P. KLIMOW und W. F. MATWEJEW (Гнеденко Б. Б., Даниелян Э. А., Димитров Б. Н., Климов Г. П., Матвеев Б. Ф.) [1]: Приоритетные системы обслуживания. Изд. МГУ, Москва 1973.

GNEDENKO, B. W., und I. N. KOWALENKO (Гнеденко Б. В., Коваленко И. Н.) [1]: Einführung in die Bedienungstheorie (2. Aufl.). Akademie-Verlag, Berlin 1974 (russ. Originalausgabe: Введение в теорию массового обслуживания. Наука, Москва 1966).

GROSS, D., und C. M. HARRIS [1]: Fundamentals of Queueing Theory. J. Wiley & Sons, New York/London/Sidney/Toronto 1974.

HOWARD, R. A. [1]: Dynamic Programming and Markov Processes. M.I.T. Press, Cambridge 1960.

— [2]: Dynamic Probabilistic Systems. II: Semi-Markov and Decision Processes. J. Wiley & Sons, New York 1971.

IGLEHART, D. L., und G. S. SHEDLER [1]: Regenerative Simulation of Response Times in Networks of Queues. Lecture Notes in Control and Information Sciences, vol. 26. Springer-Verlag, Berlin/Heidelberg/New York 1980.

IWANOW, G. A. (Иванов Г. А.) [1]: Длина очереди приоритетных систем обслуживания в нестационарном режиме. Изд. МГУ, Москва 1976.

JAISWAL, N. [1]: Priority Queues. Academic Press, New York 1968.

JUDIN, D. B., und E. G. GOLSTEIN (Юдин Д. Б., Гольштейн Е. Г.) [1]: Lineare Optimierung I. Akademie-Verlag, Berlin 1968 (russ. Originalausgabe: Задачи и методы линейного программирования. Советское радио, Москва 1961).

KALASCHNIKOW, W. W. (Калашников В. В.) [1]: Качественный анализ поведения сложных систем методом пробных функций. Наука, Москва 1978.

KARLIN, S. [1]: A First Course in Stochastic Processes. Academic Press. New York/London 1968.

KAUFMANN, A., und R. CRUON [1]: Les phenomenes d'attente. Dunod, Paris 1961.

KELLY, F. P. [1]: Reversibility and Stochastic Networks. J. Wiley & Sons, Chichester/New York/Brisbane/Toronto 1979.

KERSTAN, J., K. MATTHES und J. MECKE [1]: Unbegrenzt teilbare Punktprozesse. Akademie-Verlag, Berlin 1974.

KINGMAN, J. F. C. [1]: On the Algebra of Queues. Methuen, London 1966.

KLEINROCK, L. [1]: Queueing Systems, vol. I: Theory. J. Wiley & Sons, New York/London/Sydney/Toronto 1975.

— [2]: Queueing Systems, vol. II: Computer Applications. J. Wiley & Sons, New York/London/Sydney/Toronto 1976.

KLIMOW, G. P. (Климов Г. П.) [1]: Стохастические системы обслуживания. Наука, Москва 1966.

— [2]: Bedienungsprozesse. Akademie-Verlag, Berlin 1978.

KÖNIG, D., K. MATTHES und K. NAWROTZKI [1]: Verallgemeinerungen der Erlangschen und Engsetschen Formeln. Akademie-Verlag, Berlin 1976.

— [2]: Unempfindlichkeitseigenschaften von Bedienungsprozessen. Anhang zu: GNEDENKO, B. W., und I. N. KOWALENKO: Einführung in die Bedienungstheorie. Akademie-Verlag, Berlin 1971; 2. Aufl. 1974.

KÖNIG, D., und D. STOYAN [1]: Methoden der Bedienungstheorie. Akademie-Verlag, Berlin 1976,

KOROLJUK, W. S., und A. F. TURBIN (Королюк В. С., Турбин А. Ф.) [1]: Полумарковские процессы и их приложения. Наукова Думка, Киев 1976.

KOSTEN, L. [1]: Stochastic Theory of Service Systems. Pergamon Press, Oxford/New York/Toronto/Sydney/Braunschweig 1973.

KOWALENKO, I. N. (Коваленко И. Н.) [1]: Исследования по анализу надежности сложных систем. Наукова думка, Киев 1975.

KRAMPE, H., J. KUBAT und W. RUNGE [1]: Bedienungsmodelle. Verlag Die Wirtschaft, Berlin 1974.

KÜHN, P. [1]: Tables on Delay Systems. Institut für Nachrichtenvermittlung und Datenverarbeitung, Universität Stuttgart, 1976.

LANGROCK, P., und W. JAHN [1]: Einführung in die Theorie der Markowschen Ketten und ihre Anwendungen. Teubner-Verlag, Leipzig 1979.
LE GALL, P. [1]: Les systèmes avec ou sans attente et les processus stochastiques. Dunod, Paris 1962.
LIFSCHIZ, B. S., und J. W. FIDLIN (Лифшиц Б. С., Фидлин Я. В.) [1]: Системы массового обслуживания с конечным числом источников. Связь, Москва 1968.
LOEVE, M. [1]: Probability theory. I. Springer-Verlag, New York/Heidelberg/Berlin 1977.
— [2]: Probability theory. II. Springer-Verlag, New York/Heidelberg/Berlin 1978.
LUKIN, A. I. (Лукин А. И.) [1]: Системы массового обслуживания. Анализ систем массового обслуживания с отказами в военной практике. Воениздат, Москва 1980.
MANDL, P. [1]: Analytical Treatment of One-dimensional Markov Processes. Akademia, Prague; Springer-Verlag, Berlin/Heidelberg/New York 1968.
MEYER, K. H. F. [1]: Wartesysteme mit variabler Bedienungsrate. Lecture Notes in Economics and Mathematical Systems, vol. 61. Springer-Verlag, Berlin/Heidelberg/New York 1971.
MINE, H., und S. OSAKI [1]: Markovian Decision Processes. Elsevier, New York 1970.
MÜLLER, P. H. (Hrsg.) [1]: Wahrscheinlichkeitsrechnung und mathematische Statistik, Lexikon der Stochastik (4., ber. Aufl.). Akademie-Verlag, Berlin 1982.
MÜLLER, P. H., P. NEUMANN und R. STORM [1]: Tafeln der mathematischen Statistik (2. Aufl.). VEB Fachbuchverlag, Leipzig 1975.
MÜLLER, P. H., und V. NOLLAU (Hrsg.): Steuerung stochastischer Prozesse. Akademie-Verlag, Berlin, 1984.
NEWELL, G. F. [1]: Applications of Queueing Theory. Chapman and Hall, London 1971.
— [2]: Approximate Stochastic Behaviour of n-Server Service Systems with Large n. Lecture Notes in Economics and Mathematical Systems, vol. 87. Springer-Verlag, Berlin/Heidelberg/New York 1973.
— [3]: Approximate Behaviour of Tandem Queues. Lecture Notes in Economics and Mathematical Systems, vol. 171. Springer-Verlag, Berlin/Heidelberg/New York 1979.
NOLLAU, V. [1]: Semi-Markovsche Prozesse. Akademie-Verlag, Berlin 1980.
OBERHETTINGER, F. [1]: Tabellen zur Fouriertransformation. Springer-Verlag, Berlin/Göttingen/Heidelberg 1957.
OBERHETTINGER, F., und L. BADII [1]: Tables of Laplace Transforms. Springer-Verlag, New York/Heidelberg/Berlin 1973.
OBRETENOW, A. A., B. N. DIMITROW und E. A. DANIELJAN (Обретенов А. А., Димитров Б. Н., Даниелян Э. А.) [1]: СМО с приоритетами. Наука и изкуство, София 1973.
PAGE, E. [1]: Queueing Theory in OR. Butterworths, London 1972.
POLLACZEK, F. [1]: Problèmes stochastique posès par le phénomène de formation d'une queue d'attente a un guichet et par des phénomènes apparentes. Memorial des science mathématiques, fasc. 136. Gauthier-Villars, Paris 1957.
— [2]: Théorie analytique des problèmes stochastiques relativs à un groupe de ligne téléphoniques avec dispositif d'attente. Gauthier-Villars, Paris 1961.
PONTRJAGIN, L. S., V. G. BOLTJANSKIJ, R. V. GAMKRELIDZE und E. F. MISCHTSCHENKO (Понтрягин Л. С., Болтянский В. Г., Гамкрелидзе Р. В., Мищенко Е. Ф.) [1]: Mathematische Theorie optimaler Prozesse. VEB Deutscher Verlag der Wissenschaften, Berlin 1964 (russ. Originalausgabe: Математическая теория оптимальных процессов. Физматгиз, Москва 1961).
PRABHU, N. U. [1]: Queues and Inventories. J. Wiley & Sons, New York 1965.
RIORDAN, J. [1]: Stochastic Service Systems. J. Wiley & Sons, New York 1962.
ROSENBLIT, P. J. (Розенблит П. Я.) [1]: Статистические оценивание характеристик надежности и эффективности сложных систем. Зинатне, Рига 1979.
ROSS, S. M. [1]: Applied Probability Models with Optimization Applications. Holden-Day, San Francisco (Calif.) 1970.
RUBAS, J. [1]: Table of the Engset Loss Formulae. Melbourne 1969.
RYKOW, W. W. (Рыков В. В.) [1]: Управляемые случайные процессы и системы (дискретное время). Изд. Московского института нефтехимической и газовой промышленности им. И. М. Губкина, Москва 1977.
SAATY, T. L. [1]: Elements of Queueing Theory with Applications. McGraw Hill, New York/Toronto/London 1961.
SCHASSBERGER, R. [1]: Warteschlangen. Springer-Verlag, Wien/New York 1973.
SCHIRJAJEW, A. N. (Ширяев А. Н.) [1]: Статистический последовательный анализ. Наука, Москва 1976.
SCHNEPS, M. A. (Шнепс М. А.) [1]: Численные методы теории телетрафика. Связь, Москва 1974.

Siemens-Tabellen [1]: Telephone Traffic Theory. Tables and Charts. Siemens AG, Berlin/München 1970.

Spremann, K., und P. Gessner [1]: Konstruktive Optimierung dynamischer und stochastischer Prozesse. Mathematical Systems in Economics, vol. 8, Verlag Anton Hain, Meisenheim/Glan 1973.

Störmer, H. [1]: Mathematische Theorie der Zuverlässigkeit (2. Aufl.). Akademie-Verlag, Berlin 1983.

Störmer, H., E. Behlendorff, N. Bininda, G. Bretschneider, E. Hoffmann und H. Suchlandt [1]: Verkehrstheorie. Oldenbourg-Verlag, München/Wien 1966.

Stoyan, D. [1]: Qualitative Eigenschaften und Abschätzungen stochastischer Modelle. Akademie-Verlag, Berlin 1977.

Suzuki, T. [1]: Table of the Erlang Loss Formula. Telefonaktiebolaget LM Ericsson, Stockholm 1954.

Syski, R. [1]: Introduction to Congestion Theory in Telephone Systems. Oliver and Boyd, Edinburgh/London 1960.

Takács, L. [1]: Introduction to the Theory of Queues. Oxford University Press, New York 1962.

Zacks, S. [1]: The Theory of Statistical Inference. J. Wiley & Sons, New York/London/Sydney/Toronto 1971.

12.2. Kapitelliteraturverzeichnis

12.2.1. Literatur zu Kapitel 1

Bascharin, G. P., und W. A. Kokotuschkin (Башарин Г. П., Кокотушкин В. А.) (1971): Об условиях усиленного статистического равновесия для сложных систем массового обслуживания. Пробл. перед. информ. 7, 3, 67—75.

Beneš, V. E. (1959): On trunks with negative exponential holding times serving a renewal process. Bell System Techn. J. 38, 211—258.

Bokutschawa, I. T (Бокучава И. Т.) (1967): Исследование последовательных систем массового обслуживания. Сообщ. АН Груз. ССР 47, 541—544.

Bokutschawa, I. T., N. K. Donadse und N. I. Geldiaschwili (Бокучава И. Т., Донадзе Н. К., Гелдиашвили Н. И.) (1969): О выходящем потоке системы с потерями. Сообщ. АН Груз. ССР 53, 37—40.

Brumelle, S. L. (1978): A generalization of Erlang's loss system to state dependent arrival and service rates. Math. Operat. Res. 3, 10—16.

Chaiken, J. M., und E. Ignall (1972): An extension of Erlang's formulas which distinguishes individual servers. J. Appl. Prob. 9, 192—197.

Cohen, J. W. (1957a): The full availability group of trunks with an arbitrary distribution of the interarrival times and a negative exponential holding time distribution. Simon Stevin Wisen Natuurkundig Tijdschrift 31, 169—181.

— (1957b): The generalized Engset formulae. Philips Telecom. Rev. 18, 158—170.

— (1980): Sensitivity and insensitivity. Delft Progr. Rep. 5, 159—173.

Daley, D. J. (1974): Characterizing pure loss GI/G/1 queues with renewal output. Proc. Cambridge Philos. Soc. 75, 103—107.

Descloux, A. (1963): On overflow processes of trunk groups with Poisson inputs and exponential service times. Bell System Techn. J. 42, 383—397.

Disney, R. L., und W. P. Cherry (1974): Some topics in queueing network theory. *In:* Clarke, A. B. (Hrsg.), Mathematical Methods in Queueing Theory. Lecture Notes in Economics and Mathemetical Systems, vol. 98. Springer-Verlag, Berlin/Heidelberg/New York, 23—44.

Driksna, V. V., und E. G. Wormald (1966): Engset traffic tables. Telecom. J. Australia 16, 2, 154—156.

Erlander, S. (1967): A note on telephone traffic with losses. J. Appl. Prob. 4, 406—408.

Erlang, A. K. (1917): Solution of some problems in the theory of probabilities of significance in automatic telephone exchanges. Post Office Electr. Engin. J. 10, 189—197.

Fakinos, D. (1982a): The generalized M/G/k blocking system with heterogeneous servers. J. Operational Res. Soc. 33, 801—809.

— (1982b): The M/G/k group-arrival group-departure loss system. J. Appl. Prob. 19, 826—834.

Finch, P. D. (1961): The transient behaviour of a coincidence variate in telephone traffic. Ann. Math. Statist. 2, 230—234.

Fleischmann, K. (1971): Zur Stationarität eines modifizierten Erlangschen Bedienungsprozesses. Math. Operationsforsch. Statist. **2**, 223—290.
— (1975): Über den Output unempfindlicher verallgemeinerter Erlangscher Bedienungsprozesse. Math. Nachr. **66**, 195—200.
Franken, P. (1968): Erlangsche Formeln für semi-Markowschen Eingang. Elektron. Informationsverarb. Kyb. **4**, 197—204.
— (1969): Beiträge zur Bedienungstheorie. Habilitationsschr., Friedrich-Schiller-Univ. Jena.
— (1975): О стационарных вероятностях состояний систем массового обслуживания в различные моменты времени. Изв. АН СССР, Техн. кибернет. **1975**, 1, 101—107.
Franken, P. (1976): Einige Anwendungen der Theorie zufälliger Punktprozesse in der Bedienungstheorie I. Math. Nachr. **70**, 303—319.
Franken, P., A. Liemant und K. Matthes (1965): Stationäre zufällige Punktfolgen III. Jahresber. DMV **67**, 183—202.
Gnedenko, B. W., und A. D. Solowjew (Гнеденко Б. В., Соловев А. Д.) (1973): Об условиях существования финальных вероятностей у марковского процесса. Math. Operationsforsch. Statist. **4**, 379—390.
Gnedenko, D. B. (Гнеденко Д. Б.) (1971): Об одном обобщении формул Эрланга. Zastos. Mat. **12**, 239—242.
Guseinow, B. T. (Гусеинов Б. Т.) (1974): Об одном многолинейном системе массового обслуживания с потерями и взаимопомощью. Пробл. перед. информ. **10**, 4, 78—84.
Jacobi, H. (1965): Eine Unempfindlichkeitseigenschaft für geordnete Bündel ungeordneter Teilbündel. Wiss. Z. Friedrich-Schiller-Univ. Jena, math.-nat. R. **14**, 5, 251—260.
Jagermann, D. L. (1974): Some properties of the Erlang loss function. Bell System Techn. J. **53**, 525—551.
Jansen, U. (1980): Unempfindlichkeit für verschiedene Auswahlregeln ohne Vorliegen der Produktform der stationären Verteilung. Elektron. Informationsverarb. Kyb. **16**, 443—446.
Jansen, U., und D. König (1976): Invariante stationäre Zustandswahrscheinlichkeiten für eine Klasse stochastischer Modelle mit funktionellen Abhängigkeiten. Math. Operationsforsch. Statist. **7**, 497—522.
— (1983): A generalization of insensitivity results by cyclically marked stationary point processes. Elektron. Informationsverarb. Kyb. **19**, 307—320.
Jansen, U., D. König und K. Nawrotzki (1979): A criterion of insensitivity for a class queueing systems with random marked point processes. Math. Operationsforsch. Statist., Ser. Optim. **10**, 379—403.
Jaroschenko, W. N. (Ярошенко В. Н.) (1962): Про одну задачу массового обслуживания. Доп. АН УРСР **1962**, 2, 153—156.
Jarowitzki, N. W. (Яровицкий Н. В.) (1961): О выходящем потоке однолинейной системы обслуживания с потерями. Доп. АН УРСР **1961**, 10, 1251—1254.
— (1962): О некоторых свойствах односвязно-зависимых потоков. Укр. мат. ж. **14**, 170—179.
Jung, M. M. (1962): Loss probability charts calculated with the formula of Engset. Philips Telecom. Rev. **23**, 186—200.
Kabak, I. W. (1968): Blocking and delays in $M^{(n)}/M/c$ bulk queueing systems. Operat. Res. **16**, 830—840.
— (1970): Blocking and delays in $M^{(X)}/M/c$ bulk arrival queueing systems. Management Sci. **17**, 112—115.
König, D. (1965): Verallgemeinerungen der Engsetschen Formeln. Math. Nachr. **28**, 145—155.
König, D., und U. Jansen (1976): Eine Invarianzeigenschaft zufälliger Bedienungsprozesse mit positiven Geschwindigkeiten. Math. Nachr. **70**, 321—364.
König, D., U. Jansen, M. Kotzurek und H. Rabe (1976): Ergebnisse von Invarianzuntersuchungen für ausgewählte Bedienungs- und Zuverlässigkeitssysteme. Math. Operationsforsch. Statist. **7**, 523—555.
König, D., und K. Matthes (1963): Verallgemeinerungen der Erlangschen Formeln I. Math. Nachr. **26**, 45—56.
Kowalenko, I. N. (Коваленко И. Н.) (1962): Об условии независимости стационарных распределений от вида закона распределения времени обслуживания. *In:* Солотонов В. Г., Рогинский В. И. (Hrsg.) Пробл. перед. информ., вып. 11. Изд. АН СССР, Москва, 147—151.
— (1971): О системе массового обслуживания со скоростью обслуживания, зависящей от числа требований в системе, и периодическим отключением каналов. Пробл. перед. информ. **7**, 12, 106—111.

KUCZURA, A. (1973): Loss systems with mixed renewal and Poisson inputs. Operat. Res. **21**, 787–795.

KUSNEZOW, N. J. (Кузнецов Н. Ю.) (1982): Количественные оценки устойчиво вости системы Эрланга при возмущении входного потока требований. *In:* Калашников В. В. (Hrsg.), Проблемы устойчивости стохастических моделей, Труды семинара, ВНИИСИ, Москва, 71–76.

MARJANOWITSCH, T. P. (Марянович Т. П.) (1960): Обобщение формул Эрланга на случай, когда приборы могут выходить из строя и востановливаться. Укр. мат. ж. **12**, 276–286.

— (1961): Надежность системы со смешанным резервом. Доп. АН УРСР **1961**, 8, 994–997.

MECKE, J. (1973): Stationäre Verteilungen für das Erlangsche Modell. Math. Nachr. **58**, 1–7.

— (1975): A result on the output of stationary Erlang processes. Math. Nachr. **70**, 95–98.

MILLS, R. C. (1980): Models of stochastic service systems with batched arrivals. Diss., Columbia Univ., Columbia.

OAKES, D. (1975): Random overlapping intervals — A generalization of Erlang's loss formula. Ann. Prob. **4**, 940–946.

PALM, C. (1943): Variation in intensity in telephone conversation. Ericsson Technics **44**, 1–189.

PEARCE, C. (1968): On a many server queue with non-recurrent input and negative exponential servers. J. Austral. Math. Soc. **8**, 706–715.

POLLACZEK, F. (1953): Generalisation de la theorie probabiliste des systèmes telephoniques sans dispositit d'attente. C. R. Acad. Sci. Paris **236**, 1469–1470.

PRESIA, H.-J. (1967): Über eine Verallgemeinerung der Erlangschen Formeln. Wiss. Z. TH Ilmenau **13**, 3, Teil 2, 435–450.

RATHMANN, G. (1966): Über eine Verallgemeinerung der Erlangschen Formeln. Diplomarbeit, Friedrich-Schiller-Univ. Jena.

RETTENBERGER, J. (1957): Die Bestimmung der optimalen Leitungsanzahlen bei Fernsprechnetzen im Überlaufverkehr. Nachrichtentechn. Z. **10**, 53–59.

RYBA, T. (1972): Remark on a service system with mixed input streams. Operations Res. **20**, 452–454.

SCHMIDT, G (1967): Über die in einem einfachen Verlustsystem induzierten stochastischen Prozesse. Z. Operat. Res. **11**, 95–110.

SEWASTJANOW, B. A. (Севастьянов Б. А.) (1957): Предельная теорема для марковских процессов и ее приложение к телефонным системам с отказами. Теор. вероятн. прим. **2**, 106–116.

SHANBHAG, D. N., und D. G. TAMBOURATZIS (1973): Erlang's formula and some results on the departure process for a loss system. J. Appl. Prob. **10**, 233–240.

SIMONOWA, S. N. (Симонова С. Н.) (1967): О многолинейной системе с потерями с входящим полумарковским потоком требований. Кибернетика **1967**, 6, 48–53.

— (1969): О выходящем потоке однолинейных систем обслуживания. Укр. мат. ж. **21**, 501–510.

TAKÁCS, L. (1956): On the generalization of Erlang's formula. Acta Math. Acad. Sci. Hungar. **7**, 419–433.

— (1957): On a probability problem concerning telephone traffic. Acta Math. Acad. Sci. Hungar. **8**, 319–324.

— (1959): On the limiting distribution of the number of coincidences concerning telephone traffic. Ann. Math. Statist. **30**, 134–142.

— (1961): The time dependence of Palm's loss formula. J. Math. Anal. Appl. **2**, 58–71.

— (1969): On Erlang's formula. Ann. Math. Statist. **40**, 71–78.

TIEN, T. M. (1977): Verallgemeinerte stückweise lineare Markowsche Prozesse für die Bedienungs- und Zuverlässigkeitstheorie. Math. Operationsforsch. Statist. **8**, 419–431.

TOLMATSCHEW, A. L. (Толмачев А. Л.) (1974a): О марковских системах конечной емкости. *In:* Гармаш В. А., Ляшко О. Е. (Hrsg.), Системы массового обслуживания и коммутации. Наука, Москва, 3–8.

— (1974b): Об обслуженном потоке системы $GI/M/1/r \leqq \infty$. *In:* Гармаш В. А., Ляшко О. Е. (Hrsg.), Системы массового обслуживания и коммутации. Наука, Москва, 8–17.

TUMURA, Y. (1968): On a queueing system $M/G/m(m)$ having the priority order among service stations. TRU Math. **4**, 60–65.

VLACH, T. L. (1971): Further results concerning the simple queueing loss system. Z. Operat. Res. **15**, 55–57.

WOLFF, R. W., und C. W. WRIGHTSON (1976): An extension of Erlang's loss formula. J. Appl. Prob. **13**, 628–632.

YOUNG, J. P. (1966): Administrative control of multiple-channel queueing systems with parallel input streams. Operations Res. 14, 145—156.
SHUK, P. I. (Жук П. И.) (1969): Об одном преобразовании обобщенных формул Эрланга. Кибернетика 1968, 4, 146—147.

12.2.2. Literatur zu Kapitel 2

ANNAJEW, T., und M. J. MANILOW (Аннаев Т., Манилов М. Я.) (1975): Про одни метод дослiження системи массового обслуговування з нескiнченним числом приладiв. Вiсник Київ ун-ту Сер. мат. та мех. 17, 127—134.
BARBOUR, A. D. (1976): Networks of queues and the method of stages. Adv. Appl. Prob. 8, 584—591.
BENEŠ, V. E. (1957): Fluctuations of telephone traffic. Bell System Techn. J. 36, 965—973.
BRILL, E. A. (1971): Point processes arising in vehicular traffic flow. J. Appl. Prob. 8, 809—814.
BROWN, M. (1969): An invariance property of Poisson processes. J. Appl. Prob. 6, 453—458.
BROWN, M., und S. M. ROSS (1969): Some results for infinite server Poisson queues. J. Appl. Prob. 6, 604—611.
BRUMELLE, S. L. (1978): A generalization of Erlang's loss system to state dependent arrival and service rates. Math. Operat. Res. 3, 10—16.
DANIELJAN, E. A. (Даниелян Э. А.) (1972): К системам обслуживания многими приборами. Вычисл. методы и программир. 18, 102—112.
ERLANG, A. K. (1917): Solution of some problems in the theory of probabilities of significance in automatic telephone exchanges. Post Office Electr. Engin. J. 10, 189—197.
FINCH, P. D. (1961): The transient behaviour of a coincidence variate in telephone traffic. Ann. Math. Statist. 32, 230—234.
FRANKEN, P. (1965): Asymptotische Untersuchung des Überlaufverkehrs. Wiss. Z. Friedrich-Schiller-Univ. Jena, math.-nat. R. 14, 5, 235—245.
— (1966): Zur Theorie des Überlaufverkehrs. Elektron. Informationsverarb. Kyb. 2, 223—233.
— (1968): Erlangsche Formeln für semi-Markowschen Eingang. Elektron. Informationsverarb. Kyb. 4, 197—204.
— (1969): Beiträge zur Bedienungstheorie. Habilitationsschr., Friedrich-Schiller-Univ. Jena.
— (1975): О стационарных вероятностях состояний систем массового обслуживания в различные моменты времени. Изв. АН СССР, Техн. кибернет. 1975, 1, 101—107.
— (1976): Einige Anwendungen der Theorie zufälliger Punktprozesse in der Bedienungstheorie I. Math. Nachr. 70, 303—319.
FRANKEN, P., und J. KERSTAN (1968): Bedienungssysteme mit unendlich vielen Bedienungsapparaten. *In:* BUNKE, O. (Hrsg.), Operationsforschung und Mathematische Statistik I, Akademie-Verlag Berlin, 67—76.
FREYER, B. (1974): Ein Bedienungssystem (M/G/∞) mit zeitabhängiger Eingangsintensität und Bedienungszeitverteilung. Math. Operationsforsch. Statist. 5, 701—708.
GALLIHER, H. P., P. M. MORSE und M. SIMOND (1959): Dynamics of two classes of continuous review inventory systems. Operations Res. 7, 362—384.
GASTWIRTH, J. L. (1964): On a telephone traffic system with several kinds of service distribution. J. Appl. Prob. 1, 77—84.
KARLIN, S., und J. MC GREGOR (1958): Many server queueing processes with Poisson input and exponential service times. Pacific J. Math. 8, 87—118.
KINGMAN, J. F. C. (1970): An application of the theory of regenerative phenomena. Proc. Cambridge Philos. Soc. 68, 697—701.
KLEINROCK, L. (1967): Time shared systems. A theoretical treatment. J. Assoc. Comput. Mach. 14, 242—261.
KOBAYASHI, H., und A. G. KONHEIM (1977): Queueing models for computer communications systems analysis. IEEE Trans. Commun. COM-25, 2—28.
KUCZURA, A. (1969): Trunking formulas when the input is batched (unveröff. Manuskript).
— (1972): Queues with mixed renewal and Poisson inputs. Bell System Techn. J. 51, 1305—1326.
— (1973): Piecewise Markov processes. SIAM J. Appl. Math. 24, 169—181.
MEJZLER, D. (1968): A generalization of Erlang's formulas in queueing theory. J. Appl. Prob. 5, 143—157.

Mills, R. C. (1980): Models of stochastic service systems with batched arrivals. Diss., Columbia Univ., Columbia.

Mirasol, N. M. (1963): The output of an M/G/∞ queueing system is Poisson. Operations Res. 11, 282–284.

Murari, K. (1969): A queueing problem with arrivals in batches of variable size and service rate depending on queue length. Z. Angew. Math. Mech. 49, 157–162.

Neuts, M. F., und Chen Shun Zer (1972): The infinite-server queue with Poisson arrivals and semi-Markowian services. Operations Res. 20, 425–433.

Newell, G. F. (1966): The M/G/∞ queue. SIAM J. Appl. Math. 14, 86–88.

Palm, C. (1943): Variation in intensity in telephone conversation. Ericsson Technics 44, 1–189.

Pearce, C. (1968): On a many server queue with non-recurrent input and negative exponential servers. J. Austral. Math. Soc. 8, 706–715.

Poljak, D. G. (Поляк Д. Г.) (1971): Об одной системе массового обслуживания с нестационарным входящим потоком. Пробл. перед. информ. 7, 1, 107–110.

Purdue, P. (1974): Stochastic theory of compartments. Bull. math. Biology 36, 305–309.

Rathmann, G. (1966): Über eine Verallgemeinerung der Erlangschen Formeln. Diplomarbeit, Friedrich-Schiller-Univ. Jena, Sekt. Mathem.

Reynolds, J. F. (1968): Some results for the bulk-arrival infinite-server Poisson queue. Operations Res. 16, 186–189.

— (1975): The covariance structure of queues and related processes — A survey of recent work. Adv. Appl. Prob. 7, 383–415.

Schmidt, V. (1984): On infinite-server queues with cyclically dependent service times. Zastos. Mat. 18, 4.

Shanbhag, D. N. (1966): On infinite server queues with batch arrivals. J. Appl. Prob. 3, 274–279.

— (1973): Characterization for the queueing system M/G/∞. Proc. Cambridge Philos. Soc. 74, 141–143.

Smith, W. (1972): The infinitely-many server queue with semi-Markovian arrivals and customer-dependent exponential service times. Operations Res. 20, 907–913.

— (1973): Shot noise generated by a semi-Markov process. J. Appl. Prob. 10, 685–690.

Takács, L. (1954): On secondary processes generated by a Poisson process and their applications in physics. Acta Math. Acad. Sci. Hungar. 5, 203–236.

— (1955): On stochastic processes connected with certain physical recording apparatures. Acta Math. Acad. Sci. Hungar. 6, 363–380.

— (1956a): On the generalization of Erlang's formula. Acta Math. Acad. Sci. Hungar. 7, 419–433.

— (1956b): On secondary stochastic processes generated by recurrent processes. Acta Math. Acad. Sci. Hungar. 7, 17–29.

— (1958): On a coincidence problem concerning telephone traffic. Acta Math. Acad. Sci. Hungar. 9, 45–81.

— (1959): On the limiting distribution of the number of coincidences concerning telephone traffic. Ann. Math. Statist. 30, 134–142.

— (1969): On Erlang's formula. Ann. Math. Statist. 40, 71–78.

Weretennikow, A. J. (Веретенников А. Ю.) (1977): Об эргодичности систем обслуживания с бесконечным числом обслуживающих приборов. Мат. заметки 22, 561–569.

12.2.3. Literatur zu Kapitel 3

Ali, A. (1970): Two results in the theory of queues. J. Appl. Prob. 7, 219–226.

— (1973): Distribution of the mean queue size for the time dependent queue. Operations Res. 21, 636–638.

Bailey, N. T. J. (1954): On queueing processes with bulk service. J. Roy. Statist. Soc. B-16, 80–87.

Barbour, A. D. (1976): Networks of queues and the method of stages. Adv. Appl. Prob. 8, 584–591.

Bascharin, G. P., und W. T. Lysenkowa (Башарин Г. П., Лысенкова В. Т.) (1972): Об обслуживании нескольких неоднородных потоков полнодоступным пучком с ограниченной очередью. *In:* Рогинский В. Н. (Hrsg.), Системы распределения информации. Наука, Москва, 1–16.

BERGMANN, R. (1974): Qualitätsunterschiede bei Wartemodellen vom Typ G/G/1. Math. Operationsforsch. Statist. **5**, 709–724.

BERGMANN, R., und D. STOYAN (1976): On exponential bounds for the waiting time distribution function in GI/G/1. J. Appl. Prob. **13**, 411–417.

BERGMANN, R., D. J. DALEY, T. ROLSKI und D. STOYAN (1979): Bounds for cumulants of waiting-times in GI/GI/1 queues. Math. Operationsforsch. Statist., Ser. Optim. **10**, 257–263.

BHAT, U. N. (1964): Imbedded Markov chain analysis of single server queues. J. Austral. Math. Soc. **4**, 244–263.

— (1970): Some queueing systems with mixed disciplines. SIAM J. Appl. Math. **18**, 415–432.

BLOMQVIST, N. (1967): The covariance function of the M/G/1 queueing system. Skand. Aktuarietidskr. **50**, 157–182.

— (1969): Estimation of waiting-time parameters in the GI/G/1 queueing system I: General results. Skand. Aktuarietidskr. **52**, 178–187.

— (1970): Estimation of waiting-time parameters in the GI/G/1 queueing system II: Heavy traffic approximation. Skand. Aktuarietidskr. **53**, 124–136.

BRUMELLE, S. L. (1971): On the relation between customer and time averages in queues. J. Appl. Prob. **8**, 508–520.

— (1972): A generalization of $L = \lambda W$ to moments of queue length and waiting times. Operations Res. **20**, 1127–1136.

CARTER, G. M., und R. B. COOPER (1972): Queues with service in random order. Operations Res. **20**, 389–405.

CHEONG, C. K., und C. R. HEATHCOTE (1965): On the rate of convergence of waiting times. J. Austral. Math. Soc. **5**, 365–373.

ÇINLAR, E. (1967a): Time dependence of queues with semi-Markovian services. J. Appl. Prob. **4**, 356–364.

— (1967b): Queues with semi-Markovian arrivals. J. Appl. Prob. 4, 365–379.

CLARE, A. B. (1956): A waiting line process of Markov type. Ann. Math. Statist. **27**, 452–459.

COHEN, J. W. (1968): Extreme value distribution for the M/G/1 and G/M/1 queueing systems. Ann. Inst. H. Poincaré **B-4**, 83–98.

— (1976): On a single-server queue with group arrivals. J. Appl. Prob. **13**, 619–622.

COOPER, R. B. (1970): Queues served in cyclic order: Waiting times. Bell System Techn. J. **49**, 399–413.

— (1976): Queues with ordered servers that work at different rates. Opsearch **13**, 69–78.

COOPER, R. B., und G. MURRAY (1969): Queues served in cyclic order. Bell System Techn. J. **48**, 675–689.

CRAVEN, B. D. (1965): Serial dependence of a Markov process. J. Austral. Math. Soc. **5**, 299–314.

CROMMELIN, C. D. (1932): Delay probability formulae when the holding times are constant. Post Office Electr. Engin. J. **25**, 41–50.

DALEY, D. J. (1968a): The serial correlation coefficients of waiting times in a stationary single server queue. J. Austral. Math. Soc. 8, 683–699.

— (1968b): The correlation structure of the output process of some single server queueing system. Ann. Math. Statist. **39**, 1007–1019.

— (1976a): Bounds on mean waiting times in GI/G/1 queues. Preprint, Univ. of Melbourne.

— (1976b): Queueing output processes. Adv. Appl. Prob. **8**, 395–415.

— (1977): Inequalities for moments of tails of random variables with a queueing application. Z. Wahrscheinlichkeitsh. verw. Gebiete **41**, 139–143.

DE SMIT, J. H. A. (1971): Many server queueing systems. Diss., Univ. of Technol., Delft.

— (1973): On the many server queue with exponential service times. Adv. Appl. Prob. **5**, 170–182.

EICHHORN, N. (1977): Ein Beitrag zur Aufbereitung und Weiterentwicklung von Grundlagen für die stochastische Modellierung diskontinuierlicher Fertigungsprozesse mittels Bedienungstheorie und Simultation. Diss., Humboldt-Univ. Berlin.

EWDOKIMOWA, G. S. (Евдокимова Г. С.) (1974): О распределении длительности ожидания в случае периодического входящего потока. Изв. АН СССР, Техн. кибернет. **1974**, 3, 114–118.

FAINBERG, M. A. (Файнберг М. А.) (1974): Об одной приближенной формуле в теории массового обслуживания. Изв. АН СССР, Техн. кибернет. **1974**, 5, 82–84.

FAINBERG, M. A., und D. STOYAN (1978): A further remark on a paper of K. T. Marshall on bounds for GI/G/1. Math. Operationsforsch. Statist., Ser. Optim. **9**, 145–150.

FINCH, P. D. (1959): On the distribution of queue size in queueing problems. Acta Math. Acad. Sci. Hungar. **10**, 327–336.

— (1961): On the busy period in the queueing system GI/GI/1. J. Austral. Math. Soc. **2**, 217–228.

FOSTER, F. G. (1961): Queues with batch arrivals I. Acta Math. Acad. Sci. Hungar. **12**, 1–10.

FRANKEN, P (1975): Einige Anwendungen der Theorie zufälliger Punktprozesse in der Bedienungstheorie I. Math. Nachr. **70**, 303–319.

GAVER, D. P. (1959): Imbedded Markov chain analysis of waiting line process in continuous time. Ann. Math. Statist. **30**, 698–720.

HADIDI, N. (1974): Busy period of Poisson queues with state dependent arrival and service rates. J. Appl. Prob. **11**, 842–848.

HAJI, R., und G. F. NEWELL (1971): A relation between stationary queue and waiting time distributions. J. Appl. Prob. **8**, 617–620.

HARRIS, C. M. (1967): Queues with state-dependent stochastic service rates. Operations Res. **15**, 117–130.

HARRISON, J. M., und A. J. LEMOINE (1977): Limit theorems for periodic queues. J. Appl. Prob. **14**, 566–576.

HASOFER, A. M. (1964): On the single-server queue with non-homogeneous Poisson input and general service time. J. Appl. Prob. **1**, 369–384.

HEATHCOTE, C. R. (1965): On the maximum of the queue GI/M/1. J. Appl. Prob. **2**, 206 bis 214.

HEATHCOTE, C. R., und P. WINER (1969): An approximation for the moments of waiting times. Operations Res. **17**, 175–186.

HEIN, O. (1973): Wartezeiten für beliebige Bedienungszeiten. Angewandte Informatik **15**, 281 bis 289.

HEYDE, C. C. (1964): On the stationary waiting distribution in the queue GI/G/1. J. Appl. Prob. **1**, 173–176.

JANSEN, U., D. KÖNIG und K. NAWROTZKI (1979): A criterion of insensitivity for a class of queueing systems with random marked point processes. Math. Operationsforsch. Statist., Ser. Optim. **10**, 379–403.

JENKINS, J. H. (1966): On the correlation structure of departure process of the $M/E_\lambda/1$ queue. J. Roy. Statist. Soc .**B-28**, 330–344.

JURKEWITSCH, O. M. (Юркевич О. М.) (1973): О многолинейных системах с произвольным распределением длительности обслуживания нетерпеливых клиентов. Изв. АН СССР, Техн. кибернет. **1973**, 6, 80–89.

KALÄHNE, U. (1976): Existence, uniqueness and some invariance properties of stationary distributions for general single server queues. Math. Operationsforsch. Statist. **7**, 557–576.

KALASCHNIKOW, W. W. (Калашников В. В.) (1971): О совместном распределении периодов занятности и простоев для системы обслуживания. Изв. АН СССР, Техн. кибернет. **1971**, **6**, 106–109.

KARLIN, S., und J. MCGREGOR (1957): The differential equations of birth and death processes and the Stieltjes moment problem. Trans. Amer. Math. Soc. **85**, 489–546.

— (1958): Many server queueing processes with Poisson input and exponential service times. Pacific J. Math. **8**, 87–118.

KAWATA, T. (1961): On the imbedded queueing process of general type. Bull. Inst. Intern. Statist. **38**, 445–455.

KELLY, F. P. (1976): The departure process from a queueing system. Proc. Cambridge Philos. Soc. **80**, 283–285.

KENDALL, D. G. (1953): Stochastic processes occuring in the theory of queues and their analysis by the method of imbedded Markov chains. Ann. Math. Statist. **24**, 338–354.

KIEFER, J., und J. WOLFOWITZ (1955): On the theory of queues with many servers. Trans. Amer. Math. Soc. 78, 1–18.

— (1956): On the characteristics of the general queueing process with application to random walks. Ann. Math. Statist. **27**, 147–161.

KIMURA, T. (1983): Diffusion approximation for an M/G/n queue. Operations Res. **31**, 304–321.

KINGMAN, J. F. C. (1961): The use of Spitzer's identity in the investigation of the busy period and other quantities in the queue GI/G/1. J. Austral. Math. Soc. **2**, 345–356.

— (1962): Some inequalities for the G/G/1 queue. Biometrika **49**, 315–324.

— (1966): On the algebra of queues. J. Appl. Prob. **3**, 285–326.

— (1970): Inequalities in the theory of queues. J. Roy. Statist. Soc. **B-32**, 102–110.

KLEINROCK, L. (1967): Time-shared systems: A theoretical treatment. J. Assoc. Comput. Mach. **14**, 242–261.

KOBAYASHI, H. (1974): Applications of the diffusion approximation to queueing networks. J. Assoc. Comput. Mach. **21**, 316–328.

– (1977): Queueing models for computer communications system analysis. IEEE Trans. Commun. **COM-25**, 2–29.

KÖLLERSTRÖM, J. (1976): Stochastic bounds for the single-server queue. Proc. Cambridge Philos. Soc. **80**, 521–525.

KÖNIG, D., und V. SCHMIDT (1976): Bedienungsmodelle mit stochastischen Abhängigkeiten. Math. Operationsforsch. Statist. **7**, 607–639.

KÖNIG, D., V. SCHMIDT und D. STOYAN (1976): On some relations between stationary distributions of queue length and imbedded queue lengths in G/G/s queueing systems. Math. Operationsforsch. Statist. **7**, 577–586.

KOTIAH, T. C. T., J. W. THOMPSON und W. A. O. N. WAUGH (1969): Use of Erlangian distributions for single-server queueing systems. J. Appl. Prob. **6**, 584–593.

KRÄMER, W., und M. LANGENBACH-BELZ (1976): Approximate formulae for the delay in the queueing system GI/G/1. *In:* Proc. 8th Intern. Teletraffic Congr. (ITC), Melbourne.

KYPRIANOU, E. K. (1971): On the quasi-stationary distribution of the virtual waiting time in queues with Poisson arrivals. J. Appl. Prob. **8**, 494–507.

– (1972): On the quasi-stationary distribution of the GI/M/1 queue. J. Appl. Prob. **9**, 127–128.

LINDLEY, D. V. (1952): The theory of queues with a single server. Proc. Cambridge Philos. Soc. **48**, 277–289.

LITTLE, J. H. C. (1961): A proof for the queueing formula $L = \lambda W$. Operations Res. **9**, 383–387.

LOYNES, R. M. (1962): The stability of a queue with non-independent interarrival and service times. Proc. Cambridge Philos. Soc. **58**, 497–520.

MARSHALL, K. T. (1968a): Some inequalities in queueing. Operations Res. **16**, 651–665.

– (1968b): Some relationships between the distribution of waiting time, idle time and interoutput time in the GI/G/1 queue. SIAM J. Appl. Math. **16**, 324–327.

MARSHALL, K. T., und R. W. WOLFF (1971): Customer average and time average queue length and waiting times. J. Appl. Prob. **8**, 535–542.

MEDHI, J. (1975): Waiting time distribution in a Poisson queue with a general bulk service rule. Managment Sci. **21**, 777–787.

MIYAZAWA, M. (1976): On the role of exponential distributions in queueing theory. Res. Rep., Dept. Inf. Sci., Tokyo Inst. of Technol.

MORI, M. (1975): Some bounds for queues. J. Operat. Res. Soc. Japan **18**, 152–181.

– (1976): Transient behaviour of the mean waiting time and its exact forms in M/M/1 and M/D/1. J. Operat. Res. Soc. Japan **19**, 14–31.

MORSE, P. M. (1955): Stochastic properties of waiting lines. Operations Res. **3**, 255–262.

NEUTS, M. F. (1966): The single server queue with Poisson input and semi-Markov service times. J. Appl. Prob. **3**, 202–230.

– (1968): The joint distribution of the virtual waiting-time and the residual busy period for M/G/1 queue. J. Appl. Prob. **5**, 224–229.

– (1980): The c-server queue with constant service times and a versatile Markovian arrival process. Techn. Report No. 65 B, University of Delaware. Appl. Mathematics Inst.

OHSONE, T., und T. FUJISAWA (1980): On the queuing system M/G$^{[m]}$1 with maximum batch size m. Rep. Univ. Electro-Comm. **30-2**, 225–231.

PAKES, A. G. (1970): A note on the queueing systems G/D/1 and D/G/1. J. Appl. Prob. **7**, 465–468.

– (1971a): The correlation coefficients of the queue length of some stationary single server queues. J. Austral. Math. Soc. **12**, 35–46.

– (1971b): The serial correlation coefficients of waiting times in the stationary GI/M/1 queue. Ann. Math. Statist. **42**, 1727–1734.

PURDE, P. (1975): A queue with Poisson input and semi-Markov service times: busy period analysis. J. Appl. Prob. **12**, 353–357.

REICH, E. (1958): On an integrodifferential equation of Takács I. Ann. Math. Statist. **29**, 563–570.

– (1959): On the interodifferential equation of Takacs II. Ann. Math. Statist. **30**, 143–148.

REISER, M., und H. KOBAYASHI (1974): Accuracy of the diffusion approximation for some queueing systems. IBM J. Res. Develop. **1974**, 2, 110–124.

REYNOLDS, J. F. (1975): The covariance structure of queues and related processes — A survey of recent work. Adv. Appl. Prob. **7**, 383–415.

RICE, S. O. (1962): Single server systems I; II. Bell. System Techn. J. **41**, 269–278; 279–310.

ROLSKI, T. (1972): On some inequalities for GI/M/n queues. Zastos. Mat. **13**, 43–47.
ROSS, S. M. (1974): Bounds on delay distribution in GI/G/1 queues. J. Appl. Prob. **11**, 417–421.
ROSSBERG, H. J. (1967): Eine neue Methode zur Behandlung der Lindleyschen Integralgleichung und ihre Verallgemeinerung durch Finch. Elektron. Informationsverarb. Kyb. **3**, 215–238.
— (1971): Ausbeutung einer bekannten Wiener-Hopf-Faktorisierung beim Wartemodell G/G/1 und einer mit ihm zusammenhängenden Irrfahrt. Math. Operationsforsch. Statist. **2**, 129–146.
ROSSBERG, H. J., und G. SIEGEL (1974): The GI/G/1 model with warming-up time. Zastos. Mat. **14**, 17–26.
— (1975): Новый метод к изучению распределения времени ожидания в стационарном режиме для системы массового обслуживания GI/G/1 с „разогревом". Zastos. Mat. **14**, 537–547.
SCHACH, S., und D. R. JACOBS (1972): Stochastic order relationships between GI/G/k systems. Ann. Math. Statist. **43**, 1623–1633.
SCHACHBASOW, A. A., und E. G. SAMANDAROW (Шахбасов А. А., Самандаров Э. Г.) (1964): Об обслуживании неординарного потока. *In:* Берг А. М., Бруоич И. Г., Гнеденко Б. В. (Hrsg.), Кибернетика на службу коммунизму, т. 2. Энергия, Москва/Ленинград, 338–353.
SCHÄL, M. (1969): Markoffsche Erneuerungsprozesse mit Hilfspfaden. Diss., Univ. Hamburg.
— (1971): The analysis of queues with state-dependent parameters by Markow renewal processes. Adv. Appl. Prob. **3**, 155–175.
SHANBHAG, D. N. (1965): A note on queueing systems with Erlangian service time distributions. Ann. Math. Statist. **36**, 1575–1578.
SIEGEL, G. (1973): Verallgemeinerung einer Irrfahrt im $\mathbb{R}^1$ und deren Bedeutung für Bedienungssysteme mit verzögertem Bedienungsbeginn. Math. Operationsforsch. Statist. **5**, 465–486.
— (1974): Abschätzungen für die Wartezeitverteilungen und ihrer Momente beim Wartemodell GI/G/1 mit und ohne „Erwärmung". Z. Angew. Math. Mech. **54**, 609–619.
SIMONOWA, S. N. (Симонова С. Н.) (1969): Про вихідний потік однолінійных систем обслуговувания. Укр. мат. ж. **21**, 495–510.
SMITH, W. L. (1953): On the distribution of queueing times. Proc. Cambridge Philos. Soc. **49**, 449–461.
SPITZER, F. (1956): A combinatorial lemma and its applications to probability theory. Trans. Amer. Math. Soc. **82**, 323–329.
STIDHAM, S. J. (1972): Regenerative processes in the theory of queues with applications to the alternating-priority queue. Adv. Appl. Prob. **4**, 541–577.
STOYAN, D. (Штойян Д.) (1973): Системы массового обслуживания типа M/G/1 в условиях малой загруски. Кибернетика **1973**, 2, 108–110.
— (1977): Further stochastic order relations among GI/G/1 queues with a common traffic intensity. Math. Operationsforsch. Statist., Ser. Optim. **8**, 541–548.
STOYAN, D. (1978): Queueing networks: Insensitivity and a heuristic approximation. Elektron. Informationsverarb. Kyb. **14**, 135–143.
SUZUKI, T. (1963): Batch-arrival queueing problems. J. Operat. Res. Soc. Japan **5**, 4, 137–148.
SUZUKI, T., und Y. YOSHIDA (1970): Inequalities for two bulk queues and a tandem queue. Mem. Defense Acad. **10**, 81–102.
TAKÁCS, L. (1963): The limit distribution of the virtual waiting time and the queue size for a single-server queue with recurrent input and general service times. Sankhya **A-25**, 91–100.
TAKAHASHI, Y. (1977): An approximation formulae for the mean waiting time of an M/G/c queue. J. Operat. Res. Soc. Japan **20**, 3, 150–163.
TUMURA, Y. (1967): Equilibrium equations method in the generalized queueing problems. TRU Math. **3**, 48–61.
— (1968): On the equilibrium probabilities of GI/G/1. J. Operat. Res. Soc. Japan **10**, 93–107
WELLENREUTHER, C. (1967): Wartesysteme. Inaugural-Diss., Univ. Mannheim.
WOLFF, R. W. (1970): Work-conserving priorities. J. Appl. Prob. **7**, 327–337.

12.2.4. Literatur zu Kapitel 4

BASCHARIN, G. P. (Башарин Г. П.) (1967a): Об обслуживании двух потоков с относительным приоритетом на полнодоступной системе с ограниченным числом мест для ожидания. Изв. АН СССР, Техн. кибернет. **1967**, 2, 72–86.

Baschabin, G. P. (1967b): Обслуживание двух потоков на однолинейной системе с ограниченным числом мест для ожидания и абсолютным приоритетом. Изв. АН СССР, Техн. кибернет. **1967**, 5, 106—116.

— (1969): О пуассоновских обслуживающих системах с обсолютным приоритетом и обратной свядью. *In:* Харкевич А. Д. (Hrsg.), Массовое обслуживание в системах передачи информации. Наука, Москва, 3—20.

— (1970): Некоторые проблемы математической теории телетраффика. *In:* Гнеденко Б. В., Громак Ю. И., Чепурин Е. В. (Hrsg.), Теория массового обслуживания. Труды II всесоюзной школы-совещания по теории массового обслуживания, Дилижан, т. 2. Изд. МГУ, Москва, 12—25.

— (1972): О вычислении моментов обслуженной и избыточной нагрузок сложной системы. Изв. АН СССР, Техн. кибернет. **1972**, 1, 42—51.

Boes, D. S. (1967): Note on the output of queueing systems. J. Appl. Prob. **4**, 365—379.

Bordukowa, W. T. (Бордукова В. Т.) (1977): Исследование системы $\overrightarrow{M_K}/\overrightarrow{M_K}/c > 1/r \leqq \infty/f_0{}^0$ методом производящих функции. *In:* Харкевич А. Д. (Hrsg.), Теория телетраффика и информационные сети. Наука, Москва, 16—24.

Botscharow, P. P. (Бочаров П. П.) (1968): О ненадежном приборе с заявками нескольких видов и дообслуживанием заявки, прерванной из-за поломки. Пробл. перед. информ. **4**, 2, 53—61.

— (1970a): Анализ однолинейной системы с ограниченной очередью и заявками нескольких видов. Изв. АН СССР, Техн. кибернет. **1970**, 6, 101—105.

— (1970b): One-server priority system with arbitrary service time and limited waiting room. *In:* Proc. 6th Intern. Teletraffic Congr. (ITC). München.

— (1977): Письмо в редакцию по поводу статьи Рыжикова Ю. И. „Бесприоритетное обслуживание неоднородного потока заявок". Ответ автора. Изв. АН СССР, Техн. кибернет. **1977**, 6, 203—207.

— (1979): Анализ системы $M_2/G_2/1/r$ с относительными и абсолютними приоритетами. *In:* Башарин Г. П., Козыренко В. Н. (Hrsg.), Численные методы решения задач математической физики и теории систем. Изд. УДН, Москва, 32—43.

Botscharow, P. P., und W. T. Lysenkowa (Бочаров П. П., Лысенкова В. Т.) (1969): Об однолинейной системе с относительным приоритетом и ограниченным числом мест для ожидания. *In:* Харкевич А. Д. (Hrsg.), Вероятностные задачи в структурно-сложных системах коммутации. Наука, Москва, 60—66.

Cooper, R. B., und B. Tilt (1976): On the relationship between the distribution of maximal queue length in the M/G/1 queue and the mean busy period in the M/G/1/n queue. J. Appl. Prob. **13**, 195—199.

Daley, D. J. (1976): Queueing output processes. Adv. Appl. Prob. 8, 395—415.

Daley, D. J., und D. N. Shanbhag (1975): Independent inter-departure times in M/G/1/N queues. J. Roy. Statist. Soc. **B-37**, 259—263.

Disney, R. L., R. L. Farrell und P. R. de Morais (1972/73): A characterization of M/G/1 queues with renewal departure processes. Management Sci. **19**, 1222—1228.

Engset, T. (1918): Die Wahrscheinlichkeitsrechnung zur Bestimmung der Wähleranzahl in automatischen Fernsprechämtern. Elektrotechn. Z. **31**, 304—306.

Homma, T., und S. Ninonija (1966): Some results for queueing systems M/M/s($N + s$). Yokohama Math. J. **14**, 1—16.

Ismailow, A. I. (Исмаилов А. И.) (1970): О распределении периода занятости в одной модели массового обслуживания. Докл. АН Уз. ССР **5**, 3—4.

Keilson, J. (1966): The ergodic queue length distribution for queueing systems with finite capacity. J. Roy. Statist. Soc. **B-28**, 190—201.

Kimura, T., K. Ohno und H. Mine (1979a): Diffusion approximation for GI/G/1 queueing systems with finite capacity: I-the first overflow time. J. Operat. Res. Soc. Japan **22**, 41—68.

— (1979b): Diffusion approximation for GI/G/1 queueing systems with finite capacity: II-the stationary behaviour. J. Operat. Res. Soc. Japan **22**, 301—320.

Laslett, G. M. (1975/76): Characterizing the finite capacity GI/M/1 queue with renewal output. Management Sci. **22**, 106—110.

Naor, P. (1956): On machine interference. J. Roy. Statist. Soc. **B-18**, 280—287.

— (1957): Normal approximation to machine interference with many repairmen. J. Roy. Statist. Soc. **B-19**, 334—341.

Ohsone, T. (1981): The GI/E_k/1 queue with finite waiting room. J. Operat. Res. Soc. Japan **24**, 375—390.

Palm, C. (1947): The distribution of repairmen in serving automatic machines. Ind. Norden **75**, 75—80; 119—123.

Rudlowtschak, W. (Рудловчак В.) (1967): Задача Пальма для системы с органиченной очередью. Вычисл. методы и программир. **9**, 131—142.

Runneneburg, J. Th. (1957): Machines served by a patrolling operator (unveröff. Manuskript, siehe Bharucha-Reid [1]).

Takács, L. (1957): On a stochastic process concerning some waiting time problems. Теор. вероятн. прим. **2**, 92—105.

Tolmatschew, A. L. (Толмачев А. Л.) (1974a): О марковских системах конечной емкости. *In:* Тармаш В. А., Ляшко О. Е. (Hrsg.), Системы массового обслуживания и коммутации. Наука, Москва, 3—8.

— (1974b): Об обслуженном потоке системы GI/M/1/$r \leqq \infty$. *In:* Харкевич А. Д. (Hrsg.), Системы массового обслуживания и коммутация. Наука, Москва, 8—17.

Wagner, W. (1967): On combined delay and loss system with non-preemptive priority service. *In:* Proc. 5th Intern. Teletraffic Congr. (ITC), New York.

Wiskow, O. W., und A. I. Ismailow (Висков О. В., Исмаилов А. И.) (1970): О распределенин длины очереди смешанной системы массового обслуживания. Изв. АН Уз. ССР **3**, 68—69.

12.2.5. Literatur zu Kapitel 5

Afanasjewa, L. G. (Афанасьева Л. Г.) (1964): О некоторых задачах массового обслуживания с ограниченным временем ожидания. Изв. АН СССР, Техн. кибернет. **1964**, 6, 17—37.

Afanasjewa, L. G., und A. W. Martynow (Афанасьева Л. Г., Мартынов А. В.) (1969): Об эргодических свойствах систем массового обслуживания с ограниченным временем пребывания. Теор. вероятн. прим. **14**, 102—112.

Barrer, D. Y. (1957a): Queueing with impatient customers and indifferent clerks. Operations Res. **5**, 644—649.

— (1957b): Impatient customers and ordered service. Operations Res. **5**, 650—656.

Brodi, S. M. (Броді С. М.) (1959): Про інтегро-диференціальне рівнян для систем з τ-чеканням. Доп. АН УРСР **1959**, 6, 571—573.

— (1962): Однолінійна система з τ-чеканням у випадку ерлангівського вхідного потоку. Доп. АН УРСР **1962**, 1, 1425—1428.

Cohen, J. W. (1968): Single server queue with uniformly bounded virtual waiting time. J. Appl. Prob. **5**, 93—122.

Danieljan, E. A., und B. N. Dimitrow (Даниэлян Э. А., Димитров Б. Н.) (1972): Одна приоритетная система с конечным числом источников и ограничением на время ожидания. Изв. АН Арм. ССР, сер. мат. **1972**, 1, 46—58.

Dimitrov, B., und A. Petrova (1977): Single server queueing system with Poisson input and exponentially bounded waiting time in the queue. *In:* Bereanu, B., M. Iosifescu und G. Popescu (Hrsg.), Proc. 5th Conf. Prob. Theory, Brasov 1974. Editura Academiei Republicii Socialiste România, Bucuresti, 367—373.

Finch, P. D. (1960): Deterministic customer impatience in the queueing system GI/M/1. Biometrika **47**, 45—52.

Jurkewitsch, O. M. (Юркевич О. М.) (1970): К исследованию многолинейных систем массового обслуживания с ограниченным временем ожидания. Изв. АН СССР, Техн. кибернет. **1970**, 5, 50—58.

— (1972): Об обслуживании одновремено поступающих „нетерпеливых клиентов" в системах с отказами приборов. Изв. АН СССР, Техн. кибернет. **1972**, 3, 106—112.

Kowalenko, I. N. (Коваленко И. Н.) (1961): Некоторые задачи массового обслуживания с ограничением. Теор. вероятн. прим. **6**, 222—228.

Morosow, E. W. (Морозов Е. В.) (1977): Исследование некоторых систем обслуживания с ограниченным ожиданием. Автоматизир. системы план. расчетов в респ. план. органах **9**, 48—57.

Schwab, N. D. (Шваб Н. Д.) (1973): Виртуальное время ожидания для систем с τ-пребыванием. *Iв:* сб. Математические модели сложных систем. Изд. Ин-та кибернетики АН УССР, Киев, 206—211.

Sirenko, L. W., und E. G. Tarantschenko (Сиренко Л. В., Таранченко Е. Г.) (1978): Отыскание оптимальных ограничений для систем массового обслуживания с несколькими потоками. Вестн. Киевск. политехн. ин-та, Техн. кибернет. **2**, 35–37.

Takács, L. (1974): A single server queue with limited virtual waiting time. J. Appl. Prob. **11**, 612–617.

12.2.6. Literatur zu Kapitel 6

Aslarow, T. A., und J. M. Husainow (Азларов Т. А., Хусаинов Я. М.) (1974): Предельные теоремы для системы обслуживания с абсолютным приоритетом в условиях большой загрузки. Изв. АН Уз. ССР, сер. физ.-мат. наук **1974, 6**.

— (1976): Some limit theorems for a queueing system with absolute priority in heavy traffic. *In:* Maruyama, G., und J. V. Prokhorov (Hrsg.), Proc. Third Japan–USSR Symp. on Probability Theory. Lecture Notes in Mathematics, vol. 550. Springer-Verlag, Berlin/Heidelberg/New York, 1–13.

Balachandran, K. R. (1974): An approach to expected waiting times in mixed priority queues. Opsearch **11**, 18–27.

Brosh, I. (1969): Preemptive priority assignment in multichannel systems. Operations Res. **17**, 526–535.

Cobham, A. (1954): Priority assignment in waiting line problems. Operations Res. **2**, 70–76.

Danieljan, E. A (Даниелян Э. А.) (1971): Однолинейные стохастические системы с приоритетами. *In:* Статистика и стохастические системы, вып. 13, Изд. ВЦ МГУ, Москва.

— (1975): К асимптотике периода занятости и времени ожидания приоритетных систем $\vec{M}_r/\vec{G}_r/1/\infty$ при критической загрузке. Изв. АН Арм. ССР, сер. мат. **10**, 272–287.

— (1978): О периоде занятости общей одноканальной системы массового обслуживания. Докл. АН Арм. ССР **66**, 7–14.

Danieljan, E. A., und G. A. Iwanow (Даниелян Э. А., Иванов Г. А.) (1976): Длина очереди однолинейных систем обслуживания с приоритетом. Изв. АН Арм. ССР, сер. мат. **11**, Nr. 2.

Davis, R. H. (1966): Waiting-time distribution of a multiserver priority queueing system. Operations Res. **14**, 133–136.

Dressin, S. A., und E. Reich (1957): Priority assignment on a waiting line. Quart. Appl. Math. **15**, 208–211.

Gaver, D. P. (1963): A comparison of queueing disciplines when service orientation times occur. Naval Res. Logist. Quart. **10**, 219–235.

Harrison, J. M. (1973): A limit theorem for priority queues in heavy traffic. J. Appl. Prob. **10**, 907–912.

Heathcote, C. R. (1960): A single queue with serveral priority classes. Operations Res. **8**, 630–638.

— (1961): Preemptive priority queueing. Biometrika **48**, 57–63.

Henderson, W. (1969): GI/M/1 priority queue. Operations Res. **17**, 907–910.

Holley, J. L. (1954): Waiting line subject to priorities. Operations Res. **2**, 341–343.

Hooke, J. A. (1972): Some heavy-traffic limit theorems for a priority queue with general arrivals. Operations Res. **20**, 381–388.

Jackson, J. R. (1960): Some problems in queueing with dynamic priorities. Naval Res. Logist. Quart. **7**, 235–249.

Kesten, H., und J. Th. Runnenburg (1957): Priority in waiting-line problems. I; II. Nederl. Akad. Wetensch. Proc. **A-60**, 312–324; 325–336.

Kleinrock, L., und R. P. Finkelstein (1967): Time dependent priority queues. Operations Res. **15**, 104–116.

Matwejew, W. F. (Матвеев В. Ф.) (1971): Однолинейная система обслуживания с приоритетом. Канд. дисс., МГУ, Москва.

Meister, B. (1978): A tandem queueing system with priorities. Computing **19**, 203–208.

Mevert, P. A. (1968): A priority system with setup tims. Operations Res. **16**, 602–613.

Miller, R. G. (1960): Priority queues. Ann. Math. Statist. **31**, 86–103.

Nakamura, G., und O. Hashida (1970): Analysis of a non-preemptive priority queueing system with setup times. *In:* Proc. 6th Intern. Teletraffic Congr. (ITC), München, 313/1–313/7.

PITTEL, B. G. (Питтель Б. Г.) (1972): Оптимальное управление в СМО с несколькими потоками требований. Изв. АН СССР, Техн. кибернет. **1972, 6**, 101–116.

SCHASSBERGER, R. (1975): Basic analysis of a head-of-the-line priority queue with renewal type input. J. Appl. Prob. **12**, 346–352.

SCHMIDT, V. (1984): The stationary waiting time process in single-server priority queues with general low priority arrival process. Math. Operationsforsch. Statist., Ser. Optim. **15**, Nr. 1.

SCHRAGE, L. A. (1968): A proof of optimality of the shortest remaining processing time discipline. Operations Res. **16**, 687–690.

— (1969): Mixed priority queue with applications to the analysis of real-time systems. Operations Res. **17**, 728–742.

SEGAL, M. (1970): A multiserver system with preemptive priorities. Operations Res. **18**, 316–323.

SHANTHIKUMAR, J. G. (1980): Analysis of the control of queues with shortest processing time service discipline. J. Operat. Res. Soc. Japan **23**, 341–352.

SOKOLOW, I. A. (Соколов И. А.) (1980): Исследование дискретных приоритетных систем массового обслуживабия. Канд. дисс., МГУ, Москва.

— (1981a): Характеристики одной дискретной системы массового обслуживания. *In:* Круглов В. М. (Hrsg.), Сборник работ по случайному анализу. Изд. ВЦ МГУ, Москва.

— (1981b): Дискретная система с относительным приоритетом и ненадежным прибором. Изв. АН СССР, Техн. кибернет. **1981**.

SYKES, J. S. (1970): Simplyfied analysis of an alternating priority queueing model with setup times. Operations Res. **18**, 1182–1192.

USCHAKOW, W. G. (Ушаков В. Г.) (1977): Система обслуживания с входящим потоком и относительным приоритетом. Теор. вероятн. прим. **22**, 860–866.

— (1978a): Однолинейная система обслуживания с относительным приоритетом. Изв. АН СССР, Техн. кибернет. **1978**, 1, 76–80.

— (1978b): Исследование приоритетных систем обслуживания с эрланговскими входящими потоками. Канд. дисс., МГУ, Москва.

WHITE, H., und L. S. CHRISTIE (1958): Queueing with preemptive priorities or with breakdown. Operations Res. **6**, 79–95.

WHITT, W. (1971): Weak convergence theorems for priority queues: Preemptive-resume discipline. J. Appl. Prob. **8**, 74–94.

WILLIAMS, T. M. (1980): Nonpreemptive multi-server priority queues. J. Operational Res. Soc. **31**, 1105–1107.

12.2.7. Literatur zu Kapitel 7

AVI'ITZHAK, B. (1965): A sequence of stations with arbitrary input and regular service times. Management Sci. **11**, 565–571.

AVI'ITZHAK, B., und M. YADIN (1965): A sequence of two servers with no intermediate queue. Management Sci. **11**, 553–564.

BASCHARIN, G. P. (Башарин Г. П.) (1972a): О вычислении моментов обслуженной и избыточной нагрузок сложной системы. Изв. АН СССР, Техн. кибернет. **1972**, 1, 42–51.

— (1972b): Об аналитическом и численном методах исследования коммутационных систем. *In:* Харкевич А. Д. (Hrsg.), Системы распределения информации. Наука, Москва, 17–32.

— (1976): К теории производительности ненадежных двухучастковых автоматических линий с гибкой связью. *In:* Гнеденко Б. В., Тромак Ю. И., Чепурин Е. В. (Hrsg.), Труды III Всесоюзной школы-семинара по теории массового обслуживания, т. I. Изд. МГУ, Москва, 8–20.

BASCHARIN, G. P., und A. I. GROMOW (Башарин Г. П., Громов А. И.) (1978): Матричный метод нахождения стационарного распределения для некоторых нестандартных систем массового обслуживания. Автоматика и телемеханика **1978**, 1, 29–38.

BASCHARIN, G. P., W. A. KOKOTUSCHKIN und W. A. NAUMOW (Башарин Г. П., Кокотушкин В. А., Наумов В. А.) (1979): О методе эквивалентных замен расчета фрагментов сетей связи для ЦВМ. Изв. АН СССР, Техн. кибернет. **1979**, 6, 92–99.

— (1980): О методе эквивалентных замен расчета фрагментов сетей связи для ЦВМ. Изв. АН СССР, Техн. кибернет. **1980**, 1, 55–61.

Botscharow, P. P. (Бочаров П. П.) (1980): О пуассоновской многофазной системе конечной емкости с блокировками и переобслуживанием. *In:* Харкевич А. Д. (Hrsg.), Теория телетрафика и сети с управляемыми элементами. Наука, Москва, 130—137.

— (1981): Об одной модели обмена информацией между буферной памятью ЭВМ и внешним накопителем. Изв. АН СССР, Техн. кибернет. **1981**, 1, 160—166.

Botscharow, P. P., und F. J. Albores (Бочаров П. П., Альборес Ф. X.) (1980): О двухфазной эспоненциальной системе обслуживания с внутренними потерями или блокировками. Пробл. управл. теор. информ. **9**, 5, 365—379.

Botscharow, P. P., und A. I. Gromow (Бочаров П. П., Громов А. И.) (1975): О пуассоновской двухфазной системе ограниченной емкости. *In:* Харкевич, А. Д. (Hrsg.), Методы теории телетрафика в системах распределения информации. Наука, Москва, 15—28.

Botscharow, P. P., und W. A. Naumow (Бочаров П. П., Наумов В. А.) (1975): О вычислении моментов обслуженной нагрузки некоторых систем массового обслуживания. *In:* Харкевич, А. Д. (Hrsg.), Методы теории телетрафика в системах распределенияи нформации. Наука, Москва, 28—42.

— (1976): Анализ гиперэкспоненциальной двухфазной системы с ограниченным промежуточным накопителем. *In:* Харкевич А. Д. (Hrsg.), Информационные сети и их структура. Наука, Москва, 168—181.

— (1977): О некоторых системах массового обслуживания конечной емкости. Пробл. перед. информ. **13**, 4, 96—104.

Botscharow, P. P., und H. P. Rochas (Бочаров П. П., Рохас Х. П.) (1980): О многофазной экспоненциальной системе обслуживания с блокировками. Пробл. управл. и теор. информ. **9**, 6, 441—455.

Boxma, O. J. (1979a): Two queues in series with non-overlapping service times. *In:* Proc. 10th Intern. Teletraffic Congr. (ITC) Torremolinos.

— (1979b): On a tandem queueing model with identical service times at both counters I, II. Adv. Appl. Prob. **11**, 616—659.

Bretschneider, G. (1956): Die Berechnung von Leitungsgruppen für überfließenden Verkehr in Fernsprechwählanlagen. Nachrichtentechn. Z. **9**, 533—540.

Bromberg, M. A. (Бромберг М. А.) (1979): Многофазные системы с потерями при экспоненциальном обслуживании. Автоматика и телемеханика **1979**, 10, 27—31.

Bromberg, M. A., W. A. Kokotuschkin und W. A. Naumow (Бромберг М. А., Кокотушкин В. А., Наумов В. А.) (1977): Обслуживание последовательной цепочкой приборов. Автоматика и телемеханика **1977**, 3, 60—64.

Burke, P. J. (1964): The dependence of delays in tandem queues. Ann. Math. Statist. **35**, 874—875.

— (1969): The dependence of sojourn times in tandem M/M/s queues. Operations Res. **17**, 754—755.

Caseau, P. (1975): Simulation de processeurs en série au moyen de modèles Markovien. Rapport E.D.F. HI/1973.00.

Chang, W. (1972): Two servers in sequence with Erlang input. *In:* Fox, J. (Hrsg.), Proc. Symp. Computer-Communication Networks and Teletraffic. Polytechnic Press of the Polytechnic Inst. of Brooklyn. Distributed by Wiley, New York, 409—418.

— (1975): Sequential server queues for computer communication system analysis. IBM J. Res. Develop. **5**, 476—485.

de Baun, R. M., und S. Katz (1959): An approximation to distributions of summed waiting times. Operations Res. **7**.

Franken, P., und J. Kerstan (1968): Bedienungssysteme mit unendlich vielen Bedienungsapparaten. *In:* Bunke, O. (Hrsg.), Operationsforschung und mathematische Statistik I. Akademie-Verlag, Berlin, 67—76.

Franken, P., und D. König (Франкен П., Кениг Д.) (1976): Некоторые основные понятия и результаты теории случайных точечных потоков. *In:* Гнеденко Б. В., Громак Ю. И., Чепурин Е. В. (Hrsg.), Труды III Всесоюзной школы-совещания по теории массового обслуживания. Пущино на Оке, т. II. Изд. МГУ, Москва, 81—96.

Friedman, H. D. (1965): Reduction methods for tandem queueing systems. Operations Res. **13**, 121—131.

Ghosal, A. (1962): Queues in series. J. Roy. Statist. Soc. **B-24**, 359—363.

Gromow A. I. (Громов А. И.) (1975): Некоторые вероятностные характеристики одной двухфазной системы массового обслуживания с потерями. *In:* Курышкин В. В. (Hrsg.), Современные задачи в точных науках, вып. 1. Изд. УДН, Москва, 31—34.

GROMOW, A. I., und W. A. NAUMOW (Громов А. И., Наумов В. А.) (1975): Один приближенный метод исследования многофазных систем. *In:* Харкевич А. Д. (Hrsg.), Информационные сети и их анализ. Наука, Москва, 46—51.

HAYDON, B. J. (1972): System states for a series of finite queues. Operations Res. 20, 1137—1141.

HILDEBRAND, D. K. (1967): Stability of finite queue, tandem server systems. J. Appl. Prob. 4, 571—583.

— (1968): On the capacity of tandem server, finite queue, service systems. Operations Res. 16, 72—82.

HILLIER, F. S., und R. W. BOLING (1967): Finite queues in series with exponential or Erlang service times. A numerical approach. Operations Res. 15, 286—303.

HOLTZMAN, J. M. (1973): The accuracy of the equivalence random method with renewal input. Bell System Techn. J. 52, 1673—1679.

HUNT, G. C. (1956): Sequential arrays of waiting lines. Operations Res. 4, 674—683.

JACKSON, R. R. P. (1954): Queueing systems with phase type service. Operat. Res. Quart. 5, 109—120.

— (1956): Queueing processes with phase type service. J. Roy. Statist. Soc. B-18, 129—132.

JAKUSCHEW, J. F. (Якушев Ю. Ф.) (1973): О двухфазном обслуживание рекуррентного потока. Изв. АН СССР, Техн. кибернет. 1973, 3, 47—51.

JAROWIZKI, N. W. (Яровицкий Н. В.) (1962): О задаче многоэтапного обслуживания с потерями. Укр. мат. ж. 14, 170—179.

JEFANOWA, T. L., und J. S. KOTSCHETKOW (Ефанова Т. Л., Кочетков Е. С.) (1974): Многофазные системы обслуживания с потерями. Автоматика и телемеханика 1974, 10, 32—34.

KLIMOW, G. P. (Климов Г. П.) (1970): Некоторые решенные и нерешенные задачи в обслуживании последовательной цепочкой приборов. Изв. АН СССР, Техн. кибернет. 1970, 6, 88—92.

KÖNIG, D., W. W. RYKOW und V. SCHMIDT (1983): On a single-server queue with multiple transaction. Preprint, Bergakademie Freiberg, Sekt. Math., Eingereicht bei Math. Operationsforsch. Statist., Ser. Optim.

KÖNIG, D., und V. SCHMIDT (1983): On tandem queues attended by a single server. Preprint, Bergakademie Freiberg, Sekt. Math., Eingereicht bei J. Operat. Res. Soc. Japan.

KOKOTUSCHKIN, W. A. (Кокотушкин В. А.) (1975): О вычислении моментов избыточной нагрузки некоторых систем с ограниченной очередью. *In:* Харкевич А. Д. (Hrsg.), Методы теории телетраффика в системах распределения информации. Наука, Москва, 46—52.

KONHEIM, A. G., und M. REISER (1976): A queueing model with finite waiting room and blocking. J. Assoc. Comput. Mach. 23, 329—341.

KRÄMER, W. (1973): Total waiting time distribution function and the fate of a customer in a system with two queues in series. *In:* Proc. 7th Intern. Teletraffic Congr. (ITC).

LABETOULLE, J., und G. PUJOLLE (1976): A study of queueing networks with deterministic service and application to computer networks. Acta Informat. 7, 183—195.

LAVENBERG, S. S. (1975): Stability and maximum departure rate of certain open queueing networks having finite capacity constraints. IBM Res. Rep., RJ 1625.

LE GALL, P. (1961): Le traffic debordement. Ann. Telecommun. 16, 226—238.

LÖFFLER, H., und R. TSCHERNOKOSCHEW (1977): Das Zweiphasenbedienungssystem mit Blockierung BS (∞, s). Wiss. Z. TU Dresden 26, 349—353.

LOYNES, R. M. (1962): The stability of a queue with non-dependent interarrival and service times. Proc. Cambridge Philos. Soc. 58, 497—520.

— (1964): The stability of a system of queues in series. Proc. Cambridge Philos. Soc. 60, 569—574.

— (1965): On the waiting-time distribution for queues in series. J. Roy. Statist. Soc. B-27, 491—496.

MAKINO, T. (1964): On the mean passage time concerning some queueing problems of the tandem type. J. Operat. Res. Japan 7, 17—47.

— (1965): On an evalution of characteristic behaviour concerned with tandem queueing process. TRU Math. 1, 17—24.

— (1966): On a study of output distribution. J. Operat. Res. Soc. Japan 8, 109—133.

NAUMOW, W. A. (Наумов В. А.) (1976): О независимой работе подсистем сложной системы. *In:* Гнеденко Б. В., Громак Ю. И., Чепурин Е. В. (Hrsg.), Труды III Всесоюзной школы-совешания по теории массового обслуживания, Пущино на Оке, т. II. Изв. МГУ, Москва, 169—177.

NELSON, R. T. (1958): Waiting-time distributions for application to a series of service centers. Operations Res. 6, 856—862.

Neuts, M. F. (1968): Two queues in series with a finite intermediate waiting room. J. Appl. Prob. **5**, 123–142.
Nishida, T., und H. Watada (1969): Tandem queue with Erlangian inputs and finite waiting room. Techn. Repts. Osaka Univ. **19**, 285–299.
O'Brien, G. G. (1954): The solution of some queueing problems. J. Soc. Ind. Appl. Math. **2**, 133–142.
Pearce, C. (1971): The series queues M/G/1 → M/1 with finite waiting room in the first stage. Studia Sci. Math. Hungar. **6**, 41–48.
Prabhu, N. U. (1967): Transient behaviour of a tandem queue. Management Sci. **13**, 631–639.
Pujolle, G. (1976): Files d'attente en série et application au taux de charge maximale d'un réseau d'ordinateurs. Rev. Française Automat. Informat. Rech. Opérat., Sér. Bleue **10**, B-2, Suppl., iv, 35–54.
Raykow, T., und W. Warmuth (1982a): On the structure of output processes in n-stages loss systems. Elektron. Informationsverarb. Kyb. **18**, 275–277.
— (1982b): Zur Abhängigkeitsfortpflanzung in einlinigen Verlustsystemen. Math. Operationsforsch. Statist., Ser. Optim. **13**, 559–565.
— (1984): Inequalities for traffic characteristics. Elektron. Informationsverarb. Kyb. **20**.
Reich, E. (1957): Waiting times when queues are in tandem. Ann. Math. Statist. **28**, 768–773.
— (1963): Note on queues in tandem. Ann. Math. Statist. **34**, 338–341.
Rosental, G. O., und A. L. Tolmatschew (Розенталь Г. О., Толмачев А. Л.) (1975): О последовательном обслуживании с блокировкой. *In:* Харкевич А. Д. (Hrsg.), Методы теории телетрафика в системах распределения информации. Наука, Москва, 55–59.
Sacks, J. (1960): Ergodicity of queues in series. Ann. Math. Statist. **31**, 579–588.
Stange, K. (1962): Zwei in Reihe angeordnete Schalter (mit einer Warteschlange dazwischen) bei Exponentialverteilung der Ankünfte und Abgänge. Unternehmensforsch. **6**, 3, 101–124.
Suzuki, T. (1963): Two queues in series. J. Operat. Res. Soc. Japan **5**, 149–155.
— (1964): On a tandem queue with blocking. J. Operat. Res. Soc. Japan **6**, 736–752.
Taylor, J. G. (1972): Some steady-state solutions for a tandem queue. New J. Statist. and Operat. Res. **8**, 1–5.
Tembe, S. W., und R. W. Wolff (1974): The optimal order of service in tandem queues. Operations Res. **22**, 824–832.
Tumura, Y. (1966): On the steady state probabilities concerning with tandem queues. TRU Math. **2**, 1–11.
Wdowin, A. A. (Вдовин А. А.) (1965): Исследование некоторых двухфазных систем массового обслуживания. Труды ЦНИИКА **12**, 237–257.
Wilkinson, R. I. (1956): Theories for tall traffic engineering in the USA. Bell System Techn. J. **35**, 421–514.

12.2.8. Literatur zu Kapitel 8

Arya, K. L., und E. Stachowski (1972): On a network of M/M/n facilities with the intensity of new arrivals depending on the total number of waiting units. Zastos. Mat. **13**, 165–172.
Barbour, A. D. (1976): Networks of queues and the method of stages. Adv. Appl. Prob. **8**, 584–591.
Bard, Y. (1977): The modelling of some scheduling strategies for an interactive computer system. *In:* Chandy, K. M., und M. Reiser (Hrsg.), Computer Performance. North-Holland Publ. Comp., Amsterdam/New York/Oxford, 113–138.
— (1979): Some extensions to multiclass queueing network analysis *In:* Arató, M., A. Butrimenko und E. Gelenbe (Hrsg.), Proc. 4th Internat. Symp. Modelling and Performance Evolution of Computer Systems, Vienna. North-Holland Publ. Comp., Amsterdam/New York, 46–57.
Bascharin, G. P., P. P. Botscharow, L. Kulkowa und W. A. Naumow (Башарин Г. П., Бочаров П. П., Кулькова Л., Наумов В. А.) (1982): О приближенных методах расчета характеристик неэкспоненциальных сетей массового обслуживания. *In:* Пашкеев С. Д. (Hrsg.), Вычислительные средства в технике связи. Наука, Москва.
Bascharin, G. P., und A. L. Tolmatschew (Башарин Г. П., Толмачев А. Л.) (1979): Некоторые результаты теории сетей массового обслуживания. *In:* Харкевич А. Д. (Hrsg.), Методы развития теории телетраффика. Наука, Москва, 52–65.
Baskett, F., K. M. Chandy, R. R. Muntz und F. G. Palacios (1975): Open, closed and mixed networks of queues with different classes of customers. J. Assoc. Comput. Mach. **22**, 248–260.

Beutler, F. J., und B. Melamed (1978): Decomposition and customer streams of feedback networks of queues in equilibrium. Operations Res. **26**, 1059—1072.

Beutler, F. J., B. Melamed und B. P. Zeigler (1977): Equilibrium properties of arbitrarily interconnected queueing networks. J. Multivar. Anal. **4**, 351—370.

Bhat, U. N., M. Shalaby und M. J. Fisher (1979): Approximation techniques in the solution of queueing problems. Naval Res. Logist. Quart. **26**, 311—326.

Brémaud, P. (1978): On the output theorem of queueing theory, via filtering. J. Appl. Prob. **15**, 397—406.

Burke, P. J. (1956): The output of a queueing system. Operations Res. **4**, 699—704.

Burke, P. (1972): Output processes and tandem queues. *In:* Fox, J. (Hrsg.), Proc. Symp. Computer-Communication Networks and Teletraffic. Polytechnic Press of the Polytechnic Inst. of Brooklyn. Distributed by Wiley, New York, 419—428.

— (1976): Proof of a conjecture on the interarrival time distribution in an M/M/1 queue with feedback. IEEE Trans. Commun. **COM-24**, 575—576.

Buslenko, I. P., und W. S. Manusewitsch (Бусленко И. П., Манусевич В. С.) (1979): Имитационные моделирование сетей массового обслуживания. *In:* Харкевич А. Д. (Hrsg.), Методы развития теории телетраффика. Наука, Москва, 8—18.

Bux, W., und U. Herzog (1977): The phase concept approximation of measured data and performance analysis. *In:* Chandy, K. M., und M. Reiser (Hrsg.), Computer Performance. North-Holland Publ. Comp., Amsterdam/New York/Oxford, 25—37.

Buzen, J. P. (1973): Computational algorithms of closed queueing networks with exponential servers. Commun. ACM **16**, 527—531.

Buzen, J. P., und P. J. Denning (1978): Approximate methods of queueing network models. ACM Comput. Surveys **10**, 225—261.

Chandy, K. M. (1972): The analysis and solution for general queueing networks. *In:* Proc. 6th Annual Princeton Conf. Inform. Sci. and Systems. Princeton University Press, Princeton, 219—224.

Chandy, K. M., U. Herzog und L. Woo (1975a): Parametric analysis of queueing networks. IBM J. Res. Develop. **19**, 36—42.

— (1975b): Approximate analysis of general queueing networks. IBM J. Res. Develop. **19**, 43—49.

Chandy, K. M., J. H. Howard und D. F. Towsley (1977): Product form and local balance in queueing networks. J. Assoc. Comp. Mach. **24**, 250—263.

Chandy, K. M., und D. Neuse (1982): Linearizer: a heuristic algorithm for queueing network models of computing systems. Commun. ACM **25**, 126—134.

Chandy, K. M., und C. H. Sauer (1980): Computational algorithms for product form queueing networks. Commun. ACM **23**, 573—583.

Chang, A., und S. S. Lavenberg (1974): Work rates in closed queueing networks with general independent servers. Operations Res. **22**, 838—847.

Chen, P. (1975): Queueing networks model of interactive computing systems. Proc. IEEE **63**, 954—957.

Cohen, J. W. (1979): The multiple phase service network with generalized processor sharing. Acta Informat. **12**, 245—284.

Cox, D. R. (1955): A use of complex probabilities in the theory of stochastic processes. Proc. Cambridge Philos. Soc. **51**, 313—319.

Czachorski, T. (1976): Sieć stanowisk obsługi jako matematyczny model złożnego systemu komputerowego. Podstawy sterowania **6**, 257—276.

d'Avignon, G. R. (1974): Single server queueing systems with feedback. Diss., Dept. of Industr. and Operat. Engin., Univ. of Michigan, Ann Arbor.

d'Avignon, G. R., und R. L. Disney (1976): Single server queues with state dependent feedback. INFOR **14**, 71—85.

— (1977): Queues with instantaneous feedback. Management Sci. **24**, 168—180.

Disney, R. L. (1975): Random flows in queueing networks. A review and critique. AIIE Transact. **7**, 268—288.

— (1978): Sojourn times in M/G/1 queues with instantaneous Bernoulli feedback. *In:* Proc. Conf. Point Processes and Queueing Theory, Keszthely. North-Holland Publ. Comp., Amsterdam/New York/Oxford.

— (1981): A note on sojourn times in M/G/1 queues with instantaneous Bernoulli feedback. Naval Res. Logist. Quart. **28**, 679—684.

Disney, R. L., und W. P. Cherry (1974): Some topics in queueing network theory. *In:* Clarke, A. B. (Hrsg.), Mathematical Methods in Queueing Theory. Lecture Notes in Economics and Mathematical Systems, vol. 98. Springer-Verlag, Berlin/Heidelberg/New York, 23–44.

Disney, R. L., D. König und V. Schmidt (1984): Stationary queue length and waiting time distributions in single-server feedback queues. Erscheint in Adv. Appl. Prob. **16**.

Disney, R. L., und I. Hannibalson (1977): Networks of queues with delayed feedback. Naval Res. Logist. Quart. **24**, 281–291.

Disney, R. L., C. D. McNickle und B. Simon (1980): The M/G/m queue with instantaneous Bernoulli feedback. Naval Res. Logist. Quart. **27**, 635–644.

Disney, R. L., und R. J. Wyszewianski (1975): Feedback queues in the modelling of computer systems: A survey. Techn. Rep. 75–12. Dept. of Industr. and Operat. Engin., Univ. of Michigan, Ann Arbor.

Dobruschin, R. L., und J. M. Suchow (Добрушин Р. Л., Сухов Ю. М.) (1976): Асимптотическое исследование звездообразных сетей коммутации сообщений с большим числом радиальных лучей. Пробл. перед. информ. **12**, 1, 70–94.

Foley, R. D. (1979): The M/G/1-queue with delayed feedback. Diss., Dept. of Industr. Engin. and Operat. Res. Virginia Polytechn. Inst. and State Univ., Blacksburg.

Foley, R. D., und B. Simon (1980): Some results on sojourn times in acyclic Jackson networks. Management Sci. **25**, 1027–1034.

Fujisawa, T., und Y. Chen (1974): The output process of the queueing systems with feedback. Rep. Univ. Electro-Comm. **25-1** (Sci. and Techn. Sect.), 75–78.

Fujisawa, T., und H. Osawa (1975): The departure process of the M/M/1 queue with Markovian feedback. Rep. Univ. Electro-Comm. **25-2** (Sci. and Techn. Sect.), 193–196.

Gaver, O. (1968): Diffusion approximation and models for certain congestion problems. J. Appl. Prob. **5**, 607–623.

Gaver, D., und G. S. Shedler (1973a): Approximate models for processor utilization in multiprogrammed computer systems. SIAM J. Comput. **2**, 183–192.

— (1973b): Processor utilization in multiprogramming systems via diffusion approximations. Operations Res. **21**, 569–576.

Gelenbe, E. (1975): On approximate computer system models. J. Assoc. Comput. Mach. **22**, 261–269.

— (1979): Probabilistic models of computer systems. Part II (Diffusion approximation, waiting times, batch arrivals): Acta Informatica **12**, 285–303.

Gelenbe, E., und R. R. Muntz (1976): Probabilistic models of computer systems — part I (exact results). Acta Informat. **7**, 35–60.

Gelenbe, E., und G. Pujolle (1976): The behaviour of a single queue in a general queueing network. Acta Informat. **7**, 123–136.

— (1977): A diffusion model for multiple class queueing networks. Res. Rep. 242, IRIA/LABORIA, Le Chesnay.

Gordon, W. J., und G. F. Newell (1967): Closed queueing systems with exponential servers. Operations Res. **15**, 254–265.

Harrison, J. M. (1978): The diffusion approximation for tandem queues in heavy traffic. Adv. Appl. Prob. **10**, 886–905.

Iglehart, D. L., und G. S. Shedler (1978): Simulation of response times in finite-capacity open networks of queues. Operations Res. **26**, 896–914.

Irani, K. B., und V. L. Wallace (1971): On network linguistics and the conversational design of queueing networks. J. Assoc. Comput. Mach. **18**, 616–629.

Iwnizki, W. A. (Ивницкий В. А.) (1977): Сети массового обслуживания и их применение в ЭВМ. Зарубежная радиоэлектроника **7**, 33–70.

Jackson, J. R. (1957): Networks of waiting lines. Operations Res. **5**, 518–521.

— (1963): Jobshop-like queueing systems. Management Sci. **10**, 131–142.

Jacobs, A. (1978): A cyclic queueing network with dependent exponential service times. J. Appl. Prob. **15**, 573–589.

Jansen, U. (1981): On the Poisson output of queueing systems with dependent service times. Math. Operationsforsch. Statist., Ser. Optim. **12**, 1–10.

— (1983): A generalization of insensitivity results by cyclically marked stationary point processes. Elektron. Informationsverarb. Kyb. **19**, 307–320.

Jansen, U., und D. König (1976): Invariante stationäre Zustandswahrscheinlichkeiten für eine Klasse stochastischer Modelle mit funktionellen Abhängigkeiten. Math. Operationsforsch. Statist. 7, 497–522.

— (1980): Insensitivity and steady-state probabilities in product from for queueing networks. Elektron. Informationsverarb. Kyb. 16, 385–397.

Jansen, U., D. König und K. Nawrotzki (1979): A criterion of insensitivity for a class of queueing systems with random marked point processes. Math. Operationsforsch. Statist., Ser. Optim. 10, 379–403.

Jaschkow, S. F. (Яшков С. Ф.) (1980): Свойства инвариантности вероятностных моделей адаптивной диспетчеризации в системах коллективного пользования. Автоматика и вычисл. техн. 1980, 6, 56–62.

Jaschkow, S. F., und M. J. Kitajew (Яшков С. Ф., Китаев М. Ю.) (1978): Непользование свойства инвариантности пуассоновского потока при анализе сетей связи. Техника средства связи, сер. АСУ, вып. 2, 63–71.

Kaz, B. A. (Кац Б. А.) (1976): Об обслуживании сообщений случайной длины. *In:* Гнеденко Б. В., Громак Ю. М., Чепурин Е. В. (Hrsg.), Теория массового обслуживания. Труды III Всесоюзной школы-совещания по теории массового обслуживания, т. 2. Изд. МГУ, Москва, 157–168.

Kelbert, M. J., und J. M. Suchow (Кельберт М. Я., Сухов Ю. М.) (1979): Об одном классе звездообразных сетей свази с пакетной коммутацией. Пробл. перед. информ. 15, 4, 53–72. (vgl. auch: Kelbert, M. J., und Y. M. Suhov (1979): Asymptotic analysis of star-like pocket switching queueing networks. Preprint, Wiss. Sitzungen zur Stochastik 02/79, AdW DDR, ZIMM, Berlin).

Kelly, F. P. (1975): Networks of queues with customers of different classes. J. Appl. Prob. 12, 542–554.

— (1976): Networks of queues. Adv. Appl. Prob. 8, 416–432.

Kimura, T. (1980): Studies on diffusion approximation for queueing systems. Doctoral dissertation, Department of Applied Mathematics and Physics, Kyoto University, Kyoto, Japan.

— (1983): Diffusion approximation for an M/G/m queue. Operations Res. 31, 304–321.

Kimura, T., und T. Ohsone (1982): Diffusion approximation for an M^x/G/m queue. Research Reports on Information Sciences Series B: Operations Research. B-111, Department of Information Sciences, Tokyo Institute of Technology, Tokyo, Japan.

Kingman, J. F. C. (1965): The heavy traffic approximation in the theory of queues. *In:* Smith, W. L., und W. E. Wilkinson (Hrsg.), Proc. Symp. Congestion Theory, Univ. of North Carolina Press, Chapel Hill (North Carolina), 137–159.

Kobayashi, H. (1974a): Application of the diffusion approximation to queueing networks I: Equilibrium queue distributions. J. Assoc. Comput. Mach. 21, 316–328.

— (1974b): Application of the diffusion approximation to queueing networks II: Nonequilibrium distributions and applications to computer modelling. J. Assoc. Comput. Mach. 21, 459–468.

Kobayashi, H., und A. G. Konheim (1977): Queueing models for computer communications system analysis. IEEE Trans. Commun. COM-25, 2–28.

Kogan, Ya. A., und V. G. Litvin (1979): Piecewise diffusion approximations for queueing problems with heterogeneous arrivals and service. Probl. Control Inform. Theory/Пробл. управл. теор. информ. 8, 433–443.

Konheim, A. G., und M. Reiser (1976): A queueing model with finite waiting room and blocking. J. Assoc. Comput. Mach. 23, 328–341.

Kopocińska, I., und B. Kopociński (1972): Queueing systems with feedback. Zastos. Mat. 12, 373–384.

König, D., und U. Jansen (1974): Stochastic processes and properties of invariance for queueing systems with speeds and temporary interruptions. *In:* Trans. 7th Prague Conf. on Inform. Theory, Stat. Dec. Funct., Rand. Proc. 1974. Academia, Prague; D. Reidel Publ. Comp., Dordrecht/Boston, 1977, 335–344.

— (1976): Eine Invarianzeigenschaft zufälliger Bedienungsprozesse mit positiven Geschwindigkeiten. Math. Nachr. 70, 321–364.

König, D., und V. Schmidt (1983a): Stationary two-node queueing networks with delayed feedback. Preprint, Sekt. Math., Bergakademie Freiberg. Eingereicht bei Math. Operat. Res.

— (1983b): Соотношения между различными стационарными характеристиками в СМО с обратной связью управляемых общим классом маркированных точечных процессов. Preprint, Sekt. Math., Bergakademie Freiberg. Eingereicht bei Изв. АН. СССР, Техн. кибернет. 1983.

KUEHN, P. J. (1979): Approximate analysis of general queueing networks by decomposition. IEEE Trans. Commun. COM-27, 113–126.

LABETOULLE, J., und G. PUJOLLE (1976): A study of queueing networks with deterministic service and application to computer networks. Acta Informat. 7, 183–195.

LAM, S. S. (1977): Queueing networks with population size constraints. IBM J. Res. Develop. 21, 370–378.

LAVENBERG, S. S. (1973): Queueing analysis of a multiprogrammed computer system having a multilevel storage hierarchy. SIAM J. Comput. 2, 232–252.

LAVENBERG, S. S., und M. REISER (1980): Stationary state probabilities at arrival instants for closed queueing networks with multiple types of customers. J. Appl. Prob. 17, 1048–1061.

LEMOINE, A. J. (1977): Networks of queues — A survey of equilibrium analysis. Management Sci. 24, 464–481.

— (1979): Total sojourn time in networks of queues. Techn. Rep. 79-020-1, Systems Control Inc., Palo Alto (Calif.).

MARIE, R. A. (1979): An approximate analytical method for general queueing networks. IEEE Trans. Software Engin. 5, 530–538.

MARIE, R. A., und J. M. PELLAUMAIL (1983): Steady state probabilities for a queue with a general service time distribution and state-dependent arrivals. IEEE Trans. Software Engin. SE-9, 109–113.

MASSEY, W. A. (1983): Open networks of queues: Their algebraic structure and estimating their transient behavior. Adv. Appl. Prob. 15.

MELAMED, B. (1978): On Poisson traffic processes in discrete-state Markovian systems with applications to queueing theory. Adv. Appl. Prob. 10, 218–239.

— (1979): Characterization of Poisson traffic streams in Jackson queueing networks. Adv. Appl. Prob. 11, 422–438.

MONTAZER-HAGHIGHI, A. (1975): Many-server queueing systems with feedback. Diss., Dept. of Mathematics and Statistics., Case Western Univ., Cleveland (Ohio).

MOORE, F. R. (1972): Computational model of a closed queueing network with exponential servers. IBM J. Res. Develop. 16, 567–572.

MÜLLER, B. (1980): Zerlegungsorientierte numerische Verfahren für Markovsche Rechensystem-modelle. Diss., Abt. Informatik, Univ. Dortmund.

MUNTZ, R. R. (1973): Poisson departure processes and queueing networks. *In:* Proc. 7th Annual Princeton Conf. Inform. Sci. and Systems. Princeton University Press, Princeton, 435–440.

— (1975): Analytic modelling of interactive systems. Proc. IEEE 63, 946–953.

— (1978): Queueing networks: A critique of the state of the art and directions for the future. ACM Comput. Surveys 10, 353–359.

MUNTZ, R. R., und J. W. WONG (1974): Efficient computational procedures for closed queueing network models. *In:* Proc. 7th Hawaii Intern. Conf. Systems Sci., Univ. Hawaii. Western Periodicals Comp. North-Hollywood (Calif.), 33–36.

NEUTS, M. F. (1975): Computational uses of the method of phases in the theory of queues. Comput. and Math. 1, 151–166.

NOETZEL, A. S. (1979): A generalized queueing disciplines for product form network solutions. J. Assoc. Comput. Mach. 26, 779–793.

PITTEL, B. (1979): Closed exponential networks of queues with saturation: The Jackson-type stationary distribution and its asymptotic analysis. Math. Operat. Res. 4, 357–378.

POSNER, M., und B. BERNHOLTZ (1968a): Closed finite queueing networks with time lags. Operations Res. 16, 962–976.

— (1968b): Closed finite queueing networks with time lags and with several classes of units. Operations Res. 16, 977–985.

PRICE, T. G. (1976): A note on the effect of the central processor service time distribution on processor utilization in multiprocessor computer servers. J. Assoc. Comput. Mach. 23, 342–346.

REISER, M. (1976): Interactive modelling of computer systems. IBM Systems J. 15, 309–327.

— (1977): Numerical methods in separable queueing networks. Studies in the Management Sci. 7, 113–142.

— (1979): A queueing network analysis of computer communication networks with window flow control. IEEE Trans. Commun. COM-27, 1199–1209.

REISER, M., und H. KOBAYASHI (1974): Accuracy of the diffusion approximation for some queueing systems. IBM J. Res. Develop. 18, 110–124.

— (1975a): Queueing networks with multiple closed chains: Theory and computational algorithms. IBM J. Res. Develop. 19, 283–294.

Reiser, M., und H. Kobayashi (1975b): Horner's rule for the evolutions fo general closed queueing networks. Commun. ACM **18**, 592–593.

Reiser, M., und S. S. Lavenberg (1980): Mean value analysis of closed multi-chain queueing networks. J. Assoc. Comput. Mach. **27**, 313–322.

Rybel, A. (Рыбель А.) (1982): Входящие потоки в сетях массового обслуживания. *In:* Калашников В. В., Проблемы устойчивости стохастических моделей, Труды семинара, ВНИИСИ, Москва, 87–101.

Samari, N. K., und G. M. Schneider (1980): A queueing theory-based model of a distributed computer network. IEEE Trans. Comput. **C-29**, 994–1001.

Sauer, C. H., und K. M. Chandy (1975): Approximate analysis of central server models. IBM J. Res. Develop. **19**, 301–313.

— (1978): Approximate methods for analysing queueing network of computing models. ACM Comput. Surveys **10**, 281–317.

Schassberger, R. (1977): Insensitivity of steady-state distributions of generalized semi-Markov processes I. Ann. Prob. **5**, 87–99.

— (1978a): Insensitivity of steady-state distributions of generalized semi-Markov processes II. Ann. Prob. **6**, 85–93.

— (1978b): Insensitivity of steady-state distributions of generalized semi-Markov processes with speeds. Adv. Appl. Prob. **10**, 836–851.

— (1978c): The insensitivity of stationary probabilities in networks of queues. Adv. Appl. Prob. **10**, 906–912.

— (1980): Correction to: The insensitivity of stationary probabilities in networks of queues. Adv. Appl. Prob. **12**, 541.

Schkatow, P. N., und I. S. Papschew (Шкатов П. Н., Папшев И. С.) (1975): Анализ многоканальных систем обслуживания с неидентичными обслуживающими апаратами. Труды МВТУ **203**, сер. вычисл. системы, вып. 1, 22–25.

Sevcik, K. C. (1977): Priority scheduling disciplines in queueing network models of computer systems. *In:* Proc. IFIP Congr. North-Holland Publ. Comp., Amsterdam, 565–570.

Sevcik, K. C., und T. Mitrani (1979): The distribution of queueing network states at input and output instants. *In:* Proc. 4th Internat. Symp. Modell. and Performance Eval. Comput. Syst., Vienna 1979, vol. 2, North Holland Publ. Comp., Amsterdam/New York/Oxford, 135–151.

Simon, B., und R. D. Foley (1980): Some results on sojourn times in acyclic Jackson networks. Management Sci. **25**, 1027–1034.

Spirn, J. R. (1979): Queueing networks with random selection for service. IEEE Trans. Software Engin. **SE-5**, 287–289.

Stoyan, D. (1978a): Queueing networks insensitivity and a heuristic approximation. Elektron. Informationsverarb. Kyb. **14**, 143–151.

— (1978b): Neuere Ergebnisse für Bedienungsnetzwerke. rechentechnik und datenverarbeitung **15**, 28–31.

Swerew, S. N., A. W. Petrow und P. N. Schkatow (Зверев С. Н., Петров А. В., Шкатов П. Н.) (1975): Анализ замкнутой СМО со смешанным эрланговским распределением времени обслуживания. Труды МВТУ **203**, сер. вычисл. системы, вып. 1, 32–37.

Takács, L. (1963): A single server queue with feedback. Bell System Techn. J. **42**, 409–519.

— (1977): A queueing model with feedback. Rev. Française Automat. Informat. Rech. Opérat. **11**, 345–354.

Tolmatschew, A. L. (Толмачев А. Л.) (1977): О некоторых характеристиках замкнутых экспоненциальных сетей. *In:* Харкевич А. Д. (Hrsg.), Теория телетрафика и информационные сети. Наука, Москва, 3–6.

Trivedi, K. S., und R. A. Wagner (1979): A decision model for closed queueing networks. IEEE Trans. Software Engin. **SE-5**, 328–332.

Vantilbourgh, D. M. (1978): Exact aggregation in exponential queueing networks. J. Assoc. Comput. Mach. **25**, 620–629.

Wallace, V. L. (1974): Algebraic techniques for numerical solution of queueing networks. *In:* Clarke, A. B. (Hrsg.), Mathematical Methods in Queueing Theory. Lecture Notes in Economics and Mathematical Systems, vol. 98, Springer-Verlag, Berlin/Heidelberg/New York, 295–305.

Walrand, J., und P. Varaiya (1978): When is a flow in a queueing network Poissonian. Memorandum No. ERL-M78/59, Electronics Res. Lab., Univ. of California, Berkeley.

— (1980): Sojourn time and the overtaking condition in Jacksonian networks. Adv. Appl. Prob. **12**, 1000–1018.

— (1981): Flows in queuing networks: A martingale approach. Math. Operat. Res. **16**, 387–404.

WHITT, W. (1974): Heavy traffic limit theorems for queues: A survey. *In:* CLARKE, A. B. (Hrsg.), Mathematical Methods in Queueing Theory. Lecture Notes in Economics and Mathematical Systems, vol. 98, Springer-Verlag, Berlin/Heidelberg/New York, 307–350.

WILLIAMS, A. C., und R. A. BRANDIWAD (1976): A generating function approach to queueing networks analysis of multiprogrammed computers. Networks **6**, 1–22.

ZARLING, R. L. (1976): Numerical solution of nearly decomposable queueing networks. Diss., Univ. of North Carolina, Chapel Hill.

12.2.9. Literatur zu Kapitel 9

ALBRIGHT, S. C. (1974): A Markov-decision-chain approach to a stochastic assigment problem. Operations Res. **22**, 61–64.

— (1977): Structure of optimal policies in complex queueing systems. Operations Res. **25**, 1020 bis 1027.

ANDREJEW, N. W., und E. S. SCHTATLAND (Андреев Н. В., Штатланд Э. С.) (1969): О некоторых задачах управления неоднородными процессами рождения и гибели. *In:* Теория оптимальных решений. Труды Семинара, вып. 4. Киев, 42–46.

BAKER, K. R. (1973): A note on operating policies for the queue M/M/1 with exponential status. INFOR **11**, 70–72.

BALACHANDRAN, K. R. (1970): Parametric priority rules: An approach to optimization in priority queues. Operations Res. **18**, 526–540.

— (1971): Queue length dependent priority queues. Management Sci. **17**, 463–471.

— (1972): Purchasing priorities in queues. Management Sci. **18**, 319–326.

— (1973): Control policies for a single server system. Management Sci. **19**, 1013–1018.

BALACHANDRAN, K. R., und H. C. TIJMS (1975): On the D-policy for the M/G/1 queue. Management Sci. **21**, 1073–1076.

BEJA, A. (1972): The optimality of connected policies for Markovian systems with two types of service. Management Sci. **18**, 683–686.

BELL, C. E. (1971a): Characterization and computation of optimal policies for operating an M/G/1 queueing system with removable server. Operations Res. **19**, 208–218.

— (1971b): Optimal average cost operating policy for an M/G/1 queueing system with removable server and serveral priority classes. Techn. Rep. 12, Dept. of Operat. Res., Stanford Univ., Stanford (Calif.).

— (1975): Turning off a server with customers present: Is this any way to run an M/M/*c* queue with removable servers, Operations Res. **23**, 571–575.

BIEBER, G. (1979): On optimal control of Markov processes with application to a class of service systems. Math. Operationsforsch. Statist., Ser. Optim. **10**, 143–162.

BLACKBURN, J. (1972): Optimal control of a single-server queue with balking and reneging. Management Sci. **19**, 297–313.

BLACKWELL, D. (1962): Discrete dynamic programming. Ann. Math. Statist. **33**, 719–726.

— (1965): Discounted dynamic programming. Ann. Math. Statist. **36**, 226–235.

BOXMA, O. J. (1976): Note on a control problem of Balachandran and Tijms. Management Sci. **22**, 916–917.

BRONSTEIN, O. I., und W. W. RYKOW (Бронштейн О. И., Рыков В. В.) (1965): Об оптимальных приоритетах в системах массового обслуживания. Изв. АН ССCР, Техн. кибернет. **1965**, 6, 28–37.

BRONSTEIN, O. I., W. W. RYKOW und E. B. WEKLEROW (Бронштейн О. И., Рыков В. В., Веклеров Е. Б.) (1967): Об одной управляемой системе обслуживания. Изв. АН СССР, Техн. кибернет. **1967**, 5, 101–105.

BROSH, J. (1970): The policy space structure of Markovian systems with two types of service. Management Sci. 16, 607–621.

BROSH, J., und P. NAOR (1963): On optimal disciplines in priority queueing. Bull. Inst. Intern. Statist. Proc. of the 34th Session, 593–608.

BROWN, B. W. (1965): On the iterative method of dynamic programming on a finite space discrete Markov process. Ann. Math. Statist. **36**, 1279–1285.

CHITGOPEKAR, S. (1969): Continuous-time Markovian sequential control processes. SIAM J. Control **7**, 367–389.

COHEN, J. W. (1976): On the optimal switching level for an M/G/1 queueing systems. Stoch. Proc. Appl. **4**, 297–316.

Connor, M. A. (1970): Optimal addition of servers for a time dependent queueing process. Intern. J. Control **12**, 353–356.

Crabill, T. (1972): Optimal control of a service facility with variable exponential service times and constant arrival rate. Management Sci. **18**, 560–566.

Crabill, T., D. Gross und M. J. Magazine (1977): A classified bibliography of research on optimal design and control of queues. Operations Res. **25**, 219–232.

Cramer, M. (1971): Optimal customer selection in exponential queues. Preprint 71–24, Operat. Res. Center, Univ. of California, Berkeley.

Deb, R., und R. Serfozo (1973): Optimal control of batch-service queues. Adv. Appl. Prob. **5**, 340–361.

de Gani, J. S. A. (1964): A dynamic programming algorithm for embedded Markov chains when the planing horizon is at infinity. Management Sci. **10**, 716–733.

de Ghellinck, G. T. (1960): Les probleme de decision sequentielles. Cahiers Centre Études Rech. Opérat. **2**, 161–179.

de Leve, G., A. Federgruen und H. C. Tijms (1976a): A general Markov decision method I: Model and techniques. Math. Rep. BW 61/76, Math. Centrum Amsterdam.

— (1976b): A general Markov decision method II: Applications. Math. Rep. BW 62/76, Math. Centrum Amsterdam.

de Leve, G., und H. C. Tijms (1974): A general Markov decision method, with application to controlled queueing systems. Math. Rep. BN 24/77, Math. Centrum Amsterdam.

Denardo, E. V. (1967): Contraction mappings in the theory underlying dynamic programming. SIAM Rev. **9**, 165–177.

Denardo, E. V., und B. L. Fox (1968): Multichain Markov renewal programms. SIAM J. Appl. Math. **16**, 468–487.

Deppe, H. (1981): Durchschnittskosten in semiregenerativen Entscheidungsmodellen. Diss., Univ. Bonn.

Doshi, B. (1977): Continuous time control of the arrival process in a M/G/1 queue. Stoch. Proc. Appl. **5**, 265–284.

Dynkin, E. B. (Дынкин Е. Б.) (1963): Оптимальный выбор момента остановки марковского процесса. Докл. АН СССР **150**, 238–240.

— (1968): Достаточные статистики для задачи об оптимальной остановке. Теор. вероятн. прим. **13**, 150–151.

Emmons, H. (1972): The optimal admission policy to multiserver queue with finite horizon. J. Appl. Prob. **9**, 103–116.

Esogbue, A. (1969): Dynamic programming and optimal control of variable multichannel stochastic service systems with applications. Math. Biosci. **5**, 133–142.

Etschmayer, M. M. (1972a): Optimale Warteschlangensysteme. Z. Operat. Res. **16**, B207–B219.

— (1972b): Optimal priority queues: The simple discretionary priority rule. Z. Operat. Res. **16**, 101–112.

Federgruen, A., A. Hordijk und H. C. Tijms (1979): Denumerable state semi-Markov decision processes with unbounded costs, average cost criterion. Stoch. Proc. Appl. **9**, 223–235.

Federgruen, A., und H. C. Tijms (1978): The optimality equation in average cost denumerable state semi-Markov decision problems, recurrency conditions and algorithms. J. Appl. Prob. **15**, 356–373.

Feindor, R. (1973): Steuerungen von Warteschlangen durch die Abfertigungsraten. Proc. Operat. Res. **3**, 299–308.

Fox, B. (1966): Markov renewal programming by linear fractional programming. SIAM J. Appl. Math. **14**, 1418–1432.

— (1967): Existence of stationary optimal policies for some Markov renewal programs. SIAM Rev. **9**, 573–576.

Gallisch, E. (1979a): On the computation of an average cost optimal policy in an M/G/1-model with controllable service time. Preprint 241, Sonderforschungsbereich 72, Univ. Bonn.

— (1979b): On monotone optimal policies in a queueing model of M/G/1 type with controllable service time distribution. Adv. Appl. Prob. **11**, 870–887.

Gebhard, R. (1967): A queueing process with bilevel hysteric service-rate control. Naval Res. Logist. Quart. **14**, 55–67.

Gerasimow, W. I. (Герасимов В. И.) (1973): Оптимальный алгоритм распределения времен обслуживания приборов в системе массового обслуживания с прерываниями. Автоматика и вычисл. техн. **1973**, 6, 49–54.

GERZBACH, I. B. (Геуцбах И. Б.) (1964): Оптимальное правило обслуживания системы со многими состояниями. Изв. АН СССР, Техн. кибернет. **1964**, 3, 46–52.

— (1970): Оптимальное управление полумарковским процессом при наличии ограниений на вероятности. Кибернетика **1970**, 5, 56–61.

GIRLICH, H.-J. (1978): Steuerbare Modelle der Bedienungstheorie und der Lagerhaltung bei unvollständiger Information. *In:* Ber. VIII. Intern. Kongr. über Anwendungen der Math. in den Ingenieurwiss. Weimar, Bd. 2, 191–202.

GROH, J. (1980): Optimale Steuerung von Geburts- und Todesprozessen mit endlich vielen Zuständen. Wiss. Beitr. Ingenieurhochsch. Wismar **2**, 99–104.

GUBENKO, L. G. (Губенко Л. Г.) (1972a): Об управляемых марковских процессах с дискретным временем. Теор. вероятн. и мат. статист., Межвед. научн. сб. **7**, 51–64.

— (1972b): Об управляемых полумарковских процессах. Кибернетика **1972**, 2, 26–29.

HAJI, R., und G. NEWELL (1971): Optimal strategies for priority queues with nonlinear costs of delay. SIAM J. Appl. Math. **20**, 224–240.

HARRISON, M. (1970): Countable state discounted Markovian decision processes with unbounded rewards. Techn. Rep. 17, Dept. of Operat. Res., Stanford Univ., Stanford (Calif.).

— (1972): Discrete dynamic programming with unbounded rewards Ann. Math. Statist. **43**, 633–644.

— (1975): Dynamic scheduling of a multiclass queue: Discount optimality. Operations Res. **23**, 270–282.

HASTINGS, N. A. J., und J. M. C. MELLO (1973): Tests for suboptimal actions in discounted Markov programming. Management Sci. **19**, 1019–1022.

— (1976): A test for nonoptimal actions in undiscounted finite Markov decision chains. Management Sci. **23**, 87–91.

HASTINGS, N. A. J., und J. A. E. E. VAN NUNEN (1976): The action elimination algorithm for Markov decision processes. *In:* TIJMS, H. C., und J. WESSELS (Hrsg.), Markov Decision Theory. Proc. of the Advanced Seminar on Markov Decision Theory. Math. Centre Tracts 93, Math. Centrum Amsterdam 1977, 161–170.

HEYMAN, D. (1968): Optimal operating policies for M/G/1 queueing systems. Operations Res. **16**, 362–382.

HEYMAN, D., und K. T. MARSHALL (1968): Bounds on the optimal operating policy for a class of single server queues. Operations Res. **16**, 1138–1146.

HORDIJK, A. (1976): Regenerative Markov decision models. Math. Programming Study **6**, 49–72.

HORDIJK, A., und F. A. VAN DER DUYN SCHOUTEN (1983): Average optimal policies in Markov decision drift processes with applications to a queueing and a replacement model. Adv. Appl. Prob. **15**, 274–303.

HOWARD, R. (1964): Research in semi-Markovian decision structures. J. Operat. Res. Soc. Japan **6**, 163–199.

HÜBNER, G. (1975): Extrapolation und Ausschließung suboptimaler Aktionen in endlich-stufigen stationären Markoffschen Entscheidungsmodellen. Habilitationsschr. Univ. Hamburg.

IRELAND, R. J., und M. E. THOMAS (1972): Optimal control of customer-flow through a system of parallel queues. Intern. J. Systems Sci. **2**, 401–410.

JAISWAL, N., und P. SIMHA (1972): Optimal operating policies for the finite-source queueing process. Operations Res. **20**, 938–971.

JANSSON, B. (1966): Choosing a good appointment system: A study of queues of the type D/M/1. Operations Res. **14**, 292–312.

JEWELL, W. (1963): Markov renewal programming I, II. Operations Res. **2**, 938–971.

JOHANSEN, S. G., und S. STIDHAM (1980): Optimal control of arrivals to a stochastic input-output system. Adv. Appl. Prob. **12**, 972–999.

KAKALIK, J. (1969): Optimal dynamic operating policies for a service facility. Techn. Rep. 47, Operat. Res. Center, Massachusetts Inst. of Technol.

KAKUMANU, P. (1971): Continuously discounted Markov decision model with countable state and action space. Ann. Math. Statist. **42**, 919–926.

— (1977): Relation between continuous and discrete time Markovian decision problems. Naval Res. Logist. Quart. **24**, 431–441.

KLIMOW, G. P. (Климов Г. П.) (1962): Об экстремальных потоках в теории массового обслуживания. Успехи мат. наук **17**, 193–195.

— (1964): Экстремальные задачи в теории массового обслуживания. *In:* Берг А. И., Броич И. Г., Гнеденко Б. В. (Hrsg.), Кибернетика на службу коммунизму, т. 2, Энергия, Москва/Ленинград, 310–325.

KOLONKO, M. (1980): Dynamische Optimierung unter Unsicherheit in einem semi-Markoffschen Modell mit abzählbarem Zustandsraum. Diss., Math.-Naturw. Fakultät, Univ. Bonn.
— (1982): Strongly consistent estimation in a controlled Markov renewal model. J. Appl. Prob. 19, 532—545.
KOLONKO, M., und M. SCHÄL (1980): Optimal control of semi-Markov chains under uncertainty with applicatins to queueing models. Proc. Operat. Res. 9, 430—435.
KOUTSKY, Z. (1969): Einige Probleme Markowscher Optimierung in der Bedienungstheorie. Operat. Res. Verf. 6, 158—169.
KURANO, M. (1972): Discrete time Markovian decision processes with an unknown parameter — average return criterion. J. Operat. Res. Soc. Japan 15, 67—76.
KYUNG, Y. (1983): Optimal service-rate control of queues. J. Operat. Res. Soc. Japan 26, 147 bis 165.
LANGEN, H.-J. (1976): Optimierung von M/G/1-Wartesystemen mit schaltbarem Bediener. Operat. Res. Verf. 25, 387—400.
— (1978): Zur Optimalität monotoner Politiken bei nichtexponentiellen Wartesystemen. Operat. Res. Verf. 33, 265—268.
— (1979): Approximation dynamischer Entscheidungsmodelle und die Phasenmethode bei der Optimierung von Wartesystemen. Diss., Univ. Bonn.
— (1982): Applying the method of phases in the optimization of queueing systems. Adv. Appl. Prob. 14, 122—142.
LATOUCHE, G. (1978): On the trade-off between queue congestion and servers reward in a M/M/1 queue. Techn. Rep. 78/7, Dept. of Statist. and Comp. Sci., Univ. of Delaware.
LIPPMAN, S. A. (1973): Semi-Markov decision processes with unbounded rewards. Management Sci. 19, 717—731.
— (1975a): On dynamic programming with unbounded rewards. Management Sci. 21, 1225—1233.
— (1975b): Applying a new device in the optimization of exponential queueing systems. Operat. Res. 23, 687—710.
LOW, D. W. (1974a): Optimal dynamic pricing policies for an M/M/s queue. Operations Res. 22, 545—561.
— (1974b): Optimal pricing for an unbounded queue. IBM J. Res. Develop. 18, 290—302.
MACQUEEN, J. B. (1966): A modified dynamic programming method for Markovian decision problems. J. Math. Anal. Appl. 14, 38—43.
— (1967): A test for suboptimal actions in Markovian decision problems. Operations Res. 15, 556 bis 561.
MAGAZINE, M. J. (1971): Optimal control of multi-channel service systems. Naval Res. Logist. Quart. 18, 177—183.
MAITRA, A. (1965): Dynamic programming for countable systems. Sankhya 27, 241—248.
MALYSCHEW, W. A. (Малышев В. А.) (1970): Оптимальность однородного управления в одной задаче теории надежности. Теор. вероятн. прим. 15, 149—156.
MANDL, P. (1974): Estimation and control in Markov chains. Adv. Appl. Prob. 6, 40—60.
MARTIN-LÖF, A. (1967a): Existence of stationary control for a Markov chain maximizing the average reward. Operations Res. 15, 866—871.
— (1967b): Optimal control of a continuous-time Markov chain with periodic transition probabilities. Operations Res. 15, 872—881.
MCGILL, J. (1969): Optimal control of a queueing system with variable number of exponential servers. Techn. Rep. 123, Dept. of Operat. Res., Stanford Univ., Stanford (Calif.).
MILLER, B. L. (1968a): Finite state continuous-time Markovian decision processes with a finite planning horizon. SIAM J. Control 6, 266—280.
— (1968b): Finite state continuous-time Markovian decision processes with an infinite planning horizon. J. Math. Anal. Appl. 22, 552—569.
— (1969): A queueing reward system with several customer classes. Management Sci. 16, 234—245.
MINE, H., und K. OHNO (1971): An optimal rejection time for an M/G/1 queueing system. Operations Res. 19, 194—207.
MITCHELL, B. (1973): Optimal service-rate selection in an M/G/1 queue. SIAM J. Appl. Math. 24, 19—35.
MOWA, W. W., und L. A. PONOMARENKO (Мова В. В., Пономаренко Л. А.) (1971): Управление системой массового обслуживания с конечной очередью. *In:* Пром. кибернетика, Киев, 328—338.
NAOR, P. (1969): The regulation of queue size by levying tolls. Econometrica 37, 15—23.

NOLLAU, V., und T. EWERS (1975, 1976, 1977): Zur Steuerung halb-Markovscher Prozesse und ihrer Anwendung bei der Ermittlung optimaler Bedienungsstrategien in einem Mehrmaschinensystem, I—III. Wiss. Z. Techn. Univ. Dresden **24**, 555—562; **25**, 787—790; **26**, 109—113.
ORKENYI, P. (1976): Optimal control of the M/G/1 queueing systems with removable server — linear and non-linear cost function. Techn. Rep., Stanford Univ., Stanford (Calif.).
OSAKI, S., und H. MINE (1968): Linear programming algorithms for semi-Markovian decision processes. J. Math. Anal. Appl. **22**, 356—381.
PITTEL, B. G. (Питтель Б. Г.) (1973): Оптимальное управление в системе массового обслуживания с несколькими потоками требований. Изв. АН СССР, Техн. кибернет. **1973**, 6, 101—106.
PORTEUS, E. L. (1971): Some bounds for discounted sequential decision problems. Management Sci. **18**, 7—11.
— (1975): Bounds and transformations for discounted finite Markov decision chains. Operations Res. **23**, 761—784.
PRABHU, N. U. (1970): Some comments on cost control of queues. Techn. Rep. 118, Dept. of Operat. Res., Cornell Univ.
— (1974): Stochastic control of queueing systems. Naval. Res. Logist. Quart. **21**, 411—418.
PRABHU, N. U., und S. STIDHAM (1974a): Optimal control of queueing systems. *In:* CLARKE, A. B. (Hrsg.), Mathematical Methods in Queueing Theory. Lecture Notes in Economics and Mathematical Systems, vol. 98. Springer-Verlag, Berlin/Heidelberg/New York, 263—294.
— (1974b): Stochastic control of queueing systems. Naval Res. Logist. Quart. **21**, 411—418.
QUELLE, G. (1973): Dynamische Optimierung semi-Markowscher Entscheidungsprozesse. Diss., Univ. Hamburg.
REYNOLDS, G. H. (1975): An M/M/m/n queue for the shortest distance priority machine interference problem. Operations Res. **23**, 325—341.
ROBINE, M. (1975): Contrôle optimal de files d'attentes. Rapport de Rech. 117, IRIA Rocquencourt.
— (1976): Some optimal control problem for queueing systems. Math. Programming Study **6**, 154—169.
ROBINSON, D. R. (1976): Markov decision chains with unbounded costs and applications to the control of queues. Adv. Appl. Prob. **8**, 159—176.
ROLFE, A. (1968): The control of a multiple-facility, multiple-channel queueing system with parallel input streams. Techn. Rep. 22, Grad. School of Business, Stanford Univ., Stanford (Calif.).
ROMANOWSKI, I. W. (Романовский И. В.) (1965): Существование оптимального стационарного управления в марковском процессе решения. Теор. вероятн. прим. **10**, 130—133.
ROSS, S. M. (1968): Arbitrary state Markovian decision processes. Ann. Math. Statist. **39**, 2118 bis 2122.
— (1970): Average cost semi-Markov decision processes. J. Appl. Prob. **7**, 649—656.
— (1971): Infinitesimal look-ahead rules. Ann. Math. Statist. **42**, 297—303.
RYKOW, W. W. (Рыков В. В.) (1966): Управляемые марковские процессы с конечными пространствами состояний и управлений. Теор. вероятн. прим. **11**, 343—351.
— (1970): Об управляемых системах массового обслуживания. *In:* Гнеденко Б. В., Громак Ю. И., Чепурин Е. В. (Hrsg.), Теория массового обслуживания, Труды II всесоюзной школы-совещания по теории массового обслуживания, Дилижан. Изд. МГУ, Москва, 106—114.
— (1975): Управляемые системы массового обслуживания. Итоги науки и техники, сер. теор. вероятн. мат. статист. теор. киб., т. 12. ВИНИТИ Москва, 43—153.
SABETI, H. (1973): Optimal selection of service rates in queueing with different costs. J. Operat. Res. Soc. Japan **16**, 15—35.
SCHÄL, M. (1970): Ein verallgemeinertes stationäres Entscheidungsmodell der dynamischen Optimierung. Operat. Res. Verf. **10**, 145—162.
— (1977): On the M/G/1-queue with controlled service rate. Proc. of the Workshop: Optimization and Operations Research, Univ. Bonn.
— (1978): On the M/G/1 queue with controlled service rate. *In:* HENN, R., B. KORTE und W. OETTLI (Hrsg.), Optimization and Operations Research. Lecture Notes in Economics and Mathematical Systems, vol. 157. Springer-Verlag, Berlin/Heidelberg/New York, 233—240.
— (1981): Estimation and control in stochastic dynamic programming with applications to queueing models. Preprint No. 428, SFB 72, Univ. Bonn.
— (1982): Estimation and control in a GI/M/1-system. *In*: Operations Research in Progress, D. Reidel Publ. Comp., 351—366.

Schassberger, R. (1975): A note on optimal service selecti on in a single server queue. Management Sci. **21**, 1326–1331.

Schellhas, H. (1974a): Zur Extrapolation in Markoffschen Entscheidungsmodellen mit Diskontierung. Z. Operat. Res. **18**, 91–104.

— (1974b): Bewertete regenerative Prozesse mit Anwendung auf Lagerhaltungsmodelle mit zustandsabhängigen Parametern. Operat. Res. Verf. **20**, 129–162.

Schellhas, H. (1979): Semi-regenerative processes with unbounded rewards. Math. Operat. Res. **4**, 70–78.

— (1979): Über semi-Markoffsche Entscheidungsprozesse mit endlichem Horizont. Proc. Operat. Res. **8**, 122–129.

— (1980): Markov renewal decision processes with finite horizon. OR Spektrum **2**, 33–40.

Schweitzer, P. J. (1971): Multiple policy improvements in undiscounted Markov renewal programming. Operations Res. **19**, 784–793.

Serfozo, R. F. (1976): Monotone optimal policies for Markov decision processes. Math. Programming Study **6**, 202–215.

— (1977a): Optimal control of random walks. Techn. Rep., IE & OR Dept., Syracuse Univ.

— (1977b): Optimal control of birth and death processes and queues. Techn. Rep., IE & OR Dept. Syracuse Univ.

— (1979): An equivalence between continuous and discrete time Markov decision processes. Operat. Res. **27**, 616–620.

Shanthikumar, J. G. (1979): Analysis of the control of queues with shortest processing time service discipline. Working Paper 79–021, Dept. of Industr. Engin., Univ. of Toronto.

— (1980): Some analysis on the control of queues using level crossings of regenerative processes. J. Appl. Prob. **17**, 814–821.

Sladky, K. (1974): On the optimality conditions for semi-Markovian decision processes. *In:* Trans. 7th Prague Conf. on Inform. Theory, Stat. Dec. Funct., Rand. Proc. 1974. Academia, Prague; D. Reidel Publ. Comp. Dordrecht/Boston: 1977, Ser. A, 555–562.

Smallwood, R. D. (1966): Optimal policy regions for Markov processes with discounting. Operations Res. **14**, 658–669.

Sobel, M. (1969): Optimal average-cost policy for a queue with start-up and shut-down costs. Operations Res. **17**, 145–162.

— (1974): Optimal operation of queues. *In:* Clarke, A. B. (Hrsg.), Mathematical Methods in Queueing Theory. Lecture Notes in Economics and Mathematical Systems, vol. 98. Springer-Verlag, Berlin/Heidelberg/New York, 231–261.

Solowjew, A. D. (Соловьев А. Д.) (1970): Задача об оптимальном обслуживании. Изв. АН СССР, Техн. кибернет. **1970**, **5**, 40–49.

Spremann, K. (1972a): Beweisprinzipien für Optimalitätsbedingungen bei zeitabhängigen Prozessen. Diss., Techn. Univ. München.

— (1972b): Ein funktionalanalytischer Beweis des Maximumprinzipes von Pontrjagin und dessen Verwendung zur Herleitung der Politikiteration von Howard. Computing **9**, 343–353.

— (1973): Bewertete Markovprozesse im stationären Zustand – ein neuer Algorithmus mit Beispiel. Discussion Paper 18, Inst. für Wirtschaftsth. und Operat. Res., Univ. Karlsruhe.

Stidham, S. (1968): Static decision models for queueing systems with nonlinear waiting costs. Techn. Reps. 9 (Nonr. 225 (89)); 112 (Nonr. 225 (53)); 1 (NSF GK-2925); Dept. of Operat. Res. and Dept. of Statist., Stanford Univ., Stanford (Calif.).

— (1970): On the optimality of single-server queueing systems. Operations Res. **18**, 708–732.

— (1972): $L = \lambda W$: A discounted analogue and a new proof. Operations Res. **20**, 1115–1126.

— (1978): Socially and individually optimal control of arrivals to a GI/M/1 queue. Management Sci. 24, 1598–1610.

Strauch, R. (1966): Negative dynamic programming. Ann. Math. Statist. **37**, 871–890.

Proc. 7th IFORS Int. Conf. Operat. Res. North-Holland Publ. Comp., Amsterdam/New York/

Taylor, H. (1968): Optimal stopping in a Markov process. Ann. Math. Statist. **39**, 1333–1344.

Teghem Jr., J. (1976): Properties of (0, k) policies in an M/G/1 queue and optimal joining rules in an M/M/1 qneue with removable server. *In:* Haley, K. B. (Hrsg.), Operational Research '75. Proc. 7th IFORS Int. Conf. Operat. Res. North-Holland Publ. Comp., Amsterdam New York/ Oxford, 229–259.

Teplizki, M. G. (Теплицкий М. Г.) (1968): Об одной системе массового обслуживания с управляемым режимом работы прибора. Автоматика и вычисл. техн. **1968**, 2, 36–42.

— (1969): Об управляемых полумарковских процессах с конечным числом состояний и управлений. Автоматика и телемеханика **1969**, 10, 45–53.

THATCHER, R. M. (1968): Optimal single-channel service policies for stochastic arrivals. Techn. Rep. OR 68-16, Operat. Res. Center, Univ. of California, Berkeley.

TIJMS, H. C. (1975a): A note on the optimality of a switchover policy for the M/G/1 queue with variable service rate. Math. Rep. BN 25/75, Math. Centrum Amsterdam.

— (1975b): On a switch-over policy for controlling the workload in a queueing system with two constant service rates and fixed switch-over costs. Math. Rep. BW 45/75, Math. Centrum Amsterdam.

TIJMS, H. C. (1975c): On dynamic programming with arbitrary state space, compact action space and the average return as criterion. Math. Rep. BW 55/75, Math. Centrum Amsterdam.

— (1976a): On the optimality of a switch-over policy for controlling the queue size in an M/G/1 queue with variable service rate. *In:* CEA, J. (Hrsg.), Optimization Techniques. Modeling and Optimization in the Service of Man 1. Proc. 7th IFIP Conf., Nice 1975. Lecture Notes in Computer Science, vol. 40. Springer-Verlag, Berlin/Heidelberg/New York, 112—120.

— (1976b): Optimal control of the workload in an M/G/1 queueing system with removable server. Math. Operationsforsch. Statist., Ser. Optim. 7, 933—943.

— (1978): An algorithm for average costs denumerable state semi-Markov decision problems with applications to controlled production and queueing systems. Math. Rep. BW 94/78, Math. Centrum, Amsterdam.

— (1979): Semi-Markov decision processes with denumerable state space, unbounded one-step costs and the average cost criterion. Math. Rep., Vrije Univ. Amsterdam.

VAN DER DUYN SCHOUTEN, F. A. (1979): Markov decision processes with continuous time parameter. Diss., Math. Centrum Amsterdam.

VAN NUNEN, J. A. E. E. (1973): A set of successive approximation methods for discounted Markovian decision problems. Memorandum COSOR 73-09, Dept. of Math., Eindhoven Univ. of Technol.

— (1976): Contracting Markov decision processes. Math. Centre Tracts 71, Math. Centrum Amsterdam.

VAN NUNEN, J. A. E. E., und J. WESSELS (1975): A note on dynamic programming with unbounded rewards. Memorandum COSOR 75-13, Dept. of Math., Eindhoven Univ. of Technol.

WESSELS, J., und J. A. E. E. VAN NUNEN (1974): Discounted semi-Markov decision processes: linear programming and policy iteration. Memorandum COSOR 74-01, Dept. of Math., Eindhoven Univ. of Technol.

WINSTON, W. (1978): Optimality of monotonic policies for multiple server exponential queueing systems with state-dependent arrival rates. Operations Res. **26**, 1089—1094.

YADIN, M., und P. NAOR (1963): Queueing systems with removable service station. Operat. Res. Quart. 17, 393—405.

— (1967): Queueing systems with variable service capacities. Naval Res. Logist. Quart. **14**, 43—53.

YECHIALI, U. (1971): On optimal balking rules and toll charges in the GI/M/1 queueing systems. Operations Res. **19**, 349—370.

— (1972): Customers optimal joining rules for the GI/M/s queue. Management Sci. 18, 434—443.

ZACKS, S., und M. YADIN (1970): Analytic characterization of the optimal control of a queueing system. J. Appl. Prob. 7, 617—633.

12.2.10. Literatur zu Kapitel 10

AIGNER, D. (1975): Parameter estimation from cross-sectional observations on an elementary queueing system. Operations Res. **22**, 422—428.

ALBERT, G. E., und L. NELSON (1953): Contributions to the statistical theory of counter data. Ann. Math. Statist. **24**, 9—22.

ANDRONOW, A. M. (Андронов А. М.) (1972): Оценка нагрузки систем массового обслуживания с бесконечным числом обслуживающих аппаратов. Пробл. перед. информ. 8, 2, 75—82.

BABA, Y. (1982): Maximum likelihood estimation of parameters in birth and death processes by Poisson sampling. J. Operat. Res. Soc. Japan **25**, 99—112.

BASAWA, I. V., und N. U. PRABHU (1981): Estimation in single server queues. Naval Res. Logist. Quart. **28**, 475—487.

BENEŠ, V. E. (1957): A sufficient set of statistics for a simple telephone exchange model. Bell System Techn. J. **36**, 939—964.

BLOMQVIST, N. (1967): The covariance function of the M/G/1 queueing system. Skand. Aktuarietidskr. **50**, 157–174.

— (1968): Estimation of waiting-time parameters in the GI/G/1 queueing system. Part I: General results. Skand. Aktuarietidskr. **51**, 178–197.

— (1970): On the transient behaviour of the GI/G/1 waiting-times. Skand. Aktuarietidskr. **53**, 118–129.

BRENY, H. (1961): Non-indépendence et estimation par la méthode de Monte-Carlo. Bull. Soc. Roy. Sci. Liège **30**, 247–257.

BRILLINGER, D. R. (1974): Cross-spectral analysis of processes with stationary increments including the stationary G/G/∞ queue. Ann. Prob. **2**, 815–827.

BROWN, M. (1970): An M/G/∞ estimation problem. Ann. Math. Statist. **41**, 651–654.

CARSON, J. S., und A. M. LAW (1980): Conservation equations and variance reduction in queueing simulations. Operations Res. **28**, 535–546.

CLARKE, A. B. (1957): Maximum likelihood estimates in a simple queue. Ann. Math. Statist. **28**, 1036–1040.

COX, D. R. (1965): Some problems of statistical analysis connected with congestion. *In:* SMITH, W. L., und W. E. WILKINSON (Hrsg.), Proc. Symp. Congestion Theory, Univ. of North Carolina Press, Chapel Hill (North Carolina), 289–316.

CRANE, M. A., und D. L. IGLEHART (1974): Simulating stable stochastic systems, I: General multiserver queues. J. Assoc. Comput. Mach. **21**, 103–113.

DALEY, P. J. (1968a): The serial correlation coefficients of waiting times in a stationary single server queue. J. Austral. Math. Soc. **8**, 683–699.

— (1968b): Monte Carlo estimation of the mean queue size in a stationary GI/M/1 queue. Operations Res. **16**, 1002–1005.

DESCLOUX, A. (1965): On the accuracy of loss estimates. Bell System Techn. J. **44**, 1139–1164.

— (1975): Variance of load measurements in Markovian service systems. Bell System Techn. J. **54**, 1277–1300.

FISHMAN, G. S. (1974): Estimation in multiserver queuing simulations. Operations Res. **22**, 72–78.

— (1976): Statistical analysis of multiserver queueing simulations. Operations Res. Quart. **27**, 1005–1013.

GAFARIAN, A. V., und C. J. ANCKER (1966): Mean value estimation from digital computer simulation. Operations Res. **14**, 25–44.

GARABEDJAN, S. N., und I. W. ROMANOWSKI (Гарабедян С. Н., Романовский И. В.) (1967): Приближенное построение доверительных интервалов для параметров марковской цепи. Теор. вероятн. прим. **12**, 123–127.

GEBHARD, R. F. (1963): A limiting distribution of an estimate of mean queue length. Operations Res. **11**, 1000–1003.

GEORGE, L. L., und A. C. AGRAWAL (1973): Estimation of a hidden service distribution of an M/G/∞ system. Naval Res. Logist. Quart. **20**, 549–555.

GOYAL, T. L. (1975): Some confidence intervals for queues with state-dependent Erlang service. SCIMA J. Management Sci. Appl. Cyb. **4**, 1/2, 19–30.

GOYAL, T. L., und C. M. HARRIS (1972): Maximum-likelihood estimates for queues with state-dependent service. Sankhya **A-34**, 65–80.

GRASSMANN, W. K. (1981): The optimal estimation of the expected number in a M/D/∞ queueing system. Operations Res. **29**, 1208–1211.

IGLEHART, D. L. (1975): Simulating stable stochastic systems: V. Comparison of ratio estimators. Naval Res. Logist. Quart. 22, 554–565.

IWNIZKI, W. A. (Ивницкий В. А.) (1968): О восстановлении характеристик системы с ограниченной очередью по наблюдениям над выходящим потоком. *In:* Гнеденко Б. В., Громак Ю. И., Чепурин Е. В. (Hrsg.), Тр. I Всесоюзного симпозиума по статистическим проблемам в технической кибернетике, т. 3, Наука, Москва.

— (1969): О восстановлении по наблюдениям над выходящим потоком характеристик однолинейной системы с ограничением на время пребывания. Изв. АН СССР, Техн. кибернет. **1969**, 3, 60–65.

— (1977): О восстановлении характеристик системы GI/M/1 по наблюдениям над выходящим потоком. Теор. вероятн. прим. **22**, 188–191.

JACKSON, J. R. (1961): Distribution d'échantillonage du temps moyen d'attente dans une file. Bull. Soc. Roy. Sci. Liège **30**, 243–246.

JENKINS, J. H. (1972): The relative efficiency of direct and maximum likelihood estimates of mean waiting time in the simple queue M/M/1. J. Appl. Prob. **9**, 396–403.

Kendall, D. G., und T. Lewis (1965): On the structural information contained in the output of GI/G/∞. Z. Wahrscheinlichkeitsth. verw. Gebiete **4**, 144—148.

Kowalenko, I. N. (Коваленко И. Н.) (1965): О восстановлении характеристик системы по наблюдениям над выходящим потоком. Докл. АН СССР **164**, 979—981.

Launer, R. L. (1974): Estimating the traffic intensity for the M/M/1 queue. Opsearch **11**, 10—17.

Law, A. M. (1975): Efficient estimators for simulated queueing systems. Management Sci. **22**, 30—41.

— (1977a): Conservation equations and their application to queueing simulations. Operations Res. **25**, 279—288.

— (1977b): Confidence intervals in discrete event simulation: A comparison of replication and batch means. Naval Res. Logist. Quart. **24**, 667—678.

Lilliefors, H. W. (1966): Some confidence intervals for queues. Operations Res. **14**, 723—727.

Lindenberg, H.-C. (1978): Statistische Analyse stationärer Warteschlangensysteme. Diss., Fak. für Wirtschaftswiss. Univ. Karlsruhe.

Ljachu, A. K. (Ляху А. К.) (1975): Об оценке интенсивности обслуживания в системе GI/M/1. *In:* Беляев Ю. К. (Hrsg.), Теория массового обслуживания. Семинара по вероятностным. методам в техн. Изд. МГУ, Москва, **54**—**56**.

Mirasol, N. M. (1963): The output of an M/G/∞ queuing system is Poisson. Operations Res. **11**, 282—284.

Muddapur, M. V. (1972): Bayesian estimates of parameters in some queueing models. Ann. Inst. Statist. Math. **24**, 327—331.

Pakes, A. G. (1971): The correlation coefficients of the queue lengths of some stationary single server queues. J. Austral. Math. Soc. **13**, 35—46.

Poljak, D. G. (Поляк Д. Г.) (1970a): Оценка точности статистического моделирования систем массового обслуживания. Изв. АН СССР, Техн. кибернет. **1970**, **1**, 80—88.

— (1970b): Некоторые способы повышения точности статистического моделирования систем массового обслуживания. Изв. АН СССР, Техн. кибернет. **1970**, **4**, 75—84.

— (1975): Дисперсия оценки вероятностей состояний в системе массового обслуживан сия бесконечным числом линий. Пробл. перед. информ. **11**, **4**, 113—117.

Poljak, D. G., und J. G. Below (Поляк Д. Г., Белов Е. Г.) (1972): Сравнение оценок по времени и по вызовам для вероятности потери в многолинейной системе обслуживания с ограниченной очередью. Пробл. перед. информ. **8**, **2**, 67—74.

Reynolds, J. F. (1972): Asymptotic properties of mean length estimators for finite Markov queues. Operat. Res. **20**, 52—57.

— (1973): On estimating the parameters of a birth-death process. Austral. J. Statist. **15**, 35—43.

Rosenblit, P. J. (Розенблит П. Я.) (1979): Несмещенные оценки нестационарных характеристик марковских систем массового обслуживания. Автоматика и вычисл. техн. **1979**, **2**, 72—78.

Sadeh, W. Z., und C. A. Koper (1978): A method for determining the weak statistical stationarity of a random process. AIAA J. **16**, 1196—1202.

Samaan, J. E. (1976): On the estimation of a parameter of a convolution with an application to queueing theory. MTA Számitástechnikai és Automatizálási Kutató Intézete, Közlemények **17**, 7—15.

Samaan, J. E., und D. S. Tracy (1979): Properties of some estimators for the simple queue M/M/1. Operat. Res. Verf. **33**, 377—387.

— (1981): Estimation problem for a single server loss queueing system. Methods Operat. Res. **41**, 213—217.

Schkolny, J. I. (Школьный Е. И.) (1977): Оценки вероятностей потерь для системы массового обслуживания с повторными заявками. Изв. АН СССР, Техн. кибернет. **1977**, **2**, 95—99.

— (1979): Метод определения дисперсий оценок характеристик марковских систем массового обслуживания. *In:* Харкевич А. Д., Гармаш В. А. (Hrsg.), Методы и структуры систем телетраффика. Наука, Москва, 3—8.

Schruben, L., und R. Kulkarni (1982): Some consequences of estimating parameters for the M/M/1 queue. Operat. Res. Lett. **1**, 75—78.

Stepanow, S. N. (Степанов С. Н.) (1979): Вычисление корреляционной функции марковского процесса с непрерывным временем и конечным числом состояний. Изв. АН СССР, Техн. кибернет. **1972**, **2**, 160—167.

Thiagarajan, T. R., und C. M. Harris (1979): Statistical tests for exponential service from M/G/1 waiting-time data. Naval Res. Logist. Quart. **26**, 511—520.

Whitt, W. (1972): Embedded renewal processes in the GI/G/*s* queue. J. Appl. Prob. **9**, 650—658.

12.2.11. Literatur zu Kapitel 11

ARNDT, U. (1978): A continuity theorem for stationary distributions in general m-server queues. Elektron. Informationsverarb. Kyb. **14**, 385–391.

— (1980): A remark on the paper "A continuity theorem for stationary distributions in general m-server queues". Elektron. Informationsverarb. Kyb. **16**, 301–302.

BOES, D. C. (1969): Note on the output of queueing systems. J. Appl. Prob. **6**, 459–461.

BOROWKOW, A. A. (Боровков А. А.) (1967): О предельных законах для процессов обслуживания в многоканальных системах. Сиб. мат. ж. **8**, 983–1004.

— (1972): Теоремы непрерывности для многоканальных систем с отказами. Теор. вероятн. прим. **17**, 458–468.

— (1977a): Многоканальные просессы обслуживания с интенсивным входным потоком. I. Сиб. мат. ж. **18**, 966–986.

— (1977b): Многоканалтные процессы обслуживания с интенсивным входным потоком. II. Сиб. мат. ж. **18**, 1220–1245.

— (1978): Теоремы эргодичности и устойчивости для одного класса стохастических уравнений и их приложения. Теор. вероятн. прим. **23**, 241–262.

BRANDT, A. (1981): Stationary waiting time processes in multiserver queues with interdependent interarrival and service times. Preprint, Sekt. Math., Humboldt-Univ. Berlin.

— (1982a): On stationary waiting times and limiting behaviour of queues with many servers I. The general $G/G/m/\infty$ case. Prepint, Sekt. Math., Humboldt-Univ. Berlin. Erscheint in Elektron. Informationsverarb. Kyb.

— (1982b): On stationary waiting times and limiting behaviour of queues with many servers II. The $G/GI/m/\infty$ case. Preprint, Sekt. Math., Humboldt-Univ. Berlin. Erscheint in Elektron. Informationsverarb. Kyb.

BRANDT, A., P. FRANKEN und B. LISEK (1983): Ergodicity and steady state existence. Continuity of stationary distributions of queueing characteristics. Preprint, Sekt. Math., Humboldt-Univ. Berlin. Erscheint in Lecture Notes in Information and Computer Science.

BRANDT, A., und B. LISEK (1981): On the continuity of $G/GI/m$ queues. Math. Operationsforsch. Statist., Ser. Statist. **12**.

BREIMAN, L. (1963): The Poisson tendency in traffic distributions. Ann. Math. Statist. **34**, 308 bis 311.

BROWN, M. (1968): An invariance property of Poisson processes arising in traffic flow theory. Techn. Rep., Stanford Univ., Stanford (Calif.).

— (1969): Some results on a traffic model of Renyi. J. Appl. Prob. **6**, 293–300.

— (1970): A property of Poisson processes and its application to macroscopic equilibrium of particle systems. Ann. Math. Statist. **41**, 1935–1941.

— (1972): Low density traffic streams. Adv. Appl. Prob. **4**, 177–192.

BRILL, P. H., und M. J. M. POSNER (1981): The system point method in exponential queues: A level crossing approach. Math. Operat. Res. **6**, 31–49.

BURKE, P. J. (1956): The output of a queueing system. Operations Res. **4**, 699–704.

— (1972): Output processes and tandem queues. *In:* Fox, J. (Hrsg.), Proc. Symp. Computer-Communication Networks and Teletraffic. Polytechnic Press of the Polytechnic Inst. of Brooklyn. Distributed by Wiley, New York, 419–428.

COHEN, J. W. (1973): Asymptotic relations in queueing theory. Stoch. Proc. Appl. **1**, 107–124.

DALEY, D. J. (1968): The correlation structure of the output process of some single server queueing systems. Ann. Math. Statist. **39**, 1007–1019.

— (1972): A bivariate Poisson queueing process that is not infinitely divisible. Proc. Cambridge Philos. Soc. **72**, 449–450.

— (1974): Characterizing pure loss GI/G/1 queues with renewal output. Proc. Cambridge Philos. Soc. **75**, 103–107.

— (1976): Queueing output processes. Adv. Appl. Prob. **8**, 395–415.

DALEY, D. J., und D. N. SHANBHAG (1975): Independent inter-departure times in $M/G/1/N$ queues. J. Roy. Statist. Soc. **B-37**, 259–263.

DEBES, H., und U. ZÄHLE (1978): Some transformations of renewal processes I/II. Forschungsergebnisse 23/1978, 24/1978, Friedrich-Schiller-Univ. Jena.

DISNEY, R. L., R. L. FARRELL und P. R. DE MORAIS (1973): A characterization of M/G/1 queues with renewal departure processes. Management Sci. **19**, 1222–1228.

DISNEY, R. L., und P. FRANKEN (1982): Further comments on some queueing inequalities. Elektron. Informationsverarb. Kyb. 18, 595—602.

DOBRUSHIN, R. L. (Добрушин Р. Л.) (1956): О законе Пуассона для распределения частиц в пространстве. Укр. мат. ж. 8, 127—134.

EICHHORN, N. (1978): Zur analytischen Behandlung von Bedienungssystemen. Diss., Humboldt-Univ. Berlin.

FASSLER, R. (1980): Ergodic theorems for some systems of queueing theory. Elektron. Informationsverarb. Kyb. 16, 417—423.

FICHTNER, K.-H. (1975): Charakterisierung Poissonscher zufälliger Punktfolgen und infinitesimale Verdünnungsschemata. Math. Nachr. 68, 93—104.

— (1976): Unabhängige Überlagerungen verschobener zufälliger Punktfolgen. Math. Nachr. 70, 133—153.

FINCH, P. D. (1959): The output process of the queueing system M/G/1. J. Roy. Statist. Soc. B-21, 375—380.

FLEISCHMANN, K. (1975): Über den output unempfindlicher verallgemeinerter Erlangscher Bedienungsprozesse. Math. Nachr. 66, 195—200.

FRANKEN, P. (1969): Beiträge zur Bedienungstheorie. Habilitationsschr., Friedrich-Schiller-Univ. Jena.

— (1970): Ein Stetigkeitssatz für Verlustsysteme. *In:* BUNKE, O. (Hrsg.), Operationsforschung und mathematische Statistik II, Akademie-Verlag, Berlin, 9—23.

— (1976): Einige Anwendungen der Theorie zufälliger Punktprozesse in der Bedienungstheorie I. Math. Nachr. 70, 303—319.

— (1982): The point process approach to queueing theory and related topics. Seminarbericht Nr. 43, Sekt. Math., Humboldt-Univ. Berlin.

FRANKEN, P., und U. KALÄHNE (1978): Existence, uniqueness and continuity of stationary distributions for queueing systems without delay. Math. Nachr. 86, 97—115.

— (1980): A remark on the paper "Existence, uniqueness and continuity of stationary distributions for queueing systems without delay". Math. Nachr. 97, 344.

FRANKEN, P., D. KÖNIG und V. SCHMIDT (1980): On time-dependent and stationary queue length characteristics. Elektron. Informationsverarb. Kyb. 16, 469—465.

GAVER, D. P. (1968): Diffusion approximations and models for certain congestion problems. J. Appl. Prob. 5, 607—623.

GELENBE, E. (1975): On approximate computer system models. J. Assoc. Comput. Mach. 22, 261—269.

GELENBE, E., und G. PUJOLLE (1976): The behaviour of a single queue in a general queueing network. Acta Informat. 7, 123—136.

GERLACH, B., und W. WARMUTH (1978): A comment to a paper by D. J. Daley and D. N. Shanbhag. Elektron. Informationsverarb. Kyb. 14, 49—51.

HADIDI, N. (1972): On the output process of a state-dependent queue. Skand. Aktuarietidskr. 55, 182—186.

— (1974): A basically Poisson queue with non-Poisson output. Naval Res. Logist. Quart. 21, 659—662.

HALACHMI, B., und W. R. FRANTA (1978): A diffusion approximation to the multi-server queue. Management Sci. 24, 522—529.

HALFIN, S., und W. WHITT (1981): Heavy-traffic limits for queues with many exponential servers. Operations Res. 29, 567—588.

HERMANN, R., und G. WEISS (1962): Statistical properties of low density traffic. Quart. Appl. Math. 20, 121—130.

HEYMAN, D. P. (1975): A diffusion model approximation for the GI/G/1 queue in heavy traffic. Bell System Techn. J. 54, 1637—1646.

HEYMAN, D. P., und S. STIDHAM (1980): The relation between customer and time averages. Operations Res. 28, 983—993.

HOOKE, J. A., und N. U. PRABHU (1971): Priority queues in heavy traffic. Operations Res. 8, 1—9.

IGLEHART, D. L. (1973): Weak convergence in queueing theory. Adv. Appl. Prob. 5, 570—594.

IGLEHART, D. L., und W. WHITT (1970a): Multiple channel queues in heavy traffic I. Adv. Appl. Prob. 2, 150—177.

— (1970b): Multiple channel queues in heavy traffic II: Sequences, networks and batches. Adv. Appl. Prob. 2, 355—369.

KALÄHNE, U. (1976): Existence, uniqueness and some invariance properties of stationary distributions for general single-server queues. Math. Operationsforsch. Statist. 7, 557—575.

KELLY, F. P. (1976): The departure process from a queueing system. Proc. Cambridge Philos. Soc. **80**, 283–285.

KENDALL, D. G. (1964): Some recent work and further problems in the theory of queues. Теор. вероятн. прим. **9**, 1–13.

KENNEDY, D. P. (1972a): Rates of convergence for queues in heavy traffic I. Adv. Appl. Prob. **4**, 357–381.

— (1972b): Rates of convergence for queues in heavy traffic II: Sequences of queueing systems. Adv. Appl. Prob. **4**, 382–391.

KIEFER, J., und J. WOLFOWITZ (1955): On the theory of queues with many servers. Trans. Amer. Math. Soc. **78**, 1–18.

KIMURA, T., K. OHNO und H. MINE (1979a): Diffusion approximation for GI/G/1 queueing systems with finite capacity: I — The first overflow time. J. Operat. Res. Soc. Japan **22**, 41–68.

— (1979b): Diffusion approximation for GI/G/1 queueing systems with finite capacity: II — The stationary behaviour. J. Operat. Res. Soc. Japan **22**, 301–319.

KING, R. A. (1971): The covariance structure of the departure process from M/G/1 queues with finite waiting lines. J. Roy. Statist. Soc. **B-33**, 401–406.

KINGMAN, J. F. C. (1961): The single server queue in heavy traffic. Proc. Cambridge. Philos. Soc. **57**, 902–904.

KOBAYASHI, H. (1974): Applications of the diffusion approximation to queueing networks I: Equilibrium queue distributions. J. Assoc. Comput. Mach. **21**, 316–328.

KÖLLERSTRÖM, J. (1974): Heavy traffic theory for queues with several servers. J. Appl. Prob. **11**, 544–552.

KÖNIG, D., T. ROLSKI, V. SCHMIDT und D. STOYAN (1978): Stochastic processes with imbedded marked point processes (PMP) and their application in queueing. Math. Operationsforsch. Statist., Ser. Optim. **9**, 125–141.

KÖNIG, D., und V. SCHMIDT (1980a): Imbedded and non-imbedded stationary characteristics of queueing systems with varying service rate. J. Appl. Prob. **17**, 753–767.

— (1980b): Stochastic inequalities between customer-stationary and time-stationary characteristics of queueing systems with point processes. J. Appl. Prob. **17**, 768–777.

KYPRIANOU, E. K. (1971): The virtual waiting time of the GI/G/1 queue in heavy traffic. Adv. Appl. Prob. **3**, 249–260.

LASLETT, G. M. (1975): Characterizing the finite capacity GI/M/1 queue with renewal output. Management Sci. **22**, 106–110.

LEMOINE, A. J. (1978): Networks of queues — a survey of weak convergence results. Management Sci. **24**, 1175–1193.

LINHART, P. (1964): Overflow traffic from a trunk group with balking. Bell System Techn. J. **43**, 45–81.

LISEK, B. (1979): Construction of stationary state distributions for loss systems. Math. Operationsforsch. Statist., Ser. Statist. **10**, 561–581.

— (1981): Stability theorems for queueing systems without delay. Elektron. Informationsverarb. Kyb. **17**, 259–278.

— (1982): A method for solving a class of recursive stochastic equations. Z. Wahrscheinlichkeitsth. verw. Gebiete **60**, 151–161.

— (1983): A method for solving a class of recursive stochastic equations. II. Preprint, Sekt. Math., Humboldt-Univ. Berlin. Eingereicht bei Z. Wahrscheinlichkeitsth. verw. Gebiete.

LITTLE, J. (1961): A proof of the queueing formula: $L = \lambda W$. Operations Res. **9**, 383–387.

LOULOU, R. J. (1973): Weak convergence for multichannel queues in heavy traffic. J. Appl. Prob. **10**, 769–777.

LOYNES, R. M. (1962): The stability of a queue with non-independent inter-arrival and service times. Proc. Cambridge Philos. Soc. **58**, 497–520.

MARSHALL, K. T. (1968): Some inequalities in queueing. Operations Res. **16**, 651–665.

MECKE, J. (1976): A result on the output of stationary Erlang processes. Math. Nachr. **70**, 95–98.

MILLER, A. (1962): Road traffic flow considered as a stochastic process. Proc. Cambridge Philos. Soc. **58**, 312–325.

MILNE, R. K. (1971): Stochastic analysis of multivariate point processes. Diss., Australian National Univ.

MIRASOL, N. M. (1963): The output of an M/G/∞ queueing system is Poisson. Operations Res. **11**, 282–284.

MIYAZAWA, M. (1977): Time and customer processes in queues with stationary inputs. J. Appl. Prob. 14, 349–357.

— (1979): A formal approach to queueing processes in the steady state and their applications. J. Appl. Prob. 16, 332–346.

MORSE, P. M. (1955): Stochastic properties of waiting lines. Operations Res. 3, 255–261.

NATVIG, B. (1975a): On a queueing model where potential customers are discouraged by queue length. Scand. J. Statist. 2, 34–42.

— (1975b): On the input and output processes for a general birth and death queueing model. Adv. Appl. Prob. 7, 576–592.

— (1977): On the reversibility of the input and output processes for a general birth and death queueing model. J. Appl. Prob. 14, 876–883.

NEWELL, G. F. (1966a): The M/G/∞ queue. SIAM J. Appl. Math. 14, 86–88.

— (1966b): Equilibrium probability distributions for low density highway traffic. J. Appl. Prob. 3, 247–260.

NAWROTZKI, K. (1978): Einige Bemerkungen zur Verwendung der Palmschen Verteilung in der Bedienungstheorie. Math. Operationsforsch. Statist., Ser. Optim. 9, 241–253.

PRABHU, N. U. (1970): Limit theorems for the single server queue with traffic intensity one. J. Appl. Prob. 7, 227–233.

PROCHOROW, J. W. (Прохоров В. Ю.) (1963): Переходные явления в процессах массового обслуживания I. Лит. мат. сб. 3, 199–204.

RAYKOW, T., und W. WARMUTH (1981): Zum Vergleich einfach-abhängiger und rekurrenter Prozesse. Wiss. Z. Humboldt-Univ. Berlin.

REICH, E. (1963): Note on queues in tandem. Ann. Math. Statist. 34, 338–341.

REISER, M., und H. KOBAYASHI (1974): Accuracy of the diffusion approximation for some queueing systems. IBM J. Res. Develop. 18, 110–124.

RENYI, A. (1964): On two mathematical models of the traffic on a divided highway. J. Appl. Prob. 1, 311–320.

RIORDAN, J. (1951): Telephone traffic time averages. Bell System Techn. J. 30, 1129–1144.

ROLSKI, T. (1981): Queues with non-stationary input streams: Ross'conjecture. Adv. Appl. Prob. 13, 103–613.

ROSENKRANTZ, W. A. (1980): On the accuracy of Kingman's heavy traffic approximation in the theory of queues. Z. Wahrscheinlichkeitsth. verw. Gebiete 51, 115–121.

RYLL-NARDZEWSKI, C. (1954): Remarks on the Poisson stochastic process III. Studia Math. 14, 314–318.

SCHMIDT, G. (1967): Über die in einem einfachen Verlustsystem induzierten stochastischen Prozesse. Z. Operat. Res. 11, 95–110.

SHANBHAG, D. N. (1972): Letter to the Editor. J. Appl. Prob. 9, 470.

— (1973): Characterization for the queueing system M/G/∞. Proc. Cambridge Philos. Soc. 74, 141–143.

SHANBHAG, D. N., und O. P. SHARMA (1972): Characterizations based on the departure process for the queueing systems M/M/1 and M/D/1. Manchester-Sheffield School of Prob. and Statist. Res. Rep. 117/1972.

SHANBHAG, D. N., und D. TAMBOURATZIS (1973): Erlang's formula and some results on the departure process of a loss system. J. Appl. Prob. 10, 233–240.

SOLOTARJEW, W. I. (Золотарев В. И.) (1977): Количественные оценки свойства непрерывности систем массового обслуживания типа G/G/∞. Теор. вероятн. прим. 22, 700–711.

STRELLER, A. (1982): On stochastic processes with an embedded marked point process. Math. Operationsforsch. Statist., Ser. Statist. 13, 561–576.

SUNAGA, T., E. KONDO und S. K. BISWAS (1978): An approximation method using continuous models for queueing problems. J. Operat. Res. Soc. Japan 21, 29–44.

TAKÁCS, L. (1972): Math. Rev. 43, No. 5638.

TAMBOURATZIS, D. G. (1973): The modified M/G/1 queue. Bull. Soc. Math. Grèce 14, 176–199.

THEDÉEN, T. (1964): A note in the Poisson tendency in traffic distributions. Ann. Math. Statist. 35, 1823–1824.

— (1965): Abstract of convergence and invariance questions for road traffic with free overtaking. *In:* Proc. Third. Int. Symp. on the Theory of Traffic Flow, New York, 168–169.

— (1967): Convergence and invariance questions for point systems in $\mathbb{R}_1$ under random motion. Ark. Mat. 7, 211–239.

— (1969): On road traffic with free overtaking. J. Appl. Prob. 6, 524–549.

Tolmatschew, A. L. (Толмачев А. Л.) (1974): Об обслуженном потоке системы GI/M/1/$r \leqq \infty$. *In:* Гармаш В. А., Ляшко О. Е. (Hrsg.), Системы массового обслуживания коммутации. Наука, Москва, 8–17.

Tomko, J. (1972): On the rarefaction of multivariate point processes. Coll. Math. Soc. J. Bolyai, 9th Europ. Meeting Statist., Budapest.

Venter, J. H., und J. W. H. Swanepoel (1971): Some properties of birth and death processes. S. Afr. Statist. J. 5, 15–25.

Vere-Jones, D. (1966): Simple stochastic models for the release of quanta of transmitter from a nerve terminal. Austral. J. Statist. 8, 53–63.

— (1968): Some applications of probability generating functionals to the study of input-output streams. J. Roy. Statist. Soc. **B-30**, 321–333.

Vlach, T. L. (1971): Further results concerning the simple queueing loss system. Z. Operat. Res. 15, 55–57.

Whitt, W. (1972): Embedded renewal processes in the GI/G/s queue. J. Appl. Prob. 9, 650–658.

— (1974): Heavy traffic limit theorems for queues: A survey. *In:* A. B. Clarke (Hrsg.), Mathematical Methods in Queueing Theory. Lecture Notes in Economics and Mathematical Systems, vol. 98. Springer-Verlag, Berlin/Heidelberg/New York, 307–350.

Wirth, K. D. (1982): On stationary queues with batch arrivals. Elektron. Informationsverarb. Kyb. 18, 603–619.

— (1983a): A new approach to queues with warming-up times. Preprint, Sekt. Math., Humboldt-Univ. Berlin. Erscheint in Elektron. Informationsverarb. Kyb.

— (1983b): Stability conditions for single server queues with varying service rates. Preprint, Sekt. Math., Humboldt-Univ. Berlin. Eingereicht bei Elektron. Informationsverarb. Kyb.

13. Symbolverzeichnis

13.1. Allgemeines Symbolverzeichnis

13.1.1. Grundprinzipien der Bezeichnungswahl

Es werden in der Regel folgende Drucktypen für entsprechende Größen verwendet.

Zufallsgrößen, zufällige Variablen	$X, Y, A, B, B_n, X(t), N(t), \ldots$
zugehörige Realisierungen	$x, y, x(t), n(t), \ldots$
zufällige Prozesse	$(X(t), t \geqq 0), (Y(t), t \in \mathbb{R}), \ldots$ verkürzte Darstellung $(X(t)), \ldots$
zufällige Folgen	$(X_n, n \geqq 0), \ldots$ verkürzte Darstellung $(X_n), \ldots$
Familien von Zufallsgrößen	$(Y_t)_{t \in \mathcal{T}}, \ldots$ verkürzte Darstellung $(Y_t), \ldots$
Verteilungsfunktionen	$F(x), F_X(x), A(x), B_i(y), \ldots$
Dichtefunktionen	$f(x), f_X(x), a(x), b_i(x), \ldots$
Verteilungen, Verteilungsgesetze	$\mathsf{P}, \mathsf{Q}, \mathbf{P}, \mathbf{Q}, (p_k), (a_n), \ldots$
Wahrscheinlichkeiten von Ereignissen	$\mathsf{P}(\omega : \omega \in \Omega, X(\omega) \in \mathcal{C})$, $\mathbf{P}(\omega : \omega \in \Omega, X(\omega, t) \in \mathcal{C}), \ldots$ verkürzte Darstellung $\mathsf{P}(X \in \mathcal{C}), \mathbf{P}(Y(t) \in \mathcal{C})$
instationäre Zustandswahrscheinlichkeiten	$P_k(t), P_g(t), \mathring{P}_g(n), \tilde{\bar{P}}_g(n), \ldots$
stationäre Zustandswahrscheinlichkeiten	$p_k, p_g, \mathring{p}_k, \tilde{\bar{p}}_g, \ldots$
Übergangswahrscheinlichkeiten	$P_{ij}, P(t_1, e; t_2, \mathcal{C}), P(t; x, \mathcal{C}), \ldots$
Mengen, Ereignisse, Räume	$\mathcal{A}, \mathcal{B}, \mathcal{E}, \mathcal{G}, \ldots$
σ-Algebren	$\mathfrak{B}, \mathfrak{K}, \mathfrak{F}, \ldots$
Intensitäten	$\lambda, \mu, \alpha, \beta, \lambda_i, \alpha_i, \alpha_{ij}, \ldots$

Speziell wird in den einfach strukturierten Bedienungssystemen G/GI/s/n, $0 < s \leqq \infty$, $0 \leqq n \leqq \infty$, gesetzt:

Intensität des Forderungenstromes	$\lambda = (\mathsf{E}A)^{-1}$
Intensität der Bedienung	$\mu = (\mathsf{E}B)^{-1}$
Belastung	$\varrho = \lambda/\mu$
Vektoren, Matrizen (soweit sie als solche gekennzeichnet werden sollen)	halbfetter Druck des Grundsymbols des jeweiligen Elements, z. B. $\boldsymbol{\alpha} = (\alpha_{ij})_{i,j=1,\ldots,n}$, kurz (α_{ij})
Zahlenfolgen	$(a_k)_{k=1,2,\ldots}$ oder kurz (a_k)
Laplace-Stieltjes-Transformierte (* als rechter oberer Index)	$F_X{}^*(s), A^*(s), B_n{}^*(s), \ldots$
Laplace-Transformierte (ˇ über dem Grundsymbol)	$\check{F}_X(s), \check{A}(s), \check{f}(s), \ldots$

Indizes, die keine Variablen sind, sondern eine symbolische Bedeutung haben, werden in der Regel steil gesetzt, so z. B. insbesondere

stationäre Warte- bzw. Verlustwahrscheinlichkeiten	$\mathring{p}_{\mathrm{W}}, \mathring{p}_{\mathrm{V}}$
Bedienungsalter, Restbedienungszeit	$B^{\mathrm{A}}, B^{\mathrm{R}}$

Abkürzende Symbole für Bedienungsregeln, Prioritätsdisziplinen, Untersysteme u. dgl. sind (in der Regel) mittels großer steiler Buchstaben bezeichnet.

13.1.2. Grundsymbole für spezielle Zufallsgrößen

A	Pausenzeit
B	Bedienungszeit
N	Anzahl der Forderungen im System
S	Besetztzeit
T	Ereigniszeitpunkt (Ankunft, Abgang einer Forderung usw.)
U	Untätigkeitszeit
V	Verweilzeit
W	Wartezeit

13.1.3. Zahlenbereiche

$\mathbb{N}$	natürliche Zahlen 1, 2, 3, …
$\mathbb{G}, \mathbb{G}_+, \mathbb{G}_-$	ganze, nichtnegative bzw. nichtpositive Zahlen
$\mathbb{R}, \mathbb{R}_+, \mathbb{R}_-$	reelle, nichtnegative bzw. nichtpositive Zahlen
$\mathfrak{B}$	σ-Algebra der Borel-Mengen von $\mathbb{R}$
$\square^n$	n-tes Produkt (z. B. $\mathbb{R}_+{}^n$)

13.1.4. Spezielle Operatoren, Funktionen und Zeichen

E	Erwartungswertsymbol
V	Varianzsymbol
$\mathsf{Cov}\,(\cdot)$	Kovarianzsymbol
$\mathsf{var}\,(\cdot)$	Variation eines Maßes
$\mathsf{g}(z), \mathsf{g}_N(z), \ldots$	erzeugende Funktionen
$\varphi(t), \varphi_X(x), \ldots$	charakteristische Funktionen
$H(x), H_F(x), H_A(x), \ldots$	Erneuerungsfunktionen
$\mathrm{B}(p, q)$	Betafunktion
$\mathrm{ent}\,(x)$	ganzer Anteil von x
$\exp\,(x) = \mathrm{e}^x$	
$\delta_a(x)$	Verteilungsfunktion der Einpunktverteilung
$\Phi(x)$	Verteilungsfunktion der standardisierten Normalverteilung
$\Gamma(x)$	Gammafunktion
$\chi_n{}^2(x)$	Verteilungsfunktion der Chiquadratverteilung
$\mathbf{1}_{\mathscr{A}}(\cdot)$	Indikatorfunktion der Menge $\mathscr{A}$

$\delta_{ij} = \begin{cases} 1 & \text{für } i = j \\ 0 & \text{sonst} \end{cases}$	Kronecker-Symbol
$o(\cdot)$	Landausches Symbol $\left(\lim_{t\to 0} o(t)\,\frac{1}{t} = 0\right)$
$\boldsymbol{I}$	Einheitsmatrix
i	imaginäre Einheit
$\emptyset$	leere Menge
$*$	Faltungsoperation, z. B. $A * B(x)$, $A^{*(n)}(x) = A * A * \cdots * A(x)$ (n-mal)
$\lvert\square\rvert$	absoluter Betrag, Kardinalzahl oder Anzahl der Zusatzvariablen, je nachdem, ob eine Zahl, eine Menge oder der Zustand eines stückweise linearen Markowschen Prozesses betrachtet wird
$\square^{\mathrm{T}}$	Transponierungszeichen
$\mathring{\square}$ bzw. $\breve{\square}$	die entsprechende Größe wird im Zeitpunkt der Ankunft bzw. des Abganges einer Forderung betrachtet (und zwar in der Regel unmittelbar vor bzw. nach dem Zeitpunkt)
$\mathbf{0} = (0, 0, \ldots, 0)$	Nullvektor
$\boldsymbol{u} = (1, 1, \ldots, 1)$	Einsvektor
$\boldsymbol{e}_i = (0, \ldots, 0, \underset{i}{1}, 0, \ldots, 0)$	i-ter Einheitsvektor

13.1.5. Symbole für Konvergenzarten

Symbol	limes-Schreibweise	Bedeutung
$\to$	lim	(übliche) Konvergenz von Zahlen und Mengen
$\downarrow, \uparrow$		Konvergenz monotoner Folgen
$\xrightarrow[\text{f.s.}]{}$	P-lim	Konvergenz mit Wahrscheinlichkeit Eins (fast sicher)
$\xrightarrow[\text{st}]{}$	p-lim	Konvergenz in Wahrscheinlichkeit (stochastische Konvergenz)
	l.i.m.	Konvergenz im Quadratmittel
$\Rightarrow$		schwache Konvergenz von Verteilungsfunktionen und Verteilungsgesetzen
$\xrightarrow[\text{d}]{}$		Konvergenz von Zufallsgrößen ihren Verteilungen nach

13.1.6. Abkürzungen (im gesamten Handbuch verwendet)

DFR	fallende Fehlerrate
FCFS	first come first served
FIFO	first in first out
IFR	steigende Fehlerrate
LCFS	last come first served
LIFO	last in first out
L.-S.-T.	Laplace-Stieltjes-Transformierte

L.-T.	Laplace-Transformierte
NBU	new better than used
NBUE	new better than used in expectation
NWU	new worse than used
NWUE	new worse than used in expectation
Bin (n, p)	Binomialverteilung
Chi (n)	Chiquadratverteilung
Erl (λ, k)	Erlang-Verteilung
Exp (λ)	Exponentialverteilung
Fi (m, n)	Fishersche F-Verteilung
Ga (λ, α)	Gammaverteilung
Geo (p)	geometrische Verteilung
Gl (a, b)	stetige Gleichverteilung
H-Erl (n)	Hyper-Erlang-Verteilung
H-Exp (n)	Hyper-Exponentialverteilung
N (a, σ^2)	Normalverteilung
PH	Verteilung vom Phasentyp
Stu (n)	Student- oder t-Verteilung
$\Pi(\lambda)$	Poisson-Verteilung

13.1.7. Erweiterte Kendall-Symbolik (Erläuterungen in [I.1.5])

Offene Systeme	geschlossene Systeme
A/B/s/n	$\langle N$/A/B/s/$n\rangle$
A	Symbol für Art des Forderungenstroms
B	Symbol für Art der Folgen bzw. Verteilungstyp der Bedienungszeiten
s	Anzahl der Bedienungsgeräte $(1 \leqq s \leqq \infty)$
n	Anzahl der Warteplätze $(0 \leqq n \leqq \infty)$
N	Anzahl der Forderungenquellen

Für A und B können folgende Symbole stehen:

$\vec{\mathrm{A}}$ bzw. $\vec{\mathrm{B}}$	mehrere Typen von Pausen- bzw. Bedienungszeiten vom Typ A bzw. B
Σ^kA bzw. $\Sigma^k \vec{\mathrm{A}}$	unabhängige Überlagerung von k identisch bzw. unterschiedlich verteilten Forderungenströmen vom Typ A
A^{GI}	Forderungenstrom vom Typ A mit (unabhängigen und beliebig verteilten) Vielfachheiten
D	regulärer Forderungenstrom bzw. konstante Bedienungszeiten
E_k	Erlangscher Forderungenstrom der Ordnung k
G	beliebiger stationärer Forderungenstrom bzw. bel. stationäre Folge von Bedienungszeiten
GI	rekurrenter Forderungenstrom bzw. unabhängige, beliebig verteilte Bedienungszeiten
GI (x)	GI mit Pausen- bzw. Bedienungszeitverteilungsfunktion vom Typ x ($x =$ DFR, IFR, NBU, PH, H-Exp (n), ...)

M — stationärer (homogener) Poissonscher Forderungenstrom bzw. (identisch) exponentialverteilte Bedienungszeiten

13.2. Kapitelsymbolverzeichnis

13.2.1. Symbole in Kapitel 1

$c_{i,g}$	Realisierungsgeschwindigkeit im Zustand g
$D, D_i, \ldots$	Zwischenabgangszeiten
$F_{ml}(x)$	Verweilzeitverteilungsfunktion im Zustand m, l des SM-Stromes
$\mathcal{G}$	diskrete Systemzustandsmenge
$g, g', g_l, \ldots$	Systemzustände
M	zufällige Anzahl der Forderungen in der Gruppe
m_i	Anzahl der Bedienungsmöglichkeiten für Forderungen der i-ten Quelle
$P_{i,g}(j)$	Auswahlwahrscheinlichkeit der Bedienungsmöglichkeit
$Q(x) = \left(P_{ml}F_{ml}(x)\right)$	semimarkowsche Matrix
$\alpha^{\mathrm{a}}_{j,g}$	Ankunftsintensität
$\alpha^{\mathrm{b}}_{j,g}$	Bedienungsintensität
$\alpha^{\mathrm{v}}_{j,g}$	Verlustintensität
$\alpha^{i}_{j,g}$	Intensität der Bedienung ($i = 1$), des Ausfalls ($i = 2$) bzw. der Reparatur ($i = 3$) für das Gerät j im Zustand g
$\pi_k = \sum_{i=0}^{k} \frac{\varrho^i}{i!}$	Abkürzung (↑ S. 24)

13.2.2. Symbole in Kapitel 2

$$\overline{B}(x) = 1 - B(x),\ \overline{B}_{\mathsf{R}}(x) = 1 - B_{\mathsf{R}}(x),\ B_{\mathsf{R}}(x) = \frac{1}{\mathsf{E}B} \int_0^x \overline{B}(y)\,\mathrm{d}y$$

$B(u, x)$	Verteilungsfunktion der Bedienungszeit einer zum Zeitpunkt u eintreffenden Forderung
$F_{ml}(x)$	Verweilzeitverteilungsfunktion im Zustand ml des SM-Stromes
M	zufälliger Gruppenumfang
$\overline{N}_t$	Zeitmittel von $N(t)$
$\mathring{N}_{\mathrm{M}}, \mathring{N}_{\mathrm{GI}}$	Anzahl der Forderungen im System unmittelbar vor Ankunft einer Forderung vom M-Strom bzw. GI-Strom
$Q(x) = \left(P_{ml}F_{ml}(x)\right)$	semimarkowsche Matrix

13.2.3. Symbole in Kapitel 3

D_n	Zwischenabgangszeiten
K_n	Differenz zwischen Bedienungszeiten B_{n-1} und Pausenzeiten A_n, Forderungentyp

$L_{\mathrm{I}}(t)$	Anzahl der im Intervall $[0, t)$ in das System eintreffenden Forderungen
$L_{\mathrm{O}}(t)$	Anzahl der im Intervall $[0, t)$ aus dem System abgehenden Forderungen
M_r	Anzahl der Forderungen, die während der r-ten Besetztzeit bedient werden
M_{K}	Anzahl der Bedienungsgruppen, die in einer kapazitätsauslastenden Besetztzeit bedient werden
$N_{\mathrm{w}}(t)$	Anzahl der Forderungen, die zur Zeit t in der Warteschlange sind
$\mathring{N}_{\mathrm{w},n}$, $\tilde{N}_{\mathrm{w},n}$	Warteschlangenlänge unmittelbar vor der Ankunft bzw. unmittelbar nach dem Abgang der n-ten Forderung
$N_{\mathrm{b}}(t) = N(t) - N_{\mathrm{w}}(t)$	Anzahl der Bedienungsgeräte, die zur Zeit t besetzt sind
$W_{\mathrm{G}}(t)$	virtuelle Wartezeit von Gruppenforderungen
$\mathring{W}_{\mathrm{G},n} = W_{\mathrm{G}}(\dot{T}_n - 0)$	Wartezeit der n-ten Gruppenforderung

13.2.4. Symbole in Kapitel 4

$B_i(x)$	Bedienungszeitverteilungsfunktion einer Forderung vom Typ i (i-Forderung)
$\mathcal{E}$	Zustandsraum des Prozesses $(X(t))$
$\mathcal{E}_m \subseteq \mathcal{E}$	
$l_m = \|\mathcal{E}_m\|$	
$P(x, i, j) = \lim\limits_{t\to\infty} \mathsf{P}(X(t) \in [0, x) \times \{(i, j)\})$	
$p(x, i, j)$	Dichte von $P(x, i, j)$
$W_i(x)$	stationäre Wartezeitverteilungsfunktion einer Forderung vom Typ i
$(X(t))$	zufälliger Prozeß, der das jeweilige betrachtete System beschreibt
$\alpha = (\alpha(i, j))_{i,j\in\mathcal{E}}$	Intensitätsmatrix
α_m^-, α_m^+, α_m	Blockmatrizen einer speziellen tridiagonalen Blockstruktur von α (untere, obere bzw. mittlere Diagonalblöcke)

13.2.5. Symbole in Kapitel 5

C	maximal zulässige Wartezeit
D_y	maximal zulässige Bedienungszeit einer Forderung, die die Wartezeit y besitzt
J_n	zufällige Nummer des Bedienungsgerätes, von dem die n-te Forderung bedient wird
$p_{\mathrm{v},1}$	stationäre Wahrscheinlichkeit für den reinen Verlust einer Forderung
$p_{\mathrm{v},2}$	stationäre Wahrscheinlichkeit für den partiellen Verlust einer Forderung
V	maximal zulässige Verweilzeit

V_y	Bedienungszeit einer Forderung, die die Wartezeit y besitzt
$W_i(t)$	Zeit von t bis das i-te Bedienungsgerät frei von Forderungen ist, die vor dem Zeitpunkt t eintrafen
$\mathring{W}_{i,n} = W_i(\mathring{T}_n - 0)$	Wartezeiten für das i-te Bedienungsgerät
$(X(t))$	Belastungsprozeß des Bedienungsgerätes; Summe der Bedienungszeiten aller Forderungen, die im Intervall $[0, t]$ eintrafen
Y_n	Zufallsgröße zur Beschreibung des Verhaltens der n-ten Forderung

13.2.6. Symbole in Kapitel 6

(A), (A1), (A2), (A3), $(A(i, j))$	Prioritätsdisziplinen
B_k	gewünschte Bedienungszeit einer Forderung der Priorität k
C_k	Zeit für die Orientierung des Gerätes auf eine Forderung der Priorität k
k	Prioritätsindexvariable
L, L_0	Lebenszeiten
L_k	anstehende Arbeit der Forderungen der Priorität k
$N_S, N_{S,k}, N_{S_{(k)}}$	Anzahl der Forderungen bzw. Forderungen k-ter Priorität, die während der Besetztzeit S bzw. $S_{(k)}$ des Systems bedient werden
r	Anzahl der Prioritätsklassen
R, R_0	Reparaturzeiten des Gerätes
(R), $(R(i, j))$	Prioritätsdisziplinen
$S_{(k)}$	Besetztzeit des Systems durch Forderungen k-ter und höherer $(< k)$ Priorität
$S_{[k]}$	Besetztzeit im isolierten System, das nur Forderungen k-ter Priorität bedient
$V_{B,k}$	Verweilzeit einer Forderung k-ter Priorität im System ab ihrem Bedienungsbeginn
$V_{G,k}$	Verweilzeit einer Forderung k-ter Priorität am Gerät
$\lambda_{(k)} \left(= \sum_{j=1}^{k} \lambda_j\right)$	Ankunftsintensität der Forderungen k-ter und höherer Priorität
$\varrho_{ij}, \bar{\varrho}_k$	spezielle aus den Momenten der Pausen- und Bedienungszeiten gebildete Größen, die zu Beginn der jeweiligen Abschnitte definiert werden, speziell $\bar{\varrho}_k = 1 - \varrho_{k,1}$, $\varrho_{01} = 0$
$\eta_k(s, z) = s + \sum_{j=k}^{r} \lambda_j(1 - z_j)$	Abkürzung (↑ S. 276)

13.2.7. Symbole in Kapitel 7

(B)	Blockierdisziplin (Blockierung des Gerätes der vorangehenden Etappe)
(BS)	Blockierdisziplin (Wiederholung der Bedienung auf dem Gerät)

$\deg(\cdot)$	Grad eines Polynoms
$\det(\cdot)$	Determinante
(L)	Verlustdisziplin (Verlassen des Systems durch die entsprechende Forderung)
$N_{w,i}$	Anzahl der Forderungen in der Warteschlange der i-ten Etappe
$\mathring{p}_v$, $\mathring{p}_{v,i}$	Verlustwahrscheinlichkeit im System bzw. in der i-ten Etappe
$\mathrm{rat}\,(x)$	gebrochener Anteil der reellen Zahl x
r_i	Kapazität des i-ten Systems
η	Intensität des Abgangsprozesses des Systems

13.2.8. Symbole in Kapitel 8

$B_{u,k}$	zufällige Bedienungsgröße der Forderung vom Typ k im Knoten u
$c(u, g(u), a_j)$, $c(u, n(u), a_j)$, ...	Bedienungsgeschwindigkeiten
$d(\boldsymbol{n})$, $d^*(\boldsymbol{n})$	Normierungskonstanten
$\mathscr{G}$	Menge der Zustände g des Netzwerkes
$\mathscr{G}(u)$	Menge der Zustände $g(u)$ des Systems im Knoten u
$\mathring{\boldsymbol{g}}(u, k)$, $\bar{\boldsymbol{g}}(u, k)$	Zustand des Netzwerkes unmittelbar vor Ankunft im bzw. nach Abgang aus dem Knoten u einer Forderung vom Typ k
$\mathscr{K}$	Menge der Forderungentypen
$\mathscr{K}_i$	Klasse von Forderungentypen
l	Anzahl der Klassen $\mathscr{K}_i$
N_u, $N_{u,k}$	zufällige Anzahlen der Forderungen im Knoten u (vom Typ k)
$n(u)$, $n(u, k)$	Anzahlen der Forderungen im Knoten u (vom Typ k) bez. des Zustandes $g(u)$
$n(u) = \big(n(u, k)\big)_{k\in\mathscr{K}_i}$	
$n(\mathscr{K}_i)$	mögliche Anzahl von Forderungen der Klasse $\mathscr{K}_i$ im Netzwerk
$\boldsymbol{n} = \big(n(K_i)\big)_{i=1,\dots,l}$	
$\boldsymbol{P} = \big(P(u, k, u', k')\big)_{(u,k),(u',k')\in\mathscr{Z}}$	Matrix der Übergangswahrscheinlichkeiten der Kunden von Knoten zu Knoten mit möglichem Wechsel des Forderungentyps
$P_u{}^{\mathrm{A}}\big(g(u), k, g'(u)\big)$, $P_u{}^{\mathrm{D}}\big(g(u), (k_j, a_j), g'(u)\big)$	Übergangswahrscheinlichkeiten der Zustände im Knoten u bei Ankunft bzw. Abgang einer Forderung vom Typ k
$p_{g(u)}$, $p_{n(u)}$, ...	stationäre Zustandswahrscheinlichkeiten der isoliert vom Netzwerk betrachteten Systeme der Knoten
$p^{\mathrm{R}}_{g(u)}$	stationäre Zustandswahrscheinlichkeit des Systems im Knoten u im Netzwerk (Randwahrscheinlichkeit)
$q(u, \mathscr{K}_i)$	mittlere Anzahl, die ein i-Kunde den Knoten u passiert
$\mathscr{U}$	Knotenmenge
$\mathscr{Z}$	Menge der Paare (u, k) (Bedienungsort und Forderungentyp eines Kunden)

$\mathscr{X}_i$	Kommunikationsklasse, Menge der Paare (u, k) für einen i-Kunden
$\alpha(u)$, $\alpha(u, k)$	Intensität bzw. eine proportionale Größe zur Intensität des Stromes der Forderungen (vom Typ k) durch den Knoten u
$\alpha^*(u, k)$	Intensität des Stromes der Forderungen vom Typ k im geschlossenen Netzwerk
$\lambda(i)$, $\lambda(u, k)$	Eingangsintensitäten im offenen Netzwerk von i-Kunden bzw. von Forderungen des Typs k in den Knoten u von außen
$\mu(u, k) = (\mathsf{E}B_{u,k})^{-1}$	

13.2.9. Symbole in Kapitel 9

$\mathscr{A}$	Aktionenraum
$\mathscr{A}_i$	Aktionsmenge im Zustand i
a	Aktion
$\mathscr{A}' = \times_{i \in \mathscr{E}} \mathscr{A}_i$	Menge der zulässigen Entscheidungsregeln
$\mathscr{A}_i(f)$	Iterationsmenge im Zustand i für die Entscheidungsregel $f \in \mathscr{A}'$ bei der Howardschen Politikiteration
$\bar{c}_i(a)$	erwartete einperiodische Kosten (Gewinne) eines Entscheidungsmodells bei vorgegebenem Anfangszustand i und gewählter Aktion a
c^{A}	Ankunftskosten (Servicepreis) pro Zeiteinheit und Forderung bei Aktionswahl a
c^{B}	Bedienungskosten pro Forderung und Zeiteinheit oder Wartungskosten pro Zeiteinheit für ein Bedienungsgerät
$c_0{}^{\mathrm{B}}$, $c_1{}^{\mathrm{B}}$	Wartungskosten pro Zeiteinheit für ein aus- bzw. eingeschaltetes Bedienungsgerät
c^{U}	Umschaltkosten
c^{V}	Verweilkosten pro Zeiteinheit und Forderung
c^{W}	Wartekosten pro Zeiteinheit und Forderung

Alle Kosten erhalten u. U. durch Indizes oder Variable noch eine speziellere Bedeutung.

$\mathscr{E}$	Zustandsraum eines Entscheidungsmodells
E_n	die im n-ten Entscheidungspunkt gewählte Aktion
$f_n = f_n(h_n)$	determinierte Entscheidungsregel bei vorliegender Vorgeschichte h_n
$\Pi = \big(f_n(h_n), n \leqq \mathbb{N}\big)$	determinierte Strategie (für ein Problem mit unendlichem Planungshorizont)
$\Pi(m) = (f_n;\ n = 0, 1, \ldots, m)$	Strategie für ein Problem mit endlichem Horizont
$\bar{f}_n(i_n)$	Markowsche Entscheidungsregel
$f(i)$	stationäre Entscheidungsregel
$\mathscr{F}^{\mathrm{dm}}(\mathscr{E})$	Menge aller determinierten Strategien vom Markow-Typ zu einem Modell mit dem Zustandsraum $\mathscr{E}$
$\mathscr{F}_s{}^{\mathrm{dm}}(\mathscr{E})$	Menge aller stationären Strategien zu einem Modell mit dem Zustandsraum $\mathscr{E}$

$\mathscr{F}^{\mathrm{r}}(\mathscr{E})$	Menge aller randomisierten Strategien zu einem Modell mit dem Zustandsraum $\mathscr{E}$
$F_{ij}(t; a)$	Verteilungsfunktion der Verweilzeit eines Entscheidungsmodells im Zustand i bei Aktionswahl a, wenn die Entscheidungsperiode die Länge t hat und der folgende Zustand die Nummer j hat
$F_i(t; a)$	Verteilungsfunktion der Verweilzeiten eines Entscheidungsmodells im Zustand i bei Aktionswahl a
$g = g(\Pi)$	durchschnittliche Gewinn- bzw. Verlustrate für ein Entscheidungsmodell bei Steuerung mit einer Strategie Π
g	optimale Gewinn- bzw. Verlustrate
$\mathrm{l}^\infty = \mathrm{l}^\infty(\mathscr{E})$	Raum der auf $\mathscr{E}$ definierten beschränkten reellen Folgen
$\mathscr{K}$	Menge der Bedienungsphasen in einem Modell mit Zeitteilung
$L(t)$	Anzahl der Entscheidungsintervalle eines Entscheidungsprozesses im Intervall $[0\ t]$
P^Π	durch die Strategie Π erzeugtes Verteilungsgesetz
$r_\Pi^{(m)}(\alpha; i)$	erwarteter α-diskontierter Gesamtgewinn (-verlust) eines Entscheidungsprozesses für m Entscheidungsintervalle bei Start im Zustand i und Steuerung mit einer Strategie Π
$r_\Pi(\alpha; i)$, $r_\Pi^{(m)}(\alpha; i, n)$	erwarteter α-diskontierter Gesamtgewinn (-verlust) eines Entscheidungsmodells mit unendlichem Planungshorizont (für die verbleibenden n Entscheidungsintervalle eines Entscheidungsprozesses mit m Entscheidungsperioden) bei Steuerung mit einer Strategie Π und Start im Zustand i
$r_*(\alpha; i)\ \big(r_*^{(m)}(\alpha; i)\big)$	α-optimale Wertfunktion eines Entscheidungsmodells mit unendlichem (endlichem) Planungshorizont bei Start im Zustand i
$\mathsf{T}_f u$, $\mathsf{T}_a u$	Abbildungen zur Beschreibung der Iterationsprozesse bei der Howardschen Politikiteration
$\alpha, \alpha' = \mathrm{e}^{-\alpha}$	Diskontfaktoren
$\beta_\alpha(i, j; a)$	erwarteter Diskontfaktor für einen Übergang von i nach j bei Aktionswahl a

13.2.10. Symbole in Kapitel 10

$\mathsf{E}N_{\mathrm{w}}' = \mathsf{E}(N_{\mathrm{w}} \mid N_{\mathrm{w}} > 0)$	bedingter Erwartungswert der Anzahl der Forderungen in der Warteschlange unter der Bedingung, daß die Schlange nicht leer ist
$\mathrm{F}_{m,n;p}$	p-Quantil der F-Verteilung mit (m, n) Freiheitsgraden
$\mathrm{J}_r(z)$	Besselsche Funktion erster Art
L_u	Anzahl der im Intervall $[0, u)$ im System eintreffenden Forderungen
$L_{\mathrm{v},l}$, $L_{\mathrm{v},u}$	Anzahl der abgewiesenen Forderungen unter l bzw. L_u eingetroffenen Forderungen
M_i	Anzahl der in der i-ten Besetztzeit S_i bedienten Forderungen
M_u	Anzahl der in $[0, u)$ bedienten Forderungen

$p_{\geq k}$	stationäre Wahrscheinlichkeit, daß mindestens k Forderungen im System sind
p_w	stationäre Wahrscheinlichkeit, daß eine eintreffende Forderung nicht warten muß
$p_{\geq x}$	stationäre Wahrscheinlichkeit, daß eine Forderung länger als x warten muß
S_u	Summe der Besetztzeiten im Intervall $[0, u)$
Z	Zykluslänge
z_p	p-Quantil der standardisierten Normalverteilung
$\varkappa$	Belastungskoeffizient
$\hat{\square}$	Zeichen über dem Symbol charakterisiert die Punktschätzung der jeweiligen Größe
$\square_{\max}$, $\square_{\min}$, $\square_{\Sigma}$	Die Indizes symbolisieren, daß von der Stichprobe der Zufallsgrößen mit dem jeweiligen Grundsymbol das Maximum, Minimum bzw. die Summe gebildet wird

14. Sachwortverzeichnis

Den Charakter dieses zweiten Bandes des Handbuches der Bedienungstheorie berücksichtigend, werden im wesentlichen nur solche Sachwörter aufgelistet, die in diesem Band erläutert werden, d. h., zum Begriff erscheint die Seitenzahl seines ersten erklärenden Auftretens. Nur bei wenigen Ausnahmen sind mehrere Seitenzahlen angegeben. Es wird damit verschiedenen Aspekten der Begriffe Rechnung getragen. In diesem Sinne ist es kein Suchregister für das Vorkommen der Sachworte. Hierzu sei auf das detaillierte Inhaltsverzeichnis verwiesen.

Der unterschiedliche Inhalt der einzelnen Kapitel, Auflistung von Formeln und anderen Ergebnissen bzw. stärkerer methodischer Charakter, beeinflußt die Art und Weise dieses Verzeichnisses.

15. Namenverzeichnis

Inhaltsübersicht über Band I

Grundlagen und Methoden

Kolibri 360 GmbH
Ferdinand-Jühlke-Straße 7
99095 Erfurt, Deutschland
produktsicherheit@kolibri360.de